DIANLI ANQUAN JIANDU GUANLI
GONGZUO SHOUCE

电力安全监督管理工作手册

（2018年版）下册

《电力安全监督管理工作手册（2018年版）》编委会　编

中国建材工业出版社　中国电力传媒集团

目　　录

下　册

（二）发电运行安全

国家电力监管委员会办公厅
关于加强火电厂贮灰场安全管理的紧急通知

办安全〔2006〕35号

国家电网公司，华能、大唐、华电、国电、中电投集团公司，各有关电力企业：

6月2日，贵州黔桂发电有限责任公司（总装机容量100万kW）发生一起贮灰场灰水泄漏事故，20万m^3左右的灰水排入江中。事故对当地环境和人民群众生活造成了较大影响。近期，吉林延边晨鸣纸业自备热电厂（总装机容量1.8万kW）又发生一起类似事故。为吸取事故教训，进一步加强火电厂贮灰场的安全管理，避免此类事故发生，请各单位做好以下工作：

一、要高度重视火电厂贮灰场的安全工作，严格执行国家和行业关于火电厂贮灰场安全管理的规定和标准，确保贮灰场及相关设施的安全可靠运行。

二、要结合防汛工作，加强对火电厂贮灰场的巡视检查，及时消除事故隐患。要随时掌握贮灰场周边环境状况，采取有效措施，防止和杜绝人身伤亡和环境污染事故。

三、要编制和完善火电厂贮灰场事故应急预案，做好应急演练，同时加强与各级地方政府的协调、配合工作，提高应对突发事故的能力。

四、要加强火电厂贮灰场安全生产知识的教育和培训，提高贮灰场巡视人员的专业水平，增强事故预判断的能力。

五、要加强事故信息报送工作，一旦发生火电厂贮灰场溃坝或泄漏事故，要及时向上级主管单位、地方政府有关部门及有关电力监管机构报告，并积极配合地方政府做好事故抢险工作。

国家电力监管委员会

2006年6月13日

国家电力监管委员会办公厅
关于加强火电厂电除尘器安全管理的通知

办安全〔2006〕68号

各派出机构，国家电网公司，南方电网公司，华能、大唐、华电、国电、中电投集团公司，电力顾问集团公司，各有关电力企业：

2005年以来，电力系统相继发生三起火电厂电除尘器坍塌事故，造成了严重的经济损失和人员伤亡。2005年1月1日，湖北蒲圻电厂1号机组（30万kW）运行中，2号电除尘器发生整体坍塌事故。2005年3月20日，内蒙古包头第二热电厂新2号机组（20万kW）运行中，2号炉电除尘器的2—1A、2—2A灰斗发生整体坍塌，一名正在做清灰工作的临时工被压身亡。2006年3月14日，安徽池州九华电厂2号机组（30万kW）运行中，2号炉A侧电除尘器发生坍塌事故。

目前，事故调查工作已结束。根据调查结果，三起事故分别反映出电除尘器和除灰系统在设计、施工和运行维护管理等方面存在问题。为吸取事故教训，防止类似事故的再次发生，现提出要求如下：

一、要进一步加强安全生产管理工作，建立并落实各级安全生产责任制，完善各项规章制度，重视和加强员工业务培训，切实开展风险管理和危险源辨识工作，加强安全监督和管理，夯实安全基础，保证安全生产。

二、要对在建的和已投入运行的电除尘器、除灰系统，以及脱硫系统钢结构等进行一次全面的安全检查，按国家和行业有关标准进行校核，特别要针对钢支架设计裕度不足、焊接质量等问题，组织设备厂家和安装单位立即采取补强加固措施。对除灰系统出力设计裕度不足和系统布置不合理等问题，要加快技术改造，从根本上解决问题。

三、要加强对电除尘器和除灰系统的运行管理，严防电除尘器超设计灰位运行。要制定异常情况处置和事故应急的预案，防患于未然。要加大巡检力度，发现异常情况，及时查明原因，采取措施予以消除。要在运行规程中明确电除尘器灰量的运行控制范围，同时保证电除尘器灰斗灰位监测系统的正常投入。

四、各在建电力工程项目的业主单位（或建设单位）要加强建设工程的全过程管理，严格工程设备的设计审查，严格设备的招投标管理，严格设备监造和验收，严格工程质量管理，切实做好生产准备等各项工作，确保机组投产后即能形成稳定的生产能力。

电监会各派出机构要对电力企业的落实情况进行监督检查。

国家电力监管委员会

2006年11月21日

国家电力监管委员会办公厅关于进一步加强在建及运行电厂高温高压管道安全管理的通知

办安全〔2009〕11号

各派出机构，国家电网公司，南方电网公司，华能、大唐、华电、国电、中电投集团公司，各有关电力企业：

2006年，我会《关于加强在建及运行电厂高温高压管道安全管理的通知》（办安全〔2006〕69号）文件下发后，各电力企业高度重视，立即开展了对假冒进口P91材质钢管使用情况的排查，大部分电力企业按照要求进行了整改。近期，据国家有关部门调查反映，仍有一些单位在销售和使用假冒进口P91材质钢管，对发电机组的安全运行造成威胁。为了深入掌握假冒进口P91材质钢管使用情况，2008年我会又下发了《关于上报假冒进口P91材质钢管使用情况的函》（安监函〔2008〕133号），要求各电力企业再次对假冒进口P91材质钢管采购和使用情况进行排查。从各单位上报材料看，仍有部分发电企业未按有关要求及时更换假冒进口P91材质钢管。为进一步加强在建及运行电厂高温高压管道安全管理，防止高温高压管道发生事故，确保发电机组的安全稳定运行，特提出如下要求。

一、各单位要高度重视高温高压管道安全管理工作，充分认识高温高压管道爆裂对员工生命安全的威胁、对机组安全稳定运行的影响，以对国家、对人民高度负责的态度，切实加强高温高压管道建设和运行的安全管理。

二、严格执行国家有关高温高压管道质量和安全管理的制度、规范，加强高温高压管道检测和检验，认真做好隐患排查治理工作，及时消除高温高压管道的缺陷和隐患，采取有力措施，保证高温高压管道安全运行。

三、加强电源建设工程项目全过程管理，严把设备、材料采购关，对于订购进口材质钢管的电源建设工程项目，工程建设单位要认真审阅相关文件资料，严格审查供货渠道，严防假冒伪劣管道用于电源建设工程项目。

四、进一步检查和彻底清除假冒进口P91材质钢管。凡属假冒进口P91材质钢管都要进行更换。尚未更换的电力企业，要落实安全措施，制定更换计划，限期完成更换工作。

五、电监会派出机构要加强对高温高压管道安全情况的监督检查，督促电力企业抓紧更换假冒进口P91材质钢管，确保机组安全稳定运行。

国家电力监管委员会

2009年3月2日

关于加强小水电站安全监管工作的通知

水电〔2009〕585号

我国5万千瓦以下的小水电资源十分丰富，广泛分布在1700多个县，技术可开发量1.28亿千瓦。在党中央、国务院的高度重视下，小水电建设取得了举世瞩目的成就。目前，全国已建成小水电站45000多座，总装机容里5100多万千瓦，在建规模达2000万千瓦。小水电在农村社会经济发展、农民脱贫致富、节能减排和应急救灾等方面发挥了重要作用。但近年来，在小水电快速发展和体制转轨过程中，由于职责不清、监管缺位，一些小水电站安全隐患严重，事故时有发生，危及人民群众的生命和财产安全。为加强小水电站安全监管，消除安全隐患，保障公共安全，现就小水电站安全监管工作通知如下：

一、明确安全生产责任主体和监管主体

小水电站业主是安全生产的责任主体。业主负责人实行“一岗双责”，既要承担生产管理职责，也必须承担安全管理职责。业主单位要建立完善安全生产责任制度，保障安全投入，落实安全措施，不安全不允许生产。

审批、核准小水电项目的地方人民政府是小水电站的安全生产监管责任主体。各级水行政主管部门、安全监管部门和电力监管机构要按照综合监管与专业监管相结合的原则，明确各部门职责分工。有关部门和单位要各司其职，各负其责，协同配合，确保监管到位。

二、切实加强建设项目安全监管

小水电站是以开发水能资源为主要目标的水利工程，根据水利工程的特点，小水电建设要抓好关键环节的安全监管工作。

（一）严格项目审批、核准前的安全把关

从事小水电开发的项目业主，应取得工商行政管理部门核发的营业执照，其经营范围应包括水电开发业务。

小水电项目必须符合河流水能资源开发规划，取得有管辖权的水行政主管部门签署的水工程建设规划同意书；必须获得水能资源开发权，提交取水许可预申请，通过建设项目洪水影响评价、水资源论证、水土保持方案审批、初步设计审批和其他法定行政许可程序。

凡不满足上述要求的小水电项目，一律不得申请、审批或核准。

（二）严格项目的审批、核准

小水电项目按投资来源不同实行审批制或核准制。对于政府投资的小水电项目实行审批制，按国家相关规定履行审批手续；对不使用政府投资的小水电项目实行核准制，其项目申请报告必须达到初步设计深度。为确保“小电站大水库”的安全，库容达到或超过1000万立方米的水库电站项目必须根据水库库容的大小，按同等规模的水库项目进行初步设计审批。

各省（自治区、直辖市）水行政主管部门应明确辖区内小水电项目初步设计分级审批权限和具体要求，项目业主按工程规模向县级以上人民政府水行政主管部门申报审批。

已经通过初步设计审批的小水电项目，任何单位或个人不得擅自变更建设规模和内容。

凡涉及水库大坝及溢洪设施、总体布置、建设规模、工程特性、主要设备等重大设计变更，项目业主应及时以书面形式报原审批部门批准后方可变更。

（三）严格项目建设过程的监管

小水电项目开工前，业主应提出开工申请，经有审批权的水行政主管部门审批后，方可开工建设。小水电工程建设应执行项目法人责任制、招标投标制、建设监理制和合同管理制。

小水电项目业主在主体工程招标工作完成并与施工、监理承包单位签订合同后，应向有监督管理权的水行政主管部门申请办理工程质量与安全监督手续，并接受工程质量安全监督机构的监督；要认真执行建设项目安全设施“三同时”工作的规定和要求，切实保证安全设施与主体工程同时设计、同时施工、同时投入生产和使用。

各级水行政主管部门、安全监管部门要加强对小水电工程建设过程的专业监管与综合监管，进一步加强小水电在建工程施工安全的监督检查，督促落实各项审批意见和安全生产措施。各级水利工程建设质量安全监督机构要切实履行职责，做好工程建设各环节的质量安全监督工作。

（四）严格项目验收制度

小水电建设项目验收应参照执行《水利水电建设工程验收规程》（SL 223—2008）的有关标准，实行分类验收制度。

截流前验收、重要隐蔽工程及基础处理工程验收、单位工程验收由项目业主负责，水行政主管部门参加；工程蓄水验收由项目业主提出申请，水行政主管部门主持；其他专项验收按相应规定和规程规范，由项目业主商相关部门负责组织。

竣工技术预验收，由项目业主提出申请，水行政主管部门主持，有关部门和单位参加。政府投资的小水电工程的竣工验收，按国家有关规定办理；不使用政府投资的小水电工程的竣工验收，由水行政主管部门负责组织。小水电工程竣工验收合格，取得工程竣工证书和电力业务许可证、取水许可证后，方可正式投入运行。

凡未经蓄水验收的小水电工程一律不得蓄水，凡未经竣工验收的小水电工程一律不准投入正式运营。

三、不断强化已建工程安全监管

已建成运行小水电站的大坝管理单位应按规定向大坝主管部门或指定的注册登记机构申请登记。

按照“属地管理”的原则和职责分工，各地各有关部门要摸清本地区小水电工程的基本情况，逐站落实安全监管责任主体。小水电站的安全监管责任已经落实的地方，可继续执行现行职责分工；职责尚未明确的地方，各省级水行政主管部门与当地电力监管机构，要按照职责分工和全面覆盖、利于监管、协商一致的要求，在2010年汛前全面落实本行政区域内小水电站的安全监管责任主体。

各地各有关部门应定期对已经投运的小水电站进行安全执法检查。重点检查工程设备设施是否存在安全隐患，安全生产责任制是否落实，安全生产管理机构是否健全，安全生产管理制度是否完善，安全保障措施是否到位，安全隐患是否得到及时整改。

各级水行政主管部门要与有关部门密切配合，进一步落实农村水电安全管理分类和年检制度以及安全监察员持证上岗制度，做好安全运行监管、标准化管理和教育培训工作。

电力监管机构要与有关部门密切配合，进一步加强对并入电网运行的小水电站的涉网安全监督管理，确保电网安全和并网机组安全。

四、严格落实防汛安全责任制度

小水电工程防汛安全实行地方行政首长负责制，统一指挥、分级分部门负责，明确防汛行政责任人和防汛指挥调度权限。小水电站业主要编制汛期调度运用计划和防洪抢险应急预案，并报防汛指挥部门审批。要与所在河流水文测报机构保持联系，建立健全包括各参建、运行单位在内的安全应急机制，落实汛情预警、信息传輸、物资储备、抢险队伍等应急措施。

汛期所有施工、维修作业都要严格遵守相关技术规程，并落实安全防护措施。特别是在涉及重大公共安全、施工人员生命安全的危险区域进行施工、维修作业的，施工前应制定应急预案，并向当地防汛指挥机构报告，得到批准后方可施工。一旦出现险情，有关防汛责任人要第一时间到达现场，组织抢险。

各级水利、安全监管、电监等有关部门和单位要在当地防汛指挥机构统一指挥下，认真履行相关职责，切实加强监管，及时消除隐患，确保工程安全。

五、维续加大违规水电站清查整改力度

违规水电站普遍存在审批手续不全、设计不够合理、管理制度缺失、质量安全隐患严重等问题，一旦发生事故，后果十分严重。地方各级水利、工商、安全监管、电监等部门和单位要在地方人民政府统一领导下，在各自的职责范围内，认真履行监管职责，并加强协作配合，采取有效措施，实施联合执法。要区分不同情况，在登记造册基础上，明确重点和范围，有针对性地实行分类整改，挂牌督办，限期销号。要建立长效防控机制，确保清查、整改和监管等各项工作落实到位，防止产生新的违规水电站。

六、严厉查处各种违法违规行为

我国小水电站分布广泛、数量众多，安全监管难度很大。各有关部门和单位要通力协作，加强监管。要依法规范小水电建设市场准入，禁止无资质、无许可证的单位和无执业资格的人员进入小水电建设市场。

对违反规划、未经审批擅自开工的小水电项目，水行政主管部门应责令其立即停工并予以处罚。对违规建设的小水电工程，水行政主管部门、安全监管部门应依法进行查处并责令其限期整改。对于安全隐患严重、整改不力或拒绝整改的，根据地方政府下达的关闭决定，工商行政管理部门依法吊销企业营业执照；电力监管机构不予办理电力业务许可；水行政主管部门不予办理取水许可。

对未经验收擅自蓄水或投运的小水电工程，水行政主管部门应责令其放空库容，不予办理取水许可，并报请地方人民政府立即采取措施。根据地方政府下达的关闭决定，工商行政管理部门依法吊销企业营业执照；电力监管机构不予办理电力业务许可。

对已投运的小水电站，凡存在工程安全隐患严重、安全责任制不落实、安全管理制度不健全、持证上岗不规范、安全投入无保障等违规问题的，由水利、安全监管、电监等部门和单位责令其限期整改；对于整改不力或拒绝整改的，依照有关法律法规予以查处。根据地方政府下达的关闭决定，工商行政管理部门依法吊销企业营业执照；电力监管机构取消其电力业务许可；水行政主管部门取消其取水许可。

对发生生产安全事故的小水电站，要依照《生产安全事故报告和调查处理条例》，认真做好事故调查和处理工作，坚持“四不放过”原则，查明事故原因，依法追究责任，强化警示教育，落实整改措施。

小水电站的安全监管工作事关人民群众生命财产安全和社会稳定，各地各有关部门要站在落实科学发展观、构建社会主义和谐社会的高度，进一步提高认识，加强领导，统一协调，周密部署，认真研究制定适合本地实际的小水电站安全监管办法，进一步落实责任，完善制度，提高监管水平，促进小水电又好又快发展。

水利部

国家工商总局

国家安全监管总局

国家电力监管委员会

2009年11月30日

关于切实加强风电场安全监督管理遏制大规模风电机组脱网事故的通知

办安全〔2011〕26号

各派出机构，国家电网公司、南方电网公司，华能、大唐、华电、国电、中电投集团公司，有关电力企业：

近年来，我国风电产业迅猛发展，对增加我国能源供应、调整能源结构和保护生态环境起到了积极作用。但随着大规模风电机组并入电网，风电对电力系统安全稳定运行的影响也日益显现。2011年2月24日，甘肃中电酒泉风力发电有限公司桥西第一风电场35B4开关间隔C相电缆头故障绝缘击穿，并发展为三相短路，导致598台风电机组脱网，损失出力840.43MW，西北电网主网频率由事故前的50.034Hz降至最低49.854Hz。2011年4月17日，甘肃瓜州协合风力发电有限公司干河口西第二风电场35C2-9箱式变压器高压侧电缆头击穿、35D2-10箱式变压器电缆三相连接处击穿，造成702台风电机组脱网，损失出力1006.223MW，西北电网主网频率由事故前的50.036Hz降至最低49.815Hz。2011年4月17日，河北张家口国华佳鑫风电场#8风机箱式变压器35千伏送出架空线B相引线松脱，与35千伏主干架空线路C相搭接，B、C相间短路，造成629台风电机组脱网，损失风电出力854MW，华北电网主网频率由事故前的50.05Hz降至最低49.95Hz。

上述3起风电机组大规模脱网事故，直接原因都是由于风电场35千伏馈线故障，造成三相短路，引起系统电压跌落，大量风电机组因不具备低电压穿越能力、风电场无功补偿装置电容器组不具备自动投切功能而造成的。为有效遏制大规模风电机组脱网事故的发生，切实保障电力系统安全稳定运行，促进风电安全有序发展，现提出如下要求。

一、风电场运行管理单位要全面落实企业安全生产主体责任，建立健全安全生产规章制度，强化作业人员安全教育培训，加强设备设施的运行维护，认真开展电气设备及其连接部件隐患排查治理，特别要对电缆头、接地等可能存在施工缺陷的部位进行重点检查。要严格执行调度命令，及时、准确向调度机构汇报机组运行情况。

二、并网运行风电场应满足接入电力系统的技术规定，风电机组必须具备低电压穿越能力。已经并网运行风电场要进行风电机组低电压穿越能力核查，不具备低电压穿越能力的要尽快制定切实可行的低电压穿越能力改造计划，督促设备制造厂商配合实施。尚未投入运行的风电场，在并网前必须具备低电压穿越能力。

电网企业应加强风电机组低电压穿越检测能力建设，确保风电机组低电压穿越检测工作顺利开展。

三、并网运行风电场，无功容量配置和有关参数整定应满足系统电压调节需要，对于配置的无功补偿装置要切实做到运行可靠。无功补偿装置不能按要求投入、无法正常调节的，风电场要尽快实施整改。

四、电力调度机构要加强风电场二次系统监督管理，开展涉网保护定值（电压、频率保护）的核查和备案工作，指导风电场按电网要求进行涉网保护定值整定。同时，要加强对风电场无功补偿装置的监督管理，对无功补偿装置投入和运行情况进行摸底检查，督促无功补偿装置不符合要求的风电场全面整改。

五、风电场建设单位要加强工程质量过程管理，严格落实工程质量检查、检测、控制和验收制度，加强对参建各单位的监督检查和考核，确保工程建设质量。监理单位要加强工程质量监理，对于隐蔽工程要列入旁站监理并严格执行。

六、电力监管机构要加强对风电场的监督管理，制定监管措施，细化相关要求，督促风电场认真整改缺陷和隐患，监督风电场按期完成风电机组低电压穿越能力改造和无功补偿装置的整改工作。要加强风电场并网安全管理，加快风电场并网安全性评价工作进展，确保电网运行安全。

国家电力监管委员会

2011年4月27日

国家电力监管委员会办公厅关于印发《风力发电场并网安全条件及评价规范》的通知

办安全〔2011〕79号

各派出机构，国家电网公司，南方电网公司，华能、大唐、华电、国电、中电投集团公司，各有关单位：

为了进一步加强风电场并网安全监督管理，根据前期风电场并网安全性评价试点情况和近期风电机组大规模脱网事故教训，我会修改完善了《风力发电场并网安全条件及评价规范》，现予印发，请依照执行。

各单位要按照《发电机组并网安全性评价管理办法》（电监安全〔2007〕45号）规定，依据《风力发电场并网安全条件及评价规范》，对新建风电场在进入商业运营前组织开展并网安全性评价工作，对已投入运行风电场定期进行并网安全性评价工作。执行中遇到的问题请及时告电监会安全监管局。

国家电力监管委员会

2011年09月13日

附件：

风力发电场并网安全条件及评价规范

前　　言

为进一步加强风电场安全生产监督管理，规范风力发电场并网安全性评价工作，国家电力监管委员会组织制定了本标准。

本标准在前期华北、东北、西北地区开展的风电场并网安全性评价试点工作的基础上，结合近期风电机组大规模脱网事故暴露出的问题，进一步修改完善了风电场并网安全必备条件及具体的评价项目。

本标准由国家电力监管委员会提出。

本标准由国家电力监管委员会归口并负责解释。

本标准主要起草单位：国家电力监管委员会东北监管局。

本标准参加起草单位：国家电网公司、南方电网公司、中国华能集团公司、中国大唐集团公司、中国华电集团公司、中国电力投资集团公司、中国广东核电集团公司、中国电机工程学会、东北电力科学研究院有限公司。

1 范围

适用于单机容量500kW及以上并网运行风力发电场（以下简称风电场）。其他并网运行风电场参照执行。

新建、改建和扩建的风电场应当通过并网安全性评价。已投入运行的风电场应当定期进行并网安全性评价，周期不超过5年。

2 规范性引用文件

下列文件中的条款通过本标准的引用而成为本标准的条款。凡注明日期的引用文件，其随后所有的修改单（不包括勘误的内容）或修订版均不适用于本标准。然而，鼓励根据本标准达成协议的各方研究是否可使用这些文件的最新版本。凡未注明日期的引用文件，其最新版本适用于本标准。

《电力变压器　第2部分：温升》GB 1094.2—1996

《安全色》GB 2893—2008

《安全标志及其使用导则》GB 2894—2008

《风力发电机组安全要求》GB 18451.1—2001

《66kV及以下架空电力线路设计规范》GB 50061—2010

《电气装置安装工程电气设备交接试验标准》GB 50150—2006

《电气装置安装工程接地装置施工及验收规范》GB 50169—2006

《电力工程电缆设计规范》GB 50217—2007

《110kV～750kV架空输电线路设计规范》GB 50545—2010

《高压开关设备和控制设备标准的共用技术要求》GB/T 593—2006

《电工术语 风力发电机组》GB/T 2900.53

《油浸式电力变压器技术参数和要求》GB/T 6451—2008

《变压器油中溶解气体分析和判断导则》GB/T 7252—2001

《电能质量 供电电压偏差》GB/T 12325—2008

《电能质量 电压波动和闪变》GB/T 12326—2008

《远动终端设备》GB/T 13729—2002

《继电保护和安全自动装置技术规程》GB/T 14285—2006

《电能质量 公用电网谐波》GB/T 14549—93

《电能质量 三相电压不平衡》GB/T 15543—2008

《电能质量 电力系统频率允许偏差》GB/T 15945—2008

《高压架空线路和发电厂、变电所环境污区分级及外绝缘选择标准》GB/T 16434—1996

《风力发电机组塔架》GB/T 19072—2010

《风力发电机组　第1部分：通用技术条件》GB/T 19960.1—2005

《风电场接入电力系统技术规定》GB/Z 19963

《静止无功补偿装置（SVC）现场试验》GB/T 20297—2006

《风力发电机组验收规范》GB/T 20319—2006
《风力发电机组电能质量测量和评估方法》GB/T 20320—2006
《生产经营单位安全生产事故应急预案编制导则》AQ/T 9002—2006
《风力发电场安全规程》DL 796—2001
《电力系统通信站防雷运行管理规程》DL 548—94
《电力设备典型消防规程》DL 5027—93
《3.6kV～40.5kV 交流金属封闭开关设备和控制设备》DL/T 404—2007
《接地装置特性参数测量导则》DL/T 475—2006
《高压交流隔离开关和接地开关》DL/T 486—2010
《电力系统通信管理规程》DL/T 544—94
《电力系统微波通信运行管理规程》DL/T 545—94
《电力系统光纤通信运行管理规程》DL/T 547—2010
《220～500kV 电力系统故障动态记录技术准则》DL/T 553—94
《电力变压器运行规程》DL/T 572—2010
《变压器分接开关运行维修导则》DL/T 574—2010
《微机保护装置运行管理规程》DL/T 587—2007
《电力设备预防性试验规程》DL/T 596—1996
《交流电气装置的过电压保护和绝缘配合》DL/T 620—1997
《交流电气装置的接地》DL/T 621—1997
《带电设备红外诊断技术应用导则》DL/T 644—1999
《风力发电场运行规程》DL/T 666—1999
《电力系统用蓄电池直流电源装置运行与维护技术规程》DL/T 724—2000
《风力发电场检修规程》DL/T 797—2001
《变电站运行导则》DL/T 969—2005
《继电保护和电网安全自动装置检验规程》DL/T 995—2006
《电网运行准则》DL/T 1040—2007
《电力技术监督导则》DL/T 1051—2007
《高压电气设备绝缘技术监督规程》DL/T 1054—2007
《电力系统调度自动化设计技术规程》DL/T 5003—2005
《电力工程直流系统设计技术规程》DL/T 5044—2004
《风力发电场设计技术规范》DL/T 5383—2007
《大型风电场并网设计技术规范》NB/T 31003—2011
《风电场电能质量测试方法》NB/T 31005—2011
《中华人民共和国安全生产法》中华人民共和国主席令第 70 号
《中华人民共和国电力法》中华人民共和国主席令第 60 号
《中华人民共和国可再生能源法（修正案）》中华人民共和国主席令第 23 号
《电网调度管理条例》国务院令第 115 号
《国务院关于投资体制改革的决定》国发〔2004〕20 号

《生产经营单位安全培训规定（2006）》国家安全监管总局 3 号令

《生产安全事故应急预案管理办法（2009）》国家安全监管总局 17 号令

《电力安全生产监管办法》电监会 2 号令

《电力二次系统安全防护规定》电监会 5 号令

《电网运行规则（试行）》电监会 22 号令

《电力突发事件应急演练导则（试行）》电监安全〔2009〕22 号

《电力二次系统安全防护总体方案》电监安全〔2006〕34 号附件一

《变电站二次系统安全防护方案》电监安全〔2006〕34 号附件四

《发电厂并网运行管理规定》电监市场〔2006〕42 号

《关于切实加强风电场安全监督管理 遏制大规模风电机组脱网事故的通知》办安全〔2011〕26 号

《并网调度协议（示范文本）》电监会 工商总局 GF-2003-0512

《防止电气误操作装置管理规定（试行）》能源安保〔1990〕1110 号

《国家能源局关于印发风电机组并网检测管理暂行办法的通知》国能新能〔2010〕433 号

《国家能源局关于印发风电场功率预测预报管理暂行办法的通知》国能新能〔2011〕177 号

《国家能源局关于加强风电场并网运行管理的通知》国能新能〔2011〕182 号

3 术语和定义

下列术语和定义适用于本标准。

3.1 电力监管机构

国家电力监管委员会及其派出机构。

3.2 并网

风电场与电网之间的物理联结。

3.3 并网调度协议

电网企业与电网使用者就电网调度运行管理所签订的协议。在协议中规定双方应承担的基本责任和义务以及双方应满足的技术条件和行为规范。

3.4 风力发电机组

将风的动能转换为电能的系统。

3.5 风力发电场（风电场）

由一批风力发电机组或风力发电机组群组成的电站。

3.6 风力发电场并网安全性评价

以实现风电场并网安全运行为目的，依据风电场并网安全评价相关标准，应用安全系统工程风险评价原理和方法，辨识与分析风电场及涉网安全运行设备、设施、装置、技术管理及安全管理工作中影响电网和风电场安全稳定运行的危险因素，预测其发生事故的可能性及其严重程度，提出科学、合理、可行的安全对策和措施建议，并作出评价结论的活动。

3.7 必备项目

风电场并网运行的最基本要求，主要包含对电网和风电场的安全运行可能造成严重影响的技术和管理内容。

3.8 评价项目

除必备项目外，风电场并网运行应当满足的安全要求，主要用于评价并网风力发电机组及直接相关的设备、系统、安全管理工作中影响电网和风电场安全稳定运行的危险因素的风险度。

4 必备项目

序号	项目内容	评价方法	评价依据
1	风电场应具有齐全的立项审批文件，按规定经政府有关部门核准	查阅项目核准文件等有关文档、资料	《中华人民共和国可再生能源法（修正案）》（主席令第23号）第十三条 《国务院关于投资体制改革的决定》（国发〔2004〕20号）第二条
2	风电场应与所在电网调度机构按有关规定签订《并网调度协议》	查阅并网调度协议	《中华人民共和国电力法》第二十二条 《中华人民共和国可再生能源法（修正案）》（主席令第23号）第十四条 《电网运行规则（试行）》第十八条 《电网运行准则》第5.1.1、5.1.2条 《并网调度协议（示范文本）》有关条款
3	当风电场并网点电压波动和闪变、谐波、三相不平衡等电能质量指标满足国家标准的规定时，风电场运行频率在规程要求的偏离范围内，风电场并网点电压在额定电压的90%～110%范围内，风力发电机组应能正常运行 风电场电能质量应满足规程要求，电压偏差、电压变动、闪变和谐波在规定的范围内	查阅风力发电机组技术说明书、调试报告、以及风力发电机组控制系统参数设定值 查阅风电场电能质量测试记录或报告 现场检查，查阅有关资料，查阅运行记录	《电网运行准则》第5.2.2、5.2.3、5.2.4条 《大型风电场并网设计技术规范》第4.0.4.1、5.4、6.3条 《电能质量 电压波动和闪变》 《电能质量 三相电压不平衡》 《电能质量 公用电网谐波》 《电能质量 电力系统频率允许偏差》 《电能质量 供电电压偏差》 《风力发电机组电能质量测量和评估方法》 《风电场电能质量测试方法》
4	风电机组应具有低电压穿越能力。风电场并网点电压跌至20%标称电压时，风电机组应保证不脱网连续运行625ms；风电场并网点电压在发生跌落后2s内恢复到标称电压的90%时，风电机组应保证不脱网连续运行 对电力系统故障期间没有切出的风电机组，应具有有功功率在故障清除后快速恢复的能力，自故障清除时刻开始，以至少10%额定功率/秒的功率变化率恢复至故障前的状态	查阅风电机组技术资料、风电场低电压穿越能力核查试验报告、风力发电机组制造方提供的同型号风电机组低压穿越能力检测报告、并网调度协议 查阅风电场故障信息及相关资料、查看风机主控及变频器保护定值、查看风机箱变保护定值等	《关于切实加强风电场安全监督管理 遏制大规模风电机组脱网事故的通知》第二条 《国家能源局关于加强风电场并网运行管理的通知》第三条 《大型风电场并网设计技术规范》第6.4条 《风力发电机组 第1部分:通用技术条件》第4.1.3条
5	风电场无功容量配置和无功补偿装置（含滤波装置）选型配置符合相关标准，其响应能力、控制策略应满足电力系统运行需求。装置应无缺陷，交接试验项目应齐全，试验结果合格，并按规定周期进行预防性试验	查阅预防性试验报告或交接试验报告，无功补偿装置功能试验及参数实测报告，检查风电机组无功调节能力 现场检查无功补偿装置运行情况	《关于切实加强风电场安全监督管理 遏制大规模风电机组脱网事故的通知》第三条 《国家能源局关于加强风电场并网运行管理的通知》第二条 《电气装置安装工程电气设备交接试验标准》第19条 《静止无功补偿装置（SVC）现场试验》 《电力设备预防性试验规程》第12条 《大型风电场并网设计技术规范》第4.0.4.2、5.3.3条
6	新建、改建、扩建风电场应完成下列并网运行必需的试验项目，满足并网安全运行要求： （1）变压器冲击试验	查阅有关文档、资料、测试报告	《国家能源局关于印发风电机组并网检测管理暂行办法》第三章第七条、第八条 《电网运行准则》第5.1.13条，附录B

续表

序号	项目内容	评价方法	评价依据
6	（2）继电保护和安全自动装置及其二次回路的各组成部分及整组的电气性能试验 （3）纵联保护双端联合试验 （4）电力系统通信试验及调度自动化系统的联调试验项目等 （5）继电保护整定及调整试验 （6）机组低电压穿越能力、有功功率/无功功率调节能力、电能质量、电网适应性和电气模型验证等型式试验		
7	风力发电机组的自动控制及保护应具备对功率、风速、重要部件的温度、叶轮和发电机转速等信号进行检测判断，出现异常情况（故障）相应保护动作停机，并在紧急事故情况下，风电场解网时不应对风力发电机组造成损害	查阅风力发电机组自动控制及保护系统技术资料	《风力发电场设计技术规范》第6.6条
8	变电站电气设备、母线外绝缘以及场区绝缘子的爬电比距应满足安装点的环境污区分级及（海拔）外绝缘选择标准要求	查阅统计资料、设计资料，现场检查	《高压架空线路和发电厂、变电所环境污区分级及外绝缘选择标准》第4.1、4.2、4.3、4.4、4.5、4.6、4.7条，附录C 《66kV及以下架空电力线路设计规范》第6.0.1条 《110kV～750kV架空输电线路设计规范》第7.0.4、7.0.5、7.0.6、7.0.7、7.0.8条
9	涉网变压器（含电抗器、消弧线圈）交接试验项目齐全，试验结果合格，并按规定周期进行预防性试验	查阅预防性试验报告或交接试验报告	《电气装置安装工程电气设备交接试验标准》第7、8条 《电气设备预防性试验规程》第6.1条表5，第6.2、6.3、6.4、6.6条
10	变电站高压断路器、隔离开关交接试验项目应齐全，试验结果合格，并定期进行预防性试验 涉网高压断路器遮断容量、三相故障清除时间、继电保护配置应满足要求，并按规定校核	查阅电气预防性试验报告或交接试验报告 查阅断路器文档资料及年度短路容量校核计算书，保护装置文档资料	《电力设备预防性试验规程》第8.1.1、8.1.2、8.2.1、8.2.2、8.3.1、8.3.2、8.4、8.6、8.10条 《电气装置安装工程电气设备交接试验标准》第10、12、13、15条 《电网运行规则（试行）》第二十一条 《发电厂并网运行管理规定》第三十五条第1款 《电网运行准则》第5.4.2条
11	组合电器交接试验项目齐全，试验结果合格，并按规定周期进行预防性试验	查阅预防性试验报告或交接试验报告	《电气装置安装工程电气设备交接试验标准》第14条 《电力设备预防性试验规程》第8.1.1条
12	电压互感器、电流互感器交接试验项目齐全，试验结果合格，并按规定周期进行预防性试验	查阅预防性试验报告或交接试验报告，现场检查	《电气装置安装工程电气设备交接试验标准》第9条 《电力设备预防性试验规程》第7.1、7.2条
13	避雷器配置和选型应正确、可靠，交接试验项目齐全，试验结果合格，并按规定周期进行预防性试验	查阅预防性试验报告或交接试验报告，查阅接地电阻试验报告和有关图纸资料。现场检查	《电气装置安装工程电气设备交接试验标准》第21、26.0.3条 《交流电气装置的过电压保护和绝缘配合》第5.3条

续表

序号	项目内容	评价方法	评价依据
13	风电场及变电站接地网和独立避雷针接地电阻应按规定周期进行测试，试验项目应齐全，试验结果合格		《电力设备预防性试验规程》第14、19.1条 《接地装置特性参数测量导则》
14	变电站设备的继电保护及安全自动装置应按规定配置齐全（含调度机构要求的特殊配置）	查阅继电保护及安全自动装置有关资料和配置图（表），对照现场实际设备核实	《继电保护和安全自动装置技术规程》第3条 《电网运行准则》第5.2条 《并网调度协议（示范文本）》有关条款
15	高压架空集电线路、汇流电力电缆、海上风电的海底电缆交接试验项目齐全，试验结果合格，并按规定周期进行预防性试验	查阅预防性试验报告或交接试验报告	《电气装置安装工程电气设备交接试验标准》第25条 《电力设备预防性试验规程》第18条
16	电力二次系统安全防护工作应当坚持安全分区、网络专用、横向隔离、纵向认证的原则，保障电力监控系统和电力调度数据网络的安全	查阅风电场相关资料，现场检查	《电力二次系统安全防护规定》第二条 《电力二次系统安全防护总体方案》 《大型风电场并网设计技术规范》第5.5.1.1、5.5.4.8条
17	应建立健全且认真落实风电场负责人、安全生产管理人员、有权接受调度指令的运行值班人员及与并网安全运行相关人员的安全生产责任制度	查阅风电场安全生产责任制度及企业安全生产责任制度落实管理办法或细则等文档资料；实际抽查与并网运行相关的主要岗位人员3～5人，询问了解安全生产责任制度掌握和落实情况	《中华人民共和国安全生产法》第4条、17条第1款 《电力安全生产监管办法》第3章第9条 《关于切实加强风电场安全监督管理 遏制大规模风电机组脱网事故的通知》第一条
18	接受调度指令的运行值班人员，应经过电网调度机构培训、考核合格	查阅风电场有关人员配置文档资料，核实实际有权接受调度指令人员状况；逐一核查经电网调度机构培训，颁发的证件	《电网调度管理条例》第11条 《电网运行准则》第5.3.1条 《并网调度协议（示范文本）》第4章4.8条

5　评价项目

5.1　电气一次设备

5.1.1　风力发电机组与风电场

序号	项目内容	评价方法	评价依据
1	风电场应配置有功功率控制系统，具备有功功率调节能力 在风电场并网以及风速增长过程中和正常停机情况下，风电场有功功率变化应当满足电力系统安全稳定运行要求	查阅风电机组技术资料、风电场控制系统技术资料、《风电场有功功率调节能力测试报告》；现场检查风电场运行情况和运行记录	《大型风电场并网设计技术规范》第5.1条 《风电场接入电力系统技术规定》
2	风电场应建立风电预测预报体系 风电场应按有关要求配置功率预测系统，并按时投运。系统具有0～72h短期风电功	查阅风电场功率预测系统技术资料，风电场功率预测上报记录，现场检查风电场功率预测系统运行情况	《国家能源局关于印发风电场功率预测预报管理暂行办法的通知》第三、五、六、七、九条 《大型风电场并网设计技术规范》第5.2.4条

续表

序号	项目内容	评价方法	评价依据
2	率预测以及15min～4h超短期风电功率预测功能 风电场应每天按照电力系统调度机构规定上报风电场发电功率预测曲线		
3	风电场应配置无功电压控制系统，具备无功功率调节及电压控制能力。根据电力系统调度机构指令，实现对风电场并网点电压的控制，其调节速度和控制精度应能满足电力系统电压调节的要求	查阅设计图纸、厂家有关资料和现场检验报告或记录、风电场电压历史记录等	《大型风电场并网设计技术规范》第5.3.1、5.3.2条 《风电场接入电力系统技术规定》
4	风力发电机组塔架应具有足够的强度，承受作用在风轮、机舱和塔架上的静载荷和动载荷，满足风力发电机组的设计寿命 风力发电机组塔架固有频率的设计应避开风轮旋转频率及叶片通过频率 风力发电机组在所有设计运行工况下和给定使用寿命期内，不发生任何机械及气动弹性不稳定现象，也不产生有害的或过度的振动。机组在正常运行范围内塔架振动量不应超过20mm/S	查阅有关设计资料、厂家出厂检验报告、现场检查	《风力发电机组塔架》第3.2、3.3条 《风力发电机组　第1部分：通用技术条件》第4.4条
5	风力发电机组接地电阻应按规定周期进行测试，接地电阻应合格，图纸资料齐全	现场检查，查阅接地电阻试验报告和有关图纸资料	《风力发电场设计技术规范》第6.5.2条 《风力发电机组　第1部分：通用技术条件》第4.8.2条 《风力发电场安全规程》第7.35条
6	近海风力发电机组设计等级应为S级	查阅风力发电机组结构设计资料、载荷计算资料等	《风力发电机组安全要求》第6.2、7.2条
7	风电场应具备下列资料，并按要求向调度机构报送： （1）风力发电机组、无功补偿装置、主变压器等设备主要技术规范、技术参数及电气模型 （2）涉网的继电保护及安全自动装置图纸、说明书、调试报告 （3）调度自动化设备技术说明书、技术参数以及设备验收报告 （4）远动信息（包括电流互感器、电压互感器变比及遥测满刻度值）相关技术资料； （5）电气一次系统图、现场运行规程	查阅相关文档资料、检测、检验、试验报告及现场实际情况	《中华人民共和国可再生能源法（修正案）》第二十七条 《电网运行规则（试行）》第十四～十六条 《发电厂并网运行管理规定》第四～二十七条 《并网调度协议（示范文本）》第5.5条 《电网运行准则》第5.1、5.3条 《风力发电场运行规程》第4条

续表

序号	项目内容	评价方法	评价依据
8	风力发电机组制造方提供的正式技术文件、图纸、试验报告、调试报告应完整齐全，并符合相关标准	查阅风力发电机组的技术资料、试验报告、调试报告，查阅监控系统参数设定值	《大型风电场并网设计技术规范》第4.0.5条 《风力发电机组 第1部分：通用技术条件》第5.1、8、9.1.2条 《风力发电场运行规程》第4.1条

5.1.2 高压变压器

序号	项目内容	评价方法	评价依据
1	变压器油中溶解气体色谱分析应按规定周期进行测试，其数据和产气率结果不应超过注意值；66kV及以上变压器油中含水量、500kV变压器油中含气量应符合要求。变压器油的击穿电压、90℃的tanδ应合格	查阅试验报告和分析记录，查阅不同电压等级的击穿强度和90℃tanδ试验报告	《电气装置安装工程电气设备交接试验标准》第7.0.2条、表20.0.1序号7、8 《变压器油中溶解气体分析和判断导则》第9.1、9.2、9.3、10条 《电力设备预防性试验规程》第6.1条表5序号1、10、11，第13.1.1、13.1.2条，表36序号6、8
2	运行中的变压器上层油温不应超出规定值，温度计及远方测温装置应准确、齐全；测温装置应定期校验	查阅运行记录、温度计校验报告，现场检查	《电力变压器 第2部分 温升》第4条 《电力变压器运行规程》第3.1.5、4.1.3、4.1.4、4.2.1.4、6.1.5、6.16条
3	35～66kV的8MVA及以上变压器和110kV及以上变压器油枕中应采用胶囊、隔膜、金属波纹管式等油与空气隔离措施；变压器高压套管及油枕的油位应正常；变压器净油器应正常投入，并应维护良好；吸湿器维护情况应良好；变压器各部位不应有渗漏油现象	查阅产品说明书及有关资料，现场检查	《油浸式电力变压器技术参数和要求》第4.2.3、6.2.4、7.2.4、8.2.4、9.2.4、10.2.4、11.2.4条 《电力变压器运行规程》第5.1.4条a、b、f，第5.1.6条c
4	强迫油循环变压器冷却装置的投入与退出应符合规程要求；冷却系统应有两个独立电源并定期进行自动切换试验；变压器的冷却系统（潜油泵、风扇等）不应存在缺陷	查阅运行规程，查阅一次电源图和运行试验记录，现场检查	《电力变压器运行规程》第3.1.4、4.4、5.1.5条b； 《变电站运行导则》第6.2.1.15、6.2.3.6条
5	变压器的铁芯不应存在多点接地现象	查阅试验记录（含预试、大修或交接试验），查阅铁芯外引电流测试记录	《电气装置安装工程电气设备交接试验标准》第7.0.6条 《电力设备预防性试验规程》第6.1条表5之8、9
6	涉网变压器分接开关接触良好；有载开关及操作机构无缺陷；有载开关及操作机械按规定进行检修	查阅预防性试验、大修或交接试验报告	《电力变压器运行规程》第5.4.1、5.4.2、5.4.3条 《变压器分接开关运行维修导则》第5、7.2、7.3条 《电力设备预防性试验规程》第6.1条表5之2、18

5.1.3 涉网高压配电装置

序号	项目内容	评价方法	评价依据
1	断路器应无缺陷，满足电网安全运行要求	查阅缺陷记录，现场检查	《变电站运行导则》第 6.6.2 条
2	隔离开关应满足开断母线电容电流能力（对于母线装有电容式电压互感器的尤应注意）	根据现场设备参数，对母线电容电流进行核算，也可以由试验确定	《高压交流隔离开关和接地开关》第 4.106 条
3	避雷器配置和选型应正确、可靠，放电计数器动作应可靠，监视电流表指示应正确	查阅避雷器检查记录，现场检查	《电气装置安装工程电气设备交接试验标准》第 21 条 《交流电气装置的过电压保护和绝缘配合》第 5.3 条 《电力设备预防性试验规程》第 14 条
4	变电站各类引线接头和隔离开关等连接部位应无过热现象	查阅红外测温、夜间巡视记录，现场检查	《高压开关设备和控制设备标准的共用技术要求》第 4.4.2、4.4.3 条 《带电设备红外诊断技术应用导则》第 4、5、6.2.4.3、6.10.1 条
5	变电站户外 35kV 及以上高压配电装置应具备防误闭锁功能。户内高压开关柜应具备联锁和防误功能	现场检查，查阅有关图纸、说明书及试验记录	《3.6kV～40.5kV 交流金属封闭开关设备和控制设备》第 5.11 条 《防止电气误操作装置管理规定（试行）》第十四、十五、十六、十七、十八条

5.1.4 过电压

序号	项目内容	评价方法	评价依据
1	变电站防直击雷保护范围应满足被保护设备、设施和架构、建筑物安全运行要求	查阅直击雷防护有关图纸资料，现场检查	《交流电气装置的过电压保护和绝缘配合》第 5.1.3、7.1.6、7.1.7、7.1.8、7.1.9 条
2	变电站和箱式变压器组雷电侵入波防护应符合规程要求，并满足其设备安全运行要求	现场检查，按有关规程要求进行查阅分析，并查阅有关图纸	《交流电气装置的过电压保护和绝缘配合》第 5.1.3、5.3.1、5.3.4、5.3.5、7.2、7.3、7.4 条 《风力发电场设计技术规范》第 6.5.1.1、6.5.1.3 条
3	变电站 110kV～220kV 变压器中性点过电压保护应完善、可靠	现场检查，查阅有关图纸资料。如无间隙可装设避雷器	《交流电气装置的过电压保护和绝缘配合》第 4.1.1（b）、4.1.5（c）、7.3.5 条
4	场区集电线路过电压保护应满足相应规程要求	查阅有关图纸资料，现场检查	《电力工程电缆设计规范》第 3.3.1、3.3.2、3.3.3 条 《风力发电场设计技术规范》第 6.5.1.4 条 《交流电气装置的过电压保护和绝缘配合》第 6.1.1、6.1.2（d）（e）（f）、6.1.4、6.1.7、6.1.8、6.1.9 条 《66kV 及以下架空电力线路设计规范》第 6.0.14 条
5	变电站高压配电装置应有防止谐振过电压措施	查阅有关图纸资料、变电站运行规程和反事故措施等，现场检查	《交流电气装置的过电压保护和绝缘配合》第 4.1.2、4.1.5、4.1.6、4.1.7 条 《风力发电场设计技术规范》第 6.5.1.2 条

5.1.5　接地装置

序号	项目内容	评价方法	评价依据
1	应进行变电站接地网电气完整性试验，即测试连接与同一接地网的各相邻设备接地线之间的电气导通情况，直流电阻值不应大于0.2Ω	查阅试验记录，现场检查	《电气装置安装工程电气设备交接试验标准》第26.0.2条 《电力设备预防性试验规程》第19.2条 《接地装置特性参数测量导则》第3.7、4.3、5条
2	变电站电气设备接地线截面应按变化后的接地短路电流进行热稳定校验	查阅热稳定校验计算书	《交流电气装置的接地》第6.2.7、6.2.8、6.2.9条，附录C
3	变电站接地网运行10年后，应进行抽样开挖，检查地网的腐蚀和连接情况	查阅相关记录	《电力设备预防性试验规程》第19.2条表47之2

5.1.6　涉网设备的外绝缘

序号	项目内容	评价方法	评价依据
1	变电站电气设备、母线外绝缘以及场区集电线路绝缘子应按规定进行清扫，并按规定周期检测绝缘或零值检测	查阅清扫记录和试验报告，现场检查	《电气装置安装工程电气设备交接试验标准》第17.0.1、17.0.2、17.0.3条 《电力设备预防性试验规程》第10条

5.2　电气二次设备

5.2.1　继电保护及安全自动装置

序号	项目内容	评价方法	评价依据
1	应对风力发电机组控制器的控制功能进行试验，确认各项控制功能准确，可靠： （1）根据风速信号自动进行启动、并网和停机功能试验 （2）根据风向信号进行偏航对风调向试验 （3）根据功率或风速信号进行的大、小发电机切换试验（对于双发电机） （4）转速调节、桨距调节及功率调节试验（对于变速恒频机组） （5）无功功率补偿电容分组投切试验（对于异步发电机） （6）电网异常或负载丢失时的停机试验等；制动功能试验（正常刹车、紧急刹车）	查阅由制造商提交的必要的检验试验报告以及调试及试运行报告	《风力发电机组验收规范》第5.4条
2	应对风力发电机组控制系统的安全保护功能进行检查和试验，确认各项安全保护功能准确，可靠： （1）转速超出限定值的紧急关机试验 （2）功率超出限定值的紧急	查阅由制造商提交的必要的检验试验报告以及调试及试运行报告	《风力发电机组验收规范》第5.5条

续表

序号	项目内容	评价方法	评价依据
2	关机试验 （3）过度振动的紧急关机试验 （4）电缆的过度缠绕超出允许范围的紧急关机试验 （5）人工操作的紧急关机试验		
3	涉网的继电保护装置已经整定完毕，完成了必要的联调试验，所有继电保护装置、故障录波、保护及故障信息管理系统可以与相关一次设备同步投入运行	查阅继电保护及安全自动装置、故障录波等系统的定值通知单，调试报告	《电网运行准则》第5.3.2.1条
4	变电站静态型保护应在装置箱体和保护屏下部设置等电位接地母线，与接地网的联接应符合要求	进行现场检查核实	《继电保护和安全自动装置技术规程》第6.5.3条 《微机继电保护装置运行管理规程》第9.3.2条
5	变电站直接并网侧的保护用电压互感器和电流互感器的精度应满足要求；电流互感器（包括中间变流器）应进行规定的误差校核，并合格	查阅厂家有关资料和现场检验报告	《继电保护和安全自动装置技术规程》第6.2.1、6.2.2条 《继电保护和电网安全自动装置检验规程》第6.1.2条
6	涉网的继电保护设备应按有关继电保护和安全自动装置检验的电力行业标准及有关规程进行调试，并按该设备调度管辖部门编制的继电保护定值通知单进行整定 整定计算方案或定值通知单的审批手续需完备；每年应依据电网短路电流的变化进行校核或修订	查阅继电保护及安全自动装置定值通知单，调试报告，查阅整定计算方案文件。现场检查继电保护装置中保护压板情况	《电网运行准则》第5.3.2.3、6.11.1条 《微机继电保护装置运行管理规程》第11条
7	变电站所有继电保护装置只有在检验和整定完毕，并经验收合格后，方具备并网试验条件 需用一次负荷电流和工作电压进行试验，并确认互感器极性、变比及回路的正确性，以及确认方向、差动、距离等保护装置有关元件及接线的正确性	查阅继电保护装置调试报告，现场检测报告，现场检查核实	《电网运行准则》第5.3.2.3条 《继电保护和电网安全自动装置检验规程》第6.2.7、8.2.2～8.2.10条
8	专用故障录波装置或微机保护中的故障录波功能应正常投用，故障录波模拟量和开关量符合电网调度机构的要求	查阅装置的故障量清单，并进行现场检查。现场检查录波资料的管理情况	《220～500kV电力系统故障动态记录技术准则》第4.1、4.2、4.3条 《继电保护和安全自动装置技术规程》第5.8.1、5.8.3.6条 《大型风电场并网设计技术规范》第5.5.3.3条
9	应按继电保护及安全自动装置定检计划完成定检	查阅定检计划和检验完成情况及检验报告	《继电保护和电网安全自动装置检验规程》第4.1.2、4.1.3、4.2.1～4.2.4、4.3条及表1、表2

5.2.2 电力系统通信

序号	项目内容	评价方法	评价依据
1	通信系统应能满足继电保护、安全自动装置、调度自动化及调度电话等业务对电力系统通信的要求。风电场至电网调度机构应具备独立路由的可靠通信通道	查阅设计资料，并网调度协议，现场检查	《大型风电场并网设计技术规范》第5.5.5条 《电网运行准则》第5.3.3条 《风力发电场运行规程》第3.2.4条
2	通信话路和远动通道等业务通道应保证畅通，调度录音系统应运行可靠	查阅电网调度机构下发的通信月报，现场检查	《电力系统通信管理规程》第5.1.1、5.1.2、5.1.3条
3	通信设备应配置专用电源系统。高频开关电源应定期进行性能检测，通信专用蓄电池组应定期进行核对性充放电试验，并测试单只电池端电压，保证运行可靠	查阅记录，现场检查	《电网运行准则》第5.3.3.7条 《电力系统用蓄电池直流电源装置运行与维护技术规程》第6.3.2、6.3.3、7.2.1条 《电力系统通信管理规程》第4.2.1、4.2.2条
4	通信设备、电源设备的告警信号应正常、可靠，无人值班的通信机房应能将告警信号传送到有人值班的地方	现场检查信号状况	《电网运行准则》第5.3.3.6条 《电力系统通信管理规程》第5.2条
5	通信机房应敷设环形接地母线，环形接地母线一般应采用截面不小于90mm^{2}的铜排或120mm^{2}的镀锌扁钢。所有设备均应良好接地；机房接地母线及设备接地线截面积应合格	现场检查屏体接地状况及均压接地网状况	《电气装置安装工程接地装置施工及验收规范》第3.8.3、3.8.5、3.8.6条 《电力系统通信站防雷运行管理规程》第A1.6、A1.7、A1.8条 《风力发电场设计技术规范》第6.7.7条 《电力系统通信管理规程》第7.1.5条
6	每年雷雨季节前应对通信接地设施进行检查，接地电阻测试结果合格	现场检查，查阅接地电阻测试报告、记录	《电力系统通信站防雷运行管理规程》第3.1、3.2条、附录B
7	应执行所在电网调度机构有关通信设备维护检修管理规定。定期对通信设备进行维护和检修，检测数据应符合相关技术标准	查阅检测、维护记录，现场检查	《电网运行准则》第6.13.3条 《电力系统通信管理规程》第4.1.1、4.1.2、5.7.1、5.7.4条 《电力系统微波通信运行管理规程》第4.1、4.2条 《电力系统光纤通信运行管理规程》第4.4条

5.2.3 调度自动化

序号	项目内容	评价方法	评价依据
1	远动终端设备（RTU、计算机监控）和电网调度要求装设的电能质量监测装置、相角测量系统（PMU）、风电场功率预测系统应是满足与电网调度主站接口、信息采集和传送要求的定型产品	查阅设计资料、设备说明书、接入系统审查资料，现场检查	《国家能源局关于印发风电场功率预测预报管理暂行办法的通知》第七、八条 《大型风电场并网设计技术规范》第5.5.4.1、5.5.4.6条 《电网运行准则》第4.2.9、5.3.4条 《电力系统调度自动化设计技术规程》第5.2.1条 《并网调度协议（示范文本）》有关条款
2	接入远动终端设备的信息应满足电网调度的需要，应具备完整的技术资料及远动信息参数表等	查阅远动系统信息表，现场检查相关设备	《大型风电场并网设计技术规范》第5.5.4.2条 《远动终端设备》 《电网运行准则》第6.14.4条

续表

序号	项目内容	评价方法	评价依据
3	风电场调度管辖设备供电电源应采用不间断电源装置（UPS）或站内直流电源系统供电，在交流供电电源消失后，不间断电源装置带负荷运行时间应大于40min	查阅UPS说明书，现场检查设备状况	《大型风电场并网设计技术规范》第5.5.4.5条 《电力系统调度自动化设计技术规程》第5.2.10条
4	自动化系统设备屏体应可靠接地，底部应密封；远动系统与通信设备的接口处应设置通道防雷保护装置	现场检查	《电力系统调度自动化设计技术规程》第5.2.8条
5	风电场电能计量点（关口）应设在风电场与电网的产权分界处。计量装置配置应符合电力系统关口电能计量装置技术管理规范要求。应装设电量自动采集装置，按调度端主站设置传送数据	现场检查关口表及采集传送装置状况	《大型风电场并网设计技术规范》第5.5.4.3、5.5.4.4条 《电网运行规则（试行）》第二十条第8款

5.2.4 直流系统

序号	项目内容	评价方法	评价依据
1	蓄电池组容量应满足需要。蓄电池不应存在连接片松动和腐蚀现象，壳体无渗漏和变形，极柱与安全阀周围无酸雾溢出	查阅设计资料，现场检查蓄电池状况	《电力系统用蓄电池直流电源装置运行与维护技术规程》第6.3.4条b 《电力工程直流系统设计技术规程》第4.1.1条、第4.1.2条、第4.2.1条、第4.3.2条、第5.1条、第5.2.1条、第5.2.2条、第7.1.1条、第7.1.5条、第7.1.6条
2	对蓄电池组的单只电池端电压应进行在线监测或定期测量检查	查阅测试记录，检查在线监测装置运行状况	《电力系统用蓄电池直流电源装置运行与维护技术规程》第6.1.1条b、第6.2.1条c、第6.3.1条b
3	浮充运行的蓄电池组浮充电压、电流的调节应适当；蓄电池应定期进行核对性充放电试验，保证其容量在规定范围内	查阅充放电记录，现场检查浮充电电压电流	《电力工程直流系统设计技术规程》第7.2.1、7.2.2、7.2.3、7.4.1、7.4.2条 《电力系统用蓄电池直流电源装置运行与维护技术规程》第6.1、6.2、6.3条
4	直流母线电压应保持在规定的范围内；直流系统绝缘监察或绝缘选检装置应定期试验，运行工况应正常	查阅试验报告或记录，现场检查	《电力工程直流系统设计技术规程》第6.2、6.3条； 《电力系统用蓄电池直流电源装置运行与维护技术规程》第5.3、5.4条

5.3 安全管理

5.3.1 现场规章制度

序号	项目内容	评价方法	评价依据
1	应具备并严格执行满足电力安全运行需要的与并网设备、装置、系统运行、检修相关的工作票制度、操作票制度；交接班制度、设备巡回检	查阅“两票五制”（或类似管理制度）及制度执行情况检查考核记录等文档资料。现场查阅值长、电气班组运行日志和	《中华人民共和国安全生产法》第17条第2款 《发电厂并网运行管理规定》第6条 《风力发电场安全规程》第3.3条 《风力发电场检修规程》第3.10条

续表

序号	项目内容	评价方法	评价依据
1	查制度、操作监护制度、维护检修制度、消防制度（以下简称“两票五制”）及缺陷管理制度、现场运行管理制度等 设有风力发电机组事故、异常运行记录、设备定期试验记录、巡回检查记录、运行日志、缺陷记录	交接班记录；设备定期试验记录；设备巡回检查记录等执行情况。现场实际抽查3～5份工作票、操作票执行情况。查阅设备、装置缺陷管理制度；设备、装置缺陷管理制度执行情况考核记录等文档资料	
2	应具备且严格执行满足安全运行需要的与电网调度规程、规范相一致的现场运行规程；满足现场安全生产的检修规程和安全工作规程	查阅现场电气运行规程、电气检修规程、安全工作规程；现场实际抽查2～3名有权接受调度命令的运行值班人员了解其对电网调度规程与本单位相关的规程内容掌握情况；现场实际抽查并核对主要涉网设备、装置、系统应与现场电气运行规程、电气检修规程及安全工作规程相符	《中华人民共和国安全生产法》第17条第2款 《并网调度协议（示范文本）》第4章第4.7条 《风力发电场运行规程》第4.2.1条 《风力发电场检修规程》第3.11条
3	应在相应的现场规程中结合实际制定并严格执行包括电气防误装置的检修维护、定期检测试验、人员培训等管理内容，加强防误装置的运行、维护管理，确保防误装置正常运行	查阅风电场电气防误装置的运行规程及检修规程；电气防误装置管理制度等文档资料；对照电气防误装置管理制度，进行现场实际检查防误装置管理（万能钥匙使用和保管）及防误装置运行规程及检修规程执行情况	《防止电气误操作装置管理规定》第三章
4	应按照电力调度机构制定的运行方式组织电力生产。严格执行调度命令并具备相关记录（包括调度命令记录，负荷曲线记录等）	查阅调度操作命令记录等	《发电厂并网运行管理规定》第18条、19条、20条 《风力发电场运行规程》第4.1.6、4.2.2、4.2.3条

5.3.2　安全生产监督管理

序号	项目内容	评价方法	评价依据
1	应按规定设置安全生产管理机构或配备具有与之岗位相适应的专（兼）职安全生产管理人员	查阅风电场机构设置相关文档资料和安全生产管理人员取得政府安全管理部门颁发的相应资格证明或证书	《中华人民共和国安全生产法》第十九条、二十条； 《生产经营单位安全培训规定》第二章第六条

5.3.3　技术监督管理

序号	项目内容	评价方法	评价依据
1	绝缘监督应有专门机构并有专（兼）职人员进行全过程管理；应有年度绝缘监督工作	检查机构、计划、记录、报告、总结	《电力技术监督导则》第2.1、3、4.3.1、5.4、6条； 《高压电气设备绝缘技术监督规程》第3.1、4、5、6、7、8.1.1、8.1.3、8.2、8.3条

续表

序号	项目内容	评价方法	评价依据
1	计划；应有一次设备试验报告、绝缘缺陷记录及消除记录等；应有年度绝缘监督工作总结，涉网设备存在绝缘缺陷时应有绝缘分析报告		
2	应有本单位继电保护技术监督制度和考核办法，并应严格执行	查阅继电保护技术监督制度、考核办法、考核记录	《电力技术监督导则》第2.1、3、4.3.3、5.4条
3	应有本单位电能质量技术监督制度和考核办法，并应严格执行	查阅电能质量技术监督制度、考核办法、考核记录	《电力技术监督导则》第2.1、3、4.3.10、5.4条

5.3.4 应急管理

序号	项目内容	评价方法	评价依据
1	应建立健全事故应急救援体系，按相关标准，结合本单位实际，编制有明确的组织、程序、资源、措施，满足事故应急救援的需要的各类应急救援预案和现场处置方案等	查阅企业事故应急救援体系和应急救援预案等文档资料	《中华人民共和国安全生产法》第17条第5款 《电网运行规则（试行）》第46条 《发电厂并网运行管理规定》第8条 《生产安全事故应急预案管理办法》第一、二、三、四章 《生产经营单位安全生产事故应急预案编制导则》
2	预案应定期组织培训，制定演练计划；组织演练并进行评估分析，有完整的演练、培训考核记录、有演练后总结和预案补充完善记录 按照所在电网调度机构要求列入网厂联合反事故演习的，应按要求参加网厂联合反事故演习	查阅事故应急救援预案演练培训计划、演练培训记录及补充完善、考核记录等文档资料 现场实际询问3～5名与实施事故应急救援预案相关的岗位人员	《发电厂并网运行管理规定》第8条 《电网运行规则（试行）》第46条 《生产安全事故应急预案管理办法》第五章 《电力突发事件应急演练导则（试行）》

5.3.5 电力二次系统安全防护

序号	项目内容	评价方法	评价依据
1	电力调度数据网应在专用通道上使用独立的网络设备组网，在物理层面上实现与电力企业其他数据网及外部公共信息网的安全隔离；电力调度数据网应当采取相应的安全防护措施 在生产控制大区与管理信息大区之间横向隔离强度应接近或达到物理隔离；生产控制大区内部的安全区之间应实现逻辑隔离 生产控制大区的各业务系统若与广域网连接，在生产控制大区与广域网的纵向交接处应当设置经过国家指定部	查阅文档资料及风电场电力调度数据网安全防护措施，现场检查	《电力二次系统安全防护规定》第五条 《电力二次系统安全防护总体方案》第2.2、2.3.1、2.3.3、2.4.1、2.4.3条

续表

序号	项目内容	评价方法	评价依据
1	门检测认证的电力专用纵向加密认证装置或者加密认证网关及相应设施		
2	应制定《电力二次系统安全防护方案》，建立健全电力二次系统安全管理制度和体系，落实安全分级负责制 应建立健全电力二次系统安全的联合防护和应急机制，制定并完善应急预案	查阅风电场《电力二次系统安全防护方案》，控制区功能资料及相关的安全措施，电力二次系统安全管理制度及体系、应急预案	《电力二次系统安全防护规定》第四、八、十、十二条 《电力二次系统安全防护总体方案》第2.1、2.1.4、2.1.5、2.3、3、4.1、4.2条

5.3.6 反事故措施制定与落实

序号	项目内容	评价方法	评价依据
1	应针对并网后可能发生的电网或风电场事故，制定并落实相应的反事故措施（主要包括防止人身伤亡事故措施、防止火灾事故措施、防止电气误操作事故措施、防止继电保护事故措施、防止开关设备事故措施、防止接地网事故措施、防止污闪事故措施、处在雷电多发区的风电场应有特殊防雷保护措施等）及电网明确要求的反事故措施	查阅风电场各项反事故措施及反事故措施落实具体措施；反事故措施落实检查记录等文档资料；现场实际抽查2～3个与落实反事故措施相关的班组和2～3名现场岗位人员	《电网运行规则（试行）》第46条 《国家能源局关于加强风电场并网运行管理的通知》第六条 《发电厂并网运行管理规定》第7、8条 《风力发电场运行规程》第3.2.3条 《并网调度协议（示范文本）》有关条款
2	应加强防火管理，风电场电缆隧道、电缆沟、槽应进行防火封堵，分段阻燃，排水设施应符合规程规定。电缆夹层、电缆隧道、电缆竖井等重点部位或场所防火措施应满足安全生产需要。电缆夹层、电缆隧道、电缆竖井等重点部位或场所应加装火灾自动报警装置或固定灭火装置	现场实地检查	《电力设备典型消防规程》第4.0.1.6、7.4.3、7.4.4、7.4.7条

5.3.7 安全标志

序号	项目内容	评价方法	评价依据
1	生产场所和有关设施、设备上应设置明显、齐全、清晰、完整、规范的安全警示标志；设备均应有规范的铭牌、名称和编号，并标识在明显位置	现场实地逐一检查	《中华人民共和国安全生产法》第28条 《安全色》 《安全标志及其使用导则》 《风力发电场运行规程》第3.1.1条 《风力发电场安全规程》第7.15条

国家电力监管委员会关于加强风电安全工作的意见

电监安全〔2012〕16号

为进一步规范风电安全工作，强化风电设计、建设、并网、运行和调度等全过程安全管理，保证电力系统安全稳定运行和电力的可靠供应，促进风电安全健康发展，提出以下意见：

一、风电场设计与设备选型管理

（一）设计（咨询）单位要严格设计流程、加强设计管理。对于符合国家规划的新建风电场，要加强对风资源、建场条件的论证，预可研、可研、施工设计等各阶段的设计方案要满足相关设计深度要求并通过设计审查。项目设计方案如有重大变更，应组织开展论证，必要时要重新开展该阶段勘察设计与审查工作。

（二）风电场接入系统设计要对可能引起的系统电压稳定问题进行研究，优先考虑风电机组无功调节能力，合理确定风电场升压站动态无功补偿方案。电力调度机构应参与接入系统的设计审查，根据电网运行情况，提出具体审查意见。

（三）分散式风电设计要充分考虑当地电网一次和二次设备状况，对风电机组选型和电网改造提出明确要求，满足电网的调压需要。

（四）风电场二次系统设计要满足国家和行业相关技术标准以及电力系统安全稳定运行要求，并应征求电力调度机构意见。风电场监控系统设计要满足电力二次系统安全防护的相关规定，实现风电场运行信息和测风信息上传电力调度机构，满足风电场有功功率、无功电压自动调节远方控制的要求，并设置统一的时钟系统。禁止通过公共互联网络直接对风电机组进行远程监测、控制和维护。

（五）设计单位要优化风电场集电系统设计，应优先选用上出线机端升压变压器，以减少电缆终端使用数量；集电系统电缆终端应选用冷缩型或预制型，适当提高电缆终端交流耐压和雷电冲击耐压水平。集电系统应综合考虑系统可靠性、保护灵敏度及短路电流状况选择合理的中性点接地方式，实现集电系统永久接地故障的可靠快速切除。

（六）设计单位应根据风电场所在地区合理确定雷电过电压保护设计等级及保护接线，多雷区风电场应适当提高设备防雷设计等级，防雷引线选型和风电场接地电阻应满足相关防雷标准要求，机组叶片引雷线及防雷引下线应优先采用铜质导线。海上、海岛、沿海地区风电场应注重差异化设计，提高风电机组的防台风、防腐蚀能力。风电机组机舱内设备及动力电缆应采用防火设计，采用阻燃材料，提高风电机组的防火能力。

（七）风电企业要加强设计（咨询）单位和风电设备的招标管理，严格设计审查，防止因低价中标导致设备质量下降。风电企业与风电设备制造企业签订的设备采购合同应明确要求风电设备制造企业对制造原因引起的设备安全隐患，及时进行整治；提供风电机组保护设置参数和电气仿真模型等资料；开放涉网保护参数的设置权限。

（八）风电企业应选择经挂网试运行且检测合格的风电机型。并网风电机组应具备低电压穿越能力，并具备一定的过电压能力。规划总装机容量百万千瓦以上的风电基地，各风电场应具备一定的动态无功支撑能力。

二、风电场建设安全管理

（九）风电建设项目单位要对风电建设项目安全生产负全面管理责任，履行电力建设安全生产组织、协调、监督职责，建立健全组织机构和工作机制，落实参建各方职责，完善各项安全管理制度。项目开工15个工作日内，将风电建设项目的安全生产管理情况向所在地电力监管机构备案。

（十）风电建设项目单位要加强设计（咨询）、施工、监理单位的资质管理，建立和完善设计、监理、施工、调试、设备制造企业等单位的安全资质审查制度。参建单位应取得相应的资质，不得超越资质承揽工程，严禁工程非法转包和违法分包。特种作业人员应持证上岗。

（十一）风电建设项目单位和施工单位要加强对风电机组吊装、工程爆破施工等重大特殊施工作业方案的审查工作。工程使用的特种设备、燃爆器材、危险化学品等应按国家有关规定要求，加强运输、储存、使用等各环节安全管理工作。监理单位要审查施工各项准备措施和方案，对吊装作业、工程爆破、隐蔽工程等重要施工作业实行旁站监理。

（十二）风电建设项目单位要建立项目质量管理目标和组织机构，明确参建各方职责，完善质量管理制度和考核标准，加强风电机组吊装、电缆终端、电力二次接线、接地网等各环节施工质量控制与管理，防止由于质量控制不到位造成安全隐患。参建各方要重视质量缺陷管理，强化防治措施，提高工程建设质量管理水平。

（十三）风电建设项目单位要建立主要设备监造管理机制，对于主要原材料、零部件的选择要进行鉴证。必要时，对于关键质量环节应旁站监督，保证风电设备制造质量符合技术要求。

（十四）风电企业要加强工程质量验收管理，建立和完善验收管理制度。强化资料验收移交工作，风电工程各阶段验收及各项试验资料应数据齐全，结论明确，手续完备。工程档案应与工程建设同步，强化对图纸、照片、电子文档载体及技术档案等资料管理。

（十五）电网企业要加强风能资源丰富地区电网的规划和建设，做好风电场接入系统和送出工程的建设管理工作，对于已审查通过的接入系统审查意见，不得擅自变更，努力实现接入工程的同步建设和同步投产，不得以技术和其他理由拖延风电项目接入。

三、风电并网安全管理

（十六）风电企业要加强风电场并网管理，组织开展新建风电场机组并网检测工作；按照《发电机组并网安全性评价管理办法》要求，开展并网安全性评价。

（十七）风电并网检测应由具备相应资质的检测机构进行。检测机构应规范检测程序，加强检测能力建设。对于风电场内抽检测试未通过的机型和抽检合格批次产品中因更换主要部件导致风电机组性能不满足并网技术要求的机型，检测机构应及时报告电力监管机构和电力调度机构，并于每月底前将通过检测的风电机组型号及检测汇总报告报送电力监管机构备案，并同时抄送当地电力调度机构和风电企业。

（十八）电力调度机构要加强风电场并网运行管理，配合开展风电场并网检测工作，参与风电场并网安全性评价工作，对风电场涉网资料、技术条件、并网测试等方面内容进行严格核查。

四、风电场运行管理

（十九）风电企业要建立健全安全生产规章制度，落实企业安全生产主体责任，加强安全生产管理，保证必要的安全投入。配置专（兼）职安全员和技术人员，履行安全职责，强化现场安全生产管理，开展电力安全生产标准化工作。

（二十）风电企业要加强安全、运行、检修等规程的编制和修订工作，按有关规程要求对输变电设备开展预防性试验和运行维护工作。电场运行规程应报当地电力调度机构备案。

（二十一）风电企业运行人员应熟悉电力系统调度管理规程和相关规定，严格遵守调度纪律，及时准确向电力调度机构汇报事故和故障情况。记录保存故障期间的有关运行信息，配合开展调查分析。风电场因继电保护或安全自动装置动作导致风电机组脱网时，应及时报告电力调度机构，未经电力调度机构同意，禁止自行并网。

（二十二）风电企业要加强电力二次系统管理，开展二次系统隐患排查治理工作。规范继电保护定值计算、审核、批准制度，建立和完善继电保护运行管理规程；相关涉网二次系统及设备定值应报电力调度机构审核和备案；每年应根据系统参数变化等情况进行继电保护定值复核，保证电力二次设备安全运行。

（二十三）风电企业要建立隐患排查治理工作常态机制，定期开展风电机组、集电系统、变电设备和无功补偿装置等电气设备的隐患排查治理工作。对于低电压穿越能力、继电保护及安全自动装置、无功配置和调节性能不满足电网安全稳定运行要求的风电场，应制定专项整改计划，及时落实整改。已投运风电场应采取措施，实现集电系统永久接地故障的可靠快速切除。

（二十四）风电企业要加强应急管理，完善应急预案体系，重点编制自然灾害、火灾、人身伤亡、风机大规模脱网等专项应急预案和现场处置方案，并按照相关规定强化应急预案管理，开展应急演练。风电企业要强化应急队伍建设，做好应急物资储备工作，提高风电场应急处置能力。

（二十五）风电企业要组织开展风电场技术监督工作。加强风电场绝缘、金属、继电保护、调度自动化、电能质量等方面技术监督工作，及时掌握设备健康状态。

（二十六）风电企业要加强人员培训工作，制定培训计划，定期开展业务培训。风电企业有调度受令业务的运行值班人员应经过电力调度机构的培训，并取得相应的合格证书持证上岗。

（二十七）风电企业要加强风电可靠性管理，建立可靠性管理工作机制，落实可靠性管理岗位责任，准确、及时、完整报送信息。

（二十八）电网企业要加强对大规模风电并网产生的电力系统安全风险的研究分析，有针对性地制定系统反事故措施和专项应急预案，及时制定并落实保证电力系统安全稳定运行的措施。要加强电网薄弱环节的建设改造，为风电接入创造条件；要加强输变电设备的运行维护，保证风电并网运行安全。

五、风电调度管理

（二十九）电力调度机构要按照有关法律法规和技术标准的要求，加强风电调度管理，在保证电力系统安全稳定运行的前提下，实行风电等可再生能源的优先调度和全额收购。风电企业要严格遵守调度纪律，加强与电力调度机构的协作配合。

（三十）电力调度机构要加强对系统风电接纳能力的评估，将风电纳入月度电力电量平衡和日前调度计划管理，统筹安排运行方式。逐步开展风电场综合性能排序调度工作。直调风电装机容量达到100万千瓦的省级及以上电力调度机构原则上应设立风电（可再生能源）调度管理专职人员。

（三十一）电力调度机构要督促风电企业对已投运风电场按照有关规定要求，开展并网安全性评价工作，不具备低电压穿越能力的，要按照电监会《关于风电场并网安全性评价中有关风电机组低电压穿越能力处理意见的通知》要求，进行整改。

（三十二）电力调度机构要加强调管范围内二次专业管理，督促风电场开展二次系统安全隐患排查治理工作。指导风电场进行涉网保护整定，做好涉网保护定值审核和备案。组织风电场开展二次系统安全防护工作。

（三十三）电力调度机构要逐步建立以省级和区域电力调度机构为平台的风电功率预测预报体系，开展覆盖调管范围的中长期、短期、超短期风电发电预报工作。风电场要按照有关规定要求，建立风电功率预测预报系统，集中接入的风电场要按风电发电计划申报要求向电力调度机构上报发电计划。

（三十四）电力调度机构和风电企业要充分利用厂网联席会议等信息交流平台，按照有关规定披露风电运行信息，协商解决电力系统安全运行重大事项，促进风电与电网协调发展。

（三十五）风电企业要向电力调度机构提供风电设备的电气仿真模型和相关参数，配合电力调度机构开展对大型风电场接入系统影响电网安全稳定运行情况的研究工作，落实相关安全措施。

六、风电安全监管

（三十六）电力监管机构要加强风电安全监督管理，强化风电建设、并网、运行和调度等重点环节的安全监管。要组织开展风电场并网安全性评价工作，严格执行电力业务许可制度，定期进行电力企业安全生产情况监督检查，督促企业开展隐患排查治理工作，推进教育培训和技术交流，促进风电安全健康发展。

（三十七）电力监管机构要按照“四不放过”原则和“依法依规、实事求是、注重实效”要求，开展风电安全事故调查处理工作，严肃责任追究。对发生风电安全事故以及存在重大安全隐患整改不力的企业，要及时进行通报，并督促企业及时落实整改工作。

（三十八）电力监管机构要发挥监督、指导和协调作用，督促风电企业健全安全生产管理体系，加强安全风险管控，加强隐患排查治理、教育培训、应急救援和事故处置等方面工作，强化安全生产基层基础建设，推进电力安全生产标准化工作，促进风电安全健康发展。

（三十九）电力监管机构要加强对风电调度工作和风电并网检测工作的监管，督促电力调度机构强化风电并网运行管理和电力二次专业管理，在保证电网安全稳定运行的前提下，优先调度和全额收购可再生发电资源。

（四十）电力可靠性管理中心要加强可靠性管理，强化可靠性数据的统计分析和应用，及时发布可靠性指标，为风电设备选型、风电场生产运行和检修维护提供参考。

（四十一）电力监管机构要督促各电力企业按照有关规定要求，及时、准确、完整报送风电安全生产信息，按时进行信息统计和汇总，及时进行安全信息通报和披露。

国家电力监管委员会

2012年3月1日

关于进一步加强发电企业安全生产属地监管的意见

办安全〔2012〕128号

各派出机构，大坝安全监察中心、电力可靠性管理中心：

当前，地理位置横跨两个及以上省（自治区、直辖市）、跨省跨区送电、点对网送电等情况的发电企业日益增多，在安全监管工作开展过程中，不同程度存在监管主体不明确、监管工作缺位和不到位的情况。针对以上情况，根据安全生产监管相关规定和要求，提出以下意见：

一、电力企业安全监管工作坚持属地监管的原则，企业所在地电力监管机构是企业安全监管的主体单位，履行安全监管职责，依法依规开展电力安全信息报送、事故（事件）调查处理、隐患排查治理、安全宣传教育培训、安全生产标准化建设等日常监管工作。

二、对于地理位置横跨两个及以上省（自治区、直辖市）的发电企业，所涉及的电力监管机构要根据企业地理位置、交通、前期工作等实际情况，按照协商一致的原则，确定一家电力监管机构作为监管主体，并报备电监会予以明确；如协商不一致，由电监会指定。

三、地理位置横跨两个及以上省（自治区、直辖市）的发电企业的电力人身伤亡事故调查处理工作，根据牵头调查的地方政府情况，由相应电力监管机构参与调查并报送相关信息。

四、由于电网因素导致的跨省跨区送电、点对网送电等情况的发电企业的电力安全事故（事件）调查工作，按照电力调度关系，由相应电力监管机构牵头负责，企业所在地电力监管机构配合。

五、发电企业的机组并网安全性评价工作，依据《发电机组并网安全性评价管理办法》（电监安全〔2007〕45号），按照并网发电机组的电力调度关系，由相应电力监管机构负责；在组织开展跨省发电机组并网安评时，组织单位要提前告知并邀请企业所在地电力监管机构参加。涉及跨国网、南网送电的发电企业并网安评工作由电监会安全监管局指定单位负责。

电力监管机构要切实提高认识，树立大局意识，加强沟通与协调，相互配合，形成监管合力，做到监管工作不缺位、不越位，扎实推进电力安全监管工作深入开展。

国家电力监管委员会

2012年11月2日

国家电力监管委员会关于印发《燃煤发电厂贮灰场安全监督管理规定》的通知

电监安全〔2013〕3号

各派出机构，国家电网公司，南方电网公司，华能、大唐、华电、国电、中电投集团公司，各有关单位：

为进一步加强燃煤发电厂贮灰场安全监督管理，预防贮灰场安全事故，现将《燃煤发电厂贮灰场安全监督管理规定》印发你们，请依照执行。

国家电力监管委员会
2013年1月17日

附件：

燃煤发电厂贮灰场安全监督管理规定

第一条 为进一步加强燃煤发电厂贮灰场安全监督管理，预防贮灰场安全事故，根据《中华人民共和国安全生产法》《电力监管条例》《电力安全事故应急处置和调查处理条例》等有关法律法规，制定本规定。

第二条 燃煤发电厂贮灰场（以下简称贮灰场）建设、运行、闭库和闭库后的安全监督管理，适用本规定。

本规定所称贮灰场指筑坝拦截谷口或围地形成的具有一定容积、主要用以贮存粉煤灰的专用场地，包括灰坝（含灰堤）、场内粉煤灰排放系统、排水系统、排渗系统、喷淋系统、回水泵站、贮灰场管理站等建（构）筑物和设备设施。

第三条 燃煤发电企业（以下简称发电企业）是贮灰场安全生产责任主体，应遵守国家有关法律法规和标准规范，落实安全生产责任制，保障安全生产投入，明确贮灰场安全管理机构，配备熟知贮灰场安全知识、具备贮灰场相应专业技能的技术人员。运行管理单位具体负责贮灰场安全运行管理，应建立健全贮灰场安全生产规章制度，加强贮灰场安全巡视检查和日常维护工作，积极消除缺陷和隐患，确保贮灰场运行安全。

委托他方承担贮灰场运行管理具体工作的，双方应签订安全管理协议，明确双方责任。委托方应负责对被委托方进行管理和指导，不得以包代管。

第四条 贮灰场（含构筑子坝）勘察设计、建设施工、运行维护、安全评估等单位应具备相应能力，并承担相应的安全责任。

第五条　勘察设计单位应按照国家有关标准开展贮灰场勘察（测）、设计工作，对贮灰场及灰坝稳定性、防排洪能力、安全设施可靠性、环境保护、坝基适用性等进行充分论证。

安全设施应做到与主体工程同时设计、同时施工、同时投入使用，并符合电力安全生产设施有关规定要求。

第六条　施工单位应严格执行国家有关法律法规和标准规范的规定，按照贮灰场设计图纸施工，确保贮灰场工程质量，并做好施工技术资料的管理和归档。

贮灰场施工过程中需对设计做局部修改时，应经原设计单位进行设计变更。

第七条　发电企业在贮灰场建成投运后一个月内应向所在地电力监管机构进行安全备案，已投运贮灰场应在本规定施行后一年内进行安全备案。安全备案应提交以下资料：

（一）贮灰场所在地理位置、面积及下游（或周边）村庄、建筑物、居民等情况；

（二）贮灰场建设时间、参建单位以及建设中曾经出现过的重大问题及其处理措施；

（三）贮灰场主要技术参数，包括坝轴线位置、坝高、总库容、坝外坡坡比、灰坝结构、筑坝材料、筑坝方式、灰渣堆积量等；

（四）灰坝坝体防渗、排渗及反滤层的设置；

（五）防排洪系统的型式、布置及主要技术参数；

（六）贮灰场工程设计审批文件、施工质量及竣工验收相关资料；

（七）贮灰场的安全管理机构、专业运行人员和安全管理制度。

（八）当地电力监管机构要求备案的其他材料。

第八条　贮灰场发生以下事项变化的，发电企业应及时到电力监管机构办理备案变更：

（一）加筑子坝；

（二）灰坝筑坝方式；

（二）坝轴线位置、贮灰场库容、坝外坡坡比、灰坝坝型、最终堆积标高；

（三）灰坝坝体防渗、排渗及反滤层的设置；

（四）防排洪系统的型式、布置及主要技术参数；

（五）贮灰场闭库。

第九条　运行管理单位应加强贮灰场安全巡查，认真开展隐患排查治理工作，保障贮灰场安全。贮灰场存在重大隐患且无法保证安全的，应停止继续排灰，及时采取有效措施予以控制，并制定相应应急预案。

贮灰场重大隐患治理应坚持专项设计、专项审查、专项施工和专项验收的原则。

第十条　运行管理单位应加强贮灰场运行管理，完善贮灰场排灰方案，优化贮灰场运行方式，依据设计文件控制贮灰场灰水位、堆灰坡向、预留安全超高等，保持满足安全运行的干滩长度。

第十一条　运行管理单位应保持坝体观测设施齐全、完好，并定期进行坝体位移、坝体沉降、坝体浸润线埋深及其出溢点变化情况等安全监测。

（一）坝体位移监测。在贮灰场竣工三年内，可以每月监测一次；竣工三年后，一般情况下，每季度监测一次；在汛期及发生地震等特殊情况下应加强监测。

（二）坝体沉降监测。一般情况下，每季度监测一次；在汛期及发生地震等特殊情况下应加强监测。

（三）浸润线监测。正常情况下，每月测量一次，汛期及发生地震等特殊情况下，应增加观测次数。根据浸润线监测数据，应及时绘出坝体浸润线。

（四）地下水位变化监测。地下水位监测应重点监测其变化幅度及与地表水的联系。系统动态观测时间不少于1个水文年，并每月观测一次，雨季应增加观测次数。

（五）蚁穴、兽洞观测。应根据当地气候特点，每年春季、秋季应对大坝蚁穴、兽洞等进行全面检查。

第十二条 发生地震、暴雨、洪水、泥石流或其他可能影响贮灰场灰坝安全等异常情况时，运行管理单位应加强巡视检查，并增加监测频次和监测项目。

第十三条 运行管理单位应加强安全监测数据分析和管理，发现监测数据异常或通过监测分析发现坝体有裂缝或滑坡征兆等严重异常情况时，应立即采取措施予以处理并及时报告。

第十四条 发电企业和运行管理单位应加强贮灰场防汛安全管理。每年汛期前应对贮灰场排洪设施进行检查、维修和疏通。汛后应对贮灰场坝体和排洪构筑物进行全面检查与清理，发现问题及时处理。

第十五条 发电企业和运行管理单位应加强贮灰场堆灰和取灰管理，制定完善堆灰和取灰方案，堆灰和取灰工作不得影响贮灰场安全。

第十六条 运行管理单位应做好贮灰场喷淋设施运行维护管理，以及灰场植被和灰场周边的防尘绿化带维护管理，防止扬尘污染。贮灰场排放灰水及渗漏水应定期进行水质监测。

第十七条 运行管理单位发现贮灰场安全管理范围内存在爆破、打井、采石、采矿、取土等危及贮灰场安全的活动时，应及时采取措施予以制止，并报有关单位和地方政府有关部门予以协调解决。

第十八条 发电企业应加强贮灰场闭库工作及闭库后安全管理工作。对于解散或者关闭破产的发电企业，贮灰场安全管理由出资人或其上级主管单位负责。

第十九条 发电企业应对运行及闭库后的贮灰场定期组织开展安全评估，并将安全评估报告报所在地电力监管机构。不具备安全评估能力的发电企业，可以委托具备相应能力的单位开展安全评估工作。安全评估原则上每三年进行一次。

发生以下情形之一的，发电企业应开展专项安全评估，对贮灰场安全状况和安全等级提出评估意见：

（一）加筑子坝后；

（二）遭遇特大洪水、破坏性地震等自然灾害；

（三）发生贮灰场安全事故后；

（四）其他影响贮灰场安全运行的异常情况。

第二十条 贮灰场根据安全评估结果确定安全等级，贮灰场安全等级分为正常灰场、病态灰场、险情灰场。

符合下列条件的贮灰场，评定为正常灰场：

（一）设计标准：符合现行规范要求；

（二）防洪能力：满足灰坝设计级别所规定的洪水标准，运行贮灰标高不超过限制贮灰标高，有足够的防洪容积和安全超高；

（三）排水设施：排水系统（含排洪系统）设施符合设计要求，运行正常；

（四）坝体结构：坝体结构完整、坝体变形稳定、未发现裂缝和滑移现象、坝体稳定安全系数满足规范要求；

（五）渗透稳定：运行干滩长度、浸润线位置符合设计要求，坝脚渗流水量平稳，水质清澈，下游坡面无出溢点。

符合下列任一条件的贮灰场，评定为病态灰场：

（一）设计标准：不符合现行规范要求，已限制贮灰场运行条件；

（二）防洪能力：运行贮灰标高超过限制贮灰标高；

（三）排水设施：排水构筑物出现裂缝、钢筋腐蚀、管接头漏泥、或局部损坏的状况；

（四）坝体结构：坝体整体外坡陡于设计值、坝坡冲刷严重并形成冲沟、或坝体稳定安全系数小于规范允许值但不小于 0.95 倍规范允许值；

（五）渗透稳定：运行干滩长度不符合设计要求、坝体浸润线位置过高、有高位出溢点、或坡面出现湿片。

符合下列任一条件的贮灰场，评定为险情灰场：

（一）设计标准：低于现行规范要求，明显影响贮灰场安全；

（二）防洪能力：运行贮灰标高超过限制贮灰标高，安全超高不满足要求或防洪容积不满足要求；

（三）排水设施：排水系统存在局部堵塞、排水不畅的情况，存在大范围破损状况，严重影响排水系统安全运行，甚至丧失排水能力的情况；

（四）坝体结构：坝体出现裂缝、坍塌、滑坡现象，或坝体稳定安全系数小于 0.95 倍规范允许值；

（五）渗透稳定：坝坡存在大面积渗流，或出现管涌流土现象，形成渗流破坏。

第二十一条　安全等级评定为病态灰场和险情灰场的贮灰场，应采取下列措施：

（一）评定为险情灰场的，应在限定的时间内采取工程措施消除险情；情况危急的，应立即停运，并进行抢险；

（二）评定为病态灰场的，应在限定的时间内按照正常灰场标准进行整治，及时消除缺陷或隐患。

第二十二条　发电企业和运行管理单位应加强贮灰场应急管理工作，制定灰坝垮坝、洪水漫顶、水位超警戒线、坝坡滑动、防排洪系统失效等运行安全事故以及可能影响贮灰场安全运行的台风、洪水、地震、地质灾害等应急预案，并定期开展应急培训和演练。

贮灰场遇有险情时，应按照规定启动应急预案，采取有效措施，确保贮灰场安全。

第二十三条　贮灰场发生安全事故或出现异常情况，发电企业应及时向上级主管单位、地方政府有关部门和所在地电力监管机构报送安全信息。

第二十四条　电力监管机构按照属地监管的原则对贮灰场实施安全监管，督促发电企业落实贮灰场安全管理规定，认真排查治理隐患。

电力监管机构对非正常灰场、存在重大隐患的贮灰场以及未按规定备案的贮灰场实行挂牌督办；对督查发现贮灰场安全等级与实际不符的或需要进行专项安全评估的，要求发电企业采取措施并重新进行安全评估。

第二十五条　本规定下列用语的含义：

（一）灰坝：挡粉煤灰和水的灰场外围构筑物，常泛指灰场初期坝和分期加高坝的总体。

（二）贮灰场安全设施：主要指灰场观测设施及其他用于保证灰场安全的设施。

（三）浸润线：水沿着煤粉灰颗粒间隙向坝体下游渗透形成的稳定渗流自由水面。

（四）排洪设施：包括截洪沟、溢洪道、排水井、排水管和排水隧洞等构筑物。

（五）闭库：为使一座停用的贮灰场能够满足长期安全稳定的要求而开展的一系列工作的全过程。包括两种情况：

1．灰场已达到设计最终堆积高程并不再进行继续加高扩容的；

2．灰场尚未达到设计最终堆积高程但由于各种原因提前停止使用的。

（六）贮灰场安全事故或异常情况：是指发生《中华人民共和国安全生产法》《生产安全事故报告和调查处理条例》（国务院第 493 号令）和《电力安全事故应急处置和调查处理条例》（国务院第 599 号令）规定的生产安全事故，以及其他导致严重后果的运行安全异常情况，如：灰坝溃决、严重断裂、倒塌、滑移；灰渣、灰水严重泄漏；洪水漫顶、淹没；排洪设施严重破坏；近坝库岸及边坡大规模塌滑等。

第二十六条　本规定自印发之日起施行。

关于印发《光伏发电站并网安全条件及评价规范（试行）》的通知

办安全〔2013〕49号

各派出机构，大坝中心，可靠性中心，国家电网公司，南方电网公司，华能、大唐、华电、国电、中电投集团公司，各有关单位：

为加强光伏发电站涉网安全监督管理，规范光伏发电站并网安全性评价工作，现将《光伏发电站并网安全条件及评价规范（试行）》印发你们，请依照执行。执行中如有问题和建议，请及时反馈电监会安全监管局。

国家电力监管委员会
2012年11月2日

附件：

光伏发电站并网安全条件及评价规范（试行）

1 范围

本标准规定了并网光伏发电站的电气一次设备、电气二次设备、调度自动化及通信、安全生产管理四个方面安全性评价的必备项目和评价项目、相关的评价方法和相应的评价依据。

本标准适用于通过35kV及以上电压等级并网，以及通过10kV电压等级与公共电网连接的地面光伏发电站，其他类型的光伏发电站参照执行。

新建、改建和扩建的光伏发电站应当通过并网安全性评价，已投入运行的光伏发电站应当定期进行并网安全性评价。

2 规范性引用文件

下列文件对于本规范的应用是必不可少的。凡是注明日期的引用文件，仅注日期的版本适用本规范。然而，鼓励根据本规范达成协议的各方研究是否可以使用这些文件的最新版本。凡是不注日期的引用文件，其最新版本（包括所有的修改单）适用于本规范。

《电力变压器　第2部分：温升》GB 1094.2—1996

《安全色》GB 2893—2008

《安全标志及其使用导则》GB 2894—2008

《系统接地的型式及安全技术要求》GB 14050—2008

《电力安全工作规程（发电厂和变电站电气部分）》GB 26860—2011

《建筑物防雷设计规范》GB 50057—2010

《35～110kV 变电所设计规范》GB 50059—2011

《66kV 及以下架空电力线路设计规范》GB 50061—2010

《交流电气装置的接地设计规范》GB 50065—2011

《电气装置安装工程　电气设备交接试验标准》GB 50150—2006

《电气装置安装工程　电缆线路施工及验收规范》GB 50168—2006

《电气装置安装工程　接地装置施工及验收规范》GB 50169—2006

《电气装置安装工程　盘、柜及二次回路结线施工及验收规范》GB 50171—1992

《火力发电厂与变电站设计防火规范》GB 50229—2006

《光伏发电站施工规范》GB 50794—2012

《光伏发电站设计规范》GB 50797—2012

《高压电力设备外绝缘污秽等级》GB/T 5582—1993

《变压器油中溶解气体分析和判断导则》GB/T 7252—2001

《电能质量　供电电压允许偏差》GB/T 12325—2008

《电能质量　电压波动和闪变》GB/T 12326—2008

《远动终端设备》GB/T 13729—2002

《继电保护和安全自动装置技术规程》GB/T 14285—2006

《电能质量　公共电网谐波》GB/T 14549—1993

《电能质量　电力系统频率允许偏差》GB/T 15945—2008

《高压架空线路和发电厂、变电所环境污区分级及外绝缘选择标准》GB/T 16434—1996

《晶体硅光伏（PV）方阵 Ⅰ-Ⅴ特性的现场测量》GB/T 18210—2000

《光伏发电站接入电力系统技术规定》GB/T 19964—2012

《光伏（PV）组件安全鉴定　第 2 部分：试验要求》GB/T 20047.2—2006

《污秽条件下使用的高压绝缘子的选择和尺寸确定　第 1 部分：定义、信息和一般原则》GB/T 26218.1—2010

《污秽条件下使用的高压绝缘子的选择和尺寸确定　第 2 部分：交流系统用瓷和玻璃绝缘子》GB/T 26218.2—2010

《光伏发电站无功补偿技术规范》GB/T 29321—2012

《光伏发电工程验收规范》GB/T 50796—2012

《电力设备典型消防规程》DL 5027—1993

《接地装置特性参数测量导则》DL/T 475—2006

《电力调度自动化系统运行管理规程》DL/T 516—2006

《电力系统通信管理规程》DL/T 544—l994

《电力系统微波通信运行管理规程》DL/T 545—2011

《电力系统光纤通信运行管理规程》DL/T 547—2010

《电力系统通信站过电压防护规程》DL/T 548—2012

《220～500kV 电力系统故障动态记录技术准则》DL/T 553—1994

《电力变压器运行规程》DL/T 572—2010
《变压器分接开关运行维修导则》DL/T 574—2010
《微机继电保护装置运行管理规程》DL/T 587—2007
《高压开关设备和控制设备标准的共用技术要求》DL/T 593—2006
《电力设备预防性试验规程》DL/T 596—1996
《交流电气装置的过电压保护和绝缘配合》DL/T 620—1997
《交流电气装置的接地》DL/T 621—1997
《带电设备红外诊断应用规范》DL/T 664—2008
《电力系统用蓄电池直流电源装置运行与维护技术规程》DL/T 724—2000
《电力系统数字调度交换机》DL/T 795—2001
《变电站运行导则》DL/T 969—2005
《继电保护和电网安全自动装置检验规程》DL/T 995—2006
《电网运行准则》DL/T 1040—2007
《电力技术监督导则》DL/T 1051—2007
《高压电气设备绝缘技术监督规程》DL/T 1054—2007
《电力系统调度自动化设计技术规程》DL/T 5003—2005
《电力工程直流系统设计技术规程》DL/T 5044—2004
《变电站总布置设计技术规程》DL/T 5056—2007
《110kV～500kV 架空送电线路设计技术规程》DL/T 5092—1999
《电力系统调度通信交换网设计技术规程》DL/T 5157—2002
《电能量计量系统设计技术规程》DL/T 5202—2004
《光伏器件第 6 部分：标准太阳电池组件的要求》SJ/T 11209—1999
《生产经营单位安全生产事故应急预案编制导则》AQ/T 9002—2006
《中华人民共和国消防法》
《中华人民共和国安全生产法》
《电网调度管理条例》
《电力安全事故应急处置和调查处理条例》
《生产经营单位安全培训规定（2006）》国家安全生产监督管理总局令第 3 号
《电力安全生产监管办法》国家电力监管委员会令第 2 号
《电力二次系统安全防护规定》国家电力监管委员会令第 5 号
《电网运行规则（试行）》国家电力监管委员会令第 22 号
《并网调度协议（示范文本）》电监会工商总局 GF—2003—0512
《电力二次系统安全防护总体方案》电监安全〔2006〕34 号附件一
《发电厂并网运行管理规定》电监市场〔2006〕42 号
《电力突发事件应急演练导则（试行）》电监安全〔2009〕22 号
《电力企业应急预案管理办法》电监安全〔2009〕61 号
《关于印发电力安全事件监督管理暂行规定的通知》电监安全〔2012〕11 号
《防止电力生产重大事故的二十五项重点要求》国电发〔2000〕589 号

《继电保护及安全自动装置运行管理规程》（82）水电生字第11号

《电力系统继电保护及安全自动装置反事故措施要点》电安生〔1994〕191号

3 术语和定义

下列术语和定义适用于本标准。

3.1 必备项目

光伏发电站并网运行的最基本要求，主要包含对电网和并网电站安全运行可能造成严重影响的技术和管理内容。

3.2 评价项目

除必备项目外，光伏发电站并网运行应当满足的安全要求，主要用于评价并网光伏发电站及直接相关的设备、系统、安全管理工作中影响电网和光伏发电站安全稳定运行的危险因素的严重程度。

4 必备项目

必备项目内容、评价方法和评价依据见表1。

表1　必备项目内容、评价方法和评价依据

序号	项目内容	评价方法	评价依据
1	光伏发电站接入电网方式应符合电网公司接入系统批复文件 在涉网输出汇总点设置易于操作、可闭锁的并网总断路器，且断路器遮断容量、三相故障清除时间应满足电网安全运行要求。110kV及以上变压器中性点接地方式应当经电力调度机构审批，并按有关规定执行	查看电气主接线图纸、光伏电站接入系统的批复文件 查阅断路器资料及年度系统短路容量校核计算书，保护装置文档资料 查阅电力调度部门文件	1．该工程初步设计中，电气主接线接入系统设计审查意见书 2．《电网运行规则（试行）》第二十一条 3．《电网运行准则》第5.3.2.1条b、5.4.2.1条
2	光伏发电站和并网点设备的防雷和接地应符合规范和设计要求，接地网的接地电阻实测值满足设计要求；变电站防雷保护范围应满足要求；110kV及以上升压站跨步电压、接触电势测试合格	查阅交接试验报告	1．《电气装置安装工程电气设备交接试验标准》第26.0.3条 2．《交流电气装置的过保护和绝缘配合》第7条 3．《接地装置特性参数测量导则》第3.7、4.3、5条 4．《交流电气装置的接地设计规范》第4.3.5条
3	高压配电装置的外绝缘爬电比距和电气安全距离应满足安装点的环境污区分级及外绝缘选择标准（海拔）要求	查阅升压站绝缘母线、高压开关柜等各带电设备的技术资料、设计资料，现场检查	1．《高压电力设备外绝缘污秽等级》第4条 2．《污秽条件下使用的高压绝缘子的选择和尺寸确定　第1部分：定义、信息和一般原则》《污秽条件下使用的高压绝缘子的选择和尺寸确定　第2部分：交流系统用瓷和玻璃绝缘子》 3．《交流电气装置的过电压保护和绝缘配合》第10.1.7、10.1.8、10.1.9条 4．《高压架空线路和发电厂、变电所环境污区分级及外绝缘选择标准》第4.1、4.7条

续表

序号	项　目　内　容	评价方法	评价依据
4	逆变器应具备低电压穿越能力	查阅设备的技术资料、设计资料及相关权威部门出具的《光伏发电站逆变器低电压穿越能力测试报告》，现场检查	《光伏发电站接入电力系统技术规定》第8章
5	光伏发电站接入的公共连接点的电能质量应满足规程要求，电压偏差、电压波动、闪变和谐波在规定的范围内。光伏电站运行频率在规程要求的偏离范围内，能够正常运行	现场检查，查阅有关资料，查阅电能质量检测数据，查阅运行记录	1.《电网运行准则》第5.2.2、5.2.3、5.2.4条 2.《电能质量　供电电压允许偏差》第4章 3.《电能质量　电压波动和闪变》第4、5章 4.《电能质量　公共电网谐波》第4、5章 5.《电能质量　电力系统频率允许偏差》第3章
6	与电网直接连接的一次设备的保护装置及安全自动装置的配置应满足相关的技术规程以及反措的要求，选型应当与电网要求匹配，并能正常投入运行	查母线、辅助保护、出线保护配置，后备保护范围；自动装置应按电网要求设置等	1.《继电保护和安全自动装置技术规程》第3.3条 2.《电力系统继电保护及安全自动装置反事故措施要点》第1～15章 3.《电网运行准则》第5.3.2条 4.《防止电力生产重大事故的二十五项重点要求》第13.5、13.6条 5.《并网调度协议（示范文本）》第10章
7	继电保护定值应当执行定值通知单制度并与定值单相符。并网点电气设备的继电保护及安全自动装置应按该设备调度管辖部门编制的继电保护定值通知单进行整定，且每年应依据电网短路电流的变化进行校核或修订。与电网保护配合的光伏电站内的保护定值须满足电网配合的要求	现场检查，查阅保护设置方案。查阅继电保护及安全自动装置定值通知单、调试报告、整定计算方案	1.《电网运行准则》第5.3.2.1、5.3.2.3、5.3.2.6、6.11.1条 2.《发电厂并网运行管理规定》第十七条 3.《微机继电保护装置运行管理规程》第11.3条
8	光伏发电站的二次用直流系统的设计配置及蓄电池的放电容量应符合相关规程的技术要求	查阅设计文件、交接试验报告，现场检查	1.《电力工程直流系统计技术规程》第4.1.2、4.2、6.3、7.1.5、7.2.1、7.2.2、7.2.3、7.4.1、7.4.2条 2.《电力系统用蓄电池直流电源装置运行与维护技术规程》第5.2.1、5.3.3、6.1、6.2、6.3条
9	光伏发电站的低电压穿越与低电压保护定值配合符合相关规程要求	查光伏电站低电压保护定值整定记录，逆变器低电压穿越技术资料	1.《光伏发电站接入电力系统技术规定》第8章 2.《光伏发电站设计规范》第6.3条
10	电站正式并网前，调度自动化相关设备、计算机监控系统应满足当地调度部门及调度自动化有关技术规程的要求。接入220kV及以上电压等级的大型光伏电站应装设同步相量测量单元（PMU）	查系统配置情况，接入系统审查资料，设计资料以及相关的调试记录，并与相关调度部门核对	1.《电力系统调度自动化设计技术规程》第5.2.1条 2.《并网调度协议（示范文本）》第11章 3.《电网运行准则》第4.2.9、5.3.4条
11	电力调度数据网采取相应的安全防护措施，与公共信息网安全隔离，禁止以各种方式与互联网连接	查阅设备资料，现场检查	1.《电力二次系统安全防护规定》第五条 2.《电力二次系统安全防护总体方案》第2.2、2.3.1、2.3.3、2.4.1、2.4.3条

续表

序号	项 目 内 容	评价方法	评价依据
12	在并网前按照相关规程规定，光伏发电站应配置有功/无功功率控制系统、光电功率预测系统，并满足调度机构数据接入要求	查系统配置情况以及相关的调试记录，并与相关调度部门核对	1.《电力系统调度自动化设计技术规程》第5.2.1条 2.《电网运行准则》第5.4.4.2、6.6.1、6.6.2条 3.《并网调度协议（示范文本）》第11章
13	光伏发电站至电网调度机构必须具备两条独立路由或不同通信方式的调度通信通道，其中主用通信路由应实现光纤化	现场检查，查阅设计资料	1.《电网运行规则（试行）》第二十条（七） 2.《电网运行准则》第5.3.3条 3.《电力系统调度通信交换网设计技术规程》
14	应建立、健全安全生产管理机构，制定相关安全生产管理制度，落实各级人员的安全生产责任	查阅光伏电站安全生产责任制度及企业安全生产责任制度落实管理办法或细则等文档资料；实际抽查与并网运行有关的主要岗位人员3～5人，询问了解安全生产责任制度掌握和落实情况	1.《中华人民共和国安全生产法》第四、十七、十九、二十条 2.《电力安全生产监管办法》第3章第9条
15	应具备满足安全生产需要的运行规程、系统图和管理制度	查阅电站管理文件资料	1.《中华人民共和国安全生产法》第十七条第2款 2.《发电厂并网运行管理规定》第六条 3.《并网调度协议（示范文本）》第4.7条
16	有权接受调度命令的值班人员，应经过调度管理规程的培训，并考核合格	查阅光伏电站有关人员配置文档资料，核实实际有权接受调度指令人员状况；逐一核查电网调度机构培训、颁发的证件	1.《电网调度管理条例》第11条 2.《电网运行准则》第5.3.1条 3.《并网调度协议（示范文本）》第4.8条

5 评价项目

5.1 电气一次设备

5.1.1 光伏组件

光伏组件项目内容、评价方法和评价依据见表2。

表2 光伏组件项目内容、评价方法和评价依据

序号	项 目 内 容	评价方法	评价依据
1	光伏组件、汇流箱制造方提供的技术文件、图纸、试验报告、调试报告应完整齐全，并符合相关标准	查阅光伏组件技术资料、试验、调试报告，查阅监控系统参数设定值	1.《光伏发电站设计规范》 6.3.1、6.3.2、6.3.3、6.3.4、6.3.10、6.3.11、6.3.12、6.3.13条 2.《晶体硅光伏（PV）方阵I-V特性的现场测量》 3.《光伏（PV）组件安全鉴定 第2部分：试验要求》 4.《光伏器件 第6部分：标准太阳电池组件的要求》
2	汇流箱应配置防止过电压的设施	查阅设备资料、图纸资料，现场查看	《光伏发电站设计规范》第6.3.12条

5.1.2 逆变器

逆变器项目内容、评价方法和评价依据见表3。

表3 逆变器项目内容、评价方法和评价依据

序号	项 目 内 容	评价方法	评价依据
1	逆变器、直流配电柜制造方提供的技术文件、图纸、试验报告、调试报告应完整齐全，并符合相关标准	查阅逆变器的技术资料、试验、调试报告，查阅监控系统参数设定值	《光伏发电工程验收规范》第6.2条
2	逆变器应具有防孤岛能力	查阅逆变器技术资料	《光伏发电站设计规范》第6.3.5、6.3.6、6.3.7、6.3.8、6.3.9、9.3.3条
3	逆变器温度控制、通风系统完备	现场检查	1.《光伏发电站设计规范》第11.2.9条 2.《光伏发电工程验收规范》第4.3.7条

5.1.3 变压器（含组合式箱式变压器）

变压器项目内容、评价方法和评价依据见表4。

表4 变压器项目内容、评价方法和评价依据

序号	项 目 内 容	评价方法	评价依据
1	变压器交接试验项目应齐全，预防性试验项目、结果合格；110kV及以上变压器局部放电试验合格	查阅试验、分析报告	1.《电气装置安装工程 电气设备交接试验标准》第7章 2.《电力设备预防性试验规程》第6.1、6.2、6.3、6.4条
2	运行中变压器的温度不应超出规定值，就地及远方测温装置应准确，误差应符合规范要求；测温装置应校验合格	查阅运行记录、温度计校验报告，现场检查	1.《电力变压器 第2部分 温升》第4条 2.《电力变压器运行规程》第3.1.5、4.1.3、4.1.4、6.1.5、6.1.6条
3	涉网变压器分接开关动作正常(有载开关及操作机构应无缺陷)、接触良好，测试合格	查阅交接试验报告；查阅预防性试验、大修后试验报告	1.《电力变压器运行规程》第5.4.1、5.4.2、5.4.3、5.4.4条 2.《变压器分接开关运行维修导则》第5、7.2、7.3条 3.《电力设备预防性试验规程》第6.1条表5之18
	变压器油按规定周期进行测试，油色谱分析结果合格；油浸变压器的油枕及套管的油位正常，各部位无渗漏现象，35～66kV的8MVA及以上变压器和110kV及以上变压器油枕中应采用胶囊、隔膜、金属波纹管式等油与空气隔离措施，维护情况良好；强迫油循环变压器冷却装置的电源设置符合规程要求、冷却系统运行正常	查阅产品说明书及有关资料、试验报告，现场检查	1.《电力变压器运行规程》第5.1.4条a、b、f，5.1.6条c 2.《变压器油中溶解气体分析和判断导则》第9、10章

5.1.4 电力电缆

电力电缆项目内容、评价方法和评价依据见表5。

表 5　　电力电缆项目内容、评价方法和评价依据

序号	项　目　内　容	评价方法	评价依据
1	电力电缆试验项目应齐全，试验结果合格	查阅交接试验报告或预防性试验报告	1.《电气装置安装工程　电气设备交接试验标准》第 18 章 2.《电力设备预防性试验规程》第 11 章
2	10kV 及以上高压电缆头制作人员应经过专业培训，并持证上岗	查特殊工种上岗证	《电气装置安装工程　电缆线路施工及验收规范》第 6.1.1、6.1.2、6.1.3、6.1.4 条
3	电缆沟内电缆敷设应整齐。 直埋电缆应规范，地面标志符合要求	现场检查	1.《电气装置安装工程电缆线路施工及验收规范》第 4.2、5.1、5.2 条 2.《电力工程电缆设计规范》

5.1.5　高压配电装置

高压配电装置项目内容、评价方法和评价依据见表 6。

表 6　　高压配电装置项目内容、评价方法和评价依据

序号	项　目　内　容	评价方法	评价依据
1	电气设备交接试验项目应齐全、结果合格；SF_6 气体绝缘的电气设备，SF_6 气体检测项目齐全，结果满足要求。SF_6 气体密度继电器及压力动作阀应符合产品技术条件的规定	查阅电气设备出厂资料、交接试验报告、查阅缺陷记录、现场检查	1.《电气装置安装工程　电气测交接试验标准》第 11、12、13、14 章 2.《电力设备预防性试验规程》第 8.1、8.2、8.3、8.6、8.10 条 3.《变电站运行导则》第 6.6.1 条
2	升压站断路器额定电流符合实际工况；各类电气设备连接引线接触良好；各部位不应有过热现象	查阅红外测温、夜间巡视记录，现场检查	1.《高压开关设备和控制设备标准的共用技术要求》第 4.4.1、4.4.2、4.4.3 条 2.《带电设备红外诊断应用规范第 4、5 章
3	无功补偿装置的调节符合设计要求，投切方式按电网调度部门的要求执行	查阅无功补偿装置技术资料，光伏电站输出电压历史记录等	1.《电网运行准则》第 6.6.2.1、6.6.2.2 条 2.《并网调度协议（示范文本）》第 7.4 条 3.《光伏发电站设计规范》第 8.6 条 4.《光伏发电站无功补偿技术规范》第 9.1 条

5.1.6　接地装置

接地装置项目内容、评价方法和评价依据见表 7。

表 7　　接地装置项目内容、评价方法和评价依据

序号	项　目　内　容	评价方法	评价依据
1	变压器中性点应有两根与主接地网不同地点连接的接地引下线，其截面应满足系统最大短路电流热稳定要求	查隐蔽工程记录，现场检查。查阅调度部门参数文件，核对热稳定计算	《防止电力生产重大事故的二十五项重点要求》第 17.7 条
2	光伏发电系统及高、低压配电装置实测接地电阻应满足设计及规程要求，并应进行接地引线的电气导通测试	查阅测试记录，现场检查	1.《电气装置安装工程　电气设备交接试验标准》第 26 章 2.《系统接地的型式及安全技术要求》第 5 条

续表

序号	项　目　内　容	评价方法	评价依据
3	升压站主接地网及电气设备接地引线的截面应满足系统最大短路电流热稳定要求	查阅热稳定校验计算书	1.《电气装置安装工程　接地装置施工及验收规范》第3.2.6条 2.《交流电气装置的接地》第6.2.7、6.2.8、6.2.9条，附录C
4	汇流箱、电池支架应可靠接地	现场检查	1.《光伏发电站施工规范》第5.8.3、5.8.5条 2.《光伏发电工程验收规范》第4.3.6条

5.1.7　过电压

过电压项目内容、评价方法和评价依据见表8。

表8　　过电压项目内容、评价方法和评价依据

序号	项　目　内　容	评价方法	评价依据
1	升压站防直击雷保护范围立满足被保护设备、设施和架构、建筑物安全运行要求；避雷器配置和选型应正确，泄漏电流指示应在正常范围内，避雷器试验合格	现场检查，按规程要求进行查阅分析，查阅有关图纸及设备说明书	1.《交流电气装置的过电压保护和绝缘配合》第5.2.1～5.2.7、7.1.6～7.1.9条 2.《电气装置安装工程　电气设备交接试验标准》第21章 3.《建筑物防雷设计规范》
2	110kV及以上变压器中性点过电压保护应完善、可靠	现场检查，查阅相关图纸资料，如无间隙可装设避雷器	《交流电气装置的过电压保护和绝缘配合》第4.1.1条b、4.1.5条c、7.3.5条
3	10kV～35kV高压配电装置应有防止谐振过电压的措施	查阅有关图纸资料、变电站运行规程和反事故措施等，现场检查	《交流电气装置的过电压保护和绝缘配合》第4.1.2、4.1.5、4.1.6、4.1.7条
4	光伏发电站送出线路的过电压保护应满足相应规程要求，图纸、资料应齐全	查阅有关资料，现场检查	1.《交流电气装置的过电压保护和绝缘配合》第6.1.1、6.1.2、6.1.4、6.1.7、6.1.8、6.1.9条 2.《66kV及以下架空电力线路设计规范》第6.0.14条 3.《110～500kV架空送电线路设计技术规程》第9.0.1条
5	光伏电池及汇流系统应具备防雷保护功能（每个光伏子系统的输入输出端应具有防止雷电串扰的保护措施），图纸资料齐全	现场检查，查阅汇流箱资料、接地电阻试验报告和有关图纸资料	《光伏发电站设计规范》第6.3.12条

5.2　电气二次设备

3.2.1　继电保护及安全自动装置

继电保护及安全自动装置项目内容、评价方法和评价依据见表9。

表9　　继电保护及安全自动装置项目内容、评价方法和评价依据

序号	项　目　内　容	评价方法	评价依据
1	继电保护及安全自动装置的配置和选型符合国家和电力行业标准，满足电网安全要求	现场检查保护配置	《继电保护和安全自动装置技术规程》第3.3条
2	严格执行继电保护及安全自动装置的反事故措施	重点检查双重化、电源、交流回路接地、抗干扰接地等	1.《防止电力生产重大事故的二十五项重点要求》第13章 2.《电力系统继电保护和安全自动装置反事故措施要点》第1～15章

续表

序号	项 目 内 容	评价方法	评价依据
3	直接并网侧的保护用电压互感器和电流互感器的精度应满足要求，电流互感器（包括中间变流器）应进行规定的误差校核并合格	查阅有关设备资料、检验报告	1.《继电保护和安全自动装置技术规程》第6.2.1、6.2.2条 2.《继电保护和电网安全自动装置检验规程》第6.1.2条
4	二次系统回路应图实相符；应建立二次图纸管理制度，规范图纸管理；应有满足二次系统及时维护需要的易损和关键器件的备品备件	抽查部分设备的图纸与实际核对，图纸实行微机化管理	1.《微机继电保护装置运形管理规程》第6.2条 2.《防止电力生产重大事故的二十五项重点要求》第13.2条
5	凡属电网调度管辖范围内的继电保护及安全自动装置，应经过相关调度部门的审查，并与电网调度联合调试。光伏发电站站内的继电保护及安全自动装置整定计算方案或定值通知单的审批手续需完备；所有继电保护装置只有在检验和整定完毕，并经验收合格后，方具备并网试验条件	查阅保护经相关调度部门审查后的资料，相关保护调试完成后的报告、记录	1.《继电保护及安全自动装置运行管理规程》第8.5条 2.《电网运行准则》第5.3.2.2、5.3.2.3条 3.《并网调度协议（示范文本）》第10章
6	电压、电流二次回路应按规定（如用一次负荷电流和工作电压）检查二次回路接线、相位及极性的正确性	查阅相关试验、验收记录	《继电保护及电网安全自动装置检验规程》第5.2.4、6.2.7、8.2条
7	逆变器应具备控制、保护和滤波功能	查阅逆变器技术资料、试验报告、调试报告	《光伏发电站设计规范》6.3.5、6.3.6条
8	涉网的继电保护和安全自动装置（含故障录波装置、保护及故障信息管理系统）应完成必要的联调试验，并与相关一次设备同步投入运行	查阅继电保护及安全自动装置、故障录波等系统的定值通知单、调试报告	1.《电网运行准则》第5.3.2.1条 2.《防止电力生产重大事故的二十五项重点要求》第13.8条
9	建立完备技术档案（设备台账、试验报告、测试设备检定记录、测试数据等），且资料管理规范整齐	查阅资料或记录	《微机继电保护装置运行管理规程》第6.3条
10	有符合现场实际的运行规程，运行人员应认真学习掌握，并做好保护装置的日常维护管理工作	现场检查	《微机继电保护装置运形管理规程》第4.2.3、5.2条
11	保护柜及端子箱内按钮、继电器、压板、试验端子、空气开关名称齐全、清晰准确，着色符合规范要求；二次系统回路标识清晰、正确、齐全；变电站静态型保护应在装置箱体和保护屏下部设置等电位接地母线，与接地网的连接应符合规范要求；防火封堵整洁严密	现场检查	1.《电气装置安装工程 盘、柜及二次回路结线施工及验收规范》第1～5章 2.《继电保护和安全自动装置技术规程》第6.5.3条 3.《微机继电保护装置运行管理规程》第9.3.2条
12	光伏发电站应具备防孤岛能力、低电压穿越能力和逆功率保护的功能，各保护之间的定值应相互配合	查阅试验报告或记录，现场检查	《光伏发电站设计规范》第6.3.5、9.2.4、9.3.2、9.3.3条
13	光伏发电站应装设专用故障录波装置。故障录波装置应记录故障前10s到故障60s的情况，并能够与电力调度部门进行数据传输	查阅装置的故障量清单，并进行现场检查；现场检查录波资料的管理情况	1.《继电保护和安全自动装置技术规程》第5.8条 2.《光伏发电站设计规范》第9.3.6条 3.《220～500kV电力系统故障动态记录技术准则》第4.1、4.2、4.3条
14	按继电保护及安全自动装置定检计划完成定检	查阅定检计划和检验完成情况及检验报告	《继电保护和电网安全自动装置检验规程》第4.1.2、4.1.3、4.2条的规定

续表

序号	项 目 内 容	评价方法	评价依据
15	光伏发电站应配备足够的、连续平滑调节的无功补偿设备，无功功率的调节范围和响应速度，应满足光伏电站并网点电压调节的要求，通过并网验收测试	查阅无功补偿装置的设计图纸、厂家有关资料和现场检验报告或记录	《光伏发电站接入电力系统技术规定》第6.2、7.1、8.4条

5.2.2 直流系统

直流系统项目内容、评价方法和评价依据见表10。

表10 直流系统项目内容、评价方法和评价依据

序号	项 目 内容	评价方法	评价依据
1	蓄电池组容量应满足需要，蓄电池不应存在连接片松动和腐蚀现象，壳体无渗漏和变形，极柱与安全阀周围无酸雾溢出	查阅设计资料，现场检查蓄电池状况	1.《电力系统用蓄电池直流电源装置运行与维护技术规程》第6.3.4条b 2.《电力工程直流系统设计技术规程》第4.1.1、4.1.2、4.2.1、4.3.2、5.1、5.2.1、5.2.2、7.1.1、7.1.5、7.1.6、9.1条
2	对蓄电池组的单只电池端电压应进行在线监测或定期测量检查	查阅测试记录，现场检查在线监测装置运行状况	《电力系统用蓄电池直流电源装置运行与维护技术规程》第6.1.1条b、第6.2.1条C、第6.3.1条b
3	浮充运行的蓄电池组浮充电压、电流的调节应适当；蓄电池应定期进行核对性充放电试验，保证其容量在规定范围内；应对UPS交直流电源输入进行切换试验，并做好试验记录（含调度自动化及通信专业、逆变器控制用直流系统）	查阅充放电记录，现场检查浮充电电压、电流	1.《电力工程直流系统设计技术规程》第7.2.1、7.2.2、7.2.3、7.4.1、7.4.2、9.1条 2.《电力系统用蓄电池直流电源装置运行与维护技术规程》第5.2.10、6.1、6.2、6.3条
4	直流母线电压波动范围、纹波系数符合规程要求；直流系统绝缘监察或绝缘选检装置应定期试验，运行正常	查阅试验报告或记录，现场检查	1.《电力工程直流系统设计技术规程》第4.2、6.3、6.4.2、7.2.1条 2.《电力系统用蓄电池直流电源装置运行与维护技术规程》第5.3、5.4条
5	直流设备档案和运行维护记录应齐全	查阅相关资料、记录	《电力系统用蓄电池源装置运行与维护技术规程》第5.3.9条

5.3 调度自动化及通信

5.3.1 调度自动化

调度自动化项目内容、评价方法和评价依据见表11。

表11 调度自动化项目内容、评价方法和评价依据

序号	项 目 内 容	评价方法	评价依据
1	自动化设备及与其通信的其他设备的运行应稳定可靠，自动化各项指标达到规定要求	现场检查，查阅运行资料	1.《电网运行准则》第5.3.4条 2.《电力系统调度自动设计技术规程》第5.2、5.3条 3.《并网调度协议（示范文本）》第11.2、12.2条 4.《远动终端设备》第3章

续表

序号	项 目 内 容	评价方法	评价依据
2	电站自动化子站设备应完成与相关电网调度自动化系统（EMS、TMR、WAMS）及相关各系统的联调试验和信息采集（含逆变器信息量）核对工作，并满足调度自动化数据接入要求	查阅设计资料、设备说明书、接入系统审查资料，现场检查	1.《电网运行准则》第 5.3.2 条 2.《电力调度自动化系统运行管理规程》第 5.4 条
3	计量关口应装设电量计量表计、自动采集装置，应按调度要求传送数据	现场检查关口表及采集传送装置状况	1.《电网运行规则（试行）第二十条第八款 2.《电能量计量系统设计技术规程》第 4.0.1、4.0.6 条 3.《并网调度协议（示范文本）》第 11.2 条
4	电度表及采集器精度配置满足计量要求并进行综合误差校验	现场检查，查阅运行资料	《电能量计量系统设计技术规程》第 7.1.2、7.1.14 条
5	调度自动化设备技术、管理资料（设备台账、试验报告、测试设备检定记录、测试数据等）应完整、齐全，且资料管理规范	现场检查，查阅管理文件、运行资料	《电力调度自动化系统运行管理规程》第 5.4 条
6	远动、通信专业人员不能随意断、停自动化子站系统设备使用的数据传输信道，因工作需要断开通道，改变远动信息序位、参数值时须事先征得有关调度部门的同意	现场检查，并与上级调度自动化部门核实	《电力调度自动化系统运行管理规程》第 5.2.7、5.4、8.4 条
7	自动化设备应配备两路独立电源，应配置不间断电源（UPS），容量使用时间不小于 1h	查阅设计图纸和 UPS 说明书，现场检查设备状况	《电力系统调度自动化设计技术规程》第 5.2.10、7.0.3、7.0.4 条
8	自动化屏柜、设备及二次线缆的屏蔽层应可靠接地，接地电阻应满足自动化设备要求；远动通信通道与通信设备的接口处应设置通道防雷保护器	现场检查	1.《电力系统调度自动化设计技术规程》第 5.2.8 条 2.《电气装置安装工程 盘、柜及二次回路接线施工及验收规范》第 2.0.6 条
9	自动化屏柜、设备及线缆应悬挂规范清晰的标志牌，布线应符合规程要求	现场检查	《电气装置安装工程 盘、柜及二次回路接线施工及验收规范》第 3.0.4、4.0.4 条
10	应制定自动化子站设备安全应急预案和故障处理措施，并报主管安全部门备案；应定期进行应急预案演练。应建立健全自动化子站设备运行、检修规程与消缺等各项管理制度；应有设备运行、检修与消缺记录	查阅资料和备份的介质等	1.《电力二次系统安全防护规定》第十、十二条 2.《电力二次系统安全防护总体方案》第 4 章 3.《电力调度自动化系统运行管理规程》第 5.3 条
11	建立健全电力二次系统安全管理制度和体系，制定《电力二次系统安全防护方案》，落实安全分级负责制；建立健全电力二次系统安全的联合防护和应急机制，制定并完善应急预案	查阅《电力二次系统安全防护方案》，控制区功能资料及相关的安全措施，电力二次系统安全管理制度及体系、应急预案	1.《电力二次系统安全防护规定》第五条 2.《电力二次系统安全防护总体方案》第 2.2、2.3.1、2.3.3、2.4.1、2.4.3 条
12	光伏发电站并网、运行、检修等应严格执行电网调度命令。若光伏电站的运行危及电网安全稳定运行，调度有权暂时将光伏电站解列。光伏电站在紧急状态或故障情况下退出运行后，应在调度的安排下有序并网恢复运行	查阅运行记录	1.《电网运行准则》第 6.8、6.15 条 2.《并网调度协议（示范文本）》第七章

5.3.2 电力系统通信

电力系统通信项目内容、评价方法和评价依据见表12。

表12　　电力系统通信项目内容、评价方法和评价依据

序号	项目内容	评价方法	评价依据
1	调度通信设备应执行所在电网调度机构有关通信设备维护检修管理规定。应建立健全运行设备维护、检修与消缺等管理制度；按相关技术标准定期对通信设备进行维护和检修，并有设备检修与消缺记录	查阅检测、维护记录，现场检查	1.《电网运行准则》第6.13.3条 2.《电力系统通信管理规程》第4.1.1、4.1.2、5.7.1、5.7.4条 3.《电力系统微波通信运行管理规程》第4.1、4.2条 4.《电力系统光纤通信运行管理规程》第4.4条
2	通信设备技术、管理资料应完整、齐全	现场检查，查阅管理资料	《电力系统通信管理规程》第6.4.3条
3	通信屏柜、设备、配线架及二次线缆的屏蔽层应可靠接地，接地电阻测试结果应合格；每年雷雨季节前应对通信屏柜和通信设备接地设施进行检查	现场检查屏体接地及接地网状况；查阅接地电阻测试报告	1.《电力系统通信站过电压防护规程》第3.1.3条、附录B 2.《电力系统通信管理规程》第5章 3.《电气装置安装工程　盘、柜及二次回路接线施工及验收规范》第2.0.6、4.0.4条
4	通信屏柜、设备及线缆应悬挂规范清晰的标志牌，布线应符合规程要求；保护复用通道、部件和接线端子应采用与其他设备有明显区分的标志牌	现场检查	《电气装置安装工程　盘、柜及二次回路接线施工及验收规范》第三、四章
5	通信调度台或电话机的配置应满足安全生产的要求；调度录音系统应运行可靠、音质良好	现场抽查，听录音	1.《电力系统数字调度交换机》 2.《电力系统调度通信交换网设计技术规程》 3.《电力系统通信管理规程》第5.1.1、5.1.2、5.1.3条
6	应制定通信设备安全应急预案和故障处理措施，并报主管安全部门备案	现场检查应急措施、制度及记录	1.《电力系统通信管理规程》第8.3条 2.《电网运行规则（试行）》第四十六条 3.《发电厂并网运行管理规定》第八条

5.4 安全生产管理

5.4.1 生产运行管理

生产运行管理项目内容、评价方法和评价依据见表13。

表13　　生产运行管理项目内容、评价方法和评价依据

序号	项目内容	评价方法	评价依据
1	各级人员岗位责任落实并签订相关协议	查阅资料、相关协议	《中华人民共和国安全生产法》第四、十七条
2	光伏电站应具备并严格执行满足电力安全运行管理的并网设备、装置、系统运行、检修相关的工作票制度、操作票制度、交接班制度、	查阅管理文件、相关制度、规程等资料	1.《中华人民共和国安全生产法》第四、十七、十九条 2.《电力安全生产监管办法》第九条；

续表

序号	项 目 内 容	评价方法	评价依据
2	设备巡回检查制度、操作监护制度、维护检修制度、消防制度（简称“两票五制”）以及缺陷管理制度、现场运行管理制度、运行分析制度等	查阅管理文件、相关制度、规程等资料	3.《发电厂并网运行管理规定》第六条
3	光伏电站应具备适应电力安全运行需要的相关记录（事故、异常运行记录、设备定期试验记录、巡回检查记录、运行目志、缺陷记录）	查阅各项记录	《中华人民共和国安全生产法》第二十九条
4	应按照电力调度机构制定的运行方式组织电力生产。严格执行调度命令并具备相关记录（包括调度命令记录、负荷曲线记录等）	现场查阅调度操作命令记录等。查阅相关制度、规程等资料	1.《发电厂并网运行管理规定》第十八、十九、二十条 2.《电网运行规则（试行）》第三十七条
5	生产场所应整洁，照明充足，事故照明良好	现场检查	《35kV～110kV 变电所设计规范》第 3.8 条
6	高低压配电室应有防止小动物进入的措施	现场检查	《变电站运行导则》第 8.7 条

5.4.2 生产技术管理

生产技术管理项目内容、评价方法和评价依据见表 14。

表 14　生产技术管理项目内容、评价方法和评价依据

序号	项 目 内 容	评价方法	评价依据
1	技术标准健全	查阅相关的国家、行业技术标准收集情况	1.《中华人民共和国安全生产法》第十条 2.《电力安全生产监管办法》第九条
2	应建立生产技术管理机构，健全技术管理制度，健全设备技术档案	查阅管理资料	1.《中华人民共和国安全生产法》第十七、二十、二十九条 2.《电力安全生产监管办法》第九条
3	应具备满足光伏电站安全运行需要的维护检修制度	查阅制度等资料	1.《中华人民共和国安全生产法》第十七条第（二）款 2.《电网运行准则》第 6.3 条 3.《发电厂并网运行管理规定》第六条
4	应落实电气绝缘、继电保护、电能质量等技术监督责任，健全技术监督制度	检查机构、计划、记录、报告、总结	1.《电网运行准则》第 5.4.5 条 e 2.《电力技术监督导则》第 3.1、3.2、3.3、4.3.1、4.3.2、4.3.3、4.3.10、5.4 条 3.《高压电气设备绝缘技术监督规程》第 3.1.4、5、6、7、8.1.1、8.1.3、8.2、8.3 条
5	根据《防止电力生产重大事故的二十五项重点要求》制定本站反事故措施（防止人身伤亡、防止火灾、防止电气误操作、防止继电保护、防止污闪事故等措施）	查阅电站反事故措施资料	1.《电网运行规则（试行）》第四十六条 2.《发电厂并网运行管理规定》第七、八条 3.《防止电力生产重大事故的二十五项重点要求》

5.4.3 安全管理

安全管理项目内容、评价方法和评价依据见表 15。

表 15 安全管理项目内容、评价方法和评价依据

序号	项 目 内 容	评价方法	评价依据
1	年度安全生产目标明确，有保证安全目标实现的相关措施	查阅相关资料	《电力安全生产监管办法》第三、九条（一）款
2	严格执行《电力安全事故应急处置和调查处理条例》和《电力安全事件监督管理暂行规定》，并结合站内实际制定安全管理规定，明确电力安全事件分级分类标准、信息报送制度、调查处理程序和责任追究制度等内容	现场检查	1.《电力安全事故应急处置和调查处理条例》第五、六条 2.《关于印发电力安全事件监督管理暂行规定的通知》第四条
3	应定期开展安全活动，及时分析各种不安全问题	查阅安全活动记录，月度生产安全分析会记录	1.《中华人民共和国安全生产法》第十一、二十一条 2.《电力安全生产监管办法》第九条
4	认真执行培训制度，制定培训计划	查阅计划等资料	1.《中华人民共和国安全生产法》第二十一条 2.《生产经营单位安全培训规定》第二章第六条
5	工作票、操作票制度执行情况良好	查阅相关资料	1.《防止电力生产重大事故的二十五项重点要求》第 20.2.1 条 2.《发电厂并网运行管理规定》第六条
6	反事故措施计划和安全技术劳动保护措施计划（简称“两措”计划）执行正常。建立“两措”计划管理制度和隐患排查制度	查阅管理制度、计划文件，执行总结	1.《电网运行规则（试行）》第四十六条 2.《发电厂并网运行管理规定》第七、八条 3.《并网调度协议（示范文本）》第 3 章
7	发生安全事故、事件后，及时按照“四不放过”的原则落实责任，制定防范措施	查阅记录、措施等资料	1.《电力安全事故应急处置和调查处理条例》第五、六、七条 2.《关于印发电力安全事件监督管理暂行规定的通知》第八条
8	作业现场管理规范	现场检查	《电力安全工作规程》（发电厂和变电站电气部分）
9	做好自然灾害的预防及应急救援工作，防汛工程设施完备齐全，应定期检查防洪沟是否畅通	查设计文件，现场实地检查	1.《变电站总布置设计技术规程》第 4.0.1 条 2.《变电站运行导则》第 8.6 条

5.4.4 设备管理

设备管理项目内容、评价方法和评价依据见表 16。

表 16 设备管理项目内容、评价方法和评价依据

序号	项 目 内 容	评价方法	评价依据
1	设备台账健全	查阅台账资料	1.《电力技术监督导则》第 6.7 条 2.《光伏发电工程验收规范》第 6.2.1 条

续表

序号	项 目 内 容	评价方法	评价依据
2	应制定并执行设备缺陷管理制度	查阅制度、缺陷记录	《电力安全生产监管办法》第九条
3	安全警示牌及设备铭牌、名称、编号等标志清晰、齐全	现场检查	1.《中华人民共和国安全生产法》第二十八条 2.《安全色》 3.《安全标志及其使用导则》
4	建立设备可靠性管理制度，统计主设备非正常停运时间，建立主设备可靠性台账	查阅制度、主设备非停记录等资料	《电网运行规则（试行）》第四十七条

5.4.5 消防管理

消防管理项目内容、评价方法和评价依据见表17。

表17 消防管理项目内容、评价方法和评价依据

序号	项 目 内 容	评价方法	评价依据
1	光伏发电站消防设计及设施应符合规程要求，并进行消防验收、备案	查设计文件，现场检查，查阅资料	1.《中华人民共和国消防法》第九、十三条 2.《电力设备典型消防规程》第4.0.1.6、7.4.3、7.4.4、7.4.7 3.《火力发电厂与变电站设计防火规范》第11章
2	防火安全管理机构及制度健全，班组设有义务消防员，并定期培训	查阅相关制度、规程等资料，查阅培训资料	《中华人民共和国消防法》第十六、十七条
3	消防水、消防监测系统及消防器材等消防设施完备齐全，试验合格	现场检查，查消防检测报告	1.《中华人民共和国消防法》第十六条 2.《电力设备典型消防规程》第5章 3.《变电站运行导则》第8.4条
4	电缆沟、箱、柜、屏的防火封堵应符合规范要求	现场检查	1.《电气装置安装工程 电缆线路施工及验收规范》第7章 2.《电力设备典型消防规程》第4.0.1.6、7.4.3、7.4.4、7.4.7条

5.4.6 应急管理

应急管理项目内容、评价方法和评价依据见表18。

表18 应急管理项目内容、评价方法和评价依据

序号	项 目 内 容	评价方法	评价依据
1	建立电力应急预案管理体系，依据《电力企业应急预案管理办法》（电监安全〔2009〕61号）及《生产经营单位安全生产事故应急预案编制导则》，结合本单位实际，编制电力应急预案。并经评审报电力监管机构备案	查阅预案等资料	1.《中华人民共和国安全生产法》第十七条第（五）款 2.《电网运行规则（试行）》第四十六条 3.《发电厂并网运行管理规定》第八条 4.《电力企业应急预案管理办法》第一、二、三、四章 5.《生产经营单位安全生产事故应急预案编制导则》

续表

序号	项 目 内 容	评价方法	评价依据
2	预案应定期组织培训，制定演练计划，组织演练并进行评估分析，有完整的演练、培训考核记录、有演练后总结和预案补充完善记录	查阅培训、演练资料	1.《发电厂并网运行管理规定》第八条 2.《电网运行规则（试行）》第四十六条 3.《电力企业应急预案管理办法》第五、六章 4.《电力突发事件应急演练导则（试行）》
3	具有保站用电措施并报电网调度备案	查阅资料	1.《发电厂并网运行管理规定》第八条 2.《电网运行规则（试行）第四十六条

《光伏发电站并网安全条件及评价规范（试行）》编制说明

安全监管局

按照电监会有关法规制度修订安排，安全监管局会同西北监管局组织起草了《光伏发电站并网安全条件及评价规范》（以下简称《规范》）。现将有关情况说明如下：

一、编制背景

我国太阳能资源十分丰富，近年来光伏发电发展迅速，2012年底光伏发电装机容量328万千瓦，“十二五”末光伏发电装机容量将达到2000万千瓦。太阳能发电对增加清洁能源电力供应、解决无电地区用电问题、推动地方经济发展发挥了积极作用，但同时也存在部分光伏发电站安全稳定运行水平偏低、安全管理不规范等情况，给当地电网安全稳定运行和可靠供电造成了不同程度的影响。

二、编制目的

开展光伏发电站并网安全性评价，对于保障光伏发电站涉网设备及系统的安全，维护电力系统安全稳定运行，不断提高供电可靠性具有重要意义，但目前尚无光伏发电站并网安全性评价规范，难以适应光伏发电站快速发展形势的需要。因此，迫切需制定一部全国统一的光伏发电站并网安全性评价标准，切实指导光伏发电站安全生产工作，以引导我国光伏发电健康、可持续发展。

三、编制原则

本规范编制坚持“安全第一、预防为主、综合治理”的方针，提高其通用性和可操作性，并且尽可能地使制定的标准能够满足当前及今后一段时间内光伏发电发展的需要，最终达到提高光伏发电站设备安全稳定运行能力、维护电网安全稳定运行水平的目标。

《规范》主要依据国家有关法律法规和标准规范，参照国家电监会派出机构和电网企业有关单位编制的并网安评办法和标准等文件，经广泛调研后组织编制完成。编制过程中充分考虑了当前光伏发电站建设和运行管理的实际情况，本着循序渐进、逐步提高的基本思想，合理确定相关内容，并拟以试行的方式发布，以通过实际评价工作进一步检验该规范的有效性和可操作性。

四、编制过程

2012 年初，国家电监会委托西北监管局编制《光伏发电站并网安全条件及评价规范》，西北监管局在充分总结西北区域已开展的光伏发电站并网安评工作的基础上，依据国家法规和行业标准，组织专家综合研究光伏发电站安全生产面临的问题，在原《西北区域光伏电站并网安全性评价标准》的基础上，进一步修订细化了光伏发电站并网安全必备条件及具体的评价项目。

2012 年 2 月初，西北监管局在西安组织西北区域专家对该规范进行了集中评审修改。

2012 年 2 月至 5 月，西北监管局在所辖区域 20 余座光伏发电站并网安评中反复试用，不断修改完善该规范。

2012 年 5 月 11 日，国家电监会安全监管局有关负责同志听取了西北电监局关于该规范编制情况的汇报，对《规范》编制提出了具体指导要求，西北电监局按照要求进一步进行了修改。

2012 年 5 月下旬，国家电监会安全监管局将该规范发至各派出机构征求意见，截至 5 月底陆续收到反馈意见 82 条。

2012 年 6 月，西北监管局依据反馈意见再次进行修改，形成了《规范》初稿。

2012 年 7 月，国家电监会再次将《规范》初稿下发至各派出机构和有关电力企业征求意见。

2012 年 8 月，共收集到 13 个单位的反馈意见 62 条，并于 8 月 22 日进行了修改。

2012 年 10 月 11 日，再次根据新收到的 5 个单位共计 20 条意见，对《规范》继续修订完善。

2012 年 10 月 12 日，国家电监会安全监管局在银川召开《规范》（送审稿）审查会议，组织全国专家对《规范》（送审稿）进行审查并一致通过。

2012 年 11 月至 2013 年 1 月，国家电监会安全监管局和西北监管局共同对《规范》（送审稿）进行了修改完善，形成了最终稿。

五、主要内容

《规范》共分范围、规范性引用文件、术语和定义、必备项目、评价项目五个部分。

（一）范围

本规范适用于通过 35kV 及以上电压等级并网，以及通过 10kV 电压等级与公共电网连接的地面光伏发电站，其他类型的光伏发电站参照执行。

（二）规范性引用文件

主要是本规范必备项目和评价项目中各评价条款所依据的法规、标准及相关规范性文件。

（三）术语和定义

对必备项目和评价项目予以定义。其中：

必备项目是指光伏发电站并网运行的最基本要求，主要包含对电网和并网电站安全运行可能造成严重影响的技术和管理内容。

评价项目是指，除必备项目外，光伏发电站并网运行应当满足的安全要求，主要用于评价并网光伏发电站及直接相关的设备、系统、安全管理工作中影响电网和光伏发电站安全稳定运行的危险因素的严重程度。

（四）必备项目

必备项目共16条，明确了光伏发电站并网安评的必备评价内容、评价方法和评价依据。

（五）评价项目

评价项目分电气一次设备、电气二次设备、调度自动化及通信、安全生产管理四部分共93条评价内容，并明确了相应的评价方法和评价依据。其中：

电气一次设备包含光伏组件（2条）、逆变器（3条）、变压器（4条）、电力电缆（3条）、高压配电装置（3条）、接地装置（4条）、过电压（5条）七方面的内容共24条。

电气二次设备包含继电保护及安全自动装置（15条）、直流系统（5条）两方面的内容共20条。

调度自动化及通信包含调度自动化（12条）、电力系统通信（6条）两方面的内容共18条。

安全生产管理包含生产运行管理（6条）、生产技术管理（5条）、安全管理（9条）、设备管理（4条）、消防管理（4条）、应急管理（3条）六方面的内容共31条。

国家能源局关于印发《小型发电企业安全生产标准化达标管理办法》的通知

国能安全〔2014〕103 号

各派出机构，国家电网公司，南方电网公司，华能、大唐、华电、国电、中电投集团公司，各有关电力企业：

为加强电力安全监督管理，规范小型发电企业安全生产标准化达标工作，我局组织制定了《小型发电企业安全生产标准化达标管理办法》，现印发你们，请依照执行。

国家能源局

2014 年 2 月 26 日

附件：

小型发电企业安全生产标准化达标管理办法

第一条 为贯彻落实国务院《关于进一步加强企业安全生产工作的通知》（国发〔2010〕23 号）和《国务院安委会关于深入开展企业安全生产标准化建设的指导意见》（安委〔2011〕4 号）等文件精神，规范小型发电企业安全生产标准化达标工作，制定本办法。

第二条 本办法适用于国家能源局派出机构安全监管范围的小型发电企业安全生产标准化达标工作。

本办法所称小型发电企业主要指通过 35 千伏及以下电压等级接入公共电网的发电企业。

第三条 小型发电企业安全生产标准化达标遵循“企业实施，评审机构评审，监管机构监管”原则。

小型发电企业是安全生产标准化达标责任主体，全面负责本单位安全生产标准化达标创建工作。

评审机构负责现场评审，按照“谁评审，谁负责”、“谁签字，谁负责”的原则，对评审意见负责任。

国家能源局派出机构按照属地管理原则，负责小型发电企业安全生产标准化达标的监督管理和指导协调工作。

第四条 小型发电企业安全生产标准化达标应当具备以下基本条件：

（一）已办理电力业务许可手续或豁免办理电力业务许可手续；

（二）评审期内未发生负有责任的电力事故和对社会造成重大不良影响的事件；

（三）有关发电机组按照规定通过并网安全性评价；

（四）无其他违反安全生产法律法规的行为。

第五条 小型发电企业安全生产标准化按照主要内容符合性确定是否达标，其主要内容如下：

（一）建立健全安全生产责任制，主要负责人亲自组织安全生产管理工作，专兼职安全员具体负责做好安全生产管理工作；

（二）及时识别和获取适用的安全生产法律法规和标准规范，并据其制定和落实安全生产检查考核、“两票三制”、反违章管理、隐患排查治理、设备和缺陷管理、消防管理、应急管理等管理制度，以及运行和检修等规程；

（三）保证安全生产费用投入及有效实施；

（四）安全生产风险可控，作业安全措施落实，主要生产设备设施无重大安全隐患；

（五）严格执行调度命令，无违反调度指令等行为；

（六）制定完善必要的应急预案，储备重要应急物资，建立与当地政府的协调机制；

（七）每年开展生产岗位人员安全教育培训，特种作业人员做到持证上岗；

（八）按规定报送安全信息，无迟报、漏报、谎报或者瞒报现象。

第六条 小型发电企业安全生产标准化达标主要程序如下：

（一）企业按照达标内容组织开展自查、自评，形成自查报告；

（二）企业根据自评结果，向国家能源局派出机构提出评审申请；

（三）获准评审的企业委托符合要求的评审机构开展评审；

（四）评审机构组织开展现场评审，形成评审报告，出具评审意见；

（五）国家能源局派出机构根据评审意见，对符合要求的企业予以公告；

（六）对经公告无异议的企业，国家能源局派出机构颁发安全生产标准化达标证书。

第七条 同一河流或相邻河流的小水电企业安全生产标准化达标工作，可由国家能源局派出机构根据实际情况，按照便捷的原则，制定安全生产标准化达标计划，统一开展安全生产标准化达标工作。

第八条 评审机构应当选派经安全生产标准化培训合格的人员进行现场评审。现场评审不得少于 3 人。

第九条 现场评审人员应当对照基本条件和评审主要内容，认真查阅资料和现场逐条查证。现场查证中发现问题应当及时反馈企业，并提出整改意见和建议。

第十条 小型发电企业应当按照闭环管理要求，积极整改评审中发现的问题和薄弱环节，不断提升安全生产绩效，持续改进安全生产标准化工作。

第十一条 小型发电企业和评审机构在达标工作中存在违规行为的，由国家能源局及其派出机构按照电力安全生产标准化达标评级有关管理办法处理。

第十二条 小型发电企业安全生产标准化达标有效期为五年，有效期届满前三个月内应当按照此办法开展达标工作。

第十三条 小型发电企业如需申请电力安全生产标准化达标评级，按照电力安全生产标准化达标评级有关管理办法和实施细则执行。

第十四条 国家能源局派出机构可以结合辖区内实际情况，制定小型发电企业安全生产标准化达标实施细则和相关标准。

第十五条 本办法自发布之日起施行。

国家能源局关于印发《燃煤发电厂液氨罐区安全管理规定》的通知

国能安全〔2014〕328号

各派出机构，华能、大唐、华电、国电、中电投集团公司，各发电企业：

为加强燃煤发电厂液氨罐区安全管理，防范液氨事故发生，现将《燃煤发电厂液氨罐区安全管理规定》印发你们，请依照执行。

国家能源局

2014年7月8日

附件：

燃煤发电厂液氨罐区安全管理规定

第一章 总 则

第一条 为加强燃煤发电厂液氨罐区（以下简称氨区）安全管理，防范液氨事故发生，依据《中华人民共和国安全生产法》《特种设备安全法》《危险化学品安全管理条例》《电力监管条例》等法律法规及有关标准规范，制定本规定。

第二条 本规定适用于燃煤发电厂利用液氨作为还原剂的烟气脱硝系统中氨区的安全管理。

本规定所称氨区指接卸和储存液氨以及制备氨气的生产区域，按功能分为生产区（含储罐区、卸氨区、氨气制备区）和辅助区（含控制室和值班室）。

第三条 发电企业是氨区安全责任主体，应严格遵守国家有关法律法规和标准规范，全面履行氨区安全管理责任。

本规定所指发电企业包括投资建设和管理氨区的使用单位和特许经营单位。

第二章 安 全 要 求

第四条 氨区应布置在厂区边缘且处于全年最小频率风向的上风侧，并设置必要数量的风向标。生产区应符合火灾危险性乙类和抗震重点设防类标准和要求。

第五条 氨区设备配置和系统应满足国家和行业有关技术标准和规范的要求，储罐应符合《压力容器》（GB 150—2011）等特种设备相关规定。

第六条 氨区应设置避雷保护装置，并采取防止静电感应的措施，储罐以及氨管道系统应可靠接地。

第七条 氨区电气设备应满足《爆炸和火灾危险环境电力装置设计规范》，符合防爆要求。

第八条 氨区大门入口处应装设静电释放装置。静电释放装置地面以上部分高度宜为1.0m，底座应与氨区接地网干线可靠连接。

第九条 氨区入口应设置明显的职业危害告知牌和安全标志标识。职业危害告知牌应注明氨物理和化学特性、危害防护、处置措施、报警电话等内容。

第十条 生产区应设置两个及以上对角或对向布置的安全出口。安全出口门应向外开，以便危险情况下人员安全疏散。

第十一条 氨区应设置洗眼器等冲洗装置，水源宜采用生活水，防护半径不宜大于15m。洗眼器应定期放水冲洗管路，保证水质，并做好防冻措施。

第十二条 氨区宜设置消防水炮，消防水炮采用直流/喷雾两用，能够上下、左右调节，位置和数量以覆盖可能泄漏点确定。

第十三条 氨区应设置能覆盖生产区的视频监视系统，视频监视系统应传输到本单位控制室（或值班室）。

第十四条 氨区应设置事故报警系统和氨气泄漏检测装置。氨气泄漏检测装置应覆盖生产区并具有远传、就地报警功能。

第十五条 氨区应设置用于消防灭火和液氨泄漏稀释吸收的消防喷淋系统。消防喷淋系统应综合考虑氨泄漏后的稀释用水量，并满足消防喷淋强度要求，其喷淋管按环型布置，喷头应采用实心锥型开式喷嘴。

消防喷淋系统不能满足稀释用水量的，应在可能出现泄漏点较为集中的区域增设稀释喷淋管道。

第十六条 储罐区宜设置遮阳棚等防晒措施，每个储罐应单独设置用于罐体表面温度冷却的降温喷淋系统。喷淋强度根据当地环境温度、储罐布置、装载系数和液氨压力等因素确定。

第十七条 储罐应设有必要的安全自动装置，当储罐温度和压力超过设定值时启动降温喷淋系统；储罐压力和液位超过设定值时切断进料；液氨泄漏检测超过设定值时启动消防喷淋系统。

安全自动装置应采用保安电源或UPS供电。

第十八条 储罐区应设置防火堤，其有效容积应不小于储罐组内最大储罐的容量，并在不同方位上设置不少于2处越堤人行踏步或坡道。

与液氨储罐相连的管道、法兰、阀门、仪表等宜在储罐顶部及一侧集中布置，且处于防火堤内。

第十九条 氨区及输氨管道法兰、阀门连接处应装设金属跨接线。与储罐相连的管道、法兰、阀门、仪表等宜按下表选择，并考虑相应的防腐蚀措施。

序号	名 称	最低设计温度	
		>–20℃	≤–20℃
1	管道	20号钢或不锈钢	不锈钢
2	法兰	20号钢或不锈钢，带颈对焊突面法兰	不锈钢，带颈对焊突面法兰
3	氨用阀门	不锈钢	
4	密封垫片	不锈钢缠绕石墨或聚四氟乙烯垫片	

续表

序号	名　称	最低设计温度	
		>-20℃	≤-20℃
5	螺栓螺母	35CrMo或不锈钢	
6	仪表	氨专用仪表	

第二十条　卸氨区应装设万向充装系统用于接卸液氨，禁止使用软管接卸。万向充装系统应使用干式快速接头，周围设置防撞设施。

第二十一条　氨区气动阀门应采用故障安全型执行机构，储罐氨进出口阀门应具有远程快关功能。

第二十二条　氨区废水必须经过处理达到国家环保标准，严禁直接对外排放。

第三章　运　行　维　护

第二十三条　氨区作业人员应熟知氨区作业规程规范和应急措施，作业前按等级进行风险评估，并做好安全交底工作。

第二十四条　进入氨区应先触摸静电释放装置，消除人体静电，并按规定进行登记。禁止无关人员进入氨区，禁止携带火种或穿着可能产生静电的衣服和带钉子的鞋进入氨区。

第二十五条　从事设备运行操作或检修维护作业应使用铜质等防止产生火花的专用工具。如必须使用钢制工具，应涂黄油或采取其他措施。

第二十六条　储罐安全自动装置应投入运行，严禁随意解除联锁和保护。确需解除的，应严格遵守规定，履行相关手续。

第二十七条　运行值班人员应按规定巡视检查氨区设备和系统运行状况，定期测定空气中氨气含量，并做好记录，发现异常及时处理。

第二十八条　运行值班人员应加强对储罐温度、压力、液位等重要参数的监控，严禁超温、超压、超液位运行。

储罐液位计应有明显的限高标识，运行中储罐存储量不得超过储罐有效容量的85%。

第二十九条　运行中不准敲击氨区设备系统，接卸、气体置换、倒罐等重要操作应严格执行操作票制度。

第三十条　接卸液氨应按照规定执行，并遵循以下原则：

（1）接卸前查验液氨出厂检验报告，确认液氨纯度符合要求。

（2）液氨运输人员负责槽车侧的阀门操作，氨区操作人员按照操作票逐项操作氨区内设备系统。

（3）根据经计算确定的卸氨流量控制流速在1m/s以内，防止静电摩擦起火。

（4）接卸液氨过程中应注意储罐和槽车的液位和压力变化，不得超过规定的安全液位高限。

（5）恶劣天气或周围有明火等情况下，应立即停止或不得进行卸氨操作。夜间一般不进行卸氨操作。

（6）卸氨结束，应静置10分钟后方可拆除槽车与卸料区的静电接地线，并检测空气中氨浓度小于35ppm后，方可启动槽车。

第三十一条 氨系统气体置换遵循以下原则：

（1）确保连接管道、阀门有效隔离。

（2）氮气置换氨气时，取样点氨气含量应不大于35ppm。

（3）压缩空气置换氮气时，取样点含氧量应达到18%～21%。

（4）氮气置换压缩空气时，取样点含氧量小于2%。

第三十二条 氨系统发生泄漏时，宜使用便携式氨气检测仪或肥皂水查漏，禁止明火查漏。

第三十三条 检修维护作业必须严格执行工作票制度，在采取可靠隔离措施并充分置换后方可作业，不准带压修理和紧固法兰等设备。氨系统经过检修后，应进行严密性试验。

第三十四条 氨区及周围30m范围内动用明火或可能散发火花的作业，应办理动火工作票，在检测可燃气体浓度符合规定后方可动火。

严禁在运行中的氨管道、容器外壁进行焊接、气割等作业。

第三十五条 储罐内检修维护作业，应有效隔离系统，并经气体置换，同时要落实有限空间作业安全措施。

第四章 应 急 管 理

第三十六条 发电企业应按规定编制液氨泄漏事故专项应急预案和现场处置方案。

第三十七条 发电企业应制定液氨泄漏事故年度应急演练计划，定期组织开展应急演练工作。

第三十八条 发电企业应配备必要的防护用品和应急救援物资，防护用品和应急物资配备数量不得少于下表规定。

序号	物资名称	技术要求或功能要求	数 量	
			个人	公用
1	正压式空气呼吸器	技术性能符合GB/T 18664要求	—	2套
2	气密型化学防护服	技术性能符合AQ/T 6107要求	—	2套
3	过滤式防毒面具	技术性能符合GB/T 18664要求	1个/人	4个
4	化学安全防护眼镜	技术性能符合GB/T 11651要求	1副/人	4个
5	防护手套	技术性能符合GB/T 11651要求	1双/人	4双
6	防护靴	技术性能符合GB/T 11651要求	1双/人	4双
7	便携式氨气检测仪	检测氨气浓度	—	1台
8	手电筒	易燃易爆场所，防爆	1个/人	—
9	手持式应急照明灯	易燃易爆场所，防爆		2个
10	对讲机	易燃易爆场所，防爆	—	2台
11	医用硼酸	500mL	—	2瓶

第三十九条 发生液氨泄漏，现场人员应穿戴好防护用品并按规定报告。发生液氨严重泄漏时，运行值班人员应停运相关设备，切断液氨来源并使用消防水炮进行稀释。

第四十条 发电企业接到液氨泄漏报告后，应启动应急预案，组织专业人员处理。现场处理人员不得少于2人，严禁单独行动。

当泄漏有可能影响周边居民人身安全时，发电企业应立即报告当地政府。

第四十一条 液氨泄漏或现场处置过程中伤及人员的，按以下原则紧急处理：

（1）人员吸入液氨时，应迅速转移至空气新鲜处，保持呼吸通畅。如呼吸困难或停止，立即进行人工呼吸，并迅速就医。

（2）皮肤接触液氨时，立即脱去污染的衣物，用医用硼酸或大量清水彻底冲洗，并迅速就医。

（3）眼睛接触液氨时，立即提起眼睑，用大量流动清水或生理盐水彻底冲洗至少15分钟，并迅速就医。

第四十二条 液氨严重泄漏或液氨泄漏引发火灾、爆炸，以及处置中液氨泄漏没有得到有效控制的，发电企业应立即启动应急响应机制，请求地方政府支援，协同开展应急救援工作。

发电企业应根据泄漏程度，设定隔离区域和疏散地点。隔离区域应设警戒线，并有专人警戒；疏散地点处于上风、侧风向，沿途设立哨位，并有专人引导或护送。

第五章 安 全 管 理

第四十三条 发电企业应加强氨区安全管理，严格氨区设计、施工和液氨运输单位及相关人员的资格审查，组织开展氨区安全审查和评估。

第四十四条 发电企业要严格氨区安全生产责任制，明确氨区安全责任部门，配备氨区专业管理人员，落实各级各类人员安全生产责任。

第四十五条 发电企业应不断完善氨区安全管理制度，并定期审核、修订，保证其有效性。

氨区安全管理制度至少包括：运行规程、检修规程、操作票制度、工作票制度、动火制度、巡徊检查制度、出入管理制度、车辆管理制度、防护用品定期检查制度等。

第四十六条 发电企业应加强安全生产教育培训，主要负责人和安全管理人员应经教育培训合格；专业管理人员、操作人员和作业人员应经专业知识和业务技能培训，持证上岗。

第四十七条 发电企业要加强对氨区重大危险源管理，依法开展危险化学品重大危险源辨识、评估、登记建档、备案、核销及管理工作。

第四十八条 发电企业要按照压力容器及特种设备的有关规定，加强氨区压力容器、压力管道等承压部件和有关焊接工作的技术管理和技术监督，完善设备技术档案。

第四十九条 发电企业要深入开展氨区隐患排查治理，建立隐患管理台账，积极开展隐患排查、治理、统计、分析、上报和管控工作，及时消除隐患。

第五十条 发电企业要定期组织开展氨区防雷接地、自动保护装置、压力容器和压力管道、氨气泄漏检测仪等有关设备以及安全附件的检测、试验工作，并做好记录。

第五十一条 发电企业要认真执行电力安全信息报送规定，及时、准确报送氨区安全信息。

国家能源局、国家安全监管总局关于印发《光伏发电企业安全生产标准化创建规范》的通知

国能安全〔2015〕127号

国家能源局各派出机构，各省、自治区、直辖市及新疆生产建设兵团安全生产监督管理局，国家电网公司、南方电网公司，华能、大唐、华电、国电、中电投集团公司，各有关单位：

为贯彻落实《国务院关于进一步加强企业安全生产工作的通知》（国发〔2010〕23 号）、《国务院关于坚持科学发展安全发展促进安全生产形势持续稳定好转的意见》（国发〔2011〕40 号）等文件精神，加强电力安全生产监督管理，规范光伏发电企业安全生产标准化建设，国家能源局和国家安全监管总局联合制定了《光伏发电企业安全生产标准化创建规范》，现予印发，请依照执行。

国家能源局

国家安全监管总局

2015年4月20日

附件：

光伏发电企业安全生产标准化创建规范

前　　言

为了加强电力安全生产监督管理，落实新颁布实施的《安全生产法》及国务院关于进一步加强企业安全生产工作有关文件及会议精神，规范光伏发电企业安全生产标准化建设工作，国家能源局组织编制本规范。

本规范依据国家有关安全生产法律法规、《企业安全生产标准化基本规范》（AQ/T 9006—2010）等国家及行业标准，结合光伏发电企业特点编制而成。

本规范主要明确了光伏发电企业安全生产标准化规范项目，规定了光伏发电企业安全生产目标、组织机构和职责、安全生产投入、法律法规与安全管理制度、教育培训、生产设备设施、作业安全、隐患排查和治理、重大危险源监控、职业健康、应急救援、信息报送和事故调查处理以及绩效考评和持续改进等十三个方面的内容和要求。

本规范主要起草单位：国家能源局电力安全监管司、西北能源监管局、黄河上游水电开发有限责任公司。

本规范主要起草人员：国家能源局电力安全监管司池建军、毕湘薇、李晛、吴茂林、吕

忠；西北能源监管局仇毓宏、卢新军、刘岩；黄河上游水电开发有限责任公司孙浩源、苑成柱、王念仁、孟繁华、崔云峰。

1 适用范围

本规范主要适用于通过110千伏及以上电压等级接入公共电网的新建、改建和扩建光伏发电企业（光伏发电站），其他光伏发电企业参照执行。

2 规范性引用文件

下列文件对于本文件的应用是必不可少的。凡是注日期的引用文件，仅注日期的版本适用本文件。凡是不注日期的引用文件，其最新版本（包括所有的修改单）适用于本文件。

《中华人民共和国安全生产法》中华人民共和国主席令第13号

《中华人民共和国特种设备安全法》中华人民共和国主席令第4号

《中华人民共和国消防法》中华人民共和国主席令第6号

《中华人民共和国可再生能源法》中华人民共和国主席令第23号

《中华人民共和国道路交通安全法》中华人民共和国主席令第47号

《中华人民共和国职业病防治法》中华人民共和国主席令第60号

《中华人民共和国突发事件应对法》中华人民共和国主席令第69号

《中华人民共和国防洪法》中华人民共和国主席令第88号

《电网调度管理条例》中华人民共和国国务院令第115号

《电力设施保护条例》中华人民共和国国务院令第239号

《使用有毒物品作业场所劳动保护条例》中华人民共和国国务院令第352号

《中华人民共和国防汛条例》中华人民共和国国务院令第441号

《生产安全事故报告和调查处理条例》中华人民共和国国务院令第493号

《草原防火条例》中华人民共和国国务院令第542号

《特种设备安全监察条例》中华人民共和国国务院令第549号

《危险化学品安全管理条例》中华人民共和国国务院令第591号

《电力安全事故应急处置和调查处理条例》中华人民共和国国务院令第599号

《国务院关于进一步加强企业安全生产工作的通知》国发〔2010〕23号

《国务院关于坚持科学发展安全发展促进安全生产形势持续稳定好转的意见》国发〔2011〕40号

《国务院安委会关于进一步加强安全培训工作的决定》安委〔2012〕10号

《电力监控系统安全防护规定》国家发展和改革委员会令2014年第14号

《电力安全生产监督管理办法》国家发展和改革委员会令2015年第21号

《电力设施保护条例实施细则》公安部〔1999〕8号令

《劳动保护用品监督管理规定》国家安全生产监督管理总局令第1号

《生产经营单位安全培训规定》国家安全生产监督管理总局令第3号

《安全生产事故隐患排查治理暂行规定》国家安全生产监督管理总局令第16号

《特种作业人员安全技术培训考核管理规定》国家安全生产监督管理总局令第30号

《建设项目安全设施“三同时”监督管理暂行办法》国家安全生产监督管理总局令第 36 号
《危险化学品重大危险源监督管理暂行规定》国家安全生产监督管理总局令第 40 号
《工作场所职业卫生监督管理规定》国家安全生产监督管理总局令第 47 号
《职业病危害项目申报办法》国家安全生产监督管理总局令第 48 号
《用人单位职业健康监护监督管理办法》国家安全生产监督管理总局令第 49 号
《建设项目职业卫生“三同时”监督管理暂行办法》国家安全生产监督管理总局令第 51 号
《关于修改《生产经营单位安全培训规定》等 11 件规章的决定》国家安全生产监督管理总局令第 63 号
《企业安全生产风险公告六条规定》国家安全生产监督管理总局令第 70 号
《电网运行规则（试行)》国家电力监管委员会令第 22 号
《电力可靠性监督管理办法》国家电力监管委员会令第 24 号
《防止电力生产事故的二十五项重点要求》国能安全〔2014〕161 号
《电力安全事件监督管理规定》国能安全〔2014〕205 号
《电力企业应急预案管理办法》国能安全〔2014〕508 号
《电力安全隐患监督管理暂行规定》电监安全〔2013〕5 号
《关于深入推进电力企业应急管理工作的通知》电监安全〔2007〕11 号
《电力二次系统安全防护总体方案》电监安全〔2006〕34 号
《发电厂并网运行管理规定》电监市场〔2006〕42 号
《关于做好电力安全信息报送工作的通知》国能综安全〔2014〕198 号
《电力企业应急预案评审与备案细则》国能综安全〔2014〕953 号
《太阳光伏能源系统术语》GB 2297—1989
《安全标志及其使用导则》GB 2894—2008
《手持式电动工具的管理、使用、检查和维护安全技术规程》GB 3787—2006
《安全带》GB 6095—2009
《地面用太阳电池标定的一般规定》GB 6497—1986
《焊接与切割安全》GB 9448—1999
《足部防护 电绝缘鞋》GB 12011—2009
《带电作业用绝缘手套》GB 17622—2008
《危险化学品重大危险源辨识》GB 18218—2009
《电业安全工作规程（热力和机械部分)》GB 26164.1—2010
《电力安全工作规程（电力线路部分)》GB 26859—2011
《电力安全工作规程（发电厂和变电站电气部分)》GB 26860—2011
《电力安全工作规程（高压试验室部分)》GB 26861—2011
《建筑抗震设计规范》GB 50011—2008
《建筑照明设计规范》GB 50034—2013
《建筑物防雷设计规范》GB 50057—2010
《电气装置安装工程电气设备交接试验标准》GB 50150—2006
《防洪标准》GB 50201—1994

《电力工程电缆设计规范》GB 50217—2007

《电力设施抗震设计规范》GB 50260—2013

《光伏发电站施工规范》GB 50794—2012

《光伏发电站设计规范》GB 50797—2012

《工作场所职业病危害警示标识》GBZ 158—2003

《雷电电磁脉冲防护　第一部分　通则》GB/T 1927.1—2003

《光伏器件 第 1 部分：光伏电流－电压特性的测量》GB/T 6495.1—1996

《光伏器件　第 2 部分：标准太阳电池的要求》GB/T 6495.2—1996

《光伏器件　第 3 部分：地面用光伏器件的测量原理及标准光谱辐照度数据》GB/T 6495.3—1996

《晶体硅光伏器件的 I-V 实测特性的温度和辐照度修正方法》GB/T 6495.4—1996

《光伏器件　第 5 部分：用开路电压法确定光伏（PV）器件的等效电池温度（ECT）》GB/T 6495.5—1997

《光伏器件　第 7 部分：光伏器件测量过程中引起的光谱失配误差的计算》GB/T 6495.7—2006

《光伏器件　第 8 部分：光伏器件光谱响应的测量》GB/T 6495.8—2002

《光伏器件　第 9 部分：太阳模拟器性能要求》GB/T 6495.9—2006

《地面用晶体硅光伏组件 设计鉴定和定型》GB/T 9535—1998

《光谱标准太阳电池》GB/T 11010—1989

《低压熔断器　第 6 部分：太阳能光伏系统保护用熔断体的补充要求》GB/T 13539.6—2013

《继电保护和安全自动装置技术规程》GB/T 14285—2006

《场（厂）内机动车辆安全检验技术要求》GB/T 16178—2011

《地面用光伏（PV）发电系统 概述和导则》GB/T 18479—2001

《太阳电池组件盐雾腐蚀试验》GB/T 18912—2002

《光伏系统并网技术要求》GB/T 19939—2005

《光伏发电站接入电力系统技术规定》GB/T 19964—2012

《光伏（PV）系统电网接口特性》GB/T 20046—2006

《光伏系统性能监测 测量、数据交换和分析导则》GB/T 20513—2006

《太阳能光伏照明用电子控制装置 性能要求》GB/T 26849—2011

《光伏电站太阳跟踪系统技术要求》GB/T 29320—2012

《光伏发电站无功补偿技术规范》GB/T 29321—2012

《生产经营单位生产安全事故应急预案编制导则》GB/T 29639—2013

《光伏发电工程施工组织设计规范》GB/T 50795—2012

《光伏发电工程验收规范》GB/T 50796—2012

《光伏（PV）组件安全鉴定 第 1 部分：结构要求》GB/T 20047.1—2006

《光伏（PV）组件安全鉴定 第 2 部分：试验要求》GB/T 20047.2—2006

《企业安全生产标准化基本规范》AQ/T9006—2010

《电容型验电器》DL 740—2014

《电力设备典型消防规程》DL 5027—1993

《电力变压器运行规程》DL/T 572—2010

《电力变压器检修导则》DL/T 573—2010

《微机继电保护装置运行管理规程》DL/T 587—2007

《电力设备预防性试验规程》DL/T 596—1996

《交流电气装置的接地》DL/T 621—1997

《带电作业绝缘鞋（靴）通用技术条件》DL/T 676—2012

《微机型防止电气误操作装置通用技术条件》DL/T 687—2010

《电力系统用蓄电池直流电源装置运行与维护技术规程》DL/T 724—2000

《电力系统安全稳定导则》DL/T 755—2001

《电力行业劳动环境监测技术规范》DL/T 799.1～799.7—2010

《电力用直流电源监控装置》DL/T 856—2004

《继电保护和电网安全自动装置检验规程》DL/T 995—2006

《电网运行准则》DL/T 1040—2007

《电力技术监督导则》DL/T 1051—2007

《电力设施治安风险等级和安全防范要求》GA 1089—2013

《施工现场临时用电安全技术规范》JGJ 46—2005

《起重机械定期检验规程》TSG Q7015—2008

《通信中心机房环境条件要求》YD/T 1821—2008

3 术语和定义

下列术语和定义适用于本标准。

3.1 安全生产标准化

通过建立安全生产责任制，制定安全管理制度和操作规程，排查治理隐患和监控重大危险源，建立风险分析和预控机制，规范生产行为，使各生产环节符合有关安全生产法律法规和标准规范要求，人、设备、环境、管理处于良好状态，并持续改进，不断加强企业安全生产规范化建设。

3.2 安全绩效

根据安全生产目标，在安全生产工作方面取得的可测量结果。

3.3 相关方

与企业的安全绩效相关联或受其影响的团体或个人。

3.4 资源

实施安全生产标准化所需的人员、资金、设施、材料、技术和方法等。

3.5 缺陷

生产设备运行过程中产生局部损耗、偏差设计性能等需要进行维修或调整才能恢复的失效。

4 一般要求

4.1 原则

企业开展安全生产标准化工作，遵循“安全第一、预防为主、综合治理”的方针，以隐患排查治理为基础，提高安全生产水平，减少事故发生，保障人身安全健康，保证生产经营活动的顺利进行。

4.2 建立和保持

企业安全生产标准化工作采用“策划、实施、检查、改进”动态循环的模式，依据本规范的要求，结合自身特点，建立并保持安全生产标准化系统；通过自我检查、自我纠正和自我完善，建立安全绩效持续改进的安全生产长效机制。

4.3 评定和监督

企业应当根据本规范和有关评分细则，对本企业开展安全生产标准化工作情况进行评定。

标准化评分方式：最终得分=（实得分/应得分）×100%。其中，实得分为企业实际得分值的总和；应得分为企业适用项目分值的总和。

安全生产标准化建设可以根据最终得分分为一级、二级、三级，最终得分 90 分及以上为一级，最终得分 80 分及以上、90 分以下为二级，最终得分 70 分及以上、80 分以下为三级。

能源监管机构和安全监管部门对光伏发电企业安全生产标准化建设工作进行监督管理。

5 核心要求（评分项目，1500 分）

5.1 目标（40 分）

序号	项目	内容	标准分	评分标准	实得分
5.1.1	目标的制定	电力企业应制定明确的总体和年度安全生产目标 安全生产目标应明确企业在人员、设备、作业环境、管理等方面的各项安全指标。主要包括不发生人身事故、设备事故、电力安全事故等安全指标 安全生产目标应经企业主要负责人审批，以文件形式下达	10	①企业未制定总体和年度安全生产目标，不得分 ②指标不明确，内容不完善，不结合实际，有上述任一情况的，扣 5 分 ③目标未经企业主要负责人审批，未以正式方式下达，不得分	
5.1.2	目标的控制与落实	根据确定的安全生产目标制定相应的分级（公司、部门、班组）目标 基层单位或部门按照安全生产职责，制定相应的分级控制措施	15	①未制定相应的分级目标，扣 5 分/级 ②未制定控制措施，扣 3 分/级；控制措施不明确、不具体，未结合岗位特点，每处扣 2 分；措施落实不到位，扣 2 分/级	
5.1.3	目标的监督与考核	制定安全生产目标考核办法 定期对安全生产目标控制措施落实情况进行监督、检查与纠偏 对安全生产目标完成情况进行评估与考核	15	①未制定目标考核办法，扣 5 分；考核办法未涵盖所有生产部门，缺一个扣 1 分 ②未对安全生产目标控制措施落实情况进行监督、检查与纠偏，扣 2 分 ③未及时对安全生产目标完成情况进行评估与考核，扣 2 分	

5.2 组织机构和职责（60 分）

序号	项目	内容	标准分	评分标准	实得分
5.2.1	安全生产委员会	企业应成立以主要负责人为领导的安全生产委员会，明确机构的组成和职责，建立健全工作制度和例会制度 企业主要负责人应定期组织召开安全生产委员会会议，总结分析本单位的安全生产情况，部署安全生产工作，研究解决	10	①未成立以主要负责人为领导的安全生产委员会，不得分；未制定相关制度，扣 5 分 ②未按规定召开会议，扣 2 分/次；会议记录不完整或未发布会议纪要，扣 1 分/次	

续表

序号	项目	内容	标准分	评分标准	实得分
5.2.1		安全生产工作中的重大问题，决策企业安全生产的重大事项		③重大、重要安全事项未经安委会研究确定，扣3分	
5.2.2	安全生产保障体系	企业应建立健全安全生产保障体系。贯彻“管生产必须管安全、管业务必须管安全”的原则 企业和部门（车间）负责人应每月组织召开安全生产工作例会，形成会议记录并予以公布 落实安全生产保障体系职责，保障安全生产所需的人员、物资、费用等需要	10	①未按要求建立安全生产保障体系，不得分 ②未每月召开安全生产例会，扣2分/次；会议记录不完整或没有公布，扣1分/次；对会议提出的问题未闭环整改，扣1分/次 ③安全保障体系不健全、不符合要求，职责未有效落实，扣1分/项	
5.2.3	安全生产监督体系	根据国家和有关部门规定，设置安全生产管理机构或者配备专兼职安全生产管理人员和所需的设施器材。鼓励和支持安全生产监督管理人员取得注册安全工程师资质 建立安全生产监督体系，健全安全生产监督网络，每月召开安全生产监督网络会议（或安全生产工作例会），分析安全生产工作，并做好会议记录 安全生产监督网络要严格履行安全生产职责，布置、督促、落实企业的安全生产工作，检查安全生产工作开展情况，纠正违反安全生产规章制度的行为，严格安全生产考核 做好安全监督检查过程记录，记录应完整真实	20	①未按要求设置安全生产监督管理机构，不得分；安全监督人员数量、素质及配备的设施器材不满足本单位安全监督需要的，扣5分 ②安全生产监督体系、安全监督网络不健全，扣3分；未按时召开会议，扣2分/次；会议记录不完整，扣1分/次 ③安全监督人员对关键工作、危险工作、重点工作等未进行现场监督的，或发现违章现象未制止并跟踪整改的，扣3分/次 ④现场监督无记录，扣2分；记录不全，扣1分	
5.2.4	安全生产责任制	制定符合本企业的安全生产责任制，明确各部门、各级、各类岗位人员安全生产责任 企业主要负责人应按照安全生产法律法规赋予的职责，建立、健全本单位安全生产责任制，组织制定本单位安全生产规章制度和操作规程，组织制定并实施本单位安全生产教育和培训计划，保证本单位安全生产投入的有效实施，督促、检查本单位的安全生产工作，及时消除生产安全事故隐患，组织制定并实施本单位的生产安全事故应急救援预案，及时、如实报告生产安全事故 各级、各类岗位人员要认真履行岗位安全生产职责，严格落实安全生产规章制度 企业应建立责任追究制度，对安全生产职责履行情况进行检查、考核，并做好记录	20	①未建立安全生产责任制，不得分；未明确各部门、各级、各类岗位人员安全生产责任或职责有遗漏，扣1分/项 ②企业主要负责人安全生产职责不明确，未履行法定主要职责，扣2分/项 ③各级、各类岗位人员未履行安全职责，扣2分/处；安全生产规章制度不落实，扣1分/项 ④未制定责任追究制度和考核制度，扣5分；未对安全生产职责履行情况进行检查、考核，扣3分；安全生产奖惩无记录扣2分，记录不全，扣1分	

5.3　安全生产投入（40分）

序号	项目	内容	标准分	评分标准	实得分
5.3.1	费用管理	制定满足安全生产需要的安全生产费用计划，严格审批程序，按规定提取安全生产费用，专门用于改善安全生产条件，并落实到位，企业主要领导定期组织有关部门对执行情况进行检查、考核	15	①未按规定提取安全生产费用，不得分 ②未制定年度安全生产费用计划，扣2分 ③审批程序不符合规定，扣2分 ④未定期进行检查、考核，扣2分 ⑤未专款专用，扣5分	

续表

序号	项目	内容	标准分	评分标准	实得分
5.3.2	费用使用	安全生产费用主要用于以下方面： 安全技术和劳动保护措施：安全标志、安全工器具、安全设备设施、安全防护装置、安全培训、职业病防护和劳动保护，以及重大安全生产课题研究和预防事故采取的安全技术措施工程建设等 反事故措施：设备重大缺陷和隐患治理、针对事故教训采取的防范措施、落实技术标准及规范进行的设备和系统改造、提高设备安全稳定运行的技术改造等 应急管理：预案编制、应急物资、应急演练、应急救援等 安全检测、安全评价、事故隐患排查治理和重大危险源监控整改以及安全保卫等 安全法律法规收集与识别、安全生产标准化建设实施与维护、安全监督检查、安全技术技能竞赛、安全文化建设与安全月活动等	25	①挪用安全生产费用，不得分 ②安全生产费用使用中存在应投入而未投入的，扣2分/项	

5.4 法律法规与安全管理制度（60分）

序号	项目	内容	标准分	评分标准	实得分
5.4.1	法律法规与标准规范	建立识别和获取适用的安全生产法律法规、标准规范的制度，明确主管部门，确定获取的渠道、方式 企业应及时识别和获取适用的安全生产法律法规、标准规范，建立本单位适用的安全生产法律法规、标准规范清单，并及时更新发布 企业应将适用的安全生产法律法规、标准规范及其他要求及时传达给从业人员 企业应遵守安全生产法律法规、标准规范，并将相关要求及时转化为本单位（企业）规章制度，贯彻到日常安全管理工作中	15	①未建立相关制度，扣5分；未明确识别主管部门，或未确定获取的渠道、方式的，扣2分 ②未及时更新，使用失效、过期的法律法规、标准规范的，或法律法规、标准规范有缺失，扣1分/处 ③未将识别和获取的法律法规对相关人员进行教育培训的，扣1分/项 ④未根据识别和获取的法律法规及时完善本企业规章制度和规程的，扣1分/项	
5.4.2	规章制度	建立健全符合国家法律法规、国家及行业标准要求的各项规章制度（包括但不仅限于附录A），并发放到相关工作岗位，规范从业人员的生产作业行为	15	①规章制度不全，扣2分/项 ②相关岗位的规章制度配置不全，扣1分/每人次	
5.4.3	安全生产规程	企业应配备国家及电力行业有关安全生产规程 企业应编制运行规程、检修规程、设备试验规程、系统图册、相关设备操作规程等有关安全生产规程 企业应将有关安全生产规程发放到相关岗位	10	①企业未配备国家及电力行业有关安全生产规程，扣1分/每项 ②编制的安全生产规程有缺失、内容不全或不符合要求，扣2分/项 ③未将有效的安全生产规程发放到部门、班组等相关工作岗位的，扣1分/处	
5.4.4	评估和修订	每年至少一次对企业执行的安全生产法律法规、标准规范、规章制度、操作规程、检修、运行、试验等规程的有效性进行检查评估；及时完善规章制度、操作	10	①未公布现行有效的法律法规、制度、规程清单，扣5分 ②未按要求及时修订、发布有关规程和规章制度，扣2分/项	

续表

序号	项目	内容	标准分	评分标准	实得分
5.4.4	评估和修订	规程，每年发布有效的法律法规、制度、规程等清单 每3～5年对有关制度、规程进行一次全面修订、重新印刷发布 规章制度、操作规程的修订、审查应严格履行审批手续	10	③未按规定履行规程、规章制度审批手续，扣2分/项	
		严格执行文件和档案管理制度，确保规章制度、规程编制、使用、评审、修订的有效性 建立主要安全生产过程、事件、活动、检查的安全记录档案，并加强对安全记录的有效管理。安全记录至少包括：班长日志、巡检记录、检修记录、不安全事件记录、事故调查报告、安全生产通报、安全日活动记录、安全会议记录、安全检查记录等	10	①未建立档案管理制度，扣5分；没有按制度执行，扣3分 ②未按规定做好安全台账、记录，扣2分/项 ③安全台账、记录内容不全面或不具体，扣1分/项	

5.5 教育培训（80分）

序号	项目	内容	标准分	评分标准	实得分
5.5.1	教育培训管理	明确安全教育培训主管部门或专（兼）职工作岗位，按规定及岗位需要，定期识别安全教育培训需求，制定、实施安全教育培训计划，提供相应的资源保证 做好安全教育培训记录，建立安全教育培训档案，实施分级管理，并对培训效果进行评估和改进	10	①安全教育培训主管部门或专（兼）职工作岗位不明确，扣3分；没有制定安全教育培训计划，扣2分 ②未建立安全教育培训记录和档案，扣3分；没有培训效果评估和改进记录，扣2分	
5.5.2	安全生产管理人员教育培训	企业相关负责人和安全生产管理人员应当接受安全培训，具备相适应的安全生产知识和管理能力，取得培训合格证书 企业相关负责人和安全生产管理人员首次安全培训时间不得少于32学时，每年再培训时间不得少于12学时	20	①企业相关负责人和安全生产管理人员未按要求进行培训或取证，扣3分 ②培训学时不符合规定，扣1分/人	
5.5.3	从业人员教育培训	对从业人员（包括使用的被派遣劳动者）进行安全生产教育和培训，保证从业人员具备必要的安全生产知识，熟悉有关的安全生产规章制度和安全操作规程，掌握本岗位的安全操作技能，了解事故应急处理措施，知悉自身在安全生产方面的权利和义务。未经安全生产教育和培训合格的从业人员，不得上岗作业 每年对生产岗位人员进行生产技能培训、安全教育和安全规程考试。其中，班组长的安全培训应符合国家有关要求，工作票签发人、工作负责人、工作许可人须经安全培训、考试合格并公布 新入厂员工在上岗前必须进行企业、部门（车间）、班组三级安全教育培训，岗前培训时间不得少于24学时。危险性较大的岗位人员应熟悉与工作有关的危险介质的物理、化学特性，培训时间不得少于48学时	25	①从业人员未经培训或培训考试不合格上岗作业，扣1分/人 ②工作票签发人、工作负责人、工作许可人未经安全培训、考试合格并公布的，不得分；现场作业人员不了解事故应急处置措施，不会紧急救护法，或相关人员不会使用防毒、防窒息等用品的，扣2分/人 ③新入厂人员未进行安全生产三级教育的，扣2分/人；培训学时不符合规定，扣1分/人 ④现场作业人员未按要求进行安全生产规程考试或考核不合格仍进行作业，扣2分/人 ⑤特种（设备）作业人员未持有效证件上岗，或离开特种作业岗位6个月以上未重新考核合格即上岗作业的，不得分	

序号	项目	内容	标准分	评分标准	实得分
5.5.3	从业人员教育培训	生产岗位人员转岗、离岗三个月以上重新上岗者，应进行部门（车间）和班组安全生产教育培训和考试，考试合格方可上岗 特种（设备）作业人员应按有关规定接受专门的安全培训，经考核合格并取得有效资格证书后，方可上岗作业。离开特种作业岗位达6个月以上的特种作业人员，应当重新进行实际操作考核，经确认合格后方可上岗作业 在新工艺、新技术、新材料或者使用新设备投入使用前，应对从业人员进行专门的安全生产教育和培训	25	⑥新工艺、新技术、新材料或者使用新设备投入使用前，未对从业人员进行专门的安全生产教育和培训，扣1分/人	
5.5.4	其他人员教育培训	企业应对相关方人员进行安全教育培训。作业人员进入作业现场前，应由作业现场所在单位对其进行现场有关安全知识的教育培训，并经有关部门考试合格。开工前应对其进行现场安全技术交底 企业应对参观、学习等外来人员进行有关安全规定和可能接触到的危害及应急知识的教育和告知，并做好相关监护工作	15	①未对相关方人员进行安全教育培训，扣1分/人；承包方未经考试或考试不合格进入生产现场，扣1分/人；未进行安全技术交底，扣1分/次 ②未对外来人员进行安全教育和告知的，扣1分/人；临时用工上岗前未进行培训，未经考试合格，扣2分/人	
5.5.5	安全文化建设	企业应采取多种形式的安全文化活动，引导从业人员安全态度和安全行为，形成全体员工所认同、共同遵守、带有本单位特点的安全价值观 定期组织开展安全日活动。组织开展班前、班后会	10	①企业未开展安全文化活动，扣3分；生产部门、班组未开展活动，扣2分 ②安全日活动内容不充实，无针对性，或记录不全，扣1分/项；企业和部门（车间）领导、管理人员未按照规定参加班组安全日活动，扣1分/次 ③未组织班前、班后会，扣2分；会议内容不充实，或无记录，扣1分	

5.6 生产设备设施（600分）

5.6.1 设备设施管理（140分）

序号	项目	内容	标准分	评分标准	实得分
5.6.1.1	生产设备设施建设	建立新、改、扩建工程安全“三同时”的管理制度 安全设备设施应与建设项目主体工程同时设计、同时施工、同时投入生产和使用	15	①新、改、扩建工程无该项制度的，不得分；制度不符合有关规定的，扣2分 ②安全设备设施未同时投用的，扣5分	
5.6.1.2	设备基础管理	制定并落实设备责任制，保证设备管理分工合理、责任到岗 加强设备质量管理，完善设备质量标准、缺陷管理、设备异动管理、保护投退等制度，明确相应工作程序和流程 新增或改造设备应严格履行验收制度，设备异动管理、保护投退按规定办理，设备缺陷应及时消除 保证备品、备件满足生产需求	25	①未制定设备责任制，不得分；制度不完善或落实不到位，扣3分 ②未制定设备质量管理、缺陷管理、设备异动管理、设备保护投退等制度的，不得分，制度不完善或落实不到位，扣3分 ③新增或改造设备未严格履行验收制度，扣3分；异动管理、	

续表

序号	项目	内容	标准分	评分标准	实得分
5.6.1.2	设备基础管理	加强设备档案管理，分类建立完善设备台账、技术资料和图纸等资料台账 旧设备拆除前应进行风险评估，制定拆除计划和方案		保护投退等不按规定办理，扣3分；设备缺陷未按时消除，扣1分/条 ④备品、备件储备不能满足要求，扣5分 ⑤图纸、资料不全，扣2分；未及时归档，扣2分 ⑥拆除旧设备未制定和落实拆除方案，扣2分	
5.6.1.3	运行管理	明确设备设施运行维护责任主体。委托维护管理应签订委托管理协议，明确双方的安全责任 签订并网调度协议，落实安全管理责任 遵守调度纪律，严格调度命令，落实调度指令 认真监视设备运行工况，合理调整设备状态参数，正确处理设备异常情况 完善设备检修安全技术措施，做好检修许可、监护、验收等工作 严格核对操作票内容和操作设备名称，加强操作监护并逐项进行操作。 按规定时间、内容及线路对设备进行巡回检查，随时掌握设备运行情况 按规定时间和方法做好设备定期轮换和试验工作，做好相关记录 制定万能解锁钥匙和配电室及配电设备钥匙的相关制度，并认真执行 根据设备状况，合理安排光伏电站运行方式，做好事故预想，开展反事故演习，并做好各类运行记录	30	①未明确设备设施运行维护责任主体、未明确运行维护管理部门和责任分界，或委托管理无协议，不得分；委托管理协议内容不全，扣1分/项 ②未签订并网调度协议，不得分 ③违反调度纪律，不得分 ④因运行监视不到位发生不安全事件，扣5分 ⑤设备检修安全技术措施不完善，或检修许可、监护、验收执行不到位，3分/项 ⑥存在无票操作，不得分；操作票不合格，扣2分/张 ⑦设备巡检不符合要求，扣3分 ⑧设备定期轮换和试验工作未执行，扣3分；执行不到位，扣2分 ⑨未制定万能解锁钥匙和配电室及配电设备钥匙制度，扣5分；未严格执行，扣2分；记录不全，扣1分 ⑩未定期组织开展反事故演习、进行事故预想，扣2分；记录不完整、不详实，扣1分	
5.6.1.4	检修管理	制定并落实设备检修管理制度，健全设备检修组织机构，编制检修进度网络图或控制表 实行标准化检修管理，编制检修作业指导书或文件包，对重大项目制定安全组织措施、技术措施及施工方案 按规定进行设备检查，做好设备检修、试验记录 严格执行工作票制度，落实各项安全措施 严格检修现场隔离和定置管理，检修现场应分区域管理，检修物品实行定置管理 严格工艺要求和质量标准，实行检修质量控制和监督三级验收制度，严格检修作业中停工待检点和见证点的检查签证	30	①未制定检修管理制度，不得分；制度不完善，机构不健全，落实存在问题，扣3分 ②检修作业文件、作业指导书或文件包编制不完整或者内容简单，扣2分 ③设备无检修、试验记录，扣3分；检查周期不符合要求，扣2分 ④无票作业，不得分。工作票不合格，扣2分/张。安全措施没有落实，扣2分/项 ⑤检修现场隔离和定置管理不到位，扣3分/处 ⑥检修质量控制和监督三级验收制度执行不到位，扣10分；验收资料不完整，扣2分	

续表

序号	项目	内容	标准分	评分标准	实得分
5.6.1.5	技术管理	制定技术监督管理制度，建立健全以主管生产领导负责的技术监控（督）网络和各级监督岗位责任制 制定年度工作计划，定期组织开展技术监督活动，建立和保持技术监控（督）台账、报告、记录等资料的完整性 制定技术改造管理办法，加强设备重大新增、改造项目可行性研究，组织编制项目实施的组织措施、技术措施和安全措施	20	①未制定技术监督管理制度，扣5分；制度未有效落实，扣3分；未建立监督网络，扣2分 ②未制定年度计划，扣3分；未定期开展技术监督工作，扣5分；技术监督工作报告和技术分析报告，存在较大问题，扣3分；措施制定和实施不及时，扣2分 ③未制定并严格执行技术改造管理办法，扣5分；技改项目资料不完整，扣2分	
5.6.1.6	可靠性管理	按照电力可靠性监督管理部门的相关要求，制定可靠性管理工作规范，设置可靠性管理专职（或兼职）工作岗位。可靠性专责人员参加岗位培训并取得岗位资格证书 建立可靠性信息管理系统，采集、统计、审核、分析、报送可靠性信息 编制可靠性管理工作报告和技术分析报告，评价分析设备、设施运行的可靠性状况，制定提高可靠性水平的具体措施并组织实施 定期对可靠性管理工作进行总结，并开展可靠性管理自查工作	10	①未制定可靠性管理工作规范，扣5分；可靠性管理人员无证上岗，扣2分/人 ②未建立可靠性信息管理系统，扣3分 ③可靠性管理工作报告和技术分析报告，存在较大问题，扣3分；措施制定和实施不及时，扣3分 ④未进行可靠性管理工作总结，或未开展可靠性管理自查工作。扣2分	
5.6.1.7	光功率预测管理	光功率预测参数、基本资料齐全 编制光功率预测装置技术规程，并定期修订完善 规范和加强运行电站光功率预测系统的维护检修，预测准确率满足相关标准要求	10	①光功率预测参数、基本资料缺失，扣1分/项 ②无光功率预测装置技术规程，不得分；未及时修订完善，扣2分 ③没有光功率预测系统检修维护记录，扣2分；设备及系统有缺陷，扣1分/项 ④预测准确率不满足相关标准要求的，扣2分	

5.6.2 设备设施保护（30分）

序号	项目	内容	标准分	评分标准	实得分
5.6.2.1	制度管理	建立由企业主要领导负责和有关单位主要负责人组成的安全防护体系，明确主管部门，定期组织召开安全防护工作会议，严格履行安全防护职责，布置、督促、落实、检查和考核企业安全防护工作 实行重要生产场所分区管理，严格重要生产现场准入制度 制定电力设施安全保卫制度，加强重要生产场所出入人员、车辆和物品的安全检查，防止发生外力破坏、盗窃、恐怖袭击等事件	10	①没有建立安全防护体系，不得分；安全防护工作存在问题，扣3分 ②重要生产场所未分区管理，扣2分；有未经许可进入生产现场的，扣3分/处 ③没有电力设施安全保卫制度，不得分；内容不完善，扣2分	

续表

序号	项目	内容	标准分	评分标准	实得分
5.6.2.2	保护措施	依据相关标准，建立电力设施永久保护区台账和检查记录，架空、地下等输电线路所处的永久保护区应有明显警示标识 加强电力设施的人防、物防和技防管理，满足国家、行业、当地政府和本企业安防管理要求 安保器材、防爆装置配置、使用和维护管理到位	10	①未建立电力设施永久保护区台账和检查记录，扣5分；永久保护区无明显警示标识，扣1分/处 ②生产现场缺少安全保卫，扣1分/处 ③未按相关标准建设物防、技防设施，不得分；已设置的物防、技防设施不能正常使用或失效，扣5分 ④安保器材、防爆装置配置不满足要求，使用和维护不到位，扣2分/处	
5.6.2.3	保卫方式	根据重大活动时段安排和安全运行影响程度，确定保卫方式，做好安全保卫工作 根据需要，对相关电力设施、生产场所采用公安（武警）人员、本单位安保人员或有关人员进行现场值守和巡视检查	5	①被有关部门检查出存在安全保卫问题，扣3分 ②未按规定实施安保方式的，扣2分 ③安保工作存在漏洞的，扣1分/处	
5.6.2.4	处置与报告	重要电力设施遭受破坏后，电力企业应当及时进行处置，并向当地公安机关和所在地能源监管机构报告	5	未及时处置并报告，不得分	

5.6.3 设备设施安全（110分）

序号	项目	内容	标准分	评分标准	实得分
5.6.3.1	电气一次设备及系统	光伏电池组件应满足安全运行的电气和机械性能要求，组件完好，性能正常 汇流箱密封良好，内部无异常，防雷模块完好，接地符合要求 直流配电柜内无发热放电现象，通风散热良好，防雷模块完好，直流开关选型正确 逆变器符合相关并网要求，保护定值正确，设备无异常，逆变器本体、逆变器室通风散热系统运行正常，温度正常 逆变器通过低电压穿越能力测试，并取得国家授权的有资质的检测机构的检测认证 变压器的分接开关接触良好，有载开关及操动机构状况良好，有载开关的油与本体油之间无渗漏问题；冷却系统（如潜油泵风扇等）运行正常无缺陷；各部位无渗漏油 高低压配电装置的系统接线和运行方式正常，开关状态标识清晰，母线及架构完好，绝缘符合要求，隔离开关、断路器、电力电缆、架空线路等设备运行正常无缺陷；防误闭锁设施可靠；互感器、耦合电容器、避雷器和穿墙套管无缺陷；过电压保护装置和接地装置运行正常 动态无功补偿装置性能特性符合要求，自动控制功能正常，通风冷却系统正常。 所有一次设备绝缘监督指标合格	30	①存在影响电气一次设备安全稳定运行的缺陷或隐患，扣3分/项；未进行分析并制定措施，不得分；措施无针对性，扣2分；光伏发电系统运行温度超标，未采取措施，扣5分 ②汇流箱密封不良，柜内有沙尘或积水，扣2分/项；接地不符合要求，通过电池支架串联接地的，扣2分 ③直流配电柜内有发热放电现象，柜内温度超过允许范围，扣5分；防雷模块损坏未及时更换，扣2分/项；直流配电柜直流开关选型不正确，扣2分/项；直流开关脱扣未及时处理，扣2分/项 ④逆变器保护定值不符合要求（如保护定值不正确等），扣2分/项；逆变器本体或环境温度超过允许范围，扣5分；逆变器室通风散热系统工作不正常，扣2分 ⑤逆变器不具备低电压穿越功能，不得分；未取得国家授权的有资质的检测机构的检测认证，扣5分	

续表

序号	项目	内容	标准分	评分标准	实得分
5.6.3.1	电气一次设备及系统		30	⑥变压器冷却系统运行不正常，存在缺陷，扣2分，变压器本体、套管、散热器、储油柜等部位有渗漏油，扣1分/项 ⑦高低压配电装置设备存在缺陷，扣1分/项 ⑧无功补偿装置性能特性不满足要求，室内安装的制冷通风系统不正常，扣3分/项 ⑨一次设备绝缘监督指标不合格，扣2分/项	
5.6.3.2	电气二次设备及系统	继电保护及安全自动装置的配置符合要求，运行工况正常，定值应符合整定规程要求，并定期进行检验；故障录波器运行正常；二次回路和投入试验正常，仪器、仪表符合技术监督要求 直流系统、不间断电源系统设备可靠，符合运行要求，蓄电池设备安全可靠；直流系统各级熔断器和空气开关选型正确 直流系统各级空气开关的定值有专人管理，备件齐全 UPS 交直流电源输入进行定期切换试验，并做好试验记录 通信设备、电路及光缆线路的运行状况正常，电源系统正常；通信站防雷措施完善、合理	30	①存在影响电气二次设备及系统安全稳定运行的缺陷和隐患，扣3分/项 ②二次回路、二次设备存在未及时消除的缺陷，扣1分/项 ③继电保护装置及安全自动装置未按规定检验，项目缺失，标识指示、信号指示缺失，保护定值管理不规范，扣2分/项 ④故障录波器运行不正常或未投入运行，扣2分 ⑤直流系统、不间断电源系统设备运行存在问题，扣5分；蓄电池未做核对性试验，扣2分；直流系统各级熔断器和空气开关选型不正确，扣3分 ⑥直流系统各级空气开关的定值没有专人管理，备件不齐全，扣5分 ⑦UPS 交直流电源未定期进行切换试验，扣2分；试验记录不全，扣1分 ⑧通信设备、电路、光缆线路及交直流电源的运行状况及环境存在问题，扣2分	
5.6.3.3	自动化设备及计算机监控系统	光伏电站有功、无功控制功能齐全，逻辑正确，运行正常。直流汇流箱、直流配电柜、并网逆变器、交流柜、箱式变电站等设备现地监控装置功能满足要求，运行正常 计算机监控系统的电子设备间环境、控制系统电源及接地满足要求 操作员站、电网调度通信网络及电源有冗余配置。监控系统分级授权管理制度健全，执行严格 光伏设备组件支架跟踪控制系统、大风保护装置功能满足要求	20	①有功、无功控制功能不齐全，逻辑不正确，运行不正常，扣3分/项；直流汇流箱、直流配电柜、并网逆变器、交流柜、箱式变电站等设备的现地监控装置功能不满足要求或运行不正常，扣2分/项 ②电子间环境、电源、接地不满足要求，扣2分/项 ③操作员站、电网调度通信网络及电源的冗余配置不满足要求，扣2分 ④分级授权制度不健全或执行不严格，扣2分 ⑤组件支架跟踪控制系统、大风保护装置配置不全，扣2分/项 ⑥存在影响自动化设备及计算机监控系统安全稳定运行的缺陷和隐患，扣3分/项	

续表

序号	项目	内容	标准分	评分标准	实得分
5.6.3.4	信息网络设备及系统	信息网络设备及其系统设备可靠，符合相关要求；总体安全策略、网络安全策略、应用系统安全策略、部门安全策略、设备安全策略等应正确，符合规定 构建网络基础设备和软件系统安全可信，没有预留后门或逻辑炸弹。接入网络用户及网络上传输、处理、存储的数据可信，非授权访问或恶意篡改 电力二次系统安全防护满足《电力二次系统安全防护总体方案》和《发电厂二次系统安全防护方案》，具有数据网络安全防护实施方案和网络安全隔离措施，分区合理、隔离措施完备、可靠 路由器、交换机、服务器、邮件系统、目录系统、数据库、域名系统、安全设备、密码设备、密钥参数、交换机端口、IP 地址、用户账号、服务端口等网络资源统一管理 与调度部门的数据交换正常 安全区间实现逻辑隔离，有连接的生产控制大区和管理信息大区间应安装单向横向隔离装置，并且该装置应经过国家权威机构的测试和安全认证。 网络节点具有备份恢复能力，能够有效防范病毒和黑客的攻击所引起的网络拥塞、系统崩溃和数据丢失	10	①信息网络设备及其系统硬件存在缺陷，扣 2 分/项 ②各类技术管理存在问题，扣 2 分/项 ③电力二次系统安全防护存在安全隐患，扣 3 分/项 ④网络资源管理不满足要求，扣 2 分 ⑤与调度部门之间数据交换不正常，扣 2 分 ⑥安全区间安装的单向横向隔离装置未经过国家权威机构的测试和安全认证，扣 3 分 ⑦备份恢复能力不健全，扣 3 分	
5.6.3.5	光伏电站组件支架	支架基础牢靠，各部螺栓无松动，焊接牢固，支架无变形，应满足强度、稳定性和刚度要求，符合抗震、抗风和防腐等要求	20	①存在影响光伏组件安全、稳定运行的缺陷和隐患，扣 3 分/项 ②支架有松动，或防腐不满足要求的，扣 2 分/项	

5.6.4　设备设施风险控制（270 分）

5.6.4.1　电气设备及系统风险控制（120 分）

序号	项目	内容	标准分	评分标准	实得分
5.6.4.1.1	高压开关损坏风险控制	制定并落实高压开关设备反事故技术措施 完善高压开关设备防误闭锁功能 开关设备断口外绝缘符合规定，否则应加强清扫工作或采用防污涂料等措施 做好气体管理、运行及设备的气体监测和异常情况分析，包括 SF_6 压力表和密度继电器的定期校验 加强对隔离开关转动部件、接触部件、操作机构、机械及电气闭锁装置的检查和润滑，并进行操作试验；定期用红外线测温仪测量隔离开关接触部分的温度 定期清扫气动机构防尘罩、空气过滤器，排放储气罐内积水，定期检查液压机构回路有无渗漏油现象，发现缺陷应及时处理	20	①未制定高压开关设备反事故技术措施，扣 5 分；措施不完善或落实不到位，扣 3 分 ②高压开关设备防误闭锁功能不完善，扣 2 分/项；防误闭锁功能不完善造成事故，不得分 ③发生有责任的高压开关损坏事故，不得分 ④气体管理、运行及设备的气体监测和异常情况分析不到位，扣 3 分 ⑤未对隔离开关进行操作试验、检查和润滑，扣 2 分/项；未定期测量隔离开关接触部分温度，扣 5 分 ⑥隔离开关操作机构检查维护不及时，扣 3 分；无维护保养记录或记录不全，扣 2 分	

续表

序号	项目	内容	标准分	评分标准	实得分
5.6.4.1.2	接地网事故风险控制	设备设施的接地引下线设计、施工符合要求，有关生产设备与接地网连接牢固 接地阻抗满足规范要求。接地装置的焊接质量、接地试验应符合规定，各种设备与主接地网的连接可靠，扩建接地网与原接地网间应为多点连接 根据地区短路容量的变化，应校核接地装置（包括设备接地引下线）的热稳定容量，并根据短路容量的变化及接地装置的腐蚀程度对接地装置进行改造。汇流箱防雷模块引下线应进行热稳定容量校核 每年进行一次接地装置引下线的导通检测工作，根据历次测量结果进行分析比较 对于高土壤电阻率地区的接地网，在接地阻抗难以满足要求时，应有完善的均压及隔离措施 变压器中性点应有两根与接地网主网格的不同边连接的接地引下线，并且每根接地引下线均应符合热稳定校核的要求 主设备及设备架构等宜有两根与主接地网不同干线连接的接地引下线，并且每根接地引下线均应符合热稳定校核的要求 光伏电站防雷和过电压设备设施齐全，投运正常	20	①设备设施的接地引下线设计、施工不符合要求，生产设备与接地网连接不牢固，扣2分/处 ②接地阻抗不满足要求，扣5分；接地装置的焊接质量、接地试验不符合规定，连接存在问题，扣2分/处 ③未对接地装置进行校核或改造，扣2分/项 ④接地装置引下线的导通检测工作和分析不到位，扣2分 ⑤高土壤电阻率地区的接地网电阻不符合要求，而又未采取均压及隔离措施，扣5分 ⑥主变压器中性点未采取两根引下线接地或不符合热稳定校核的要求，扣3分 ⑦主设备及设备架构等未采取两根引下线接地，或不符合热稳定校核的要求，扣3分 ⑧光伏电站防雷和过电压设备设施缺失，或投运不正常，扣2分/处	
5.6.4.1.3	污闪风险控制	落实防污闪技术措施、管理规定和实施要求 定期对输变电设备外绝缘表面进行盐密测量、污秽调查和运行巡视，及时根据情况变化采取防污闪措施 运行设备外绝缘爬距应与污秽分级和海拔高度相适应，不满足的应予以更换或采取防控措施 坚持适时的、保证质量的清扫，落实“清扫责任制”和“质量检查制”	10	①发生污闪事件，影响电网或设备安全运行，不得分 ②未严格落实防污闪技术措施、管理规定和实施要求，扣3分 ③运行设备外绝缘爬距，未与污秽分级和海拔高度相适应，而又未采取措施，扣2分 ④未进行定期清扫，扣2分	
5.6.4.1.4	继电保护装置、安全自动装置故障风险控制	贯彻落实继电保护装置、安全自动装置技术规程、整定规程、技术管理规定等 继电保护装置、安全自动装置配置符合要求，工作正常 保护定值满足规程及电网要求；定期进行保护的动作试验和相应仪表的校验，并做好记录 保证继电保护装置、安全自动装置操作电源的可靠性，防止出现二次寄生回路，提高装置抗干扰能力 主变压器大修后，变压器保护必须经一次短路试验来检验保护定值和动作情况；所有保护装置和二次回路检验工作结束后，必须经传动试验后，方可投入运行 保护装置（系统、包括一次检测设备）发生故障时，必须按照保护投、退制度，办理投、退手续，并限期恢复	20	①未落实继电保护装置、安全自动装置技术规程、整定规程、管理规定，扣3分/项 ②继电保护装置、安全自动装置配置不符合要求或工作异常，扣2分/项；继电保护装置和安全自动装置整定值误差超规定，扣2分/项；装置误动、拒动，不得分 ③保护定值不满足规程及电网要求，扣2分/项；未定期进行保护的动作试验和相应仪表的校验，扣2分/项；检查或校验记录不全，扣2分 ④继电保护装置、安全自动装置操作电源不可靠，扣2分/项。出现误碰、误接线、误整定，不得分 ⑤变压器大修后，保护未按要求进行检验、传动等试验的，扣3分 ⑥故障处理时执行投退制度不严格或恢复不及时，扣3分	

续表

序号	项目	内容	标准分	评分标准	实得分
5.6.4.1.5	变压器、互感器损坏风险控制	制定并落实变压器、互感器设备反事故技术措施 加强变压器设备选型、定货、验收、投运全过程管理，220kV及以上电压等级的变压器应赴厂监造和验收 加强油质管理，加强变压器油的质量控制 大型变压器安装在线监测装置，在线监测装置运行正常 在近端发生短路后，应做低电压短路阻抗测试或用频响法测试绕组变形，并与原始记录比较 强油循环冷却系统应配置两个相互独立的电源，具备自动切换功能，并应定期切换试验，事故排油设施符合规定 加强变压器绕组温度、铁芯温度和油温温升的检测检查，测温装置应按规范要求定期校验	20	①未制定变压器、互感器设备反事故技术措施，扣5分；措施不完善或落实不到位，扣3分 ②变压器设备选型、定货、监造、验收、投运等过程管理不到位，扣2分 ③变压器油存在质量问题，扣3分 ④大型变压器未安装在线监测装置，扣2分 ⑤在近端发生短路后，未做相应试验，扣5分 ⑥冷却装置电源未定期切换，扣2分；事故排油设施不符合规定，扣3分 ⑦未对变压器绕组温度、铁芯温度和油温温升进行检测检查，测温装置未定期校验，扣2分	
5.6.4.1.6	动态无功补偿装置损坏风险控制	加强动态无功补偿装置选型、定货、验收、投运全过程管理 动态无功补偿装置运行可靠，应投入自动状态，容量配置和有关参数整定满足系统调节需要 制定动态无功补偿装置运行管理规定，通风冷却系统可靠运行 加强动态无功补偿装置各部温度的检测检查，并做好记录	15	①无功补偿装置选型、定货、监造、验收、投运等过程管理不到位，扣2分 ②无功补偿装置不能正常投入，不得分；未按照调度要求，投入“自动”状态，扣3分；无功补偿装置存在缺陷，扣1分/项 ③未制定无功补偿装置运行管理制度，扣5分；制度不完善或落实不到位，扣3分；未定期进行清扫，扣2分；通风冷却系统存在缺陷，扣1分/项 ④未对无功补偿装置各部温度定期进行检测检查，扣2分；检测检查记录不全，扣1分	
5.6.4.1.7	电气设备防小动物风险控制	制定并落实电气设备防小动物管理制度和措施 站区生活垃圾管理到位 站区所有生产控制室、配电室、设备室门口加装防小动物挡板，挡板高度不低于400mm；室内宜安装电子驱鼠器 逆变器室通风散热口有防小动物进入的措施 电缆沟、孔洞盖板、室外的端子箱、机构箱、电源箱应封堵严密 定期对电缆沟、孔洞盖板、室外的端子箱、机构箱、电源箱封堵以及门窗严密情况进行检查	15	①未制定电气设备防小动物管理制度，扣5分；制度不完善或落实不到位，扣3分 ②站区生活垃圾管理不到位，随意乱倒剩饭菜，剩饭菜未使用带盖的桶进行收集、清理，扣2分 ③生产控制室、配电室、设备室门口未加装防小动物挡板，扣2分 ④逆变器室通风散热口无防小动物进入的措施，扣1分/处 ⑤电缆沟、孔洞盖板、室外的端子箱、机构箱、电源箱封堵不符合要求，扣1分/处 ⑥未定期进行检查，扣2分	

5.6.4.2 自动化设备及系统风险控制（20 分）

序号	项目	内容	标准分	评分标准	实得分
5.6.4.2.1	计算机监控系统失灵风险控制	严格执行计算机监控系统有关技术规程和规定 主要控制器应采用冗余配置，重要 I/O 点采用非同一板件的冗余配置 系统电源有可靠后备手段，接地严格遵守技术要求 CPU 负荷率、通信网络负荷率、电源容量均应有适当裕度，满足规范要求；主系统及与主系统连接的所用相关系统（包括专用装置）的通信负荷率控制在合理范围内 所有进入监控系统控制信号的电缆采用质量合格的屏蔽电缆，且有良好的单端接地 独立于控制系统的后备操作手段配置符合要求 规范控制系统软件和应用软件的管理，建立有针对性的系统防病毒措施	20	①发生监控系统失灵事故，不得分 ②未严格执行监控系统有关技术规程和规定，扣 5 分 ③主要控制器冗余配置不符合要求，扣 3 分 ④系统电源及接地不符合要求，扣 3 分 ⑤系统有关裕度不满足标准要求，主系统及与主系统连接的所用相关系统的通信负荷率超限，扣 3 分 ⑥控制信号电缆选型和接地方式不符合要求，扣 2 分 ⑦后备操作手段不健全，扣 2 分 ⑧系统软件和应用软件管理不到位，或无良好的系统防病毒措施，扣 2 分	

5.6.4.3 光伏发电设备及系统风险控制（110 分）

序号	项目	内容	标准分	评分标准	实得分
5.6.4.3.1	组件支架损坏风险控制	制定并落实组件支架巡回检查、维护制度 组件支架与基础安装牢固，无松动现象 跟踪式支架限位装置、过风速保护、跟踪控制系统正常 定期开展组件支架结构、基础沉降和防腐检查，并做好记录	20	①未制定光伏组件支架巡回检查、维护制度，扣 5 分；制度不完善或落实不到位，扣 3 分 ②组件支架与基础安装不符合要求，基础不牢固，扣 1 分/项；组件支架防腐处理不符合要求，扣 2 分 ③跟踪式支架限位装置、过风速保护、跟踪控制系统工作不正常，扣 2 分/项 ④未定期检查或检查不到位，扣 2 分/项；无检查记录或记录不全，扣 1 分	
5.6.4.3.2	光伏组件损坏风险控制	制定并落实光伏组件巡回检查、维护制度 光伏组件安装牢固，连接插件连接采用国标接头，连接牢固，布线合理 光伏阵列行距符合设计要求，组件周围无固定遮挡物，表面无附着物，防止发生热斑效应 安装或更换的光伏组件，其参数要与该电池组串参数匹配 定期开展光伏组件功率测试、温度测试 制定并落实电池组件清扫规定，清扫工作应对电池组件无不良影响 光伏组件备品存放、保管符合要求	20	①未制定光伏组件巡回检查、维护制度，扣 5 分；制度不完善或落实不到位，扣 3 分 ②光伏组件安装不牢固，扣 2 分/处；光伏组件外观破损、接线盒破损、连接接头不牢固、接头破损、未采用国标连接头、布线不整齐，扣 1 分/处 ③光伏阵列行距不符合设计要求，光伏组件下沿与地面距离小于设计要求，扣 3 分；电池组件及表面有异物（附着物）或阴影遮挡，扣 3 分 ④更换光伏组件，未进行相关测试，扣 3 分；测试记录不全，扣 2 分 ⑤未制定电池组件清扫规定，扣 5 分；清扫措施对电池组件有影响，扣 2 分/项。 ⑥光伏组件备品的存放、保管不符合要求，扣 2 分	

续表

序号	项目	内容	标准分	评分标准	实得分
5.6.4.3.3	汇流箱故障风险控制	制定并落实汇流箱巡回检查、维护制度 汇流箱应设路防雷保护装臵；输入回路应具有防逆流及过流保护；输出回路应具有隔离措施；金属箱体直接接地 汇流箱固定牢固，布线整齐、紧固。防雷装置可靠接地 汇流箱防腐、防爆晒措施齐全，箱体防护等级不低于IP54 汇流箱密封性能好，应防水、防积灰，箱内卫生清洁，电缆穿线孔洞密封严密 制定并落实汇流箱内熔断器更换规定，插拔式熔断器更换应使用专用工具，核对熔断器容量	20	①未制定汇流箱巡回检查、维护制度，扣5分；制度不完善或落实不到位，扣3分 ②汇流箱未设路防雷保护装臵，或输入回路保护、输出回路隔离措施不符合要求，或金属箱体未直接接地，不得分；缺陷未及时处理，扣1分/项 ③汇流箱安装不牢固，或布线较乱，扣1分/项 ④汇流箱防腐、防爆晒措施不全，箱体防护不符合设计要求，扣2分/项 ⑤汇流箱密封不良，电缆穿线孔洞封闭不严密，箱体内有积水或积灰多，扣1分/项 ⑥未制定汇流箱内熔断器更换规定，或措施不全，扣2分/项	
5.6.4.3.4	交、直流配电柜损坏风险控制	制定并落实交、直流配电柜巡回检查、维护制度 交、直流配电柜防雷功能完备，柜内布线整齐，接引牢固，通风、散热良好，柜体接地符合要求 直流配电柜绝缘监测装置工作正常	20	①未制定交、直流配电柜巡回检查、维护制度，扣5分；制度不完善或落实不到位，扣3分 ②交、直流配电柜内接线较乱，接头有松动，扣2分/项；交、直流配电柜未可靠接地或防雷功能缺失，不得分 ③直流配电柜绝缘监测装置工作不正常，扣2分	
5.6.4.3.5	逆变器故障风险控制	制定并落实逆变器巡回检查、维护和预防逆变器火灾的管理制度 逆变器配置容量与光伏方阵安装容量相匹配，逆变器允许的最大直流输入功率应不小于其对应的光伏方阵的实际最大直流输出功率 逆变器选型满足海拔高程要求 逆变器本体配置的各类保护投入正常，与监控系统通信正常 制定逆变器室与逆变器清扫规定，定期对逆变器滤网、逆变器室通风系统进行检查清扫 逆变器室通风系统具有防水、防沙、防小动物进入措施 严格逆变器室内动火作业管理，定期巡视检查逆变器防火控制措施 各类电缆按规定分层布置，电缆的弯曲半径应符合要求；选用阻燃电缆，电缆通道采取分段阻燃措施，电缆孔洞和盘面缝隙有效封堵 定期对母排、并网接触器、直流开关等一次设备动力电缆连接点及设备本体等部位进行温度探测，并做好记录	30	①未制定相关制度，扣5分；制度不完善或落实不到位，扣3分 ②逆变器配置容量与光伏方阵安装容量匹配不符合要求，扣5分 ③海拔高度2000m及以上光伏电站逆变器未选用高原型（G）产品或采取降容使用措施，扣5分 ④逆变器保护投入不正常，扣1分/项；逆变器与监控系统通信不正常，扣2分 ⑤未制定逆变器清扫规定，扣3分；制度不完善或落实不到位，扣2分；逆变器滤网积灰严重，扣1分/项 ⑥逆变器室通风散热口无防水、防沙、防小动物进入措施，扣1分/项 ⑦逆变器室内动火作业管理不到位，未定期巡视检查，扣3分 ⑧电缆布置、电缆材质、隔热措施、阻燃措施不符合要求，扣1分/处 ⑨未对母排、并网接触器、直流开关等设备动力电缆连接点及设备本体等部位进行温度探测，扣2分；记录不全，扣1分	

5.6.4.4 其他设备及系统风险控制（20分）

序号	项目	内容	标准分	评分标准	实得分
5.6.4.4.1	生产区域火灾风险控制	生产区域禁止吸烟和使用明火，如遇特殊情况，履行相关审批手续，定期清理站内设备区域杂草 涉及草原防火的电站，要贯彻落实《草原防火条例》，做好电站与周边草原的防火隔离措施	10	①设备区域发现有人吸烟和烟头，扣1分/项 ②使用明火无审批手续，扣3分 ③未及时清理站内设备区域杂草，已影响设备防火安全的，扣5分 ④涉及草原防火的电站未学习《草原防火条例》，无相关防火措施，扣3分	
5.6.4.4.2	架空线路风险控制	制定并落实架空线路巡回检查、维护制度 架空线路运行正常、可靠 架空线路冰风荷载符合要求 架空线路防雷装置符合要求	10	①未制定架空线路巡回检查、维护制度，扣5分；制度不完善或落实不到位，扣3分 ②杆塔本体强度、结构存在缺陷，架空线路杆塔基础下沉松动、杆塔固定拉线不符合要求，绝缘子破损，架空线路横担变形、偏移，架空裸导线有断股现象，跌落保险安装不规范、有放电发热现象，架空线路上有杂物，杆塔（横担）接地引下线不符合要求，扣2分/项 ③有架空线路冰风荷载要求地区的电站，未采取防范措施，扣3分 ④架空线路防雷装置不符合要求，扣3分	

5.6.5 设备设施防汛、防灾（50分）

序号	项目	内容	标准分	评分标准	实得分
5.6.5.1	制度管理	建立、健全防汛、防冰雹、防大风、防暴雨、防暴雪、防雷电、防泥石流等自然灾害规章制度和应急预案，落实责任制 完善防范自然灾害影响工作机制，组织机构健全，及时研究解决影响防震减灾工作的突出问题 强化自然灾害的应急管理，加强防灾减灾宣传教育和培训，定期组织预案演练	5	①未建立防灾减灾规章制度，扣5分 ②防灾减灾的责任制落实和工作机制有缺失，扣2分 ③未定期开展预案演练，未进行宣传教育和培训，扣2分	
5.6.5.2	监测检查	定期组织开展防范自然灾害安全检查，及时消除光伏电站周围可能影响安全生产的问题以及生产区域可能存在的滑坡、泥石流等地质危害因素 汛前对电站截洪沟、排洪道（渠）等防汛设施进行检查清理；雷雨季节前应对防雷设备设施进行检查，相关检查巡视工作记录及时准确	20	①未定期组织开展安全检查，扣5分；未及时消除问题，扣1分/项 ②汛前未对电站截洪沟、排洪道（渠）等防汛设施进行检查清理，扣5分；雷雨季节前未对防雷设备设施进行检查，扣3分；相关检查巡视工作记录不全，扣1分	
5.6.5.3	设防措施	加强电力设施抗灾能力建设，按照差异化设计要求，提高地震易发区和超标洪水多发区的电力设施设防标准	20	①设防标准不满足要求，不得分 ②未落实抗震措施，不得分	

续表

序号	项目	内容	标准分	评分标准	实得分
5.6.5.3	设防措施	有针对性地对电力设施进行抗震加固和改造，落实主变压器、蓄电池及其他有关设备的抗震技术措施 汛期坚守岗位，加强重点巡查，做好记录；发现险情，立即采取抢护措施，并及时报告；规定暴风雨（雪）、冰雹、雷电、地震等特殊条件下的巡视检查重点部位、监测频次和方法，并严格执行 完善厂区防汛设施，永久性防汛设施处于良好状态 根据本地区暴雨强度及其他可能的来水量，综合考虑站区的排水量，沟网布置、排出方式及排水设施，采取可靠措施防止洪水冲毁、淹没站区 对可能导致水淹的孔洞、管沟、通道、预留缺口等采取必要的封堵措施	20	③汛期检查巡视不到位或记录不全，扣2分/项；出现险情，措施不力，扣10分；未制定暴风雨（雪）、冰雹、雷电、地震等特殊条件下的监测措施，扣5分；措施规定不具体或执行不好，扣2分/项 ④厂区防汛设施不能发挥作用，扣2分/项 ⑤未采取可靠措施防止洪水冲毁、淹没站区，不得分；拦、排洪设施设置不合理，扣3分 ⑥对可能导致水淹的孔洞、管沟、通道、预留缺口等未采取必要的封堵措施，扣5分	
5.6.5.4	技术研究和灾后修复	开展自然灾害防护措施研究。电力设施建设应尽量避开自然灾害易发区，确需在灾害易发地区建设的要研究落实相应防护措施 做好汛期、防冰雹、大风、暴雨、暴雪、雷电、泥石流等自然灾害抗灾工作总结；及时修复损坏工程	5	①未落实抗灾技术防护措施，不得分 ②未进行自然灾害抗灾工作总结，扣3分；损坏工程修复不及时，不得分	

5.7　作业安全（330分）

5.7.1　生产现场管理（80分）

序号	项目	内容	标准分	评分标准	实得分
5.7.1.1	建（构）筑物	建（构）筑物布局合理，变电站与办公楼、宿舍楼等距离符合安全要求 建（构）筑物结构完好，无异常变形和裂纹、风化、下塌现象，门窗结构完整 建（构）筑物的化妆板、外墙装修不存在脱落伤人等缺陷和隐患，屋顶、通道等场地符合设计载荷要求 生产厂房内外保持清洁完整，无积水、油、杂物，门口、通道、楼梯、平台等处无杂物阻塞 防雷建筑物及区域的防雷装置应符合有关要求，并按规定定期检测	10	①建（构）筑物布局不合理，安全距离不符合安全要求，扣5分 ②建（构）筑物结构存在重大变形、钢结构锈蚀严重，不得分 ③化妆板、外墙装修存在脱落伤人等缺陷和隐患，屋顶、通道等场地不符合设计载荷要求，扣3分/项 ④生产厂房内外有积水、油、杂物，门口、通道、楼梯、平台等处有杂物阻塞，扣2分 ⑤防雷装置不符合有关要求，未定期检测，扣5分	
5.7.1.2	安全设施	楼板、楼台、消防井、生活水井、污水井、坑池、沟等处的栏杆、盖板、护板等设施齐全，符合国家标准及现场安全要求 电气高压试验现场应装设遮拦或围栏，设醒目安全警示牌 消防井、生活水井、污水井具有防人员坠落措施 梯台的结构和材质良好，钢直梯护圈和踢脚板等防护功能齐全，符合国家安全生产要求	30	①安全设施不符合安全要求，扣2分/项 ②电气高压试验现场未装设遮拦或围栏，未设醒目安全标识牌，扣2分 ③消防井、生活水井、污水井没有防人员坠落措施，扣2分/处 ④梯台的结构和材质，钢直梯护圈和踢脚板等防护功能不符合国家安全生产要求，扣2分/项	

续表

序号	项目	内容	标准分	评分标准	实得分
5.7.1.2	安全设施	转动设备防护罩或其他防护设备（如栅栏）齐全、完整 电气设备金属外壳接地装置齐全、完好 生产现场紧急疏散通道必须保持畅通 安全设施的维护、保养、检测应做好记录，并由有关人员签字	30	⑤转动设备防护罩或其他防护设备存在问题，扣1分/项 ⑥电气设备金属外壳接地装置存在问题，扣2分/项 ⑦生产现场紧急疏散通道不畅通，扣3分 ⑧安全设施的维护、保养、检测无记录，扣2分；记录不全或未签字，扣1分	
5.7.1.3	生产区域照明	生产区域内常用照明应保证足够亮度 控制室、逆变器室、配电室、无功补偿装置室、开关室、升压站、楼梯、通道等场所事故照明配置合理，自动投入安全可靠 应急照明齐全，符合相关规定	10	①生产区域内工作场所、楼梯、通道等地方亮度不足，扣1分/处 ②控制室、逆变器室、配电室、无功补偿装置室、开关室、升压站、楼梯、通道等场所事故照明不正常，扣1分/处 ③应急照明不齐全，扣3分	
5.7.1.4	保温	消防水池、消防水泵与管路、生活水系统、水清洗系统等设备保温措施齐全完整 配电装置、控制盘、生产区域加热装置、电取暖设备管理规定齐全，并定期检查 制定并落实各项防寒防冻措施 电锅炉等采暖设备管理应符合要求	10	①消防水池、消防水泵与管路、生活水系统、水清洗系统等设备保温存在缺陷，扣2分/处 ②生产区域各加热装置无管理制度，扣3分；无检查记录或记录不全，扣1分 ③未根据现场实际制定防寒防冻措施，扣3分；措施不完善或落实不到位，扣2分；存在受冻设备，扣5分 ④电锅炉等采暖设备的管理、使用、检验检测不符合规定要求的，扣2分/项	
5.7.1.5	电源箱及临时接线	制定并落实临时用电管理规定 电源箱箱体接地良好，接地线应选用足够截面的多股线，箱门完好，开关外壳、消弧罩齐全，引入、引出电缆孔洞封堵严密，室外电源箱防雨设施良好 电源箱导线敷设符合规定，采用下进下出接线方式，内部器件安装及配线工艺符合安全要求，漏电保护装置配置合理、动作可靠，各路配线负荷标志清晰，熔丝（片）容量符合规程要求，无铜丝等其他物质代替熔丝现象 电源箱保护接地、接零系统连接正确、牢固可靠，符合安全要求。插座相线、中性线布置符合规定，接线端子标志清楚 临时用电电源线路敷设符合规程要求，不得在有爆炸和火灾危险场所架设临时线，不得将导线缠绕在护栏、管道及脚手架上或不加绝缘子捆绑在护栏、管道及脚手架上 临时线不得接在刀闸或开关上口，使用的插头、开关、保护设备等符合要求	20	①未制定临时用电管理规定，扣5分；措施不完善或落实不到位，扣3分 ②电源箱内、外部设备和设施存在问题，扣1分/项 ③电源箱导线敷设、内部器件、漏电保护装置、熔丝（片）容量等不符合要求，扣2分/项 ④电源箱保护接地、接零系统、线路布置、端子标志等不符合要求，扣2分/项 ⑤临时用电电源线路敷设不符合规程要求，扣2分/项。临时线接线存在安全隐患，插头、开关、保护设备存在问题，扣3分/项	

5.7.2 作业行为管理（170 分）

序号	项目	内容	标准分	评分标准	实得分
5.7.2.1	检修维护作业	企业应建立检修维护作业管理制度（包括高处作业、起重作业、焊接作业、有限空间作业、动火作业等内容），制定脚手架管理制度 特种作业人员必须持有效的特种作业操作资格证书，方可上岗作业 高处作业、起重作业、焊接作业、有限空间作业、动火作业等工作现场安全防护措施必须齐全、完备 从业人员在进行高处作业、起重作业、焊接作业、有限空间作业、动火作业等作业过程中，应严格执行《电力安全工作规程》等规程规范、行业标准和企业管理制度，正确佩戴和使用劳动防护用品 企业进行高处作业、起重作业、焊接作业、有限空间作业、动火作业等危险作业时应当安排专人进行现场安全管理和监护，确保安全规程的遵守和安全措施的落实 脚手架和登高用具符合附录 C 的要求 起重设备安全满足附录 D 的要求	50	①企业未建立检修维护作业管理制度，未明确高处作业、起重作业、焊接作业、有限空间作业、动火作业等作业内容和相关要求，未制定脚手架管理制度，有上述一项，扣 5 分/项；作业管理制度内容不全面，存在问题，扣 2 分/处 ②特种作业人员未持有效证书上岗作业的，不得分 ③工作现场安全防护措施不齐全、完备，扣 3 分/处 ④从业人员在作业过程中，违反《电力安全工作规程》等规程规范、行业标准和企业管理制度等相关规定，扣 10 分/处 ⑤进行危险作业时，未安排专人进行现场安全管理和监护，扣 10 分	
5.7.2.2	外委作业	企业应建立本单位外委作业管理制度，明确外委作业内容（包括高处作业、起重作业、焊接作业、有限空间作业、动火作业等）、管理责任和工作要求 企业要切实履行对外委作业安全管理的主体责任，对外委作业实施全过程的安全管理、协调和监督，严禁“以包代管” 特种作业人员必须持有效的特种作业操作资格证书，方可上岗作业 企业应为外委作业单位提供符合相关法规规定及合同约定的安全生产条件 在有可能发生火灾、爆炸、触电、高空坠落、中毒、窒息、机械伤害等容易引起人员伤害或设备事故的场所作业，外委作业单位应制定专门的安全技术措施，企业对落实情况进行监督检查 外委作业单位进行高处作业、起重作业、焊接作业、有限空间作业、动火作业等工作时，应严格执行《电力安全工作规程》等规程规范、行业标准和企业管理制度 脚手架和登高用具符合附录 C 的要求 起重设备安全满足附录 D 的要求	50	①企业未建立本单位外委作业管理制度，未明确高处作业、起重作业、焊接作业、有限空间作业、动火作业等外委作业内容、管理责任和工作要求，有上述一项，扣 5 分/项；作业管理制度内容不全面，存在问题，扣 2 分/处 ②企业对外委作业未实施全过程安全管理、协调和监督，实行“以包代管”，不得分 ③特种作业人员未持有效证书上岗作业的，不得分 ④企业为外委作业单位提供的安全生产条件不满足要求，扣 3 分/处 ⑤在容易引起人员伤害或设备事故的场所作业，外委作业单位未制定专门的安全技术措施，扣 10 分；安全技术措施内容不完善，扣 2 分/处；企业没有进行监督检查，扣 5 分 ⑥外委作业单位在作业过程中，违反《电力安全工作规程》等规程规范、行业标准和企业管理制度等相关规定，扣 10 分/处	
5.7.2.3	电气安全	企业应建立电气安全用具、手持电动工具、移动式电动机具台账，统一编号，专人专柜对号保管，定期试验。作业人员具备必要的电气安全知识，掌握使用方法并在有效期内正确使用 企业购置的电气安全用具、手持电动工具、移动式电动机具经国家有关部门试验鉴定合格，并按规定定期进行校验 现场使用的电气安全用具、手持电动工具、移动式电动机具等设备满足附录 E 的要求	20	①台账、编号和保管存在问题，扣 3 分；未进行定期试验，扣 3 分/台；使用人员使用方法存在问题，扣 5 分 ②企业购置的电气安全用具、手持电动工具、移动式电动机存在未经国家有关部门试验鉴定合格现象，不得分；未按规定定期进行校验，扣 2 分/项；校验报告或记录不全，扣 2 分	

续表

序号	项目	内容	标准分	评分标准	实得分
5.7.2.3	电气安全		20	③现场使用的电气安全用具、手持电动工具、移动式电动机具等设备不满足要求，扣3分/项	
5.7.2.4	防爆安全	高压气瓶无严重腐蚀或严重损伤，定期检验合格，并在检验周期内使用。色标、色环清晰，安全装置良好，存放符合要求，使用符合安全规定 蓄电池室等重点场所应按规定使用防爆型照明和通风设备，配备有必要的防爆工具 在蓄电池室内作业，要严格履行工作许可手续，并落实防爆安全措施	10	①高压气瓶和安全装置存在严重缺陷，不得分；色标、色环存在问题，扣1分/项；存放和使用不符合安全要求，扣10分 ②蓄电池室等重点场所未使用防爆型照明和通风设备，不得分；未配备必要的防爆工具，扣5分 ③在蓄电池室内作业，未履行工作许可手续，安全措施落实不到位，不得分	
5.7.2.5	消防安全	建立健全消防安全组织机构，完善消防安全规章制度，落实消防安全生产责任制，开展消防培训和演习 生产区域及仓库备有必要的消防设备，并建立消防设备设施台账，定期进行检查和试验，保证合格 存放易燃易爆物品库房、建筑设施的防火等级符合要求 消防泵至少有两套独立电源，若采用双电源或双回路供电有困难，可采用其他动力，且具有自启动和远方启动功能，火灾报警及自动灭火、隔离系统正常并投入运行 电缆和电缆构筑物安全可靠，电缆隧道、电缆沟排水设施完好，电缆堵漏及照明符合要求，电缆主隧道及架空电缆主通道分段阻燃措施符合要求，特别重要电缆应采取耐火隔离措施或更换阻燃电缆。重要电缆夹层、竖井、沟等区域应配备电缆监控装置以及防火门（墙）等设施 现场电缆敷设符合安全要求，操作直流、主保护等重要电缆采取分槽盒、分层、分沟敷设及阻燃等特殊防火措施 作业人员应熟悉消防器材性能、布置和使用方法，现场动火有人监护，且防火措施落实	20	①未建立组织机构，规章制度不完整，责任制未落实，未定期开展消防培训或演习，不得分 ②消防设备配备不全，扣5分；定期检查或试验不到位，扣5分；未建立台账，扣5分；台账填写不规范，扣2分 ③存放易燃易爆物品库房、建筑设施的防火等级不符合要求，不得分 ④消防泵无两套独立电源，也未采取相应措施，不得分；相应配套功能不齐全或失效，扣5分 ⑤电缆和电缆用构筑物等设施不符合要求，扣3分/项 ⑥现场电缆敷设不符合防火安全要求，扣3分/项 ⑦现场动火防火措施落实不到位，扣10分 ⑧作业人员不掌握消防系统、消防器材配置、操作和使用方法的，扣2分/人	
5.7.2.6	交通安全	制定交通安全管理制度，完善厂区（生产区域）交通安全设施 加强驾驶人员培训，严格驾驶行为管理 定期对机动车辆检测和检验，保证机动车辆车况良好。吊车、斗臂车、叉车等的起重机械部分符合起重作业安全要求 制定通勤车辆（大客车）遇山区滑坡、泥石流、冰雪、铁路道口等特殊情况的应对措施 制定防止机动车辆行驶造成石子飞溅损坏光伏电池板的措施	20	①未制定交通安全管理制度，不得分；措施不完善或落实不到位，扣3分；交通安全设施不齐全，扣5分 ②驾驶人员培训或管理不到位，扣5分；无证驾驶，不得分 ③机动车辆或起重机械部分的检验、检测不到位，存在安全隐患，扣2分/项 ④通勤车辆对特殊情况的应对措施不完全，扣5分 ⑤未制定防飞溅损坏电池板措施，扣5分；措施不落实，扣2分/项	

5.7.3 安全生产风险公告与标志标识（40分）

序号	项目	内容	标准分	评分标准	实得分
5.7.3.1	安全生产风险公告	企业应在醒目位置设置公告栏，在存在安全生产风险的岗位设置告知卡，分别标明本企业、本岗位主要危险危害因素、后果、事故预防及应急措施、报告电话等内容 较大危险场所和设施设备上应设置明显标志，标明治理责任、期限及应急措施 企业应在工作岗位标明安全操作要点 及时向员工公开安全生产行政处罚决定、执行情况和整改结果 及时更新安全生产风险公告内容，建立档案	20	①未按要求设置公告栏、告知卡，扣5分；公告栏或告知卡内容不符合要求，扣2分 ②未在较大危险场所和设施设备上设置明显标志，扣2分/处；标志内容不符合要求，扣1分/处 ③未在工作岗位标明安全操作要点，扣1分/处 ④企业未公开安全生产行政处罚决定、执行情况和整改结果，扣2分 ⑤未及时更新安全生产风险公告内容，扣2分；未建立相关档案，扣2分	
5.7.3.2	标志标识	设备名称、编号应齐全、清晰、规范 安全标志标识应齐全、规范，符合国家规定，满足有关安全设施配置标准要求 安全标志标识应设在醒目位置，局部信息标志应设在所涉及的相应危险地点或设备附件的醒目处 应急疏散指示标志和应急疏散场地标识应明显	20	①设备名称、编号存在问题，扣1分/项 ②安全标志标识配置不合理，不符合规定要求，扣1分/项 ③安全标志标识设置位置不符合要求，扣1分/项 ④应急疏散指示标志和应急疏散场地标识配置不合理，扣1分/项	

5.7.4 相关方安全管理（30分）

序号	项目	内容	标准分	评分标准	实得分
5.7.4.1	管理制度	企业应完善承包商、供应商等相关方安全管理制度，内容至少包括：资格预审、选择、服务前准备、作业过程、提供的产品、技术服务、表现评估、续用等	5	未建立制度，不得分；制度内容不全面，扣3分	
5.7.4.2	资质及管理	企业应确认相关方具有相应安全生产资质，审查相关方是否具备安全生产条件和作业任务要求 建立合格相关方名录和档案 企业应与相关方签订安全生产协议，明确双方安全生产责任和义务	5	①相关方资质不合格，不符合作业要求，不得分 ②未建立相关方名录和档案，扣3分 ③未签订安全生产协议，或责任和义务不明确，不得分	
5.7.4.3	安全要求	企业审查相关方制定的作业任务安全生产工作方案 企业和相关方应对作业人员进行安全教育、安全交底和安全规程考试，合格后方可进入现场作业	10	①企业未审查相关方制定的作业任务安全生产工作方案或工作方案严重存在问题，不得分 ②相关方未对作业人员进行安全教育、安全交底和安全规程考试，不得分；安规考试不合格者进入现场作业，扣5分	
5.7.4.4	监督检查	企业应根据相关方作业行为定期识别作业风险，督促相关方落实安全措施 企业应对两个及以上的相关方在同一作业区域内作业进行协调，组织制定并监督落实防范措施	10	①企业未督促相关方落实安全措施，不得分；未定期识别作业风险，未建立记录，扣2分 ②企业未协调同一作业区域内的两个及以上的相关方作业，扣5分；未组织制定并监督落实防范措施，扣5分	

5.7.5 变更管理（10分）

序号	项目	内容	标准分	评分标准	实得分
5.7.5.1	变更管理	企业应制定并执行变更管理制度，严格履行设备、系统或有关事项变更的审批程序 企业应对机构、人员、工艺、技术、设备设施、作业过程和环境发生永久性或暂时性变化时进行控制 企业对设备变更后的从业人员进行专门的教育和培训 企业对变更后的设备进行专门的验收和评估 企业应对变更以及执行变更过程中可能产生的隐患进行分析和控制	10	①未制定管理制度或未履行审批手续，扣5分 ②企业未对永久性或暂时性变更计划进行有效控制，扣5分 ③企业对设备变更后的从业人员未进行教育培训，扣2分 ④企业对变更后的设备未进行验收和评估，扣2分 ⑤企业未对变更以及执行变更过程中可能产生的隐患进行分析和控制，扣5分	

5.8 隐患排查和治理（70分）

序号	项目	内容	标准分	评分标准	实得分
5.8.1	隐患管理	建立隐患排查治理制度，界定隐患分级、分类标准，明确“查找—评估—报告—治理（控制）—验收—销号”的闭环管理流程 每季、每年对本单位事故隐患排查治理情况进行统计分析，并按要求及时报送能源监管机构和安全监管部门。统计分析表应当由主要负责人签字	20	①未建立隐患排查治理制度，不得分；制度内容有缺失，扣2分 ②未定期进行统计分析，未按要求及时报送能源监管机构和上级主管部门，统计分析表未由主要负责人签字，扣2分/项	
5.8.2	隐患排查	企业应根据安全生产需要和特点，采用综合检查、专项检查、季节性检查、节假日检查、安全性评价等方式进行隐患排查。排查前应制定隐患排查工作方案，明确排查的目的、范围和排查方法，落实责任人，对排查出的隐患要确定等级并登记建档 隐患排查要做到全员、全过程、全方位，涵盖与生产经营相关的场所、环境、人员、设备设施和各个环节	20	①未制定隐患排查方案、方案内容有缺失、方案执行不到位，扣2分/项；未对排查出的隐患确定等级并登记建档，扣3分 ②未定期组织开展隐患排查活动，扣3分；隐患排查范围不全面，扣1分/处	
5.8.3	隐患治理	对于危害和整改难度较小，发现后能够立即整改排除的一般事故隐患，应立即组织整改排除 对于重大事故隐患，应制定隐患治理方案，隐患治理方案应包括目标和任务、方法和措施、经费和物资、机构和人员、时限和要求 加强重大事故隐患监控，在治理前要采取有效控制措施，制定相应应急预案，并按有关规定及时上报。在重大事故隐患场所和设施设备上设置明显标志，标明治理责任、期限及应急措施 事故隐患整改工作应闭环管理，并将隐患排查治理情况及时向从业人员通报	20	①对一般事故隐患，未立即组织整改排除，扣2分/项 ②重大事故隐患无治理方案的，扣5分/项 ③重大事故隐患，在治理前未采取有效控制措施，未制定应急措施，扣5分/项；未在重大事故隐患场所和设施设备上设置明显标志，扣2分/处；标志不符合要求，扣1分/处 ④整改工作未实施闭环管理，扣1分/项；未将隐患排查治理情况向从业人员通报，扣5分	
5.8.4	监督检查	企业要加强隐患排查治理过程中的监督检查，对重大隐患实行挂牌督办 隐患排查治理后要对治理效果进行验证和评估	10	①对隐患排查治理过程未进行监督检查，扣5分；对重大隐患未实行挂牌督办，不得分 ②未对治理效果进行验证和评估，扣2分	

5.9　重大危险源监控（30 分）

序号	项目	内容	标准分	评分标准	实得分
5.9.1	辨识与评估	企业应建立危险源管理制度，明确危险源辨识与评估管理要求 企业应组织对生产系统和作业活动中的各种危险、有害因素可能产生的后果进行全面辨识和评估，确定重大风险及重大危险源	10	①未建立危险源管理制度，扣2分 ②未组织开展危险源辨识，扣5分；辨识、分析工作有缺失，扣1分/项，最多扣5分；存在重大风险或重大危险源，但未确定的，扣5分	
5.9.2	登记建档与备案	企业应当按规定对重大危险源登记建档，进行定期检查、检测 企业应将本单位重大危险源的名称、地点、性质和可能造成的危害及有关安全措施、应急救援预案报有关部门备案	10	①未对重大危险源登记建档，或未对定期检查检测的，扣4分 ②未向有关部门备案的，扣2分	
5.9.3	监控与管理	企业应采取有效的技术和设备及装置对重大危险源实施监控 企业应采取有效的管理措施和技术措施，加强重大危险源存储、使用、装卸、运输等过程管理 企业应在重大危险源场所设置明显标志，标明风险内容、危险程度、安全距离、防控办法、应急措施等内容	10	①未采取有效控制手段的，扣2分/项 ②管理制度和措施未落实的，扣5分 ③重大危险源的场所未设置明显标志，扣2分/处；标志不符合要求的，扣1分/处	

5.10　职业健康（70 分）

5.10.1　职业健康管理（30 分）

序号	项目	内容	标准分	评分标准	实得分
5.10.1.1	危害区域管理	企业对可能发生急性职业危害的有毒、有害工作场所，应设置报警装置，配置现场急救用品，设置应急撤离通道和必要的泄险区 企业应定期对作业场所职业危害进行检测，在检测超标区域设置醒目标识牌予以告知，并将检测结果存入职业健康档案	10	①危害场所设施、装置不符合要求，扣3分/项 ②未定期进行职业危害检测，扣2分 ③未将检测结果存入职业健康档案，扣2分	
5.10.1.2	职业防护用品、设施	企业应为从业人员提供符合职业健康要求的工作环境和条件，配备必要的职业健康防护设施、器具 各种防护器具应定点存放在安全、便于取用的地方，并有专人负责保管，定期校验和维护 企业应对现场急救用品、设施和防护用品进行经常性的检维修，定期检测其性能，确保处于正常状态 企业应按安全生产费用规定，保证职业健康防护专项费用，定期对费用落实情况进行检查、考核	10	①职业健康防护设施、器具不满足要求，扣5分 ②管理不善，器具未定点存放，扣2分 ③现场急救用品、设备和防护用品缺失或有失效的，扣2分 ④职业防护费用投入不足或没有按规定使用的，不得分 ⑤费用审批、落实及检查考核不合要求的，扣1分/项	
5.10.1.3	健康检查	企业应组织开展职业健康宣传教育，安排相关岗位人员定期进行职业健康检查	10	未开展职业健康宣传教育，未安排相关岗位人员定期进行职业健康检查，有上述任一项，扣5分/项	

5.10.2 职业危害告知和警示（10分）

序号	项目	内容	标准分	评分标准	实得分
5.10.2.1	告知约定	企业与从业人员订立劳动合同时，应将工作过程中可能产生的职业危害及其后果和防护措施如实告知从业人员，并在劳动合同中写明	5	企业与从业人员订立劳动合同时，未按有效方式进行告知职业危害，不得分	
5.10.2.2	警示说明	对存在严重职业危害的作业岗位和场所，应按照标准的相关要求设置警示标识和警示说明。警示说明应载明职业危害的种类、后果、预防和应急救治措施	5	警示标识和警示说明有缺失，内容不符合要求的，扣1分/项	

5.10.3 职业健康防护（20分）

序号	项目	内容	标准分	评分标准	实得分
5.10.3.1	职业健康防护	作业现场存在噪声、有害气体、高温、低温、电磁辐射等伤害的，应采取防护措施，并配备防护用品和器具 高温作业时间不能超过持续接触热时间规定限值；控制低温作业时间，落实各项防寒防冻措施	10	①无防护措施，扣2分/处 ②无防护用品发放记录，扣2分/项 ③职业健康防护工作有不符合要求的，扣2分/项	
5.10.3.2	动物伤害防护	作业场所蚊虫叮咬、野生动物伤害等应有防护措施、设置标识，配备个人防护用品	10	有蚊虫叮咬、野生动物伤害的站区无防护措施，扣3分	

5.10.4 职业危害申报（10分）

序号	项目	内容	标准分	评分标准	实得分
5.10.4.1	职业危害申报	企业应按规定，及时、如实向当地主管部门申报生产过程存在的职业危害因素，并依法接受其监督	10	未按要求进行职业危害申报，不得分	

5.11 应急救援（60分）

序号	项目	内容	标准分	评分标准	实得分
5.11.1	应急管理与投入	建立完善应急管理规章制度，规范应急管理和信息发布等各项工作 建立应急资金投入保障机制，妥善安排应急管理经费，确保电力应急管理和应急体系建设顺利实施	5	①未建立应急管理规章制度，不得分；应急管理和信息发布不规范，扣3分 ②未建立应急资金投入保障机制，不得分	
5.11.2	应急机构和队伍	建立健全行政领导负责制的应急工作体系，成立应急领导小组以及相应工作机构，明确应急工作职责和分工，并指定专人负责安全生产应急管理工作 加强专（兼）职应急抢险救援队伍和专家队伍建设 企业应取得社会应急支援，必要时可与当地驻军、医院、消防队伍签订应急支援协议	5	①未建立应急工作体系、管理机构或未指定专人负责应急管理工作，不得分 ②未建立应急抢险救援队伍，扣3分 ③未签订必要的应急支援协议，扣2分	
5.11.3	应急预案	结合自身安全生产和应急管理工作实际情况，按照《电力企业综合应急预案编制导则（试行）》《电力企业专项应急	10	①未建立预案备案、评审制度，未制定本单位应急预案，不得分	

续表

序号	项目	内容	标准分	评分标准	实得分
5.11.3	应急预案	预案编制导则（试行）》和《电力企业现场处置方案编制导则（试行）》要求，制定完善本单位应急预案（包括但不仅限于附录B） 加强应急预案动态管理，建立预案备案、评审制度，根据评审结果和实际情况进行修订和完善。应急预案应当每三年至少修订一次，预案修订结果应当详细记录	10	②对照附录B，应急预案缺项的，扣1分/项 ③未落实预案备案、评审制度，扣2分 ④未及时对应急预案进行修订和完善，扣2分	
5.11.4	应急设施、装备、物资	企业应按标准、规范、预案要求建立应急设施，配备应急装备，储备应急物资 企业应对应急设施、应急装备、应急物资进行经常性的检查、维护、保养，确保其完好可靠	10	①未按照规定要求配备相应的应急设施、装备、物资，扣2分/项 ②无检查和维护记录，扣2分	
5.11.5	应急培训	每年至少组织一次应急预案培训 电力企业应定期开展企业领导和管理人员应急管理能力培训以及重点岗位员工应急知识和技能培训	5	①未按要求组织培训，不得分 ②领导、管理人员、重点岗位应急培训工作有缺失，扣1分/项	
5.11.6	应急演练	应制定年度应急预案演练计划。根据本单位的事故预防重点，每年应当至少组织一次专项应急预案演练 按照《电力突发事件应急演练导则》要求，开展实战演练（包括程序性和检验性演练）和桌面演练等应急演练，并适时开展联合应急演练，并对演练效果进行评估。根据评估结果，修订完善应急预案	10	①未制定年度应急预案演练计划，扣5分；未进行演练，扣5分；缺少演练记录，扣1分/项 ②演练未评估，扣2分；评估后应改进而未改进，扣2分。	
5.11.7	应急响应与事故救援	按突发事件分级标准确定应急响应原则和标准 针对不同级别的响应，做好应急启动、应急指挥、应急处置和现场救援、应急资源调配等应急响应工作	15	①未确定应急响应分级原则和标准，不得分 ②发生突发事件后，应急响应和救援不力，受到上级通报批评的，不得分	

5.12 信息报送和事故调查处理（40分）

序号	项目	内容	标准分	评分标准	实得分
5.12.1	信息报送	建立电力安全生产和电力安全突发事件等电力安全信息管理制度，落实信息报送责任人 按规定向有关单位和能源监管机构报送电力安全信息，电力安全信息报送应做到准确、及时和完整	15	①未建立电力安全信息管理制度，扣5分；未按规定报送电力安全信息，扣2分/次 ②未落实信息报送责任人，信息报送工作有缺失，扣2分/项	
5.12.2	事故报告	电力企业发生事故后，应按规定及时向事故发生地县级以上人民政府安全生产监督管理部门、能源监管机构及其他有关部门报告，并妥善保护事故现场及有关证据	15	发生事故有瞒报、谎报、漏报，不得分，迟报，扣2分/次	
5.12.3	事故调查处理	电力企业发生事故后应按规定成立事故调查组，明确其职责和权限，进行事故调查或配合有关部门进行事故调查	10	①发生事故后，未按要求进行事故调查处理，未按“四不放过”原则处理，不得分	

续表

序号	项目	内容	标准分	评分标准	实得分
5.12.3	事故调查处理	事故调查应查明事故发生时间、经过、原因、人员伤亡情况及经济损失等，编制完成事故调查报告 电力企业应按照事故调查报告意见，认真落实整改措施，严肃处理相关责任人	10	②未编制事故调查报告，扣5分 ③未落实整改措施，扣5分	

5.13 绩效评定和持续改进（20分）

序号	项目	内容	标准分	评分标准	实得分
5.13.1	建立机制	建立安全生产标准化绩效评定的管理制度 制定本企业的安全绩效考评实施细则，并认真贯彻执行	5	①未建立安全生产标准化绩效评定管理制度，未制定安全绩效考评实施细则，有上述任一项，不得分 ②管理制度内容不全面，扣2分	
5.13.2	绩效评定	每年至少一次对本单位安全生产标准化的实施情况进行评定，验证各项安全生产制度措施的适宜性、充分性和有效性，检查安全生产工作目标、指标的完成情况 企业主要负责人应对绩效评定工作全面负责，评定工作应形成评定报告并以企业正式文件的形式下发，将结果向企业所有部门、所属单位和从业人员通报，作为年度考评的重要依据	5	①未按期进行评定或无评定报告，扣3分 ②主要负责人未组织和参与，扣2分 ③评定报告未形成正式文件，扣1分；评定中缺少元素内容或支撑性材料不全，扣2分 ④未进行通报，扣3分；抽查中发现有关部门和人员对相关内容不清楚，扣1分/人次。	
5.13.3	持续改进	企业应根据安全生产标准化评定结果，对安全生产目标与指标、规章制度、操作规程等进行修改完善，制定完善安全生产标准化的工作计划和措施 企业要对责任履行、系统运行、检查监控、隐患整改、考评考核等方面评估和分析出的问题提出纠正和预防措施，并纳入下一周期的安全工作计划中进行落实 企业应根据绩效评定结果，对有关单位和岗位兑现奖惩	10	①未根据评定结果持续改进安全目标、指标、规章制度、操作规程，扣2分；未制定完善安全标准化工作计划和措施，扣2分 ②对评估和分析出的问题未提出纠正或预防措施，扣2分 ③未按照评定结果兑现奖惩，扣3分	

附录A 电力企业规章制度目录

A1 安全生产职责

A2 安全生产目标考核管理制度

A3 安全生产奖惩管理制度

A4 安全生产例会制度

A5 安全生产费用管理制度

A6 文件和档案管理制度

A7 运行管理制度

A8 两票三制管理制度

A9 设备检修维护管理制度

A10　设备基础管理制度（含：设备责任制度、设备评级管理、设备缺陷管理、继电保护管理、设备变更管理、加热设备管理规定、钥匙管理、电气设备防小动物等制度）

A11　临时用电管理规定

A12　安全生产检查及隐患排查治理管理制度

A13　建设项目安全设施“三同时”管理制度

A14　外委作业管理制度（含：高处作业、脚手架验收和使用、起重作业、焊接作业、有限空间作业、动火作业等外委作业管理制度）

A15　安全教育培训管理制度

A16　特种设备及特种作业人员管理制度

A17　相关方安全管理制度

A18　消防安全管理制度

A19　交通安全管理制度

A20　应急管理制度

A21　反违章管理制度

A22　事故事件管理制度

A23　技术监督、可靠性管理制度

A24　危险源管理制度

A25　职业健康管理制度

A26　安全工器具、劳动防护用品及特殊防护用品管理制度

A27　安全生产标准化管理制度

A28　治安保卫制度

A29　识别和获取适用安全生产法律法规、标准规范的制度

附录 B　电力企业应急预案及典型现场处置方案目录

B1　电力企业综合应急预案

B2　电力企业专项应急预案

B2.1　自然灾害类

B2.1.1　防台、防汛、防强对流天气应急预案

B2.1.2　防雨雪冰冻应急预案

B2.1.3　防地震灾害应急预案

B2.1.4　防地质灾害应急预案

B2.2　事故灾难类

B2.2.1　人身事故应急预案

B2.2.2　全厂停电事故应急预案

B2.2.3　电力设备事故应急预案

B2.2.4　电力网络信息系统安全事故应急预案

B2.2.5　火灾事故应急预案

B2.2.6　交通事故应急预案

B2.2.7 环境污染事故应急预案

B2.3 公共卫生事件类

B2.3.1 传染病疫情事件应急预案

B2.3.2 群体性不明原因疾病事件应急预案

B2.3.3 食物中毒事件应急预案

B2.4 社会安全事件类

B2.4.1 群体性突发社会安全事件应急预案

B2.4.2 突发新闻媒体事件应急预案

B3 电力企业典型现场处置方案

B3.1 人身事故类

B3.1.1 高处坠落伤亡事故处置方案

B3.1.2 机械伤害伤亡事故处置方案

B3.1.3 物体打击伤亡事故处置方案

B3.1.4 触电伤亡事故处置方案

B3.1.5 火灾伤亡事故处置方案

B3.1.6 化学危险品中毒伤亡事故处置方案

B3.2 设备事故类

B3.2.1 公用系统故障处置方案

B3.2.2 厂用电中断事故处置方案

B3.2.3 起重机械故障事故处置方案

B3.3 电力网络与信息系统安全类

B3.3.1 电力二次系统安全防护处置方案

B3.3.2 生产调度通信系统故障处置方案

B3.4 火灾事故类

B3.4.1 变压器火灾事故处置方案

B3.4.2 汇流箱火灾事故处置方案

B3.4.3 直流配电柜火灾事故处置方案

B3.4.4 逆变器火灾事故处置方案

B3.4.5 电缆火灾事故处置方案

B3.4.6 集控室火灾事故处置方案

B3.4.7 保护室火灾事故处置方案

附录 C 脚手架和登高用具

C1 脚手架：

C1.1 脚手架（含依靠的支持物）整体固定牢固，无倾倒、塌落危险。

C1.2 脚手架无单板、浮板、探头板。

C1.3 组件合格。

C1.4 脚手架工作面的外侧设 1.2m 高的栏杆并在其下部加设 18cm 高的护板。

C1.5　附近有电气线路及设备时，应符合安规的安全距离，并采取可靠的防护措施。

C1.6　脚手架上不能乱拉电线，金属管脚手架应另设木横担。

C1.7　施工脚手架上如堆放材料，其质量不应超过计算载重。

C1.8　设有工作人员上下的梯子。

C1.9　用起重装置起吊重物时，不准把起重装置同脚手架的结构相连接。

C1.10　悬吊式脚手架是否符合安规的特殊规定。

C1.11　大型脚手架应有专门设计，并经单位主管生产的领导（总工程师）批准。

C1.12　有分级验收合格的书面材料。

C2　脚手架组件：

C2.1　木、竹制构件无腐蚀、折裂、无枯节，无严重的化学或机械损伤。

C2.2　金属组件无裂纹、无严重锈蚀、无严重变形，螺纹部分完好。

C2.3　木脚手板的宽度不宜小于200mm，厚度不应小于50mm。竹脚手板宜采用由毛竹或材楠竹制作的竹串片板、竹笆板，竹板宽度不应小于30mm，厚度不应小于8mm。

C2.4　金属管不得弯曲、压扁或者有裂缝。

C2.5　有脚手架搭设工作领导人出具的书面证明方可使用。

C3　安全网：

C3.1　由取得生产许可证书的厂家生产，并有生产许可证书复印件和产品合格证。

C3.2　网绳、边绳、筋绳无断股、散股及严重磨损，连接部分牢固。

C3.3　网体无严重变形。

C3.4　试验绳按规定进行试验合格，不超期使用。

C4　梯子、高凳：

C4.1　木、竹制构件连接牢固无腐蚀、变形。

C4.2　金属组件无严重锈蚀，无严重变形，连接牢固可靠（禁止使用钉子）。

C4.3　防滑装置（金属尖角、橡胶套）齐全可靠。

C4.4　梯阶的距离不应大于40cm。

C4.5　人字梯铰链牢固，限制开度拉链齐全。

C5　移动式（车式）平台：

C5.1　平台四周有护栏，高度为1.2m。

C5.2　升降机构牢固完好，升降灵活。

C5.3　电气部分绝缘电阻合格，采取了可靠的防止漏电保护。

C5.4　液压操动机构完好，无缺陷。

C5.5　对电气及机械部分定期检查，有检查记录，缺陷能够及时消除。

C5.6　在检查周期内使用。

C6　安全带：

C6.1　组件完整，无短缺，无破损。

C6.2　绳索、编织带无脆裂、断股或扭结。

C6.3　皮革配件完好、无伤残。

C6.4　金属配件无裂纹、焊接无缺陷、无严重锈蚀。

C6.5 挂钩的钩舌咬口平整不错位，保险装置完整可靠。

C6.6 活动卡子的活动灵活，表面滚花良好，与边框间距符合要求。

C6.7 铆钉无明显偏位，表面平整。

C6.8 定期检查合格，有记录，未超期使用。

C6.9 是按照 2009 年标准制造的产品，有明确的报废周期。

C6.10 配备的防坠器应制动可靠。

C7 脚扣：

C7.1 金属母材及焊缝无任何裂纹及可目测到的变形。

C7.2 橡胶防滑条（套）完好、无破损。

C7.3 皮带完好，无霉变、裂缝或严重变形。

C7.4 定期检查并有记录。

C7.5 小爪连接牢固，活动灵活。

C8 升降板：

C8.1 踏脚板木质无腐蚀、劈裂等。

C8.2 绳索无断股、松散。

C8.3 绳索同踏板固定牢固。

C8.4 金属组件无损伤及变形。

C8.5 定期检查并有记录，未超期使用。

附录 D 起 重 机 械

D1 自行式起重机：

D1.1 各种应有的保护装置、闭锁装置功能正常，不得随意解除。

D1.2 刹车及控制系统灵活可靠。

D1.3 转动部分及易发生挤绞伤部分防护罩（遮拦）完整、牢固。

D1.4 电气设备金属外壳及金属结构应有可靠的接地（零）。

D1.5 电气设备保护装置及开关设备完好。

D1.6 悬臂起重的起重特性曲线表应准确清晰。

D1.7 液压系统无严重渗漏。

D1.8 定期经专业检测部门检验合格，记录及资料齐全，在检验周期内使用。

D2 各式电动葫芦、电动卷扬机、垂直升降机：

D2.1 有统一、清晰的编号。

D2.2 起升限位器动作灵敏可靠，上极限位置距离卷筒符合规范要求。

D2.3 制动器及控制系统功能可靠，动作灵敏。

D2.4 按钮连锁装置功能可靠。

D2.5 轨道上的止挡器完好。

D2.6 车轮踏面和轮缘无明显的磨损痕迹。

D2.7 电气设备系统绝缘电阻符合规范要求，有定期测量记录，未超期使用。

D2.8 电气设备有可靠的保护接地（零）。

D2.9 卷扬机固定牢固，钢丝绳与其他物体无明显摩擦痕迹。

D2.10 电动葫芦的盘绳器齐全、有效。

D2.11 额定起重负荷标志清晰。

D2.12 定期机械检验合格，记录齐全，未超期使用。

D3 起重机械吊钩：

D3.1 吊钩不得有裂纹。

D3.2 危险断面磨损符合规范要求。

D3.3 扭转变形不得超过规范要求。

D3.4 危险断面及吊钩颈部不得产生塑性变形。

D3.5 片式吊钩的衬套、销子（心轴）、小孔、耳环以及其他坚固件无严重磨损，表面不得有裂纹和变形。衬套磨损、销子磨损不超过规范要求。

D3.6 吊钩不得补焊、钻孔。

D3.7 吊钩上应装有防脱钩装置。

D4 起重机械钢丝绳：

D4.1 钢丝绳无扭结、无灼伤或明显的散股，无严重磨损、锈蚀，无断股，断丝数不超过标准。

D4.2 润滑良好。

D4.3 定期检查和进行静拉力试验。

D4.4 使用中的钢丝绳禁止与电焊机的导线或其他电线相接触。

D4.5 通过滑轮或卷筒的钢丝绳不得有接头。

D5 起重机械钢丝绳索具、钢丝绳连接、绳端固定：

D5.1 采用编结的方法连接时，编结长度符合规程规定。双头绳索结合段不应小于钢丝绳直径的 20 倍，最短不应小于 30cm，并试验合格。

D5.2 用卡子固定的钢丝绳（绳端），卡子数符合规程规定，并不得少于 3 个，压板应压在长绳侧。

D5.3 电动葫芦若采用双钢丝绳起吊，固定在卷筒护套上的一端，采用楔铁固定时，应使用生产厂家专用楔铁。

D5.4 在各式起重机卷筒上固定的钢丝绳，当吊钩在最低位置时，卷筒上最少应有 5 圈。

D6 滑轮及滑轮组：

D6.1 轮缘不得有裂纹，无严重磨损。

D6.2 滑轮直径与钢丝绳直径匹配。

D6.3 滑轮组轴不得弯曲、变形。

D6.4 轮槽直径应为绳径的 1.07～1.1 倍。

D6.5 轮槽平整不得有磨损钢丝绳的缺陷。

D6.6 应有防止钢丝绳跳出轮槽的装置。

D6.7 铸造滑轮轮槽不均匀磨损不得超过 3mm。

D6.8 铸造滑轮轮槽壁厚磨损不得超过原壁厚的 20%。

D6.9 铸造滑轮轮槽底部直径减少量不得超过钢丝绳直径的 50%。

D7 卷筒：

D7.1 卷筒的直径应不小于钢丝绳直径的 20 倍。

D7.2 卷筒的固定不得随意改动。

D7.3 不得有裂纹。

D7.4 筒壁厚度磨损不得超过原壁厚的 20%。

D8 手动小型起重设备：

D8.1 各类工具必须具备

D8.1.1 有统一、清晰的编号。

D8.1.2 定期检验合格，有记录，未超期使用。

D8.2 各式千斤顶

D8.2.1 千斤顶底座平整、坚固、完整。

D8.2.2 螺纹、齿条及其承力部件无明显磨损或裂纹等缺陷。

D8.3 手动葫芦（倒链）

D8.3.1 铭牌上制造厂家、制造年月清楚，额定负荷标志清晰。

D8.3.2 无负荷上升运转时有棘爪声，下降时制动正常。

D8.3.3 吊钩无裂纹、无明显变形或损伤，原有的防脱钩卡子完好。

D8.3.4 环链无裂纹、无明显变形、节距伸长或直径磨损。

D8.4 手动卷扬机和绞磨

D8.4.1 制动和逆止安全装置功能正常，部件无明显损伤。

D8.4.2 架构及连接部分牢固、无严重缺陷。

D8.5 液压工具

D8.5.1 液压缸部分不应有渗漏。

D8.5.2 液压力矩工具应进行每年一次校验，保证预紧力不变。

D8.5.3 使用人员熟悉工具性能，有防止因用力过大造成设备损坏、伤人的措施。

附录 E 电气安全用具及电动工器具

E1 电气安全用具：

E1.1 属于经过电力安全工器具质量监督检验检测中心试验鉴定的合格产品。

E1.2 有统一、清晰的编号。

E1.3 有试验合格标签和试验记录，未超过有效期使用。

E1.4 绝缘部分的表面无裂纹、破损或污渍。

E1.5 绝缘手套卷曲不漏气，无机械损伤。

E1.6 携带型短路接地线导线、线卡及导线护套符合标准要求，固定螺丝无松动现象。

E1.7 携带型短路接地线的编号应明显，并注明适用的电压等级。

E1.8 携带型短路接地线的保管应对号入座。

E1.9 现场放置的工器具中不应有报废品。

E1.10 验电器的自检功能正常。

E2 手持电动工具：

E2.1 有统一、清晰的编号。

E2.2 外壳及手柄无裂纹或破损。

E2.3 电源线使用多股铜芯橡皮护套软电缆或护套软线。Ⅰ类工具：单相的采用三芯，三相的采用四芯电缆。

E2.4 保护接地（零）连接正确、牢固可靠。

E2.5 电缆线完好无破损。

E2.6 插头符合安全要求，完好无破损。

E2.7 开关动作正常、灵活、无破损。

E2.8 机械防护装置良好。

E2.9 转动部分灵活可靠。

E2.10 连接部分牢固可靠。

E2.11 抛光机等转速标志明显或对使用的砂轮要求清楚、明显。

E2.12 绝缘电阻符合要求，有定期测量记录，未超期使用。

E3 移动式电动机具：

E3.1 电气部分绝缘电阻符合要求，有定期测量记录，未超期使用。

E3.2 电源线使用多股铜芯橡皮护套电缆或护套软线，且单相设备采用三芯电缆，三相设备使用四芯电缆。

E3.3 软电缆或软线完好、无破损。

E3.4 保护接地（零）线连接正确、牢固。

E3.5 开关动作正常、灵活、无破损。

E3.6 机械防护装置完好。

国家能源局关于取消发电机组并网安全性评价有关事项的通知

国能安全〔2015〕28号

各派出机构，国家电网公司、南方电网公司，华能、大唐、华电、国电、中电投集团公司，有关电力企业：

为贯彻落实《国务院关于取消和调整一批行政审批项目等事项的决定》（国发（2014）50 号），现就取消发电机组（含风电场、太阳能发电项目，下同）并网安全性评价的有关事项通知如下：

一、国家能源局及其派出机构不再组织开展发电机组并网安全性评价工作。

二、发电企业要加强发电机组并网运行安全技术管理，保证并网运行发电机组满足《发电机组并网安全条件及评价》（GB/T 28566）等相关标准，符合并网运行有关安全要求。

三、发电企业要按照电力建设工程质量管理相关规定和要求，加强发电机组建设过程中的质量管理，认真做好涉网设备、系统的试验和调试等工作，严把设备质量关，确保新建、改建或扩建发电机组安全稳定并网运行。

四、电力调度机构要依据相关法律法规和标准规范，加强发电机组并网运行安全调度管理，配合做好发电机组涉网设备、系统的试验和调试等工作，共同确保发电机组并网运行安全。

五、国家能源局派出机构要加强监督检查，督促发电企业及时消除发电机组涉网设备和系统存在的重大隐患。发生因发电机组涉网设备和系统原因造成事故事件的，依法依规进行调查处理。

电力企业对发电机组存在影响电网安全运行的有关问题，可向国家能源局及其派出机构反映。

六、自本通知印发之日起，《发电机组并网安全性评价管理办法》（国能安全〔2014〕62号）停止执行。

国家能源局

2015年1月27日

国家能源局关于印发《燃气电站天然气系统安全管理规定》的通知

国能安全〔2015〕450号

各派出机构，华能、大唐、华电、国电、国家电投集团公司，各发电企业：

为加强燃气电站天然气系统安全管理，防范各类电力事故的发生，我局组织制定了《燃气电站天然气系统安全管理规定》，已经局长办公会审议通过，现印发你们，请依照执行。

国家能源局

2015年12月22日

附件：

燃气电站天然气系统安全管理规定

第一章 总 则

第一条 为加强燃气电站天然气系统安全生产管理，防范事故发生，依据《中华人民共和国安全生产法》《石油天然气管道保护法》《石油天然气工程设计防火规范》《城镇燃气设计规范》《输气管道工程设计规范》《火力发电厂与变电所设计防火规范》《联合循环机组燃气轮机施工及质量验收规范》等法律法规及有关标准规范，制定本规定。

第二条 本规定适用于燃气电站天然气系统的设计、施工、运行维护和安全及应急管理工作。

本规定所称燃气电站，是指利用天然气、煤层气、煤制气或液化天然气（LNG）作为燃料生产电能的发电企业。天然气系统，是指燃气电站产权边界内发电生产用的天然气设备设施，包括过滤、调压、调温、输送、计量、贮存、放散、控制及其他（紧急切断、防雷防静电等）设备设施。

第三条 燃气发电企业是燃气电站安全生产管理责任主体，应严格遵守国家有关法律法规和标准规范，全面履行燃气电站天然气系统安全生产管理责任。

第二章 安 全 要 求

第四条 燃气发电工程设计单位应具备相应等级的资质证书，并应严格执行国家规定的设计深度要求和标准规范中的强制性条文。

第五条 进入燃气电站的天然气气质应符合《天然气》（GB 17820）中的相关要求，同时还应满足《输气管道工程设计规范》（GB 50251）等国家和行业标准中的有关规定；天然气在电站内经过滤、加热及调压后，最终应满足燃气轮机制造厂对天然气气质各项指标的要求。

第六条 燃气电站天然气系统的设计和防火间距应符合《石油天然气工程设计防火规范》（GB 50183）的规定。

第七条 调压站与调（增）压装置的设计，应遵循以下原则：

（一）天然气调压站应独立布置，应设计在不易被碰撞或不影响交通的位置，周边应根据实际情况设置围墙或护栏；

（二）调压站或调（增）压装置与其他建、构筑物的水平净距和调（增）压装置的安装高度应符合《城镇燃气设计规范》（GB 50028）的相关要求；

（三）设有调（增）压装置的专用建筑耐火等级不低于二级，且建筑物门、窗向外开启，顶部应采取通风措施；

（四）调（增）压装置的进出口管道和阀门的设置应符合《城镇燃气设计规范》（GB 50028）及《输气管道工程设计规范》（GB 50251）的相关要求；调（增）压装置前应设有过滤装置。

第八条 天然气系统管道设计，应遵循以下原则：

（一）天然气进、出调压站管道应设置关断阀，当站外管道采用阴极保护腐蚀控制措施时，其与站内管道应采用绝缘连接。天然气管道不得与空气管道固定相连；

（二）天然气管道宜采用支架敷设或直埋敷设；

（三）天然气管道应有良好的保护设施。地下天然气管道应设置转角桩、交叉和警示牌等永久性标志。易于受到车辆碰撞和破坏的管段，应设置警示牌，并采取保护措施。架空敷设的天然气管道应有明显警示标志；

（四）地下天然气管道不得从建筑物和大型构筑物（不包括架空的建筑物和大型构筑物）的下面穿越。地下天然气管道与建筑物、构筑物或相邻管道之间的水平和垂直净距应符合《城镇燃气设计规范》（GB 50028）第 6.3.3 条有关规定，且不得影响建（构）筑物和相邻管道基础的稳固性；

（五）地下天然气管道埋设的最小覆土厚度（路面至管顶）应符合《城镇燃气设计规范》（GB 50028）第 6.3.4 条有关规定；

（六）地下天然气管道与交流电力线接地体的净距应不小于《城镇燃气设计规范》（GB 50028）第 6.7.5 条有关规定；

（七）除必须用法兰连接部位外，天然气管道管段应采用焊接连接；

（八）连接管道的法兰连接处，应设金属跨接线（绝缘管道除外），当法兰用 5 副以上的螺栓连接时，法兰可不用金属线跨接，但必须构成电气通路。如天然气管道法兰发生严重腐蚀，电阻值超过 0.03 欧姆时，应符合《压力管道安全技术监察规程—工业管道》（TSG D0001）的有关规定。

第九条 天然气系统泄压和放空设施设计，应遵循以下原则：

（一）天然气系统中，两个同时关闭的关断阀之间的管道上，应安装自动放空阀及放散管。为使管道系统放空而配置的连接管尺寸和排放通流能力，应满足紧急情况下使管段尽快放空要求；

（二）在天然气系统中存在超压可能的承压设备，或与其直接相连的管道上，应设置安全阀。安全阀的选择和安装，应符合《安全阀安全技术监察规程》（TSG ZF001）和《城镇燃气设计规范》（GB 50028）的有关规定；

（三）天然气系统应设置用于气体置换的吹扫和取样接头及放散管等。放散管应设置在不致发生火灾危险的地方，放散管口应布置在室外，高度应比附近建（构）筑物高出 2 米以上，且总高度不应小于 10 米。放散管口应处于接闪器的保护范围内。

第十条　天然气爆炸危险区域的范围应根据释放源的级别和位置、易燃物质的性质、通风条件、障碍物及生产条件、运行经验等现场实际情况，经技术经济比较综合确定。爆炸危险区域内的设施应采用防爆电器，其选型、安装和电气线路的布置应按《爆炸危险环境电力装置设计规范》（GB 50058）执行。

第十一条　天然气系统设备的防雷接地设施设计应符合《建筑物防雷设计规范》（GB 50057）及《石油天然气工程设计防火规范》（GB 50183）的有关规定。防静电接地设施设计应符合《化工企业静电接地设计规程》（HG/T 20675）的有关规定。

第十二条　天然气系统消防及安全设施设计应执行《火力发电站与变电所设计防火规范》（GB 50229）和《城镇燃气设计规范》（GB 50028）的有关规定。

第十三条　天然气工程设计完毕后，应由工程建设单位组织图纸会审，会审时应对设计图纸的规范性、安全合规性、实用性和经济性等方面进行综合评定。

第十四条　天然气工程施工单位应具备相应等级的资质证书，禁止施工单位将工程项目转包、违法分包和挂靠资质等行为。

第十五条　燃气发电企业应建立工程建设质保体系并建立健全工程质量管理制度，指定专人对天然气工程质量进行监督管理。

第十六条　设施设备与管材、管件的提供厂商必须具备相应的生产资质，进场设备和材料规格必须符合国家现行有关产品标准的规定和设计要求，进场设备和材料必须具备出厂合格证及必要的检验报告。

第十七条　天然气工程施工前必须进行技术交底，并有书面交底记录资料和履行签字手续。燃气发电企业和施工单位对施工人员必须进行针对天然气工程建设特点的三级安全教育。

第十八条　施工必须按设计文件进行，如发现施工图有误或天然气设施的设置不能满足《城镇燃气设计规范》（GB 50028）时，施工单位不得自行更改，应及时向燃气发电企业和设计单位提出变更设计要求。修改设计或材料代用应经原设计部门同意。

第十九条　承担天然气钢质管道、设备焊接的人员，必须具有锅炉压力容器压力管道特种设备操作人员资格证（焊接）焊工合格证书，且在证书的有效期及合格范围内从事焊接工作。间断焊接时间超过 6 个月，应重新考试合格后方可再次上岗。

第二十条　天然气系统施工中管道、设备的装卸运输和存放、土方施工、地下和架空管道敷设、调压设施安装，以及管道附件与设备安装应符合《城镇燃气输配工程施工及验收规范》（CJJ 33）的有关规定要求。

第二十一条　管道、设备安装完毕后应按《城镇燃气输配工程施工及验收规范》（CJJ 33）的有关规定，依次进行吹扫、强度试验和严密性试验。

第二十二条　工程竣工验收应以批准的设计文件、国家现行有关标准、施工承包合同、工程施工许可文件和本规定为依据。工程竣工验收应由燃气发电企业（建设单位）主持，组织勘察、设计、监理及施工单位对工程进行验收。验收合格后，各部门签署验收纪要。燃气发电企业及时将竣工资料、文件归档，然后办理工程移交手续。验收不合格应提出书面意见和整改内容，签发整改通知限期完成。整改完成后重新验收。整改书面意见、整改内容和整改通知编入竣工资料文件中。

第二十三条 竣工资料的收集、整理工作应与工程建设过程同步，工程完工后应及时做好整理和移交工作。整体工程竣工资料包括工程依据文件、交工技术文件和检验合格记录等，具体可参照《城镇燃气输配工程施工及验收规范》（CJJ 33）中12.5.3条规定执行。

第三章 运 行 维 护

第二十四条 燃气发电企业应根据本单位天然气系统的实际情况，制定切实可行的天然气系统运行、维护规程，安全操作、巡回检查规定，并严格落实操作票和工作票制度的有关规定。

第二十五条 运行维护人员巡检天然气系统区域，必须穿着防止产生静电的工作服，使用防爆型的照明用具、工器具和劳保防护用品。严禁携带非防爆无线通信设备和电子产品。进入调压站前必须交出火种并释放静电，未经批准严禁在站内从事可能产生火花性质的操作。进入天然气系统区域的外来人员不得穿易产生静电的服装、带铁掌的鞋。机动车辆进入天然气系统区域，应装设阻火器。

第二十六条 对天然气系统设备进行拆装维护保养工作前，必须根据《城镇燃气设施运行、维护和抢修安全技术规程》（CJJ 51）的相关规定，进行惰性气体置换工作。

第二十七条 天然气系统区域的设施应有可靠的防雷装置，防雷装置每年应进行两次监测（其中在雷雨季节前应监测一次），接地电阻不应大于10欧姆。

第二十八条 天然气系统区域应有防止静电荷产生和集聚的措施，并设有可靠的防静电接地装置，每年检测不得少于一次。

第二十九条 天然气系统的压力容器使用管理应按《特种设备安全监察条例》（国务院令第549号）的规定执行。

第三十条 安全阀应做到启闭灵敏，每年委托有资格的检验机构至少检查校验一次。压力表等其他安全附件应按其规定的检验周期定期进行校验。

第三十一条 进入压缩机房等封闭的天然气设施场所作业，应遵循以下原则：

（一）进入前应先检测有无天然气泄漏，在确定安全后方可进入；

（二）进行维护检修，应采取防爆措施或使用防爆工具。

第三十二条 管道及其附件的运行与维护，应遵循以下原则：

（一）根据运行和维护有关规定，对天然气管道进行定期巡查，做好巡查记录，巡查中发现问题及时上报并采取有效的处理措施；

（二）定期巡查应包括管道安全保护距离内有无影响管道安全情况、管道沿线渗漏检查、天然气管道和附件完整性检查等内容；

（三）在役管道防腐涂层和设置的阴极保护系统的检查、维护周期和方法，应符合《城镇燃气埋地钢质管道腐蚀控制技术规程》（CJJ 95）有关规定的要求；

（四）运行中的管道第一次发现腐蚀漏气点后，应对该管道选点检查其防腐涂层及腐蚀情况，针对实测情况制定运行、维护方案。钢制管道埋设二十年后，应对其进行评估，确定继续使用年限，制定检测周期，并应加强巡视和泄漏检查；

（五）应根据天然气系统运行情况对燃气阀门定期进行启闭操作和维护保养。

第三十三条　调压站设备的运行与维护，应遵循以下原则：

（一）调压装置的巡检内容应包括压缩机、调压器、过滤器、阀门、安全设施、仪器、仪表等设备的运行工况和严密性情况。当发现有燃气泄漏及调压装置有喘息、压力跳动等问题时，应及时处理；

（二）新投入运行或保养修理后重新启用的调压设备，必须经过调试，达到技术标准后方可投入运行；

（三）应定期进行过滤器前后压差检查，并及时排污和清洗；

（四）调压器、泄压阀、快速切断阀及其他辅助设施应定期检查，查验设备是否在设定的数值内运行；

（五）压缩机的检修应严格按设备的保养、维护标准执行。

第三十四条　天然气系统消防安全工作，应遵循以下原则：

（一）天然气系统应建立严格的防火防爆制度。消防设施和器材的管理、检查、维修和保养等应设专人负责；

（二）天然气爆炸危险区域，应按《石油天然气工程可燃气体检测报警系统安全技术规范》（SY 6503）的规定安装、使用可燃气体在线检测报警器；

（三）天然气系统区域应设有“严禁烟火”等醒目的防火标志和风险告知牌，消防通道的地面上应有明显的警示标识，消防通道应保持畅通无阻，消防设施周围不得堆放杂物；

（四）天然气调压站内压缩机房、工艺区、站控楼、配电室等处均应配置专用消防器材，运维人员应定期检查器材的完整性，专业人员定期对站内消防器材校验和更换；

（五）天然气区域动用明火或可能散发火花的作业，应办理动火工作票，检测可燃气体浓度符合规定后方可动火，在动火作业过程中必须对气体浓度进行连续检测，保证动火作业安全。严禁对运行中的天然气管道、容器外壁进行焊接、气割等作业。

第四章　安全及应急管理

第三十五条　燃气发电企业应按国家有关规定建立、健全安全生产责任制，依法配置安全生产管理机构和专职安全生产管理人员，保证天然气系统的安全运行。企业主要负责人对本单位的天然气系统安全管理工作全面负责。

第三十六条　燃气发电企业应当和天然气供应单位签订安全生产管理协议，界定天然气系统设备设施产权和管理边界，明确各自的安全生产管理职责和应当采取的安全措施，并指定专职安全生产管理人员进行安全检查与协调。

第三十七条　燃气发电企业的天然气系统新建、改建和扩建工程项目，其防火、防爆设施应与主体工程同时设计、同时施工、同时验收投产。

第三十八条　燃气发电企业应建立天然气系统的安全生产规章制度和操作规程，并定期审核、修订，保持其有效性；同时对落实安全生产规章制度和操作规程情况进行检查和考核。

燃气发电企业应制定天然气系统的安全技术措施和反事故措施，定期检查措施计划的完成情况，对每项措施计划项目按程序进行检查验收，确保每项措施计划项目能达到预期效果。

第三十九条 燃气发电企业应加强安全生产风险预控体系建设和隐患排查治理工作，建立隐患管理台账，积极开展隐患排查、统计、分析、上报、治理和管控工作，及时发现并消除事故隐患。

第四十条 燃气发电企业应根据《危险化学品重大危险源辨识》（GB 18218）有关规定要求，依法开展重大危险源辨识、评估、登记建档、备案、核销及管理工作。

第四十一条 燃气发电企业应加强安全生产教育培训，主要负责人和安全管理人员应经安全培训合格；专业管理人员、操作人员和作业人员应经天然气专业知识和业务技能培训合格后上岗；每年应组织开展有关天然气安全知识、防护技能及应急措施的安全培训；根据作业性质对外来作业人员进行有针对性的天然气安全知识交底。

第四十二条 燃气发电企业应配置志愿消防员。距离当地公安消防队（站）较远的可建立专职的消防队，根据规定和实际情况配备专职消防队员和消防设施，并符合国家和行业的标准要求。

第四十三条 燃气发电企业应根据有关规定，开展职工职业危害防护工作，严禁安排禁忌人员从事具有职业危害的岗位工作。燃气发电企业应按照《个体防护装备选用规范》（GB/T 11651）的相关要求，按时、足额向从业人员发放劳动防护用品。

第四十四条 燃气发电企业应依据《生产经营单位安全生产事故应急预案编制导则》（GB/T 29639）和国家能源局《电力企业应急预案管理办法》（国能安全〔2014〕508号）等相关要求，开展以下工作：

（一）建立天然气系统泄漏、着火、爆炸专项应急预案和现场处置方案；

（二）每年制定应急预案演练计划，定期开展应急预案演练工作；

（三）配备必要的应急救援装备、器材，并定期检查维护，保证完好可用；

（四）每年至少组织进行一次全厂范围的天然气系统应急处置演练。

第五章 附 则

第四十五条 燃气发电企业除应遵守本规定外，还应执行国家现行的有关标准规定。

第四十六条 本规定由国家能源局负责解释。

第四十七条 本规定自印发之日起实施。

国家能源局综合司关于进一步强化发电企业生产项目外包安全管理防范人身伤亡事故的通知

国能综安全〔2015〕694号

全国电力安委会成员单位：

近年来，随着电力工业的快速发展，发电企业管理模式不断创新，发电设备设施运行、维护、检修、试验、技术改造等工作逐渐市场化，发电企业外包项目增多。由于部分发电企业对外包项目安全管理职责不清，导致外包项目安全管理薄弱，人身伤亡事故时有发生。今年以来，发电企业外包生产项目共发生人身伤亡事故15起，死亡22人，事故起数占发电企业生产事故的75%，死亡人数占78.5%。其中：运行维护外包项目发生人身伤亡事故4起，死亡7人；试验检修外包项目发生人身伤亡事故5起，死亡5人；技术改造外包项目（包括环保改造项目）发生人身伤亡事故6起，死亡10人（具体情况见附件）。

为了进一步加强发电企业外包生产项目安全管理，遏制电力人身伤亡事故的发生，现提出以下要求：

一、各单位要高度重视电力安全生产工作，认真落实《安全生产法》《电力安全生产监督管理办法》（国家发展改革委第21号令）、《电力建设工程施工安全监督管理办法》（国家发展改革委第28号令）等法律法规和国家能源局关于电力安全生产工作的各项要求，牢固树立红线意识，始终把安全生产放在一切工作的首位、始终把生命安全放在最重要的位置，正确处理安全与生产、安全与效益、安全与质量的关系，切实将规章制度落实到位，监督管理落实到位，责任追究落实到位。

二、发电企业要全面落实安全管理责任，对生产中进行外包的运行、维护、检修、试验、技术改造等工作负全面管理责任，将本企业的安全生产工作与外包项目安全管理一起研究、一起部署、一起检查、一起落实，协调解决影响安全生产的重大问题，严禁“以包代管”。外包项目实行项目总承包的，总承包单位应当按照合同约定，履行发电企业对项目的安全生产责任，发电企业应当监督总承包单位履行对项目的安全生产责任。

三、发电企业要严格审查承包单位及人员的资质和能力，严禁使用不具备国家规定资质和安全生产保障能力的承包单位。要依法与承包单位签订合同和安全生产协议，明确各自的安全管理职责和应当采取的安全措施。在承包项目开工前，应对承包单位负责人、工程技术人员和安监人员进行全面的技术交底。对于脚手架、高空作业、起重吊装、带电作业、锅炉酸洗、油罐清洗和环保设施防腐等安全风险较大的作业，要对承包单位进行专门的安全技术交底。要认真做好对项目组织设计和重大作业方案中安全技术措施的审查、批准。

四、发电企业要加强对外包项目的定期和随机安全检查，确保外包项目安全管理始终处于受控和在控状态。要建立承包单位中间检查、安全评价与退出机制。对于不履行安全责任、发生电力事故，或被政府相关部门列入安全生产不良信用记录和安全生产“黑名单”，或被国家能源局及其派出机构通报的承包单位，应责令其停产整顿，后果严重的应责令退出。

五、承包单位要建立健全安全管理体系，进一步落实安全责任制，制定和完善安全制度和操作规程，实现安全管理的制度化、规范化和标准化。承包单位要科学管理工期，保证必须的安全生产投入，确保安全措施费用、安全培训经费投入到位。严禁违法违规将承包的生产项目进行分包、转包、托管。

六、承包单位要切实加强对作业现场的管理，规范作业流程，严格作业程序，完善事故应急预案。坚决杜绝违章现象，对违章指挥、违章作业、违反劳动纪律的行为，要依法对有关责任人进行严肃查处。要加强现场技术措施的交底工作，对特殊性、危险性作业必须有专业技术人员进行现场指导和监护。要强化设备管理，坚持定期安全性能检查，杜绝设备超期服役、带“病”运行。

七、承包单位要切实加强对劳务分包、临时用工等事故多发群体的安全管理。将劳务分包、临时用工等人员纳入正式员工安全管理范畴，其安全教育、安全培训、劳动保护、工伤保险等应与正式职工一视同仁，依法管理。劳务分包、临时用工等人员必须经过安全培训，并经考试合格后方可上岗。要加强对劳务分包、临时用工使用的安全工器具、施工机械的定期检查和检测。

八、各单位要加强外包项目安全生产风险预控体系建设，结合安全生产隐患排查治理工作，开展风险辨识、风险评估、风险控制和持续改进工作，提高外包项目安全管理水平。要严格执行电力安全生产信息报送制度，发生电力事故和电力安全事件时，发电企业、承包单位均有报告事故信息的责任，必须按规定及时、准确、完整地进行事故事件的信息报告。

附件：《2015年以来的发电企业外包项目事故》

国家能源局综合司

2015年11月25日

附件：

2015年以来的发电企业外包项目事故

（1）大唐重庆石柱电厂“3·14”人身伤亡事故。重庆大唐国际石柱发电有限责任公司（2×350MW）脱硫系统维护由北京国电清新环保技术股份有限公司石柱分公司承包。2015年3月14日9时55分，国电清新公司石柱分公司作业人员在石柱电厂进行脱硫系统1号石灰石料仓清理工作时，被仓内壁粘附坍塌的石料掩埋，1人死亡。

（2）中电投青海青岗峡水电站“3·28”人身伤亡事故。中电投青海大通河水电开发有限责任公司青岗峡水电站（3×12.5MW、1×6.3MW）生产运行、维护由青海黄河中型水电开发有限责任公司承包，该水电站检修由黄河电力检修工程有限公司承包。2015年中型水电公司将青岗峡水电站3号机组A级检修委托给黄河电力检修公司。2015年3月28日9时，黄河电力检修公司作业人员在青岗峡水电站3号机检修机组出口开关时发生触电，1人死亡。

（3）江苏利港电厂“5·21”人身伤亡事故。江苏利电能源集团江苏利港电力有限公司（4×350MW、4×600MW）8号机组（600MW）湿式电除尘项目由南京龙源环保有限公司总承包，中石化工建设有限公司为其分包单位，安徽合源电力工程有限公司为监理单位。2015年5月21日8时40分，在8号机组湿式电除尘项目0米，中石化工公司施工人员将一箱电焊条用绳索绑扎后通过滑轮向40米层作业面吊运。电焊条吊运大约20米高后，因绑扎不牢从高空滑落，下方绑扎焊条的施工人员被滑落的焊条砸中头部，1人死亡。

（4）江西居龙潭水电站“6·9”人身伤亡事故。江西赣能股份有限公司居龙潭水电厂（2×30MW）消防设施改造工程由江苏平安消防工程有限公司赣州分公司承包。2015年6月9日8时40分，江苏平安公司工作人员在居龙潭水电厂进行施工过程中，在推移脚手架时，被倾倒的脚手架带倒并跌落至1号发电机组检修平台，1人死亡。

（5）华能福建福州电厂“7·8”人身伤亡事故。华能国际电力股份有限公司福州电厂（4×350MW、2×660MW）输煤系统内所有设备维护、检修、抢修等工程由郑州力通电力设备有限公司承包。2015年7月8日21时15分C3输煤皮带落煤斗堵煤，郑州力通公司1名工作人员擅自进入落煤斗处理堵煤，发生塌煤，该工作人员被埋，1人死亡。

（6）华润辽宁沈阳热电厂“7·17”人身伤亡事故。沈阳华润热电有限公司（3×200MW）燃料输煤运行及维护由华润东北电力工程有限公司沈阳项目部承包。2015年7月17日4时20分，该项目部工作人员在卸煤间准备进行卸煤作业时从高空坠落，1人死亡。

（7）宁夏六盘山热电厂“7·26”人身伤亡事故。中铝宁夏能源集团六盘山热电厂（2×330MW）1号机组脱硝提标改造工程设备安装和土建部分由山东显通安装公司承建。2015年7月26日18时，施工人员在进行烟道预制工作时，突然刮起强风，烟道整体向北侧发生倾倒、坍塌，致使正在烟道内部进行焊接作业的3人受到碰撞、挤压，外部作业的4人也被钢板碰伤，2人死亡，5人轻伤。

（8）华润辽宁盘锦电厂“9·19”人身伤亡事故。华润电力（盘锦）有限公司（2×350MW）1号机组101A检修由山东电建建设集团有限公司承包。2015年9月19日14时23分，山东电建公司工作人员在1号机组6千伏配电室进行1A段部分负荷开关检修作业时，在1E磨煤机开关柜内触电，1人死亡。

（9）京能内蒙古京隆电厂“10·10”人身伤亡事故。京能京隆发电有限责任公司（2×600MW）机组检修维护由中电国际山西神头电力检修公司京隆项目部承包。2015年10月10日15时40分，神头检修公司京隆项目部计划进行燃油罐区1号油罐爬梯焊接作业，作业人员错到2号油罐进行焊接，引起油罐爆炸起火，4人死亡。

（10）华电宁夏灵武电厂“10·21”人身伤亡事故。华电宁夏灵武发电有限责任公司（2×600MW、2×1060MW）4号机组（1060MW）脱硫吸收塔增容改造工程由中国华电工程集团公司环境保护分公司总承包，中国能源建设集团西北电力建设第三工程公司为其分包单位，山东中达联监理咨询有限公司为监理单位。2015年 10月21日10时58分，西北电建三公司施工人员在4号机组新建脱硫吸收塔内部进行钢梁吊装就位工作，当4名施工人员从脱硫吸收塔上方下到该钢梁上准备焊接固定时，钢梁从20米高度坠落，4名施工人员随之坠落，4人死亡。

（11）国电江苏谏壁电厂“10•28”人身伤亡事故。国电江苏镇江谏壁发电厂（3×330MW、2×1000MW）10号机组（330MW）脱硫改造项目由北京国电龙源环保工程有限公司总承包，南通长江设备安装工程公司为其分包单位。2015年10月28日16时20分，南通长江公司施工人员在10号机组脱硫吸收塔内部进行钢板（1米×0.7米×0.12米）吊运作业，钢板吊运大约20米高时，因绑扎不牢从高空滑落，在0米处的1名脚手架搭设人员被滑落的钢板砸中，1人死亡。

（12）国家电投上海漕泾电厂“11·2”人身伤亡事故。国家电投上海上电漕泾发电有限公司（2×1000MW）油漆防腐工程由上海明兴防腐保温工程有限公司承包。2015年11月2日13时55分，上海明兴公司作业人员在漕泾电厂厂区外输灰衍桥进行钢架油漆施工作业时，从平台高空坠落，1人死亡。

（13）大唐山东黄岛电厂“11·3”人身伤亡事故。大唐黄岛发电有限责任公司（1×225MW、2×670MW）5号机组（670MW）湿式电除尘建设工程由中国大唐集团科技工程有限公司总承包，中国能源建设集团黑龙江火电第三工程有限公司为其分包单位，安徽大唐电力工程监理有限公司为监理单位。2015年11月3日11时15分，黑龙江火电三公司在进行黄岛电厂5号机组湿式电除尘钢立柱安装过程中，立柱倒塌，砸中1名正在进行防腐作业工作人员的头部，1人死亡。

（14）国家电投河南平顶山姚孟第二电厂“11·11”人身伤亡事故。国家电投平顶山姚孟第二发电有限公司（4×300MW、2×600MW）5号机组（600MW）脱硫增容改造工程由浙江菲达科技股份有限公司总承包。2015年11月11日1时15分，浙江菲达公司施工人员在脱硫吸收塔内部施工过程中，电焊焊渣引燃吸收塔内部除雾器工程塑料，引发火灾，1人死亡。

（15）大唐河北张家口电厂“11·17”人身伤亡事故。大唐国际发电股份有限公司张家口电厂（8×300MW）一、二期原煤仓及缓冲罐清拱工程由宣化县鑫峰建筑工程有限公司承包。2015年11月17日2时，宣化鑫峰公司工作人员在进行4号机组4号煤仓清煤过程中，仓内侧壁上部存煤坍塌将1名工作人员掩埋，1人死亡。

国家能源局关于印发《燃煤发电厂贮灰场安全评估导则》的通知

国能安全〔2016〕234号

各派出机构，华能、大唐、华电、国电、国家电投集团公司，各发电企业：

为进一步加强燃煤发电厂贮灰场安全监督管理，预防贮灰场安全事故，原国家电监会于2013年印发了《燃煤发电厂贮灰场安全监督管理规定》（电监安全〔2013〕3号），其第十九条规定“发电企业应对运行及闭库后的贮灰场定期组织开展安全评估，并将安全评估报告报所在地电力监管机构。不具备安全评估能力的发电企业，可委托具备相应能力的单位开展安全评估工作。安全评估原则上每三年进行一次”。

目前，贮灰场安全评估已经成为及时排查和消除贮灰场生产安全事故隐患的有效手段。但是，由于贮灰场评估工作没有统一的标准，加之评估人员能力水平参差不齐，导致发电厂贮灰场安全评估工作良莠不齐。为了提高燃煤发电厂贮灰场安全评估工作的科学性、客观性、公正性、严谨性，我局组织编制了《燃煤发电厂贮灰场安全评估导则》，现印发你们，请依照执行。

附件：《燃煤发电厂贮灰场安全评估导则》

国家能源局

2016年9月1日

附件：

燃煤发电厂贮灰场安全评估导则

前　　言

为了加强电力安全监督管理，规范燃煤发电厂贮灰场安全评估工作，提高贮灰场运行安全水平，国家能源局认真总结燃煤发电厂湿式和干式贮灰场安全评估经验，依据有关规章制度和标准规范，充分吸收各派出机构、有关电力企业和科研机构意见，组织东北能源监管局、辽宁省安全科学研究院等单位编制了《燃煤发电厂贮灰场安全评估导则》。

本导则主要起草人：电力安全监管司黄学农、苑舜、毕湘薇、吴茂林、李然；东北能源监管局戴俊良、吴大明、代方涛、黄显颐、苗冬子、周敬国；辽宁省安全科学研究院赵小兵、于立友、张新法、齐磊、郝崑、李蓉华、郭洋、郝银贵、白彩军、孙明伟、王新、马伟良、季超俦、刘绍中、何文安、李春雷、李月、吕亚萍、杨有兴和陈会军。

1 总则

1.0.1 为规范燃煤发电厂贮灰场安全评估工作，提高贮灰场运行安全水平，依据《电力安全生产监督管理办法》（国家发展和改革委员会令第 21 号）等规章制度和标准规范，制定本导则。

1.0.2 本导则适用于运行及闭库后的燃煤发电厂湿式贮灰场和干式贮灰场安全评估工作。

2 规范性引用文件

本导则引用了下列文件中的条款。凡是不注日期的引用文件，其有效版本适用于本导则。

《一般工业固体废物贮存、处置场污染控制标准》GB 18599

《大中型火力发电厂设计规范》GB 50660

《电力工程基本术语标准》GB/T 50297

《火力发电厂水工设计规范》DL/T 5339

《火力发电厂灰渣筑坝设计规范》DL/T 5045

《火力发电厂干式贮灰场设计规程》DL/T 5488

《安全评价通则》AQ 8001

《燃煤发电厂贮灰场安全监督管理规定》电监安全〔2013〕3 号

3 术语和定义

3.0.1 湿式贮灰场

用以贮存水力除灰沉积灰渣及除灰水的场地，简称湿灰场。

3.0.2 干式贮灰场

用以贮存干灰渣及脱硫副产品等的堆放场，简称干灰场。

3.0.3 灰坝

山谷灰场中用以贮灰挡水的水工建筑物。

3.0.4 灰堤

平原灰场及滩涂灰场中用以贮灰场挡水的水（海）工建筑物。

3.0.5 干滩长度

垂直坝轴线的断面上，灰场水面与灰面的交点至灰面与上游坝坡交点间的水平距离。

3.0.6 限制干滩长度

在运行中为了限制浸润线高度、保证坝体安全而经常维持的干滩长度。

3.0.7 限制贮灰标高

各期设计坝顶标高所允许的最高贮灰标高。

3.0.8 坝顶超高

限制贮灰标高至灰坝坝顶之间的高度。

3.0.9 坝顶安全加高

灰场在限制贮灰标高条件下蓄洪水位至灰坝坝顶之间的高度。

3.0.10 灰渣永久边坡

初期挡灰坝（堤）顶标高以上由灰渣经碾压堆筑而成的属于整个干灰场坝体组成部分的非临时边坡。

4 评估单位和时限

4.1 评估单位

4.1.1 发电企业是贮灰场安全生产责任主体，应当对贮灰场定期组织开展安全评估工作。

4.1.2 具备安全评估能力的发电企业，即能够组织注册安全工程师（不少于 1 人）、高级职称水工结构专业技术人员（不少于 2 人）、贮灰场相关专业专家（不少于 2 人）进行安全评估的，可自行组织贮灰场安全评估。

4.1.3 不具备安全评估能力的发电企业，应当委托具备相应能力的安全评估机构开展安全评估工作。

4.2 评估时限

4.2.1 贮灰场安全评估原则上每三年进行一次。

4.2.2 遇到以下情形之一时，应当开展专项安全评估：

1）加筑子坝后；

2）遭遇特大洪水、破坏性地震等自然灾害；

3）贮灰场发生安全事故后；

4）其他影响贮灰场安全运行的异常情况。

5 评估程序

5.1 建立评估组织

5.1.1 成立贮灰场安全评估小组，明确评估负责人和评估组成人员。

5.1.2 按照评估项目明确分工。

5.2 收集资料

5.2.1 座谈咨询，了解安全管理和运行情况，收集相关文件资料。

5.2.2 调阅档案，收集贮灰场设计、施工、监理等文件及图纸资料。

5.2.3 现场调查，通过实地考察和必要的检测，了解贮灰场现状。

5.3 确定评估项目

5.3.1 按照贮灰场工程特点，确定评估单元。

5.3.2 按照评估单元分解评估项目，落实评估内容和评估标准。

5.4 开展查评活动

5.4.1 按照各评估单元的评估项目进行资料对比分析查评。

5.4.2 对坝体抗滑稳定等做必要的验算。

5.4.3 统计查评结果。

5.5 安全等级评定

根据各评估单元的定量和定性评估结果，对照评定标准确定贮灰场的安全等级。

5.6 评估报告编制

5.6.1 评估报告应当客观、真实和完整。

5.6.2 评估报告应当包括项目概况、评估单元评定、安全等级确定、评估结论及事故隐患整改建议。

5.7 评估报告评审

5.7.1 发电企业应当及时组织评估报告的评审，评审组由相应专业 3 人以上单数专家组成。

5.7.2 评估单位应当按照评审意见对报告进行修改，形成正式报告，存档备查。

6 评估要求

6.0.1 根据燃煤发电厂贮灰场类型的不同，贮灰场安全评估分为湿式贮灰场安全评估和干式贮灰场安全评估。

6.0.2 贮灰场安全评估包括安全管理、运行管理、防洪度汛、排水设施、坝体结构和渗流防治六个评估单元，具体评估项目分别见《燃煤发电厂湿式贮灰场安全评估表》（附录 A）和《燃煤发电厂干式贮灰场安全评估表》（附录 B）。

6.0.3 应当以被评估项目的具体情况为基础，以本导则规定的安全评估表为依据，科学、合理地开展燃煤发电厂贮灰场安全评估工作。

6.0.4 贮灰场安全评估表中的无关项应当从标准分值中扣除。

6.0.5 贮灰场安全评估表各单元的标准分均为 100 分，采用每个评估单元相对得分率来衡量贮灰场的安全性，评估单元相对得分率＝（Σ评估子单元实得分/Σ评估子单元应得分）×100%。

7 安全等级确定

7.1 贮灰场安全等级划分

贮灰场安全等级分为正常灰场、病态灰场、险情灰场。

7.2 贮灰场安全等级评定

7.2.1 具备下列条件，评定为正常灰场：

1）防洪能力：按照灰坝设计级别所规定的洪水标准，运行贮灰标高不超过限制贮灰标高，有足够的防洪容积和安全加高。

2）排水设施：排水系统（含排洪系统）设施，符合设计标准要求，运行工况正常。

3）坝体结构：坝体结构完整、沉降稳定、未发现裂缝和滑移现象，抗滑稳定安全系数满足规范要求。

4）渗流防治：排渗设施有效，渗透水量平稳、水质清澈，没有影响坝体渗透稳定的状况。防渗设施完好，没有造成地下水位抬高和地下水水质污染。

5）得分率：各评估单元得分率均在 80%及以上。

7.2.2 存在下列情况之一，评定为病态灰场：

1）防洪能力：安全加高不满足设计洪水标准要求。

2）排水设施：排水建筑物出现裂缝、钢筋腐蚀、管接头漏泥状况。

3）坝体结构：坝体整体外坡陡于设计值，坝坡冲刷严重形成冲沟，坝体抗滑稳定安全系数不小于 0.95 倍规范允许值。

4）渗流防治：坝体浸润线位置过高，有高位出溢点，坡面出现湿片。渗透水对地下水位抬高和地下水水质造成一定影响。

5）得分率：各评估单元得分率均在 70%及以上。

7.2.3　存在下列情况之一，评定为险情灰场：

1）防洪能力：无安全加高或防洪容积不满足设计洪水标准要求。

2）排水设施：排水系统存在局部堵塞、排水不畅的情况，存在大范围破损状况，严重影响排水系统安全运行，甚至丧失排水能力的情况。

3）坝体结构：坝体出现裂缝、坍塌、浅层滑坡现象。坝体抗滑稳定安全系数小于 0.95 倍规范允许值。

4）渗流防治：坝坡存在大面积渗流，或出现管涌流土现象，形成渗流破坏。渗透水对地下水位抬高和地下水水质造成严重影响。

5）得分率：任一评估单元得分率小于 70%。

8　评估报告编制

8.1　概述

8.1.1　评估目的：主要表述贮灰场安全评估所要达到的预先设想的行为目标和结果。

8.1.2　评估依据：主要包括法律法规、规章及规范性文件、国家标准及行业标准等。

8.1.3　评估范围：主要明确评估项目的界限、范围，即评估单位在评估项目中所承担的责任界限。

8.2　评估项目概况

8.2.1　发电企业基本情况：主要包括发电企业的地理位置、机组容量、建设和投产时间，隶属管理及资产关系，安全生产管理部门设置及人员配备，近几年安全生产基本情况，历次贮灰场安全评估概述及提出问题整改情况等。

8.2.2　贮灰场场址及周边情况：主要包括贮灰场位置、距电厂距离，灰场形状、灰场类型，下游及周边情况等。

8.2.3　设计基本资料：主要包括贮灰场容积，设计年灰渣量，贮灰场设计标准，工程地质，工程水文等。

8.2.4　运行基本资料：主要包括贮灰场已贮存容量，剩余容量，实际年灰渣量，灰渣综合利用情况，预计剩余年限等。

8.2.5　防洪度汛状况：主要包括洪水标准和洪水量，防洪容积和安全加高，调洪演算。坝顶标高、坝前灰面标高、水面标高、干滩长度等实测资料。

8.2.6　坝体结构状况：主要包括初期坝情况，如坝型、坝高、边坡、筑坝材料、初期坝典型断面图等，子坝布置、坝型、坝高、边坡、筑坝材料、子坝加高平面布置图与断面图等，坝体材料物理力学参数、坝体抗滑稳定验算结果、滑弧位置图等坝体抗滑稳定验算。

8.2.7　渗流防治状况：主要包括排渗设施情况、坝体实测浸润线、坝体计算浸润线，坝体渗流部位、渗水量和水质，防渗设施情况，对地下水的影响等。

8.2.8 排水（排洪）设施状况：主要包括排水（排洪）设施布置、排水（排洪）能力、结构构件现状等。

8.2.9 运行管理情况：主要包括运行管理人员、巡视检查、坝体监测、坝前放灰、除灰管路、运灰道路、灰水回收、灰渣泵房、扬灰控制、水质监测、环保罚款、贮灰场管理站等。

8.2.10 安全管理情况：主要包括安全管理机构、安全管理制度、安全培训教育、安全资金投入、工伤保险、职业病危害防治、事故应急救援、安全警示标志、设计施工和监理单位的资质、档案管理、相关方管理等。

8.3 评估单元评定

按照贮灰场安全评估表对评估单元逐项进行定性、定量分析，计算各评估单元的相对得分率。

8.4 安全等级确定

根据贮灰场安全评估表各评估单元定性、定量的评定结果，确定安全等级。

8.5 事故隐患整改建议

8.5.1 评估报告中的事故隐患应当具体、明确。

8.5.2 评估单位应当针对贮灰场安全评估中的事故隐患提出整改建议。

8.6 评估报告附件

安全评估报告附件主要包括：

1）发电企业营业执照；

2）安全管理机构设置文件；

3）主要负责人和安全管理人员资格证书；

4）从业人员安全培训记录；

5）近半年工伤保险缴纳单；

6）贮灰场平面布置图；

7）贮灰场坝体剖面图；

8）贮灰场排水系统图；

9）贮灰场坝体监测设施布置图等。

9 评估报告格式

9.1 评估报告格式

1）封面（参见附录C）；

2）著录项（参见附录D、附录E）；

3）前言；

4）目录；

5）正文；

6）附件、附图等。

9.2 字号和字体

正文的章、节标题分别采用三号黑体、楷体字，项目标题采用四号黑体字；内容的文字表述部分采用四号宋体字，表格表述部分可选择采用五号或者六号宋体字，数字均采用Times

New Roman 字体；附件的图表可选用复印件，附件的标题和项目标题分别采用三号和四号黑体字，内容的文字和表格表述采用的字体同正文。

9.3 封装

安全评估报告正式文本装订后，用评估单位的公章对贮灰场安全评估报告封页。

附录A 燃煤发电厂湿式贮灰场安全评估表

序号	查评项目	查评内容及要求	标准分值	评分标准	查评结果	实际得分
1	安全管理		100			
1.1	安全管理机构	应当明确贮灰场安全管理机构，配置专职安全生产管理人员	10	安全管理机构不明确，扣标准分的30%～50%；未设专职安全生产管理人员，扣标准分的50%		
1.2	安全管理制度	应当制定、落实各种安全生产管理制度，主要包括安全生产责任制、安全检查制度、生产安全事故监督管理制度、设备安全管理制度、重大隐患整改制度、职业病危害防治制度及其相关的安全管理制度等	10	制度不健全，扣标准分的30%～50%；制度落实情况差，扣标准分的30%～50%		
1.3	安全培训	企业主要负责人和安全管理人员应当具有安全生产知识和管理能力，取得安全生产知识和管理能力考核合格证 贮灰场作业人员应当经本单位安全培训、考核合格，且合格率达到100%	15	企业主要负责人没有取得安全生产知识和管理能力考核合格证，扣标准分的50%；贮灰场安全生产管理人员没有取得安全生产知识和管理能力考核合格证，扣标准分的50%；贮灰场从业人员培训，合格率未达到100%，不得分		
1.4	安全资金投入	应当按照《企业安全生产费用提取和使用管理办法》的规定，提取安全技术措施专项经费，并专门用于安全生产	10	未提取安全资金，不得分；安全资金未完全用于安全生产，扣标准分的30%～50%		
1.5	工伤保险	应当制定职工工伤管理制度；按照当地规定，为从业人员缴纳工伤保险费	5	未制定职工工伤管理制度，不得分；未为从业人员缴纳工伤保险，不得分；缴纳标准达不到当地规定，扣标准分的20%～40%		
1.6	职业病危害防治	应当制定职业病危害防治管理制度；制定和落实职业病防治的具体措施；按照规定为从业人员配备符合国家或行业标准的个体防护设施和用品	5	未制定职业病危害防治管理制度，不得分；无防尘的具体措施，不得分；防治措施不完善，扣标准分的20%～40%；个体防护设施和用品配备不全，扣标准分的20%～40%		
1.7	事故应急救援	应当建立事故应急救援组织，制定防洪、垮（溃）坝等事故的应急预案，并定期组织演练与评估	15	未建立事故应急组织，不得分；未制定应急预案，不得分；未组织评估与演练，扣标准分的20%～50%		
1.8	安全警示标志	贮灰场应当设置明显、齐全、清晰、规范的安全警示标志	5	未设置安全警示标志，不得分；安全警示标志不明显、不齐全、不清晰或不规范，每处扣标准分的20%		
1.9	设计、施工和监理单位的资质	承担贮灰场设计、施工、监理单位应当符合国家规定的从业范围许可	10	其中一个单位不符合国家规定的从业范围许可，扣标准分的30%		

续表

序号	查评项目	查评内容及要求	标准分值	评分标准	查评结果	实际得分
1.10	档案管理	贮灰场技术文件（包括勘测报告、初步设计、施工图、竣工图等）归档资料应当齐全完整	10	缺一项技术文件或资料，扣标准分的20%		
1.11	相关方管理	委托他方承担贮灰场运行管理具体工作的，双方应当签订安全协议，明确双方责任。委托方应当负责对被委托方进行管理和指导，不得以包代管	5	未建立相关方安全管理制度，不得分；未签订安全协议，不得分；未对相关方进行安全管理，扣标准分的50%；对被委托方管理不到位的，每发现一处问题扣标准分的20～30%		
2	运行管理		100			
2.1	运行管理人员	应当配备具有专业技术的贮灰场运行管理人员，制定贮灰场运行管理制度及岗位责任制	10	未配备专业运行管理人员，扣标准分的20%～40%；未制定运行管理制度或岗位责任制分别扣标准分的30%		
2.2	巡视检查	应当按照贮灰场巡视检查制度，对贮灰场坝体、除灰管路及排水设施等进行经常性检查，做好巡视记录、缺陷登记和处理记录	10	未按照灰场巡视检查制度进行巡视检查，不得分；无巡视检查记录，扣标准分的50%；缺陷登记及处理不完善，扣标准分的20%～50%		
2.3	坝前放灰	贮灰场放灰点应当合理布置、及时切换，或采取相应措施，保证坝前均匀放灰；不应当在贮灰场尾部长时间单独放灰	20	坝前放灰不均匀，扣标准分的20%～30%；贮灰场尾部长时间单独放灰，扣标准分的20%～50%		
2.4	除灰管路	除灰管路、伸缩节、管接头、支墩等设施应当完好；除灰管路沿线应当无泄漏、无堵塞、无冲刷坝坡现象	10	设施有缺陷，每处扣标准分的10%；除灰管路有泄漏、堵塞，每处扣标准分的10%；有冲刷坝坡现象，扣标准分的30%～50%		
2.5	灰水回收系统	灰水回收泵房及相关设施齐全、完好，运行正常，运行记录完整，灰水实现全部回收	10	设施不齐全、有缺陷，扣标准分的20%～30%；无记录或运行记录不完整，扣标准分的10%～20%；没有实现灰水全部回收，扣标准分的20%～50%		
2.6	灰渣泵房	灰渣泵房运行正常、运行管理记录齐全，实现安全文明生产	10	运行设备有缺陷、无运行记录、安全文明生产状况较差，分别扣标准分的10%～20%		
2.7	扬灰控制	应当具备有效的扬灰控制措施，应用效果良好	20	无扬灰控制措施，不得分；扬灰控制效果差，扣标准分的20%～50%		
2.8	环保罚款	近三年财务成本账中无环保罚款事件	5	发生因贮灰场环境污染罚款的不得分		
2.9	贮灰场管理站	应当设置贮灰场管理站，站内应当配备必要的生产、生活设施	5	无贮灰场管理站，不得分；生产、生活设施不齐全，扣标准分的30%～50%		
3	防洪度汛		100			
3.1	防洪标准	防洪标准应当符合现行《火力发电厂水工设计规范》	20	不符合规范要求，不得分		
3.2	防洪容积和安全加高	运行贮灰标高不超过限制贮灰标高，有足够的防洪容积和安全加高	30	贮灰标高超过限制贮灰标高，扣标准分的50%～60%；贮灰标高超过限制贮灰标高，安全加高不满足要求，扣标准分的60%～70%；贮灰标高超过限制贮灰标高，防洪容积不满足要求，不得分		

续表

序号	查评项目	查评内容及要求	标准分值	评分标准	查评结果	实际得分
3.3	防洪措施	防洪措施齐全并落实。汛前应当进行安全检查和防洪维护。汛期应当加强巡视，对出现的水毁项目及时处理	10	未制定防汛措施，不得分；防汛措施落实不到位，扣标准分的20%～30%；汛前未进行检查和维护、未对出现的水毁项目及时处理，扣标准分的30%～50%		
3.4	上坝道路	上坝道路应当平坦、畅通，满足巡视抢险要求	15	道路不满足要求，扣标准分的10%～30%		
3.5	坝上照明设施	坝上照明设施应当满足夜间作业和抢修要求	10	坝上照明设施不满足要求，扣标准分的10%～30%		
3.6	通信设施	通信设施应当完好，通信畅通。	5	通信不畅通，扣标准分的10%～30%		
3.7	防汛器材、设备	防汛器材、设备配备应当满足要求	10	防汛器材、设备不能正常投入使用或数量不能满足要求，分别扣标准分的10%～30%		
4	排水设施		100			
4.1	排水建筑物	排水竖井、排水斜槽、排水管、消力池、排洪沟等建筑物应当结构完好，运行正常	40	排水建筑物出现裂缝、钢筋腐蚀、管接头漏泥等，扣标准分的30%；排水系统排水不畅，扣标准分的40%；排水系统堵塞或坍塌，丧失排水能力，不得分		
4.2	排水能力	排水系统（含排洪系统）排水能力应当满足要求，排水连续通畅	30	排水建筑物的进水口标高不连续，扣标准分的40%；排洪范围内盖板或孔口塞开启不满足排洪能力要求，扣标准分的20%		
4.3	排水设施部件	孔口塞、预制叠梁、盖板等排水设施部件应当齐全、完好，可适时调整水位	20	排水设施部件不齐全，不能适时调整水位，扣标准分的10%～20%		
4.4	通往排水系统进水口的道路或船只	通往排水系统进水口的道路或船只，应当满足运行要求	10	无通往排水系统进水口的道路或船只，不得分		
5	坝体结构		100			
5.1	坝体状况	坝体（包括初期坝、副坝、子坝）轮廓尺寸应当满足设计要求、结构完整、沉降稳定；坝体应当无裂缝、冲刷和滑移现象	40	坝体轮廓尺寸不满设计要求，扣标准分的20%；坝坡因冲刷严重形成冲沟，扣标准分的30%；坝体有裂缝、坍塌、浅层滑坡现象，扣标准分的50%；坝体出现严重裂缝、坍塌、滑坡现象，危及坝体安全，不得分		
5.2	坝体抗滑稳定	坝体抗滑稳定安全系数应当满足规范要求；坝体抗震安全运行条件应当满足要求	40	坝体抗滑稳定安全系数不小于0.95倍规范允许值，扣标准分的50%～60%；坝体抗滑稳定安全系数不小于0.90倍规范允许值，扣标准分的60%～70%；坝体抗滑稳定安全系数小于0.90倍规范允许值，不得分；坝体抗震安全运行条件不满足要求，扣标准分的30%		
5.3	变位监测	观测基准点、变位观测点应当齐全完好；应当定期进行变位监测、分析	10	变位监测设施不齐全，扣标准分的20%～50%；未定期监测、分析，扣标准分的20%～50%		
5.4	贮灰场内取灰	贮灰场内取灰应当制定取灰方案，并按照规定取灰	10	未制定取灰方案，不得分；取灰坑危及坝体安全，不得分；未按照规定在贮灰场内取灰，扣标准分的20%～40%		

续表

序号	查评项目	查评内容及要求	标准分值	评分标准	查评结果	实际得分
6	渗流防治		100			
6.1	干滩长度	运行干滩长度应当符合设计要求；坝前干滩长度范围内无稳定水面	20	运行干滩长度不符合设计要求，扣标准分的30%～50%；坝前干滩长度范围内存在稳定水面，扣标准分的30%		
6.2	坝体渗流	坝下游坡面无渗流溢出点或湿片；坝脚渗流水量平稳、水质清澈	30	下游坡面有高位溢出点，出现局部湿片，扣标准分的40%；坝坡有大面积渗流，扣标准分的50%；坝坡出现管涌、流土，形成渗流破坏，不得分		
6.3	坝基及坝肩渗流	坝基及坝肩渗流水量平稳、水质清澈	10	坝基及坝肩出现管涌、流土，形成渗流破坏，不得分		
6.4	排渗系统	排渗系统（包括排渗管、排渗体）运行正常，渗透水清澈	10	排渗系统淤堵，排渗能力降低，扣标准分的20%～50%		
6.5	浸润线监测	浸润线监测设施齐全、完好；定期开展浸润线监测，并根据监测结果绘制浸润线	10	监测设施不齐全、不完好，扣标准分的40%；未定期监测，扣标准分的30%；未绘制浸润线，扣标准分的30%		
6.6	对地下水影响	灰场排水及渗透水应当定期进行水质监测，防止对地下水的影响	20	未进行水质化验，不得分；水质化验有一项不合格，扣标准分的10%～20%		

附录B　燃煤发电厂干式贮灰场安全评估表

序号	查评项目	查评内容及要求	标准分值	评分标准	查评结果	实际得分
1	安全管理		100			
1.1	安全管理机构	应当明确贮灰场安全管理机构，配置贮灰场专职安全生产管理人员	10	安全管理机构不明确，扣标准分的30%～50%；未设专职安全生产管理人员，扣标准分的50%		
1.2	安全管理制度	应当制定、落实各种安全生产管理制度，主要包括安全生产责任制、安全检查制度、生产安全事故监督管理制度、设备安全管理制度、重大隐患整改制度、职业病危害防治制度及其相关的安全管理制度等	10	制度不健全，扣标准分的30～50%；制度落实情况差，扣标准分的30～50%		
1.3	安全培训	企业主要负责人和安全管理人员应当具有安全生产知识和管理能力，取得安全生产知识和管理能力考核合格证 贮灰场作业人员应当经本单位安全培训、考核合格，且合格率达到100%	15	企业主要负责人没有取得安全生产知识和管理能力考核合格证，扣标准分的50%；贮灰场安全生产管理人员没有取得安全生产知识和管理能力考核合格证，扣标准分的50%；从业人员安全培训合格率未达到100%，不得分		
1.4	安全资金投入	应当按照《企业安全生产费用提取和使用管理办法》的规定，提取安全技术措施专项经费，并专门用于安全生产	10	未提取安全资金，不得分；安全资金未完全用于安全生产，扣标准分的30%～50%		
1.5	工伤保险	应当制定职工工伤管理制度；按照当地规定，为从业人员缴纳工伤保险费	5	未制定职工工伤管理制度，不得分；未为从业人员缴纳工伤保险费，不得分；缴纳标准达不到当地规定，扣标准分的20%～40%		

续表

序号	查评项目	查评内容及要求	标准分值	评分标准	查评结果	实际得分
1.6	职业病危害防治	应当制定职业病危害防治管理制度；制定和落实职业病防治的具体措施；按照规定为从业人员配备符合国家或行业标准的个体防护设施和用品	5	未制定职业病危害防治管理制度，不得分；无防尘的具体措施，不得分；防治措施不完善，扣标准分的20%～40%；个体防护设施和用品配备不全，扣标准分的20%～40%		
1.7	事故应急救援	应当建立事故应急救援组织，制定防洪、垮（溃）坝等事故的应急预案，并定期组织演练与评估	15	未建立事故应急组织，不得分；未制定应急预案，不得分；未组织演练与评估，扣标准分的20%～50%		
1.8	安全警示标志	贮灰场应当设置明显、齐全、清晰、规范的安全警示标志	5	未设置安全警示标志，不得分；安全警示标志不明显、不齐全、不清晰或不规范，每处扣标准分的20%		
1.9	设计、施工和监理单位的资质	承担贮灰场设计、施工、监理单位应当符合国家规定的从业范围许可	10	其中一个单位不符合国家规定的从业范围许可，扣标准分的30%		
1.10	档案管理	贮灰场技术文件（包括勘测报告、初步设计、施工图、竣工图等）的归档资料应当齐全完整	10	缺一项技术文件或资料，扣标准分的20%		
1.11	相关方管理	委托他方承担贮灰场运行管理具体工作的，双方应当签订安全协议，明确双方责任。委托方应当负责对被委托方进行管理和指导，不得以包代管	5	未建立相关方安全管理制度，不得分；未签订安全协议，不得分；未对相关方进行安全管理，扣标准分的50%；对被委托方管理不到位的，每发现一处问题扣标准分的20～30%		
2	运行管理		100			
2.1	运行管理人员	应当配备具有专业技术的贮灰场运行管理人员，制定贮灰场运行管理制度和岗位责任制	10	未配备专业运行管理人员，扣标准分的20%～40%；未制定运行管理制度或岗位责任制，扣标准分的30%		
2.2	巡视检查	应当按照贮灰场巡视检查制度，对灰坝坡体、排洪设施、运灰道路等进行经常性巡视检查，做好巡视记录、缺陷登记和处理记录	10	未按照贮灰场巡视检查制度进行巡视检查，不得分；无巡视检查记录，扣标准分的50%；缺陷登记及处理不完善，扣标准分的20%～50%		
2.3	堆灰作业	应当制定完善的堆灰方案，进行分区、分块堆灰，并对每一堆灰区条带按照次序铺灰碾压。堆灰作业不应当影响坝体安全、破坏碾压好的灰面	15	未制定堆灰方案，不得分；堆灰方式、坡向坡度影响排水设施，扣标准分的30%～50%；堆灰作业影响碾压好的灰面，扣标准分的10%～20%		
2.4	碾压质量检测	对碾压灰渣的干容重，含水量、喷洒质量、设备完好率、灰场绿化、水电供应以及灰场所有设施的安全等进行检测和检查，建立必要的运行管理档案	10	未进行检测和检查，不得分；检测内容不全面，扣标准分的30%～50%；未建立运行管理档案，扣标准分的20%		
2.5	运灰道路	应当布设合理的运灰路径，并保持道路畅通、路面清洁。电厂至灰场道路应当为不低于三级的厂外道路，灰场内运灰干线应当为不低于四级的厂外道路，灰场内宜修建炉底渣或泥结石临时道路	10	运灰路线不合理，扣标准分的10%～30%；运灰路面不畅通、不清洁，扣标准分的10%～40%；运灰道路未达到级别的，每项扣10%		

续表

序号	查评项目	查评内容及要求	标准分值	评分标准	查评结果	实际得分
2.6	运灰设备	采用的运灰车辆应当为专用封闭式自卸车，进入灰场应当低速行驶，并按照规定路线行驶、转弯和掉头，避免人为扰动；灰场应当有保持运灰车辆清洁的有效措施 当采用管带、气力管道、水路等运输方式时，应当采用封闭设施	10	运灰设备未采用封闭措施，扣标准分的30%～50%；运灰车辆不按照规定行使，扣标准分的10%～20%；运灰车辆不清洁，扣标准分的10%～30%		
2.7	运行机具	应当配备灰场正常运行必需的整平、碾压、喷洒的施工运行机具，并采取有效措施保证机具的完好率	10	未按照规定配备整平、碾压、喷洒等的施工机具，扣标准分的20%～60%；缺乏保证机具完好率的有效措施，分别扣标准分的10%～40%		
2.8	扬灰控制	应当具备有效的扬灰控制措施，应用效果良好。其中，喷洒系统应当保证水源、水量及供水管路可靠，喷洒方式有效	10	无扬灰控制措施，不得分；扬灰控制效果差，扣标准分的20%～50%		
2.9	环保罚款	近三年财务成本账中无环保罚款事件	5	发生因贮灰场环境污染被罚款的不得分		
2.10	贮灰场管理站	应当设置贮灰场管理站，可包括办公室、机械设备库、冲洗间、配电间、运灰车库及其他必要的生产、生活设施	10	无贮灰场管理站，不得分；缺少必要的生产、生活设施，扣标准分的30%～50%		
3	防洪度汛		100			
3.1	防洪标准	防洪标准应当符合现行《火力发电厂干式贮灰场设计规程》	20	不符合规范要求，不得分		
3.2	防洪容积和安全加高	应当具有足够的防洪容积和安全加高	30	无安全加高或防洪容积不满足设计洪水标准要求，不得分；安全加高不满足设计洪水标准要求，扣标准分的70%		
3.3	防洪措施	应当有齐全的防洪措施并落实。汛前应当进行安全检查和防洪维护。汛期应当加强巡视，对出现的水毁项目及时处理	10	未制定防汛措施，不得分；防汛措施落实不到位，扣标准分的20%～30%；汛前未进行检查和维护、未对出现的水毁项目及时处理，扣标准分的30%～50%		
3.4	截洪设施	灰场设置的拦洪坝应当符合现行《火力发电厂干式贮灰场设计规程》，拦洪坝排水系统不应当影响灰场安全。灰场设置的截洪沟宜按照重现期10年的洪水标准设计，截洪沟的排水系统应当可靠	10	设置的截洪设施不符合设计洪水标准，不得分；截洪设施不完整，扣标准分的30%～50%		
3.5	上坝道路	上坝道路应当平坦、畅通，满足巡视抢险要求	10	道路不满足要求，扣标准分的10%～30%		
3.6	坝上照明设施	坝上照明设施应当满足夜间作业和抢修要求	5	坝上照明设施不满足要求，扣标准分的10%～30%		
3.7	通信设施	通信设施应当完好，通信畅通	5	通信不畅通，扣标准分的10%～30%		
3.8	防汛设施、物资	防汛器材、设备的配备应当满足要求	10	防汛器材、设备不能正常投入使用或数量不能满足要求，分别扣标准分的10%～30%		
4	排水设施		100			

续表

序号	查评项目	查评内容及要求	标准分值	评分标准	查评结果	实际得分
4.1	排水建筑物	排水竖井、排水斜槽、排水卧管、集水池、消力池、排洪沟等建筑物应当结构完好，运行正常	40	排水建筑物出现裂缝、钢筋腐蚀、管接头漏泥等，扣标准分的30%；排水系统排水不畅，扣标准分的40%；排水系统堵塞或坍塌，丧失排水能力，不得分		
4.2	排水能力	排水系统（含排洪系统）排水能力应当满足要求，排水连续通畅	30	排水建筑物的进水口标高不连续，扣标准分的40%；排洪范围内盖板或孔口塞开启不满足排洪能力要求，扣标准分的20%		
4.3	排水设施部件	孔口塞、预制叠梁、盖板等排水设施部件应当齐全、完好，可适时调整水位	20	排水设施部件不齐全，不能适时调整水位，扣标准分的10%～20%		
4.4	通往排水系统进水口的道路	通往排水系统进水口的道路，应当满足运行要求	10	无通往排水系统进水口的道路，不得分		
5	坝体结构		100			
5.1	坝体状况	坝体轮廓尺寸应当满足设计要求、结构完整、沉降稳定；坝体应当无裂缝、冲刷和滑移现象	40	坝体轮廓尺寸不满设计要求，扣标准分的20%；坝坡因冲刷严重形成冲沟，扣标准分的30%；坝体有裂缝、坍塌、浅层滑坡现象，扣标准分的50%；坝体出现严重裂缝、坍塌、滑坡现象，危及坝体安全，不得分		
5.2	灰渣永久边坡防护	由灰渣碾压形成的永久边坡应当及时防护，并设置纵向和横向排水沟，与坝肩、坡脚处的排水沟形成沟网	10	未及时护坡，扣标准分的30%～50%；未设置纵向和横向排水沟，扣标准分的30%～50%		
5.3	坝体抗滑稳定	坝体抗滑稳定安全系数应当满足规范要求；坝体抗震安全运行条件应当满足要求	30	坝体抗滑稳定安全系数不小于0.95倍规范允许值，扣标准分的50%～60%；坝体抗滑稳定安全系数不小于0.90倍规范允许值，扣标准分的60%～70%；坝体抗滑稳定安全系数小于0.90倍规范允许值，不得分；坝体抗震安全运行条件不满足要求，扣标准分的30%		
5.4	变位监测	观测基准点、变位观测点应当齐全完好，定期监测、分析	10	观测设施不齐全，扣标准分的20%～50%；未定期监测、分析，扣标准分的20%～50%		
5.5	贮灰场内取灰	贮灰场内取灰应当制定取灰方案，并按照规定取灰	10	未制定取灰方案，不得分；取灰坑危及坝体安全，不得分；未按照规定在贮灰场内取灰，扣标准分的20%～40%		
6	渗流防治		100			
6.1	灰场底部防渗	贮灰场区域地基土为粘性土层，其渗透系数不大于1.0×10^{-7}cm/s，厚度不小于1.5m，可满足干灰场防渗要求。否则，可采用人工防渗层。当地质条件适宜时可采用垂直防渗措施	30	未按照贮灰场工程环境影响报告书要求构筑防渗层，不得分；防渗体破坏未及时修复的，扣标准分的20%～60%		
6.2	初期坝防渗	初期坝内坡应当设置与灰场底部防渗相适应的防渗层	20	未按照贮灰场工程环境影响报告书要求构筑防渗层，不得分；防渗体破坏未及时修复，扣标准分的20%～60%		

续表

序号	查评项目	查评内容及要求	标准分值	评分标准	查评结果	实际得分
6.3	排渗设施	山谷灰场应当设置排渗设施，以有效排除灰场底部的渗水	15	未按照要求设置，不得分；排渗设施排渗不畅，扣标准分的20%～50%		
6.4	坝下渗流	坝基和坝脚渗流水量平稳、水质清澈	15	坝基和坝脚渗流水量不平稳、水质浑浊，扣标准分的20%～50%		
6.5	对地下水影响	灰场排水及渗透水应当定期进行水质监测，防止对地下水的影响	20	未进行水质化验，不得分；水质化验有一项不合格，扣标准分的10%～20%		

附录C　封　面　样　式

发电企业名称（二号宋体加粗）

评估项目名称（二号宋体加粗）

安全评估报告（一号黑体加粗）

评估单位名称（二号宋体加粗）

评估报告完成时间（三号宋体加粗）

附录 D 著录项首页样式

发电企业名称（三号宋体加粗）

评估项目名称（三号宋体加粗）

安全评估报告（二号宋体加粗）

法定代表人：（四号宋体）

评估项目负责人：（四号宋体）

评估报告完成日期（小四号宋体加粗）

（评估单位公章）

附录E　著录项次页样式

安全评估人员表（三号宋体加粗）

	姓　名	职称或资格证书号	签　字
项目负责人			
项目组成员			
报告编制人			
报告审核人			

（表中字体四号宋体加粗）

安全评估技术专家（三号宋体加粗）

姓　名	专　业	职　称	签　字

（表中字体四号宋体加粗）

国家能源局综合司关于加强燃煤电厂输煤及制粉系统安全生产工作的通知

国能综安全〔2016〕287号

各派出机构，全国电力安委会各企业成员单位：

今年以来，燃煤电厂输煤及制粉系统人身伤亡事故持续多发，截至3月底，共发生人身伤亡事故4起，死亡6人。1月25日，大唐国际大同云岗热电厂储煤场煤堆坍塌，1名工作人员被煤炭掩埋死亡。1月26日，晋能电力集团所属山西国峰煤电有限责任公司1号碎煤机发生堵煤，1名工作人员在清理粗筛时坠落死亡。2月25日，大唐吉林发电有限公司所属大唐长山热电厂进行1号锅炉C磨煤机内部检查时，热一次风插板门突然开启，造成正在风道内进行作业的3名工作人员死亡。3月15日，国家电投吉电股份公司二道江发电公司在斗轮机上煤作业时，1名巡视设备的工作人员被卡在悬臂头部滚筒与皮带之间死亡。以上四起事故暴露出事故单位外包项目安全管理不规范、施工作业安全措施不完善、工作人员安全意识淡薄、习惯性违章屡禁不止等问题。为强化燃煤电厂输煤及制粉系统安全管理，防范人身伤亡事故发生，现就有关要求通知如下。

一、强化安全责任落实，重视输煤及制粉系统安全管理

各单位要深刻吸取事故教训，牢固树立"安全第一，预防为主，综合治理"的安全生产管理方针，高度重视燃煤电厂输煤及制粉系统安全管理，加强组织领导，认真落实电力安全生产主体责任，积极采取有效措施强化输煤及制粉系统安全管理，有效防范人身伤亡事故。

二、完善安全管理体系，加强外包项目安全管理

各单位要认真落实《国家能源局综合司关于进一步强化发电企业生产项目外包安全管理防范人身伤亡事故的通知》（国能综安全〔2015〕694号）的要求，将负责输煤及制粉系统运行、维护、检修等工作的外包单位纳入发电企业安全管理体系，协调解决影响输煤及制粉系统安全生产的重大问题，严禁"以包代管"。

三、加强设备隐患治理，提高设备安全性

各单位要加强输煤及制粉系统设备设施的隐患排查治理工作，尤其要加强监测报警设施、设备安全防护设施、作业场所防护设施、安全警示标志、灭火设施、逃生避难设施等安全设施的隐患排查和治理工作。要从治理输煤及制粉系统机械伤害、中毒窒息、粉尘爆燃等安全隐患入手，积极调研探索输煤及制粉系统新技术、新设备，从本质上提高设备安全性，降低人身伤亡、爆炸、火灾等事故发生几率。

四、完善作业安全措施，提高安全作业水平

各单位要严格执行《国家能源局关于印发〈防止电力生产事故的二十五项重点要求〉的通知》（国能安全〔2014〕161号）和《电业安全工作规程　第1部分：热力和机械》（GB 26164.1—2010）

的相关要求，制定完善标准化作业规程，不断完善输煤及制粉系统运行、维护和检修等作业的安全措施，尤其要对有限空间作业、动火作业等高危作业制定切实可行的安全措施，各级人员要层层把关、逐级负责，确保安全措施落实到位。

五、完善安全应急体系，加强企业应急能力建设

各单位要加强应急能力建设，一要结合季节性特点，制定雨雪冰冻等极端天气情况下输煤系统湿煤蓬堵、冰冻蓬煤、煤场坍塌等问题的安全保障措施；二要结合输煤及制粉系统可能存在的火灾、有限空间人身伤害等隐患，制定输煤及制粉系统事故应急预案，并组织开展应急演练；三要结合生产人员岗位变动情况，及时调整各应急组织机构，确保各项安全责任落实到位。

六、加强人员安全培训，提高工作人员安全意识

各单位要加强对输煤及制粉系统各级人员的安全教育和培训工作，要突出强化基层班组和外包单位新进厂的劳务派遣工、临时用工等工作人员的“三级安全教育”，要注重培训效果，提高工作人员的安全技能和安全意识，未经安全生产教育和培训合格的工作人员，不得上岗作业。要切实做好长期从事一线生产员工的安全教育工作，避免流于形式，教育员工克服麻痹思想，摒弃习惯性违章陋习，做到安全生产警钟长鸣。

七、加强电力安全监管，督促企业落实安全责任

各派出机构要认真履行电力安全监管职责，结合日常电力安全监管工作安排，督促发电企业落实安全生产主体责任，切实抓好燃煤电厂输煤及制粉系统安全生产工作。

国家能源局综合司

2016 年 5 月 9 日

国家能源局综合司关于强化输煤及制粉系统和防腐工作安全措施落实，有效防范人身事故的通知

国能综安全〔2017〕219号

各省（自治区、直辖市）、新疆生产建设兵团发展改革委（能源局），各派出能源监管机构，全国电力安委会企业成员单位：

2016年至今，发电企业输煤及制粉系统和防腐工作过程中人身伤亡事故频发，截至2017年3月底，已发生人身伤亡事故15起，死亡17人。这些事故的发生，充分暴露出部分企业对输煤及制粉系统和防腐工作安全管理不严格、反违章工作不深入，现场安全制度、安全措施不落实，安全教育培训警示不到位，没有深刻吸取以往事故教训，致使类似事故重复发生。为进一步强化输煤及制粉系统和防腐工作安全措施落实，有效防范人身事故发生，现就有关事项通知如下：

一、深刻吸取事故教训，补齐企业安全管理短板。各单位要高度重视输煤及制粉系统和防腐工作安全管理，深刻吸取以往事故教训，认真组织排查本单位相关领域存在的安全隐患，采取切实有效的改进措施，及时消除安全管理薄弱环节，补齐企业安全管理短板。

二、强化安全措施落实，提高安全管理制度执行力。各单位要严格执行《防止电力生产事故的二十五项重点要求》《电业安全工作规程》等安全规章制度和标准，加强作业安全危害分析和风险管理，提高高处坠落、机械伤害、中毒窒息等事故防范能力。要严格“两票三制”，强化现场作业组织管理，落实作业安全措施，提高各项安全管理制度执行力。

三、深入开展违章查处，规范现场作业人员行为。各单位要进一步深化现场反违章工作，建立违章查处的长效机制，明确各级、各类人员的查处违章职责，强化反违章工作的全员参与，特别要针对重点区域、薄弱环节、重大作业，加强现场违章查处的频次和力度，严格曝光、考核，形成反违章的高压态势，切实规范现场作业人员的工作行为。

四、加大安全投入力度，持续改进现场作业环境。输煤、制粉系统以及防腐作业的工作环境相对恶劣，现场安全设施标准化情况与发电企业其他区域相比差距较大。各单位要对照安全设施配置标准，加大安全投入力度，对上述区域集中开展安全防护设施的排查治理，完善安全警示标志和现场照明，持续改进现场作业环境。

五、严格外包队伍准入，提高外包队伍安全保障能力。各单位要从外包队伍资质、人员素质、安全保障能力等方面严把外包队伍入厂关，加大输煤及制粉系统和防腐工作等外包队伍安全管理力度，将外包队伍及人员纳入本单位安全管理体系，统一管理、统一标准、统一落实，坚决清退不满足安全生产要求的队伍和人员，提高外包队伍安全保障能力。

六、抓好安全教育培训，强化员工安全意识和提升安全技能。各单位要充分利用安全日等安全培训长效机制，以安规、反措等应知应会内容为重点，结合各岗位及人员特点，有针对性开展安全教育培训，提高安全培训效果，要加大相关事故案例学习，用血的教训警醒员

工，深刻理解“安全为了谁”的内涵，让安全变为主动行为和内心要求，强化员工安全意识和提升安全技能。

七、加强电力安全监管，督促企业落实安全生产主体责任。负有电力安全监管职责的部门要结合年度工作安排，有针对性地检查企业贯彻落实输煤及制粉系统和防腐工作防范事故措施，督促企业落实安全生产主体责任，切实做好输煤及制粉系统和防腐安全工作。

国家能源局综合司

2017 年 4 月 5 日

（三）水电站大坝安全

国家电力监管委员会关于印发《水电站大坝除险加固管理办法》的通知

电监安全〔2010〕30号

各派出机构，大坝中心，国家电网公司，南方电网公司，华能、大唐、华电、国电、中电投集团公司，各有关电力企业：

为了加强水电站大坝安全监督管理，规范大坝除险与加固工作，根据《水库大坝安全管理条例》和《水电站大坝运行安全管理规定》（电监会3号令），我会组织制定了《水电站大坝除险加固管理办法》，现印发你们，请依照执行。

国家电力监管委员会

2010年10月21日

附件：

水电站大坝除险加固管理办法

第一章 总 则

第一条 为加强水电站大坝（以下简称大坝）安全监督和管理，规范大坝除险与加固工作，根据《水库大坝安全管理条例》和《水电站大坝运行安全管理规定》，制定本办法。

第二条 大坝的工程缺陷与隐患，经大坝安全定期检查、特种检查或者专项安全鉴定，分为一般工程缺陷与隐患和重大工程缺陷与隐患两类。

第三条 大坝的工程缺陷与隐患，应当及时进行治理。一般工程缺陷与隐患治理项目由大坝主管单位按企业规定程序进行补强加固处理。重大工程缺陷与隐患的除险、加固治理项目，应当进行专项设计、专项审查、专项施工和专项验收。

第四条 大坝主管单位对重大工程缺陷与隐患治理工作，应当明确目标和任务，确定除险、加固治理方案和进度，落实资金，统筹协调大坝运行安全与除险、加固治理工程施工安全工作，并定期向电力监管机构报告工程进展情况。

第五条 本办法适用于电力系统投入运行的大、中型水电站大坝。小型水电站大坝可参照执行。

第二章 管理要求和程序

第六条 对于大坝运行中或者工程缺陷与隐患治理过程中新发现的缺陷与隐患，大坝主管单位应当及时组织分析、研究，确定其对大坝安全的影响程度，并采取相应对策。

对于在大坝安全定期检查或者特种检查中确定的重大工程缺陷与隐患，电监会大坝安全监察中心（以下简称大坝中心）应当提出除险、加固治理的明确技术措施和要求。

第七条 大坝主管单位应当在大坝重大工程缺陷与隐患确认之日起六个月内，提出大坝除险、加固治理工作计划，并委托具有相应资质的设计单位开展大坝除险、加固治理方案专项设计。

对于特别复杂的大坝除险、加固治理工作，大坝主管单位确定除险、加固治理工作计划、委托设计单位的时间可以适当延长，但最迟不得超过确认之日起一年。

第八条 对于有重大工程缺陷与隐患大坝的除险、加固治理方案应当进行专项审查，审查工作由大坝主管单位委托具有大坝补强加固和更新改造项目审查资格的单位进行，方案审查后应当通过大坝中心的安全性评审。通过安全性评审的方案应当报电监会派出机构备案。

对于除险、加固治理设计方案中涉及原设计功能改变的部分，应当经原设计审查单位审查；原设计审查单位已经变动或者不存在的，可以由大坝中心或者由与原设计审查单位相同资格的单位组织审查。

第九条 大坝重大工程缺陷与隐患的除险、加固治理项目包括：

（一）因泄洪能力不足需要增加泄洪设施或者加高大坝的处理；

（二）涉及大坝整体稳定、应力问题的加固处理；

（三）影响坝体整体性的裂缝处理；

（四）坝体、坝基、坝肩整体防渗、排水处理；

（五）大坝泄洪消能建筑物、泄水孔（洞）进水口的加固处理；

（六）近坝库岸、边坡大型滑坡体处理；

（七）大坝除险、加固处理施工期存在防洪风险或者需要采用临时结构挡水的处理；

（八）不能满足大坝抗震要求的项目；

（九）其他对大坝安全影响较大的项目。

第十条 大坝主管单位应当组织具有相应资质的制造、安装、施工、监理单位开展大坝除险、加固治理工作。

第十一条 对于有重大工程缺陷与隐患大坝的除险、加固治理，应当按照审定的进度要求实施，限期完成。对于大坝一般工程缺陷与隐患的补强、加固处理，最迟应当于下一次大坝安全定期检查开始前完成。

第十二条 对于有重大工程缺陷与隐患的大坝，其除险、加固治理项目完成并经一个汛期运行后，由大坝主管单位组织竣工验收。电监会派出机构、大坝中心应当参加竣工验收。大坝主管单位应当在竣工验收后一个月内将验收资料报大坝中心备案。

第十三条 大坝中心在收到险坝、病坝的除险、加固治理竣工验收资料后三个月内，应当重新评定大坝安全等级，报电监会备案，并抄送电监会相关派出机构。

第十四条 水电站运行单位应当按照《水电站大坝安全注册办法》的规定，在收到重新评定的大坝安全等级意见后三个月内，办理大坝安全注册变更手续。

第十五条 对于有重大工程缺陷与隐患的大坝，大坝主管单位应当及时报告电力监管机构，通报相关电力调度机构，及时制定、完善相关应急预案，加强预案培训与演练，并采取必要的应急措施。

第十六条　水电站运行单位在大坝除险、加固治理期间，应当加强水情监测、防洪调度和大坝巡视检查工作，根据工程实际情况增加必要的监测项目，加密监测频次，确保大坝运行安全。

第三章　安全监督管理

第十七条　省（自治区）电监办负责辖区内大坝除险、加固治理工作的安全监督管理；未设电监办的省（自治区、直辖市）的大坝除险、加固治理工作的安全监督管理由相关区域电监局负责；大坝中心负责大坝除险、加固治理的安全技术监督服务工作。

第十八条　电力企业有下列行为之一的，电力监管机构应当按照国家有关规定予以处理：

（一）对大坝工程缺陷与隐患不及时进行治理，以及对于大坝运行中或者工程缺陷与隐患治理过程中新发现的缺陷与隐患，不及时组织分析、研究和处理的。

（二）对大坝重大工程缺陷与隐患，不按规定提出大坝除险、加固治理工作计划，不落实资金，不委托具有相应资质的设计单位开展专项设计的。

（三）对重大工程缺陷与隐患的除险、加固治理，不按规定进行专项审查、专项施工、专项验收和安全性评审，或者未按限期完成的。

（四）对大坝重大工程缺陷与隐患，不按规定报告、通报有关单位，不按规定制定相关预案，不开展预案培训与演练，不采取必要措施的。

（五）不按规定报送信息或者备案的。

第四章　附　　则

第十九条　本办法下列用语的含义：

（一）大坝重大工程缺陷与隐患，是指对大坝安全影响较大的问题，具体包括涉及大坝防洪安全、整体稳定或整体应力的缺陷与隐患；涉及坝体、坝基、坝肩整体防渗、排水等的缺陷与隐患；近坝库岸、边坡大型滑坡体缺陷与隐患；涉及重要功能改变或丧失的设备、结构缺陷与隐患等。

（二）大坝重大工程缺陷与隐患确认之日，是指大坝中心印发大坝安全定期检查或者特种检查审查意见的时间，以及专项鉴定意见印发的时间。

第二十条　对于大坝工程缺陷与隐患特别严重，采用除险、加固措施不能治理的情况，大坝应当退出运行。

第二十一条　本办法自发布之日起施行。

国家能源局关于印发《水电站大坝安全定期检查监督管理办法》的通知

国能安全〔2015〕145号

各派出机构，大坝中心，各有关电力企业：

为了规范水电站大坝安全定期检查工作，提高大坝安全监督管理水平，确保大坝运行安全，我局制定了《水电站大坝安全定期检查监督管理办法》。现印发你们，请依照执行。

国家能源局

2015年5月6日

附件：

水电站大坝安全定期检查监督管理办法

第一章　总　　则

第一条　为了加强水电站大坝（以下简称大坝）运行安全监督管理，规范大坝安全定期检查（以下简称大坝定检）工作，根据《水电站大坝运行安全监督管理规定》，制定本办法。

第二条　大坝定检是指定期对已运行大坝的结构安全性和运行状态进行的全面检查和安全评价。

大坝定检范围：挡水建筑物、泄水及消能建筑物、输水及通航建筑物的挡水结构、近坝库岸及工程边坡、上述建筑物与结构的闸门及启闭机、安全监测设施等。

大坝定检应当按照“系统排查、突出重点、全面评价”的原则，客观、公正、科学地评价大坝安全状况。

第三条　本办法适用于以发电为主、总装机容量五万千瓦及以上的大、中型水电站大坝定检及其监督管理工作。

国家法律法规另有规定的，从其规定。

第四条　大坝定检一般每五年进行一次。首次定检后，定检间隔可以根据大坝安全风险情况动态调整，但不得少于三年或者超过十年。

大坝首次定检应当在工程竣工安全鉴定完成五年期满前一年内启动；工程完建后五年内不能完成竣工安全鉴定的，应当在期满后六个月内启动首次大坝定检。

第五条 国家能源局大坝安全监察中心（以下简称大坝中心）负责定期检查大坝安全状况，评定大坝安全等级。

电力企业应当按照要求做好大坝定检相关工作，落实大坝定检经费。

第六条 国家能源局负责大坝定检的综合监督管理。

国家能源局派出机构（以下简称派出机构）负责辖区内大坝定检的监督管理。

第二章 定检程序及要求

第七条 大坝中心应当制定并实施大坝定检规划和年度计划。

第八条 大坝中心应当根据大坝实际情况，组织大坝定检专家组（以下简称专家组）进行大坝定检。

专家组一般由六至九名技术水平较高、工程经验丰富并且具有高级工程师以上职称的专家组成，技术问题特别复杂的大坝可适当增加专家数量。专家组应当至少有一名参加过拟定检大坝上一次定检工作或熟悉该大坝的专家，但直接参与大坝建设或管理的专家和电力企业推荐的专家总人数不应当超过专家组总人数的三分之一。

第九条 专家组应当分析大坝以往运行状况与工作性态，提出定检工作重点，确定定检工作大纲。

第十条 电力企业应当按照专家组意见总结上次大坝定检或工程竣工安全鉴定以来大坝运行状况和维护情况，提出运行总结报告。

第十一条 电力企业应当按照专家组意见对大坝进行现场检查，并且提出现场检查报告。

专家组应当对大坝安全重点部位和重要事项进行现场核查。

第十二条 专家组应当针对大坝具体情况，从以下方面选择确定必要的专项检查项目，提出检查内容和技术要求：

（一）地质复查。

（二）大坝的防洪能力复核。

（三）结构复核或者试验研究。

（四）水力学问题复核或试验研究。

（五）渗流复核。

（六）施工质量复查。

（七）泄洪闸门和启闭设备检测和复核。

（八）大坝安全监测系统鉴定和评价。

（九）大坝安全监测资料分析。

（十）结构老化检测和评价。

（十一）需要专项检查和研究的其他问题。

对经过多次定期检查的大坝，上述（一）至（七）项在上次定期检查时已查清，且上次定期检查以来主要影响因素无不利变化，可以不再进行专项检查。

第十三条 电力企业应当按照专家组意见，组织开展专项检查，提出专项检查报告并且经过专家组审查。

国家及相关部门对专项检查有资质要求的，专项检查承担单位应当具备相应资质。承担单位应当按照专家组的要求开展工作，提交满足大坝安全评价技术要求的技术成果。

第十四条 专家组应当根据大坝实际运行情况，对大坝的结构性态和安全状况进行综合分析，全面评价大坝安全状况，提出大坝定检报告。

大坝定检报告应当包括以下主要内容：

（一）工程概况。

（二）历次大坝定检（或竣工安全鉴定、枢纽工程专项验收）意见落实情况。

（三）本次大坝定检工作情况。

（四）大坝设计、施工质量评价（仅对首次大坝定检）。

（五）大坝运行和检查情况。

（六）专项检查（研究）成果。

（七）大坝安全评价及大坝安全等级评定意见。

（八）存在问题和处理意见。

（九）运行中应当重点关注的部位和问题。

第十五条 大坝定检报告应当评定大坝安全等级，对工程缺陷与隐患提出处理要求。

重要函件公文、收集的现场资料与试验数据、专题论证以及咨询报告等均应当作为大坝定检报告的附件。

专家组成员对存在问题和评价结论的意见不一致时，应当写入大坝定检报告。

第十六条 大坝中心应当对专家组提出的大坝定检报告在三个月内进行审查，在六个月内形成大坝定检审查意见（以下简称审查意见）。审查意见应当包括大坝基本情况、定检工作情况、大坝安全评价及大坝安全等级评定结果、存在的问题及处理意见、运行中应当重点关注的部位和问题。

大坝中心应当将审查意见通知电力企业，并且抄送有关派出机构。对于首次定检或安全等级发生变化的大坝，大坝中心应当将审查意见报送国家能源局。

第十七条 大坝定检时间一般不超过一年半。对于工程相对复杂、安全问题突出、风险较大的大坝，大坝定检时间可以适当延长，但不得超过两年半。

大坝定检时间以专家组首次会议为起始时间，以印发大坝定检审查意见为结束时间。

第三章 监 督 管 理

第十八条 电力企业应当针对定检发现的问题，根据大坝除险加固有关规定，按照大坝定检审查意见提出的处理意见和要求，制定整改计划，限期完成补强加固、更新改造等整改工作，并且将整改计划及整改结果及时报送大坝中心，抄送有关派出机构。

对存在重大缺陷与隐患的大坝，电力企业应当进行大坝险情评估，并且完善大坝险情预测和应急预案。

第十九条 大坝中心应当加强定检组织，严格专家组管理，督促和指导电力企业按照要求开展大坝定检相关工作、落实大坝定检审查意见、及时完成整改工作。

第二十条 派出机构对不按照要求开展大坝定检相关工作，以及不按照规定及时开展病坝治理、险坝除险加固等重大安全隐患治理和风险管控工作的电力企业，依法处理。

第二十一条 国家能源局应当定期通报大坝定检情况。

第四章 附 则

第二十二条 水电站的引水发电建筑物、通航建筑物及其附属设施，可以参照本办法相关要求进行安全定期检查。

第二十三条 大坝安全特种检查和以发电为主、总装机容量小于五万千瓦小型水电站的大坝定检，参照本办法执行。

第二十四条 大坝安全等级按照《水电站大坝运行安全监督管理规定》第二十一条分为正常坝、病坝和险坝三级。

第二十五条 大坝定检和特种检查的收费标准按照公示基准价格确定。

第二十六条 大坝中心应当根据本办法制定相关配套文件。

第二十七条 本办法自发布之日起施行。原国家电力监管委员会《水电站大坝安全定期检查办法》（电监安全〔2005〕24号）同时废止。

国家能源局综合司关于小水电大坝办理注册登记注销手续有关事宜的复函

国能综安全〔2016〕154号

大坝中心：

你中心《关于小水电大坝办理注册登记注销手续有关事宜的请示》（坝监安监〔2016〕30号）收悉。经研究，现就小水电大坝办理注册登记注销手续有关事项明确如下：

一、根据《水电站大坝运行安全监督管理规定》（国家发展改革委令第23号）和《水利部、工商总局、安监总局、国家电监会关于加强小水电站安全监管工作的通知》（水电〔2009〕585号），以发电为主、总装机容量五万千瓦及以上的大、中型水电站大坝运行安全监督管理由国家能源局负责；审批、核准小水电项目的地方人民政府是小水电站的安全生产监管责任主体。

二、对于《水电站大坝运行安全监督管理规定》（国家发展改革委令第23号）公布施行前已经在大坝中心办理安全注册登记证的小水电大坝，其管理单位在进行大坝安全注册登记换证时或在大坝安全注册登记证有效期到期前，均可以自主选择继续在大坝中心注册登记，也可以选择在地方水行政主管部门注册登记。

三、对于已经在大坝中心办理安全注册登记证的小水电大坝，在大坝安全注册登记换证时或有效期到期前，如果其管理单位选择在当地水行政主管部门注册登记，则按照如下程序办理大坝安全注册登记证注销手续：

（1）小水电大坝运行单位向大坝中心提出大坝安全注册登记证注销申请，并提供其主管单位同意注销、有关派出机构同意注销和地方水行政主管部门同意大坝注册登记的正式文件；

（2）大坝中心核实有关情况，提出处理意见后向国家能源局报告；

（3）待国家能源局批复同意后，大坝中心告知小水电大坝运行单位、主管单位、有关派出机构和相关地方水行政主管部门，收回尚未到期的大坝安全注册登记证，办理注销手续。

国家能源局综合司

2016年3月11日

国家能源局综合司关于落实水电站大坝安全责任推进大坝安全注册登记工作的通知

国能综安全〔2016〕155 号

全国电力安委会成员单位：

按照《水电站大坝运行安全监督管理规定》（国家发展改革委令第 23 号）和《水电站大坝安全注册登记监督管理办法》（国能安全〔2015〕146 号）有关要求，以发电为主、总装机容量五万千瓦及以上的大、中型水电站大坝运行实行安全注册登记制度，电力企业应当在规定期限内申请办理大坝安全注册登记；不满足注册登记条件或者未取得安全注册登记证的大坝，电力企业应当在规定期限内办理登记备案手续，并且限期完成大坝安全注册登记。截至 2016 年 2 月底，经派出机构督办、大坝中心办理注册登记具体工作，在国家能源局注册登记大坝 434 座、登记备案大坝 94 座。

目前，经派出机构和大坝中心共同排查梳理，仍有 42 座已投运或已蓄水运行的大坝未在规定期限内申请安全注册登记。其中，此前已督办过的大坝 27 座，2 月份最新排查出的大坝 15 座。

为了进一步强化水电站大坝运行安全监督管理工作，顺利推进大坝安全注册登记制度的有效实施，现提出以下工作要求：

一、有关电力企业要落实大坝安全主体责任，按照《水电站大坝运行安全监督管理规定》和《水电站大坝安全注册登记监督管理办法》有关要求，在 2016 年 7 月 1 日前向大坝中心提出大坝安全注册登记申请；不满足注册登记条件的大坝，要在 2016 年 7 月 1 日前向大坝中心办理大坝登记备案手续，并且限期完成大坝安全注册登记。

二、有关派出机构要落实大坝运行安全监管责任，督促、协调电力企业按照有关规定及本通知要求及时开展大坝安全注册登记备案工作；大坝中心要指导电力企业开展相关工作，积极办理大坝安全注册登记备案具体工作。

三、对于在规定期限内拒不申请或拖延办理大坝安全注册登记和登记备案的电力企业，有关派出机构要按照《水电站大坝运行安全监督管理规定》等规章制度，视具体情况，予以通报批评，责令有关电力企业限期改正、机组不得并网发电、停产停业整顿，或对有关电力企业及相关人员处以相应的行政罚款等。

请有关集团公司于 7 月 5 日前将附件 1～2 所列大坝落实安全注册登记制度的情况报国家能源局电力安全监管司。请有关派出机构于每季度 10 日前将上季度本辖区大坝安全注册登记和登记备案督办及违规处理工作情况报送我局电力安全监管司。

附件 1.《2016 年 2 月前已督办但仍未办理注册登记的大坝名单》

2.《2016 年 2 月排查出的、未申请注册登记的大坝名单》

国家能源局综合司

2016 年 3 月 11 日

附件1：

2016年2月前已督办但仍未办理注册登记的大坝名单

序号	大坝名称	所在地区	装机容量（万千瓦）	运行单位	主管单位	上级集团公司
	洪坝大坝	四川	10	四川久隆水电开发有限公司	中水集团水电七局有限公司	中国电力建设集团有限公司
	姜射坝大坝	四川	12.8	四川西部阳光电力开发有限公司	四川省能源投资集团有限责任公司	
	桑坪（威州）大坝	四川	7.2	四川西部阳光电力开发有限公司	四川省能源投资集团有限责任公司	
	红叶二级大坝	四川	9	四川华电杂谷脑水电开发有限责任公司	华电国际电力股份有限公司	中国华电集团公司
	狮子坪大坝	四川	19.5	四川华电杂谷脑水电开发有限责任公司	华电国际电力股份有限公司	中国华电集团公司
	杨村大坝	四川	6.6	四川大渡河电力股份有限公司		
	红岩子大坝	四川	9	四川省南部红岩子电力有限责任公司		
	英雄坡（二级）大坝	四川	5.6	英雄坡二级站	普格永裕水电开发有限责任公司	
	马回大坝	四川	8.61	四川马回电力股份有限公司	四川马回电力股份有限公司	
	小沟头大坝	四川	6	四川省宝兴县兴源实业有限责任公司	四川省宝兴县兴源实业有限责任公司	
	舟坝大坝	四川	10.2	四川海能电业有限公司	四川海能电业有限公司	
	二道桥大坝	四川	5.5	四川嘉润电力公司	黑水县二道桥电站有限责任公司	
	可河大坝	四川	7.2	会东县星光电力有限责任公司	会东县星光电力有限责任公司	
	吉鱼大坝	四川	10.2	茂县宝山吉鱼水电开发有限责任公司	茂县宝山吉鱼水电开发有限责任公司	
	巴郎口大坝	四川	9.6	四川巴郎河水电开发有限公司	四川路桥建设股份有限公司	
	竹格多大坝	四川	8	黑水冰川水电开发有限责任公司		
	大孤山大坝	甘肃	6.5	甘肃张掖大孤山水电有限责任公司	甘肃黑河水电开发股份有限公司	
	小孤山大坝	甘肃	9.8	甘肃张掖小孤山水电有限责任公司	甘肃黑河水电开发股份有限公司	

续表

序号	大坝名称	所在地区	装机容量（万千瓦）	运行单位	主管单位	上级集团公司
	录巴寺大坝	甘肃	5.1	卓尼县浙河水电有限责任公司	海成集团有限公司	
	倮马河大坝	云南	6	云南江海投资开发有限公司		
	腊庄大坝	云南	6	云南罗平锌电股份有限公司		
	昭平大坝	广西	6.3	广西桂能电力有限责任公司昭平水力发电厂	广西桂东电力股份有限公司	
	洞巴大坝	广西	7.2	广西洞巴水电有限公司	广西百色电力有限责任公司	
	老渡口大坝	湖北	9	老渡口水电有限公司		
	黛溪大坝	福建	5	福建省通达水电有限公司		
	蜀河大坝	陕西	27.6	陕西汉江投资开发有限公司	大唐陕西发电有限公司	中国大唐集团公司
	积石峡大坝	青海	102	黄河上游水电开发有限责任公司积石峡发电分公司	黄河上游水电开发有限责任公司	国家电力投资集团公司

附件2:

2016年2月排查出的、未申请注册登记的大坝名单

序号	大坝名称	所在地区	装机容量（万千瓦）	运行单位	主管单位	上级集团公司
	洞松大坝	四川	18	大唐乡城唐电水电开发有限公司	大唐四川发电有限公司	中国大唐集团公司
	古学大坝	四川	9	大唐得荣唐电水电开发有限公司	大唐四川发电有限公司	中国大唐集团公司
	玉林桥大坝	四川	5.1	四川明达集团峨边电能开发有限责任公司		四川明达集团
	立洲大坝	四川	35.5	四川华电木里河水电开发有限公司	华电四川发电有限公司	中国华电集团公司
	娘拥大坝	四川	9.3	大唐乡城水电开发有限公司	大唐四川发电有限公司	中国大唐集团公司
	硕中大坝	四川	12	大唐乡城唐电水电开发有限公司	大唐四川发电有限公司	中国大唐集团公司

续表

序号	大坝名称	所在地区	装机容量（万千瓦）	运行单位	主管单位	上级集团公司
	上通坝大坝	四川	24	四川华电木里河水电开发有限公司	华电四川发电有限公司	中国华电集团公司
	沙湾大坝	甘肃	5.1	陇南汇鑫水电股份有限公司	陇南汇鑫水电股份有限公司	
	南极洛河大坝	云南	8.6	南极洛河水电厂	云南江海投资开发有限公司	伟星集团公司
	旺村大坝	广西	6	国电梧州水电开发有限公司	国电广西电力有限公司	中国国电集团公司
	大田河	贵州	10	贵州大田河水电开发有限公司	大唐广西分公司（深圳博达煤电开发有限公司）	中国大唐集团公司
	响水	贵州	23	六盘水北盘江水电开发有限公司	珠江水利水电开发公司	
	玛纳斯河一级水电站渠首枢纽	新疆	5	玛纳斯天富水力发电有限公司	新疆天富能源股份有限公司	新疆天富集团有限责任公司
	玛纳斯河第二引水枢纽	新疆	8.1	新疆天富能源股份有限公司红山嘴电厂	新疆天富能源股份有限公司	新疆天富集团有限责任公司
	黄丰大坝	青海	22.5	青海省三江水电开发股份有限公司黄丰分公司	青海省三江水电开发股份有限公司	青海省投资集团公司

国家能源局关于印发《水电站大坝运行安全信息报送办法》的通知

国能安全〔2016〕261号

各派出能源监管机构，大坝中心，各有关电力企业：

为了贯彻落实《水电站大坝运行安全监督管理规定》（国家发展改革委令第23号），加强水电站大坝非现场安全监督管理，规范大坝运行安全信息报送行为，我局制定了《水电站大坝运行安全信息报送办法》。现印发你们，请遵照执行。

国家能源局

2016年9月26日

附件：

水电站大坝运行安全信息报送办法

第一章 总 则

第一条 为了加强水电站大坝（以下简称大坝）非现场安全监督管理，规范大坝运行安全信息报送行为，根据《水电站大坝运行安全监督管理规定》（国家发展改革委令第23号），制定本办法。

第二条 大坝运行安全信息的报送应当及时、准确、完整。信息的报送、管理和使用应当遵守国家有关保密要求。

第三条 本办法适用于在国家能源局安全注册登记和备案大坝的运行安全信息报送、使用及监督管理工作。

第四条 电力企业是大坝运行安全信息报送的责任主体，应当明确大坝运行安全信息报送责任部门和责任人，建立健全大坝运行安全信息报送制度，开展大坝运行安全信息化建设，按照要求报送大坝运行安全信息。

对于新投入运行的大坝，电力企业应当自申报大坝登记备案或申请大坝安全注册登记之日起开始报送信息。

第五条 国家能源局负责全国大坝运行安全信息报送的综合监督管理。派出机构负责督促辖区内电力企业开展大坝运行安全信息报送和信息化建设工作。

大坝中心负责建设运维全国大坝运行安全监督管理信息系统，监督指导电力企业大坝运行安全信息报送和信息化建设工作，分析处理电力企业报送的大坝运行安全信息，研判大坝运行安全状况。

第二章 报送内容及要求

第六条 大坝运行安全信息分为日常信息、年度报告、专题报告三类。

第七条 日常信息包括大坝安全监测信息、大坝汛情和灾情、大坝异常情况和大坝运行事故情况。

（一）大坝安全监测信息

对于坝高70米以上的大坝、库容1亿立方米以上的大坝、工程安全特别重要的大坝和病险坝，电力企业应当将采集的大坝安全监测信息于48小时内自动报送至大坝中心。其他大坝的安全监测信息，电力企业应当于次月15日前报送至大坝中心。

大坝安全监测信息报送项目和基本监测频次表见附件。

（二）大坝汛情

进入汛期，电力企业应当按照水行政主管部门规定的起报标准和报汛段次，向大坝中心报送大坝汛情。大坝汛情一般包括库面降雨量（或坝址附近降雨量）、库水位、入库流量、出库流量、弃水流量、泄洪情况等。

汛情可能对大坝运行安全造成威胁的，电力企业应当及时向上级主管单位、有关派出机构、地方政府有关部门报告。

（三）大坝灾情

震级在5级及以上且震源距坝址100公里以内的地震，以及对大坝有影响的泥石流、山体崩塌、滑坡等灾情发生后，电力企业应当于1小时内向上级主管单位、有关派出机构和大坝中心、地方政府有关部门报告灾情快讯，于12小时内报告灾情详细情况。

（四）大坝异常情况

大坝出现异常情况，电力企业应当于24小时内向上级主管单位、有关派出机构和大坝中心报告。

（五）大坝运行事故

大坝发生运行事故，电力企业应当于1小时内向上级主管单位、有关派出机构和大坝中心、地方政府有关部门报告。

派出机构和大坝中心、全国电力安全生产委员会企业成员单位接到对大坝运行安全影响较大的汛情、灾情、大坝运行事故报告后，应当于1小时内向国家能源局报告。

第八条 年度报告分为大坝安全年度详查报告、大坝安全注册登记自查报告和大坝安全工作年度报表。

电力企业应当于次年2月15日前将年度报告报送至大坝中心。

第九条 专题报告包括大坝除险加固专题报告和大坝安全监测系统更新改造专题报告。大坝除险加固专题报告包括：大坝除险加固设计报告、审查报告、施工报告、竣工验收报告。大坝安全监测系统更新改造专题报告包括：大坝安全监测系统更新改造设计报告、审查报告、安装调试及试运行报告、竣工验收报告。

大坝除险加固竣工验收后，或者大坝安全监测系统更新改造竣工验收后，电力企业应当于1个月内将相应专题报告报送至大坝中心。

第三章 信息分析和使用

第十条 大坝中心应当及时分析处理电力企业报送的大坝日常信息。发现异常情况，大坝中心应当于24小时内向电力企业及相关单位提出处理建议，并通报有关派出机构。

第十一条 大坝中心应当及时研判电力企业报送的大坝汛情、灾情、异常情况和运行事故信息，为大坝运行安全应急管理提供相应的技术支持。

第十二条 大坝中心在开展大坝安全定期检查时，应当充分利用电力企业报送的大坝运行安全信息及日常监控成果，为大坝运行状况和工作性态评价提供重要依据。

第十三条 大坝中心应当根据电力企业报送的年度报告和开展的大坝安全监督管理工作，向国家能源局提交全国大坝安全工作年报。

第四章 监督管理

第十四条 大坝中心应当每季度通报电力企业大坝运行安全信息报送和信息化建设情况。

第十五条 大坝中心应当会同派出机构对电力企业大坝运行安全信息报送工作和信息化建设情况进行监督检查。

第十六条 对于未按照本办法开展大坝运行安全信息报送工作或者提供虚假信息、隐瞒重要事实的电力企业，由有关派出机构按照《水电站大坝运行安全监督管理规定》第三十七条和第三十八条进行处理。

第五章 附则

第十七条 本办法下列用语的含义：

（一）大坝异常情况，是指大坝运行过程中出现偏离于正常变化趋势的现象，如：坝体发生裂缝或者原有裂缝出现发展；建筑物出现冻融、冻胀、溶蚀或者过流部分出现严重空蚀、磨损、冲刷；坝体表面错动；坝体或者边坡变形突变；基础或者坝体扬压力、渗漏量突变，渗漏水质发生变化；重要部位应力、应变等监测项目测值发生突变；监测系统重要项目不能正常监测等。

（二）大坝运行事故，是指大坝运行过程中发生的、并导致严重后果的情况，如：大坝溃决、结构物严重断裂、倒塌；洪水漫顶、淹没；泄洪建筑物严重破坏；坝坡大体积塌滑；近坝库岸及边坡大体积滑塌等。

第十八条 大坝安全监测信息分为一般项目和重要项目两类。

一般项目是监测技术规范规定的大坝运行过程中应当具备的基本监测项目。

重要项目是针对大坝重要部位和薄弱环节，根据大坝实际运行特性和工作性态而确定的监测项目。对于重要项目，应当实施自动化监测，并保证相关设施全天候连续正常工作，使大坝上级管理单位和大坝中心能够随时远程采集到数据；不能采用自动化监测的，应当按照监测频次要求及时将人工测值录入数据库，使大坝上级管理单位和大坝中心能够及时远程获取到数据。

第十九条 大坝中心应当根据本办法制定电力企业大坝运行安全信息报送和信息化建

设技术要求等相关配套文件。

第二十条 本办法自发布之日起施行。原国家电力监管委员会《水电站大坝运行安全信息报送办法》（电监安全〔2006〕38 号）同时废止。

附录 大坝安全监测信息报送项目和监测频次表

监测项目		大坝级别			最少监测频次	
		1	2	3	人工监测	自动监测
变形	混凝土坝坝体水平位移和垂直位移	√	√	√	1 次/每月	1 次/每日
	土石坝表面水平位移和垂直位移	√	√	√	1 次/每 2 月	1 次/每日
	面板坝周边缝变形	√	√	√	1 次/每月	1 次/每日
	混凝土坝坝基水平位移和垂直位移	√	√		1 次/每月	1 次/每日
	近坝库岸、工程边坡变形	见注 1			1 次/每季	1 次/每日
渗流	混凝土坝坝基扬压力	√	√	√	2 次/每月	1 次/每日
	混凝土坝总渗流量和主要分区渗流量	√	√	√	2 次/每月	1 次/每日
	土石坝坝体、坝基渗透压力	√	√	√	1 次/每周	1 次/每日
	土石坝总渗流量	√	√	√	1 次/每周	1 次/每日
	大坝两岸地下水位	√	√	√	1 次/每月	1 次/每日
	近坝库岸、工程边坡地下水位	见注 1			1 次/每月	1 次/每日
环境量	大坝上下游水位	√	√	√	1 次/每日	1 次/每日
	坝址气温	√	√	√	1 次/每日	1 次/每日
	降雨量	√	√	√	1 次/每日	1 次/每日
	出入库流量	√	√	√	1 次/每日	1 次/每日
巡视检查		√	√	√	1 次/每月	

注：1．近坝库岸、工程边坡的变形和地下水位监测数据只对存在失稳隐患的边坡要求上报。
2．表中的变形测点和渗流测点按每座大坝的具体情况确定。
3．首次蓄水和初期蓄水时的监测频次按有关监测技术规范确定。
4．对坝高低于 100 米且库容小于 1 亿立方米的正常坝，自动化监测项目的最少监测频次为 1 次/每周。
5．巡视检查仅要求报送检查结果（即有无异常），对检查发现的异常情况应当详细说明。

国家能源局关于印发《水电站大坝安全监测工作管理办法》的通知

国能发安全〔2017〕61号

各派出能源监管机构，大坝安全监察中心，各有关电力企业：

为了贯彻落实《水电站大坝运行安全监督管理规定》（国家发展改革委令第 23 号），加强水电站大坝安全监测工作，提高水电站大坝运行安全水平，我局制定了《水电站大坝安全监测工作管理办法》。经局长办公会议审议通过，现印发你们，请遵照执行。

原国家电力监管委员会《水电站大坝安全监测工作管理办法》（电监安全〔2009〕4号）同时废止。

国家能源局

2017年10月18日

附件：

水电站大坝安全监测工作管理办法

第一章　总　　则

第一条　为了加强水电站大坝（以下简称大坝）安全监督管理，规范大坝安全监测工作（以下简称监测工作），确保大坝安全监测系统（以下简称监测系统）可靠运行，根据《水电站大坝运行安全监督管理规定》（国家发展改革委令第23号），制定本办法。

第二条　本办法适用于以发电为主、总装机容量5万千瓦及以上大、中型水电站大坝的安全监测及其监督管理工作。

第三条　监测工作包括监测系统的设计、审查、施工、监理、验收、运行、更新改造和相应的管理等工作。涉密大坝的监测工作，应当遵守国家有关保密工作规定。

第四条　监测工作的基本任务是了解大坝工作性态，掌握大坝变化规律，及时发现异常现象或者工程隐患。

第五条　监测系统应当与大坝主体工程同时设计、同时施工、同时投入运行和使用。

第六条　国家能源局负责全国大坝安全监测工作的监督管理。国家能源局派出机构（以下简称派出能源监管机构）负责辖区内监测工作的监督管理。国家能源局大坝安全监察中心（以下简称大坝中心）负责监测工作的技术监督、检查和指导。

第二章 设计和施工

第七条 大坝工程建设单位（以下简称建设单位）对监测系统的设计、施工和监理承担全面管理责任。建设单位应当加强施工期和首次蓄水期监测工作。监测系统竣工验收时，建设单位应当组织开展监测系统鉴定评价和监测资料综合分析，对于坝高100米以上的高坝或者监测系统复杂的中坝、低坝，其监测系统应当进行专门设计、审查、施工和验收。

第八条 监测系统的设计应当由大坝主体工程设计单位承担。设计单位应当优化监测系统设计，编制监测设计专题报告，明确监测项目的目的、内容、功能以及各监测项目初始值选取原则，并且对监测频次、监测期限和监测工作提出要求。

首次蓄水前，设计单位应当提出蓄水期监测工作的具体要求、关键项目的监测频次和设计警戒值。

监测系统竣工验收时，设计单位应当编制监测系统运行说明书，内容包括监测设计说明、监测项目竣工图、重要监测项目及其测点信息表；监测方法、频次和期限，巡视检查要求；监测仪器设备使用注意事项、维护要求；监测资料整编分析要求等。

第九条 监测系统的施工应当由大坝主体工程施工单位或者具有相应资质的施工单位承担。

首次蓄水前，施工单位应当按照设计要求测定各监测项目的蓄水初始值，并且经过建设单位确认。

施工单位应当负责监测系统移交前的运行维护管理工作，对监测资料进行整编分析，建立施工期大坝安全监测技术档案，并及时移交建设单位。

第十条 监测系统的施工监理应当由主体工程监理单位或者具有相应资质的监理单位承担。

第十一条 监测系统的设计报告及图集、审查意见和验收报告等资料，应当在首次大坝安全注册登记时报送大坝中心。

第三章 运行管理

第十二条 大坝投入运行后，监测系统的运行管理由电力企业负责。监测工作人员应当具备水工建筑物和监测技术专业知识以及大坝安全管理能力，并且经过相关技术培训。

第十三条 电力企业应当制定大坝安全监测管理制度和技术规程，建立运行期大坝安全监测技术档案。

第十四条 电力企业应当严格按照有关要求开展监测工作，不得擅自减少监测的项目、测点、测次和期限。

当发生地震、大洪水、库水位骤升骤降、库水位低于死水位或者其他可能影响大坝安全的异常情况时，电力企业应当加强巡视检查，增加监测频次（必要时增加监测项目），及时分析监测数据，评判大坝运行状态。

第十五条 电力企业应当及时整理、分析监测数据，对测值的可靠性和监测系统的完备性进行评判，掌握监测系统的运行情况，对监测仪器设备的异常情况进行处理。

第十六条 投运的大坝安全监测自动化系统应当达到实用化水平。对于坝高100米以上的大坝、库容1亿立方米以上的大坝和病险坝，电力企业的大坝运行安全管理信息系统应当具备在线监测功能。

第十七条 电力企业应当于每年三月底前完成上一年度监测资料的整编分析。年度整编分析应当突出趋势性分析和异常现象诊断，并且应当结合工程情况和特点，针对存在的问题进行综合分析。

第十八条 电力企业应当加强监测系统的日常巡查、年度详查和定期检查，定期对监测仪器设备进行校验，发现问题及时处理。

第十九条 电力企业应当开展长系列监测资料的综合分析工作，也可结合大坝安全定期检查或者特种检查开展，监测资料综合分析应当系统分析监测数据和巡视检查情况，结合工程地质条件、环境量和结构特性，对大坝安全性态进行分析。

第二十条 电力企业应当按照《水电站大坝运行安全信息报送办法》向大坝中心等有关单位报送大坝安全监测信息，并且对报送信息的及时性、准确性、完整性负责。

第二十一条 按照《水电站大坝运行安全信息报送办法》规定报送的监测项目，电力企业不得擅自停测。对于失效的仪器设备应当尽快修复、更换或者采用其他替代监测方式。

对于其他监测项目的设备封存或报废、监测频次和期限的调整，应当经过技术分析和安全论证，由电力企业上级管理单位审查后实施，实施情况应当报送大坝中心。

第二十二条 电力企业委托监测技术服务单位承担日常监测和检查、监测系统运行维护、监测数据整编分析等具体工作的，大坝运行安全责任仍由委托方承担，被委托单位按照相关合同或者协议承担相应责任。

第四章 监测系统的更新改造

第二十三条 当监测系统在系统功能、性能指标、监测项目、设备精度及运行稳定性等方面不能满足大坝运行安全要求时，电力企业应当对其进行更新改造。

监测系统的更新改造应当进行设计、审查和验收。

第二十四条 监测系统更新改造设计工作应当由原设计单位或者具有相应资质的设计单位承担。

第二十五条 电力企业应当组织审查监测系统更新改造设计方案。

第二十六条 监测系统更新改造施工工作应当由具有相应资质的施工单位承担。电力企业应当派监测工作人员全程参与监测系统更新改造施工工作。

在监测系统更新改造过程中，电力企业应当对重要监测项目采取临时监测措施，保证监测数据有效衔接。

第二十七条 更新改造的监测系统经过一年试运行后，电力企业方可组织竣工验收。验收合格后，电力企业应当将监测系统更新改造的设计、审查、安装调试、试运行、竣工验收等相关技术资料报送大坝中心。

第五章 监 督 管 理

第二十八条 大坝中心应当每年发布水电站大坝监测工作情况。

第二十九条 大坝中心应当对电力企业大坝安全监测工作进行监督、检查和指导。

第三十条 对于未按照本办法开展大坝安全监测工作或者出具虚假材料、造成事故的单位，由派出能源监管机构按照《水电站大坝运行安全监督管理规定》第三十四条、第三十八条和第三十九条进行处理。

第六章 附 则

第三十一条 本办法下列用语的含义：

（一）监测系统复杂，是指因大坝结构或者地质条件复杂，监测项目、监测仪器类型众多；或者监测系统中采用新技术、新设备，经验不足。

（二）施工期大坝安全监测技术档案，是指监测设施的检验、埋设记录、竣工图、监测记录、监测设施和仪器设备基本资料表，监测数据分析报告和监测系统运行说明书，验收报告等。

（三）运行期大坝安全监测技术档案，是指监测记录、巡视检查记录、监测报表、监测仪器维护记录、仪器送检记录、监测系统更新改造技术报告、监测系统鉴定评价报告、监测资料整编分析报告等。

（四）重要监测项目，是指针对大坝重要部位和薄弱环节，根据大坝实际运行特性和工作性态而确定的监测项目。

（五）建设单位，是指建设大坝的电力企业或者电力企业委托的总承包单位。

第三十二条 水电站输水隧洞、压力钢管、调压井、发电厂房、尾水隧洞等输水发电建筑物及过坝建筑物及其附属设施，可以参照本办法相关要求开展安全监测工作。

第三十三条 在国家能源局注册登记的小水电大坝的安全监测及其监督管理工作，参照本办法执行。

第三十四条 本办法自发布之日起施行。原国家电力监管委员会《水电站大坝安全监测工作管理办法》（电监安全〔2009〕4号）同时废止。

（四）电网运行安全

国家电力监管委员会关于印发《民用运输机场供用电安全管理规定（试行）》的通知

电监安全〔2012〕18号

电监会各派出机构，民航各地区管理局、监管局，国家电网公司，南方电网公司，各有关电力企业，民航各机场公司：

为加强和规范民用运输机场公用电安全管理工作，明确安全监督管理责任，确保机场供用电安排，国家电力监管委员会与中国民用航空局联合制定了《民用运输机场供用电安全管理规定（试行）》，现印发给你们，请依照执行。

附件：

民用运输机场供用电安全管理规定（试行）

第一章　总　　则

第一条　为加强和规范民用运输机场（以下简称机场）供用电安全管理工作，明确安全监督管理责任，确保机场供用电安全，依据《电力监管条例》《民用机场管理条例》《电力供应与使用条例》和《电力安全事故应急处置和调查处理条例》等法律法规和规章，制定本规定。

第二条　本规定适用于包括机场用电系统和机场供电系统在内的机场供用电安全管理工作。机场管理机构和供电企业按照产权归属原则承担各自产权范围内电力设施的安全管理责任。委托管理的，应当签订委托管理协议，按照协议规定承担各自的安全管理责任。

第三条　民航管理部门依法对机场用电安全工作实施监督管理，电力监管机构依法对供电企业安全生产工作实施监督管理。

第四条　机场根据其用电安全重要性可划分为特级、一级和二级重要电力用户。枢纽机场为特级或一级重要电力用户，干线机场为一级重要电力用户，支线机场为二级重要电力用户。已建机场名单由民航管理部门定期公布。新（改、扩）建机场应在项目规划设计阶段明确机场用电安全重要等级。

第五条　机场管理机构应当依据本规定第四条明确的重要电力用户等级划分，按照国家和行业有关标准配置供电电源及自备应急电源，同时要满足电监会有关重要电力用户供电电源及自备应急电源配置监督管理规定。

第二章　安　全　管　理

第六条　供电企业应当按照《电力供应与使用条例》《电力安全生产监管办法》和《供

电监管办法》等有关规定，加强供电安全管理，保障机场供电系统的安全运行和可靠供电。

第七条 供电企业应当做好以下工作：

（一）制定完善机场供电系统的安全管理制度、规程、规范和技术标准等。

（二）为机场管理机构制定完善机场用电系统的安全管理制度、规程、规范和技术标准等提供必要的业务咨询和技术服务。

（三）开展机场供电系统安全隐患排查治理工作，加强隐患排查治理和管控；应当将机场供电系统重大安全隐患及整改情况报相应电力监管机构备案。

（四）按照电监会有关二次系统安全管理规定要求，做好机场涉网继电保护定值审核备案，指导机场管理机构用电管理部门开展定检校验和日常维护工作。

（五）协助民航管理部门定期开展机场用电安全检查工作，及时发现用电安全隐患，提出整改建议。

（六）协助开展机场用电安全事故调查。

（七）按照电监会有关重大活动电力安全保障规定要求，在重大活动期间做好机场供电保障工作。

（八）按照电监会有关供电企业信息公开规定要求，向机场管理机构用电管理部门提供相关信息。

第八条 机场管理机构应当加强机场用电安全管理：

（一）制定和完善相关管理制度、规程、规范，配备足够数量的运行、维护和管理人员。

（二）定期开展机场用电设施预防性试验和检修维护工作。

（三）定期开展机场用电安全评估工作，对安全评估中发现的问题及时进行整改。

（四）根据国家有关规定要求，开展机场用电安全管理标准化工作。

（五）按照电监会有关二次系统安全管理规定要求，进行二次系统的整定、定检和日常维护工作，机场用电系统保护定值应当与机场供电系统保护定值正确配合。

（六）开展机场用电设施安全隐患排查治理工作，加强隐患排查治理闭环管理；应当将用电系统重大安全隐患及整改情况报民航管理部门备案。

（七）及时整改用电安全检查中发现的安全问题和安全隐患，并将整改情况报民航管理部门备案。

（八）机场管理机构应当为供电企业的供电服务提供便利条件。

（九）定期开展机场用电安全教育培训工作。

第九条 机场管理机构应当加强机场区域内的建设施工现场安全管理，强化电力设施保护，防止因外力破坏导致停电事故的发生。

第十条 机场管理机构用电管理部门应当按照国家有关规定，执行电力业务许可证制度。

（一）按照电监会《承装（修、试）电力设施许可证管理办法》规定，从事民用机场受电设施安装、维修和试验工作的单位，应当取得承装（修、试）电力设施许可证。

（二）按照电监会《电工进网作业许可证管理办法》规定，进网作业人员应当取得电工进网作业许可证，做到持证上岗。

第十一条 机场管理机构用电管理部门因工作需要外委高压设备（含供电线路）的运行、

维护、检修和预试等工作时，应当加强对外委单位合同执行情况的监督管理，保证机场用电设施的安全可靠运行。

第十二条 供电企业和机场管理机构应当按照国家有关规定和技术标准，协商制定机场新（改、扩）建工程供电方案，方案应当满足机场在供电电源配置、供电可靠性等方面的要求。

第十三条 机场用电系统和机场供电系统的电能质量应当满足国家相关技术标准规定要求。

第十四条 供电企业与机场管理机构应当建立完善机场供用电安全管理协调机制，定期或不定期召开双方共同参与的联席会议，协调解决相关技术和管理事项，主要内容包括：

（一）机场规划、建设阶段用电规划。

（二）供用电安全工作规程、技术标准的更新工作。

（三）用电设备相关图纸、技术资料的提供与保管。

（四）用电安全检查工作。

（五）用电安全技术培训。

（六）机场供用电安全工作中的重大问题及整改情况。

（七）其他需要协调、通报的事项。

第十五条 机场管理机构用电管理部门与供电企业应当加强机场供用电安全信息交流：

（一）日常安全生产管理信息。

（二）相关供电电源结构调整、对机场供电产生影响的运行方式变化、用电负荷变化等信息。

（三）其他有关信息。

第十六条 供电企业与机场管理机构应当加强协作，加强各自产权范围内有关自动监控设备的运行维护管理，保证相关供用电系统运行状况的实时监测，按照有关规定及时相互通报事故或故障信息。

第十七条 供电企业应当及时将影响机场安全供电的相关供电系统故障信息报告电力监管机构；机场管理机构应当及时将相关机场用电系统事故信息报告民航管理部门。

第三章 应 急 管 理

第十八条 机场管理机构应当按照机场突发事件应急救援管理相关规定，做好电力应急工作：

（一）制定机场供电电源中断、机场用电设施故障等突发电力事件相关应急预案。

（二）定期组织开展机场突发电力事件应急演练。

（三）储备必要的备品备件、抢险器材等应急救援物资。

（四）机场突发电力事件应急预案应当纳入机场应急救援预案体系。

第十九条 供电企业应当做好机场供电系统突发电力事件应急管理工作：

（一）制定完善电力供应应急预案，开展相关应急预案的评审、备案工作。

（二）定期组织开展机场供电系统突发电力事件应急演练。

（三）为机场管理机构制定完善机场用电系统突发电力事件相关应急预案提供必要的业务咨询和技术指导。

第二十条　供电企业应当掌握机场自备应急电源配置和使用情况，建立基础档案数据库。供电企业应当对机场自备应急电源启动、调试以及外部移动应急电源接入等工作给予必要的技术指导。

第二十一条　机场管理机构用电管理部门应当加强自备应急电源管理，制定相关管理制度和现场工作规程，加强运行维护管理，定期开展自备应急电源的联试、联调工作，保证自备应急电源及时可靠投入运行；定期向供电企业提供自备应急电源的配置和使用情况等资料，并为外部应急电源接入提供必要条件。

第二十二条　机场管理机构用电管理部门在突发大范围停电事件后，应当立即启动相关应急响应，尽快恢复机场供电，减少因停电对飞行安全、机场运行秩序造成的影响。

第二十三条　机场管理机构与供电企业应当建立机场突发电力事件联合应急救援机制，定期组织开展双方共同参与的突发电力事件应急联合演练。

第四章　监　督　管　理

第二十四条　电力监管机构应当推进机场供电系统安全相关标准和规范的制（修）订工作，民航管理部门应当推进机场用电系统安全相关标准和规范的制（修）订工作。

第二十五条　电力监管机构应当组织开展对供电企业供电安全状况的监督检查并督促整改；民航管理部门应当组织开展机场用电系统安全状况的监督检查并督促整改。

第二十六条　因机场用电系统或机场供电系统故障，对飞行安全造成较大影响或迫使机场临时关闭的，电力监管机构和民航管理部门应当按照国家有关规定组织或参与事故调查。

第二十七条　电力监管机构和民航管理部门应当建立沟通协调机制，加强机场供用电安全监管，协调解决供用电安全监管工作中存在的问题。

第五章　附　　则

第二十八条　机场管理机构用电管理部门、供电企业应依据本规定制定相应的实施细则。

第二十九条　本规定下列用语的含义：

（一）机场用电系统是指产权归属机场的35千伏及以上变配电系统、10千伏受电变配电系统和自备应急电源系统等。

（二）机场供电系统是指产权归属供电企业向机场提供电力的供电系统。

第三十条　本规定自发布之日起施行。

国家电力监管委员会

2012年5月25日

国家电力监管委员会、住房城乡建设部关于做好保障性安居工程电力供应与服务工作的若干意见

电监供电〔2012〕48号

电监会各派出机构，各省（自治区、直辖市）住房城乡建设厅（委）、新疆生产建设兵团建设局，国家电网公司、南方电网公司、有关地方电网企业：

为贯彻落实《国务院办公厅关于保障性安居工程建设和管理的指导意见》（国办发〔2011〕45号）有关要求，确保保障性安居工程电力供应，加快报装接电速度，降低建设费用，提高服务水平，经商国家电网公司、中国南方电网公司等电网企业，就做好保障性安居工程电力供应与服务工作，提出如下意见：

一、高度重视保障性安居工程电力供应与服务工作

保障性安居工程包括廉租住房、公共租赁住房、经济适用住房、限价商品住房建设和各类棚户区改造等。大力推进保障性安居工程是党中央、国务院促进经济发展和改善民生的重大举措。做好保障性安居工程电力供应与服务工作，推动供电基础设施建设，提升保障性安居工程电力供应与服务水平，对于加快保障性安居工程建设进度，完善保障性住房配套设施，改善中低收入家庭居住环境，促进社会和谐稳定，具有十分重要的意义。各级电力监管机构、住房城乡建设（住房保障）部门和电力企业要进一步树立大局意识，充分认识此项工作的重要性，密切协作，全力做好保障性安居工程电力供应与服务工作。

二、明确工作目标和原则

（一）总体目标

确保保障性安居工程电力设施建设工程质量，确保保障性安居工程及时装表接电，提高供电企业对保障性安居工程电力供应与服务水平。

（二）基本原则

质量第一。要把电力设施建设工程质量放到首位，依据国家、行业技术标准和规程严格把关，确保工程设计合理、节约成本、质量可靠。

确保进度。要进一步优化业扩报装流程，提高业务办理效率，合理缩短电力设施建设周期，确保及时装表接电。

提升服务。要不断完善保障性安居工程用电全过程服务，建立健全保障性住房优质服务常态机制。

三、明确工作任务和要求

（一）做好保障性安居工程电力规划及相关基础性工作

各地住房城乡建设（住房保障）部门要及时把当地保障性安居工程建设规划、年度建设计划和项目清单向供电企业通报，协助解决电力设施建设工程涉及的通道、房屋及民事补偿等问题。供电企业要据此早筹划、早安排，提前规划电源建设，完善电力配套工程，在确保

安全可靠的前提下，优先满足保障性安居工程用电需求。

（二）确保保障性安居工程电力设施建设施工质量

保障性安居工程配套的电力设施建设，要严格履行项目招投标制度，择优选择工程设计、施工、监理和设备供应单位。严禁使用不合格产品。供电企业要加强业扩报装方案答复、设计审查、中间检查、竣工检验和装表接电等关键环节的管理，明确责任，严格把关。电力监管机构要加强承装修试企业资质管理，对于无证施工以及越级施工等行为严加查处。

（三）加快保障性安居工程建设报装接电速度

开辟保障性安居工程用电报装接电绿色通道，建立项目专人负责制，在保障性安居工程项目建设单位提供立项批复、用地预审手续后，供电企业要积极介入工程项目建设，提供必要指导和服务；项目取得建设工程规划许可证或提供有关政府部门必要证明材料后，尽快办理用电手续，指定专人全程跟踪负责。

供电企业办理施工用电和正式用电报装应满足以下要求：

供电企业提供供电方案的期限：自受理用户用电申请之日起，低压供电用户不超过 7 个工作日；高压单电源供电用户工程不超过 15 个工作日；高压双电源供电用户工程不超过 30 个工作日。

受电工程设计文件审核期限：自受理之日起，低压工程不超过 8 个工作日，高压工程不超过 20 个工作日；审核后的受电工程设计文件和有关资料如有变更，供电企业复核的期限应当符合：自受理客户设计文件复核申请之日起，低压供电用户不超过 5 个工作日；高压供电用户不超过 15 个工作日。

受电工程启动中间检查期限：自接到用户申请之日起，低压工程不超过 3 个工作日，高压供电不超过 5 个工作日。

受电工程启动竣工检验期限：自接到用户受电装置竣工报告和检验申请之日起，低压工程不超过 5 个工作日，高压工程不超过 7 个工作日。

装表接电期限：自受电工程检验合格并办结相关手续之日起，不超过 5 个工作日。

执行居民住宅小区电力建设配套费政策的地区，供电企业要加快有关招投标工作，在资料齐全具备招投标条件后，相关施工和设备招标时限不得超过 45 个工作日。

（四）规范保障性安居工程电力建设的收费标准，让利于民实施配电设施工程建设配套费的地区，可根据收费标准情况予以一定优惠，具体优惠政策由各省（区、市）结合实际确定；未实施配电设施工程建设配套费的地区，各施工单位应按照保本微利原则收取费用并接受审计部门的审计。供电设施施工单位要严格执行政府批准的工程收费项目和标准，在确保工程质量前提下，合理控制工程造价。各地可结合实际情况，推动制定保障性安居工程小区供电配套工程费政策，科学测算，合理确定收费标准和使用原则，努力降低保障性安居工程建设成本。

对集中建设的保障性安居工程，鼓励由供电企业投资建设配套的供配电设施。

（五）加强保障性住房电力信息公开

供电企业要按照电监会《供电企业信息公开实施办法（试行）》（电监办〔2009〕56 号）和《居民用电服务质量监管专项行动有关指标》（电监供电〔2011〕45 号）的有关要求，通过有效渠道向社会和用户公开保障性住房用电政策、办事程序、收费标准和服务举措，主动向工程项目建设单位公开项目业扩报装的实施进度以及项目联系人。

（六）加强保障性住房电力供应的后期维护等服务

实行一户一表：保障性安居工程住房电力供应实现“一户一表”；严格计量管理：应安装经法定检验机构校验合格的电能计量装置，对用户提出有异议的计量装置，在受理校验申请后，及时安排检验，保证计量装置的准确性。严格收费标准：严格执行国家规定的电费电价标准，不得随意分摊电费；拓展缴费渠道：根据保障性住房建设规划布局，设立缴费网点，积极推行网站、POS 机、充值卡、自助服务终端等新型缴费方式，为保障性住房用户提供方便、快捷的交费服务；严格履行停限电告知义务：规范告知方式、时间和内容，计划检修要提前 7 天、临时检修停电要提前 24 小时公告。对居民欠费停电的，在缴清电费后要及时恢复供电；做好有序用电：准确预测负荷缺口，合理编制有序用电方案和应急预案措施，优先保障居民生活用电；严格执行政府批准的有序用电方案，充分利用负荷控制等手段，做到限电不拉路，不得随意拉限居民生活用电；加快抢修速度：供电企业应当建立完善的报修服务制度，公开报修电话，24 小时受理供电故障报修。抢修工作人员到达现场抢修的时限，城区范围不超过 45 分钟，农村地区不超过 90 分钟，边远、交通不便地区不超过 2 小时。因天气、交通等特殊原因无法在规定时限内到达现场的，应当向用户做出解释。

四、明确工作机制和措施

（一）建立保障性安居工程电力供应与服务常态沟通机制。各省（区、市）住房城乡建设（住房保障）部门、电力监管机构、供电企业要建立常态沟通机制，定期召开工作联席会议，及时协调和解决配套电力设施工程建设中遇到的重大事项和难点问题，共同做好保障性安居工程电力供应与服务工作。

（二）建立保障性安居工程电力服务基础信息统计制度。供电企业要完善本地区保障性安居工程电力服务档案，建立保障性安居工程用电专用信息台账。要掌握本地区保障性安居工程项目数量、报装接电项目等情况，包括报装接电项目个数、户数、面积、报装容量、配电设施优惠金额以及方案提供、设计审核、中间检查、竣工检验、装表接电等时限情况。

（三）建立保障性安居工程电力供应与服务满意度调查制度。供电企业要发挥业扩回访和满意度评价制度，实现服务质量闭环管控机制；电力监管机构要主动听取政府有关部门和项目建设单位意见，通过发放满意度调查问卷等多种形式，了解相关各方对各级供电企业工作的满意程度，对于满意度不高的供电企业要督促供电企业努力提高服务水平。

（四）畅通保障性安居工程投诉举报渠道。建立 12398 电力监管热线与 95598 供电服务热线的协调工作机制，及时发现保障性安居工程电力供应服务过程中的问题和薄弱环节，加强监管与督促整改。完善 12398 投诉举报满意率统计分析闭环管控机制，切实维护用户的合法权益与合理诉求。

（五）加大保障性安居工程供电服务的监管力度。电监会各派出机构要严格履行电力监管工作职责，联合政府有关部门对保障性安居工程电力供应与服务工作情况开展定期或不定期检查。对在检查中发现的问题，要责令限期整改并向社会公开披露，对拒不整改或严重违规行为，应按规定程序予以行政处罚。

电监会各派出机构要会同当地住房城乡建设（住房保障）部门和电网企业，根据本意见要求，因地制宜，联合制定具体落实工作方案和实施细则，建立健全组织保障和考核机制，确保各项工作要求和工作措施落到实处。

国家电力监管委员

住房城乡建设部

2012 年 9 月 8 日

国家能源局关于印发《电网安全风险管控办法（试行）》的通知

（国能安全〔2014〕123 号）

各派出机构，各有关电力企业：

为了有效防范电网大面积停电风险，建立以科学防范为导向，流程管理为手段，全过程闭环监管为支撑的全面覆盖、全程管控、高效协同的电网安全风险管控机制，国家能源局制定了《电网安全风险管控办法（试行）》，现印发你们，请依照执行，执行中如有问题和建议，请及时报告国家能源局。

国家能源局

2014 年 3 月 19 日

附件：

电网安全风险管控办法（试行）

第一章 总 则

第一条 为了有效防范电网大面积停电风险，建立以科学防范为导向，流程管理为手段，全过程闭环监管为支撑的全面覆盖、全程管控、高效协同的电网安全风险管控机制，制定本办法。

第二条 电网企业及其电力调度机构、发电企业、电力用户在电网安全风险管控中负主体责任，国家能源局及其派出机构负责电网安全风险管控工作的监督管理。

第三条 各有关单位应当高度重视电网安全风险管控工作，定期梳理电网安全风险，有针对性地做好风险识别、风险分级、风险监视、风险控制工作，以便及时了解、掌握和化解电网安全风险。

第二章 电网安全风险识别

第四条 电网企业及其电力调度机构负责组织进行风险识别，发电企业、电力用户应当配合电网企业及其电力调度机构做好风险识别工作。风险识别工作在于合理确定风险防控范围。风险识别应明确风险可能导致的后果、查找风险原因、判明故障场景。

第五条 风险可能导致的后果由各级电网企业及其电力调度机构根据电力安全事故（事件）的标准，结合本地电网的实际情况确定，可以选用电网减供负荷、停电用户的比例或对电网稳定运行和电能质量的影响程度等指标。

第六条 风险根据形成原因可以分为内在风险和外在风险。内在风险主要包括电网结构风险、设备风险（含一次设备风险和二次设备风险）；外在风险主要包括人为风险、自然风险、外力破坏风险。部分风险可以由多个原因组合而成。

第七条 故障场景可以参照《电力系统安全稳定导则》规定的三级大扰动，各电力企业可以根据实际情况将第三级大扰动中的多重故障、其他偶然因素进行细化。

第三章 电网安全风险分级

第八条 电网企业及其电力调度机构负责组织进行风险分级。风险分级在于判明风险大小，并为后续监视和控制提供依据。

第九条 风险等级主要根据风险可能导致的后果来进行划分。对于可能导致特别重大或重大电力安全事故的风险，定义为一级风险；对于可能导致较大或一般电力安全事故的风险，定义为二级风险；其他定义为三级风险。

第四章 电网安全风险监视

第十条 电网安全风险监视在于密切跟踪风险的发展变化情况。风险监视工作应当遵循“分区、分级”的原则。

第十一条 对于跨区电网风险，由国家电网公司负责监视，国家能源局负责相关工作的监督指导；对于区域内跨省电网风险，由当地区域电网企业负责监视，国家能源局当地区域派出机构负责相关工作的监督指导；对于省内电网风险，由当地电网企业负责监视，国家能源局当地派出机构负责相关工作的监督指导。

第十二条 对于三级电网安全风险，由相关电网企业自行监视；对于二级以上电网安全风险，相关电网企业应当报告国家能源局当地派出机构；对于一级电网安全风险，国家能源局当地派出机构应当上报国家能源局并抄报当地省（自治区、直辖市）人民政府。

第五章 电网安全风险控制

第十三条 电网安全风险控制在于把电网安全风险可能导致的后果限制在合理范围内。各电力企业负责本企业范围内风险控制措施的落实，国家能源局及其派出机构负责督促指导电力企业的风险控制工作。

第十四条 电网企业应当制定风险控制方案，按照国家有关法规和技术规定、规程等的要求，综合考虑风险控制方法与途径，必要时与发电企业、电力用户等其它风险相关方进行沟通和说明，确保风险控制措施的可行性和可操作性。各风险相关方应当落实各自责任，保证风险控制所需的人力、物力、财力。

第十五条 临时控制电网安全风险的具体措施可以分为降低风险概率、减轻风险后果、提高应急处置能力等方面。降低风险概率的措施包括但不限于专项隐患排查、组织设备特巡、精心挑选作业人员、加强现场安全监督、加强设备技术监督管理。减轻风险后果的措施包括但不限于转移负荷、调整运行方式、合理安排作业时间、采取需求侧管理措施。提高应急处置能力的措施包括但不限于制定现场应急处置方案、开展反事故应急演练、提前告知用户安全风险、提前预警灾害性天气。

第十六条 降低电网安全风险的途径包括但不限于纳入电网规划和建设计划、纳入技改检修项目计划、纳入管理制度和标准、纳入日常生产工作计划、纳入培训教育计划。

第十七条 各电力企业应当对风险控制方案的实施效果进行评估，对下级单位风险控制方案的落实情况进行检查，确保风险控制措施得到有效实施。

第六章 风险管控与其他工作的衔接

第十八条 风险管控应当与电网规划相结合，通过优化电网规划，适当调整规划项目实施次序，增强网架结构，提高系统抵御风险能力。

第十九条 风险管控应当与电网建设相结合，通过严格执行设计方案，强化过程控制，提升建设施工水平，严格竣工验收，确保电网建设工程质量。

第二十条 风险管控应当与生产计划安排相结合，在安排检修计划和夏（冬）高峰、丰（枯）水期、重要保电、配合大型工程建设等特殊时期方式时，应同时考虑风险管控措施。

第二十一条 风险管控应当与物资管理相结合，通过加强设备物资采购管理，加强设备监造工作，提升输变电设备整体技术和质量水平。

第二十二条 风险管控应当与隐患排查治理相结合，通过加强日常安全隐患排查和治理工作，消除影响电力系统安全运行的重大隐患和薄弱环节，减少事故，确保电网安全。

第二十三条 风险管控应当与可靠性管理相结合，通过加强设备全寿命周期管理，分析设备的运行状况、健康水平，落实整改措施，降低电网运行的潜在风险。同时加强设备可靠性统计工作，为风险的识别、分级提供技术支持。

第二十四条 风险管控应当与应急管理相结合，通过完善应急预案体系，建立健全应急联动机制，加强应急演练，形成多元化应急物资储备方式，控制和减少事故造成的损失。

第七章 工作实施和监督管理

第二十五条 各省级以上电网企业应按年度对所辖220千伏以上电网开展电网安全风险管控工作，并在此基础上形成本企业年度风险管控报告。报告中应包括以下内容：

（一）全面总结本企业电网安全风险管控工作开展情况；

（二）深入分析所辖电网存在的安全风险；

（三）提出有针对性的风险管控措施和建议。

各省级以上电网企业应当于当年9月30日前将本企业年度风险管控报告报国家能源局或者有关派出机构。

第二十六条 国家能源局各派出机构应当汇总形成本省（区域）年度风险管控报告，于当年10月15日前上报国家能源局。

第二十七条 对于二级以上的电网安全风险，电网企业要将风险控制方案和实施效果评估报告报担负相应风险监视监督指导职责的国家能源局或者有关派出机构。对于发电企业、电力用户等风险相关方未落实风险控制方案的，电网企业要及时报告国家能源局当地派出机构和地方政府有关部门。

第二十八条 国家能源局及其派出机构应当加强对企业上报的电网安全风险的跟踪监视，不定期开展对电网安全风险管控落实情况的监督检查或重点抽查。

第二十九条 对于未按要求报告或未及时采取管控措施而导致电力安全事故或事件的，国家能源局或者有关派出机构将依据有关法律法规对责任单位和责任人从严处理。

第八章 附 则

第三十条 本办法由国家能源局负责解释。

第三十一条 国家能源局各派出机构及各电力企业可依据本办法制定具体的实施细则。

第三十二条 本办法中所称“以上”均包括本数。

第三十三条 本办法自公布之日起试行。

国家能源局、国家安全监管总局关于印发《电网企业安全生产标准化规范及达标评级标准》的通知

国能安全〔2014〕254号

各省、自治区、直辖市及新疆生产建设兵团安全生产监督管理局，国家能源局各派出机构，国家电网公司、南方电网公司，内蒙古电力（集团）有限责任公司、陕西省地方电力（集团）有限公司，各有关单位：

为进一步加强电力安全生产监督管理、规范电网企业安全生产标准化工作，国家能源局和国家安全生产监督管理总局联合制定了《电网企业安全生产标准化规范及达标评级标准》，现予印发，请依照执行。

原国家电力监管委员会和国家安全生产监督管理总局2012年10月11日颁布的《电网企业安全生产标准化规范及达标评级标准（试行）》同时废止。

国家能源局
国家安全监管总局
2014年6月10日

附件：

电网企业安全生产标准化规范及达标评级标准

前　　言

为加强电力安全生产监督管理，落实《国务院关于进一步加强企业安全生产工作的通知》（国发〔2010〕23号），《国务院关于坚持科学发展安全发展促进安全生产形势持续稳定好转的意见》（国发〔2011〕40号），规范电网企业（本规范所指的电网企业是指从事输变电、供电业务的企业）安全生产标准化工作，国家能源局组织编修本规范。

本规范依据《企业安全生产标准化基本规范》（AQ/T 9006—2010）编制，考虑到电力发展、科技进步以及伴随新技术应用而出现的新课题，提出了电网企业安全生产标准化规范项目，规定了电网企业安全生产目标、组织机构和职责、安全生产投入、法律法规和安全管理制度、宣传教育培训、生产设备设施、作业安全、隐患排查治理、危险源辨识及（重大）危险源监控、职业健康、应急救援管理、信息报送和事故（事件）调查处理以及绩效评定和持续改进等十三个方面的内容和要求，以适应当前电力系统发展的客观需要。

本规范由国家能源局提出。

本规范由国家能源局归口并负责解释。

本规范主要起草单位：国家能源局电力安全监管司、国家能源局河南监管办公室。

本规范参加起草单位：国家能源局山东监管办公室、河南省电机工程学会、国家电网公司、中国南方电网公司、内蒙古电力（集团）有限责任公司、陕西省地方电力（集团）有限公司、北京中安质环技术评价中心有限公司。

本规范自发布之日起有效期为五年。

1　适用范围

本规范适用于中华人民共和国境内从事输变电、供电业务的企业。

2　规范性引用文件

下列文件对本规范的应用是必不可少的，使用本规范应取下列文件的最新版本（包括所有的修订单）。

《中华人民共和国特种设备安全法》国家主席令〔2013〕第4号

《中华人民共和国消防法》国家主席令〔2008〕第6号

《中华人民共和国道路交通安全法》国家主席令〔2011〕第8号

《中华人民共和国劳动法》国家主席令〔1994〕第28号

《中华人民共和国可再生能源法》国家主席令〔2009〕第33号

《中华人民共和国职业病防治法》国家主席令〔2011〕第52号

《中华人民共和国电力法》国家主席令〔1995〕第60号

《中华人民共和国劳动合同法》国家主席令〔2013〕第65号

《中华人民共和国环境保护法》国家主席令〔1989〕第22号

《中华人民共和国突发事件应对法》国家主席令〔2007〕第4号

《中华人民共和国安全生产法》国家主席令〔2002〕第70号

《中华人民共和国防洪法》国家主席令〔2009〕第88号

《中华人民共和国防汛条例（2005年7月15日修订）》中华人民共和国国务院令第86号

《电网调度管理条例》中华人民共和国国务院令第115号

《电力供应与使用条例》中华人民共和国国务院令第196号

《电力设施保护条例（1998年1月7日修订）》中华人民共和国国务院令第239号

《建设工程质量管理条例》中华人民共和国国务院令第279号

《使用有毒物品作业场所劳动保护条例》中华人民共和国国务院令第352号

《建设工程安全生产管理条例》中华人民共和国国务院令第393号

《企业事业单位内部治安保卫条例》中华人民共和国国务院令第421号

《生产安全事故报告和调查处理条例》中华人民共和国国务院令第493号

《劳动合同法实施条例》中华人民共和国国务院令第535号

《国务院关于修改〈特种设备安全监察条例〉的决定》（2009年1月14日修订）中华人民共和国国务院令第549号

《危险化学品安全管理条例》（2011年2月16日修订）中华人民共和国国务院令第591号

《电力安全事故应急处置和调查处理条例》中华人民共和国国务院令第599号

《劳动防护用品监督管理规定》国家安全生产监督管理总局令第1号

《注册安全工程师管理规定》国家安全生产监督管理总局令第11号

《安全生产事故隐患排查治理暂行规定》国家安全生产监督管理总局令第16号

《特种作业人员安全技术培训考核管理规定》国家安全生产监督管理总局令第30号

《建设项目安全设施“三同时”监督管理暂行办法》国家安全生产监督管理总局令第36号

《生产安全事故报告和调查处理条例》罚款处罚暂行规定》国家安全生产监督管理总局令第42号

《安全生产培训管理办法》国家安全生产监督管理总局令第44号

《工作场所职业卫生监督管理规定》国家安全生产监督管理总局令第47号

《职业病危害项目申报办法》国家安全生产监督管理总局令第48号

《用人单位职业健康监护监督管理办法》国家安全生产监督管理总局令第49号

《工贸企业有限空间作业安全管理与监督暂行规定》国家安全生产监督管理总局令第59号

《国家安全监管总局关于修改《生产经营单位安全培训规定》等11件规章的决定》国家安全生产监督管理总局令第63号

《国家质量监督检验检疫总局关于修改《特种设备作业人员监督管理办法》的决定》国家质量监督检验检疫总局令第140号

《电力设施保护条例实施细则》中华人民共和国公安部〔1999〕第8号令

《电力安全生产令》国家电力监管委员会令第1号

《电力安全生产监管办法》国家电力监管委员会令第2号

《电力二次系统安全防护规定》国家电力监管委员会令第5号

《电工进网作业许可证管理办法》国家电力监管委员会令第15号

《电网运行规则（试行）》国家电力监管委员会令第22号

《电力可靠性监督管理办法》国家电力监管委员会令第24号

《供电监管办法》国家电力监管委员会令第27号

《承装（修、试）电力设施许可证管理办法》国家电力监管委员会令第28号

《中央企业安全生产监督管理暂行办法》国务院国有资产监督管理委员会令第21号

《机关团体、企业、事业单位消防安全管理规定》中华人民共和国公安部令第61号

《国务院关于进一步加强企业安全生产工作的通知》国发〔2010〕23号

《国务院关于坚持科学发展安全发展促进安全生产形势持续稳定好转的意见》国发〔2011〕40号

《国务院安委会办公室关于贯彻落实国务院《通知》精神加强企业班组长安全培训工作的指导意见》安委办〔2010〕27号

《国务院安委会关于深入开展安全生产标准化建设的指导意见》安委〔2011〕4号

《国务院安委会关于进一步加强安全培训工作的决定》安委〔2012〕10号

《国务院安委会办公室关于加大推进安全生产文化建设的指导意见》安委办〔2012〕34号

《国家安全监管总局关于进一步加强企业安全生产规范化建设》严格落实企业安全生产

主体责任的指导意见》安监总办〔2010〕139 号

《关于印发〈注册安全工程师执业资格制度暂行规定〉和〈注册安全工程师执业资格认定办法〉的通知》人发〔2002〕87 号

《关于加强中央企业班组建设的指导意见》国资发群工〔2009〕52 号

《关于印发〈企业安全生产费用提取和使用管理办法〉的通知》财企〔2012〕16 号

《电力系统电瓷外绝缘防污闪技术管理规定》能源电〔1993〕45 号

关于贯彻执行《电力设施治安风险等级和安全防范要求》的通知》公治〔2014〕10 号

《关于进一步加强电力应急管理工作的意见》电监安全〔2006〕29 号

《电力二次系统安全防护总体方案》电监安全〔2006〕34 号

《发电厂并网运行管理规定》电监市场〔2006〕42 号

《关于深入推进电力企业应急管理工作的通知》电监安全〔2007〕11 号

《关于加强重要电力用户供电电源及自备应急电源配置监督管理的意见》电监安全〔2008〕43 号

《关于印发《电力突发事件应急演练导则（试行）》等文件的通知》电监安全〔2009〕22 号

《电力企业应急预案管理办法》电监安全〔2009〕61 号

《重大活动电力安全保障工作规定（试行）》办安全〔2010〕88 号

《关于印发《电力二次系统安全管理若干规定》的通知》电监安全〔2011〕19 号

《关于深入开展电力安全生产标准化工作的指导意见》电监安全〔2011〕21 号

《电力安全生产标准化达标评级管理办法（试行）》电监安全〔2011〕28 号

《电力安全生产标准化达标评级实施细则（试行）》办安全〔2011〕83 号

《关于加强风电安全工作的意见》电监安全〔2012〕16 号

《关于加强电力企业班组安全建设的指导意见》电监安全〔2012〕28 号

《关于印发《电力安全隐患监督管理暂行规定》的通知》电监安全〔2013〕5 号

《关于加强电力行业地质灾害防范工作的指导意见》电监安全〔2013〕6 号

《国家能源局综合司关于电力安全生产标准化达标评级修订和补充的通知》国能综电安〔2013〕210 号

《国家能源局关于防范电力人身伤亡事故的指导意见》国能安全〔2013〕427 号

《国家能源局关于印发《电力安全培训监督管理办法》的通知》国能安全〔2013〕475 号

《国家能源局关于印发《发电机组并网安全性评价管理办法》的通知》国能安全〔2014〕62 号

《国家能源局关于印发《电网安全风险管控办法（试行）》的通知》国能安全〔2014〕123 号

《国家能源局关于印发《防止电力生产事故的二十五项重点要求》的通知》国能安全〔2014〕161 号

《国家能源局关于印发《电力安全事件监督管理规定》的通知》国能安全〔2014〕205 号

《国家能源局综合司关于做好电力安全信息报送工作的通知》国能综安全〔2014〕198 号

《城市电力网规划设计导则（试行）》水电生字（85）第 8 号

《安全标志及其使用导则》GB 2894—2008

《手持式电动工具的管理、使用、检查和维修安全技术规程》GB 3787—2006

《固定式钢梯及平台安全要求　第一部分：钢直梯　第二部分：钢斜梯　第三部分：工业防护栏杆及钢平台》GB 4053—2009

《安全带》GB 6095—2009

《安全带测试方法》GB/T 6096—2009

《焊接与切割安全》GB 9448—1999

《足部防护电绝缘鞋》GB 12011—2009

《带电作业用绝缘手套》GB 17622—2008

《危险化学品重大危险源辨识》GB 18218—2009

《建筑照明设计标准》GB 50034—2013

《建筑抗震设计规范》GB 50011—2010

《建筑设计防火规范》GB 50016—2006

《建筑物防雷设计规范》GB 50057—2010

《电气装置安装工程电气设备交接试验标准》GB 50150—2006

《电力工程电缆设计规范》GB 50217—2007

《城市电力规划规范》GB 50293—1999

《火力发电厂与变电站设计防火规范》GB 50229—2006

《110kV～750kV 架空输电线路设计规范》GB 50545—2010

《±800kV 直流架空输电线路设计规范》GB 50790—2013

《±800kV 直流架空输电线路运行规程》GB 28813—2012

《±800kV 换流站运行规程编制导则》GB/T 28814—2012

《城市配电网规划设计规范》GB 50613—2010

《电力设施抗震设计规范》GB 50260—2013

《工作场所职业病危害警示标识》GBZ 158—2003

《用人单位职业病防治指南》GBZ/T 225—2010

《继电保护和安全自动装置技术规程》GB/T 14285—2006

《场（厂）内机动车辆安全检验技术要求》GB/T 16178—2011

《污秽条件下使用的高压绝缘子的选择和尺寸确定》GB/T 26218—2010

《绝缘配合　第 1 部分：定义、原则和规则》GB 311.1—2012

《家用及类似场所用过电流保护断路器　第 2 部分　用于交流和直流的断路器》GB 10963.2—2008

《保护用电流互感器暂态特性技术要求》GB 16847—1997

《电气装置安装工程高压电器施工及验收规范》GB 50147—2010

《互感器　第 5 部分：电容式电压互感器的补充技术要求》GB/T 20840.5—2013

《金属封闭母线》GB/T 8349—2000

《缺氧危险作业安全规程》GB 8958—2006

《密闭空间作业职业危害防护规范》GBZT 205—2007

《工业企业设计卫生标准》GBZ 1—2010

《职业健康监护技术规范》GBZ 188—2007
《生产经营单位安全生产事故应急预案编制导则》GB/T 29639—2013
《电力安全工作规程（电力线路部分）》GB 26859—2011
《电力安全工作规程（发电厂和变电所电气部分）》GB 26860—2011
《电力安全工作规程（高压试验室部分）》GB 26861—2011
《电业安全工作规程　第一部分：热力和机械》GB 26164.1—2010
《职业健康安全管理体系　要求》GB/T 28001—2011
《企业安全生产标准化基本规范》AQ/T 9006—2010
《企业安全文化建设导则》AQ/T 9004—2008
《电力系统通信站过电压防护规程》DL/T 548—2012
《确认 电力设备典型消防规程》DL 5027—1993 2005
《六氟化硫电气设备运行、试验及检修人员安全防护细则》DL/T 639—1997
《电力调度自动化系统运行管理规程》DL/T 516—2006
《电力通信运行管理规程》DL/T 544—2012
《电力变压器运行规程》DL/T 572—2010
《电力变压器检修导则》DL/T 573—2010
《变压器分接开关运行维修导则》DL/T 574—2010
《微机继电保护装置运行管理规程》DL/T 587—2007
《电力设备预防性试验规程》DL/T 596—1996
《输变电设备状态检修试验规程》DL/T 393—2010
《交流电气装置的过电压保护和绝缘配合》DL/T 620—1997
《交流电气装置的接地》DL/T 621—1997
《带电设备红外诊断应用规范》DL/T 664—2008
《微机型防止电气误操作系统通用技术条件》DL/T 687—2010
《变压器油中溶解气体分析和判断导则》DL/T 722—2000
《电力系统用蓄电池直流电源装置运行与维护技术规程》DL/T 724—2000
《架空输电线路运行规程》DL/T 741—2010
《电力系统安全稳定导则》DL/T 755—2001
《电力用直流电源监控装置》DL/T 856—2004
《继电保护和电网安全自动装置检验规程》DL/T 995—2006
《配网自动化系统功能规范》DL/T 814—2002
《电网运行准则》DL/T 1040—2007
《电力技术监督导则》DL/T 1051—2007
《电力工程直流系统设计技术规程》DL/T 5044—2004
《火力发电厂、变电所二次接线设计技术规程》DL/T 5136—2012
《电力行业劳动环境检测技术规范》DL/T 799.1～7—2010
《通信中心机房环境条件要求》YD/T 1821—2008
《施工现场临时用电安全技术规范》JGJ 46—2013

《起重机械定期检验规程》TSG Q7015—2008

《电力设施治安风险等级和安全防范要求》GA 1089—2013

3 术语和定义

下列术语和定义适用于本规范。

3.1 安全生产标准化

通过建立安全生产责任制、制定安全管理制度和操作规程、排查治理隐患和监控重大危险源、建立预防机制、规范生产行为，使各生产环节符合有关安全生产法律法规和标准规范的要求，人员、机器、物料、环境处于良好的生产状态，并持续改进，不断加强企业安全生产规范化建设。

3.2 安全绩效

根据安全生产目标，在安全生产工作方面取得的可测量结果。

3.3 相关方

与企业的安全绩效相关联或受其影响的团体或个人。

3.4 资源

实施安全生产标准化所需的人员、资金、设施、材料、技术和方法等。

4 基本要求

4.1 原则

企业开展安全生产标准化工作，应遵循“安全第一、预防为主、综合治理”的方针，以隐患排查治理为基础，从岗位达标、专业达标做起，直至企业达标，建立安全生产长效机制，提高安全生产水平，减少事故发生，保障人身安全健康，保证生产经营活动的顺利进行。

4.2 建立和保持

企业安全生产标准化工作采用“策划、实施、检查、改进”动态循环的模式，依据本标准的要求，结合自身特点，建立并保持安全生产标准化系统；通过自我检查、自我纠正和自我完善，建立安全绩效持续改进的安全生产长效机制。

4.3 评定和监督

企业安全生产标准化工作实行企业自主评定、外部评审的方式。

企业应当根据达标基本条件和必备条件，对本企业评审期内开展安全生产标准化工作情况进行评定，自主评定后申请外部评审定级。

安全生产标准化评审等级分为一级、二级、三级，一级为最高。其中：一级得分率应≥90%，二级得分率应≥80%，三级得分率应≥70%。

国家能源局对评审定级进行监督管理。

4.4 达标基本条件

（一）取得电力业务许可证；

（二）评审期内未发生负有责任的人身死亡或 3 人以上重伤的电力人身事故、较大以上电力设备事故、电力安全事故以及对社会造成重大不良影响的事件；

（三）无其他因违反安全生产法律法规被处罚的行为。

4.5 达标必备条件

序号	项 目	三级企业	二级企业	一级企业
1	目标	一年内未发生负有责任的人身死亡或3人以上重伤的电力人身事故、一般及以上电力设备事故、电力安全事故、火灾事故和负有同等及以上责任的生产性重大交通事故，以及对社会造成重大不良影响的事件	二年内未发生负有责任的人身死亡或3人以上重伤的电力人身事故、一般及以上电力设备事故、电力安全事故、火灾事故和负有同等及以上责任的生产性重大交通事故，以及对社会造成重大不良影响的事件	三年内未发生负有责任的人身死亡或3人以上重伤的电力人身事故、一般及以上电力设备事故、电力安全事故、火灾事故和负有同等及以上责任的生产性重大交通事故，以及对社会造成重大不良影响的事件
2	组织机构和职责	设置独立的安全生产监督管理机构；配备满足安全生产要求的安全监督人员	设置独立的安全生产监督管理机构；配备满足安全生产要求的安全监督人员	设置独立的安全生产监督管理机构；配备满足安全生产要求的安全监督人员；安全监督人员中至少1人具有注册安全工程师资格
3	法律法规和安全管理制度	识别并获取有效的安全生产法律法规、标准规范，建立符合本单位实际的安全生产规章制度	识别并获取有效的安全生产法律法规、标准规范，建立符合本单位实际的安全生产规章制度；安全生产规章制度中至少应包含附录A中的内容	识别、获取有效的安全生产法律法规、标准规范，建立符合本单位实际的安全生产规章制度；安全生产规章制度中至少应包含附录A中的内容；加强安全生产规章制度的动态管理，根据企业实际定期进行评估、修订、完善
4	宣传教育培训	建立全员安全生产教育培训制度，对从业人员进行安全生产教育和培训；企业主要负责人或主要安全生产管理人员按规定取得培训合格证	建立全员安全生产教育培训制度，对从业人员进行安全生产教育和培训；企业主要负责人和主要安全生产管理人员按规定取得培训合格证	建立全员安全生产教育培训制度，对从业人员进行安全生产教育和培训；企业主要负责人和安全生产管理人员按规定全部取得培训合格证；按照《企业安全文化建设导则》(AQ/T 9004—2008)的要求开展安全文化建设
5	生产设备设施			
5.1	设备设施管理	制定了设备设施规范化管理制度并贯彻实施；开展了技术监督管理、可靠性管理、运行管理、检修管理等工作	制定了设备设施规范化管理制度并贯彻实施；开展了技术监督管理、可靠性管理、运行管理、检修管理等工作；3～5年内进行一次输电网或供电企业安全评价（风险评估）	制定了设备设施规范化管理制度并贯彻实施；开展了技术监督管理、可靠性管理、运行管理、检修管理等工作；3～5年内进行一次输电网或供电企业安全评价（风险评估）
5.2	高压电网和中低压电网※	城市电网具有一定的综合供电能力，基本满足各类用电需求；主供电网（500、330、220、110、66千伏等电压等级）结构清晰，如形成网络或可靠的两级及以上辐射型多回路供电通道；城区内中低压电网主要供电区域至少有两个电源供电；制定了电网安全风险控制方案；各种新能源、分布式能源等接入系统有相关规定，可方便接入	城市电网具有较为充足的综合供电能力，可满足各类用电需求；主供电网（500、330、220、110、66千伏等电压等级）结构清晰合理、运行灵活、适应性强，如形成环网结构；正常运行方式（不含检修方式）基本满足N-1要求；城区内中低压电网具有开环运行的单环网结构且部分电网实现了配网自动化；制定了电网安全风险控制方案；各种新能源、分布式能源等接入系统有相关规定，可方便接入	城市电网具有充足的综合供电能力，满足各类用电需求；主供电网（500、330、220、110、66千伏等电压等级）结构坚强合理、安全可靠、运行灵活，具有较强的适应性，如形成双环网结构（含3～5年规划可形成双环网）；除当年新上变电站、线路外，正常（含检修）运行方式均满足N-1要求；城区内中低压电网具有开环运行的双环网结构；城市骨干配网实现了配网自动化；制定了电网安全风险控制方案 电网具有一定的电源支撑，各种新能源、分布式能源等接入系统有相关规定，可方便接入

续表

序号	项　目	三级企业	二级企业	一级企业
5.3	电网 主设备	企业主供电网（500、330、220、110、66千伏等电压等级）在用主设备（主变压器、换流器、断路器、线路、继电保护装置及安全自动装置等）满足运行要求；输电线路可用系数≥99.5%，变压器可用系数≥99.5%；对电力设施治安风险进行了评估，落实了安全防范要求	企业主供电网（500、330、220、110、66千伏等电压等级）在用主设备（主变压器、换流器、断路器、线路、继电保护装置及安全自动装置等）满足运行要求；无国家明令淘汰设备输电线路可用系数≥99.90%，变压器可用系数≥99.95%；对电力设施治安风险进行了评估，落实了安全防范要求	企业主供电网（500、330、220、110、66千伏等电压等级）在用主设备（主变压器、换流器、断路器、线路、继电保护装置及安全自动装置）满足运行要求；无国家明令淘汰设备；输电线路可用系数≥99.99%，变压器可用系数≥99.995%；对电力设施治安风险进行了评估，落实了安全防范要求
5.4	电能质量※	电网综合电压合格率≥97%，其中A类电压≥99%；城市居民电压合格率≥95%，城市居民供电可靠率≥99%；农村电压合格率、供电可靠率符合监管机构的规定；限制用户谐波电流有措施	电网综合电压合格率≥98%，其中A类电压≥99%；城市居民电压合格率≥95%，城市居民供电可靠率≥99.93%；农村电压合格率、农村供电可靠率符合监管机构的规定；开展用户谐波电流普测	电网综合电压合格率≥99%，其中A类电压≥99%；城市居民电压合格率≥95%，城市供电可靠率≥99.96%；农村电压合格率、农村供电可靠率符合监管机构的规定；开展用户谐波电流普测，变电站谐波电压、电流合格
6	作业安全	生产现场安全管理、作业行为管理、相关方管理规范；特种作业和特种设备作业人员全部持有效证件上岗	生产现场安全管理、作业行为管理、相关方管理规范；特种作业和特种设备作业人员全部持有效证件上岗	生产现场安全管理、作业行为管理、相关方管理规范；特种作业和特种设备作业人员全部持有效证件上岗
7	隐患排查治理	建立并落实隐患排查治理制度，不存在重大隐患或重大隐患按照《电力安全隐患监督管理暂行规定》的要求进行整改	建立并落实隐患排查治理制度；不存在重大隐患或重大隐患按照《电力安全隐患监督管理暂行规定》的要求进行整改	建立并落实隐患排查治理制度；不存在重大隐患或重大隐患按照《电力安全隐患监督管理暂行规定》的要求进行整改；建立健全隐患排查治理长效机制
8	职业健康	应当为从业人员创造符合国家职业卫生标准和卫生要求的环境和条件，并采取措施保障从业人员获得职业卫生保护；建立健全工作场所职业病危害因素检测及评价制度	应当为从业人员创造符合国家职业卫生标准和卫生要求的环境和条件，并采取措施保障从业人员获得职业卫生保护；建立健全工作场所职业病危害因素检测及评价制度	应当为从业人员创造符合国家职业卫生标准和卫生要求的环境和条件，并采取措施保障从业人员获得职业卫生保护；建立健全工作场所职业病危害因素检测及评价制度；按照《职业健康安全管理体系要求》（GB/T 28001—2011）建立并实施职业健康安全管理体系
9	应急救援管理	建立安全生产应急管理机构或指定专人负责安全生产应急管理工作，应急预案基本符合要求，定期开展应急演练	建立安全生产应急管理机构，制定了符合本单位实际的应急预案体系和应急预案，按照《电力企业应急预案管理办法》组织开展应急演练	建立安全生产应急管理机构，制定了符合本单位实际的应急预案体系和各级应急预案，按照《电力企业应急预案管理办法》组织开展应急演练，综合应急预案按照有关规定落实评审、备案、修订等要求
10	信息报送和事故（事件）调查处理	未发生瞒报、谎报、迟报、漏报事故（事件）和故意破坏事故（事件）现场的情况	未发生瞒报、谎报、迟报、漏报事故（事件）和故意破坏事故（事件）现场的情况	未发生瞒报、谎报、迟报、漏报事故（事件）和故意破坏事故（事件）现场的情况

注：※输变电企业不考核中低压电网要求及城市居民和农村居民电压合格率、供电可靠率等。

5 核心要求（评分项目）

5.1 目标（20 分）

序号	项 目	内 容	标准分	评分标准
5.1.1	目标制定	企业应根据自身生产实际，依据“保人身、保电网、保设备”的原则，制定规划期内和年度安全生产目标 安全生产目标应明确企业安全状况在人员、设备、作业环境、职业健康安全管理等方面的各项指标（如：不发生负有责任的 3 人以上重伤或人身死亡事故、不发生负有责任的一般及以上电力设备事故、电力安全事故以及火灾事故和负有同等及以上责任的重大交通事故，以及对社会造成重大不良影响的事件。作业环境有措施，职业安全健康有保障） 目标应科学、合理，体现分级控制的原则 安全生产目标应经企业主要负责人审批，以文件形式下达	10	①未制定规划期内和年度安全生产目标，未经企业主要负责人审批，未以文件形式下达，未体现分级控制的原则，有上述任一项，不得分 ②指标不明确、内容不完善、不结合实际，有上述任一情况，扣 5 分；无具体考核指标，扣 3 分
5.1.2	目标的控制与落实	根据确定的安全生产目标，基层管理部门按照在生产经营中的职能，制定相应的安全指标、实施计划 企业应按照基层单位或部门安全生产职责，将安全生产目标自上而下逐级分解，层层落实目标责任、指标，并实施企业与员工双向承诺 遵循分级控制的原则，制定保证安全生产目标实现的控制措施，措施应明确、具体，具有可操作性	5	①未制定实施计划指标和控制措施，未将目标自上而下逐级分解，有上述任一项，不得分 ②控制措施不明确、不具体，每处扣 2 分
5.1.3	目标的监督与考核	制定安全生产目标考核办法 定期对安全生产目标实施计划的执行情况进行监督、检查与纠偏 对安全生产目标完成情况进行评估与考核、奖惩	5	①未制定考核办法，未进行监督、检查与纠偏，未及时进行评估与考核，有上述任一项，不得分 ②考核办法未涵盖所有部门，缺一个扣 1 分

5.2 组织机构和职责（100 分）

序号	项 目	内 容	标准分	评分标准
5.2.1	组织机构和监督管理		60	
5.2.1.1	安全生产委员会	成立以主要负责人为领导的安全生产委员会，明确委员会的组成和职责，建立健全工作制度和例会制度 企业主要负责人每季度至少主持召开一次安委会，安委会成员参加，总结分析本单位的安全生产情况，部署安全生产工作，研究解决安全生产工作中的重大问题，决策企业安全生产的重大事项	4	①未成立以企业主要负责人为领导的安全生产委员会，未按照实际情况及时调整安委会人员，企业主要负责人未定期主持召开安全生产委员会会议，有上述任一项，不得分 ②未明确委员会职责、未建立工作制度，扣 2 分；会议内容不充实、无记录，每次扣 1 分
5.2.1.2	安全生产保障体系	建立由各管理部门和有关单位的主要负责人为骨干的全员安全生产保障体系 明确安全生产保障体系各部门、各单位安全生产的职责范围，将安全生产管理职责具体分解到相应岗位。保障安全生产所需的人员、物资、费用等资源需要	8	①未建立安全生产保障体系，不得分 ②安全生产保障体系不健全、职责不落实，每项扣 1 分

续表

序号	项　目	内　　容	标准分	评分标准
5.2.1.3	安全生产监督机构	根据《安全生产法》和上级要求，设置独立的安全生产监督管理机构，配备安全生产要求的安全监督人员。鼓励实行安全总监制（CSO），并由行政正职主管。企业应当加强安全监督队伍建设，人员与装备应满足监督工作的需要。安全生产监督管理机构工作人员应当逐步取得注册安全工程师资格 明确安全生产监督管理机构职责和职权，健全安全监督人员、部门安全员、班组安全员组成的三级安全监督网。安全生产监督管理机构是企业安全生产工作的综合管理部门，对其他职能部门的安全生产管理工作进行综合协调和监督。监督执行安全生产法律、法规、规章和标准，参与本单位安全生产决策；督促和指导本单位其他机构、人员履行安全生产职责；组织实施安全生产检查，督促整改事故隐患；参与本单位生产安全事故应急预案的制定及演练，承担本单位应急管理工作；参与审查有关承包、承租单位的安全生产条件和相关资质；定期召开安全监督会议，部署安全生产监督工作	8	设置安全生产监督管理机构（此项为必备条件） ①未按要求建立安全生产监督体系，不得分 ②安全监督体系、网络不健全，扣2分 ③安全监督职责在落实中有不符合要求的，每项扣2分 ④安全监督人员数量、工作经验及配备相应的设施器材不满足要求，每项（条）扣0.5分 ⑤安全监督人员中无注册安全工程师扣3分
5.2.1.4	安全监督管理的例行工作		40	
5.2.1.4.1	安全分析会	企业应每月召开一次安全分析会。会议由企业主要负责人（或委托分管领导）主持，有关部门负责人参加，综合分析安全生产状况，及时总结事故教训及安全生产管理上存在的薄弱环节，研究采取预防事故的对策。企业主要负责人至少每季度主持一次 新建、改建、扩建工程项目（安委会或项目部）每月、每季、半年都应召开安全分析会，分析工程安全生产状况，消除薄弱环节	6	①未按要求召开安全分析会、企业主要负责人未主持安全分析会，每次扣1分 ②会议内容不充实，问题不落实，无记录，每次每项扣0.5分 ③新建、改建、扩建工程项目（安委会或项目部）分析会，缺少1次扣0.5分
5.2.1.4.2	安全监督及安全网例会	企业安全监督部门负责人应定期主持召开安全监督网例会，安全网成员参加，传达安全分析会精神，分析安全生产和安全监督现状，制定对策	6	①安全监督部门负责人未定期召开安全监督网例会，缺少1次扣1分 ②会议内容不充实，无记录，每次每项扣0.5分
5.2.1.4.3	安全日活动	企业班组应每周组织安全日活动，学习国家、上级单位、本单位有关安全生产的指示精神和规定、安全事故通报以及本岗位安全生产知识，交流安全生产工作经验，分析本岗位安全生产风险和预防措施 企业和部门领导、管理人员每月应至少参加一次班组安全日活动，企业安全监督人员要做好安全日活动的检查	6	①班组未召开安全日活动，企业和部门领导、管理人员未参加活动，每次扣1分 ②活动内容不充实，无记录，每项扣0.5分 ③企业安全监督人员对安全日活动未检查或检查无评价，每项扣0.5分
5.2.1.4.4	班前、班后会	企业班组建立“一班三检”制度 每日工作前召开班（组）前会，班（组）前会要结合当天工作任务、设备及系统运行方式做好危险点分析，布置安全措施，讲解安全注意事项，并做好记录。班（组）中开展重点部位安全生产检查（即“点检”）、作业区域安全生产巡查（即“巡检”），检查安全措施执行情况。当天工作结束后召开班（组）后会，及时总结当班（组）工作情况，分析工作中存在的问题，提出改进意见和建议，并做好记录	6	①未建立“一班三检”制度，扣0.5分；未落实“一班三检”制度，每次扣1分；未组织班（组）前、班（组）后会，不得分 ②会议内容不充实，无记录，每项扣2分

续表

序号	项　目	内　　容	标准分	评分标准
5.2.1.4.5	安全检查	企业应结合季节性特点和事故规律，定期或不定期组织开展安全检查 安全检查前应编制检查提纲或“安全检查表”，对查出问题制定整改计划并监督落实，安全检查后进行总结，对整改计划实施情况要进行考核	6	①未定期或不定期组织开展安全检查，检查无提纲或“安全检查表”，不得分 ②整改计划不落实，未按期完成整改计划，整改效果无评估、无总结、无考核，每项扣1分
5.2.1.4.6	安全评价	企业应结合安全生产实际，定期组织开展企业安全评价（如输电网评价、城市电网评价、专业评价等）或风险评估 企业应认真做好评价（评估）、分析、整改工作，以3～5年为周期，实现安全评价（评估）闭环动态管理	6	①未按周期开展安全评价，实施过程中存在重大疏漏，问题整改计划没有做到闭环管理，有上述任一项，不得分 ②分析、评估、整改工作中存在缺失，每项扣0.2分
5.2.1.4.7	安全简报	企业应定期或不定期编写安全简报、通报、快报，综合安全情况，吸取事故教训。安全简报至少每月一期	2	①未建立简报制度，不得分 ②少一期扣0.4分
5.2.1.4.8	安全生产月及其他	安全生产月以及上级部署的其他安全活动，做到有组织、有方案、有总结、有考核	2	①无组织、方案、总结、考核，不得分 ②不完全符合要求，扣0.8分
5.2.2	安全生产责任制		40	
5.2.2.1	第一责任人职责	企业主要负责人应按照《安全生产法》及有关法律法规规定，履行安全生产第一责任人职责 全面负责安全生产工作，并承担安全生产义务	10	①企业主要负责人未履行法定主要职责，不得分；安全生产职责不明确，每项扣2分 ②责任制内容不符合规定，覆盖不够全面，扣1分
5.2.2.2	其他副职的职责	主管生产的负责人统筹组织生产过程中各项安全生产制度和措施的落实，完善安全生产条件，对企业安全生产工作负重要领导责任 安全总监或主管安全生产工作的负责人协助主要负责人落实各项安全生产法律法规、标准，统筹协调和综合管理企业的安全生产工作，对企业安全生产工作负综合管理领导责任 其他副职在自己分管工作范围内负相应的安全责任	8	①职责不健全的，发现一处扣0.4分 ②发现有履行职责不到位现象，不得分
5.2.2.3	全员安全责任制度	制定符合企业机构设置的安全生产责任制，明确各级、各类岗位人员安全生产责任。责任制内容中应包括企业负责人及管理人员定期参与重大操作和施工现场作业监督检查 安全责任制度应随机构、岗位变更及时修订	8	①安全责任制度不完善或与现行机构、人员不对应，不得分 ②各单位、部门和人员责任制中未明确具体责任，每处扣1分
5.2.2.4	各部门、单位安全职责	企业应明确所属（管）各部门、单位安全职责，自上而下签订安全责任书，并做好各部门、单位安全管理责任的衔接，相互支持，做到责任无盲区、管理无死角	2	①责任制未包含所有部门、单位安全职责，不得分 ②发现有未签订安全责任书的部门或单位，不得分；安全责任书内容不完善，每份扣0.5分
5.2.2.5	市供电企业与直管、代管区（县）供电企业的安全职责	直管、代管区（县）供电企业，应当按照有关法律法规的规定签订安全生产管理责任书，明确双方安全生产管理责任。直管的可以直接下派安全总监（对于受委托代维、代管的电力设备、设施按照协议履行相关安全职责）	2	①未签订责任书，不得分 ②未明确安全责任的，扣1分

续表

序号	项　目	内　　容	标准分	评分标准
5.2.2.6	电网与并网发电厂	电网企业与并网电厂应签订并网调度协议。并网调度协议应使用范本格式，并明确电网企业对发电企业以保证电网稳定、电能质量为目的的内容	2	①未签订并网调度协议，不得分 ②并网调度协议不符合有关规定或未及时修订，扣1分
5.2.2.7	安全责任制度考核与追究	各级、各类岗位人员都要认真履行岗位安全生产职责，严格执行安全生产法规、规程、制度。企业应建立安全责任分级考核、奖励和追究制度，定期对各级人员安全生产职责履行情况进行检查、考核	4	①未制定制度，不得分 ②未按照有关制度规定进行考核，不得分；考核执行不到位，扣2分
5.2.2.8	工会监督	企业工会依法对本企业安全生产与劳动防护进行民主监督，依法维护职工合法权益	4	工会未对本企业安全生产与劳动防护进行民主监督，不得分

5.3　安全生产投入（20分）

序号	项　目	内　　容	标准分	评分标准
5.3.1	费用管理	制定满足安全生产需要的安全生产费用计划保障制度，严格审批程序，保证建设项目安全费用提取并专项用于安全生产，运行维护安全生产费用提取使用符合规定。建立安全费用台账，完善和改进安全生产条件。定期对执行情况进行检查	8	未制定管理制度，不得分；建设项目安全费用提取不符合相关规定，扣2分；未专项用于安全生产，不得分；运行维护安全生产费用无预算计划，扣2分；无台账或未定期检查，扣1分
5.3.2	反事故措施和劳动保护安全技术措施费用	安全技术和劳动保护措施计划应根据国家法规、行业标准，从改善劳动条件、防止伤亡、预防职业病、安全评价结果等方面编制。项目安全施工措施从作业方法、施工机具、工业卫生、作业环境等方面编制 反事故措施计划应根据国家相关技术标准规程、上级反事故措施、需要消除的重大缺陷和隐患、提高设备可靠性的技术改造及事故防范对策进行编制。反措计划应纳入检修、技改计划	4	①未制定两措费用计划，不得分 ②年度费用计划未完成，且无计划调整手续，扣0.6分 ③未定期检查费用实施情况，扣0.4分
5.3.3	其他安全费用	其他安全生产费用主要有以下方面：安全宣传教育培训；职业病防护和劳动保护；重大安全生产课题研究费用，“科技兴安”；特定预防事故采取的单项安全技术措施；应急预案评审、应急物资、应急演练、应急救援等应急管理；安全检测、安全评价、风险评估费用；事故隐患排查治理和重大危险源、重大隐患整改前监控费用；电力设施保护以及安全保卫费用；安全生产标准化建设实施费用；安全文化建设与维护；员工工伤保险与赔付等	4	企业未根据实际制定相关费用计划，费用计划未纳入财务年度预算，不得分
5.3.4	实施后的评估	费用计划制定后安排实施应做到项目、责任人、完成时间、资金、措施五落实；定期检查评估费用计划完成、实施情况，发现问题及时研究调整；计划项目完成后应组织安全技术人员进行效果评估，未达到预期目标的应制定措施，予以改进	4	①费用不足或未对执行情况进行效果评估、考核，不得分 ②未达到预期效果，评估中未制定整改措施的，每项扣0.5分

5.4　法律法规和安全管理制度（100分）

序号	项　目	内　　容	标准分	评分标准
5.4.1	法律法规与标准规范		30	

续表

序号	项　目	内　　容	标准分	评分标准
5.4.1.1	法规识别及获取	建立识别和获取适用的安全生产法律法规、标准规范的制度，明确主管部门，确定获取的渠道、方式，及时识别和获取适用有效的安全生产法律法规、标准规范、行政规章。建立企业法规库、网站或索引目录、网站，定期公布法律法规目录清单，便于随时查询、学习、索取	6	识别并获取有效的安全生产法律法规、标准规范（此项为必备条件） ①未明确主管部门或没有建立制度、法规库或索引目录，不得分 ②未及时识别和获取，扣3分；获取渠道或方式不明，扣1分 ③未形成法律法规、标准规范清单和未定期更新，每项扣2分
5.4.1.2	法规跟踪	企业职能部门和工区（车间）应及时识别和获取本部门和工区（车间）适用有效的安全生产法律法规、标准规范，并跟踪、掌握有关法律法规、标准规范的修订情况，及时提供给企业内负责识别和获取适用的安全生产法律法规的主管部门汇总	10	①企业职能部门和工区（车间）未及时识别和获取本部门适用的安全生产法律法规、标准规范，每个扣3分 ②识别和获取的法律法规、标准规范只有名称或台账，每个扣2分；发现有失效的法规、标准规范，每个扣1分；未上报，每个扣1分
5.4.1.3	法规传达	企业应将适用有效的安全生产法律法规、标准规范及其他要求及时转发或传达给从业人员	4	企业未能将适用有效的安全生产法律法规、标准规范及其他要求及时转发或传达给从业人员，每人次扣1分
5.4.1.4	法规贯彻	企业应遵守安全生产法律法规、标准规范，并将相关要求及时转化为本单位的规章制度，贯彻到各项工作中	10	企业规章制度未及时考虑相关安全生产最新的法律法规、标准规范具体要求，每处扣2分
5.4.2	企业管理规章制度	建立健全符合国家法律法规、国家及行业标准要求的各项管理制度（应体现但不仅限于附录A内容），并发放到相关工作岗位，规范从业人员的生产作业行为	10	建立符合本单位实际的安全生产规章制度（此项为必备条件） ①规章制度每缺一项，扣5分；内容有不符合法规要求的，每项扣2分 ②未发放到相关工作岗位，一人次不符合扣1分
5.4.3	标准规范规程配置	企业应配备国家及电力行业有关安全生产规程、标准、规范 企业应根据本单位实际情况编制和配置运行规程、检修规程、设备试验、事故（事件）调查规程、系统图册、相关设备操作规程等有关安全生产规程。 企业应将有关规程发放到相关岗位	20	①配备的国家及行业有关安全生产规程、标准、规范缺项，每项扣1分 ②未编制运行规程、检修规程、设备试验规程、系统图册、相关设备操作规程等有关安全生产规程，每项扣2分；操作规程（指导书、程序、手册）无针对性或未全面考虑岗位危险因素控制需要，每项扣1分 ③未将有效规程发放到相关工作岗位，发现一人次扣1分
5.4.4	评估	每年对安全生产法律法规、标准规范、规章制度、操作规程的执行情况至少进行一次检查；对企业规章制度、操作规程及执行情况进行“合规性评价”，并形成记录；每年发布“可以继续执行”的有效规程制度文件，公布现行有效的规章制度及现场操作规程清单	10	①一年内未进行检查、评估，不得分 ②“合规性评价”内容不充分，每项扣1分；无记录，扣5分 ③“合规性评价”后一年内未及时完善，未按期发布，扣2分

续表

序号	项　目	内　　容	标准分	评分标准
5.4.5	修订	根据有效的法律法规、标准、规程、规范，结合评估情况、安全检查反馈问题、生产事故案例、绩效评定等，修订、完善规章制度、操作规程 每3～5年对有关制度、规程进行一次全面修订 规章制度、操作规程修订、审查应履行审批手续	10	①未按期全面修订、发布，扣2分 ②未履行审批手续，每项扣2分 ③修订后未及时发布，每项扣1分
5.4.6	文件和档案管理	严格执行文件和档案管理制度，确保安全规章制度、规程编制、使用、评审、修订的效力 建立主要安全生产过程、事件、活动、检查的安全记录档案（含影像、录音、电子光盘等），并加强对安全记录的有效管理。安全记录至少包括：班长日志（班组工作记录）、巡检记录、检修记录、安全事件记录、事故调查报告、安全生产通报、安全日活动、安全会议记录、纪要、安全检查记录等	20	①未按要求建立文件和档案管理制度，不得分 ②安全记录档案内容缺项的，每项扣3分 ③文件档案未有效管理，不能对工作活动过程追溯的，每项扣2分

5.5　宣传教育培训（90分）

序号	项　目	内　　容	标准分	评分标准
5.5.1	企业安全宣传教育培训管理		20	
5.5.1.1	主管部门	企业应确定安全宣传教育培训主管部门，建立安全宣传教育培训管理制度，按规定及岗位需要，定期识别安全教育培训需求，制定、实施安全教育培训计划，提供相应的资源保证	12	建立全员安全生产教育培训制度（此项为必备条件） ①企业未明确安全宣传教育培训主管部门，不得分；制度内容不完整，每项扣2分 ②无安全培训需求识别或未制定全员安全培训计划、年度培训工作计划，或缺少必要的宣传教育培训设备设施和经费，每项扣2分
5.5.1.2	培训档案	应做好安全教育培训记录，建立安全教育培训档案，实施分级管理，并对培训效果进行评估和改进	8	①企业未建立培训档案，不得分 ②培训档案不健全、没有进行培训效果评估或需要改进而没有改进，每项扣2分；效果评估质量差的，每项扣1分
5.5.2	安全生产管理人员教育培训	企业的主要负责人和安全生产管理人员，必须具备与本单位所从事的生产经营活动相适应的安全生产知识和管理能力。法律法规要求必须对其安全生产知识和管理能力进行考核的，须经考核合格后方可任职。电网企业的主要负责人和安全生产管理人员应取得安全监督管理部门或国家能源局及其派出机构组织培训的培训合格证 企业的主要负责人和安全生产管理人员的安全生产管理培训时间初次不得少于32学时，每年再培训时间不得少于12学时	10	①企业的主要负责人未按要求进行安全培训并取得合格证或未按要求接受再教育，不得分 ②安全生产管理人员未按要求进行安全培训并取得培训合格证或未按要求接受再教育，每人次扣2分
5.5.3	操作岗位人员教育培训		50	
5.5.3.1	基本要求	企业每年应对生产岗位人员进行生产技能培训、安全教育和安全规程考试，使其熟悉有关的安全生产规章制度和安全操作规程，掌握触电急救及心肺复苏方法，并确认其能力符合岗位要求。其中，班组长的安全培训应制定专门的培训制度，定期培训并符合国家有关要求 工作票签发人、工作负责人、工作许可人须经安	20	①未对生产岗位人员进行每年一次生产技能、安全规程考试，不得分 ②工作票签发人、工作负责人、工作许可人未经安全培训、考试合格并公布的，不得分 ③企业操作岗位人员未经安全教

续表

序号	项　目	内　　容	标准分	评分标准
5.5.3.1	基本要求	全培训、考试合格并公布 未经安全教育培训，或培训考核不合格的从业人员，不得上岗作业		育培训，或培训考核不合格而上岗作业，每人次扣2分
5.5.3.2	入厂培训	新入厂员工在上岗前必须进行厂、部门、班组三级安全教育培训，岗前培训时间不得少于24学时。危险性较大的岗位人员应熟悉与工作有关的氧气、氢气、乙炔、六氟化硫、酸、碱、油等危险介质的物理、化学特性，培训时间不得少于48学时	10	①企业三级安全教育培训分级不清、无针对性或流于形式，不得分。 ②新入厂人员上岗前未经三级安全教育培训或培训时间不满足要求，每人次扣2分
5.5.3.3	四新培训	在新工艺、新技术、新材料、新设备设施投入使用前，应对有关操作岗位人员进行专门的安全教育和培训	5	涉及新工艺、新技术、新材料、新设备设施的岗位操作人员未经专门的安全教育培训而上岗，每人次扣2分
5.5.3.4	转岗培训	生产岗位人员转岗、离岗三个月以上重新上岗者，应进行部门和班组安全生产教育培训和考试，考试合格方可上岗	5	企业对转岗、离岗三个月以上重新上岗人员，未经部门、班组安全教育培训，或未经考核合格后就允许上岗，或培训内容、考试题无针对性，每人次扣2分
5.5.3.5	特种作业与特种设备操作人员培训	特种作业人员和特种设备作业人员应按有关规定接受专门的安全培训，经考核合格并取得有效资格证书后，方可上岗作业。离开作业岗位达6个月以上的作业人员，应当重新进行实际操作考核，经确认合格后方可上岗作业	10	①特种作业人员和特种设备作业人员未按规定接受培训，未经考核取得资格证书，每人扣2分 ②特种作业资格证未按相关规定年审、离开作业岗位6个月以上重新上岗的作业人员未经实际操作考核，每人次扣2分
5.5.4	其他人员教育培训	企业应对相关方人员进行安全教育培训。作业人员进入作业现场前，应由作业现场所在单位对其进行现场有关安全知识的教育培训，并经有关部门考试合格 企业应对外来参观、学习等人员进行有关安全知识教育，告知存在的危险因素、防范措施和应急处置方法，并做好相关监护工作	5	①未对相关方人员进行安全教育培训，不得分；相关方作业人员未进行教育培训并考试进入现场，每人扣2分；培训内容无针对性或未根据作业活动特点，每处扣1分 ②未对外来人员进行教育和告知，每人次扣1分；培训教育无针对性，每处扣1分
5.5.5	安全文化建设	企业应制定安全文化建设规划，开展安全文化建设，促进安全生产工作。企业应采取多种形式的安全文化活动，引导全体从业人员的安全态度和安全行为，逐步形成为全体员工所认同、共同遵守、带有本单位特点的安全理念、价值观和安全行为准则，实现法律和政府监管要求之上的安全自我约束，保障企业安全生产水平持续提高	5	①未按照《企业安全文化建设导则》(AQ/T 9004—2008)的要求开展安全文化建设，不得分 ②企业未制定安全文化建设规划，扣3分 ③安全文化建设未纳入企业工作计划，扣2分；企业安全理念不明确，扣1分；企业各部门、班组未逐级落实相应的安全文化建设实施方案并开展活动，每项扣1分

5.6 生产设备设施（680分）

序号	项　目	内　　容	标准分	评分标准
5.6.1	生产设备设施建设		20	
5.6.1.1	“三同时”管理	企业应建立安全设施、环境保护设施、职业安全卫生设施与建设项目主体工程同时设计、同时施工、同时投入生产和使用的管理制度，并实施	10	①未建立“三同时”制度，扣5分 ②建设项目安全设备设施、环境保护设施、职业安全卫生设施不符合“三同时”要求，每处扣5分

续表

序号	项　目	内　　容	标准分	评分标准
5.6.1.2	建设项目管理	企业应按规定对新建、扩建、技改等项目建议书、可行性研究、初步设计、总体开工方案、开工前安全条件确认和竣工验收等阶段进行规范管理 工程项目设计、施工、监理单位应具备相应资质 企业应明确工程项目的管理、设计、施工和监理单位的安全生产管理职责，并签订安全生产管理协议。不得对勘察、设计、施工、工程监理等单位提出不符合建设工程安全生产法律、法规和强制性标准规定的要求，不得压缩合同约定的工期 企业应及时办理项目规划、用地、报建等相关手续 企业应组织工程项目管理单位、设计单位、施工单位和监理单位对工程建设过程中潜在的风险进行评估，编制施工方案。确保在工程项目实施前进行全面的安全技术交底，并实施全面质量管理 企业工程项目管理单位应定期对施工现场进行安全检查，并确保检查发现的问题得到及时处理	10	①企业在项目建议书、可行性研究、初步设计、总体开工方案、开工前安全条件确认和竣工验收等阶段未能进行规范管理，每处扣3分 ②设计、监理或施工单位资质不符合规定的，扣2分 ③未明确工程项目的管理、设计、施工和监理单位的安全生产管理职责，未签订安全生产管理协议，扣2分；对勘察、设计、施工、工程监理等单位提出不符合建设工程安全生产法律、法规和强制性标准规定的要求，或压缩合同约定工期的，每项扣5分 ④未开展项目建设风险评估、安全技术交底、全面质量管理，未对施工现场进行安全检查，每项扣5分
5.6.2	设备设施运行管理		65	
5.6.2.1	管理基础工作	企业应对生产设备设施进行规范化管理，明确设备设施运行维护责任主体、运行管理部门及其责任，保证其安全运行。代维护管理和委托维护管理应签订代维护、委托管理协议，明确双方的安全责任 企业应完善生产设备生命周期的技术档案管理，分类建立完善主要设备台账、技术资料和图纸等资料 组织制定并落实设备治理规划和年度治理计划。 加强设备质量管理，完善设备质量标准、缺陷管理、设备异动管理、新设备投入运行验收等制度，明确相应工作程序和流程 保证备品、备件满足生产需求 旧设备拆除前应进行风险评估，制定拆除计划、方案和安全措施 每年对设备完好性进行评级（评价）或状态评估	15	制定了设备设施规范化管理制度并贯彻实施（此项为必备条件） ①企业未明确设备设施运行维护责任主体，或运行管理部门责任分界不清，不得分；代管或委托管理无协议，每项扣5分 ②台账统计不全，扣2分 ③无设备质量标准、缺陷管理、设备异动管理等制度，不得分 ④设备治理规划和年度治理计划未落实，扣5分 ⑤备品、备件不满足生产需求，资料不全，扣3分 ⑥新投入设备未严格履行验收制度，扣2分；旧设备拆除无方案，扣2分 ⑦未进行每年一次设备完好性评级（评价或状态评估），不得分
5.6.2.2	技术监督管理	企业应建立电能质量、绝缘、电测、继电保护与安全自动装置、热工、节能、环保、化学等技术监控（督）管理网络体系和标准体系，落实各级监督部门职责和考核制度，制定年度工作计划 组织或参加新建、改建、扩建工程的设计审查、主要设备的监造验收及安装、调试、试运行等过程中的技术监督和基建交接验收的技术监督 组织实施大修技改项目质量技术监督。定期组织召开技术监督工作会议，总结、交流监督工作经验，通报信息，部署下阶段工作 对所管辖设备按规定进行监测，对设备检修、维护的质量进行监督，并保存技术监督台账、报告 制定技术改造管理办法，定期对设备运行状况进行综合与专题分析和重大项目可行性研究，组织编制项目实施的组织措施、技术措施和安全措施 对影响和威胁电网安全的问题，督促有关单位整改	10	①未建立各项技术监督网和标准体系，未制定年度计划，不得分 ②未制定技术监督管理制度，不得分；制定了制度但未落实，扣5分 ③技术监督报告存在较大问题，措施制定和实施不及时，未制定技术改造管理办法，技改资料不全等，每项扣5分 ④对所管辖设备未按规定进行监测，未对设备检修、维护的质量进行监督，未保存技术监督台账、报告，不得分；监督漏项，每项扣2分 ⑤对影响和威胁电网安全的问题，未督促有关单位整改，每项扣2分

续表

序号	项　目	内　　容	标准分	评分标准
5.6.2.3	可靠性管理	制定可靠性管理工作规范，建立可靠性管理组织网络体系，设置可靠性管理专职（或兼职）工作岗位，可靠性专责人员参加岗位培训并取得合格证书 建立输变电设备、配电可靠性信息管理系统，采集、统计、审核、分析、及时向有关部门报送可靠性报表，鼓励开展城市低压用户供电可靠性工作 编制可靠性管理工作报告和技术分析报告，评价分析设备、设施及电网运行的可靠性状况，制定提高可靠性水平的具体措施并组织实施 定期对可靠性管理工作进行总结，并开展可靠性管理成果应用	10	①未制定可靠性管理工作规范，不得分；企业可靠性管理专（兼）责人无证上岗，扣5分 ②未建立可靠性信息管理系统或不及时报送报表，不得分 ③可靠性管理工作报告和技术分析报告存在较大问题，扣5分；措施制定和实施不及时，扣5分 ④未开展可靠性管理工作总结、应用工作，扣5分 ⑤用户年综合供电可靠率（RS1）未达到99.96%，不得分
5.6.2.4	运行管理	企业应建立输变配电设备及其附属设备的运行管理制度，执行输变配电运行规程，监视设备运行工况，按照规定进行设备巡视维护、检测试验，保持设备完好 完善设备的本质安全化功能，防止误操作措施健全，安全自动装置和继电保护正确投入 设备正常、异常运行、试验、缺陷、故障、操作等各种记录或电子备份档案齐全 监督运行值守人员严格执行调度命令、“两票三制”和安全工作规程等规程制度 完善设备检修安全技术措施，做好检修许可、监护、验收等工作 合理安排运行方式，做好事故预想，开展反事故演习	15	①未建立输变配电设备运行管理制度，或因运行监视不到位发生不安全事件，扣5分；设备巡视维护、检测不符合要求，扣2分；存在无票操作，不得分；操作票不合格，扣2分/张 ②设备定期轮换和试验工作未执行，扣5分；执行不到位，扣2分 ③防止误操作措施不健全，安全自动装置和继电保护未正确投入，不得分 ④记录缺一种扣2分；记录不完整、不详实，扣1分/次 ⑤有违反调度命令、纪律的，不得分；存在无票操作，不得分；工作票、操作票不合格，扣2分/张 ⑥许可、监护、验收失误，不得分 ⑦未定期组织开展反事故演习、进行事故预想，扣2分
5.6.2.5	检修管理	制定并执行设备检修管理制度，各种检维修计划齐全，健全设备检修管理机构，规范检修管理，大修、技改等项目应编制检修进度网络图或进度控制表 检维修方案实行危险点分析或检修作业指导书，对重大项目实行安全组织措施、技术措施、安全措施及施工方案，执行检修过程隐患控制措施，并进行监督检查 严格执行工作票制度，落实各项安全措施 检修现场隔离围栏完整，安全措施落实，并应分区域管理，检修物品实行定置管理。安全设施不得随意拆除、挪用或弃之不用，检修拆除的，检修结束立即复原 严格工艺要求和质量标准，实行检修质量控制和监督三级验收制度 检修完毕清理现场，垃圾、废料处理及时，保护环境	15	①未制定检修管理制度，不得分；制度不完善，机构不健全，落实存在问题，扣5分 ②检修作业文件无危险点分析或作业指导书编制不完整或者内容简单，扣2分；设备无检修、试验记录，扣5分；检查周期不符合要求，扣2分 ③无票作业，不得分；工作票不合格，扣2分/张 ④安全措施没有落实，扣2分/项 ⑤检修现场隔离和定置管理不到位，扣3分/处 ⑥检修质量控制和监督三级验收制度执行不到位，扣10分；验收资料不完整，扣5分 ⑦检修现场清理不及时，扣5分
5.6.3	新设备验收及旧设备拆除、报废		15	
5.6.3.1	设备全寿命期管理	设备的设计、制造、安装、使用、检测、维修、改造、拆除和报废，应符合有关法律法规、标准规范的要求	5	抽查新设备的设计、制造、安装、使用、检测、维修、改造、拆除环节台账、图纸、记录、监造等资料，发现不符合有关法律法规、标准规范要求的，每处扣1分

续表

序号	项目	内容	标准分	评分标准
5.6.3.2	验收报废制度	企业应执行生产设备设施到货验收和报废管理制度，应使用质量合格、符合设计要求的生产设备设施	5	①企业未建立生产设备设施到货验收管理制度，不得分；未履行到货检查、验收不全，每次扣1分 ②未执行生产设备设施报废管理制度、报废拆除程序不全，每次扣1分
5.6.3.3	设备拆除	拆除的生产设备设施应按规定进行处置。拆除的生产设备设施涉及危险物品的，须制定危险物品处置方案和应急措施，并严格按规定组织实施	5	①拆除的生产设备设施涉及危险物品而未制定处置方案和应急措施，或方案和措施无针对性，扣5分 ②未按方案实施，扣5分 ③拆除的生产设备设施的处置不符合规定，每次扣1分
5.6.4	电力设施保护管理		40	
5.6.4.1	管理制度	开展电力设施治安风险评估，制定电力设施安全保护制度，会同有关部门及沿电力线路各单位，建立群众护线机制 重要生产场所实行分区管理，严格执行重要生产现场准入制度。加强出入人员、车辆和物品的安全检查，防止发生外力破坏、盗窃、恐怖袭击等事件 加强安保器材、防暴装置发放、使用和维护管理	10	①未开展电力设施治安风险评估，扣6分；未制定电力设施安全保卫制度，不得分 ②安全保卫制度有缺失，重要生产场所未分区管理，未严格执行重要生产现场准入制度，安保物资管理有缺陷，每项扣2分
5.6.4.2	保护措施	企业应加强对电力设施的保护工作，对危害电力设施安全的行为，应采取适当措施，予以制止。在依法划定的电力设施保护区内种植的或自然生长的可能危及电力设施安全的树木、竹子，电力企业应依法予以修剪或砍伐 开展保护电力设施的宣传教育工作，健全保护区内的警示标志 加大电力设施保护费用投入，加固、修缮重要线路防护体，按照需求配置、更新安保器材和防暴装置 依据电力设施治安风险等级和安全防范要求，落实防范措施。在重要电力设施内部及周界安装视频监控、高压脉冲电网、远红外报警等技防系统，可以根据需要将重点部位视频监控系统配合公安机关接入保安监控系统	10	①未开展保护电力设施的宣传教育工作，不得分 ②保护区内的警示标志缺一处，扣2分 ③人防、技防管理工作有缺失，电力设施现场保护措施不足，未按要求安装技防、监控系统等，每项扣2分 ④未确定电力设施治安风险等级和落实安全防范要求，每项扣4分
5.6.4.3	保卫方式	对重要电力设施、生产场所采用专职或兼职安保人员进行现场值守，并巡视检查，实施群众护线责任制 重要保电时段，根据安全运行影响程度，应按有关规定对重要的电力设施和生产场所采取警企联防等保卫方式	10	①被上级有关部门检查出存在安全保卫问题，不得分 ②未按规定实施安保方式的，扣4分 ③安保工作存在漏洞的，扣4分
5.6.4.4	处置与报告	重要输变电设备、设施遭受外力破坏构成重大安全隐患或造成电力安全事故、事件的，电力企业应当及时进行处置，向公安部门报案，并向当地政府有关部门和能源监管机构报告	10	未及时处置并报告，不得分
5.6.5※	电网安全		200	
5.6.5.1	电网风险管控	企业应当高度重视电网安全风险管控工作，定期梳理电网安全风险，有针对性地做好风险识别、风险分级、风险监视、风险控制工作，制定电网风险管控方案，掌握和化解电网安全风险	10	①未定期梳理电网安全风险，未进行风险识别、风险分级，未制定电网风险管控方案，未实施风险监视、风险控制工作，不得分 ②风险识别不到位、风险分级错误、制定的电网风险管控方案有缺陷，每项扣2分

续表

序号	项　目	内　　容	标准分	评分标准
5.6.5.2	电网规划	企业应制定本地区电网规划，并对规划进行滚动修订。规划主要内容应符合国家有关要求和国家标准、行业标准等要求，符合地区、城市电力网建设改造的实际及地区、城市发展的需要和要求，规划内容应包括电力一次、二次系统、电源、通信系统等 应根据经济、技术条件制定本单位《区域（城市）电网规划导则》或《区域（城市）电网规划实施细则》	20	①电网规划内容有不符合要求的，扣 4 分；未制定电网规划，不得分 ②未定期修订电网规划，扣 6 分 ③未制定本单位《区域（城市）电网规划导则》或《区域（城市）电网规划实施细则》，扣 6 分
5.6.5.3	调度管理	企业应对并（联）网过程进行规范管理，确保电网、设备安全运行。调度范围应划分明确，有依据和附图说明。电网与县级、用户等电网互联应签订互联电网协议，应明确调度与监控的对象、监控的内容 调度规程和继电保护运行、检修规程应齐全，并提供给属该级调度的对象，调度规程上报有关部门备案 系统一次主接线、厂站（所）一次主接线及设备参数齐全并符合实际。电网主系统、配电干线系统模拟图板（或电子图）应与一次接线图一致，设备运行状态、地线标志明显 城市电网应定期进行安全性评价，调度自动化、继电保护、通信应定期进行专业评价，并网设备参数、设备性能全部备案。与并网发电厂签订并网调度协议，依据并网安全性评价，监控发电机组运行 调度部门应制定年、月、日调度计划和检修计划，年、月计划报行政主管部门备案；对并网运行电厂开展“两个细则”（发电厂并网运行管理细则和辅助服务管理细则）考核工作 调度规程、继电保护和安全自动装置规程齐全。调度员下达操作命令应符合要求，录音设备良好、管理严格。负荷管理、计划控制符合上级要求，事故拉闸顺序和低频减负荷顺序经过当地政府有关部门批准 调度设备、安全自动远动装置应满足调度自动化要求。接入电网运行的电力二次系统应当符合《电力二次系统安全防护规定》和《电力二次系统安全管理若干规定》等 系统薄弱环节应有保证安全、避免大面积停电的临时措施。应具有完善的电网大面积停电事故应急预案、电网黑启动预案、应急机制和反事故措施，并定期开展各种应急预案演练	40	①调度范围划分无依据和附图说明，电网与县级、用户等电网互联未签订互联电网协议，每项扣 4 分 ②调度规程或继电保护运行、检修规程不全，扣 4 分；未提供给属该级调度的对象，扣 4 分；调度规程未上报有关部门备案，扣 2 分 ③系统一次主接线、厂站（所）一次主接线及设备参数不全、不符合实际，扣 2 分；电网主系统、配电干线系统模拟图板（或电子图）与一次接线图不一致，不能显示设备运行状态、地线标志，扣 4 分 ④调度自动化、继电保护、通信未定期进行专业评价，扣 6 分；允许未进行并网安全性评价的电厂并网商业运行，扣 8 分 ⑤调度计划和检修计划未备案，扣 2 分；对电厂无考核，扣 2 分 ⑥事故拉闸顺序和低频减负荷顺序未经过当地政府有关部门批准，扣 4 分；命令不符合要求、录音设备不良，每项扣 2 分 ⑦调度设备、安全自动远动装置不满足调度自动化要求，扣 4 分；未配备二次防护系统，扣 20 分；不符合规定的，扣 4 分 ⑧系统存在薄弱环节且无保证安全、避免大面积停电的临时措施或措施不当，不得分 ⑨未开展电网大面积停电应急演练扣 6 分
5.6.5.4	高压电网	主电网接线结构合理，主要供电设备及元件应有足够的备用容量。220 千伏（或主供网电压等级）电网应形成环网或可靠的两级及以下辐射型多回路供电通道；分层分区合理，各分区间联络线及事故支援具备足够能力；应有较大的抗扰动能力，任意 N-1 或大负荷突变不影响正常供电；电网间联络线正常输送容量处于合理水平，联络线断开各自系统稳定 系统最大短路电流应控制在允许范围，超过标准的电网应采取控制措施。母线保护配置、整定、试验完好，投入运行 各级电压等级容载比符合规划设计要求，无限制用户增容的地段或区域 无功电力配置容量应满足有关标准要求，并能实现自动投退、实施无功系统优化分布	30	①主供电网（330、220、110、66 千伏等电压等级）未形成环网结构，不得分 ②电网接线不合理、主供电源变电站只有一台变压器，每站扣 2 分；220 千伏高压网出现 N-1 影响负荷及电压调整，扣 6 分 ③系统短路电流超过设备运行标准，且无措施，不得分 ④主供电网变压器容载比低于规划设计标准，扣 10 分 ⑤母线保护配置、整定、检验存在缺陷，不得分 ⑥无功电力不能分层控制，容量不足，不能自动投退，扣 10 分

续表

序号	项　目	内　　容	标准分	评分标准
5.6.5.5	电压管理	电网电压等级和变压层次应当符合规划并简化，运行中电压偏移应及时调整，不应超过规定标准 变电站及用户端的电压监测点 A、B、C、D 类设置及电压合格率应符合国家有关规定	10	供电综合电压合格率≥99%，其中 A 类电压≥99%（此项为必备条件） ①监测点未按照要求设置，扣 6 分；根据运行情况，城市、农村不符合监管规定，每项扣 4 分 ②电压偏移超限未及时采取措施，扣 4 分
5.6.5.6	谐波管理	凡能产生谐波电流使系统电压波形畸变的用电设备，应采取措施限制注入电网的谐波电流达到国家规定标准	10	（此项为必备条件） ①未普测谐波源，不得分 ②对新报装谐波源客户验收时未核查谐波或无治理措施，每户扣 1 分 ③对已查出的不符合要求的谐波源客户无治理措施，每户扣 2 分
5.6.5.7	调度通信	企业应配置与电网运行相适应的电力通信系统，调度至被调主要厂站或有数据传输的厂站，应建立至少 2 个及以上独立的通信路由或不同通信方式的通道；通信站直流电源可靠，并实现设备和动力环境的监视 通信设备、电路及光缆线路的运行状况良好，电源系统正常；通信站防雷、防静电、防尘措施完善、合理	20	①主要厂站或有数据传输的厂站仅有 1 个独立的通信路由或一种通信方式的厂站，一个扣 4 分；保证一种通信方式也有困难的，扣 10 分 ②通信设备、电路、光缆线路、交直流电源的运行状况及环境存在问题，扣 4 分
5.6.5.8	中低压网	中低压配电网应根据高压变电站布点、负荷密度和运行管理的需要分区独立配置，明确供电范围，每个区域至少有两个及以上不同方向的电源供电，各区不应交错重叠 中压架空配电网应采用环网布置、开环运行的结构，主干线和较大的支线应按规定装设分段开关，相邻变电站（所）及同一变电站（所）馈出的相邻线路之间应装设联络开关，逐步实现配网自动化。低压采用辐射式线路供电 在高层建筑群地区、人口密集繁华地区、街道狭窄、绿化带、林带及架空线难以保证安全距离等情况下，可采用绝缘导线或电缆供电 中压电缆网的结构形式应采用单环或双环环网布置开环运行的电缆网络，电缆线路的分支应根据需要和可能建设环网开闭箱（室）或分支箱（室） 线路（架空和电缆）的正常负荷应控制在安全电流的 2/3 以下。中低压配网应有较大的适应性，应按长期规划一次选定导线截面 10-20 千伏网络的供电半径应满足电压损失允许值、负荷密度、供电可靠性等指标要求，并留有一定裕度	30	①根据每个项目执行情况，对执行不到位的，每项扣 2 分；有交错供电，或分区仅有一个电源，不得分；线路过负荷，每条扣 2 分；线路供电半径超过规定且末端电压不满足要求，每条扣 2 分 ②城区内中低压电网不具有环网结构，不得分；除专用线外存在无手拉手辐射线路，一条扣 2 分；未实现配网自动化，扣 20 分
5.6.5.9	过电压防护	线路和设备过电压保护应符合规程规定。保护用避雷器、接地装置应按规定进行预试 35、20、10 千伏小电流接地系统中性点不接地的变电站若存在危及设备安全的过电压，应采取措施。应根据电容电流的大小采取相应的中性点接地方式，如采用装设消弧线圈、接地变压器等措施	10	①线路和设备过电压保护不符合规程规定的，每处扣 2 分；避雷器、接地装置未进行预试，不得分 ②未测电容电流，不得分；未根据电容电流的大小采取相应的中性点接地方式，不得分

续表

序号	项 目	内 容	标准分	评分标准
5.6.5.10	重要电力用户安全管理	供电企业要根据地方政府确定的重要电力用户的行业范围及用电负荷性质，提出重要电力用户名单，经地方政府有关部门批准后，报能源监管机构备案。每年更新一次 供电企业应按照要求为重要电力用户配置符合其重要等级的供电电源 重要电力用户供电电源的切换时间和切换方式要满足重要电力用户允许中断供电时间的要求 供电企业要掌握重要电力用户自备应急电源的配置和使用情况，建立健全基础档案数据库及一次接线图和设备资料，督促重要电力用户在自备应急电源与电网电源之间装设可靠的电气或机械闭锁装置，防止倒送电。同时，供电企业要指导重要电力用户排查治理安全用电隐患，安全使用自备应急电源 供电企业应建立重大活动电力安全保障工作常态机制，使重大活动电力安全保障工作制度化和规范化；制定重大活动保电方案和应急预案并实施，及时处置突发事件，确保安全运行 电力企业应协助重要电力用户开展用电安全检查，检查中发现隐患应及时通知用户整改，并报告相关监管部门	20	①重要电力用户名单不全或未经政府有关部门批准并报能源监管机构备案的，不得分 ②重要电力用户供电电源条件不符合重要电力用户等级要求，且未下发整改、督促通知给用户和政府相关部门，每户扣2分 ③未掌握重要电力用户自备应急电源的配置和使用情况，自备应急电源与电网电源之间未装设可靠的电气或机械闭锁装置，防止客户向系统反送电措施不明确、客户图纸、资料不全，均不得分 ④未制定重大活动保电方案或未协助重要电力用户开展用电检查，不得分
5.6.6	设备设施安全		160	
5.6.6.1	电气一次设备及系统	输配电线路、电缆线路（含绝缘导线）导线及其所属配件等零部件状态、防舞动及防倒杆（塔）断线等措施良好；杆塔、电缆支架、隧道（沟、槽）通风、防火设施良好；绝缘子防污级别等于或高于现场实际污秽等级，状态良好；避雷线、避雷器及其接地引下线、接地电阻符合规程要求；无影响正常运行的缺陷；在线检测指示正确 变压器和高压并联电抗器的分接开关接触良好，有载开关及操动机构状况良好，有载开关的油与本体油之间无渗漏问题；冷却系统（如潜油泵风扇等）无影响正常运行的缺陷；套管及本体、散热器、储油柜等部位无渗漏油问题。防火设施健全，定期检验 高低压配电装置的系统接线和运行方式正常，断路器状态标识清晰、遮断容量足够，母线及架构完好，绝缘符合要求，隔离开关、断路器、电力电缆等设备无影响正常运行的缺陷；防误闭锁装置可靠；互感器、耦合电容器、避雷器和穿墙套管无影响运行的缺陷；过电压保护装置和接地装置运行正常 无功补偿装置运行正常 所有一次设备绝缘监督指标合格	30	①存在影响电气一次设备安全稳定运行的重大缺陷或隐患，每项扣6分；未进行分析并制定措施，不得分；措施无针对性，扣6分 ②一次设备绝缘监督指标不合格，每台每项扣4分 ③输电线路无防舞动、防污闪、防雷击措施，扣10分 ④电缆隧道通风不良或防火设施不健全，且未采取措施，扣10分 ⑤变压器和高压并联电抗器本体、套管、散热器、储油柜等部位有渗漏油，每台每处扣4分 ⑥输配电线路设备、高低压配电装置设备存在未按规定及时处理的缺陷，每项扣4分 ⑦存在使用国家明令淘汰设备的，不得分
5.6.6.2※	电气二次设备及系统	继电保护及安全自动装置的配置符合要求，运行工况正常，定值应符合整定通知单要求，并定期进行检验。故障录波器运行正常，需定期测试技术参数的保护按规定进行测试，测试数据和信号指示齐全正确。二次回路接线正确、保护屏压板和把手的标志正确规范，投运前试验正常，仪器、仪表符合技术监督要求。新建二次设备系统图纸与设备实际相符并经过审核，确认无误	30	①存在影响安全运行的缺陷和隐患，每处扣6分 ②二次回路、二次设备存在未及时消除的缺陷，每项扣2分；新建二次设备系统图纸与设备实际不符，未经过审核确认，每处扣2分；试验仪器、仪表校验过期，每块扣2分；二次回路未按规定进行检查，接线不正确每处扣2分

续表

序号	项 目	内 容	标准分	评分标准
5.6.6.2※	电气二次设备及系统	系统稳定装置（相角测量、负荷联切、远方跳闸等）应符合电网实际要求，依据运行方式和调度命令投入，确保系统稳定 直流系统设备可靠性符合运行要求，蓄电池设备安全可靠。不同的蓄电池组充电设备相互独立，性能符合要求。直流系统各级熔断器和空气小开关的参数有专人管理，动作有选择性，备件齐全 电气二次设备及系统管理应遵守《电力二次系统安全管理若干规定》	30	③继电保护装置及安全自动装置未按规定检验，项目不全，标识指示、信号指示不全，各扣4分 ④系统的稳定装置未按要求投入，扣4分 ⑤故障录波器运行不正常或未投入运行，扣4分 ⑥未定期测试保护的技术参数，扣4分 ⑦直流系统各级熔断器和空气小开关的定值没有专人管理，备件不齐全，级差配合不满足动作有选择性要求，扣10分 ⑧发现二次设备及系统管理问题，每处扣2分 ⑨存在使用国家明令淘汰设备的，不得分
5.6.6.3※	特种设备与危险化学品管理		30	
5.6.6.3.1	起重机械	设备产品合格证、使用登记证等使用资料齐全，并按规定进行年检。钢丝绳、各类吊索具、滑轮、护罩、吊钩、紧固装置完好。制动器、各类行程限位、限量开关与联锁保护装置完好可靠。急停开关、缓冲器和终端止挡器等停车保护装置使用有效。各种信号装置与照明设施符合要求。接地连接可靠，电气设备完好。各类防护罩、盖、栏、护板等完备可靠。露天作业起重机的防雨罩、夹轨器或锚定装置使用有效（见附录E）	6	①产品合格证、使用登记证等资料不全或未按规定进行年检，不得分 ②各种安全装置和信号装置存在缺陷，每发现一处扣4分
5.6.6.3.2	压力容器	本体完好，连接元件无异常振动、磨擦、松动，安全附件、显示装置、报警装置、联锁装置完好，检验、调试、更换记录齐全，运行和使用符合相关规定，无超压、超温、超载等现象 工业气瓶储存仓库状态良好，安全标志完善，气瓶存放位置、间距、标志及存放量符合要求，各种护具及消防器材齐全可靠。气瓶在检验期内使用，外观无缺陷及腐蚀，漆色及标志正确、明显，安全附件齐全、完好。气瓶使用时的防倾倒措施可靠，工作场地存放量符合规定，与明火的间距符合规定	6	压力容器安全装置、工业气瓶存在严重缺陷，不得分；其他每发现一项一般问题扣2分
5.6.6.3.3	厂内专用机动车辆	动力系统运转平稳，无漏电、漏水、漏油，灯光电气完好，仪表、照明、信号及各附属安全装置性能良好，轮胎无损伤，制动距离符合要求，定期进行检验	4	未定期进行检验，不得分；每发现一项不符合扣2分
5.6.6.3.4	锅炉设备	锅炉使用单位应当按照安全技术规范的要求，产品合格证、登记使用证、定期检验合格证齐全。 锅炉本体及承压部件、汽水管道、压力表、安全阀、压力管道等安全设施配件应定期检测试验合格，自动补水装置可靠，压力容器满足运行工况要求	4	每发现一项不符合扣2分
5.6.6.3.5	电梯	电梯使用单位应当设置特种设备安全管理机构或者配备专（兼）职安全管理人员，与取得许可的安装、改造、维修单位或者电梯制造单位签订维护协议	4	①未与有合法资质的单位签订维护协议的，不得分 ②未定期检测取得安全使用合格证，不得分

续表

序号	项　目	内　　容	标准分	评分标准
5.6.6.3.5	电梯	定期检测并取得安全使用合格证 专职管理和操作人员应取得电梯使用操作合格证，在电梯内张贴安全乘梯须知，安装应急电话或警铃	4	③管理和操作人员未取得电梯使用操作合格证的，每人扣2分
5.6.6.3.6	有害气体和危险化学品	制定并落实有害气体和危险化学品的储存、使用、回收管理制度 库房应符合安全标准的要求，制定有应急预案。危险化学品按危险性进行分类、分区、分库储存。库内有隔热、降温、通风等措施，消防设施齐全，消防通道畅通。电气设施采用相应等级的防爆电器。有效处理废弃物品或包装容器 六氟化硫室外断路器发生爆炸或严重漏气等故障时，值班抢修人员应穿戴防毒面具和防护服，从上风侧接近设备，室内设备必须先行通风15分钟，待含氧量和六氟化硫浓度符合标准后方可进入 变电站防止小动物用“鼠药”应建立采购、发放、使用专人管理制度和记录，告知有关人员“鼠药”危害，防止流失及职工中毒	6	①未制定危险化学品管理制度的，不得分 ②未执行六氟化硫设备防护制度的，扣4分；库房存在不符合安全标准要求的，扣4分 ③变电站防止小动物用“鼠药”采购、发放、使用未建立专人管理制度和记录，扣4分
5.6.6.4※	信息安全及二次系统防护设备		20	
5.6.6.4.1	总体方案	电力二次系统安全防护满足《电力二次系统安全防护总体方案》要求，具有数据网络安全防护实施方案和网络安全隔离措施，分区合理、隔离措施完备、可靠 路由器、交换机、服务器、邮件系统、目录系统、数据库、域名系统、安全设备、密码设备、密钥参数、交换机端口、IP地址、用户账号、服务端口等网络资源统一管理 网络节点具有备份恢复能力，能够有效防范病毒和黑客的攻击所引起的网络拥塞、系统崩溃和数据丢失	8	发现问题，每处扣4分
5.6.6.4.2	测试认证	安全区的定义应正确，一区和二区之间应实现逻辑隔离，有连接的生产控制大区和管理信息大区间应安装单向横向隔离装置，并且该装置应经过国家权威机构的测试和安全认证	4	发现问题不得分
5.6.6.4.3	硬件要求	生产控制大区内部的系统配置应符合规定要求，硬件应满足要求，本级与相联的电力调度数据网之间应安装纵向加密认证装置或硬件防火墙	4	发现问题不得分
5.6.6.4.4	管理制度	应建立电力二次系统安全防护管理制度、权限密码制度、门禁管理和机房人员登记制度 系统应经过上级认定，并定期对系统进行评估	4	发现问题不得分
5.6.6.5	手持电动工器具管理	企业应建立电气安全用具、手持电动工具、移动式电动机具台账，统一编号，专人专柜对号保管，定期试验。使用人员掌握使用方法并在有效期内正确使用 企业购置的电气安全用具、手持电动工具、移动式电动机具经国家有关部门试验鉴定合格 现场使用的电气安全用具、手持电动工具、移动式电动机具等设备满足附录E要求 按作业环境要求选用手持电动工具。使用Ⅰ类手持电动工具应配有漏电保护装置，接地连接可靠。绝缘电阻值符合要求，并有定期测量记录。电源线必须用护管软线，长度不超过6米，无接头及破损。电动工具的防护罩、盖及手柄完好无松动，电动工具的开关灵敏、可靠无破损，规格与负载匹配	10	①台账、编号存在问题，每项扣1分；未进行定期试验，每台扣2分；使用人员使用方法不当，每人次扣2分 ②企业购置的电气安全用具、手持电动工具、移动式电动机具存在未经国家有关部门试验鉴定合格，每件扣2分 ③现场使用的电气安全用具、手持电动工具、移动式电动机具等设备的接地、绝缘、电源线、护盖、手柄等不满足安全要求，发现一项扣2分

续表

序号	项　目	内　　容	标准分	评分标准
5.6.6.6	车辆运输设备	定期对机动车辆、机械传输装置（如张力放线机等）进行检测和检验，保证机械、车况良好。吊车、斗臂车、叉车等的起重机械部分符合起重作业安全要求 制定通勤车辆（大客车）遇山区滑坡、泥石流、冰雪、铁路道口等特殊情况的应对措施，并对大客车、事故抢修车、倒闸操作车辆、公务车辆等实行跟踪监护 制定交通安全管理制度，完善厂区交通安全设施加强驾驶人员培训，严格驾驶行为管理	20	①未制定制度，不得分；交通安全设施不齐全，每处扣10分 ②驾驶人员培训或管理不到位，扣10分；无证驾驶，不得分 ③机动车辆或起重机械部分的检验、检测不到位，存在安全隐患，每项扣10分 ④通勤车辆、抢修车辆、操作车辆、公务车辆等未实行跟踪监护，每辆扣5分
5.6.6.7	消防设备设施	企业应建立健全消防安全组织机构，根据需要设立群众义务消防队或者义务消防员，负责防火和灭火工作。完善消防安全规章制度，落实消防安全生产责任制，开展消防培训和演习 调度大楼、变电站、生产厂房及仓库备有必要的消防设备、报警装置，并建立消防设备设施台账，定期进行检查和试验，保证合格 存放易燃易爆物品库房、建筑设施的防火等级符合要求 充油式变压器、电容器和电抗器应按规定设防火墙、排油槽、挡油墙，按规定配备消防器材和专用灭火装置且运行正常 电缆和电缆构筑物安全可靠，电缆隧道、电缆沟排水设施完好，电缆封堵及照明符合要求，电缆主隧道及沟、井、夹层电缆主通道分段阻燃措施符合要求，特别重要电缆应采取耐火隔离措施或更换阻燃电缆。电缆夹层、竖井、沟等区域应配备电缆监控装置以及防火门（墙）等设施 现场电缆敷设符合安全要求，操作直流、主保护、直流油泵等重要电缆采取分槽盒、分层、分沟敷设及阻燃等特殊防火措施 其他通信机房、计算机室、蓄电池间、档案室等重点防护部位应采用专业消防器材防护 作业人员应熟悉消防器材性能、布置和使用方法，现场动火有人监护，且防火措施落实	20	①未建立组织机构、规章制度不完整、责任制未落实、未定期开展消防培训或演习，每项扣4分 ②消防器材未建立台账、配备不全、未定期检查或试验不到位，扣10分 ③存放易燃易爆物品库房、建筑设施的防火等级不符合要求，不得分 ④主变压器防火设施不完善，灭火装置未检验、未投入运行，一台扣2分 ⑤电缆和电缆用构筑物等设施不符合要求，每处扣1分 ⑥现场电缆敷设不符合防火安全要求，每处扣2分 ⑦现场动火防火措施落实不到位，扣10分
5.6.7	电气设备风险控制		160	
5.6.7.1	输配电线路风险控制	企业应制定倒杆、断线反事故措施和现场处置方案，执行上级反事故措施 加强恶劣气象条件发生后的特别巡视和大负荷期间的夜间巡视 及时处理线路缺陷，尽量缩短线路带缺陷运行时间，短时间不能处理的缺陷或隐患应加强监视、巡视 监督和观测铁塔、金具、导地线等设备腐蚀程度，腐蚀严重、强度下降严重的及时处理或更换 可能引起误碰线路的区段，悬挂警示、限高标志 开展群防群治，防止线路器材被盗和外力破坏 对于重要的直线型交叉跨越铁路、高速公路、江河、110千伏及以上线路应采用差异化设计复核和改造	20	①未制定倒杆、断线反事故措施及现场处置方案，未执行上级反事故措施，均不得分 ②发生电网企业负有主要责任的倒杆、断线的，不得分 ③发生线路器材被盗或外力破坏造成安全事故、事件，每次扣4分 ④缺陷未及时处理，发现一处扣2分 ⑤可能引起误碰的线路区段未悬挂警示、限高标志，每处扣2分 ⑥未采用差异化设计复核的重要直线型交叉跨越，每处扣2分

续表

序号	项　目	内　　容	标准分	评分标准
5.6.7.2※	变压器、互感器损坏风险控制	制定并落实变压器、互感器设备反事故技术措施，或执行上级反措。加强变压器设备选型、定货、验收、投运全过程管理，220千伏及以上电压等级的变压器应按规定赴厂监造和验收。加强油质管理，对变压器油要加强质量控制。变压器安装的在线监测装置应完好。在近端发生短路后，应做低电压短路阻抗测试或用频响法测试绕组变形，并与原始记录比较。冷却装置电源定期切换，事故排油设施符合规定。加强变压器绕组温度和上层油温温升的监测检查，每年至少用红外线成像仪测温一次。变压器油色谱分析合格，220千伏及以上油中含水量应合格，330千伏及以上油中含气量应合格 主变压器分接开关自动调整应灵活、准确 换流站闸流管、换流阀串应定期检查试验，冷却水系统运行可靠，交、直流滤波器、平波电抗器符合设计要求 气体绝缘电流互感器安装后应进行老炼试验、耐压试验	20	①未制定变压器、互感器设备反事故技术措施，不得分；制定不完善或落实不到位，扣10分 ②变压器设备选型、定货、监造、试验、验收、投运等过程管理不到位，每项扣2分 ③变压器主要试验项目如油的色谱分析、线圈变形、操作波等不全或存在质量问题，不得分 ④变压器安装的在线监测装置存在缺陷，扣2分 ⑤在近端发生短路后，未做相应试验，不得分 ⑥冷却装置电源未定期切换，扣4分 ⑦事故排油设施不符合规定，扣6分
5.6.7.3※	高压断路器损坏风险控制	制定并落实高压断路器反事故技术措施，或执行上级反措。交接验收必须严格执行国家和电力行业标准，完善高压断路器防误闭锁功能，液压、气体操作机构压力异常时严禁进行操作 断路器分合闸操作后，应根据机械指示、带电显示、触头状态核查。断口外绝缘应符合规定，否则应采用防污涂料等措施 做好气体管理、运行及设备的气体微水监测和漏气异常情况分析，包括六氟化硫压力表和密度继电器的定期校验 定期或系统容量增大时应核定断路器安装地点短路时断路器遮断容量应足够 加强对隔离开关转动部件、接触部件、操作机构、机械及电气闭锁装置的检查和润滑，并进行操作试验；定期用红外线测温仪测量隔离开关接触部分的温度 定期清扫气动机构防尘罩、空气过滤器，排放储气罐内积水，定期检查液压机构回路有无渗漏油现象，发现缺陷应及时处理	20	①发生有责任的高压开关损坏事故，不得分；遮断容量不够，不得分 ②未制定高压开关设备反事故技术措施或主要试验项目不合格，不得分；制度不完善或落实不到位，扣10分 ③高压开关设备防误闭锁功能不完善，每项扣6分；防误闭锁功能不完善造成事故，不得分 ④未对隔离开关进行操作试验、检查和润滑，每项扣4分 ⑤气体管理、运行及设备的气体监测和异常情况分析不到位，扣6分 ⑥未定期测量接头温度，扣10分
5.6.7.4※	GIS、HGIS组合电器损坏风险控制	断路器和隔离开关间应有完善的电气（机械）防误闭锁，且性能保持完好。每个封闭压力系统均装有密度继电器或压力表，并指示正确，定期校验，压力降低时报警信号正确并闭锁操动机构，封闭压力系统年漏气率小于0.5%	20	防误闭锁不完好或主要试验项目不合格，不得分；年漏气率超过标准，不得分
5.6.7.5	接地网事故风险控制	接地网接地电阻应符合规程规定，运行10年以上的接地网应开挖检查腐蚀情况 设备设施的接地引下线设计、施工符合要求，有关生产设备与接地网连接牢固 接地装置的焊接质量、接地试验应符合规定，各种设备与主接地网的连接可靠，扩建接地网与原接地网间应为多点连接 根据地区短路容量的变化，应校核接地装置（包括设备接地引下线）的热稳定容量，并根据短路容量的变化及接地装置的腐蚀程度对接地装置进行改造	10	①接地网接地电阻不符合规程规定，运行10年以上未开挖检查的，不得分 ②设备设施的接地引下线设计、施工不符合要求，生产设备与接地网连接不牢固，扣4分 ③接地装置的焊接质量、接地试验不符合规定，连接存在问题，扣4分 ④未对接地装置进行校核或改造，扣4分

续表

序号	项　目	内　　容	标准分	评分标准
5.6.7.5	接地网事故风险控制	按预防性试验规程规定进行接地装置引下线的导通检测工作，根据历次测量结果进行分析比较 对于土壤高电阻率地区的接地网，在接地电阻难以满足要求时，应有完善的均压及隔离措施 变压器中性点有两根与主接地网不同地点连接的接地引下线，每根接地引下线均应符合热稳定要求 重要设备及设备架构等应有两根与主接地网不同地点连接的接地引下线，且每根接地引下线均应符合热稳定要求		⑤接地装置引下线的导通检测工作和分析不满足规程要求，扣4分 ⑥接地网电阻超标，未按标准采取均压及隔离措施，扣2分 ⑦变压器中性点未采取两根引下线接地或不符合热稳定的要求，扣4分 ⑧重要设备及设备架构等未采取两根引下线接地，或不符合热稳定的要求，扣4分
5.6.7.6	污闪风险控制	制定并落实防污闪技术措施、管理规定和实施要求 定期对输变电设备外绝缘表面进行盐密测量、污秽调查和运行巡视，根据情况变化及时采取防污闪措施 运行设备外绝缘爬距原则上应与污秽分级相适应，不满足的应采取补救措施。合成绝缘子应定期检测其憎水性并定期换下一定比例的合成绝缘子做全面性能试验。玻璃绝缘子自爆率符合要求，运行中自爆应及时更换 瓷质绝缘子应坚持适时的、保证质量的清扫，落实“清扫责任制”和“质量检查制”	10	①发生污闪事件，引起电网不安全运行，不得分 ②未制定并严格落实防污闪技术措施、管理规定和实施要求，扣6分 ③运行设备外绝缘爬距未与污秽分级相适应而又未采取措施，玻璃绝缘子自爆未及时更换，每项扣4分 ④未进行定期清扫，扣6分
5.6.7.7※	继电保护故障风险控制	贯彻落实继电保护反事故技术措施、技术规程、整定规程、技术管理规定等 220千伏及以上母线、主变、线路继电保护应实现双重化配置（220千伏终端负荷变电站母线保护除外）。保持继电保护软件版本的正确性 新安装的或设备回路有较大变动的装置，投运前必须用一次电流及工作电压检验和判断方向、距离、差动保护的相位关系、电流回路的极性关系、互感器的变比。所有保护装置和二次回路检验工作结束后，必须经传动试验后，检查恢复接线与核对定值，方可投入运行。差动保护还必须进行带负荷检查差电流和回路的正确性 差动保护用电流互感器必须做10%误差曲线校验，以保证差动保护正确动作	20	①未落实继电保护反事故技术措施、技术规程、整定规程、管理规定，每项扣4分 ②220千伏及以上继电保护装置未实现双重化，有缺陷的软件版本未及时更新，每项扣2分 ③出现误碰、误接线、误整定，不得分 ④继电保护装置和安全自动装置误动、拒动，不得分；未用一次电流及工作电压校验保护装置相位、极性、回路的，每套保护扣2分 ⑤差动保护用电流互感器未做10%误差曲线校验，每套保护扣2分
5.6.7.8※	直流电源及二次回路风险控制	蓄电池容量应足够，定期充放电检验蓄电池容量，保障足够容量，满足220千伏及以上电压等级继电保护双重化要求，充电屏应按规定配置，输出直流电流电压质量合格，制定反事故措施 继电保护所使用的二次电缆应采用屏蔽电缆，屏蔽电缆的屏蔽层应两端接地。保护接地应通过铜排接地网，落实反事故措施，提高继电保护装置抗干扰能力。新投入或经更改的电压、电流回路应按规定检查二次回路接线的正确性，电压互感器应进行定相，各保护盘电压回路定相正确 电力二次系统管理应遵守《电力二次系统安全管理若干规定》	20	①充电屏未按规定配置、输出直流电流电压质量不合格的，每组扣10分 ②继电保护二次电缆未全部使用屏蔽电缆，屏蔽层接地存在缺陷，无铜排接地网，存在上述情况，扣10分 ③未按规定检查新投或经更改的二次回路接线正确性的，每处扣10分 ④蓄电池未进行定期充放电试验或经试验容量不足额定容量80%的，不得分；不能满足220千伏及以上电压等级继电保护双重化要求的，不得分 ⑤电力二次系统管理违反《电力二次系统安全管理若干规定》，不得分

续表

序号	项　目	内　　容	标准分	评分标准
5.6.7.9	大面积停电风险控制	非环网供电系统，同杆架设线路输送负荷避免达到电网（供电区）负荷的 10-20%，枢纽变电站负荷（含母线专供负荷）避免达到电网（供电区）负荷的 10-20%。加强重载输变电设备、重要输送通道特巡特维。直流多落点地区，应避免多回直流同时闭锁故障的发生 制定并落实防止继电保护、安全自动装置误动作措施 操作人员严格执行五制（操作票制、模拟演习制、重复命令制、操作监护制、操作后检查制），防止误操作事故发生 考虑电网震荡损失负荷，应安装适当的解列装置，在事故情况下分区运行 单线单变压器及重载输变电设备应有治理和改造计划	20	①同杆架设线路输送负荷、枢纽变电站负荷（含母线专供负荷）超过电网负荷的 20%，未合理配备远切装置、未加强调度管理或制定有效运行维护措施的，每项扣 10 分；无重载输变电设备、重要输送通道特巡特维记录，扣 6 分；直流多落点地区，发生多回直流同时闭锁故障，扣 10 分 ②未制定防止继电保护、安全自动装置误动作措施的，扣 6 分 ③查评期内有误操作事故的，不得分；未执行操作“五制”的，扣 10 分 ④单线单变压器及重载输变电设备无治理和改造计划，扣 10 分
5.6.8	设备设施防灾救灾		20	
5.6.8.1	管理制度	健全防灾减灾规章制度，落实责任制。完善防灾减灾工作机制，研究解决影响防震减灾工作的突出问题。明确重要电力设施范围。电力规划要充分考虑自然灾害的影响，实施差异化设计。定期评估运行和在建电力设施 根据本地区灾害特点，建立健全电力抗灾预警系统，形成与气象、防汛、地质灾害预防等有关部门的信息沟通和应急联动机制。强化自然灾害的应急管理，加强防灾减灾宣传教育和培训，完善应急预案	5	①未建立防灾减灾规章制度，未进行宣传教育和培训，有上述任一项，不得分；重要电力设施范围不明确，扣 2 分 ②防灾减灾的责任制不落实，每项扣 2 分
5.6.8.2	监测检查	定期组织开展减灾安全检查，及时消除可能影响企业安全生产的地震、滑坡、泥石流等地质危害因素，检查防汛、防台风、暴雨等自然灾害应急物资和应急预案 定期进行主要建（构）筑物观测和分析，并适时开展电力设备（设施）、建（构）筑物抗震性能普查和鉴定	10	①未定期组织开展抗震减灾安全检查，未及时消除已发现问题，有上述任一项，不得分 ②未定期进行厂区主要建（构）筑物观测和分析，并适时开展抗震性能普查和鉴定工作，扣 5 分
5.6.8.3	设防措施	电力设施抗灾能力建设纳入建设程序，按照差异化设计要求，提高地震易发区和超标洪水多发区的电力设施设防标准 有针对性地对电力设施进行抗震加固和改造，落实主变压器（电抗器）、蓄电池及有关设备的抗震技术措施 汛期应健全值班制度，加强重点部位巡查，发现险情立即报告上级并采取抢护措施 完善输变电设备防（台）风、防汛设施，永久性防汛设施处于良好状态，完善抢修队伍组织建设 电力设施建设应尽量避开自然灾害易发区、煤矿塌陷区，确需在灾害易发地区建设的要研究落实相应防护措施。加强电力设施抵御自然灾害紧急自动处置技术系统研究，将紧急自动处置技术纳入安全运行控制系统，提高应对破坏性灾害的能力	5	①设防标准不满足要求，未落实抗震和防汛措施，不得分；主变、蓄电池等未采取抗震措施，一处扣 1 分 ②汛期未建立值班制度，未加强重点部位巡查，设备防台风、防汛设施不能发挥作用，或未配备抢修队伍及相应的救灾抢险物资，发现上述任一处扣 2 分 ③电力设施建设未避开自然灾害易发区，未落实抗灾技术防护措施，不得分

5.7 作业安全（220分）

序号	项　目	内　　容	标准分	评分标准
5.7.1	生产现场管理和过程控制管理		50	
5.7.1.1※	生产现场管理		20	
5.7.1.1.1	建（构）筑物	企业应加强生产现场安全管理，建（构）筑物布局合理，易燃易爆设施、危险品库房与办公楼、宿舍楼等距离符合安全要求 建（构）筑物结构完好，无异常变形和裂纹、风化、下塌现象，门窗结构完整 化妆板、外墙装修不存在脱落伤人等缺陷和隐患，屋顶、通道等场地符合设计载荷要求 生产厂房内外保持清洁完整，无积水、油、杂物，门口、通道、楼梯、平台等处无杂物阻塞。 防雷建筑物及区域的防雷装置应符合有关要求，并按规定定期检测	5	①建（构）筑物布局不合理，安全距离不符合安全要求，扣5分 ②建（构）筑物结构存在缺陷，扣2分 ③化妆板、外墙装修存在脱落伤人等缺陷和隐患，屋顶、通道等场地不符合设计载荷要求，扣2分 ④生产厂房内外清洁存在问题，有积水、油、杂物，门口、通道、楼梯、平台等处有杂物，每处扣2分 ⑤防雷建筑物及区域的防雷装置未定检或不符合防雷要求，每处扣2分
5.7.1.1.2	安全设施	楼板、升降口、吊装孔、坑池、沟等处的栏杆、盖板、护板等齐全，符合国家标准及现场安全要求 梯台的结构和材质良好，护圈和踢脚板等防护功能齐全，符合国家安全生产要求 转动设备防护罩或防护电气设备遮拦应齐全、完整，变电站设备区与生活区、工作准备区应按规定隔离 电气设备金属外壳接地装置齐全、完好 高压电气设备及试验、检修、施工现场应按规定设遮拦或围栏，应悬挂醒目安全警示牌	5	①安全设施不符合安全要求，变电站设备区与生活区、工作准备区未有效隔离，每处扣2分 ②梯台的结构和材质，护圈和踢脚板等防护功能不符合国家安全生产要求，每处扣2分 ③转动设备防护罩或设备遮拦、警示牌等防护设备存在问题，每处扣2分 ④电气设备金属外壳接地装置存在问题，每处扣2分 ⑤未按规定设置遮拦或围栏并悬挂安全警示牌，每处扣1分
5.7.1.1.3	现场照明	生产厂房内外工作场所正常照明应保证足够亮度，仪表盘、楼梯、通道以及机械转动部分等地方光亮充足，符合照明设计标准 变电站控制室、高压室、室内设备区及继电保护室、楼梯、通道等场所正常照明、应急照明符合照明设计标准 应急指示灯标志应齐全，符合有关规定	5	①生产厂房内外工作场所和仪表盘、楼梯、通道以及机械转动部分和高温表面等地方亮度不足，每处扣1分 ②变电站控制室、高压室、室内设备区及继电保护室、楼梯、通道等场所现场照明不正常，每处扣2分 ③现场、应急照明及指示灯标志不齐全，每处扣1分
5.7.1.1.4	电源箱	电源箱、柜、板符合作业环境要求，编号、识别标记齐全醒目，箱、柜、板内外整洁、完好，无杂物、无积水，有足够的操作空间，符合安全规程要求，箱、柜、门完好，开关外壳、消弧罩齐全，引入、引出电缆孔洞封堵严密，室外电源箱防雨设施良好 导线敷设符合规定，内部器件安装及配线工艺符合安全要求，漏电保护装置配置合理、动作可靠，各路配线负荷标志清晰，熔丝（片）容量符合规程要求，无铜丝、铝线等其他物质代替熔丝现象	5	发现问题每项扣1分

续表

序号	项　目	内　　容	标准分	评分标准
5.7.1.1.4	电源箱	保护接地、接零系统连接正确、牢固可靠，符合安全要求，插座相线、中性线布置符合规定，接线端子标志清楚，保护装置齐全，与负荷匹配合理，外露带电部分屏护完好 临时用电接线应经过允许，使用绝缘良好、并与负荷匹配的护套软管，敷设符合安全要求，装有总开关控制和漏电保护装置，每分路应装设与负荷匹配的熔断器，临时用电设备接地可靠，严禁在有爆炸和火灾危险场所设临时线路，不得在刀闸或开关上口使用插头、开关	5	
5.7.1.2	过程控制管理	企业应加强生产过程的控制，对生产过程及物料、设备设施、器材、通道、作业环境等存在的隐患，应进行分析和控制，并定期评估 企业应对动火作业、受限、缺氧空间内作业、临时用电作业、高处作业等危险性较高的作业活动实施作业许可管理，严格履行审批手续，作业许可证应包含危害因素分析和安全措施等内容 企业进行爆破、吊装等危险作业时应当安排专人进行现场安全管理，确保安全规程的遵守和安全措施的落实 电力系统带电作业、全部停电和部分停电作业、临时抢修作业（检修、试验、测量等）应遵守《电力安全工作规程》中使用工作票、操作票的规定进行。每项作业都应进行危险点分析，实施风险控制，制定安全措施或作业指导书（表单） 建立现场作业风险控制制度，实施开工前风险预控、作业过程中风险动态监控、作业结束进行风险控制总结	30	①企业未对生产作业过程及物料、设备设施、器材、通道、作业环境等存在的隐患进行分析和控制，分析和控制无针对性，未定期评估，每处扣5分 ②对危险性较高的动火、缺氧、高处等作业没有实施作业许可制度，每次扣10分；许可手续不完备，每次扣5分 ③爆破、吊装等危险作业时没有专人进行现场安全管理，安全措施不落实，每次扣5分 ④作业许可证（工作票）没有包含危害因素分析，每次扣5分 ⑤作业许可证中的危害因素分析不到位或安全措施无针对性，每次扣3分 ⑥未建立现场作业风险控制制度，实施作业前、过程中、作业结束没有采取全过程的风险控制，发现每次扣5分 ⑦电气带电作业、部分停电和全部停电等作业未执行工作票、操作票，每次扣10分
5.7.2	作业行为管理		70	
5.7.2.1	持证上岗管理	应健全和完善各个岗位安全生产上岗条件、考核办法，并实施岗位达标评估 应健全特种作业和特种设备作业资格证有效期监督管理制度、档案、台账 应每年公布一次工作票签发人、负责人、许可人及有权单独巡视电气设备人员名单，并下发至班组、站	5	未建立安全上岗条件或未实施岗位达标，扣3分；其他项发现问题不得分
5.7.2.2	不安全行为识别	企业应加强生产作业行为的安全管理，对作业行为隐患、设备设施使用隐患、工艺技术隐患等进行分析并采取控制措施 定期组织安全管理、技术人员、作业人员等进行不安全行为的识别和梳理，建立不安全行为资料库进行风险分析、登记汇总，并采取措施	10	①未对作业行为隐患、设备设施使用隐患、工艺技术隐患进行分析并采取切实可行的控制措施，不得分 ②未对本单位不安全行为识别和梳理，不得分；未建立不安全行为资料库，未进行风险分析、登记汇总并采取措施，每项扣2分

续表

序号	项目	内容	标准分	评分标准
5.7.2.3	不安全行为控制	现场运行操作、检修、试验人员应严格执行调度命令、电气设备现场操作的录音或录像制度，严格执行调度命令票、操作票制度等“两票三制”、带电作业操作规程、继电保护现场安全规程 建立重要操作领导到现场制度、安全监督专职人员现场监督和巡查制度等，并建立领导到现场监督记录。企业主要负责人、领导班子成员和生产经营管理人员要认真执行重要操作到现场的规定，立足现场安全管理，加强对重点部位、关键环节的检查巡视，及时发现和解决问题，并据实做好交接记录 严格执行安全工作规程和现场工作安全技术措施，对现场作业行为隐患、设备设施使用隐患、技术隐患进行危险分析及全过程风险控制 现场作业组织科学、分工明确，作业人员精神状态良好，能承担相应工作的劳动负荷。企业应定期进行作业人员岗位适应性识别	20	①未进行作业人员岗位适应性识别的，扣 10 分；现场发现作业人员精神状态不良或能力不足，每人扣 3 分 ②发现“两票三制”有差错，每处扣 2 分；未按规定录音或录像，每次扣 2 分 ③发现现场安全技术措施中，未对现场作业行为隐患、设备设施使用隐患、技术隐患进行危险分析并采取全过程风险控制措施，每次扣 3 分 ④重要操作领导到现场制度、安全监督专职人员现场监督和巡查制度，缺一项扣 5 分 ⑤发现现场监督记录有问题，每处扣 1 分 ⑥作业行为不规范，每次违章行为扣 3 分
5.7.2.4	特种作业与特种设备操作		35	
5.7.2.4.1	管理	企业应健全特种作业和特种设备作业管理和现场监护制度 特种设备和特种作业机具购置、使用前应按照《特种设备安全监察条例》的规定，进行检验和申报许可证 使用中的特种设备和特种作业设备、机具应定期检查设备状况及维护、检测使用期的有效性，到期前通知设备管理单位申请定期检验	5	①企业未建立特种作业和特种设备作业管理或现场监护制度，不得分 ②未进行检验或申报许可证，不得分 ③定期检查、维护、检测不到位，每项扣 1 分
5.7.2.4.2	高处作业	企业应建立高处作业安全管理规定（含脚手架验收和使用管理规定），有关作业人员须持证上岗 高处作业使用的脚手架应由取得相应资质的专业人员进行搭设，特殊情况或者使用场所有规定的脚手架应专门设计 现场搭设的脚手架和使用的登高用具应符合附录的 C 要求 作业中正确使用合格的安全带，立体交叉作业和使用脚手架等登高作业有动火防护措施和防止落物伤人、落物损坏设备等安全防护措施，用于跨越输电线路的金属脚手架应可靠接地，防止触电	5	①未制定相关规定，不得分；作业人员无证上岗，不得分 ②搭设的脚手架或使用的登高用具不符合要求，扣 5 分 ③安全带的使用或相应安全防护措施不到位，每项扣 3 分
5.7.2.4.3	吊装、爆破作业	企业应制定起重作业管理制度，进行爆破、吊装等危险作业时，应当安排专人进行现场安全管理，确保安全规程的遵守和安全措施的落实 指挥人员、操作人员持证上岗，严格执行起重设备操作规程 做好起重设备维修保养（附录 D），维修保养单位具备相应资质 在带电设备区起吊、爆破或重大物件起吊、爆破应制定安全方案并有专人指挥，落实安全措施，防止触电和损坏运行电气设备	5	①未制定相关规定，不得分；安全技术档案和设备台账不齐全，扣 5 分；作业人员无证上岗，不得分 ②维修保养单位资质和维修工作存在明显问题，不得分 ③没有专人进行现场安全管理或现场管理不到位，每次扣 5 分；不遵守安全规程和安全措施，每次扣 2 分

续表

序号	项 目	内 容	标准分	评分标准
5.7.2.4.4	焊接作业	电焊机使用管理、检查试验制度完善，检查维护责任落实，编号统一、清晰 电焊机性能良好，符合安全要求，接线端子屏蔽罩齐全，电焊机接线规范，电源线、焊接电缆与焊机连接处有可靠屏护。金属外壳有可靠的接地（零），一、二次绕组及绕组与外壳间绝缘良好，一次线长度不超过2-3米，且不得拖地或跨越通道使用。二次线接头不超过三个，连接良好。焊钳夹紧力好，绝缘可靠，隔热层完好 焊接作业应使用动火工作票，现场的防火措施足够，作业人员应持证上岗，按规定正确佩戴个人防护用品。在有限空间作业必须设有防止金属熔渣飞溅、掉落引起火灾的措施以及防止烫伤、触电、爆炸等措施	5	①未制定相关规定，不得分；制度内容不全，责任落实不到位，每项扣1分 ②电焊机存在缺陷，接线不合格，不得分 ③作业人员无证上岗，不得分；焊接作业现场防火措施不到位，作业人员未按规定正确佩戴个人防护用品，不得分
5.7.2.4.5※	有限空间作业	有限空间作业（如电缆隧道、电缆沟、窨井、变压器壳内等作业）要制定管理制度，实行专人监护，并落实防火及逃生等措施 进入有限空间危险场所作业要先测定氧气、有害气体等气体浓度，符合安全要求方可进入 在有限空间内作业时要进行通风换气，并保证对有害气体浓度测定次数或连续检测，严禁向内部输送氧气，符合安全要求和消防规定方可工作 在金属容器内工作必须使用符合安全电压要求的电气工具，装设符合要求的漏电保护器，漏电保护器、电源联接器和控制箱等应放在容器外面	5	①有限空间作业无制度，不得分；现场作业无专人监护，防火及逃生等措施落实不到位，不得分 ②进入有限空间危险场所作业前未进行气体浓度测试，不得分；通风和气体浓度监测不合格，不得分 ③在金属容器内工作，电气工具和用具使用不符合安全要求，不得分；进行焊接工作，安全措施设置不合格，不得分
5.7.2.4.6※	空调制冷	中央空调设计符合国家标准和规范，设备产品合格证、登记使用证齐全、年检合格，安装、维修、维护人员应具有专业资格 集中空调通风系统日常运行时空调机房应保持清洁、干燥；冷却（加热）盘管不得出现积尘和霉斑；凝结水盘不得出现漏水、腐蚀、积垢、积尘、霉斑，排水应通畅；冷却塔内部保持清洁，做好过滤、缓蚀、阻垢、杀菌、灭（除）藻等日常性水处理工作；风管管体保持完好无损，风管内不得有垃圾及其他排泄物；检修品能正常开启和使用；各种风品及周边区域不得出现积尘、潮湿、霉斑或滴水现象；加湿、除湿设备不得出现积垢、积尘和霉斑。每年检测不少于一次	5	①设备产品合格证、登记使用证不全，维护单位无相应资质，运维人员无资格证，未每年检测一次，存在上述任一项均不得分 ②日常维护不到位，每项扣1分
5.7.2.4.7※	防爆安全	现场承压设备经过定期检验合格，安全附件齐全、完好，材质符合安全要求，承压能力满足系统运行工况 蓄电池室、油罐室、油处理室等重点场所使用防爆型照明和通风设备，配备必要的防爆工具。 在易爆场所或设备设施及系统上作业，要严格履行工作许可手续，保持与运行系统的有效隔离，并落实防爆安全措施	5	①设备设施和系统存在缺陷，作业工具不符合要求，不得分 ②承压设备未进行定期检验，安全附件存在问题，不得分 ③蓄电池室、油罐室、油处理室等重点场所未使用防爆型照明和通风设备，或未配备必要的防爆工具，不得分 ④在易爆场所或设备设施及系统上作业，未履行工作许可手续，安全措施落实不到位，不得分
5.7.3	安全工器具及警示标志		30	

续表

序号	项　目	内　　容	标准分	评分标准
5.7.3.1	管理制度	企业应建立安全工器具（安全帽、绝缘杆、绝缘靴、绝缘手套、安全带、安全网、绝缘板、接地线等）及警示标志（各种固定、临时警告牌）管理制度，按照国家标准和有关规定，实行采购、发放、试验、使用、报废全过程控制，安全工器具合格有效、适用，管理标准化	10	企业未建立安全工器具及警示标志管理制度，不得分；管理制度内容未涵盖管理全过程，扣5分；发现不合格安全工器具，每件扣2分
5.7.3.2	作业场所警示标志	根据作业场所的实际情况和有关规定，在有设备设施检维修、施工、吊装等作业场所设置明显的安全警戒区域和警示标志，进行危险提示、警示，告知应急措施等 在检维修现场的坑、井、洼、沟、陡坡等场所设置围栏和警示标志	10	①存在危险因素的作业场所和设备设施上未设置明显的安全警戒区域和警示标志，每处扣2分 ②安全警示标志设置不规范，每处扣2分
5.7.3.3	设备设施警示标志	企业应在设备设施上设置固定的设备名称、编号和必要的警示标志 变电站设备、电力线路应采用双重编号，设置相应的相别、色标	10	①设备设施无名称、编号和必要的警示标志，每处扣2分；设置不规范，每处扣1分 ②未采用双重编号、无相别、无色标，每处扣1分；设置不规范，每处扣1分
5.7.4	相关方管理		60	
5.7.4.1	管理制度	企业应制定并执行承包商、供应商、发包、出租及临时工等相关方管理制度，归口管理部门对其资格预审、选择、服务前准备、作业过程、提供的产品、技术服务、表现评估、续用等进行管理	10	未建立管理制度，不得分；管理过程不全或不规范，每项扣1分
5.7.4.2	相关方档案	企业应建立合格相关方的名录和档案，根据服务作业行为定期识别服务行为风险，并采取有效的控制措施 临时性劳动用工录用应签订用工合同，上岗前应进行安全培训并考试合格 对于临时到现场的外来人员、参加劳动的管理人员、电气工作人员等，应保存安全知识、安全工作规程的培训、考试或告知记录	20	①未建立合格相关方的名录和档案，扣20分 ②未针对性地识别服务行为风险并采取行之有效的控制措施，每次扣3分 ③相关方作业人员的违章行为，每次扣2分 ④临时性劳动用工录用未签订用工合同，上岗前未进行安全培训并考试合格，每人次扣2分 ⑤未对临时到现场的外来人员进行安全培训，未告知安全事项并记录，每次扣2分
5.7.4.3	统一管理	企业应对进入同一作业区的相关方人员、临时工、临时参加现场工作的所有人员进行统一安全管理，包括对临时工的日常考核、事故统计等	15	①对进入同一作业区的相关方未进行统一安全管理，每次扣2分 ②未要求相关方在作业前进行危险有害因素辨识并采取有效的措施，每次扣3分
5.7.4.4	相关方协议	不得将项目委托给不具备相应资质或条件的相关方 进入电网作业的人员应取得能源监管机构颁发的进网作业电工许可证，其他作业人员应当按照国家规定取得相关有效证件 企业和承包、承租、供应、临时工等相关方的项目协议应明确规定双方的安全生产责任和义务	15	①将项目委托给不具备相应资质或条件的相关方，不得分 ②有关作业人员未取得国家相关有效证件的，每发现一人次扣2分 ③未与相关方明确安全生产责任和义务，每次扣3分 ④通过与相关方的协议规避应承担的安全生产责任和义务，扣10分

续表

序号	项　目	内　　容	标准分	评分标准
5.7.5	变更管理	企业应建立并执行变更管理制度，对机构、人员、工艺、技术、设备设施、作业过程及环境等永久性或暂时性的变化进行有计划的分级控制。重要（大）的变更实施应履行审批及验收程序，并对变更过程及变更所产生的隐患进行分析和控制	10	①未对机构、人员、工艺、技术、设备设施、作业过程及环境等永久性或暂时性的变化建立制度，未进行分级控制，不得分 ②重要（大）变更未履行审批、验收程序，每次扣2分 ③重要（大）变更未进行隐患分析、控制，每次扣2分

5.8　隐患排查治理（100分）

序号	项　目	内　　容	标准分	评分标准
5.8.1	隐患管理制度	建立隐患排查治理制度，符合有关安全隐患管理规定的要求，界定隐患分级、分类标准，明确“查找－评估－报告－治理（控制）－验收－销号”的闭环管理流程 每季、每年对本单位事故隐患排查治理情况进行统计分析评估，确定隐患等级，登记建档，及时采取有效的治理措施。统计分析材料以及重大隐患按要求及时报送能源监管机构和安全监管部门，报表应当由主要负责人签字 生产经营单位应当建立事故隐患报告和举报奖励制度，对发现、排除和举报事故隐患的人员，应当给予表彰和奖励 将生产经营项目、场所、设备发包、出租的，应当与承包、承租单位签订安全生产管理协议，并在协议中明确各方对事故隐患排查、治理和防控的管理职责	10	建立并落实隐患排查治理制度（此项为必备条件） ①未定期进行统计分析评估，未按要求及时报送能源监管机构和安全监管部门，统计分析表未由主要负责人签字，有一项不符合扣2分 ②与承包、承租单位签订的安全管理协议未明确隐患排查治理和防控职责的，扣5分
5.8.2	隐患排查	制定隐患排查治理方案，明确排查的目的、范围和排查方法，落实责任人。排查方案应依据有关安全生产法律法规要求、设计规范、管理标准、技术标准、企业安全生产目标等制定，并应包含人的不安全行为、物的不安全状态及管理的欠缺等三个方面 法律法规、标准规范发生变更或有新的公布，企业操作条件或工艺改变，开展新建、改建、扩建项目建设，相关方进入、撤出或改变，对事故、事件或其他信息有新的认识，组织机构发生大的调整，都应及时组织隐患排查	10	①未制定隐患排查治理方案，每次扣5分；方案不符合有关要求，扣1分；检查时无检查表，每次扣2分；漏查一般隐患，每项扣1分；漏查重大隐患，每项扣5分；未包含人、物、管理三方面的任一方面，扣2分 ②检查内容未定期更新，每次扣1分；各级各类检查表未结合实际情况，有一项不符合，扣1分 ③发生变化后未及时组织隐患排查，每次扣2分；每个漏查的隐患扣1分
5.8.3	隐患排查范围和方法		20	
5.8.3.1	排查范围	隐患排查要做到全员、全过程、全方位，涵盖与生产经营相关的场所、环境、人员、设备设施和各个环节	10	隐患排查范围不全面，每处扣2分
5.8.3.2	排查方法	企业应根据安全生产的需要和特点，采用与安全检查相结合的综合排查、专业排查、季节性排查、节假日排查、日常排查等安全检查方式进行隐患排查	10	①未根据实际需要开展相关排查，每次扣3分 ②未书面明确排查方式，每次扣2分 ③针对带电、高空、吊装、有毒有害、有限空间等危险性较高的作业未开展隐患排查，每次扣2分 ④对排查出来的隐患未组织人员评估、确定等级，每次扣2分

续表

序号	项　目	内　　容	标准分	评分标准
5.8.4	隐患治理		50	
5.8.4.1	隐患控制	企业应根据隐患排查的结果制定隐患治理方案，一般隐患由各单位及时进行治理。短时间内无法消除的隐患要制定整改措施、确定责任人、落实资金、明确时限和编制预案，做到安全措施到位、安全保障到位、强制执行到位、责任落实到位 重大安全隐患在治理前要采取有效控制措施、制定相应应急预案，并按有关规定及时上报 生产经营单位对承包、承租单位的事故隐患排查治理负有统一协调和监督管理的职责	20	①一般隐患未能及时治理，每个扣5分 ②排查出的重大隐患未进行针对性的原因分析，未制定隐患治理方案，每次扣2分；未按期治理，不得分 ③对承包、承租单位的事故隐患排查治理未监督管理，每个隐患扣5分
5.8.4.2	治理方案	重大隐患治理方案应包括目标和任务、方法和措施、经费和物资、机构和人员、时限和要求、措施及预案	10	①重大隐患治理方案内容不全，缺失一项扣2分 ②重大隐患治理前未采取有效的临时控制措施，未制定可行的应急预案，不得分
5.8.4.3	治理措施	隐患治理措施包括：工程技术措施、管理措施、教育措施、防护措施和应急措施 企业应加强隐患排查治理过程中的监督检查，对重大隐患实行挂牌督办 从业人员发现事故隐患或者其他不安全因素，应当立即向现场安全生产管理人员或者本单位负责人报告，接到报告的人员应当及时处理	10	①隐患治理措施不切合实际或不可操作，每条扣5分 ②企业未进行治理过程监督检查，扣5分；重大隐患未实施挂牌督办，不得分 ③从业人员发现事故隐患，向管理人员报告后，未采取措施或治理，每项扣5分
5.8.4.4	治理后评估	隐患治理完成后，应对治理情况进行验证和效果评估，并将验证结果和评估记录及时归档	10	①隐患治理完成后未经验证和效果评估，每个扣2分 ②验证及效果评估与现实情况不相符或不满足要求，每个扣2分
5.8.5	预测预警	企业应根据生产经营状况及隐患排查治理情况，研究运用定量的安全生产预测预警技术，建立完善企业安全生产预警机制、安全生产动态监控及预警预报体系，每月进行一次安全生产风险分析，发现事故征兆要立即发布预警信息，落实防范和应急处置措施	10	①未开展定量的安全生产预测预警技术研究或应用，扣5分 ②未进行每月安全生产风险分析，不得分 ③未对隐患排查治理进行分析，扣2分；未对安全生产状况及发展趋势预报，扣2分

5.9 危险源辨识及（重大）危险源监控（30分）

序号	项　目	内　　容	标准分	评分标准
5.9.1	管理制度	企业应建立健全（重大）危险源安全管理制度和危险化学品管理制度，制定（重大）危险源安全管理技术措施，建立危险、有害因素辨识和风险预控管理制度，对危险点、危险源进行分级、分类管理，做好统计、分析和登记造册，并及时更新 企业基层单位应根据岗位特点和工作内容，制定企业危险点分析和控制管理办法，全面分析工作中的危险点和危险源	10	①未建立管理制度，未对危险点、危险源进行分级、分类管理，未进行统计、分析和登记造册，有上述任一项，不得分；未及时更新，扣1分 ②企业未制定危险点分析和控制管理办法，扣5分

续表

序号	项 目	内 容	标准分	评分标准
5.9.2	危险源辨识	企业应组织对生产系统和作业活动中的各种危险、有害因素进行辨识，并对可能产生的风险进行评估 企业应对使用新材料、新工艺、新设备以及设备、系统技术改造可能产生的风险及后果进行危害辨识 企业应依据有关标准每两年对本单位的危险设施或场所进行危险、有害因素辨识和风险评估，重大危险源按规定进行安全评价	10	①未进行危险、有害因素辨识，重大危险源未按规定进行安全评价并备案，有上述任一项，不得分 ②辨识和评估工作有缺失，每项扣1分
5.9.3	登记建档及备案	对辨识出的危险源进行监测，建立预测、预警机制 对辨识出的危险源进行风险分析和评估，根据风险评估结果制定并落实相应的控制措施 采用技术手段和管理方式消除和降低风险 对确认的重大危险源及时登记建档，并按规定备案	5	①未建立预测、预警机制，未进行风险评估，未制定、落实控制措施，有上述任一项，不得分 ②有一项不符合扣1分，扣完为止 ③重大危险源未及时登记建档或未备案，扣3分；登记不全，缺一项扣2分
5.9.4※	重大危险源监控管理	依据国家有关标准，在对本单位重大危险源进行安全普查、评估和分级的基础上，设置明显的安全警示标志 根据有关规定对重大危险源进行定期检测，制定、落实相应的安全管理措施和技术措施 企业应健全重大危险源报告制度，并向本单位从业人员和相关单位告知重大危险源信息	5	①未建立重大危险源管理制度和危险化学品管理制度，未对重大危险源进行安全评估，有上述任一项，不得分 ②不符合危险化学品管理和重大危险源监控的要求，每项扣2分

5.10 职业健康（60分）

序号	项 目	内 容	标准分	评分标准
5.10.1	职业健康管理		40	
5.10.1.1	管理制度	企业应按照法律法规、标准规范的要求，为从业人员提供符合职业健康要求的工作环境和条件，配备与职业健康保护相适应的设施、工具，建立职业健康管理制度。企业应安排职业危害相关岗位人员在上岗前、转（下）岗后、在岗期间定期进行职业健康检查	5	①工作环境和条件不符合法律法规、标准规范的要求，未配备与职业健康保护相适应的设施、工具，每处扣2分 ②未建立职业健康管理制度，扣5分；未对职业危害相关岗位人员进行健康检查，不得分；漏检1人扣1分 ③未按照《职业健康安全管理体系要求》（GB/T 28001—2011）建立并实施职业健康安全管理体系，不得分
5.10.1.2	防护用品	依据企业工作范围制定职工安全防护用品发放项目和标准 健全职工安全防护用品的采购、验收、管理、发放、过期回收和损坏更换等制度，落实管理人员职责，经常监督检查职工安全防护用品正确使用情况（如电焊粉尘、微波辐射、六氟化硫气体收集和充装等防护用品的使用）	5	①未建立标准或管理制度，不得分 ②发现职工安全防护用品漏配或使用不当，每人扣1分
5.10.1.3	职业危害场所检测	依据国家有关规定，企业应定期对存在职业危害因素的作业场所进行危害因素检测（如高温、粉尘、噪声、工频电磁场、微波辐射等），并监控使其保持在国家规定允许范围内，在检测点设置标识牌予以告知，并将检测结果存入档案	10	①存在职业危害的作业场所未按要求定期进行检测，每处扣2分 ②检测点未设置告知标识牌或告知内容不正确，每处扣1分 ③未将检测结果存入档案，扣2分

续表

序号	项 目	内 容	标准分	评分标准
5.10.1.4	报警装置	对可能发生急性职业危害的有毒、有害工作场所(如室内六氟化硫断路器室)，应设置报警装置。电缆隧道、窨井、有限空间等作业前应检测氧气含量，制定应急预案，配置现场急救用品、设备，设置应急撤离通道和必要的泄险区	10	可能发生急性职业危害的工作场所，未设置报警装置，未制定针对性及可操作性强的现场处置方案，未配置现场急救用品、设备，每个工作点扣2分
5.10.1.5	防护器具	正压式呼吸器等各种防护器具应定点存放在安全、便于取用的地方，并由专人负责保管，定期校验和维护	5	防护器具存放地点不正确，没有专人保管，未定期校验和维护，每个点或每项扣1分
5.10.1.6	急救用品	企业应对现场急救用品、设备和防护用品、器具进行经常性的检维修，定期检测其性能，确保其处于正常状态	5	现场急救用品、设备和防护用品过期、丧失性能，未定期检维修、检测，每处扣1分
5.10.2	职业危害告知与警示		15	
5.10.2.1	危害告知	企业与从业人员订立劳动合同时，应将工作过程中可能产生的职业危害及其后果和防护措施如实文字告知从业人员，并在劳动合同或附件中写明	5	企业与从业人员订立劳动合同（含附件）时，未如实文字告知工作过程中可能产生的职业危害及其后果和防护措施，每人次扣2分
5.10.2.2	宣传教育	企业应采用有效的方式对从业人员及相关方进行宣传，使其了解生产过程中的职业危害、预防和应急处理措施，降低或消除危害后果	5	①未采取有效方式（公告、标识、教育培训等）进行宣传，扣3分 ②从业人员不了解生产过程中的职业危害、预防和应急处理措施，每人次扣2分
5.10.2.3	危害警示	对存在严重职业危害的作业岗位，应按照GBZ 158—2003的要求设置警示标识和警示说明。警示说明应载明职业危害的种类、后果、预防和应急救治措施	5	①存在严重职业危害的作业岗位，未按照要求设置警示标识和警示说明，每岗位扣2分 ②警示说明内容缺项、有误，每项扣1分
5.10.3※	危害申报	企业应按规定，及时、如实向当地主管部门申报生产过程存在的职业病危害因素及职业病（如电焊工的尘肺病等），并依法接受其监督	5	①未如实向当地主管部门申报生产过程存在的职业病危害因素及职业病，不得分 ②申报不全，每处扣2分

5.11 应急救援管理（40分）

序号	项 目	内 容	标准分	评分标准
5.11.1	应急机构	企业应建立健全行政领导负责制的应急领导、监督、保证体系，健全事故应急救援制度，成立应急领导小组以及相应工作机构，明确应急工作职责和分工，并指定专人负责安全生产应急管理工作 完善上下级电网统一的应急指挥平台体系	5	建立安全生产应急管理机构或指定专人负责安全生产应急管理工作（此项为必备条件） ①事故应急救援制度有缺失，每项扣1分，最多扣3分 ②未建立上下级电网统一的应急指挥平台，扣2分
5.11.2	应急队伍	加强专兼职应急抢险救援队伍和专家队伍建设，落实各级应急救援的职责，并定期进行训练。 完善企业与当地政府应急支援衔接机制，必要时可与当地驻军、医院、消防队伍签订应急支援协议	5	①应急队伍和救援人员不满足应急救援需要，不得分 ②应急工作队伍、人员未进行训练，发现1人扣1分 ③应取得必要的应急支援而未取得，扣2分

续表

序号	项　目	内　　容	标准分	评分标准
5.11.3	应急预案	结合自身安全生产和应急管理工作实际情况，按照《电力企业综合应急预案编制导则（试行）》《电力企业专项应急预案编制导则（试行）》和《电力企业现场处置方案编制导则（试行）》要求或上级预案，制定完善本单位应急预案（参照附录B）体系 应急预案应根据有关规定报能源监管机构和安全生产监督管理部门备案，并通报有关应急单位。建立电网调度上下级安全运行预案报备制度 应急预案应建立定期评审制度，根据评审结果和实际情况进行修订和完善。应急预案应当每三年至少修订一次，预案修订结果应详细记录	10	①未制定本单位应急预案且未执行上级单位预案，不得分 ②对照附录B，应有的应急预案未编制或预案操作性不强，存在重大缺漏，每项扣5分 ③未按规定组织企业应急预案评审，扣5分；未按规定报有关单位备案，不得分 ④未及时根据评审结果或实际情况变化对应急预案进行修订和完善，扣2分
5.11.4	应急设施、装备、物资	企业应按规定建立应急设施、配备应急装备、储备应急物资，并进行经常性的检查、维护、保养，确保其完好、可靠	5	①未按照标准、规范、预案要求建立应急设施、配备应急装备、储备应急物资，每项扣2分 ②应急设施、装备或物资帐、卡、物不符，扣1分；不完好、不可靠，每项扣1分
5.11.5	应急培训	每年至少组织一次应急预案培训 企业应定期开展企业领导和管理人员应急管理能力培训以及重点岗位员工应急知识和技能培训	5	①未组织每年至少一次应急预案培训，不得分 ②企业领导、管理人员、重点岗位员工培训工作有缺失，每项扣1分，最多扣3分
5.11.6	应急演练	企业应制定年度应急预案演练计划。根据本单位事故预防重点，每年至少组织一次专项应急预案演练，每半年至少组织一次现场处置方案演练，且5年内要完成本企业所有预案及处置方案的演练 按照《电力突发事件应急演练导则》要求，开展桌面和实战演练（包括实战演练的程序性和检验性演练），并适时开展联合应急演练，并对演练效果进行评估。根据评估结果，修订完善应急预案，改进应急管理	5	①未制定演练计划，一年内未进行一次专项预案演练，不得分；半年内未进行一次现场处置方案演练，扣2分；演练未评估，扣1分；评估后应改进而未改进，扣1分；未开展人员逃生演练，扣2分 ②计划内容和演练工作有缺失，缺少演练记录，每项扣1分
5.11.7	应急响应与事故救援	按突发事件分级标准确定应急响应原则和标准 针对不同级别的响应，做好应急启动、应急指挥、应急处置和现场救援、应急资源调配等应急响应工作。 当突发事件得以控制，可能导致次生、衍生事故的隐患消除，应急指挥部可批准应急结束 明确应急结束后，要做好突发事件后果的影响消除、生产秩序恢复、污染物处理、善后理赔、应急能力评估、对应急预案的评价和改进等后期处置工作	5	①未确定应急响应分级原则和标准，不得分 ②发生突发事件后，未按要求进行应急响应和救援，或因响应和救援原因受到上级通报批评的，不得分

5.12　信息报送和事故（事件）调查处理（20分）

序号	项　目	内　　容	标准分	评分标准
5.12.1	信息报送	建立电力安全生产和电力安全突发事件等电力安全信息管理制度，明确信息报送部门、人员和24小时联系方式	5	①未建立电力安全信息管理制度，未按规定报送电力安全信息和相关文件，有上述任一项，不得分

续表

序号	项 目	内 容	标准分	评分标准
5.12.1	信息报送	按规定向能源监管机构和有关单位报送电力安全信息如电力安全事故、电力安全事件、隐患排查治理信息等，电力安全信息报送应做到准确、及时和完整 按规定向能源监管机构和有关单位报送需要备案的相关规范性文件（如本单位制定的电力安全事件管理办法、电力突发事件应急预案等）	5	②未落实信息报送责任人，信息报送工作有缺失，每项扣2分 ③应备案的文件无备案，发现一项扣1分
5.12.2	事故（事件）报告	企业发生事故（事件）后，应按规定及时向能源监管机构、政府有关部门、上级单位报告，并妥善保护事故现场及有关证据，必要时向相关单位和人员通报	5	未发生瞒报、谎报、迟报、漏报事故（事件）和故意破坏现场的情况（此项为必备条件） 在安全管理制度中未体现规范报告事故（事件）的内容，不得分
5.12.3	事故（事件）调查处理	企业发生事故（事件）后，应按规定成立事故（事件）调查组，明确其职责与权限，进行事故（事件）调查或配合上级部门的事故（事件）调查 事故（事件）调查应查明事故（事件）发生的时间、经过、原因、人员伤亡情况及直接经济损失等 事故（事件）调查应根据有关证据、资料，分析事故（事件）的直接、间接原因和事故（事件）责任，提出整改措施和处理建议，编制事故（事件）调查报告	10	①发生事故（事件）后未按规定要求成立事故（事件）调查组，扣5分 ②事故（事件）调查组职责不明确，扣10分；未履行调查职责，扣5分 ③事故（事件）调查情况不全，每缺一项内容扣2分 ④事故（事件）调查报告内容不全，每缺一项内容扣2分 ⑤事故（事件）分析不科学、不客观，性质定性不准确，处理建议不合理，整改措施落实不到位，每个方面扣2分

5.13 绩效评定和持续改进（20分）

序号	项 目	内 容	标准分	评分标准
5.13.1	建立机制	建立安全生产标准化绩效评定的管理制度，明确对安全生产目标完成情况、现场安全状况与标准化规范的符合情况、安全管理实施计划的落实情况的测量评估的方法、组织、周期、过程、报告与分析等要求，测量评估应得出可量化的绩效指标 制定本企业的安全绩效考评实施细则，并认真贯彻执行	5	①未建立安全生产标准化绩效评定的管理制度，未制定本企业的安全绩效考评实施细则，有上述任一项，不得分 ②管理制度内容有缺失，每项扣1分，最多扣2分
5.13.2	绩效评定	企业应每年至少一次对本单位安全生产标准化的实施情况进行评定，验证各项安全生产制度措施的适宜性、充分性和有效性，检查安全生产工作目标、指标的完成情况 企业主要负责人应对绩效评定工作全面负责。评定工作应形成正式文件，并将结果向所有部门、所属单位和从业人员通报，作为其年度考评的重要依据 企业发生死亡事故后应重新进行评定	10	①每年评定少于一次，扣1分；无评定报告，扣5分 ②主要负责人未组织和参与，扣10分 ③评定报告未形成正式文件，扣1分；评定中缺少元素内容或其支撑性材料不全，每个扣1分 ④未对前次评定中提出的纠正措施的落实效果进行评价，扣2分 ⑤未通报，扣5分；抽查发现有关部门和人员对相关内容不清楚，每人次扣1分 ⑥未纳入年度考评，扣10分

续表

序号	项 目	内 容	标准分	评分标准
5.13.2	绩效评定		10	⑦评定结果未纳入年度考评，每少一项扣1分 ⑧年度考评每少一个部门、单位、人员，扣1分；年度考评结果未落实到部门、单位、人员，每项扣1分 ⑨发生死亡事故后或生产工艺发生重大变化后未及时重新进行安全生产标准化系统评定，扣10分
5.13.3	持续改进	企业应根据安全生产标准化的评定结果和安全生产预警指数系统所反映的趋势，对安全生产目标、指标、规章制度、操作规程等进行修改完善，持续改进，不断提高安全绩效 对责任履行、系统运行、检查监控、隐患整改、考评考核等方面评估和分析出的问题，由安全生产委员会或安全生产领导机构讨论提出纠正、预防的管理方案，并纳入下一周期的安全生产工作实施计划当中 企业对绩效评价提出的改进措施，要认真进行落实，保证绩效改进落实到位	5	①未进行安全生产标准化系统持续改进，不得分 ②未制定完善安全生产标准化工作计划和措施，扣1分 ③修订完善的记录与安全生产标准化系统评定结果不一致，每处扣1分

注：当被评企业不涉及本标准中的某些要素时为删除项，该项实得分按零分计，同时扣除该项标准中的应得分值。

6 评审用表

6.1 电网企业安全生产标准化达标评级总分表

序号	项目	标准分/项	删除分/项	应得分/项	实得分	得分率（%）
5.1	目标	20/3				
5.2	组织机构和职责	100/19				
5.3	安全生产投入	20/4				
5.4	法律法规和安全管理制度	100/9				
5.5	宣传教育培训	90/10				
5.6	生产设备设施	680/51				
5.7	作业安全	220/23				
5.8	隐患排查治理	100/9				
5.9	危险源辨识及（重大）危险源监控	30/4				
5.10	职业健康	60/10				
5.11	应急救援管理	40/7				
5.12	信息报送和事故（事件）调查处理	20/3				
5.13	绩效评定和持续改进	20/3				
总计		1500/155				

6.2 电网企业安全生产标准化达标评级明细表

序号	项目	标准分/项	删除分/项	应得分/项	实得分	得分率（%）
5.1	目标	20/3				
5.1.1	目标制定	10				
5.1.2	目标的控制与落实	5				
5.1.3	目标的监督与考核	5				
5.2	组织机构和职责	100/19				
5.2.1	组织机构和监督管理	60/11				
5.2.2	安全责任制	40/8				
5.3	安全生产投入	20/4				
5.3.1	费用管理	8				
5.3.2	反事故措施和劳动保护安全技术措施费用	4				
5.3.3	其他安全费用	4				
5.3.4	实施后的评估	4				
5.4	法律法规和安全管理制度	100/9				
5.4.1	法律法规与标准规范	30/4				
5.4.2	企业管理规章制度	10				
5.4.3	标准规范规程配置	20				
5.4.4	评估	10				
5.4.5	修订	10				
5.4.6	文件和档案管理	20				
5.5	宣传教育培训	90/10				
5.5.1	企业安全宣传教育培训管理	20/2				
5.5.2	安全生产管理人员教育培训	10				
5.5.3	操作岗位人员教育培训	50/5				
5.5.4	其他人员教育培训	5				
5.5.5	安全文化建设	5				
5.6	生产设备设施	680/51				
5.6.1	生产设备设施建设	20/2				
5.6.2	设备设施运行管理	65/5				
5.6.3	新设备验收及旧设备拆除、报废	15/3				
5.6.4	电力设施保护管理	40/4				
5.6.5	电网安全	200/10				
5.6.6	设备设施安全	160/15				
5.6.7	电气设备风险控制	160/9				
5.6.8	设备设施防灾救灾	20/3				

续表

序号	项目	标准分/项	删除分/项	应得分/项	实得分	得分率（%）
5.7	作业安全	220/23				
5.7.1	生产现场管理和过程控制管理	50/5				
5.7.2	作业行为管理	70/10				
5.7.3	安全工器具及警示标志	30/3				
5.7.4	相关方管理	60/4				
5.7.5	变更管理	10				
5.8	隐患排查治理	100/9				
5.8.1	隐患管理制度	10				
5.8.2	隐患排查	10				
5.8.3	隐患排查范围和方法	20/2				
5.8.4	隐患治理	50/4				
5.8.5	预测预警	10				
5.9	危险源辨识及（重大）危险源监控	30/4				
5.9.1	管理制度	10				
5.9.2	危险源辨识	10				
5.9.3	登记建档及备案	5				
5.9.4	重大危险源监控管理	5				
5.10	职业健康	60/10				
5.10.1	职业健康管理	40/6				
5.10.2	职业危害告知与警示	15/3				
5.10.3	危害申报	5				
5.11	应急救援管理	40/7				
5.11.1	应急机构	5				
5.11.2	应急队伍	5				
5.11.3	应急预案	10				
5.11.4	应急设施、装备、物资	5				
5.11.5	应急培训	5				
5.11.6	应急演练	5				
5.11.7	应急响应与事故救援	5				
5.12	信息报送和事故（事件）调查处理	20/3				
5.12.1	信息报送	5				
5.12.2	事故（事件）报告	5				
5.12.3	事故（事件）调查处理	10				
5.13	绩效评定和持续改进	20/3				
5.13.1	建立机制	5				

续表

序号	项目	标准分/项	删除分/项	应得分/项	实得分	得分率（%）
5.13.2	绩效评定	10				
5.13.3	持续改进	5				
总计		1500/155				

注：删除项即不存在的标准项，删除分即删除项的标准分；

应得分＝标准分－删除项分；实得分＝实查项分；得分率＝实得分/应得分×100%。

6.3 电网企业安全生产标准化达标评级核心要素发现问题及扣分项评分结果

项目	发现问题	应得分	扣分	实得分	整改建议	是否主要问题（√）

6.4 电网企业安全生产标准化达标评级评审记录（样表）

5.1 目标（20分）

序号	项 目	内 容	标准分	评分标准	查评情况说明	实得分
5.1.1	目标制定	企业应根据自身生产实际，依据“保人身、保电网、保设备”的原则，制定规划期内和年度安全生产目标 安全生产目标应明确企业安全状况在人员、设备、作业环境、职业健康安全管理等方面的各项指标（如：不发生负有责任的3人以上重伤或人身死亡事故、不发生负有责任的一般及以上电力设备事故、电力安全事故以及火灾事故和负有同等及以上责任的重大交通事故，以及对社会造成重大不良影响的事件。作业环境有措施，职业安全健康有保障） 目标应科学、合理，体现分级控制的原则 安全生产目标应经企业主要负责人审批，以文件形式下达	10	①未制定规划期内和年度安全生产目标，未经企业主要负责人审批，未以文件形式下达，未体现分级控制的原则，有上述任一项，不得分 ②指标不明确、内容不完善、不结合实际，有上述任一情况扣，5分；无具体考核指标，扣3分		
5.1.2	目标的控制与落实	根据确定的安全生产目标，基层管理部门按照在生产经营中的职能，制定相应的安全指标、实施计划 企业应按照基层单位或部门安全生产职责，将安全生产目标自上而下逐级分解，层层落实目标责任、指标，并实施企业与员工双向承诺 遵循分级控制的原则，制定保证安全生产目标实现的控制措施，措施应明确、具体，具有可操作性	5	①未制定实施计划指标和控制措施，未将目标自上而下逐级分解，有上述任一项，不得分 ②控制措施不明确、不具体，每处扣2分		

续表

序号	项 目	内 容	标准分	评分标准	查评情况说明	实得分
5.1.3	目标的监督与考核	制定安全生产目标考核办法 定期对安全生产目标实施计划的执行情况进行监督、检查与纠偏 对安全生产目标完成情况进行评估与考核、奖惩	5	①未制定考核办法，未进行监督、检查与纠偏，未及时进行评估与考核，有上述任一项，不得分 ②考核办法未涵盖所有部门，缺一个扣1分		

6.5 评审员现场评审到位记录表

评审员姓名： 评审证号： 注册评审机构：

时间（月/日）	查评地点	查评项目	查评设备、文件说明	被查人签字	陪同人签字

注：1．查评地点：填写某变电站、某部门、某班组或某线路几号杆塔等；

2．查评项目：填写序号、项目；

3．查评设备、文件说明：填写查评的具有代表性的设备及部件，具有代表性的文件、报告、资料，并附带时间记录的照片；

4．被查人：指设备主管人，文件、报告、资料管理人；

5．陪同人：指陪同评审员的引导人。

附 录 A

（规范性附录）

电力企业规章制度内容

A1 安全生产职责（责任制）

A2 安全生产费用

A3 文件和档案管理

A4 安全生产检查及隐患排查与治理

A5 两票三制

A6 安全教育培训

A7 特种设备及特种设备作业人员、特种作业人员、带电作业人员管理

A8 生产设备、设施运行、检修管理及作业环境安全管理

A9 建设项目安全设施“三同时”管理

A10 危险化学品和重大危险源管理

A11 特殊危险作业管理（特种作业、特种设备作业及带电作业管理）

A12 消防安全管理

A13 相关方及临时用工管理

A14 职业健康管理

A15 劳动防护用品及特殊防护用品管理

A16 安全工器具管理

A17 应急管理

A18 交通安全管理

A19 作业不安全行为及反违章管理

A20 安全生产奖惩

A21 安全监督及安全事故事件管理

A22 技术监督管理

A23 反事故措施及劳动保护安全技术措施管理

附 录 B

（规范性附录）

电网企业应急预案及典型现场处置方案目录

B1 电网企业综合应急预案

B2 电网企业专项应急预案

B2.1 自然灾害类

B2.1.1 防台、防汛、防强对流天气应急预案

B2.1.2 防雨雪冰冻应急预案

B2.1.3 防大雾应急预案
B2.1.4 防地震灾害应急预案
B2.1.5 防地质灾害应急预案
B2.1.6 防森林火灾应急预案
B2.2 事故灾难类
B2.2.1 人身事故应急预案
B2.2.2 电网事故应急预案
B2.2.3 电网黑启动应急预案
B2.2.4 电力设备事故应急预案
B2.2.5 大型施工机械事故应急预案
B2.2.6 电力网络信息系统安全事故应急预案
B2.2.7 火灾事故应急预案
B2.2.8 交通事故应急预案
B2.2.9 环境污染事故应急预案
B2.3 公共卫生事件类
B2.3.1 传染病疫情事件应急预案
B2.3.2 群体性不明原因疾病事件应急预案
B2.3.3 食物中毒事件应急预案
B2.4 社会安全事件类
B2.4.1 群体性突发社会安全事件应急预案
B2.4.2 突发新闻媒体事件应急预案
B3 电力企业典型现场处置方案
B3.1 人身事故类
B3.1.1 高处坠落伤亡事故处置方案
B3.1.2 机械伤害伤亡事故处置方案
B3.1.3 物体打击伤亡事故处置方案
B3.1.4 触电伤亡事故处置方案
B3.1.5 火灾伤亡事故处置方案
B3.1.6 灼烫伤亡事故处置方案
B3.1.7 化学危险品中毒伤亡事故处置方案
B3.2 电网事故类
B3.2.1 重要输电通道及线路故障处理处置方案
B3.2.2 重要变电站、换流站、发电厂全停事故处置方案
B3.2.3 重要电力用户停电事件处置方案
B3.2.4 电网解列事故处置方案
B3.2.5 电网非同期振荡事故处置方案
B3.2.6 电网低频事故处置方案
B3.2.7 电网应对缺煤引发机组大范围停运事件处置方案

B3.3 设备事故类

B3.3.1 变电站主变故障处置方案

B3.3.2 变电站母线故障处置方案

B3.3.3 输电线路倒塔断线事故处置方案

B3.4 电力网络与信息系统安全类

B3.4.1 电力二次系统安全防护处置方案

B3.4.2 电网调度自动化系统故障处置方案

B3.4.3 电网调度通信系统故障处置方案

B3.5 火灾事故类

B3.5.1 变压器火灾事故处置方案

B3.5.2 电缆火灾事故处置方案

B3.5.3 重要生产场所火灾事故处置方案

附 录 C

（规范性附录）

脚手架和登高用具

C1 脚手架

C1.1 脚手架（含依靠的支持物）整体固定牢固，无倾倒、塌落危险。

C1.2 脚手架无单板、浮板、探头板。

C1.3 组件合格。

C1.4 脚手架工作面的外侧设 1.2m 高的栏杆并在其下部加设 18cm 高的护板。

C1.5 附近有电气线路及设备时，应符合安规的安全距离，并采取可靠的防护措施。

C1.6 脚手架上不能乱拉电线，木竹脚手架应加绝缘子，金属管脚手架应另设木横担。

C1.7 施工脚手架上如堆放材料，其质量不应超过计算载重。

C1.8 设有工作人员上下的梯子。

C1.9 用起重装置起吊重物时，不准把起重装置同脚手架的结构相连接。

C1.10 悬吊式脚手架是否符合安规的特殊规定。

C1.11 大型脚手架应有专门设计，并经单位主管生产的领导（总工程师）批准。

C1.12 有分级验收合格的书面材料。

C2 脚手架组件

C2.1 木、竹制构件无腐蚀、折裂、无枯节，无严重的化学或机械损伤。

C2.2 金属组件无裂纹、无严重锈蚀、无严重变形，螺纹部分完好。

C2.3 木竹制脚手板厚度不小于 4cm（斜道板及跳板为 5cm），竹脚手板组装牢固。

C2.4 金属管不得弯曲、压扁或者有裂缝。

C2.5 有脚手架搭设工作领导人出具的书面证明方可使用。

C3 安全网

C3.1 由取得生产许可证书的厂家生产，并有生产许可证书复印件和产品合格证。

C3.2　网绳、边绳、筋绳无断股、散股及严重磨损，连接部分牢固。

C3.3　网体无严重变形。

C3.4　试验绳按规定进行试验合格，不超期使用。

C4　梯子、高凳

C4.1　木、竹制构件连接牢固无腐蚀、变形（禁止使用钉子）。

C4.2　金属组件无严重锈蚀，无严重变形，连接牢固可靠。绝缘梯子应定期检验。

C4.3　防滑装置（金属尖角、橡胶套）齐全可靠。

C4.4　梯阶的距离不应大于40cm。

C4.5　人字梯铰链牢固，限制开度拉链齐全。

C5　移动式（车式）平台

C5.1　平台四周有护栏，高度为1.2m。

C5.2　升降机构牢固完好，升降灵活。

C5.3　电气部分绝缘电阻合格，采取了可靠的防止漏电保护。

C5.4　液压操动机构完好，无缺陷。

C5.5　对电气及机械部分定期检查，有检查记录，缺陷能够及时消除。

C5.6　在检查周期内使用。

C6　安全带

C6.1　组件完整，无短缺，无破损。

C6.2　绳索、编织带无脆裂、断股或扭结。

C6.3　皮革配件完好、无伤残。

C6.4　金属配件无裂纹、焊接无缺陷、无严重锈蚀。

C6.5　挂钩的钩舌咬口平整不错位，保险装置完整可靠。

C6.6　活动卡子的活动灵活，表面滚花良好，与边框间距符合要求。

C6.7　铆钉无明显偏位，表面平整。

C6.8　定期检查合格，有记录，未超期使用。

C6.9　是按照2009年标准制造的产品，有明确的报废周期。

C6.10　配备的防坠器应制动可靠。

C7　脚扣

C7.1　金属母材及焊缝无任何裂纹及可目测到的变形。

C7.2　橡胶防滑条（套）完好、无破损。

C7.3　皮带完好，无霉变、裂缝或严重变形。

C7.4　定期检查并有记录。

C7.5　小爪连接牢固，活动灵活。

C8　升降板

C8.1　踏脚板木质无腐蚀、劈裂等。

C8.2　绳索无断股、松散。

C8.3　绳索同踏板固定牢固。

C8.4　金属组件无损伤及变形。

C8.5 定期检查并有记录，未超期使用。

附 录 D
（规范性附录）
起 重 机 械

D1 电梯

D1.1 层门、轿箱门的机械或电气联锁装置功能正常、可靠。

D1.2 自动平层功能良好，不出现反向自平。

D1.3 层站呼唤按钮、指层灯完好，功能正常。

D1.4 安全防护装置功能正常。

D1.5 电气设备有可靠的接地（零）保护。

D1.6 电梯井道灯（每10m 1个）正常。

D1.7 载人电梯的通信设施或紧急呼救装置齐全有效。

D1.8 定期经地方专业检测部门检验合格。

D2 桥式、门式起重机

D1.1 各种应有的保险装置、闭锁装置功能正常，不得随意解除。

D2.2 刹车及控制系统灵活可靠。

D2.3 转动部分及易发生挤绞伤部分防护罩（遮拦）完整、牢固。

D2.4 车轮踏面和轮缘无明显的磨损和伤痕。

D2.5 轨道终端的行程开关和缓冲器完好。

D2.6 室外设备应有可靠的防风措施。

D2.7 电气设备金属外壳及金属结构应有可靠的接地（零）。

D2.8 电气设备保护装置及开关设备完好。

D2.9 司机室装有空调，空调功率满足需要。

D2.10 司机室铺有绝缘垫，配有灭火器。

D2.11 警铃完好，有效。

D2.12 室外设备的电气装置有防雨设施。电气装置定期经专业检测部门检验合格，记录及资料齐全，在检验周期内使用。

D3 自行式起重机、斗臂车、带电作业车

D3.1 各种应有的保护装置、闭锁装置功能正常，不得随意解除。

D3.2 刹车及控制系统灵活可靠。

D3.3 转动部分及易发生挤绞伤部分防护罩（遮拦）完整、牢固。

D3.4 电气设备金属外壳及金属结构应有可靠的接地（零）。

D3.5 电气设备保护装置及开关设备完好。斗臂车、带电作业车应定期检验绝缘性能。

D3.6 悬臂起重的起重特性曲线表应准确清晰。

D3.7 液压系统无严重渗漏。

D3.8 定期经专业检测部门检验合格，记录及资料齐全，在检验周期内使用。

D4 各式电动葫芦、电动卷扬机、垂直升降机

D4.1 有统一、清晰的编号。

D4.2 起升限位器动作灵敏可靠，上极限位置距离卷筒≥50cm。

D4.3 制动器及控制系统功能可靠，动作灵敏。

D4.4 按钮连锁装置功能可靠（即同时按相反按钮，按钮失效）。

D4.5 轨道上的止挡器完好。

D4.6 车轮踏面和轮缘无明显的磨损痕迹。

D4.7 电气设备系统绝缘电阻≥0.5MΩ，有定期测量记录，未超期使用。

D4.8 电气设备有可靠的保护接地（零）。

D4.9 卷扬机固定牢固，钢丝绳与其他物体无明显摩擦痕迹。

D4.10 电动葫芦的盘绳器齐全、有效。

D4.11 额定起重负荷标志清晰。

D4.12 定期机械检验合格，记录齐全，未超期使用。

D5 起重机械吊钩

D5.1 吊钩不得有裂纹。

D5.2 危险断面磨损不超过原高度的10%。

D5.3 扭转变形不得超过10°。

D5.4 危险断面及吊钩颈部不得产生塑性变形。

D5.5 片式吊钩的衬套、销子（心轴）、小孔、耳环以及其他坚固件无严重磨损，表面不得有裂纹和变形。衬套磨损不超过50%，销子磨损不得超过名义直径的3%～5%。

D5.6 吊钩不得补焊、钻孔。

D5.7 吊钩上应装有防脱钩装置。

D6 起重机械钢丝绳

D6.1 钢丝绳无扭结、无灼伤或明显的散股，无严重磨损、锈蚀，无断股，断丝数不超过标准。

D6.2 润滑良好。

D6.3 定期检查和进行静拉力试验。

D6.4 使用中的钢丝绳禁止与电焊机的导线或其他电线相接触。

D6.5 通过滑轮或卷筒的钢丝绳不得有接头。

D7 起重机械钢丝绳索具、钢丝绳连接、绳端固定：

D7.1 采用编结的方法连接时，编结长度符合规程规定。双头绳索结合段不应小于钢丝绳直径的20倍，最短不应小于30cm，并试验合格。

D7.2 用卡子固定的钢丝绳（绳端），卡子数符合规程规定，并不得少于3个，压板应压在长绳侧。

D7.3 电动葫芦若采用双钢丝绳起吊，固定在卷筒护套上的一端，采用楔铁固定时，应使用生产厂家专用楔铁。

D7.4 在各式起重机卷筒上固定的钢丝绳，当吊钩在最低位置时，卷筒上最少应有5圈。

D8 滑轮及滑轮组

D8.1 轮缘不得有裂纹，无严重磨损。

D8.2 滑轮直径与钢丝绳直径匹配。

D8.3 滑轮组轴不得弯曲、变形。

D8.4 轮槽直径应为绳径的1.07～1.1倍。

D8.5 轮槽平整不得有磨损钢丝绳的缺陷。

D8.6 应有防止钢丝绳跳出轮槽的装置。

D8.7 铸造滑轮轮槽不均匀磨损不得超过3mm。

D8.8 铸造滑轮轮槽壁厚磨损不得超过原壁厚的20%。

D8.9 铸造滑轮轮槽底部直径减少量不得超过钢丝绳直径的50%。

D9 卷筒

D9.1 卷筒的直径应不小于钢丝绳直径的20倍。

D9.2 卷筒的固定不得随意改动。

D9.3 不得有裂纹。

D9.4 筒壁厚度磨损不得超过原壁厚的20%。

D10 手动小型起重设备

D10.1 各类工具必须具备

D10.1.1 有统一、清晰的编号。

D10.1.2 定期检验合格，有记录，未超期使用。

D10.2 各式千斤顶

D10.2.1 千斤顶底座平整、坚固、完整。

D10.2.2 螺纹、齿条及其承力部件无明显磨损或裂纹等缺陷。

D10.3 手动葫芦（倒链）

D10.3.1 铭牌上制造厂家、制造年月清楚，额定负荷标志清晰。

D10.3.2 无负荷上升运转时有棘爪声，下降时制动正常。

D10.3.3 吊钩无裂纹、无明显变形或损伤，原有的防脱钩卡子完好。

D10.3.4 环链无裂纹、无明显变形、节距伸长或直径磨损。

D10.4 手动卷扬机和绞磨

D10.4.1 制动和逆止安全装置功能正常，部件无明显损伤。

D10.4.2 架构及连接部分牢固、无严重缺陷。

D10.5 液压工具

D10.5.1 液压缸部分不应有渗漏。

D10.5.2 使用人员熟悉工具性能，有防止因用力过大造成设备损坏、伤人的措施。

附 录 E

（规范性附录）

电气安全用具及电动工器具

E1 电气安全用具

E1.1　属于经过电力安全工器具质量监督检验检测中心试验鉴定的合格产品。

E1.2　有统一、清晰的编号。

E1.3　有试验合格标签和试验记录，未超过有效期使用。

E1.4　绝缘部分的表面无裂纹、破损或污渍。

E1.5　绝缘手套卷曲不漏气，无机械损伤。

E1.6　携带型短路接地线导线、线卡及导线护套符合标准要求，固定螺丝无松动现象。

E1.7　携带型短路接地线的编号应明显，并注明适用的电压等级。

E1.8　携带型短路接地线的保管应对号入座。

E1.9　现场放置的工器具中不应有报废品。

E1.10　验电器的自检功能正常

E2　手持电动工具

E2.1　有统一、清晰的编号。

E2.2　外壳及手柄无裂纹或破损。

E2.3　电源线使用多股铜芯橡皮护套软电缆或护套软线。

Ⅰ类工具：单相的采用三芯，三相的采用四芯电缆。

E2.4　保护接地（零）连接正确（使用绿/黄双色或黑色线芯）、牢固可靠。

E2.5　电缆线完好无破损。

E2.6　插头符合安全要求，完好无破损。

E2.7　开关动作正常、灵活、无破损。

E2.8　机械防护装置良好。

E2.9　转动部分灵活可靠。

E2.10　连接部分牢固可靠。

E2.11　抛光机等转速标志明显或对使用的砂轮要求清楚、明显。

E2.12　绝缘电阻符合要求，有定期测量记录，未超期使用。

每半年测量一次绝缘电阻：Ⅰ类工具大于2MΩ;Ⅱ类工具大于7MΩ;Ⅲ类工具大于1MΩ。

E3　移动式电动机具

E3.1　电气部分绝缘电阻符合要求，有定期测量记录，未超期使用（不低于0.5MΩ。额定电压1000V以上的机具，应使用1000V绝缘电阻表）。

E3.2　电源线使用多股铜芯橡皮护套电缆或护套软线，且单相设备采用三芯电缆，三相设备使用四芯电缆。

E3.3　软电缆或软线完好、无破损。

E3.4　保护接地（零）线连接正确、牢固。

E3.5　开关动作正常、灵活、无破损。

E3.6　机械防护装置完好。

国家能源局关于建立并网电厂涉网安全管理联席会议制度的通知

国能发安全〔2017〕56 号

华北、东北、西北、华东、华中、南方能源监管局，全国电力安全生产委员会各企业成员单位：

为进一步加强并网电厂涉网安全管理，保障电力系统安全稳定运行，经研究，决定建立并网电厂涉网安全管理联席会议（以下简称联席会议）制度。现就有关事项通知如下。

一、主要职责

协调推进并网电厂涉网安全管理工作。组织开展涉网安全管理相关政策措施研究，协调推动相关规章制度和技术标准制（修）订工作；组织开展网源协调安全发展的相关体制、机制、技术、队伍等问题研究；研究制定并网电厂涉网安全检查等工作方案并协调落实；针对检查暴露问题，组织开展专项问题研究并协调落实。

二、成员单位

联席会议由国家能源局能源节约和科技装备司、电力司、核电司、新能源和可再生能源司、市场监管司、电力安全监管司，国家能源局华北监管局、东北监管局、西北监管局、华东监管局、华中监管局、南方监管局，国家电网公司、中国南方电网有限责任公司、中国华能集团公司、中国大唐集团公司、中国华电集团公司、中国国电集团公司、国家电力投资集团公司、中国电力建设集团有限公司、中国能源建设集团有限公司、中国核工业集团公司、中国长江三峡集团公司、国家开发投资公司、神华集团公司、中国广核集团有限公司、华润电力控股有限公司、浙江省能源集团有限公司、广东省粤电集团有限公司、北京能源集团有限责任公司、内蒙古电力（集团）有限责任公司等 31 个单位组成，国家能源局电力安全监管司为牵头单位。

国家能源局分管电力安全监管工作的局领导担任联席会议召集人，国家电网公司和中国南方电网有限责任公司分管安全生产工作的负责同志、国家能源局电力安全监管司主要负责同志担任副召集人，其他企业成员单位分管安全生产工作的负责同志、国家能源局相关司和派出能源监管机构有关负责同志为联席会议成员（名单附后）。根据工作需要，联席会议可邀请其他相关单位参加。联席会议成员因工作变动需要调整的，由所在单位提出，联席会议确定。

联席会议办公室设在国家能源局电力安全监管司，承担联席会议日常工作，国家能源局电力安全监管司主要负责同志兼任办公室主任、有关负责同志兼任办公室副主任。联席会议的企业成员单位设联络员（名单附后），由各单位安全生产（安全监管、电网调度）部门负责同志担任；国家能源局相关司和派出能源监管机构的联络工作由联席会议办公室负责。为加强对并网电厂涉网安全管理工作的技术支撑，联席会议还将成立专家组。

三、工作规则

（一）联席会议实行季度例会制度，原则上每季度最后一月组织召开全体会议，由召集人或召集人委托的副召集人主持，总结听取前一阶段并网电厂涉网安全管理工作情况、研究审议下一阶段工作重点，协调解决并网电厂涉网安全管理工作中的重大问题；也可根据工作需要，召开由相关成员单位参加的专题会议，由召集人或召集人委托的副召集人主持，对并网电厂涉网安全管理有关问题进行协调。成员单位和专家组根据工作需要，可以提出召开会议的建议。

（二）在联席会议召开之前（每季度最后一月的第一周），各成员单位以书面形式向联席会议办公室报送前一阶段并网电厂涉网安全管理工作总结、下一阶段重点工作计划，提出需提交联席会议协调的事项。

（三）联席会议以会议纪要形式明确会议议定事项，并印发有关方面。

四、有关要求

各成员单位要主动研究并网电厂涉网安全管理工作中的有关问题，及时向联席会议办公室报送有关材料；按要求参加联席会议，认真落实联席会议确定的工作任务和议定事项；加强沟通，密切配合，相互支持，形成合力，充分发挥联席会议作用，形成高效务实的工作机制。联席会议办公室要及时向各成员单位通报有关情况。

附件：1.《并网电厂涉网安全管理联席会议成员名单》

2.《并网电厂涉网安全管理联席会议企业成员单位联络员名单》

国家能源局

2017 年 9 月

附件 1:

并网电厂涉网安全管理联席会议成员名单

召集人：

刘宝华 国家能源局党组成员、副局长

副召集人：

张智刚 国家电网公司副总经理

江 毅 中国南方电网有限责任公司副总经理

童光毅 国家能源局电力安全监管司司长

成 员：

叶向东 中国华能集团公司副总经理

金耀华 中国大唐集团公司副总经理

陈建华 中国华电集团公司副总经理

米树华　中国国电集团公司副总经理
王树东　国家电力投资集团公司总经理助理
姚　强　中国电力建设集团有限公司副总经理
周厚贵　中国能源建设集团有限公司副总经理
俞培根　中国核工业集团公司副总经理
张　诚　中国长江三峡集团公司副总经理
刘国军　国家开发投资公司安全总监
王树民　中国神华能源股份有限公司副总裁
高立刚　中国广核电力股份有限公司总裁
姜利辉　华润电力控股有限公司高级副总裁
朱松强　浙江省能源集团有限公司副总经理
洪荣坤　广东省粤电集团有限公司副总经理
关天罡　北京能源集团有限责任公司总工程师
牛继荣　内蒙古电力（集团）有限责任公司副总经理
刘亚芳　国家能源局能源节约和科技装备司副司长
赵一农　国家能源局电力司副司长
史立山　国家能源局核电司副司长
梁志鹏　国家能源局新能源和可再生能源司副司长
陈　涛　国家能源局市场监管司副司长
张扬民　国家能源局电力安全监管司副司长
程裕东　国家能源局华北监管局副局长
吴大明　国家能源局东北监管局副局长
仇毓宏　国家能源局西北监管局副局长
杨梦云　国家能源局华东监管局副局长
罗毅芳　国家能源局华中监管局局长
郑　毅　国家能源局南方监管局副局长
联席会议办公室设在国家能源局电力安全监管司。
办公室主任：
童光毅　国家能源局电力安全监管司司长（兼）
办公室副主任：
张扬民　国家能源局电力安全监管司副司长（兼）

附件2：

并网电厂涉网安全管理联席会议企业成员单位联络员名单

张建功　国家电网公司安全总监兼安全监察质量部主任

陈国平 国家电网公司国家电力调度控制中心主任
何朝阳 中国南方电网有限责任公司安全监管部主任
刘映尚 中国南方电网有限责任公司电力调度控制中心主任
赵　贺 中国华能集团公司安全监督与生产部主任
梁永磐 中国大唐集团公司安全生产部主任
王　辉 中国华电集团公司安全环保部主任
王忠渠 中国国电集团公司安全总监兼安全生产部主任
陶新建 国家电力投资集团公司安全质量环保部总经理
杨学功 中国电力建设集团有限公司能源业务管理部主任
尹志力 中国能源建设集团有限公司安全监察部主任
张金涛 中国核工业集团公司安全环保部主任
刘先荣 中国长江三峡集团公司质量安全部主任
李　俊 国投电力控股股份公司副总经理
刘志江 神华集团公司电力管理部总经理
郝　坚 中国广核集团有限公司安全质保部总经理
梁　杰 华润电力控股有限公司环境和安全部总监
姚子麟 浙江省能源集团有限公司生产安全部主任
饶苏波 广东省粤电集团有限公司副总工程师
梅东升 北京能源集团有限责任公司安全与科技环保部主任
朱治海 内蒙古电力（集团）有限责任公司安全质量监察部部长
李　刚 内蒙古电力（集团）有限责任公司电力调度控制中心主任

（五）电力行业网络与信息安全

国家电力监管委员会关于印发《电力行业网络与信息安全信息通报暂行办法》的通知

电监信息〔2007〕23号

《电力行业网络与信息安全信息通报暂行办法》已经国家电力监管委员会主席办公会议审定，现印发你们，请依照执行。

国家电力监管委员会
2007年6月19日

电力行业网络与信息安全信息通报暂行办法

第一条 为规范电力行业网络与信息安全信息通报工作，依据国家网络与信息安全领导小组《关于建立网络与信息安全信息通报机制的意见》（信安通〔2007〕7号）、《网络与信息安全信息通报暂行办法》（信安通〔2003〕10号）和《关于由国家电力监管委员会承担电力行业网络与信息安全监督管理职责的通知》（信安通〔2006〕20号），结合电力行业实际，制定本办法。

第二条 电力行业网络与信息安全信息通报工作遵循“谁主管、谁负责，谁运营、谁负责”的原则，加强电力行业内各单位间网络与信息安全信息共享和统一协调行动。

第三条 电力行业网络与信息安全领导小组（以下简称领导小组）是电力行业网络与信息安全信息通报工作的领导机构。

电力行业网络与信息安全领导小组办公室（以下简称办公室具体承担电力行业网络与信息安全信息通报的日常工作。

国家电网公司、中国南方电网有限责任公司、中国华能集团公司、中国大唐集团公司、中国华电集团公司、中国国电集团公司、中国电力投资集团公司及其他有关电力企业是电力行业网络与信息安全信息通报单位（以下简称通报单位）。

第四条 办公室负责监督检查并指导各通报单位的信息通报工作；负责汇总分析电力行业网络与信息安全信息，报送国家网络与信息安全信息通报中心；负责将国家网络与信息安全信息通报中心发布的信息通报、病毒与网络攻击预警等按要求转发各通报单位；组织召开通报单位网络与信息安全信息通报工作会议。

各通报单位为本单位网络与信息安全信息通报工作的责任主体，具体负责本单位的信息安全通报工作，并按要求向办公室报告本单位的网络与信息安全情况。

第五条 各通报单位应建立健全本单位信息通报工作机制，明确承担网络与信息安全信息通报工作的职能部门、负责人和联络员，及时掌握本单位网络与信息安全情况，分析、汇总、研判并上报办公室。

第六条 各通报单位实行 7×24 小时联络制度，指定一名联络员和一名后备联络员，填写电力行业网络与信息安全信息通报基本情况备案表（见附件 1）报办公室备案。联络人员或联系方式如有变动，应在 24 小时内报告办公室。

第七条 电力行业网络与信息安全信息通报的主要内容包括：

（一）电子公告服务、群发电子邮件以及广播式即时通信和短信息等网络服务中反动有害信息的传播情况；

（二）利用网络从事违法犯罪活动的情况；

（三）已经确定或可能发生的计算机病毒、网络攻击情况；

（四）网络恐怖活动的嫌疑情况和预警信息；

（五）网络或信息系统通信和资源使用异常，网络和信息瘫痪、应用服务中断或数据篡改、丢失等情况；

（六）网络安全状况、安全形势分析预测等信息；

（七）其他影响电力行业网络与信息安全的信息。

第八条 各通报单位的重要网络与信息系统在运行中出现安全事故苗头或者发生具有一定影响的安全事故后，应按照应急预案及时处置，同时应将事故发生的情况、危害程度、处置措施、分析研判等内容编写成事故报告，在 24 小时内及时上报办公室（见附件 2）。

办公室负责对通报单位报送的情况进行汇总、分析、研判，并报送国家网络与信息安全信息通报中心。

第九条 出现将会造成一定影响的网络与信息安全事故苗头和发生具有一定影响的安全事故后，有关通报单位及其下属单位除按正常业务渠道上报情况外，应当立即将有关情况通报与之存在网络和信息系统连接的其他通报单位的相关部门，并根据实际情况进行应急联合防护。

第十条 为及时反映行业网络与信息安全状况，保持信息通报渠道的畅通，各通报单位每月应填写电力行业网络与信息系统安全运行月报（见附件 3），并报送办公室。

电力行业网络与信息系统安全运行月报的内容为各通报单位网络与信息系统运行中出现并得到及时处置的异常情况的汇总、分析和研判。无异常情况的，要进行平安运行报告。

各通报单位应在每个月开始前 3 个工作日内将上月的系统运行情况及信息安全保障工作情况上报办公室。办公室应在每个月开始前 5 个工作日内将电力行业的系统运行情况、信息安全保障工作情况报送国家网络与信息安全通报中心。

第十一条 办公室根据国家有关规定执行敏感时期报告制度。

各通报单位在接到执行敏感时期报告制度的通知以后，应根据制度要求及时报送（见附件 4）。无异常情况的，要进行平安运行报告。

各信息通报单位在敏感时期应有专人值守。

办公室在国家规定的敏感时期，负责每日对各通报单位信息安全报告的汇总、分析、研判，并将结果及时报送国家网络与信息安全信息通报中心。

第十二条 各通报单位应切实保证信息通报渠道的畅通。各类报告均可以电子文件的形式报送。对于事故报告，根据国家要求，应同时使用书面形式报送。

第十三条 各通报单位应及时、全面、准确报送信息，不得瞒报、缓报、谎报。对因工作不力造成重大安全事故的，依据国家有关规定追究责任。

第十四条 各通报单位应按照国家保密规定，做好本单位网络与信息安全信息通报的保密工作。

第十五条 本办法自发布之日起实施。

附件1:

电力行业网络与信息安全信息通报基本情况备案表

<table>
<tr><td>单位名称</td><td colspan="3"></td></tr>
<tr><td>通信地址</td><td></td><td>邮编</td><td></td></tr>
<tr><td>责任部门</td><td colspan="3"></td></tr>
<tr><td rowspan="4">信息安全报告负责人</td><td>姓名：</td><td colspan="2">职务：</td></tr>
<tr><td>邮编：</td><td colspan="2">通信地址：</td></tr>
<tr><td>电话：</td><td colspan="2">手机：</td></tr>
<tr><td colspan="3">电子邮件：</td></tr>
<tr><td rowspan="4">信息安全报告联络人</td><td>姓名：</td><td colspan="2">职务：</td></tr>
<tr><td>邮编：</td><td colspan="2">通信地址：</td></tr>
<tr><td>电话：</td><td colspan="2">手机：</td></tr>
<tr><td colspan="3">电子邮件：</td></tr>
<tr><td rowspan="4">后备联络人</td><td>姓名：</td><td colspan="2">职务：</td></tr>
<tr><td>邮编：</td><td colspan="2">通信地址：</td></tr>
<tr><td>电话：</td><td colspan="2">手机：</td></tr>
<tr><td colspan="3">电子邮件：</td></tr>
<tr><td colspan="4">领导意见：
（单位公章）
年 月 日</td></tr>
</table>

附件2:

电力行业网络与信息安全事故情况报告表

<table>
<tr><td>报告单位</td><td></td></tr>
<tr><td>事故时间</td><td>自__年__月__日__时 至__年__月__日__时</td></tr>
<tr><td colspan="2">事故描述及危害程度：</td></tr>
<tr><td colspan="2">处置措施：</td></tr>
</table>

续表

分析研判：
有关意见和建议：
领导意见： （单位公章） 年　月　日

附件3：

电力行业网络与信息系统安全运行月报

单位名称	
系统运行期间	自__年__月__日_　至__年__月__日
本月系统运行情况描述：	
本月网络与信息安全保障工作开展情况：	
领导意见： （单位公章） 年　月　日	

附件4：

电力行业网络与重要信息系统敏感时期安全运行日报

单位名称	
系统运行期间	自__年__月__日_　至__年__月__日_
系统运行状况描述：	
备注：	
领导意见： （单位公章） 年　月　日	

国家电力监管委员会关于印发《电力行业网络与信息安全应急预案》的通知

电监信息〔2007〕36号

《电力行业网络与信息安全应急预案》已经电力行业网络与信息安全领导小组审定，现印发你们，请依照执行。

国家电力监管委员会

2007年8月24日

电力行业网络与信息安全应急预案

一、总则

1．目标

为完善电力行业网络与信息安全应急响应机制，规范电力企业网络与信息安全应急响应工作，有效预防和处置电力行业信息安全突发事件，及时控制和消除各类信息安全突发事件的危害和影响，保障电力行业网络与信息系统的安全稳定运行，特制定本预案。

2．依据

《中华人民共和国计算机信息系统安全保护条例》（中华人民共和国国务院令147号）；

《国家信息化领导小组关于加强信息安全保障工作的意见》中办发〔2003〕27号）；

《关于加强电力行业网络与信息安全工作的意见》（电监信息〔2007〕30号）；

《电力行业网络与信息安全信息通报暂行办法》（电监信息〔2007〕23号）；

《电力二次系统安全防护规定》（电监会5号令）。

3．适用范围

（1）本预案适用于应急处置电力信息安全突发事件。

电力信息安全突发事件是指由于自然或者人为的原因，使电力信息系统遭受故障、毁损、破坏等损害，对电力企业、电力行业和国家造成或可能造成危害的紧急事件。电力信息安全突发事件主要包括电力二次生产控制系统突发事件、电力信息网络突发事件、电力重要信息系统及其支撑软硬件和物理环境的突发事件等。

（2）本预案适用于指导电力企业编制本单位网络与信息安全应急预案。各单位要根据本应急预案要求，修订完善本单位（系统）网络与信息安全应急预案，建立网络与信息安全应急体系。规范信息安全突发事件处置流程。

（3）电力企业是指电网企业、发电企业、电力设计企业、电力施工企业、电力修造企业等。

4．工作原则

预防为主原则。各电力企业要坚持“安全第一、预防为主”的方针，根据自身业务特征和本单位应急工作实际，做好应对各种信息安全突发事件的预案制定、应急资源准备、保障措施落实、应急培训和应急演练等工作，提高对各种信息安全突发事件的应急响应和处置能力。

责任制原则。按照“谁主管、谁负责，谁运营、谁负责”的要求，电力企业是应急处置工作的责任主体，各单位要建立健全信息安全突发事件应急处置工作责任制，明确责任部门，并将责任落实到人。

分级处置原则。为提高对信息安全突发事件的处置效率，要按照突发事件的性质和影响大小，及时对突发事件进行分级处置。

处置优先原则。发生信息安全突发事件时，信息系统运行使用单位要按照相关应急预案进行及时处置，同时向上级网络与信息安全应急机构及时报告。

二、组织机构

国家网络与信息安全协调小组办公室，负责协调全国网络与信息安全应急工作。

电力行业网络与信息安全领导小组（以下简称领导小组），负责组织领导电力行业网络与信息安全应急工作，贯彻落实国家有关网络与信息安全应急处置的法规、规定，审定电力行业网络与信息安全应急机制总体规划、建设方案和电力行业网络与信息安全应急预案，协调国家有关部门和地方政府对电力行业网络与信息安全应急处置工作提供应急支援。

电力行业网络与信息安全领导小组办公室（以下简称领导小组办公室），具体负责电力行业网络与信息安全应急的日常工作，负责提出《电力行业网络与信息安全应急预案》和《电力行业网络与信息安全应急协调预案》等，并组织落实；审定各电力企业网络与信息安全应急预案；组织电力行业网络与信息安全事故的调查工作，并督促整改；组织开展电力行业网络与信息安全的宣贯教育、应急培训和应急演练工作等。

电力企业网络与信息安全应急机构，具体负责本单位（系统）信息安全突发事件的应急处置工作。

三、事件分级

根据信息安全突发事件的性质、影响范围和造成的损失，将信息安全突发事件分为特别重大事件（Ⅰ级）、重大事件（Ⅱ级）、较大事件（Ⅲ级）和一般事件（Ⅳ）四个等级。

特别重大事件（Ⅰ级）：是指信息安全突发事件造成电力行业重要信息网络和重要信息系统大面积中断和停运，或造成电网瓦解，发电机组停运。影响波及一个或多个省市的大部分地区，对电力行业造成巨大经济损失，或极大威胁国家安全，引起社会动荡，或严重损害公众利益。

重大事件（Ⅱ级）：是指信息安全突发事件造成本单位（系统）关键信息网络和核心信息系统长时间中断和停运，或造成其他单位的重要信息网络中断和重要信息系统停运，或使电力生产面临严重的中断威胁。影响波及一个或多个地市的大部分地区，对相关单位造成重大经济损失，或威胁国家安全，引起社会恐慌，或损害公众利益。

较大事件（Ⅲ级）：是指信息安全突发事件造成本单位（系统）重要信息网络中断或重要信息系统停运，或造成其他单位的一般信息网络中断和一般信息系统停运，或使电力生产面临明显的中断威胁。影响波及一个或多个地市的部分地区，对相关单位造成较大经济损失，或可能影响国家安全，扰乱社会秩序，或影响到公众利益。

一般事件（Ⅳ）：是指信息安全突发事件造成本单位（系统）一般信息网络中断或一般信息系统停运。影响波及一个地市的部分地区，对相关单位造成一定的经济损失，或会对个别公民、法人或其他组织的利益造成损害。

四、应急处置

1．应急启动

发生信息安全突发事件后，事件发生单位的网络与信息安全应急机构应尽快判定事故等级，启动相关应急预案，进行及时处置，同时向上级网络与信息安全应急机构报告。在不影响正常生产、经营、管理秩序的情况下，尽量保护事故现场。

2．分级处置

一般事件由系统运行使用单位的网络与信息安全应急机构依据有关应急预案进行处置。

较大事件由系统运行使用单位所属的电力企业及其有关单位的网络与信息安全应急机构依据有关应急预案进行处置。

重大事件由系统运行使用单位所属的电力企业及其有关单位的网络与信息安全应急机构依据有关应急预案进行处置。必要时，依据有关应急预案，提请领导小组办公室协调有关单位进行处置。

特别重大事件由领导小组办公室启动《电力行业网络与信息安全应急预案》，对信息安全突发事件进行处置，并根据实际需要，报请领导小组批准，启动《电力行业网络与信息安全应急协调预案》。

3．事件报告

发生信息安全突发事件时，由事故单位网络与信息安全应急机构及时向上报告。各电力企业网络与信息安全应急机构根据事件等级，按照《电力行业网络与信息安全信息通报暂行办法》规定，向领导小组办公室及时报告。要求一般事件作为月报报送项月内报告，较大事件从事件发生起一周内报告，重大事件24小时内报告，特别重大事件1小时内报告。

4．信息发布

信息安全突发事件发生后，根据事态要求，有必要对社会发布事件相关信息时，要根据事件等级，履行相关发布程序。一般事件和较大事件由电力企业网络与信息安全应急机构负责发布；重大事件须报领导小组办公室备案审核后，再由电力企业网络与信息安全应急机构负责发布；特别重大事件由领导小组办公室报领导小组批准后发布。

五、应急保障

1．通信保障

按照应急预案要求，与应急指挥、通信联络和信息交换有关的值班电话、手机、传真、电子邮件等必须保持畅通。

2．物资保障

各单位要按照“平战结合”的思路，结合本单位网络与信息安全工作所需，购置和储备应急所需的物资，提高应急物资的利用效率。

3．技术保障

为增强应急处置工作的针对性，提高应急处置效率，各单位要把网络与信息安全应急处置技术保障纳入到信息安全专项审查中．按照“同步规划、同步建设、同步发展”的信息安全保障要求。在新建或改建信息化项目的规划、立项、设计、建设、运行等环节中检查落实。

各电力企业要根据实际需要，收集各类信息安全突发事件的应急处置实例，总结经验和教训，开展信息安全突发事件预测、预防、预警和应急处置的技术研究。

4．资金保障

各单位应明确网络与信息安全应急保障资金预算，保证应急培训、演练、设备购置及应急工作的经费需求。

5．人员保障

领导小组办公室组织建立电力行业网络与信息安全应急支持队伍，为电力行业网络与信息安全应急处置工作提供技术支持。各电力企业应建立本单位（系统）网络与信息安全应急处置技术支持队伍，加强对信息安全突发事件应急处置的专业支持能力。

六、应急结束和后期处置

1．应急结束

在同时满足下列条件时，可以宣布解除应急状态：

（1）信息安全突发事件已经结束，设备、系统已经恢复运行；

（2）由信息安全突发事件引发的各种网络与信息系统事故已得到有效控制，系统运行情况稳定。

一般事件和较大事件由有关电力企业网络与信息安全应急机构宣布解除应急状态；重大事件由电力企业网络与信息安全应急机构报请领导小组办公室批准后宣布解除应急状态；特别重大事件由领导小组办公室报请领导小组批准后宣布解除应急状态。相关单位接到解除应急状态的指令后，应及时结束应急状态，恢复正常生产工作秩序，同时向上级网络与信息安全应急机构报告已解除应急状态，恢复正常运行。

2．事故调查

信息安全突发事件应急处置结束后，应进行事故调查工作，并形成事故调查报告。事故调查报告应包括事故过程描述、事故原因分析、事故责任认定及整改措施等。

对于一般事故，由事故单位的网络与信息安全应急机构组织事故调查，形成事故报告后按照《电力行业网络与信息安全信息通报暂行办法》要求逐级上报。

对于较大事故，由事故单位的上级网络与信息安全应急机构组成事故调查组，进驻事故现场进行调查，形成事故报告后按照《电力行业网络与信息安全信息通报暂行办法》要求，上报领导小组办公室备案。

对于重大事故，由领导小组办公室组织有关电力企业的网络与信息安全应急机构，成立事故调查组，进驻事故现场进行调查，事故报告由事故调查组提交领导小组办公室。

对于特别重大事故，由领导小组办公室会同有关部门成立事故调查组，报领导小组批准后，进驻事故现场进行调查，事故报告由事故调查组提交领导小组。

对于影响到公众利益和国家安全的事件，按照国家相关部门的要求，由有关事故单位配合进行调查。

七、宣传、培训和演练

1．宣传

各单位应加强应急工作的宣传和教育，提高各级人员对应急预案重要性的认识，加强各有关单位之间的协调与配合。

2．培训

各单位要加强网络与信息系统运行维护人员的应急意识和信息安全专业应急技术培训，提高相关人员的业务素质、技术水平和应急处置能力。在各网络和信息安全应急预案编制完成和修订后，应及时对相关人员进行专项培训，使各级有关人员熟练掌握应急处理的程序和应急处理专门技能。

3．演练

领导小组办公室每年至少组织一次《电力行业网络与信息安全应急预案》演练，各电力企业要根据本单位（系统）应急预案要求，积极组织预案演练工作，力求通过演练验证预案的合理性，发现问题，并及时对预案进行修订和完善。

各单位要做好应急演练前的准备工作，合理安排、精细组织，确保演练工作的安全。要明确演练目的和要求，记录演练过程，对演练结果进行评估和总结。

八、联络方式（略）

九、附则

1．本预案由电力行业网络与信息安全领导小组办公室负责修订和解释，并监督执行。

2．本预案自发布之日起施行。

国家电力监管委员会关于印发《电力行业信息系统等级保护定级工作指导意见》的通知

电监信息〔2007〕44号

各派出机构，各有关电力企业：为贯彻落实国家关于信息安全等级保护工作的要求，我会组织编制了《电力行业信息系统等级保护定级工作指导意见》，现印发你们，请参照执行。

附件：《电力行业信息系统等级保护定级工作指导意见》

国家电力监管委员会

2007年11月16日

附件：

电力行业信息系统安全等级保护定级工作指导意见

1　引言

为贯彻落实公安部、国家保密局、国家密码管理局、国务院信息化工作办公室《关于印发<信息安全等级保护管理办法>的通知》（公通字〔2007〕43号）、《关于开展全国重要信息系统安全等级保护定级工作的通知》（公信安〔2007〕861号）和国家电力监管委员会《关于开展电力行业信息系统安全等级保护定级工作的通知》（电监信息〔2007〕34号）要求，指导电力行业信息系统安全保护定级工作，制定本意见。

2　依据

《关于印发<信息安全等级保护管理办法>的通知》（公通字〔2007〕43号）

《关于开展全国重要信息系统安全等级保护定级工作的通知》（公信安〔2007〕861号）

《关于开展电力行业信息系统安全等级保护定级工作的通知》（电监信息〔2007〕34号）

3　术语和定义

3.1　信息系统

基于计算机或计算机网络，按照一定的应用目标和规则对信息进行采集、加工、存储、传输、检索和服务的系统。

3.2　等级保护对象

信息系统安全等级保护工作直接作用的具体的信息和信息系统。

3.3 客体

受法律保护的等级保护对象受到破坏时所侵害的社会关系，如国家安全，社会秩序、公共利益以及公民、法人或社会其他组织的合法权益。

3.4 客观方面

对客体造成侵害的客观外在表现，包括侵害方式和侵害结果等。

3.5 系统服务

信息系统为支撑其所承载业务而提供的程序化过程。

4 工作组织

国家电力监管委员会：组织领导并统一协调电力行业信息系统安全等级保护定级工作，对信息系统运营使用单位的定级工作进行督促、检查和指导。

电力行业信息系统安全等级保护定级工作专家组（以下简称专家组）：对电力行业信息系统安全定级工作进行专家指导、咨询，对定级结果进行评审。

各有关电力公司（电力行业网络与信息安全领导小组成员单位）：负责组织开展本单位（系统）信息系统安全等级保护定级工作。

信息系统运营使用单位（以下简称运营使用单位）：具体负责所运营、使用的信息系统的安全定级工作。

技术支持单位：中国电力科学研究院信息安全研究所等单位为信息安全定级工作的技术支持单位，负责提供技术支持。

5 定级原理

5.1 信息系统安全保护等级

根据等级保护相关管理文件，信息系统的安全保护等级分为以下五级：

第一级，信息系统受到破坏后，会对公民、法人和其他组织的合法权益造成损害，但不损害国家安全、社会秩序和公共利益。

第二级，信息系统受到破坏后，会对公民、法人和其他组织的合法权益产生严重损害，或者对社会秩序和公共利益造成损害，但不损害国家安全。

第三级，信息系统受到破坏后，会对社会秩序和公共利益造成严重损害，或者对国家安全造成损害。

第四级，信息系统受到破坏后，会对社会秩序和公共利益造成特别严重损害，或者对国家安全造成严重损害。

第五级，信息系统受到破坏后，会对国家安全造成特别严重损害。

5.2 信息系统安全保护等级的定级要素

信息系统的安全保护等级由两个定级要素决定：等级保护对象受到破坏时所侵害的客体和对客体造成侵害的程度。

5.2.1 受侵害的客体

等级保护对象受到破坏时所侵害的客体包括以下三个方面：

（1）公民、法人和其他组织的合法权益；

（2）社会秩序、公共利益；

（3）国家安全。

5.2.2 对客体的侵害程度

对客体的侵害程度由客观方面的不同外在表现综合决定。由于对客体的侵害是通过对等级保护对象的破坏实现的，因此，对客体的侵害外在表现为对等级保护对象的破坏，通过危害方式、危害后果和危害程度加以描述。

等级保护对象受到破坏后对客体造成侵害的程度归结为以下三种：

（1）造成一般损害；

（2）造成严重损害；

（3）造成特别严重损害。

5.3 定级要素与等级的关系

定级要素与信息系统安全保护等级的关系如表1所示。

表1　　定级要素与安全保护等级的关系

受侵害的客体	对客体的侵害程度		
	一般损害	严重损害	特别严重损害
公民、法人和其他组织的合法权益	第一级	第二级	第二级
社会秩序、公共利益	第二级	第三级	第四级
国家安全	第三级	第四级	第五级

6 定级方法

6.1 定级流程

信息系统安全包括业务信息安全和系统服务安全，与之相关的受侵害客体和对客体的侵害程度可能不同，因此，信息系统定级也应由业务信息安全和系统服务安全两方面确定。

从业务信息安全角度反映的信息系统安全保护等级称业务信息安全保护等级。

从系统服务安全角度反映的信息系统安全保护等级称系统服务安全保护等级。

确定信息系统安全保护等级的一般流程如下：

（1）确定作为定级对象的信息系统；

（2）确定业务信息安全受到破坏时所侵害的客体；

（3）根据不同的受侵害客体，从多个方面综合评定业务信息安全被破坏对客体的侵害程度；

（4）依据表3，得到业务信息安全保护等级；

（5）确定系统服务安全受到破坏时所侵害的客体；

（6）根据不同的受侵害客体，从多个方面综合评定系统服务安全被破坏对客体的侵害程度；

（7）依据表4，得到系统服务安全保护等级；

（8）将业务信息安全保护等级和系统服务安全保护等级的较高者确定为定级对象的安全保护等级。

上述步骤如图1确定等级一般流程所示。

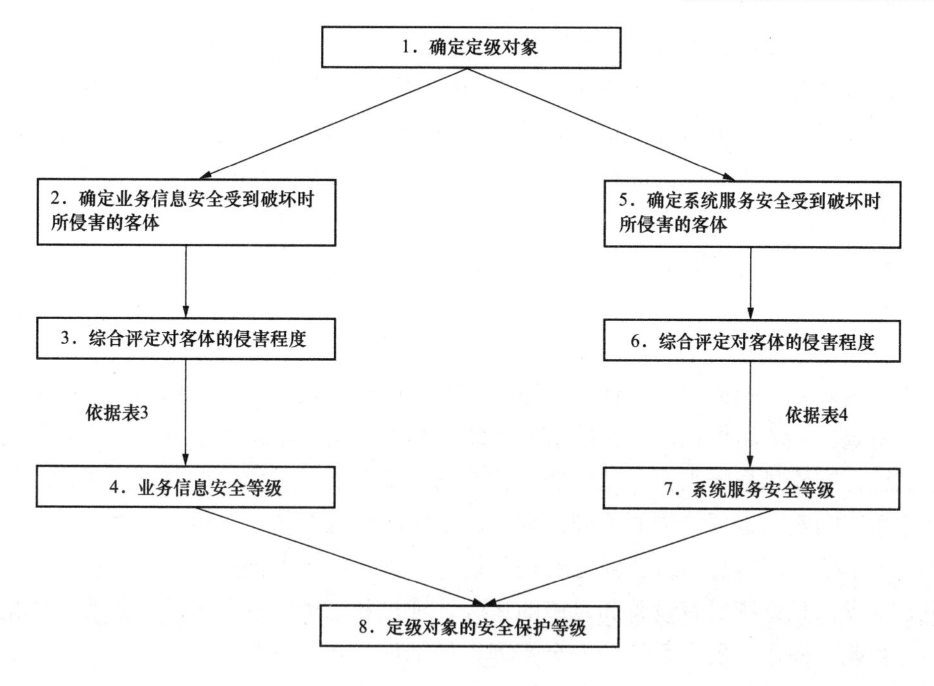

图 1　确定等级一般流程

6.2　确定定级对象

一个单位内运行的信息系统可能比较庞大，为了体现重要部分重点保护，有效控制信息安全建设成本，优化信息安全资源配置的等级保护原则，可将较大的信息系统划分为若干个较小的、可能具有不同安全保护等级的定级对象。

6.2.1　作为定级对象的基本特征

（1）具有唯一确定的安全责任单位

作为定级对象的信息系统应能够唯一地确定其安全责任单位。如果一个单位的某个下级单位负责信息系统安全建设、运行维护等过程的全部安全责任，则这个下级单位可以成为信息系统的安全责任单位；如果一个单位中的不同下级单位分别承担信息系统不同方面的安全责任，则该信息系统的安全责任单位应是这些下级单位共同所属的单位。

（2）具有信息系统的基本要素

作为定级对象的信息系统应该是由相关的和配套的设备、设施按照一定的应用目标和规则组合而成的有形实体。应避免将某个单一的系统组件，如服务器、终端、网络设备等作为定级对象。

（3）承载单一或相对独立的业务应用

定级对象承载“单一”的业务应用是指该业务应用的业务流程独立，且与其他业务应用没有数据交换，且独享所有信息处理设备。定级对象承载“相对独立”的业务应用是指其业务应用的主要业务流程独立，同时与其他业务应用有少量的数据交换，定级对象可能会与其他业务应用共享一些设备，尤其是网络传输设备。

6.2.2　定级对象的识别方法

一般来讲单位信息系统可以划分为几个定级对象，如何划分系统是定级之前的主要问题。信息系统的划分没有绝对的对与错，只有合理与不合理，合理地划分信息系统有利于信息系统的保护及安全规划，反之可能给将来的应用和安全保护带来不便，又可能需要重新进行信息系统的划分。由于信息系统的多样性，不同的信息系统在划分过程中所侧重考虑的划分依据会有所不同。通常，在信息系统划分过程中，应当结合信息系统的现状，从信息系统的管理机构、业务特点或物理位置等几个方面考虑对信息系统进行划分，当然也可以根据信息系统的实际情况，选择其他的划分依据，只要最终划分结果合理就可以。

（1）安全责任单位

依据安全责任单位的不同，划分信息系统。如果信息系统由不同的单位负责运行维护和管理，或者说信息系统的安全责任分属不同机构，则可以根据安全责任单位的不同划分成不同的信息系统。一个运行在局域网的信息系统，其安全责任单位一般只有一个，但对一个跨不同地域运行的信息系统来说，就可能存在不同的安全责任单位，此时可以考虑根据不同地域的信息系统的安全责任单位的不同，划分出不同的信息系统。

在一个单位中，信息系统的业务管理和运行维护可能由不同部门负责，例如科技部门或信息中心负责信息系统所有设备和设施的运行、维护和管理，各业务部门负责其中的业务流程的制定和业务操作，信息系统的安全管理责任不仅指在信息系统的运行、维护和管理方面的责任，承担安全责任的不应是科技部门，而应当是该单位本身。

一个运行在局域网的信息系统，其管理边界比较明确，但对一个跨不同地域运行的信息系统，其管理边界可能有不同情况：如果不同地域运行的信息系统分属不同单位（如上级单位和下级单位）负责运行和管理，上下级单位的管理边界为本地的信息系统，则该信息系统可以划分为两个信息系统；如果不同地域运行的信息系统均由其上级单位直接负责运行和管理，运维人员由上级单位指派，安全责任由上级单位负责，则上级单位的管理边界应包括本地和远程的运行环境。

（2）业务类型和业务重要性

根据业务的类型、功能、阶段的不同，对信息系统进行划分，不同类型的业务之间会存在重要程度、环境、用户数量等方面的不同，这些不同会带来安全需求和受破坏后的影响程度的差异，例如，一个是以信息处理为主的系统，其重要性体现在信息的保密性，而另一个是以业务处理为主的系统，其重要性体现在其所提供服务的连续性，因此，可以按照业务类型的不同划分为不同的信息系统。又比如，在整个业务流程中，核心处理系统的功能重要性可能远大于终端处理系统，有需要时，可以将其划分为不同的信息系统。

归结起来，以下几种情况可能划分为不同等级的信息系统：

①可能涉及不同客体的系统。例如对内服务与对外运营的业务系统，对内服务的办公系统，一般来说其中的信息和提供的服务是面向本单位的，涉及到的等级保护客体一般是本单位，而对外运营的业务系统往往关系到其他单位、个人或面向社会，因此这两类业务可能涉及不同的客体，可能具有不同的安全保护等级，可以考虑划分为不同的信息系统。又比如处理涉及国家秘密信息的信息系统与处理一般单位敏感信息的信息系统应分开。

②可能对客体造成不同程度损害的系统。例如全国大集中系统数据中心的数据量和服务范围都远大于各省级节点和市级节点，其受到破坏后的损害程度和影响范围也有很大差别，可能具有不同的安全等级，可以考虑划分为不同的信息系统。

③处理不同类型业务的系统。

（3）分析物理位置的差异

根据物理位置的不同，对信息系统进行划分。物理位置的不同，信息系统面临的安全威胁就可能不同，不同物理位置之间通信信道的不可信，使不同物理位置的信息系统也不能视为可以互相访问的一个安全域，即使等级相同可能也需要划分为不同的信息系统分别加以保护。因此，物理位置也可以作为信息系统划分的考虑因素之一。

在进行信息系统的划分过程中，进行分析，可以选择上述三个方面中的一个方面因素作为划分的依据，也可以综合几个方面因素作为划分的依据。同时，还要结合信息系统的现状，避免由于信息系统的划分而引起大量的网络改造和重复建设工作，影响原有系统的正常运行。一般单位的信息系统建设和网络布局，一般都会或多或少考虑系统的特点、业务重要性及不同系统之间的关系，进行信息系统的等级划分应尽可能以现有网络条件为基础进行划分，以免引起不必要的网络改造和建设工作，影响原有系统的业务运行。

此外，有些信息系统中不同业务的重要程度虽然会有所差异，但是由于业务之间联系紧密，不容易拆分，可以作为一个信息系统按照同样级别保护。但是，如果其中某一个业务对信息防护或服务保障性要求较高，比如与互联网相连，可能会影响到其他的业务，就应当将其从该信息系统中分离出来，单独定级而实施增强保护。

经过合理划分，一个单位或机构的信息系统最终可能会划分为不同等级的多个信息系统。同时，通过在信息系统划分阶段对各种系统服务业务信息、业务流程的深入分析，明确了各个信息系统之间的边界和逻辑关系以及他们各自的安全需求，有利于信息系统安全保护的实施。

6.2.3 定级对象信息系统边界和边界设备的确定方法

定级对象确定后就需要确定定级对象信息系统的边界和边界设备。由于定级对象信息系统有可能是单位信息系统的一部分，如果该信息系统与其他系统在网络上是独立的，没有设备共用情况，边界则容易确定，但当不同信息系统之间存在共用设备时，应加以分析。

由于信息系统的边界保护一般在物理边界或网络边界上实现，系统边界一般不应出现在服务器内部。

两个信息系统边界存在共用设备时，共用设备的安全保护措施按两个信息系统安全保护等级较高者确定。例如，一个2级系统和一个3级系统之间有一个防火墙或两个系统共用一个核心交换机，此时防火墙和交换机可以作为两个系统的边界设备，但其安全保护措施应满足3级系统的要求。

终端设备一般包括系统管理终端、内部用户终端和外部用户终端。对于外部用户终端，由于用户和设备一般都不在信息系统的管理边界内，这些终端设备不在信息系统的边界范围内。信息系统的管理终端是与被管理设备相对应的，服务器、网络设备及安全设备等属于哪个系统，终端就应归在哪个信息系统中。内部用户终端就比较复杂，内部用户终端往往与多个系统相连，当信息系统进行等级化保护后，应尽可能为不同的信息系统分配不共用的终端设备，以免在终端处形成不同等级信息系统的边界。但如果无法做到不同等级的信息系统使用不同的终端设备，则应将终端设备划分为其他的信息系统，并在服务器与内部用户终端之间建立边界保护，对终端通过身份鉴别和访问控制等措施加以控制。

处理涉密信息的终端必须划分到相应的信息系统中，且不能与非涉密系统共用终端。

6.2.4 电力行业信息系统安全等级保护定级对象分类

根据电力行业实际，按照上述定级对象确定方式，综合考虑信息系统的责任单位、业务类型和业务重要性及物理位置差异等各种因素，可将电力行业信息系统分为生产控制系统、生产管理系统、网站系统、管理信息系统、信息网络五大类。

具体重要信息系统目录参见第 9 章。

6.3 确定受侵害的客体

定级对象受到破坏时所侵害的客体包括国家安全、社会秩序、公众利益以及公民、法人和其他组织的合法权益。

侵害国家安全的事项包括以下方面：

——影响国家政权稳固和国防实力；

——影响国家统一、民族团结和社会安定；

——影响国家对外活动中的政治、经济利益；

——影响国家重要的安全保卫工作；

——影响国家经济竞争力和科技实力；

——其他影响国家安全的事项。

侵害社会秩序的事项包括以下方面：

——影响国家机关社会管理和公共服务的工作秩序；

——影响各种类型的经济活动秩序；

——影响各行业的科研、生产秩序；

——影响公众在法律约束和道德规范下的正常生活秩序等；

——其他影响社会秩序的事项。

影响公共利益的事项包括以下方面：

——影响社会成员使用公共设施；

——影响社会成员获取公开信息资源；

——影响社会成员接受公共服务等方面；

——其他影响公共利益的事项。

影响公民、法人和其他组织的合法权益是指由法律确认的并受法律保护的公民、法人和其他组织所享有的一定的社会权利和利益。

确定作为定级对象的信息系统受到破坏后所侵害的客体时，应首先判断是否侵害国家安全，然后判断是否侵害社会秩序或公众利益，最后判断是否侵害公民、法人和其他组织的合法权益。

各单位可根据本单位业务特点，分析各类信息和各类信息系统与国家安全、社会秩序、公共利益以及公民、法人和其他组织的合法权益的关系，从而确定本行业各类信息和各类信息系统受到破坏时所侵害的客体。

6.4 确定对客体的侵害程度

6.4.1 侵害的客观方面

在客观方面，对客体的侵害行为外在表现为对定级对象的破坏，其危害方式表现为对信息安全的破坏和对信息系统服务的破坏，其中信息安全是指确保信息系统内信息的保密性、完整性和可用性等，系统服务安全是指确保信息系统可以及时、有效地提供服务，以完成预定的业务目标。由于业务信息安全和系统服务安全受到破坏所侵害的客体和对客体的侵害程度可能会有所不同，在定级过程中，需要分别处理这两种危害方式。

信息安全和系统服务安全受到破坏后，可能产生以下危害后果：

——影响行使工作职能；

——导致业务能力下降；

——引起法律纠纷；

——导致财产损失；

——造成社会不良影响；

——对其他组织和个人造成损失；

——其他影响。

6.4.2 综合判定侵害程度

侵害程度是客观方面的不同外在表现程度，因此，应首先根据不同的受侵害客体、不同危害后果分别确定其危害程度。对不同危害后果确定其危害程度所采取的方法和所考虑的角度可能不同，例如系统服务安全被破坏导致业务能力下降的程度可以从信息系统服务覆盖的区域范围、用户人数或业务量等不同方面确定，业务信息安全被破坏导致的财物损失可以从直接的资金损失大小、间接的信息恢复费用等方面进行确定。

在针对不同的受侵害客体进行侵害程度的判断时，应参照以下不同的判别基准：

——如果受侵害客体是公民、法人或其他组织的合法权益，则以本人或本单位的总体利益作为判断侵害程度的基准；

——如果受侵害客体是社会秩序、公共利益或国家安全，则应以整个行业或国家的总体利益作为判断侵害程度的基准。

不同危害后果的三种危害程度描述如下：

一般损害：工作职能受到局部影响，业务能力有所降低但不影响主要功能的执行，出现较轻的法律问题，较低的财产损失，有限的社会不良影响，对其他组织和个人造成较低损害。

严重损害：工作职能受到严重影响，业务能力显著下降且严重影响主要功能执行，出现较严重的法律问题，较高的财产损失，较大范围的社会不良影响，对其他组织和个人造成较严重损害。

特别严重损害：工作职能受到特别严重影响或丧失行使能力，业务能力严重下降且功能无法执行，出现极其严重的法律问题，极高的财产损失，大范围的社会不良影响，对其他组织和个人造成非常严重损害。

信息安全和系统服务安全被破坏后对客体的侵害程度，由对不同危害结果的危害程度进行综合评定得出。由于各单位信息系统所处理的信息种类和系统服务特点各不相同，信息安全和系统服务安全受到破坏后关注的危害结果、危害程度的计算方式均可能不同，各单位可根据本单位信息特点和系统服务特点，制定危害程度的综合评定方法，并给出侵害不同客体造成一般损害、严重损害、特别严重损害的具体定义。

6.5 可能侵害的客体及侵害程度的确定方法

（1）电力信息系统受到破坏后可能侵害的客体

电力行业各类别信息系统受到破坏后可能侵害的客体参见表2。

表2　电力行业各类别信息系统受到破坏后可能侵害的客体

信息系统类别	可能侵害的客体
生产控制系统	国家安全，社会秩序、公共利益，公民、法人和其他组织的合法权益
生产管理系统	国家安全、社会秩序、公共利益，公民、法人和其他组织的合法权益
管理信息系统	社会秩序、公共利益，公民、法人和其他组织的合法权益
网站系统	社会秩序、公共利益，公民、法人和其他组织的合法权益
信息网络	国家安全，社会秩序、公共利益，公民、法人和其他组织的合法权益

（2）确定对客体的侵害程度

电力行业信息系统受到破坏时，不同危害后果的三种危害程度描述如下：

①对公民、法人和其他组织的合法权益的危害程度

一般损害：对信息系统所属单位造成一定的经济损失，或对个别公民、法人或其他组织的利益造成较低的损害。

严重损害：对信息系统所属单位造成严重的经济损失，或对个别公民、法人或其他组织的利益造成一定的损害。

特别严重损害：对信息系统所属单位造成重大的经济损失，或对个别公民、法人或其他组织的利益造成严重的损害。

②对社会秩序、公共利益的危害程度

一般损害：使电力生产面临明显的中断威胁，影响波及一个地市的部分地区，对公众利益造成一定损害，可能扰乱社会秩序。

严重损害：使电力生产面临严重的中断威胁，影响波及一个或多个地市的部分地区，对公众利益造成严重损害，对社会秩序造成一定的影响。

特别严重损害：使电网瓦解，发电机组停运，影响波及一个或多个地市的大部分地区，严重扰乱社会秩序，对电力行业造成巨大经济损失，对公众利益造成重大损害。

③对国家安全的危害程度

一般损害：使电网瓦解，发电机组停运，影响波及一个或多个地市的部分地区，明显影响社会安定。

严重损害：使电网瓦解，发电机组停运，影响波及一个或多个地市的大部分地区，对社会安定造成了严重的影响，明显影响国家安全。

特别严重损害：造成电网瓦解，发电机组停运，影响波及一个或多个省市的大部分地区，引起社会动荡，严重威胁国家安全。

6.6　确定定级对象的安全保护等级

根据业务信息安全被破坏时所侵害的客体以及对相应客体的侵害程度，依据表3业务信息安全保护等级矩阵表，即可得到业务信息安全保护等级。

表 3　　业务信息安全保护等级矩阵表

业务信息安全被破坏时所侵害的客体	对相应客体的侵害程度		
	一般损害	严重损害	特别严重损害
公民、法人和其他组织的合法权益	第一级	第二级	第二级
社会秩序、公共利益	第二级	第三级	第四级
国家安全	第三级	第四级	第五级

根据系统服务安全被破坏时所侵害的客体以及对相应客体的侵害程度，依据表 4 系统服务安全保护等级矩阵表，即可得到系统服务安全保护等级。

表 4　　系统服务安全保护等级矩阵表

系统服务安全被破坏时所侵害的客体	对相应客体的侵害程度		
	一般损害	严重损害	特别严重损害
公民、法人和其他组织的合法权益	第一级	第二级	第二级
社会秩序、公共利益	第二级	第三级	第四级
国家安全	第三级	第四级	第五级

作为定级对象的信息系统的安全保护等级由业务信息安全保护等级和系统服务安全保护等级的较高者决定。

6.7　关于定级过程的说明

信息系统定级既可以在新系统规划、设计时进行，也可在已建成系统中进行。对于新建系统，尽管信息系统尚未建成，但信息系统的运营使用者应首先分析该信息系统处理哪几种主要业务，预计处理的业务信息和服务安全被破坏所侵害的客体、以及根据可能的对信息系统的损害方式判断可能的客体侵害程度等基本信息，确定信息系统的安全保护等级。

对于已建系统，可以通过系统基本情况调查、调查结果分析、确定等级，形成定级报告等过程完成。

通过定级调查，可以了解单位信息系统的全貌，了解定级对象信息系统与单位其他信息系统的关系。根据用户需求或工作需要，定级调查活动既可以针对单位整个信息系统进行，也可在用户指定的范围内进行。

（1）识别单位基本信息

调查了解对目标系统负有安全责任的单位的性质、隶属关系、所属行业、业务范围、地理位置等基本情况，以及其上级主管机构（如果有）的信息。

了解单位基本信息有助于判断单位的职能特点，单位所在行业及单位在行业所处的地位和所用，由此判断单位主要信息系统的宏观定位。

（2）识别管理框架

调查了解定级对象信息系统所在单位的组织管理结构、管理策略、部门设置和部门在业务运行中的作用、岗位职责。了解信息系统的管理、使用、运维的责任部门，特别是当该单位的信息系统存在分布于不同的物理区域的情况时，应了解不同区域系统运行的安全管理责任。安全管理的责任单位就是等级保护备案工作的责任单位。

了解管理框架还有利于将来对整个单位制定等级保护管理框架及单个定级对象等级管理策略。

（3）识别业务种类、流程和服务

调查了解定级对象信息系统内部处理多少种业务，各项业务具体要完成的工作内容、服务目标和业务流程等。了解这些业务与单位职能的关联，单位对定级对象信息系统完成业务使命的期待和依赖程度，由此判断该信息系统在单位的作用和影响程度。

调查还应关注每个信息系统的业务流，以及不同信息系统之间的业务关系，因为不同信息系统之间的业务关系和数据关系表明其他信息系统对该信息系统的服务的关联和依赖。

应重点了解定级对象信息系统中不同业务系统提供的服务在影响履行单位职能方面具体方式和程度，影响的区域范围、用户人数、业务量的具体数据以及对本单位以外机构或个人的影响等方面。

（4）识别信息

调查了解定级对象信息系统所处理的信息，了解单位对信息的三个安全属性的需求，了解不同业务数据在其保密性、完整性和可用性被破坏后在单位职能、单位资金、单位信誉、人身安全等方面可能对国家、社会、本单位造成的影响，对影响程度的描述应尽可能量化。

根据系统不同业务数据可能是用户数据、业务处理数据、业务过程记录（流水）数据、系统控制数据或文件等。

了解数据信息还应关注信息系统的数据流，以及不同信息系统之间的数据交换或共享关系。

（5）识别网络结构和边界

调查了解定级对象信息系统所在单位的整体网络状况和安全防护情况，包括网络覆盖范围（全国、全省或本地区），网络的构成（广域网、城域网或局域网等），内部网段/VLAN划分，网段/VLAN划分与系统的关系，与上级单位、下级单位、外部用户、合作单位等的网络连接方式，与互联网的连接方式。目的是了解定级对象信息系统自身网络在单位整个网络中的位置，该信息系统所处的单位内部网络环境和外部环境特点，以及该信息系统的网络安全保护与单位内部网络环境的安全保护的关系。

（6）识别主要的软硬件设备

调查了解与定级对象信息系统相关的服务器、网络、终端、存储设备以及安全设备等，设备所在网段，在系统中的功能和作用。信息系统的安全保护等级仅与其重要性有关，与具体设备情况没有关系，但由于在划分信息系统时，不可避免地会涉及到设备共用问题，调查设备的位置和作用主要就是发现不同信息系统在设备使用方面的共用程度。

（7）识别用户类型和分布

调查了解各系统的管理用户和一般用户，内部用户和外部用户，本地用户和远程用户等类型，了解用户或用户群的数量分布，各类用户可访问的数据信息类型和操作权限。

了解用户类型和数量，有助于判断系统服务中断或系统信息被破坏可能影响的范围和程度。

（8）形成定级结果

定级人员需要将定级对象信息系统中的不同类重要信息分别分析其安全性受到破坏后

所侵害的客体及对客体的侵害程度，取其中最高结果作为业务信息安全保护等级。

再将定级对象信息系统中的不同类重要系统服务分别分析其受到破坏后所侵害的客体及对客体的侵害程度，取其中最高结果作为业务服务安全保护等级。

7　关于审批流程的说明

按照“谁主管，谁负责”的原则，为进一步明确各级主管部门责任，现将审批流程说明如下：

信息系统各运营使用单位按照本意见确定信息系统安全保护等级后，填写备案表，报上一级主管部门审核，经审核批准后按要求到公安机关办理备案手续。

各有关电力公司负责汇总本单位（系统）信息系统定级情况，与本单位（系统）信息系统安全定级工作总结报告一同报送电监会审核。

其他电力企业负责汇总本单位（系统）信息系统定级情况，与本单位（系统）信息系统安全定级工作总结报告一同报送属地电力监管机构审核。各电力监管机构汇总所辖区域内其他电力企业信息系统安全定级工作总结，并报电监会。

8　等级变更

在信息系统的运行过程中，信息系统安全保护等级应随着信息系统所处理的信息和业务状态的变化进行适当的变更，尤其是当状态变化可能导致业务信息安全或系统服务受到破坏后的受侵害客体和对客体的侵害程度有较大的变化，可能影响到系统的安全保护等级时，应重新定级。重新定级后，应按要求向公安机关重新备案。

9　电力行业重要信息系统安全等级保护定级建议

根据公安部等四部委印发的《信息安全等级保护管理办法》要求，电监会组织电力行业网络与信息安全领导小组成员单位，经商公安部，并在广泛征求各方意见的基础上，提出以下电力行业重要信息系统安全等级保护定级建议（见表5），未列出的信息系统请各单位根据实际自主确定信息系统安全保护等级。

表5　　电力行业重要信息系统安全等级保护定级建议

系统类别	系统名称	范围	建议等级	备注
生产控制系统	能量管理系统	省级及以上	4	
		省级以下	3	
	变电站自动化系统（含开关站、换流站）	220千伏及以上	3	
		220千伏以下	2	
	配网自动化系统		3	
	电力负荷管理系统		3	
	火电机组控制系统DCS（含辅机控制系统）	单机容量300兆瓦及以上	3	
		单机容量300兆瓦以下	2	
	水电厂监控系统	总装机1000兆瓦及以上	3	

续表

系统类别	系统名称	范围	建议等级	备注
生产控制系统		总装机 1000 兆瓦以下	2	
	梯级调度监控系统	总装机 2000 兆瓦及以上	3	若无控制功能则属生产管理系统
		总装机 2000 兆瓦以下	2	
生产管理系统	继电保护和故障录波信息管理系统		2	
	电能量计量系统		3	
	广域相量测量系统		3	若有控制功能则属生产控制系统
	水调自动化系统		2	
	调度生产管理系统	省级及以上	3	
		省级以下	2	
	发电厂 SIS	总装机 1000 兆瓦及以上	3	若有控制功能则属生产控制系统
		总装机 1000 兆瓦以下	2	
	梯级水调自动化系统		2	
	大坝自动监测系统		2	
	雷电（气象）监测系统		2	
	核电站环境监测系统		3	
网站系统	企业内部网站系统		2	
	企业对外网站系统	集团公司本部	3	
		二级公司、网省公司及以下	2	
	电力监管门户网站系统	电监会本部	3	
		电监会派出机构	2	
管理信息系统	生产管理信息系统		2	
	电力市场信息系统		3	
	财务（资金）管理系统	集团公司本部、二级公司、网省公司	3	
		二级公司、网省公司以下	2	
	营销管理系统		2	
	办公自动化（OA）系统	集团公司本部	3	
		二级公司、网省公司及以下	2	
	邮件系统		2	
	人力资源管理系统		2	
	物资管理系统		2	
	项目管理系统		2	
	ERP 系统		2	
	修造管理信息系统		2	

续表

系统类别	系统名称	范围	建议等级	备注
管理信息系统	施工管理信息系统		2	
	电力设计管理信息系统	省院（或甲级资质）及以上设计单位	3	
		省院（或甲级资质）以下设计单位	2	
	电力监管信息系统		3	
信息网络	电力调度数据网络		3	
	电力企业广域网		2	
	电力监管广域网		2	

国家电力监管委员会关于印发《电力二次系统安全管理若干规定》的通知

电监安全〔2011〕19 号

各派出机构，国家电网公司，南方电网公司，华能、大唐、华电、国电、中电投集团公司，各有关电力企业：

为加强电力二次系统安全管理工作，保证电力系统安全稳定运行，依据相关法律法规，我会组织制定了《电力二次系统安全管理若干规定》，已经 2011 年 9 月 20 日主席办公会议通过，现印发你们，请依照执行。

国家电力监管委员会

2011 年 9 月 29 日

附件：

电力二次系统安全管理若干规定

第一条 为加强电力二次系统安全管理，确保电网安全稳定运行，依据相关法律法规，制定本规定。

第二条 电力调度机构（以下简称调度机构）和电网、发电、规划设计、监理等电力企业及相关电力用户等各相关单位依据本规定开展电力二次系统安全管理工作。

第三条 本规定所称电力二次系统包括继电保护和安全自动装置、发电机励磁和调速系统、电力通信和调度自动化系统（以下简称二次系统）；所称涉网二次系统是指发电厂及相关电力用户中与电网安全稳定运行有关的二次系统。

第四条 调度机构负责所辖系统内的二次系统专业管理工作。

第五条 电力监管机构依法对二次系统管理工作实施监管。

第六条 规划设计管理

（一）二次系统规划设计应满足国家和行业相关技术标准和有关规定。

（二）二次系统规划设计应满足电网安全稳定运行要求。

（三）二次系统规划设计应征求调度机构意见。

第七条 设备入网管理

（一）二次系统设备选型及配置应满足国家和行业相关技术标准，以及设备技术规程、规范的要求。

（二）二次系统设备应选择有相应资质的质检机构检验合格的产品。

（三）涉网二次系统设备选型及配置应征求调度机构意见，并满足调度机构相关管理规定及反事故措施的有关要求。

第八条 建设管理

（一）电力企业及相关电力用户负责本单位二次系统建设工作。

（二）二次系统安装、试验、验收应满足国家和行业相关标准、规范及调度机构有关规程和管理制度的要求。

（三）二次系统项目建设完成应由项目监理单位出具相关质量评估报告，其中涉网二次系统应经调度机构确认。

第九条 运行管理

（一）调度机构负责调度管辖范围内二次系统的运行管理工作。组织或参与发电厂及相关电力用户涉网二次系统的安全检查工作，参与发电厂及相关电力用户涉网二次系统的电力安全事故调查工作，参与发电厂及相关电力用户涉网二次系统的事故分析工作，制定反事故措施。

（二）电力企业及相关电力用户应按照国家、行业标准及调度机构相关规程和管理制度组织二次系统的定期检查和日常维护工作。

（三）二次系统设备、装置及功能应按照相关规定投退，不得随意投入、停用或改变参数设置。属调度机构调度管辖范围内的二次系统设备、装置及功能因故需要投入、退出、停用或改变设置的应报相应调度机构批准同意后方可进行。

（四）电力企业及相关电力用户应对不满足电网安全稳定运行要求的二次系统及时进行更新、改造，并进行相关试验。需要进行联合调试的，调度机构负责安排相关运行方式为联合调试创造条件。

（五）电力企业及相关电力用户所进行的影响电网安全及二次系统运行的重要设备投运和重大试验工作，应严密组织，防止引发电网事故和设备事故；调度机构应提前将有关投运和试验安排通知相关单位，并报告电力监管机构。

（六）已运行的二次系统（包括硬件和软件）需要改造升级的，应满足第七条的规定。

第十条 继电保护及安全自动装置定值管理

（一）电网安全运行要求加装的安全自动装置的控制策略与定值由调度机构负责下达。

（二）与电网有配合关系的继电保护及安全自动装置定值由调度机构负责管理，管理方式包括：

1．由调度机构下达；

2．由发电厂及相关电力用户按调度机构的给定限值要求整定，并报调度机构审核和备案。

（三）发电厂及相关电力用户负责整定的与电网安全运行有关的继电保护及安全自动装置定值应报调度机构备案。

（四）继电保护整定工作原则上应由本企业专业人员具体负责；如需外委，应委托经认证的单位承担。

（五）调度机构应及时将影响涉网二次系统运行和整定的系统阻抗等有关变化情况，书面通知发电厂及相关电力用户；发电厂及相关电力用户应及时与调度机构沟通，调整二次系统的运行方式和有关定值。

第十一条 发电机励磁与调速系统参数管理

（一）发电厂应按调度机构要求提供系统分析用的发电机励磁系统（包括电力系统稳定器PSS）和调速系统的数学模型和实测参数。

（二）发电厂的发电机励磁系统和调速系统定值和参数应报送调度机构备案。

（三）发电厂应根据电力系统网络结构变化及发电机励磁系统和调速系统变化，进行相关试验，并根据试验结论和调度机构的技术要求调整发电机励磁系统和调速系统定值参数，满足电力系统安全稳定运行要求。

（四）调度机构应指导发电厂做好发电机励磁系统与调速系统的参数优化和管理工作，并配合发电厂进行相关试验工作。

第十二条 电力通信与调度自动化管理

（一）电力企业及相关电力用户应相互配合，共同做好电力通信与调度自动化系统的设计、安装和调试工作。

（二）电力企业及相关电力用户各自负责所属电力通信与调度自动化系统的运行维护工作。

（三）调度机构应对各相关单位的电力通信与调度自动化系统的技术管理工作进行业务指导。

第十三条 异常与事故处理

（一）电力系统发生异常与故障后，各相关单位应依据调度规程和现场运行规程的有关规定，正确、迅速地进行处理，保全现场的记录、资料，并及时向调度机构报告相关一次设备及二次设备状态和处理情况。

（二）各相关单位应加强沟通，相互提供有关资料，积极查找异常与故障原因，并配合相关部门进行电力安全事故调查。

（三）各相关单位应分别制定整改措施，并负责落实。

第十四条 专业人员管理

（一）各相关单位应当配备足够的二次系统专业技术人员，并保证人员的相对稳定。

（二）调度机构应组织并督促二次系统专业技术培训和技术交流工作。

第十五条 综合管理

（一）调度机构应组织各相关单位贯彻执行国家和行业有关二次系统的标准、规程和规范。

（二）调度机构应组织制定（修订）调度管辖范围内二次系统的规程、规范和相关管理制度，并将与电力监管相关的事项报电力监管机构备案。

（三）调度机构应定期组织召开二次系统专业会议；组织开展二次系统运行统计分析工作，及时发布分析报告。

第十六条 技术监督

（一）电力企业及相关电力用户应依据国家和行业相关标准、规程和规范开展二次系统技术监督工作。

（二）调度机构应指导和参与二次系统技术监督工作。

第十七条 各相关单位应按电力监管机构的要求及时报送与电力监管相关的二次系统运行、管理等方面资料。

电力监管机构可对各相关单位二次系统相关工作进行现场检查，对检查中发现的违规行为，有权当场予以纠正或者要求限期改正。

第十八条 电力监管机构可以依据相关规定对二次系统管理工作中的有关争议进行调解或裁决。

第十九条 电力监管机构可以以适当形式发布二次系统管理工作情况。

第二十条 违反本办法有关规定的，由电力监管机构依法追究其责任。

第二十一条 电监会各派出机构可根据情况制定相应的实施细则。

第二十二条 各相关单位应按照本规定和相关实施细则及时修订相关规程和管理制度。

第二十三条 本规定自发布之日起施行。

国家电力监管委员会关于印发《电力行业信息系统安全等级保护基本要求》的通知

电监信息〔2012〕62号

《电力行业信息系统安全等级保护基本要求》已经国家电力监管委员会主席办公会议审议通过，现印发给你们，请依照执行。

附件：电力行业信息系统安全等级保护基本要求（略）

国家电力监管委员会

2012年11月5日

国家能源局关于印发《电力行业网络与信息安全管理办法》的通知

国能安全〔2014〕317号

各派出机构，各有关电力企业：

为了规范电力行业网络与信息安全的监督管理，国家能源局制定了《电力行业网络与信息安全管理办法》，现印发你们，请依照执行。

国家能源局

2014年7月2日

附件：

电力行业网络与信息安全管理办法

第一章 总 则

第一条 为加强电力行业网络与信息安全监督管理，规范电力行业网络与信息安全工作，根据《中华人民共和国计算机信息系统安全保护条例》及国家有关规定，制定本办法。

第二条 电力行业网络与信息安全工作的目标是建立健全网络与信息安全保障体系和工作责任体系，提高网络与信息安全防护能力，保障网络与信息安全，促进信息化工作健康发展。

第三条 电力行业网络与信息安全工作坚持“积极防御、综合防范”的方针，遵循“统一领导、分级负责，统筹规划、突出重点”的原则。

第二章 监督管理职责

第四条 国家能源局是电力行业网络与信息安全主管部门，履行电力行业网络与信息安全监督管理职责。国家能源局派出机构根据国家能源局的授权，负责具体实施本辖区电力企业网络与信息安全监督管理。

第五条 国家能源局依法履行电力行业网络与信息安全监督管理工作职责，主要内容为：

（一）组织落实国家关于基础信息网络和重要信息系统安全保障工作的方针、政策和重大部署，并与电力生产安全监督管理工作相衔接。

（二）组织制定电力行业网络与信息安全的发展战略和总体规划。

（三）组织制定电力行业网络与信息安全等级保护、风险评估、信息通报、应急处置、事件调查与处理、工控设备安全性检测、专业人员管理、容灾备份、安全审计、信任体系建设等方面的政策规定及技术规范，并监督实施。

（四）组织制定电力行业网络与信息安全应急预案，督促、指导电力企业网络与信息安全应急工作，组织或参加信息安全事件的调查与处理。

（五）组织建立电力行业网络与信息安全工作评价与考核机制，督促电力企业落实网络与信息安全责任、保障网络与信息安全经费、开展网络与信息安全工程建设等工作。

（六）组织开展电力行业网络与信息安全信息通报、从业人员技能培训考核等工作。

（七）组织开展电力行业网络与信息安全的技术研发工作。

（八）电力行业网络与信息安全监督管理的其他事项。

第三章 电力企业职责

第六条 电力企业是本单位网络与信息安全的责任主体，负责本单位的网络与信息安全工作。

第七条 电力企业主要负责人是本单位网络与信息安全的第一责任人。电力企业应当建立健全网络与信息安全管理制度体系，成立工作领导机构，明确责任部门，设立专兼职岗位，定义岗位职责，明确人员分工和技能要求，建立健全网络与信息安全责任制。

第八条 电力企业应当按照电力监控系统安全防护规定及国家信息安全等级保护制度的要求，对本单位的网络与信息系统进行安全保护。

第九条 电力企业应当选用符合国家有关规定、满足网络与信息安全要求的信息技术产品和服务，开展信息系统安全建设或改建工作。

第十条 电力企业规划设计信息系统时，应明确系统的安全保护需求，设计合理的总体安全方案，制定安全实施计划，负责信息系统安全建设工程的实施。

第十一条 电力企业应当按照国家有关规定开展电力监控系统安全防护评估和信息安全等级测评工作，未达到要求的应当及时进行整改。

第十二条 电力企业应当按照国家有关规定开展信息安全风险评估工作，建立健全信息安全风险评估的自评估和检查评估制度，完善信息安全风险管理机制。

第十三条 电力企业应当按照网络与信息安全通报制度的规定，建立健全本单位信息通报机制，开展信息安全通报预警工作，及时向国家能源局或其派出机构报告有关情况。

第十四条 电力企业应当按照电力行业网络与信息安全应急预案，制定或修订本单位网络与信息安全应急预案，定期开展应急演练。

第十五条 电力企业发生信息安全事件后，应当及时采取有效措施降低损害程度，防止事态扩大，尽可能保护好现场，按规定做好信息上报工作。

第十六条 电力企业应当按照国家有关规定，建立健全容灾备份制度，对关键系统和核心数据进行有效备份。

第十七条 电力企业应当建立网络与信息安全资金保障制度，有效保障信息系统安全建设、运维、检查、等级测评和安全评估、应急及其他的信息安全资金。

第十八条 电力企业应当加强信息安全从业人员考核和管理。从业人员应当定期接受相应的政策规范和专业技能培训，并经培训合格后上岗。

第四章　监　督　检　查

第十九条　国家能源局及其派出机构依法对电力企业网络与信息安全工作进行监督检查。

第二十条　国家能源局及其派出机构进行监督检查和事件调查时，可以采取下列措施：

（一）进入电力企业进行检查。

（二）询问相关单位的工作人员，要求其对有关检查事项作出说明。

（三）查阅、复制与检查事项有关的文件、资料，对可能被转移、隐匿、损毁的文件、资料予以封存。

（四）对检查中发现的问题，责令其当场改正或者限期改正。

第五章　附　　则

第二十一条　本办法由国家能源局负责解释。

第二十二条　本办法自发布之日起实施，有效期五年。2007 年 12 月 4 日原国家电力监管委员会发布的《电力行业网络与信息安全监督管理暂行规定》（电监信息〔2007〕50 号）同时废止。

国家能源局关于印发《电力行业信息安全等级保护管理办法》的通知

国能安全〔2014〕318号

各派出机构、各有关电力企业：

为了进一步加强电力行业信息安全等级保护工作，贯彻落实国家信息安全等级保护要求，国家能源局制定了《电力行业信息安全等级保护管理办法》，现印发你们，请遵照执行。

国家能源局

2014年9月22日

附件：

电力行业信息安全等级保护管理办法

第一章 总 则

第一条 为规范电力行业信息安全等级保护管理，提高电力信息系统安全保障能力和水平，维护国家安全、社会稳定和公共利益，保障和促进信息化建设，根据《中华人民共和国计算机信息系统安全保护条例》《信息安全等级保护管理办法》，制定本办法。

第二条 国家能源局根据国家信息安全等级保护管理规范和技术标准要求，督促、检查、指导电力行业信息系统运营、使用单位的信息安全等级保护工作，结合行业实际，组织制定适用于电力行业的信息安全等级保护管理规范和技术标准，组织电力企业对信息系统分等级实行安全保护，对等级保护工作的实施进行监督管理。

国家能源局派出机构根据国家能源局的授权，负责对本辖区电力企业信息系统安全等级保护工作的实施进行监督管理。

第三条 电力信息系统运营、使用单位应当依照本办法及其相关标准规范，履行信息安全等级保护的义务和责任。

第二章 等级划分与保护

第四条 电力行业信息安全等级保护坚持自主定级、自主保护的原则。电力信息系统的安全保护等级应当根据信息系统在国家安全、经济建设、社会生活中的重要程度，信息系统遭到破坏后对国家安全、社会秩序、公共利益以及公民、法人和其他组织的合法权益的危害程度等因素确定。

第五条　电力信息系统的安全保护等级分为以下四级：

第一级，信息系统受到破坏后，会对公民、法人和其他组织的合法权益造成损害，但不损害国家安全、社会秩序和公共利益。

第二级，信息系统受到破坏后，会对公民、法人和其他组织的合法权益产生严重损害，或者对社会秩序和公共利益造成损害，但不损害国家安全。

第三级，信息系统受到破坏后，会对社会秩序和公共利益造成严重损害，或者对国家安全造成损害。

第四级，信息系统受到破坏后，会对社会秩序和公共利益造成特别严重损害，或者对国家安全造成严重损害。

第六条　电力信息系统运营、使用单位应当分等级对信息系统进行保护，国家能源局及有关信息安全监管部门对其信息安全等级保护工作进行监督管理。

第一级电力信息系统运营、使用单位应当依据国家有关管理规范和技术标准进行保护。

第二级电力信息系统运营、使用单位应当依据国家有关管理规范和技术标准进行保护。国家能源局及有关信息安全监管部门对该级信息系统信息安全等级保护工作进行指导。

第三级电力信息系统运营、使用单位应当依据国家有关管理规范和技术标准进行保护。国家能源局及有关信息安全监管部门对该级信息系统信息安全等级保护工作进行监督、检查。

第四级电力信息系统运营、使用单位应当依据国家有关管理规范、技术标准和业务专门需求进行保护。国家能源局及有关信息安全监管部门对该级信息系统信息安全等级保护工作进行强制监督、检查。

第三章　等级保护的实施与管理

第七条　电力信息系统运营、使用单位应当按照《信息系统安全等级保护实施指南》（GB/T 25058—2010）具体实施等级保护工作。电力信息系统运营、使用单位应当依据本办法、《信息系统安全等级保护定级指南》（GB/T 22240—2008）和《电力行业信息系统安全等级保护定级指导意见》确定信息系统的安全保护等级。

第八条　属于中央企业的电力集团公司汇总本单位运行、使用的信息系统的定级结果报国家能源局电力安全监管司备案。各区域（省）内的电力企业汇总本单位运行、使用的信息系统的定级结果报国家能源局派出机构备案。

第九条　电力信息系统的安全保护等级确定后，运营、使用单位应当按照国家信息安全等级保护管理规范和技术标准，使用符合国家有关规定，满足信息系统安全保护等级需求的信息技术产品，开展电力信息系统安全建设或者改建工作。

第十条　在电力信息系统建设过程中，运营、使用单位应当按照《计算机信息系统安全保护等级划分准则》（GB 17859—1999）、《信息安全技术信息系统安全等级保护基本要求》（GB/T 22239—2008）、《电力行业信息系统安全等级保护基本要求》等标准或规范要求，参照《信息系统等级保护安全设计要求》（GB/T 25070—2010）、《信息安全技术 信息系统通用安全技术要求》（GB/T 20271—2006）、《信息安全技术网络基础安全技术要求》（GB/T 20270—2006）、《信息安全技术 操作系统安全技术要求》（GB/T 20272—2006）、《信息安全技术 数据库管理系统安全技术要求》（GB/T 20273—2006）、《信息安全技术服务器安全技术要求》（GB/T 21028—2007）、《信息安全技术 终端计算机系统安全等级技术要求》（GA/T 671—2006）等技术标准同步建设符合该等级要求的信息安全设施。

第十一条 电力信息系统运营、使用单位应当参照《信息安全技术 信息系统安全管理要求》（GB/T 20269—2006）、《信息安全技术信息系统安全工程管理要求》（GB/T 20282—2006）、《信息安全技术 信息系统安全等级保护基本要求》（GB/T 22239—2008）、《电力行业信息系统安全等级保护基本要求》等标准或规范要求，制定并落实符合本系统安全保护等级要求的安全管理制度。

第十二条 电力信息系统建设完成后，运营、使用单位或者其主管部门应当选择符合本办法规定条件的测评机构，依据《信息安全技术 信息系统安全等级保护测评过程指南》（GB/T 28449—2012）、《信息安全技术 信息系统安全等级保护基本要求》（GB/T 22239—2008）、《信息系统安全等级保护测评要求》（GB/T 28448—2012）、《电力行业信息系统安全等级保护基本要求》等标准或规范要求，定期对电力信息系统开展等级保护测评。电力监控系统信息安全等级测评工作应当与电力监控系统安全防护评估工作同步进行。

电力信息系统运营、使用单位应当定期对信息系统安全状况、安全保护制度及措施的落实情况进行自查。第二级生产控制类信息系统和重要生产管理类信息系统应当每两年至少进行一次自查，第三级信息系统应当每年至少进行一次自查，第四级信息系统应当每半年至少进行一次自查。

经测评或者自查，信息系统安全状况未达到安全保护等级要求的，运营、使用单位应当制定方案进行整改。

国家能源局及其派出机构将对第三级及以上信息系统的测评报告组织专家评审。

第十三条 已运营（运行）的第二级及以上电力信息系统，应当在安全保护等级确定后30日内，由其运营、使用单位到所在地设区的市级以上公安机关办理备案手续。

新建第二级以上电力信息系统，应当在投入运行后 30 日内，由其运营、使用单位到所在地设区的市级以上公安机关办理备案手续。

属于中央企业的电力集团公司，其跨省或者全国统一联网运行的电力信息系统，由电力集团公司向公安部办理备案手续。跨省或者全国统一联网运行的信息系统在各地运行、应用的分支系统，应当向当地设区的市级以上公安机关备案。

第十四条 办理电力信息系统安全保护等级备案手续时，应当填写公安部监制的《信息系统安全等级保护备案表》，第三级及以上信息系统应当同时提供以下材料：

（一）系统拓扑结构及说明；

（二）系统安全组织机构和管理制度；

（三）系统安全保护设施设计实施方案或者改建实施方案；

（四）系统使用的信息安全产品清单及其认证、销售许可证明；

（五）测评后符合系统安全保护等级的技术检测评估报告；

（六）信息系统安全保护等级专家评审意见；

（七）国家能源局及其派出机构核准信息系统安全保护等级的意见。

在备案过程中，应当按照公安机关的审核意见，对不符合等级保护要求的备案材料进行纠正后重新备案。

第十五条　国家能源局及其派出机构对第三级及以上电力信息系统的运营、使用单位的信息安全等级保护工作情况进行检查。根据《信息安全等级保护管理办法》，对重要第三级（生产控制类）及第四级电力信息系统每年应至少检查一次。

检查事项主要为：

（一）信息系统安全需求是否发生变化，原定保护等级是否准确；

（三）运营、使用单位及其主管部门对信息系统安全状况的检查情况；

（四）系统安全等级测评是否符合要求；

（五）信息安全产品使用是否符合要求；

（六）信息系统安全整改情况；

（七）备案材料与运营、使用单位、信息系统的符合情况；

（八）其他应当进行监督检查的事项。

第十六条　电力信息系统运营、使用单位应当接受国家能源局及其指定的专门机构的安全监督、检查、指导，如实向国家能源局及其指定的专门机构提供下列有关信息安全保护的信息资料及数据文件：

（一）信息系统备案事项变更情况；

（二）安全组织、人员、岗位职责的变动情况；

（三）信息安全管理制度、措施变更情况；

（四）信息系统运行状况记录；

（五）运营、使用单位及上级部门定期对信息系统安全状况的检查记录；

（六）对信息系统开展等级测评的技术测评报告；

（七）信息安全产品使用的变更情况；

（八）信息安全事件应急预案，信息安全事件应急处置结果报告；

（九）信息系统数据容灾备份情况。

（十）信息系统安全建设、整改结果报告。

第十七条　电力系统运营、使用单位应当根据信息安全等级保护工作检查整改通知要求，按照信息安全等级保护管理规范和技术标准进行整改。必要时，国家能源局及其派出机构可对整改情况进行抽查。

第十八条　电力信息系统应当选择使用通过国家检测认证的信息安全产品。

第十九条　第二级及以上电力信息系统应当选择符合下列条件的等级保护测评机构进行测评：

（一）在中华人民共和国境内注册成立（港澳台地区除外）；

（二）由中国公民投资、中国法人投资或者国家投资的企事业单位（港澳台地区除外）；

（三）从事电力信息系统相关检测评估工作两年以上，无违法记录；

（四）工作人员仅限于中国公民；

（五）法人及主要业务、技术人员无犯罪记录；

（六）使用的技术装备、设施应当符合国家对信息安全产品的要求；

（七）具有完备的保密管理、项目管理、质量管理、人员管理和培训教育等安全管理制度；

（八）对国家安全、社会秩序、公共利益不构成威胁；

（九）从事电力信息系统测评的技术人员应当通过国家能源局组织的电力系统专业技术培训和考核，开展电力信息系统测评的机构应向国家能源局备案且通过电力测评机构技术能力评估。

第二十条 从事电力信息系统安全等级测评的机构，应当履行下列义务：

（一）遵守国家有关法律法规和技术标准，提供安全、客观、公正的检测评估服务，保证测评的质量和效果；

（二）保守在测评活动中知悉的国家秘密、商业秘密和个人隐私，防范测评风险；

（三）对测评人员进行安全保密教育，与其签订安全保密责任书，规定应当履行的安全保密义务和承担的法律责任，并负责检查落实。

第二十一条 涉及国家秘密的电力信息系统应当按照国家保密工作部门有关涉密信息系统分级保护的管理规定和技术标准，结合系统实际情况进行保护。非涉密电力信息系统不得处理国家秘密信息。

第四章 信息安全等级保护的密码管理

第二十二条 电力信息系统运营、使用单位采用密码进行等级保护的，应当遵照《信息安全等级保护商用密码管理办法》《信息安全等级保护商用密码技术要求》等密码管理规定和技术标准。

第二十三条 电力信息系统安全等级保护中密码的配备、使用和管理等，应当严格执行国家密码管理的有关规定。

第二十四条 电力信息系统运营、使用单位采用密码对涉及国家秘密的信息和信息系统进行保护的，应报经国家密码管理局审批，密码的设计、实施、使用、运行维护和日常管理等，应当按照国家密码管理有关规定和相关标准执行；采用密码对不涉及国家秘密的信息和信息系统进行保护的，须遵守《商用密码管理条例》和密码分类分级保护有关规定与相关标准，其密码的配备使用情况应当向国家密码管理机构备案。

第二十五条 电力信息系统运营、使用单位运用密码技术对电力信息系统进行系统等级保护建设和整改的，必须采用经国家密码管理部门批准使用或者准予销售的密码产品进行安全保护，不得采用国外引进或者擅自研制的密码产品；未经批准不得采用含有加密功能的进口信息技术产品。

第二十六条 电力信息系统中采用的密码及密码设备的测评工作由国家密码管理局认可的测评机构承担，其他任何部门、单位和个人不得对密码和密码设备进行评测和监控。

第二十七条 各级密码管理部门对电力信息系统等级保护工作中密码配备、使用和管理的情况进行检查和测评时，相关电力企业应当积极配合。对于检查和测评中所反馈的问题，应当按照国家密码管理的相关规定要求及时整改。

第五章 法 律 责 任

第二十八条 第二级及以上电力信息系统运营、使用单位违反国家相关规定及本办法规定，由国家相关部门按照职责分工责令其限期改正；逾期不改正的，给予警告，并向其上级主管部门通报情况，建议对其直接负责的主管人员和其他直接责任人员予以处理，造成严重损害的，由相关部门依照有关法律、法规予以处理。

第二十九条 信息安全监管部门及其工作人员在履行监督管理职责中，玩忽职守、滥用职权、徇私舞弊的，依法给予行政处分；构成犯罪的，依法追究刑事责任。

第六章 附 则

第三十条 本办法由国家能源局负责解释。

第三十一条 本办法自发布之日起实施，有效期五年。

国家能源局关于印发电力监控系统安全防护总体方案等安全防护方案和评估规范的通知

国能安全〔2015〕36号

各派出机构，各有关电力企业：

为了加强电力监控系统安全防护工作，根据《电力监控系统安全防护规定》（国家发展和改革委员会令2014年第14号），国家能源局制定了《电力监控系统安全防护总体方案》等安全防护方案和评估规范。现印发你们，请依照执行。

附件：1．电力监控系统安全防护总体方案（略）

2．省级以上调度中心监控系统安全防护方案（略）

3．地（县）级调度中心监控系统安全防护方案（略）

4．发电厂监控系统安全防护方案（略）

5．变电站监控系统安全防护方案（略）

6．配电监控系统安全防护方案（略）

7．电力监控系统安全防护评估规范（略）

国家能源局

2015年2月4日

国家能源局关于建立电力行业网络与信息安全联席会议制度的通知

国能发安全〔2017〕71号

华北、东北、西北、南方能源监管局，全国电力安全生产委员会各企业成员单位：

为进一步加强电力行业网络与信息安全工作，保障电力系统安全稳定运行，经研究，决定建立电力行业网络与信息安全联席会议（以下简称联席会议）制度。现就有关事项通知如下。

一、主要职责

协调推进电力行业网络与信息安全工作。组织开展电力行业网络与信息安全相关政策措施研究，协调推动相关规章制度和技术标准制（修）订工作；组织开展电力行业网络与信息安全相关体制、机制、技术、队伍等问题研究；传达落实党中央、国务院以及网络与信息安全主管部门有关指示要求；强化电力行业网络与信息安全预警；协调解决网络与信息安全工作中遇到的重大问题；及时总结网络与信息安全工作经验，提出可复制、推广的意见和建议；完成网络与信息安全其他工作事项。

二、成员单位

联席会议由国家能源局综合司、发展规划司、电力司、核电司、新能源和可再生能源司、电力安全监管司、信息中心，国家能源局华北监管局、东北监管局、西北监管局、华东监管局、华中监管局、南方监管局，国家电网公司、中国南方电网有限责任公司、中国华能集团公司、中国大唐集团公司、中国华电集团公司、中国国电集团公司、国家电力投资集团公司、中国电力建设集团有限公司、中国能源建设集团有限公司、中国核工业集团公司、中国长江三峡集团公司、国家开发投资公司、神华集团有限责任公司、中国广核集团有限公司、华润电力控股有限公司、浙江省能源集团有限公司、广东省粤电集团有限公司、北京能源集团有限责任公司、内蒙古电力（集团）有限责任公司等32个单位组成，国家能源局电力安全监管司为牵头单位。

国家能源局分管电力安全监管工作的局领导担任联席会议召集人，国家电网公司、中国南方电网有限责任公司、中国华能集团公司、中国华电集团公司、国家电力投资集团公司和神华集团有限责任公司分管网络与信息安全工作的负责同志、国家能源局电力安全监管司主要负责同志担任副召集人，其他企业成员单位分管网络与信息安全工作的负责同志、国家能源局相关司（事业单位）和派出能源监管机构有关负责同志为联席会议成员（名单附后）。根据工作需要，联席会议可邀请其他相关单位参加。联席会议成员因工作变动需要调整的，由所在单位提出，联席会议确定。

联席会议办公室设在国家能源局电力安全监管司，承担联席会议日常工作，国家能源局电力安全监管司主要负责同志兼任办公室主任、有关负责同志兼任办公室副主任。联席会议的企业成员单位设联络员（名单附后），由各单位网络与信息安全部门负责同志担任；国家能源局相关司（事业单位）和派出能源监管机构的联络工作由联席会议办公室负责。

三、工作规则

（一）联席会议每半年召开一次全体会议，原则上每年6月和12月组织召开全体会议，由召集人或召集人委托的副召集人主持，总结听取前一阶段电力行业网络与信息安全工作情况、研究审议下一阶段工作重点，协调解决电力行业网络与信息安全工作中的重大问题；也可根据工作需要，召开由相关成员单位参加的专题会议，由召集人或召集人委托的副召集人主持，对电力行业网络与信息安全有关问题进行协调。成员单位根据工作需要，可以提出召开会议的建议。

（二）在联席会议召开之前（5月和11月），各成员单位以书面形式向联席会议办公室报送前一阶段网络与信息安全工作总结、下一阶段重点工作计划，提出需提交联席会议协调的事项。

（三）联席会议以会议纪要形式明确会议议定事项，并印发有关方面。

四、有关要求

各成员单位要主动研究电力行业网络与信息安全工作中的有关问题，及时向联席会议办公室报送有关材料；按要求参加联席会议，认真落实联席会议确定的工作任务和议定事项；加强沟通，密切配合，相互支持，形成合力，充分发挥联席会议作用，形成高效务实的工作机制。联席会议办公室要及时向各成员单位通报有关情况。

附件：1.《电力行业网络与信息安全联席会议成员名单》

2.《电力行业网络与信息安全联席会议企业成员单位联络员名单》

国家能源局

2017年11月23日

附件1:

电力行业网络与信息安全联席会议成员名单

召集人：

刘宝华　国家能源局党组成员、副局长

副召集人：

杨晋柏　国家电网公司副总经理

王良友　中国南方电网有限责任公司副总经理

王文宗　中国华能集团公司副总经理

邵国勇　中国华电集团公司总会计师

魏　锁　国家电力投资集团公司副总经理

韩建国　神华集团有限责任公司副总经理
童光毅　国家能源局电力安全监管司司长
成员：
金耀华　中国大唐集团公司副总经理
陈　斌　中国国电集团公司总会计师
姚　强　中国电力建设集团有限公司副总经理
吴　云　中国能源建设股份有限公司总工程师、首席信息官
雷增光　中国核工业集团公司总工程师、首席信息官
程永权　中国长江三峡集团公司机电专业总工程师
刘国军　国家开发投资公司安全总监
赵　华　中国广核集团有限公司总工程师、首席信息官
安　兴　华润电力控股有限公司助理总裁兼信息管理总监
朱松强　浙江省能源集团有限公司副总经理
洪荣坤　广东省粤电集团有限公司副总经理
关天罡　北京能源集团有限责任公司总工程师
牛继荣　内蒙古电力（集团）有限责任公司副总经理
邓　奎　国家能源局综合司副司长
洪　澜　国家能源局发展规划司副巡视员
赵一农　国家能源局电力司副司长
史立山　国家能源局核电司副司长
梁志鹏　国家能源局新能源和可再生能源司副司长
张扬民　国家能源局电力安全监管司副司长
胡红升　国家能源局信息中心副主任
程裕东　国家能源局华北监管局副局长
吴大明　国家能源局东北监管局副局长
仇毓宏　国家能源局西北监管局副局长
杨梦云　国家能源局华东监管局副局长
唐　俊　国家能源局华中监管局副局长
郑　毅　国家能源局南方监管局副局长
联席会议办公室设在国家能源局电力安全监管司。
办公室主任：
童光毅　国家能源局电力安全监管司司长（兼）
办公室副主任：
张扬民　国家能源局电力安全监管司副司长（兼）

附件2:

电力行业网络与信息安全联席会议企业成员单位联络员名单

陈春霖　国家电网公司信息通信部副主任
娄　山　中国南方电网有限责任公司信息部主任
于长琦　中国华能集团公司信息中心主任
刘建龙　中国大唐集团公司科技信息部主任
杨富春　中国华电集团公司信息管理部主任
赵建华　中国国电集团公司信息中心主任
朱晓东　国家电力投资集团公司科技管理部副总经理
吴张建　中国电力建设集团有限公司信息化管理部主任
王聪生　中国能源建设股份有限公司科技信息部主任
钱天林　中国核工业集团公司科技与信息化部主任
黄子安　中国长江三峡集团公司信息中心副主任
陈效民　国家开发投资公司运营与安全生产监督部副主任
丁　涛　神华集团有限责任公司信息管理部总经理
邹来龙　中国广核集团有限公司信息技术中心副主任
胡效雷　华润电力控股有限公司信息管理部总经理
解剑波　浙江省能源集团有限公司科技与信息化管理部主任
林广银　广东省粤电集团有限公司信息中心副主任
梅东升　北京能源集团有限责任公司安全与科技环保部主任
吴集光　内蒙古电力（集团）有限责任公司科信部部长

国家能源局综合司关于延长牛从直流单极闭锁故障下入地电流对油气管道安全影响的临时处置措施和应急方案有效期限的通知

国能综通安全〔2018〕95号

广东省发展改革委（能源局），南方能源监管局，中石油、中石化、中海油集团公司，国家电网有限公司、南方电网公司，长江三峡集团公司，广东省天然气官网公司，各有关单位：

针对牛从直流单极闭锁故障下入地电流对相关油气管道运行安全的影响，为保障直流输电与油气管道运行安全，国家能源局于2015年印发了《牛从直流单极闭锁故障下入地电流对油气管道安全影响的临时处置措施和应急方案》(国能综安全〔2015〕324号，以下简称《方案》)，并于2016年印发《关于做好高压直流输电工程与油气管道相互影响问题有关工作的通知》（国能综安全〔2016〕326号)，将《方案》有效期延长两年。

鉴于《方案》在保障牛从直流和相关油气管道运行安全方面取得了良好的效果，现决定将《方案》有效期继续延长，直至新的相关规定和标准颁布。

请广东省发展改革委（能源局）和南方能源监管局按照职责加强对《方案》执行情况的监管，确保牛从直流和相关油气管道的运行安全。

国家能源局综合司

2018年6月25日

国家能源局印发《关于加强电力行业网络安全工作的指导意见》

国能发安全〔2018〕72号

各省、自治区、直辖市、新疆生产建设兵团发展改革委（能源局）、经信委（工信委），国家能源局各派出监管机构，全国电力安全生产委员会各企业成员单位：

为深入贯彻党的十九大精神，全面落实习近平总书记关于网络强国战略的重要论述，按照《中华人民共和国网络安全法》《电力监管条例》及相关法律法规要求，健全电力行业网络安全责任体系完善网络安全监督管理体制机制．加强关键信息基础设施安全保护提升电力监控系统安全防护水平，强化同络安全防护体系，提高自主创新及安全可控能力，防范和遏制重大网络安全事件，保障电力系统安全稳定运行和电力可靠供应，提出以下意见。

一、落实企业网络安全主体责任

（一）建立健全网络安全责任制。电力企业是网络安全责任主体，企业各级党委（党组）对本单位、本部门网络安全工作负主体责任．企业主要负责人是网络安全第一责任人。将网络安全纳入企业安全生产管理体系，按照谁主管谁负责、谁运营谁负责、谁使用谁负责的原则，落实网络安全主体责任，厘清界面，强化考核，严格责任追究，确保网络安全责任全覆盖。

（二）健全企业网络安全组织体系。落实网络安全保护责任，设立专门网络安全管理及监督机构，设置相应岗位，加快各级网络安全专业人员配备；重点企业、机构建立首席网络安全官制度。

二、完善网络安全监督管理体制机制

（三）健全网络安全监督管理体系，按照谁主管谁负责的原则国家能挥局依法依规履行电力行业网络安全监督管理职责，地方各级人民政府有关部门按照法律、行政法规和国务院的规定．切实履行网络安全属地监督管理职责　国家能源局各派出监管机构根据授权开展网络安全监督管理工作

（四）依法履行网络安全监督管理职能。制定、修订电力行业网络安全监督管理规定，强化电力行业网络安全标准化能力建设，建立电力行业网络安全联席会议制度，协调推进电力行业网络安全监督管理工作。

（五）强化网络安全协同监督管理。国家能源局及其派出监管机构加强与国家网络安全主管部门、地方各级人民政府有关部门的沟通，形成工作合力，协同开展网络安全检查等工作，加大违法违规行为的处置力度。

（六）加强网络安全技术监督。发挥电力行业网络安全技术服务机构作用，开展电力行业网络安垒技术监督工作。加强电力调度机构对并网电厂涉网部分电力监控系统安全防护技求监督，强化电网和发电企业内部网络安全技术监督。

三、加强全方位网络安全管理

（七）履行网络安全等级保护义务。按照国家等级保护制度要求，修订行业等级保护制度，加强等级保护专业力量建设，深化网络安全等级保护定级备案、安全建设、等级测评、安全整改、监督检查全过程管理工作。

（八）规范网络安全风险评估。加快完善自评估为主、第三方检查评估为辅的网络安全风险评估工作机制，及时开展检测评估，其中关键信息基础设施每年至少开展一次评估。规范评估流程、控制评估风险．整改安全隐患，完善安全措施。

（九）加强全业务、全过程网络安全管理。加强发、输、变、配、用、调度等电力全业务网络安全管理，严格落实“三同步”原则，加强漏洞和隐患源头及动态治理，加强日常运维及安全防护管理，落实全生命周期安全管理措施，保障电力系统网络安全。加强供应链安全管理，强化供应商资质审查、能力评估。保障网络安全资金投入。

（十）加强全员网络安全管理。建立健全全员网络安全管理制度，开展网络安全负责人、关键岗位人员安全背景审查，企业应建立网络安全关键岗位专业技术人员持证上岗制度，有关从业人员应先培训后上岗。加强对产品和服务供应商现场人员的网络安全管理。

四、强化关键信息基础设施安全保护

（十一）落实姜键信息基础设施重点保护要求。研究制定电力行业关键信息基础设施认定规则、保护规划及标准规范．开展关键信息基础设施认定工作，实行重点保护。加强关键信息基础设施网络安全监测预警体系建设，提升关链信息基础设施应急响应和恢复能力。

（十二）推进行业网络安全审查。逐步完善电力行业网络产品和服务安全审查制度，明确审查范围，确立审查要点，规范审查流程。有序开展电力行业网络产品和服务安全审查工作。

（十三）进一步完善电力监控系统安全防护体系。按照“安全分区　网络专用　横向隔离、纵向认证”的原则，进一步完善结构安全、本体安全和基础设施安全，逐步推广安全免疫。结合电力生产安全新形势和安全保障需求，及时修订电力监控系统安全防护相关配套方案。强化新能源和中小电力企业等电网末梢的网络安全防护能力，推进配电、用电涉控部分的网络安全防护建设。

五、加强行业网络安全基础设施建设

（十四）加快密码基础设施建设。在重要业务、重要领域实施密码保护，完善电力行业密码支撑体系，实现电力行业密码基础设施一体化管理。健全电力行业密码检测手段，开展密码应用安全性评估。深化商用密码在电力行业中的应用，促进密码技术与电力应用融台发展。

（十五）建设网络安全仿真验证环境。适应电力行业网络安全研究、测试、演练等应用需求，整合现有资源．建立覆盖发、输、变、配、用、调度全环节的网络安全仿真验证环境，开展重大网络安全事件模拟验证、漏洞挖掘、攻防演练、业务培训等工作。建设行业网络安全重点实验室。

（十六）建立行业网络安全信息资源共享机制。整合行业漏洞挖掘与研究资源，开展漏洞分析、安全加固研究．建立行业漏洞库完善与国家信息安全漏洞共享平台的沟通、协调和通报机制，加强漏洞预警能力建设，引导企业及时开展漏洞消缺工作，提升企业处置安全漏洞能力。

（十七）强化网络安全检测与服务。强化安全检测机构能力建设，严格执行国家及行业网络安全检测标准，鼓励自主研发检测工具．丰富安全检测技术手段。完善行业网络安全服务体系，开展网络安全认证、检测、风险评估等安全服务。

六、加强电力企业数据安全保护

（十八）加强企业数据安全保障。健全数据安全保护机制，明确数据安全责任主体，强化重要数据的识别、分类和保护，加强关键系统、核心数据容灾备份设施建设。加强重要教据出境管理。加强大数据安全保障能力建设。

（十九）加强个人信息、用户信息保护。强化业务系统个人信息、用户信息保护能力．防止个人信息、用户信息泄露，建立完善个人信息安全事件投诉、举报和责任追究机制。

七、提高网络安全态势感知、预警及应急处置能力

（二十）推进网络安全态势感知、预警能力建设。建立行业、企业网络安全态势感知预警平台，加强电力监控系统、重要管理信息系统、互联网出口的全面监测．加强网络安全信息的汇集、研判建立健全网络安前信息共享和通报机制，健全完善政企联动、上下协同的通报预警机制。

（二十一）加强网络安全拥挤处置能力建设。建立电力行业网络安全应急指挥平台，完善网络安全应急预案。加强网络安全应急队伍、应急资源库建设，组织开展实战型网络安全应急演练，提升网络安全事件应急快速响应能力。

（二十二）健全重大活动网络安全保障机制。建立分段网络安全保障机制，统筹行业资源，强化协调指挥。针对国家重大活动，制定保障工作方案，落实保障措施。

八、支持网络安全自主创新与安全可控

（二十三）坚持关键领域安全可控。推动电力专用安全防护设备声级换代，加快推进专用系统与装备、通用软硬件产品安全可控替代及应用。坚持新能源、配电网及负荷管理等领域智能终端、智能单元安全可控。加强安全可控产品的研制与应用．鼓励开展前沿性技术应用研究。

（二十四）加速推进核心技术攻关与应用。加强体系化技术布局，完善制度、市场环境，推进电力系统网络安全核心技术突破。重点在电力系统关键系统、重大装备、防护体系、专用芯片、密码应用、攻防对抗和检测技术等领域，加强自主创新与应用突破。支持电力专用芯片研发和使用。

（二十五）做好新技术、新业务网络安全保障，关注能源生产经营、消费等领域发展带来的网络安全问题．加强对“大云物移智”等新技术，以及微电网、充电基础设施、车联网、“互联网+”等新业务的网络安全风险研究，为行业发展提供网络安全保障。

九、积极推动电力行业网络安全产业健康发展

（二十六）优化网络安全产业生态。以行业内重点网络安全企业为主导，打造产学研用协同创新发展平台，构建电力行业网络安全产业联盟。推进网络安全技术成果的市场化应用。引导社会资本设立行业网络安全产业发展基金。

（二十七）引导网络安全产业健康发展。做好行业网络安全产业体系建设，通过统筹规划、精准投资、综合评价等措施，在技术产业、政策上共同发力，释放产业发展主体活力，引导网络安生产业健康发展。

十、推进网络安全军民融台深度发展

（二十八）推进网络安全军民融合深度发展。加强统筹协调、密切协作配台，推动军地信息融合共享，建立较为完善的网络安全联防联控机制。拓宽渠道，促进技术、人才、资源等要素双向流动转化。鼓励电力企业、阿络安全产业单位加强“军转民’、“民参军”，促进军地协同技求创新。

十一、加强网络安全人才队伍建设

（二十九）加强网络安全人才队伍建设、加强行业网络安全政策宣贯、知识普及，定期开展电力行业网络安全交流。加大网络安全人才培养投入，加强从业人员技能培训，探索企业、高校、科研院所　军从共建产学研用结合的人才培养机制　建立电力行业网络安全专家库。完备网络安全岗位设置．完善人才激励机制。

十二、拓展网络安全国际合作

（三十）拓展网络安全国际合作。构建网络安全常态化国际交流合作机制，推动电力行业网络安全国际交流。拓展网络安全对话合作平台。加强在预警防范、应急响应、技术创新、标准规范、信息共享等方面合作，组织开展国际网络空间安全重大问题研究，积极参与有关国际标堆、规则制定工作。

国家能源局

2018年9月13日

（六）电 力 应 急

国家电力监管委员会关于印发《电力突发事件应急演练导则（试行）》等文件的通知

电监安全〔2009〕22 号

各派出机构，国家电网公司，南方电网公司，华能、大唐、华电、国电、中电投集团公司，各有关单位：

为规范电力应急预案编制和应急演练工作，我会组织制定了《电力突发事件应急演练导则（试行）》《电力企业综合应急预案编制导则（试行）》《电力企业专项应急预案编制导则（试行）》和《电力企业现场处置方案编制导则（试行）》，现印发给你们，请依照执行，执行中如有问题和建议，请及时告电监会。

附件：1．电力突发事件应急演练导则（试行）
　　　2．电力企业综合应急预案编制导则（试行）
　　　3．电力企业专项应急预案编制导则（试行）
　　　4．电力企业现场处置方案编制导则（试行）

国家电力监管委员会
2009 年 6 月 18 日

附件 1:

电力突发事件应急演练导则（试行）

前　　言

为指导和规范电力突发安全事件应急演练的组织与开展，提高应急演练的效果和科学性，依据《中华人民共和国突发事件应对法》《电力监管条例》《国家处置电网大面积停电事件应急预案》《生产经营单位安全生产事故应急预案编制导则》等有关文件制定本导则。

本导则是国家电力监管委员会组织编写的电力应急预案编制和应急演练规范系列文件的组成部分。各级政府、电力企业、电力用户组织开展电力突发事件应急演练时应参照本导则要求，规范应急演练的策划、准备、组织实施以及评估总结等各环节。本导则的附录 A 和附录 B 分别为应急演练案例和应急演练流程图，供参考使用。

本导则由国家电力监管委员会提出并负责解释。

1　适用范围

本导则对电力突发事件应急演练（以下简称“应急演练”）的基本程序、内容、组织、实施与评估等方面做出一般性规定，适用于各级政府、电力企业、电力用户组织开展的应急演练活动。

2　规范性引用文件

下列文件中条款通过本导则引用而成为本导则的条款。引用文件如有修订或更新，使用本导则各方应研究使用这些文件的最新版本。

《国家突发公共事件总体应急预案》（国发〔2005〕11号）

《国家处置电网大面积停电事件应急预案》（国办函〔2005〕44号）

《生产经营单位安全生产事故应急预案编制导则》（AQ/T 9002—2006）

《电力企业综合应急预案编制导则》

《电力企业专项应急预案编制导则》

《电力企业现场处置方案编制导则》

3　术语和定义

3.1　突发事件

指突然发生，造成或者可能造成人员伤亡、电力设备损坏、电网大面积停电、环境破坏等危及电力企业、社会公共安全稳定，需要采取应急处置措施予以应对的紧急事件。

3.2　应急预案

指针对可能发生的各类突发事件，为迅速、有序地开展应急行动而预先制定的行动方案。

3.3　应急演练

指针对突发事件风险和应急保障工作要求，由相关应急人员在预设条件下，按照应急预案规定的职责和程序，对应急预案的启动、预测与预警、应急响应和应急保障等内容进行应对训练。

4　应急演练目的与原则

4.1　目的

（1）检验突发事件应急预案，提高应急预案针对性、实效性和操作性。

（2）完善突发事件应急机制，强化政府、电力企业、电力用户相互之间的协调与配合。

（3）锻炼电力应急队伍，提高电力应急人员在紧急情况下妥善处置突发事件的能力。

（4）推广和普及电力应急知识，提高公众对突发事件的风险防范意识与能力。

（5）发现可能发生事故的隐患和存在问题。

4.2　原则

（1）依法依规，统筹规划。应急演练工作必须遵守国家相关法律、法规、标准及有关规定，科学统筹规划，纳入各级政府、电力企业、电力用户应急管理工作的整体规划，并按规划组织实施。

（2）突出重点，讲求实效。应急演练应结合本单位实际，针对性设置演练内容。演练应符合事故/事件发生、变化、控制、消除的客观规律，注重过程、讲求实效，提高突发事件应急处置能力。

（3）协调配合，保证安全。应急演练应遵循“安全第一”的原则，加强组织协调，统一指挥，保证人身、电网、设备及人民财产、公共设施安全，并遵守相关保密规定。

5　应急演练分类

5.1　综合应急演练

由多个单位、部门参与的针对综合应急预案或多个专项应急预案开展的应急演练活动，其目的是在一个或多个部门（单位）内针对多个环节或功能进行检验，并特别注重检验不同部门（单位）之间以及不同专业之间的应急人员的协调性及联动机制。其中，社会综合应急演练由政府相关部门、电力监管机构、电力企业、电力用户等多个单位共同参加。

5.2　专项应急演练

针对本单位突发事件专项应急预案以及其他专项预案中涉及自身职责而组织的应急演练。其目的是在一个部门或单位内针对某一个特定应急环节、应急措施、或应急功能进行检验。

6　应急演练形式

6.1　实战演练

由相关参演单位和人员，按照突发事件应急预案或应急程序，以程序性演练或检验性演练的方式，运用真实装备，在突发事件真实或模拟场景条件下开展的应急演练活动。其主要目的是检验应急队伍、应急抢险装备等资源的调动效率以及组织实战能力，提高应急处置能力。

6.1.1　程序性演练

根据演练题目和内容，事先编制演练工作方案和脚本。演练过程中，参演人员根据应急演练脚本，逐条分项推演。其主要目的是熟悉应对突发事件的处置流程，对工作程序进行验证。

6.1.2　检验性演练

演练时间、地点、场景不预先告知，由领导小组随机控制，有关人员根据演练设置的突发事件信息，依据相关应急预案，发挥主观能动性进行响应。其主要目的是检验实际应急响应和处置能力。

6.2　桌面演练

由相关参演单位人员，按照突发事件应急预案，利用图纸、计算机仿真系统、沙盘等模拟进行应急状态下的演练活动。其主要目的是使相关人员熟悉应急职责，掌握应急程序。除以上两种形式外，应急演练也可采用其他形式进行。

7　应急演练规划与计划

7.1　规划

各级政府、电力企业、电力用户应针对突发事件特点对应急演练活动进行 3～5 年的整体规划，包括应急演练的主要内容、形式、范围、频次、日程等。从实际需求出发，分析本地区、本单位面临的主要风险，根据突发事件发生发展规律，制定应急演练规划。各级演练规划要统一协调、相互衔接，统筹安排各级演练之间的顺序、日程、侧重点，避免重复和相互冲突，演练频次应满足应急预案规定。

7.2 计划

在规划基础上，制定具体的年度工作计划，包括：演练的主要目的、类型、形式、内容，主要参与熔炼的部门、人员，熔炼经费概算等。

8 应急溶练准备

针对熔炼题目和范围，开展工作熔炼准备工作。

8.1 成立组织机构

根据需要成立应急演练领导小组以及策划组、技术组、保障组、评估组等工作机构，并明确演练工作职责、分工。

8.1.1 领导小组

（1）领导应急演练筹备和实施工作。

（2）审批应急演练工作方案和经费使用。

（3）审批应急演练评估总结报告。

（4）决定应急演练的其他重要事项。

8.1.2 策划组

（1）负责应急演练的组织、协调和现场调度。

（2）编制应急演练工作方案，拟定演练脚本。

（3）指导参演单位进行应急演练准备等工作。

（4）负责信息发布。

8.1.3 技术保障组

（1）负责应急演练安全保障方案制定与执行。

（2）负责提供应急演练技术支持，主要包括应急演练所涉及的调度通信、自动化系统、设备安全隔离等。

8.1.4 后勤保障组

（1）负责应急演练的会务、后勤保障工作。

（2）负责所需物资的准备，以及应急演练结束后物资清理归库。

（3）负责人力资源管理及经费使用管理等。

8.1.5 评估组

（1）负责根据应急演练工作方案，拟定演练考核要点和提纲，跟踪和记录应急演练进展情况，发现应急演练中存在的问题，对应急演练进行点评。

（2）负责针对应急演练实施中可能面临的风险进行评估。

（3）负责审核应急演练安全保障方案。

8.2 编写演练文件

8.2.1 应急演练工作方案工作方案主要内容包括：

（1）应急演练目的与要求；

（2）应急演练场景设计：按照突发事件的内在变化规律，设置情景事件的发生时间、地点、状态特征、波及范围以及变化趋势等要素，进行情景描述。对演练过程中应采取的预警、应急响应、决策与指挥、处置与救援、保障与恢复、信息发布等应急行动与应对措施预先设定和描述；

（3）参演单位和主要人员的任务及职责；

（4）应急演练的评估内容、准则和方法，并制定相关具体评定标准；

（5）应急演练总结与评估工作的安排；

（6）应急演练技术支撑和保障条件，参演单位联系方式，应急演练安全保障方案等。

8.2.2 应急演练脚本

应急演练脚本是指应急演练工作方案的具体操作手册，帮助参演人员掌握演练进程和各自需演练的步骤。一般采用表格形式，描述应急演练每个步骤的时刻及时长、对应的情景内容、处置行动及执行人员、指令与报告对白、适时选用的技术设备、视频画面与字幕、解说词等。

应急演练脚本主要适用于程序性演练。

8.2.3 评估指南

根据需要编写演练评估指南，主要包括：

（1）相关信息：应急演练目的、情景描述，应急行动与应对措施简介等；

（2）评估内容：应急演练准备、应急演练方案、应急演练组织与实施、应急演练效果等；

（3）评估标准：应急演练目的实现程度的评判指标；

（4）评估程序：针对评估过程做出的程序性规定。

8.2.4 安全保障方案

主要包括：

（1）可能发生的意外情况及其应急处置措施；

（2）应急演练的安全设施与装备；

（3）应急演练非正常终止条件与程序；

（4）安全注意事项。

8.3 落实保障措施

8.3.1 组织保障

落实演练总指挥、现场指挥、演练参与单位（部门）和人员等，必要时考虑替补人员。

8.3.2 资金与物资保障

落实演练经费、演练交通运输保障，筹措演练器材、演练情景模型。

8.3.3 技术保障

落实演练场地设置、演练情景模型制作、演练通信联络保障等。

8.3.4 安全保障

落实参演人员、现场群众、运行系统安全防护措施，进行必要的系统（设备）安全隔离，确保所有参演人员和现场群众的生命财产安全，确保运行系统安全。

8.3.5 宣传保障

根据演练需要，对涉及演练单位、人员及社会公众进行演练预告，宣传电力应急相关知识。

8.4 其他准备事项

根据需要准备应急演练有关活动安排，进行相关应急预案培训，必要时可进行预演。

9 应急演练实施

9.1 程序性实战演练实施

9.1.1 实施前状态检查确认

在应急演练开始之前，确认演练所需的工具、设备设施以及参演人员到位，检查应急演练安全保障设备设施，确认各项安全保障措施完备。

9.1.2 演练实施

（1）条件具备后，由总指挥宣布演练开始。

（2）按照应急演练脚本及应急演练工作方案逐步演练，直至全部步骤完成。

演练可由策划组随机调整演练场景的个别或部分信息指令，使演练人员依据变化后的信息和指令自主进行响应。

出现特殊或意外情况，策划组可调整或干预演练，若危及人身和设备安全时，应采取应急措施终止演练。

（3）演练完毕，由总指挥宣布演练结束。

9.2 检验性实战演练实施

9.2.1 实施前状态检查确认

在应急演练开始之前，确认演练条件具备，检查演练安全保障。设备设施，确认各项安全保障措施完备。

9.2.2 演练实施

（1）演练实施可分为两种方式：

方式一：策划人员事先发布演练题目及内容，向参演人员通告事件情景，演练时间、地点、场景随机安排。

方式二：策划人员不事先发布演练题目及内容，演练时间、地点、内容、场景随机安排。

（2）有关人员根据演练指令，依据相应预案规定职责启动应急响应，开展应急处置行动。

（3）演练完毕，由策划人员宣布演练结束。

9.3 桌面演练实施

9.3.1 实施前状态检查确认

在应急演练开始之前，策划人员确认演练条件具备。

9.3.2 演练实施

（1）策划人员宣布演练开始。

（2）参演人员根据事件预想，按照预案要求，模拟进行演练活动，启动应急响应，开展应急处置行动。

（3）演练完毕，由策划人员宣布演练结束。

9.4 其他事项

9.4.1 演练解说

在演练实施过程中，可以安排专人进行解说。内容包括演练背景描述、进程讲解、案例介绍、环境渲染等。

9.4.2　演练记录

演练实施过程要有必要的记录，分为文字、图片和声像记录，其中文字记录内容主要包括：

（1）演练开始和结束时间；

（2）演练指挥组、主现场、分现场实际执行情况；

（3）演练人员表现；

（4）出现的特殊或意外情况及其处置。

10　应急演练评估、总结与改进

10.1　评估

对演练准备、演练方案、演练组织、演练实施、演练效果等进行评估，评估目的是确定应急演练是否已达到应急演练目的和要求，检验相关应急机构指挥人员及应急响应人员完成任务的能力。

评估组应掌握事件和应急演练场景，熟悉被评估岗位和人员的响应程序、标准和要求；演练过程中，按照规定的评估项目，依推演的先后顺序逐一进行记录；演练结束后进行点评，撰写评估报告，重点对应急演练组织实施中发现的问题和应急演练效果进行评估总结。

10.2　总结

应急演练结束后，策划组撰写总结报告，主要包括以下内容：

（1）本次应急演练的基本情况和特点；

（2）应急演练的主要收获和经验；

（3）应急演练中存在的问题及原因；

（4）对应急演练组织和保障等方面的建议及改进意见；

（5）对应急预案和有关执行程序的改进建议；

（6）对应急设施、设备维护与更新方面的建议；

（7）对应急组织、应急响应能力与人员培训方面的建议等。

10.3　后续处置

10.3.1　文件归档与备案

应急演练活动结束后，将应急演练方案、应急演练评估报告、应急演练总结报告等文字资料，以及记录演练实施过程的相关图片、视频、音频等资料归档保存；对主管部门要求备案的应急演练，演练组织部门（单位）将相关资料报主管部门备案。

10.3.2　预案修订

演练评估或总结报告认定演练与预案不相衔接，甚至产生冲突，或预案不具有可操作性，由应急预案编制部门按程序对预案进行修改完善。

10.4　持续改进

应急演练结束后，组织应急演练的部门（单位）应根据应急演练情况，对表现突出的单位及个人，给予表彰或奖励，对不按要求参加演练，或影响演练正常开展的，给予相应批评或处分。应根据应急演练评估报告、总结报告提出的问题和建议，督促相关部门和人员制定整改计划，明确整改目标，制定整改措施，落实整改资金，并跟踪督查整改情况。

附 录 A

A省电网大面积停电事件应急联合演练案例（本参考案例属于程序性社会综合实战应急演练）

一、演练准备

（一）确定演练题目和范围

1．演练题目

根据《A省处置电网大面积停电事件应急预案》，确定题目为“A省电网大面积停电事件应急联合演练”。

2．范围

1）事故类型：因自然灾害引发A省Ⅱ级大面积停电事件。

2）事故涉及区域：A省中心城市B1、B2市。

3）事故涉及单位：A省政府及应急办、经贸委、公安厅等相关部门，A省电力监管机构，A省电力公司，A省相关发电企业，A省相关电力用户，B1、B2市对应的政府及其相关部门、相关电力企业和电力用户。

（二）成立演练组织机构

1．领导小组

组长：主管副省长

副组长：省政府副秘书长、省应急办主任、省委宣传部副部长、B1市副市长、B2市副市长、省经贸委副主任、省电力公司总经理、电监办专员。

成员：省发改委副主任、省公安厅副厅长、省交通厅副厅长、省卫生厅副厅长、省安全监管局副局长、省财政厅总会计师、省建设厅副厅长、省广电局副局长、省军区副参谋长、省武警总队副参谋长、区域空管部门负责人、省委外宣传办（省政府新闻办）副主任、省能源集团公司总经理助理、A省广电集团副总编辑、B1市政府副秘书长、B2市政府副秘书长、省电力公司副总经理、B1市供电公司总经理、B2市供电公司总经理等相关部门和单位负责人。

主要职责：组织领导演练工作，负责审定演练方案，部署演练任务，检查督促演练各项准备工作，督促演练的总结改进。

2．策划组

组长：省电力应急办主任

成员：省应急办副处长、省经贸委电力处副处长、电监办安全处处长、省电力公司安监部副主任、省电力公司生产部副主任、省电力公司营销部处长、省电力公司调度中心副主任及调度员、发电企业安监部副主任、省广电集团导演人员、参演重要用户相关人员。

主要职责：负责制定演练总体方案，协调演练的相关事宜，完成演练的相关准备工作，组织演练的实施及信息发布，指导参演单位进行应急演练准备等工作。

3．技术保障组

组长：省经贸委副主任

成员：省广电集团，省电力公司及调度中心自动化处、通信处、运行方式处，省通信管理局，公安交管部门，发电企业等单位相关人员。

主要职责：负责制定应急演练安全保障方案，负责制定和落实应急演练技术支持方案。

4．后勤保障组

组长：省电力应急办副主任

成员：省经贸委电力处副处长、电监办安全处副处长、省交通厅、省卫生厅、省民政厅相关处室负责人，省电力公司、发电企业、重要用户后勤部门负责人。

主要职责：负责应急演练后勤保障，落实演练所需物资和经费，统筹协调管理演练人员、经费。

5．评估组

组长：国家级应急管理权威专家

成员：国家应急管理专家、电力监管机构专家、大学及科研院所专家、电力企业专家。

主要职责：负责对应急演练进行评估，拟定演练考核提纲，跟踪记录演练情况，查找演练存在的问题。负责评估演练实施中存在的风险，审核演练安全保障方案。

（三）编写演练文件

1．应急演练工作方案

（1）演练目的与要求

检验各级政府和电力管理部门处置大面积停电事件应急预案的科学性、合理性和可操作性，进一步完善应急预案；磨合各级政府和电力行业处置大面积停电事件的应急机制，规范应对和处置大面积停电事件的程序和方法；锻炼各级处置大面积停电事件应急指挥机构和应急救援队伍，提高应急指挥和事故处置能力；教育广大群众增强停电危机意识，掌握在大面积停电事件发生时的应急技能。要求各参演单位领导高度重视，亲自领导、周密部署，参演人员积极认真、尽心尽责做好策划、准备、组织、实施、评估以及总结工作，确保本次演练取得圆满成功。

（2）演练课题

A 省电网大面积停电事件应急联合演练。以 B1、B2 市电网超负荷用电和受雷雨大风天气影响，两市相继发生大面积停电事件（Ⅱ级事件），并引发次生、衍生灾害为背景，事发地电力、交通、金融、商场、医院、社区、生产企业等相关单位、部门、行业，依据大面积停电事件和引发次生、衍生灾害的实际情况，启动相应的应急预案，组织先期处置。B1、B2 市政府按照大面积停电事件造成的危害程度、波及范围等，分别依据《B1 市处置电网大面积停电事件应急预案》《B2 市处置电网大面积停电事件应急预案》启动应急响应程序。A 省政府根据事态发展，按照《A 省处置电网大面积停电事件应急预案》启动Ⅱ级大面积停电事件应急响应，开展社会救援、事故抢险、电力供应恢复等应急处置行动。

（3）演练方式

按照“政府领导、行业处置、分级负责、条块结合、属地为主”的原则，根据“政府统一指挥、部门联合行动、突出重点城市、防止次生衍生灾害、动员群众参与”的要求，采取省政府大面积停电事件应急指挥中心和 B1 市、B2 市“二地三方六中心”同步实时视音频传输、实战和模拟相结合的方式组织实施。整个演练过程把领导指挥协调、部门互相配合、救援力量快速响应、信息报送和发布、专家分析研判、组织社会力量参与融为一体。

（4）演练时间地点

时间：20××年×月××日下午 15:00。

地点：A 省电力应急指挥中心，设在省政府应急指挥中心；B1 市电力应急指挥中心，设在 B1 市供电公司大楼内；B1 市相关事故处置演练现场，设在事发地；B2 市电力应急指挥中心，设在 B2 市政府大院内；B2 市相关事故处置演练现场，设在事发地；A 省电力公司应急指挥中心，设在省电力公司大楼内；B1 市供电公司应急指挥中心，设在 B1 市供电公司大楼内；B2 市供电公司应急指挥中心设在 B2 市供电公司大楼内。A 省和 B1、B2 市大面积停电事件应急指挥部领导分别在各自应急指挥中心组织指挥和观摩演练；A 省和 B1、B2 市电力部门应急指挥部领导分别在各自的应急指挥中心组织演练。

（5）演练场景设计

20××年×月××日下午 15 时，A 省电网受飑线风、雷雨和外力破坏等因素影响，500 千伏北河 5401、北姆 5403 双线故障跳闸，天兰 5455 线严重过载，沿海电厂需要紧急减负荷 2400 兆瓦，B1 市、B2 市被迫大面积拉限电。与此同时，B2 市电网 220 千伏潘桥变由于大风刮起的漂浮物引起 220 千伏母线短路故障全停；220 千伏镇新 2305、镇乐 2306 线由于大吊机碰线同杆双线跳闸。事故共造成 B2 市电网 5 站 1 厂全停，失去负荷 1680 兆瓦，占 B2 市电网负荷 42%。B1 市电网××厂燃机由于天然气供应不足，需要紧急停机一台；500 千伏××变电站#1、#2 主变遭雷击引起#1、#2 主变跳闸，事故造成 B1 市电网共 8 站 1 厂全停，失去负荷 2200 兆瓦，占 B1 市电网总负荷 35%。A 省政府根据事态的发展和 B1、B2 两市大面积停电事件应急处置行动的需要，启动《A 省处置电网大面积停电事件应急预案》Ⅱ级电网大面积停电事件应急响应，指挥应急处置行动。

（6）演练进程

1）信息报送

a. B1 地调、B2 地调向 A 省调报告事故情况。

b. A 省调向 A 省电力公司应急指挥中心报告事故情况。

c. A 省电力公司应急指挥中心向 A 省电力应急领导小组办公室报告事故情况。

d. B1 供电公司向 B1 市电力应急领导小组办公室报告事故情况。

e. B2 供电公司向 B2 市电力应急领导小组办公室报告事故情况。

f. B1 市、B2 市处置大面积停电事件应急指挥部进入应急状态，并启动两市处置电网大面积停电事件应急预案。

g. B1 市、B2 市处置大面积停电事件应急指挥中心向省处置大面积停电事件指挥部报告事故情况。

2）预警发布

事故发生后，省处置大面积停电事件应急指挥部办公室迅速召集指挥部各成员单位和应急专家，就事故影响范围、发展过程、抢险进度、预计恢复时间等内容进行研判。并及时通过有关媒体向公众发布 B1、B2 两市大面积停电的预警信息，减少公众恐慌情绪。B1、B2 供电公司客户服务中心值班人员启动短信群发系统和供电公司互联网网站，向 B1、B2 市广大用电客户发送停电提示信息。B1、B2 市和省政府召开新闻发布会，向社会发布相关信息。

3）先期处置

停电事故发生后，电力系统和交通、金融、商场、医院、社区、生产企业等广大用户，依据各自的应急预案，组织应急救援队伍、应急物资和装备，对受损变电站、输电线路等进行抢修，立即启用应急电源、备用电源供电，开展保证道路畅通、市场商场秩序稳定、医院正常运作、企业重点部位安全、社区生活有序等先期处置行动，并及时报告相关信息。

4）应急处置

随着大面积停电事故的不断扩大和事态发展，B1 市、B2 市和省电力系统、各级政府相继启动《处置电网大面积停电事件应急预案》应急响应程序，协调指挥大面积停电事故和次生、衍生事故的应急处置行动。省政府召开新闻发布会，及时向社会发布相关信息。

a．A 省电力公司应急指挥调度。

b．B1 市应急处置。

——B1 供电公司 95598 客户服务中心接到群众电话，向客户解释停电情况。

——B1 供电公司抢修车及人员出动，奔赴 500kV××变电站事故现场，组织现场抢修。

——由于停电造成道路信号中断，电力事故抢修车辆在道路上遭堵塞，交警部门启动应急预案，就近交警立刻赶赴现场维护、指挥交通，确保抢修车辆顺利到达现场。

——××社区停电，由于夏季高温天气，居民酷热难耐，社区及时与各级部门沟通联系，做好广播宣传、治安、消暑等工作。

——省建设银行启动停电应急预案，投入备用电源供电。

——省电信有限公司××市分公司电信二枢纽发生停电事故，组织应急处置。

——B1 市商业银行停电应急处置。

——B1 市移动通信有限公司停电应急处置。

——B1 市××医院启动停电应急预案，开启应急电源，组织应急处置行动。

——B1 市排水有限公司泵站分公司采取应急措施，保障排污。

——B1 市××汽车发动机厂发生停电，全厂采取应急处置行动，防止发生次生、衍生事故。

——B1 市××饭店停电，及时启用应急电源，维持饭店治安秩序，对客人进行妥善安置。

——B1 市××牵变停电，××电铁调整方案，组织应急处置。

——B1 市××燃气电厂启动事故应急预案，进行保厂用电、保机组等应急处置。

c．B2 市应急处置。

——B2 供电公司 95598 客户服务中心接到群众电话，向客户解释停电情况。

——B2 供电公司抢修车及人员出动，奔赴事故现场，组织现场抢修。

——B2 市××电厂煤机和燃油机组及相应的 220kV 系统全停，电厂启动事故应急预案，进行保厂用电、保机组等紧急处置行动。

——B2 市第二百货商场停电，商场启用应急电源，疏导顾客，维持商场秩序等。

——交通信号停电，B2 市交警对市区道路交通进行人工指挥，疏导交通。

——B2 市第二医院停电，医院紧急启动备用电源、对病人进行妥善安排和救护工作、请求供电公司发电车增援等。

——B2 港停电，冷藏箱改由龙门吊应急供电，东卡口由龙门吊应急电源供电。

——B2 市国际机场停电，塔台、灯光站、候机楼等各现场重要保障单位及时启动柴油发电机、UPS、应急照明等自备电源。

——B2市人民广播电台停电，启动停电应急预案，开启应急电源，保障电台正常运作。

——B2市联通公司停电，启动应急预案，进行开启应急电源等应急处置行动。

——B2市铁路南站启动停电应急预案，广播安抚旅客，维护车站秩序等。

——B2市×××镇化工有限公司失去网供电，启动停电应急预案，启动备用保安电源，并疏散部分厂内人员。

——B2市技嘉科技有限公司停电，启动应急预案，开启应急电源等，保证重点岗位正常运转。

——B2市×××溪口抽水蓄能电站启动事故应急预案。

5）应急终止

a．省调向A省电力公司应急指挥中心报告电网恢复情况。

b．省电力公司应急指挥中心向A省电力应急指挥中心汇报电网恢复情况。

c．B1市处置大面积停电事件应急指挥中心向省电力应急指挥中心汇报B1地区电网恢复情况及事故处理进展情况。

d．B2市处置大面积停电事件应急指挥中心向省电力应急指挥中心汇报B2地区电网恢复情况及事故处理进展情况。

e．A省电力应急指挥中心研究决定，终止应急响应。

6）善后处理

省政府召开新闻发布会，向社会通报大面积停电事件应急处置情况。组织相关单位、部门和专家，对事件组织善后处理，并进行调查总结。

（7）演练评估

1）评估内容

应急演练准备、应急演练方案、应急演练组织、应急演练实施、应急演练效果等。

2）评估准则

a．坚持实事求是的原则。评估专家根据实际掌握的资料和真实的演练情况作为评估依据。

b．坚持科学评估的原则。评估前制定科学规范的评估标准和评价指标，确保评估的科学性。

c．坚持民主评议的原则。充分发挥专家特长，尊重专家意见，集思广益，在充分讨论的基础上形成评估报告。

d．坚持持续改进的原则。评估报告重在总结经验，查找不足，达到持续改进的目的。

3）评估方法

评估组应掌握事件和应急演练场景，熟悉被评估岗位和人员的响应程序、标准和要求；应急演练过程中，应按照应急演练内容所规定的评估项目，依推演的先后顺序逐一进行记录；应急演练结束后，对照考核要点和提纲，对演练做出评估总结，并在总结会上进行点评。

4）评估标准

根据演练目的实现程度制定评判标准。主要对演练方案、组织工作、演练过程、支持系统进行评估。

2．应急演练脚本

规定本次演练每个步骤的时刻和时长、对应的情景内容、处置动作、报告与指令、现场解说词、主屏画面等内容，见下表（部分摘录）。

时间	时长	情景内容	处置动作	报告指令	现场解说词	画面	备注
-2:00:00			开启、调试省应急指挥中心技术支持系统，技术保障人员到位，系统工作正常演练总导演、导演、导播人员就位，通信调试正常，各项准备工作就绪，各部门、单位参演人员就位，准备工作就绪。内部点名完成		喂，喂，喂，现在是音响调试	主屏字幕：20××年 A 省电网大面积停电事件应急联合演练；左1：演练进程 PPT；左 2：省电力公司应急指挥中心；右 l：B1 市电力应急指挥中心；右 2：B2 市电力应急指挥中心	
-1:00:00		第一次点名			现在是××、B2 市应急指挥中心演练会场分别对各自下级参演单位进行点名	主屏：轮切 B1 市、B2 市主会场画面；分屏不变	省会场
……	……	……	……	……	……	……	……
0:00:00	30	飑线风等灾害天气造成电力设备故障	播放：A 省××地区遭受飑线风袭击，电力设施、设备受损场景		【解说员】：受强对流天气影响，A 省部分地区突发飑线风和阵雨。大风刮起的异物造成 500 千伏交流线路跳闸；多处 500 千伏线路、220 千伏变电站设备发生故障		省会场
0:00:30	30	500kV 北河 5401、北姆 5403 线遭受飑线风袭击		网调告：A 省调，我是××网调×××15 时 500 千伏北河 5401、北姆 54 03 双回线走廊发生飑线风灾害天气，双线跳闸・现天兰 5455 线严重过载，500 千伏××变、××变、××变、××变电压严重偏低，请按照稳定限额紧急控制 A 省调：我是 A 省调××。马上执行		主屏：A 省调收听画面	
……	……	……	……	……	……	……	……
0:18:30	120	B1 市同步演练点：××医院实况演练介绍	播放 B1 市××医院同步演练场景。		【解说员】：停电事故发生后，××医院立即组织人员维持人群秩序稳定，做好病人和家属的安慰疏导工作，保护病人安		B1 市××医院同步演练点

续表

时间	时长	情景内容	处置动作	报告指令	现场解说词	画面	备注
0:18:30	120	B1市同步演练点：××医院实况演练介绍	播放B1市××医院同步演练场景·		全。医院还通过各种渠道及时向院内的工作人员及病人通报，哪些科室受停电影响暂停，哪些科室正常工作。这能够给病人解决不必要的麻烦和防止混乱。××医院全年住院病人近3万人次，门诊病人53万人次。医院有很多先进而且昂贵的医疗设备。紧急停电，考验了医院的秩序控制能力，应变能力和疏导人员能力		B1市××医院同步演练点
0:20:30	120	B2市同步演练点：二百实况演练介绍	播放B2市二百同步演练场景		【解说员】：现在看到的是××第二百货商场因电力故障停电，二百立即启动停电应急预案，各部门迅速按停电应急预案程序，组织实施顾客疏散，并通过广播通知员工和顾客，有序疏导顾客撤离	主屏：上一事件结束后导入右2屏内容	B2市二百同步演练点
……	……	……	……	……	……	……	……
0:57:20	30	新闻发布会情景		【省政府新闻发言人】：各位记者：在省政府的统一指挥下，经过紧张的故障抢险，目前B1电网和B2电网主网架已恢复正常，停电负荷已恢复80%以上，全省现已解除电力Ⅱ级应急响应状态，B1、B2市生产生活秩序也已基本恢复正常			省会场
0:57:50	30	××向×副省长请示演练结束	××向×副省长请示	【省经贸委副主任××】：报告×副省长，20××年A省大面积停电事件应急联合演练完毕。请指示			省会场

续表

时间	时长	情景内容	处置动作	报告指令	现场解说词	画面	备注
0:58:20	10	×副省长宣		【×副省长】：我宣布，20××年A省电网大面积停电事件应急联合演练，现在结束			省会场
0:58:30	60			【省政府×××副秘书长】： 1．评审组组长对本次演练进行评估（15分钟） 2．各级领导讲话（45分钟）			省会场
1:59:30	5			省政府×××副秘书长宣布演练工作结束			省会场

3．评估指南

（1）演练相关信息

（2）评估内容及标准

1）演练方案

a．针对性：演练方案针对实际运行中易出现且影响系统正常运行的情况。

b．操作性：演练方案设想的事故是可以处理的，并且有一定的规模和组合，有一定的难度。

c．灵活性：演练方案可以随实际演习出现的不定情况灵活变动（是否有备用方案）。

d．适度性：演练方案内容前后联系紧密，时间控制合理。

e．系统性：演练方案能够充分考虑到电网的运行情况。

f．广泛性：参演单位和人员具有较强的广泛性、典型性。

2）组织工作

a．上下配合：演练方案及进度与相关单位事先协调，过程互相衔接，了解彼此的方案、内容及进度。

b．机构完备：演练领导小组、试验工作组及相关参与单位相关专业人员完备，人员到位。

c．组成合理：演练参与主要人员搭配合理（最好与平时实际搭班相符）。

3）演练过程

a．判断准确、处理及时：参演人员对事故性质和故障点判断准确、迅速，没有差错；参演人员了解系统情况和事故具体原因后，及时处理事故、隔离故障点。

b．调令通畅、配合默契：上下级配合顺畅，及时准确沟通本单位和系统情况，参演单位、人员之间配合默契、分工明确、商讨充分、交流及时，模拟操作熟练、及时、规范。

c．急缓有序、行为规范：事故处理轻重缓急把握得当，重要、紧急的事故优先处理；事故处理按程序进行，调度用语标准、规范。

4）支持系统

a．指挥得当：总指挥全面协调演习进程，提前联系各参演单位导演，使全过程有序进行，中间没有过松或过紧情况出现。

b．通信通畅：有专门的演习用通信、自动化系统，相关人员全部到位，并且在演习中没有差错。

c．模拟真实：演练系统模拟可能发生事故的真实环境，演练系统与运行系统完全安全隔离。

（3）评估程序

1）对应急演练方案进行评估。

2）到现场观摩评估。

3）形成评估报告。

4．安全保障方案

（1）实战演练期间应遵循“安全第一”的原则，避免发生人为责任事故，以保人身、保设备为主。

（2）注意安排好电网运行系统，做好事故预想和事故处理预案，确保电网运行系统安全运行。充分做好实战试验系统的事故预想和应急事故处理预案，确保实战试验系统的设备安全。

（3）演练要保证社会公众人身财产安全，防止事故发生。

（4）编制演练安全保障处置方案，落实相关安全措施。

（5）根据实战演练具体特点，制定演练其他注意事项。部分演练可采取分步演练方式，选取合适时间进行现场演练。

（6）如演练过程出现其他突发事件，可中止局部演练或全部演练进程。

二、实施过程（略）

三、演练评估（略）

四、演练总结与改进（略）

附　录　B

电力突发事件应急演练流程图（略）

附件 2:

电力企业综合应急预案编制导则（试行）

前　　言

为指导和规范范电力企业做好电力应急预案编制工作，依据《中华人民共和国突发事件应对法》《电力监管条例》《国家突发公共事件总体应急预案》《国家处置电网大面积停电事件应急预案》《生产经营单位安全生产事故应急预案编制导则》等有关文件制定本导则。

本导则是国家电力监管委员会组织编写的电力应急预案编制和应急演练规范系列文件的组成部分。各电力企业应按照本导则及相关文件要求，规范编制电力综合应急预案。

本导则的附录 A 为资料性附录，对电力应急预案的编制格式做出了要求和说明。

本导则由国家电力监管委员会提出并负责解释。

1　适用范围

本导则规定了电力企业编制综合应急预案的内容和要素等基本要求。

本导则适用于在中华人民共和国境内从事电力规划设计、生产运行、检修试验以及电力建设等业务的电力企业。各电力企业可结合本单位的组织结构、管理模式、生产规模、风险种类、应急能力等特点对综合应急预案框架结构等要素进行适当调整。

2　规范性引用文件

下列文件中的条款通过本导则的引用而成为本导则的条款。引用文件如有修订或更新，使用本导则的各方应研究使用这些文件的最新版本。

《国家突发公共事件总体应急预案》（国发〔2005〕11 号）

《国务院办公厅关于印发〈国务院有关部门和单位制定和修订突发公共事件应急预案框架指南〉的函》（国办函〔2004〕33 号）

《国家处置电网大面积停电事件应急预案》（国办函〔2005〕44 号）

《生产经营单位安全生产事故应急预案编制导则》（AQ/T 9002—2006）

3　术语和定义

3.1　突发事件

指突然发生，造成或者可能造成人员伤亡、电力设备损坏、电网大面积停电、环境破坏等危及电力企业、社会公共安全稳定，需要采取应急处置措施予以应对的紧急事件。

3.2　应急预案

指针对可能发生的各类突发事件，为迅速、有序地开展应急行动而预先制定的行动方案。

3.3 危险源

指可能导致伤害或疾病、财产损失、环境破坏、社会危害或这些情况组合的根源或状态。

3.4 风险

指某一特定突发事件发生的可能性和后果的组合。

3.5 预警

指为了高效地预防和应对突发事件，对突发事件征兆进行监测、识别、分析与评估，预测突发事件发生的时间、空间和强度，并依据预测结果在一定范围内发布相应警报，提出相应应急建议的行动。

3.6 突发事件分级

指根据突发事件的严重程度和影响范围所确定的事件等级。

3.7 应急响应分级

指根据突发事件的等级和事发单位的应急处置能力所确定的应急响应等级。

4 综合应急预案的编制要求

电力企业应结合自身安全生产和应急管理工作实际情况编制一个综合应急预案。

综合应急预案的内容应满足以下基本要求：

（1）符合与应急相关的法律、法规、规章和技术标准的要求；

（2）与事故风险分析和应急能力相适应；

（3）职责分工明确、责任落实到位；

（4）与相关企业和政府部门的应急预案有机衔接。

5 综合应急预案的主要内容

5.1 总则

5.1.1 编制目的

明确综合应急预案编制的目的和作用。

5.1.2 编制依据

明确综合应急预案编制的主要依据。应主要包括国家相关法律法规，国务院有关部委制定的管理规定和指导意见，行业管理标准和规章，地方政府有关部门或上级单位制定的规定、标准、规程和应急预案等。

5.1.3 适用范围

明确综合应急预案的适用对象和适用条件。

5.1.4 工作原则

明确本单位应急处置工作的指导原则和总体思路，内容应简明扼要、明确具体。

5.1.5 预案体系

明确本单位的应急预案体系构成情况。一般应由综合应急预案、专项应急预案和现场处置方案构成。应在附件中列出本单位应急预案体系框架图和各级各类应急预案名称目录。

5.2 风险分析

5.2.1 单位概况

明确本单位与应急处置工作相关的基本情况。一般应包括单位地址、从业人数、隶属关系、生产规模、主设备型号等。

5.2.2 危险源与风险分析

针对本单位的实际情况对存在或潜在的危险源或风险进行辨识和评价，包括对地理位置、气象及地质条件、设备状况、生产特点以及可能突发的事件种类、后果等内容进行分析、评估和归类，确定危险目标。

5.2.3 突发事件分级

明确本单位对突发事件的分级原则和标准。分级标准应符合国家有关规定和标准要求。

5.3 组织机构及职责

5.3.1 应急组织体系

明确本单位的应急组织体系构成，包括应急指挥机构和应急日常管理机构等，应以结构图的形式表示。

5.3.2 应急组织机构的职责

明确本单位应急指挥机构、应急日常管理机构以及相关部门的应急工作职责。应急指挥机构可以根据应急工作需要设置相应的应急工作小组，并明确各小组的工作任务和职责。

5.4 预防与预警

5.4.1 危险源监控

明确本单位对危险源监控的方式方法。

5.4.2 预警行动

明确本单位发布预警信息的条件、对象、程序和相应的预防措施。

5.4.3 信息报告与处置

明确本单位发生突发事件后信息报告与处置工作的基本要求。包括本单位 24 小时应急值守电话、单位内部应急信息报告和处置程序以及向政府有关部门、电力监管机构和相关单位进行突发事件信息报告的方式、内容、时限、职能部门等。

5.5 应急响应

5.5.1 应急响应分级

根据突发事件分级标准，结合本单位控制事态和应急处置能力确定响应分级原则和标准。

5.5.2 响应程序

针对不同级别的响应，分别明确启动条件、应急指挥、应急处置和现场救援、应急资源调配、扩大应急等应急响应程序的总体要求。

5.5.3 应急结束

明确应急结束的条件和相关事项。应急结束的条件一般应满足以下要求：突发事件得以控制，导致次生、衍生事故隐患消除，环境符合有关标准，并经应急指挥部批准。应急结束后的相关事项应包括需要向有关单位和部门上报的突发事件情况报告以及应急工作总结报告等。

5.6 信息发布

明确应急处置期间相关信息的发布原则、发布时限、发布部门和发布程序等。

5.7 后期处置

明确应急结束后，突发事件后果影响消除、生产秩序恢复、污染物处理、善后理赔、应急能力评估、对应急预案的评价和改进等方面的后期处置工作要求。

5.8 应急保障

明确本单位应急队伍、应急经费、应急物资装备、通信与信息等方面的应急资源和保障措施。

5.9 培训和演练

5.9.1 培训

明确对本单位人员开展应急培训的计划、方式和周期要求。如果预案涉及到社区和居民，应做好宣传教育和告知等工作。

5.9.2 演练

明确本单位应急演练的频度、范围和主要内容。

5.10 奖惩

明确应急处置工作中奖励和惩罚的条件和内容。

5.11 附则

明确综合应急预案所涉及的术语定义以及对预案的备案、修订、解释和实施等要求。

5.12 附件

综合应急预案包含的主要附件（不限于）如下：

（1）应急预案体系框架图和应急预案目录；

（2）应急组织体系和相关人员联系方式；

（3）应急工作需要联系的政府部门、电力监管机构等相关单位的联系方式；

（4）关键的路线、标识和图纸，如电网主网架接线图、发电厂总平面布置图等；

（5）应急信息报告和应急处置流程图；

（6）与相关应急救援部门签订的应急支援协议或备忘录。

附 录 A
（资料性附录）
应急预案的编制格式和要求

A.1 封面

应急预案的封面主要包括应急预案编号、应急预案版本号、单位名称、应急预案名称、编制单位（部门）名称、颁布日期、修订日期等内容。

A.2 批准页

应急预案的批准页为批准该预案发布的文件或签字。

A.3 目次

应急预案应设置目次，目次中所列的内容及次序如下：

——批准页；

——一级标题的编号、标题名称；

——二级标题的编号、标题名称；

——附件，用序号表明其顺序。

A.4 印刷与装订

应急预案采用 A4 版面印刷，活页装订。

附件 3:

电力企业专项应急预案编制导则（试行）

前　　言

为指导和规范电力企业做好电力应急预案编制工作，依据《中华人民共和国突发事件应对法》《电力监管条例》《国家突发公共事件总体应急预案》《国家处置电网大面积停电事件应急预案》《生产经营单位安全生产事故应急预案编制导则》等有关文件制定本导则。

本导则是国家电力监管委员会组织编写的电力应急预案编制和应急演练规范系列文件的组成部分。各电力企业应按照本导则和相关文件要求，规范编制电力专项应急预案。

本导则的附录 A 和附录 B 分别为电网企业和发电企业专项应急预案体系目录。各电网和发电企业应按照预案体系目录要求和企业实际情况，完善各类专项应急预案。

本导则由国家电力监管委员会提出并负责解释。

1 适用范围

本导则规定了电力企业编制专项应急预案的基本内容和要素等基本要求。

本导则适用于在中华人民共和国境内从事电力规划设计、生产运行、检修试验以及电力建设等业务的电力企业。各电力企业可结合本单位的组织结构、管理模式、生产规模、风险种类、应急能力等特点对专项应急预案框架结构等要素进行适当调整。

2 规范性引用文件

下列文件中的条款通过本导则的引用而成为本导则的条款。引用文件如有修订或更新，使用本导则的各方应研究使用这些文件的最新有效版本。

《生产经营单位安全生产事故应急预案编制导则》（AQ/T 9002—2006）《电力企业综合应急预案编制导则》

3 专项应急预案的编制要求

3.1 专项应急预案的种类

电力企业专项应急预案原则上分为自然灾害、事故灾难、公共卫生事件和社会安全事件四大类。电网和发电企业专项应急预案体系目录详见附录A和附录B。

3.1.1 自然灾害类

电力企业应针对可能面临的气象灾害［主要包括雨雪冰冻、强对流天气（含暴雨、雷电、龙卷风等）、台风、洪水、大雾］、地震灾害、地质灾害（主要包括山体崩塌、滑坡、泥石流、地面塌陷）、森林火灾等自然灾害编制自然灾害类专项应急预案。

3.1.2 事故灾难类

电力企业应针对可能发生的人身事故、电网事故、设备事故、网络信息安全事故、火灾事故、交通事故及环境污染事故等各类电力生产事故编制事故灾难类专项应急预案。

3.1.3 公共卫生事件类

电力企业应针对可能发生的传染病疫情、群体性不明原因疾病、食物中毒等突发公共卫生事件编制公共卫生事件类专项应急预案。

3.1.4 社会安全事件类

电力企业应针对可能发生的群体性事件、突发新闻媒体事件等社会安全事件编制社会安全事件类专项应急预案。

3.2 编制要求

（1）自然灾害类专项应急预案的内容应以防范、控制和消除自然灾害影响为主，对由于自然灾害导致的次生或衍生事件应急处置内容应根据事件性质由相应的专项应急预案予以明确。

（2）事故灾难类专项应急预案中，电网企业在编制电网事故专项应急预案的同时，应根据电网结构特点编制电网黑启动专项应急预案。此外，被列为电网黑启动电源点的发电厂在编制全厂停电事故应急预案的同时，应单独编制发电厂黑启动专项应急预案。

（3）公共卫生事件类专项应急预案可以根据事件类别分别编制专项应急预案，也可编成一个综合性的专项应急预案。在综合性的公共卫生事件专项应急预案中，应分别明确各类公共卫生事件的应急处置程序和措施。公共卫生事件类专项应急预案的内容除应符合本导则的基本要求外，还应符合国家相关法律、法规、规章及技术标准要求。

（4）社会安全事件类专项应急预案除应符合本导则的基本要求外，还应符合国家制定的相关法律、法规、规章及技术标准要求。

4 专项应急预案的主要内容

4.1 总则

明确本预案的编制目的、编制依据和适用范围等内容。

4.2 应急处置基本原则

从应急响应、指挥领导、处置措施、与政府的联动、资源调配等方面说明本预案所涉及的突发事件发生后，应急处置工作的指导原则和总体思路，内容应简明扼要。

4.3　事件类型和危害程度分析

（1）分析突发事件风险的来源、特性等。

（2）明确突发事件可能导致紧急情况的类型、影响范围及后果。

4.4　事件分级

根据突发事件危害程度和影响范围，依照国家有关规定和上级应急预案等，对突发事件进行分级。应针对不同类型的突发事件明确具体事件分级标准。

4.5　应急指挥机构及职责

4.5.1　应急指挥机构

（1）明确本预案所涉突发事件的应急指挥机构组成情况。

（2）指挥机构应设置相应的应急处置工作组，明确各应急处置工作组的设置情况和人员构成情况。

（3）明确应急指挥平台建设要求。

4.5.2　应急指挥机构的职责

（1）明确应急指挥机构、各应急处置工作组和相关人员的具体职责。

（2）明确本预案所涉及各有关部门的应急工作职责。

4.6　预防与预警

4.6.1　风险监测

专项应急预案针对的突发事件可以实施预警的，需要明确以下内容：

（1）风险监测的责任部门和人员；

（2）风险监测的方法和信息收集渠道；

（3）风险监测所获得信息的报告程序。

4.6.2　预警发布与预警行动

专项应急预案针对的突发事件可以实施预警的，需要明确以下内容：

（1）根据实际情况进行预警分级；

（2）明确预警的发布程序和相关要求；

（3）明确预警发布后的应对程序和措施。

4.6.3　预警结束

明确结束预警状态的条件、程序和方式。

4.7　信息报告

（1）明确本单位 24 小时应急值班电话。

（2）明确本预案所涉突发事件发生后，本单位内部和向上级单位进行突发事件信息报告的程序、方式、内容和时限。

（3）明确本预案所涉突发事件发生后，向政府有关部门、电力监管机构进行突发事件报告的程序、方式、内容和时限。

4.8　应急响应

4.8.1　响应分级

根据突发事件分级标准，结合企业控制事态和应急处置能力明确具体响应分级标准、应急响应责任主体及联动单位和部门。

4.8.2 响应程序

针对不同级别的响应，分别明确下列内容，并附以流程图：

（1）应急响应启动条件（应分级列出）；

（2）响应启动：宣布响应启动的责任者；

（3）响应行动：包括召开应急会议、派出前线指挥人员、组建现场工作组及其他应急处置工作小组等；

（4）各有关部门按照响应级别和职责分工开展的应急行动；

（5）向上级单位、政府有关部门及电力监管机构进行应急工作信息报告的格式、内容、时限和责任部门等。

4.8.3 应急处置

针对事件类别和可能发生的次生事件危险性和特点，明确应急处置措施：

（1）先期处置：明确突发事件发生后现场人员的即时避险、救治、控制事态发展。隔离危险源等紧急处置措施；

（2）应急处置：根据事件的级别和发展事态，明确应急指挥、应急行动、资源调配、与社会联动等响应程序，并附以流程图表示；

（3）扩大应急响应：根据事件的升级，及时提高应急响应级别、改变处置策略。

4.8.4 应急结束

明确下述内容：

（1）应急结束条件；

（2）应急响应结束程序，包括宣布不同级别应急响应结束的责任人、宣布方式等。

4.9 后期处置

明确下述内容：

（1）后期处置、现场恢复的原则和内容；

（2）负责保险和理赔的责任部门；

（3）事故或事件调查的原则、内容、方法和目的；

（4）对预案及本次应急工作进行总结、评价、改进等内容。

4.10 应急保障

明确本单位应急资源和保障措施（其中部分内容可以附件形式列出）。

4.10.1 应急队伍

明确本预案所涉应急救援队伍、应急专家队伍和社会救援资源的建设、准备和培训要求。

4.10.2 应急物资与装备

明确本预案应急处置所需主要物资、装备的储备地点及重要应急物资供应单位的基本情况和管理要求。

4.10.3 通信与信息

明确与应急相关的政府部门、上级应急指挥机构、系统内外主要应急队伍等机构和单位、人员的通信渠道和手段以及极端条件下保证通信畅通的措施。

4.10.4 经费

明确本预案所需应急专项经费的来源、管理及在应急状态下确保及时到位的保障措施等。

4.10.5 其他

根据实际情况明确应急交通运输保障、安全保障、治安保障、医疗卫生保障、后勤保障及其他保障的具体措施。

4.11 培训和演练

明确本预案培训和演练的范围、方式、内容和周期要求。

4.12 附则

4.12.1 术语和定义

对本预案所涉及的一些术语进行定义。

4.12.2 预案备案

明确本预案的报备机构或部门。

4.12.3 预案修订

明确对本预案进行修订的条件、周期及负责部门。

4.12.4 制定与解释

明确负责本预案制定和解释的部门。

4.l2.5 预案实施

明确本预案实施的时间。

4.13 附件

专项应急预案包含的主要附件（不限于）如下：

4.13.1 有关应急机构或人员联系方式

（1）应急指挥机构人员和联系方式；

（2）相关单位、部门、组织机构或人员名称及联系方式。

4.13.2 应急救援队伍信息

（1）应急救援队伍名称及联系方式；

（2）应急处置专家姓名及联系方式；

（3）与相关的社会应急救援部门签订的应急支援协议及联系方式。

4.13.3 应急物资储备清单

（1）本预案涉及的重要应急装备和物资的名称、型号、数量、图纸、存放地点和管理人员联系方式等。

（2）重要应急物资供应单位的生产能力、设备图纸和联系方式等。

（3）应急救援通信设施型号、数量、存放点等。

（4）应急车辆数量及司机联系方式清单。

4.13.4 规范化格式文本

列出应急信息接受、处理和上报等规范化格式文本。

4.13.5 关键的路线、标识和图纸

（1）重要防护目标一览表、分布图。

（2）应急指挥位置及应急队伍行动路线、人员疏散路线、重要地点等标识。

（3）相关平面布置图纸、应急力量的分布图纸等。

4.13.6 相关应急预案名录

列出直接与本预案相关或相衔接的应急预案名称。

4.13.7 有关流程

（1）预警信息发布流程。

（2）突发事件信息报告流程。

（3）各级应急响应及处置流程。

附 录 A

电网企业专项应急预案体系目录

一、自然灾害类

1．防台、防汛、防强对流天气应急预案

2．防雨雪冰冻应急预案

3．防大雾应急预案

4．防地震灾害应急预案

5．防地质灾害应急预案

6．防森林火灾应急预案

二、事故灾难类

1．人身事故应急预案

2．电网事故应急预案

3．电网黑启动应急预案

4．电力设备事故应急预案

5．大型施工机械事故应急预案

6．电力网络信息系统安全事故应急预案

7．火灾事故应急预案

8．交通事故应急预案

9．环境污染事故应急预案

三、公共卫生事件类

1．传染病疫情事件应急预案

2．群体性不明原因疾病事件应急预案

3．食物中毒事件应急预案

四、社会安全事件类

1．群体性突发社会安全事件应急预案

2．突发新闻媒体事件应急预案

附 录 B

发电企业专项应急预案体系目录

一、自然灾害类

1．防台、防汛、防强对流天气应急预案

2．防雨雪冰冻应急预案

3．防大雾应急预案

4．防地震灾害应急预案

5．防地质灾害应急预案

二、事故灾难类

1．人身事故应急预案

2．发电厂全厂停电事故应急预案

3．电力设备事故应急预案

4．垮坝事故应急预案

5．大型机械事故应急预案

6．电力网络信息系统安全事故应急预案

7．火灾事故应急预案

8．交通事故应急预案

9．环境污染事故应急预案

10．燃料供应紧缺事件应急预案

三、公共卫生事件类

1．传染病疫情事件应急预案

2．群体性不明原因疾病事件应急预案

3．食物中毒事件应急预案

四、社会安全事件类

1．群体性突发社会安全事件应急预案

2．突发新闻媒体事件应急预案

附件 4:

电力企业现场处置方案编制导则（试行）

前 言

为指导和规范电力企业做好电力应急预案编制工作，依据《中华人民共和国突发事件应对法》《电力监管条例》《国家突发公共事件总体应急预案》《国家处置电网大面积停电事件应急预案》《生产经营单位安全生产事故应急预案编制导则》等有关文件制定本导则。

本导则是国家电力监管委员会组织编写的电力应急预案编制和应急演练规范系列文件的组成部分。各电力企业应按照本导则和相关文件要求，规范编制各类电力现场处置方案。

本导则的附录A和附录B分别为电网企业和发电企业典型现场处置方案目录。各电力企业可根据实际情况制定适应本单位生产现场应急处置工作需要的相关现场处置方案。

本导则由国家电力监管委员会提出并负责解释。

1 适用范围

本导则规定了电力企业编制现场处置方案的内容和要素等基本要求。

本导则适用于在中华人民共和国境内从事电力规划设计、生产运行、检修试验以及电力建设等业务的电力企业。各电力企业可结合本单位的组织结构、管理模式、生产规模、风险种类、应急能力等特点对现场处置方案框架结构等要素进行适当调整。

2 规范性引用文件

下列文件中的条款通过本导则的引用而成为本导则的条款。引用文件如有修订或更新，使用本导则的各方应研究使用这些文件的最新版本。

《生产经营单位安全生产事故应急预案编制导则》（AQ/T 9002—2006）

《电力企业综合应急预案编制导则》

《电力企业专项应急预案编制导则》

3 现场处置方案的编制要求

（1）电力企业应组织基层单位或部门针对特定的具体场所（如集控室、制氢站等）、设备设施（如汽轮发电机组、变压器等）、岗位（如集控运行人员、消防人员等），在详细分析现场风险和危险源的基础上，针对典型的突发事件类型（如人身事故、电网事故、设备事故、火灾事故等），制定相应的现场处置方案。

（2）现场处置方案应简明扼要、明确具体，具有很强的针对性、指导性和可操作性。

4 现场处置方案的主要内容

4.1 总则

明确方案的编制目的、编制依据和适用范围等内容。

4.2 事件特征

主要包括：

（1）危险性分析，可能发生的事件类型；

（2）事件可能发生的区域、地点或装置的名称；

（3）事件可能发生的季节（时间）和可能造成的危害程度；

（4）事前可能出现的征兆。

4.3　应急组织及职责

主要包括：

（1）基层单位（部门）应急组织形式及人员构成情况；

（2）应急组织机构、人员的具体职责，应同基层单位或部门、班组人员的工作职责紧密配合，明确相关岗位和人员的应急工作职责。

4.4　应急处置

主要包括：

（1）现场应急处置程序。根据可能发生的典型事件类别及现场情况，明确报警、各项应急措施启动、应急救护人员的引导、事件扩大时与相关应急预案衔接的程序；

（2）现场应急处置措施。针对可能发生的人身、电网、设备、火灾等，从操作措施、工艺流程、现场处置、事故控制、人员救护、消防、现场恢复等方面制定明确的应急处置措施。现场处置措施应符合有关操作规程和事故处置规程规定；

（3）事件报告流程。明确报警电话及上级管理部门、相关应急救援单位联络方式和联系人员，事件报告的基本要求和内容。

4.5　注意事项

主要包括：

（1）佩戴个人防护器具方面的注意事项；

（2）使用抢险救援器材方面的注意事项；

（3）采取救援对策或措施方面的注意事项；

（4）现场自救和互救的注意事项；

（5）现场应急处置能力确认和人员安全防护等事项；

（6）应急救援结束后的注意事项；

（7）其他需要特别警示的事项。

4.6　附件

4.6.1　有关应急部门、机构或人员的联系方式

列出应急工作中需要联系的部门、机构或人员的联系方式。

4.6.2　应急物资装备的名录或清单

按需要列出现场处置方案涉及的物资和装备名称、型号、存放地点和联系电话等。

4.6.3　关键的路线、标识和图纸

按需要给出下列路线、标识和图纸：

（1）现场处置方案所适用的场所、设备一览表、分布图；

（2）应急救援指挥位置及救援队伍行动路线；

（3）疏散路线、重要地点等标识；

（4）相关平面布置图纸、救援力量的分布图纸等。

4.6.4　相关文件

（1）按需要列出与现场处置方案相关或相衔接的应急预案名称。

（2）相关操作规程或事故处置规程的名称和版本。

4.6.5 其他附件

附 录 A

电网企业典型现场处置方案目录

一、人身事故类

1．高处坠落伤亡事故处置方案

2．机械伤害伤亡事故处置方案

3．物体打击伤亡事故处置方案

4．触电伤亡事故处置方案

5．火灾伤亡事故处置方案

6．灼烫伤亡事故处置方案

7．化学危险品中毒伤亡事故处置方案

二、电网事故类

1．重要输电通道及线路故障处理处置方案

2．重要变电站、换流站、发电厂全停事故处置方案

3．重要电力用户停电事件处置方案

4．电网解列事故处置方案

5．电网非同期振荡事故处置方案

6．电网低频事故处置方案

7．电网应对缺煤引发机组大范围停运事件处置方案

三、设备事故类

1．变电站主变故障处置方案

2．变电站母线故障处置方案

3．输电线路倒塔断线事故处置方案

四、电力网络与信息系统安全类

1．电力二次系统安全防护处置方案

2．电网调度自动化系统故障处置方案

3．电网调度通信系统故障处置方案

五、火灾事故类

1．变压器火灾事故处置方案

2．电缆火灾事故处置方案

3．重要生产场所火灾事故处置方案

附 录 B

发电企业典型现场处置方案目录

一、人身事故类

1．高处坠落伤亡事故处置方案

2．机械伤害伤亡事故处置方案
3．物体打击伤亡事故处置方案
4．触电伤亡事故处置方案
5．火灾伤亡事故处置方案
6．灼烫伤亡事故处置方案
7．化学危险品中毒伤亡事故处置方案

二、设备事故类

1．锅炉大面积结焦处置方案
2．锅炉承压部件爆漏处置方案
3．汽轮机超速、轴系断裂、油系统火灾处置方案
4．公用系统故障处置方案
5．厂用电中断事故处置方案
6．厂用气中断事故处置方案
7．起重机械故障事故处置方案

三、电力网络与信息系统安全类

1．电力二次系统安全防护处置方案
2．生产调度通信系统故障处置方案

四、火灾事故类

1．变压器火灾事故处置方案
2．发电机火灾事故处置方案
3．锅炉燃油系统火灾事故处置方案
4．燃油罐区火灾事故处置方案
5．制氢站火灾事故处置方案
6．危险化学品仓库火灾事故处置方案
7．制粉系统火灾事故处置方案
8．输煤皮带火灾事故处置方案
9．电缆火灾事故处置方案
10．集控室火灾事故处置方案
11．计算机房火灾事故处置方案

五、环境污染事故类

1．化学危险品泄漏事件处置方案
2．除灰系统异常事件处置方案
3．脱硫系统异常事件处置方案

国家电力监管委员会关于印发《重大活动电力安全保障工作规定（试行）》的通知

办安全〔2010〕88 号

各派出机构，国家电网公司，南方电网公司，华能、大唐、华电、国电、中电投集团公司，各有关电力企业：

为规范重大活动电力安全保障工作，加强电力安全保障工作的监督管理，保证用电安全，根据《电力监管条例》和国家有关规定，我会组织制定了《重大活动电力安全保障工作规定（试行）》，现印发你们，请依照执行，执行中如有问题和建议，请及时告电监会。

国家电力监管委员会
2010 年 10 月 20 日

附件：

重大活动电力安全保障工作规定（试行）

第一章　总　　则

第一条　为规范重大活动电力安全保障工作，加强电力安全保障工作的监督管理，保证供用电安全，依据《电力监管条例》和国家有关规定，制定本规定。

本规定适用于承担重大活动电力安全保障任务的电力企业、重点用户和电力监管机构。

第二条　本规定所称重大活动，是指由省级以上人民政府组织或认定的、具有重大影响和特定规模的政治、经济、科技、文化、体育等活动。

第三条　重大活动电力安全保障工作的总体目标是：确保重大活动期间电力系统安全稳定运行，确保重点用户供、用电安全，杜绝造成严重社会影响的停电事件发生。

第四条　重大活动电力安全保障应当遵循“超前部署、规范管理、各负其责、相互协作”的工作原则。

第五条　电力企业是安全生产的责任主体，承担重大活动期间发电、输电、供电设施安全运行和电力可靠供应的职责。

重点用户是安全用电的责任主体，承担重大活动期间其产权范围内的变压器、线路、自备应急电源等用电设施安全可靠运行的职责。

电力监管机构依法对重大活动电力安全保障工作实施监管。

第六条　重大活动电力安全保障工作分为准备、实施、总结三个阶段。

准备阶段，主要包括保障工作组织机构建立、保障工作方案制定、安全评估和隐患治理、网络与信息安全防控、电力设施安全保卫、配套电力工程建设、应急机制建立等工作。

实施阶段，主要包括落实保障工作方案、人员到岗到位、重要电力设施及用电设施的巡视检查和现场保障、突发事件处置、信息报告等工作。

总结阶段，主要包括工作评估总结、经验交流、表彰奖励等工作。

第七条　电力企业、重点用户和电力监管机构应当结合安全生产日常工作，建立重大活动电力安全保障工作常态机制，推进重大活动电力安全保障工作制度化和规范化建设。

第八条　重大活动电力安全保障工作中应当严格执行保密制度，防止涉密资料和敏感信息外泄。

第九条　电力企业、重点用户、电力监管机构、重大活动举办方等相关单位应当相互沟通，密切配合，共同做好电力安全保障工作。

第二章　工　作　职　责

第十条　电力企业重大活动电力安全保障工作主要职责是：

（一）贯彻落实各级政府和有关部门关于重大活动电力安全保障工作的决策部署；

（二）提出本单位重大活动电力安全保障工作的目标和要求，制定本单位保障工作方案并组织实施；

（三）开展安全评估和隐患治理、网络与信息安全防控、电力设施安全保卫等工作，确保重大活动期间电力设施安全运行；

（四）建立重大活动电力安全保障应急体系和应急机制，制定应急预案，开展应急培训和演练，及时处置电力突发事件；

（五）协助重点用户开展用电安全检查，督促重点用户进行隐患整改，开展重点用户供电服务工作；

（六）及时向电力监管机构报送电力安全保障工作情况。

第十一条　重点用户重大活动电力安全保障工作主要职责是：

（一）贯彻落实各级政府和有关部门关于重大活动电力安全保障工作的决策部署；

（二）制定、落实重大活动安全用电管理制度，制定电力安全保障工作方案并组织实施；

（三）及时消除用电设施安全隐患，保证用电设施安全稳定运行；

（四）建立安全用电应急机制，制定停电事件应急预案，开展应急培训和演练，及时处置涉及用电安全的突发事件。

第十二条　电力监管机构重大活动电力安全保障工作主要职责是：

（一）贯彻落实国家和地方政府有关重大活动电力安全保障工作的决策部署；

（二）建立重大活动电力安全保障监管机制，协调、指导电力企业、重点用户开展电力安全保障工作；

（三）监督检查电力企业、重点用户重大活动电力安全保障工作开展情况；

（四）协调政府有关部门和重大活动举办地人民政府，解决电力安全保障工作相关重大问题。

第三章　保障工作方案制定

第十三条　电力企业应当根据重大活动电力安全保障任务的特点和要求，制定本单位电力安全保障总体工作方案，并报电力监管机构备案。

总体工作方案主要内容包括：工作目标、组织机构、重要电力设施范围、分阶段重点工作、监督检查等。

第十四条 电力企业应当在重大活动电力安全保障总体工作方案基础上，针对生产专业和生产环节的不同特点，细化工作目标和措施，根据需要制定重大活动电力安全保障专项工作方案。

第十五条 电网企业重大活动电力安全保障专项工作方案主要有：

（一）调度运行专项方案：内容包括重大活动期间电网运行方式安排、供（配）电设施接线方式、保证电力系统安全稳定运行的措施等；

（二）设备运行专项方案：内容包括电力设备隐患排查治理计划、设备运行维护措施等；

（三）供电服务专项方案：内容包括重点用户的基本情况、供电服务措施等；

（四）网络与信息安全专项方案：内容包括重点网络安全防护措施、敏感信息管控措施、实时监测措施等；

（五）安全保卫专项方案：内容包括重要电力设施的安全保卫范围和标准、现场看护安排、巡视检查制度等；

（六）配套电力工程建设专项方案：内容包括配套电力工程建设计划、进度安排、施工质量保证措施、大负荷试验方案等。

第十六条 发电企业重大活动电力安全保障专项工作方案主要有：

（一）生产安全专项方案：内容包括重要发电厂范围、隐患排查治理计划、设备运行维护措施等。水力发电企业还应当包括大坝、水库运行安全相关内容；

（二）物资保障专项方案：内容包括煤、气、油、化学用品等生产物资供应保障措施；

（三）厂区安全保卫专项方案：内容包括主厂房、升压站、制氢站、油区、灰坝、水电站大坝等重点部位的安全保卫措施、现场看护安排、巡视检查制度等；

（四）网络与信息安全专项方案：内容包括重点网络安全防护措施、敏感信息管控措施、实时监测措施等；

（五）环境保护专项方案：内容包括环保设备在线运行保障措施、污染物减排措施等。

第十七条 电力企业可根据重大活动电力安全保障任务要求和本单位具体情况，对专项方案内容进行调整，并可根据需要增加其他专项方案。

第四章 安全评估与隐患治理

第十八条 电网企业应当开展以下重大活动安全评估：

（一）电网运行风险评估：对影响主配网安全稳定运行的主要因素和环节进行评估；

（二）设备运行安全评估：对输电、变电、配电设施的健康状况、运行环境等进行评估；

（三）网络与信息安全评估：对重要网络、重要应用系统、门户网站、电子邮件及网络互联接口等方面的安全状况进行评估；

（四）应急能力评估：对应急预案、应急演练、应急队伍、技术装备、物资储备、后勤保障等方面的情况进行评估；

（五）用电安全评估：对重点用户运行管理、人员资质、设备状况、自备应急电源配置、应急处置能力等方面的情况进行评估。

第十九条 发电企业应当开展以下重大活动安全评估：

（一）设备运行安全评估：对发电机组及其辅助设备、相关涉网设备等电力设备的健康状况、运行环境等进行评估；

（二）燃料保障能力评估：对发电用煤、油、气等燃料的供应风险、保障能力等进行评估；

（三）危险源安全状况评估：对列入国家、省、市级的重大危险源，以及企业内部确认的其他危险源的安全状况进行评估；

（四）网络与信息安全评估：对重要网络、重要应用系统、门户网站、电子邮件及网络互联接口等方面的安全状况进行评估；

（五）水电站大坝安全风险评估：对大坝及附属水工结构状况、防洪度汛、安全保卫等方面的情况进行评估；

（六）应急能力评估：对应急预案、应急演练、应急队伍、技术装备、物资储备、后勤保障等方面情况进行评估。

第二十条 电力企业应当结合安全评估工作，全面治理安全隐患。对可能影响重大活动供电安全的隐患，应当落实责任，落实措施，落实资金，落实时限，完成整改工作。

第二十一条 电力企业应当将重大活动安全评估和隐患整改情况向电力监管机构及时报告。

第五章 网络与信息安全防控

第二十二条 电力企业应当按照国家和行业网络与信息安全保障要求，制定重大活动期间的网络与信息安全防护策略和防护措施，制定专项应急预案，开展应急培训和演练。

第二十三条 电力企业应当对信息安全组织机构和人员落实、安全策略配置、网络边界完整性防护、网络设备和服务器配置、病毒防护和操作系统补丁升级、应用系统账户口令管理、机房出入人员管理及系统维护操作登记、移动存储介质管理及数据备份、应急响应与灾难恢复等方面的工作进行检查，发现问题及时整改。

第二十四条 电力企业应当按照分区防御策略要求，落实网络互联接口管控、网站入侵防护和病毒木马防治措施，开展对互联网出口、对外服务业务系统和终端计算机的安全监测。必要时可以临时采取其他非常规措施保障网络与信息安全，并将有关情况报电力监管机构备案。

第二十五条 电力企业应当对重大活动相关网络设备、操作系统、应用系统进行重点安全防护，严格网络设备安全配置策略，安装系统补丁，开展容灾备份，落实移动存储介质管理措施，及时分析日志。

第二十六条 电力企业应当依据国家和行业等级保护要求，开展为重大活动提供服务的电力信息系统安全等级保护建设，及时完成相关信息系统的定级、备案、测评、整改工作。

第六章 电力设施安全保卫

第二十七条 电力企业应当建立重要电力设施安全保卫机制，综合采取人防、物防、技防措施，防止外力破坏、盗窃、恐怖袭击等因素影响重大活动电力安全保障工作。

第二十八条 电力企业应当与公安（武警）、当地群众建立联动机制，根据重大活动的时段安排和重要电力设施对重大活动可靠供电的影响程度，确定重要电力设施的保卫方式。

（一）警企联防。电力企业在发电厂、变电站、电力调度中心等相关电力设施、生产场所周边设置固定、流动岗位，由公安（武警）人员与本单位安全保卫人员联合站岗值勤；在重要输电线路沿线，由公安（武警）人员、企业专业护线人员、沿线群众按照事先制定的保卫方案进行现场值守和巡视检查。

（二）专群联防。电力企业在发电厂、变电站、电力调度中心等相关电力设施、生产场所周边设置固定、流动岗位，由本单位安全保卫人员站岗值勤；在重要输电线路沿线，由本单位专业护线人员、沿线群众按照事先制定的保卫方案进行现场值守和巡视检查。

（三）企业自防。电力企业组织本单位生产操作人员、安全保卫人员，按照事先制定的保卫方案，对相关电力设施、生产场所进行现场值守和巡视检查。

第二十九条 电力企业应当将需要实行警企联防的重要电力设施名单报电力监管机构备案。

第三十条 电力企业应当加大电力设施物防投入，加固、修缮重要电力生产场所防护体，按照需求配置、更新安保器材和防爆装置，并对安保器材、防爆装置的发放、使用和维护进行统一管理。

第三十一条 电力企业应当在重要电力设施内部及周界安装视频监控、高压脉冲电网、远红外报警等技防系统，并保证技防系统正确投入使用。

电力企业可以根据需要将重要变电站、发电厂重点部位等生产场所的视频监控系统接入公安机关保安监控系统，实现多方监控。

第三十二条 重要电力生产场所应当实行分区管理和现场准入制度，对出入人员、车辆和物品进行安全检查。

第三十三条 重要电力设施遭受破坏后，电力企业应当及时进行处置，并向当地公安机关和所在地电力监管机构报告。

第七章 配套电力工程建设

第三十四条 电力企业应当及时掌握配套电力工程建设情况，做好其接入系统的准备工作。

第三十五条 电力企业应当采取措施，确保配套电力工程质量和施工安全，保证工程按期投入使用。

第三十六条 电力企业应当及时组织完成新投产设备的传动试验等工作，对新设备运行情况进行重点监测，并创造条件对新设备进行大负荷试验。

第三十七条 重大活动举办方应当为配套电力工程建设提供必要的条件。

第八章 用电安全管理

第三十八条 重大活动举办方选择活动举办场所、相关服务场所时，应当优先选择具备双回路及以上供电电源、自备应急电源容量满足保安负荷用电要求的场所。

对不具备上述条件的场所，重大活动举办方应当协调相关单位，采取建设临时电力工程、租赁应急电源等方式，提高供电可靠性。

第三十九条　重点用户应当掌握用电设施基本情况，建立并及时更新变（配）电设备清册、电气接线图、设备试验报告、二次设备整定参数等档案资料，并按照供电企业需要向其提供。

第四十条　重点用户应当根据电力安全保障工作需要，明确工作目标，制定重大活动期间用电设施运行方案、安全保卫措施等，明确活动期间用电设施操作要求、巡视检查规定、自备应急电源运行方式，保证用电安全。

第四十一条　重点用户应当对用电设施的运行方式、运行环境、健康状况等进行评估，发现问题及时整改。

第四十二条　重点用户应当开展用电设施隐患排查和预防性试验，并创造条件进行大负荷试验，及时消除安全隐患。

供电企业应当对上述工作提供技术支持。

第四十三条　重点用户电气运行人员数量应当满足用电设施运行维护需要，电气运行人员应当按照国家和行业规定持证上岗。

第四十四条　重点用户应当根据重大活动保障工作需要，储备必要的用电设施备品、备件和应急物资。

第四十五条　重大活动举办方应当协调解决重点用户在用电安全中存在的问题，监督重点用户对用电设施安全隐患进行整改。

第四十六条　供电企业应当开展重点用户供用电安全服务，提出安全用电建议，督促重点用户进行安全隐患整改，指导重点用户维护维修用电设施，协助重点用户制定停电事件应急预案，开展应急培训和演练。

第九章　电力应急管理

第四十七条　电力企业、重点用户应当建立重大活动电力安全保障应急指挥体系和应急机制，制定突发事件应急预案。

第四十八条　重大活动电力安全保障突发事件应急预案主要包括：人身事故、电网事故、设备事故、重点用户停电事件、发电厂全厂停电事故、网络信息系统安全事故、防自然灾害、燃料供应紧缺事件、防外力破坏和恐怖袭击、环境污染事故等应急预案。

第四十九条　电力企业应当开展突发事件应急培训和演练，及时完善相关应急预案。

第五十条　电力企业应当配置应急队伍及装备，足额储备应急物资。

电力安全保障应急队伍、装备、物资，应当在重大活动电力安全保障工作实施前落实到位。

第五十一条　电力企业应当开展电力预警工作，及时掌握气象信息、自然灾害情况，研判电网负荷变化趋势，适时发布电力预警信息。

第五十二条　重点用户应当编制停电事件应急预案，开展应急培训和演练，提高应对突发事件的能力。

第五十三条　经常举办重大活动、经常为重大活动提供服务的场所，应当按照国家电力监管委员会《关于加强重要电力用户供电电源及自备应急电源配置监督管理工作的意见》，配备自备应急电源，并定期维护。

第五十四条　电力突发事件发生后，电力企业应当及时启动应急预案，采取有效措施，恢复重点用户供电，并将有关情况及时向电力监管机构报告。

受到影响的重点用户应当及时启动自备应急电源，保证保安负荷用电。当自备应急电源启动失效时，供电企业应当提供必要的支援。

第十章 电力安全保障实施

第五十五条 电力企业、重点用户应当根据重大活动电力安全保障需要，提前完成保障准备工作。

重大活动开始前，电网企业应当适时安排相关电网保持全接线、全保护运行方式，不安排设备计划检修和调试。

第五十六条 电力企业、重点用户应当按照重大活动安排及电力安全保障工作方案规定，及时启动电力安全保障工作，并保证各项方案、措施落实到位。

第五十七条 电力企业、重点用户应当实时监视、监测电力系统和用电设施运行状态，严格按照电力安全保障工作方案规定开展重要电力设施、用电设施特巡检查，及时消除设备缺陷。

第五十八条 电力企业、重点用户应当跟踪掌握重大活动举办期间自然灾害情况，及时采取应对措施，防止电力设施、用电设施故障影响重大活动电力安全保障工作的事件发生。

第五十九条 电力企业、重点用户应当严格执行值班制度。各级领导应当深入现场，指挥、协调、监督本单位电力安全保障工作方案的实施；生产运行人员应当按照岗位职责要求，执行巡视、检查和报告制度。

电力企业、重点用户应当保证应急物资、应急车辆、常用备件保持随时可调、可用状态。

第六十条 电力企业应当实时监测网络与信息系统运行情况，及时发现信息安全风险，并采取措施消除安全隐患，保证网络与信息系统运行稳定，防止敏感信息泄漏。

第六十一条 电力企业应当按照电力监管机构的要求，指定专人负责，及时、完整地报送电力安全保障工作信息，主要包括：

（一）电力系统运行情况；

（二）电力生产事故，发电、输电、供电设备故障情况；

（三）重点用户可靠供电情况，供电服务开展情况；

（四）电力设施安全保卫工作情况；

（五）网络与信息安全情况；

（六）自然灾害及其对电力系统的影响情况；

（七）需要报告的其他情况。

第六十二条 电力企业应当按照国家有关规定，规范电力安全保障活动的新闻宣传及信息发布程序，及时、准确发布电力安全保障工作信息。

第十一章 电力安全保障监管

第六十三条 电力监管机构应当及时了解电力企业、重点用户保障工作开展情况，提出监管要求。

第六十四条 电力监管机构应当根据电力安全保障任务需要，制定重大活动电力安全保障工作方案。主要内容包括：保障工作目标、组织机构及其职责、保障工作范围及时限、工作要求、应急措施、监管措施等。

第六十五条　电力监管机构应当对电力企业、重点用户重大活动电力安全保障工作进行专项检查，督促电力企业、重点用户对存在的问题进行整改。

第六十六条　电力监管机构应当编制重大活动电力安全保障突发事件应急预案，主要内容包括：各部门职责、应急处置程序、应急保障措施等。

电力监管机构应当开展应急培训和演练。

第六十七条　电力监管机构应当与政府有关部门沟通协调，通报电力安全保障工作情况，协调解决电力设施安全保卫、发电燃料供应、重点用户用电安全等方面遇到的问题。

第六十八条　重大活动电力安全保障实施期间，电监会派出机构应当及时掌握电力安全保障工作实施情况，并向电监会报告。

第六十九条　重大活动电力安全保障实施期间，电力监管机构应当实行 24 小时值班和 12398 电话值班制度。值班人员应当随时保持与政府有关部门、重要电力企业的沟通联系。

第十二章　附　　则

第七十条　电力企业、重点用户、电力监管机构应当及时总结电力安全保障工作经验，对工作突出的单位和个人进行表彰。

第七十一条　省级以上人民政府临时组织的重要活动，电力企业可以参照本规定相关要求，开展电力安全保障工作。

电力企业应当及时将上述电力安全保障任务向电力监管机构报告。

第七十二条　本规定下列用词的含义：

（一）“重点用户”，是指重大活动举办场所、相关服务场所，以及可能对重大活动造成严重影响的其他用电单位。

（二）“重要电力设施”，是指与重大活动电力安全保障相关的发电厂、变电站、输（配）电线路、电力调度中心、电力应急中心等电力设施或场所。

（三）“配套电力工程”，是指与重大活动电力安全保障工作相关的永久性或临时性新建、改建、扩建电力工程。

第七十三条　电力企业、重点用户可依据本规定，制定本单位重大活动电力安全保障实施办法。

第七十四条　本规定自印发之日起施行。

国家电力监管委员会关于加强电力安全工作防范电网大面积停电的意见

电监安全〔2012〕60 号

电监会各派出机构、信息中心、大坝中心、可靠性中心，国家电网公司、南方电网公司，华能、大唐、华电、国电、中电投集团公司，中国电建、能建集团公司，有关电力企业：

为深刻汲取国外大停电事故教训，进一步加强我国电网安全管理，保证电力系统安全稳定运行，防范电网大面积停电事故的发生，提出如下意见。

一、充分认识加强电力安全工作、防范电网大面积停电的重要意义

（一）电力工业是关系国计民生的重要基础产业和公用事业，经济社会和人民生活对于电力的依赖程度越来越大，电力工业的安全科学发展关系国家能源安全和经济安全。随着电力快速发展，电网规模的迅速扩大，电网结构的日益复杂、风电等新能源的大规模接入以及新技术和新装备的广泛使用，影响电网安全的诸多新问题逐步显现，大电网安全风险不容忽视，防范电网大面积停电责任重于泰山。

（二）电力企业要认真贯彻“安全第一、预防为主、综合治理”方针，牢固树立科学发展安全发展理念，进一步提高对防范电网大面积停电重要意义的认识，切实做好电力安全各项工作，防止发生稳定破坏事故和电网大面积停电事故，为促进经济社会可持续发展提供安全可靠的电力保障。

二、夯实电力安全工作基础

（三）各电网企业、发电企业，电力调度、规划设计、电力建设和科研单位要切实落实安全主体责任，健全完善电力安全工作责任制，逐级落实责任，保证电力安全工作目标明确到岗，落实到人；要加大安全目标考核和事故责任追究力度，确保电力安全工作保障体系和监督体系协调运转。

（四）要建立健全电力企业与政府有关部门、电力监管机构、其他有关单位之间的协调配合机制，共同做好电网电源规划建设、有序用电管理、电力设施保护、应急管理等相关工作，确保电网的安全稳定运行。

（五）要加强电力安全法规标准体系建设。结合我国电网实际，深入研究分析电力快速发展中出现的新问题和新风险，适时组织研究制（修）订相关电力安全法规、安全管理制度和技术标准，不断完善电力安全法规标准体系。

（六）要结合安全生产标准化工作，建立完善设备设施安全隐患和安全管理隐患的排查治理机制。要积极推进安全生产风险管理体系建设，深入开展电网安全风险辨识与电网脆弱性评估，各省级以上电网企业要定期向电力监管机构报告电网重大安全风险及管控措施落实情况。

（七）要加强电力安全生产监督管理队伍建设，健全各级安全监督管理机构，切实落实安全监督管理责任。要进一步健全和完善安全生产教育和专业技术培训制度，加大教育培训投入，不断提高从业人员的安全意识和专业技能。要加强班组安全建设，促进班组安全管理水平的持续提升，切实加强电网安全基础。

（八）要进一步加强电力技术监督工作，建立健全监督工作的目标考核与责任追究机制，切实落实电力企业、监督机构等有关各方的责任；要不断完善监督标准，加强信息共享和技术交流，充分发挥电力技术监督对电力安全工作的技术保障作用。

（九）要加大科技投入，加强对引进技术和设备的消化和吸收，大力推动科技自主创新，建立完善与电力发展要求相适应的电力安全科技支撑体系，提高技术装备的安全保障能力。要针对当前交直流大电网远距离输电、新能源大规模集中接入等电网运行新特点，研究解决保障大电网安全运行的关键技术，提高电网安全稳定运行水平。

三、加大薄弱电网的建设和改造力度

（十）电网企业要进一步加大薄弱电网的建设与改造力度，特别要加强边远地区薄弱电网和部分供电能力偏弱城市电网的改造，及时更换老旧设备，着力解决部分电网不满足“三道防线”要求，部分受端电网电源支撑不强，部分送端电网输电能力偏弱，部分电网短路电流水平超标、输变电设备重载、调峰调频能力不足、局部电磁环网情况严重等问题，提高电网整体安全水平。规划设计单位应加强电网结构和薄弱环节的研究论证，从规划设计上消除和改进电网结构性缺陷。

（十一）电网企业要认真落实《国务院批转发改委电监会关于加强电力系统抗灾能力建设若干意见的通知》（国发〔2008〕20 号）要求，针对局部地区自然灾害频发状况，研究制定和实施电网差异化改造方案，提高电网整体抗灾能力，减少因自然灾害引发的电网大面积停电事故。规划设计单位要在线路路径走向、杆塔选择、电气设备绝缘水平、输电线路防覆冰和防舞动等方面，提出输变电设备抵御自然灾害能力的差异化设计准则的具体意见，要加强电力工程设计前期的技术资料收集分析工作，综合考虑微地形、小气候等条件对设计方案的影响，特别要开展输电通道集中地区的灾害水平的风险评估，加强方案论证和比选，适当提高输变电设备设施标准。

（十二）电网企业要积极研究、推广和应用新技术，提高输变电设备设施的在线监测水平，及时发现设备故障、外力破坏和自然灾害破坏等异常情况，提升电网安全水平。

（十三）加强电力建设工程质量监督管理工作。建设、施工、监理单位要严格执行《建设工程安全生产管理条例》《建设工程质量管理条例》以及《工程建设标准强制性条文》（电力工程部分）等法律、法规和标准的有关要求，加强施工质量管理，严格质量安装验收程序，强化电力建设工程质量监督工作，确保从建设源头上消除电网安全隐患。

（十四）地方政府相关部门应为电网建设与改造提供支持，对重要输电通道走廊、重要变电站的建设征地问题应及时协调到位，保证电网建设与改造工作的顺利进行，不断完善电网结构，强化电网安全基础。

四、加强电网调度运行管理

（十五）要坚持“统一调度、分级管理”的调度管理体制，强化电力调度在电网运行指挥中的权威。要严肃调度纪律，加强调度考核，对于拒绝或者拖延执行调度指令的行为要给予严肃处理，切实防止调度指令执行不力引发和扩大电网事故。

（十六）要强化电力调度系统能力建设，提升装备水平，强化对调度系统人员的技术培训和技能考核，不断提高专业素质。切实防止误方式、误整定、误调度和误操作等情况的发生，提高电网整体安全运行水平。

（十七）要加强电力调度机构建设，科学确定各级调度机构的职权及其管辖范围，因工作需要确需调整的，应报相应电力行政主管部门和电力监管机构备案。

（十八）要按照《电力系统安全稳定导则》要求加强电网安全分析，做好电网运行方式安排，优化电力设备检修计划，特别要加强特殊和临时运行方式的安全校核，确保系统安全运行裕度，有效防止电网稳定破坏事故的发生。

（十九）电网企业要配合政府有关部门做好有序用电方案的编制。在电网实施有序用电方案情况下，任何地区（单位）均不得超过用电计划使用电力电量。在电网出现有功功率不能满足需求、超稳定极限、电力系统故障、持续的频率降低或者电压越下限、备用容量不足等情况时，电力调度机构应按照有关地方人民政府批准的事故限电序位表和保障电力系统安全的限电序位表进行限电操作，防止电网大面积停电事故发生或扩大。

五、加强电力二次系统安全管理

（二十）电力调度机构要加强电力二次专业管理，加大电力二次人员培训力度，扩大技术交流。各单位要确保电力二次机构和专业人员数量质量，保持人员相对稳定。要加快覆盖全国的继电保护统计分析系统的重建，实现信息共享，不断强化电力二次安全基础。

（二十一）要加强电网安全稳定的“三道防线”建设，重视电力二次风险管理，认真梳理分析电力系统继电保护和安全自动装置等二次系统的配置和策略，及时查找和消除二次设备、二次回路、保护定值和软件版本等方面的隐患，特别要重视发电厂和电力用户涉网二次系统的安全管理工作，有效防范二次系统不正确动作引发电网事故或导致电网事故的扩大。

（二十二）要严格落实《电力二次系统安全防护规定》（电监会第5号令）“安全分区、网络专用、横向隔离、纵向认证”的要求，强化对电力调度数据网络、电力调度自动化系统和发电厂计算机监控系统的安全防护，重点要对留有后门的引进设备进行安全风险评估，采取有效措施，防范黑客、病毒及恶意代码等的攻击侵害，确保电力生产监控系统的可靠运行。

六、加强电网隐患排查治理和风险管控

（二十三）要按照《关于加强电力设备（设施）安全隐患管理工作的指导意见》（电监安全〔2012〕43号）的要求，深入开展隐患排查治理，加强设备寿命周期全过程安全管理，重点强化电力设备家族性缺陷、典型缺陷管理以及新投产设备的安全隐患管理，加强运行监控，及时落实整改措施消除隐患，防止电力设备故障引发电网事故。

（二十四）要加强重载输变电设备、重要输送通道的巡视维护，防止因重要通道失去引发重大电网事故；要重点加强对电力通道集中、直流落点集中等情况的电网风险评估和电力设施设备的运行监控和维护，避免多回直流同时（相继）闭锁故障的发生，防止直流闭锁引发交流系统故障，保障电网安全运行。

（二十五）要加强和完善作业现场安全风险管控体系，实现闭环管理。要针对系统、设备和作业过程存在的风险，采取有针对性的防范措施，避免因防范措施不到位引发电网事故。

（二十六）电网企业要按照《电力设施保护条例》等相关法律法规要求，加强电力设施保护工作，防止因电力线路保护区内的违章建筑、违规作业以及树障等危及电网的安全稳定运行。

（二十七）发电企业要加强对大容量发电设备的隐患排查治理和风险管控，重点对发电设备辅机的低电压穿越等问题进行认真排查梳理，采取有效措施，切实防止系统故障过程中发电机组辅机非正常跳闸引发发电设备停运进而导致电网事故。

七、加强电厂、电力用户并网安全管理

（二十八）发电企业要严格遵守市场准入的有关规定，严格执行并网调度协议，未经调度许可不得擅自并入或者解列发电机组；涉及电网运行安全的发电机组调频、励磁等装置应按照调度要求整定和投退，不得擅自更改；新（改、扩）建的发电机组应在通过并网安全性评价后方可并网运行；发电机组至调度机构应具备两个以上可用的独立路由的通信通道；除部分特殊类型的机组外，发电厂应按照调度机构的要求参与系统调峰、调频、调压。

（二十九）电网企业要指导电力用户加强内部电力设备的安全管理，特别要加强继电保护与电网配合的管理，防止用户端故障衍生为电网事故。要督促重要用户按照《关于加强重要电力用户供电电源及自备应急电源配置监督管理的意见》（电监安全〔2008〕43 号）等有关规定要求，配置必要的应急电源，满足电网事故条件下保安负荷的用电需求，防止电网供电中断引发事故和次生灾害。

八、强化电力应急管理

（三十）要贯彻落实《国家突发事件应急体系建设“十二五”规划》（国办发〔2012〕43号）要求，将电力应急体系建设纳入企业发展规划，不断深化电力应急管理工作。要按照《国家处置电网大面积停电事件应急预案》要求，针对自然灾害、设备故障、外力破坏等可能造成电网解列、电网大面积停电等情况，制定专项应急预案。加强电网孤岛方式分析和研究，完善“黑启动”方案，定期或不定期进行“黑启动”电源的实际启动测试，提高电力系统恢复速度和能力。

（三十一）电网企业要配合各级地方政府完善各地电网大面积停电应急处置预案，建立与电力监管机构、政府有关部门、媒体和社会公众的应急协调联动机制，做到快速响应，及时、准确发布信息，有效维护社会秩序。要定期组织开展应急演练，协同电力监管机构积极推动地方政府开展电力应急联合演练，增强应急保障能力，不断提高应对电网大面积停电事件的能力。

九、强化电力安全监督管理

（三十二）电力监管机构要督促电力企业加强电力安全工作，切实落实企业主体责任，健全电力安全管理体系和工作机制。

（三十三）电力监管机构要组织电力企业深入分析总结国内外各种电力安全事故的经验教训，积极组织或推动相关技术标准、规程规范以及重点反事故措施等的制（修）订工作。

（三十四）电力监管机构要督促电力企业加大隐患排查治理力度，推进电网安全风险分析和脆弱性评估工作。要重点关注大输电通道安全、负荷密度集中地区受端电网安全、交直流混合电网安全和局部薄弱电网安全。要督促电力企业将风险管控措施落实到位，实现重点安全隐患的闭环监管，防范电网大面积停电事故的发生。

（三十五）电力监管机构要加强安全基础监督管理。要协调厂网关系，加强厂网界面安全监管，督促电网重大安全技术措施和重点反事故措施的落实。要督促电力企业加强与政府有关部门、媒体和社会公众的协调联动，进一步做好电力应急管理工作。要加强电力建设工程质量监督、电力技术监督和电力二次专业管理等专业监管工作，筑牢电网安全工作基础。

（三十六）电力监管机构对电网停电事故（事件）要及时调查处理并依规进行责任追究。对因拒绝或者拖延执行调度指令，以及违反有序用电计划造成后果的单位或个人，要按照相关规定及时进行处理。对因隐患整改不力影响电网安全稳定运行的企业，要按照相关规定追究企业和有关人员责任。

国家电力监管委员会

2012年10月25日

国家电力监管委员会、国家反恐工作协调小组办公室关于印发《电力行业反恐怖防范标准（试行）》的通知

电监安全〔2012〕66 号

电监会各派出机构，各省、自治区、直辖市反恐办，国家电网公司，南方电网公司，华能、大唐、华电、国电、中电投集团公司，各有关电力企业：

为建立电力企业反恐怖防范长效管理机制，提高反恐怖防范的能力和水平，加强电力行业反恐怖防范工作，国家电力监管委员会和国家反恐怖工作协调小组办公室联合制定了《电力行业反恐怖防范标准（试行）（电网部分）》《电力行业反恐怖防范标准（试行）（火电\风电部分）》《电力行业反恐怖防范标准（试行）（水电工程部分）》，现予印发试行。

试行中如有问题和建议，请及时告知电监会安全监管局或国家反恐怖工作协调小组办公室防范指导处。

电监会联系人：王永胜 010-66597442　国家反恐办联系人：高　鹏 010-66262153

国家电力监管委员会
国家反恐办
2012 年 12 月 11 日

附件：

电力行业反恐怖防范标准（试行）（电网部分）

前　言

为建立电网企业反恐怖防范长效管理机制，提高反恐怖防范的能力和水平，指导电网企业做好反恐怖防范工作，依据《中华人民共和国突发事件应对法》《电力监管条例》《反恐怖防范标准（模版）》等有关文件制定本标准。

电力行业反恐怖防范标准（试行）共分为电网、火电\风电、水电工程等三部分，本标准是其中之一，各电网企业应按照本标准要求，规范开展反恐怖防范工作。政府有关部门、电力监管机构应依据本标准对电网企业进行反恐怖防范工作监督、检查和指导。

本标准附录 A、B、C、D 为规范性附录，分别对电网企业反恐怖防范的重要目标分类、人防配置、物防设施配置、技防设施配置做出了要求和说明。

本标准由国家电力监管委员会和国家反恐怖工作协调小组办公室提出并负责解释。

1 范围

本标准规定了电网企业的反恐怖防范工作要求和重要目标的防范标准。

本标准适用于中华人民共和国境内电网企业的反恐怖防范工作。

2 规范性引用文件

下列文件对于本标准的应用是必不可少的。凡是注日期的引用文件，其随后所有的修改版均不适用于本标准，凡是不注日期的引用文件，其最新版本适用于本标准。

《中华人民共和国突发事件应对法》中华人民共和国主席令第69号

《中华人民共和国消防法》中华人民共和国主席令第6号

《中华人民共和国人民武装警察法》中华人民共和国主席令第17号

《企业事业单位内部治安保卫条例》国务院令第421号

《电力设施保护条例》国务院令第239号

《保安服务管理条例》国务院令第564号

《公安机关监督检查企业事业单位》公安部令第93号

《内部治安保卫工作规定》

《公安机关实施保安服务管理条例办法》公安部令第112号

《电力设施保护条例实施细则》国家经贸委、公安部令第8号

《电力二次系统安全防护规定》电监会令第5号

《电力企业应急预案管理办法》电监安全〔2009〕61号

《关于加强重要电力用户供电电源及》电监安全〔2008〕43号

《自备应急电源配置监督管理的意见》

《《电子计算机场地通用规范》GB 2887

《防盗报警控制器通用技术条件》GB 12663

《通过式金属探测门通用技术规范》GB 15210

《安全防范报警设备安全要求和试验方法》GB 16796

《防盗安全门通用技术条件》GB 17565

《周界防范高压电网装置》GB 25287

《建筑照明设计标准》GB 50034

《安全防范工程技术规范》O8 50348

《入侵报警系统工程设计规范》O8 50394

《视频安防监控系统工程设计规范》GB 50395

《出入口控制系统工程设计规范》GB 50396

《脉冲电子围栏及其安装和安全运行》GB/T 7946

《安全防范系统供电技术要求》GB/T 15408

《防爆毯》GA 69

《安全防范系统验收规则》GA 308

《防尾随联动互锁安全门通用技术条件》GA 576

《安全防范工程程序与要求》GA/T 75

《保安服务操作规程与质量控制》GA/T 594

《电子巡查系统技术要求》GA/T 644

《停车库（场）安全管理系统技术要求》GA/T 761

3 术语和定义

下列术语与定义适用于本标准。

3.1 恐怖活动 terrorism activities

指以制造社会恐慌、危害公共安全或者胁迫国家机关、国际组织为目的，采取暴力、破坏、恐吓等手段，造成或者意图造成人员伤亡、重大财产损失、公共设施损坏、社会秩序混乱等严重社会危害的行为，以及煽动、资助或者以其他方式协助实施上述活动的行为。

3.2 恐怖活动组织 terrorism organization

指为实施恐怖活动而组成的犯罪集团。

3.3 恐怖活动人员 terrorists

指组织、策划、实施恐怖活动的人和恐怖活动组织的成员。

3.4 反恐怖防范重要目标（简称：重要目标） important goals of counter-terrorism protection

指一旦遭受恐怖袭击，会造成重大人员伤亡或对社会秩序、公共安全产生严重影响的场所、建筑、工程、设施等。

3.5 反恐怖防范重要部位（简称：重要部位） key parts of counter-terrorism protection

指反恐怖防范重要目标中对功能和使用起决定性作用的区域、设备等。

3.6 人力防范（简称：人防） personnel protection

指执行反恐怖防范任务的具有相应素质人员和（或）人员群体的一种有组织的防范行为（包括人、组织和管理等）。

3.7 实体防范（简称：物防） physical protection

指用于反恐怖防范目的、能阻止或延迟恐怖活动的各种实体防护手段（包括建（构）筑物、屏障、器具、设备、系统等）。

3.8 技术防范（简称：技防） technical protection

指利用各种电子信息设备组成系统和（或）网络以提高探测、延迟、反应能力和防护功能的反恐怖防范技术手段。

3.9 常态反恐怖防范 normal anti-terrorism precautions

指在社会安全形势稳定的日常状态下，采用的一般性、常规性防范措施和行为。

3.10 非常态反恐怖防范 abnormal anti-terrorism precautions

指在国家对反恐怖工作提出要求的特殊时段或政府有关部门发布恐怖袭击事件预警的情况下，采取的加强性防范措施和行为。

3.11 变电站 substation

是电力系统中的重要组成部分，是电力系统中变换电压、接受和分配电能、控制电力流向的电力设施，是将各级电压的电网联系在一起的枢纽。主要包括变压器、母线、断路器、隔离开关等电气设备、建（构）筑物、电力系统安全和控制所需的设施等。

3.12　输（配）电线路　transmission（distribution）lines

连接发电厂与变电站之间、变电站与变电站之间或变电站与用户之间，组成网络以输送（配送）电能为目的的电力设施。

3.13　电力调度机构　electric power dispatching&control center

为保障电网的安全、优质、经济运行，对电网运行进行组织、指挥、指导和协调的单位。

4　防范标准

4.1　总体要求

4.1.1　电网企业反恐怖防范工作应遵循国家法律法规及其他地方标准，坚持“突出重点、预防为主、属地负责、分级管理”的原则。

4.1.2　电网企业应在各级党委、政府的统一领导下，将本企业的反恐怖防范工作纳入当地反恐怖防范工作体系，与政府相关部门建立反恐怖防范工作协调联动机制，并接受政府相关部门对反恐怖防范工作的指导和检查。

4.1.3　电力监管机构负责协助国家及地方人民政府反恐怖主管部门对电网企业落实本标准的情况进行监督、检查和指导。

4.1.4　电网企业的主要负责人为本企业反恐怖防范工作第一责任人。电网企业应建立本企业反恐怖防范工作的组织机构，成立反恐怖防范工作领导小组，定期组织检查和研究改进防范措施，落实反恐怖防范专项资金，保证反恐怖防范工作机制运转正常。

反恐怖防范工作领导小组及其工作机构中人员变动时应及时进行调整补充。

4.1.5　电网企业应建立本企业反恐怖防范工作制度、重要目标和重要部位保卫制度等规章制度，并定期进行修订。反恐怖防范工作应建立例会制度。

4.1.6　电网企业应对重要目标按照其规模、性质及其遭受恐怖袭击后可能造成的人员伤亡、经济损失和社会影响等因素进行初步分类（分类标准见附录 A），并将分类结果报地方人民政府反恐怖主管部门审核、备案。

未作为重要目标列入本标准附录 A 中的电力设施的反恐怖防范工作可以参照本标准执行。

4.1.7　电网企业需要对重要目标分类进行调整时，应及时将调整建议报地方人民政府反恐怖主管部门审核、批准。

4.1.8　电网企业应根据重要目标分类情况采取相应的人防、物防和技防措施。

4.1.9　新建、改扩建电网工程项目应按照本标准的要求，建设反恐怖防范设施、系统，并与主体工程同时设计、同时施工、同时投入使用。

4.1.10　电网企业应定期对反恐怖防范设施、系统进行检查、维护、校验，保证设备完好。电网企业应鼓励采用新技术、新设备，用以提高反恐怖防范水平。

4.1.11　电网企业应整合安全生产、应急管理、安全保卫等资源，充分发挥群防群治的优势，提高反恐怖防范综合能力。

4.1.12　电网企业应及时向地方人民政府反恐怖主管部门报送涉恐信息。

4.2 常态防范标准

4.2.1 人防标准

4.2.1.1 电网企业应设置安全保卫部门，配置专（兼）职人员，具体负责本单位的反恐怖防范工作。

反恐怖防范人防配置要求见附录 8。

4.2.1.2 反恐怖防范专（兼）职人员除应熟悉《企业事业单位内部治安保卫条例》《保安服务管理条例》和《保安服务操作规程与质量控制》的要求外，还应熟悉本企业反恐怖防范工作情况及相关规章制度、应急预案。

4.2.1.3 电网企业应加强与当地公安机关的联系，对安保服务公司资质及安保服务公司派出人员的背景进行审查，防止可疑人员上岗。

4.2.1.4 反恐怖防范专（兼）职人员应掌握必备的专业知识和技能。电网企业应安排必要的培训经费和学习时间，对反恐怖防范专（兼）职人员进行业务培训。专职人员每年培训时间不少于 48 课时，兼职人员每年培训时间不少于 24 课时。

4.2.1.5 电网企业应加强宣传教育，提高员工的反恐怖防范意识，并定期对重点部门和重要岗位员工进行有针对性的教育培训。

4.2.1.6 反恐怖防范重要目标需要配备武装警察守卫力量的，电网企业应向政府有关部门申请派驻武装警察进行安全守卫。

4.2.1.7 电网企业应严格门禁管理，在人员、车辆、物资等主要进出口设置 24 小时值守的固定检查门卫（哨位），并配备通信工具，对进出的人员、车辆、物资进行检查、审核、登记，禁止无关人员和没有内部通行证的车辆进入重要目标。

4.2.1.8 电网企业应加强重要部位的值班守卫和巡逻工作，落实防范措施，及时发现并消除各类隐患，严防恐怖分子通过各种渠道将各类危险物品带入重要部位。

4.2.1.9 电网企业应按照设备巡视工作要求，定期对设备本体、附属设施、输电线路通道环境进行巡视，巡视期间发现涉恐信息，应立即向当地公安机关报告。

4.2.1.10 电网企业应在地方人民政府反恐怖主管部门的指导下，建立群众护线护站机制，随时监控设备运行情况，发现涉恐信息，应立即向当地公安机关报告。

4.2.2 物防标准

4.2.2.1 反恐怖防范物防设施主要有防盗安全门、防盗栅栏、实体围墙、隔离栏（墩）、机动车阻拦装置、应急用品等。物防设施应符合国家相关标准要求，安装要牢固可靠。

反恐怖防范物防设施配置要求见附录 C。

物防系统工程的设计应符合 GB 50348 的规定。

4.2.2.2 重要目标出入口值班室或保安岗哨应配备消防器材、空气呼吸器、橡胶棒、应急灯、毛巾、口罩等用品。

4.2.2.3 电网企业安全保卫部门宜配备防暴头盔、防刺服、防护服、防割手套、多发捕捉网发射器、电警棍、防暴棍、盾牌、手铐、催泪罐、空气呼吸器、防毒面具、防爆毯、防冲撞钉、与地方公安部门联网的通信器材等装备。

4.2.2.4 电缆隧道入口处应安装金属防盗门，二类以上重要目标电缆隧道的检查孔应安装具有防盗功能的井盖。

4.2.2.5 电网企业应结合输电线路运行环境特点，在输电线路上积极采用、推广使用成熟先进的物防设施。

4.2.3 技防标准

4.2.3.1 电网企业反恐怖防范技防设施包括安防系统监控中心、视频安防监控系统、入侵报警系统、出入口控制系统、停车库（场）管理系统、电子巡查系统、通信显示记录系统等。

反恐怖防范技防设施配置要求见附录D。

技防系统工程的设计应符合国家及公安部门相关规定的要求。

4.2.3.2 安防系统监控中心的面积应与安防系统的规模相适应。系统应有监控、报警控制台，监视、录像、存储、打印、复制、通信设备、报警部位显示模板、备用电源等；应配备安全防护设施和消防设施，以及满足值班人员正常工作的辅助设施。

安防系统监控中心的设计应符合GB 50348等相关标准的要求。

4.2.3.3 视频安防监控系统由前端摄像机、传输网络、控制、记录与显示装置等组成。系统应能对监控的场所、部位、通道等进行实时、有效的视频探测、视频监视，图像显示、记录与回放，且具有视频入侵报警功能。与入侵报警系统联合设置的视频监控系统，应有图像复核功能。

视频安防监控系统的设计应符合GB 50395的要求。

4.2.3.4 入侵报警系统由入侵探测器、紧急报警装置、传输网络、报警控制器、告警器等组成。系统应能对设防区域的非法入侵进行实时有效的探测与报警；系统应能独立运行，有输出接口，可用手动、自动操作以有线或无线方式报警，且具有防破坏报警功能；系统的前端应按需要选择、安装各类入侵探测设备，构成点、线、面、空间综合防护系统；系统应能按时间、区域、部位任意编程设防和撤防。

入侵报警系统的设计应符合GB 50394的要求。

4.2.3.5 出入口控制系统由识读（显示）装置、传输网络、管理控制器、记录设备、执行机构等组成。系统应有防尾随措施。对非法闯入的行为，应发出报警信号。

出入口控制系统的设计应符合GB 50396的要求。

4.2.3.6 重要目标内建有停车库（场）的应设置停车库（场）安全管理系统。系统应能根据建筑物的使用功能和安全防范管理的需要，对停车库（场）的车辆通行道口实施出入控制、监视、行车信号指示、停车管理及车辆防盗报警等综合管理；系统可独立运行，也可与出入口控制系统联合设置。

停车库（场）安全管理系统的设计应符合GA/T 761的要求。

4.2.3.7 电子巡查系统由信息标识、数据采集器、数据转换传输装置及管理软件等组成。系统信息采集点（巡查点）装置应安装在重要部位及巡查路线上，且安装应牢固、隐蔽。系统在授权情况下应能对巡查路线、时间、巡查点进行设定和调整。监控中心应具有对巡查时间、地点、人员和顺序等数据的显示、存储、查询和打印等功能，并具有违规记录提示。

电子巡查系统的设计应符合GA/T 644的要求。

4.2.3.8 电网企业的安防系统、电力生产监控系统以及其他信息系统的安全防护应满足国家信息系统安全等级保护、《电力二次系统安全防护规定》等相关规定的要求。

4.2.3.9 电网企业应结合输电线路运行环境特点，在输电线路上积极采用、推广使用成熟先进的技防设施。

4.3 非常态防范标准

4.3.1 在国家对反恐怖工作提出要求的特殊时段或政府有关部门发布恐怖袭击事件预警的情况下，应在常态防范基础上，采取一切必要的防范措施，提升防范等级和防范标准。

4.3.2 电网企业反恐怖非常态防范一般分为一级和二级两个等级其中一级为最高级)，由国家或地方人民政府反恐怖主管部门负责级别的发布。

4.3.3 在非常态情况下，电网企业应在地方人民政府反恐怖主管部门的指导下加强反恐怖防范工作，必要时应协调增派公安、武警力量，加强对重要目标的防范。

4.3.4 电网企业原则上应暂停作业，保持电网全接线、全保护运行方式。

4.3.5 电网企业应加强网络互联接口管控、网络入侵防护和病毒木马防治工作，必要时应采取其他临时非常规措施保障网络与信息安全。

4.3.6 二级非常态标准

4.3.6.1 电网企业分管负责人带班组织防范工作。增加技防设施监控力量。

4.3.6.2 重要目标应在常态防范基础上增派50%以上的安保力量24小时上岗值守，严格重要部位进出检查，限制携带危险物品进入重要部位。

4.3.6.3 输配电线路运行人员、群众护线员应增加巡视频率，同时增加保安员参与护线工作。

4.3.6.4 一类重要目标入口处应设置防爆检测装备，增设防人员、车辆冲撞装置。安保人员配备盾牌、防割手套等应急防护器材上岗值守。

4.3.6.5 各级反恐怖防范人员保持有线、无线24小时通信畅通。

4.3.7 一级非常态标准

4.3.7.1 电网企业主要负责人24小时带班组织防范工作。

4.3.7.2 一类重要目标实施全封闭管理，对进出人员及所携带的物品进行全面安全检查。

4.3.7.3 所有救援器材、专业处置力量全部到位，进入临战状态。

4.3.7.4 根据当地反恐怖部门要求，采取的其他防范措施。

5 应急管理

5.1 应急组织机构

电网企业的反恐怖防范工作领导小组承担本企业反恐怖防范应急管理工作，安全保卫部门负责反恐怖防范应急管理的具体工作，根据平战结合的原则设立应急队伍，配备应急物资、装备。

5.2 应急预案

电网企业应组织制定反恐怖防范应急预案，形成预案体系。预案要包括应急处置的指导思想、编制依据、工作原则、应急指挥体系（含应急联动、指挥权限、指挥程序）、应急响应的启动一变更一解除机制、应急保障等内容。

5.3 应急演练

电网企业应结合实际，有计划、有重点、分层次、定期组织开展反恐怖防范应急演练，做好演练评估工作。同时应积极参与由政府相关部门、电力监管机构组织开展的反恐怖防范联合应急演练，提高协调联动能力。应急演练每年应不少于一次。

5.4 应急处置

电网企业遭受恐怖袭击时，应按照应急预案规定的程序进行先期处置，控制，避免事态进一步扩大并立即向当地人民政府反恐怖主管部门报告，并按照应急预案启动反恐怖防范应急响应，调集应急队伍参与应急救援和现场处置。

5.5 应急响应等级变动和解除

发布启动应急响应指令的单位，根据情况变化，发布应急响应等级的变化和解除指令。

附录A 重要目标分类标准（规范性附录）

<table>
<tr><th>类别划分</th><th>电力调度机构</th><th>变电站和输（配）电线路</th><th>供电设施</th><th>其他</th></tr>
<tr><td>一类重要目标</td><td>国家和区域级</td><td>330千伏以上跨省跨区输电线路以及相关变电站、换流站</td><td>为特级重要电力用户供电的设施</td><td rowspan="3">当地人民政府反恐怖主管部门认定的其他设施</td></tr>
<tr><td>二类重要目标</td><td>省级</td><td>330千伏以上变电站和输电线路（不含跨省跨区输电线路以及相关变电站、换流站）</td><td>为一级重要电力用户供电的设施</td></tr>
<tr><td>三类重要目标</td><td>地级和县级</td><td>110千伏～220千伏变电站和输电线路</td><td>为二级重要电力用户供电的设施</td></tr>
</table>

注：本表中所称“以上”包括本数。

附录B 人防配置表（规范性附录）

<table>
<tr><th rowspan="2">序号</th><th rowspan="2" colspan="2">项目</th><th rowspan="2">配置要求</th><th colspan="3">重要目标设置标准</th></tr>
<tr><th>一类</th><th>二类</th><th>三类</th></tr>
<tr><td>1</td><td colspan="2">反恐怖防范领导小组</td><td>分工明确、责任落实</td><td>应设</td><td>应设</td><td>应设</td></tr>
<tr><td>2</td><td colspan="2">反恐怖防范第一责任人</td><td>单位法人代表或主要负责人</td><td>应设</td><td>应设</td><td>应设</td></tr>
<tr><td>3</td><td colspan="2">反恐怖防范责任部门</td><td>单位安全保卫部门</td><td>应设</td><td>应设</td><td>应设</td></tr>
<tr><td>4</td><td rowspan="4">安保力量</td><td>技防监控人员</td><td>技防设施操作</td><td>应设</td><td>应设</td><td>应设</td></tr>
<tr><td>5</td><td>固定岗人员</td><td>出入口</td><td>应设</td><td>应设</td><td>应设</td></tr>
<tr><td>6</td><td>巡逻人员</td><td>周界、出入口、重要部位</td><td>应设</td><td>应设</td><td>应设</td></tr>
<tr><td>7</td><td>备勤人员</td><td>机动</td><td>应设</td><td>应设</td><td>应设</td></tr>
</table>

附录C 物防设施配置表（规范性附录）

<table>
<tr><th rowspan="2">序号</th><th rowspan="2">项目</th><th rowspan="2">配置要求</th><th colspan="3">重要目标设置标准</th></tr>
<tr><th>一类</th><th>二类</th><th>三类</th></tr>
<tr><td>1</td><td>警示（警戒）标志</td><td>周界出入口处，围墙、栅栏上</td><td>应设</td><td>应设</td><td>应设</td></tr>
<tr><td>2</td><td>围墙或栅栏</td><td>沿周界设置</td><td>应设</td><td>宜设</td><td>宜设</td></tr>
<tr><td>3</td><td>门岗</td><td>周界出入口、重要部位出入口处</td><td>应设</td><td>应设</td><td>应设</td></tr>
<tr><td>4</td><td>机动车阻拦装置及防尾随装置</td><td>主要出入口处</td><td>应设</td><td>宜设</td><td>宜设</td></tr>
<tr><td>5</td><td>安全门、窗</td><td>建筑物的门、窗</td><td>应设</td><td>应设</td><td>应设</td></tr>
<tr><td>6</td><td>金属防护门及防尾随装置</td><td>主要出入口处</td><td>应设</td><td>应设</td><td>应设</td></tr>
<tr><td>7</td><td>检查室（站）及包裹寄存室</td><td>重要部位入口外侧适当位置</td><td>应设</td><td>宜设</td><td>宜设</td></tr>
<tr><td>8</td><td>消防器材、应急灯、毛巾、口罩、空气呼吸器、橡胶棒等</td><td>重要部位入口处</td><td>应设</td><td>应设</td><td>应设</td></tr>
</table>

续表

序号	项目	配置要求	重要目标设置标准		
			一类	二类	三类
9	防爆毯等	重要部位入口处	应设	宜设	宜设
10	通信设施	周界出入口处，建筑内、重要设施处等	应设	宜设	宜设
11	防撞隔离栏（墩）或阻车钉、防爆桶等防护器材	建构筑物前	宜设	宜设	宜设
12	探照灯等强光照明	重要部位周界	宜设	宜设	宜设
13	金属防盗门	电缆隧道入口处	应设	应设	应设
14	防盗功能井盖	电缆隧道检查孔	应设	应设	宜设

附录 D 技防设施配置表（规范性附录）

序号	项目		安装区域覆盖范围	重要目标设置标准		
				一类	二类	三类
1	监控中心	安防系统		应设	宜设	宜设
2	视频安防监控系统	摄像机（摄像头）	主要出入口和重要部位	应设	应设	宜设
3		图像显示、记录与显示装置	监控中心	应设	应设	宜设
4	入侵报警系统	入侵探测器（振动光缆、红外线等	建（构）筑物周界	应设	宜设	宜设
5		紧急报警装置	出入口和重要部位	应设	应设	应设
6		报警控制器	监控中心	应设	宜设	宜设
7		终端图形显示装置	监控中心	应设	宜设	宜设
8	出入口控制系统	出入口控制装置	出入口处	应设	宜设	宜设
		信息处理装置	监控中心	应设	宜设	宜设
9	停车库（场）管理系统		停车库（场）	应设	宜设	宜设
10	电子巡查系统		重要建筑物	应设	应设	应谊
11	通信显示记录系统		监控中心、各门岗	应设	宜设	宜设
12	报警接收中心终端		监控中心	宜设	宜设	宜设

电力行业反恐怖防范标准（试行）
（水电工程部分）

前 言

为建立水电工程反恐怖防范长效管理机制，提高反恐怖防范的能力和水平，指导水电工程管理单位做好反恐怖防范工作，依据《中华人民共和国突发事件应对法》《电力监管条例》《反恐怖防范标准（模板）》等有关文件制定本标准。

电力行业反恐怖防范标准（试行）共分为电网、火电\风电、水电工程等三部分，本标准是其中之一，各水电工程管理单位应按照本标准要求，规范开展反恐怖防范工作。政府有关部门、电力监管机构应依据本标准对水电工程管理单位进行反恐怖防范工作监督、检查和指导。

本标准附录A、B、C、D、E为规范性附录，分别对水电工程反恐怖防范的重要目标分类、防范区域划分、人防配置、物防设施配置、技防设施配置做出了要求和说明。

本标准由国家电力监管委员会和国家反恐怖工作协调小组办公室提出并负责解释。

1 范围

本标准规定了水电工程反恐怖防范的工作要求和重要目标的防范标准。

本标准适用于中华人民共和国境内水电工程的反恐怖防范工作。

2 规范性引用文件

下列文件对于本标准的应用是必不可少的。凡是注日期的引用文件，其随后所有的修改版均不适用于本标准，凡是不注日期的引用文件，其最新版本适用于本标准。

《中华人民共和国突发事件应对法》中华人民共和国主席令第69号

《中华人民共和国消防法》中华人民共和国主席令第6号

《中华人民共和国人民武装警察法》中华人民共和国主席令第17号

《企业事业单位内部治安保卫条例》国务院令第421号

《电力设施保护条例》国务院令第239号

《保安服务管理条例》国务院令第564号

《公安机关监督检查企业事业单位》公安部令第93号

《内部治安保卫工作规定》

《公安机关实施保安服务管理条例办法》公安部令第112号

《电力设施保护条例实施细则》国家经贸委、公安部令第8号

《电力二次系统安全防护规定》电监会令第5号

《电力企业应急预案管理办法》电监安全〔2009〕61号

《关于加强重要电力用户供电电源及》电监安全〔2008〕43号

《自备应急电源配置监督管理的意见》

《电子计算机场地通用规范》GB 2881

《防盗报警控制器通用技术条件》GB 12663

《通过式金属探测门通用技术规范》GB 15210

《安全防范报警设备安全要求和试验方法》GB 16796

《防盗安全门通用技术条件》GB 17565

《周界防范高压电网装置》GB 25287

《建筑照明设计标准》GB 50034

《安全防范工程技术规范》GB 50348
《入侵报警系统工程设计规范》GB 50394
《视频安防监控系统工程设计规范》GB 50395
《出入口控制系统工程设计规范》GB 50396
《公共广播系统工程技术规范》GB 50526
《脉冲电子围栏及其安装和安全运行》GB/T 7946
《安全防范系统供电技术要求》GB/T 15408
《防爆毯》GA 69
《安全防范系统验收规则》GA 308
《防尾随联动互锁安全门通用技术条件》GA 576
《安全防范工程程序与要求》GA/T 75
《保安服务操作规程与质量控制》GA/T 594
《电子巡查系统技术要求》GA/T 644
《停车库（场）安全管理系统技术要求》GA/T 761
《水电枢纽工程等级划分及设计安全标准》DL 5180—2003

3 术语和定义

下列术语与定义适用于本标准。

3.1 恐怖活动 terrorism activities

指以制造社会恐慌、危害公共安全或者胁迫国家机关、国际组织为目的，采取暴力、破坏、恐吓等手段，造成或者意图造成人员伤亡、重大财产损失、公共设施损坏、社会秩序混乱等严重社会危害的行为，以及煽动、资助或者以其他方式协助实施上述活动的行为。

3.2 恐怖活动组织 terrorism organization

指为实施恐怖活动而组成的犯罪集团。

3.3 恐怖活动人员 terrorists

指组织、策划、实施恐怖活动的人和恐怖活动组织的成员。

3.4 反恐怖防范重要目标（简称：重要目标） important goals of counter-terror ism protection

指一旦遭受恐怖袭击，会造成重大人员伤亡或对社会秩序、公共安全产生严重影响的场所、建筑、工程、设施等。

3.5 反恐怖防范重要部位（简称：重要部位） key parts of counter-terrori smprotection

指反恐怖防范重要目标中，对功能和使用起决定性作用的区域、设备等。

3.6 人力防范（简称：人防） personnel protection

指执行反恐怖防范任务的具有相应素质人员和（或）人员群体的一种有组织的防范行为（包括人、组织和管理等）。

3.7 实体防范（简称：物防） physical protection

指用于反恐怖防范目的、能阻止或延迟恐怖活动的各种实体防护手段［包括建（构）筑物、屏障、器具、设备、系统等］。

3.8 技术防范（简称：技防） technical protection

指利用各种电子信息设备组成系统和（或）网络以提高探测、延迟、反应能力和防护功能的反恐怖防范技术手段。

3.9 常态反恐怖防范 normal anti-terrorism precautions

指在社会安全形势稳定的日常状态下，采用的一般性、常规性防范措施和行为。

3.10 非常态反恐怖防范 abnormal anti-terrorism precautions

指在国家对反恐怖工作提出要求的特殊时段或政府有关部门发布恐怖袭击事件预警的情况下，采取的加强性防范措施和行为。

3.11 变电站 substation

是电力系统中的重要组成部分，是电力系统中变换电压、接受和分配电能、控制电力流向的电力设施，是将各级电压的电网联系在一起的枢纽。主要包括变压器、母线、断路器、隔离开关等电气设备、建（构）筑物、电力系统安全和控制所需的设施等。

3.12 输（配）电线路 transmission（distribution）lirles

连接发电厂与变电站之间、变电站与变电站之间或变电站与用户之间，组成网络以输送（配送）电能为目的的电力设施。

3.13 水电工程 hydroelectric engineering

以水力发电为主要任务，由壅水建筑物、泄水建筑物、引水系统、通航设施及电站厂房、开关站等建筑物所组成的综合体。

3.14 水电工程管理单位（简称：管理单位） administrative orgnization of hydropower engineering

负责水电工程建设、运行管理的单位。

4 防范标准

4.1 总体要求

4.1.1 水电工程反恐怖防范工作应遵循国家法律法规及其它地方标准，坚持“突出重点、预防为主、属地负责、分级管理”的原则。

4.1.2 管理单位应在各级党委、政府的统一领导下，将本单位的反恐怖防范工作纳入当地反恐怖防范工作体系，与政府相关部门建立反恐怖防范工作协调联动机制，并接受政府相关部门对反恐怖防范工作的指导和检查。

4.1.3 电力监管机构负责协助国家及地方人民政府反恐怖主管部门对管理单位落实本标准的情况进行监督、检查和指导。

4.1.4 管理单位的主要负责人为本单位反恐怖防范工作第一责任人。管理单位应建立本单位负责反恐怖防范工作的组织机构，成立反恐怖防范工作领导小组，定期组织检查和研究改进防范措施，落实反恐怖防范专项资金，保证反恐怖防范工作机制运转正常。

反恐怖防范工作领导小组及其工作机构中人员变动时应及时进行调整补充。

4.1.5 管理单位应建立本单位反恐怖防范工作制度、重要目标和垂要部位保卫制度等规章制度，并定期进行修订。反恐怖防范工作应建立例会制度。

4.1.6 管理单位应对水电工程按照其工程规模、水库总库容、装机容量等要素进行反恐怖防范重要目标初步分类（分类标准见附录A），并将分类结果报地方人民政府反恐怖主管部门审核、备案。

未作为重要目标列入附录A的水电工程的反恐怖防范工作可以参照本标准执行。

4.1.7 管理单位需要对重要目标分类进行调整时，应及时将调整建议及理由报地方人民政府反恐怖主管部门审核、批准。

4.1.8 管理单位应根据水电工程重要目标分类情况采取相应的人防、物防和技防措施。

4.1.9 水电工程反恐怖防范宜实行分区域管理，从里到外一般划分为禁区、监视区和防护区三个防范区域。

防范区域的划分要求见附录8。

4.1.10 新建、改（扩）建水电工程项目应按照本标准的要求，建设反恐怖防范设施、系统，并与主体工程同时设计、同时施工、同时投入使用。

4.1.11 管理单位应定期对反恐怖防范设施、系统进行检查、维护、校验，保证设备完好。管理单位应鼓励采用新技术、新设备，用以提高反恐怖防范水平。

4.1.12 管理单位应整合安全生产、应急管理、安全保卫等资源，充分发挥群防群治的优势，提高反恐怖防范综合能力。

4.1.13 管理单位应及时向地方人民政府反恐怖主管部门报送涉恐信息。

4.2 常态防范标准

4.2.1 人防标准

4.2.1.1 管理单位应设置安全保卫部门，配置专（兼）职人员，具体负责本单位的反恐怖防范工作。

反恐怖防范人防配置要求见附录C。

4.2.1.2 反恐怖防范专（兼）职人员除应熟悉《企业事业单位内部治安保卫条例》《保安服务管理条例》和《保安服务操作规程与质量控制》的要求外，还应熟悉本单位反恐怖防范工作情况及相关规章制度、应急预案。

4.2.1.3 管理单位应加强与当地公安机关的联系，对拟聘用的安保服务公司资质及安保服务公司派出人员的背景进行审查，防止可疑人员上岗。

4.2.1.4 反恐怖防范专（兼）职人员应掌握必备的专业知识和技能。管理单位应安排必要的培训经费和学习时间，对反恐怖防范专（兼）职人员进行业务培训。专职人员每年培训时间不少于48课时，兼职人员每年培训时间不少于24课时。

4.2.1.5 管理单位应加强宣传教育，提高员工的反恐怖防范意识，并定期对重点部门和重要岗位员工进行有针对性的教育培训。

4.2.1.6 水电工程需要配备武装警察守卫力量的，管理单位应向政府有关部门申请派驻武装警察进行安全守卫。

4.2.1.7 管理单位应严格门禁管理，在人员、车辆、物资等主要进出口设置24小时值守的固定检查门卫（哨位），并配备通信工具，对进出的人员、车辆、物资进行检查、审核、登记。禁区出入口处应实行双人双岗管理，禁止无关人员和没有内部通行证的车辆进入禁区。

4.2.1.8 管理单位应在禁区以外设立检查室，禁止外来参观访问者携带可疑物品进入禁区，禁止未经拆封检查的包裹进入禁区。

有通航设施的应在引航道外设立检查站，对过坝的船舶及人员进行安全检查。

4.2.1.9 外来人员进入禁区的，由安保部门或其授权的机构进行背景审查后办理通行手续。

进人防护区内从事工程项目建设和施工的单位和个人须到安全保卫部门办理审批或备案手续。

4.2.1.10 管理单位应加强重要部位的值班守卫和巡逻工作，落实防范措施，及时发现并消除各类隐患，严防恐怖分子通过各种渠道将各类危险物品带入重要部位。

4.2.1.11 防护区内的宾馆酒店应加装“旅馆业治安管理信息系统”，严格入住人员登记，入住记录应保管完好，禁止无证人员入住；对来自公安部门通报的有关国家和区域的人员要及时向公安机关及安全保卫部门报告。

4.2.1.12 防护区内的房产管理部门，应建立户主档案，掌握入住人员的基本情况，定期检查空置房屋的状态，禁止未经审查的人员入住。

严禁防护区内公寓的入住人员私自容留他人住宿。

4.2.2 物防标准

4.2.2.1 水电工程按照不同等级的防范区域，从外到里逐级提高物防标准，各防范区域应形成封闭和完善的防护，防范区域周界不得存在明显的薄弱部位。

4.2.2.2 反恐怖防范物防设施主要有防盗安全门、防盗栅栏、实体围墙、隔离栏（墩）、机动车阻拦装置、应急用品等。物防设施应符合国家相关标准要求，安装要牢固可靠。

反恐怖防范物防设施配置要求见附录D。

物防系统工程的设计应符合GB 50348的规定。

4.2.2.3 防护区应按照批准的方案，提请当地人民政府划定管理和保卫范围，设置实物屏障，树立明显的警示标识。防护区包括陆域、水域。

4.2.2.4 应在监视区周界设置封闭式的实物屏障、照明设施、警戒标志，进出口设置24小时值守的固定门岗，在大门内外适当位置划定警戒线，设置“停车检查”、“限速”、“禁行”等标志，对进出人员、车辆等进行登记，检查。

实物屏障一般包括围墙（护栏、钢网墙）、警戒标志等。

围栏（墙）的高度应不低于2.2m。围栏（墙）应结构坚固，不易攀爬，一般采用钢板网、钢筋网、钢筋混凝土预制板、砖石墙等结构形式。

4.2.2.5 禁区周界应设置实物屏障、照明设施、警戒标志、巡逻通道、监控设施。

禁区周界围栏（墙）的高度应不低于2.5m，宜配套设置入侵探测器、紧急报警装置。

4.2.2.6 禁区入口大门处应修建门岗（包括岗哨楼、岗亭），设置人、车分离通道，配置安检设施、设备。

4.2.2.7 禁区的门岗、执勤巡视通道、围墙等应设置符合GB 50034要求的照明设施，夜间照明设备的点亮率不低于95%。门岗应配备应急灯，保证停电后的照明。

4.2.2.8 水电工程安全保卫部门宜配备防暴头盔、防弹衣、防刺服、防护服、防割手套、多发捕捉网发射器、电警棍、防暴棍、盾牌、手铐、催泪罐、空气呼吸器、防毒面具、防爆毯、防冲撞钉、与地方公安部门联网的通信器材等装备。

4.2.2.9 水电工程开放游览的，管理单位应指定游览区域，划定游览路线，在游览区域与禁区之间设置隔离设施和明显禁行标识，疏散通道标识应清晰并保持畅通。

4.2.2.10 水电工程游览区域进口处应设置包裹存放室，配备必要的安检设备和防爆装置。

4.2.3 技防标准

4.2.3.1 水电工程反恐怖技防设施包括安防系统监控中心、视频安防监控系统、入侵报警系统、出入口控制系统、停车库（场）安全管理系统、电子巡查系统、公共广播系统、通信显示记录系统等。

反恐怖防范技防设施配置要求见附录E。

技防系统工程的设计应符合国家及公安部门相关规定的要求。

4.2.3.2 水电工程安防系统监控中心的面积应与安防系统的规模相适应，不宜小于20m2；应有监控、报警控制台，监视、录像、存储、打印、复制、通信设备、报警部位显示模板、备用电源等；配备安全防护设施和消防设施，以及满足值班人员正常工作的辅助设施。

安防系统监控中心的设计应符合GB 50348等相关标准的要求。

4.2.3.3 视频安防监控系统由前端摄像机、传输网络、控制、记录与显示装置等组成。系统应能对监控的场所、部位、通道等进行实时、有效的视频探测、视频监视，图像显示、记录与回放，且具有视频入侵报警功能。与入侵报警系统联合设置的视频安防监控系统，应有图像复核功能。

视频安防监控系统的设计应符合GB 50395的要求。

4.2.3.4 入侵报警系统由入侵探测器、紧急报警装置、传输网络、报警控制器、告警器等组成。系统应能对设防区域的非法入侵进行实时有效的探测与报警；系统应能独立运行，有输出接口，可用手动、自动操作以有线或无线方式报警，且具有防破坏报警功能；系统的前端应按需要选择、安装各类入侵探测设备，构成点、线、面、空间综合防护系统：系统应能按时间、区域、部位任意编程设防和撤防。

入侵报警系统的设计应符合GB 50394的要求。

4.2.3.5 出入口控制系统由识读（显示）装置、传输网络、管理控制器、记录设备、执行机构等组成。系统的各类识别装置、执行机构应保证证操作的有效性和可靠性，应有防尾随措施。对非法闯入的行为，应发出报警信号，同时系统应满足紧急逃生时人员疏散的相关要求。系统应具有人员出入时间、地点、顺序等数据设置、显示、记录、查询和打印等功能，并有防篡改、防销毁等措施。

出入口控制系统的设计应符合GB 50396的要求。

4.2.3.6 防护区内建有停车库（场）的应设置停车库（场）安全管理系统。系统应能根据建筑物的使用功能和安全防范管理的需要，对停车库（场）的车辆通行道口实施出入控制、监视、行车信号指示、停车管理及车辆防盗报警等综合管理；系统可独立运行，也可与出入口控制系统联合设置，与视频安防监控系统联动。

停车库（场）安全管理系统的设计应符合GA/T 761的要求。

4.2.3.7 电子巡查系统由信息标识、数据采集器、数据转换传输装置及管理软件等组成。系统信息采集点（巡查点）装置应安装在重要部位及巡查路线上，且安装应牢固、隐蔽。系统在授权情况下应能对巡查路线、时间、巡查点进行设定和调整。监控中心应能查阅、打印各巡查人员的到位时间，应具有对巡查时间、地点、人员和顺序等数据的显示、存储、查询和打印等功能，并具有违规记录提示。

电子巡查系统的设计应符合 GA/T 644 的要求。

4.2.3.8 防护区应设置公共广播系统并与监控中心联网，用于应对突发事件的广播。系统设备应处于热备用状态，具有应急备用电源，能定时自检和故障自动告警；紧急广播应具有最高级别的优先权，能在警报信号触发后立即投入运行。

公共广播系统的设计应符合 GB 50526 等相关标准的要求。

4.2.3.9 水电工程的安防系统、电力生产监控系统以及其他信息系统的安全防护应满足国家信息系统安全等级保护、《电力二次系统安全防护规定》等相关规定的要求。

4.3 非常态防范标准

4.3.1 在国家对反恐怖工作提出要求的特殊时段或政府有关部门发布恐怖袭击事件预警的情况下，应在常态防范基础上，采取一切必要的防范措施，提升防范等级和防范标准。

4.3.2 水电工程反恐怖非常态防范一般分为一级和二级两个等级（其中一级为最高级），由地方人民政府反恐怖主管部门负责预警信息的发布。

4.3.3 在非常态情况下，管理单位应在地方人民政府反恐怖主管部门的指导下加强水电工程反恐怖防范工作，必要时应协调增派公安、武警力量，加强对重要目标的防范。

4.3.4 管理单位应加强网络互联接口管控、网络入侵防护和病毒木马防治工作，必要时应采取其他临时非常规措施保障网络与信息安全。

4.3.5 二级非常态标准

4.3.5.1 管理单位分管负责人带班组织防范工作。增加技防设施监控力量。

4.3.5.2 安全保卫人员全员上岗，增加巡逻次数，加强水库大坝上下游码头、大坝、厂房等重要部位的巡逻，禁止非工作人员出入。

4.3.5.3 主要出入口增派双岗，严格重要部位进出检查、登记，限制携带物品进入重要部位。

4.3.5.4 暂停部分游览区域开放。

4.3.5.5 关闭监视区非主要出入口。

4.3.5.6 配置的防撞防爆等设备运送至门岗，保证各类防范设施、处置装备配置到位。

4.3.5.7 启用安检门、探测仪等安检设备，对进入禁区的人员、车辆、物品进行安全检查。

4.3.5.8 各级反恐怖防范人员保持有线、无线通信 24 小时畅通。

4.3.6 一级非常态标准

4.3.6.1 管理单位主要负责人 24 小时带班组织防范工作。

4.3.6.2 各相关责任单位和应急力量进入工作岗位。

4.3.6.3 暂停全部游览区域开放，疏散无关人员。

4.3.6.4 开启现场防冲击地沟及机动车阻挡装置等安全设施。

4.3.6.5　根据当地反恐怖部门要求，采取的其他防范措施。

5　应急管理

5.1　应急组织机构

管理单位的防恐怖防范工作领导小组承担本单位反恐怖防范应急管理工作，安全保卫部门负责反恐怖防范应急管理的具体工作，根据平战结合的原则设立应急队伍，配备应急物资、装备。

5.2　应急预案

管理单位应组织制定单位、部门的反恐怖防范应急预案，形成预案体系。预案要包括应急处置的指导思想、编制依据、工作原则、应急指挥体系（含应急联动、指挥权限、指挥程序）、应急响应的启动一变更一解除机制、应急保障等内容。

5.3　应急演练

管理单位应结合实际，有计划、有重点、分层次、定期组织开展反恐怖防范应急演练，做好演练评估工作。同时应积极参与由政府相关部门、电力监管机构组织开展的反恐怖防范联合应急演练，提高协调联动能力。应急演练每年应不少于一次。

5.4　应急处置

水电工程遭受恐怖袭击时，管理单位应按照应急预案规定的程序进行先期处置，控制，避免事态进一步扩大并立即向地方人民政府反恐怖主管部门报告，并按照应急预案启动反恐怖防范应急响应，调集应急队伍参与应急救援和现场处置。

5.5　应急响应等级变动和解除

发布启动应急响应指令的单位，根据情况变化，发布应急响应等级的变化和解除指令。

附录 A　重要目标分类标准（规范性附录）

类别划分	工程规模	水库总库容	装机容量
一类重要目标	大（1）型	10 亿 m^3 以上	1200MW 以上
二类重要目标	大（2）型	1 亿 m^3 以上 10 亿 m^3 以下	300MW 以上 1200MW 以下
三类重要目标	中型	0.1 亿 m^3 以上 1 亿 m^3 以下	50MW 以上 300MV 以下

备注：1．当水电工程重要目标的工程规模、水库总库容、装机容量分属不同类别时，应以最高等级作为重要目标的类别。

2．本表中所称“以上”包括本数，“以下”不包括本数。

附录 B　防范区域划分表（规范性附录）

防范区域	防范目标与设施
禁区	运行水电工程的主坝、常年挡水的副坝（段），输水道、电站厂房、开关站（升压站）、输变电设施、中央控制室，溢洪道、泄水闸、启闭机房及集控室，应急发电机房，船闸及上下游引航道，专用通信机房，安防监控中心等。水电工程施工期的临时性挡水（包括大坝、基坑围堰）和泄水建筑物。
监视区	运行水电工程的行政办公楼、档案馆、油库、重要设备备品库、水域禁航区等。 水电工程施工期的民爆器材库、化学品库，水厂、主变电站等。
防护区	为水电工程服务的专用道路交通设施，水文站，办公楼，仓库，码头，宿舍，运动场馆、宾馆等公共区内其他设施。

附录 C　人防配置表（规范性附录）

序号	项目		配置要求	重要目标设置标准		
				一类	二类	三类
1	反恐怖防范领导小组		分工明确、责任落实	应设	应设	应设
2	反恐怖防范第一责任人		单位法人代表或主要负责人	应设	应设	应设
3	反恐怖防范责任部门		单位安全保卫部门	应设	应设	应设
4	安保力量	技防监控人员	技防设施操作	应设	应设	应设
5		固定岗人员	出入口	应设	应设	应设
6		巡逻人员	周界、出入口、重要部位	应设	应设	应设
7		备勤人员	机动	应设	应设	应设
8		检察人员	检查站（室）	应设	应设	应设

附录 D　物防设施配置表（规范性附录）

序号	项目	配置要求	重要目标设置标准		
			一类	二类	三类
1	警示（警戒）标志	周界出入口处，围墙、栅栏上	应设	应设	应设
2	围墙或栅栏	沿周界设置	应设	宜设	宜设
3	门岗	周界出入口、重要部位出入口处	应设	应设	应设
4	机动车阳拦装置及防尾随装置	主要出入口处	应设	宜设	宜设
5	安全门、窗	建筑物的门、窗	应设	应设	应设
6	金属防护门及防尾随装置	主要出入口处	应设	应设	应设
7	检查室（站）及包裹寄存室	重要部位入口外侧适当位置	应设	宜设	宜设
8	消防器材、应急灯、毛巾、口罩、空气呼吸器、橡胶棒等	重要部位入口处	应设	应设	应设
9	防爆毯、防爆桶	重要部位入口处	应设	宜设	宜设
10	通信设施	周界出入口处，建筑内、重要设施处等	应设	应设	应设
11	防冲击地沟、防撞隔离栏（墩）或阻车钉等防护器材	周界出入口、重要部位出入口处	应设	应设	宜设
12	探照灯等强光照明	水域禁航区周界	应设	应设	应设
13	巡逻机动车	陆域监视区周界	宜设	宜设	宜设
14	巡防犬	重要部位	宜设	宜设	宜设
15	巡逻船及拖拽索（拦阻索）	水域禁航区周界	应设	宜设	宜设

附录 E　技防设施配置表（规范性附录）

序号	项目		安装区域覆盖范围	重要目标设置标准		
				一类	二类	三类
1	监控中心		安防系统	禁区	应设	宜设
2	视频安防监控系统	摄像机（摄像头）	防护区主要出入口和监视区、禁区	应设	应设	宜设
3		图像显示、记录与显示装置	监控中心	应设	应设	宜设
4	入侵报警系统	入侵探测器（振动光缆、红外线等	禁区周界	应设	宜设	宜设
5		紧急报警装置	出入口和重要部位	应设	应设	应设
6	入侵报警系统	报警控制器	监控中心	应设	宜设	宜设
7		终端图形显示装置	监控中心	应设	宜设	宜设
8	出入口控制系统	出入口控制装置	禁区出入口处	应设	宜设	宜设
		信息处理装置	监控中心	应设	宜设	宜设
9	停车库　（场）管理系统		停车库（场）	应设	宜设	宜设
10	电子巡查系统		禁区和监视区重要建筑物	应设	应设	应设
11	公共广播系统		各区域	应设	应设	应设
12	通信显示记录系统		监控中心、各门岗	应设	宜设	宜设
13	报警接收中心终端		监控中心	宜设	宜设	宜设
14	水域周界探测报警装置（水面红外线、水下声纳）		禁航水域周界	应设	宜设	宜设

电力行业反恐怖防范标准（试行）
（火电\风电部分）

前　　言

为建立发电企业反恐怖防范长效管理机制，提高反恐怖防范的能力和水平，指导发电企业做好反恐怖防范工作，依据《中华人民共和国突发事件应对法》《电力监管条例》《反恐怖防范标准（模板）》等有关文件制定本标准。

电力行业反恐怖防范标准（试行）共分为电网、火电＼风电、水电工程等三部分，本标准是其中之一，各发电企业应按照本标准要求，规范开展反恐怖防范工作。政府有关部门、电力监管机构应依据本标准对发电企业进行反恐怖防范工作监督、检查和指导。

本标准附录 A、B、C、D 为规范性附录，分别对发电企业反恐怖防范的重要目标分类、人防配置、物防设施配置、技防设施配置做出了要求和说明。

本标准由国家电力监管委员会和国家反恐怖工作协调小组办公室提出并负责解释。

1 范围

本标准规定了发电企业反恐怖防范的工作要求和重要目标的防范标准。

本标准适用于中华人民共和国境内火电厂、风电场的反恐怖防范工作。

2 规范性引用文件

下列文件对于本标准的应用是必不可少的。凡是注日期的引用文件，其随后所有的修改版均不适用于本标准，凡是不注日期的引用文件，其最新版本适用于本标准。

《中华人民共和国突发事件应对法》中华人民共和国主席令第69号

《中华人民共和国消防法》中华人民共和国主席令第6号

《中华人民共和国人民武装警察法》中华人民共和国主席令第17号

《企业事业单位内部治安保卫条例》国务院令第421号

《电力设施保护条例》国务院令第239号

《保安服务管理条例》国务院令第564号

《公安机关监督检查企业事业单位内部治安保卫工作规定》公安部令第93号

《公安机关实施保安服务管理条例办法》公安部令第112号

《电力设施保护条例实施细则》国家经贸委、公安部令第8号

《电力二次系统安全防护规定》电监会令第5号

《电力企业应急预案管理办法》电监安全（2009）61号

《电子计算机场地通用规范》GB 2887

《防盗报警控制器通用技术条件》GB 12663

《通过式金属探测门通用技术规范》GB 15210

《安全防范报警设备安全要求和试验方法》GB 16796

《防盗安全门通用技术条件》GB 17565

《周界防范高压电网装置》GB 25287

《建筑照明设计标准》GB 50034

《安全防范工程技术规范》GB 50348

《入侵报警系统工程设计规范》GB 50394

《视频安防监控系统工程设计规范》GB 50395

《出入口控制系统工程设计规范》GB 50396

《公共广播系统工程技术规范》GB 50526

《脉冲电子围栏及其安装和安全运行》GB/T 7946

《安全防范系统供电技术要求》GB/T 15408

《防爆毯》GA 69

《安全防范系统验收规则》GA 308

《防尾随联动互锁安全门通用技术条件》GA 576

《安全防范工程程序与要求》GA/T 75

《保安服务操作规程与质量控制》GA/T 594

《电子巡查系统技术要求》GA/T 644

《停车库（场）安全管理系统技术要求》GA/T 761

3　术语和定义

下列术语与定义适用于本标准。

3.1　恐怖活动　terrorism activities

指以制造社会恐慌、危害公共安全或者胁迫国家机关、国际组织为目的，采取暴力、破坏、恐吓等手段，造成或者意图造成人员伤亡、重大财产损失、公共设施损坏、社会秩序混乱等严重社会危害的行为，以及煽动、资助或者以其他方式协助实施上述活动的行为。

3.2　恐怖活动组织　terrorism organization

指为实施恐怖活动而组成的犯罪集团。

3.3　恐怖活动人员　terrorists

指组织、策划、实施恐怖活动的人和恐怖活动组织的成员。

3.4　反恐怖防范重要目标（简称：重要目标）important goals of counter-terrorism protection

指一旦遭受恐怖袭击，会造成重大人员伤亡或对社会秩序、公共安全产生严重影响的场所、建筑、工程、设施等。

3.5　反恐怖防范重要部位（简称：重要部位）key parts of counter-terror ism protection

指反恐怖防范重要目标中对功能和使用起决定性作用的区域、设备等。

3.6　人力防范（简称：人防）　personnel protection

指执行反恐怖防范任务的具有相应素质人员和（或）人员群体的一种有组织的防范行为（包括人、组织和管理等）。

3.7　实体防范（简称：物防）　physical Protection

指用于反恐怖防范目的、能阻止或延迟恐怖活动的各种实体防护手段（包括建（构）筑物、屏障、器具、设备、系统等）。

3.8　技术防范（简称：技防）　technical protection

指利用各种电子信息设备组成系统和（或）网络以提高探测、延迟、反应能力和防护功能的反恐怖防范技术手段。

3.9　常态反恐怖防范　normal anti-terrorism precautions

指在社会安全形势稳定的日常状态下，采用的一般性、常规性防范措施和行为。

3.10　非常态反恐怖防范　abnormal anti-terrorism precautions

指在国家对反恐怖工作提出要求的特殊时段或政府有关部门发布恐怖袭击事件预警的情况下，采取的加强性防范措施和行为。

3.11　变电站　substation

是电力系统中的重要组成部分，是电力系统中变换电压、接受和分配电能、控制电力流向的电力设施，是将各级电压的电网联系在一起的枢纽。主要包括变压器、母线、断路器、隔离开关等电气设备、建（构）筑物、电力系统安全和控制所需的设施等。

3.12　输（配）电线路　transmission（distribution）lines

连接发电厂与变电站之间、变电站与变电站之间或变电站与用户之间，组成网络以输送

（配送）电能为目的的电力设施。

3.13 火电厂 thermal power plant

利用煤、石油、天然气等固体、液体燃料燃烧所产生的热能转换为动能以生产电能的工厂。

3.14 风电场 wind farm

由多台风力发电机组组成的电站。

4 防范标准

4.1 总体要求

4.1.1 运营管理火电场/风电场的发电企业（以下简称“发电企业”）的反恐怖防范工作应遵循国家法律法规及其他地方标准，坚持“突出重点、预防为主、属地负责、分级管理”的原则。

4.1.2 发电企业应在各级党委、政府的统一领导下，将本企业的反恐怖防范工作纳入当地反恐怖防范工作体系，与政府相关部门建立反恐怖防范工作协调联动机制，并接受政府相关部门对反恐怖防范工作的指导和检查。

4.1.3 电力监管机构负责协助国家及地方人民政府反恐怖主管部门对发电企业落实本标准的情况进行监督、检查和指导。

4.1.4 发电企业主要负责人为本企业反恐怖防范工作第一责任人。发电企业应建立与本企业反恐怖防范工作任务相适应的组织机构，成立反恐怖防范工作领导小组，定期组织检查和研究改进防范措施，落实反恐怖防范专项资金，保证反恐怖防范工作机制运转正常。

反恐怖防范工作领导小组及其工作机构中人员变动时应及时进行调整补充。

4.1.5 发电企业应建立本单位反恐怖防范工作制度、重要目标和重要部位保卫制度等规章制度，并定期进行修订。反恐怖防范工作应建立例会制度。

4.1.6 发电企业应根据企业规模、性质及其遭受恐怖袭击后可能造成的人员伤亡、经济损失和社会影响等因素，进行反恐怖防范重要目标初步分类（分类标准见附录A），并将分类结果报地方人民政府反恐怖主管部门审核、备案。

未作为重要目标列入附录A的火电厂/风电场以及光伏电站、风光互补电站等类型发电企业的反恐怖防范工作可以参照本标准执行。

4.1.7 发电企业需要对重要目标分类进行调整时，应及时将调整建议报地方人民政府反恐怖主管部门审核、批准。

4.1.8 发电企业应根据火电厂/风电场重要目标分类情况采取相应的人防、物防、技防措施。

4.1.9 新建、改（扩）建火电厂/风电场工程项目应按照本标准的要求，建设反恐怖防范安全设施、系统，并与主体工程同时设计、同时施工、同时投入使用。

4.1.10 发电企业应定期对反恐怖防范设施、系统进行检查、维护、校验，保证设备完好。发电企业应鼓励采用新技术、新设备，用以提高反恐怖防范水平。

4.1.11 发电企业应整合安全生产、应急管理、安全保卫等资源，充分发挥群防群治的优势，提高反恐怖防范综合能力。

4.1.12 发电企业应及时向地方人民政府反恐怖主管部门报送涉恐信息。

4.2 常态防范标准

4.2.1 人防标准

4.2.1.1 发电企业应设置安全保卫部门，配置专（兼）职人员，负责反恐怖防范的具体工作。

反恐怖防范人防配置要求见附录 B。

4.2.1.2 反恐怖防范专（兼）职人员除应熟悉《企业事业单位内部治安保卫条例》《保安服务管理条例》和《保安服务操作规程与质量控制》的要求外，还应熟悉本企业反恐怖防范工作情况及相关规章制度、应急预案。

4.2.1.3 发电企业应加强与当地公安机关的联系，对拟聘用的安保服务公司资质及安保服务公司派出人员的背景进行审查，防止可疑人员上岗。

4.2.1.4 反恐怖防范专（兼）职人员应掌握必备的专业知识和技能。发电企业应安排必要的培训经费和学习时间，对反恐怖防范专（兼）职人员进行业务培训。专职人员每年培训时间不少于 48 课时，兼职人员每年培训时间不少于 24 课时。

4.2.1.5 发电企业应加强宣传教育，提高员工的反恐怖防范意识，并定期对重点部门和重要岗位员工进行有针对性的教育培训。

4.2.1.6 反恐怖防范重要目标需要配备武装警察守卫力量的，发电企业应向政府有关部门申请派驻武装警察进行安全守卫。

4.2.1.7 发电企业应严格门禁管理，在人员、车辆、物资等主要进出口设置 24 小时值守的固定检查门卫（哨位），并配备通信工具，对进出的人员、车辆、物资进行检查、审核、登记，禁止无关人员和没有内部通行证的车辆进入重要目标。

4.2.1.8 发电企业应加强重要部位的值班守卫和巡逻工作，落实防范措施，及时发现并消除各类隐患，严防恐怖分子通过各种渠道将各类危险物品带入重要部位。

4.2.1.9 对进入重要部位的临时外来人员、从事工程项目施工的人员，须经安全保卫部门背景审查后方可办理审批、备案、通行手续。

4.2.2 物防标准

4.2.2.1 反恐怖防范物防设施主要有防盗安全门、防盗栅栏、实体围墙、隔离栏（墩）、机动车阻拦装置、应急用品等。物防设施应符合国家相关标准要求，安装要牢固可靠。

反恐怖防范物防设施配置要求见附录 C。

物防系统工程的设计应符合 GB 50348 的规定。

4.2.2.2 厂区周界应设置封闭式的实物屏障、照明设施、警戒标志，进出口设置固定门岗（包括岗哨楼、岗亭）并配备橡胶棒、应急灯等用品。在大门内外适当位置划定警戒线，设置人、车分离通道，配置安检设施、设备、机动车减速带等，设置“停车检查”、“限速”标志。

实物屏障一般包括围墙（护栏、钢网墙）、警戒标志等。

围栏（墙）内侧、外侧的净高度均应不低于 2.5m。围栏（墙）应结构坚固，不易攀爬，一般采用钢板网、钢筋网、钢筋混凝土预制板等结构形式。

4.2.2.3 重要目标出入口、周界围墙等应设置符合 GB 50034 要求的照明设施，夜间照明设备的点亮率不低于 95%。

4.2.2.4 发电企业安全保卫部门宜配备防暴头盔、防刺服、防护服、防割手套、多发捕捉网发射器、电警棍、防暴棍、盾牌、手铐、催泪罐、空气呼吸器、防毒面具、防爆毯、防冲撞钉、与地方公安部门联网的通信器材、巡逻车等装备。

4.2.3 技防标准

4.2.3.1 发电企业反恐怖防范的技防设施包括安防系统监控中心、视频安防监控系统、周界（围墙）智能电子脉冲防护网、出入口控制系统、重点部位红外（雷达）入侵报警系统、电子巡查系统、公共广播系统等。

反恐怖防范技防设施配置要求见附录D。

技防系统工程的设计应符合国家及公安部门相关规定的要求。

4.2.3.2 发电企业安防系统监控中心的面积应与安防系统的规模相适应。系统应有监控、报警控制台，监视、录像、存储、打印、复制、通信设备、报警部位显示模板、备用电源等；系统应配备安全防护设施和消防设施，以及满足值班人员正常工作的辅助设施。

安防系统监控中心的设计应符合GB 50348等相关标准的要求。

4.2.3.3 发电企业厂区、重要部位视频安防监控系统由前端摄像机、传输网络、控制、记录与显示装置等组成。系统应能对监控的场所、部位、通道等进行实时、有效的视频探测、视频监视，图像显示、记录与回放，且具有视频入侵报警功能。

视频安防监控系统的设计应符合GB 50395的要求。

4.2.3.4 火力发电企业应在周界（围墙）设置智能电子脉冲防护网。

4.2.3.5 入侵报警系统由入侵探测器、紧急报警装置、传输网络、报警控制器等组成。系统应能对设防区域的非法入侵进行实时有效的探测与报警；系统应能独立运行，有输出接口，可用手动、自动操作以有线或无线方式报警，且具有防破坏报警功能；系统的前端应按需要选择、安装各类入侵探测设备，构成点、线、面、空间综合防护系统；系统应能按时间、区域、部位任意编程设防和撤防。

入侵报警系统的设计应符合GB 50394的要求。

4.2.3.6 出入口控制系统由识读（显示）装置、传输网络、管理控制器、记录设备、执行机构等组成。系统的各类识别装置、执行机构应保证操作的有效性和可靠性，应有防尾随措施。对非法闯入的行为，应发出报警信号，同时系统应满足紧急逃生时人员疏散的相关要求。系统应具有人员出入时间、地点、顺序等数据设置、显示、记录、查询和打印等功能，并有防篡改、防销毁等措施。

出人口控制系统的设计应符合GB 50396的要求。

4.2.3.7 电子巡查系统由信息标识、数据采集器、数据转换传输装置及管理软件等组成。系统信息采集点（巡查点）装置应安装在重要部位及巡查路线上，且安装应牢固、隐蔽。系统在授权情况下应能对巡查路线、时间、巡查点进行设定和调整。监控中心应具有对巡查时间、地点、人员和顺序等数据的显示、存储、查询和打印等功能，并具有违规记录提示。

电子巡查系统的设计应符合GA/T 644的要求。

4.2.3.8 发电企业应设置公共广播系统并与监控中心联网，用于应对突发事件的广播。系统设备应处于热备用状态，具有应急备用电源，能定时自检和故障自动告警；紧急广播应具有最高级别的优先权，能在警报信号触发后立即投入运行。

公共广播系统的设计应符合 GB 50526 等相关标准的要求。

4.2.3.9 发电企业的安防系统、电力生产监控系统以及其他信息系统的安全防护应满足国家信息系统安全等级保护、《电力二次系统安全防护规定》等相关规定的要求。

4.3 非常态防范标准

4.3.1 在国家对反恐怖工作提出要求的特殊时段或政府有关部门正式发布恐怖袭击事件预警的情况下，应在常态防范基础上，采取一切必要的防范措施，提升防范等级和防范标准。

4.3.2 发电企业反恐怖非常态防范一般分为一级和二级两个等级（其中一级为最高级），由国家或地方人民政府反恐怖主管部门负责级别的发布。

4.3.3 在非常态情况下，发电企业应在地方人民政府反恐怖主管部门的指导下加强反恐怖防范工作，必要时可增派公安、武警力量，加强对重要目标的防范。

4.3.4 发电企业应加强网络互联接口管控、网络入侵防护和病毒木马防治工作，必要时应采取其他临时非常规措施保障网络与信息安全。

4.3.5 二级非常态标准

4.3.5.1 发电企业分管负责人带班组织防范工作。增加技防设施监控力量。

4.3.5.2 主要出入口增派双岗，严格重要部位进出检查，限制携带物品进入重要部位。

4.3.5.3 对重要部位安排人员设点守护。

4.3.5.4 设置警戒区域，关闭非主要出入口。

4.3.5.5 配置的防冲撞等设备运送至门岗，保证各类防范设施、处置装备配置到位。

4.3.5.6 启用安检门、探测仪等安检设备，对进入重要部位的人员、车辆、物品进行安全检查。

4.3.5.7 各级反恐防范人员保持有线、无线通信 24 小时畅通。

4.3.6 一级非常态标准

4.3.6.1 发电企业主要领导 24 小时带班组织防范工作。

4.3.6.2 各相关责任单位和应急力量进入工作岗位，并保持 24 小时通信畅通。

4.3.6.3 发电企业停止检修、扩建等不影响发电的生产经营活动。

4.3.6.4 开启现场机动车阻挡装置等安全设施。

4.3.6.5 根据当地反恐怖部门要求，采取的其他防范措施。

5 应急管理

5.1 应急组织机构

发电企业的反恐怖防范工作领导小组承担本企业反恐怖防范应急管理工作，安全保卫部门负责反恐怖防范应急管理的具体工作，根据平战结合的原则设立应急队伍，配备应急物资、装备。

5.2 应急预案

发电企业应组织制定本企业的反恐怖防范应急预案，形成预案体系。预案要包括应急处置的指导思想、编制依据、工作原则、应急指挥体系（含应急联动、指挥权限、指挥程序）、应急响应的启动—变更—解除机制、应急保障等内容。

5.3 应急演练

发电企业应结合实际，有计划、有重点、分层次、定期组织开展反恐怖防范应急演练，做好演练评估工作。同时应积极参与由政府相关部门、电力监管机构组织开展的反恐怖防范联合应急演练，提高协调联动能力。应急演练每年应不少于一次。

5.4 应急处置

火电厂/风电场遭受恐怖袭击时，发电企业应按照应急预案规定的程序进行先期处置，控制，避免事态进一步扩大并立即向地方人民政府反恐怖主管部门报告，并按照应急预案启动反恐怖防范应急响应，调集应急队伍参与应急救援和现场处置。

5.5 应急响应等级变动和解除

发布启动应急响应指令的单位，根据情况变化，发布应急响应等级的变化和解除指令。

附录A 重要目标分类标准（规范性附录）

类别划分	火电厂装机总容量	风电场装机总容量
一类重要目标	2000MW以上	—
二类重要目标	1000MW以上2000MW以下	500MW以上
三类重要目标	100MW以上1000MW以下	50MW以上500MW以下

备注：本表中所称“以上”包括本数，“以下”不包括本数。

附录B 人防配置表（规范性附录）

序号	项目		配置要求	重要目标设置标准		
				一类	二类	三类
1	反恐怖防范领导小组		分工明确、责任落实	应设	应设	应设
2	反恐怖防范第一责任人		单位法人代表或主要负责人	应设	应设	应设
3	反恐怖防范责任部门		单位安全保卫部门	应设	应设	应设
4	安保力量	技防监控人员	技防设施操作	应设	应设	应设
5		固定岗人员	出入口	应设	应设	应设
6		巡逻人员	周界、出入口、重要部位	应设	应设	应设
7		备勤人员	机动	应设	应设	应设

附录C 物防设施配置表（规范性附录）

序号	项目	配置要求	重要目标设置标准		
			一类	二类	三类
1	警示（警戒）标志	周界出入口处，围墙、栅栏上	应设	应设	应设
2	围墙或栅栏	沿周界设置	应设	宜设	宜设
3	门岗	周界出入口、重要部位出入口处	应设	应设	应设
4	机动车阻拦装置及防尾随装置	主要出入口处	应设	应设	宜设

续表

序号	项目	配置要求	重要目标设置标准		
			一类	二类	三类
5	安全门、窗	建筑物的门、窗	应设	应设	应设
6	金属防护门及防尾随装置	主要出入口处	应设	应设	应设
7	检查室（站）及包裹寄存室	重要部位入口外侧适当位置	应设	宜设	宜设
8	消防器材、应急灯、毛巾、口罩、空气呼吸器、橡胶棒等	重要部位入口处	应设	应设	应设
9	防爆毯等	重要部位入口处	应设	宜设	宜设
10	通信设施	周界出入口处，建筑内、重要设施处等	应设	应设	应设
11	防撞隔离栏（墩）或阻车钉、防爆桶等防护器材	建构筑物前	应设	应设	宜设
12	探照灯等强光照明	重要部位周界	应设	应设	宜设
13	巡逻机动车	厂区周界、重要部位	应设	应设	宜设
14	巡防犬	重要部位	宜设	宜设	宜设

附录 D 技防设施配置表（规范性附录）

序号	项目		安装区域 覆盖范围	重要目标设置标准		
				一类	二类	三类
1	监控中心	安防系统		应设	宜设	宜设
2	视频安防监控系统	摄像机（摄像头）	主要出入口和重要部位	应设	应设	宜设
3		图像显示、记录与显示装置	监控中心	应设	应设	宜设
4	入侵报警系统	入侵探测器（振动光缆、红外线等	厂区，重要部位、放射源周界	应设	应设	宜设
5		紧急报警装置	出入口和重要部位	应设	应设	宜设
6		报警控制器	监控中心	应设	宜设	宜设
7		终端图形显示装置	监控中心	应设	宜设	宜设
8	出入口控制系统	出入口控制装置	出入口处	应设	应设	宜设
		信息处理装置	监控中心	应设	应设	宜设
9	停车库（场）管理系统		停车库（场）	应设	宜设	宜设
10	电子巡查系统		重要建筑物	应设	应设	宜设
11	通信显示记录系统		监控中心、各门岗	应设	宜设	宜设
12	报警接收中心终端		监控中心	宜设	宜设	宜设
13	公共广播系统		各区域	应设	应设	应设

国家电力监管委员会关于加强电力行业地质灾害防范工作的指导意见

电监安全〔2013〕6号

各派出机构，大坝中心，国家电网公司，南方电网公司，华能、大唐、华电、国电、中电投集团公司，中电建、中能建集团公司，各有关电力企业：

为贯彻落实《国务院关于加强地质灾害防治工作的决定》（国发〔2011〕20号），指导电力行业各单位进一步加强地质灾害防范工作（以下简称“防范工作”），避免或最大程度地减少地质灾害造成的人身伤亡和经济损失，保证电力安全生产持续稳定，现提出以下指导意见：

一、提高地质灾害防范工作重要性的认识

（一）我国是地质灾害多发国家，近年来，崩塌、滑坡、泥石流、塌陷等地质灾害多次引发电力事故，特别是对电力建设工程安全生产构成严重威胁，做好防范工作不仅关系到电力安全可靠供应，更关系到企业员工的生命安全。各单位应当充分认识防范工作的重要性和紧迫性，坚决贯彻执行国家有关地质灾害防治工作的各项政策要求，结合电力安全生产实际，加强电力设施和电力建设工程的防范工作，采取切实有效措施，防范因地质灾害引发电力事故。

二、防范工作的指导思想、基本原则和总体目标

（二）指导思想。以科学发展观为指导，坚持以人为本的理念，加强组织领导，强化监督管理，落实防范责任，完善规章制度，深入开展地质灾害隐患排查和应急管理工作，提高防灾避险能力，预防和遏制重特大电力事故发生。

（三）基本原则。坚持属地管理、分工负责，形成地方政府综合指导、电力监管机构行业指导、企业分工负责、社会共同参与的工作格局；坚持预防为主，防治结合，科学运用监测预警、工程治理和搬迁避让等多种手段，有效规避灾害风险；坚持专群结合、群测群防，紧紧依靠企业员工和当地群众全面做好防范工作；坚持谁引发，谁治理，对电力建设工程引发的地质灾害隐患明确责任单位，切实落实防范和治理措施。

（四）总体目标。全面建设形成电力行业防范工作体系和地质灾害监测预警、隐患排查、应急联动工作机制，按照国家地质灾害防治工作主管部门及地方政府要求，完成地质灾害高易发区重要电力设施及周边地质灾害隐患排查工作，基本完成地质灾害高易发区重要电力设施及周边地质灾害隐患点的工程治理或搬迁避让，使地质灾害造成的电力事故明显减少。

三、建立防范规章制度，落实防范工作责任

（五）建立完善组织体系和规章制度。以从事发电、输电、供电生产等为主营业务的企业（以下简称“电力企业”），电力建设单位，电力建设工程勘察（测）、设计、施工、监理等各参建方（以下简称“参建方”）应当加强防范工作组织领导，建立组织机构，明确工作职责，形成分工明确、职责清晰的防范工作组织体系。各单位应当将防范工作内容纳入安全生产日常管理工作当中，完善防范工作管理制度，明确监测预警、隐患排查、信息报送、应急救援、教育培训、资金保障等方面内容，结合实际制定崩塌、滑坡、泥石流、塌陷等地质灾害的技术防范措施。

（六）落实防范工作责任和监管职责。各单位应当在国家地质灾害防治工作主管部门及地方政府的综合指导下，科学有序开展防范工作。要落实防范工作责任，电网企业负责输变电设施及周边的防范工作；发电企业负责电源点生产区域及周边的防范工作；电力建设单位对电力建设工程防范工作负全面管理责任，统一指导和组织协调电力建设工程的防范工作，负责建立与地方政府有关部门的联动机制；施工单位负责所承揽工程施工区域及周边防范工作，勘察（测）、设计、监理等单位负责职责范围内的防范工作。

电力监管机构应当对电力企业和电力建设工程的防范工作进行指导和监督，督促相关单位落实防范工作责任和防范工作措施。

四、科学论证统筹规划，规避地质灾害风险

（七）严格电力建设工程地质灾害危险性评估。电力建设单位应当按照《地质灾害防治条例》（国务院令第 394 号）和国家建设工程核准有关规定，在电力建设工程可行性研究阶段，聘请具备相应资质的评估机构，依据国家及地方政府发布的地质灾害防治规划开展地质灾害危险性评估，形成地质灾害危险性评估报告。评估报告应当对电力建设工程遭受地质灾害危害的可能性以及该工程建设中、建成后引发地质灾害的可能性做出评价，提出具体的预防和治理措施。

（八）强化勘察（测）、设计工作防范地质灾害的要求。电力建设工程勘察（测）、设计阶段，勘察（测）、设计单位应当依据地质灾害危险性评估报告和设计规范，科学论证项目选址，尽量避开地质灾害易发区。对确实需要在地质灾害易发区内建设的工程，应当在充分论证的基础上，采取差异化设计，适当提高工程设防标准。勘察（测）、设计单位应当在现场详细勘察（测）基础上，优化厂区（站址）生产、生活区平面布置，合理规划现场作业区、工程弃渣区等选址方案，提出电力建设工程地质灾害防治方案和措施。

（九）加强地质灾害防治工程建设。对于存在地质灾害风险以及可能引发地质灾害的电力建设工程，应当建设地质灾害防治工程，其设计、施工和验收应当与主体工程的设计、施工、验收同时进行。电力建设单位应当保证地质灾害防治工程资金投入，监督施工单位按规定足额使用。对于施工方案变更可能引发地质灾害的，电力建设单位应当组织参建方进行充分的论证，必要时应当聘请专业评估机构提出防治措施。

（十）合理选择电力建设工程生活办公营地。电力建设单位和参建方生活办公营地应当选择在地形平坦开阔，水、电、路易通入的区域；选择在历史上未发生过滑坡、崩塌、泥石流、地面塌陷、地面沉降及地裂缝等地质灾害的地区；远离冲沟沟口、弃渣场、贮灰场、废石场以及尾矿库（矿区）；避开不稳定斜坡和高陡边坡；不宜紧邻河（海、库）岸边、地下采空区诱发的地表移动范围。电力建设单位有责任对参建方选择的生活办公营地的防范工作进行监督检查，督促其开展地质灾害风险辨识，对营地选择不合理的，应当督促其搬迁或及时采取防范措施，最大限度地降低地质灾害风险。

（十一）做好施工现场防范工作的组织管理。电力建设单位应当依据地质灾害危险性评估报告和工程设计文件，制定电力建设工程防范工作方案，明确地质灾害危险点分布范围、参建方防范责任和防范措施等，指导参建方做好施工现场防范工作。

参建方应当依据电力建设单位制定的防范工作方案，细化本单位防范工作组织措施，在对施工现场及周边地区地质灾害进行风险辨识的基础上，优化施工组织设计中大型施工机具、材料加工站（拌合楼）、材料堆放场、临时施工道路布置等方案，有针对性地完善施工安全技术措施，防范地质灾害造成人身伤亡及设备损毁。施工单位应当严格按照设计方案和施工组织设计进行施工，不得随意更改设计和擅自扩大施工范围，严防施工诱发地质灾害。

五、加强隐患排查治理，综合防范地质灾害

（十二）定期开展地质灾害隐患排查。各单位应当结合地方政府发布的地质灾害防治规划和生产实际，定期组织专业人员开展电力设施和电力建设工程及周边地质灾害风险辨识，全面排查崩塌、滑坡、泥石流、塌陷等地质灾害隐患，同时做好防滑桩、护坡、挡渣墙、截排水系统等防护设施的安全隐患排查，确保其正常发挥作用。对地质灾害高易发区内的重要电力设施，原则上应当每三年聘请地质灾害防治专家开展一次全面的隐患排查。发现重大地质灾害隐患或地质灾害监测数据发生突变，以及附近地区发生地震等重大自然灾害后，相关单位应当聘请专业评估机构，对电力设施或电力建设工程进行全面的地质灾害风险分析，并提出风险分析评估报告，明确防范治理方案。

（十三）加强地质灾害隐患治理工作。对于一般地质灾害隐患，相关责任单位应当立即进行治理；对于重大地质灾害隐患，应当严格按照地质灾害风险分析评估报告提出的治理方案进行治理。对短期内难以治理的重大地质灾害隐患，应当采取加强监测预警、制定专项应急预案或者搬迁避让等措施，确保人身和设备安全。对非防范工作责任范围内且对电力设施和建设工程项目构成威胁的地质灾害隐患，应当及时向地方政府报告隐患情况，并配合地方政府开展治理工作。

（十四）积极开展地质灾害综合防治。各单位应当按照国家有关规定，做好电力设施和电力建设工程及周边地区环境保护和水土保持工作，实现地质灾害的综合防治。水电厂（站）应当加强水库周边地区以及病险大坝的除险加固，防止因漫坝、溃坝造成山洪、泥石流灾害；火电厂应当通过实施节能技术改造，尽量避免所在地区地下水过度抽采，防止出现地面塌陷；电网企业应当优化铁塔结构和基础形式，减少因塔基施工开挖影响环境并引发地质灾害；电力建设单位及参建方应当推广采用科学合理、先进适用的施工方案，同时做好施工区域的植被恢复工作，防止和减少建设工程项目造成地表环境变化带来地质灾害风险。

六、加强灾害监测预警，及时组织临灾避险

（十五）建立健全监测预警机制。电力企业和电力建设单位应当加强与地方政府国土、气象、水利等部门的联系沟通，明确地质灾害监测预警工作程序，落实责任单位和人员，畅通监测预警渠道，及时接收、传递地方政府有关部门发布的监测预警信息，并按照要求上传有关监测信息。电力建设单位应当针对施工队伍及其人员流动性大的特点，及时掌握施工人员变动情况，并督促参建方将预警信息及时传递到相关人员。

（十六）加强地质灾害监测工作。各单位应当结合地质灾害隐患点分布情况，综合分析诱发因素，科学开展地质灾害监测工作。对于已经发现的地质灾害隐患点，应当按照国家地质灾害防治监测规定，合理布设地质灾害监测点，安排专业单位或专业人员定期进行监测，并及时汇总、分析、上报监测信息。各单位应当依据电力设施和电力建设工程所在地地质灾害监测经验，采取先进监测手段与“拉线法、木桩法、刷漆法、贴纸法、旧裂缝填土陷落目测法”等传统方法相结合的方式，针对地表破坏、冲沟发育、山体蠕变、地面沉降等情况开展日常监测工作，分析、研判地质灾害隐患发展趋势。

（十七）强化重点防范期灾害监测预警。各单位应当在充分分析本地区诱发地质灾害气象条件的基础上，重点强化汛期，强降雨、强降雪期间以及其他恶劣天气发生期间的监测预警工作，增大监测频次，及时发现新的地质灾害隐患点，划定危险区域，设置警示标志；应当安排专人值守，加强巡视检查，重点加强生产区、施工区、生活办公营地及周边的监测预警，观测降雨强度和雨量，监测地面土体开裂、坡体蠕动、树干倾斜、山洪暴涨、惊响异常等灾害前兆，及时发现和排除险情。各单位应当充分发挥专业机构作用，紧紧依靠当地群众，共同做好地质灾害的群测群防工作，发现险情及时报告。

（十八）完善地质灾害预警信息传递手段。各单位应当紧紧依靠地方政府，畅通地质灾害预警信息和应急信息传播渠道，充分利用广播、电视、互联网、手机短信、电话、宣传车和电子显示屏等各种媒体和手段，及时传递地质灾害预警信息。偏远地区应当因地制宜，利用有线广播、高音喇叭、鸣锣吹哨、逐户通知等方式，将紧急灾害预警信息及时通告受威胁人员。

（十九）做好临灾避险工作。各单位应当建设完善应急避难场所和逃生通道，储备必要的生活物资和医疗用品。对出现灾害前兆、可能造成人员伤亡及重大经济损失的区域和地段，应当划定地质灾害警戒区，指定疏散路线及临时安置场所等。电力建设单位接到有关部门发布的预警信息，或者对本单位监测信息研判后认为可能发生地质灾害时，应当立即向参建方通告地质灾害预警信息；参建方发现地质灾害险情后应当迅速组织本单位人员撤离避险，同时报告电力建设单位，电力建设单位应当立即通知其他有关参建方迅速启动防灾避险方案，及时有序组织人员安全转移。

七、完善灾害应急体系，提高应急处置能力

（二十）完善地质灾害应急体系。各单位应当将防范工作应急管理纳入本单位应急体系，建立快速反应、处置有效的地质灾害应急响应机制。重大电力建设工程和高易发区内的电力建设工程，应当成立由电力建设单位牵头、各参建方参加的地质灾害应急工作小组，统一指导、部署应急救援、抢修恢复等工作，及时传递应急响应信息。各单位应当按照国家地质灾害信息报告有关规定，及时向地方政府和电力监管机构报送险情和灾情信息。

（二十一）加强应急预案编制和演练。各单位应当针对地质灾害风险，组织编制相应的专项应急预案和现场处置方案，明确具体的应急处置程序、应急救援和保障措施等。因自然灾害、建设施工造成周边地质条件发生变化并可能引发地质灾害时，各单位应当及时修订完善相应的应急预案。专项应急预案应当按照有关规定报电力监管机构和地方政府有关部门备案。

各单位应当根据地质灾害防范重点，在每年汛期来临前至少组织一次应急演练，并对演练效果进行评估，及时完善应急预案。地质灾害高易发区内的重要电力设施和电力建设工程，相关单位宜开展功能性演练和实战性演练。

（二十二）及时开展地质灾害应急抢险救援。地质灾害发生后，各单位应当及时启动应急预案，做出应急响应，开展人员搜救、设备抢修、灾情调查、险情分析、次生灾害防范等应急处置工作，并及时向地方政府和电力监管机构报告灾情信息，请求地方政府支援。重大地质灾害发生后，电力建设单位和参建方应当在做好抢险救援工作的同时，协助地方政府开展社会应急救援。地质灾害对电网安全运行产生影响时，电网企业应当及时调整运行方式，按照供电序位实施有序供电，并对灾害发生区域内的其他电力设施进行评估，及时采取控制措施，降低灾害造成的影响。

八、加强宣传教育培训，提升人员防范意识

（二十三）开展全员地质灾害教育。各单位应当积极组织开展地质灾害识灾防灾、灾情报告、避险自救等知识的宣传普及，以提升相关人员地质灾害的防范意识和自我保护能力为重点，提高地质灾害防灾宣传教育培训工作的实效性和针对性。地质灾害高易发区内的电力企业、电力建设单位及参建方应当定期组织全体人员重点强化地质灾害防范和临灾避险技能培训。

（二十四）加强应急抢险救援队伍技能培训。各单位应当加强应急救援队伍建设，强化地质灾害应对专业技能培训，重点在生命搜救、装备使用、专业协同等方面组织开展培训工作，确保地质灾害发生后及时投入抢险救援，最大程度减少人身伤亡和经济损失。

国家电力监管委员会

2013年1月8日

关于印发《国家能源局重大突发事件应急响应工作制度》的通知

国能安全〔2014〕470号

各司，各直属事业单位，各派出机构：

为有效应对能源行业发生的重大突发事件，加强和完善国家能源局重大突发事件应急响应机制，现将《国家能源局重大突发事件应急响应工作制度》印发你们，请依照执行。

附件：《国家能源局重大突发事件应急响应工作制度》

国家能源局

2014年10月22日

附件：

国家能源局重大突发事件应急响应工作制度

为有效应对能源行业发生的重大突发事件（以下简称“事件”），控制、减轻和消除因事件造成的损害和社会负面影响，依照《中华人民共和国突发事件应对法》《生产安全事故报告和调查处理条例》《电力安全事故应急处置和调查处理条例》《国家突发公共事件总体应急预案》《国家大面积停电应急预案》《国务院总值班室值班工作制度》《国务院办公厅关于印发国家能源局主要职责内设机构和人员编制规定的通知》和《国家能源局值班工作细则》，特制定本制度。

一、事件分类和分级标准

按照事件发生的原因和现象分为能源安全事件和有社会影响事件两类。

（一）能源安全事件

包含因自然灾害、人为因素、设备自身故障等原因引发的电力事故（含电力安全事件，下同）、非电力能源安全事件和综合类能源安全事件。

（1）电力事故：电力事故是指在电力生产运行和建设过程中发生的电力人身伤亡事故、电力安全事故、发电设备或者输变电设备损坏造成直接经济损失的事故。

电力安全事件是指未构成电力安全事故，但影响电力（热力）正常供应，或对电力系统安全稳定运行构成威胁，可能引发电力安全事故或造成较大社会影响的事件。

按照《生产安全事故报告和调查处理条例》《电力安全事故应急处置和调查处理条例》

中等级划分标准，电力事故中特别重大事故定为 1 级事件，重大事故定为 2 级事件，较大事故定为 3 级事件。一般事故和《电力安全事件监督管理规定》第六条中规定的电力安全事件定为 4 级事件。

（2）非电力能源安全事件：指除电力以外其他能源行业（煤炭、油气等）涉及安全的事件。非电力能源安全事件的等级由国家有关应急处置牵头部门确定。

（3）综合类能源安全事件：指电力事故和非电力能源安全事件同时发生的事件。综合类能源安全事件原则上依照电力事故划分事件等级。

（4）核事件：指与核电厂核安全相关的事件。核事件原则上按照国际原子能机构《国际核事故分级标准》划分事件等级。

（二）有社会影响事件

指由能源安全事件或其他情况引发，通过舆情监测反馈，涉及国家能源局（以下简称“能源局”）及派出机构、各地能源管理部门和能源企业，产生负面消息或谣言并通过媒体传播，影响不断放大的事件。

有社会影响事件按照影响程度和范围，分为重大和一般两个等级。

二、应急响应工作原则

（1）预防为主。坚持预防与应急处置相结合，建立完善工作制度，组织开展应急演练，提高人员应急能力；加强监测预警和舆情监测，提前做好事件防范准备工作。

（2）职责明确。领导机构和相关人员工作职责明确，事件发生后相关人员应及时到岗到位，按照职责分工开展应急响应工作。

（3）快速响应。及时、准确掌握事件信息，快速研判事件性质和级别，第一时间启动应急响应。

（4）有效控制。采取有效措施将事件造成的损害和影响控制在一定范围内，避免事态失控造成事件升级和恶化。

三、领导机构及职责

能源局局长全面领导事件应急响应工作，其他相关单位和人员按职责分工开展工作。

（一）领导机构

在事件发生并启动应急响应后，成立能源局重大突发事件应急响应工作领导小组（以下简称“领导小组”），贯彻落实能源局局长的指示和要求，负责应急响应工作的具体组织和领导。

领导小组组长：分管副局长.

领导小组副组长：监管总监、总工程师、综合司司长、安全司司长、其他相关业务司司长。

领导小组成员单位：各相关业务司。

领导小组下设值班室，以及舆情监视、新闻外联、技术分析、现场勘查处置和后勤保障五个工作组。

因自然灾害引发的事件，由能源局防灾救灾应急工作小组（以下简称“工作小组”，能源局常设机构）负责应急处置工作，工作小组办公室设在安全司。应急响应启动后，相关工作组的设置和职责与领导小组一致。

领导小组和工作小组统称领导机构。

（二）工作职责

1. 能源局局长及领导机构成员

（1）能源局局长：全面领导事件应急响应工作，宣布启动和结束应急响应处置工作，确定是否向国务院及有关部门报告，并审定相关报告材料。

启动应急响应处置工作时，领导机构设总负责人、新闻发言人、技术负责人、协调人和安全负责人，工作职责如下：

（2）总负责人：由分管副局长担任，承担组织应急响应职责，负责向局长报告，联系相关中央企业应急指挥机构负责人，负责应急响应工作中的重大决策。

（3）新闻发言人：由能源局新闻发言人担任，负责新闻相关事务协调及新闻发布的统一口径，直接领导新闻外联工作组。

（4）技术负责人：由总工程师担任，负责事件的技术分析和处置方案建议，负责与现场应急指挥机构负责人的联系，直接领导技术分析工作组。

（5）协调人：由综合司司长或其指定的负责人担任，负责领导机构与局领导及相关单位的联系与协调工作，直接领导值班室、舆情监视和后勤保障工作组。

（6）安全负责人：对于电力事故，由安全司司长担任；对于非电力能源安全事件和综合类能源安全事件，由领导机构确定。负责对事件进行应急响应、现场勘查处置和初步调查，直接领导现场勘查处置工作组。

2. 值班室和各工作组职责

值班室：由综合司负责。保持各方信息渠道畅通，及时准确传递信息，得到事件信息后进行初步分类，并按照事件类别、性质分别报送综合司和相关业务司负责人。

舆情监视工作组：由综合司牵头，会同信息中心、能源局派出机构（以下简称“派出机构”）负责，组长由综合司司长担任。负责定期对各媒体（电视、平面、网络等）进行全方位扫描，向有关派出机构了解、搜集或核实相关信息，对舆情类的有社会影响事件进行预判并报值班室，做好应急响应启动后的舆论跟踪并保持与新闻外联工作组的联系。

新闻外联工作组：由综合司负责，组长由综合司分管副司长担任。负责联系新闻媒体，定位舆论事件源头，起草新闻宣传稿件并报新闻发言人，组织媒体交流和新闻发布会。

现场勘查处置工作组：

（1）电力事故：安全司牵头负责，组长由安全司副司长担任，局相关部门和单位、有关派出机构协助。负责电力事故现场勘查处置工作，确保全面掌握现场情况并报安全负责人。

（2）非电力能源安全事件：按照国家有关应急处置牵头部门意见，由领导机构确定牵头司和组长人选，配合做好相关工作。

（3）综合类能源安全事件：由领导机构确定牵头司和组长人选，局相关部门和单位、有关派出机构和地方能源管理部门协助，负责综合类能源安全事件现场勘查处置工作，确保全面掌握现场情况并报安全负责人。

技术分析工作组：

（1）电力事故：安全司牵头负责，组长由安全司副司长担任，局相关部门和单位、有关派出机构协助。负责分析事故原因，撰写分析报告，提出处置方案并报技术负责人。必要时，可邀请相关专家参加。

（2）非电力能源安全事件：按照国家有关应急处置牵头部门意见，由领导机构确定牵头司和组长人选，配合做好相关工作。必要时，可邀请相关专家参加。

（3）综合类能源安全事件：由领导机构确定牵头司和组长人选，局各相关部门单位、派出机构和地方能源管理部门协助，负责分析综合类能源安全事件原因，撰写分析报告，提出处置方案并报技术负责人。必要时，可邀请相关专家参加。

后勤保障工作组：由综合司和局机关服务中心负责，组长由综合司副司长担任。负责统一调配后勤人员、车辆、应急设备等，为应急响应工作提供后勤保障。

四、应急响应和处置

分为信息源、应急响应和应急处置三部分。

（一）信息源和预警

1．信息源

包括预警信息发布单位（国务院应急办、水利部、国家气象局、国家地震局、公安部等）、派出机构、各地能源管理部门、全国电力安委会成员单位、地方电力工程参建单位、大坝安全监察中心（以下简称“大坝中心”）和信息中心等。信息中心和派出机构同时负责日常舆情监视工作。

2．预警

值班室接到预警信息发布单位的相关预警信息后，立即向综合司司长和相关业务司司长报告，两司司长商讨后，按照相关业务司、分管副局长、局长的顺序逐级报告。局长决定是否启动相关应急预案，是否由综合司向国务院及其他有关部门报告。

（二）应急响应启动条件

对于2级及以上事件（含综合类能源安全事件，下同）、有重大社会影响事件，以及局长认为有必要开展应急响应工作的事件，应当启动应急响应。对于其他等级的事件，应当及时跟踪，做好记录，按程序报相关负责人妥善处置。

对于发生其他事件，且国务院专项应急处置机构已启动应急处置工作并要求能源行业开展应急响应工作的，能源局应启动应急响应。

对于涉及能源行业的大规模群体性集会、上访等事件，以及其他对社会稳定造成重大影响的事件，其应急响应处置工作制度另行制定。

（三）应急响应联动制度

1．电力事故和综合类能源安全事件

（1）值班室接到事件报告后，立即向安全司司长和综合司司长报告，两司司长对事件进行商讨，初步判定事件的性质和级别。

（2）对于2级以下事件，由安全司和值班室进行事件跟踪；对于2级及以上事件，按照安全司司长、分管副局长、局长的顺序逐级报告。

（3）局长决定是否启动应急响应并成立领导机构，是否启动国家大面积停电应急预案，是否由综合司向国务院及其他有关部门报告。

（4）应急响应启动并成立领导机构后，相关单位成员立即赶赴能源局应急中心集中，进行事件会商，启动应急处置程序，并将有关工作情况及时向局长报告。必要时，由局长组织领导机构成员进行会商。

2．非电力能源安全事件

（1）值班室接到事件报告后，对事件进行初步分类并立即向综合司司长和相关业务司司长报告，由相关业务司司长初步判定事件的性质和级别并决定是否向有关领导报告，需要报告的，由相关业务司司长向有关局领导报告。

（2）各相关业务司按照国家有关应急处置牵头部门意见，报请局领导后，按照局领导批示配合开展工作。

3．有社会影响事件

（1）信息中心、派出机构等舆情监测单位发现与能源行业相关的有社会影响事件后，在规定时限内向值班室报告。

（2）值班室接到报告后，立即向综合司司长报告，由综合司司长对事件性质和类别做出判断。

（3）对于有一般社会影响事件，由值班室进行事件跟踪；对于有重大社会影响事件，按照综合司司长、分管副局长、局长的顺序逐级报告。

（4）局长决定是否启动应急响应并成立领导机构，是否启动相关应急预案，是否由综合司向国务院及其他有关部门报告。

（5）应急响应启动并成立领导机构后，相关单位成员立即赶赴能源局应急中心集中，进行事件会商，启动应急处置程序，并将有关工作情况及时向局长报告。必要时，由局长组织领导机构成员进行事件会商。

如图1所示为应急响应联动制度示意图；核应急响应联动制度由核电司按照《国家核应急预案》要求另行制定。

（四）应急处置流程

应急响应启动后，应急处置流程分为能源安全事件和有社会影响事件两类。其中，核应急处置方案由核电司按照《国家核应急预案》要求另行制定。

1．电力事故和综合类能源安全事件

（1）应急响应启动后，协调人负责值班室、舆情监视和后勤保障工作，经请示总负责人同意后安排有关领导赴现场指导应急处置工作。

（2）牵头业务司负责联系总负责人、协调人、安全负责人、技术负责人，并建立与气象部门、交通部门等相关单位的联系，及时汇总研判信息，值班室配合做好相关联系工作。

（3）安全负责人、技术负责人分别负责现场勘查处置和技术分析工作，及时互通信息。成立现场指挥部的，由现场勘查处置工作组负责协调沟通与现场指挥部的工作，并将有关信息及时报送安全负责人和值班室。

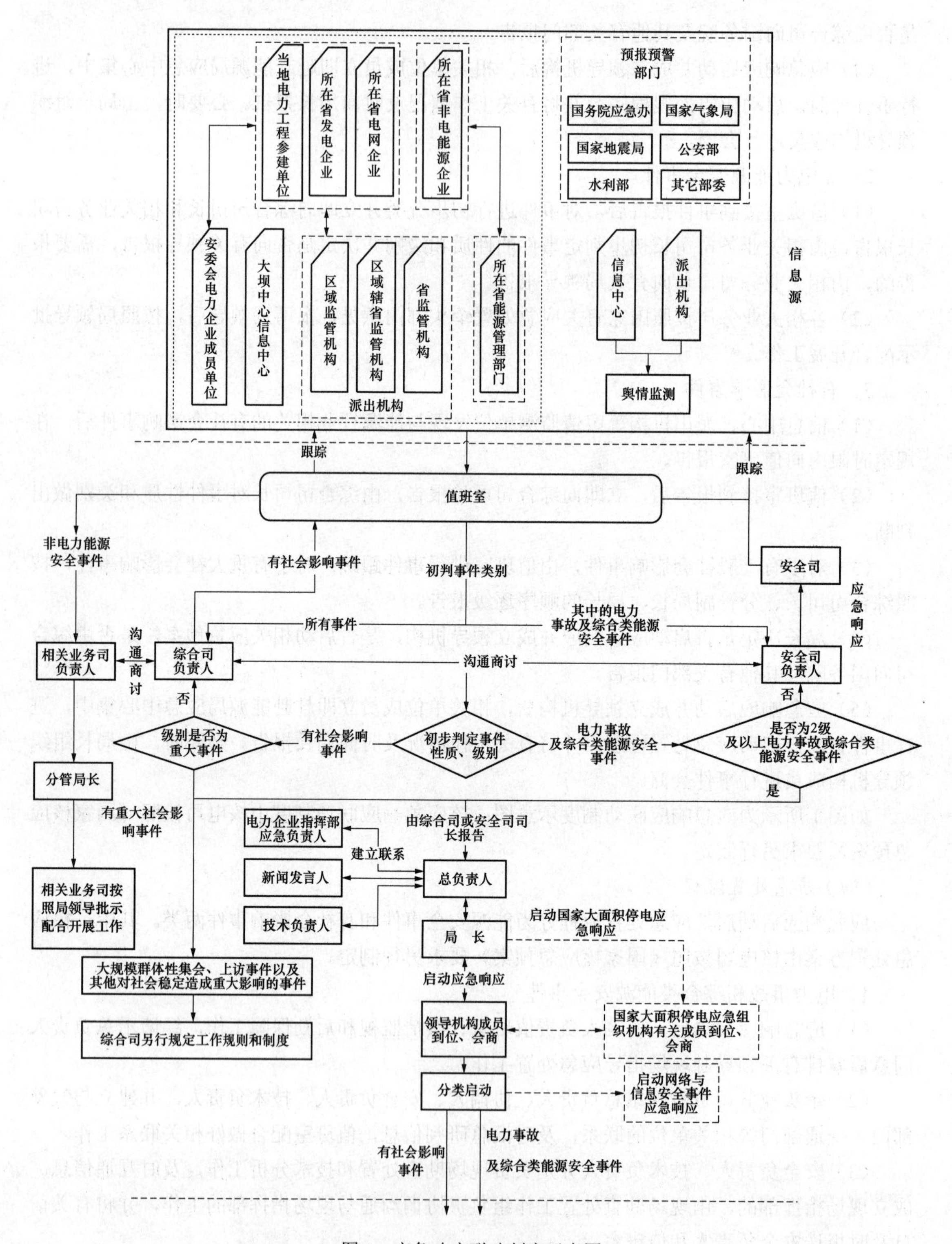

图1 应急响应联动制度示意图

（4）新闻发言人负责新闻外联工作，适时向公众发布事件信息。

（5）总负责人及时掌握事件应急处置全面情况并向局长报告。局长决定是否将事件应急处置情况报告国务院及其他有关部门，需要上报的，上报材料由牵头业务司负责起草，经局长审定后由综合司上报。

（6）应急处置工作完成后，由总负责人向局长报告，局长宣布结束应急响应。

所图 2 所示为电力事故和综合类能源安全事件应急处置流程图：

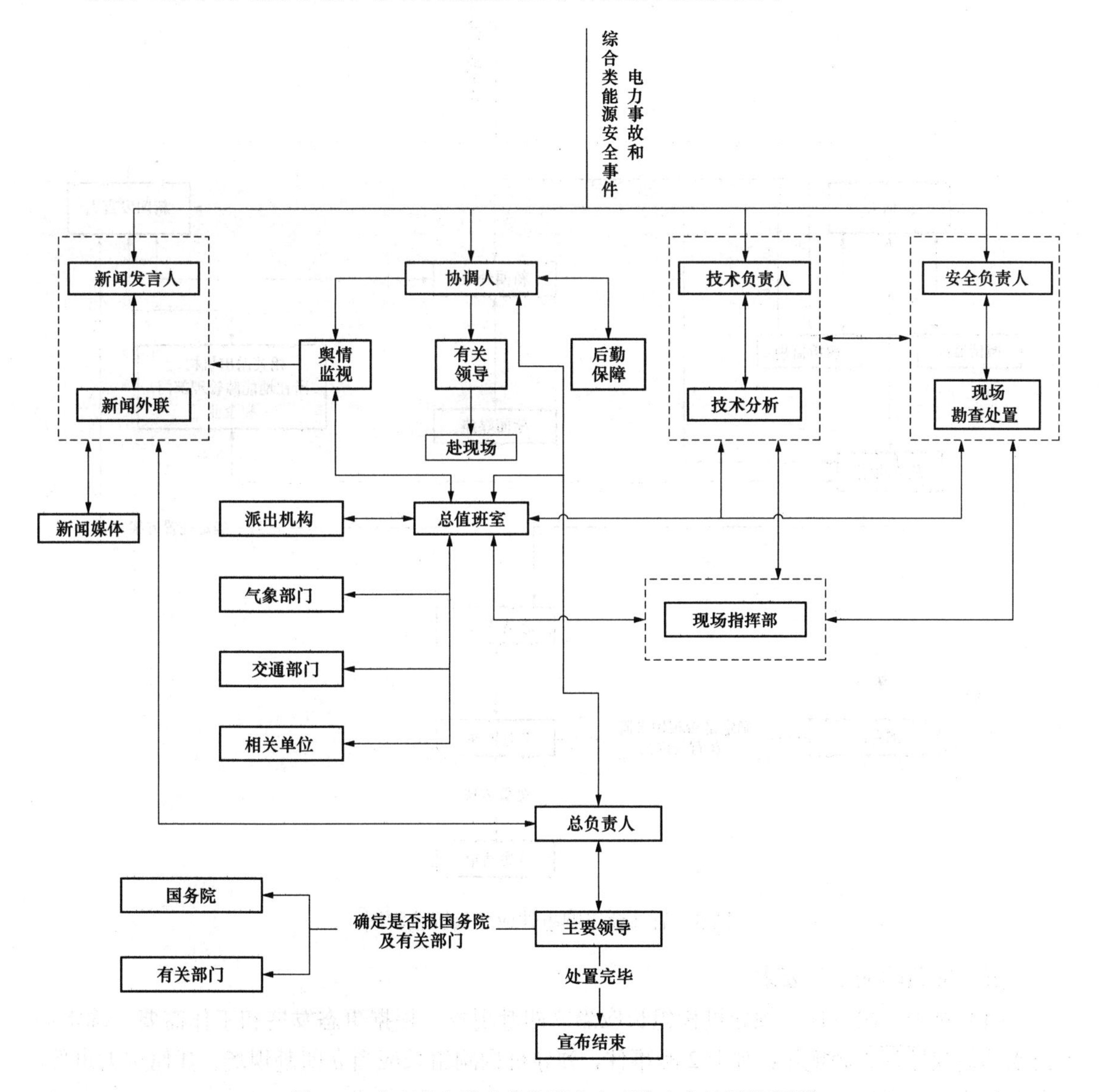

图 2　电力事故和综合类能源安全事件应急处置流程图

2．有社会影响事件

（1）应急响应启动后，协调人负责舆情监视和后勤保障工作。综合司负责联系总负责人、协调人、新闻发言人以及相关派出机构和有关企业，及时汇总研判相关信息。

（2）新闻发言人负责新闻外联工作，并适时向公众发布事件信息。

（3）局长决定是否将事件应急处置情况报告国务院及其他有关部门，需要上报的，上报材料由综合司负责起草，经局长审定后由综合司上报。

（5）应急处置工作完成后，由总负责人向局长报告，局长宣布结束应急响应。

如图3所示为有社会影响事件应急处置流程图。

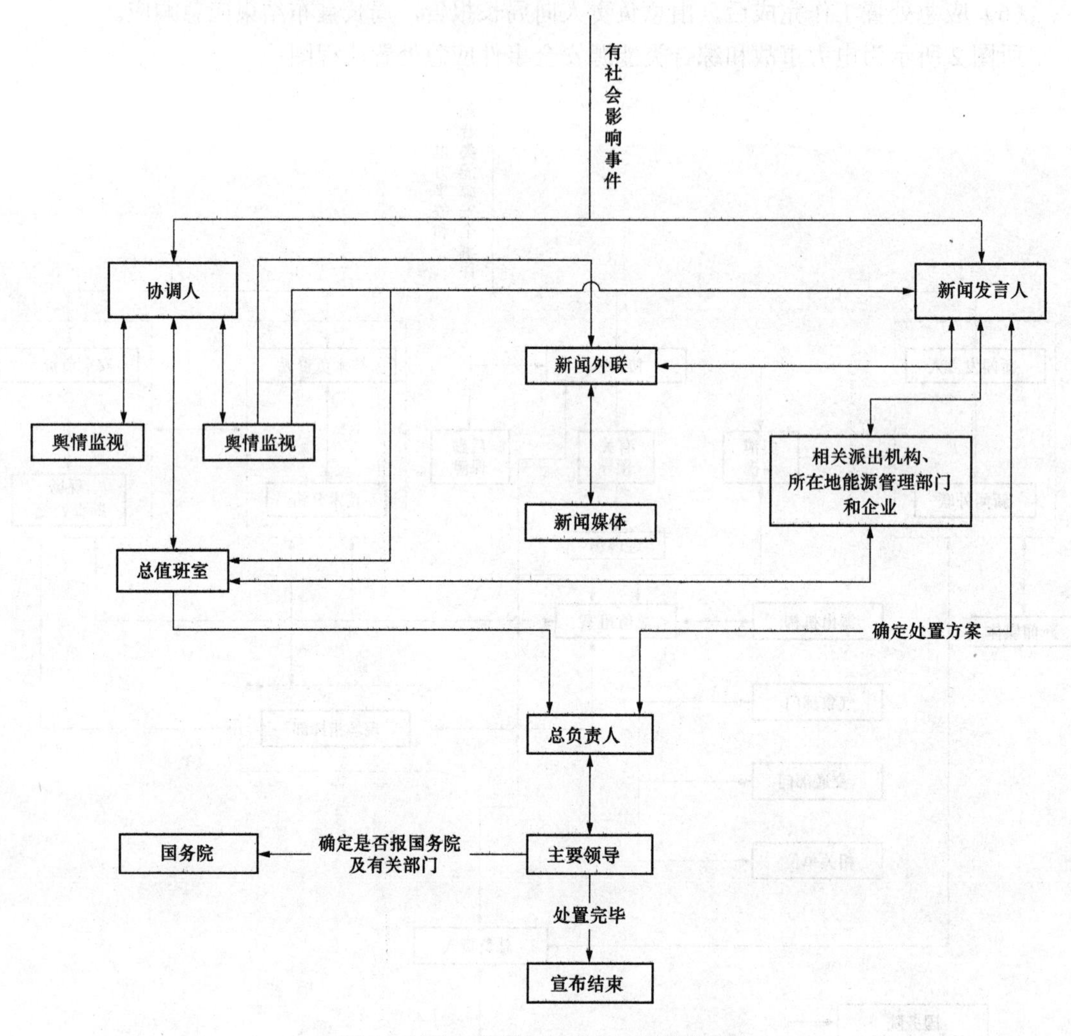

图3 有社会影响事件应急处置流程图

五、应急响应工作要求

（1）对于1级事件，领导机构组长应当立即赴现场，根据事态发展和工作需要，确定局长或其他领导是否赴现场；对于2级事件，领导机构副组长应当立即赴现场；其他重大事件，由局长确定赴现场人选。

（2）值班室接到事件信息报告后，应当立即按本制度规定程序报告。

（3）应急响应启动后，应当在规定时限内将相关信息报国务院总值班室和国家安监总局值班室；有社会影响事件应急响应启动后由领导机构决定报送国务院总值班室的时间。

（4）因特殊情况中间环节负责人无法联系时，允许越级上报。

（5）应急响应启动后，对于能源安全事件应当尽快向有关媒体通报事件的相关情况；对于有社会影响事件，应当全面了解掌握情况，及时发布新闻通稿，加强舆论引导。

国家能源局关于印发《电力企业应急预案管理办法》的通知

国能安全〔2014〕508号

各派出机构，大坝中心，国家电网公司，南方电网公司，华能、大唐、华电、国电、中电投集团公司，中电建、中能建集团公司，各有关电力企业：

为做好电力企业应急预案管理工作，现将国家能源局修订后的《电力企业应急预案管理办法》印发给你们，请遵照执行。

国家能源局

2014年11月27日

附件：

电力企业应急预案管理办法

第一章　总　　则

第一条　为规范电力企业应急预案管理工作，完善电力企业应急预案体系，增强电力企业应急预案的科学性、针对性、实效性和可操作性，依据《中华人民共和国突发事件应对法》《电力安全事故应急处置和调查处理条例》《电力安全生产监督管理办法》《突发事件应急预案管理办法》《生产经营单位生产安全事故应急预案编制导则》等法律、法规、规章和标准，制定本办法。

第二条　本办法适用于电力企业应急预案的编制、评审、发布、备案、培训、演练和修订等工作。

第三条　电力企业应急预案管理工作应当遵循分类管理、分级负责、条块结合、网厂协调的原则。对涉及国家机密的应急预案，应当严格按照国家保密规定进行管理。

第四条　国家能源局负责对电力企业应急预案管理工作进行监督和指导。国家能源局派出机构在授权范围内，负责对辖区内电力企业应急预案管理工作进行监督和指导。

涉及跨区域的电力企业应急预案管理的监督指导工作，由国家能源局协调确定；同一区域内涉及跨省的电力企业应急预案管理的监督指导工作，由区域监管局负责。

第五条　电力企业是应急预案管理工作的责任主体，应当按照本办法的规定，建立健全应急预案管理制度，完善应急预案体系，规范开展应急预案的编制、评审、发布、备案、培训、演练、修订等工作，保障应急预案的有效实施。

第二章 预 案 编 制

第六条 电力企业应当依据有关法律、法规、规章、标准和规范性文件要求，结合本单位实际情况，编制相关应急预案，并按照“横向到边，纵向到底”的原则建立覆盖全面、上下衔接的应急预案体系。

第七条 电力企业应急预案体系主要由综合应急预案、专项应急预案和现场处置方案构成。

第八条 电力企业应当根据本单位的组织结构、管理模式、生产规模、风险种类、应急能力及周边环境等，组织编制综合应急预案。

综合应急预案是应急预案体系的总纲，主要从总体上阐述突发事件的应急工作原则，包括应急预案体系、风险分析、应急组织机构及职责、预警及信息报告、应急响应、保障措施等内容。

第九条 电力企业应当针对本单位可能发生的自然灾害类、事故灾难类、公共卫生事件类和社会安全事件类等各类突发事件，组织编制相应的专项应急预案。

专项应急预案是电力企业为应对某一类或某几类突发事件，或者针对重要生产设施、重大危险源、重大活动等内容而制定的应急预案。专项应急预案主要包括事件类型和危害程度分析、应急指挥机构及职责、信息报告、应急响应程序和处置措施等内容。

第十条 电力企业应当根据风险评估情况、岗位操作规程以及风险防控措施，组织本单位现场作业人员及相关专业人员共同编制现场处置方案。

现场处置方案是电力企业根据不同突发事件类别，针对具体的场所、装置或设施所制定的应急处置措施，主要包括事件特征、应急组织及职责、应急处置和注意事项等内容。

第十一条 电力企业应当成立以主要负责人（或分管负责人）为组长，相关部门人员参加的应急预案编制工作组，明确工作职责和任务分工，制定工作计划，组织开展应急预案编制工作。应急预案编制工作组成员中的安全管理人员应当持有国家能源局颁发的电力安全培训合格证。

开展本单位应急预案编制工作前，电力企业应当组织对应急预案编制工作组成员进行培训，明确应急预案编制步骤、编制要素以及编制注意事项等内容。

第十二条 电力企业编制应急预案应当在开展风险评估和应急能力评估的基础上进行。

（一）风险评估。电力企业应对本单位存在的危险因素、可能发生的突发事件类型及后果进行分析，评估突发事件的危害程度和影响范围，提出风险防控措施。

（二）应急能力评估。电力企业应在全面调查和客观分析本单位应急队伍、装备、物资等情况以及可利用社会应急资源的基础上开展应急能力评估，并依据评估结果，完善应急保障措施。

第十三条 电力企业编制的应急预案应当符合下列基本要求：

（一）应急组织和人员的职责分工明确，并有具体的落实措施。

（二）有明确、具体的突发事件预防措施和应急程序，并与其应急能力相适应。

（三）有明确的应急保障措施，并能满足本单位的应急工作要求。

（四）预案基本要素齐全、完整，预案附件提供的信息准确。

（五）相关应急预案之间以及与所涉及的其他单位或政府有关部门的应急预案在内容上应相互衔接。

第十四条 电力企业可结合本单位具体情况，以应急实用手册或应急处置卡的形式，图文并茂地说明预案中的应急组织机构及职责、响应程序、处置措施、现场急救及逃生知识等内容。

第十五条 预案编制完成后，电力企业应当在应急预案评审前组织预案涉及的相关部门或人员对预案进行桌面演练，以检验预案的可操作性，并记录在案。

第三章 预 案 评 审

第十六条 电力企业应当组织本单位应急预案评审工作，组建评审专家组，涉及网厂协调和社会联动的应急预案的评审，可邀请政府相关部门、国家能源局及其派出机构和其他相关单位人员参加。

第十七条 应急预案评审结果应当形成评审意见，评审专家应当按照“谁评审、谁签字、谁负责”的原则在评审意见上签字。电力企业应当按照评审专家组意见对应急预案进行修订完善。

评审意见应当记录、存档。

第十八条 预案评审应当注重电力企业应急预案的实用性、基本要素的完整性、预防措施的针对性、组织体系的科学性、响应程序的操作性、应急保障措施的可行性、应急预案的衔接性等内容。

第十九条 电力企业应急预案经评审合格后，由电力企业主要负责人签署印发。

第四章 预 案 备 案

第二十条 电力企业应当按照以下规定将应急预案报国家能源局或其派出机构备案：

（一）中央电力企业（集团公司或总部）向国家能源局备案。

中国南方电网有限责任公司同时向当地国家能源局区域派出机构备案。

其他电力企业向所在地国家能源局派出机构备案。

（二）需要备案的应急预案包括：综合应急预案，自然灾害类、事故灾难类相关专项应急预案。

第二十一条 电力企业报备应急预案时，应先通过预案报备管理系统进行网上申请，经国家能源局或其派出机构网上审查并准予备案登记后，将有关材料刻盘送至国家能源局或其派出机构备案。

第二十二条 国家能源局及其派出机构应当指导、督促检查电力企业做好应急预案备案工作，并对电力企业应急预案的备案情况和备案内容提出审查意见。对于符合备案要求的电力企业应急预案，应当出具《电力企业应急预案备案登记表》，并建立预案库登记管理；对于不符合备案要求的电力企业应急预案，应当要求企业完善后重新备案。

第五章 预 案 培 训

第二十三条 电力企业应当组织开展应急预案培训工作，确保所有从业人员熟悉本单位应急预案、具备基本的应急技能、掌握本岗位事故防范措施和应急处置程序。应急预案教育培训情况应当记录在案。

第二十四条 电力企业应当将应急预案的培训纳入本单位安全生产培训工作计划，每年至少组织一次预案培训，并进行考核。培训的主要内容应当包括：本单位的应急预案体系构成、应急组织机构及职责、应急资源保障情况以及针对不同类型突发事件的预防和处置措施等。

第二十五条 对需要公众广泛参与的非涉密应急预案，电力企业应当配合有关政府部门做好宣传工作。

第六章 预 案 演 练

第二十六条 电力企业应当建立应急预案演练制度，根据实际情况采取灵活多样的演练形式，组织开展人员广泛参与、处置联动性强、节约高效的应急预案演练。

第二十七条 电力企业应当对应急预案演练进行整体规划，并制定具体的应急预案演练计划。

第二十八条 电力企业根据本单位的风险防控重点，每年应当至少组织一次专项应急预案演练，每半年应当至少组织一次现场处置方案演练。

第二十九条 电力企业在开展应急预案演练前，应当制定演练方案，明确演练目的、演练范围、演练步骤和保障措施等，保证演练效果和演练安全。

第三十条 电力企业在开展应急预案演练后，应当对演练效果进行评估，并针对演练过程中发现的问题对相关应急预案提出修订意见。评估和修订意见应当有书面记录。

第七章 预 案 修 订

第三十一条 电力企业编制的应急预案应当每三年至少修订一次，预案修订结果应当详细记录。

第三十二条 有下列情形之一的，电力企业应当及时对应急预案进行相应修订：

（一）企业生产规模发生较大变化或进行重大技术改造的。

（二）企业隶属关系发生变化的。

（三）周围环境发生变化、形成重大危险源的。

（四）应急指挥体系、主要负责人、相关部门人员或职责已经调整的。

（五）依据的法律、法规和标准发生变化的。

（六）应急预案演练、实施或应急预案评估报告提出整改要求的。

（七）国家能源局及其派出机构或有关部门提出要求的。

第三十三条 应急预案修订涉及应急组织体系与职责、应急处置程序、主要处置措施、事件分级标准等重要内容的，修订工作应当参照本办法规定的预案编制、评审与发布、备案程序组织进行。仅涉及其他内容的，修订程序可根据情况适当简化。

第八章 监 督 管 理

第三十四条 对于在电力企业应急预案编制和管理工作中做出显著成绩的单位和人员，

国家能源局及其派出机构可以给予表彰和奖励。

第三十五条　电力企业未按照本办法规定实施应急预案管理有关工作的，国家能源局及其派出机构应责令其限期整改；造成后果的将依据有关规定追究其责任。

第三十六条　国家能源局及其派出机构可不定期督查和重点抽查电力企业应急预案编制和评审情况。对评审过程存在不规范行为的，应当责令其改正；发现弄虚作假的，则撤销备案。

第九章　附　　则

第三十七条　本办法中所称电力企业是指以从事发电、输电、供电生产和电力建设等为主营业务的企业。

第三十八条　核电站涉及核事件的应急预案管理工作不适用于本办法。

第三十九条　本办法自发布之日起施行。原国家电力监管委员会《电力企业应急预案管理办法》同时废止。

国家能源局综合司关于印发《电力企业应急预案评审与备案细则》的通知

国能综安全〔2014〕953号

各派出机构，大坝中心，国家电网公司，南方电网公司，华能、大唐、华电、国电、中电投集团公司，中电建、中能建集团公司，各有关电力企业：

为进一步做好电力企业应急预案评审和备案工作，国家能源局制定了《电力企业应急预案评审与备案细则》，现印发给你们，请遵照执行。

国家能源局综合司

2014年12月3日

附件：

电力企业应急预案评审和备案细则

第一章 总 则

第一条 为进一步贯彻落实《电力企业应急预案管理办法》，加强和规范电力企业应急预案评审和备案管理工作，结合电力企业实际，制定本细则。

第二条 本细则适用于电力企业综合应急预案，自然灾害类专项应急预案，事故灾害类专项应急预案的评审和备案工作。

公共卫生事件类、社会安全事件类专项应急预案以及电力企业现场处置方案的评审工作可参照本细则执行。

国家能源局及其派出机构可根据实际情况，要求电力企业针对特定的风险编制相关应急预案并按本细则的规定进行评审和备案。

第二章 评 审

第三条 电力企业应急预案编制修订完成后，应当按照本细则规定及时组织开展应急预案评审工作，以确保应急预案的合法性、完整性、针对性、实用性、科学性、操作性和衔接性。

第四条 应急预案评审之前，电力企业应当组织相关人员对专项应急预案进行桌面演练，以检验预案的可操作性。如有需要，电力企业也可对多个应急预案组织开展联合桌面演练。演练应当记录、存档。

第五条　评审工作由编制应急预案的电力企业或其上级单位组织。组织应急预案评审的单位应组建评审专家组，对应急预案的形式、要素进行评审。评审工作可邀请预案涉及的有关政府部门、国家能源局及其派出机构和相关单位人员参加。

电力企业也可根据本单位实际情况，委托第三方机构组织评审工作。

第六条　评审专家组由电力应急专家库的专家组成，参加评审的专家人数不应少于2人。国家能源局及其派出机构负责组建全国和区域电力应急专家库，并负责电力应急专家的聘任、应急专业培训等工作。

第七条　评审专家应履行以下职责：

（一）严格按照电力企业应急预案管理的有关法律法规规定进行评审，不得擅自改变评审方法和评审标准。

（二）坚持独立、客观、公平、公正、诚实、守信原则，提供的评审意见要准确可靠，并对评审意见承担责任。

（三）不得利用评审活动之便或利用评审专家的特殊身份和影响力，为本人或本项目以外的其他项目谋取不正当的利益。

（四）不得擅自向任何单位和个人泄露与评审工作有关的情况和所评审单位的商业秘密等。

（五）与所评审预案的电力企业有利益关系或在评审前参与所评预案咨询、论证的，应当回避。

第八条　应急预案评审前，电力企业应落实参加评审的人员，将本单位编写的应急预案及有关资料提前7日送达相关人员。

第九条　电力企业应急预案评审包括形式评审和要素评审。

（一）形式评审。依据有关行业规范，对应急预案的层次结构、内容格式、语言文字、附件项目以及编制程序等内容进行审查，重点审查应急预案的规范性和编制程序（见附表1）。

（二）要素评审。依据有关行业规范，从合法性、完整性、针对性、实用性、科学性、操作性和衔接性等方面对应急预案进行评审。为细化评审，采用列表方式分别对应急预案的要素进行评审。评审时，将应急预案的要素内容与评审表（见附表2～附表4）中所列要素的内容进行对照，判断是否符合有关要求，指出存在问题及不足。

第十条　应急预案评审采用符合、基本符合、不符合三种意见进行判定。判定为基本符合和不符合的项目，评审专家应给出具体修改意见或建议。

评审专家组所有成员应按照“谁评审、谁签字、谁负责”的原则，对每个预案的评审意见（见附表5）分别进行签字确认。

第十一条　电力企业应急预案评审应当形成评审会议记录，至少应包括以下内容：

（一）应急预案名称。

（二）评审地点、时间、参会人员信息。

（三）专家组书面评审意见（附“评审表”）。

（四）参会人员（签名）。

第十二条　专家组会议评审意见要求重新组织评审的，电力企业应当按要求修订后重新组织评审。

第十三条 电力企业应急预案经评审合格后，由电力企业主要负责人签署印发。

第三章 备 案

第十四条 电力企业应在应急预案正式签署印发后 20 个工作日内，将本单位相关应急预案按以下规定进行备案：

（一）中央电力企业（集团公司或总部）向国家能源局备案。

中国南方电网有限责任公司同时向当地国家能源局区域派出机构备案。

（二）国家能源局派出机构监管范围内地调以上调度的发电企业向所在地派出机构备案。

国家能源局派出机构监管范围内地（市）级以上的供电企业向所在地派出机构备案。

国家能源局派出机构监管范围内工期两年以上的电力建设工程，其电力建设单位向所在地派出机构备案。

（三）政府其他有关部门对应急预案有备案要求的，同时报备。

第十五条 国家能源局建立应急预案互联网报备管理系统。电力企业进行应急预案备案时，应先登录预案报备管理系统进行网上申请，填写应急预案备案申请表（附表 6），并提交以下材料：

（1）本单位应急预案目录。

（2）应急预案形式评审表（附表 1）、应急预案评审意见表（附表 5）的扫描件。

（3）应急预案发布相关文件的扫描件。

第十六条 国家能源局及其派出机构通过应急预案互联网报备管理系统对电力企业提交的申请按下列规定办理：

（一）申请材料不齐全或者不符合要求的，应当在 10 个工作日内一次性告知申请单位需要补正的全部内容。

（二）申请材料齐全，符合要求或者按照要求全部补齐的，自收到申请材料或者全部补齐材料之日起即为受理。

第十七条 国家能源局及其派出机构应当自受理电力企业应急预案备案申请之日起，对申请材料进行备案审查，并于 15 个工作日内提出审查意见，决定是否准予备案登记。

对于予以备案登记的，应当通知申请单位，并说明需要报送的应急预案；对于不予备案登记的，应当要求企业完善后重新备案。

第十八条 电力企业接到予以备案登记的通知后，应及时将以下材料刻盘并送至国家能源局或其派出机构：

（一）应急预案备案申请表。

（二）应急预案目录。

（三）应急预案形式评审表的扫描件。

（四）专家评审意见的扫描件。

（五）应急预案发布相关文件的扫描件。

（六）需要报送的应急预案的电子文档。

第十九条　国家能源局及其派出机构将电力企业应急预案报备材料存档，并出具《电力企业应急预案登记表》（见附表7），同时在应急预案互联网报备管理系统上录入登记信息。

办理备案登记及审查不得收取任何费用。

第二十条　《电力企业应急预案备案登记表》由备案部门和电力企业分别存档。

第二十一条　电力企业每三年至少对本单位应急预案进行一次修订。修订时，涉及应急指挥体系与职责、应急处置程序、主要处置措施、事件分级标准等关键要素的，修订工作应参照《电力企业应急预案管理办法》以及本细则规定的预案编制、评审与发布、备案程序组织进行。仅涉及一般要素的，修订程序可根据情况适当简化。

第四章　附　　则

第二十二条　本细则下列用语的含义：

（一）关键要素，是指应急预案构成要素中必须规范的内容。这些要素涉及电力企业应急管理的关键环节，具体包括危险源辨识与风险分析、组织机构及职责、信息报告与处置和应急响应程序与处置技术等要素。

（二）一般要素，是指应急预案构成要素中可简写或省略的内容。这些要素不涉及电力企业应急管理的关键环节，具体包括应急预案中的编制目的、编制依据、工作原则、单位概况等要素。

第二十三条　《电力企业应急预案备案申请表》和《电力企业应急预案备案登记表》由国家能源局统一制定。

第二十四条　本细则自发布之日起施行。

附表1　电力企业应急预案形式评审表

评审项目	评审内容及要求	评审意见		
		符合	基本符合	不符合
封　面	应急预案编号、应急预案版本号、生产经营单位名称、应急预案名称、编制单位名称、颁布日期等内容			
批准页	1．对应急预案实施提出具体要求。 2．发布单位主要负责人签字或单位盖章			
目　录	1．页码标注准确（预案简单时目录可省略） 2．层次清晰，编号和标题编排合理			
正　文	1．文字通顺、语言精炼、通俗易懂 2．结构层次清晰，内容格式规范 3．图表、文字清楚，编排合理（名称、顺序、大小等） 4．无错别字，同类文字的字体、字号统一			
附　件	1．附件项目齐全，编排有序合理 2．多个附件应标明附件的对应序号 3．需要时，附件可以独立装订			

续表

评审项目	评审内容及要求	评审意见		
		符合	基本符合	不符合
编制过程	1．成立应急预案编制工作组 2．全面分析本单位危险因素，确定可能发生的事故类型及危害程度 3．针对危险源和事故危害程度，制定相应的防范措施 4．客观评价本单位应急能力，掌握可利用的社会应急资源情况 5．制定相关专项预案和现场处置方案，建立应急预案体系 6．充分征求相关部门和单位意见，并对意见及采纳情况进行记录 7．必要时与相关专业应急救援单位签订应急救援协议 8．应急预案评审前的桌面演练记录 9．重新修订后评审的，一并注明			

评审专家签字：

附表2　电力企业综合应急预案要素评审表

评审项目		评审内容及要求	评审意见		
			符合	基本符合	不符合
总　则	编制目的	目的明确，简明精要			
	编制依据	1．引用的法规标准合法有效 2．明确相衔接的上级预案，不得越级引用应急预案			
	适用范围*	范围明确，适用的事故类型和响应级别合理			
	应急预案体系*	1．能够清晰表述本单位及所属单位应急预案组成和衔接关系（推荐使用框图形式） 2．能够覆盖本单位及所属单位可能发生的事故类型			
	应急工作原则	1．符合国家有关规定和要求 2．结合本单位应急工作实际			
事故风险描述*		简述生产经营单位存在或可能发生的事故风险种类、发生的可能性以及严重程度及影响范围等			
组织机构及职责*	应急组织机构	能够清晰描述本单位的应急组织形式及组成单位或人员（推荐使用结构图的形式）			
	指挥机构职责	1．应急组织机构构成部门职责明确 2.各应急工作小组设置合理，工作任务及职责明确			
预警及信息报告*	预警*	明确预警的条件、方式、方法和信息发布的程序			
	信息报告*	1．明确24小时应急值守电话、事故信息接收、通报程序和责任人 2.明确事故发生后向上级主管部门或单位报告事故信息的流程、内容、时限和责任人 3.明确事故发生后向本单位以外的有关部门或单位通报事故信息的方法、程序和责任人			

续表

评审项目		评审内容及要求	评审意见		
			符合	基本符合	不符合
应急响应	响应分级*	1. 分级清晰，且与上级应急预案响应分级衔接 2. 能够体现事故紧急和危害程度 3. 明确分级响应的基本原则			
	响应程序*	1. 立足于控制事态发展，减少事故损失 2. 明确救援过程中各专项应急功能的实施程序 3. 明确扩大应急的基本条件及原则			
	处置措施*	1. 可能发生的事故风险、事故危害程度和影响范围，明确了相应的应急处置措施 2. 明确了处置原则和具体要求			
	应急结束	1. 明确了应急响应结束的基本条件 2. 明确应急响应结束的要求			
信息公开		1. 明确了向有关新闻媒体、社会公众通报事故信息的部门、负责人 2. 明确向有关新闻媒体、社会公众通报事故信息的程序 3. 明确向有关新闻媒体、社会公众通报事故信息的通报原则			
后期处置		1. 明确事故发生后，污染物处理、生产恢复、善后赔偿等内容 2. 明确应急救援评估等内容			
保障措施*		1. 明确相关单位或人员的通信方式，提供备用方案，确保应急期间信息通畅 2. 明确各类应急资源，包括专业应急救援队伍、兼职应急队伍的组织机构以及联系方式 3. 明确应急装备、设施和器材及其存放位置清单，以及保证其有效性的措施 4. 明确应急工作经费保障方案			
应急预案管理	应急预案培训*	1. 明确本单位开展应急管理培训的计划和方式方法 2. 如果应急预案涉及周边社区和居民，应明确相应的应急宣传教育工作			
	应急预案演练*	不同类型应急预案演练的形式、范围、频次、内容以及演练评估、总结等要求			
	应急预案修订	1. 明确应急预案修订的基本要求 2. 明确应急预案定期评审的要求			
	应急预案备案	1. 明确本预案应报备的有关部门（上级主管部门及地方政府有关部门）和有关抄送单位 2. 符合国家关于预案备案的相关要求			
	应急预案实施	明确应急预案实施的具体时间、负责制定与解释的部门			
注："*"代表应急预案的关键要素。					

评审专家签字：

附表3 电力企业专项应急预案要素评审表

<table>
<tr><th colspan="2" rowspan="2">评审项目</th><th rowspan="2">评审内容及要求</th><th colspan="3">评审意见</th></tr>
<tr><th>符合</th><th>基本符合</th><th>不符合</th></tr>
<tr><td colspan="2">事故风险分析*</td><td>针对可能的事故风险，分析事故发生的可能性以及严重程度、影响范围等</td><td></td><td></td><td></td></tr>
<tr><td rowspan="2">组织机构及职责*</td><td>应急组织体系*</td><td>1. 能够清晰描述本单位的应急组织体系（推荐使用图表）
2. 明确应急组织成员日常及应急状态下的工作职责</td><td></td><td></td><td></td></tr>
<tr><td>指挥机构及职责*</td><td>1. 清晰表述本单位应急指挥体系
2. 应急指挥部门职责明确
3. 各应急救援小组设置合理，应急工作明确</td><td></td><td></td><td></td></tr>
<tr><td colspan="2">处置程序*</td><td>1. 明确事故及事故险情信息报告程序和内容，报告方式和责任人等内容
2. 根据事故响应级别，具体描述了事故接警报告和记录、应急指挥机构启动、应急指挥、资源调配、应急救援、扩大应急等应急响应程序</td><td></td><td></td><td></td></tr>
<tr><td colspan="2">处置措施*</td><td>1. 针对事故种类制定相应的应急处置措施
2. 符合实际，科学合理
3. 程序清晰，简单易行</td><td></td><td></td><td></td></tr>
<tr><td colspan="6">注：“*”代表应急预案的关键要素。如果专项应急预案作为综合应急预案的附件，综合应急预案已经明确的要素，专项应急预案可省略。</td></tr>
</table>

评审专家签字：

附表4 电力企业应急预案附件要素评审表

<table>
<tr><th rowspan="2">评审项目</th><th rowspan="2">评审内容及要求</th><th colspan="3">评审意见</th></tr>
<tr><th>符合</th><th>基本符合</th><th>不符合</th></tr>
<tr><td>有关部门、机构或人员的联系方式</td><td>1. 列出应急工作需要联系的部门、机构或人员的多种联系方式，并保证准确有效
2. 发生变化时，及时更新</td><td></td><td></td><td></td></tr>
<tr><td>应急物资装备的名录或清单</td><td>以表格形式列出主要物资和装备名称、型号、性能、数量、存放地点、运输和使用条件、管理责任人和联系电话等</td><td></td><td></td><td></td></tr>
<tr><td>规范化格式文本</td><td>给出信息接报、处理、上报等规范化格式文本，要求规范、清晰、简洁</td><td></td><td></td><td></td></tr>
<tr><td>关键的路线、标识和图纸</td><td>1. 警报系统分布及覆盖范围
2. 重要防护目标、危险源一览表、分布图
3. 应急救援指挥位置及救援队伍行动路线
4. 疏散路线、重要地点等标识
5. 相关平面布置图纸、救援力量分布图等</td><td></td><td></td><td></td></tr>
<tr><td>有关协议或备忘录</td><td>列出与相关应急救援部门签订的应急支援协议或备忘录</td><td></td><td></td><td></td></tr>
<tr><td colspan="5">注：附件根据应急工作需要而设置，部分项目可省略。</td></tr>
</table>

评审专家签字：

附表 5 电力企业应急预案评审意见表

单位名称：

<table>
<tr><td>应急预案名称</td><td></td></tr>
<tr><td>应急预案编制人员</td><td></td></tr>
<tr><td>应急预案评审专家</td><td></td></tr>
<tr><td colspan="2">修改意见及建议（版面不够可转背页）：

××年××月××日，××公司在××（地点）召开了××应急预案专家评审会议。
评审专家组参照《电力企业应急预案评审与备案细则》，从合法性、完整性、针对性、实用性、科学性、操作性和衔接性等方面，对应急预案的层次结构、语言文字、要素内容、附件项目等进行了系统的审查，并查看了应急预案桌面演练的记录，形成如下评审意见：
一、×××
二、×××
三、×××

评审专家组一致认为，×××。

评审专家组（签字）：

____年___月___日</td></tr>
<tr><td>备注</td><td></td></tr>
</table>

附表6 电力企业应急预案备案申请表

<table>
<tr><td>单位名称</td><td></td><td>法定代表人</td><td></td></tr>
<tr><td>联系人</td><td></td><td>联系电话</td><td></td></tr>
<tr><td>单位地址</td><td></td><td>邮政编码</td><td></td></tr>
<tr><td>传　真</td><td></td><td>电子邮箱</td><td></td></tr>
<tr><td rowspan="4">应急预案编制、评审
基本信息</td><td colspan="3">应急预案编写人员：

编制日期：　　年　月　日</td></tr>
<tr><td colspan="3">应急预案评审前桌面演练情况（需说明演练参与人员、日期等）：</td></tr>
<tr><td colspan="3">应急预案评审人员：

评审日期：　　年　月　日</td></tr>
<tr><td colspan="3">根据评审意见，我单位对应急预案进行了修订完善，并于　年　月　日由　　签署印发。</td></tr>
<tr><td colspan="4">根据《电力企业应急预案管理办法》《电力企业应急预案评审与备案细则》，现将我单位编制的：

等预案报上，请予备案。

（单位盖章）
____年___月___日</td></tr>
</table>

附表 7 电力企业应急预案备案登记表

备案编号：

<table>
<tr><td>单位名称</td><td colspan="3"></td></tr>
<tr><td>单位地址</td><td></td><td>邮政编码</td><td></td></tr>
<tr><td>法定代表人</td><td></td><td>经办人</td><td></td></tr>
<tr><td>联系电话</td><td></td><td>传　　真</td><td></td></tr>
<tr><td colspan="4">你单位上报的：

经形式审查符合要求，准予备案。

（盖　章）
____年___月___日</td></tr>
</table>

注：应急预案备案编号由“NY”加县级及以上行政区划代码（6 位）、年份（4 位）和流水序号（3 位）组成。

国家能源局综合司关于印发《大面积停电事件省级应急预案编制指南》的通知

国能综安全〔2016〕490号

各省、自治区、直辖市人民政府办公厅，国家能源局各派出机构：

为深入贯彻落实《国家大面积停电事件应急预案》和《国家发展改革委办公厅关于做好国家大面积停电事件应急预案贯彻落实工作的通知》，指导省级人民政府开展大面积停电事件应急预案的制修订工作，我局编制了《大面积停电事件省级应急预案编制指南》，现印送你们，供工作参考。

国家能源局综合司

2016年8月5日

附件：

大面积停电事件省级应急预案编制指南

前　　言

为加强各省、自治区、直辖市大面积停电事件应急预案编制工作的指导，规范其编制程序、框架内容和基本要素，高效有序处置大面积停电事件，参照《中华人民共和国突发事件应对法》《国务院有关部门和单位制定和修订突发公共事件应急预案框架指南》《国家突发公共事件总体应急预案》《国家大面积停电事件应急预案》《国务院办公厅突发事件应急预案管理办法》《生产安全事故应急预案管理办法》等法律法规和相关文件制定本指南。

本指南适用于各省、自治区、直辖市人民政府开展应急预案编制工作，各市县级人民政府和各相关单位编制本级或本单位大面积停电事件应急预案可参照本指南。

本指南由编制工作指南和预案框架指南两部分构成。编制工作指南部分主要对预案定位、预案体系结构以及预案编制过程中的重点提出指导性要求；预案框架指南部分主要对预案的内容提出指导性参考。

第一部分　编制工作指南

1　预案编制原则

1.1　大面积停电事件省级应急预案（以下简称省级预案）是为省、自治区、直辖市（以下简称省级）人民政府制定的针对大面积停电事件的专项应急预案，是大面积停电事件应对中涉及的多个部门职责的制度安排与工作方案，应由省级人民政府电力运行主管部门牵头制定。

1.2 预案编制应当依据国家相关法律法规和本辖区突发事件应急管理相关法规和制度，并紧密结合本辖区实际情况。

省级预案框架各部分内容所涉及的法律法规制度依据见附录一。

1.3 省级预案重点明确在发生大面积停电事件时的组织指挥机制、信息报告要求、分级响应标准及响应行动、队伍物资保障及调用程序、市县级政府职责等，重点规范省级层面应对行动，同时体现对市县级预案的指导性。省级预案与其他省级专项预案的衔接界面由省级综合预案规定；省级预案涉及市县级层面的应对及处置行动由市县级相关专项预案规定；省级预案涉及的跨部门响应与保障行动由相关协同联动机制规定。

省级预案的体系框架图见附录二。

1.4 省级预案应当与《国家大面积停电事件应急预案》在应对原则、指挥机制、预警机制、事件分级、响应分级、响应行动以及保障措施等方面进行衔接。

2 编制工作组织机构

2.1 由省级人民政府电力运行主管部门牵头成立应急预案编制工作组织（以下简称编制组织），编制组织负责人应由省级人民政府电力运行主管部门有关工作责任人担任。编制组织的典型构成见附录三。

2.2 编制组织成员构成应当注重全面性和专业性，吸收相关政府部门应急管理人员、相关应急指挥机构管理人员、应急管理领域专业人员和相关行业专业人员参与，必要时组织专门培训。

2.3 编制组织应当注重工作的延续性，充分发挥编制组织成员在大面积停电事件应急处置指挥和省级预案持续优化完善工作中的作用。

3 编制准备

3.1 风险源评估

预案编制前应当对可能引发大面积停电事件的风险源进行全面评估。风险源评估应当基于全面的样本资料收集，包括本辖区十年以上的相关历史事件、国内外代表性案例以及对未来一段时间本辖区自然、社会、经济演变的预期，形成风险源事件样本库。风险源评估应当采用科学有效的事件分解和模式归类方法，形成预案情景构建工作的基础。

3.2 社会风险影响分析

预案编制前应当进行大面积停电事件社会风险影响分析，形成应急响应和保障的决策依据，提出控制风险、治理隐患和防范次生衍生灾害的措施和极端情况下应急处置与资源保障的需求。

社会风险影响分析宜采用情景构建的科学方法，对大面积停电事件造成的对城市秩序、交通运输、公共安全、通信保障、医疗卫生、物资供应、燃料供应等领域的影响情景进行构建。

3.3 应急资源调查

3.3.1 从大面积停电事件发生时供电保障的角度出发，对电力企业应急资源，重要电力用户应急资源，其他应急与保障机制，相关部门、组织及机构的备用电源，应急燃料储备情况，应急队伍，物资装备，应急场所等状况进行全面调查。必要时，依据电网结构和地域特性，对合作区域内可用的电力应急资源进行调查，为制定应急响应措施提供依据。

3.3.2 从大面积停电事件发生时民生与社会安全保障的角度出发，对通信、交通、公共安全、民政、卫生、医疗、市政、军队、武警等相关部门和单位以及社会化应急组织的应急资源情况进行调查，必要时对合作区域内可用的社会应急资源情况进行调查，为制定协同联动机制提供依据。

4 隐患治理与预案要素的先期完善

4.1 对于在风险分析中发现的易发、高发风险源隐患，应当进行事前治理。有整改条件的由编制组织提请省级安全生产监督管理部门督促相关单位进行整改，没有整改条件的应在预案中特别列明，并在预案中对监测预警、应急处置措施等手段和程序上予以强化。

4.2 对于在影响分析中发现的社会影响敏感因素，应当在预案编制过程中强化相关单位的专业处置力量，完善预案中相应的响应与处置措施，同时将上述因素作为确定响应级别与响应升级的重要依据。

4.3 对于在应急资源调查中发现的应急资源明显不足的情况，应当按照相关规范标准要求及时配备。应急资源与保障措施协同联动机制不到位的，应及时组织相关部门和单位会商并建立完善机制。地方人民政府应当积极推进全社会共同参与的应急资源调用机制建设。

5 编制过程要点

5.1 预案中规定的程序、机制与措施都应当有法可依、有据可查，编制过程中可充分借鉴和体现本辖区应急管理历史工作经验和成果。

5.2 预案编制中应当采用标准化的文字与流程图，规定监测预警、应急组织指挥机构召集、信息共享与报送、响应启动、响应级别调整等行动。

5.3 预案编制中宜采用情景构建方法，保证预案内容与实际情况相符，提高预案的针对性和可操作性。

5.4 预案内容应当体现统一指挥、分工负责的工作原则，对指挥权设定、分级组织指挥以及现场工作组、现场指挥机构的权利责任划分应当严谨清晰。

5.5 省级预案应当与相关预案做好衔接，涉及其他单位职责的，应当书面征求相关单位意见。必要时，向地方立法机构和社会公开征求意见。

6 审批和发布

省级预案的审批、发布、备案及修订更新工作按照《突发事件应急预案管理办法》《国家发展改革委办公厅关于做好大面积停电事件应急预案贯彻落实工作的通知》等文件执行。

第二部分　预 案 框 架 指 南

1　总则

1.1　编制目的

建立健全涉及本省、自治区、直辖市（以下简称本省）的大面积停电事件应对工作机制，提高应对效率，最大程度减少人员伤亡和财产损失，维护本辖区安全和社会稳定。

1.2　编制依据

国家相关法律法规和政策文件，一般包括：《中华人民共和国突发事件应对法》《中华人民共和国安全生产法》《中华人民共和国电力法》《生产安全事故报告和调查处理条例》《电力安全事故应急处置和调查处理条例》《电网调度管理条例》《国家突发公共事件总体应急预案》、《国家大面积停电事件应急预案》。

省级人民政府颁发的相关法规和政策文件：如某省（自治区、直辖市）突发事件应对条例、某省（自治区、直辖市）突发事件总体应急预案、某省（自治区、直辖市）突发事件预警信息发布管理办法等。

1.3　适用范围

明确省级预案的适用行政辖区。

省级预案是应对由于本辖区内外自然灾害、电力安全事故和外力破坏等原因造成的本辖区内电网大量减供负荷，对本辖区安全、社会稳定以及人民群众生产生活造成影响和威胁的停电事件的工作方案。

按照突发事件省级综合预案明确本省级预案与省内其他相关预案关系。

1.4　工作原则

遵从国家大面积停电事件应急处置工作原则，同时突出本省应急处置工作特点。

1.5　事件分级

事件分级原则上按照《国家大面积停电事件应急预案》规定的标准执行，分为特别重大、重大、较大和一般四级，具体内容结合本省实际，与本省无关的标准可以不列入。

2　组织指挥体系及职责

2.1　省级层面组织指挥机构

明确本省大面积停电事件应对指导协调和组织管理工作的负责单位。

明确省级层面应对大面积停电事件的应急组织指挥机构（以下简称应急组织指挥机构）及其召集机制、成员组成、职责分工，日常管理工作机制。成员和职责可以附件形式附后。明确必要时派出应急工作组指导市县开展大面积停电事件应急处置工作的机制。

依照“统一领导”，“属地为主”的工作原则，明确当成立国家大面积停电事件应急指挥部时，由国家大面积停电事件应急指挥部统一领导、组织和指挥大面积停电事件应对工作，（本辖区）应急组织指挥机构应衔接上一层级指挥体系并做好辖区内事件应对的领导、组织和指挥工作。

省级层面组织指挥机构构成体系见附录四。

2.2 市县层面组织指挥机构

明确市县级指挥、协调本行政区域内大面积停电事件应对工作的负责单位。

明确市县级大面积停电事件应急组织指挥机构及其召集机制。

2.3 电力企业

明确电力企业应对大面积停电事件的应急指挥机构。

明确电力企业应急指挥机构与应急组织指挥机构之间的关系与界面。

2.4 专家组

制定专家组召集机制。明确专家组的专业领域构成，专家组对应急组织指挥机构的决策支持流程。

3 风险分析和监测预警

3.1 风险分析

3.1.1 风险源分析

3.1.1.1 从本辖区气象、地质、水文、植被等自然环境因素方面，分析可能引发大面积停电事件的环境危险因素。

3.1.1.2 从本辖区电网结构、设备特性等方面分析可能引发大面积停电事件的电网危险因素。

3.1.1.3 从系统分析和历史经验角度，发现可能引发本辖区大面积停电事件的辖区外电网、自然和社会环境危险因素。

3.1.2 社会风险影响分析

结合本辖区人口、政治、经济发展特点，对大面积停电引发的社会面风险因素进行分析。可以基于本辖区历史灾害样本数据进行社会影响情景构建。

3.2 监测

明确本辖区内需要监测的重点对象。以早发现、早报告、早处置的原则，建立监测信息的管理方法和机制。

适当考虑发生在本辖区外、有可能对本辖区造成重大影响事件的信息收集与传报。

除从上述专业渠道获取监测信息外，预案监测体系还应支持从舆情监测、互联网感知、民众报告等多种渠道获得预警信息的方式，并对民众报告的接报方式进行公示。

3.3 预警

3.3.1 预警信息发布

明确规范省级大面积停电事件预警职责、预警程序、预警调整及解除等具体内容。重点明确电网企业大面积停电事件预警信息上报电力运行主管部门和国家能源局派出机构的程序、内容和相关渠道，明确电力运行主管部门后续研判、报告、审批和预警信息发布的程序。明确预警信息的发布平台、渠道以及发布形式。

明确向国家能源局的上报程序和对市县及其他相关部门的通报程序。

3.3.2 预警行动

一般应采取的预警行动措施包括：

（1）应急准备措施

电力企业的应急准备措施，重要电力用户的应急准备措施，受影响区域人民政府应启动的应急联动机制及其他应急准备措施。

（2）舆论监测与引导措施

舆论监测方法与系统，舆情指标体系，舆论引导的依据、方法与渠道。

设置舆情指标越限时应采取的响应行动。

3.3.3 预警解除

当判断不可能发生突发大面积停电事件或者危险已经消除时，按照“谁发布、谁解除”的原则，适时终止相关措施。

4 信息报告

依据国家大面积停电事件应急预案信息报告程序，明确大面积停电事件发生后，相关电力企业的信息报告规范与程序。

明确地方人民政府（电力运行主管部门）和能源局派出机构接到大面积停电事件报告后应采取的向上信息报告和向下信息通报的规范与程序。

对市县级人民政府接到大面积停电事件信息后应采取的信息研判与报告措施提出指导性要求。

5 应急响应

5.1 响应分级

参照国家大面积停电事件应急预案响应分级，依据本省实际情况制定响应分级标准及必要时应采取的响应升级机制。

明确与响应级别对应的各单位应急处置基本任务清单以及与情景构建对应的各单位应急处置动态任务清单。

包含对于尚未达到一般大面积停电事件标准，但对社会产生较大影响的其他停电事件，省级或事发地人民政府的应急响应启动程序。

可以定义为避免应急响应不足或响应过度对应急响应级别进行调整的程序。

5.2 省级层面应对

5.2.1 省级应急组织指挥机构应对

明确初判发生重大以上大面积停电事件时，省级应急组织指挥机构应该开展的主要工作，主要包括：贯彻落实国务院指示精神，组织进行客观事态评估，组织专家研判，视情况进行现场指挥与协调，配合国务院工作组及上级指挥机构的工作，舆情管理，处置评估等。

5.2.2 省级应急工作组应对

明确省级应急工作组派出后应该采取的主要工作，主要包括：贯彻落实本省政府应急处置工作要求，收集汇总事件信息，指导当地应急指挥机构处置应对工作，协调实施跨市县合作机制等。

5.2.3 现场指挥部应对

明确现场指挥部的成立机制、工作职责，以及对参与现场处置的单位和个人的工作要求。

明确现场指挥部的组织结构与指挥权限的设定、行政命令权与应急指挥权的界限划分。

5.3 工作机制和响应措施

5.3.1 工作机制

明确全面支撑应急响应措施的工作机制，如：应急组织指挥机构各成员单位间的信息共享机制；应急资源调配决策机制；现场应急指挥与协调机制；通信保障与应急联动机制；地市间跨区域大面积停电事件应急合作机制。

5.3.2 响应措施

明确大面积停电事件发生后各相关单位的响应措施和需要进行协调联动的工作机制，明确响应牵头部门，必要时列明各单位响应措施的任务清单，一般包括：

（1）抢修电网并恢复运行。明确以电力企业为主责的抢修电网并恢复运行的响应要求。

（2）防范次生衍生事故。明确以重要电力用户为主责的防范次生衍生事故的响应措施。

（3）保障民生。明确与消防、市政、供水、燃气、物资、卫生、教育、采暖等基本民生事务保障相关的一系列响应措施，响应牵头部门。

（4）维护社会稳定。明确与应急指挥体系，政府重要机构，人员密集区域，市场经济秩序，安全生产重要场所等安全与稳定保障相关的一系列响应措施，响应牵头部门。

（5）加强信息发布。明确信息发布的主要内容、方式、手段，如召开新闻发布会向社会公众发布停电信息的工作程序。

（6）组织事态评估。明确应急组织指挥机构对大面积停电事件影响范围、影响程度、发展趋势及恢复进度进行评估的组织形式和工作流程。

5.4 响应终止

满足响应终止条件时，由启动响应的地方人民政府终止应急响应。响应终止的必要条件参照《国家大面积停电事件应急预案》，可以结合本省情况按照上调响应级别的原则进行调整。

6 后期处置

6.1 处置评估

明确应急处置结束后，省级人民政府总结评估、吸取教训和改进工作的程序。明确鼓励开展第三方评估的相关要求。

6.2 事故调查

按照《电力安全事故应急处置和调查处理条例》规定成立事故调查组，查明事件原因、性质、影响范围、经济损失等情况，提出防范、整改措施和处理处置建议。

6.3 善后处置

明确应急响应结束后，事发地人民政府开展善后处置的内容和程序，如保险机构理赔工作要求；因灾受损单位灾后评估及损失申报流程。

6.4 恢复重建

明确对大面积停电事件应急响应中止后，对受损电网和设备进行恢复重建的组织、规划和实施流程。

7 应急保障

7.1 应急队伍保障

明确本辖区各类电力应急救援队伍体系建设和能力建设的基本要求。电力应急救援队伍体系包括：电力企业专业和兼职救援队伍，各相关行业协同救援队伍，军队、武警、公安消防等专业保障力量，社会志愿者队伍等。

7.2 物资装备保障

对电力企业应急装备及物资储备工作提出要求。

对县级以上人民政府加强应急救援装备物资及生产生活物资的紧急生产、储备调拨和紧急配送工作，保障支援大面积停电事件应对工作需要提出指导性要求。

对鼓励支持社会化应急物资装备储备提出指导性要求。

7.3 通信、交通和运输保障

明确本辖区的应急通信保障体系和交通运输保障体系建设工作要求，确定牵头部门。

7.4 技术保障

明确电力企业在大面积停电事件应急关键技术研究、装备研发、应急技术标准制定、应急能力评估、应急信息化平台建设等方面的工作要求。

明确气象、国土资源、水利等部门为电力日常监测预警及电力应急抢险提供技术保障的要求。

7.5 应急电源保障

明确说明本辖区加强电网“黑启动”能力建设工作要求。描述辖区内应急电源保障机制和地方人民政府督导检查机制。

7.6 医疗卫生保障

明确大面积停电应急处置过程中，对保障伤员紧急救护、卫生防疫等工作提出要求。

7.7 资金保障

明确地方人民政府以及各相关电力企业对大面积停电事件应对的资金保障规定和要求。

8 附则

8.1 预案编制与审批

说明预案的编制部门以及预案的审批及发布记录。

8.2 预案修订与更新

明确定期评审与更新制度、备案制度、评审与更新方式方法和主办机构等。

8.3 预案实施

说明预案的生效实施时间节点。

8.4 演练与培训

说明预案实施后的演练与培训计划。

9 附录

9.1 省级大面积停电事件分级说明。

9.2 应急指挥机构成员工作职责或各小组职责。

9.3 《大面积停电事件省级应急预案操作手册》，规定更加详细的行动流程、联系方式、资源清单、报告格式、路线图等，作为省级预案附录。

操作手册内容一般包含：

（1）大面积停电事件监控信息汇总流程

（2）大面积停电事件公众报告接报流程

（3）大面积停电事件预警信息初判、报告、审批、发布与解除流程及信息报告格式文书

（4）大面积停电事件组织指挥机构召集、集中、联络流程与路线图

（5）应急人力资源清单、应急设备设施资源清单、应急抢险物资清单

（6）大面积停电事件响应信息报告流程及信息格式文书

（7）事件分级（如前文未列明）判定流程

（8）事件响应分级（如前文未列明）与调整流程

第三部分　附　录

附录一：大面积停电事件省级应急预案框架涉及法律法规制度依据

预案框架章节	法律法规制度	对应内容
总则	《国家大面积停电事件应急预案》 《突发事件应对法》 《突发事件应急预案管理办法》 《生产安全事故应急预案管理办法》	事件定义 事件分级 适用范围和工作原则
组织指挥体系及职责	《突发事件应对法》 《中央编办关于国家能源局派出机构设置的通知》 省级突发事件应对条例、省级突发事件总体应急预案	省级应急组织指挥机构设置 市县级应急组织指挥机构设置
	《电力安全事故应急处置和调查处理条例》 《电网调度管理条例》 《电力企业应急预案管理办法》	电力企业应急指挥机构设置
	《突发事件应对法》 《国家突发事件总体应急预案》	专家组
监测预警和信息报告	《电力安全事故应急处置和调查处理条例》	电力设施及监测预警
	《突发事件应对法》 各省关于突发事件预警信息发布的管理办法	预警发布
监测预警和信息报告	《关于加强重要电力用户供电电源及自备应急电源配置监督管理的意见》 《重大活动电力安全保障工作规定（试行）》	预警行动
信息报告	《突发事件应对法》 《电力安全事故应急处置和调查处理条例》 《国家能源局综合司关于做好电力安全信息报送工作的通知》 各省关于突发事件信息报送的管理办法	信息报送
应急响应	《电力安全事故应急处置和调查处理条例》 《电网调度管理条例》	电力企业响应
	《重要电力用户供电电源及自备应急电源配置技术规范》	重要电力用户响应
	《突发事件应对法》 省级突发事件应对条例、省级突发事件总体应急预案、省级各部门专项预案、省/市/县级跨部门协同联动机制	社会响应 协同联动 保障机制

续表

预案框架章节	法律法规制度	对应内容
后期处置	《突发事件应对法》 《电力安全事故应急处置和调查处理条例》 《关于加强电力系统抗灾能力建设的若干意见》	善后处置，事故调查，灾后重建
保障措施	《国务院关于全面加强应急管理工作的意见》 《国务院办公厅转发安全监管总局等部门关于加强企业应急管理工作的意见》 《关于加强基层应急队伍建设的意见》	应急队伍建设
	《关于进一步加强电力应急管理工作的意见》 《关于深入推进电力企业应急管理工作的通知》 《关于加强电力应急体系建设的指导意见》	电力应急队伍建设
	《军队参加抢险救灾条例》 《消防法》	军队、武警、公安参加应急处置
	《突发事件应对法》	社会救援力量组织与建设
保障措施	《国家通信保障应急预案》 《国家突发公共事件总体应急预案》 《关于全面推进公务用车制度改革的指导意见》	通信、交通与运输保障
	《电力系统安全稳定导则》	技术保障
	《突发事件应对法》	资金保障
附则	《突发事件应急预案管理办法》 《生产安全事故应急预案管理办法》	宣传、培训、演练、修订、备案与发布

附录二：大面积停电事件省级应急预案体系框架图

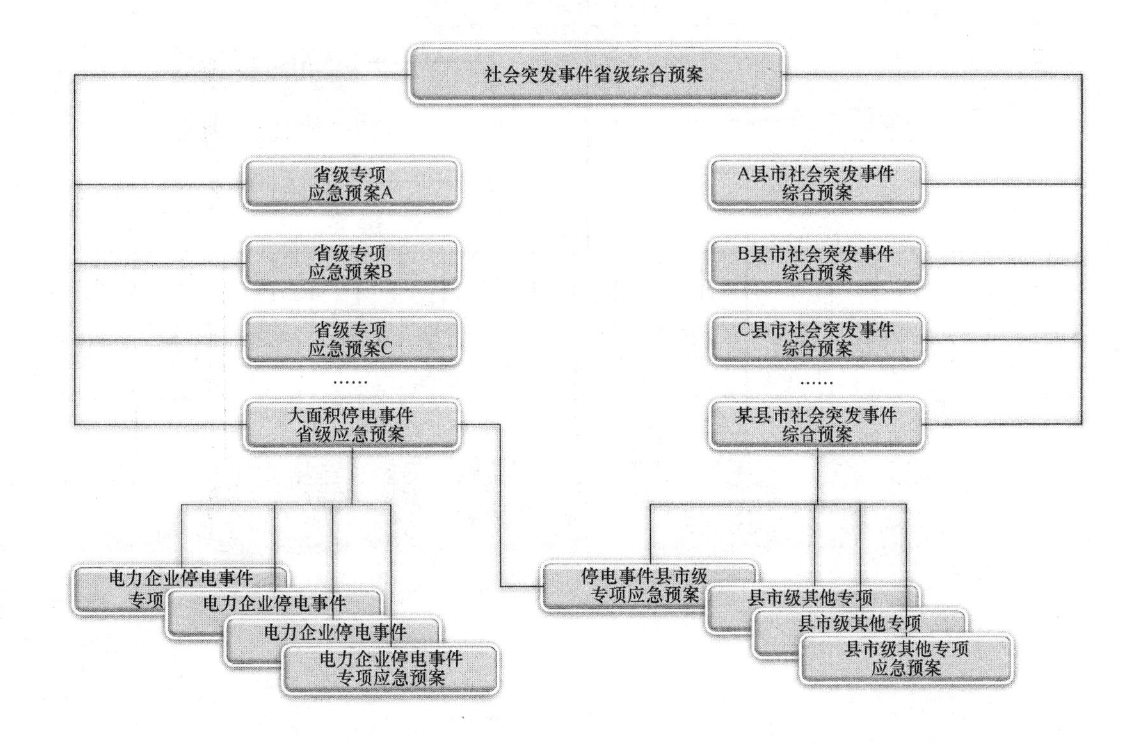

附录三：预案编制组织的典型构成

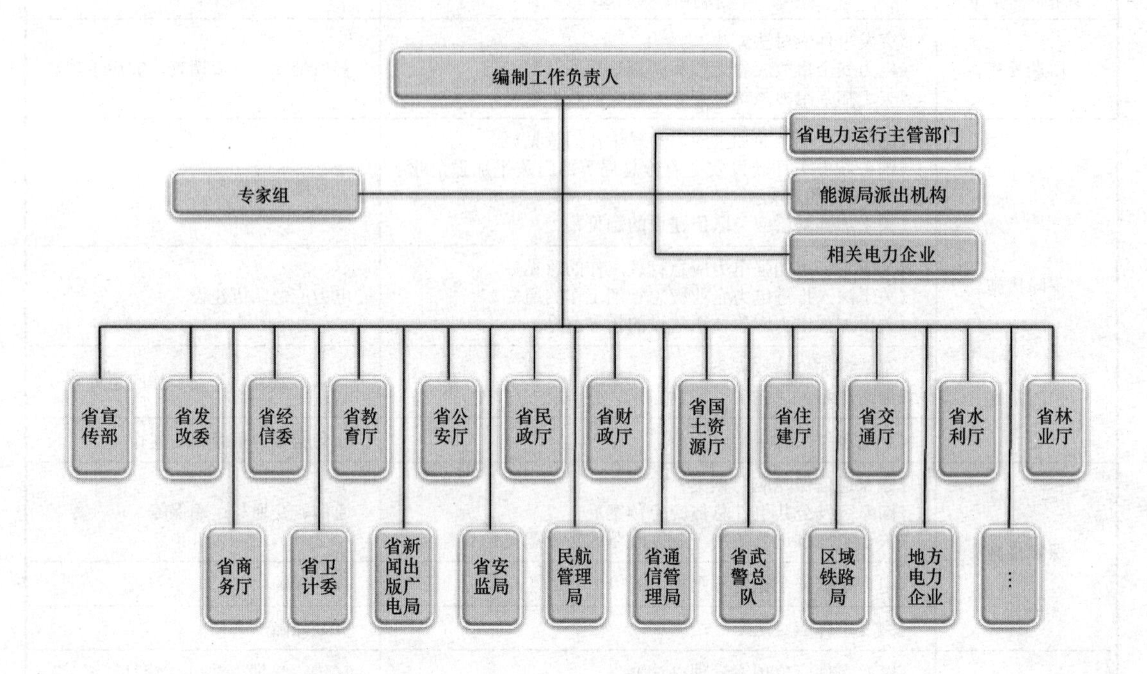

附录四：省级层面组织指挥机构构成体系

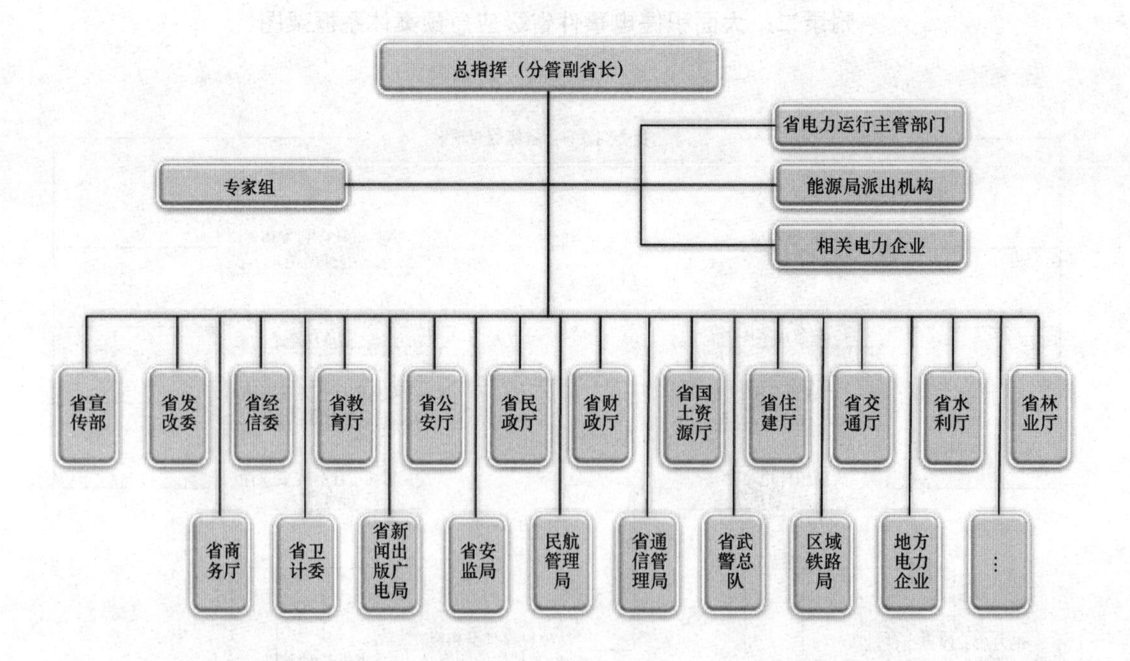

国家能源局关于印发《电力行业应急能力建设行动计划（2018—2020年）》的通知

国能发安全〔2018〕58号

各省、自治区、直辖市及新疆生产建设兵团发展改革委（能源局）、经信委（工信委），北京市城管委，国家能源局各派出能源监管机构，全国电力安委会企业成员单位，各有关单位：

为贯彻习近平新时代中国特色社会主义思想和党的十九大精神，落实党中央、国务院关于安全生产应急管理工作的决策部署，全面加强电力行业应急能力建设，进一步提高电力突发事件应对能力，国家能源局制定了《电力行业应急能力建设行动计划（2018—2020年）》。现印发给你们，请遵照执行。

国家能源局

2018年7月30日

电力行业应急能力建设行动计划（2018—2020年）

为贯彻习近平新时代中国特色社会主义思想和党的十九大精神，落实党中央、国务院关于安全生产应急管理工作的决策部署，全面加强电力行业应急能力建设，进一步提高电力突发事件应对能力，依据《中共中央 国务院关于推进安全生产领域改革发展的意见》《国家突发事件应急体系建设“十三五”规划》《国家大面积停电事件应急预案》等，制定本计划。

一、面临的形势

党的十九大以来，党中央提出要加强、优化、统筹国家应急能力建设，构建统一领导、权责一致、权威高效的国家应急能力体系，提高保障生产安全、维护公共安全、防灾减灾救灾等方面能力，确保人民生命财产安全和社会稳定。《国家突发事件应急体系建设“十三五”规划》等国家级规划对应急管理工作作出了明确部署，要求全面提升应急救援处置效能。

目前，我国电力系统呈现大规模特高压交直流混联、新能源大量集中接入等特点，运行控制难度加大。自然灾害频发多发，外力破坏时有发生，大面积停电风险依然存在。电力生产安全事故未有效杜绝，应急救援处置能力亟待提高。电力工业不断发展，电力体制改革继续深化，应急管理责任体系仍需完善，应急管理方法和技术手段有待创新，应急产业的支撑保障作用亟需加强。

二、指导思想、基本原则和建设目标

（一）指导思想

全面贯彻党的十九大和十九届二中、三中全会精神，以习近平新时代中国特色社会主义思想为指导，认真落实党中央、国务院关于安全生产应急管理工作的决策部署，牢固树立安

全发展理念，弘扬生命至上、安全第一的思想，坚持党政同责、一岗双责、齐抓共管，加强制度保障、应急准备、预防预警、救援处置、恢复重建等方面能力建设，促进电力应急产业发展，着力提升人身伤亡事故、重特大设备事故和大面积停电事件应急救援处置能力，最大程度减少电力突发事件造成的损失和影响，为实现电力高质量发展提供有力保障。

（二）基本原则

1．行业指导、分工负责。国家能源局负责指导协调全国电力应急能力建设工作。国家能源局各派出能源监管机构、各省（自治区、直辖市）政府及新疆生产建设兵团电力管理等有关部门按照职责组织、指导、协调本地区电力应急能力建设工作。各电力企业和有关单位，根据各自情况，负责组织实施本单位电力应急能力建设工作。

2．面向实战、突出重点。针对电力应急管理工作实际，以提高应急救援处置实战效果为导向，抓重点、补短板、强弱项，着重解决组织机构不健全、制度体系不完善、应急准备不足、指挥协调不畅、信息共享不充分等突出问题，全方位系统规划应急能力建设工作。

3．资源整合、优势互补。强化电力应急资源保障能力，充分利用和有机整合电力行业现有资源，提高电力应急基础设施利用率，发挥信息与智力资源优势。进一步汇集调动社会资源，增强电力应急支撑保障能力，实现应急资源共享和优势互补。

4．技术引领、创新驱动。深入贯彻落实国家创新发展战略，利用电力和信息通信技术发展成果，发挥电力应急产业支撑保障作用，在风险辨识与评估、监测预警、响应决策、协同处置、装备升级等各个环节引入新技术、新方法、新设备，创新电力应急救援处置手段，提高电力应急科技水平。

（三）建设目标

1．总体目标

立足电力行业应急管理工作实际，建立与全面建成小康社会相适应、各区域平衡发展、与电力安全生产风险特征相匹配、覆盖应急管理全过程的电力应急管理体系，制度保障、应急准备、预防预警、救援处置、恢复重建等方面能力得到全面提升，社会协同应对能力进一步改善，应急产业支撑保障能力大幅提高，全面实现电力突发事件科学高效应对。

2．分类目标

（1）制度保障能力有效提升。完善电力应急管理责任制度，实现省、市、县三级大面积停电事件应急预案全覆盖，建立电力企业应急管理评价指标体系。加强电力应急管理机构建设，县级以上地方各级政府和大中型电力企业电力应急管理机构健全、职责明确。完善电力应急管理规章制度和标准规范，建立统一、规范的电力应急管理标准体系。构建电力应急能力评估长效机制，电力企业应急能力持续提高。

（2）应急准备能力显著加强。加强应急预案编制管理，提高预案针对性、科学性和可操作性，实现重点岗位、重点部位现场处置方案全覆盖，开展智慧预案应用。加强应急演练管理，强化应急宣教培训，建设一批国家级电力应急培训演练基地，实现大中型电力企业应急管理和救援处置人员培训全覆盖。

（3）预防预警能力大幅提高。加强重要城市和灾害多发地区关键电力基础设施防灾建设，提高电网防灾抗灾能力。强化自然灾害监测预警，建成电力系统自然灾害监测预警平台。强化电力企业人身伤亡事故风险预控能力建设，大中型电力企业实现安全事故风险全评估。加强水电站大坝安全应急管理，建成水电站安全与应急管理平台。

（4）救援处置能力不断增强。完善电力企业与县级以上地方各级政府有关部门的应急协调机制。建成多支能够承担重大电力突发事件抢险救援任务的电力应急专业队伍，加强社会应急救援力量储备，实施电力应急专家领航计划。初步建立电力应急物资和装备储备体系，启动西南水电工程应急救援基地建设，建成源网荷友好互动大面积停电先期处置综合应用项目。

（5）恢复重建能力继续强化。完善灾后评估机制，建立灾情统计系统。加强系统恢复能力建设，完善黑启动方案，创新灾变调度辅助技术，优化恢复策略。加强重要电力用户供电风险分析、应急电源配置和应急演练参与。加强新型业态应急能力建设，激励社会化服务供给，实现主体责任全覆盖。

（6）电力应急产业加快发展。明确电力应急产业发展方向，开展关键电力应急技术研究应用。组建电力行业应急科研机构，促进电力应急科技文化创新。推进电力应急产业融合发展，构建电力应急产业合作机制，建设国家级电力应急产业发展基地。

3．量化指标

序号	指标名称	指标值
1	省、市、县三级大面积停电事件应急预案编修完成率	100%
2	省、市两级地方电力应急管理机构完备率	100%
3	大中型电力应急管理机构完备率	100%
4	大中型电力企业应急能力建设评估完成率	100%
5	大中型电力企业应急管理和救援处置人员培训覆盖率	100%
9	大中型电力企业安全事故风险评估率	100%
7	灾害导致重大能够大面积停电减供负荷恢复 80%以上及停电重点地区、重要城市负荷恢复 90%以上的时间	小于 7 天
8	一级以上重要电力用户供电风险分析实施率	100%
9	一级以上重要电力用户自备应急电源规范配置率	100%

三、主要建设任务及要求

（一）制度保障能力建设

1．完善电力应急管理责任制度。按照统一领导、综合协调、属地为主、分工负责的原则，完善国家指导协调、地方政府属地指挥、企业具体负责、社会各界广泛参与的电力应急管理体制。推进县级以上地方各级政府有关部门落实大面积停电事件属地应急处置责任，力争 2018 年底前完成地市级大面积停电事件应急预案编修工作，2019 年底前完成县区级大面积停电事件应急预案编修工作。严格落实电力企业主要负责人是安全生产应急管理第一责任人的工作责任制，明确其他相关负责人的应急管理责任，建立科学合理的应急管理评价指标体系，落实相关岗位人员责任考核制度。

重点项目：电力企业应急管理评价指标体系

建设目标：研究制定科学有效、全员覆盖、闭环演进的电力企业应急管理评价指标体系，有效指导电网、发电和电力建设企业应急工作。

2．加强电力应急管理机构建设。推动县级以上地方各级政府电力应急管理机构建设，建立健全省、市两级地方政府电力应急管理机构，明确相关职责，配齐管理人员。建立健全县区级以上电网企业、大中型发电企业和电力建设企业电力应急管理机构，地市级以上电网企业、大中型发电企业和电力建设企业配备专职人员，县级电网企业和其他电力企业酌情配备管理人员。

3．完善电力应急管理法规规章。梳理电力行业现行法规制度体系，制定完善电力应急管理规章和规范性文件，推进电力应急管理法治建设。修订《<电力安全事故应急处置和调查处理条例>释义》，结合电力发展新形势，加强电力安全事故应急处置制度建设。研究制定电力企业水电站大坝运行安全应急管理制度，明确大坝应急管理责任，规范大坝应急管理工作。

4．完善电力应急管理标准规范。充分发挥能源行业电力应急技术标准化委员会的作用，重点制定电力突发事件监测预警、电力应急队伍建设、应急物资装备储备、应急指挥信息系统、电力应急预案演练、电力突发事件应急处置后评估等标准，推进电力应急管理标准化建设。积极参与国际应急管理标准制定，加快电力应急管理与国际接轨。

重点项目：电力应急管理标准体系

建设目标：建立统一的电力应急管理标准体系，重点制定急需的关键基础标准，提升电力应急管理标准化水平。

5．构建电力应急能力评估长效机制。持续开展电力企业应急能力建设评估，建立定期评估机制和行业对标体系，汇总分析行业评估数据，实现持续改进和闭环管理。县级以上地方各级政府电力应急管理机构组织开展大面积停电事件应急能力评估，强化属地应急处置指挥能力。加强电力突发事件应急处置后评估，总结和吸取应急处置经验教训。

重点项目：电力企业应急能力建设综合数据分析平台

建设目标：建设覆盖大中型以上电力企业的应急能力大数据分析平台，为政府有关部门决策、企业应急能力对标和关键任务设定提供支持。

（二）应急准备能力建设

1．加强应急预案编制管理。制定《电力企业应急预案编制导则》《水电站大坝运行安全应急预案编制导则》。完善电力企业应急预案体系，编制现场应急处置卡，突出风险评估和应急资源调查，充分运用智能推演、态势感知、情景构建等预案编制技术，提高预案的针对性、科学性和可操作性。

重点项目：电力应急智慧预案系统

建设目标：研究电力突发事件演化机制、情景构建和智能推演技术，建立电力突发事件风险致灾模型，建设电力应急智慧预案系统，为电力应急预案编制提供支持。

2．提升应急演练能力。推进电力突发事件应急演练由示范性、展示性向实战化、基层化、常态化、全员化转变。加强现场处置方案演练，做到岗位、人员、过程全覆盖。强化应急演练管理，规范方案制定和评估总结，对多部门、多单位参与的综合演练进行评估。推广桌面演练流程技术和虚拟现实技术应用，提升应急演练质量和实效。

3．强化应急宣教培训。依托重点电力企业，建设若干国家级电力应急培训演练基地，突出专业性为主、技能培训优先、培训内容多样的特点，为开展电力应急实训演练提供硬件支撑。组织开展电力应急管理人员和专业救援处置人员专业技能与心理素质培训。依托高校智库、研究机构、行业协会等，推动设立电力应急相关学科专业，合作培养电力应急科技和管理人才。

重点项目：国家级电力应急培训演练基地

建设目标：依托重点电力企业，建设国家级电力应急培训演练基地，培养电力应急管理人员和救援处置人员，开展多种类型的应急演练；试用检验重大电力应急技术装备；研究特大城市、重大活动电力应急工作。

4．提高涉外电力突发事件应急能力。电力企业在境外项目建设和运营管理中，结合当地实际，编制电力应急预案及操作手册，明确电力突发事件信息报送流程和要求，定期开展应急演练。

（三）预防预警能力建设

1．提高电网防灾抗灾能力。深入开展电网风险研究，突出电网规划引领作用，统筹电源、电网建设和用户防灾资源，按照“重点突出、差异建设、技术先进、经济合理”的原则，适当提高电网设施灾害设防标准，有序推进重要城市和灾害多发地区关键电力基础设施防灾建设。根据需要强化跨行政区电力应急支援能力建设。加大电力设施保护工作力度，配合有关部门持续开展电力设施周边环境治理，严格管理电力设施附近的施工作业活动。

2．强化自然灾害监测预警。发挥气象部际联席会议作用，提高重特大自然灾害监测预警能力。电力企业强化自然灾害监测预警能力，与有关部门加强沟通合作，规范发布预警信息。选取代表性地区电网，建设自然灾害监测预警平台，重点研究自然灾害时空分布特征、电力系统承灾脆弱性、影响破坏规律、风险评价及预警模型等。

重点项目：面向电力系统风险特征的自然灾害监测预警平台

建设目标：以监测预警平台为载体，推进电力系统监测预警关键技术研究应用，逐步实现电力系统自然灾害致灾机理-趋势感知-损失预测-预警生成-信息发布的一体化平台管理。

3．强化人身伤亡事故风险预控能力。完善安全生产风险分级管控和隐患排查治理双重预防机制，强化重大电力基础设施、施工和生产作业现场安全管理。利用物联网、大数据等技术实现风险和隐患全过程动态识别和预警，重点加强对可能发生重大以上人身伤亡事故的人员密集作业区、高危作业场所、重点作业环节的风险评估和现场管控。建立应急救援现场危害识别、监测与评估机制，规范现场救援处置程序，强化作业前应急推演，落实安全防护措施，防止发生次生衍生事故。

4．加强水电站大坝安全应急管理。厘清大坝安全应急管理职责，科学设置大坝应急管理机构，建立健全电力企业、地方政府、相关单位大坝应急协调联动机制，研究推进流域梯级水电站安全与应急管理。创新大坝应急管理和技术，加强大坝除险加固、隐患治理和运行管理，提高大坝本质安全和运行安全水平。加强大坝安全在线监测分析和安全评估，建设大坝安全与应急管理相关平台。完善大坝安全应急预案，加强联合应急演练。

重点项目：水电站（大坝）安全与应急管理平台

建设目标：整合水电站安全与应急数据，完善安全在线监测、风险预测预警、预案修编演练、应急资源调配和应急辅助决策等功能，建设水电站（大坝）安全与应急管理相关平台，提升企业自主管理科技水平，创新强化政府应急管理手段，推进流域水电整体安全与应急管理。

（四）救援处置能力建设

1. 完善应急指挥协调联动机制。健全电力企业与县级以上地方各级政府有关部门的应急协调机制，加强企业之间、行业之间的应急协同联动。建立国家统筹、区域协调、跨省联动的大面积停电事件应急指挥协调联动机制，开展省、市、县三级大面积停电事件综合应急演练，推动国家级城市群大面积停电事件联合应急演练，重点提高跨省、跨区域协同应对能力。

2. 加强电力应急专业队伍建设。依托重点电力企业，建设多支具有不同专业特长、能够承担重大电力突发事件抢险救援任务的电力应急专业队伍。加强队伍管理和专业培训，按照标准配备应急装备，提高现场处置和协同作战能力。

3. 加强社会应急救援力量储备。组织具有相应资质的社会应急救援力量开展必要的电力专业培训和演练，建设社会救援力量基础信息共享平台，推进建立社会救援力量调用补偿机制，形成有能力、有组织、易动员的电力应急抢险救援后备队伍。

4. 加强应急专家队伍建设。建设国家、地方、企业各层面电力应急专家队伍，实施相关专业领域专家领航计划，形成分级分类、覆盖全面的应急专家资源网。完善专家管理、应急会商和辅助决策机制，组织专家开展专业咨询、培训演练、课题研究等。

重点项目：电力应急专家领航计划

建设目标：建立国家电力应急专家库，为重大电力突发事件应急会商、救援处置、评估总结以及日常培训演练、咨询服务等提供支持。

5. 加强应急物资储备与调配。利用电力企业现有资源，在自然灾害多发地区设置省级电力应急物资储备库，统筹调配，满足跨省、跨区域应急处置需求。完善电力企业应急物资储备体系，推进建立联储联备、产储联合等物资保障机制，研究建立应急处置后续结算机制，实现应急物资共享和动态管理。

重点项目：西南水电工程应急救援基地

建设目标：在重点省份建立水电工程应急救援基地，为西南水电工程应急抢险救援提供支持，为水电行业提供培训演练和技术研发平台。

6. 加强应急指挥平台功能建设。推进县级以上地方各级政府与电力企业应急指挥平台之间的互联互通。充分运用信息化技术手段，完善应急指挥平台智能辅助决策等功能。加强应急队伍信息采集终端配置，实现电力突发事件多维度信息的准确快速报送。完善应急指挥平台运行维护机制，保证平台有效运转。

7. 强化大面积停电事件先期处置能力。结合电网运行新形势、新特点，完善电网运行安全管理机制，创新大面积停电事件先期处置手段，研究建立大面积停电先期处置的社会资源征用和费用补偿机制，提高电网抵御大面积停电的能力。

重点项目：大面积停电先期处置综合应用项目

建设目标：研究建立大规模源网荷友好互动的体制、机制与程序，创新提升大面积停电先期处置综合能力。

（五）恢复重建能力建设

1. 灾后评估机制建设与完善。完善电力突发事件灾害评估机制，健全评估标准体系，规范评估内容、程序和方法。建立灾情统计系统，及时掌握电力供应、系统运行、设施受损和供电中断等情况，为制定抢险救援方案和恢复重建规划提供可靠依据。

2．加强系统恢复能力建设。完善电网黑启动方案，优化黑启动电源布局。对具备 FCB 和孤岛运行功能的发电厂，研究建立鼓励机制。推进电网灾变模式下调度辅助决策、主动配电网多电源协调控制、源网荷储协同恢复等技术的研究应用。

3．重要电力用户应急能力建设。县级以上地方各级政府有关部门依据国家有关规定，确定本地区重要电力用户名单。国家能源局各派出能源监管机构配合省级政府有关部门督导重要电力用户按照规定配置自备应急电源并配合开展大面积停电应急演练。电网企业开展重要电力用户供电风险分析，根据需要加强对重要电力用户自备应急电源安全使用的指导。

4．加强新型业态应急能力建设。具有配电网经营权的售电公司、微电网、局域电网等新型业态组织，落实本营业区供电安全应急主体责任。研究新型业态组织应急管理问题，探索适合新型业态发展需要的电力应急管理机制和措施。

重点项目：电力市场新兴主体的社会化应急业务运营项目

建设目标：创新探索管理方法、技术手段和服务模式，实现专业化建设、社会化分工与市场化机制有机结合，优化电力应急资源配置，增强电力市场新兴主体应急保障能力。

（六）促进电力应急产业发展

1．明确电力应急产业发展方向。结合国家应急产业规划要求，探索电力应急产品、技术和服务综合应用解决方案，推进自然灾害监测预警系统、生产现场前端智能设备、救援人员防护产品、高空救援技术与装备、极端条件应急通信设备、模块化电力应急装备、移动式应急变电站及智能应急电源等产品的研发应用。

重点项目：关键电力应急装备产业发展

建设目标：强化电力突发事件应急装备保障，提升极端条件下电力突发事件应对能力，推进关键电力应急装备产业化发展。

2．促进电力应急科技文化创新。依托全国电力安委会企业成员和行业学术团体，组建电力行业应急技术研究机构。研究建设电力应急产业标准体系，推进关键应急技术和产品研发，推广先进应急文化。重点开展大面积停电事件和自然灾害应急处置重大科技问题研究。

重点项目：电力企业档案应急服务机制建设

建设目标：研究电力企业档案应急服务机制，加强档案管理与应急管理协调联动，为高效应对电力突发事件提供指导和依据。

3．推进电力应急产业融合发展。落实军民融合发展战略，研究探索军工技术向电力应急领域转移转化。加强与信息通信、装备制造、交通运输、金融保险、文化传媒等行业的沟通，促进应急应战协同发展。

4．构建电力应急产业合作机制。以问题为导向、以技术为主线、以需求为动力，构建电力应急产业发展与技术体系。选择合适地区，与地方政府共建国家级电力应急产业发展基地。建立电力应急产业联盟，加强交流合作，促进资源共享和供需对接。

重点项目：国家级电力应急产业发展基地

建设目标：选择装备制造、技术研发、标准认证等资源和区位优势地区，建设国家级电力应急产业发展基地，推进军民融合发展和国际合作，搭建科技创新平台，研发先进应急产品，提供优质应急服务。

四、保障措施

（一）加强组织领导

各省（自治区、直辖市）政府及新疆生产建设兵团电力管理等有关部门、国家能源局各派出能源监管机构和电力企业要加强组织领导，密切协调配合，制定实施方案，分解建设任务，合理安排进度，有序推进电力应急能力建设。

（二）完善投入机制

电力企业要落实应急专项经费，县级以上地方各级政府电力管理等有关部门要落实应急专项资金，为实施本计划提供资金保障。电力企业要充分发挥金融、保险的作用，为电力应急能力建设提供辅助服务。

（三）强化实施评估

各单位要加强目标管理和过程管控，将建设任务纳入安全生产应急管理综合评价范围，定期总结评估，及时协调解决实施过程中发现的问题，保障计划顺利实施。

（七）电力建设工程施工安全和工程质量监管

国家电力监管委员会
关于进一步加强电力建设安全生产工作的意见

电监安全〔2010〕7 号

各派出机构，大坝中心，国家电网公司，南方电网公司，华能、大唐、华电、国电、中电投集团公司，电力顾问、水电顾问、水电建设、葛洲坝集团公司，各有关单位：

当前，电力建设工程持续保持较大规模，一批地处地质状况复杂、施工环境恶劣的水电工程项目相继开工，电力建设安全生产形势严峻，人身伤亡事故时有发生。近期，国家发改委等七部委联合下发了《关于加强重大工程安全质量保障措施的通知》（发改投资〔2009〕3183号，以下简称“通知”，为贯彻落实《通知》和《电力建设安全生产监督管理办法》（电监安全〔2007〕38 号）等文件要求，进一步加强电力建设安全生产工作，有效遏制重特大事故发生，特提出如下意见。

一、落实电力建设安全生产责任

（一）建设单位要落实电力建设安全生产全面管理责任。建设单位作为项目法人，要切实履行电力建设安全生产组织、协调、监督职责，加强电力建设项目全过程安全管理，健全安全生产组织体系和工作机制，完善安全生产规章制度和项目安全文明施工总体策划方案，积极推动安全生产标准化建设，强化建设工程现场安全管理，及时研究解决建设项目安全生产重大问题。

（二）施工单位要落实施工现场安全生产责任。施工单位要严格执行安全生产法律法规，加强建设项目安全生产组织管理，完善安全生产风险管理体系，建立健全安全生产隐患排查治理机制和重点区域、重点环节、关键部位施工风险监控机制，落实针对不同施工阶段以及季节性气候变化的现场安全施工措施。要加强工程发包和承包管理，严禁工程转包和违法分包。

（三）监理单位要切实履行安全监理责任。监理单位要健全监理工作体系，制定安全监理实施细则，完善安全监理方法和手段，严格执行巡视监督、检查签证和旁站监理制度，合理配置安全监理资源。要加强施工现场安全监理，发现存在安全隐患要督促施工单位采取措施并限期整改，对不能保证安全的应责令停工整改。

（四）勘察设计单位要重视电力建设安全生产技术保障工作。勘察设计单位要充分考虑施工安全操作和防护的需要，明确工程建设实施阶段安全质量要求，特别是施工重点部位和关键环节的安全措施和防护要求，提出防范生产安全事故的指导意见。要根据项目进展情况不断优化设计方案，及时解决施工过程中发现的设计问题。

二、严格电力建设工程工期管理

（五）合理确定电力建设工程工期。建设单位要依照国家有关工程建设工期规定和项目可行性研究报告中有关施工组织设计的工期要求，根据建设项目实际情况，对工程进行充分评估、论证，科学确定项目合理工期及每个阶段所需的合理时间，并严格组织实施。

（六）严肃电力建设工程工期调整。电力建设工程确需调整工期，必须经过专业机构（原设计审查单位或安全评价机构等）审查，论证和评估其对安全生产的影响，提出并落实相应施工组织措施和安全保障措施：要保证安全生产费用投入，确保工期调整后的施工安全。

三、做好项目开工前准备工作

（七）加强前期工作风险管理。建设单位要在规划阶段认真开展安全生产风险分析和评估，优化工程选线、选址方案，合理确定施工措施：可行性研究要对涉及工程安全的重大问题进行分析和评价，特别要对施工营地选址布置方案进行风险分析和评估；工程初步设计要提出相应施工方案和相应安全防护措施。

（八）严格招投标安全审核。建设单位要加强招投标管理，明确勘察、设计、施工、物资材料和设备供应等环节招投标合同的安全约定，严格审查招投标过程中有关国家强制性安全标准的实质性响应：严格执行国家有关建设项目开工规定，禁止违规开工。要建立防范低于成本价中标机制，招标投标确定的中标价格要体现合理造价要求，防止造价过低带来安全问题。

四、严格施工方案安全技术措施审查

（九）建互健全安全技术措施审查制度。建设单位要建立健全工程项目安全生产方案编制及专家论证审查制度，特别要严格审查和评估复杂地质条件、复杂结构以及技术难度大的工程项目安全技术措施。

（十）加强“四新”项目安全措施评审。采用新技术、新设备、新材料、新工艺的电力建设工程，设计单位要对其带来的施工安全风险进行分析和评估并提出保障施工作业人员安全和预防安全生产事故的措施和建议。建设单位要对设计单位制定的“四新”项目安全措施组织审查，对工程相关人员进行必要培训。

（十一）严格专项施工安全技术措施审查。监理单位要严格审查施工单位编制的施工组织设计、作业指导书及专项施工方案，尤其是施工重要部位、关键环节、关键工序安全技术措施方案。

五、加强建设施工现场安全管理

（十二）积极开展隐患排查治理。建设、施工、监理单位要建立健全安全生产隐患排查治理长效机制，积极开展安全生产隐患排查治理，全面查找建设项目基础设施、技术装备、作业环境、现场管理等方面的缺陷和隐患，并有效整改。

（十三）强化施工现场作业管理。施工单位要进一步规范电力建设施工作业管理，完善施工工序和作业流程，严格施工现场安全措施落实，强化施工现场安全监督检查，杜绝违章指挥、违章作业、违反劳动纪律事件发生。

（十四）加强施工现场标准化建设。建设、施工单位要加强施工现场安全生产标准化建设，完善安全生产标准化体系，严格执行建设施工安全生产标准，建立安全生产标准化考评机制，提高施工现场安全设备设施、技术装备、施工环境本质安全水平，提升电力建设安全生产保障能力。

六、加强施工机械管理

（十五）严格施工机械进场准入。施工单位要严把施工机械进场准入关，未经安全检验或安全检验不合格的施工机械不得进入施工现场，存在缺陷和隐患的施工机械须在彻底消除缺陷和隐患并经验收合格后方可进入施工现场。监理单位要严格施工机械报验资料审核，建设单位要严格施工机械监督检查，防止不安全或存在较大缺陷和隐患的施工机械进入现场。

（十六）加强施工机械的安全鉴定和评估。施工单位应当加强施工机械的安全管理，定期开展施工机械安全鉴定和安全性评估工作，及时更新、淘汰不能满足安全生产要求的现场施工机械，确保施工机械设备完好。

七、保障安全生产费用投入

（十七）规范安全生产费用提取和使用。建设、施工单位要加强安全生产费用管理，建立健全安全生产费用管理制度，规范安全生产费用管理程序，保证安全生产费用按规定标准规范提取，并按规定范围安排使用，不得挤占和挪用。

（十八）确保安全生产费用支付到位。建设单位应当根据项目进展情况，及时、足额向电力建设施工单位支付安全生产费用。对于因设计变更等造成工程量增加的，建设单位应当向施工单位补充相应的安全生产费用。监理单位要认真审核施工单位安全生产费用使用计划，并对使用情况予以审查和监督。

八、加强安全生产教育培训

（十九）加强领导和管理人员安全生产教育培训。各单位安全生产负责人、项目负责人和安全监督管理人员要定期参加安全生产教育培训，保证教育培训时间和教育培训质量，并经考核合格。

（二十）加强从业人员安全生产教育培训。施工单位要完善企业安全教育培训计划，健全企业安全教育培训制度，严格安全生产教育培训考核，保证从业人员安全生产教育培训效果，尤其是要加强对新入场临时用工人员等非专业人员上岗、转岗前的教育培训。对于临时用工人员须经培训考试合格后方可从事作业。

九、建立健全安全生产应急工作体系

（二十一）建立安全事故应急工作体系。建设单位要组织设计、施工、监理单位制定重大工程安全事故应急预案，落实应急组织、程序、资源及措施，建立与国家有关部门、地方人民政府应急体系的协调联动机制，确保应急工作有效实施。施工单位要根据电力建设工程项目的特点和范围，对施工现场容易引发安全事故的危险源、危险部位、危险环节制定相应应急预案和措施，并定期组织应急演练。

（二十二）完善应对自然灾害的应急机制。建设单位要会同工程各参建单位开展自然灾害防范应对工作的研究；要结合当地实际情况，加强对台风、暴雨、雷电、泥石流等自然灾害的预测预警，制定应对措施，完善应急预案，储备应急物资，加强人员培训教育，健全应急响应机制。

国家电力监管委员会
2010年3月30日

国家能源局关于印发电力工程质量监督体系调整方案的通知

国能电力〔2012〕306号

各省（区、市）发展改革委、能源局，中国电力企业联合会，国家电网公司、中国南方电网有限责任公司、中国华能集团公司、中国大唐集团公司、中国华电集团公司、中国国电集团公司、中国电力投资集团公司、中国长江三峡集团公司、中国核工业集团公司、中国广东核电集团有限公司、中国国际工程咨询公司、中国电力建设集团有限公司、中国能源建设集团有限公司：

为加强电力工程质量监督管理，促进电力工业健康发展，我局制定了《电力工程质量监督体系调整方案》。现印发你们，请遵照执行。

附件：《电力工程质量监督体系调整方案》

国家能源局

2012年9月15日

附件：

电力工程质量监督体系调整方案

工程质量监督是我国工程建设质量管理的一项基本制度，也是政府部门实施行业管理的重要手段。为进一步理顺电力工程质量监督管理体系，根据国务院《建设工程质量管理条例》有关规定，特制定本方案。

一、工作原则

电力工程质量监督工作应坚持“独立、规范、公正、公开”的原则，健全规章制度，规范工作流程，完善检测手段，严格控制质量关口，认真开展监督检查等工作。

二、工作范围

主要开展火电、核电和输变电等电力项目（水电和可再生能源除外）具体工程的质量监督工作。

三、工作机构

设立电力工程质量监督管理委员会，负责重大事项的议事决策。管理委员会下设办公室作为具体办事机构。具体方案另行制定。

电力工程质量监督机构实行“总站-中心站-项目站”三级管理体系。总站设在中国电力企业联合会；各中心站由总站统一规划，相应机构可挂靠在规模以上电力企业；各项目站应符合规定条件，按省区或专业设置。

四、工作职责

管理委员会：负责审议电力工程质量监督规章制度、机构设置、年度工作计划和经费收支等重大事项。

总站：编制《电力工程质量监督工作规定》和《电力工程质量监督检查工作大纲》等规章制度，研究提出三级管理体系具体方案，考核下级机构的工作，认定工程质量检测机构，负责工程质量监督人员的培训、考核和资格认证，统计工程质量信息，参与解决重大工程质量纠纷、重大质量事故调查处理，以及工程竣工验收，完成国家能源局委托的其他任务。

中心站：根据总站委托，负责重大电力工程的质量监督，考核所辖范围内各项目站的工作，按规定向总站报送工程质量信息资料，完成总站交办的其他任务。

项目站：执行工程项目的质量监督检查工作，协调解决一般性工程质量争端，参与质量事故的调查处理，完成总站和中心站交办的其他工作。

五、工作规则

（一）对国家核准（审批）的电力建设项目，按照项目核准（审批）文件和工程建设管理规定，同步开展质量监督工作。各级电力工程质量监督机构、项目法人和有关责任单位要切实履行各自职责，确保电力工程建设质量。

（二）未经国家核准（审批）的电力工程项目，各级工程质量监督机构不得受理其质量监督申请。未通过电力工程质量监督机构监督检查的电力工程，不得投入运行。

（三）严格电力工程质量监督与企业内部质量管理和工程监理工作界限，依法界定相关责任和义务。

（四）电力工程质量监督要充分发挥专家和第三方检测机构作用。不得将工程质量监督职责委托给建设项目业主或设计施工单位。

（五）各级工程质量监督机构开展电力工程质量监督检查工作时，应接受工程项目所在省（自治区、直辖市）能源主管部门的监督和指导。

六、工作经费

电力工程质量监督检测工作经费通过申请财政预算内资金解决。在预算内资金落实前，可暂由质量监督机构与项目单位签订技术服务合同，收取技术服务费。技术服务费在工程概算中列支。

七、其他

电力工程质量监督组织管理体系调整过程中，原体系下各级质量监督站已经承担的质量监督任务，可继续履行至工程项目竣工投产。

自本方案颁布实施之日起，所有新开工电力工程项目均应按照新的工作体系和规则开展质量监督工作。

国家能源局综合司关于印发火力发电、输变电工程质量监督检查大纲的通知

国能综安全〔2014〕45号

国家能源局各派出机构，电力工程质量监督总站、中心站，国家电网公司，南方电网公司，华能、大唐、华电、国电、中电投集团公司，中国电建、中国能建集团公司，内蒙古电力公司，各有关单位：

为加强电力工程质量监督管理，进一步规范电力工程质量监督检查工作，保障工程质量，电力工程质量监督总站修编了《火力发电工程质量监督检查大纲》和《输变电工程质量监督检查大纲》，现印发你们，请遵照执行。

附件：1.《火力发电工程质量监督检查大纲》
2.《输变电工程质量监督检查大纲》

国家能源局综合司
2014年1月15日

附件1：

火力发电工程质量监督检查大纲

前　　言

为贯彻落实《建设工程质量管理条例》和电力建设工程质量安全管理有关规定，进一步加强电力工程质量监督管理，统一监督检查的工作内容，提高电力工程质量监督工作水平，电力工程质量监督总站组织编制了《火力发电工程质量监督检查大纲》（以下简称《大纲》）。

本《大纲》共包括以下10部分：

——第1部分　首次监督检查

——第2部分　地基处理监督检查

——第3部分　主厂房主体结构施工前监督检查

——第4部分　主厂房交付安装前监督检查

——第5部分　锅炉水压试验前监督检查

——第6部分　汽轮机扣盖前监督检查
——第7部分　厂用电系统受电前监督检查
——第8部分　建筑工程交付使用前监督检查
——第9部分　机组整套启动试运前监督检查
——第10部分　机组商业运行前监督检查

一、编制说明

（一）编制依据

《建设工程质量管理条例》国务院令
《建设工程质量检测管理办法》建设部令
《质量发展纲要（2011-2020年）》（国发〔2012〕9号）
《电力工程质量监督体系调整方案》（国能电力〔2012〕306号）
《工程建设标准强制性条文》（电力工程部分）
《工程建设标准强制性条文》（工业建筑部分）
《工程建设标准强制性条文》（房屋建筑部分）
《建筑工程施工质量验收统一标准》（GB 50300）
《建设工程监理规范》（GB 50319）
《建设工程项目管理规范》（GB/T 50326）
《电力建设安全工作规程第1部分：火力发电厂》（DL 5009.1）
《火电工程项目质量管理规程》（DL/T 1144）
《电力建设工程监理规范》（DL/T 5434）

（二）指导思想和编制原则

按照精简程序、强化监管的指导思想，本《大纲》的编制遵循了以下原则：

（1）与监督检查阶段相协调的原则。
（2）监督检查转序的原则。
（3）监督验收质量的原则。
（4）监测实体质量的原则。
（5）以强制性条文为基础的原则。
（6）兼顾技术进步的原则。

（三）调整的主要内容

本《大纲》与原《大纲》相比，主要的调整和变化如下：

（1）在监督检查的内容上增加了地基处理监督检查部分。

（2）本《大纲》吸收了原“火电土建工程质量监督检查典型大纲”的内容，将火电土建工程质量监督检查界定为主厂房主体结构施工前监督检查、主厂房交付安装前监督检查及建筑工程交付使用前监督检查三部分。

（3）将原“火电工程机组整套启动试运后质量监督检查典型大纲”和“火电工程验收移交生产后质量监督检查典型大纲”归并成本《大纲》第10部分机组商业运行前监督检查。

（4）原《大纲》中独立的“对技术文件和资料的监督检查”章节予以删除，其相关内容分别在“责任主体质量行为的监督检查”和“工程实体质量的监督检查”两章予以阐述，以避免重复检查，强化验证资料和实物工程的一致性。

（5）删除了原《大纲》中的“质量监督检查的步骤和方法”和“检查评价”章节内容，取消了自检和预监检，简化了监督检查的程序，使监督检查定位更准确。监督检查的步骤和方法在电力工程质量监督检查程序相关文件中另行规定。

（6）增加了“质量监督检测”一章。

（四）各部分的内容构成

本《大纲》各部分的主要内容包括总则、监督检查依据、监督检查应具备的条件、责任主体质量行为的监督检查、工程实体质量的监督检查、质量监督检测。

二、适用范围

本《大纲》适用于以下火力发电工程项目的监督检查。

（1）单机容量300MW及以上燃煤发电工程。

（2）装机容量300MW及以上燃气—蒸汽联合循环发电工程。

（3）其他火力发电工程可参照执行。

三、使用说明

本《大纲》是电力工程质量监督机构制定监督检查计划和开展现场监督检查工作的依据，与电力工程质量监督检查程序的相关规定配套使用。在制定监督检查计划时，应根据本《大纲》规定的阶段划分和工程建设实际情况确定工程的监督检查阶段，工程进度或监督检查进度相近的阶段可以合并进行，但监督检查内容必须符合本《大纲》的规定。

（1）首次监督检查可与地基处理监督检查合并进行。

（2）建筑工程交付使用前监督检查可与厂用电系统受电前监督检查或机组整套启动试运前监督检查合并进行。

（3）其他部分单独使用。

（4）本《大纲》以主厂房施工节点划分建筑工程监督检查阶段，在各阶段监督检查时，可同时对其他建筑工程进行质量监督检查。

四、解释

本《大纲》由电力工程质量监督总站编制并负责解释。

五、施行日期

本《大纲》自颁布之日起施行。

第1部分 首次监督检查

1 总则

1.0.1 首次质量监督检查应在主厂房第一罐混凝土浇筑前进行。

1.0.2 本部分所列检查内容应逐条检查，检查方式为重点抽查验证。

2 监督检查依据

监督检查组在开展本部分监督检查工作时，监检人员应当按照专业划分，熟练掌握以下

标准。引进国外设备的工程，还需要熟悉和掌握合同约定的其他标准。

《工程测量规范》（GB 50026）

《混凝土质量控制标准》（GB 50164）

《混凝土强度检验评定标准》（GB/T 50107）

《建设工程项目管理规范》（GB/T 50326）

《电力工程施工测量技术规范》（DL/T 5445）

《钢筋焊接及验收规程》（JGJ 18）

3 监督检查应具备的条件

3.0.1 工程建设单位已按规定办理了质量监督注册手续。

3.0.2 责任主体单位项目组织机构已建立，人员已到位。

3.0.3 现场施工机械及工器具满足工程需要。

3.0.4 建筑工程主要原材料进场检验合格。

3.0.5 施工组织设计已编制完成，审批手续齐全。

3.0.6 工程项目“五通一平”基本完成。

4 责任主体质量行为的监督检查

4.1 建设单位质量行为的监督检查

4.1.1 工程项目经国家行政主管部门核准（批准），文件齐全。

4.1.2 工程项目按规定完成招投标并与承包商签订合同。

4.1.3 质量管理组织机构已建立，质量管理人员已到位。

4.1.4 质量管理制度已制定。

4.1.5 施工组织总设计已审批。

4.1.6 工程采用的专业标准清单已审批。

4.1.7 工程建设标准强制性条文已制定实施计划和措施。

4.1.8 施工图会检已组织完成。

4.1.9 工程项目开工文件已下达。

4.1.10 无任意压缩合同约定工期的行为。

4.1.11 采用的新技术、新工艺、新流程、新装备、新材料已批准。

4.2 勘察设计单位质量行为的监督检查

4.2.1 企业资质与合同约定的业务范围相符。

4.2.2 勘察设计单位工程设计更改控制程序、现场服务程序齐全，人员到位。

4.2.3 设计图纸交付进度能保证连续施工，满足工程实际需要。

4.2.4 设计交底已完成，设计更改手续齐全。

4.2.5 按规定参加工程质量验收并签证。

4.2.6 工程建设标准强制性条文落实到位。

4.3 监理单位质量行为的监督检查

4.3.1 企业资质与合同约定的业务范围相符。

4.3.2 监理人员持证上岗，专业人员配备满足工程实际需要。

4.3.3 检测仪器和工具配置满足监理工作需要。

4.3.4 已按验收规程规定，对施工现场质量管理进行了验收。

4.3.5 本工程应执行的工程建设标准强制性条文已确认。

4.3.6 进场材料、构配件的见证取样、验收工作开展正常。

4.3.7 已组织编制施工质量验收项目划分表，设定工程质量控制点。

4.4 施工单位质量行为的监督检查

4.4.1 企业资质与合同约定的业务范围相符。

4.4.2 项目部组织机构健全，专业人员配置合理。

4.4.3 项目经理资格符合要求并经本企业法定代表人授权。

4.4.4 质量检查及特殊工种人员持证上岗。

4.4.5 专业施工组织设计已审批。

4.4.6 施工方案和作业指导书审批手续齐全，技术交底已完成。

4.4.7 计量工器具经检定合格，且在有效期内。

4.4.8 检测试验项目计划已审批。

4.4.9 单位工程开工报告已审批。

4.4.10 专业绿色施工措施已制定。

4.4.11 工程建设标准强制性条文实施计划已落实。

4.4.12 无违规转包或者违法分包工程的行为。

4.5 检测试验机构质量行为的监督检查

4.5.1 检测试验机构已经通过能力认定并取得相应证书，其现场派出机构（现场试验室）满足规定条件，并已报质量监督机构备案。

4.5.2 检测人员资格符合规定，持证上岗。

4.5.3 检测仪器、设备检定合格，且在有效期内；标养室满足现场使用要求。

4.5.4 检测依据正确、有效，检测报告及时、规范。

5 施工现场和工程实体质量的监督检查

5.0.1 测量定位基准点验收合格，站区平面控制网、高程控制网、主要建（构）筑物控制桩复测报告齐全，桩位保护措施有效。

5.0.2 建筑施工原材料、半成品、成品及钢筋焊接接头质量检验合格，报告齐全。

5.0.3 混凝土用水水质检验合格。

5.0.4 现场混凝土搅拌站条件符合要求；商品混凝土技术检验合格，报告齐全。

5.0.5 已完成的桩基或地基处理工程验收合格。

5.0.6 深基坑开挖边坡放坡系数按施工方案执行并符合要求。

6 质量监督检测

6.0.1 开展现场质量监督检查时，应重点对下列项目的检测试验报告和检验指标进行查验，必要时可进行验证性抽样检测。对检验指标或结论有怀疑时，必须进行检测。

（1）水泥；
（2）钢材、钢筋及连接接头；
（3）混凝土粗细骨料；
（4）混凝土外加剂；
（5）混凝土搅拌用水；
（6）防水、防腐材料。

第 2 部分　地基处理监督检查

1　总则

1.0.1　主要建（构）筑物地基处理的监督检查应在主厂房第一罐混凝土浇筑前完成，视工程实际情况可与首次监督检查一并进行。附属工程地基处理的监督检查也可在其他阶段性监督检查时抽查。

1.0.2　本部分所列检查内容应逐条检查，检查方式为重点抽查验证。

1.0.3　本阶段监督检查有采用新技术、新工艺、新流程、新装备、新材料的具体情况时，可根据相应的批准文件补充编制监督检查细则。

2　监督检查依据

监督检查组在开展本部分监督检查工作时，监检人员应当按照专业划分，熟练掌握以下标准。引进国外设备的工程，还需要熟悉和掌握合同约定的其他标准。

《建筑地基基础设计规范》（GB 50007）
《湿陷性黄土地区建筑规范》（GB 50025）
《工程测量规范》（GB 50026）
《岩土工程勘察规范》（GB 50021）
《膨胀土地区建筑技术规范》（GB 50112）
《建筑地基基础工程施工质量验收规范》（GB 50202）
《建筑边坡工程技术规范》（GB 50330）
《建筑基坑工程监测技术规范》（GB 50497）
《电力工程地基处理技术规程》（DL/T 5024）
《火力发电厂岩土工程勘测技术规程》（DL/T 5074）
《电力建设施工质量验收及评价规程　第 1 部分：土建工程》（DL/T 5210.1）
《建筑地基处理技术规范》（JGJ 79）
《建筑桩基技术规范》（JGJ 94）
《建筑基桩检测技术规范》（JGJ 106）
《冻土地区建筑地基基础设计规范》（JGJ 118）
《建筑基坑支护技术规程》（JGJ 120）
《载体桩设计规程》（JGJ 135）

3　监督检查应具备的条件

3.0.1　地基处理符合设计要求并已完成检测。

3.0.2　施工质量验收已完成。

4　责任主体质量行为的监督检查

4.1　建设单位质量行为的监督检查

4.1.1　已按规定完成招投标并签订合同。

4.1.2　质量管理组织机构已建立，质量管理人员已到位。

4.1.3　相关质量管理制度已制定。

4.1.4　地基处理施工方案已审批。

4.1.5　已组织设计交底及施工图纸会检。

4.1.6　无任意压缩合同约定工期的行为。

4.1.7　采用的新技术、新工艺、新流程、新装备、新材料已批准。

4.2　勘察设计单位质量行为的监督检查

4.2.1　设计图纸交付进度能保证连续施工，满足工程实际需要。

4.2.2　按规定进行设计交底并参加图纸会检。

4.2.3　设计更改、技术洽商等文件完整，手续齐全。

4.2.4　工程建设标准强制性条文落实到位。

4.2.5　设计代表工作到位、处理设计问题及时。

4.2.6　按规定参加有关重要部位的工程质量验收及签证。

4.2.7　进行了本阶段工程实体质量与勘察设计的符合性确认。

4.3　监理单位质量行为的监督检查

4.3.1　企业资质与合同约定的业务范围相符。

4.3.2　地基处理工程已验收签证。

4.3.3　专业监理人员配备合理，资格证书与承担的任务相符。

4.3.4　已组织编制施工质量验收项目划分表，设定工程质量控制点，并按计划实施。

4.3.5　地基处理施工方案已审查，特殊施工技术措施已审批。

4.3.6　组织或参加原材料、成品、半成品的进场检查验收。

4.3.7　质量问题及处理台账完整。

4.3.8　工程建设标准强制性条文检查到位。

4.3.9　提出地基处理施工质量评价意见。

4.4　施工单位质量行为的监督检查

4.4.1　地基处理企业资质与合同约定的业务范围相符。

4.4.2　项目部组织机构健全，专业人员配置合理。

4.4.3　项目经理资格符合要求并经本企业法定代表人授权。

4.4.4　质量检查及特殊工种人员持证上岗。

4.4.5　施工方案和作业指导书审批手续齐全，技术交底已完成。重大方案或特殊专项措施经专项评审。

4.4.6 计量工器具经检定合格，且在有效期内。

4.4.7 检测试验项目计划齐全。

4.4.8 专业绿色施工措施已制定。

4.4.9 工程建设标准强制性条文实施计划已执行。

4.4.10 完成施丁验收中不符合项的整改闭环。

4.4.11 无违规转包或者违法分包工程的行为。

4.5 检测试验机构质量行为的监督检查

4.5.1 检测试验机构已经通过能力认定并取得相应证书，其现场派出机构（现场试验室）满足规定条件，并已报质量监督机构备案。

4.5.2 检测人员资格符合规定，持证上岗。

4.5.3 检测仪器、设备检定合格，且在有效期内。

4.5.4 地基处理检测方案已审批。

4.5.5 检测依据正确、有效，检测报告及时、规范。

5 工程实体质量的监督检查

5.1 换填垫层地基的监督检查

5.1.1 换填技术方案、施工方案齐全，已审批。

5.1.2 地基验槽记录验收各方人员签字齐全、有效，验收结论明确，符合设计要求。

5.1.3 砂石、粉质黏土、灰土、矿渣、粉煤灰、土工合成材料等换填垫层材料及其强度等级符合设计要求，质量证明文件齐全。

5.1.4 换填土料按规范规定进行击实试验、土易溶盐分析试验、消石灰化学分析试验、土颗粒分析试验及腐蚀性或放射性试验，结果符合设计要求。

5.1.5 换填已进行分层试验，压实系数符合设计要求。

5.1.6 地基承载力检测报告结论满足设计要求。

5.1.7 质量控制资料、质量验收记录齐全。

5.2 预压地基的监督检查

5.2.1 设计前已通过现场试验或试验性施工，确定了设计参数和施工工艺参数。

5.2.2 预压地基技术方案、施工方案齐全，已审批。

5.2.3 所用土方、砂、塑料排水板等原材料性能指标符合规范规定。

5.2.4 原位十字板剪切试验、室内土工试验、地基强度或承载力等试验合格，报告结论明确。

5.2.5 真空预压、堆载预压、真空和堆载联合预压工艺与设计及施工方案一致。

5.2.6 施工质量控制参数真实、有效，施工记录齐全、完整。

5.2.7 地基承载力检测报告结论满足设计要求。

5.2.8 质量控制资料、质量验收记录齐全完整。

5.3 压实地基的监督检查

5.3.1 现场试验性施工已确定碾压分层厚度、碾压遍数、碾压范围和有效加固深度等施工参数和压实地基施工方法。

5.3.2　压实地基技术方案、施工方案齐全，已审批。

5.3.3　压实土填料性能指标符合要求。

5.3.4　压实地基施工记录齐全、完整。

5.3.5　施工质量的检验项目、方法、数量满足规范规定。

5.3.6　地基承载力检测报告结论满足设计要求。

5.4　夯实地基的监督检查

5.4.1　设计前已通过现场试验或试验性施工，确定设计参数和施工工艺参数。

5.4.2　根据不同的土质情况，采取的强夯夯锤质量、夯锤底面形式、锤底面积、锤底静接地压力值、排气孔等施工工艺与设计（施工）方案一致。

5.4.3　强夯过程和强夯置换夯符合规范规定，并采取了必要的隔震或减震措施。

5.4.4　施工质量控制参数真实、有效，施工记录齐全、完整。

5.4.5　地基承载力检测报告结论满足设计要求。

5.4.6　质量控制资料、质量验收记录齐全完整。

5.5　复合地基的监督检查

5.5.1　设计前已通过现场试验或试验性施工，并经过检测确定了设计参数和施工工艺参数。

5.5.2　复合地基技术方案、施工方案齐全，已审批。

5.5.3　散体材料复合地基增强体密实，检测报告齐全、完整、有效。

5.5.4　有粘结强度复合地基增强体的强度及桩身完整性满足设计要求，检测报告齐全。

5.5.5　复合地基承载力及有设计要求的单桩承载力已通过静载荷试验，检测数量及承载力满足设计要求。

5.5.6　复合地基增强体单桩的桩位偏差符合规范规定。

5.5.7　质量控制资料、质量验收记录齐全完整。

5.5.8　振冲碎石桩和沉管碎石桩符合以下要求：

（1）振冲碎石桩或沉管碎石桩原材料证明文件齐全、有效；

（2）施工质量控制参数真实、有效，施工记录齐全；

（3）施工质量的检验项目、方法、数量符合规范规定；

（4）地基承载力检测报告结论满足设计要求。

5.5.9　水泥土搅拌桩符合以下要求：

（1）所用水泥、外加剂等原材料已复检，性能指标符合要求，试验报告齐全；

（2）施工工艺与设计（施工）方案一致；

（3）对变形有严格要求的工程，采用钻取芯样做水泥土抗压强度检验，检验数量、检测结果符合规范规定；

（4）施工质量控制参数真实、有效，施工记录齐全；

（5）施工质量的检验项目、方法、数量符合规范规定；

（6）地基承载力检测报告结论满足设计要求。

5.5.10　旋喷桩复合地基符合以下要求：

（1）所用水泥、外加剂等原材料已复检，性能指标符合要求，试验报告齐全；

（2）施工工艺与设计（施工）方案一致；

（3）施工质量控制参数真实、有效，施工记录齐全；

（4）施工质量的检验项目、方法、数量符合规范规定；

（5）地基承载力检测报告结论满足设计要求。

5.5.11 灰土挤密桩和土挤密桩复合地基符合以下要求：

（1）所用消石灰性能指标及灰土配合比符合设计要求；

（2）施工工艺与设计（施工）方案一致；

（3）施工质量控制参数真实、有效，成孔及夯填记录齐全、完整；

（4）桩长范围内灰土或土填料的平均压实系数，处理深度内桩间土的平均挤密系数抽检数量符合规范规定；

（5）对消除湿陷性的工程，进行了现场浸水静载荷试验，试验结果符合规范规定；

（6）地基承载力检测报告结论满足设计要求。

5.5.12 夯实水泥土桩复合地基符合以下要求：

（1）水泥、外加剂等原材料已复检，性能指标符合要求，试验报告齐全；

（2）施工工艺与设计（施工）方案一致；

（3）施工质量控制参数真实、有效，回填与夯实质量记录齐全、完整；

（4）夯填桩体的干密度、抽检数量符合规范规定；

（5）地基承载力检测报告结论满足设计要求。

5.5.13 水泥粉煤灰碎石桩复合地基符合以下要求：

（1）水泥、外加剂等原材料已复检，性能指标符合要求，试验报告齐全；

（2）施工工艺与设计（施工）方案一致；

（3）施工质量控制参数真实、有效，施工记录齐全、完整；

（4）混合料坍落度、桩数、桩位偏差、褥垫层厚度、夯填度和桩体试块抗压强度等符合设计要求；

（5）桩身完整性检测数量符合规范规定；

（6）地基承载力检测报告结论满足设计要求。

5.5.14 柱锤冲扩桩复合地基符合以下要求：

（1）碎砖三合土、级配砂石、矿渣、灰土等原材料已复检，性能指标符合要求，试验报告齐全；

（2）施工工艺与设计（施工）方案一致；

（3）施工质量控制参数真实、有效，施工记录齐全、完整；

（4）施工质量的检验项目、方法、数量符合规范规定；

（5）地基承载力检测报告结论满足设计要求。

5.5.15 多桩型复合地基符合以下要求：

（1）水泥、外加剂等原材料已复检，性能指标符合要求，试验报告齐全；

（2）施工工艺与设计（施工）方案一致；

（3）施工质量控制参数真实、有效，施工记录齐全、完整；

（4）多桩复合地基静载荷试验和单桩静载荷试验符合要求，地基承载力检测报告结论满足设计要求。

5.6 注浆地基的监督检查

5.6.1 注浆加固设计前，已进行了室内浆液配比试验和现场注浆试验，确定了设计参数、检验施工方法和设备。

5.6.2 浆液、外加剂等原材料性能指标符合要求。

5.6.3 注浆加固技术方案、施工方案齐全，已审批。

5.6.4 施工工艺与设计（施工）方案一致。

5.6.5 施工质量控制参数真实、有效，施工记录齐全、完整。

5.6.6 标准贯入试验、动力触探、静力触探等原位测试试验和室内试验符合规范规定，加固地层的压缩性、强度、渗透性、湿陷性、均匀性等指标满足设计要求。

5.6.7 设计对地基承载力有要求时，地基承载力检测报告满足设计要求。

5.6.8 质量控制资料、质量验收记录齐全完整。

5.7 微型桩加固的监督检查

5.7.1 微型桩（树根桩、预制桩、注浆钢管桩等）设计前已通过现场试验或试验性施工，确定了设计参数和施工工艺参数。

5.7.2 微型桩地基技术方案、施工方案齐全，已审批。

5.7.3 微型桩材料性能指标符合要求。

5.7.4 微型桩施工工艺与设计（施工）方案一致。

5.7.5 树根桩施工允许偏差、成孔施工、吊装、灌注、保护、浇注、加压、填充等应符合规范规定。

5.7.6 预制桩预制过程（包括连接件）、压桩力、接桩和截桩等应符合规范规定。

5.7.7 注浆钢管桩水泥浆灌注的时间间隔、注浆要求、注浆方法，以及钢管连接的焊接方式、焊接强度和质量应符合规范规定。

5.7.8 混凝土和砂浆等抗压强度、钢构件或钢筋的防腐构造，以及保护层厚度应符合设计要求和规范规定，报告结论明确。

5.7.9 施工质量控制参数真实、有效，施工记录齐全、完整。

5.7.10 地基承载力检测报告结论满足设计要求。

5.7.11 微型桩变形检测符合要求，变形检测报告结论满足设计要求。

5.7.12 质量验收记录、质量控制资料齐全完整。

5.8 灌注桩工程的监督检查

5.8.1 当需要提供设计参数和施工工艺参数时，按经审批的试桩方案进行了试桩。

5.8.2 工程桩施工前，设计技术方案、施工方案已编制并经审批。

5.8.3 钢筋、水泥、砂石、掺合料及钢筋焊接材料等性能指标符合现行标准要求，质量证明文件和现场见证取样检验报告齐全。

5.8.4 混凝土强度等级符合设计要求，混凝土强度试验报告齐全。

5.8.5 钢筋现场焊接工艺试验报告、钢筋焊接接头试验报告齐全。

5.8.6 桩基础施工工艺与设计技术（施工）方案一致。

5.8.7 灌注桩的人工挖孔桩终孔时，已对持力层进行检验，检验记录齐全。

5.8.8 人工挖孔灌注桩、干成孔灌注桩、套管成孔灌注桩、泥浆护壁钻孔桩成孔的桩径、垂直度、孔底沉渣厚度及桩位的偏差符合规范规定。

5.8.9 施工质量控制参数真实、有效，施工记录齐伞、完整。

5.8.10 工程桩承载力和桩身质量的检验符合现行标准规定，报告结论满足设计要求。

5.8.11 质量控制资料、隐蔽验收记录、质量验收记录完整。

5.8.12 灌注桩桩项标高及截桩后的有效桩长应符合设计要求。

5.9　预制桩工程的监督检查

5.9.1 当设计需要提供设计参数和施工工艺参数时，按经审批的试桩方案进行了试桩。

5.9.2 桩基工程施工组织设计、施工方案齐全，已审批。

5.9.3 桩体材料、连接材料等原材料性能指标符合要求。

5.9.4 桩身检测、承载力检测、电焊接桩接头检测等试验合格，报告齐全，结论明确。

5.9.5 静压桩、锤击桩施工工艺与设计（施工）方案一致。

5.9.6 施工质量控制参数真实、有效，施工记录齐全、完整。

5.9.7 地基承载力检测报告结论满足设计要求。

5.9.8 质量控制资料、质量验收记录齐全完整。

5.10　基坑工程的监督检查

5.10.1 设计前已通过现场试验或试验性施工，确定了设计参数和施工工艺参数。

5.10.2 基坑工程、基坑监测等专项技术方案、施工方案齐全，并经审批，深基坑方案已经过专家评审，评审资料齐全。

5.10.3 钢筋、混凝土、锚杆、桩体、土钉、钢材等性能指标符合要求。

5.10.4 钻芯法、抗拔承载力、声波透射法等试验合格，报告结论明确。

5.10.5 施工工艺与设计（施工）方案一致；基坑监测实施与方案一致。

5.10.6 地基承载力检测报告结论符合设计要求。

5.10.7 质量控制资料完整，控制参数真实、施工记录及质量验收记录齐全。

5.11　边坡工程的监督检查

5.11.1 设计有要求时，边坡工程已通过现场试验和施工试验，确定了设计参数和施工工艺参数。

5.11.2 边坡处理技术方案、施工方案齐全，并经审批。

5.11.3 钢筋、水泥、砂、石、外加剂等原材料性能指标符合要求。

5.11.4 灌注排桩检测方法和数量符合要求；喷射混凝土护壁厚度和强度的检验符合设计要求和规范规定；锚孔施工、锚杆灌浆和张拉符合要求：报告结论明确。

5.11.5 施工工艺与设计（施工）方案一致。

5.11.6 泄水孔位置、坡度、反滤层、回填土、挡土墙伸缩缝（沉降缝）位置及填塞物、边坡排水系统符合设计要求；边坡监测正常。

5.11.7 质量控制资料完整，控制参数真实、施工记录及质量验收记录齐全。

5.12　湿陷性黄土地基工程的监督检查

5.12.1 经处理的湿陷性黄土地基，其湿陷量消除指标符合设计要求。

5.12.2 桩基础在非自重湿陷性黄土场地，桩端支承在压缩性较低的非湿陷性黄土层中；在自重湿陷性黄土场地，桩端支承在可靠的岩（或土）层中。

5.12.3 单桩竖向承载力通过现场单桩竖向承载力静载荷浸水试验，结果满足设计要求。

5.12.4 灰土挤密桩或土挤密桩进行了现场浸水静载荷试验，试验结果满足设计要求。

5.12.5 不得选用盐渍土、膨胀土、冻土、有机质等不良土料和粗颗粒的透水性（如砂、石）材料作为填料。

5.13 液化地基的监督检查

5.13.1 采用振冲或挤密碎石桩加固的地基，处理后液化等级与液化指数符合设计要求。

5.13.2 桩进入液化土层以下稳定土层的长度符合规范规定。

5.14 冻土地基的监督检查

5.14.1 所用热棒、通风管管材、保温隔热材料，产品合格证、检测报告复试报告齐全，报告结论明确。

5.14.2 热棒安装地下部分四周用细沙土分层填实，每层用水浇透，安装坚实牢固、排列整齐。

5.14.3 热棒、通风管、保温隔热材料安装施工记录齐全完整，数据真实有效。

5.14.4 地温观测孔及变形监测点设置符合规范规定。

5.14.5 季节性冻土、多年冻土地基融沉和承载力满足设计要求。

5.15 膨胀土地基的监督检查

5.15.1 膨胀土地区的工程建设，设计已通过现场试验或试验性施工，确定了设计参数和施工工艺参数。

5.15.2 膨胀土地基处理技术方案、施工方案齐全，已审批。

5.15.3 工程使用的钢筋、水泥、砂石骨料、外加剂等主要原材料性能指标符合要求。

5.15.4 地基承载力检测报告结论满足设计要求。

5.15.5 施工工艺与设计、施工方案一致。

5.15.6 施工质量控制参数真实、有效，施工记录齐全、完整。

5.15.7 施工质量的检验项目、方法、数量符合规范规定。

5.15.8 质量控制资料、质量验收记录齐全完整。

6 质量监督检测

6.0.1 开展现场质量监督检查时，应重点对下列项目的检测试验报告和检验指标进行查验，必要时可进行验证性抽样检测。对检验指标或结论有怀疑时，必须进行检测。

（1）砂、石、水泥、钢材等原材料的主要技术性能；

（2）垫层地基的压实系数；

（3）桩基础工程桩的桩身偏差和完整性检测；

（4）桩身混凝土强度。

第 3 部分　主厂房主体结构施工前监督检查

1　总则

1.0.1　本部分适用于火电工程主厂房主体结构施工前阶段的质量监督检查。

1.0.2　主厂房主体结构施工前质量监督检查应在主厂房基础工程隐蔽前完成。

1.0.3　本部分所列检查内容应逐条检查，检查方式为重点抽查验证。

1.0.4　本阶段监督检查有采用新技术、新工艺、新流程、新装备、新材料的具体情况时，可根据相应的批准文件补充编制监督检查细则。

2　监督检查依据

监督检查组在开展本部分监督检查工作时，监检人员应当按照专业划分，熟练掌握以下标准。引进国外设备的工程，还需要熟悉和掌握合同约定的其他标准。

《混凝土结构设计规范》（GB 50010）

《钢结构设计规范》（GB 50017）

《工程测量规范》（GB 50026）

《烟囱工程施工及验收规范》（GB 50078）

《混凝土质量控制标准》（GB 50164）

《混凝土结构工程施工质量验收规范》（GB 50204）

《钢结构工程施工质量验收规范》（GB 50205）

《大体积混凝土施工规范》（GB 50496）

《双曲线冷却塔施工与质量验收规范》（GB 50573）

《房屋建筑市政基础设施工程质量检测技术管理规范》（GB 50618）

《钢结构焊接规范》（GB 50661）

《混凝土结构工程施工规范》（GB 50666）

《钢筋混凝土筒仓施工与质量验收规范》（GB 50669）

《钢结构施工规范》（GB 50755）

《建筑施工组织设计规范》（GB/T 50502）

《电力建设施工质量验收及评价规程　第 1 部分：土建工程》（DL/T 5210.1）

《钢筋焊接及验收规程》（JGJ 18）

《钢结构高强度螺栓连接技术规程》（JGJ 82）

《建筑工程冬期施工规程》（JGJ/T 104）

《钢筋机械连接技术规程》（JGJ 107）

《建筑工程检测试验技术管理规范》（JGJ 190）

《房屋建筑工程和市政基础工程实行见证取样和送检的规定》建建〔2000〕211 号

3　监督检查应具备的条件

3.0.1　基础工程施工完，验收签证完，验收发现的不符合项已处理。

3.0.2　基础工程隐蔽前。

4　责任主体质量行为的监督检查

4.1　建设单位质量行为的监督检查

4.1.1　工程采用的专业标准清单已审批。

4.1.2　按规定组织完成设计交底和施工图会检。

4.1.3　组织工程建设标准强制性条文实施情况的检查。

4.1.4　无任意压缩合同约定工期的行为。

4.1.5　采用的新技术、新工艺、新流程、新装备、新材料已批准。

4.2　设计单位质量行为的监督检查

4.2.1　设计图纸交付进度能保证连续施工，满足工程实际需要。

4.2.2　设计更改、技术洽商等文件完整、手续齐全。

4.2.3　工程建设标准强制性条文落实到位。

4.2.4　设计代表工作到位、处理设计问题及时。

4.2.5　按规定参加施工主要控制网（桩）验收和地基验槽签证。

4.2.6　进行了本阶段工程实体质量与勘察设计的符合性确认。

4.3　监理单位质量行为的监督检查

4.3.1　项目监理部专业监理人员配备合理，资格证书与承担任务相符。

4.3.2　检测仪器和工具配置满足监理工作需要。

4.3.3　已按验收规程规定，对施工现场质量管理进行了验收。

4.3.4　已补充完善施工质量验收项目划分表，设定工程质量控制点，并按计划实施。

4.3.5　专业施工组织设计已审查，特殊施工技术措施已审批。

4.3.6　组织或参加原材料、成品、半成品的进场检查验收。

4.3.7　施工质量问题及处理台账完整。

4.3.8　工程建设标准强制性条文检查到位。

4.3.9　完成主厂房基础工程施工质量验收。

4.3.10　对本阶段工程质量提出评价意见。

4.4　施工单位质量行为的监督检查

4.4.1　项目部组织机构健全，专业人员配置合理。

4.4.2　质量检查及特殊工种人员持证上岗。

4.4.3　专业施工组织设计已审批。

4.4.4　质量检验管理制度已落实。

4.4.5　施工方案和作业指导书已审批，技术交底已完成。

4.4.6　计量工器具经检定合格，且在有效期内。

4.4.7　按照检测试验项目计划进行有见证的取样和送检，台账完整。

4.4.8　已建立原材料、成品、半成品、商品混凝土的跟踪管理台账，记录完整。

4.4.9　单位工程开工报告已审批。

4.4.10　专业绿色施工措施已制定、实施。

4.4.11 工程建设标准强制性条文实施计划已执行。

4.4.12 无违规转包或者违法分包工程的行为。

4.5 检测试验机构质量行为的监督检查

4.5.1 检测试验机构已经通过能力认定并取得相应证书，其现场派出机构（现场试验室）满足规定条件，并已报质最监督机构备案。

4.5.2 检测人员资格符合规定，持证上岗。

4.5.3 检测仪器、设备检定合格，且在有效期内。

4.5.4 检测依据正确、有效，检测报告及时、规范。

5 工程实体质量的监督检查

5.1 测量的监督检查

5.1.1 测量控制方案已经审核批准。

5.1.2 现场按测量控制方案布设的控制桩（点）保护完好。

5.1.3 测量仪器检定有效。

5.1.4 各建（构）筑物定位放线符合设计要求，测量数据齐全、完整。

5.1.5 沉降观测点设置符合设计要求及规程规定，观测记录齐全。

5.2 混凝土基础的监督检查

5.2.1 钢筋、水泥、砂、石、粉煤灰、外加剂、拌合用水等原材料性能证明文件齐全；现场见证取样检验合格，报告齐全。商品混凝土技术检验合格，报告齐全。

5.2.2 长期处于潮湿环境的重要混凝土结构用砂、石碱活性检验合格。

5.2.3 用于配制钢筋混凝土的海砂氯离子含量检验合格。

5.2.4 焊材、焊剂合格证齐全。

5.2.5 焊接工艺、机械连接工艺试验合格；钢筋焊接接头、机械连接试件截取符合规范，试验合格，报告齐全。

5.2.6 钢筋代换已办理设计变更，可追溯。

5.2.7 混凝土强度等级满足设计要求。

5.2.8 大体积混凝土施工方案已审批，温控措施符合方案，测温记录齐全。

5.2.9 混凝土浇筑记录齐全；试件抽取、留置符合规范规定，强度试验满足设计要求。

5.2.10 混凝土结构外观质量和尺寸偏差符合质量验收标准。

5.2.11 贮水（油）池等构筑物满水试验合格，签证记录齐全。

5.2.12 混凝土基础施工完毕，隐蔽验收、质量验收记录完整，记录齐全。

5.2.13 裸露在外的基础短柱钢筋防锈蚀保护、柱水平施工缝凿毛符合要求。

5.3 基础防腐（防水）的监督检查

5.3.1 防腐（防水）材料符合设计要求，质量证明文件、复试报告齐全。

5.3.2 防腐（防水）层的厚度符合设计要求，粘接贴实牢固，无表面损伤。

5.4 冬期施工的监督检查

5.4.1 冬期施工措施和越冬保温措施已审批。

5.4.2 原材料预热、选用的外加剂、混凝土拌合和浇筑条件、试块的留置符合规范规定。

5.4.3 冬期施工的混凝土工程，养护条件、测温次数符合规范规定，记录齐全。

5.4.4 冬期停、缓建工程，停止位置的混凝土强度符合设计或规范规定。

6 质量监督检测

6.0.1 开展现场质量监督检查时，应重点对下列项目的检测试验报告和检验指标进行查验，必要时可进行验证性抽样检测。对检验指标或结论有怀疑时，必须进行检测。

（1）混凝土工程的水泥、砂、碎石及卵石、混凝土拌合用水、混凝土掺合料、外加剂、混凝土试块、钢筋及预应力筋、钢筋焊接及机械连接接头、预埋件、预制混凝土构件的主要技术性能以及结构实体。

（2）防腐（防水）层的材料性能、厚度、粘接。

第4部分 主厂房交付安装前监督检查

1 总则

1.0.1 本部分适用于火电工程主厂房交付安装前的质量监督检查。

1.0.2 主厂房交付安装前质量监督检查应在汽轮机基础交付安装前完成。

1.0.3 本部分所列检查内容应逐条检查，检查方式为重点抽查验证。

1.0.4 本阶段监督检查有采用新技术、新工艺、新流程、新装备、新材料的具体情况时，可根据相应的批准文件补充编制监督检查细则。

2 监督检查依据

监督检查组在开展本部分监督检查工作时，监检人员应当按照专业划分，熟练掌握以下标准。引进国外设备的工程，还需要熟悉和掌握合同约定的其他标准。

《混凝土结构设计规范》（GB 50010）

《钢结构设计规范》（GB 50017）

《工程测量规范》（GB 50026）

《烟囱工程施工及验收规范》（GB 50078）

《混凝土质量控制标准》（GB 50164）

《砌体工程施工质量验收规范》（GB 50203）

《混凝土结构工程施工质量验收规范》（GB 50204）

《钢结构工程施工质量验收规范》（GB 50205）

《大体积混凝土施工规范》（GB 50496）

《双曲线冷却塔施工与质量验收规范》（GB 50573）

《房屋建筑市政基础设施工程质量检测技术管理规范》（GB 50618）

《钢结构焊接规范》（GB 50661）

《混凝土结构工程施工规范》（GB 50666）

《钢筋混凝土筒仓施工与质量验收规范》（GB 50669）

《钢结构施工规范》（GB 50755）
《建筑施工组织设计规范》（GB/T 50502）
《电力建设施工质量验收及评价规程》（第1部分土建工程）（DL/T 5210）
《建筑变形测量规范》（JGJ 8）
《钢筋焊接及验收规程》（JGJ 18）
《普通混凝土配合比设计规程》（JGJ 55）
《钢结构高强度螺栓连接技术规程》（JGJ 82）
《钢筋机械连接技术规程》（JGJ 107）
《建筑工程检测试验技术管理规范》（JGJ 190）
《建筑工程冬期施工规程》（JGJ/T 104）
《房屋建筑工程和市政基础设施工程实行见证取样和送检的规定》（建建〔2000〕211号）

3 监督检查应具备的条件

3.0.1 主厂房主体结构施工完、基本封闭完，汽轮机基座施工完，验收签证完。
3.0.2 验收发现的不符合项已处理。

4 责任主体质量行为的监督检查

4.1 建设单位质量行为的监督检查

4.1.1 工程采用的专业标准清单已审批。
4.1.2 按规定组织进行设计交底和施工图会检。
4.1.3 组织上程建设标准强制性条文实施情况的检查。
4.1.4 无任意压缩合同约定工期的行为。
4.1.5 采用的新技术、新工艺、新流程、新装备、新材料已批准。

4.2 设计单位质量行为的监督检查

4.2.1 设计图纸交付进度能保证连续施工，满足工程实际需要。
4.2.2 设计更改、技术洽商等文件完整、手续齐全。
4.2.3 工程建设标准强制性条文落实到位。
4.2.4 设计代表工作到位，处理设计问题及时。
4.2.5 按规定参加主体结构质量验收。
4.2.6 进行了本阶段工程实体质量与设计的符合性确认。

4.3 监理单位质量行为的监督检查

4.3.1 检测仪器和工具配置满足监理工作需要。
4.3.2 已按验收规程规定，对施工现场质量管理进行了验收。
4.3.3 已补充完善施工质量验收项目划分表，设定工程质量控制点，并按计划实施。
4.3.4 特殊施工技术措施已审批。
4.3.5 组织或参加原材料、成品、半成品的进场检查验收。
4.3.6 施工质量问题及处理台账完整。
4.3.7 工程建设标准强制性条文检查到位。

4.3.8　完成主体结构工程、汽轮机基座施工质量验收。

4.3.9　对本阶段工程质量提出评价意见。

4.4　施工单位质量行为的监督检查

4.4.1　项目部专业人员配置合理。

4.4.2　质量检查员及特殊工种人员持证上岗。

4.4.3　质量检验管理制度已落实。

4.4.4　施工方案和作业指导书已审批，技术交底已完成。

4.4.5　计量工器具经检定合格，且在有效期内。

4.4.6　按照检测试验项目计划进行有见证的取样和送检，台账完整。

4.4.7　已建立原材料、成品、半成品、商品混凝土的跟踪管理台账，记录完整。

4.4.8　专业绿色施工措施已实施。

4.4.9　工程建设标准强制性条文实施计划已执行。

4.4.10　无违规转包或者违法分包工程的行为。

4.5　检测试验机构质量行为的监督检查

4.5.1　检测试验机构已经通过能力认定并取得相应证书，其现场派出机构（现场试验室）满足规定条件，并已报质量监督机构备案。

4.5.2　检测人员资格符合规定，持证上岗。

4.5.3　检测仪器、设备检定合格，且在有效期内。

4.5.4　检测依据正确、有效，检测报告及时、规范。

5　工程实体质量的监督检查

5.1　混凝土结构的监督检查

5.1.1　钢筋、水泥、砂、石、粉煤灰、外加剂、拌合用水等原材料性能证明文件齐全；现场见证取样检验合格，报告齐全。

5.1.2　长期处于潮湿环境的重要混凝土结构用砂、石碱活性检验合格。

5.1.3　用于配制钢筋混凝土的海砂氯离子含量检验合格。

5.1.4　焊材、焊剂合格证齐全。

5.1.5　焊接工艺试验、机械连接工艺试验合格，钢筋焊接接头、机械连接试件截取符合规范，试验合格，报告齐全。

5.1.6　钢筋代换已办理设计变更，可追溯。

5.1.7　混凝土强度等级应满足设计要求。

5.1.8　混凝土浇筑记录齐全；试件抽取、留置符合规范，强度试验满足设计要求。

5.1.9　基础预埋螺栓、预留孔洞、预埋铁件符合设计及安装要求。

5.1.10　混凝土结构外观质量和尺寸偏差符合质量验收标准。

5.1.11　贮水（油）池等构筑物满水试验合格，签证记录齐全。

5.1.12　混凝土结构施工完毕，隐蔽验收、质量验收记录齐全。

5.2　钢结构工程的监督检查

5.2.1　钢材、高强度螺栓连接副、地脚螺栓、涂料、焊材等材料性能证明文件齐全。

5.2.2 高强度螺栓连接副轴力、摩擦面抗滑移系数抽样复检合格。

5.2.3 高强度螺栓连接副扭矩抽测合格。

5.2.4 钢结构现场焊接焊缝检验合格。

5.2.5 钢结构、钢网架变形测量记录齐全，偏差符合设计或规范规定。

5.2.6 涂料（防火涂料）涂装遍数、涂层厚度符合设计要求，记录齐全。

5.2.7 钢结构工程施工完毕，质量验收记录齐全。

5.3 砌体工程的监督检查

5.3.1 砌体结构所用砖、石材、砌块、水泥等原材料性能证明文件齐全；抽查检测合格，报告齐全。

5.3.2 砂浆强度符合设计要求，检测试验报告齐全。

5.3.3 砌体组砌方式、钢筋的设置位置、挡土墙泄水孔留置符合规范规定。

5.3.4 砌体工程施工完毕，质量验收记录齐全。

5.4 冬期施工的监督检查

5.4.1 冬期施工措施和越冬保温措施已审批。

5.4.2 原材料预热、选用的外加剂、混凝土拌合和浇筑条件、试块的留置符合规范规定。

5.4.3 冬期施工的混凝土和砌体工程，养护条件、测温次数符合规范规定，记录齐全。

5.4.4 冬期停、缓建工程，停止位置的混凝土强度符合设计或规范规定。

6 质量监督检测

6.0.1 开展现场质量监督检查时，应重点对下列项目的检测试验报告和检验指标进行查验，必要时可进行验证性抽样检测。对检验指标或结论有怀疑时，必须进行检测。

（1）砂、石、砖、砌块、水泥、钢筋、钢材和钢筋连接接头等技术性能抽测；

（2）混凝土、砂浆试块强度抽测；

（3）高强度螺栓连接副紧固力矩抽测。

第5部分 锅炉水压试验前监督检查

1 总则

1.0.1 本部分适用于火力发电工程锅炉水压试验前阶段的质量监督检查。

1.0.2 锅炉水压试验前监督检查范围为锅炉本体的全部承重结构、承压部件、受热面、参加水压试验的各类管道及参加水压试验临时系统等。

1.0.3 本部分所列检查内容应逐条检查，检查方式为重点抽查验证。

1.0.4 本阶段监督检查有采用新技术、新工艺、新流程、新装备、新材料的具体情况时，可根据相应的批准文件补充编制监督检查细则。

2 监督检查依据

监督检查组在开展本部分监督检查工作时，监检人员应当按照专业划分，熟练掌握以下

标准。引进国外设备的工程，还需要熟悉和掌握合同约定的其他标准。

《特种设备安全法》国家主席令第四号

《钢结构工程施工质量验收规范》（GB 50205）

《钢结构焊接规范》（GB 50661）

《钢结构施工规范》（GB 50755）

《锅炉安全技术监察规程》（TSG G0001）

《锅炉安装监督检验规则》（TSG G7001）

《电力工业锅炉压力容器监察规程》（DL 612）

《电站锅炉压力容器检验规程》（DL 647）

《电力建设施工技术规范　第 2 部分：锅炉机组》（DL 5190.2）

《电力建设施工技术规范　第 5 部分：管道及系统》（DL 5190.5）

《火力发电厂金属技术监督规程》（DL/T 438）

《电力设备监造技术导则》（DL/T 586）

《火力发电厂异种钢焊接技术规程》（DL/T 752）

《火力发电厂焊接技术规程》（DL/T 869）

《火力发电厂工程测量技术规程》（DL/T 5001）

《火力发电厂汽水管道设计技术规定》（DL/T 5054）

《电力建设施工质量验收及评价规程　第 2 部分：锅炉机组》（DL/T 5210.2）

《电力建设施工质量验收及评价规程　第 5 部分：管道及系统》（DL/T 5210.5）

《电力建设施工质量验收及评价规程　第 7 部分：焊接》（DL/T 5210.7）

《钢结构高度强螺栓连接技术规程》（JGJ 82）

3　监督检查应具备的条件

3.0.1　锅炉钢结构、承压部件及其附件、水压试验用临时系统安装完成，并验收签证。

3.0.2　受监焊口全部检验合格。

3.0.3　试验用水满足要求，废水排放符合环保要求。

3.0.4　水压试验范围内的楼梯、平台、栏杆、沟道盖板等齐全，通道畅通，照明充足。

3.0.5　办理了具备锅炉整体水压试验条件的签证。

4　责任主体质量行为的监督检查

4.1　建设单位质量行为的监督检查

4.1.1　组织完成具备锅炉整体水压试验条件的签证。

4.1.2　工程采用的专业标准清单已审批。

4.1.3　按规定组织施工图会检，按合同约定组织设备制造商进行技术交底并指导安装、处理设备缺陷。

4.1.4　对锅炉设备组织了设备监造，并提供了设备监造报告。

4.1.5　负责收集以下主要技术文件、资料：

（1）锅炉产品出厂质量证明文件；

（2）锅炉安装和使用说明书；

（3）锅炉热力计算书、承压部件强度计算书；

（4）承压部件设计修改技术资料；

（5）锅炉压力容器安全性能检验报告；

（6）锅炉钢架沉降观测资料。

4.1.6 组织工程建设标准强制性条文实施情况的检查。

4.1.7 无任意压缩合同约定工期的行为。

4.1.8 采用的新技术、新工艺、新流程、新装备、新材料已批准。

4.2 设计单位质量行为的监督检查

4.2.1 设计图纸交付进度能保证连续施工，满足工程实际需要。

4.2.2 按规定进行设计交底及图纸会检。

4.2.3 设计更改、技术洽商等文件完整、手续齐全。

4.2.4 工程建设标准强制性条文落实到位。

4.2.5 设计代表工作到位、处理设计问题及时。

4.3 监理单位质量行为的监督检查

4.3.1 企业资质与合同约定的业务范围相符。

4.3.2 项目监理部专业监理人员配备合理，资格证书与承担任务相符。

4.3.3 完成相关施工的质量验收、隐蔽工程签证。

4.3.4 已按验收规程规定，对施工现场质量管理进行了验收。

4.3.5 已组织编制施工质量验收项目划分表，设定工程质量控制点，并按计划实施。

4.3.6 专业施工组织设计已审查，特殊施工技术措施已审批。

4.3.7 已组织或参加设备、材料的到货检查验收。

4.3.8 设备、施工质量问题及处理台账完整。

4.3.9 工程建设标准强制性条文执行检查到位。

4.4 施工单位质量行为的监督检查

4.4.1 企业锅炉安装资质与合同的业务范围相符。

4.4.2 项目部组织机构健全，专业人员配置合理。

4.4.3 项目经理资格符合要求并经本企业法定代表人授权。

4.4.4 质量检查员及特殊工种人员持证上岗。

4.4.5 水压试验方案已经批准。

4.4.6 水压试验组织机构健全，责任分工明确，人员到位。

4.4.7 水压试验现场的安全、保卫等项工作已落实。

4.4.8 专业施上组织设计已审批。

4.4.9 施工方案和作业指导书审批手续齐全，技术交底已完成。

4.4.10 编制检测试验项目计划。

4.4.11 焊接检验制度健全，焊材保管、复检、发放制度健全，台账完整。

4.4.12 计量工器具经检定合格，且在有效期内。

4.4.13 单位工程开工报告已审批。

4.4.14 专业绿色施工措施已制定。

4.4.15 工程建设标准强制性条文实施计划已执行。

4.4.16 无违规转包或者违法分包工程的行为。

4.5 检测试验机构质量行为的监督检查

4.5.1 检测试验机构已经通过能力认定并取得相应证书，其现场派出机构（现场试验室）满足规定条件，并已报质量监督机构备案。

4.5.2 检测人员资格符合规定，持证上岗。

4.5.3 检测仪器、设备检定合格，且在有效期内。

4.5.4 现场射线源管理符合环保、公安部门有关规定。

4.5.5 检测依据正确、有效，检测报告及时、规范。

5 工程实体质量的监督检查

5.1 锅炉本体基础的监督检查

5.1.1 建筑交付安装记录签证齐全。

5.1.2 基础沉降均匀，沉降观测记录完整。

5.2 锅炉构架施工质量的监督检查

5.2.1 高强度螺栓按规定复检合格，报告齐全，抽查钢结构节点螺栓终紧扭矩合格。

5.2.2 节点的连接和防腐符合规范规定。

5.2.3 大板梁挠度测量符合厂家设计或规范规定。

5.2.4 楼梯、平台、栏杆安装牢固，符合安全技术要求。

5.3 锅炉承压部件及受热面的监督检查

5.3.1 水压范围内的承压部件安装结束，验收合格。

5.3.2 受热面通球试验合格、签证记录齐全。

5.3.3 膨胀间隙调整符合图纸要求，膨胀指示器安装、调整完毕。

5.3.4 支座、吊挂系统调整结束，受力均匀。

5.3.5 受热面密封焊接完毕后应进行渗透试验合格，验收签证齐全。

5.3.6 热工温度、压力等测点应在受热面设备上安装完成，验收合格。

5.4 锅炉附属管道及附件的监督检查

5.4.1 附属管路布置合理，安装结束，验收合格。

5.4.2 参加水压试验的附件安装结束，校验合格。

5.4.3 水压试验的临时系统和设备安装、调试完毕，废水排放处理符合环保要求。

5.5 焊接及金属监督的监督检查

5.5.1 焊接工程项目一览表的项目内容齐全，焊接分项工程综合质量验收评定表、焊接记录齐全。

5.5.2 锅炉承重、承压焊口的外观质量与外观检查记录相符。

5.5.3 焊接工程检验一览表的项目内容齐全，无损检测、理化检验报告记录齐全。

5.5.4 合金材质复检符合制造厂图纸要求。

5.6 验收及缺陷处理的监督检查

5.6.1 水压前相关检验批、分项工程验收和锅炉水压前检查签证齐全。

5.6.2 设备缺陷情况记录及处理签证齐全。

6 质量监督检测

6.0.1 开展现场质量监督检查时，应重点对下列项目的检测试验报告和检验指标进行查验，必要时可进行验证性抽样检测。对检验指标或结论有怀疑时，必须进行检测。

（1）焊口无损检测；

（2）合金钢材料及焊口的光谱、硬度检测。

第 6 部分 汽轮机扣盖前监督检查

1 总则

1.0.1 汽轮机扣盖前监督检查范围为汽轮机本体与扣盖相关的外部系统。组装供货的汽轮机和燃气轮机，应检查模块组装时的有关数据符合制造厂技术文件要求。

1.0.2 本部分所列检查内容应逐条检查，检查方式为重点抽查验证。

1.0.3 本阶段监督检查有采用新技术、新工艺、新流程、新装备、新材料的具体情况时，可根据相应的批准文件补充编制监督检查细则。

2 监督检查依据

监督检查组在开展本部分监督检查工作时，监检人员应当按照专业划分，熟练掌握以下标准。引进国外设备的工程，还需要熟悉和掌握合同约定的其他标准。

《工程测量规范》（GB 50026）

《电力建设施工技术规范　第 3 部分：汽轮发电机组》（DL 5190.3）

《电力建设施工技术规范　第 4 部分：热工仪表及控制装置》（DL 5190.4）

《电力建设施工技术规范　第 5 部分：管道及系统》（DL 5190.5）

《电力建设施工技术规范　第 7 部分：焊接工程》（DL 5190.7）

《汽轮发电机合金轴瓦超声波检测》（DL/T 297）

《火力发电厂金属技术监督规程》（DL/T 438）

《火力发电厂高温紧固件技术导则》（DL/T 439）

《电力设备监造技术导则》（DL/T 586）

《高温紧固螺栓超声波检验技术导则》（DL/T 694）

《火力发电厂焊接技术规程》（DL/T 869）

《火电厂金相检验与评定技术导则》（DL/T 884）

《电力设备金属光谱分析技术导则》（DL/T 991）

《电力建设施工质量验收及评价规程　第 3 部分：汽轮发电机组》（DL/T 5210.3）

《电力建设施工质量验收及评价规程　第 4 部分：热工仪表及控制装置》（DL/T 5210.4）

《电力建设施工质量验收及评价规程　第5部分：管道及系统》（DL/T 5210.5）
《电力建设施工质量验收及评价规程　第7部分：焊接》（DL/T 5210.7）
《建筑变形测量规程》（JGJ 8）

3　监督检查应具备的条件

3.0.1　汽轮机本体安装调整工作结束，已经试扣盖检查，并办理扣盖前的检查签证。
3.0.2　对汽轮机本体调整工作有影响的热力管道和设备完成连接，热工元件试装完。
3.0.3　与扣盖相关的合金钢零部件、管材、焊口全部检验合格。
3.0.4　汽机房行车等吊装机械完好，验收合格。
3.0.5　扣缸范围内的楼梯、平台、栏杆、沟道盖板等齐全，通道畅通，照明充足。

4　责任主体质量行为的监督检查

4.1　建设单位质量行为的监督检查

4.1.1　完成扣盖前的检查签证。
4.1.2　工程采用的专业标准清单已审批。
4.1.3　按规定组织施工图会检，按合同约定组织设备制造商进行技术交底并指导安装、处理设备缺陷。
4.1.4　对汽轮机设备组织了设备监造，并提供了设备监造报告。
4.1.5　负责收集以下主要技术文件、资料：
（1）汽轮机总装报告；
（2）设备出厂质检报告及质保书；
（3）重要部件出厂材质检验及探伤报告；
（4）转子出厂超速试验及高速动平衡报告；
（5）汽轮机基础沉降观测资料。
4.1.6　组织工程建设标准强制性条文实施情况的检查。
4.1.7　无任意压缩合同约定工期的行为。
4.1.8　采用的新技术、新工艺、新流程、新装备、新材料已批准。

4.2　设计单位质量行为的监督检查

4.2.1　设计图纸交付进度能保证连续施工，满足工程实际需要。
4.2.2　按规定进行设计交底及图纸会检。
4.2.3　设计更改、技术洽商等文件完整、手续齐全。
4.2.4　工程建设标准强制性条文落实到位。
4.2.5　设计代表工作到位、处理设计问题及时。

4.3　监理单位质量行为的监督检查

4.3.1　企业汽轮机安装资质与合同的业务范围相符。
4.3.2　项目监理部专业监理人员配备合理，资格证书与承担任务相符。
4.3.3　完成相关施工的质量验收签证。
4.3.4　已按验收规程规定，对施工现场质量管理进行了验收。

4.3.5 已组织编制施工质量验收项目划分表，设定工程质量控制点，并按计划实施。

4.3.6 专业施工组织设计已审查，特殊施工技术措施已审批。

4.3.7 组织或参加设备、材料的到货检查验收。

4.3.8 设备、施工质量问题及处理台账完整。

4.3.9 工程建设标准强制性条文检查到位。

4.4 施工单位质量行为的监督检查

4.4.1 企业资质与合同约定的业务范围相符。

4.4.2 项目部组织机构健全，专业人员配置合理。

4.4.3 项目经理资格符合要求并经本企业法定代表人授权。

4.4.4 质量检查员及特殊工种人员持证上岗。

4.4.5 扣盖方案经批准。

4.4.6 专业施工组织设讨已审批。

4.4.7 施工方案和作业指导书审批手续齐全，技术交底已完成。

4.4.8 编制检测试验项目计划。

4.4.9 焊接检验制度健全，焊材保管、复检、发放制度健全。

4.4.10 计量工器具经检定合格，且在有效期内。

4.4.11 单位工程开工报告已审批。

4.4.12 专业绿色施工措施已制定。

4.4.13 工程建设标准强制性条文实施计划已执行。

4.4.1 4 无违规转包或者违法分包工程的行为。

4.5 检测试验机构质量行为的监督检查

4.5.1 检测试验机构已经通过能力认定并取得相应证书，其现场派出机构（现场试验室）满足规定条件，并已报质量监督机构备案。

4.5.2 检测人员资格符合规定，持证上岗。

4.5.3 检测仪器、设备检定合格，且在有效期内。

4.5.4 现场射线源管理符合环保、公安部门有关规定。

4.5.5 检测依据正确、有效，检测报告及时、规范。

5 工程实体质量的监督检查

5.1 汽轮机基座的监督检查

5.1.1 建筑交付安装记录签证齐全。

5.1.2 基础沉降均匀，沉降观测记录完整。

5.2 台板与垫铁的监督检查

5.2.1 垫铁的布设符合图纸要求，台板与垫铁及每叠垫铁间接触及间隙符合规范，检查验收记录完整。

5.2.2 台板或轴承座底部混凝土垫块布设符合图纸，混凝土强度试验报告齐全。

5.3 汽缸、轴承座及滑销系统的监督检查

5.3.1 抽查汽缸、轴承座与台板间隙符合规范，并与记录相符。

5.3.2 汽缸喷嘴室、调门汽室隐蔽签证记录完整。

5.3.3 各轴承座进行的检漏试验、签证记录完整。

5.3.4 抽查汽缸、轴承座水平、扬度与记录相符，并符合设计要求。

5.3.5 抽查滑销、猫爪、联系螺栓间隙符合制造厂要求，与记录相符。

5.3.6 抽查汽缸法兰结合面间隙符合规范规定，与记录相符。

5.3.7 检查汽缸负荷分配记录符合制造厂要求。

5.3.8 检查低压缸与凝汽器或直接空冷排汽装置的连接，验收签证记录完整。

5.3.9 汽缸内部热工测量元件校验合格，报告齐全并经过试装。

5.4 轴承和油挡的监督检查

5.4.1 抽查轴瓦接触（重点检查轴瓦钨金接触、垫块接触）符合规范规定，并与记录相符。

5.4.2 检查推力瓦钨金接触及推力间隙符合规范规定，并与记录相符。

5.4.3 抽查轴承座及轴瓦油挡间隙符合图纸要求；并与记录相符。

5.5 汽轮机转子的监督检查

5.5.1 检查转子轴颈椭圆度和不柱度记录符合规范规定。

5.5.2 检查转子弯曲度记录符合厂家要求。

5.5.3 全实缸状态下测量转子轴颈扬度符合制造厂要求，并与记录相符。

5.5.4 检查转子推力盘端面瓢偏记录符合规范规定。

5.5.5 检查转子联轴器晃度及端面瓢偏记录符合规范规定，与记录相符。

5.5.6 抽查转子对汽封（或油挡）洼窝中心记录符合制造厂要求或规范规定。

5.5.7 全实缸状态下测量转子联轴器找中心数值符合制造厂要求，与记录相符。

5.5.8 转子就位后复测转子缸外轴向定位值，与记录相符。

5.6 通流部分的监督检查

5.6.1 静叶持环或隔板（包括回转隔板）安装符合规范规定，并与记录相符。

5.6.2 全实缸状态下测量轴封及通流间隙符合制造厂要求，与记录相符。

5.6.3 全实缸状态下做转子推拉试验，推拉值符合厂家图纸要求，与记录相符。

5.7 汽轮机金属检测的监督检查

5.7.1 汽轮机扣盖范围内依据规范规定的金属检验项目检验完，各项检测试验报告齐全。

5.7.2 汽缸及内部合金钢零部件及与汽缸连接的合金钢管光谱复查报告齐全，符合制造厂图纸规定。

5.7.3 抽查与汽缸相连的主要管道焊接检验、热处理记录及质量检验资料内容完整，报告（含底片）齐全。

5.7.4 轴瓦及推力瓦脱胎检测，报告齐全。

5.7.5 高温紧固件的硬度复测、光谱检测及金相抽查符合制造厂要求和规范规定，检测报告齐全。

5.7.6 根据《火力发电厂金属技术监督规程》（DL/T 438）要求完成相应金属检验试验。

5.8 验收及缺陷处理的监督检查

5.8.1 扣盖前相关检验批、分项、分部工程验收和隐蔽验收签证资料完整。

5.8.2 设备缺陷情况记录及处理签证资料完整。

6 质量监督检测

6.0.1 开展现场质量监督检查时，应重点对下列项目的检测试验报告和检验指标进行查验，必要时可进行验证性抽样检测。对检验指标或结论有怀疑时，必须进行检测。

（1）汽缸及内部合金钢零部件的光谱检测；

（2）与汽缸连接的合金钢管的材质检测及其焊口的光谱、硬度、无损检测。

第7部分 厂用电系统受电前监督检查

1 总则

1.0.1 本部分适用于火电工程厂用电系统受电前阶段的质量监督检查。

1.0.2 厂用电系统受电前监督检查范围为受电电源、高压启动/备用变压器、厂用电高压配电装置。

1.0.3 本部分所列检查内容应逐条检查，检查方式为重点抽查验证。

1.0.4 本阶段监督检查有采用新技术、新工艺、新流程、新装备、新材料的具体情况时，可根据相应的批准文件补充编制监督检查细则。

2 监督检查依据

监督检查组在开展本部分监督检查工作时，监检人员应当按照专业划分，熟练掌握以下标准。引进国外设备的工程，还需要熟悉和掌握合同约定的其他标准。

《电气装置安装工程高压电器施工及验收规范》（GB 50147）

《电气装置安装工程电力变压器、油浸电抗器、互感器施工及验收规范》（GB 50148）

《电气装置安装工程母线装置施工及验收规范》（GB 50149）

《电气装置安装工程电气设备交接试验标准》（GB 50150）

《电气装置安装工程电缆线路施工及验收规范》（GB 50168）

《电气装置安装工程接地装置施工及验收规范》（GB 50169）

《电气装置安装工程盘、柜及二次同路接线施工及验收规范》（GB 50171）

《电气装置安装工程蓄电池施工及验收规范》（GB 50172）

《电气装置安装工程爆炸和火灾危险环境电气装置施工及验收规范》（GB 50257）

《电力设备典型消防规程》（DL 5027）

《电气装置安装工程质量验收及评定规程》（DL/T 5161.1～17）

《火力发电建设工程机组调试技术规范》（DL/T 5294）

3 监督检查应具备的条件

3.0.1 厂用电系统受电范围内建筑工程施工完成，并验收签证。

3.0.2 厂用电系统受电范围内电气一、二次系统施工完成，相应的电气试验及保护调试完成，并验收签证。

4　责任主体质量行为的监督检查

4.1　建设单位质量行为的监督检查

4.1.1　组织完成厂用电系统受电范围内建筑工程验收。

4.1.2　组织完成厂用电系统受电范围内电气一、二次系统及保护调试的验收。

4.1.3　设备制造厂负责调试的项目已调试完成，验收合格。

4.1.4　按规定成立试运指挥部，试运行管理制度齐全，组织分工明确，人员落实。

4.1.5　厂用电系统受电方案经试运指挥部批准，现场的安全、保卫、消防等项工作已落实，受电后的管理方式已确定。

4.1.6　工程采用的专业标准清单已审批。

4.1.7　按规定组织进行设计交底和施工图会检。

4.1.8　按合同约定组织设备制造厂进行技术交底。

4.1.9　组织工程建设标准强制性条文实施情况的检查。

4.1.10　无任意压缩合同约定工期的行为。

4.1.11　采用的新技术、新工艺、新流程、新装备、新材料已批准。

4.2　设计单位质量行为的监督检查

4.2.1　设计图纸交付进度能保证连续施工，满足工程实际需要。

4.2.2　设计更改、技术洽商等文件完整、手续齐全。

4.2.3　工程建设标准强制性条文落实到位。

4.2.4　设计代表工作到位、处理设计问题及时。

4.2.5　进行了本阶段工程实体质量与勘察设计的符合性确认。

4.3　监理单位质量行为的监督检查

4.3.1　企业资质与合同约定的业务范围相符。

4.3.2　项目监理部专业监理人员配备合理，资格证书与承担任务相符。

4.3.3　完成相关施工和调试项目的质量验收并汇总。

4.3.4　已按验收规程规定，对施工现场质量管理进行了验收。

4.3.5　已组织编制施工质量验收项目划分表，设定工程质量控制点，并按计划实施。

4.3.6　施工方案和调试方案已审查。

4.3.7　组织或参加设备、材料的到货检查验收。

4.3.8　设备、施工质量问题及处理台账完整。

4.3.9　工程建设标准强制性条文检查到位。

4.4　施工单位质量行为的监督检查

4.4.1　企业资质与合同约定的业务范围相符。

4.4.2　项目部组织机构健全，专业人员配置合理。

4.4.3　项目经理资格符合要求并经本企业法定代表人授权。

4.4.4　质量检查、特殊工种及特种作业等人员持证上岗。

4.4.5　专业施工组织设计已审批。

4.4.6　施工方案和作业指导书审批手续齐全，技术交底已完成。

4.4.7 计量工器具经检定合格，且在有效期内。

4.4.8 编制检测试验项目计划。

4.4.9 单位工程开工报告已审批。

4.4.10 专业绿色施工措施已制定。

4.4.11 工程建设标准强制性条文实施计划已执行。

4.4.12 无违规转包或者违法分包工程的行为。

4.5 调试单位质量行为的监督检查

4.5.1 企业资质与合同约定的业务范围相符。

4.5.2 项目部组织机构健全，专业人员配置合理。

4.5.3 项目经理资格符合要求并经本企业法定代表人授权。

4.5.4 专业调试人员持证上岗。

4.5.5 调试措施审批手续齐全；厂用电系统受电方案已经试运总指挥批准。

4.5.6 调试使用的仪器、仪表检定合格并在有效期内。

4.5.7 厂用受电相应的控制系统功能已调试合格。

4.5.8 受电范围内的设备和系统已按规定全部调试完毕并签证。

4.5.9 工程建设标准强制性条义实施计划已落实。

4.5.10 无违规转包或者违法分包工程的行为。

4.6 生产运行单位质量行为的监督检查

4.6.1 生产运行人员配备齐全，并经培训上岗。

4.6.2 相关运行规程、系统图册、反事故措施等审批手续齐全。

4.6.3 相关的运行日志、记录表单、操作票、工作票、设备问题台账等已准备完毕。

4.6.4 取得调度下达的保护定值，完成保护装置定值的审批。

4.6.5 完成受电设备、系统与施工区域的隔离。

4.6.6 完成受电区域和设备的标识。

4.7 检测试验机构质量行为的监督检查

4.7.1 检测试验机构已经通过能力认定并取得相应证书，其现场派出机构（现场试验室）满足规定条件，并已报质量监督机构备案。

4.7.2 检测人员资格符合规定，持证上岗。

4.7.3 检测仪器、设备检定合格，且在有效期内。

4.7.4 检测依据正确、有效，检测报告及时、规范。

5 工程实体质量的监督检查

5.1 建筑专业的监督检查

5.1.1 受电范围内环境整洁、照明齐全，消防器材配备完善，消防通道畅通。

5.1.2 受电范围内受电电源、启动备用变压器、配电装置的建（构）筑工程施工完毕，验收签证齐全。

5.1.3 受电范围内的建筑工程已按第8部分　建筑工程交付使用前监督检查执行。

5.2　电气专业的监督检查

5.2.1　带电设备的安全净距符合规范规定，电气连接可靠。

5.2.2　带电设备的一次试验项目完成，试验合格，记录齐全。

5.2.3　启动备用变压器密封良好；绝缘油（或 SF_6 气体）试验合格、报告齐全，油位（或气压）正常；本体及中性点接地符合规范规定、连接可靠；冷却装置启停正常；气体继电器、温度计检定合格；调压装置操动灵活，指示正确。

5.2.4　充气设备气体压力、密度继电器报警和闭锁值符合产品技术要求。

5.2.5　断路器、隔离开关、接地开关及操动机构动作可靠，分、合闸指示正确；油（气）操动机构无渗漏现象；隔离开关接触电阻及三相同期值符合产品技术要求。

5.2.6　高压开关柜防误闭锁装置齐全可靠。

5.2.7　互感器外观完好，密封良好，油位或气压正常，接地可靠；电流互感器备用线圈短接并可靠接地。

5.2.8　避雷器外观及安全装置完好，排气口朝向合理；在线监测装置接地可靠，安装方向便于观察。

5.2.9　软母线压接（或螺栓连接）质量检查合格；硬母线的焊接检验报告齐全。

5.2.10　盘柜安装牢固、接地可靠；手车式、抽屉式配电柜开关推拉灵活。

5.2.11　电缆孔洞防火封堵严密、阻燃措施齐全；金属电缆支架接地良好。

5.2.12　电缆施工符合设计及规范规定，验收签证齐全；二次回路接线正确，可靠。

5.2.13　蓄电池组标识正确、清晰，充放电试验合格，记录齐全；UPS 电源工作正常。

5.2.14　防雷接地、设备接地和主接地网连接可靠，验收签证齐全。

5.2.15　升压站、网控室、集控室等电位网安装完成，质量验收合格，记录齐全。

5.2.16　全厂接地电阻测试完成，测量结果符合设计要求。

5.3　热控专业的监督检查

5.3.1　DCS 系统盘柜、操作台、操作员站、工程师站安装完毕，记录齐全。

5.3.2　DCS 系统已受电，且电源可靠。

5.3.3　DCS 系统接地可靠、标识清晰。

5.3.4　DCS 盘柜内防火封堵措施有效，密封严密。

5.3.5　ECS 系统已正常投运，受电范围内设备及系统可在 ECS 系统正常操作。

5.3.6　继电器室空调已投入运行，温度、湿度满足 DCS 系统正常运行要求。

5.3.7　事故顺序记录系统（SOE）投运正常。

5.3.8　DCS 系统冗余切换正常。

5.4　调整试验的监督检查

5.4.1　高压带电设备的特殊试验项目完成，试验合格，记录齐全。

5.4.2　启动/备用变压器绕组连同套管的直流电阻，绕组连同套管的绝缘电阻、吸收比或极化指数，变压器分接头变比，三相连接组别（或单相变压器引出线的极性）等试验项目齐全，试验合格。

5.4.3　断路器、组合电器主回路导电电阻符合产品技术要求，SF_6 气体含水量以及泄漏率检测合格，主回路交流耐压试验通过。

5.4.4 互感器的接线组别和极性正确，绕组的绝缘电阻合格，互感器测量偏差在允许范围内。

5.4.5 金属氧化物避雷器及基座的绝缘电阻符合规范规定。

5.4.6 电气设备及防雷设施的接地阻抗测试符合设计要求，报告齐全

5.4.7 电流、电压、控制、信号等二次回路绝缘符合规范规定；断路器、隔离开关、有载分接开关传动试验动作可靠，信号正确；保护和自动装置动作准确、可靠，信号正确。

5.4.8 保护定值已整定，线路双侧保护联调合格，通信正常。

5.4.9 DCS接地系统接地电阻测试报告齐全，接地电阻值符合要求。

5.4.10 DCS系统操作可靠、信号正确，监控及保护联锁功能试验完成且符合设计要求。

5.5 生产运行准备的监督检查

5.5.1 控制室与电网调度操作人员之间的通信联络通畅。

5.5.2 受电区域与非受电区域及运行区域隔离可靠，警示标识齐全、醒目。

5.5.3 设备命名编号及盘、柜双面标识准确、齐全；设备运行安全警示标识醒目。

6 质量监督检测

6.0.1 开展现场质量监督检查时，应重点对下列项目的检测试验报告和检验指标进行查验，必要时可进行验证性抽样检测。对检验指标或结论有怀疑时，必须进行检测。

（1）电力电缆两端相位一致性检测；

（2）六氟化硫气体的含水量检测；

（3）接地装置接地阻抗测量（含设备接地）；

（4）二次回路绝缘电阻测量；

（5）启动/备用变压器绕组、互感器绕组绝缘电阻测试；

（6）启动/备用变压器、互感器接线组别和极性测试；

（7）共箱母线导电回路电阻测试。

第8部分 建筑工程交付使用前监督检查

1 总则

1.0.1 本部分适用于火力发电工程的建筑工程交付使用前的质量监督检查。

1.0.2 本部分与厂用电系统受电前、机组整套启动试运前监督检查大纲配套使用，其他建（构）筑物的监督检查可参照执行。

1.0.3 本部分所列检查内容应逐条检查，检查方式为重点抽查验证。

1.0.4 本阶段监督检查有采用新技术、新工艺、新流程、新装备、新材料的具体情况时，可根据相应的批准文件补充编制监督检查细则。

2 监督检查依据

监督检查组在开展本部分监督检查工作时，监检人员应当按照专业划分，熟练掌握以下标准。引进国外设备的工程，还需要熟悉和掌握合同约定的其他标准。

《屋面工程质量验收规范》（GB 50207）

《地下防水工程质量验收规范》（GB 50208）
《建筑地面工程施工质量验收规范》（GB 50209）
《建筑装饰装修工程质量验收规范》（GB 50210）
《建筑给水排水及采暖工程施工质量验收规范》（GB 50242）
《通风与空调工程施工质量验收规范》（GB 50243）
《建筑电气工程施工质量验收规范》（GB 50303）
《电梯工程施工质量验收规范》（GB 50310）
《智能建筑工程质量验收规范》（GB 50339）
《屋面工程技术规范》（GB 50345）
《建筑节能工程施工质量验收规范》（GB 50411）
《建筑物防雷工程施工与质量验收规范》（GB 50601）
《建筑电气照明装置施工与验收规范》（GB 50617）
《通风与空调工程施工规范》（GB 50738）
《电力建设施工质量验收及评价规程》 第 1 部分：土建工程）（DL/T 5210.1）
《建筑变形测量规范》（JGJ 8）
《塑料门窗工程技术规程》（JGJ 103）
《外墙饰面砖工程施工及验收规程》（JGJ 126）
《建筑工程检测试验技术管理规范》（JGJ 190）
《铝合金门窗工程技术规范》（JGJ 214）

3　监督检查应具备的条件

3.0.1　建筑工程（包括装饰、装修工程）全部完工，验收合格。
3.0.2　消防系统、生产用电梯安装完毕，取得地方主管部门出具的书面意见。
3.0.3　沉降观测记录齐全完整。
3.0.4　技术档案和施工管理资料齐全完整。
3.0.5　各阶段质量监督检查中提出的问题全部整改闭环。

4　责任主体质量行为的监督检查

4.1　建设单位质量行为的监督检查

4.1.1　组织工程建设标准强制性条文实施情况的检查。
4.1.2　无任意压缩合同约定工期的行为。
4.1.3　采用的新技术、新工艺、新流程、新装备、新材料已批准。

4.2　设计单位质量行为的监督检查

4.2.1　设计图纸交付进度能保证连续施工，满足工程实际需要。
4.2.2　设计更改、技术洽商等文件完整、手续齐全。
4.2.3　工程建设标准强制性条文落实到位。
4.2.4　设计代表工作到位、处理设计问题及时。
4.2.5　按规定参加质量验收。

4.2.6 进行了本阶段工程实体质量与设计的符合性确认。

4.3 监理单位质量行为的监督检查

4.3.1 项目监理部监理人员专业满足工程需求。

4.3.2 检测仪器和工具配置满足监理工作需要。

4.3.3 已补充完善施工质量验收项目划分表，设定工程质量控制点，并按计划实施。

4.3.4 已按验收规程规定，对施工质量进行了验收。

4.3.5 特殊施工技术措施已审批。

4.3.6 组织或参加原材料、成品、半成品的进场检查验收。

4.3.7 施工质量问题及处理台账完整。

4.3.8 工程建设标准强制性条文检查到位。

4.3.9 对本阶段工程质量提出评价意见。

4.4 施工单位质量行为的监督检查

4.4.1 项目部专业技术人员满足工程需求。

4.4.2 质量检查员及特殊工种人员持证上岗。

4.4.3 质量检验管理制度已落实。

4.4.4 施工方案和作业指导书已审批，技术交底已完成。

4.4.5 计量工器具经检定合格，且在有效期内。

4.4.6 依据检测试验项目计划进行见证取样和送检，台账完整。

4.4.7 已建立原材料、成品、半成品、商品混凝土的跟踪管理台账，记录完整。

4.4.8 专业绿色施工措施已实施。

4.4.9 工程建设标准强制性条文实施计划已执行。

4.4.10 无违规转包或者违法分包工程的行为。

4.5 检测试验机构质量行为的监督检查

4.5.1 检测试验机构已经通过能力认定并取得相应证书，其现场派出机构（现场试验室）满足规定条件，并已报质量监督机构备案。

4.5.2 检测人员资格符合规定，持证上岗。

4.5.3 检测仪器、设备检定合格，且在有效期内。

4.5.4 检测依据正确、有效，检测报告及时、规范。

5 工程实体质量的监督检查

5.1 楼地面、屋面工程的监督检查

5.1.1 楼地面、屋面工程施工完毕，隐蔽验收、质量验收签证记录齐全。

5.1.2 楼地面、屋面工程使用的原材料和产品质量证明文件齐全，重要材料复检合格；不发火（防爆）面层中使用的碎石检验合格。

5.1.3 防水地面无渗漏，排水坡向正确，隐蔽验收记录齐全；防滑地面防滑、排水满足要求。

5.1.4 屋面淋水、蓄水试验合格，记录齐全。

5.1.5 种植屋面载荷符合设计要求。

5.1.6 严寒地区的坡屋面檐口有防冰雪融坠设施。

5.2 门窗工程的监督检查

5.2.1 门窗工程施工完毕，质量验收记录齐全。

5.2.2 门窗材料及配件质量证明文件齐全。

5.2.3 建筑外窗安装牢固，窗扇有防脱落、防室外侧拆卸装置。

5.2.4 玻璃性能符合设计要求。

5.3 装饰装修的监督检查

5.3.1 装饰装修工程施工完毕，隐蔽验收、质量验收记录齐全。

5.3.2 装饰装修工程施工符合设计，变更设计手续齐全，装修材料性能证明文件齐全。

5.3.3 外墙和顶棚抹灰层与基层、饰面砖与基层粘结牢固，粘贴强度检验合格，报告齐全。

5.3.4 大型灯具、电扇及其他设备安装牢固。

5.3.5 装饰装修预埋件、连接件的数量、规格、位置和防腐处理符合要求，安装牢固。

5.3.6 护栏安装牢固，护栏高度、栏杆间距、安装位置符合设计要求。

5.3.7 幕墙材料、受力构件等符合设计要求；密封材料性能检验合格。

5.4 给排水及采暖工程的监督检查

5.4.1 给排水及采暖工程施工完毕，隐蔽验收、质量验收记录齐全。

5.4.2 管材和阀门等材料选用符合设计；管路系统和设备水压试验无渗漏，灌水、通水、通球试验签证记录齐全。

5.4.3 管道排列整齐、连接牢固，坡度、坡向正确；支吊架、伸缩补偿节、穿墙套管等安装位置符合设计。

5.4.4 消防报警、消防泵联动试验合格，报告齐全。

5.4.5 管路系统冲洗合格。

5.5 建筑电气工程的监督检查

5.5.1 建筑电气工程施工完毕，隐蔽验收、质量验收记录齐全。

5.5.2 电气设备安装符合设计要求，接地装置安装正确，电阻值测试符合规范规定。

5.5.3 开关、插座、灯具安装规范，大型灯具牢固性试验和照明系统全负荷试验记录齐全。

5.5.4 建（构）筑物和设备的防雷接地可靠、可测，接地电阻测试符合设计或规范规定，签证记录齐全。

5.6 通风及空调工程的监督检查

5.6.1 通风与空调系统施工完毕，隐蔽验收、质量验收记录齐全。

5.6.2 通风与空调系统调试合格，功能正常，记录齐全。

5.6.3 通风与空调设施风管和传动装置的外露部位及进、排口防护措施到位。

5.7 智能建筑工程的监督检查

5.7.1 智能建筑工程施工完毕，功能正常，质量验收记录齐全。

5.7.2 电源与接地系统安装符合规范规定，智能化系统运行正常，检测试验记录齐全。

5.8 建筑节能工程的监督检查

5.8.1 建筑节能工程施上完毕，验收记录齐全。

5.8.2 节能工程材料质量证明文件和复验报告齐全。

5.8.3 后置锚固件现场拉拔试验合格，报告齐全。

5.8.4 墙体保温隔热材料安装厚度符合设计要求，保温层与基层及各构造层连接牢固。

5.8.5 系统调试和试运转功能满足设计要求。

5.9 电梯工程的监督检查

5.9.1 竖井验收合格，交付安装记录齐全。

5.9.2 电梯工程施工完毕，验收记录齐全。

5.9.3 层门强迫关门装置动作正常；层门锁钩动作灵活；层门与轿门试验合格，记录齐全。

5.9.4 安全部件整定封记完好；绳头组合安全可靠；电气接地可靠。

5.9.5 电梯工程已取得地方有关部门安全准用证。

6 质量监督检测

6.0.1 开展现场质量监督检查时，应重点对下列项目的检测试验报告和检验指标进行查验，必要时可进行验证性抽样检测。对检验指标或结论有怀疑时，必须进行检测。

（1）楼地面、屋面工程的防水材料、保温材料及回填基土的主要技术性能；

（2）装饰装修工程的后置埋件、结构密封胶及饰面砖粘贴的主要技术性能；

（3）建筑节能工程的墙体保温隔热材料、墙体保温板与基层的粘结、后置埋件、幕墙玻璃及外窗的主要技术性能。

第 9 部分　机组整套启动试运前监督检查

1 总则

1.0.1 本部分适用于火力发电工程机组整套启动试运前阶段的质量监督检查。

1.0.2 本部分所列检查内容应逐条检查，检查方式为重点抽查验证。

1.0.3 本阶段监督检查有采用新技术、新工艺、新流程、新装备、新材料的具体情况时，可根据相应的批准文件补充编制监督检查细则。

2 监督检查依据

监督检查组在开展本部分监督检查工作时，监检人员应当按照专业划分，熟练掌握以下标准。引进国外设备的工程，还需要熟悉和掌握合同约定的其他标准。

《电气装置安装工程电气设备交接试验标准》（GB 50150）

《钢结构工程施工质量验收规范》（GB 50205）

《建筑工程绿色施工评价标准》（GB/T 50640）

《电力建设旋工技术规范》（DL 5190.1～9 系列标准）

《火电建设项目文件收集及档案整理规范》（DL/T 241）

《火电工程项目质量管理规程》（DL/T 1144）

《火力发电厂保温油漆设计规程》（DL/T 5072）

《电力建设施工质量验收及评价规程》（DL/T 5210.1～8 系列标准）

《火力发电建设工程机组调试技术规范》（DL/T 5294）

《火力发电建设丁程启动试运及验收规程》（DL/T 5437）

3 监督检查应具备的条件

3.0.1 机组整套启动试运应投入的设备和工艺系统及相应的建筑工程已按设计完成施工，并验收合格。

3.0.2 机组启动调试接入系统和机组进入空负荷调试阶段前的调试项目已全部完成，且验收合格。

3.0.3 启动验收委员会验收组开展工作，按规定完成相关项目的检查与核查。

3.0.4 消防、环保及电梯等项日取得了相关部门同意使用的书面意见。

3.0.5 生产准备工作已就绪。

4 责任主体质量行为的监督检查

4.1 建设单位质量行为的监督检查

4.1.1 启动验收委员会已成立，试运指挥部及各专业组职责明确，并正常开展工作。

4.1.2 验收组完成机组整套启动试运前的施工和调试项目质量验收。

4.1.3 取得了消防、环保等项目相关部门同意使用的书面意见。

4.1.4 各阶段质量监督检查提出的整改意见已落实闭环。

4.1.5 对工程建设标准强制性条文执行情况进行汇总。

4.2 设计单位质量行为的监督检查

4.2.1 参加并完成规定项目的质量验收工作。

4.2.2 设计更改、技术洽商等文件完整、手续齐全。

4.2.3 工程建设标准强制性条文落实到位。

4.2.4 对启动前完成项目与设计的符合性进行确认。

4.3 监理单位质量行为的监督检查

4.3.1 完成相关施工项目和分部试运项目质量验收并汇总。

4.3.2 完成施工和分部试运过程中不符合项的整改验收。

4.3.3 工程建设标准强制性条文检查到位。

4.3.4 设备、施工质量问题及处理台账完整。

4.3.5 提出整套启动前监理评价意见。

4.4 施工单位质量行为的监督检查

4.4.1 完成施工验收中不符合项的整改闭环。

4.3.2 完成单体、单机试运。

4.4.3 完成分部试运中不符合项的整改闭环。

4.4.4 工程建设标准强制性条文实施计划已执行。

4.5 调试单位质量行为的监督检查

4.5.1 企业资质与合同约定的业务范围相符。

4.5.2 调试人员持证上岗。

4.5.3 工程建设标准强制性条文执行到位。

4.5.4 编制已完成的分系统调试报告、调试项目总结。

4.5.5 机组调试大纲、专业整套启动调试措施已审批，并完成交底。

4.5.6 机组反事故措施已审批。

4.6 生产运行单位质量行为的监督检查

4.6.1 生产运行管理组织机构健全，满足生产运行管理工作的需要。

4.6.2 运行人员经相关部门培训上岗。

4.6.3 运行管理制度、操作规程、运行系统图册已发布实施。

4.6.4 电气、热控系统等设备的保护定值已经批准。

4.6.5 设备、系统、区域标识已完成。

4.6.6 反事故措施和应急预案已审批。

5 工程实体质量的监督检查

5.1 土建专业和试运环境的监督检查

5.1.1 启动范围内建（构）筑工程验收签证齐全。参照第8部分：建筑工程交付使用前监督检查。

5.1.2 主控室室内环境监测合格。

5.1.3 主、辅厂房屋面防水验收合格，无渗漏。

5.1.4 主、辅厂房区域内的沟道、孔洞盖板或围栏齐全、可靠。

5.1.5 试运区域的平台、梯子、栏杆已安装完毕，并验收合格。

5.1.6 试运区域正式照明已投运，应急照明电源切换正常。

5.1.7 试运区域上下水通畅，暖通投运正常。

5.1.8 试运区域的厂区道路畅通。

5.1.9 试运区域内的施工机械及临时设施已拆除干净。

5.2 锅炉专业的监督检查

5.2.1 锅炉本体、附属机械、燃料供应系统验收合格。

5.2.2 炉顶吊挂装置受力均匀，锁紧销已拆除。

5.2.3 受热面设备膨胀间隙验收合格。

5.2.4 安全阀安装验收合格。

5.2.5 平台、扶梯、栏杆验收合格，各层平台标高、载荷标识齐全。

5.2.6 除尘设备安装验收合格，电除尘振打装置、气流分布试验合格，布袋除尘涂装工作完成。

5.2.7 输煤、灰、渣系统安装完毕，验收合格，分部试运完成。

5.2.8 脱硫、脱硝装器及其系统安装验收合格，冷态调试完成。

5.2.9 循环流化床（CFB）锅炉炉墙砌筑、耐磨耐火炉衬浇注施工、低温及高温烘炉验收合格。

5.2.10 整套启动投入的热力设备及管道系统保温和罩壳施工验收合格。

5.2.11 燃油罐区和油泵房设备及其管道系统安装、冲洗验收合格，分部试运合格；防雷、防静电接地经测试合格，消防灭火器材配备符合规定。

5.2.12 液氨罐区和设备及其管道系统安装验收合格，分部试运合格；防雷接地经测试合格，消防灭火器材配备符合规定。

5.2.13 锅炉附属系统、脱硫、脱硝装置及其系统焊接质量检测、验收合格，记录齐全。

5.3 汽机专业的监督检查

5.3.1 汽轮发电机组及附属机械和辅助设备安装验收合格；附属机械和辅助设备系统分部试运合格。

5.3.2 主（再热）蒸汽、高低压旁路、轴封送气管道蒸汽吹扫和低压给水管道水冲洗合格，签证记录齐全。

5.3.3 汽轮机低压缸真空严密性试验合格。

5.3.4 发电机整体严密性试验合格。

5.3.5 发电机内冷水系统循环冲洗结束，水质合格。

5.3.6 主、附机油系统安装验收合格，冲洗完毕，油质检验合格。

5.3.7 顶轴油泵及其系统安装验收合格；顶轴油泵出口油压和轴颈顶起高度调整完毕。

5.3.8 盘车装置试运合格，啮合及脱开灵活可靠。

5.3.9 管道支吊架安装、调整验收合格。

5.3.10 辅助设备安全阀冷态校验合格。

5.3.11 事故放油门安装位置符合强制性条文的规定。

5.3.12 燃气轮机燃料供应系统安装验收合格。

（1）燃气管道压力试验或严密性试验验收合格；

（2）燃气管道吹扫验收合格。

5.3.13 燃机辅助系统分部试运验收合格。

5.3.14 燃机进风系统清洁度检查合格。

5.3.15 燃机罩壳严密性试验验收合格。

5.3.16 燃机灭火系统、防爆系统调试验收合格。

5.3.17 汽轮机焊接工程焊接及检验一览表的内容齐全，压力管道焊接分项工程验收评定表、焊接记录齐全。

5.3.18 四大管道等汽水管道及焊口材质复核、金相检验、无损检验等全部完成，报告齐全。

5.4 电气专业的监督检查

5.4.1 主接地网、全厂防雷接地电阻测试结果符合设计要求；电气设备接地可靠，标识齐全醒目。

5.4.2 电气测量仪表检定合格，报告齐全。

5.4.3 变压器油质化验合格，气体继电器、温度计及压力释放阀校验合格。

5.4.4 直流系统投运正常，保安电源投切可靠。

5.4.5 柴油发电机单体调试及启动试运验收合格。

5.4.6 带电区域电缆防火封堵严密，防火阻燃施工完毕。

5.4.7 电除尘升压试验验收合格。

5.4.8 电气特殊项目试验完成，报告齐全。

5.5 热控专业的监督检查

5.5.1 合金钢取源部件光谱分析复查合格，报告齐全。

5.5.2 一次测量部件、变送器和开关量仪表校验合格，报告齐全。

5.5.3 锅炉火焰、汽包水位监视装置安装、调试合格。

5.5.4 汽轮机轴向位移、转速、振动等测量装置安装调试完毕。

5.5.5 计算机及监控系统的信号电缆屏蔽接地验收合格，接地电阻测试值符合设计要求。

5.5.6 带电区域电缆防火封堵严密，防火阻燃施工完毕。

5.6 化学专业的监督检查

5.6.1 锅炉本体及炉前系统化学清洗合格，签证记录齐全；清洗废液处理合格。

5.6.2 锅炉补给水水质合格，系统在线测量仪表和程控装置运行正常。

5.6.3 发电机内冷水水质（pH值、导电度、含铜量）符合规程规定。

5.6.4 制氢站安装、分部试运验收合格，氢气纯度、湿度符合标准。

5.6.5 机组汽水品质在线测量仪表校验合格。

5.6.6 凝结水精处理设备具备投运条件。

5.6.7 循环水加氯、阻垢，缓蚀系统安装验收合格，调试完毕。

5.6.8 烟气在线检测装置具备投运条件。

5.6.9 炉内加药和取样系统安装完毕，调试合格，具备投运条件。

5.6.10 废水处理系统安装验收合格，调试完毕。

5.7 调整试验的监督检查

5.7.1 锅炉、汽轮发电机附属机械和辅助设备及系统保护与联锁试验合格。

5.7.2 汽轮机旁路系统冷态调试完成，各项功能正常，具备投入条件。

5.7.3 发电机、主变压器、高压厂用变压器等电气设备交接试验合格，报告齐全。

5.7.4 发电机出口断路器传动、联锁试验已完成。

5.7.5 发电机励磁、同期、保护、报警等装置静态试验合格。

5.7.6 变压器保护、报警、冷却等系统调试合格。

5.7.7 直流电源、保安电源、应急照明、不停电电源（UPS）等系统调试合格。

5.7.8 启动/备用电源系统运行正常、可靠。

5.7.9 燃机发电机变频启动装置及系统冷态调试完毕，验收合格。

5.7.10 热控制动装置及保护系统静态调试合格，保护定值整定完成。

5.7.11 机、炉、电大联锁保护的逻辑功能试验合格。

5.8 生产运行准备的监督检查

5.8.1 设备和阀门命名和编号、管道介质名称和流向等标识齐全、醒目。

5.8.2 试运区域及易燃易爆场所消防设施配置符合规定，警示标志齐全、醒目。

5.8.3 试运区域隔离设施安全可靠。

5.8.4 运行维护的安全工器具配备齐全。

6 质量监督检测

6.0.1 开展现场质量监督检查时，应重点对下列项目的检测试验报告和检验指标进行查验，必要时可进行验证性抽样检测。对检验指标或结论有怀疑时，必须进行检测。

（1）控制油、润滑油、绝缘油油质抽样检测；

（2）防雷接地、设备安全接地抽测；

（3）电气、热控保护传动试验及整定值抽测。

附表 1　土建工程未完项目清单

序号	单位工程	未完项目（内容）	未完原因	计划完成日期

建设单位：　　　　　　　　　　　监理单位：　　　　　　　　　　　施工单位：

附表 2　安装工程未完项目清单

序号	单位工程	未完项目（内容）	未完原因	计划完成日期

建设单位：　　　　　　　　　　监理单位：　　　　　　　　　　施工单位：

附表 3　分系统调试未完项目清单

序号	专业	未完成项目	未完原因	计划完成日期

建设单位：　　　　　　　　　　监理单位：　　　　　　　　　　施工单位：

第10部分　机组商业运行前监督检查

1　总则

1.0.1　本部分适用于火力发电工程机组商业运行前阶段的质量监督检查。

1.0.2　本部分所列检查内容应逐条检查，检查方式为重点抽查验证。

1.0.3　本阶段监督检查有采用新技术、新工艺、新流程、新装备、新材料的具体隋况时，可根据相应的批准文件补充编制监督检查细则。

2　监督检查依据

监督检查组在开展本部分监督检查工作时，监检人员应当按照专业划分，熟练掌握以下标准。引进国外设备的工程，还需要熟悉和掌握合同约定的其他标准。

《特种设备安全法》国家主席令第四号

《锅炉压力容器使用登记管理办法》

《科学技术档案案卷构成的一般要求》（GB/T 11822）

《火力发电建设工程机组调试技术规范》（DL/T 5294）

《火力发电建设工程启动试运及验收规程》（DL/T 5437）

3　监督检查应具备的条件

3.0.1　建筑、安装施工项目已按设计全部完成，并验收合格。

3.0.2　按规定完成机组满负荷试运，验收工作全部结束，并办理移交生产签证。

3.0.3　整套启动试运过程中发现的不符合项处理完毕并验收签证。

3.0.4　机组处于正常运行状态。

4　责任主体质量行为的监督检查

4.1　建设单位质量行为的监督检查

4.1.1　组织完成建筑、安装施工项目的验收。

4.1.2　组织完成机组满负荷试运验收工作，并办理移交生产签证。

4.1.3　整套启动试运过程中发现的不符合项处理完毕并验收签证。

4.1.4　移交生产遗留的主要问题已制定实施计划并采取相应的措施。

4.1.5　完成消防设施规定项目的验收。

4.1.6　完成安全设施规定项目的验收。

4.1.7　完成环保验收规定项目的检测。

4.1.8　锅炉、压力容器、压力管道、电梯、起重机械等取得使用登记证书。

4.1.9　完成机组并网运行安全性评价。

4.1.10　完成项目文件的整理。

4.1.11　工程项目的工程建设强制性条文实施情况总结。

4.2 设计单位质量行为的监督检查

4.2.1 对机组试运过程中发现的设计问题提出设计修改或处理意见。

4.2.2 完成启委会提出的设计完善项目。

4.2.3 完成工程设计质量检查报告，确认工程质量符合设计要求。

4.3 监理单位质量行为的监督检查

4.3.1 施工、调试项目质量检查验收已完毕，

4.3.2 整套启动试运期间主要不符合项整改完毕，验收合格，

4.3.3 完成工程质最评价报告，确认工程质量验收结论。

4.4 施工单位质量行为的监督检查

4.4.1 整套启动试运期间的主要不符合项处理完毕。

4.4.2 完成遗留主要问题的处理计划及措施。

4.4.3 项目文件整理完毕。

4.4.4 完成上程质量自查报告，确认施工质量符合设计和规程、规范规定。

4.5 调试单位质量行为的监督检查

4.5.1 完成整套试运期间调试项目的验收签证。

4.5.2 完成机组整套启动试运所有调整试验及涉网试验项目。

4.5.3 机组整套启动试运期间发现的主要不符合项处理完毕。

4.5.4 工程建设标准强制性条文实施记录完整。

4.5.5 完成机组满负荷试运阶段保护系统、自动调节系统、程控系统、热控测点和监视仪表投运隋况的统计。

4.5.6 完成分系统和机组整套启动试运调试报告。

4.6 生产运行单位质量行为的监督检查

4.6.1 生产管理、运行、检修维护机构运行正常。

4.6.2 整套试运行期间的运行记录齐全。

5 工程实体质量的监督检查

5.1 土建专业和运行环境的监督检查

5.1.1 土建上程项目施工完毕、验收合格，建（构）筑物结构安全可靠，满足使用功能。

5.1.2 建（构）筑物和重要混凝土基础沉降观测符合规范规定，不均匀沉降量符合规范规定。

5.1.3 屋面、压力管道、沟道及涵洞无渗漏。

5.2 锅炉专业的监督检查

5.2.1 锅炉承压部件、受热面管系无渗漏。

5.2.2 锅炉本体膨胀均匀无卡阻。

5.2.3 支吊架受力状态良好，偏斜不超标。

5.2.4 锅炉炉膛无严重结焦。

5.2.5 除尘、除灰、除渣系统运行正常。

5.2.6 脱硫、脱硝系统运行正常。

5.2.7 输煤系统的除尘装置运行正常。

5.2.8 热力设备和管道保温表面小超温。

5.3 汽机专业的监督检查

5.3.1 汽轮发电机组、附属机械及其系统运行正常，无渗漏。

5.3.2 控制油及润滑油油质符合产品技术文件要求。

5.3.3 支吊架受力状态良好，偏斜不超标。

5.3.4 燃机各系统投运正常，运行可靠。

5.3.5 燃机灭火保护系统投运正常。

5.3.6 燃气供气系统严密无泄漏。

5.4 电气专业的监督检查

5.4.1 发电机运行正常，封闭母线密封良好，微正压装置运行正常。

5.4.2 电气设备和控制系统运行正常。

5.4.3 电气保护及测量装置运行正常。

5.5 热控专业的监督检查

5.5.1 不停电电源（UPS）供电可靠，运行正常。

5.5.2 DCS 主、副控制器（DPU）切换正常。

5.5.3 炉膛安全监控系统（FSSS）功能完善，运行正常。

5.5.4 汽轮机电液控制系统（DEH、MEH）运行正常。

5.5.5 汽轮机轴系振动监测系统（TST、MTSI）运行正常。

5.5.6 炉膛火焰、汽包水位、烟气监视系统运行正常。

5.5.7 事故顺序记录仪、联锁保护运行正常。

5.5.8 计算机及监控系统的信号抗干扰接地可靠。

5.5.9 热控自动投入率符合规范规定。

5.6 化学专业的监督检查

5.6.1 水处理、制氢系统运行正常。

5.6.2 循环水加氯、阻垢，缓蚀装置及系统运行正常。

5.6.3 工业废水和生活污水处理系统运行正常。

5.7 调整试验的监督检查

5.7.1 完成制粉系统、锅炉燃烧调整试验，锅炉燃烧稳定。

5.7.2 汽轮发电机组按规定启、停正常。

5.7.3 汽轮机旁路及防进水系统投运正常。

5.7.4 汽（燃气）轮发电机组、驱动汽动给水泵的汽轮机超速保护投运正常。

5.7.5 主汽门、调速汽门动作灵活，DEH 阀位显示与就地开度一致。

5.7.6 发电机氢冷系统、内冷水系统运行正常。

5.7.7 漏氢检测装置运行正常，漏氢量符合产品技术文件要求。

5.7.8 继电保护和自动装置全部投入，无误动和拒动现象。

5.7.9 电压自动控制系统（AVC）、电力系统稳定器（PSS）等涉网试验完成。

5.7.10 厂用电快切装置动作可靠，投运正常。

5.7.11 自动发电控制（AGC）、一次调频、辅机故障减负荷（RUNBACK）系统功能试验完成，功能可靠，投运正常。

5.7.12 热工保护装置按设计全部投入，运行可靠。

5.7.13 污染物排放浓度符合环境保护的规定。

6 质量监督检测

6.0.1 开展现场质量监督检查时，应重点对下列项目的检测试验报告和检验指标进行查验，必要时可进行验证性抽样检测。对检验指标或结论有怀疑时，必须进行检测。

（1）热力设备及管道保温层外表温度抽测；

（2）输煤系统粉尘抽测；

（3）废水处理后水质抽检；

（4）设备噪声抽测；

（5）汽轮发电机组轴系振动值在线检测；

（6）汽轮机真空严密性测试；

（7）脱硝效率及脱硫效率在线检测；

（8）烟气中污染物（氮氧化物、二氧化硫、烟尘）排放浓度在线检测。

附表1 土建工程项目质量验收统计表

监检阶段：

序号	单位工程名称	单位工程验收结果	分项工程		分项工程验收率（%）	备注
			应验收数	已验收数		
单位工程合格率（%）						

建设单位：　　　　监理单位：　　　　施工单位：

附表 2　安装工程项目质量验收统计表

专业	单位工程				分项工程			
	总数	已验收数	合格数	合格率（%）	应验收数	已验收数	验收率（%）	合格率（%）
锅炉								
汽轮								
电气								
热控								
化水								
输煤								
除尘								
除灰								
脱硫								
合计								

建设单位：　　　　　　　　监理单位：　　　　　　　　施工单位：

附表3 调试项目质量验收统计表

专业	应验收项目数	已验收项目数	验收率（%）	合格率（%）	未完成项目数
锅炉					
汽机					
电气					
热控					
化学					

建设单位： 监理单位： 施工单位：

附表 4　土建工程未完项目清单

序号	单位工程	未完项目	未完原因	计划完成日期

建设单位：　　　　　　　　　　　　监理单位：　　　　　　　　　　　　施工单位：

附表 5 安装工程未完项目清单

序号	单位工程	未完项目（内容）	未完原因	计划完成日期

建设单位：　　　　　　　　　　监理单位：　　　　　　　　　　施工单位：

附表 6　调试未完项目清单

序号	专业	未完成项目	未完成原因	计划完成日期

建设单位：　　　　　　　　　　监理单位：　　　　　　　　　　施工单位：

附件2:

输变电工程质量监督检查大纲

前　言

为贯彻落实《建设工程质量管理条例》利电力建设工程质量安全管理有关规定，进一步加强电力工程质量监督管理，统一监督检查的工作内容，提高电力工程质量监督工作水平，电力工程质量监督总站组织编制了《输变电工程质量监督检查大纲》（以下简称《大纲》）。

本《大纲》共包括以下11部分：

——第1部分　首次监督检查

——第2部分　地基处理监督检查

——第3部分　变电（换流）站主体结构施工前监督检查

——第4部分　变电（换流）站电气设备安装前监督检查

——第5部分　变电（换流）站建筑工程交付使用前监督检查

——第6部分　变电（换流）站投运前监督检查

——第7部分　架空输电线路杆塔组立前监督检查

——第8部分　架空输电线路导地线架设前监督检查

——第9部分　架空输电线路投运前监督检查

——第10部分　电缆线路工程安装前监督检查

——第11部分　电缆线路工程投运前监督榆查

一、编制说明

（一）编制依据

《建设工程质量管理条例》（国务院令第279号）

《建设工程质量检测管理办法》（建设部令第141号）

《质量发展纲要（2011—2020）》（国发〔2012〕9号）

《电力工程质量监督体系调整方案》（国能电力〔2012〕306号）

《工程建设标准强制性条文》（电力工程部分）

《工程建设标准强制性条文》（工业建筑部分）

《工程建设标准强制性条文》（房屋建筑部分）

《建筑工程施工质量验收统一标准》（GB 50300）

《建设工程监理规范》（GB 50319）

《建设工程项目管理规范》（GB/T 50326）

《电力建设安全工作规程（架空电力线路部分）》（DL 5009.2）

《电力建设安伞工作规程（变电所部分）》（DL 5009.3）

《电力建设工程监理规范》（DL/T 5434）

（二）指导思想和编制原则

按照精简程序、强化监管的指导思想，本《大纲》的编制遵循了以下原则：

（1）与监督检查阶段相协调的原则。

（2）监督检查转序的原则。

（3）监督验收质量的原则。

（4）监测实体质量的原则。

（5）以强制性条文为基础的原则。

（6）兼顾技术进步的原则。

（三）调整的主要内容

本《大纲》与原《大纲》相比，主要的调整和变化如下：

（1）在监督检查的内容上增加了地基处理监督检查部分。

（2）为适应城市电网建设的要求，增加了电缆线路工程监督检查的相关内容，将其划分为电缆线路工程安装前监督检查和电缆线路工程投运前监督检查两部分。

（3）本《大纲》吸收了原“变电站土建工程质量监督检查典型大纲”的内容，同时在适用范围上增加了换流站工程。变电（换流）站土建工程质量监督检查界定为主体结构施工前监督检查、电气设备安装前监督检查及建筑工程交付使用前监督检查三部分。

（4）将原“变电站工程投运前电气安装调试质量监督检查典型大纲”和“换流站工程电气安装调试质量监督检查典型大纲”归并成本《大纲》第6部分变电（换流）站投运前监督检查。

（5）本《大纲》吸收了原“送电线路工程质量监督检查典型大纲”的内容，将架空输电线路工程质量监督检查界定为杆塔组立前监督检查、导地线架设前监督检查及投运前监督检查三部分。

（6）原《大纲》中独立的“对技术文件和资料的监督检查”章节予以删除，其相关内容分别在“责任主体质量行为的监督检查”和“工程实体质量的监督检查”两章予以阐述，以避免重复检查，强化验证资料和实物工程的一致性。

（7）删除了原《大纲》中的“质量监督检查的步骤和方法”和“检查评价”章节内容，取消了自检和预监检，简化了监督检查的程序，使监督检查定位更准确。监督检查的步骤和方法在电力工程质量监督检查程序相关文件中另行规定。

（8）增加了“质量监督检测”一章。

（四）各部分的内容构成

本《大纲》各部分的主要内容包括总则、监督检查依据、监督检查应具备的条件、责任主体质量行为的监督检查、工程实体质量的监督检查、质量监督检测。

二、适用范围

本《大纲》适用于以下输变电工程项目的监督检查。

（1）110kV及以上变电站工程；

（2）各电压等级的换流站工程（包括接地极）；

（3）110kV及以上架空交流输电线路工程；

（4）各电压等级的架空直流输电线路工程；

（5）35kV及以上电缆线路工程。

其他电压等级的输变电工程可参照执行。

三、使用说明

本《大纲》是电力工程质量监督机构制定监督检查计划和开展现场监督检查工作的依据，与电力工程质量监督检查程序的相关规定配套使用。在制定监督检查计划时，应根据本《大纲》规定的阶段划分和工程建设实际情况确定工程的监督检查阶段，工程进度或监督检查进度相近的阶段可以合并进行，但监督检查内容必须符合本《大纲》的规定。

（一）变电（换流）站工程

（1）首次监督检查与地基处理监督检查可合并进行。

（2）变电（换流）站主体结构施工前监督检查应当单独进行。

（3）变电（换流）站电气设备安装前监督检查应当单独进行。对于扩建、改建工程，其设备基础不发生结构性变化时，可不进行此阶段监督检查。

（4）变电（换流）站建筑工程交付使用前监督检查和投运前监督检查可以合并进行。

（5）对于分阶段投运的换流站工程，其直流工程可分阶段进行投运前的监督检查。

（二）架空输电线路工程

（1）架空输电线路的首次监督检查可与地基处理的监检查合并进行。

（2）一般杆塔的地基处理和基础施工应按照架空输电线路杆塔组立前监督检查部分的要求进行。

（3）对于大跨越高塔，地基处理和基础施工必须分别进行监督检查。对其基础施工的监督检查应按照变电（换流）站主体结构施工前监督检查的要求进行。

（4）架空输电线路杆塔组立前监督检查应当单独进行。

（5）架空输电线路导地线架设前监督检查应当单独进行。

（6）架空输电线路投运前监督检查应当单独进行。

（三）电缆线路工程

本《大纲》中所称的电缆线路是指以电力电缆为电能输送载体，直埋于地下或布置在地下沟道、管道、隧道内的用以连接变电站、开关站和用户的输电线路。架空布设的电缆线路工程按照架空输电线路工程的有关规定执行，变电（换流）站内的电缆敷设按照变电（换流）站的有关规定执行。

对电缆线路工程的监督检查应遵循以下规则：

（1）首次监督检查可与地基处理监督检查合并进行。

（2）电缆线路工程安装前监督检查应当单独进行。

（3）电缆线路工程投运前监督检查应当单独进行。

四、解释

本《大纲》由电力工程质量监督总站编制并负责解释。

五、施行日期

本《大纲》自颁布之日起施行。

第1部分　首次监督检查

1　总则

1.0.1　首次质量监督检查应在主要建（构）筑物第一罐混凝土浇筑前完成。

1.0.2　本部分所列检查内容应逐条检查，检查方式为重点抽查验证。

2　监督检查依据

监督检查组在开展本部分监督检查工作时，监检人员应当按照专业划分，熟练掌握以下标准。引进国外设备的工程，还需要熟悉和掌握合同约定的其他标准。

《工程测最规范》（GB 50026）

《混凝土质量控制标准》（GB 50164）

《混凝土强度检验评定标准》（GB/T 50107）

《建设工程项目管理规范》（GB/T 50326）

《电力工程施工测量技术规范》（DL/T 5445）

《钢筋焊接及验收规程》（JGJ 18）

3　监督检查应具备的条件

3.0.1　工程建设单位已按规定办理了质量监督注册手续。

3.0.2　责任主体单位项目组织机构已建立，人员已到位。

3.0.3　现场施工机械及工器具满足工程需要。

3.0.4　建筑工程主要原材料进场检验合格。

3.0.5　施工组织设计已编制完成，审批手续齐全。

3.0.6　工程项目“五通一平”基本完成。

4　责任主体质量行为的监督检查

4.1　建设单位质量行为的监督检查

4.1.1　工程项目经国家行政主管部门核准（批准），文件齐全。

4.1.2　工程项目按规定完成招投标并与承包商签订合同。

4.1.3　质量管理组织机构已建立，质量管理人员已到位。

4.1.4　质量管理制度已制定。

4.1.5　施工组织设计已审批。

4.1.6　工程采用的专业标准清单已审批。

4.1.7　工程建设标准强制性条文已制定实施计划和措施。

4.1.8　施工图会检已组织完成。

4.1.9　工程项目开工文件已下达。

4.1.10　送电线路工程路径审批文件及相关合同等齐全。

4.1.11　无任意压缩合同约定工期的行为。

4.1.12 采用的新技术、新工艺、新流程、新装备、新材料已批准。

4.2 勘察设计单位质量行为的监督检查

4.2.1 企业资质与合同约定的业务范围相符。

4.2.2 勘察设计单位工程设计更改控制程序、现场服务程序齐全，人员到位。

4.2.3 设计图纸交付进度能保证连续施工，满足工程实际需要。

4.2.4 设计交底已完成，设计更改手续齐全。

4.2.5 按规定参加工程质量验收并签证。

4.2.6 工程建设标准强制性条文落实到位。

4.3 监理单位质量行为的监督检查

4.3.1 企业资质与合同约定的业务范围相符。

4.3.2 监理人员持证上岗，专业人员配备满足工程实际需要。

4.3.3 检测仪器和工具配置满足监理工作需要。

4.3.4 已按验收规程规定，对施工现场质量管理进行了验收。

4.3.5 本工程应执行的工程建设标准强制性条文已确认。

4.3.6 进场材料、构配件的见证取样、验收工作开展正常。

4.3.7 已组织编制施工质量验收项目划分表，设定工程质量控制点。

4.4 施工单位质量行为的监督检查

4.4.1 企业资质与合同约定的业务范围相符。

4.4.2 项目部组织机构健全，专业人员配置合理。

4.4.3 项目经理资格符合要求并经本企业法定代表人授权。

4.4.4 质量检查及特殊工种人员持证上岗。

4.4.5 专业施工组织设计已审批。

4.4.6 施工方案和作业指导书审批手续齐全，技术交底已完成。

4.4.7 计量工器具经检定合格，且在有效期内。

4.4.8 检测试验项目计划已审批。

4.4.9 单位工程开工报告已审批。

4.4.10 专业绿色施工措施已制定。

4.4.11 工程建设标准强制性条文实施计划已落实。

4.4.12 无违规转包或者违法分包工程的行为。

4.5 检测试验机构质量行为的监督检查

4.5.1 检测试验机构已经通过能力认定并取得相应证书，其现场派出机构（现场试验室）满足规定条件，并已报质量监督机构备案。

4.5.2 检测人员资格符合规定，持证上岗。

4.5.3 检测仪器、设备检定合格，且在有效期内；标养室满足现场使用要求。

4.5.4 检测依据正确、有效，检测报告及时、规范。

5 施工现场和工程实体质量的监督检查

5.0.1 测量定位基准点验收合格，站区平面控制网、高程控制网、主要建（构）筑物控制桩复测报告齐全，桩位保护措施有效：送电线路工程已依据设计提供的数据对杆塔中心桩进行了复测及补桩，报告完整。

5.0.2　建筑施工原材料、半成品、成品及钢筋焊接接头质量检验合格，报告齐全。

5.0.3　施工用水水质检验合格。

5.0.4　现场混凝土搅拌站条件符合要求；商品混凝土技术检验合格，报告齐全。

5.0.5　已完成的桩基或地基处理工程验收资料齐全。

5.0.6　深基坑开挖边坡放坡系数按施工方案执行并符合要求。

6　质量监督检测

6.0.1　开展现场质量监督检查时，应重点对下列项目的检测试验报告和检验指标进行查验，必要时可进行验证性抽样检测。对检验指标或结论有怀疑时，必须进行检测。

（1）水泥；

（2）刚才、钢筋及连接接头；

（3）混凝土粗细骨料；

（4）混凝土外加剂；

（5）混凝土搅拌用水；

（6）防水、防腐材料。

第2部分　地基处理监督检查

1　总则

1.0.1　地基处理的监督检查应在变电（换流）站主控楼或首基杆塔基础第一罐混凝土浇筑前完成，视工程实际情况可与首次监督检查一并进行。其他工程项目的地基处理监督检查也可在其他阶段性监督检查时抽查。

1.0.2　本部分所列检查内容应逐条检查。检查方式为重点抽查验证。

1.0.3　本阶段监督检查有采用新技术、新工艺、新流程、新装备、新材料的具体情况时，可根据相应的批准文件补充编制监督检查细则。

2　监督检查依据

监督检查组在开展本部分监督检查工作时，监检人员应当按照专业划分，熟练掌握以下标准。引进国外设备的工程，还需要熟悉和掌握合同约定的其他标准。

《建筑地基基础设计规范》（GB 50007）

《湿陷性黄土地区建筑规范》（GB 50025）

《工程测量规范》（GB 50026）

《岩土工程勘察规范》（GB 50021）

《膨胀土地区建筑技术规范》（GB 50112）

《建筑地基基础工程施工质量验收规范》（GB 50202）

《建筑边坡工程技术规范》（GB 50330）
《建筑基坑工程监测技术规范》（GB 50497）
《电力工程地基处理技术规程》（DL/T 5024）
《火力发电厂岩土工程勘测技术规程》（DL/T 5074）
《电力建设施工质量验收及评价规程　第 1 部分：土建工程》（DL/T 5210.1）
《建筑地基处理技术规范》（JGJ 79）
《建筑桩基技术规范》（JGJ 94）
《建筑基桩检测技术规范》（JGJ 106）
《冻土地区建筑地基基础设计规范》（JGJ 118）
《建筑基坑支护技术规程》（JGJ 120）
《载体桩设计规程》（JGJ 135）

3　监督检查应具备的条件

3.0.1　地基处理符合设计要求并已完成检测。
3.0.2　施工质量验收已完成。

4　责任主体质量行为的监督检查

4.1　建设单位质量行为的监督检查

4.1.1　地基处理施工方案已审批。
4.1.2　组织完成设计交底及图纸会检。
4.1.3　无任意压缩合同约定工期的行为。
4.1.4　采用的新技术、新工艺、新流程、新装备、新材料已批准。

4.2　勘察设计单位质量行为的监督检查

4.2.1　设计图纸交付进度能保证连续施工，满足工程实际需要。
4.2.2　按规定进行设计交底并参加图纸会捡。
4.2.3　设计更改、技术洽商等文件完整，手续齐全。
4.2.4　工程建设标准强制性条文落实到位。
4.2.5　设计代表工作到位、处理设计问题及时。
4.2.6　按规定参加有关重要部位的工程质量的验收及签证。
4.2.7　进行了本阶段工程实体质量与勘察设计的符合性确认。

4.3　监理单位质量行为的监督检查

4.3.1　企业资质与合同约定的业务范围相符。
4.3.2　地基处理工程已验收签证。
4.3.3　专业监理人员配备合理，资格证书与承担的任务相符。
4.3.4　已组织编制施工质量验收项目划分表，设定工程质量控制点，并按计划实施。
4.3.5　地基处理施工方案已审查，特殊施工技术措施已审批。
4.3.6　组织或参加原材料、成品、半成品的进场检查验收。

4.3.7 质量问题及处理台账完整。

4.3.8 工程建设标准强制性条文检查到位。

4.3.9 提出地基处理施工质量评价意见。.

4.4 施工单位质量行为的监督检查

4.4.1 地基处理企业资质与合同约定的业务范围相符。

4.4.2 项目部组织机构健全，专业人员配置合理。

4.4.3 项目经理资格符合要求并经本企业法定代表人授权。

4.4.4 质量检查及特殊工种人员持证上岗。

4.4.5 施工方案和作业指导书审批手续齐全，技术交底已完成。重大办案或特殊专项措施经专项评审。

4.4.6 计量工器具经检定合格，且在有效期内。

4.4.7 编制检测试验项目计划。

4.4.8 专业绿色施工措施已制定。

4.4.9 工程建设标准强制性条文实施计划已执行。

4.4.10 完成施工验收中不符合项的整改闭环。

4.4.11 无违规转包或者违法分包工程行为。

4.5 检测试验机构质量行为的监督检查

4.5.1 检测试验机构已经通过能力认定并取得相应证书，其现场派出机构（现场试验室）满足规定条件，并已报质量监督机构备案。

4.5.2 检测人员资格符合规定，持证上岗。

4.5.3 检测仪器、设备检定合格，且在有效期内。

4.5.4 地基处理检测方案经审批。

4.5.5 检测依据正确、有效，检测报告及时、规范。

5 工程实体质量的监督检查

5.1 换填垫层地基的监督检查

5.1.1 换填技术方案、施工方案齐全，已审批。

5.1.2 地基验槽记录验收各方人员签字齐全，验收结论明确，符合设计要求。

5.1.3 砂、石、粉质黏土、灰土、矿渣、粉煤灰、土工合成材料等换填垫层材料及其强度等级符合设计要求，质量证明文件齐全。

5.1.4 换填土料按规范规定进行击实试验、土易溶盐分析试验、消石灰化学分析试验、土颗粒分析试验及设计有要求时的腐蚀性或放射性试验合格，报告结论明确。

5.1.5 换填已进行分层试验，压实系数符合设计要求。

5.1.6 地基承载力检测报告经审查，满足设计要求。

5.1.7 质量控制资料完整，控制参数真实、施工记录及质量验收记录齐全。

5.2 预压地基的监督检查

5.2.1 设计前已通过现场试验或试验性施工，经过检测确定了设计参数和施工工艺参数。

5.2.2 预压地基技术方案、施工方案齐全，已审批。

5.2.3 所用土方、砂、塑料排水板等原材料性能指标符合规范规定。

5.2.4 原位十字板剪切试验、室内土工试验、地基强度或承载力等试验合格，报告结论明确。

5.2.5 真空预压、堆载预压、真空和堆载联合预压工艺与设计及施工方案一致。

5.2.6 地基承载力检测报告经审查，满足设计要求。

5.2.7 质量控制资料完整，控制参数真实、施工记录及质量验收记录齐全。

5.3 压实地基的监督检查

5.3.1 现场试验性施工，经过检测确定了碾压分层厚度、碾压遍数、碾压范围和有效加固深度等施工参数和压实地基施工方法。

5.3.2 压实地基技术方案、施工方案齐全，已审批。

5.3.3 压实土性能质量证明文件齐全。

5.3.4 地基承载力检测报告经审查，满足设计要求。

5.3.5 质量控制资料完整，控制参数真实、施工记录及质量验收记录齐全。

5.4 夯实地基的监督检查

5.4.1 设计前已通过现场试验或试验性施工，经过检测确定了设计参数和施工工艺参数。

5.4.2 根据不同的土质采取的强夯夯锤质量、夯锤底面形式、锤底面积、锤底静接地压力值、排气孔等施工工艺与设计（施工）方案一致。

5.4.3 强夯过程和强夯置换夯符合规范规定，并采取了必要的隔震或减震措施。

5.4.4 地基承载力检测报告经审查，满足设计要求。

5.4.5 质量控制资料完整，控制参数真实、施工记录及质量验收记录齐全。

5.5 复合地基的监督检查

5.5.1 设计前已通过现场试验或试验性施工，经过检测确定了设计参数和施工工艺参数。

5.5.2 复合地基技术方案、施工方案齐全，已审批。

5.5.3 散体材料复合地基增强体密实，检测报告齐全。

5.5.4 有粘结强度复合地基增强体的强度及桩身完整性满足设计要求，检测报告齐全。

5.5.5 复合地基承载力及有设计要求的单桩承载力已通过静载荷试验，检测数量及承载力满足设计要求。

5.5.6 复合地基增强体单桩的桩位偏差符合规范规定。

5.5.7 质量控制资料、质量验收记录齐全。

5.5.8 振冲碎石桩和沉管碎石桩符合以下要求：

（1）原材料性能证明文件齐全；

（2）施工工艺与设计（施工）方案一致；

（3）地基承载力检测报告经审查，满足设计要求；

（4）质量控制资料完整，控制参数真实、施工记录及质最验收记录齐全。

5.5.9 水泥土搅拌桩符合以下要求：

（1）原材料性能证明文件齐全；

（2）施工工艺与设计（施工）方案一致；

（3）对变形有严格要求的工程，采用钻取芯样做水泥土抗压强度检验，检验数量、检测结果符合规范规定；

（4）地基承载力检测报告经审查，满足设计要求：

（5）质量控制资料完整，控制参数真实、施工记录及质量验收记录齐全。

5.5.10　旋喷桩复合地基符合以下要求：

（1）原材料性能证明文件齐全；

（2）施工工艺与设计（施工）方案一致：

（3）地基承载力检测报告经审查，满足设计要求；

（4）质量控制资料完整，控制参数真实、施上记录及质量验收记录齐全。

5.5.11　灰土挤密桩和土挤密桩复合地基符合以下要求：

（1）消石灰性能指标及灰土强度等级符合设计要求。

（2）施工工艺与设计（施工）方案一致；

（3）桩长范围内灰土或土填料的平均压实系数、处理深度内桩间土的平均挤密系数抽检数量符合规范规定：

（4）对消除湿陷性的工程，进行了现场浸水静载荷试验，试验结果符合规范规定；

（5）地基承载力检测报告经审查，满足设计要求；

（6）质量控制资料完整，控制参数真实、施工记录及质量验收记录齐全。

5.5.12　夯实水泥土桩复合地基符合以下要求：

（1）原材料性能证明文件齐全：

（2）施工工艺与设计（施工）方案一致：

（3）夯填桩体的干密度、抽检数量符合规范规定；

（4）地基承载力检测报告经审查，满足设计要求：

（5）质量控制资料完整，控制参数真实、施工记录及质量验收记录齐全。

5.5.13　水泥粉煤灰碎石桩复合地基符合以下要求：

（1）原材料性能证明文件齐全；

（2）施工工艺与设计（施工）方案一致；

（3）混合料坍落度、桩数、桩位偏差、褥垫层厚度、夯填度和桩体试块抗压强度等符合设计要求；

（4）桩身完整性检测数量符合规范规定；

（5）地基承载力检测报告经审查，满足设计要求；

（6）质量控制资料完整，控制参数真实、施工记录及质量验收记录齐全。

5.5.14　柱锤冲扩桩复合地基符合以下要求：

（1）碎砖三合土、级配砂石、矿渣、灰土等原材料性能证明文件齐全；

（2）施工工艺与设计（施工）方案一致；

（3）地基承载力检测报告经审查，满足设计要求；

（4）质量控制资料完整，控制参数真实、施工记录及质量验收记录齐全。

5.5.15　多桩型复合地基符合以下要求：

（1）原材料性能证明文件齐全；

（2）施工工艺与设计（施工）方案一致；

（3）多桩复合地基静载荷试验和单桩静载荷试验符合要求；

（4）地基承载力检测报告经审查，满足设计要求；

（5）质量控制资料完整，控制参数真实、施工记录及质量验收记录齐全。

5.6 注浆地基的监督检查

5.6.1 设计前已通过室内浆液配比试验和现场注浆试验，经过检测确定了设计参数、施工工艺参数及选用的设备。

5.6.2 浆液、外加剂等原材料性能证明文件齐全。

5.6.3 注浆地基技术方案、施工方案齐全，已审批。

5.6.4 施工工艺与设计（施工）方案一致。

5.6.5 标准贯入试验、动力触探、静力触探等原位测试试验和室内试验符合规范规定，加固地层的压缩性、强度、渗透性、湿陷性、均匀性等指标满足设计要求。

5.6.6 地基承载力检测（对地基承载力有要求时）报告经审查，满足设计要求。

5.6.7 质量控制资料完整，控制参数真实、施工记录及质量验收记录齐全。

5.7 微型桩加固的监督检查

5.7.1 设计前已通过现场试验或试验性施工，经过检测确定了设计参数和施工工艺参数。

5.7.2 微型桩加固技术方案、施工方案齐全，已审批。

5.7.3 原材料性能证明文件齐全。

5.7.4 微型桩施工工艺与设计（施工）方案一致。

5.7.5 树根桩施工允许偏差、成孔、吊装、灌注、填充、加压、保护等符合规范规定。

5.7.6 预制桩预制过程（包括连接件）、压桩力、接桩和截桩等符合规范规定。

5.7.7 注浆钢管桩水泥浆灌注的注浆方法、时间间隔，钢管连接方式、焊接质量应符合规范规定。

5.7.8 混凝土和砂浆等抗压强度、钢构件防腐及钢筋保护层厚度应符合规范规定。

5.7.9 微型桩变形检测报告结论明确，满足设计要求。

5.7.10 地基承载力检测报告经审查，满足设计要求。

5.7.11 质量控制资料完整，控制参数真实、施工记录及质量验收记录齐全。

5.8 灌注桩工程的监督检查

5.8.1 当需要提供设计参数和施工工艺参数时，应按试桩方案进行试桩确定。

5.8.2 灌注桩技术方案、施工方案齐全，已审批。

5.8.3 钢筋、水泥、砂石、掺合料及钢筋焊接材料等性能证明文件、现场见证取样检验报告齐全。

5.8.4 混凝土强度等级设计和混凝土强度试验报告齐全。

5.8.5 钢筋焊接接头试验报告齐全。

5.8.6 桩基础施工工艺与设计（施工）方案一致。

5.8.7 人工挖孔桩终孔时，持力层检验记录齐全。

5.8.8 人工挖孔灌注桩、干成孔灌注桩、套管成孔灌注桩、泥浆护壁钻孔灌注桩成孔的桩径、垂直度、孔底沉渣厚度及桩位的偏差符合规范规定。

5.8.9 工程桩承载力符合设计要求，桩身质量的检验符合规程规定，报告齐全。

5.8.10 质量控制资料完整，控制参数真实、施工记录及质量验收记录齐全。

5.9 预制桩工程的监督检查

5.9.1 当需要提供设计参数和施工工艺参数时，应按试桩方案进行试桩确定。

5.9.2 预制桩工程施工组织设计、施工方案齐全，已审批。

5.9.3 静压桩、锤击桩施工工艺与设计（施工）方案一致。

5.9.4 桩体和连接材料的原材料性能证明文件齐全。

5.9.5 桩身检测、接桩接头检测合格，报告齐全。

5.9.6 地基承载力检测报告经审衮，满足设计要求。

5.9.7 质量控制资料完整，控制参数真实、施工记录及质量验收记录齐全。

5.10 基坑工程的监督检查

5.10.1 设计前已通过现场试验或试验性施上，确定了设计参数和施工工艺参数。

5.10.2 基坑施工方案、基坑监测技术方案齐全，已审批；深基坑施工方案经专家评审，评审资料齐全。

5.10.3 钢筋、混凝土、锚杆、桩体、.土钉、钢材等性能证明文件齐全。

5.10.4 钻芯法、抗拔承载力、声波透射法等试验合格，报告结论明确。

5.10.5 施工工艺与设计（施工）方案一致：基坑监测实施与方案一致。

5.10.6 质量控制资料完整，控制参数真实、施工记录及质量验收记录齐全。

5.11 边坡工程的监督检查

5.11.1 设计有要求时，通过现场试验和施工试验，确定设计参数和施上工艺参数。

5.11.2 边坡处理技术方案、施工方案齐全，已审批。

5.11.3 施工工艺与设计（施工）方案一致。

5.11.4 钢筋、水泥、砂、石、外加剂等原材料性能证明文件齐全。 。

5.11.5 灌注排桩数量符合设计要求；喷射混凝土护壁厚度和强度的检验符合设计要求；锚孔施工、锚杆灌浆和张拉符合设计要求，报告齐全。

5.11.6 泄水孔位置、边坡坡度、反滤层、回填土、挡土墙伸缩缝（沉降缝）位置和填塞物、边坡排水系统符合设计要求；边坡监测正常。

5.11.7 质量控制资料完整，控制参数真实、施工记录及质量验收记录齐全。

5.12 湿陷性黄土地基工程的监督检查

5.12.1 经处理的湿陷性黄土地基，检测湿陷量消除指标符合设计要求。

5.12.2 桩基础在非自重湿陷性黄土场地，桩端支承在压缩性较低的非湿陷性黄土层中；在门重湿陷性黄上场地，桩端支承在可靠的岩（土）层中。

5.12.3 单桩竖向承载力通过现场静载荷浸水试验结果满足设计要求。

5.12.4 灰土、土挤密桩进行了现场浸水静载荷试验结果满足设计要求。

5.12.5 填料不得选用盐渍土、膨胀土、冻土、有机质等不良土料和粗颗粒的透水性（如砂、石）材料。

5.13 液化地基的监督检查

5.13.1 采用振冲或挤密碎石桩加固的地基，处理后液化等级与液化指数符合设计要求。

5.13.2 桩进入液化土层以下稳定土层的长度符合规范规定。

5.14 冻土地基的监督检查

5.14.1 所用热棒、通风管管材、保温隔热材料，产品合格证、检测报告、复试报告齐全。

5.14.2 热棒地下安装部分周围用细沙七分层填实、用水浇透，固定可靠、排列整齐。

5.14.3 热棒、通风管、保温隔热材料施上记录齐全，数据真实。

5.14.4 地温观测孔及变形监测点设置符合规范规定。

5.14.5 季节性冻土、多年冻土地基融沉和承载力满足设计要求。

5.15 膨胀土地基的监督检查

5.15.1 设计已通过现场试验或试验性施工，确定了设计参数和施工工艺参数。

5.15.2 膨胀土地基处理技术方案、施工方案齐全，已审批。

5.15.3 施工工艺与设计、施工方案一致。

5.15.4 钢筋、水泥、砂石骨料、外加剂等主要原材料性能证明文件齐全。

5.15.5 地基承载力检测报告经审查，满足设计要求。

5.15.6 质量控制资料完整，控制参数真实、施工记录及质量验收记录齐全。

6 质量监督检测

6.0.1 开展现场质量监督检查时，应重点对下列项目的检测试验报告和检验指标进行查验，必要时可进行验证性抽样检测。对检验指标或结论有怀疑时，必须进行检测。

（1）砂、石、水泥、钢材等原材料的主要技术性能；

（2）垫层地基的压实系数；

（3）桩基础工程桩的桩身偏差和完整性检测；

（4）桩身混凝土强度。

第3部分 变电（换流）站主体结构施工前监督检查

1 总则

1.0.1 本部分适用于110kV及以上电压等级的变电（换流）站工程主体结构施工前阶段的质量监督检查，110kV以下电压等级的变电（换流）站工程可参照执行。

1.0.2 变电（换流）站主体结构施工前质量监督检查应在主控楼基础工程隐蔽前完成。

1.0.3 本部分所列检查内容应逐条检查，检查方式为重点抽查验证。

1.0.4 本阶段监督检查有采用新技术、新工艺、新流程、新装备、新材料的具体情况时，可根据相应的批准文件补充编制监督检查细则。

2 监督检查依据

监督检查组在开展本部分监督检查工作时，监检人员应当按照专业划分，熟练掌握以下标准。引进国外设备的工程，还需要熟悉和掌握合同约定的其他标准。

《混凝土结构设计规范》（GB 50010）
《工程测量规范》（GB 50026）
《混凝土结构工程施工质量验收规范》（GB 50204）
《混凝土质量控制标准》（GB 50164）
《大体积混凝土施工规范》（GB 50496）
《建筑施工组织设计规范》（GB/T 50502）
《房屋建筑市政基础设施工程质量检测技术管理规范》（GB 50618）
《混凝土结构工程施工规范》（GB 50666）
《电力建设施工质量验收及评价规程：第 1 部分：土建工程》（DL/T 5210.1）
《钢筋焊接及验收规程》（JGJ 18）
《建筑工程冬期施工规程》（JGJ/T 104）
《钢筋机械连接技术规程》（JGJ 107）
《建筑工程检测试验技术管理规范》（JGJ 190）
《房屋建筑工程和市政基础工程实行见证取样和送检的规定》（建建〔2000〕211 号）

3 监督检查应具备的条件

3.0.1 基础工程施工完，验收签证完，验收发现的不符合项已处理。
3.0.2 基础工程回填完成前。

4 责任主体质量行为的监督检查

4.1 建设单位质量行为的监督检查

4.1.1 工程采用的专业标准清单已审批。
4.1.2 按规定组织完成设计交底和施工图会检。
4.1.3 组织工程建设标准强制性条文实施情况的检查。
4.1.4 无任意压缩合同约定工期的行为。
4.1.5 采用的新技术、新工艺、新流程、新装备、新材料已批准。

4.2 设计单位质量行为的监督检查

4.2.1 设计图纸交付进度能保证连续施工，满足工程实际需要。
4.2.2 设计更改、技术洽商等文件完整、手续齐全。
4.2.3 工程建设标准强制性条文落实到位。
4.2.4 设计代表工作到位、处理设计问题及时。
4.2.5 按规定参加施工主要控制网（桩）验收和地基验槽签证。
4.2.6 进行了本阶段工程实体质量与勘察设计的符合性确认。

4.3 监理单位质量行为的监督检查

4.3.1 检测仪器和工具配置满足监理工作需要。
4.3.2 已按验收规程规定，对施工现场质量管理进行了验收。
4.3.3 已补充完善施工质量验收项目划分表，设定工程质量控制点，并按计划实施。

4.3.4 专业施工组织设计已审查，特殊施工技术措施已审批。

4.3.5 组织或参加原材料、成品、半成品的进场检查验收。

4.3.6 施工质量问题及处理台账完整。

4.3.7 工程建设标准强制性条文检查到位。

4.3.8 完成基础工程施工质量验收。

4.3.9 对本阶段工程质量提出评价意见。

4.4 施工单位质量行为的监督检查

4.4.1 项目部组织机构健全，专业人员配置合理。

4.4.2 质量检查及特殊工种人员持证上岗。

4.4.3 专业施工组织设计已审批。

4.4.4 质量检验管理制度已落实。

4.4.5 施工方案和作业指导书已审批，技术交底已完成。

4.4.6 计量工器具经检定合格，且在有效期内。

4.4.7 按照检测试验项目计划进行有见证的取样和送检，台账完整。

4.4.8 已建立原材料、成品、半成品、商品混凝土的跟踪管理台账，记录完整。

4.4.9 单位工程开工报告已审批。

4.4.10 专业绿色施工措施已制定、实施。

4.4.11 工程建设标准强制性条文实施计划已执行。

4.4.12 无违规转包或者违法分包工程行为。

4.5 检测试验机构质量行为的监督检查

4.5.1 检测试验机构已经通过能力认定并取得相应证书，其现场派出机构（现场试验室）满足规定条件，并已报质量监督机构备案。

4.5.2 检测人员资格符合规定，持证上岗。

4.5.3 检测仪器、设备检定合格，且在有效期内。

4.5.4 检测依据正确、有效，检测报告及时、规范。

5 工程实体质量的监督检查

5.1 测量的监督检查

5.1.1 测量控制方案已审批，测量控制点保护完好，测量成果齐全完整。

5.1.2 各建（构）筑物定位放线控制桩设置规范，测量仪器检定有效，测量记录齐全。

5.1.3 沉降变形观测点设置标准，观测记录完整、数据准确，变形量或变形速率满足规范规定。

5.2 混凝土基础的监督检查

5.2.1 钢筋、水泥、砂、石、粉煤灰、外加剂、拌合用水等原材料性能证明文件齐全；现场见证取样检验合格，报告齐全；商品混凝土技术检验合格，报告齐全。

5.2.2 长期处于潮湿环境的重要混凝土结构用砂、石碱活性检验合格。

5.2.3 用于配制钢筋混凝土的海砂氯离子含量检验合格。

5.2.4 焊材、焊剂合格证齐全。

5.2.5 焊接工艺试验合格；钢筋焊接接头试件截取符合规范、试验合格，报告齐全。

5.2.6 钢筋代换已办理设计变更，可追溯。

5.2.7 混凝土强度等级满足设计要求。

5.2.8 混凝土浇筑记录齐全；试件抽取、留置符合规范。

5.2.9 混凝土结构外观质量和尺寸偏差符合质量验收标准。

5.2.10 贮水（油）池等构筑物满水试验合格，签证记录齐全。

5.2.11 隐蔽验收、质量验收记录符合要求，记录齐全。

5.3 构支架基础的监督检查

5.3.1 杯口基础，预留孔位置准确，尺寸偏差符合规范规定。

5.3.2 预埋地脚螺栓基础，地脚螺栓位置尺寸偏差符合规范，外露长度一致。

5.3.3 隐蔽验收、质量验收签证记录齐全。

5.4 基础防腐（防水）的监督检查

5.4.1 防腐、防水材料性能证明文件齐全，复试报告齐全。

5.4.2 防腐、防水层的厚度符合设计要求，粘接牢固，表面无损伤。

5.5 冬期施工的监督检查

5.5.1 冬期施工措施和越冬保温措施已审批。

5.5.2 原材料预热、选用的外加剂、混凝土拌合和浇筑条件、试块的留置符合规范规定。

5.5.3 冬期施工的混凝土工程，养护条件、测温次数符合规范规定，记录齐全。

5.5.4 冬期停、缓建工程，停止位置的混凝土强度符合设计或规范规定。

6 质量监督检测

6.0.1 开展现场质量监督检查时，应重点对下列项目的检测试验报告和检验指标进行查验，必要时可进行验证性抽样检测。对检验指标或结论有怀疑时，必须进行检测。

（1）钢筋、水泥、砂、石、拌合用水、掺合料、外加剂、混凝土试块、钢筋焊接及机械连接接头、预制混凝土构件等主要技术性能指标抽测。

（2）防腐和防水材料性能、涂层厚度、附着力抽测。

第 4 部分 变电（换流）站电气设备安装前监督检查

1 总则

1.0.1 本部分适用于 110kV 及以上电压等级的变电（换流）站电气设备安装前阶段的质量监督检查，110kV 以下电压等级的变电（换流）站工程可参照执行；改（扩）建工程可与第 3 部分变电（换汽）站主体结构施工前检出检查合并进行检查。

1.0.3 变电（换流）站电气设备安装前质量监督检查应在主控楼等建筑物基本施工完交付安装前完成。

1.0.4 本部分所列检查内容应逐条检查，检查方式为重点抽查验证。

1.0.5 本阶段监督检查有采用新技术、新工艺、新流程、新装备、新材料的具体情况时，可根据相应的批准文件补充编制监督检查细则。

2 监督检查依据

监督检查组在开展本部分监督检查工作时，监检人员应当按照专业划分，熟练掌握以下标准。引进国外设备的工程，还需要熟悉和掌握合同约定的其他标准。

《工程测量规范》（GB 50026）

《混凝土质量控制标准》（GB 50164）

《砌体工程施工质量验收规范》（GB 50203）

《混凝土结构工程施工质量验收规范》（GB 50204）

《钢结构工程施工质量验收规范》（GB 50205）

《大体积混凝土施工规范》（GB 50496）

《房屋建筑市政基础设施工程　质量检测技术管理规范》（GB 50618）

《钢结构焊接规范》（GB 50661）

《混凝土结构工程施工规范》（GB 50666）

《钢结构施工规范》（GB 50755）

《电力建设施工质量验收及评价规程　第1部分：土建工程》（DL/T 5210.1）

《建筑变形测量规范》（JGJ 8）

《钢筋焊接及验收规程》（JGJ 18）

《普通混凝土配合比设计规程》（JGJ 55）

《钢结构高强螺栓连接技术规程》（JGJ 82）

《钢筋机械连接技术规程》（JGJ 107）

《建筑工程冬期施工规程》（JGJ/T 104）

《建筑工程检测试验技术管理规范》（JGJ 190）

《房屋建筑工程和市政基础设施工程　实行见证取样和送检的规定》（建建〔2000〕211号）

3 监督检查应具备的条件

3.0.1 变电站主要建（构）筑物施工完，主控制室、配电室封闭完，验收签证完。

3.0.2 验收发现的不符合项已处理。

4 责任主体质量行为的监督检查

4.1 建设单位质量行为的监督检查

4.1.1 工程采用的专业标准清单已审批。

4.1.2 按规定组织进行设计交底和施工图会检。

4.1.3 组织工程建设标准强制性条文实施情况的检查。

4.1.4 无任意压缩合同约定工期行为。

4.1.5 采用的新技术、新工艺、新流程、新装备、新材料已批准。

4.2　设计单位质量行为的监督检查

4.2.1 设计图纸交付进度能保证连续施工，满足工程实际需要。

4.2.2 设计更改、技术洽商等文件完整、手续齐全。

4.2.3 工程建设标准强制性条文落实到位。

4.2.4 设计代表工作到位，处理设计问题及时。

4.2.5 按规定参加主体结构质量验收。

4.2.6 进行了本阶段工程实体质量与勘察设计的符合性确认。

4.3　监理单位质量行为的监督检查

4.3.1 项目监理部专业监理人员配备合理，资格证书与承担任务相符。

4.3.2 检测仪器和工具配置满足监理工作需要。

4.3.3 已按验收规程规定，对施工现场质量管理进行了验收。

4.3.4 已补充完善施工质量验收项目划分表，设定工程质量控制点，并按计划实施。

4.3.5 特殊施工技术措施已审批。

4.3.6 组织或参加原材料、成品、半成品的进场检查验收。

4.3.7 施工质量问题及处理台账完整。

4.3.8 工程建设标准强制性条文检查到位。

4.3.9 完成主体结构工程施工质量验收。

4.3.10 对本阶段工程质量提出评价意见。

4.4　施工单位质量行为的监督检查

4.4.1 项目部专业人员配置合理。

4.4.2 质量检查及特殊工种人员持证上岗。

4.4.3 质量检验管理制度已落实。

4.4.4 施工方案和作业指导书已审批，技术交底已完成。

4.4.5 计量工器具经检定合格，且在有效期内。

4.4.6 按照检测试验项目计划进行有见证的取样和送检，台账齐全。

4.4.7 已建立原材料、成品、半成品、商品混凝土的跟踪管理台账，记录齐全。

4.4.8 专业绿色施工措施已实施。

4.4.9 工程建设标准强制性条文实施计划已执行。

4.4.10 无违规转包或者违法分包工程行为。

4.5　检测试验机构质量行为的监督检查

4.5.1 检测试验机构已经通过能力认定并取得相应证书，其现场派出机构（现场试验室）满足规定条件，并已报质量监督机构备案。

4.5.2 检测人员资格符合规定，持证上岗。

4.5.3 检测仪器、设备检定合格，且在有效期内。

4.5.4 检测依据正确、有效，检测报告及时、规范。

5 工程实体质量的监督检查

5.1 混凝土结构的监督检查

5.1.1 钢筋、水泥、砂、石、粉煤灰、外加剂、拌合用水等原材料性能证明文件齐全；现场见证取样检验合格，报告齐全。

5.1.2 长期处于潮湿环境的重要混凝土结构用砂、石碱活性检验合格。

5.1.3 用于配制钢筋混凝土的海砂氯离子含量检验合格。

5.1.4 焊材、焊剂合格证齐全。

5.1.5 焊接工艺试验合格，机械连接工艺试验合格；钢筋接头试件截取符合规范，试验合格，报告齐全。

5.1.6 钢筋代换已办理设计变更，可追溯。

5.1.7 混凝土强度等级满足设计要求。

5.1.8 混凝土浇筑记录齐全；试件抽取、留置符合规范，强度试验满足设计要求。

5.1.9 混凝土结构外观质量和尺寸偏差符合质量验收标准。

5.1.10 贮水（油）池等构筑物满水试验合格，签证记录齐全。

5.1.11 隐蔽验收、质量验收记录符合要求，记录齐全。

5.2 钢结构工程的监督检查

5.2.1 钢材、高强度螺栓连接副、地脚螺栓、涂料、焊材等材料性能证明文件齐全。

5.2.2 高强度螺栓连接副轴力、摩擦面抗滑移系数抽样复检合格。

5.2.3 高强度螺栓连接副扭矩抽测合格。

5.2.4 钢结构现场焊接焊缝检验合格。

5.2.5 钢结构变形测量记录齐全，偏差符合设计或规范规定。

5.2.6 涂料（防火涂料）涂装遍数、涂层厚度符合设计要求，记录齐全。

5.2.7 质量验收记录齐全。

5.3 砌体工程的监督检查

5.3.1 砌体结构所用砖、石材、砌块、水泥等原材料性能证明文件齐全；抽查检测合格，报告齐全。

5.3.2 砂浆强度符合设计要求，检测试验报告齐全。

5.3.3 砌体组砌方式、钢筋的设置位置、挡土墙泄水孔留置符合规范规定。

5.3.4 质量验收记录齐全。

5.4 构支架安装的监督检查

5.4.1 混凝土电杆构支架出厂质量证明文件齐全，钢圈焊缝外观检查合格，整根电杆顺直。

5.4.2 钢结构构支架出厂质量证明文件齐全；构件弯曲矢高偏差符合规范规定。高强螺栓紧固验收记录齐全。

5.4.3 质量验收记录齐全。

5.5 冬期施工的监督检查

5.5.1 冬期施工措施和越冬保温措施已审批。

5.5.2 原材料预热、选用的外加剂、混凝土拌合和浇筑条件、试块的留置符合规范规定。

5.5.3 冬期施工的混凝土工程，养护条件、测温次数符合规范规定，记录齐全。

5.5.4 冬期停、缓建工程，停止位置的混凝土强度符合设计或规范规定。

6　质量监督检测

6.0.1 开展现场质量监督检查时，应重点对下列项目的检测试验报告和检验指标进行查验，必要时可进行验证性抽样检测。对检验指标或结论有怀疑时，必须进行检测。

（1）砂、石、砖、砌块、水泥、钢筋、钢材和钢筋连接接头等技术性能抽测。

（2）混凝土、砂浆试块强度抽测。

（3）高强度螺栓连接副紧固力矩抽测。

第5部分　锅炉水压试验前监督检查

1　总则

1.0.1 本部分适用于火力发电工程锅炉水压试验前阶段的质量监督检查。

1.0.2 锅炉水压试验前监督检查范围为锅炉本体的全部承重结构、承压部件、受热面、参加水压试验的各类管道及参加水压试验临时系统等。

1.0.3 本部分所列检查内容应逐条检查，检查方式为重点抽查验证。

1.0.4 本阶段监督检查有采用新技术、新工艺、新流程、新装备、新材料的具体情况时，可根据相应的批准文件补充编制监督检查细则。

2　监督检查依据

监督检查组在开展本部分监督检查工作时，监检人员应当按照专业划分，熟练掌握以下标准。引进国外设备的工程，还需要熟悉和掌握合同约定的其他标准。

《特种设备安全法》国家主席令第四号

《钢结构工程施工质量验收规范》（GB 50205）

《钢结构焊接规范》（GB 50661）

《钢结构施工规范》（GB 50755）

《锅炉安全技术监察规程》（TSG G0001）

《锅炉安装监督检验规则》（TSG G7001）

《电力工业锅炉压力容器监察规程》（DL 612）

《电站锅炉压力容器检验规程》（DL 647）

《电力建设施工技术规范　第2部分：锅炉机组》（DL 5190.2）

《电力建设施工技术规范　第5部分：管道及系统》（DL 5190.5）

《火力发电厂金属技术监督规程》（DL/T 438）

《电力设备监造技术导则》（DL/T 586）

《火力发电厂异种钢焊接技术规程》（DL/T 752）
《火力发电厂焊接技术规程》（DL/T 869）
《火力发电厂工程测量技术规程》（DL/T 5001）
《火力发电厂汽水管道设计技术规定》（DL/T 5054）
《电力建设施工质量验收及评价规程第2部分锅炉机组》（DL/T 5210.2）
《电力建设施工质量验收及评价规程第5部分管道及系统》（DL/T 5210.5）
《电力建设施工质量验收及评价规程第7部分焊接》（DL/T 5210.7）
《钢结构高度强螺栓连接技术规程》（JGJ 82）

3 监督检查应具备的条件

3.0.1 锅炉钢结构、承压部件及其附件、水压试验用临时系统安装完成，并验收签证。
3.0.2 受监焊口全部检验合格。
3.0.3 试验用水满足要求，废水排放符合环保要求。
3.0.4 水压试验范围内的楼梯、平台、栏杆、沟道盖板等齐全，通道畅通，照明充足。
3.0.5 办理了具备锅炉整体水压试验条件的签证。

4 责任主体质量行为的监督检查

4.1 建设单位质量行为的监督检查

4.1.1 组织完成具备锅炉整体水压试验条件的签证。
4.1.2 工程采用的专业标准清单已审批。
4.1.3 按规定组织施工图会检，按合同约定组织设备制造商进行技术交底并指导安装、处理设备缺陷。
4.1.4 对锅炉设备组织了设备监造，并提供了设备监造报告。
4.1.5 负责收集以下主要技术文件、资料：
（1）锅炉产品出厂质量证明文件；
（2）锅炉安装和使用说明书；
（3）锅炉热力计算书、承压部件强度计算书；
（4）承压部件设计修改技术资料；
（5）锅炉压力容器安全性能检验报告；
（6）锅炉钢架沉降观测资料。
4.1.6 组织工程建设标准强制性条文实施情况的检查。
4.1.7 无任意压缩合同约定工期的行为。
4.1.8 采用的新技术、新工艺、新流程、新装备、新材料已批准。

4.2 设计单位质量行为的监督检查

4.2.1 设计图纸交付进度能保证连续施工，满足工程实际需要。
4.2.2 按规定进行设计交底及图纸会检。
4.2.3 设计更改、技术洽商等文件完整、手续齐全。
4.2.4 工程建设标准强制性条文落实到位。

4.2.5 设计代表工作到位、处理设计问题及时。

4.3 监理单位质量行为的监督检查

4.3.1 企业资质与合同约定的业务范围相符。

4.3.2 项目监理部专业监理人员配备合理，资格证书与承担任务相符。

4.3.3 完成相关施工的质量验收、隐蔽工程签证。

4.3.4 已按验收规程规定，对施工现场质量管理进行了验收。

4.3.5 已组织编制施工质量验收项目划分表，设定工程质量控制点，并按计划实施。

4.3.6 专业施工组织设计已审查，特殊施工技术措施已审批。

4.3.7 已组织或参加设备、材料的到货检查验收。

4.3.8 设备、施工质量问题及处理台账完整。

4.3.9 工程建设标准强制性条文执行检查到位。

4.4 施工单位质量行为的监督检查

4.4.1 企业锅炉安装资质与合同的业务范围相符。

4.4.2 项目部组织机构健全，专业人员配置合理。

4.4.3 项目经理资格符合要求并经本企业法定代表人授权。

4.4.4 质量检查员及特殊工种人员持证上岗。

4.4.5 水压试验方案已经批准。

4.4.6 水压试验组织机构健全，责任分工明确，人员到位。

4.4.7 水压试验现场的安全、保卫等项工作已落实。

4.4.8 专业施上组织设计已审批。

4.4.9 施工方案和作业指导书审批手续齐全，技术交底已完成。

4.4.10 编制检测试验项日计划。

4.4.11 焊接检验制度健全，焊材保管、复检、发放制度健全，台账完整。

4.4.12 计量工器具经检定合格，且在有效期内。

4.4.13 单位工程开工报告已审批。

4.4.14 专业绿色施工措施已制定。

4.4.15 工程建设标准强制性条文实施计划已执行。

4.4.16 无违规转包或者违法分包工程的行为。

4.5 检测试验机构质量行为的监督检查

4.5.1 检测试验机构已经通过能力认定并取得相应证书，其现场派出机构（现场试验室）满足规定条件，

并已报质量监督机构备案。

4.5.2 检测人员资格符合规定，持证上岗。

4.5.3 检测仪器、设备检定合格，且在有效期内。

4.5.4 现场射线源管理符合环保、公安部门有关规定。

4.5.5 检测依据正确、有效，检测报告及时、规范。

5 工程实体质量的监督检查

5.1 锅炉本体基础的监督检查

5.1.1 建筑交付安装记录签证齐全。

5.1.2 基础沉降均匀，沉降观测记录完整。

5.2 锅炉构架施工质量的监督检查

5.2.1 高强度螺栓按规定复检合格，报告齐全，抽查钢结构节点螺栓终紧扭矩合格。

5.2.2 节点的连接和防腐符合规范规定。

5.2.3 大板梁挠度测量符合厂家设计或规范规定。

5.2.4 楼梯、平台、栏杆安装牢固，符合安全技术要求。

5.3 锅炉承压部件及受热面的监督检查

5.3.1 水压范围内的承压部件安装结束，验收合格。

5.3.2 受热面通球试验合格、签证记录齐全。

5.3.3 膨胀间隙调整符合图纸要求，膨胀指示器安装、调整完毕。

5.3.4 支座、吊挂系统调整结束，受力均匀。

5.3.5 受热面密封焊接完毕后应进行渗透试验合格，验收签证齐全。

5.3.6 热工温度、压力等测点应在受热面设备上安装完成，验收合格。

5.4 锅炉附属管道及附件的监督检查

5.4.1 附属管路布置合理，安装结束，验收合格。

5.4.2 参加水压试验的附件安装结束，校验合格。

5.4.3 水压试验的临时系统和设备安装、调试完毕，废水排放处理符合环保要求。

5.5 焊接及金属监督的监督检查

5.5.1 焊接工程项目一览表的项目内容齐全，焊接分项工程综合质量验收评定表、焊接记录齐全。

5.5.2 锅炉承重、承压焊口的外观质量与外观检查记录相符。

5.5.3 焊接工程检验一览表的项目内容齐全，无损检测、理化检验报告记录齐全。

5.5.4 合金材质复检符合制造厂图纸要求。

5.6 验收及缺陷处理的监督检查

5.6.1 水压前相关检验批、分项工程验收和锅炉水压前检查签证齐全。

5.6.2 设备缺陷情况记录及处理签证齐全。

6 质量监督检测

6.0.1 开展现场质量监督检查时，应重点对下列项目的检测试验报告和检验指标进行查验，必要时可进行验证性抽样检测。对检验指标或结论有怀疑时，必须进行检测。

（1）焊口无损检测；

（2）合金钢材料及焊口的光谱、硬度检测。

第6部分 汽轮机扣盖前监督检查

1 总则

1.0.1 汽轮机扣盖前监督检查范围为汽轮机本体与扣盖相关的外部系统。组装供货的汽轮机和燃气轮机，应检查模块组装时的有关数据符合制造厂技术文件要求。

1.0.2 本部分所列检查内容应逐条检查，检查方式为重点抽查验证。

1.0.3 本阶段监督检查有采用新技术、新工艺、新流程、新装备、新材料的具体f青况时，可根据相应的批准文件补充编制监督检查细则。

2 监督检查依据

监督检查组在开展本部分监督检查工作时，监检人员应当按照专业划分，熟练掌握以下标准。引进国外设备的工程，还需要熟悉和掌握合同约定的其他标准。

《工程测量规范》（GB 50026）
《电力建设施工技术规范 第3部分：汽轮发电机组》（DL 5190.3）
《电力建设施工技术规范 第4部分：热工仪表及控制装置》（DL 5190.4）
《电力建设施工技术规范 第5部分：管道及系统》（DL 5190.5）
《电力建设施工技术规范 第7部分：焊接工程》（DL 5190.7）
《汽轮发电机合金轴瓦超声波检测》（DL/T 297）
《火力发电厂金属技术监督规程》（DL/T 438）
《火力发电厂高温紧固件技术导则》（DL/T 439）
《电力设备监造技术导则》（DL/T 586）
《高温紧固螺栓超声波检验技术导则》（DL/T 694）
《火力发电厂焊接技术规程》（DL/T 869）
《火电厂金相检验与评定技术导则》（DL/T 884）
《电力设备金属光谱分析技术导则》（DL/T 991）
《电力建设施工质量验收及评价规程 第3部分：汽轮发电机组》（DL/T 5210.3）
《电力建设施工质量验收及评价规程 第4部分：热工仪表及控制装置》（DL/T 5210.4）
《电力建设施工质量验收及评价规程 第5部分：管道及系统》（DL/T 5210.5）
《电力建设施工质量验收及评价规程 第7部分：焊接》（DL/T 5210.7）
《建筑变形测量规程》（JGJ 8）

3 监督检查应具备的条件

3.0.1 汽轮机本体安装调整工作结束，已经试扣盖检查，并办理扣盖前的检查签证。

3.0.2 对汽轮机本体调整工作有影响的热力管道和设备完成连接，热工元件试装完。

3.0.3 与扣盖相关的合金钢零部件、管材、焊口全部检验合格。

3.0.4 汽机房行车等吊装机械完好，验收合格。

3.0.5 扣缸范围内的楼梯、平台、栏杆、沟道盖板等齐全，通道畅通，照明充足。

4 责任主体质量行为的监督检查

4.1 建设单位质量行为的监督检查

4.1.1 完成扣盖前的检查签证。

4.1.2 工程采用的专业标准清单已审批。

4.1.3 按规定组织施工图会检，按合同约定组织设备制造商进行技术交底并指导安装、处理设备缺陷。

4.1.4 对汽轮机设备组织了设备监造，并提供了设备监造报告。

4.1.5 负责收集以下主要技术文件、资料：

（1）汽轮机总装报告；

（2）设备出厂质检报告及质保书；

（3）重要部件出厂材质检验及探伤报告；

（4）转子出厂超速试验及高速动平衡报告；

（5）汽轮机基础沉降观测资料。

4.1.6 组织工程建设标准强制性条文实施情况的检查。

4.1.7 无任意压缩合同约定工期的行为。

4.1.8 采用的新技术、新工艺、新流程、新装备、新材料已批准。

4.2 设计单位质量行为的监督检查

4.2.1 设计图纸交付进度能保证连续施工，满足工程实际需要。

4.2.2 按规定进行设计交底及图纸会检。

4.2.3 设计更改、技术洽商等文件完整、手续齐全。

4.2.4 工程建设标准强制性条文落实到位。

4.2.5 设计代表工作到位、处理设计问题及时。

4.3 监理单位质量行为的监督检查

4.3.1 企业汽轮机安装资质与合同的业务范围相符。

4.3.2 项目监理部专业监理人员配备合理，资格证书与承担任务相符。

4.3.3 完成相关施工的质量验收签证。

4.3.4 已按验收规程规定，对施工现场质量管理进行了验收。

4.3.5 已组织编制施工质量验收项目划分表，设定工程质量控制点，并按计划实施。

4.3.6 专业施工组织设计已审查，特殊施工技术措施已审批。

4.3.7 组织或参加设备、材料的到货检查验收。

4.3.8 设备、施工质量问题及处理台账完整。

4.3.9 工程建设标准强制性条文检查到位。

4.4 施工单位质量行为的监督检查

4.4.1 企业资质与合同约定的业务范围相符。

4.4.2 项目部组织机构健全，专业人员配置合理。

4.4.3 项目经理资格符合要求并经本企业法定代表人授权。

4.4.4 质量检查员及特殊工种人员持证上岗。

4.4.5　扣盖方案经批准。

4.4.6　专业施工组织设计已审批。

4.4.7　施工方案和作业指导书审批手续齐全，技术交底已完成。

4.4.8　编制检测试验项目计划。

4.4.9　焊接检验制度健全，焊材保管、复检、发放制度健全。

4.4.10　计量工器具经检定合格，且在有效期内。

4.4.11　单位工程开工报告已审批。

4.4.12　专业绿色施工措施已制定。

4.4.13　工程建设标准强制性条文实施计划已执行。

4.4.14　无违规转包或者违法分包工程的行为。

4.5　检测试验机构质量行为的监督检查

4.5.1　检测试验机构已经通过能力认定并取得相应证书，其现场派出机构（现场试验室）满足规定条件，并已报质量监督机构备案。

4.5.2　检测人员资格符合规定，持证上岗。

4.5.3　检测仪器、设备检定合格，且在有效期内。

4.5.4　现场射线源管理符合环保、公安部门有关规定。

4.5.5　检测依据正确、有效，检测报告及时、规范。

5　工程实体质量的监督检查

5.1　汽轮机基座的监督检查

5.1.1　建筑交付安装记录签证齐全。

5.1.2　基础沉降均匀，沉降观测记录完整。

5.2　台板与垫铁的监督检查

5.2.1　垫铁的布设符合图纸要求，台板与垫铁及每叠垫铁间接触及间隙符合规范，检查验收记录完整。

5.2.2　台板或轴承座底部混凝土垫块布设符合图纸，混凝土强度试验报告齐全。

5.3　汽缸、轴承座及滑销系统的监督检查

5.3.1　抽查汽缸、轴承座与台板间隙符合规范，并与记录相符。

5.3.2　汽缸喷嘴室、调门汽室隐蔽签证记录完整。

5.3.3　各轴承座进行的检漏试验、签证记录完整。

5.3.4　抽查汽缸、轴承座水平、扬度与记录相符，并符合设计要求。

5.3.5　抽查滑销、猫爪、联系螺栓间隙符合制造厂要求，与记录相符。

5.3.6　抽查汽缸法兰结合面间隙符合规范规定，与记录相符。

5.3.7　检查汽缸负荷分配记录符合制造厂要求。

5.3.8　检查低压缸与凝汽器或直接空冷排汽装置的连接，验收签证记录完整。

5.3.9　汽缸内部热工测量元件校验合格，报告齐全并经过试装。

5.4　轴承和油挡的监督检查

5.4.1　抽查轴瓦接触（重点检查轴瓦钨金接触、垫块接触）符合规范规定，并与记录

相符。

5.4.2 检查推力瓦钨金接触及推力间隙符合规范规定，并与记录相符。

5.4.3 抽查轴承座及轴瓦油挡间隙符合图纸要求；并与记录相符。

5.5 汽轮机转子的监督检查

5.5.1 检查转子轴颈椭圆度和不柱度记录符合规范规定。

5.5.2 检查转子弯曲度记录符合厂家要求。

5.5.3 全实缸状态下测量转子轴颈扬度符合制造厂要求，并与记录相符。

5.5.4 检查转子推力盘端面瓢偏记录符合规范规定。

5.5.5 检查转子联轴器晃度及端面瓢偏记录符合规范规定，与记录相符。

5.5.6 抽查转子对汽封（或油挡）洼窝中心记录符合制造厂要求或规范规定。

5.5.7 全实缸状态下测量转子联轴器找中心数值符合制造厂要求，与记录相符。

5.5.8 转子就位后复测转子缸外轴向定位值，与记录相符。

5.6 通流部分的监督检查

5.6.1 静叶持环或隔板（包括回转隔板）安装符合规范规定，并与记录相符。

5.6.2 全实缸状态下测量轴封及通流间隙符合制造厂要求，与记录相符。

5.6.3 全实缸状态下做转子推拉试验，推拉值符合厂家图纸要求，与记录相符。

5.7 汽轮机金属检测的监督检查

5.7.1 汽轮机扣盖范围内依据规范规定的金属检验项目检验完，各项检测试验报告齐全。

5.7.2 汽缸及内部合金钢零部件及与汽缸连接的合金钢管光谱复查报告齐全，符合制造厂图纸规定。

5.7.3 抽查与汽缸相连的主要管道焊接检验、热处理记录及质量检验资料内容完整，报告（含底片）齐全。

5.7.4 轴瓦及推力瓦脱胎检测，报告齐全。

5.7.5 高温紧固件的硬度复测、光谱检测及金相抽查符合制造厂要求和规范规定，检测报告齐全。

5.7.6 根据《火力发电厂金属技术监督规程》（DL/T 438）要求完成相应金属检验试验。

5.8 验收及缺陷处理的监督检查

5.8.1 扣盖前相关检验批、分项、分部工程验收和隐蔽验收签证资料完整。

5.8.2 设备缺陷情况记录及处理签证资料完整。

6 质量监督检测

6.0.1 开展现场质量监督检查时，应重点对下列项目的检测试验报告和检验指标进行查验，必要时可进行验证性抽样检测。对检验指标或结论有怀疑时，必须进行检测。

（1）汽缸及内部合金钢零部件的光谱检测；

（2）与汽缸连接的合金钢管的材质检测及其焊口的光谱、硬度、无损检测。

第7部分 厂用电系统受电前监督检查

1 总则

1.0.1 本部分适用于火电工程厂用电系统受电前阶段的质量监督检查。

1.0.2 厂用电系统受电前监督检查范围为受电电源、高压启动/备用变压器、厂用电高压配电装置。

1.0.3 本部分所列检查内容应逐条检查，检查方式为重点抽查验证。

1.0.4 本阶段监督检查有采用新技术、新工艺、新流程、新装备、新材料的具体情况时，可根据相应的批准文件补充编制监督检查细则。

2 监督检查依据

监督检查组在开展本部分监督检查工作时，监检人员应当按照专业划分，熟练掌握以下标准。引进国外设备的工程，还需要熟悉和掌握合同约定的其他标准。

《电气装置安装工程 高压电器施工及验收规范》（GB 50147）

《电气装置安装工程 电力变压器、油浸电抗器、互感器施工及验收规范》（GB 50148）

《电气装置安装工程 母线装置施工及验收规范》（GB 50149）

《电气装置安装工程 电气设备交接试验标准》（GB 50150）

《电气装置安装工程 电缆线路施工及验收规范》（GB 50168）

《电气装置安装工程 接地装置施工及验收规范》（GB 50169）

《电气装置安装工程 盘、柜及二二次同路接线施工及验收规范》（GB 50171）

《电气装置安装工程 蓄电池施工及验收规范》（GB 50172）

《电气装置安装工程 爆炸和火灾危险环境电气装置施工及验收规范》（GB 50257）

《电力设备典型消防规程》（DL 5027）

《电气装置安装工程质量验收及评定规程》（DL/T 5161.1～17）

《火力发电建设工程机组调试技术规范》（DL/T 5294）

3 监督检查应具备的条件

3.0.1 厂用电系统受电范围内建筑工程施工完成，并验收签证。

3.0.2 厂用电系统受电范围内电气一、二次系统施工完成，相应的电气试验及保护调试完成，并验收签证。

4 责任主体质量行为的监督检查

4.1 建设单位质量行为的监督检查

4.1.1 组织完成厂用电系统受电范围内建筑工程验收。

4.1.2 组织完成厂用电系统受电范围内电气一、二次系统及保护调试的验收。

4.1.3 设备制造厂负责调试的项目已调试完成，验收合格。

4.1.4 按规定成立试运指挥部，试运行管理制度齐全，组织分工明确，人员落实。

4.1.5 厂用电系统受电方案经试运指挥部批准，现场的安全、保卫、消防等项工作已落实，受电后的管理方式已确定。

4.1.6 工程采用的专业标准清单已审批。

4.1.7 按规定组织进行设计交底和施工图会检。

4.1.8 按合同约定组织设备制造厂进行技术交底。

4.1.9 组织工程建设标准强制性条文实施情况的检查。

4.1.10 无任意压缩合同约定工期的行为。

4.1.11 采用的新技术、新工艺、新流程、新装备、新材料已批准。

4.2 设计单位质量行为的监督检查

4.2.1 设计图纸交付进度能保证连续施工，满足工程实际需要。

4.2.2 设计更改、技术洽商等文件完整、手续齐全。

4.2.3 工程建设标准强制性条文落实到位。

4.2.4 设计代表工作到位、处理设计问题及时。

4.2.5 进行了本阶段工程实体质量与勘察设计的符合性确认。

4.3 监理单位质量行为的监督检查

4.3.1 企业资质与合同约定的业务范围相符。

4.3.2 项目监理部专业监理人员配备合理，资格证书与承担任务相符。

4.3.3 完成相关施工和调试项目的质量验收并汇总。

4.3.4 已按验收规程规定，对施工现场质量管理进行了验收。

4.3.5 已组织编制施工质量验收项目划分表，设定工程质量控制点，并按计划实施。

4.3.6 施工方案和调试方案已审查。

4.3.7 组织或参加设备、材料的到货检查验收。

4.3.8 设备、施工质量问题及处理台账完整。

4.3.9 工程建设标准强制性条文检查到位。

4.4 施工单位质量行为的监督检查

4.4.1 企业资质与合同约定的业务范围相符。

4.4.2 项目部组织机构健全，专业人员配置合理。

4.4.3 项目经理资格符合要求并经本企业法定代表人授权。

4.4.4 质量检查、特殊工种及特种作业等人员持证上岗。

4.4.5 专业施工组织设计已审批。

4.4.6 施工方案和作业指导书审批手续齐全，技术交底已完成。

4.4.7 计量工器具经检定合格，且在有效期内。

4.4.8 编制检测试验项目计划。

4.4.9 单位工程开工报告已审批。

4.4.10 专业绿色施工措施已制定。

4.4.11 工程建设标准强制性条文实施计划已执行。

4.4.12 无违规转包或者违法分包工程的行为。

4.5　调试单位质量行为的监督检查

4.5.1　企业资质与合同约定的业务范围相符。

4.5.2　项目部组织机构健全，专业人员配置合理。

4.5.3　项目经理资格符合要求并经本企业法定代表人授权。

4.5.4　专业调试人员持证上岗。

4.5.5　调试措施审批手续齐全；厂用电系统受电方案已经试运总指挥批准。

4.5.6　调试使用的仪器、仪表检定合格并在有效期内。

4.5.7　厂用受电相应的控制系统功能已调试合格。

4.5.8　受电范围内的设备和系统已按规定全部调试完毕并签证。

4.5.9　工程建设标准强制性条义实施计划已落实。

4.5.10　无违规转包或者违法分包工程的行为。

4.6　生产运行单位质量行为的监督检查

4.6.1　生产运行人员配备齐全，并经培训上岗。

4.6.2　相关运行规程、系统图册、反事故措施等审批手续齐全。

4.6.3　相关的运行日志、记录表单、操作票、工作票、设备问题台账等已准备完毕。

4.6.4　取得调度下达的保护定值，完成保护装置定值的审批。

4.6.5　完成受电设备、系统与施工区域的隔离。

4.6.6　完成受电区域和设备的标识。

4.7　检测试验机构质量行为的监督检查

4.7.1　检测试验机构已经通过能力认定并取得相应证书，其现场派出机构（现场试验室）满足规定条件，并已报质量监督机构备案。

4.7.2　检测人员资格符合规定，持证上岗。

4.7.3　检测仪器、设备检定合格，且在有效期内。

4.7.4　检测依据正确、有效，检测报告及时、规范。

5　工程实体质量的监督检查

5.1　建筑专业的监督检查

5.1.1　受电范围内环境整洁、照明齐全，消防器材配备完善，消防通道畅通。

5.1.2　受电范围内受电电源、启动备用变压器、配电装置的建（构）筑工程施工完毕，验收签证齐全。

5.1.3　受电范围内的建筑工程已按第 8 部分　建筑工程交付使用前监督检查执行。

5.2　电气专业的监督检查

5.2.1　带电设备的安全净距符合规范规定，电气连接可靠。

5.2.2　带电设备的一次试验项目完成，试验合格，记录齐全。

5.2.3　启动备用变压器密封良好；绝缘油（或 SF6 气体）试验合格、报告齐全，油位（或气压）正常；

本体及中性点接地符合规范规定、连接可靠；冷却装置启停正常；气体继电器、温度计检定合格；调压装置操动灵活，指示正确。

5.2.4 充气设备气体压力、密度继电器报警和闭锁值符合产品技术要求。

5.2.5 断路器、隔离开关、接地开关及操动机构动作可靠，分、合闸指示正确；油（气）操动机构无渗漏现象；隔离开关接触电阻及三相同期值符合产品技术要求。

5.2.6 高压开关柜防误闭锁装置齐全可靠。

5.2.7 互感器外观完好，密封良好，油位或气压正常，接地可靠；电流互感器备用线圈短接并可靠接地。

5.2.8 避雷器外观及安全装置完好，排气口朝向合理；在线监测装置接地可靠，安装方向便于观察。

5.2.9 软母线压接（或螺栓连接）质量检查合格；硬母线的焊接检验报告齐伞。

5.2.10 盘柜安装牢固、接地可靠；手车式、抽屉式配电柜开关推拉灵活。

5.2.11 电缆孔洞防火封堵严密、阻燃措施齐全；金属电缆支架接地良好。

5.2.12 电缆施工符合设计及规范规定，验收签证齐伞；二次回路接线正确，可靠。

5.2.13 蓄电池组标识正确、清晰，充放电试验合格，记录齐全；UPS电源工作正常。

5.2.14 防雷接地、设备接地和主接地网连接可靠，验收签证齐全。

5.2.15 升压站、网控室、集控室等电位网安装完成，质量验收合格，记录齐全。

5.2.16 全厂接地电阻测试完成，测量结果符合设计要求。

5.3 热控专业的监督检查

5.3.1 DCS系统盘柜、操作台、操作员站、工程师站安装完毕，记录齐全。

5.3.2 DCS系统已受电，且电源可靠。

5.3.3 DCS系统接地可靠、标识清晰。

5.3.4 DCS盘柜内防火封堵措施有效，密封严密。

5.3.5 ECS系统已正常投运，受电范围内设备及系统可在ECS系统正常操作。

5.3.6 继电器室空调已投入运行，温度、湿度满足DCS系统正常运行要求。

5.3.7 事故顺序记录系统（SOE）投运正常。

5.3.8 DCS系统冗余切换正常。

5.4 调整试验的监督检查

5.4.1 高压带电设备的特殊试验项目完成，试验合格，记录齐全。

5.4.2 启动/备用变压器绕组连同套管的直流电阻，绕组连同套管的绝缘电阻、吸收比或极化指数，变压器分接头变比，三相连接组别（或单相变压器引出线的极性）等试验项目齐全，试验合格。

5.4.3 断路器、组合电器主回路导电电阻符合产品技术要求，SF_6气体含水量以及泄漏率检测合格，主回路交流耐压试验通过。

5.4.4 互感器的接线组别和极性正确，绕组的绝缘电阻合格，互感器测量偏差在允许范围内。

5.4.5 金属氧化物避雷器及基座的绝缘电阻符合规范规定。

5.4.6 电气设备及防雷设施的接地阻抗测试符合设计要求，报告齐全

5.4.7 电流、电压、控制、信号等二次回路绝缘符合规范规定；断路器、隔离开关、有载分接开关传动试验动作可靠，信号正确；保护和自动装置动作准确、可靠，信号正确。

5.4.8 保护定值已整定，线路双侧保护联调合格，通信正常。

5.4.9 DCS接地系统接地电阻测试报告齐全，接地电阻值符合要求。

5.4.10 DCS系统操作可靠、信号正确，监控及保护联锁功能试验完成且符合设计要求。

5.5　生产运行准备的监督检查

5.5.1 控制室与电网调度操作人员之间的通信联络通畅。

5.5.2 受电区域与非受电区域及运行区域隔离可靠，警示标识齐全、醒目。

5.5.3 设备命名编号及盘、柜双面标识准确、齐全；设备运行安全警示标识醒目。

6　质量监督检测

6.0.1 开展现场质量监督检查时，应重点对下列项目的检测试验报告和检验指标进行查验，必要时可进行验证性抽样检测。对检验指标或结论有怀疑时，必须进行检测。

（1）电力电缆两端相位一致性检测；

（2）六氟化硫气体的含水量检测；

（3）接地装置接地阻抗测量（含设备接地）；

（4）二次回路绝缘电阻测量；

（5）启动/备用变压器绕组、互感器绕组绝缘电阻测试；

（6）启动/备用变压器、互感器接线组别和极性测试；

（7）共箱母线导电回路电阻测试。

第8部分　建筑工程交付使用前监督检查

1　总则

1.0.1 本部分适用于火力发电工程的建筑工程交付使用前的质量监督检查。

1.0.2 本部分与厂用电系统受电前、机组整套启动试运前监督检查大纲配套使用，其他建（构）筑物的监督检查可参照执行。

1.0.3 本部分所列检查内容应逐条检查，检查方式为重点抽查验证。

1.0.4 本阶段监督检查有采用新技术、新工艺、新流程、新装备、新材料的具体情况时，可根据相应的批准文件补充编制监督检查细则。

2　监督检查依据

监督检查组在开展本部分监督检查工作时，监检人员应当按照专业划分，熟练掌握以下标准。引进国外设备的工程，还需要熟悉和掌握合同约定的其他标准。

《屋面工程质量验收规范》（GB 50207）

《地下防水工程质量验收规范》（GB 50208）

《建筑地面工程施工质量验收规范》（GB 50209）

《建筑装饰装修工程质量验收规范》（GB 50210）

《建筑给水排水及采暖工程施工质量验收规范》（GB 50242）

《通风与空调工程施工质量验收规范》（GB 50243）
《建筑电气工程施工质量验收规范》（GB 50303）
《电梯工程施工质量验收规范》（GB 503 10）
《智能建筑工程质量验收规范》（GB 50339）
《屋面工程技术规范》（GB 50345）
《建筑节能工程施工质量验收规范》（GB 5041 1）
《建筑物防雷工程施工与质量验收规范》（GB 50601）
《建筑电气照明装置施工与验收规范》（GB 50617）
《通风与空调工程施工规范》（GB 50738）
《电力建设施工质量验收及评价规程》 第1部分土建工程）（DL/T 5210.1）
《建筑变形测量规范》（JGJ 8）
《塑料门窗工程技术规程》（JGJ l03）
《外墙饰面砖工程施工及验收规程》（JGJ 1 26）
《建筑工程检测试验技术管理规范》（JGJ 1 90）
《铝合金门窗工程技术规范》（JGJ 214）

3 监督检查应具备的条件

3.0.1 建筑工程（包括装饰、装修工程）全部完工，验收合格。
3.0.2 消防系统、生产用电梯安装完毕，取得地方主管部门出具的书面意见。
3.0.3 沉降观测记录齐全完整。
3.0.4 技术档案和施工管理资料齐全完整。
3.0.5 各阶段质量监督检查中提出的问题全部整改闭环。

4 责任主体质量行为的监督检查

4.1 建设单位质量行为的监督检查

4.1.1 组织工程建设标准强制性条文实施情况的检查。
4.1.2 无任意压缩合同约定工期的行为。
4.1.3 采用的新技术、新工艺、新流程、新装备、新材料已批准。

4.2 设计单位质量行为的监督检查

4.2.1 设计图纸交付进度能保证连续施工，满足工程实际需要。
4.2.2 设计更改、技术洽商等文件完整、手续齐全。
4.2.3 工程建设标准强制性条文落实到位。
4.2.4 设计代表工作到位、处理设计问题及时。
4.2.5 按规定参加质量验收。
4.2.6 进行了本阶段工程实体质量与设计的符合性确认。

4.3 监理单位质量行为的监督检查

4.3.1 项目监理部监理人员专业满足工程需求。
4.3.2 检测仪器和工具配置满足监理工作需要。

4.3.3 已补充完善施工质量验收项目划分表，设定工程质量控制点，并按计划实施。

4.3.4 已按验收规程规定，对施工质量进行了验收。

4.3.5 特殊施工技术措施已审批。

4.3.6 组织或参加原材料、成品、半成品的进场检查验收。

4.3.7 施工质量问题及处理台账完整。

4.3.8 工程建设标准强制性条文检查到位。

4.3.9 对本阶段工程质量提出评价意见。

4.4 施工单位质量行为的监督检查

4.4.1 项目部专业技术人员满足工程需求。

4.4.2 质量检查员及特殊工种人员持证上岗。

4.4.3 质量检验管理制度已落实。

4.4.4 施工方案和作业指导书已审批，技术交底已完成。

4.4.5 计量工器具经检定合格，且在有效期内。

4.4.6 依据检测试验项目计划进行见证取样和送检，台账完整。

4.4.7 已建立原材料、成品、半成品、商品混凝土的跟踪管理台账，记录完整。

4.4.8 专业绿色施工措施已实施。

4.4.9 工程建设标准强制性条文实施计划已执行。

4.4.10 无违规转包或者违法分包工程的行为。

4.5 检测试验机构质量行为的监督检查

4.5.1 检测试验机构已经通过能力认定并取得相应证书，其现场派出机构（现场试验室）满足规定条件，并已报质量监督机构备案。

4.5.2 检测人员资格符合规定，持证上岗。

4.5.3 检测仪器、设备检定合格，且在有效期内。

4.5.4 检测依据正确、有效，检测报告及时、规范。

5 工程实体质量的监督检查

5.1 楼地面、屋面工程的监督检查

5.1.1 楼地面、屋面工程施工完毕，隐蔽验收、质量验收签证记录齐全。

5.1.2 楼地面、屋面工程使用的原材料和产品质量证明文件齐全，重要材料复检合格；不发火（防爆）面层中使用的碎石检验合格。

5.1.3 防水地面无渗漏，排水坡向正确，隐蔽验收记录齐全；防滑地面防滑、排水满足要求。

5.1.4 屋面淋水、蓄水试验合格，记录齐全。

5.1.5 种植屋面载荷符合设计要求。

5.1.6 严寒地区的坡屋面檐口有防冰雪融坠设施。

5.2 门窗工程的监督检查

5.2.1 门窗工程施工完毕，质量验收记录齐全。

5.2.2 门窗材料及配件质量证明文件齐全。

5.2.3 建筑外窗安装牢固，窗扇有防脱落、防室外侧拆卸装置。

5.2.4 玻璃性能符合设计要求。

5.3 装饰装修的监督检查

5.3.1 装饰装修工程施工完毕，隐蔽验收、质量验收记录齐全。

5.3.2 装饰装修工程施工符合设计，变更设计手续齐全，装修材料性能证明文件齐全。

5.3.3 外墙和顶棚抹灰层与基层、饰面砖与基层粘结牢固，粘贴强度检验合格，报告齐全。

5.3.4 大型灯具、电扇及其他设备安装牢固。

5.3.5 装饰装修预埋件、连接件的数量、规格、位置和防腐处理符合要求，安装牢固。

5.3.6 护栏安装牢固，护栏高度、栏杆间距、安装位置符合设计要求。

5.3.7 幕墙材料、受力构件等符合设计要求；密封材料性能检验合格。

5.4 给排水及采暖工程的监督检查

5.4.1 给排水及采暖工程施工完毕，隐蔽验收、质量验收记录齐全。

5.4.2 管材和阀门等材料选用符合设计；管路系统和设备水压试验无渗漏，灌水、通水、通球试验签证记录齐全。

5.4.3 管道排列整齐、连接牢固，坡度、坡向正确；支吊架、伸缩补偿节、穿墙套管等安装位置符合设计。

5.4.4 消防报警、消防泵联动试验合格，报告齐全。

5.4.5 管路系统冲洗合格。

5.5 建筑电气工程的监督检查

5.5.1 建筑电气工程施工完毕，隐蔽验收、质量验收记录齐全。

5.5.2 电气设备安装符合设计要求，接地装置安装正确，电阻值测试符合规范规定。

5.5.3 开关、插座、灯具安装规范，大型灯具牢固性试验和照明系统全负荷试验记录齐全。

5.5.4 建（构）筑物和设备的防雷接地可靠、可测，接地电阻测试符合设计或规范规定，签证记录齐全。

5.6 通风及空调工程的监督检查

5.6.1 通风与空调系统施工完毕，隐蔽验收、质量验收记录齐全。

5.6.2 通风与空调系统调试合格，功能正常，记录齐全。

5.6.3 通风与空调设施风管和传动装置的外露部位及进、排口防护措施到位。

5.7 智能建筑工程的监督检查

5.7.1 智能建筑工程施工完毕，功能正常，质量验收记录齐全。

5.7.2 电源与接地系统安装符合规范规定，智能化系统运行正常，检测试验记录齐全。

5.8 **建筑节能工程的监督检查**

5.8.1 建筑节能工程施上完毕，验收记录齐全。

5.8.2 节能工程材料质量证明文件和复验报告齐全。

5.8.3 后置锚固件现场拉拔试验合格，报告齐全。

5.8.4 墙体保温隔热材料安装厚度符合设计要求，保温层与基层及各构造层连接牢固。

5.8.5 系统调试和试运转功能满足设计要求。

5.9 电梯工程的监督检查

5.9.1 竖井验收合格，交付安装记录齐全。

5.9.2 电梯工程施工完毕，验收记录齐全。

5.9.3 层门强迫关门装置动作正常；层门锁钩动作灵活；层门与轿门试验合格，记录齐全。

5.9.4 安全部件整定封记完好；绳头组合安全可靠；电气接地可靠。

5.9.5 电梯工程已取得地方有关部门安全准用证。

6 质量监督检测

6.0.1 开展现场质量监督检查时，应重点对下列项目的检测试验报告和检验指标进行查验，必要时可进行验证性抽样检测。对检验指标或结论有怀疑时，必须进行检测。

（1）楼地面、屋面工程的防水材料、保温材料及回填基土的主要技术性能；

（2）装饰装修工程的后置埋件、结构密封胶及饰面砖粘贴的主要技术性能；

（3）建筑节能工程的墙体保温隔热材料、墙体保温板与基层的粘结、后置埋件、幕墙玻璃及外窗的主要技术性能。

第 9 部分　机组整套启动试运前监督检查

1 总则

1.0.1 本部分适用于火力发电工程机组整套启动试运前阶段的质量监督检查。

1.0.2 本部分所列检查内容应逐条检查，检查方式为重点抽查验证。

1.0.3 本阶段监督检查有采用新技术、新工艺、新流程、新装备、新材料的具体情况时，可根据相应的批准文件补充编制监督检查细则。

2 监督检查依据

监督检查组在开展本部分监督检查工作时，监检人员应当按照专业划分，熟练掌握以下标准。引进国外设备的工程，还需要熟悉和掌握合同约定的其他标准。

《电气装置安装工程电气设备交接试验标准》（GB 50150）

《钢结构工程施工质量验收规范》（GB 50205）

《建筑工程绿色施工评价标准》（GB/T 50640）

《电力建设旋工技术规范》（DL 5190.1～9 系列标准）

《火电建设项目文件收集及档案整理规范》（DL/T 241）

《火电工程项目质量管理规程》（DL/T 1144）

《火力发电厂保温油漆设计规程》（DL/T 5072）

《电力建设施工质量验收及评价规程》（DL/T 5210.1～8 系列标准）

《火力发电建设工程机组调试技术规范》（DL/T 5294）

《火力发电建设丁程肩动试运及验收规程》（DL/T 5437）

3 监督检查应具备的条件

3.0.1 机组整套启动试运应投入的设备和上艺系统及相应的建筑工程已按设计完成施工，并验收合格。

3.0.2 机组启动调试接入系统和机组进入空负荷调试阶段前的调试项目已全部完成，且验收合格。

3.0.3 启动验收委员会验收组开展工作，按规定完成相关项目的检查与核查。

3.0.4 消防、环保及电梯等项日取得了相关部门同意使用的书面意见。

3.0.5 生产准备工作已就绪。

4 责任主体质量行为的监督检查

4.1 建设单位质量行为的监督检查

4.1.1 启动验收委员会已成立，试运指挥部及各专业组职责明确，并正常开展工作。

4.1.2 验收组完成机组整套启动试运前的施工和调试项目质量验收。

4.1.3 取得了消防、环保等项目相关部门同意使用的书面意见。

4.1.4 各阶段质量监督检查提出的整改意见已落实闭环。

4.1.5 对工程建设标准强制性条文执行情况进行汇总。

4.2 设计单位质量行为的监督检查

4.2.1 参加并完成规定项目的质量验收工作。

4.2.2 设计更改、技术洽商等文件完整、手续齐全。

4.2.3 工程建设标准强制性条文落实到位。

4.2.4 对启动前完成项目与设计的符合性进行确认。

4.3 监理单位质量行为的监督检查

4.3.1 完成相关施工项目和分部试运项目质量验收并汇总。

4.3.2 完成施工和分部试运过程中不符合项的整改验收。

4.3.3 工程建设标准强制性条文检查到位。

4.3.4 设备、施工质量问题及处理台账完整。

4.3.5 提出整套启动前监理评价意见。

4.4 施工单位质量行为的监督检查

4.4.1 完成施工验收中不符合项的整改闭环。

4.3.2 完成单体、单机试运。

4.4.3 完成分部试运中不符合项的整改闭环。

4.4.4 工程建设标准强制性条文实施计划已执行。

4.5 调试单位质量行为的监督检查

4.5.1 企业资质与合同约定的业务范围相符。

4.5.2 调试人员持证上岗。

4.5.3 工程建设标准强制性条文执行到位。

4.5.4 编制已完成的分系统调试报告、调试项目总结。

4.5.5 机组调试大纲、专业整套启动调试措施已审批，并完成交底。

4.5.6 机组反事故措施已审批。

4.6 生产运行单位质量行为的监督检查

4.6.1 生产运行管理组织机构健全，满足生产运行管理工作的需要。

4.6.2 运行人员经相关部门培训上岗。

4.6.3 运行管理制度、操作规程、运行系统图册已发布实施。

4.6.4 电气、热控系统等设备的保护定值已经批准。

4.6.5 设备、系统、区域标识已完成。

4.6.6 反事故措施和应急预案已审批。

5 工程实体质量的监督检查

5.1 土建专业和试运环境的监督检查

5.1.1 启动范围内建（构）筑工程验收签证齐全。参照第 8 部分建筑工程交付使用前监督检查。

5.1.2 主控室室内环境监测合格。

5.1.3 主、辅厂房屋面防水验收合格，无渗漏。

5.1.4 主、辅厂房区域内的沟道、孔洞盖板或围栏齐全、可靠。

5.1.5 试运区域的平台、梯子、栏杆已安装完毕，并验收合格。

5.1.6 试运区域正式照明已投运，应急照明电源切换正常。

5.1.7 试运区域上下水通畅，暖通投运正常。

5.1.8 试运区域的厂区道路畅通。

5.1.9 试运区域内的施工机械及临时设施已拆除干净。

5.2 锅炉专业的监督检查

5.2.1 锅炉本体、附属机械、燃料供应系统验收合格。

5.2.2 炉顶吊挂装置受力均匀，锁紧销已拆除。

5.2.3 受热面设备膨胀间隙验收合格。

5.2.4 安全阀安装验收合格。

5.2.5 平台、扶梯、栏杆验收合格，各层平台标高、载荷标识齐全。

5.2.6 除尘设备安装验收合格，电除尘振打装置、气流分布试验合格，布袋除尘涂装工作完成。

5.2.7 输煤、灰、渣系统安装完毕，验收合格，分部试运完成。

5.2.8 脱硫、脱硝装置及其系统安装验收合格，冷态调试完成。

5.2.9 循环流化床（CFB）锅炉炉墙砌筑、耐磨耐火炉衬浇注施工、低温及高温烘炉验收合格。

5.2.10 整套启动投入的热力设备及管道系统保温和罩壳施工验收合格。

5.2.11 燃油罐区和油泵房设备及其管道系统安装、冲洗验收合格，分部试运合格；防雷、防静电接地经测试合格，消防灭火器材配备符合规定。

5.2.12 液氨罐区和设备及其管道系统安装验收合格，分部试运合格；防雷接地经测试合格，消防灭火器材配备符合规定。

5.2.13 锅炉附属系统、脱硫、脱硝装置及其系统焊接质量检测、验收合格，记录齐全。

5.3 汽机专业的监督检查

5.3.1 汽轮发电机组及附属机械和辅助设备安装验收合格；附属机械和辅助设备系统分部试运合格。

5.3.2 主（再热）蒸汽、高低压旁路、轴封送气管道蒸汽吹扫和低压给水管道水冲洗合格，签证记录齐全。

5.3.3 汽轮机低压缸真空严密性试验合格。

5.3.4 发电机整体严密性试验合格。

5.3.5 发电机内冷水系统循环冲洗结束，水质合格。

5.3.6 主、附机油系统安装验收合格，冲洗完毕，油质检验合格。

5.3.7 顶轴油泵及其系统安装验收合格；顶轴油泵出口油压和轴颈顶起高度调整完毕。

5.3.8 盘车装置试运合格，啮合及脱开灵活可靠。

5.3.9 管道支吊架安装、调整验收合格。

5.3.10 辅助设备安全阀冷态校验合格。

5.3.11 事故放油门安装位置符合强制性条文的规定。

5.3.12 燃气轮机燃料供应系统安装验收合格。

（1）燃气管道压力试验或严密性试验验收合格；

（2）燃气管道吹扫验收合格。

5.3.13 燃机辅助系统分部试运验收合格。

5.3.14 燃机进风系统清洁度检查合格。

5.3.15 燃机罩壳严密性试验验收合格。

5.3.16 燃机灭火系统、防爆系统调试验收合格。

5.3.17 汽轮机焊接工程焊接及检验一览表的内容齐全，压力管道焊接分项工程验收评定表、焊接记录齐全。

5.3.18 四大管道等汽水管道及焊口材质复核、金相检验、无损检验等全部完成，报告齐全。

5.4 电气专业的监督检查

5.4.1 主接地网、全厂防雷接地电阻测试结果符合设计要求；电气设备接地可靠，标识齐全醒目。

5.4.2 电气测量仪表检定合格，报告齐全。

5.4.3 变压器油质化验合格，气体继电器、温度计及压力释放阀校验合格。

5.4.4 直流系统投运正常，保安电源投切可靠。

5.4.5 柴油发电机单体调试及启动试运验收合格。

5.4.6 带电区域电缆防火封堵严密，防火阻燃施工完毕。

5.4.7 电除尘升压试验验收合格。

5.4.8 电气特殊项目试验完成，报告齐全。

5.5 热控专业的监督检查

5.5.1 合金钢取源部件光谱分析复查合格，报告齐全。

5.5.2 一次测量部件、变送器和开关量仪表校验合格，报告齐全。

5.5.3 锅炉火焰、汽包水位监视装置安装、调试合格。

5.5.4 汽轮机轴向位移、转速、振动等测量装置安装调试完毕。

5.5.5 计算机及监控系统的信号电缆屏蔽接地验收合格，接地电阻测试值符合设计要求。

5.5.6 带电区域电缆防火封堵严密，防火阻燃施工完毕。

5.6 化学专业的监督检查

5.6.1 锅炉本体及炉前系统化学清洗合格，签证记录齐全；清洗废液处理合格。

5.6.2 锅炉补给水水质合格，系统在线测量仪表和程控装置运行正常。

5.6.3 发电机内冷水水质（pH 值、导电度、含铜量）符合规程规定。

5.6.4 制氢站安装、分部试运验收合格，氢气纯度、湿度符合标准。

5.6.5 机组汽水品质在线测量仪表校验合格。

5.6.6 凝结水精处理设备具备投运条件。

5.6.7 循环水加氯、阻垢，缓蚀系统安装验收合格，调试完毕。

5.6.8 烟气在线检测装置具备投运条件。

5.6.9 炉内加药和取样系统安装完毕，调试合格，具备投运条件。

5.6.10 废水处理系统安装验收合格，调试完毕。

5.7 调整试验的监督检查

5.7.1 锅炉、汽轮发电机附属机械和辅助设备及系统保护与联锁试验合格。

5.7.2 汽轮机旁路系统冷态调试完成，各项功能正常，具备投入条件。

5.7.3 发电机、主变压器、高压厂用变压器等电气设备交接试验合格，报告齐全。

5.7.4 发电机出口断路器传动、联锁试验已完成。

5.7.5 发电机励磁、同期、保护、报警等装置静态试验合格。

5.7.6 变压器保护、报警、冷却等系统调试合格。

5.7.7 直流电源、保安电源、应急照明、不停电电源（UPS）等系统调试合格。

5.7.8 启动/备用电源系统运行正常、可靠。

5.7.9 燃机发电机变频启动装置及系统冷态调试完毕，验收合格。

5.7.10 热控制动装置及保护系统静态调试合格，保护定值整定完成。

5.7.11 机、炉、电大联锁保护的逻辑功能试验合格。

5.8 生产运行准备的监督检查

5.8.1 设备和阀门命名和编号、管道介质名称和流向等标识齐全、醒目。

5.8.2 试运区域及易燃易爆场所消防设施配置符合规定，警示标志齐全、醒目。

5.8.3 试运区域隔离设施安全可靠。

5.8.4 运行维护的安全工器具配备齐全。

6 质量监督检测

6.0.1 开展现场质量监督检查时，应重点对下列项目的检测试验报告和检验指标进行查验，必要时可进行验证性抽样检测。对检验指标或结论有怀疑时，必须进行检测。

（1）控制油、润滑油、绝缘油油质抽样检测；

（2）防雷接地、设备安全接地抽测；

（3）电气、热控保护传动试验及整定值抽测。

附表1　土建工程未完项目清单

序号	单位工程	未完项目（内容）	未完原因	计划完成日期

建设单位：　　　　　　　　　　监理单位：　　　　　　　　　　施工单位：

附表2　安装工程未完项目清单

序号	单位工程	未完项目（内容）	未完原因	计划完成日期

建设单位：　　　　　　　　　　监理单位：　　　　　　　　　　施工单位：

附表 3 分系统调试未完项目清单

序号	专业	未完成项目	未完原因	计划完成日期

建设单位： 监理单位： 施工单位：

第 10 部分 机组商业运行前监督检查

1 总则

1.0.1 本部分适用于火力发电工程机组商业运行前阶段的质量监督检查。

1.0.2 本部分所列检查内容应逐条检查，检查方式为重点抽查验证。

1.0.3 本阶段监督检查有采用新技术、新工艺、新流程、新装备、新材料的具体隋况时，可根据相应的批准文件补充编制监督检查细则。

2 监督检查依据

监督检查组在开展本部分监督检查工作时，监检人员应当按照专业划分，熟练掌握以下标准。引进国外设备的工程，还需要熟悉和掌握合同约定的其他标准。

《特种设备安全法》国家主席令第四号

《锅炉压力容器使用登记管理办法》

《科学技术档案案卷构成的一般要求》（GB/T 11822

《火力发电建设工程机组调试技术规范》DL/T 5294

《火力发电建设工程启动试运及验收规程》DL/T 5437

3 监督检查应具备的条件

3.0.1 建筑、安装施工项目已按设计全部完成，并验收合格。

3.0.2 按规定完成机组满负荷试运，验收工作全部结束，并办理移交生产签证。

3.0.3 整套启动试运过程中发现的不符合项处理完毕并验收签证。

3.0.4 机组处于正常运行状态。

4 责任主体质量行为的监督检查

4.1 建设单位质量行为的监督检查

4.1.1 组织完成建筑、安装施工项目的验收。

4.1.2 组织完成机组满负荷试运验收工作，并办理移交生产签证。

4.1.3 整套启动试运过程中发现的不符合项处理完毕并验收签证。

4.1.4 移交生产遗留的主要问题已制定实施计划并采取相应的措施。

4.1.5 完成消防设施规定项目的验收。

4.1.6 完成安全设施规定项目的验收。

4.1.7 完成环保验收规定项目的检测。

4.1.8 锅炉、压力容器、压力管道、电梯、起重机械等取得使用登记证书。

4.1.9 完成机组并网运行安全性评价。

4.1.10 完成项目文件的整理。

4.1.11 工程项目的工程建设强制性条文实施情况总结。

4.2 设计单位质量行为的监督检查

4.2.1 对机组试运过程中发现的设计问题提出设计修改或处理意见。

4.2.2 完成启委会提出的设计完善项目。

4.2.3 完成工程设计质量检查报告，确认工程质量符合设计要求。

4.3 监理单位质量行为的监督检查

4.3.1 施工、调试项目质量检查验收已完毕。

4.3.2 整套启动试运期间主要小符合项整改完毕，验收合格。

4.3.3 完成工程质最评价报告，确认工程质量验收结论。

4.4 施工单位质量行为的监督检查

4.4.1 整套启动试运期间的主要不符合项处理完毕。

4.4.2 完成遗留主要问题的处理计划及措施。

4.4.3 项目文件整理完毕。

4.4.4 完成上程质量臼查报告，确认施工质量符合设计和规程、规范规定。

4.5 调试单位质量行为的监督检查

4.5.1 完成整套试运期间调试项目的验收签证。

4.5.2 完成机组整套启动试运所有调整试验及涉网试验项 H。

4.5.3 机组整套启动试运期间发现的主要不符合项处理完毕。

4.5.4 工程建设标准强制性条文实施记录完整。

4.5.5　完成机组满负荷试运阶段保护系统、自动调节系统、程控系统、热控测点和监视仪表投运隋况的统计。

4.5.6　完成分系统和机组整套启动试运调试报告。

4.6　生产运行单位质量行为的监督检查

4.6.1　生产管理、运行、检修维护机构运行正常。

4.6.2　整套试运行期间的运行记录齐全。

5　工程实体质量的监督检查

5.1　土建专业和运行环境的监督检查

5.1.1　土建上程项目施工完毕、验收合格，建（构）筑物结构安全可靠，满足使用功能。

5.1.2　建（构）筑物和重要混凝土基础沉降观测符合规范规定，不均匀沉降量符合规范规定。

5.1.3　屋面、压力管道、沟道及涵洞无渗漏。

5.2　锅炉专业的监督检查

5.2.1　锅炉承压部件、受热面管系无渗漏。

5.2.2　锅炉本体膨胀均匀无卡阻。

5.2.3　支吊架受力状态良好，偏斜不超标。

5.2.4　锅炉炉膛无严重结焦。

5.2.5　除尘、除灰、除渣系统运行正常；

5.2.6　脱硫、脱硝系统运行正常。

5.2.7　输煤系统的除尘装置运行正常。

5.2.8　热力设备和管道保温表面小超温。

5.3　汽机专业的监督检查

5.3.1　汽轮发电机组、附属机械及其系统运行正常，无渗漏。

5.3.2　控制油及润滑油油质符合产品技术文件要求。

5.3.3　支吊架受力状态良好，偏斜不超标。

5.3.4　燃机各系统投运正常，运行可靠。

5.3.5　燃机灭火保护系统投运正常。

5.3.6　燃气供气系统严密无泄漏。

5.4　电气专业的监督检查

5.4.1　发电机运行正常，封闭母线密封良好，微正压装置运行正常。

5.4.2　电气设备和控制系统运行正常。

5.4.3　电气保护及测量装置运行正常。

5.5　热控专业的监督检查

5.5.1　不停电电源（UPS）供电可靠，运行正常。

5.5.2　DCS 主、副控制器（DPU）切换正常。

5.5.3　炉膛安全监控系统（FSSS）功能完善，运行正常。

5.5.4 汽轮机电液控制系统（DEH、MEH）运行正常。

5.5.5 汽轮机轴系振动监测系统（TST、MTSI）运行正常。

5.5.6 炉膛火焰、汽包水位、烟气监视系统运行正常。

5.5.7 事故顺序记录仪、联锁保护运行正常。

5.5.8 计算机及监控系统的信号抗干扰接地可靠。

5.5.9 热控自动投入率符合规范规定。

5.6 化学专业的监督检查

5.6.1 水处理、制氢系统运行正常。

5.6.2 循环水加氯、阻垢，缓蚀装置及系统运行正常。

5.6.3 工业废水和生活污水处理系统运行正常。

5.7 调整试验的监督检查

5.7.1 完成制粉系统、锅炉燃烧调整试验，锅炉燃烧稳定。

5.7.2 汽轮发电机组按规定启、停正常。

5.7.3 汽轮机旁路及防进水系统投运正常。

5.7.4 汽（燃气）轮发电机组、驱动汽动给水泵的汽轮机超速保护投运正常。

5.7.5 主汽门、调速汽门动作灵活，DEH 阀位显示与就地开度一致。

5.7.6 发电机氢冷系统、内冷水系统运行正常。

5.7.7 漏氢检测装置运行正常，漏氢量符合产品技术文件要求。

5.7.8 继电保护和自动装置全部投入，无误动和拒动现象。

5.7.9 电压自动控制系统（AVC）、电力系统稳定器（PSS）等涉网试验完成。

5.7.10 厂用电快切装置动作可靠，投运正常。

5.7.11 自动发电控制（AGC）、一次调频、辅机故障减负荷（RUNBACK）系统功能试验完成，功能可靠，投运正常。

5.7.12 热工保护装置按设计全部投入，运行可靠。

5.7.13 污染物排放浓度符合环境保护的规定。

6 质量监督检测

6.0.1 开展现场质量监督检查时，应重点对下列项目的检测试验报告和检验指标进行查验，必要时可进

行验证性抽样检测。对检验指标或结论有怀疑时，必须进行检测。

（1）热力设备及管道保温层外表温度抽测：

（2）输煤系统粉尘抽测：

（3）废水处理后水质抽检；

（4）设备噪声抽测：

（5）汽轮发电机组轴系振动值在线检测；

（6）汽轮机真空严密性测试；

（7）脱硝效率及脱硫效率在线检测；

（8）烟气中污染物（氮氧化物、二氧化硫、烟尘）排放浓度在线检测。

附表 1　土建工程项目质量验收统计表

监检阶段：

序号	单位工程名称	单位工程验收结果	分项工程		分项工程验收率（%）	备注
			应验收数	已验收数		
单位工程合格率（%）						

建设单位：　　　　　　　　　　监理单位：　　　　　　　　　　施工单位：

附表 2　安装工程项目质量验收统计表

专业	单位工程				分项工程			
	总数	已验收数	合格数	合格率（%）	应验收数	已验收数	验收率（%）	合格率（%）
锅炉								
汽轮								
电气								
热控								
化水								
输煤								
除尘								
除灰								
脱硫								
合计								

建设单位：　　　　　　　　　　　监理单位：　　　　　　　　　　　施工单位：

附表 3　调试项目质量验收统计表

专业	应验收项目数	已验收项目数	验收率（%）	合格率（%）	未完成项目数
锅炉					
汽机					
电气					
热控					
化学					

建设单位：　　　　　　　　　　监理单位：　　　　　　　　　　施工单位：

附表 4　土建工程未完项目清单

序号	单位工程	未完项目	未完原因	计划完成日期

建设单位：　　　　　　　　　　监理单位：　　　　　　　　　　施工单位：

附表 5　安装工程未完项目清单

序号	单位工程	未完项目（内容）	未完原因	计划完成日期

建设单位：　　　　　　　　　　　监理单位：　　　　　　　　　　　施工单位：

附表 6 调试未完项目清单

序号	专业	未完成项目	未完成原因	计划完成日期

建设单位：　　　　　　　　　　监理单位：　　　　　　　　　　施工单位：

国家能源局、国家安全监管总局关于印发《电力勘测设计企业、电力建设施工企业安全生产标准化规范及达标评级标准》的通知

国能安全〔2014〕148号

各省、自治区、直辖市及新疆生产建设兵团安全生产监督管理局，国家能源局各派出机构，大坝安全监察中心，国家电网公司，南方电网公司，华能、大唐、华电、国电、中电投集团公司，中国电建、中国能建集团公司，各有关单位：

为贯彻落实《国务院关于进一步加强企业安全生产工作的通知》（国发〔2010〕23号）、《国务院关于坚持科学发展安全发展促进安全生产形势持续稳定好转的意见》（国发〔2011〕40号）等文件精神，加强电力安全生产监督管理，推进电力勘测设计企业和电力建设施工企业安全生产标准化建设，国家能源局和国家安全监管总局联合制定了《电力勘测设计企业安全生产标准化规范及达标评级标准》和《电力建设施工企业安全生产标准化规范及达标评级标准》，现予印发，请依照执行。

附件：1.《电力勘测设计企业安全生产标准化规范及达标评级标准》
　　　2.《电力建设施工企业安全生产标准化规范及达标评级标准》

国家能源局
国家安全监管总局
2014年4月4日

附件1：

电力勘测设计企业安全生产标准化规范及达标评级标准

前　言

为加强电力勘测设计企业安全生产监督管理，落实《国务院关于进一步加强企业安全生产工作的通知》（国发〔2010〕23号）、《国务院关于坚持科学发展安全发展促进安全生产形势持续稳定好转的意见》（国发〔2011〕40号）等文件精神，规范电力勘测设计 企业安全生产标准化工作，国家能源局电力安全监管司委托中国电力建设集团有限公司组织编制本标准。

本标准依据国家有关安全生产法律法规、国家和行业标准、以及《企业安全生产标准化

基本规范》（AQ/T 9006—2010），根据电力 勘测设计企业特点编制。

本标准规定了电力勘测设计企业安全生产目标、组织机构和职责、安全生产投入、法律法规与安全管理制度、教育培训、设备设 施、作业安全、隐患排查和治理、危险源辨识及重大危险源监控、职业健康、应急救援、事故报告调查和处理、绩效评定和持续改进 等十三个方面的内容和要求，以适应电力勘测设计企业安全发展、安全管理实际需要。

本标准由国家能源局电力安全监管司归口管理并负责解释。

本标准主要起草单位.国家能源局电力安全监管司、中国电力建设集团有限公司。

本标准参加起草单位：中国水电工程顾问集团公司及所属北京、华东、西北、中南、成都、贵阳、昆明勘测设计研究院，中国电 力建设集团有限公司河北、河南、湖北省电力勘测设计院。

本标准主要编写人员：刘春宇、高统彪、欧阳小伟、何海源、邱孔森、刘洪、齐国新、赵炜、马树宝、田在望、邵力、张扬民、 刘耀恒、李向军、方国和、康敏、.许鸽飞、周建胜、文晶、刘建冰。

1 适用范围

本标准适用于中华人民共和国境内从事电力勘测、设计、咨询、科研试验等业务（不含核岛）的企业；适用于上述企业电力勘测、 设计、咨询、科研试验、工程总承包管理及监理等业务（不含核岛部分）；上述企业的建设工程项目、投资运营等业务按国家有关规 定执行。

2 规范性引用文件

以下文件对本标准的应用是必不可少的。凡是注日期的引用文件，仅注日期的版本适用于本文件；凡是不注日期的引用文件，其 最新版本（包括所有的修改单）适用于本文件。

《中华人民共和国安全生产法》（2002年中华人民共和国主席令第70号）

《中华人民共和国劳动法》（2007年中华人民共和国主席令第28号）

《中华人民共和国突发事件应对法》（2007年中华人民共和国主席令第69号）

《中华人民共和国消防法》（2008年中华人民共和国主席令第6号）

《中华人民共和国防震减灾法》（2008年中华人民共和国主席令第7号）

《中华人民共和国防洪法》（2009年中华人民共和国主席令第18号）

《中华人民共和国建筑法》（2011年中华人民共和国主席令第46号）

《中华人民共和国道路交通安全法》（2011年中华人民共和国主席令第47号）

《中华人民共和国职业病防治法》（2011年中华人民共和国主席令第52号）

《中华人民共和国特种设备安全法》（2013年中华人民共和国主席令第4号）

《中华人民共和国档案法》（1996年中华人民共和国主席令第71号）

《水库大坝安全管理条例》（中华人民共和国国务院令第78号）

《电力设施保护条例》（中华人民共和国国务院令第239号）

《建设项目环境保护管理条例》（中华人民共和国国务院令第253号）

《建设工程勘察设计管理条例》（中华人民共和国国务院令第293号）

《突发公共卫生事件应急条例》（中华人民共和国国务院令第376号）

《建设工程安全生产管理条例》（中华人民共和国国务院令第393号）

《地质灾害防治条例》（中华人民共和国国务院令第 394 号）

《安全生产许可证条例》（中华人民共和国国务院令第 397 号）

《电力监管条例》（中华人民共和国务院令第 432 号）

《民用爆炸物品安全管理条例》（中华人民共和国国务院令第 466 号）

《大中型水利水电工程建设征地补偿和移民安置条例》（中华人民共和国国务院令第 471 号）《生产安全事故报告和调查处理条例》（中华人民共和国国务院令第 493 号）

《森林防火条例》（中华人民共和国国务院令第 541 号）

《草原防火条例》（中华人民共和国国务院令第 542 号）

《危险化学品安全管理条例》（中华人民共和国国务院令第 591 号）

《电力安全事故应急处置和调查处理条例》（中华人民共和国国务院令第 599 号）

《女职工劳动保护特别规定》（中华人民共和国国务院令第 619 号）

《关于全面加强应急管理工作的意见》（国发（2006）24 号）

《关于进一步加强防震减灾工作的意见》（国发〔2010〕18 号）《关于进一步加强企业安全生产工作的通知》（国发〔2010〕23 号）

《关于加强地质灾害防治工作的决定》（国发〔2011〕20 号）

《关于坚持科学发展安全发展促进安全生产形势持续稳定好转的意见》（国发〔2011〕40 号）

《关于加强和改进消防工作的意见》（国发〔2011〕46 号）

《关于加强道路交通安全工作的意见》（国发〔2012〕30 号）

《关于深入开展企业安全生产标准化建设的指导意见》（安委〔2011〕4 号）

《劳动保护用品监督管理规定》（国家安全生产监督管理总局令第 1 号）

《生产经营单位安全培训规定》（国家安全生产监督管理总局令第 3 号）

《安全生产违法行为行政处罚办法》（国家安全生产监督管理总局令第 15 号）

《安全生产事故隐患排查治理暂行规定》（国家安全生产监督管理总局令第 16 号）

《生产安全事故应急预案管理办法》（国家安全生产监督管理总局令第 17 号）

《生产安全事故信息报告和处置办法》（国家安全生产监督管理总局令第 21 号乂.

《特种作业人员安全技术培训考核管理规定》（国家安全生产监督管理总局令第 30 号）

《危险化学品重大危险源监督管理暂行规定》（国家安全生产监督管理总局令第 40 号）

《安全生产培训管理办法》（国家安全生产监督管理总局令第 44 号）

《工作场所职业卫生监督管理规定》（国家安全生产监督管理总局令第 47 号）

《用人单位职业健康监护监督管理办法》（国家安全生产监督管理总局令第 49 号）

《关于修改〈生产经营单位安全培训规定〉等 11 件规章的决定》（国家安全生产监督管理总局令第 63 号）《国家电力监管委员会安全生产令》（国家电力监管委员会令第 1 号）《电力安全生产监管办法》（国家电力监管委员会令第 2 号）

《水电站大坝运行安全管理规定》（国家电力监管委员会令第 3 号）

《电力企业信息报送规定》（国家电力监管委员会令第 13 号）

《电力安全事故调查程序规定》（国家电力监管委员会令第 31 号）

《机关、团体、企业、事业单位消防安全管理规定》（公安部令第 61 号）

《建设工程勘察质量管理办法》（建设部令第 115 号）

《建筑业企业资质管理规定》（建设部令第159号）

《建设起重机械安全监督管理规定》（建设部令第166号）

《起重机械安全监察规定》（国家质量监督检验检疫总局令第92号）

《特种设备作业人员监督管理办法》（国家质量监督检验检疫总局令第140号）

《水利工程建设安全生产管理规定》（水利部令第26号）

《建设项目职业病危害分类管理办法》（卫生部令第49号）

《关于开展重大危险源监督管理工作的指导意见》（安监总协调字〔2004〕56号）

《关于做好建设项目安全监管工作的通知》（安监总协调〔2006〕124号）

《生产经营单位生产安全事故应急预案评审指南（试行）》（安监总厅应急〔2009〕73号）

《关于加强电力建设起重机械安全管理的通知》（电监安全〔2006〕28号）

《关于深入推进电力企业应急管理工作的通知》（电监安全〔2007〕11号）

《电力建设安全生产监督管理办法》（电监安全〔2007〕38号）

《电力突发事件应急演练导则（试行）》（电监安全〔2009〕22号）《电力企业应急预案管理办法》（电监安全〔2009〕61号）

《关于深入开展电力安全生产标准化工作的指导意见》（电监安全〔2011〕21号）《电力安全生产标准化达标评级管理办法（试行）》（电监安全〔2011〕28号）

《关于印发〈电力安全隐患监督管理暂行规定〉的通知》（电监安全〔2013〕5号）《关于加强电力行业地质灾害防范工作的指导意见》（电监安全〔2013〕6号）《电力安全生产标准化达标评级实施细则（试行）》（办安全〔2011〕83号）

《关于做好电力安全信息报送工作的通知》（办安全〔2012〕11号）

《工程建设标准强制性条文（水利工程部分）》（建标〔2004〕103号）

《工程建设标准强制性条文（电力工程部分）》（中电联标〔2012〕16号）

《建筑施工特种作业人员管理规定》（建质〔2008〕75号）

《建筑起重机械备案登记办法》（建质〔2008〕76号）

《危险性较大的分部分项工程安全管理办法》（建质〔2009〕87号）

《企业安全生产费用提取和使用管理办法》（财企〔2012〕16号）

《关于加强重大工程安全质量保障措施的通知》（发改投资〔2009〕3183号）

《职业病危害因素分类目录》（卫法监发〔2002〕63号）

GB 2811 安全帽 GB 2893 安全色

GB 2894 安全标志及其使用导则 GB 5725 安全网

GB 6067 起重机械安全规程 GB 6095 安全带

GB 6441 企业职工伤亡事故分类

GB 6722 爆破安全规程

GB 8958 缺氧危险作业安全规程

GB 9448 焊接与切割安全

GB 12950 地震勘探爆炸安全规程

GB 18218 危险化学品重大危险源辨识

GB 18523 水文仪器安全要求

GB 19517 国家电气设备安全技术规范

GB 24803.1 电梯安全要求 第 1 部分：电梯基本安全要求

GB 26861 电力安全工作规程高压试验室部分

GB 50194 建设工程施工现场供用电安全规范

GB 50348 安全防范工程技术规范

GB 50354 建筑内部装修防火施工及验收规范

GB 50585 岩土工程勘察安全规范

GB 50720 建设工程施工现场消防安全技术规范

GB/T 5817 粉尘作业场所危害程度分级

GB/T 13861 生产过程危险和有害因素分类与代码

GB/T 23468 坠落防护装备安全使用规范

GB/T 28001 职业健康安全管理体系要求

GB/T 28002 职业健康安全管理体系实施指南

GB/T 29639 生产经营单位安全生产事故应急预案编制导则

GB/T 50358 建设项目工程总承包管理规范

GBZ 2 工作场所有害因素职业接触限值

GBZ 158 工作场所职业病危害警示标识

GBZ 188 职业健康监护技术规范

AQ 2004 地质勘探安全规程

AQ/T 9002 生产经营单位安全生产事故应急预案编制导则

AQ/T 9004 企业安全文化建设导则

AQ/T 9006 企业安全生产标准化基本规范

AQ/T 9007 生产安全事故应急演练指南

DL 5334 电力工程勘测安全技术规程

DL/T 692 电力行业紧急救护工作规范

JGJ 33 建筑机械使用安全技术规程

JGJ 80 建筑施工高处作业安全技术规范

JGJ 147 建筑拆除工程安全技术规范

以下文件仅适用于中央企业： 国务院国有资产监督管理委员会令第 21 号中央企业安全生产监督管理暂行办法 国务院国有资产监督管理委员会令第 24 号中央企业安全生产禁令 国务院国有资产监督管理委员会令第 31 号中央企业应急管理暂行办法

3 术语和定义

下列术语和定义适用于本标准。

3.1 安全生产标准化

通过建立安全生产责任制，制定安全管理制度和操作规程，排查治理隐患和监控重大危险源，建立风险分析和预控机制，规范生 产行为，使各生产环节符合有关安全生产法律法规和标准规范要求，人、设备、环境、管理处于良好状态，并持续改进，不断加强企 业安全生产规范化建设。

3.2 安全绩效

根据安全生产目标，在安全生产工作方面取得的可测量结果。

3.3 相关方

与企业的安全绩效相关联或受其影响的团体或个人。

3.4 货源

实施安全生产标准化所需的人员、资金、设施、材料，技术和方法等。

凡在坠落高度基准面2m以上（含2m）有可能坠落的高处进行的作业。

3.6 受限空间

在符合以下所有物理条件（同时符合以下3条）外，还至少存在以下危险特征之一的空间：

物理条件

——有足够的空间，让员工可以进入并进行指定的工作；

——进入和撤离受到限制，不能自如进出；

——并非设计用来给员工长时间在内工作的。

危险特征

——存在或可能产生有毒有害气体；

——存在或可能产生掩埋进入者的物料；

——内部结构可能将进入者困在其中（如，内有固定设备或四壁向内倾斜收拢）.

——存在已识别出的健康、安全风险。

通常指各种设备内部（炉、罐、仓、池、管道、烟道等）和勘探平洞、竖井、斜井、探槽、泥浆池、人工挖孔粧、涵洞、阀门间、 污水处理设施等封闭、半封闭的设施及场所（地下隐蔽工程、密闭容器、长期不用的设施或通风不畅的场所等）。

3.7 特种作业

指容易发生事故，对操作者本人、他人的安全健康及设备、设施的安全可能造成重大危害的作业。

指为保证生产而在作业现场建造的各种生产和生活用临时性简易设施，主要包括作业棚、仓库、办公室、勘测便道、桥梁、溜索、钻探平台、给排水、供电管线等生产设施，以及宿舍、食堂、厕所等生活设施。

3.9 隐患

未被事先识别或未采取必要的风险控制措施，可能直接或间接导致事故的根源。

3.10 事故隐患

指生产经营单位违反安全生产法律、法规、规章、标准、规程和安全生产管理制度的规定，或者因其他因素在生产经营活动中存 在可能导致事故发生的物的危险状态、人的不安全行为和管理上的缺陷。

事故隐患分为一般事故隐患和重大事故隐患。一般事故隐患，是指危害和整改难度较小，发现后能够立即整改排除的隐患。重大 事故隐患，是指危害和整改难度较大，应当全部或者局部停产停业，并经过一定时间整改治理方能排除的隐患，或者因外部因素影响 致使生产经营单位自身难以排除的隐患。

3.11 重大危险源

重大危险源是指长期的或临时的生产、搬运、使用或储存危险物品，且危险物品的数量等于或超过临界量的单元（包括场所和设施）。

4 一般要求

4.1 原则

企业开展安全生产标准化工作，遵循“安全第一、预防为主、综合治理”的方针，以危险源动态管理和隐患排查治理为基础，提高安全生产水平，减少事故发生，保障人身安全健康，保证生产经营活动的顺利进行。

4.2 建立和保持

企业安全生产标准化工作采用“策划、实施、检查、改进”动态循环的模式，依据本标准的要求，结合自身特点，建立并保持安 全生产标准化系统；通过自我检查、自我纠正和自我完善，建立安全绩效持续改进的安全生产长效机制。

4.3 评定和监督

企业安全生产标准化工作实行企业自主评定、外部评审的方式。

企业应当根据本标准和有关评分细则，对本企业开展安全生产标准化工作情况进行评定；自主评定后申请外部评审定级。

标准化达标评级采用对照本标准评分的方式，评审得分=（实得分/应得分）×100。其中，实得分为评分项目实际得分值的总和；应得分为评分项目标准分值的总和。

设立加分项。企业有安全管理创新成果，且已对企业安全生产工作起到积极促进作用、效果明显、具有广泛推广价值，经评审专家组协商一致，可在实得分中加分；每项加分不超过 5 分，总加分不超过 10 分。

标准化达标评级分为一级、二级、三级，评审得分彡 90 分为一级，评审得分彡 80 分为二级，评审得分彡 70 分为三级。

国家能源监管机构对达标评级工作进行监督管理。

评审范围包括企业及其所承揽的工程项目，项目现场采取抽查方式，抽查个数应在 2~5 个，且覆盖主要业务范围；所参建的项目中 已有通过建设方组织的工程建设项目达标评级的，可以相应核减一个项目。

5 核心要求及评分标准

5.1 目标（30 分）

序号	项目	内　　容	标准分	评分标准	实得分
5.1.1	目标的制定	根据企业的安全生产实际，制定总体和年度安全生产目标。安全生产目标应经企业主要负责人审批、发布 安全生产目标应明确企业安全状况在人员、设备设施、作业环境、职业健康、管理等方面的各项安全指标	10	①未制定总体和年度安全生产目标、未经企业主要负责人审批，不得分 ②未以文件形式发布，扣 2 分 ③无明确指标或指标不全，扣 2 分	

续表

序号	项目	内　容	标准分	评分标准	实得分
5.1.2	目标的控制与实施	安全生产目标应逐级分解 各级应制定相应的分级控制措施，并有效实施	10	①未将安全生产目标逐级分解，不得分。分解不合理，扣5分 ②未制定有效控制措施，扣3分。措施未落实，扣3分	
5.1.3	目标的监督与考核	制定安全生产目标考核办法 定期对安全生产目标的实施情况进行监督、检查，对实施安全目标控制措施进行动态调整 对安全生产目标完成情况进行评估与考核 监督检查、评估、考核、纠偏、奖惩等记录应形成文件并加以保存	10	①未制定目标考核办法，不得分 ②未对安全生产目标实施情况进行监督检查，或未对控制措施进行动态调整，扣2分 ③未对安全生产目标完成情况进行评估与考核，扣3分 ④监督检查、评估、考核、纠偏、奖惩等记录资料不完整，扣1分 ⑤未实现安全生产目标，扣2分/项	

5.2 组织机构和职责（40分）

序号	项目	内　容	标准分	评分标准	实得分
5.2.1	安全生产委员会	企业成立以主要负责人为主任的安全生产委员会，明确机构的组成和职责，建立健全工作制度 企业主要负责人每年应至少组织召开两次安全生产委员会会议，总结分析企业的安全生产情况，部署安全生产工作，研究解决安全生产工作中的重大问题，决策企业安全生产的重大事项 安全生产委员会会议应有会议纪要并发布	10	①未成立安全生产委员会或未以文件发布，不得分。安委会主任未出企业主要负责人担任，不得分 ②未建立安委会工作制度，扣3分 ③未按规定召开会议，扣3分/次。无会议纪要或未发布，扣2分/次	
5.2.2	安全生产保证体系	企业建立由生产领导负责和有关单位/部门主要负责人组成的安全生产保证体系，组织召开安全生产会议，形成会议记录并予以公布 落实安全生产保证体系职责，保证安全生产所需的人员、物资、费用等需要	10	①未按要求建立安全生产保证体系，不得分。体系不健全、不符合要求，扣3分 ②会议记录不完整或未公布，未分析安全生产存在的问题，未针对问题制定改进措施，未布置安全生产工作和明确完成的时间、负责人，前次布置的工作未闭环等，扣1分/项（次） ③安全职责未有效落实，扣1分/项	
5.2.3	安全生产监督体系	根据国家、行业要求，设置安全生产监督管理机构，配备满足安全生产要求且符合任职条件的各级安全生产监督管理人员，并配备所需的设施、设备 企业应加强安全监督队伍建设，鼓励和支持安全生产监督管理人员取得注册安全工程师资质。承担工程总承包管理或监理业务的企业，安全监督管理机构工作人员应当逐步达到以注册安全工程师为主体 建立安全生产监督体系，健全安全生产监督网络，定期召开安全生产监督会议，并留有记录 安全生产监督管理人员^2 严格履行安全监管职责，经常对企业的安全管理重点进行监督，并留有记录	10	①未按要求设置安全生产监督管理机构，不得分 ②安全生产监督管理人员数量、资格及配备的设施设备不满足国家、行业要求或本企业及项目安全监督需要的，扣5分 ③安全生产监督网络不健全，扣3分 ④未定期召开安全生产监督会议，会议无记录，扣1分/次 ⑤对取得注册安全工程师资质无激励政策，扣2分 ⑥安全监督人员未对安全管理重点进行现场监督的，扣4分。监督检查无记录，发现隐患未制止并跟踪整改的，扣2分/次	

续表

序号	项目	内　　容	标准分	评分标准	实得分
5.2.4	安全生产责任制	制定符合本企业的安全生产责任制，明确各级机构各级负责人、各岗位人员安全生产责任。安全生产责任制应随机构、岗位变更及时修订 企业主要负责人应按照《安全生产法》及有关法律法规规定，全面负责安全生产工作，履行安全生产第一责任人职责 各级、各类岗位人员应认真履行岗位安全生产职责，严格执行安全生产法规、规程、制度 企业应建立安全责任分级考核、奖励和追究制度，定期对各级人员安全生产职责履行情况进行检查、考核	10	①未建立安全生产责任制，不得分。未以文件形式发布，扣5分。安全生产责任制未全部覆盖，扣.2分 ②第一责任人未全面履行安全生产职责，扣5分 ③各级、各岗位人员安全生产责任未有效落实，扣2分 ④未制定责任追究和考核制度，扣5分。未实施，扣3分	

5.3　安全生产投入（30分）

序号	项目	内容	标准分	评分标准	实得分
5.3.1	费用管理	建立安全生产费用提取和使用管理制度 根据管理制度制定满足安全生产需要的安全生产费用计划，严格审批程序 保证安全生产费用的投入，保证专款专用，并建立安全生产费用使用台账 企业应定期组织有关部门对费用投入情况进行监督检查和考核	15	①无安全生产费用提取和使用管理制度，扣5分 ②未制定安全生产费用计划，扣3分。审批程序不符合规定，扣2分 ③未按规定提取安全生产费用，扣10分。未专款专用，扣5分。未建立安全生产费用使用台账，扣5分。台账不完整，扣3分 ④未进行监督检查和考核，扣3分	
5.3.2	费用使用	安全生产费用主要用于以下方面 ①完善、改造和维护安全防护设施设备支出 ②配备、维护、保养应急救援器材、设备支出和应急演练支出 ③开展重大危险源和事故隐患评估、监控和整改支出 ④安全生产检查、评价、咨询和标准化建设支出 ⑤配备和更新现场作业人员安全防护用品与职业健康支出 ⑥勘测设计外业及现场服务、工程建设项目管理及监理应急器械、药品支出 ⑦安全生产宣传、教育、培训支出 ⑧安全生产适用的新技术、新标准、新工艺、新装备的推广应用支出 ⑨安全设施及特种设备检测检验支出 ⑩结算给分包单位的安全生产费用 以及其他与安全生产直接相关的支出	15	①安全生产费用使用未分类，扣2分/项 ②安全生产费用投入不满足需要，扣2分/项	

5.4 法律法规与安全管理制度（70分）

序号	项目	内 容	标准分	评分标准	实得分
5.4.1	法律法规、标准规范	应建立识别和获取适用的安全生产法律法规、标准规范的制度，明确主管部门，确定获取的渠道、方式，及时识别和获取适用的安全生产法律法规、标准规范 各级机构应及时识别和获取各自适用的安全生产法律法规、标准规范，并跟踪、掌握有关法律法规、标准规范的修订情况，及时提供给主管部门汇总更新 应将适用的安全生产法律法规、标准规范及其他要求及时传达给从业人员	10	①未建立相关制度，扣5分。未明确主管部门，扣2分 ②未及时识别、获取和更新相关的法律法规、标准规范，扣1分/项 ③未将识别和获取的法律法规、标准规范及其他要求及时传达给从业人员，扣3分	
5.4.2	规章制度	建立健全符合适用的法律法规、标准规范要求的各项规章制度（附录A、B），并发布实施 应及时将安全生产规章制度传达到各级机构、各岗位	20	①规章制度不全，扣2分/项。规章制度未发布实施，扣2分/项 ②安全生产规章制度未传达到各级机构、各岗位，扣2分/处	
5.4.3	安全生产规程	应配备国家及行业有关安全生产规程、标准、规范 根据本企业特点，编制适用的安全作业规程（附录C），并发布实施 应将有关安全生产规程、标准、规范发放到相关岗位	20	①未配备国家及行业有关安全生产规程、标准、规范，扣1分/项 ②未编制发布安全作业规程，扣1分/项 ③安全生产规程、标准、规范未发放到相关岗位，扣1分/处	
5.4.4	评估与修订	每年对安全生产法律法规、标准规范、规章制度、操作规程的执行和适用情况进行评估，并形成记录 根据评估情况、安全检查反馈的问题、生产安全事故案例、绩效评定结果等，及时修订规章制度、操作规程 发生重大变更应及时修订 规章制度、操作规程的修订、审查应履行审批手续	10	①未进行检查评估，或评估无记录，不得分 ②未发布现行有效的制度清单，不得分 ③未按要求修订有关规程和规章制度，扣2分/项 ④重大变更未及时修订，扣5分 ⑤未履行审批手续，扣2分/项	
5.4.5	文件和档案管理	建立和执行文件和档案管理制度 建立主要安全生产过程、计划、事件、活动、检查的安全记录和档案，如生产日志、巡检和隐患排查记录、设备设施验收检修记录、事故调查报告、安全生产通报、安全会议记录、安全检查记录等。安全记录应及时整理、编目	10	①未建立、执行文件和档案管理制度，扣5分 ②未按规定做好安全台账、记录，扣2分/项 ③安全记录和档案缺失或内容不全面，扣1分/项	

5.5 教育培训（70分）

序号	项目	内 容	标准分	评分标准	实得分
5.5.1	教育培训管理	明确安全教育培训主管部门，建立教育培训管理制度，按规定及岗位需要，定期识别安全教育培训需求，制定、实施安全教育培训计划，提供相应的资源保证 做好安全教育培训记录，建立安全教育培训档案，实施分级管理，并对培训效果进行评估和改进	10	①未明确安全教育培训主管部门，扣2分 ②未建立教育培训制度，扣2分 ③未制定教育培训计划，扣3分 ④未有效实施培训计划，扣2分 ⑤未建立安全教育培训记录和档案，扣2分 ⑥未对培训效果进行评估和改进，扣1分	

续表

序号	项目	内　　容	标准分	评分标准	实得分
5.5.2	主要负责人及安全生产管理人员教育培训	企业主要负责人和安全生产管理人员，应参加安全生产监督管理部门组织的培训，取得培训合格证书 申领安全生产许可证的企业，其主要负责人和安全生产管理人员应经安全生产许可证发证部门认定的具备相应资质的培训机构培训合格，取得安全资格证书	15	①主要负责人未按要求参加培训并取得合格证书，扣 5 分。未参加继续教育，扣 2 分 ②安全生产管理人员未按要求参加培训并取得合格证书，扣 3 分/人。未参加继续教育，扣 1 分/人 ③申领安全生产许可证的企业，其主要负责人和安全生产管理人员未取得安全资格证书，不得分	
5.5.3	从业人员教育培训	对从业人员（包括临时聘用人员）进行安全教育和生产技能培训，使其熟悉有关的安全生产规章制度和安全操作规程，并确认其能力符合岗位要求。未经安全教育培训，或培训考核不合格的从业人员，不得上岗作业 新员工在上岗前必须进行企业、部门、班组三级安全教育培训 生产岗位人员转岗或离岗一年以上重新上岗者，应进行部门和班组安全教育培训和考试，考试合格方可上岗 在新工艺、新技术、新材料、新设备设施投入使用前，应对有关操作岗位人员进行专门的安全教育和培训 特种作业人员和特种设备作业人员应按有关规定接受专门安全培训，经考核合格并取得有效资格证书后，方可上岗作业，并定期进行资格审查。离开作业岗位达 6 个月以上的作业人员，应当重新进行实际操作考试，经确认合格后方可上岗作业	25	①从业人员未经培训或培训考核不合格上岗作业，扣 1 分/人 ②未对新员工进行三级安全教育培训，扣 2 分/人 ③未对转岗和重新上岗人员进行培训考核，扣 1 分/人 ④新工艺、新技术、新材料、新设备设施投入使用前，未对岗位操作人员进行专门的安全教育培训，扣 1 分/人 ⑤未组织特种作业人员和特种设备作业人员参加专门安全培训，扣 5 分 ⑥资格证未按相关规定进行资格审查，扣 1 分/人。离岗重新上岗前未进行实际操作考试，扣 1 分/人	
5.5.4	其他人员教育培训	组织或监督相关方对人员进行安全教育培训。其他人员进入作业现场前，应由作业现场所在单位对其进行现场有关安全知识的教育培训 对参观、学习等外来人员进行有关安全规定和可能接触到的危害及应急知识的教育和告知，并做好相关监护工作	10	①未组织或监督相关方对人员进行安全教育培训，扣 3 分 ②未对其他人员进行安全教育，扣 1 分/人 ③未对外来人员进行安全教育和告知，扣 1 分/人	
5.5.5	安全文化建设	企业应开展安全文化建设，促进安全生产工作 开展多种形式的安全文化活动，不断强化员工安全意识和减少“三违”，使企业的安全理念和价值观被全员所认同和共同遵守，实现法律和政府监管要求之上的安全自我约束，保障企业安全生产水平持续提局 组织开展班组安全活动，学习国家、行业、上级单位、企业有关安全生产的要求和规定，掌握本岗位安全生产知识、分析风险和确定控制措施，总结、交流经验与教训	10	①安全文化未纳入企业文化建设，不得分。无企业安全理念，扣 5 分 ②未组织开展安全文化活动，不得分。企业负责人未参加安全文化活动的，扣 3 分 ③未组织开展班组安全活动，扣 3 分	

5.6 设备设施（120 分）

5.6.1 设备设施建设与基础管理（40 分）

序号	项目	内　容	标准分	评分标准	实得分
5.6.1.1	设备设施建设	临时设备设施应评估其在使用期内的危险有害因素，采取符合有关法律法规、标准规范要求的安全防护措施 自行制造、建造、改装的设备设施，应当符合国家标准、行业标准和技术文件，满足安全生产的需求 严禁使用国家已明令淘汰、禁止使用的设备	10	①未对临时设备设施进行危险有害因素评估，扣 3 分。未采取符合要求的安全防护措施，扣 3 分 ②自行制造、建造、改装的设备设施，不符合标准或技术文件，扣 3 分 ③使用已明令淘汰、禁止使用的设备，扣 3 分	
5.6.1.2	制度管理	建立健全设备设施验收、检验、使用、维护保养、监督检查和报废等管理制度，明确管理职责，严格制度执行，保证使用的设备设施安全、正常、有效	10	①未建立设备设施管理制度，不得分管理制度不全，扣 2 分/项 ②未明确管理职责，扣 3 分	
5.6.1.3	验收与检验	设备设施在使用前应进行验收并定期检验，保存相应记录。设备设施退役后应执行报废制度 特种设备应经有资质的检验机构进行定期检验，合格方可投入使用，并按规定注册登记	10	①未执行验收、检验和报废制度的，扣 2 分/项 ②无验收、检验记录，扣 2 分/项 ③特种设备未定期检验或未注册登记，扣 3 分/项	
5.6.1.4	档案管理	建立设备设施台账、技术资料和图纸等档案，档案应齐全、清晰、准确、有效	5	①未建立档案，不得分 ②档案不完整、不准确，扣 2 分	
5.6.1.5	相关方设备管理	督促勘测、科研、检测、调试、施工项目相关方按照相关法律法规进行设备设施管理 租赁设备符合国家有关法规规定，满足安全性能要求。双方签订租赁合同，明确安全责任	5	①未督促相关方管理设备设施，不得分 ②租赁设备不符合有关法规规定或不满足安全性能要求，扣 3 分/项 ③未签订租赁合同或未明确安全责任，扣 5 分	

5.6.2 设备设施使用管理（70 分）

序号	项目	内　容	标准分	评分标准	实得分
5.6.2.1	设备设施性能	勘测、科研、施工等各类项目设备机械的操作、制动、控制、使用等系统无缺陷，安全保护装置齐全可靠 作业平台、钻探平台、孔/洞室支护、脚手架、索桥、交通船、护栏、盖/护板、防护罩、挡墙等安全防护设施应完备可靠	10	①设备设施存在缺陷，扣 3 分/项 ②安全防护装置/设施不满足要求或有缺失，扣 3 分/项	
5.6.2.2	临时营地及仓储设施	临时营地及仓储设施的选址应考虑滑坡、泥石流、洪水淹没、崩塌、地面变形、台风、雷击区、风口、滚石、雪崩等自然灾害因素影响，满足安全使用的要求 临时营地及仓储设施的排水、挡墙、防护网、涵洞、大门等防护设施正常、完好。配置的消防器材、防雷装置、门卫值班、应急物资等状态良好 临时民爆物品仓库、移动式民爆物品保险柜、危险化学品仓库仓储设施，应经相关机构审批验收	15	①选址未考虑自然灾害因素影响，未采取防范措施，扣 5 分 ②防护设备、设施有缺陷，扣 1 分/项 ③临时民爆物品仓库、移动式民爆物品保险柜、危险化学品仓库仓储设施未经相关机构审批验收，不得分	

续表

序号	项目	内　　容	标准分	评分标准	实得分
5.6.2.3	勘测设备设施	钻机、柴油机、空压机、卷扬机、凿岩机、钻探用泵等勘测设备（以及电动机、发电机、配电盘、 启动装置电焊机、气焊、泥浆搅拌机等设备）金属结构、运行机构、控制系统无缺陷，运行状态良好 作业平台、勘测便道、基座、三脚架、临时桥梁、过河溜索、吊运缆机、水上过渡及临时码头等勘测设施符合规程规范要求 勘测设备设施必要时应配备通风、排水、照明、围栏、支护、除尘和降尘、边坡防护、水上救生、防毒和防爆等安全防护设施，且满足安全要求 钻探等设备出入库时，应进行全面检查、必要时应开机检验	15	①勘测设备存在缺陷，扣3分/项 ②勘测设施不符合规程规范要求，扣3分/项 ③勘测设备设施未配备安全防护设施，或不满足安全要求，扣3分/项 ④钻探等设备出入库时，未进行全面检查，扣3分	
5.6.2.4	科研试验设备设施	水工模型试验、岩土试验、土工试验、建材试验、化学试验等科研试验设备设施无缺陷，运行、使用符合规程规范要求，并配备满足要求的安全防护设施 电器设备按规范要求配置电源，设置漏电保护装置及采取接地或接零措施 潮湿、有腐蚀性气体、火灾危险和爆炸危险等场所，应选用具有相应的防护性能的配电设备	6	①设备设施不符合要求，扣2分/项 ②未配备安全防护设施，或不满足安全要求，扣2分/项 ③未按规范要求配置电源，扣2分/项。电器设备未接地或接零，扣2分/项。电器设备接地不规范，扣1分/项 ④危险场所配电设备不符合要求，扣2分/项	
5.6.2.5	特种设备	企业应建立特种设备专门台账和安全技术档案 特种设备应按规定在特种设备安全监督管理部门登记。登记标志应当置于或者附着于该特种设备的显著位置 特种设备使用单位应当对在用特种设备进行经常性日常维护保养，并定期自行检查 特种设备的定期维护保养应由具备相应资质的单位进行，并保存相关的维护保养记录备查 特种设备应定期由特种设备检验检测机构进行检验	10	①未建立特种设备专门台账和档案的，扣5分 ②未注册登记的，扣2分/项。登记标志未按要求置于或者附着于该特种设备的显著位置的，扣2分/项 ③未进行日常维护保养和定期自行检查的，扣2分/项 ④未按规定进行定期维护保养，无维护保养记录，扣3分/项 ⑤未按要求进行定期检测的，扣5分	
5.6.2.6	其他设备设施	修配和加工作业、吊装作业、安全监测等设备设施，以及办公场所供电、供暖、中央空调等设备设施无缺陷，运行、使用符合规程规范要求，并配备满足要求的安全防护设施 作业现场必须符合安全生产要求，配置防火、防触电、防意外伤害设施和安全警示标志	6	①设备设施运行、使用不符合要求，扣2分/项 ②未配备安全防护设施，或不满足安全要求，扣3分_/项 ③作业现场不符合安全生产要求，扣2分/项	
5.6.2.7	维护保养	组织制定并落实设备设施维护保养计划 对设备设施实行日常维护保养，并定期自行检查，发现异常情况应及时处理 重要设备设施的维护保养，应编制相关的安全技术措施 安全防护设施不得随意拆除、挪用或弃置不用；确因检维修拆除的，应采取临时安全措施，检维修完毕后立即复原	8	①未制定、落实维护保养计划，扣3分 ②未定期维护检修，扣2分/项 ③重要设备设施未编制安全技术措施，扣3分/项 ④违规拆除、挪用或弃置安全防护设施，扣3分/项	

5.6.3 设备设施搬迁、拆除管理（10分）

序号	项目	内　　容	标准分	评分标准	实得分
5.6.3.1	搬迁、拆除管理	设备设施搬迁、拆除前应进行风险评估。对易损坏或易造成人身伤害的设备设施，应制定搬迁、拆除计划和方案。凡拆除大型设备设施、特种设备、临时桥梁、索道，拆除易燃、易爆及危险化学品仓库，搬迁、拆除水（海）上钻探平台等重要设备设施，应编制专项方案并经批准后方可实施，并在作业前应组织安全技术交底 设备搬迁、拆除作业人员应具备相应的能力。特种设备搬迁、拆除单位应具有相应资质 大型设备设施、特种设备、临时桥梁、索道、水（海）上钻探平台，易燃、易爆及危险化学品仓库在拆除前应按规定办理相关手续 拆除涉及危险物品的设备设施，应制定应急处置方案和应急措施，并组织实施 凡拆除积存易燃、易爆及危险化学品的容器、设备、管道内应清洗干净，验收合格后方可拆除或报废	10	①对易损坏或易造成人身伤害的设备设施未制定搬迁、拆除计划和方案，扣2分/项。重要设备设施未编制专项方案，未经批准实施，扣5分/项。未组织安全技术交底，扣1分/项 ②拆除单位、作业人员不具备相应资质、能力，不得分 ③重要设备设施拆除前未按规定办理相关手续，扣2分/项 ④拆除涉及危险物品的设备设施，未制定应急处置方案和应急措施并组织实施，扣2分/项 ⑤积存有危险化学品的设备未经清洗即拆除或报废的，扣2分/项	

5.7 作业安全（370分）

5.7.1 作业/项目现场管理与过程控制（150分）

序号	项目	内　　容	标准分	评分标准	实得分
5.7.1.1	作业方案策划	勘测、设计、总承包管理、咨询、监理、科研等项目根据作业性质，如钻探、探洞、槽坑探、测绘、物探、试验、监测、设代、总承包管理、监理等，应结合作业项目环境、作业特点等，编制作业方案或施工组织方案，经审批后开展作业 作业方案或施工组织方案都应制定安全生产目标，应对可能产生的环境影响、职业健康危害和安全方面进行策划和防护；对汛期作业、交叉作业、季节施工等影响生产安全的因素进行评审，作出合理的丁序丁期安株 对作业过程中的重点部位和关键环节，提出安全措施和防护要求	10	①勘测、设计、总承包管理、咨询、监理、科研等项目未编制作业方案或施工组织方案，扣2分/项。未审查，扣1分/项 ②作业方案或施工组织方案未对作业过程中重大安全、环境事项进行描述并提出安全措施和防护要求，扣2分 ③对作业过程中重点部位和关键环节，未提出安全措施和防护要求，扣1分	
5.7.1.2	作业技术管理	勘察、设计单位必须按照有关的法律法规、标准规范和工程建设强制性标准进行勘察、设计，并对其勘察、设计的质量负责 危险性较大的勘测作业项目（附录D），应编制专项作业方案，方案编制、审核、批准、备案应规范，并严格实施 重要临时设施、特殊作业、危险作业项目（附录D），季节性施工，应经安全评估并编制专项安全技术措施，并严格实施 外委的勘测科研项目，由负责委托的单位监督实施 设计单位应当考虑施工安全操作和防护的需要，对涉及施工安全的重点部位和环节	30	①未按照有关的法律法规、标准规范和工程建设强制性标准进行勘察、设计，扣10分 ②危险性较大的勘测作业项目未编制专项施工方案的，扣2分/项 ③专项施工方案未按规定编制、审核、批准的，扣1分/项 ④重要临时设施、特殊作业、危险作业项目、季节性施工，未经安全评估并编制专项安全技术措施的，扣2分/项 ⑤采用外委的，受委托单位不能提供专项施工方案，扣1分/项 ⑥设计单位未对涉及施工安全的重点部位和环节在设计文件中注明，扣2分/	

续表

序号	项目	内　　容	标准分	评分标准	实得分
5.7.1.2	作业技术管理	在设计文件中注明，并对防范生产安全事故提出指导意见。设计单位应当就审查合格的施工图设计文件向施工单位作出详细说明。 对采用新结构、新材料、新工艺的建设工程和特殊结构的建设工程，应在设计中提出保障施工作业人员安全和预防生产安全事故的措施建议	30	项。未就审查合格的施工图设计文件向施工单位作出详细说明，扣2分/项 ⑦对采用新结构、新材料、新工艺的建设工程和特殊结构的建设工程，在设计文件中未提出保障施工作业人员安全和预防生产安全事故的措施建议，扣2分/项	
5.7.1.3	自然环境	应了解作业区的自然灾害历史，尽可能避开自然灾害影响区，做到早发现、早监控、早预防、早处置 应对气象灾害（台风、龙卷风、强对流天气、冰雹、沙尘暴等），火山、地震灾害，地质灾害（山体崩塌、滑坡、泥石流、地裂、地面沉降与塌陷等），海洋灾害（风暴潮、海啸等），水旱灾害，森林草原火灾和重大生物灾害等自然灾害进行危险源辨识和风险评价，制定安全防范措施 建立作业区域自然灾害安全监测、预警机制	7	①未进行危险源辨识和风险评价，扣5分；辨识不全，扣1分/项 ②未制定安全防范措施，扣5分 ③未建立安全监测、预警机制，扣3分	
5.7.1.4	安全防护	危险性较大作业区域应设置安全隔离、屏蔽设施 临边、沟、坑、井、孔洞、平洞等危险作业部位应设置围栏、盖板等安全防护设施 高处作业应使用安全带、安全网（带）等设施。勘探及施工机械、传送装置等转动部位应设置安全防护设施 勘探平洞洞深30m以上，探井掘进深度大于7m时，应采用通风设施 在暴雨、台风、暴风雪、冰冻等极端天气前后组织有关人员对安全设施进行检查或重新验收	10	①危险性较大作业区域未设置安全隔离、屏蔽设施，扣2分/处 ②危险作业部位未设置安全设施，扣2分/处 ③高处作业未设置安全设施，扣2分/处 ④机械转动部位未设置安全防护设施，扣2分/处 ⑤平洞、深井未按要求采用通风设施，扣2分/处 ⑥极端天气前后未对安全设施进行检查或重新验收，扣2分/处	
5.7.1.5	受限空间	根据勘测作业或工程进展情况，辨识受限空间的危险有害因素，并采取公示、隔离措施，无关人员禁止入内 进入受限空间前，必须先检查其内部是否存在可燃或有毒有害有可能引起窒息的气体，必须先检测或提前通风，符合安全要求方可进入 受限空间内作业时，应设置满足施工人员安全需要的通风换气、防止火灾、塌方和人员逃生等设施及措施 在潮湿场所、管道、平洞、廊道、电缆隧道及沟道、窨井等受限空间内照明电压应符合安全电压要求，使用电动工器具应符合绝缘要求	7	①未对受限空间进行辨识、公示、采取隔离措施的，扣2分/处 ②作业前未测定有可燃或有毒有害有可能引起窒息气体的，扣2分/处 ③作业时未采取防止人员窒息、火灾、塌方和人员逃生等设施及措施的，扣2分/处 ④潮湿场所、管道、平洞、廊道、电缆隧道及沟道、窨井等空间内作业时照明电压不符合安全电压要求，电动工器具不符合绝缘要求，扣2分/处	
5.7.1.6	防火防爆	现场存放炸药、雷管等易燃易爆物品，必须得到当地公安部门的许可，按规定存放，指派专人负责保管，严格履行领、退料制度，并采取防静电接地措施和防雷措施 现场防火、防爆安全设施齐全有效 运输易燃、易爆等危险物品，应经当地公安部门批准，运输设备应采取防静电接地措施和防雷措施	10	①现场存放炸药、雷管不符合规定，扣2分 ②炸药、雷管的领、退料程序未严格履行制度要求，扣2分 ③未按规定采取防静电接地措施和防雷措施，扣1分/处 ④现场防火、防爆安全设施有缺陷，扣2分/处 ⑤运输易燃、易爆等危险物品，不符合规定，扣2分	

续表

序号	项目	内　容	标准分	评分标准	实得分
5.7.1.7	照明、通风、降尘等	在坑、洞、井内、电缆隧道及沟道内作业、夜间施工或自然采光差的作业场所，照明应满足安全作业和规范的要求 存在易燃易爆物质的场所，照明设备应符合防爆要求 应急照明及指示灯标志应齐全，符合照明设计标准相关规定 空气流通不畅、存在可燃或有毒有害气体、粉尘含量超标的作业场所，应进行通风换气、防尘降尘处理等措施；配置个人安全防护用品	8	①未按要求配置照明，扣2分/处 ②照明设备不符合防爆要求，扣2分/处 ③应急照明及指示灯标志不齐全，扣1分/处 ④未采取通风、防毒等安全措施，扣2分/处 ⑤当作业环境中粉尘达到或超过一定浓度，未进行防尘降尘处理，或处理后仍不符合相关要求，扣2分/处 ⑥未根据作业环境配置防护用品，扣2分/处	
5.7.1.8	临时用电	临时用电配电系统、配电箱、开关柜等应按照相关规定设置，并经验收合格后方可投入使用 临时用电设备在5台及以上或总容量在50kW及以上，按规定编制专项用电方案 变压器、配电箱等应设置醒目的警示标志 定期进行临时用电安全检查	8	①未经验收合格投入使用，扣1分/项。配电箱及开关柜破损，无防火、防雨功能，带电部位裸露，电线、电缆不符合安全要求，扣1分/处。未做到一机、一闸、一保护，扣2分。未按规定装设接地或接零保护，扣1分/处 ②未按规定编制专项用电方案，扣2分/项 ③变压器、配电箱等未设置醒目的安全警示标志，扣1分 ④无临时用电定期检查记录的，扣1分	
5.7.1.9	边坡与基坑防护	进入边坡或基坑作业前，应排查坡体及周边不稳定岩石或物体。禁止在大雨、大风等天气进入边坡、基坑作业 人工边坡临边、基坑周边设置防护栏杆或安全警示标志 开挖边坡应及时支护处理，坡顶设置截、排水沟，坡体设置排水孔，坡面封闭；基坑做好排水措施和坑壁防护 作业过程中对边坡、基坑进行严密监控，对危险部位或异常情况，应及时采取消除、防护及应急处置措施 排架、作业平台搭设稳固，底部生根、杆件绑扎牢固、跳板满铺，临空面设置防护栏杆和防护网	10	①边坡、基坑及周边存在松碴、危石、不稳定物体等安全隐患，扣2分/处 ②人工边坡临边、基坑周边未设置防护栏杆或安全警示标志，扣2分/处 ③人工边坡与基坑未按要求进行支护和采取排水措施，扣2分/处 ④对危险部位或异常情况，未采取消除、防护及应急处置措施，扣2分/处 ⑤排架、作业平台搭设不符合要求，扣2分/处	
5.7.1.10	脚手架	脚手架搭拆和使用，必须严格执行有关的安全技术规范；从事脚手架搭设和拆除的架子工，必须持有有效证件，并经体检合格 脚手架搭设应经验收合格后方能使用 搭拆危险性较大的高大异形脚手架，施工前应编制专项方案；对超过一定规模的脚手架搭拆方案，应组织专家论证、审批 在暴雨、台风、暴风雪等极端天气前后组织对脚手架进行检查或重新验收	10	①未按规范搭拆和使用脚手架，扣2分。架子工未持有效证件或未经体检合格，扣1分/人 ②使用未经验收合格的脚手架，扣1分/处 ③搭拆危险性较大的高大异形脚手架未编制专项方案，或超过一定规模的脚手架搭拆方案未经论证审批，扣2分/项 ④极端天气前后未组织对脚手架进行检查或重新验收，扣2分	
5.7.1.11	消防安全	办公场所、营地宿舍、仓库、加工场地等应有相应的消防器材，建立消防设备设施台账，并定期进行检查、试验，确保消防设备设施完好有效 现场应建立动态的重点防火部位或场所清单和档案	5	①未按要求配备相应的消防器材，或消防器材失效，扣1分/项 ②未定期组织检查，扣1分/项 ③未建立动态的重点防火部位或场所清单和档案，扣1分/项	

续表

序号	项目	内 容	标准分	评分标准	实得分
5.7.1.12	高低温防护	作业场所温度达到或超过国家标准高温或低温作业级别规定，应采取相应的防暑降温或防寒防冻措施 高温作业时间不能超过持续接触热时间规定限值；通过合理组织通风、送风或空调降低工作环境温度，在接触热源作业时，尽可能实现隔热操作方式 控制低温作业时间，为作业人员配备防寒防冻劳动防护用品，落实各项防寒防冻措施	5	①高温作业时间、防护措施等未满足规定要求，扣2分/处 ②低温作业时间及防护措施等未满足规定要求，扣2分/处 ③防寒防冻措施落实不到位，扣2分/处	
5.7.1.13	交通安全	遵守机动车、船交通安全管理规定。航道作业应经当地海事部门批准 机动车驾驶员应持证驾驶相应类别的机动车辆；船舶驾驶员应经海事部门培训，取得相应的资格证书 按规定对交通工具进行维护保养、检测和检验，保证其状况良好 严禁使用无牌、无证、无保险车辆 严禁使用独木舟、竹筏、油桶筏、橡胶内胎和羊皮筏等稳定性较差的水上交通工具载人过渡。根据有关规定及现场情况，有选择使用橡皮艇 施工现场应按规定设置交通安全设施、警示标/Cl'O	15	①未遵守交通安全管理规定，航道作业未经当地海事部门批准，扣2分 ②驾驶员未持证上岗，违规驾驶，扣3分/人 ③机动车辆未按规定维护保养、检验、检测或存在安全隐患，扣2分/项 ④使用无牌、无证、无保险车辆，扣5分/项 ⑤使用稳定性较差的水上交通工具载人过渡，扣2分/次 ⑥未设置交通安全设施、警示标志，扣1分/处	
5.7.1.14	化学试剂管理	化学试剂应依其特性（易燃易爆、有毒、腐蚀性、强氧化性、放射性等）予以分类存放管理，存放场所符合相关规定要求，并配备消防器材 采购危险化学试剂，需持有有关部门核发的危险化学品采购证，向有资格经营化学试剂的部门或生产单位购买 试验室化学试剂管理人员应根据化学试剂及试验实际情况，动态更新试验室化学试剂的管理资料， 存放的化学试剂名称、数量应账物相符，定期检查 剧毒品在使用时必须严格控制和监督，对领、用、剩、废的数量必须详细记录，试验工作应在安全的条件下进行 使用化学试剂试验时，应采取必要的安全防护措施 凡含有毒、有害物质的污水，均应进行必要的处理至符合国家排放标准后，方可排入城市污水管网	10	①化学试剂存放管理不规范，扣2分/项。存放场所不满足存放要求，扣2分/项 ②危险化学试剂采购不符合相关规定，扣5分/次 ③化学试剂管理资料不全或记录不规范，扣2分/项 ④剧毒品使用及管理不满足要求，扣2分/项 ⑤使用化学试剂试验时未采取必要的防护措施，扣2分/次 ⑥不按要求排放含化学试剂废水，扣2分/项	
5.7.1.15	文明施工	作业场所保持整洁，垃圾或废料应及时清除，做到“工完、料尽、场地清” 现场材料、设备按规定的地点堆放整齐，并符合搬运及消防要求 临时建筑设施应符合施工组织设计的规定，做到按图用地，布置得当，搭设合理，环境整洁 作业场区的安全文明施工图牌、各类警示标志等醒目、齐全 办公、生活区及食堂的卫生、垃圾排放符合有关规定	5	①施工场所垃圾或废料未及时清除，扣1分/处 ②现场材料、设备未按规定定置堆放整齐，扣1分/处 ③临时建筑设施不符合施工组织设计的规定，扣1分/处 ④场区未设置醒目的安全文明施工图牌、标志，扣1分/处 ⑤办公、生活区及食堂的卫生、垃圾排放不符合有关规定，扣1分/处	

5.7.2 作业行为管理（180分）

序号	项目	内　　容	标准分	评分标准	实得分
5.7.2.1	外业工作	外业工作（选厂、选站、选线、现场踏勘、测绘）前，应了解工作区域的自然环境、人文地理、交通、治安、动植物伤害源、流行传染病种、疫情传染源等状况，制定相应的预防措施 外业工作前，应进行安全交底，明确安全注意事项，制定相应的应急处置方案，并签名备案 外业工作应配备劳保用品和急救包；艰险地区作业应配备通信、定位设备和安全防护用具 作业人员应正确使用劳动防护用品 外业工作人员应按计划时间和路线返回，严禁单人行动或夜行，遇雷电、暴雨、风暴、大雾等恶劣气候，应立即撤离到安全地带 进入开关场、变电所及变电站或靠近高压线路进行测绘作业时，应听从专业人员指挥，采取安全防范措施，防止触电 禁止食用不能识别的动植物，禁止饮用未经检验合格的新水源和未经消毒处理的水；禁止下河游泳、泅渡、捕鱼，河边洗衣等；禁止在不明冰面行走、逗留、作业；禁止在悬崖边、江边、陡坡临边及松动危岩下逗留；野外用火应遵守国家和地方政府关于防火的有关规定	15	①工作前未制定相应预防措施，扣1分/次。工作过程中未按规定采取安全防范措施的，扣1分/次 ②人员安全交底无记录或无针对性，扣1分/人 ③未配备劳保用品和急救包，扣3分。艰险地区未配备有效的通信、定位设备和安全防护用具，扣3分/次 ④未正确使用劳动防护用品，扣1分/人 ⑤外业工作存在不安全行为，扣1分/人 ⑥无电厂/变电站专业人员陪同进入发电厂开关场、变电所及变电站进行作业，扣2分/人	
5.7.2.2	钻探作业	遵守钻探安全操作规程，水（海）上等特殊钻探应编制专项施工方案 钻探作业前应根据资料复查地下或地上构造物（电缆、光缆、管道等）的埋（架）设位置和走向，采取防护或避让措施 钻探作业场地应尽量避开危崖下、滚石、山洪、有泥石流危害可能及其他危险环境的区域，开始作业前应清除作业面上方的浮石等不稳定物体，无法清除的应设置安全防护栏或进行加固处理 临近居民点、人行道、公路、铁路及放牧区作业的钻探项目，必须采取严格的安全措施，并设置提示或警告标志 泥浆池周边应设置安全标志，当深度大于0.8m时设置防护栏 雨后或冻融后作业，应严格检查边坡稳定情况，确认安全或处理无误后才能继续施工 禁止在缺少足够照明的夜间拆建钻塔（架）。遇五级以上的大风、大雷雨、雪雾天气时，禁止进行拆卸、安装工作 沿海滩涂作业应掌握潮汐变化情况，应有人员和设备的紧急撤离预案 冰上作业前，必须查清冰层厚度，结合勘测设备重量及作业方式，确认安全后方可施工。勘查冰情时，不得少于2人，并携带防护用具，不得溜冰行进。在融冰期，不得从事冰上作业	15	①未遵守钻探安全操作规程，扣2分。特殊钻探未编制专项施工方案，扣2分 ②钻探作业前未采取防护或避让措施，扣2分 ③作业场地选择不符合要求，扣2分/处 ④临近居民点等特殊区域的钻探项目，未采取安全措施，未设置提示或警告标志，扣2分/处 ⑤雨后或冻融后，未检查边坡稳定情况即作业，扣2分/处 ⑥钻场修建不符合国家和行业相关标准，扣3分/处 ⑦钻探设备、电气设备、塔架的安装、拆卸不符合安全技术规程的规定，扣2分/项 ⑧作业人员未正确穿戴劳动防护用品，未遵守操作规程，扣1分/人 ⑨其他不按规定作业，扣1分/人 ⑩泥浆池周边未按要求设置安全标志和防护栏杆，扣1分/项。钻孔经验收合格后，未及时回填或采取技术措施，扣1分/个	

续表

序号	项目	内　　容	标准分	评分标准	实得分
5.7.2.2	钻探作业	施工现场，应采取防滑措施。应经常查看冰情，发现异常应及时采取措施。冰窟及活水处，应设置安全标志 修建钻场应符合国家和行业相关标准，钻塔安装、起立、放倒、拆卸必须在机长或指定的负责人统一指挥下进行。钻探设备、电气设备的安装以及钻进应符合安全技术规程的规定 钻孔经验收合格后，应与泥浆池一并予以回填，或对钻孔进行技术处理 作业人员应正确使用劳动防护用品	15		
5.7.2.3	物探作业	应遵守物探作业安全规程 林区、草原爆破作业时应清除爆破点周边可燃、易燃物，药包应采取阻燃措施；采用爆炸震源作业前，应确定爆炸危险边界，并应设置安全隔离带和安全标志，同时应部署警戒人员或警戒船。非作业人员严禁进入作业区 水下爆破作业，应保持水上交通工具及机械设备完好，船工持证上岗，作业人员穿救生衣，爆破作业船、地震勘探船与爆破点之间保持安全距离 放射性勘探应建立放射源领取、使用、退还、保管制度，由专人负责；应建立放射源登记档案，按规定建立放射源储存库 采用电法物探时，电缆、导线绝缘电阻、测站绝缘垫板应符合使用要求。供电作业人员按要求佩戴绝缘防护用品，接地电阻设置安全标志，专人警戒	15	①未遵守物探作业安全规程，扣2分 ②未清除爆破作业点周边可燃、易燃物，扣3分。未采取安全防护措施，扣3分 ③船工未持证上岗，扣3分。船上作业人员未穿救生衣，扣3分 ④放射源未建立制度和档案 无专人管理，扣3分 '⑤电缆、导线绝缘电阻、测站绝缘垫板不符合使用要求 供电作业人员未佩戴绝缘防护用品 接地电阻未设置安全标志或无专人警戒，扣1分/项	
5.7.2.4	原位测试	应遵守测试与检测安全技术规程。配备相关的安全设施和安全防护用品 测试点的选择应选择不会危及作业安全又能满足作业需要的位置。作业时应设置安全隔离带和安全标志 堆载平台加载、卸载和试验期间，堆载高度1.5倍范围内严禁非作业人员进入 起吊作业时应符合起重作业规定	10	①未遵守测试与检测安全技术规程 扣2分/处 ②测试点的选择位置不合理，扣2分/处 ③未设置安全隔离带和安全标志，扣2分/处 ④加载、卸载和试验期间，非作业人员进入堆载高度1.5倍范围内，扣2分 ⑤起吊作业不符合起重作业规定，扣2分/处	
5.7.2.5	现场设代（工代）	参加设计技术交底会和施工图图纸会审，提出安全施工技术要求，解决技术问题 跟踪处理重要施工部位和关键施工环节的技术难点。开展地质预报、设计变更、工程度汛方案编制、安全验收配合、非设计原因引起变更设计的确认等工作 项目重大设计变更时，编制设计文件并按规定审查、批准	10	①未进行设计交底，扣3分 ②未跟踪处理重要施工部位和关键施工环节的技术难点，扣2分 ③米开展地质预报、设计变更、变更设计确认、工程度汛方案编制、安全验收配合等工作，扣2分/项 ④重大设计变更未按规定进行审批 扣3分	

续表

序号	项目	内　容	标准分	评分标准	实得分
5.7.2.6	总承包管理	负责项目安全管理的组织与协调工作，将安全管理贯穿于工程设计、采购、施工、试运行各阶段 应对施工组织设计或施工作业方案中的安全生产和职业健康管理进行审查批准；应依法进行施工分包，分包合同中应明确各自的安全生产方面的权利、义务 应督促、指导分包商制定施工安全防范措施，保证施工过程的安全 组织对现场安全状况进行巡检，召开安全例会，及时发现和消除安全隐患 建立并保存完整的项目安全管理记录和档案	20	①未组织开展总承包项目安全管理工作，不得分 ②未组织审查施工组织设计或施工作业方案中的安全管理内容，扣5分 ③分包合同中未明确各自的安全生产方面责任，扣5分 ④未督促分包商制定施工安全防范措施，扣5分 ⑤未组织对现场安全状况巡检或召开安全例会，扣5分 ⑥未建立项目安全管理记录和档案，扣5分。记录和档案不完整，扣2分	
5.7.2.7	现场监理	审查施工组织设计中的安全技术措施或者专项施工方案、施工单位职业健康安全体系、专职安全管理人员配置等 及时制止违规施工和督促施工单位对分包方进行检查；对发现的安全事故隐患，应要求施工单位整改，情况严重的，应暂停施工，并及时报告建设单位 协调承包单位交叉作业等工作；开展日常安全巡视检查工作；核查特种作业人员、特种设备作业人员持证上岗和特种设备许可使用情况，并对安装、拆除关键工序进行旁站监督；对危险性较大的专项施工应进行旁站监督；检查施工现场安全标志和安全防护措施、安全生产费用使用、应急预案及演练情况；及时报告现场发生的异常情况和安全事故	10	①未审查安全技术措施或者专项施工方案，扣2分/项 ②未按规定对隐患实施监理，扣2分/项 ③未按规定内容进行安全监理或安全监理不到位或无记录，扣1分/项 ④未对特种作业人员、特种设备作业人员持证上岗和特种设备许可使用情况进行检查，扣2分 ⑤未对特种设备安装、拆除关键工序和危险性较大的专项施工进行旁站监督，扣1分/项 ⑥未及时报告异常情况和安全事故，扣5分	
		爆破作业： 应遵守民用爆破安全法规，爆破作业前应履行审批手续 爆破器材的运输、存储、领用、退库、使用符合法规要求 涉爆人员须持证上岗 爆破影响区应采取相应安全警戒和防护措施	10	①未遵守爆破作业安全法规或未履行审批手续，扣5分 ②爆破器材运输、存储、领用、退库、使用等不符合要求，扣1分/项 ③涉爆人员无证上岗，扣2分/人 ④爆破影响区未采取安全警戒和防护措施，扣3分	
5.7.2.8	特种作业、特种设备作业	高处作业： 应遵守高处作业安全管理规定，现场监护应符合相关规定 高处作业人员须经体检合格后方可上岗，并应正确佩戴和使用合格的安全防护用品；登高架设及搭设高处作业设施的作业人员须持证上岗 高处作业区域设置的警示标志、安全网及其他安全防护设施应规范 作业场所有可能坠落的物件，应一律先行撤除或固定牢固；严禁高空抛掷物件 用于跨越输电线路的金属脚手架应可靠接地，防止触电 六级及以上大风或恶劣气候时，应停止露天高处作业；雨天和雪天进行高处作业时，必须采取可靠的防滑、防寒和防冻措施	10	①未遵守高处作业安全管理规定，扣2分 ②作业人员未经体检合格上岗，或未正确使用安全防护用品，扣2分。登高架设的人员未持证上岗，扣2分/人 ③高处作业区域未设置警示标志和安全防护设施，扣2分/处 ④作业场所未对有可能坠落的物件进行处理，扣1分/处。存在高空抛掷物件行为，扣1分/次 ⑤跨越输电线路的金属脚手架未可靠接地，扣1分/处 ⑥在大风等恶劣气候时未停止露天高处作业，扣2分/次。雨天和雪天进行高处作业时，未采取防滑、防寒和防冻措施，扣1分/处	

续表

序号	项目	内　容	标准分	评分标准	实得分
		起重作业： 应遵守起重作业和起重设备设施安全管理规定 起重作业机械及工器具须性能良好，功能正常，设备安全，满足要求 指挥人员和操作人员应持证上岗，严格按操作规程作业；指挥信号明确，传递畅通 起重吊装作业应严格做到“十不吊”，严禁起重机进行斜拉、斜吊和起吊地下埋设或凝固在地面上的重物以及其他不明重量的物体 在露天六级及以上大风或大雨、大雪、大雾等恶劣气候或照明不足时，应停止吊装作业。雨雪过后，作业前应先试吊，确认制动器灵敏可靠后方可进行作业	10	①未遵守起重作业安全管理规定，扣3分 ②起重作业机械及工器具性能、功能不满足安全要求，扣2分/台套 ③指挥人员和操作人员无证上岗，或未严格按操作规程作业或信号传递不畅通，扣2分/人 ④外部条件及环境不满足要求强行起吊，扣2分/项	
		焊接作业： 应遵守焊接作业安全管理规定 焊接作业人员须持证上岗，按规定正确佩戴个人防护用品，严格按操作规程作业 焊接、切割设备性能良好，符合安全要求 进行焊接、切割作业时，应有防止触电、灼伤、爆炸和防止金属飞溅引起火灾的措施，并严格遵守消防安全管理规定，及时消除火灾隐患 焊接作业结束后，作业人员必须清理场地、消除焊件余热、切断电源，仔细检查工作场所周围及防护设施，确认无起火危险后方可离开	5	①未遵守焊接作业安全管理规定，扣3分 ②焊接作业人员未持证上岗，扣2分/人。未按规定正确佩戴个人防护用品，扣1分/人 ③焊接、切割及热处理设备存在缺陷，扣1分/项 ④焊接、切割作业无安全措施，扣1分/项 ⑤未严格按操作规程作业，扣1分/次 ⑥焊接作业结束后，施工场所未进行安全检查，存在火灾隐患，扣1分/项	
5.7.2.9	高边坡与基坑作业	自上而下清理坡顶和坡面松碴、危石、不稳定物体，不在松碴、危石、不稳定物体上或下方作业。垂直交叉作业应设隔离防护棚 对断层、裂隙、破碎带、冲沟等不良地质构造的高边坡，按要求采取支护措施，并在危险部位设置警示标志 严格按要求放坡，作业时随时注意边坡的稳定情况，发现问题时及时加固处理 人员上下高边坡、基坑走专用爬梯 安排专人监护、巡视检查，及时分析、反馈监护信息	10	①未按规定清理松碴、危石、不稳定物体，或在松碴、危石、不稳定物体上或下方作业，扣2分/处 ②对断层、裂隙、破碎带、冲沟等不良地质构造的高边坡，未按设计要求采取支护措施，危险部位未设置警示标志，扣2分/处 ③未按要求放坡，扣2分/处 ④未按要求设置专用爬梯，扣2分/处 ⑤未安排专人监护、巡视检查，并及时分析、反馈监护信息，扣2分/处	
5.7.2.10	洞室与槽、坑探作业	III、IV类围岩开挖应对洞口进行加固，并在洞口设置防护棚 洞口边坡上和洞室的浮石、松石、危石应及时处理，并按设计要求及时支护。应对支护状况定期检查，发现支撑的柱、梁杆件破裂、倾斜、扭曲、变形等情况，应立即加固或更换 交叉洞室在贯通前应优先安排锁口锚杆的施工 洞内渗漏水应采取有效措施，使排水通畅 对停工时间较长的勘探平洞、各类探井（斜井、竖井、沉井），恢复施工前应进行有毒、有害气体检测和通风换气，防止中毒、窒息事故的发生	20	①III、IV类围岩开挖未对洞口进行加固，或未在洞口设置防护棚，扣1分/处 ②洞口边坡上和洞室的浮石、危石、松石等未及时处理，或未按设计要求及时支护，扣1分/处 ③洞顶、洞内排水系统不完善，或排水不通畅的，扣1分/处 ④未遵守坑探安全技术规程，扣2分。未采取支护和排水措施，扣2分 ⑤作业前相关人员未配备安全设施和安全防护用品，扣2分 ⑥雨后或冻融后，未检查工作场地稳定情况即作业，扣2分/处	

续表

序号	项目	内　容	标准分	评分标准	实得分
5.7.2.10	洞室与槽、坑探作业	应遵守坑探安全技术规程。根据地质情况采取相应的支护和排水措施 雨后或冻融后作业，应严格检查工作场地稳定情况，确认安全或处理无误后才能继续施工 探井四周和探槽两侧 1.5m 范围内严禁弃土或放置工具 发现地下设施和埋藏物应立即停止工作，报告有关部门 临时停工应加盖板或护栏，竣工收资工作结束后，应及时回填或设置防护设施、警示标识 作业人员正确使用劳动防护用品		⑦临时停工未加盖板或护栏，竣工后未回填或设置防护设施、警示标识，扣 2 分/处 ⑧探井四周和探槽两侧 1.5m 范围内堆放弃土或放置工具，扣 3 分/处 ⑨发现地下设施和埋藏物未立即停止工作，未报告有关部门，扣 2 分/次 ⑩作业人员未正确使用劳动防护用品，扣 1 分/人	
5.7.2.11	水上作业（含海上）	遵守水上作业安全管理相关规定 按要求配备救生衣、救生圈、救生绳和通信工具。作业人员应正确穿戴救生衣及劳动防护用品 雨雪天气应采取防滑、防寒、防冻措施，应及时清除积水、冰、霜、雪 遇雷雨、暴雨、洪水、浓雾、大雪、大风、大浪等恶劣天气应停止水上作业，暴风雪和强台风后应全面检查作业船只或作业平台，消除隐患 施工平台、船只设置明显标识和夜间警示灯。通航河段作业应向当地海事部门提出申请，经审核同意后，方可进行作业 作业完毕后应及时清除埋设的套管、井口管和留置在水域的其他障碍物	10	①未遵守水上作业相关规定，扣 3 分 ②救生设施配备不足、有缺陷或作业人员未正确穿戴，扣 2 分/项 ③防滑、防寒、防冻措施有缺陷，扣 1 分/项 ④恶劣天气未停止水上作业，或暴风雪和强台风后未检查、未消除隐患，扣 1 分/项 ⑤未设置明显标识和夜间警示灯，扣 1 分/项 ⑥通航河段作业未经海事部门审核同意，扣 2 分 ⑦作业完毕后未及时清除埋设的套管、井口管和留置在水域的其他障碍物，扣 2 分	
5.7.2.12	交叉作业	项目现场管理应统筹协调分包方之间的交叉作业，建立信息沟通机制 两个以上作业单位在同一作业区进行作业，可能危及对方作业安全的，应当签订安全作业管理协议，明确各自的职责。制定交叉作业的安全注意事项及安全技术措施，指定专人负责统一协调、管理 现场作业区有多个专业进行交叉作业，制定安全技术措施，各专业进行安全交底后开展作业，并安排专人监护 交叉作业时，工具、材料、余料等应用工具袋、箩筐或吊笼等吊运，严禁上下投掷，严禁在吊物下方接料或逗留 垂直交叉作业必须搭设严密、牢固的防护隔离设施	10	①项目现场管理未统筹协调分包方之间的交叉作业，未将相关信息进行通报的，不得分 ②两个以上作业单位在同一作业区进行作业，未签订安全作业管理协议，未指定专人负责统一协调、管理，扣 3 分/项 ③未制定交叉作业的安全技术措施，未进行安全交底，未安排专人监护，扣 2 分/项 ④交叉作业时，投掷工具、材料、余料，扣 1 分/次 ⑤垂直交叉作业未采取安全隔离措施或其他安全措施的，扣 2 分/处	

5.7.3 标志标识（15 分）

序号	项目	内　容	标准分	评分标准	实得分
5.7.3.1	危险场所	应在危险场所、部位设置明显的符合国家标准的安全警示标志、标牌，进行危险提示、警示，告知危险的种类、后果及应急措施等，危险处所夜间设红灯示警 标志、标牌应规范、整齐并定期检查维护，确保完好	5	①未设置安全警示标志、标牌，扣 2 分/处 ②标志、标牌不规范，扣 1 分/处	

续表

序号	项目	内容	标准分	评分标准	实得分
5.7.3.2	危险作业区域	危险作业现场应设置警戒区域、安全隔离设施和醒目的警示标志，并安排专人现场监护	5	①未设置警戒区域、安全隔离设施和醒目的警示标志的，扣2分/处 ②未安排专人监护的，扣2分/处	
5.7.3.3	办公场所	办公场所交通标志、应急疏散指示标志、应急疏散场地标识、消防设备标识等安全标志标识应齐全、规范，符合国家规程、规范要求	5	①未设置必要的安全标志、标识，扣2分/处 ②安全标识、标志设置不规范，扣1分/处	

5.7.4 相关方管理（20分）

序号	项目	内容	标准分	评分标准	实得分
5.7.4.1	管理规定	应执行相关方（含承包商、供应商、分包、出租及临时工）管理制度，内容应包括：资格预审、选择、服务前准备、作业过程、提供的产品、技术服务、表现评估、续用等	5	①制度涵盖内容不全面，扣2分 ②未执行相关方管理制度，扣1分/项	
5.7.4.2	资质审查	应确认分包商、供应商的资质条件，确保符合国家有关企业资质管理规定和行业有关工程分包、采购等管理规定	5	①未进行资质审查，不得分 ②资质不符合规定，不得分	
5.7.4.3	安全要求	审查相关方编制的安全作业方案 应确认相关方设备性能、设备完好率 检查、督促相关方对其作业人员进行安全教育、安全交底等工作，并保留记录备查 应与相关方签订安全管理协议，明确双方的安全责任 督促相关方识别作业活动风险，采取预控措施；督促相关方认真开展安全隐患排查治理工作 禁止分包方将所承包的工程违法分包	5	①未审查相关方编制的安全作业方案，扣3分 ②未对相关方设备性能及完好状态进行检查，扣2分 ③未检查、督促相关方对其作业人员进行安全教育、安全交底等工作，无相关记录，扣2分 ④未与相关方签订安全管理协议，或者在承包合同、租赁合同中没有约定各自的安全生产管理职责，不得分。安全责任不明确的，扣3分 ⑤未督促相关方识别风险、采取措施、排查治理隐患，扣2分 ⑥违法分包，不得分	
5.7.4.4	产品、服务后评价	对相关方产品、服务及安全管理情况进行考核和评估，建立合格相关方名录及档案 定期对相关方进行评审，适时更新名录及档案	5	①未进行考核和评估，扣2分 ②未建立合格相关方名录及档案的，扣2分 ③未实时更新合格相关方名录及档案，扣1分	

5.7.5 变更管理（5分）

序号	项目	内容	标准分	评分标准	实得分
5.7.5	变更管理	建立变更管理制度并严格执行，变更的实施应履行审批及验收程序 组织机构、人员、施工工艺、施工技术、设备设施、作业过程及环境发生变化时，应制定变更计划 对变更过程及变更所产生的风险和隐患进行辨识、分析和评价，根据变更内容制定相应方案及措施，并对相关单位和人员进行交底	5	①未建立变更管理制度或未履行变更审批、验收程序，扣3分 ②未制定变更方案或措施，扣2分/项 ③变更方案及措施未交底，扣2分/项	

5.8 隐患排查和治理（70分）

序号	项目	内　容	标准分	评分标准	实得分
5.8.1	隐患管理	建立隐患排查治理制度，界定隐患分级、分类标准，实施监控治理并形成闭环管理 按上级（国家或行业）要求对事故隐患排查治理情况进行统计分析，并及时报送。统计分析表应当由主要负责人签字 将生产经营项目、场所、设备发包、出租的，应当与承包、承租单位签订安全生产管理协议，并在协议中明确双方对事故隐患排查、治理和防控的管理职责	10	①未建立隐患排查治理制度，不得分。制度内容有缺失，扣2分/项 ②未定期进行统计分析，未按要求报送上级单位，统计分析表未由主要负责人签字，扣2分/项 ③与承包、承租单位签订的安全管理协议未明确隐患排查治理、防控职责的，扣3分	
5.8.2	隐患排查	制定隐患排查方案，明确排查的目的、范围和排查方法，落实责任人，定期开展隐患排查工作。对排查出的隐患应确定等级并登记建档 隐患排查应涵盖到生产经营活动相关的场所、环境、人员、设备设施以及管理等各个环节 根据生产实际，策划检查实施方案，编制检查表，进行隐患排查工作 建立事故隐患报告和举报奖励制度	25	①未制定隐患排查方案，不得分 ②未定期开展隐患排查活动，扣3分/次 ③未对排查出的隐患确定等级并登记建档，扣3分 ④隐患排查范围和内容有缺失，扣2分/项 ⑤缺少检查表，扣5分。检查表针对性不强，扣3分。检查表无人签字或签字不全，扣2分 ⑥未建立事故隐患报告和举报奖励制度，扣2分	
5.8.3	隐患治理	根据隐患排查的结果，制定隐患治理方案，对隐患及时进行治理 对于危害和整改难度较小的隐患，应立即整改排除。短期内无法消除的隐患应制定整改措施、确定责任人、落实资金、明确时限和编制预案，做到“五到位” 对重大安全隐患进行监控，在治理前应采取有效控制措施，制定相应应急预案，并按有关规定及时上报 因自然灾害可能导致事故灾难的隐患，按照有关法律法规、标准的要求切实做好防灾减灾工作 对隐患排查治理过程进行监督检查，隐患治理后进行治理效果验证和评估 企业对承包、承租单位的事故隐患排查治理负有统一协调和监督管理的职责	25	①未制定隐患治理方案，未对隐患进行治理，不得分 ②危害和整改难度较小的隐患整改不及时，扣2分/项 ③短期内无法消除的隐患未制定整改措施，扣2分/项 ④重大安全隐患治理前，未采取有效控制措施，未制定相应应急预案，扣10分/项 ⑤对自然灾害可能导致事故灾难的隐患，未采取安全措施，扣5分 ⑥未对隐患排查治理过程进行监督检查，未对治理效果进行验证和评估，扣2分/项	
5.8.4	预测预警	根据工作实际和自然环境特点，建立自然灾害及事故隐患预测预警机制，接到有关自然灾害预报时，及时发出预警通知 对因自然灾害可能导致事故的隐患，应制定、采取针对性预防措施	10	①未建立预测预警机制，扣5分 ②接到有关自然灾害预报时，未及时发出预警通知，扣5分 ③未制定、采取预防措施，扣5分	

5.9 危险源辨识及重大危险源监控（40分）

序号	项目	内　　容	标准分	评分标准	实得分
5.9.1	辨识与评估	建立危险有害因素辨识、评估和重大危险源管理制度 应组织对生产经营活动中的各种危险和有害因素进行全面辨识，对可能产生的安全风险或危险后果进行评估、制定控制措施，并形成记录 根据相关标准（包括不限于附录E），确定重大危险源，制定控制措施，编制应急预案	20	①未建立辨识与评估管理制度，不得分 ②未按规定进行辨识与评估，扣5分。辨识 评估范围不全面，扣3分 ③未确定重大危险源，扣5分 ④未制定控制措施或应急预案，扣5分	
5.9.2	重大危险源登记建档与备案	应按规定对重大危险源登记建档，将本单位重大危险源的名称、地点、性质和可能造成的危害及有关安全措施、应急预案，报有关部门备案	10	①未登记建档，扣5分； ②未按规定向有关部门备案，扣5分。	
5.9.3	重大危险源监控与管理	应采取安全管理措施和安全技术措施对重大危险源实施监控 定期对重大危险源的安全设施和安全监测监控系统进行检测、检验，保证其有效可靠运行 定期对重大危险源安全生产状况进行检查、评估 重大危险源所在场所应设置明显的安全警示标志	10	①未采取安全管理措施和安全技术措施的，不得分 ②未实施监控并形成记录，扣5分 ③未检测、检验安全设施和监测监控系统的，扣3分 ④未检查、评估安全生产状况的，扣3分 ⑤无安全警示标识的，扣5分。标识不全的，扣3分	

5.10 职业健康（40分）

5.10.1 职业健康管理（25分）

序号	项目	内　　容	标准分	评分标准	实得分
5.10.1.1	危害区域管理	应为从业人员提供符合职业健康要求的工作环境和条件 应对可能发生急性职业危害的工作场所，设置报警装置，制定应急预案，配置现场急救用品，设置应急撤离通道和必要的避险区 应对存在职业危害的作业场所定期进行检测，在检测超标区域设置标识牌予以告知，并将检测结果存入职业健康档案	5	①工作环境和条件不符合法律法规、标准规范的要求，扣1分/项 ②对可能发生急性职业危害的工作场所，未制定应急预案，扣1分/项 ③对存在职业危害的作业场所，未进行职业危害检测，扣1分/项 ④在检测超标区域未设置标识牌，或未将检测结果存入职业健康档案，扣1分/项	
5.10.1.2	职业防护用品、设施	企业应建立劳动防护用品管理制度，确定发放范围和标准，明确采购、验收、发放等管理内容，并督查从业人员正确使用安全防护用品 及时为从业人员配备必要的职业健康防护设施、器具及劳动保护用品 应对职业危害现场急救用品、设施和防护用品进行定期校验和维护，确保处于正常状态 保证职业健康防护专项费用，定期对费用落实情况进行检查、考核	10	①未建立管理制度，不得分。管理不到位，扣1分/项 ②防护设施、用品不满足要求或失效，扣2分/项 ③费用投入不足或未按规定使用，扣1分/项	
5.10.1.3	职业健康检查	企业应建立职业健康管理制度，安排职业危害相关岗位人员在上岗前、转（下）岗后、在岗期间定期进行职业健康检查，记录并保存检查的结果。对影响职业健康的因素采取必要措施	5	①未定期进行职业健康检查的，扣1分/人 ②未建立职工健康档案的，扣3分 ③对影响职业健康的因素未采取必要措施的，扣3分	

续表

序号	项目	内　容	标准分	评分标准	实得分
5.10.1.4	职业健康防护	作业场所存在粉尘、噪声、化学伤害、有害气体、高低温伤害、辐射伤害等，应采取防护措施，并配备防护用品或器具	5	①无防护措施，扣2分/处 ②无防护用品发放记录，扣2分/项	

5.10.2 职业危害告知和警示（10分）

序号	项目	内　容	标准分	评分标准	实得分
5.10.2.1	职业危害告知	与从业人员订立劳动合同时，应将工作过程中可能产生的职业危害及其后果和防护措施如实告知从业人员，并在劳动合同中写明 应采用有效的方式对从业人员及相关方进行职业危害宣传和警示教育，使其了解生产过程中的职业危害、预防措施、应急准备和响应要求、偏离规定程序的潜在后果，以降低或消除职业健康危害	5	①未告知职业危害，扣1分/人 ②未采取有效方式（公告、标识、警示、教育培训等）进行宣传教育，或无记录，扣3分 ③从业人员不了解生产过程中的职业危害、预防措施、应急准备和响应要求，扣2分/项	
5.10.2.2	职业危害警示	应对存在职业危害的作业场所按相关标准要求设置警示标识和警示说明。警示说明应载明职业危害的种类、后果、预防和应急救治措施	5	①未设置警示标识和警示说明，或其内容不符合要求或有缺失，扣1分/项	

5.10.3 职业病危害申报（5分）

序号	项目	内　容	标准分	评分标准	实得分
5.10.3.1	职业病危害申报	对存在严重职业危害的场所，按规定及时、如实向当地主管部门申报生产过程存在的职业危害因素，并依法接受其监督	5	①未按要求进行职业病危害申报，不得分	

5.11 应急救援（50分）

序号	项目	内　容	标准分	评分标准	实得分
5.11.1	应急机构和队伍	建立健全行政领导负责制的应急工作体系，成立应急领导小组以及相应工作机构，明确应急工作职责和分工，并指定专人负责安全生产应急管理工作 建立与本单位生产安全特点相适应的专兼职应急救援队伍或指定专兼职应急救援人员，必要时可与当地具备专业资质的应急救援队伍签订服务协议	8	①未建立应急工作体系，不得分 ②未明确应急工作职责和分工，扣3分 ③未建立队伍或指定专兼职人员，扣3分	
5.11.2	应急预案	按照应急预案编制导则，结合企业实际制定生产安全事故应急预案（附录F），包括综合预案、专项应急预案和现场处置方案 加强应急预案动态管理，建立预案备案、评审制度，根据评审结果和实际情况进行修订和完善。应急预案应按规定修订	12	①未制定本企业综合应急预案，不得分。预案编写不符合有关规定，扣3分 ②专项应急预案和现场处置方案不满足要求，扣2分/项 ③应急预案未评审、发布，扣3分 ④应急预案未按规定要求备案，扣2分 ⑤未对应急预案进行修订和完善，扣2分	
5.11.3	应急设施、装备、物资	按应急预案的要求，建立应急设施、配备应急装备、储备应急物资 对应急设施、装备和物资进行经常性的检查、维护、保养，确保其完好可靠	5	①未配备相应的应急设施、装备、物资，扣2分/项 ②无检查、维护、保养记录的，扣3分	

续表

序号	项目	内　　容	标准分	评分标准	实得分
5.11.4	应急培训和演练	每年至少组织一次应急预案培训，使有关人员了解应急预案内容，熟悉应急职责、应急程序和岗位应急处置方案 企业应定期开展企业领导和管理人员应急管理能力培训以及重点岗位员工应急知识和技能培训 制定年度应急演练工作计划，按规定进行演练，并对演练效果进行评估。根据评估结果，修订、完善应急预案，改进应急管理工作	15	①未组织预案培训，扣3分 ②未组织应急管理能力、应急知识和技能培训，无相关培训记录，扣3分/项 ③未制定演练方案，或对演练效果进行评估、修订完善，扣3分/项	
5.11.5	应急响应与事故救援	按突发事件分级标准确定应急响应原则和标准 针对不同级别的响应，做好应急启动、指挥、处置和现场救援、应急资源调配等工作；必要时与当地专业应急救援队伍取得联系，确保提供足够的人力和设备开展救援 做好突发事件后果的影响消除、施工秩序恢复、污染物处理、善后理赔、应急能力评估、对应急预案的评价和改进等后期处置工作	10	①未确定应急响应分级原则和标准，不得分 ②发生事故未及时启动应急预案，不得分 ③未对应急预案进行总结、评价、改进，扣3分	

5.12　信息报送、事故报告和调查处理（40分）

序号	项目	内　　容	标准分	评分标准	实得分
5.12.1	信息报送	落实安全生产和突发事件等安全信息管理要求，明确信息报送责任人 按规定报送安全信息，报送应做到准确、及时和完整	15	①未明确信息报送责任人，扣5分 ②未报送安全信息，扣3分/次 ③信息报送不及时，扣2分/次	
5.12.2	事故报告	发生事故后，应按规定向上级单位和有关部门报告	15	①瞒报、谎报不得分。迟报，扣3分/次	
5.12.3	事故调查处理	发生事故后，应妥善保护事故现场及有关证据。按规定成立、参加事故调查组，明确其职责和权限，进行事故调查；或配合有关部门进行事故调查 事故调查应查明事故发生时间、经过、原因、人员伤亡情况及经济损失等，编制事故调查报告 应按照事故调查报告意见，认真落实整改措施，严肃处理相关责任人	10	①未按要求进行事故调查处理，不得分 ②事故调查处理未执行“四不放过”原则，不得分 ③未落实整改措施，扣5分	

5.13　绩效评定和持续改进（30分）

序号	项目	内　　容	标准分	评分标准	实得分
5.13.1	建立机制	建立安全生产标准化绩效评定的管理制度，明确对安全生产目标完成情况、现场安全状况与标准化规范的符合情况、安全管理实施计划的落实情况的测量评估的方法、组织、周期、过程、报告与分析等要求，测量评估应得出可量化的绩效指标 制定本企业的安全绩效考评实施细则，并认真贯彻执行	8	①未建立安全生产标准化绩效评定的管理制度，未制定安全绩效考评实施细则，不得分 ②未认真执行安全绩效考评实施细则，扣4分	

续表

序号	项目	内容	标准分	评分标准	实得分
5.13.2	绩效评定	每年至少一次对本单位安全生产标准化的实施情况进行评定，验证各项安全生产制度措施的适宜性、充分性和有效性，检查安全生产工作目标、指标的完成情况，提出改进意见，形成评定报告。如发生人员死亡事故，应重新进行评定 评定报告应以企业正式文件的形式下发，将结果向企业所有部门、所属单位和从业人员通报，作为年度考评的重要依据	10	①未按期进行评定，不得分 ②评定报告未形成正式文件，扣3分 ③未将评定报告向所有部门、所属单位和从业人员通报，扣3分 ④评定报告有漏项，扣1分/项	
5.13.3	持续改进	应根据安全生产标准化评定结果，对安全生产目标与指标、规章制度、操作规程等进行修改完善，制定完善安全生产标准化的工作计划和措施，实施PDCA循环、不断提高安全绩效 对责任履行、系统运行、检查监控、隐患整改、考评考核等方面评估和分析出的问题，由安全生产委员会或安全生产领导机构讨论提出纠正、预防管理方案，并纳入下一周期的安全工作实施计划当中 对绩效评价提出的改进措施，应认真进行落实，保证绩效改进落实到位。 应根据绩效评价结果，对有关单位和岗位兑现奖惩	12	①未根据评定结果持续改进安全目标、指标、规章制度、操作规程，扣3分 ②未制定改进工作计划和措施，扣3分 ③未对评估和分析出的问题提出纠正或预防措施，扣3分 ④未对纠正措施进行闭环，扣3分 ⑤未按照评价结果进行奖励兑现或处罚，扣3分/单位	

附录A 电力勘测设计企业应建立基本安全管理制度

包含但不限于下列制度：

A1 安全生产责任制（含安全生产职责）

A2 安全教育培训管理制度

A3 安全生产费用管理制度

A4 安全生产检查制度（含隐患排查治理）

A5 作业安全管理制度（含特殊危险作业）

A6 设备设施管理制度（含特种设备）

A7 特种设备作业人员及特种作业人员管理制度

A8 相关方安全管理制度

A9 交通安全管理制度

A10 消防安全管理制度

A11 危险化学品和重大危险源管理制度

A12 应急管理制度

A13 事故管理制度（事故报告、调查处理、统计）

A14 安全生产考核与奖惩制度 A15 文件和档案管理制度

附录 B　电力勘测设计企业应建立适合所从事专业特点的安全生产管理制度

包含但不限于以下制度

B1　工程勘测（包含地质、测绘、水文、物探、勘探）

B1.1　项目物资采购管理制度

B1.2　民用爆炸物品管理制度

B1.3　材料仓库、库房安全管理制度

B1.4　易燃、易爆物品安全管理制度

B1.5　动火作业管理制度

B1.6　施工人员现场管理制度

B1.7　防汛、度汛安全管理制度

B2　工程总承包管理

B2.1　工程总承包项目安全管理制度（包括安全职责、策划、安全投入、教育培训、例会、监督检查、应急管理、安全考核等）

B2.2　分包商安全管理制度

B2.3　安全隐患排查治理制度

B2.4　危险化学品管理制度 B3 工程监理

B3.1　安全监理检查、签证制度

B3.2　安全巡视及旁站监理制度

B3.3　安全施工措施（方案）审查、备案制度

B3.4　施工机械、安全工器具审查制度

B3.5　施工管理人员、特殊工种/特殊作业人员审查监理制度

B3.6　工程分包安全监理制度

B3.7　安全/质量事故处理监理管理制度

B4　工程监测检测

B4.1　项目物资采购管理制度

B4.2　动火作业管理制度

B4.3　材料仓库、库房安全管理制度

B4.4　施工人员现场管理制度

B5　工程科研试验

B5.1　特种设备管理制度

B5.2　材料仓库、库房安全管理制度

B5.3　危化品管理制度

B5.4　施工现场管理制度

附录 C　电力勘测设计安全作业规程目录

电力勘测设计企业应建立基本安全作业规程，包含但不限于以下规程：

C1　规划踏勘安全作业规程

C2 钻探安全作业规程

C3 山地安全作业规程

C4 地质、测量、物探安全作业规程

C5 水文测验安全作业规程

C6 科研试验安全作业规程

附录D 重要临时设施、特殊作业、危险作业项目和危险性较大的勘测作业项目

以下为重要临时设施、特殊作业、危险作业项目和危险性较大的勘测作业项目，包括但不限于以下内容：

一、重要临时设施：包括临时使用的交通运输道路、桥梁，油库，民爆品、剧毒品库及其他危险品库，位于地质灾害易发区项目的临时营地、渣场等。

二、特殊作业：临近超高压线路施工，跨越铁路、高速公路、通航河道作业，进入高压带电区、电厂运行区、电缆沟、氢气站、乙炔站及带电线路 作业，接触易燃易爆、剧毒、腐蚀剂、有害气体或液体及粉尘、射线作业等，季节性施工，多工程立体交叉作业及与运行交叉的作业。

三、危险作业项目：起重机满负荷起吊，两台及以上起重机抬吊作业，移动式起重机在高压线下方及其附近作业，起吊危险品，超载、超高、超宽、 超长物件和重大、精密、价格昂贵设备的装卸及运输，油区进油后明火作业，在发电、变电运行区作业，高压带电作业及临近高压带电体作业，特殊高 处脚手架、金属升降架、大型起重机械拆卸、组装作业，水上作业，沉井、沉箱、金属容器内作业，土石方爆破，国家和地方规定的其他危险作业。

四、危险性较大的勘测作业项目：

（一）水上勘测作业：

在水深超过 3m，或流速超过 2m/s，或水域环境复杂的场地，利用水上交通工具、水上作业平台或钢丝缆绳等方式，从事水上（包括海上）钻探、检 测、试验等作业。

（二）坑探作业：

1. 在深厚覆盖层或不稳定地质岩体中施工，可能存在垮塌等隐患，或平洞深度超过 200m，竖井深度超过 10m；

2．平洞、坑槽内可能存在有毒有害物质、气体，或可能发生岩爆、突涌水等现象。

3．沉井、斜井施工。

（三）交叉勘测作业：

指在同一作业区域或上下空间存在两个及以上作业单元，且存在安全影响的作业。如，上部平洞施工爆破、弃碴，对下部勘测作业产生安全影响； 在平洞内同时存在平洞施工和岩体试验的作业。

（四）高处、临边机械勘探：

1．在悬崖、高边坡等临边区域开展机械钻孔；

2．采用搭建脚手架、高处作业平台等进行机械勘探，距地面高度大于 3m；

3．或在坡度大于 30°的坡面上，作业空间受限的机械勘探作业。

（五）特殊地段勘测作业：

1．边坡危岩体、深长洞穴、岩溶洞穴、坑道、隧洞等进行实地勘测作业；

2．借助攀岩、绳梯等，对高边坡、深井进行专项勘测作业；

3．上游来水存在陡涨陡落的水上或临边勘测作业；

4．特殊区域（沙漠、戈壁、荒无人烟、沼泽、海上等）或季节影响，存在较大安全风险的野外勘测作业。

（六）野外防火区作业：

在森林、草原防火区等进行野外作业，如物探等露天爆破，临时施工用电等。

（七）其他作业：

1．在固定区域勘探作业环境中，存在突出的动植物伤害、传染性疾病、地方病影响，需要夜间作业；

2．明显存在泥石流、滑坡、大风等自然灾害影响；

3．市政项目勘探、科研作业对周边人员、设施等公共安全存在较大影响。

附录E 重大危险源申报范围及分级

一、重大危险源申报范围

1．根据《危险化学品重大危险源辨识》（GB 18218）进行重大危险源辨识判定的重大危险源。

2．根据《关于开展重大危险源监督管理工作的指导意见》（安监管协调〔2004〕56号）对压力管道、锅炉、压力容器、尾矿库等进行重大危险源辨识 判定的重大危险源申报范围。

二、危险化学品重大危险源分级方法

重大危险源根据其危险程度，分一级、二级、三级和四级，一级为最高级别。重大危险源分级方法如下：

1．分级指标

采用单元内各种危险化学品实际存在（在线）量与其在《危险化学品重大危险源辨识》（GB18218）中规定的临界量比值，经校正系数校正后的比值 之和/?作为分级指标。

2．的计算方法

$$a+Pi+\beta_n On$$

式中：

仇由，…，®，—每种危险化学品实际存在（在线）量（单位：吨）；ft，

a —与各危险化学品相对应的临界量（单位：吨）；

卢7，卢广%　　　与各危险化学品相对应的校正系数；

«—该危险化学品重大危险源厂区外暴露人员的校正系数。

3．校正系数P的取值

根据单元内危险化学品的类别不同，设定校正系数万值，见表1和表2:

危险化学品类别	毒性气体	爆炸品	易燃气体	其他类 危险化学品
	见表2	2	1.5	1

注：危险化学品类别依据《危险货物品名表》中分类标准确定。

表 2　　常见毒性气体校正系数 P 值取值表

毒性气体名称	一氧化碳	二氧化硫	氨	环氧乙烷	象 1<化氛	溴甲烷	氯
	2	2	2	2	3	3	4
毒性气体名称	硫化氢	氟化氢	二氧化氮	氰化氢	碳酰氯	磷化氢	异氰酸甲酯
	5	5	10	10	20	20	20

注：未在表 2 中列出的有毒气体可按卢=2 取值，剧毒气体可按>9=4 取值。

4．校正系数的取值

根据重大危险源的厂区边界向外扩展 500 米范围内常住人口数量，设定厂外暴露人员校正系数 a 值，见表 3：

表 3　　校正系数 a 取值表

厂外可能暴露人员数量	a
100 人以上	2.0
50 人～99 人	1.5
30 人～49 人	1.2
1～29 人	1.0
0 人	0.5

5．分级标准

根据计算出来的 A[1] 值，按表 4 确定危险化学品重大危险源的级别。

表 4　　危险化学品重大危险源级别和值的对应关系

危险化学品重大危险源级别	及值
一级	松 100
二级	100>/?^50
三级	5O>y?^io
四级	R<10

附录 F　电力勘测设计企业应急预案及典型现场处置方案目录

电力勘测设计企业应建立与本企业生产实际相应的应急预案及典型现场处置方案，包含但不限于以下内容：

F1　综合应急预案

F2　专项应急预案

F2.1　自然灾害类

F2.1.1　防台、防汛、防强对流等恶劣天气应急预案

F2.1.2　防范地质灾害应急预案

F2.2　事故灾难类

F2.2.1 人身事故应急预案
F2.2.2 施工机械事故应急预案
F2.2.3 火灾事故应急预案
F2.2.4 交通事故应急预案
F2.2.5 环境污染事故应急预案
F2.3 公共卫生事件类
F2.3.1 食物中毒事件应急预案
F2.4 海外项目突发事件专项应急预案
F3 典型现场处置方案
F3.1 人身事故类
F3.1.1 高处坠落伤亡事故处置方案
F3.1.2 机械伤害伤亡事故处置方案
F3.1.3 物体打击伤亡事故处置方案
F3.1.4 触电伤亡事故处置方案
F3.1.5 火灾伤亡事故处置方案
F3.1.6 爆破作业伤亡事故处置方案
F3.1.7 交通伤亡事故处置方案
F3.1.8 溺水处置方案
F3.2 作业事故类
F3.2.1 水上作业船舶遇险处置方案
F3.2.2 起重机械故障事故处置方案
F3.3 火灾事故类
F3.3.1 危险化学品仓库火灾事故处置方案

附件2:

电力建设施工企业安全生产标准化规范及达标评级标准

前 言

为加强电力建设安全生产监督管理，落实《国务院关于进一步加强企业安全生产工作的通知》(国发〔2010〕23号)、《国务院关于坚持科学发展安全发展促进安全生产形势持续稳定好转的意见》(国发〔2011〕40号)，规范电力建设施工企业安全生产标准化工作，国家能源局委托中国电力建设企业协会组织编制本标准。

本标准依据国家有关安全生产法律法规、国家及行业现行标准和《企业安全生产标准化基本规范》(AQ/T 9006—2010)，结合电力建设施工企业的特点编制。

本标准规定了电力建设施工企业安全生产的目标、组织机构和职责、安全生产投入、法律法规与安全管理制度、教育培训、施工设备管理、作业安全、隐患排查和治理、危险源辨识和重大危险源监控、职业健康、应急救援、事故报告调查和处理、绩效评定和持续改进等十三个方面的内容、要求及达标评级标准，规范了电力建设施工企业安全管理。

本标准由国家能源局电力安全监管司归口管理并负责解释。

本标准主要起草单位：国家能源局电力安全监管司、中国电力建设企业协会。

本标准参加起草单位：国家电网公司、中国能源建设集团、中国电力建设集团、国家能源局江苏监管办、中国水利水电第十一工程局有限公司、广东火电工程总公司、浙江省送变电工程公司、江苏电建一公司。

主要编写人员（按姓氏笔画排序）：卜伟军、方绍曾、王从太、王立法、王建伟、王海明、尤京、石玉成李计东、刘耀恒、杨彦君、严四海、杨军、陈景山、陈名杨、陈渤、杜增、邵青叶、孙世杰、孙向东、肖广云、张扬民、周伟、郎德彬、郭俊峰、袁小超、邵志范、高翔、聂廷胜、黄泽明、崔锦瑞、蒋锦峰、程建棠谢杰、潘海波。

1 适用范围

本标准适用于中华人民共和国境内从事电源（不含核岛部分）、电网建设的施工企业；适用于上述企业涉电业务范围，其他业务按国家有关规定执行。

2 规范性引用文件

下列文件对于本标准的应用是必不可少的口凡是注日期的引用文件，其随后所有的修改单（不包括勘误的内容）或修订版均不适用于本标准，然而，鼓励根据本标准达成协议的各方研究是否可使用这些文件的最新版本。凡是不注日期的引用文件，其最新版本适用于本标准。

《中华人民共和国安全生产法》（2002 年中华人民共和国主席令第 70 号）

《中华人民共和国放射性污染防治法》（2003 年中华人民共和国主席令第 6 号）

《中华人民共和国环境保护法》（1989 年中华人民共和国主席令第 22 号）

《中华人民共和国环境噪声污染防治法》（1996 年中华人民共和国主席令第 77 号）

《中华人民共和国固体废物污染环境防治法》（2004 年中华人民共和国主席令第 31 号，2013 年中华人民共和国主席令第 5 号修改）

《中华人民共和国水污染防治法》（2008 年中华人民共和国主席令第 87 号）

《中华人民共和国劳动法》（1994 年中华人民共和国主席令第 28 号，2009 年中华人民共和国主席令第 18 号修改）

《中华人民共和国突发事件应对法》（2007 年中华人民共和国主席令第 69 号）

《中华人民共和国消防法》（2008 年中华人民共和国主席令第 6 号）

《中华人民共和国防震减灾法》（2008 年中华人民共和国主席令第 7 号）

《中华人民共和国防洪法》（1997 年中华人民共和国主席令第 88 号，2009 年中华人民共和国主席令第 18 号修改）

《中华人民共和国道路交通安全法》（2011 年中华人民共和国主席令第 47 号）

《中华人民共和国建筑法》（2011 年中华人民共和国主席令第 46 号）

《中华人民共和国特种设备安全法》（2013 年中华人民共和国主席令第 4 号）

《中华人民共和国职业病防治法》（2011 年中华人民共和国主席令第 52 号）
《中华人民共和国档案法》（1996 年中华人民共和国主席令第 71 号）
《水库大坝安全管理条例》（中华人民共和国国务院令第 77 号）
《电力设施保护条例》（中华人民共和国国务院令第 239 号）
《国务院关于特大安全事故行政责任追究的规定》（中华人民共和国国务院令第 302 号）
《使用有毒物品作业场所劳动保护条例》（中华人民共和国国务院令第 352 号）
《突发公共卫生事件应急条例》（中华人民共和国国务院令第 376 号）
《建设工程安全生产管理条例》（中华人民共和国国务院令第 393 号）
《地质灾害防治条例》（中华人民共和国国务院令第 394 号）
《安全生产许可证条例》（中华人民共和国国务院令第 397 号）
《中华人民共和国道路交通安全法实施条例》（中华人民共和国国务院令第 405 号）
《中华人民共和国道路运输条例》（中华人民共和国国务院令第 406 号）
《地震监测管理条例》（中华人民共和国国务院令第 409 号）
《劳动保障监察条例》（中华人民共和国国务院令第 423 号）
《电力监管条例》（中华人民共和国国务院令第 432 号）
《中华人民共和国防汛条例》（中华人民共和国国务院令第 441 号）
《民用爆炸物品安全管理条例》（中华人民共和国国务院令第 466 号）
《生产安全事故报告和调查处理条例》（中华人民共和国国务院令第 493 号）
《对外承包工程管理条例》（中华人民共和国国务院令第 527 号）
《中华人民共和国劳动合同法实施条例》（中华人民共和国国务院令第 535 号）
《特种设备安全监察条例》（中华人民共和国国务院令第 549 号）
《放射性物品运输安全管理条例》（中华人民共和国国务院令第 562 号）
《气象灾害防御条例》（中华人民共和国国务院令第 570 号）
《工伤保险条例》（中华人民共和国国务院令第 586 号）
《危险化学品安全管理条例》（中华人民共和国国务院令第 591 号）
《电力安全事故应急处置和调查处理条例》（中华人民共和国国务院令第 599 号）
《女职工劳动保护特别规定》（中华人民共和国国务院令第 619 号）
《劳动保护用品监督管理规定》（国家安全生产监督管理总局令第 1 号）
《生产经营单位安全培训规定》（国家安全生产监督管理总局令第 3 号）
《安全生产违法行为行政处罚办法》（国家安全生产监督管理总局令第 15 号）
《安全生产事故隐患排查治理暂行规定》（国家安全生产监督管理总局令第 16 号）
《生产安全事故应急预案管理办法》（国家安全生产监督管理总局令第 17 号）
《生产安全事故信息报告和处置办法》（国家安全生产监督管理总局令第 21 号）
《工作场所职业卫生监督管理规定》（国家安全生产监督管理总局令第 47 号）
《职业病危害项目申报办法》（国家安全生产监督管理总局令第 48 号）
《特种作业人员安全技术培训考核管理规定》（国家安全生产监督管理总局令第 30 号）
《建设项目安全设施“三同时”监督管理暂行办法》（国家安全生产监督管理总局令第 36 号）
《危险化学品重大危险源监督管理暂行规定》（国家安全生产监督管理总局令第 40 号）

《国家安监总局关于修改<生产安全事故报告和调查处理条例>罚款处罚暂行规定》（国家安全生产监督管理总局第 42 号）

《安全生产培训管理办法》（国家安全生产监督管理总局令第 44 号）

《危险化学品安全使用许可证实施办法》（国家安全生产监督管理总局令第 57 号）

《化学品物理危险性鉴定与分类管理办法》（国家安全生产监督管理总局令第 60 号）

《工伤认定办法》（中华人民共和国人力资源和社会保障部令第 8 号）

《建设工程消防监督管理规定》（公安部 119 号令）

《火灾事故调查规定》（公安部 121 号令）

《道路交通事故处理程序规定》（公安部 104 号令）

《电力安全生产监管办法》（国家电力监管委员会令第 2 号）

《气瓶安全监察规定》（国家质量监督检验检疫总局令第 46 号）

《起重机械安全监察规定》（国家质量监督检验检疫总局令第 92 号）

《特种设备事故报告和调查处理规定》（国家质量监督检验检疫总局第 115 号令）

《特种设备作业人员监督管理办法》（国家质量监督检验检疫总局令第 140 号）

《建设起重机械安全监督管理规定》（建设部第 166 号令）

《关于全面加强应急管理工作的意见》（国发〔2005〕24 号）

《关于进一步加强防震减灾工作的意见》（国发〔201O〕18 号）

《关于进一步加强企业安全生产工作的通知》（国发〔2010〕23 号）

《关于坚持科学发展安全发展促进安全生产形势持续稳定好转的意见》（国发〔2011〕40 号）

《关于加强和改进消防工作的意见》（国发〔2011〕46 号）

《关于深入开展企业安全生产标准化建设的指导意见》（安委〔2011〕4 号）

《关于加强建设项目安全设施“三同时”工作的通知》（发改投资〔2003〕1346 号）

《关于加强重大工程安全质量保障措施的通知》（发改投资〔2009〕3183 号）

《关于发布 2004 年版〈工程建设标准强制性条文〉（水利工程部分）的通知》（建标〔2004〕103 号）

《关于发布 2006 年版〈工程建设标准强制性条文〉（电力工程部分）的通知》（建标〔2006〕102 号）

《危险性较大的分部分项工程安全管理办法》（建质〔2009〕87 号）

《关于开展重大危险源监督管理工作的指导意见》（安监管协调字〔2004〕56 号）

《关于规范重大危险源监督与管理工作的通知》（安监总协调字〔2005〕125 号）

《关于做好建设项目安全监管工作的通知》（安监总协调〔2006〕124 号）

《关于印发生产经营单位生产安全事故应急预案评审指南（试行）的通知》（安监总厅应急〔2009〕73 号）

《关于加强安全生产应急管理宣传教育工作的意见》（安监总应急〔2009〕217 号）

《关于加强电力建设起重机械安全管理的通知》（电监安全〔2006〕28 号）

《关于进一步加强电力应急管理工作的意见》（电监安全〔2006〕29 号）

《电力二次系统安全防护总体方案》（电监安全〔2006〕34 号）

《关于深入推进电力企业应急管理工作的通知》（电监安全〔2007〕11 号）

《电力建设安全生产监督管理办法》（电监安全〔2007〕38 号）

《关于印发〈电力突发事件应急演练导则（试行）〉等文件的通知》（电监安全〔2009〕22 号）

《关于深入开展电力安全生产标准化工作的指导意见》（电监安全〔2011〕21 号）

《电力安全生产标准化达标评级管理办法（试行）》的通知（电监安全〔2011〕28 号）

《电力安全隐患监督管理暂行规定》（电监安全〔2013〕5 号）

《关于加强电力行业地质灾害防范工作的指导意见》（电监安全〔2013〕6 号）

《电力安全生产标准化达标评级实施细则（试行）》（办安全〔2011〕83 号）

《机电类特种设备安装改造维修许可规则（试行）》（国质检锅〔2003〕251 号）

《建筑施工企业主要负责人、项目负责人和专职安全生产管理人员安全生产考核管理暂行规定》（建质〔2004〕59 号）

《建筑起重机械备案登记办法》（建质〔2008〕76 号）

《电力企业应急预案管理办法》（电监安全〔2009〕61 号）

《电力企业综合应急预案编制导则》（试行）（国家电监会）

《电力企业专项应急预案编制导则》（试行）（国家电监会）

《电力企业现场处置方案编制导则》（试行）（国家电监会）

《关于做好电力安全信息报送工作的通知》（办安全〔2011〕74 号）

《企业安全生产费用提取和使用管理办法》（财企〔2012〕16 号）

《钢制压力容器》GB 150

《安全帽》GB2811

《安全色》GB2893

《安全标志及其使用导则》GB2 894

《手持式电动工具的管理、使用、检查和维修安全技术规程》GB/T3787

《固定式钢梯及平台安全要求》GB 4053.1～3

《氢气使用安全技术规程》GB 4962

《塔式起重机安全规程》GB 5144

《安全网》GB 5725

《起重机械安全规程》GB 6067

《安全带》GB 6095

《安全带检验方法》GB 6096

《爆破安全规程》GB 6722

《焊接与切割安全》GB 9448

《施工升降机安全规程》GB 10055

《固定的空气压缩机安全规则和操作规程》GB 10892

《足部防护电绝缘鞋》GB 12011

《建筑施工场界环境噪声排放标准》GB 12523

《建筑施工场界噪声测量方法》GB 12524

《起重机械超载保护装置》GB 12602

《化学品分类和危险性公示通则》GB 13690

《地下建筑氡及其子体控制标准》GBZ 16356
《带电作业用绝缘手套》GB 17622
《危险化学品重大危险源辨识 GB 18218
《防护服装化学防护服通用技术要求》GB 24539
《防护服装酸碱类化学品防护服》GB 24540
《手部防护机械危害防护手套》GB 24541
《坠落防护带刚性导轨的自锁器》GB 24542
《坠落防护安全绳》GB 24543
《坠落防护速差自控器》GB 24544
《电力安全工作规程（电力线路部分）》GB 26859
《电力安全工作规程（发电厂和变电站电气部分）》GB 26860
《建筑抗震设计规范》GB 50011
《建筑照明设计规范》GB 50034
《火灾自动报警系统施工验收规范》GB 50166
《建设工程施工现场供用电安全规范》GB 50194
《防洪标准》GB 50201
《电力工程电缆设计规范》GB 50217
《火力发电厂与变电站设计防火规范》GB 50229
《电力设施抗震设计规范》GB 50260
《自动喷水灭火系统施工及验收规范》GB 50261
《气体灭火系统施工及验收规范》GB 50263
《起重设备安装工程施工及验收规范》GB 50278
《泡沫灭火系统施工及验收规范》GB 50281
《建筑基坑工程监测技术规范》GB 50497
《建设工程施工现场消防安全技术规范》GB 50720
《建筑施工安全技术统一规范》GB 50870
《施工升降机》GB/T 10054
《起重机试验规范和程序》GB/T 5905
《起重机钢丝绳保养、维护、安装、检验和报废》GB/T 5972
《企业职工伤亡事故分类》GB/T 6441
《塔式起重机安装与拆卸规则》GB/T 26471
《生产过程安全卫生要求总则》GB/T 12801
《生产过程危险和有害因素分类与代码》GB/T 13861
《继电保护和安全自动装置技术规程》GB/T 14285
《场（厂）内机动车辆安全检验技术要求》GB/T 16178
《起重机械分类》GB/T 20776
《起重机《安全使用》GB/T 23723
《起重机检查》GB/T 23724

《生产经营单位生产安全事故应急预案编制导则》GB/T 29639
《工作场所职业病危害警示标识》GBZ 158
《用人单位职业病防治指南》CBZ/T 225
《电气装置安装工程施工验收规范（国标系列标准）》
《安全评价通则》AQS 001
《安全预评价导则》AQS 003
《生产经营单位安全生产事故应急预案编制导则》AQ/T 9002
《企业安全文化建设导则》AQ/T 9004
《企业安全文化建设评价准则》AQ/T 9005
《企业安全生产标准化基本规范》AQ/T 9006
《电站煤粉锅炉膛防爆规程》DL/T 435
《电力工业锅炉压力容器监察规程》DL 612
《电站锅炉压力容器检验规程》DL 647
《电力设备典型消防规程》DL 5027
《电力设备预防性试验规程》DL/T 596
《交流电气装置的接地》DL/T 621
《风力发电场安全规程》DL 796
《电力建设安全工作规程（火力发电厂部分）》DL 5009.1
《电力建设安全工作规程（架空电力线路部分）》DL 5009.2
《电力建设安全工作规程（变电所部分）》DL 5009.3
《转桨式转轮组装与试验工艺导则》DL/T 5036
《水工建筑物地下工程开挖施工技术规范》DL/T 5099
《水电水利工程爆破施工技术规范》DL/T 5135
《水电水利工程施工安全防护设施技术规范》DL 5162
《混凝土坝安全监测技术规范》DL/T 5178
《水电水利工程施工通用安全技术规程》DL/T 5370
《水电水利工程土建施工安全技术规程》DL/T 5371
《水电水利工程金属结构与机电设备安装安全技术规程》DL/T 5372
《水电水利工程施工作业人员安全技术操作规程》DL/T 5373
《水工建筑物岩石基础开挖工程施工技术规范》DL/T 5389
《水电工程施工组织设计规范》DL/T 5397
《土石坝安全监测技术规范》DL/T 5259
《电力大件运输规范》DL/T 1071
《建筑机械使用安全技术规程》JGJ 33
《施工现场临时用电安全技术规范》JGJ 46
《建筑施工安全检查标准》JGJ 59
《建筑施工高处作业安全技术规范》JGJ 80
《龙门架及井架物料提升机安全技术规范》JGJ 88

《建筑基坑支护技术规程》JGJ 120
《建筑施工门式钢管脚手架安全技术规范》JGJ 128
《建筑施工扣件式钢管脚手架安全技术规范》JGJ 130
《建筑施工现场环境与卫生标准》JGJ 146
《建筑拆除工程安全技术规范》JGJ 147
《施工现场机械设备检查技术规程》JGJ 160
《建筑施工模板安全技术规范》JGJ 162
《建筑施工碗扣式钢管脚手架安全技术规范》JGJ 166
《建筑施工土石方工程安全技术规范》JGJ 180
《建筑施工作业劳动防护用品配备及使用标准》JGJ 184
《施工现场临时建筑物技术规范》JGJ/T 188
《建筑施工塔式起重机安装、使用、拆卸安全技术规程》JGJ 196
《建筑施工工具式脚手架安全技术规范》JGJ 202
《建筑施工升降机安装、使用、拆卸安全技术规程》JGJ 215
《建筑施工承插型盘扣式钢管支架安全技术规程》JGJ 231
《塔式起重机混凝土基础工程技术规程》JGJ/T 187
《建筑起重机械安全评估技术规程》JGJ/T 189
《起重机械使用管理规则》TSG Q 5001
《起重机械安全管理人员和作业人员考核大纲》TSG Q 6001
《起重机械定期检验规则》TSG Q7015
《起重机械安装改造重大维修监督检验规则》TSG Q7016
《特种设备制造、安装、改造、维修质量保证体系基本要求》TSG Z0004
《特种设备制造、安装、改造、维修许可鉴定评审细则》TSG Z0005
《特种设备焊接操作人员考核细则》TSG Z6002
以下文件仅适用于中央企业：
《中央企业安全生产监督管理暂行办法》（国有资产监督管理委员会令第21号）
《中央企业安全生产禁令》（国务院国有资产监督管理委员会令第24号）
《中央企业应急管理暂行办法》（国务院国有资产监督管理委员会令第31号）

3《术语和定义

下列术语和定义适用于本规范口

3.1 安全生产标准化

通过建立安全生产责任制，制定安全管理制度和操作规程，排查治理隐患和监控重大危险源，建立风险分析和预控机制，规范电力建设施工企业安全生产行为，使电力建设施工企业各环节符合有关安全生产法律法规和标准规范的要求，人、机、物、环处于良好的状态，并持续改进，不断加强电力建设施工企业安全生产规范化建设。

3.2 安全绩效

依据安全工作目标，在施工企业安全工作方面取得的可测量结果。

3.3 相关方

与电力建设施工企业的安全绩效相关联或受其影响的组织或个人。

3.4 资源

实施安全生产标准化所需的人员、资金、设施、材料、技术和方法等。

3.5 高处作业

凡在坠落高度基准面 2m 以上（含 2m）有可能坠落的高处进行的作业。

3.6 受限空间

受限空间是指施工现场各种设备内部（炉、罐、仓、池、槽车、管道、烟道等）和隧道、下水道、沟、坑、井、池、涵洞、阀门间、污水处理设施等封闭、半封闭的设施及场所（地下隐蔽工程、密闭容器、长期不用的设施或通风不畅的场所等）。

在符合以下所有物理条件（同时符合以下 3 条）外，还至少存在以下危险特征之一的空间：

物理条件

——有足够的空间，让员工可以进入并进行指定的工作；

——进入和撤离受到限制，不能自如进出；

——并非设计用来给员工长时间在内工作的。

危险特征

——存在或可能产生有毒有害气体；

——存在或可能产生掩埋进入者的物料；

——内部结构可能将进入者困在其中（如，内有固定设备或四壁向内倾斜收拢）；

——存在已识别出的健康、安全风险。

3.7 特种作业

指容易发生事故，对操作者本人、他人的安全健康及设备、设施的安全可能造成重大危害的作业。

3.8 重大危险源

是指长期地或者临时地生产、搬运、使用或者储存危险物品，且危险物品的数量等于或者超过临界量的单元（包括场所和设施）。

3.9 事故隐患

事故隐患分为一般事故隐患和重大事故隐患。

一般事故隐患，是指危害和整改难度较小，发现后能够立即整改排除的隐患。

重大事故隐患是指危害和整改难度较大，应当全部或者局部停产停业，并经过一定时间整改治理方能排除的隐患，或者因外部因素影响致使生产经营单位自身难以排除的隐患。

4 一般要求

4.1 原则

电力建设施工企业（以下简称企业）开展安全生产标准化工作遵循“安全第一、预防为主、综合治理”的方针，建立健全安全管理机构和管理制度，以安全文明施工、危险源动态管理、隐患排查治理为基础，提高安全生产水平，防范事故，保障人身安全健康，实现电力建设施工企业安全目标。

4.2 建立和保持

依据本标准要求，结合企业特点，采用“策划、实施、检查、改进”动态循环的模式，通过自我检查、自我纠正和自我完善，规范安全管理和作业行为，建立并保持安全绩效持续改进的长效管理机制。

4.3 评审和监督

企业应根据本标准开展安全生产标准化工作，自评后按相关管理办法的要求申请评审定级。

标准化达标评级采用对照本标准评分的方式，评审得分一（实得分/应得分）×100。其中，实得分为受评企业实际得分值的总和；应得分为受评企业适用项标准分值的总和。

设立加分项。企业有安全管理创新成果，且已对企业安全生产工作起到积极促进作用、效果明显、具有广泛推广价值，经评审专家组协商一致，可在实得分中加分：每项加分不超过5分，总加分不超过10分。

标准化达标评级分为一级、二级、三级，评审得分90分及以上为一级，得分80分及以上为二级，得分70分及以上为三级。

国家能源监管机构对达标评级工作进行监督管理。

4.4 评审范围

评审范围包括企业本部和本企业承揽的工程项目（工程项目一般抽查20%。申报一级企业，最少抽查2个处于施工高峰期的项目，最多抽5个；申报二级、三级的企业，评审期内处于施工高峰期的项目数不能为零，且最少抽查1个项目；所参建的项目中已有通过建设方组织的工程建设项目达标评级的，可以核减一个项目；施工企业承建的国外项目可参加安全标准化评审）。

4.5 评审时间

外部评审时间：企业自评后进行安全生产标准化达标申报，与评审机构确定评审时间。抽查的项目应已核准并处于施工高峰期（火电工程：首台锅炉大板梁吊装至系统调试阶段；水电工程：挡水建筑物完成50%至机电设备开始安装；输变电工程：变电工程主变压器安装就位前或线路工程导地线架线前：其他电力工程建设项目部可根据工程情况确定）。

5 核心要求及评分标准

5.1 目标（30分）

序号	项目	内　容	标准分	评分标准	实得分
5.1.1	目标的制定	企业应根据本单位安全生产实际，制定年度安全生产目标 项目部应有效的分解企业及工程建设项目的安全生产目标 安全生产目标应包含人员、机械、设备、交通、火灾、环境等事故方面的的控制指标口 安全生产目标应经企业（项目部）主要负责人审批，并以文件的形式发布 企业和项目部各相关部门应根据本企业安全生产目标及工程建设项目安全生产目标，制定相应的分级目标	10	①企业未制定年度安全生产目标，不得分 ②项目部未分解安全生产目标．扣2分/项目部 ③人员、机械、设备、交通、火灾、环境等方面的安全指标缺项，扣1分/项q目 ④安全生产目标未经本单位主要负责人审批、未以文件的形式发布，扣1分/项目部 ⑤相关部门未制定相应的分级目标，扣1分/处口	

续表

序号	项目	内　容	标准分	评分标准	实得分
5.1.2	目标的控制与实施	企业应根据年度安全生产目标及分级目标，制定安全目标保证措施，落实到部门口企业应与所属单位（部门）签订安全生产目标责任书实施分级控制 项目部应根据本单位安全生产目标及工程建设项目安全生产目标，制定具体、可操作的保证措施，明确责任人，并严格实施。 项目部应根据施工环境的变化结合工程实际情况，对安全目标保证措施进行动态调整	14	①企业未制定具体的安全生产目标保证措施，不得分；安全目标保证措施未落实到部门，扣3分 ②企业未与所属单位（部门）签订安全生产目标责任书，扣3分/单位（部门）口 ③项目部未制定保证措施，扣3分/项目：安全生产目标保证措施笼统、可操作性差，未明确责任人，扣1分/项目部 ④工程项目状况发生较大变化，项目部未对安全生产目标保证措施进行动态调整，扣1分/项目部	
5.1.3	目标的监督与考核	企业（每半年）和项目部（每季度）应定期对本企业/项目部安全生产目标保证措施的实施情况进行监督检查，并保存有关记录 企业和项目部应对安全生产目标完成情况进行评价、考核，并形成记录	6	①未对安全生产目标保证措施的落实情况进行监督、检查，扣2分/处 ②未对安全生产目标的完成情况进行评价、考核，扣2分/处	

5.2 组织机构和职责（60分）

序号	项目	内　容	标准分	评分标准	实得分
5.2.1	安委会	企业应成立安全生产委员会（以下简称安委会）。安委会主任应由企业主要负责人担任．企业领导班子成员及各相关部门（单位）负责人为成员，安委会应明确职责，建立工作制度 企业每年应至少召开二次安委会会议，会议应由安委会主任主持，总结分析本企业及各施工现场的安全生产情况，部署安全生产工作．协调解决安全生产问题，决定企业安全生产管理的重大措施 项目部应成立安委会或安全生产领导小组。安委会主任或安全生产领导小组组长应由项目经理担任，项目部班子成员及各相关部门（单位）负责人为成员，安委会或安全生产领导小组应明确职责，建立工作制度。项目部应每季度召开一次安委会会议（或领导小组会议），会议应由项目经理主持 企业和项目部应根据人员变动及时调整安委会或安全生产领导小组成员	10	①企业未成立安委会，不得分；项目部未成立安委会或安全生产领导小组，扣4分/项目部 ②未建立相关工作制度，扣2分/处 ③未按规定召开会议或未发布会议纪要，扣2分/次 ④企业主要负责人未主持安委会会议，扣2分/次；项目经理未主持安委会会议（或领导小组会议），扣2分/次 ⑤主要人员变动未及时调整，扣2分	
5.2.2	安全生产保证体系	企业应建立健全由各级主要负责人组成的安全生产保证体系，明确安全职责，各级主要负责人应具备相应的任职资格和能力 项目部应建立健全由项目主要负责人、各部门（作业队）负责人、班组长组成的安全生产保证体系，明确安全职责，各级人员应具备相应的任职资格平和能力 各级安全生产保证体系应建立工作制度和例会制度，各级负责人应检查本单位安全和文明施工情况，协调解决施工中存在的安全生产问题，提出改进措施并闭环整改	15	①企业安全生产保证体系不健全、职责不清，扣4分 ②各级主要负责人不符合相应的任职资格和能力要求，扣1分/人 ③各级安全生产保证体系未建立工作制度和例会制度，扣3分 ④未按工作制度和例会制度开展工作，扣4分	

续表

序号	项目	内　容	标准分	评分标准	实得分
5.2.3	安全生产监督体系	企业（项目部）应按国家相关规定设立安全生产监督管理机构，配备专职安全生产管理人员，建立健全安全生产监督体系，落实企业及工程建设项目的安全监督管理工作 安全监督机构要定期检查本单位安全生产工作情况，纠正违反安全生产法规及规章制度的行为，安全监督工作记录应完整 项目部安全管理人员对危险性较大的工作应进行现场监督 项目部应按规定召开安全监督网络会议，并做好会议记录	15	①企业（项目部）未设置安全监督管理机构，扣5分/处；未配备专职安全管理人员，扣2分/处 ②配备的专职安全管理人员资质不符合规定，扣2分/人：人员数量不符合规定，扣2分/处 ③现场监督检查无记录，发现违章现象未制止并未跟踪整改，扣1分/次 ④安全管理人员对危险性较大的工作未进行现场监督，扣2分/次 ⑤未按时召开安全监督网络会议或会议记录不完整，扣2分/次	
5.2.4	安全职责	企业（项目部）应制定安全生产责任制，明确各级、各部门及岗位人员的安全职责，经批准后以文件形式发布 企业（项目部）主要负责人应全面负责安全生产工作，并履行下列主要职责 ——组织建立、健全本单位的安全生产责任制，并组织开展企业安全生产标准化建设工作 ——组织制定安全生产规章制度和操作规程，并保证其有效实施 ——保证本单位安全生产投入的有效实施 ——督促检查本单位安全生产工作，及时消除生产安全事故隐患 ——组织制定并实施本单位的生产安全事故应急救援预案 ——及时、如实报告生产安全事故 ——其他职责符合国家及行业有关安全生产法律、法规的规定 各级、各岗位人员要认真履行岗位安全生产职责，严格执行安全生产规章制度口 企业应对各级、各岗位人员的安全生产职责履行情况进行检查、考核	20	①未建立安全生产责任制，不得分 ②安全生产责任制未以文件形式发布，扣2分 ③未明确各级、各部门、各岗位人员安全职责或职责有遗漏，扣1分/处 ④被抽查人员对安全职责不清楚，扣1分/人 ⑤主要负责人、各部门、各岗位人员未履行安全职责，扣1分/处。 ⑥未对安全生产责任制落实情况进行考核，扣2分。	

5.3 安全生产投入（50分）

序号	项目	内　容	标准分	评分标准	实得分
5.3.1	费用管理	企业应按国家有关规定提取安全生产专项费用，在竞标时列入工程造价，不得删减 企业应制定安全生产费用管理制度，明确安全生产费用的提取和使用程序、使用范围、职责及权限口 企业应制定满足各施工项目需要的安全生产费用使用计划，经审批后与施工计划同时下达实施，做到专款专用 项目部应制定安全费用使用计划和实施需要，经审批后严格实施 项目部应依据安全生产费用使用计划和范围，根据工程施工的实际，如期投入满足需求，并接受工程建设单位和监理的监督	25	①企业（项目部）未按规定提取安全生产专项费用，不得分 ②企业未制定安全生产费用管理制度，扣5分 ③未制定安全生产费用使用计划，扣3分 ④安全生产费用使用计划范围不符合国家有关规定，扣3分 ⑤安全生产费用使用计划未经审批，扣1分 ⑥无安全生产费用使用台账或台账记录不完整，台账未做到月度统计、年度汇总，扣1分/项目部 ⑦总承包单位未按比例将安全生产费用支付分包单位使用，扣2分/项目部	

续表

序号	项目	内 容	标准分	评分标准	实得分
5.3.1	费用管理	项目部应对安全生产费用使用情况进行统计、汇总、分析，建立安全生产费用使用管理台账，台账应做到月度统计、年度汇总 总包单位应将安全费用按比例直接支付分包单位并监督使用，分包单位不再重复提取 企业应定期组织有关部门对所属单位、项目部安全生产专项费用使用情况进行检查、考核	25	⑧企业未组织相关部门对安全生产费用使用情况检查、考核，扣5分	
5.3.2	费用使用	安全生产费用主要用于以下方面： ①完善、改造和维护安全防护设施（见附录 A）设备支出（不含“三同时”要求初期投入的安全设施），包括施工现场临时用电系统、洞口、临边、机械设备、高处作业防护、交叉作业防护、防火、防爆、防尘、防毒、防雷、防台风、防地质灾害、地下工程有害气体监测、通风、临时安全防护等设施设备支出 ②配备、维护、保养应急救援器材、设备支出和应急演练支出 ③开展重大危险源和事故隐患评估、监控和整改支出 ④安全生产检查，评价（不包括新建、改建、扩建项目安全评价）、咨询和标准化建设支出 ⑤配备和更新现场作业人员安全防护用品支出 ⑥安全生产宣传、教育、培训支出 ⑦安全生产适用的新技术、新标准、新工艺、新装备的推广应用支出 ⑧安全设施及特种设备检测检验支出 ⑨其他与安全生产直接相关的支出	25	安全生产费用未按规定范围使用，扣2分/处	

5.4 法律法规与安全管理制度（40分）

序号	项目	内 容	标准分	评分标准	实得分
5.4.1	法律法规、标准规范	企业应建立安全生产法律法规、标准规范的识别、获取制度，及时识别、获取适用的安全生产法律法规、标准规范 企业应建立适用的安全生产法律法规、标准规范清单，并及时更新发布 企业（项目部）应严格遵守国家、行业及所在地安全生产法律法规、标准规范。从事承装（修、试）电力设施活动的施工企业，应按照《承装（修、试）电力设施许可证管理办法》（原电监会令第28号）之规定取得承装（修、试）电力设施许可证 项目部应及时识别获取并严格遵守项目所在地安全生产有关要求。 企业（项目部）应及时传达、部署上级安全生产工作要求	5	①企业未建立安全生产法律法规、标准规范的识别、获取制度，扣2分 ②企业未建立并发布适用的安全生产法律法规、标准规范清单．扣2分 ③企业（项目部）发现使用失效、过期的法规、规程、标准规范或不齐全，扣1分 ④项目部未识别获取项目所在地安全生产有关要求，扣1分/项目部 ⑤项目部未保存适用的安全生产法律法规、标准规范清单,扣1分/项目部 ⑥未及时传达部署上级安全生产要求，扣1分	

续表

序号	项目	内　容	标准分	评分标准	实得分
5.4.2	规章制度	企业应依据安全生产法律法规、标准规范，建立健全安全生产规章制度，并发布实施 项目部应根据工程实际和工程建设单位要求，建立和完善安全生产规章制度或实施细则，并发布实施 安全生产规章制度应及时传达到相关单位、部门、工作岗位	15	①企业未制定和发布安全管理制度，不得分 ②项目部未制定、发布安全管理制度或实施细则，扣2分/项目部 ③企业（项目部）安全管理基本制度缺项，扣3分 ④安全生产规章制度未及时传达到相关单位、部门、工作岗位，扣1分/处	
5.4.3	操作规程	企业应根据岗位、工种特点和设备安全技术要求，引用或编制适用的安全操作规程，并发放到相关岗位	3	①安全操作规程有缺项、不适用的，扣1分/处 ②安全操作规程未发放到相关岗位、工种，设备未悬挂安全操作规程，扣1分/处	
5.4.4	定期评审	企业（项目部）每年至少对安全生产法律法规、标准规范、规章制度、操作规程的执行情况和适用情况进行一次评审	3	①未对安全生产法律法规、标准规范、规章制度、操作规程进行适用性评审，扣1分/类 ②无评审记录，扣2分	
5.4.5	修订	企业应根据评审情况、安全检查反馈的问题、生产安全事故案例、绩效评定结果等，对企业安全生产管理规章制度和安全操作规程进行修订．确保其有效和适用	3	未按评审结果修订安全生产管理规章制度和安全操作规程，扣1分/处	
5.4.6	文件和档案管理	企业（项目部）应执行文件和档案管理制度，确保安全规章制度、安全操作规程编制、使用、评审、修订的有效性 企业（项目部）应建立主要安全生产过程、事件、活动、检查的安全记录台账，安全记录应及时整理和编目	5	①未按文件和档案管理制度对安全规章制度、安全操作规程编制、使用、评审、修订进行管理，扣1分/处 ②未按规定建立安全记录台账，扣2分 ③安全记录台账未按国家及行业有关要求及时整理和编目，扣1分	

5.5 教育培训（80分）

序号	项目	内　容	标准分	评分标准	实得分
5.5.1	教育培训管理	企业应建立安全教育培训管理制度，明确安全教育培训主管部门及责任人，定期识别安全教育培训需求，制定、发布、实施安全教育培训计划，有相应的资源保证 企业及项目部应做好安全教育培训记录，建立安全教育培训台账，实施分级管理，并对培训效果进行验证、评估和改进	15	①企业未建立安全教育培训管理制度，未明确安全教育培训主管部门或责任人，扣5分 ②企业未制定、发布安全教育培训计划，扣2分 ③企业（项目部）安全教育培训师资、资金和设施未落实，扣2分 ④安全教育培训未实施分级管理，未建立安全教育培训记录、台账和档案，扣3分 ⑤未对培训效果进行验证、评估，扣3分	
5.5.2	安全管理人员教育培训	企业主要负责人、项目负责人和安全生产管理人员应经相应资质的培训机构培训合格，具备安全生产知识和管理能力，取得培训合格证书	15	企业（项目部）主要负责人、安全生产管理人员未经具备相应资质的安全培训，未持有效证件，扣3分/人	

续表

序号	项目	内　　容	标准分	评分标准	实得分
5.5.3	作业人员教育培训	企业（项目部）应对从业人员每年至少进行一次安全教育培训，培训内容包括安全法规、规章制度、操作规程、生产技能、应急处置知识等，并经考试验证确认其能力符合岗位要求 工作票签发人、工作负责人、工作许可人须经安全培训、考试合格并公布 新入厂人员在上岗前，必须按规定经过三级安全教育培训，经考试合格后方可上岗，培训时间不得少于40学时 作业人员重新上岗、调整工作岗位，应对其进行适应新操作方法、新岗位的安全培训 采用新技术、新标准、新工艺、新装备的，应对作业人员进行专门的安全教育和培训口特种作业人员应按有关规定接受专门的培训，经考核合格并取得有效资格证书后，方可上岗作业，并定期进行资格审查 安全技术交底和每天的“站班会（班前会）”应纳入安全教育培训．并结合工作任务做好危险点分析，布置安全措施，讲解安全注意事项	30	①企业（项目部）每年未对作业人员进行安全教育培训，扣5分 ②培训后考核不合格人员仍进行作业，扣2分/人 ③项目部在岗的工作票签发人、工作负责人、工作许可人未经安全培训或考试不合格，扣2分/人 ④新入厂人员未经三级安全教育培训上岗，扣1分/人 ⑤未对重新上岗、调整工作岗位作业人员进行安全教育和培训，扣1分/人 ⑥未对实施新技术、新标准、新工艺、新装备的有关作业人员进行专门的安全教育培训，扣2分 ⑦特种作业人员未持有效证件，扣1分/人 ⑧项目部未按规定组织安全技术交底，无交底记录，扣3分/项目部 ⑨施工作业班组未组织每天的“站班会”，无危险点告知记录或记录内容不充实，扣2分/处	
5.5.4	其他人员教育培训	项目部应组织或监督相关方人员进行安全教育培训和考试 项目部对参观、学习、实习等外来人员，应进行有关安全划定、可能接触到的危害及应急知识的教育或告知，并做好相关监护工作	10	①未组织或监督相关方人员进行安全教育培训，扣2分/项目部 ②未对外来人员进行安全教育培训和危险告知，扣2分/项目部	
5.5.5	安全文化建设	企业应建立带有本企业特点，反映共同安全志向的安全文化建设规划和安全理念，包括安全价值观、安全愿景、安全使命和安全目标等 企业应制定必要的规章制度、程序，以实现对安全生产相关的所有活动进行有效控制 升展多种形式的安全文化活动，采取可靠、有效的安全激励方式，引导从业人员安全态度和安全行为，形成全体员工所认同、共同遵守的安全价值观，实现在法律和政府监管要求之上的安全自我约束，保障企业安全管理水平持续提高 企业应建立安全生产各项要求的示范标准，包括安全设施标准、安全作业行为标准、文明施工规范等	10	①企业无安全理念．扣3分 ②企业无安全文化建设规划，扣3分 ③企业未开展多种形式的安全文化活动，扣3分 ④企业未对实施有效的安全激励，扣2分 ⑤企业未建立安全设施标准、安全作业行为标准、文明施工规范，扣2分	

5.6 施工设备管理（170分）

5.6.1 施工设备基础管理（75分）

序号	项目	内　　容	标准分	评分标准	实得分
5.6.1.1	管理组织机构	企业应设置施工机械设备管理机构，配备专业管理人员，形成管理网络，明确岗位职责	10	①企业未设置施工机械设备管理部门，不得分 ②企业未建立施工机械设备管理网络，扣2分：网络不健全，扣1分	

续表

序号	项目	内　容	标准分	评分标准	实得分
5.6.1.1	管理组织机构	项目部应设置或明确施工机械设备管理部门，配备符合任职条件的施工设备管理人员，明确管理职责和岗位责任	10	③项目部未设置或明确施工机械设备管理部门，未配备施工机械设备管理人员，扣2分/项目部 ④企业、项目部未明确施工机械设备管理岗位职责，扣2分	
5.6.1.2	制度管理	企业应制定施工设备的采购、验收、检验、安拆、使用（租赁）、维护保养、监督检查、进出场、报废等管理制度，明确各级管理职责、流程和管理要求 特种设备的管理制度应符合《中华人民共和国特种设备安全法》《特种设备安全监察条例》相关规定 项目部应依据企业的管理制度、安全管理责任制和岗位操作规程，结合工程实际，完善相关制度和规程并严格实施。	15	企业未制定施工机械设备管理制度，不得分；施工机械设备管理制度不健全，扣2分 ②特种设备的管理制度不符合相关规定，扣2分 ③项目部未完善施工机械设备管理制度和规程，并未实施，扣2分/项目部	
5.6.1.3	验收及检验管理	企业新购置的、大修的、重新安装后的施工设备应经过验收及检验合格方可使用 企业购置的施工设备（尤其是特种设备）应当附有安全技术规范要求的设计文件、产品质量合格证明、安装及使用维修说明、监督检验证明等文件，相关资料存档 项目部对进入施工现场的施工设备、运输车辆进场和使用前应按相关要求进行报验，特种设备应经有资质的检验机构进行检验，合格方可投入使用，并按相关规定进行定期检验和注册登记，并保存相关资料	20	①企业新购置的、大修的、重新安装后的施工机械设备未按要求进行验收，扣2分/台 ②购置的特种设备证件、资料不齐全，扣1分/台 ③项目部特种设备、运输车辆进场未经验收就投入使用的或检验合格证不在有效期内的，扣3分/台；验收资料不齐全的，扣1分/台 ④企业违规改造、制造特种设备，扣2分/项	
5.6.1.4	特种设备作业人员管理	企业应建立特种设备作业人员管理台账，并进行动态管理，各类证件应合法有效 项目部特种设备作业人员（含分包商、租赁的特种设备操作人员）应持证上岗，入场时应确认证件有效并保存其复印件，建立项目特种设备作业人员管理台账，并向监理单位报备，并进行动态管理	10	①企业未建立特种设备作业人员管理台账，未进行动态管理的，扣3分 ②特种设备作业人员（含分包商、租赁的特种设备操作人员）未持有效证件上岗，扣2分/人 ③项目部特种设备作业人员米向监理单位报备，未进行动态管理，扣2分/项目部	
5.6.1.5	档案管理	企业、项目部应按国家有关档案规范及相关要求，及时收集、整理、归档施工设备相关资料 企业应建立施工设备台账及管理档案。大型施工机械及特种设备管理档案应包括：施工设备的名称、型号规格、制造单位、产品质量合格证明、使用维护说明等文件以及安装技术文件和资料、事故记录、安全附件、安全保护装置更换记录等 项目部应建立施工设备管理台账（必要的设备资料）及管理记录，设备管理台账应齐全、完整，管理记录应完整、清晰、准确。大型施工机械及特种设备管理记录应包括：验收（检验）资料、安全附件、安全保护装置、测量调控装置及有关附属仪器仪表的日常维护保养记录、设备运行故障和事故记录、交接班记录、安拆记录；运转记录、定期检验和定期自行检查记录等	10	①企业未建立施工设备台账．扣3分；大型施工机械及特种设备档案资料不完整或与实际情况不符，扣1分/口 ②项目部未建立施工设备管理台账，扣2分/项目；大型施工机械及特种设备管理记录不齐全、完整、准确，扣1分/台	

续表

序号	项目	内　　容	标准分	评分标准	实得分
5.6.1.6	危险作业控制	企业应组织识别大型施工设备安装、使用、维修、拆除的危险源（点），并制定相应措施，作业中执行 项目部应根据工程项目的自然环境、地理位置、气候状况和设备及人员的配置等，进一步识别大型施工设备安装、使用、维修、拆除的危险源（点），并制定相应的安全措施严格实施 企业应根据施工机械设备危险作业风险等级，明确专项方案的编制、审批权限及流程 项目部应按相关权限编制施工机械设备危险作业专项方案，并经过审批后实施 危险作业应按照有关规定安排专人实施现场监督	10	①企业、项目部未组织识别大型施工设备安装、使用、维修、拆除的危险源（点）、未制定相应措施，扣3分/台 ②企业未明确施工机械设备危险作业专项方案编制、审批权限及流程，扣3分。 ③项目部未按相关权限编制危险作业专项方案或方案未经审批实施，扣2分/项目部 ④作业中未按相应措施施工，扣2分/台 ⑤危险作业未实施现场监督，扣1分	

5.6.2 施工设备使用管理（70分）

序号	项目	内　　容	标准分	评分标准	实得分
5.6.2.1	设备性能及作业环境	施工设备的金属结构、运行机构、电气控制系统无缺陷；安全保护装置应齐全、可靠、灵敏 施工设备的防护罩、盖板、梯子护栏等安全防护设施应完备可靠 起重设备的灯光、音响、信号应齐全可靠，指示仪表应准确、灵敏；风力监测装置装设位置符合要求 施工设备应干净整洁，悬挂标识牌、检验合格证，明示安全操作规程 设备基础应进行验收，质量应符合相关技术要求，并定期检查 施工机械设备运行范围内无障碍物，满足安全运行要求 施工现场两台及以上机械设备在使用过程中可能发生碰撞时，应制定相应的防碰撞措施 牵张设备的电气接地装置符合规程要求；过载保护装置可靠、灵敏 项目部应针对工程地处的地理位置、自然环境、地质和气候状况，制定施工设备在极端天气作业环境的防护措施	20	①施工设备金属结构、运行机构、电气控制系统存在缺陷．扣1分/台 ②安全防护装置的设置不符合要求或不能起到保护作用，扣1分/台 ⑧起重机械风力监测装置等未按规定设置，扣2分/台 ④施工设备润滑系统滴漏油，设备操作间物件摆放零乱，未悬挂标识牌、检验合格证，安全操作规程，扣1分/台 ⑤设备基础、轨道未经验收或定期检验，存在缺陷，扣1分/台 ⑥作业环境不满足安全运行要求，扣2分/台 ⑦两台及以上机械在使用过程中可能发生碰撞，未制定相应安全措施，扣2分/项目部 ⑧牵张设备电气接地不符合规程要求，扣2分/台 ⑨牵张设备未装过载保护装置，扣5分/台 ⑩项目部未针对极端天气作业环境制定施工设备防护措施，扣2分/项目部	
5.6.2.2	操作维修保养	企业应制定施工设备安全操作维护保养办法 企业应定期对施工设备维修保养情况进行检查验证和考核 操作人员应按安全操作规程进行操作 项目部应对施工设备进行日常维护保养，维护保养作业时应悬挂明显的警示标识 施工设备维修结束后项目部应按规定组织验收，合格后方可投入使用 项目部应对施工设备日常维护保养情况定期进行检查，并做好记录 牵张设备应定人定机，操作人员必须熟悉牵张设备的机构、工作原理、操作规程及维护保养知识	20	①企业未制定施工设备安全操作维修保养办法，扣5分 ②企业未定期对施工设备维修保养情况进行检查验证和考核，扣5分 ③操作人员未按安全操作规程进行操作，扣1分/人 ④项目部未对施工设备进行日常维护保养，维护保养作业时未悬挂明显的警示标识，扣3分/项目 ⑤施工设备维修结束后未组织验收便投入使用，扣2分/台 ⑥项目部未对施工设备日常维护保养情况进行检查，扣3分/项目部 ⑦牵张设备未定人定机，相关人员未按规程对设备进行维护保养，扣3分/台	

续表

序号	项目	内容	标准分	评分标准	实得分
5.6.2.3	安全监督检查	企业应制定施工设备安全监督检查计划，编制各类施工设备的日常、专项和定期检查表，并组织检查 项目部应根据施工特点、季节变化、特定危险源、时间周期等对施工设备组织安全监督检查 项目部每月（包含停用一个月以上的起重机械在重新使用前）应对主要施工设备安全状况进行一次全面检查	15	①企业未制定施工设备安全监督检查计划，扣5分；未按计划组织检查，扣2分 ②企业未编制各类施工设备的日常、专项和定期检查表，未按计划组织检查，扣1分/项 ③项目部未根据施工特点、季节变化、特定危险源、时间周期等对施工设备组织安全监督检查，扣2分/项目部 ④项目部每月（包含停用一个月以上的起重机械在重新使用前）未对主要施工设备安全状况进行一次全面检查或检查整改资料不全的，扣2分/项目部	
5.6.2.4	相关方施工设备管理	企业应明确要求相关方提供的施工设备须符合国家相关的技术标准和安全使用条件 企业与相关方应签定合同，明确双方的施工设备管理安全责任和具体的安全管理奖罚办法，明确相关方提供的施工设备纳入项目部施工设备统一管理 项目部应对施工设备（含相关方提供的）技术性能及安全状况进行检查，合格后方可使用 特种设备应经有资质的检验机构进行检验，合格方可投入使用，项目部应保存相关资料 械设备纳入统一管理，扣2分/项目部	15	①企业对相关方提供的施工设备，未明确相关技术标准和安全使用条件要求，扣5分 ②外租施工设备未签订租赁合同和安全协议，未明确双方安全责任，扣 3 分/台 ③项目部未将租赁设备、分包单位的施工机 ④项目部对相关方的施工设备在进场时未按管理要求进行检查（检验）、验收并报监理工程师备案，扣2分/台 ⑤相关方的的特种设备，未经有资质的检验机构进行检验便投入使用，扣5分/台	

5.6.3 施工设备安装、拆除管理（25分）

序号	项目	内容	标准分	评分标准	实得分
5.6.3	安装、拆除管理	特种设备安装前应向项目所在地特种设备安全监督管理部门办理告知手续 特种设备安装、拆除单位应具有相应资质 施工设备安装、拆除作业人员应具备相应的能力和资格 企业对外委托安装、拆除施工设备，应签订施工合同和安全协议，明确双方责任 施工设备安装、拆除必须编制专项施工方案，内容及审批程序应符合要求，作业前应组织安全技术交底 特种设备安装前，应对各运行机构的技术状况及安全防护装置进行检修（检测） 施工设备安装、拆除单位技术负责人，应对安装、拆除的关键工序进行现场指导 安全管理人员应对施工设备安装、拆除关键工序进行现场监督 施工设备安装、拆除单位要做好安装记录和过程检验记录 施工设备安装后，应按照安全技术规范及说明书的有关要求，进行相关试验，试验项目应保持与本机说明书的要求一致 特种设备应由有关检测机构检测，合格后方可投入运行	25	①特种设备安装前未办理告知手续，扣1分/台 ②特种设备安装、拆除单位的资质不符合要求，扣2分/台 ③设备安装、拆除作业人员不具备相应的能力和资格，扣2分/人 ④企业对外委托安装、拆除施工设备，未签订施工合同或安全协议，扣4分/台 ⑤设备安装、拆除专项施工方案未经审批或作业前未进行安全技术交底，扣5分/台 ⑥特种设备安装前，未对各运行机构的技术状况及安全防护装置进行检修（检测），扣2分/台 ⑦安全管理人员未对施工设备安装、拆除关键工序进行现场监督，扣2分/台 ⑧施工设备安装记录和过程检验记录不完整，扣1分/台 ⑨施工设备安装后，未按照安全技术规范及说明书的有关要求进行相关试验，扣5分/台 ⑩特种设备安装后，未经有关机构检测合格便投入使用，扣5分/台	

5.7 作业安全（330 分）

5.7.1 作业现场管理与过程控制（145 分）

序号	项目	内容	标准分	评分标准	实得分
5.7.1.1	施工技术管理	企业应分级建立施工技术管理机构，制定施工技术管理办法，配备满足工程建设需要的施工技术管理人员，明确职责，逐级负责、定期考核 企业应明确施工技术文件编制、审核、批准、备案程序	15	①企业未分级建立施工技术管理机构，扣 1 分 ②企业未制定施工技术管理办法，明确施工技术文件编制、审核、批准、备案程序，扣 2 分 ③企业未按要求配备满足工程建设需要的技术管理人员，扣 2 分 ④施工技术文件未按规定进行编制、审核、批准、备案，扣 1 分/处 ⑤项目部施工组织设计未包含安全技术措施章节，不得分	
		项目部施工组织设计应包含安全技术措施章节			
		项目部应参加建设单位组织的设计交底，保存交底纪要 分部、分项工程开工前，均应按规定进行施工图会检		①项目部未参加建设单位组织的设计交底，未保存交底纪要，扣 1 分/项目部 ②项目部分部、分项工程开工前，未按规定进行施工图会检，扣 1 分/处	
		对达到一定规模的危险性较大的分部分项工程（见附录 C）应编制专项施工方案 对超过一定规模的危险性较大的分部分项工程（见附录 D）专项施工方案，应组织专家进行论证、审查 危险性较大的专项施工方案编制、审核、批准、备案应规范，作业前应对参与施工作业的员工进行交底，并设专人现场监督		①对达到或超过一定规模的危险性较大的分部分项工程未进行危险源（因素）辨识、评价，扣 1 分/处 ②危险性较大的分部分项工程未编制专项施工方案，扣 2 分/处 ③对超过一定规模的危险性较大的分部分项工程专项施工方案未组织专家进行论证、审查，扣 2 分/处 ④危险性较大的专项施工方案未按规定编制、审核、批准、备案，扣 2 分/处 ⑤危险性较大的分部分项工程作业时未设专人现场监督，扣 2 分/处	
		重要临时设施、重要施工工序、特殊作业、危险作业项目（见附录 E）、季节性施工，应编制专项安全技术措施，并严格实施		①重要临时设施、重要施工工序、特殊作业、危险作业项目飞季节性施工，未编制专项安全技术措施，扣 2 分/处 ②施工现场作业班组无专项安全技术措施，扣 1 分/处	
		项目施工必须有施工方案或作业指导书，并严格实施 针对国家、行业和地方规定的危险作业项目施工前，须办理安全施工作业票，安全施工作业票填写、审查、签发应规范（见附录 F）		①项目施工前未编制施工方案或作业指导书，未严格按照施工方案或作业指导书实施，扣 2 分/处 ②对危险作业项目施工前，未办理安全施工作业票，扣 2 分/处 ③安全施工作业票未按规定填写、审查、签发，扣 1 分/处	
		项目施工前应进行安全技术交底。全体作业人员必须参加，并在交底书上签字确认		①项目施工前未进行安全技术交底，扣 2 分/处 ②对施工周期超过一个月或重复施工的施工项目没有重新进行交底，扣 2 分/处 ③未按规定签字确认，扣 2 分/处	
5.7.1.2	施工用电	企业应按规定建立施工用电管理制度 施工用电应按规定编制专项施工方案或安全技术措施；临时用电设备在 5 台及以上或设备总容量在 50kW 及以上的，应编制临时用电组织设计并经有关部门审核、批准 项目部施工现场临时用电应设专人负责管理 施工现场临时用电工程、设施必须经编制、审核、批准部门和施工项目部共同验收，合格后方可投入使用	17	①企业未按规定建立施工用电管理制度，扣 5 分 ②项目部施工用电未按规定编制施工用电施工组织设计（专项施工方案或安全技术措施），扣 2 分/项目部 ③项目部施工临时用电未设专人负责管理，扣 2 分/项目部 ④施工用电设施安装后未经验收合格投入使用，扣 2 分/项目部	

续表

序号	项目	内　　容	标准分	评分标准	实得分
5.7.1.2	施工用电	临时用电配电系统、配电箱、开关柜应按照相关规定设置 现场作业区照明应满意足施工要求和规范的相关规定 施工现场的发电机、电动机、电焊机、配电盘、控制盆及变压器等电气设备的金属外壳及铆工、焊工的工作平台和铁制的集装箱式办公室、休息室、工具间等设施的金属外壳均应装设接地或接零保护 现场储存易燃易爆物品的场所，起重机、金属井字架、龙门架等机械设备，以及钢脚手架和正在施工的在建工程等的金属结构，当在相邻建筑物、构筑物等设施的防雷装置接闪器的保护范围以外时，应装防雷装置 用于加工、运输、储存易燃易爆物品的设备及乙炔、氧气、氢气管道应采取防静电接地措施和防雷措施 轨道式起重机应在轨道两端各设一组接地装置，轨道的接头处作电气连接，两条轨道端部做环形电气连接，较长轨道每隔20m设一组接地装置，接地电阻不大于4Ω 应定期对施工现场临时用电、接地、防雷措施进行检查和测量，记录应齐全。 施工现场临时用电应建立安全技术档案，内容应符合相关规定	17	⑤施工用电配电系统未达到“三相五线制”和“三级配电两级保护”配电标准，扣2分/项目部 ⑥施工现场配电箱未做到“一机、一箱、一闸、一保护”，扣2分/处 ⑦配电箱及开关柜破损，无防火、防雨功能，扣1分/处 ⑧施工作业区照明不符合相关规程要求，扣1分/处 ⑨用电设施及变压器等电气设备的金属外壳及铆工、焊工的工作平台和铁制的集装箱式办公室、休息室、工具间等设施未按标准要求装设接地或接零保护，扣1分/处 ⑩未按规定设置防雷设施、装设接地或接零保护，扣2分/处 ⑪未定期对施工现场临时用电、接地、防雷措施进行检查和测量，检查和测量记录不齐全，扣2分/项目部 ⑫施工现场临时用电未建立安全技术档案，扣1分/项目部	
5.7.1.3	安全设施	企业应建立安全设施管理制度 项目部应建立安全设施管理台账 工程开工前，项目部应对现场安全设施的设置进行全面策划；作业前，安全设施设置应齐全、完善 施工现场安全防护设施应与工程进度同步 现场临边、沟、坑、孔、洞、井道的围栏或盖板等安全设施应齐全，并加设明显警示标志 现场建（构）筑物、施工电梯出入口及物料提升机地面进料口，防护棚设置应稳固畅通 施工升降机、物料提升机各层间防护围栏及出入口门应符合规程要求 机械、传送装置等转动部位保护、防护设施应完善 危险作业场所应设置安全隔离、屏蔽设施和醒目的警告标志：安全通道设置应坚实、稳固、畅通，符合相关要求 高处作业应根据作业类型、环境，选用手扶水平安全绳、速差自控器、攀登自锁器、安全网（带）、工具防坠绳、工具袋等设施 现场设置的各种安全设施严禁随意挪动或移作他用 在暴雨、台风、暴风雪等极端天气前后组织有关人员对安全设施进行检查或重新验收	20	①企业未建立安全设施管理制度，扣1分 ②项目部未建立安全设施管理台账，扣1分/项目部 ③工程开王前，项目部未对安全设施的设置进行全面策划，扣1分/项目部 ④现场临边、沟、坑、孔、洞、井道未按规定设置安全设施或未加设明显警示标志，扣2分/处 ⑤现场建（构）筑物、施工电梯出入口及物料提升机地面进料口，未设置防护棚或防护棚不符合规程要求，扣2分/处 ⑥施工升降机、物料提升机各层间防护围栏及出入口门不符合规程要求，扣2分/处 ⑦机械、传送装置等转动部位未设置防护设施，扣1分/处 ⑧施工和生产运行区域、危险作业场所未设置安全隔离设施或醒目的警告标志，扣1分/处 ⑨现场安全通道设置不符合相关要求，扣1分/处 ⑩高处作业行走区域未按有关规定设置手扶水平安全绳、安全网等安全防护设施，扣2分/处 ⑪高处作业人员未按有关规定使用安全带、速差自控或攀登自锁器等安全防护用品用具，扣2分/处 ⑫现场安全设置挪动后没及时恢复，扣2分/处 ⑬在暴雨、台风、暴风雪等极端天气前后未组织有关人员对安全设施进行检查或重新验收，扣1分/项	

续表

序号	项目	内　　容	标准分	评分标准	实得分
5.7.1.4	受限空间作业	企业应根据从业范围组织相关人员对受限空间作业进行辨识，制定工作程序和控制措施，并实施 企业应为受限空间作业配备相应的检测和报警仪器，配备必要的安全设备设施和个体防护用品 项目部应根据工程进展情况，辨识受限空间，制定控制措施，公示危害因素，明示警示标志，无关人员禁止入内 受限空间作业应办理安全施工作业票，作业票应严格履行审批手续 受限空间作业前，必须先检查其内部是否存有可燃、有毒有害或有可能引起窒息的气体，符合安全要求方可进入 受限空间内作业时，应设置满足施工人员安全需要的通风换气、防止火灾、塌方和人员逃生等设备设施及措施 在潮湿场所、金属容器及管道内使用的照明应符合安全电压要求，使用电动工器具应符合绝缘要求 金属容器内进行作业时，入口处应设专人监护，电源开关应放在监护人伸手可操作位置 在金属容器内不得同时进行电焊、气焊或气割工作	10	①企业未对受限空间作业进行辨识，未制定工作程序和控制措施，扣2分 ②企业未为受限空间作业配备相应的检测、报警仪器、安全设备设施和个体防护用品，扣2分 ③项目部未辨识受限空间，未制定控制措施，作业区未明示警示标志，扣2分 ④受限空间作业未办理施工作业票或未履行审批手续，扣3分/处 ⑤作业前未测定有可燃或有毒有害有可能引起窒息气体，扣2分/处 ⑥作业时未采取防止人员窒息、火灾、塌方、的措施和设置人员逃生设备设施，扣2分 ⑦在潮湿场所、金属容器及管道内作业时使用的照明电压及电动工器具绝缘，不符合安全规程要求，扣2分/处 ⑧受限空间内作业时未设专人监护，扣2分/处 ⑨在金属容器内同时进行电焊、气焊或气割工作，扣2分/处	
5.7.1.5	脚手架与跨越架	企业应制定脚手架或跨越架搭拆、使用安全管理制度，并严格实施 脚手架材料（含脚手杆、脚手板及扣件等）的选材和脚手架、跨越架搭拆应符合有关规范要求 从事脚手架、跨越架搭设和拆除的架子工，必须持有有效证件 脚手架、跨越架搭拆前，应编制施工作业指导书或专项施工方案，经审批后，对作业人员进行安全技术交底、签字确认后方可施工 超过一定规模的危险性较大的大型、特殊形式的脚手架和跨越架的搭拆方案，应经论证、审批；搭拆过程中应实施监督 跨越架搭设与铁路、公路、通信线的最小安全距离应符合规程规定 脚手架、跨越架搭设应经验收合格，挂牌使用 施工脚手架不得附加设计以外的荷载和用途 在暴雨、台风、暴风雪等极端天气前后，项目部应组织有关人员对脚手架进行检查或重新验收	18	①企业未制定脚手架和跨越架搭拆、使用安全管理制度或未实施，扣2分 ②材料的选材不符合有关规范要求，扣2分/处 ⑧脚手架、跨越架搭拆不符合有关规范要求，扣2分/处 ④从事脚手架搭设和拆除的架子工，未持有效证件，扣2分/人 ⑤脚手架、跨越架搭拆前，未编制施工作业指导书或专项施工方案，未对作业人员进行安全技术交底，扣2/处 ⑥超过一定规模的危险性较大的大型、特殊形式脚手架和跨越架的搭拆方案未经论证，扣2分/项 ⑦大型、特殊形式的脚手架和大面积模板支架搭设、拆除过程中，未实施监督，扣2分/处 ⑧跨越架搭设与铁路、公路、通信线的最小安全距离不符合规程规定，扣3分/处 ⑨跨越架、脚手架搭设未经验收、未挂牌使用，扣2分/处 ⑩超荷载或附加设计以外用途使用脚手架，扣3分/处	
5.7.1.6	防火防爆	企业应制定防火防爆安全管理制度，并严格落实 现场防火、防爆安全设施齐全有效 现场存放炸药、雷管，必须得到当地公安部门的许可，并分别存放在专用仓库内，指派专人负责保管，严格履行领、退料制度	10	①企业未制定防火防爆安全管理制度，未严格落实，扣2分 ②现场防火、防爆安全设施有缺陷，扣1分/处 ③现场存放炸药、雷管不符合规定，不得分	

续表

序号	项目	内　容	标准分	评分标准	实得分
5.7.1.6	防火防爆	油库、木工间及易燃、易爆物品仓库等场所严禁烟火，并应设置明显标志、采取相应的防火措施 氧气、乙炔、液氨、汽油等危险品仓库应有避雷及防静电接地设施，屋面应采用轻型结构，并设置气窗及底窗，门、窗应向外开启；仓库应采用防爆型电器 储装易燃易曝气体的压力容器飞管道、气瓶的附件应合格、完好；距火源距离应符合规程要求，并应有避免高温和防止暴晒的措施 运输易燃、易爆等危险物品，应执行公安部门有关规定 施工现场的办公场所、员工集体宿舍与作业区应分开设置，并保持安全距离		④炸药、雷管领、退料程序未严格履行制度要求，扣1分/处 ⑤油库、木工间及易燃、易爆物品仓库等场所未设置明显禁火标志，未采取相应的防火措施，扣1分/处 ⑥氧气、乙炔、液氨、汽油等危险品仓库不符合相关规定，扣1分/处 ⑦储装易燃易爆气体的压力容器、管道、气瓶的附件不合格，距火源距离不符合规程要求，扣1分/处 ⑧运输易燃、易爆等危险物品，不符合规定，扣1分/处 ⑨施工现场的办公场所、员工集体宿舍设置在作业区，扣3分/项目部	
5.7.1.7	消防安全	企业应制定消防安全管理制度，建立消防管理组织机构 项目部应建立健全消防安全组织机构和人员，制定消防安全管理制度，落实消防安全责任，开展消防知识培训和应急演练 项目部的临建设施之间的安全距离、消防通道等均应符合消防安全相关规定 消防管道的管径及消防水的扬程应满足施工期最高消防点的需要 项目部应建立消防设备设施台账 现场仓库、宿舍、加工场地及重要设备旁应有相应的灭火器材，并挂牌明示本处可燃介质、适用消防器材、应设置量标准、实际设置量、下汰更换日期、责任人 消防设施应根据气候设置有防雨、防冻等措施，并定期进行检查、试验，确保设施完好 项目部重点防火部位或场所应建立动态管理的清单，并建立防火重点部位或场所的档案。档案内容包括地点、易燃介质、应配备灭火介质的数量、实际配备数量、区域管理责任人员、安全检查人员、定期检查计划、检查评估报告、隐患处理报告等 动火作业应按规定办理作业票	5	①企业未制定消防安全管理制度，扣2分；未建立消防管理组织机构、未设置消防安全机构和人员，扣1分；项目部未编制消防安全管理制度，未开展消防知识培训和应急演练，扣1分/项目部 ②项目部的临建设施之间的安全距离、消防通道等不符合消防安全相关规定，扣2分/项目部 ⑧消防管道的管径及消防水的扬程不满足施工期最高消防点需要，扣1分/项目部 ④项目部仓库、宿舍、加工场地及重要设备旁无灭火器材或不足，或未建立消防设备设施台账，扣1分/项目部 ⑤消防设施无防雨、防冻措施，消防设施使用期限超过有效期，扣1分/项目部 ⑥项目部重点防火部位或场所未建立动态管理的清单，未建立防火重点部位或场所档案，扣1分/项目部 ⑦动火作业未按规定办理作业票，扣1分/项目部	
5.7.1.8	场内交通安全与大件运输	项目部应建立现场厂内交通管理规定 施工现场机动车辆道路、桥梁、隧道、涵洞、照明、警示标志、安全设施、临时便桥和边坡栈桥等应按照施工运输的安全要求进行设计，报监理工程师审核批准后修建 项目部厂内机动车安全技术状态应符合《场（厂）内机动车辆安全检验技术要求》 施工现场应设置相应的交通安全标志和设施 项目部应对厂内机动车辆进行季、月及日常检查，严禁报废车辆在场区内使用	15	①项目部未建立现场厂内交通管理规定，不得分 ②施工现场机动车辆道路、桥梁、隧道、涵洞、照明、警示标志、安全设施、临时便桥和边坡栈桥等，未按照施工运输的安全要求进行设计、报批，建设不符合标准规范要求，扣5分/项目部 ⑧施工现场交通安全标志和设施不完善，扣1分/项目部 ④项目部未定期对厂内机动车辆进行检查，扣2分/项目部 ⑤场区内使用报废车辆，不得分	

续表

序号	项目	内　　容	标准分	评分标准	实得分
5.7.1.8	场内交通安全与大件运输	现场专用机动车辆行驶时，驾驶室外及车厢外不得载人，严禁人货混载 严禁无证驾驶机动车辆、严禁酒后驾驶机动车辆 大型设备的运输及搬运应根据《电力大件运输规范》DL/T 1071 制定专项施工方案和安全措施 厂外大件包括重件运输必须向交通管理部门申报和批准	15	⑥现场专用机动车辆行驶时，驾驶室外及车厢外载人，人货混载，扣 2 分/项目部 ⑦无证驾驶、酒后驾驶机动车辆，不得分 ⑧大型设备的运输及搬运未制定专项施工方案和安全措施，扣 2 分/项目部 ⑨厂外大件包括重件运输未向交通管理部门申报，未经批准，扣 2 分/项目部	
5.7.1.9	文明施工	项目部应编制相应的安全文明施工策划方案 项目部施工区域宜实行封闭管理 现场主要进出口设有明显的施工警示标志和安全文明施工要求 施工现场应划分文明施工责任区，责任区应标识各文明施工区域负责人及区域概况 现场道路、排水设施、设备和材料堆放区、办公及生活等，临建设施应符合施工组织设计的要求 作业场所应保持整洁、无积水；排水管、沟应保持畅通；施工作业面应做到工完场清，垃圾或废料应及时清除 作业人员进入施工生产区域应正确穿戴使用安全防沪用品 现场应设置吸烟室，严禁流动吸烟 场区安全文明施工图牌、各类警示标志等应齐全、清晰、醒目 气、水、电管线，通信设施，施工照明等布置合理 现场材料、设备应按施工总平面布置规定的地点定置堆放，标识清晰、稳固整齐，并符合搬运及消防的要求 现场车辆应定置停放，车容机貌应保持整洁 施工现场应有卫生、急救、保健设施，满足现场需求，符合有关规定	15	①项目部未编制安全文明施工方案，扣 3 分/项目部 ②项目部施工区域未按要求实行封闭管理，扣 2 分/项目部 ⑧现场主要进出口未设置明显的施工警示标志和安全文明施工要求，扣 2 分/项目部 ④施工现场未设置安全文明施工图牌、未划分文明施工责任区，或责任区无责任人，扣 2 分/项目部 ⑤现场道路、排水设施、设备和材料堆放区、办公及生活等临建设施不符合施工组织设计的要求，扣 1 分/项目部 ⑥作业场所有积水，排水管、沟不畅通，扣 1 分/项目部 ⑦施工作业面垃圾或废料未及时清除，扣 1 分/项目部 ⑧作业人员进入施工生产区域未正确穿戴使用安全防护用品，扣 1 分/人 ⑨现场作业人员流动吸烟，扣 1 分 ⑩现场气、水、电管线布设不规范，扣 1 分/项目部 ⑪现场材料、设备未定置堆放，不稳固，不符合搬运及消防的要求，扣 2 分/项目部 ⑫现场车辆未定置停放，车容机貌不整洁，扣 1 分/项目部 ⑬现场未设置卫生、急救、保健设施，扣 1 分/项目部 ⑭项目部生活区与作业区未分开，在未竣工的建筑物内设置员工集体宿舍，扣 5 分/项目部 ⑮食堂卫生不符合国家食品卫生管理规定，扣 1 分/项目部	
5.7.1.10	防洪度汛	项目部应按设计要求和现场实际情况编制防洪度汛方案，并制定现场应急处置方案，报监理审批 工程形象进度应满足防洪度汛的要求 项目部在汛期应成立防洪度汛领导小组，组建抢险队伍，配备防洪度汛专用物资 汛前项目部应对施工区域、办公区域和生活驻地等进行一次全面检查 汛期项目部应建立值班制度，与地方、建设单位建立气象信息沟通机制，及时发布气象信息，组织巡查	10	①项目部未按设计要求和现场施工情况编制防洪度汛方案及现场应急处置方案，未报监理审批，汛前未组织现场演练，扣 2 分/项目部 ②工程形象进度不满足防洪度汛，扣 2 分/项目部 ⑧项目部在汛期未成立防汛领导小组、未组建抢险队伍、未配备防汛度汛专用物资，扣 2 分/项目部 ④汛前项目部未对施工区域、办公区域和生活驻地等进行全面检查，扣 2 分/项目部 ⑤项目部在防汛度汛期间未建立值班制度. 未及时发布气象信息，未组织巡查，扣 2 分/项目部	

续表

序号	项目	内　容	标准分	评分标准	实得分
5.7.1.11	调试运行（分部验收）	调试及运行（验收）前，应成立专项指挥及工作机构，明确责任 大型设备调试及运行（验收），项目部应编制调试大纲、调试措施、试验方案（验收方案），按规定进行报批 调试运行执行前应进行安全条件检查 调试运行前应对相关人员进行安全技术交底并签字 项目部应完成调试、运行所需要的建筑和安装工程，以及试运中临时设施的制作、安装和系统恢复工作 项目部应编制单机试运计划和措施，参与和配合分系统试运和整套启动试运工作 试运系统、设备应与正在施工的系统、设备可靠安全隔离 保护定值应由有权单位批准、下达。保护、联锁应按批准的试验方案进行试验和验收，并形成记录 备用电源、不停电电源及保安电源应切换可靠。试运期间应落实工作票安全措施和许可签发制度	10	①项目部调试及运行（验收）前未成立专项指挥及工作机构，未明确责任，扣5分/项目部 ②大型设备调试及运行（验收），项目部未编制调试大纲、调试措施、试验方案（验收方案），未按规定进行报批，扣2分/项目部 ③调试运行执行前未进行安全条件检查，扣2分/项目部 ④调试运行前未向相关人员进行安全技术交底，交底未形成记录，扣2分/项目部 ⑤项目部未完成调试、运行所需要的建筑和安装工程，未完成单体调试、单机试运条件检查确认，扣2分/项目部 ⑥试运系统、设备与正在施工的系统、设备未设置可靠的安全隔离，扣2分/项目部 ⑦保护定值未经有权单位批准，未按批准的试验方案进行保护、联锁的试验和验收，扣2分/项目部 ⑧备用电源、不停电电源及保安电源未能自动切换，扣2分 ⑨试运期间未落实工作票安全措施和许可签发制度，扣2分/项目部	

5.7.2 作业行为管理（130分）

序号	项目	内　容	标准分	评分标准	实得分
5.7.2.1	高处作业	企业应制定高处作业安全管理办法或程序 项目部应对高处作业人员进行安生技术培训、考核合格 高处作业人员须经体检合格后方可上岗；登高架设及搭设高处作业安全设施的作业人员须持证上岗 高处作业前，应检查作业场所安全措施和安全防护用品落实情况 施工作业场所有坠落可能的物件应固定牢固，无法固定的应放置安全处或先行清除；严禁高处抛掷物件 高处作业区域设置的警示标志、安全网及其他安全防护设施应规范 登高作业人员应正确佩戴和使用合格的安全防护用品 高处作业现场监护应符合相关规定 遇有六级及以上大风或恶劣气候时，应停止露天高处作业 雨天和雪天进行高处作业时，必须采取可靠的防滑、防寒和防冻措施	15	①企业未制定高处作业安全管理办法或程序，不得分 ②项目部未对高处作业人员进行安全技术培训、考核，1分/人 ⑧高处作业人员未经体检合格上岗，登高架设及搭设高处作业安全设施的人员无证上岗，扣2分/人 ④施工前，未检查安全措施和安全防护用品落实，扣2分/项目部 ⑤高处作业场所物料摆放不稳固有坠落危险，高处作业抛掷物件，扣2分/项目部 ⑧高处作业区域警示标志、安全网及其他安全防护措施设置不规范，扣2分/项目部 ⑦安全防护用品使用不符合要求，扣2分/人 ⑧高处作业现场未按相关规定设人监护，扣2分/项目部 ⑨临时拆除或变动安全防护设施时，未经施工负责人同意，或未采取相应的可靠措施，或作业后未立即恢复，扣2分/次 ⑩在六级及以上大风或恶劣气候条件下从事高处作业，扣5分/项目部 ⑪雨天和雪天进行高处作业时，未采取可靠的防滑、防寒和防冻措施，扣2分/项目部	

续表

序号	项目	内　　容	标准分	评分标准	实得分
5.7.2.2	高边坡同与基坑作业	企业应根据《建筑边坡工程技术规范》GB 5033，审批高边坡工程的施工组织设计 项目部应编制高边坡施工组织设计，并报批；根据施工组织设计编制施工方案或作业指导书，经过审批后实施 高边坡工程的施工组织设计应包括下列基本内容：边坡环境和邻近建（构）筑物基础概况、场区地形、工程地质与水文地质特点、施工条件、边坡支护结构特点和技术难点；施工组织管理；施工准备；平面布置，边坡施工的分段分阶、施工程序；土石方和支护结构施工方案、附属构筑物施工方案、试验与监测；施工进度计划：质量保证体系和措施；安全管理和文明施工 施工前，在地面外围设置截、排水沟，并在开挖开口线外设置防护栏墙，危险部位应设置警示标志 作业时应自上而下清理坡顶和坡面松碴、危石、不稳定物体，不在松碴、危石、不稳定物体上或下方作业 垂直交叉作业应设隔离防护棚，或错开作业时间。严格按要求放坡，作业时随时注意边坡的稳定情况，发现问题时及时加固处理 人员上下高边坡、基坑应走专用通道 高边坡与基坑作业应安排专人监护、巡视检查，并及时进行分析、反馈监护信息	15	①企业未根据《建筑边坡工程技术规范》GB 5033，审批高边坡工程的施工组织设计，扣2分 ②项目部未按施工组织设计编制施工方案或作业指导书，未经审批，扣2分/项目部 ③边坡工程的施工组织设计内容不齐全，扣1分/项目部 ④施工前，未在地面外围设置截、排水沟，未在开挖开口线外设置防护栏墙，危险部位未设置警示标志，扣2分/处 ⑤在松碴、危石、不稳定物体上或下方作业，扣2分/处 ⑥垂直交叉作业未设隔离防护棚，或未错开作业时间，扣1分/处 ⑦对断层、裂隙、破碎带等不良地质构造的高边坡，未按设计要求采取支护措施，危险部位未设置警示标志，扣1分/处 ⑧未按要求放坡，扣2分/处 ⑨未设置人员上下高边坡、基坑的专用通道，扣1分/处 ⑩未安排专人监护、巡视检查，扣1分/处	
5.7.2.3	焊接作业	企业应设置焊接专业技术管理岗位，配备专职焊接技术管理人员 焊接人员应经专业技术培训，持证上岗 项目部应核查焊接作业人员持证情况，作业人员应按规定正确佩戴个人防护用品，按操作规程作业 焊接、切割与热处理作业，应有防止触电、灼伤、爆炸和防止金属飞溅引起火灾的措施 焊接、切割及热处理设备应保证性能良好，符合安全要求 焊接作业的二次接地线应符合规范要求 高处施焊时应对下方易燃、易爆物品进行清理和采取相应措施后，方可进行电焊、气焊等动火作业，并配备消防器材和专人监护 焊接作业结束，作业人员必须清理场地，包括焊条头、消除焊件余热、切断电源，检查工作场所周围及防护设施，确认无起火危险后方可离开	10	①企业未设置焊接专业技术管理岗位，未配备专职焊接技术人员，扣1分/处 ②从事焊接作业的人员未持证．扣1分/人 ③项目部未核查焊接作业人员持证情况，作业人员未按规定佩戴个人防护用品，未按操作规程作业，扣1分/处 ④焊接、切割与热处理作业，无防止触电、灼伤、爆炸和防止金属飞溅引起火灾的措施，扣1分/处 ⑤焊接、切割及热处理设备有缺陷。不符合安全要求，扣1分/处 ⑥焊接作业的二次接地线不符合规范要求扣1分/处 ⑦高处施焊，不符合安全要求，扣1分/处 ⑧焊接作业结束后，施工场所未进行安全检查留有火灾隐患，扣1分/处	

续表

序号	项目	内　　容	标准分	评分标准	实得分
5.7.2.4	金属检验作业	金属检验单位应具有相关检验资质，人员应持相应项目检验资格证书，并纳入特种作业人员管理 组织机构及各项安全管理制度应健全。 作业前应编制检验技术措施及安全措施，对作业人员应进行安全技术交底并签字 射线作业应当按照国家安全和防护标准的要求划出安全防护区域并进行告知，设置明显的放射性标志，设专人警戒 射线作业人员应配备必要的防辐射服、铅玻璃眼镜、辐射剂量仪等个人防护用品，作业时应有专人监护 射线作业人员应定期体检，并建立个人剂量档案和职业健康监护档案 放射源应纳入重大危险源进行管理。施工现场贮存放射源的场所，应当按照国家有关规定设置明显的放射性标志，并经有关部门检查合格；使用时必须严格按相关管理制度办理出库、入库手续 发生射线源丢失，作业时射线源发生脱落等事故时，应立即启动应急预案，采取相应措施，并报有关部门	5	①现场从事金属检验的单位无检验资质，扣3分/项目部 ②从事金属检验人员未持相应项目资格证书，扣2分/人 ③组织机构及各项安全管理制度不健全，扣2分/项目部 ④作业前未编制检验技术措施及安全措施，未进行安全技术交底签字，扣1分/处 ⑤射线作业未划出安全防护区域并告知的，未设置明显的放射性标志，未设专人警戒的，扣1分/处 ⑥射线作业人员未配备必要的个人防护用品的，作业时无专人监护，扣1分/人 ⑦企业对射线作业人员未定期进行体检，未建立个人剂量档案和职业健康监护档案，扣1分/处 ⑨施工现场贮存放射源的场所，未设置明显的放射性标志，未经有关部门检查合格；使用时未按相关管理制度办理出库、入库手续，扣1分/处 ⑨发生射线源丢失。作业时射线源发生脱落等事故时，未立即启动应急预案，未采取相应措施，未报有关部门，扣3分/次	
5.7.2.5	起重作业	起重作业前应编制起重吊装方案或作业指导书，向参加起重吊装的人员进行安全技术交底 指挥人员和操作人员持证上岗，应严格按操作规程作业，信号传递畅通 起吊前应检查起重机械及其安全装置，起重作业机械及工器具须性能良好，功能正常，设备安全，满足要求 起重作业应按规定办理施工作业票，并有施工技术人员在场指导 起重作业区域必须设置警戒线，起重吊装作业必须安排专人进行监护 起重作业必须严格执行“十不吊”的原则 严禁以运行的设备、管道以及脚手架、平台等作为起吊重物的承力点。利用构筑物或设备的构件作为起吊重物的承力点时，应经核算 恶劣气候或因照明不足，不得进行起重作业；当风力达到六级及以上时，不得进行起吊作业 起重作业应严格遵守国家相关标准及行业安全规程	15	①起重作业前未编制起重吊装方案或作业指导书，未向参加起重吊装的人员进行技术交底的，扣2分/次 ②指挥人员和操作人员未持证上岗，未严格按操作规程作业，扣2分/人 ③起吊前未检查起重机械及其安全装置，起重作业机械及工器具性能、功能不满足安全要求的. 扣2分/台 ④起重作业未按规定办理安全施工作业票，现场没有施工技术负责人在场指导，扣3分/次 ⑤起重作业区域未设置警戒线，起重吊装作业未安排专人进行监护，操作人员未严格执行“十不准吊”准则的，扣2分/处 ⑥以运行的设备、管道以及脚手架、平台等作为起吊重物的承力点的，或未经核算的，扣1分/处 ⑦恶劣气候或因照明不足，风力达到六级及以上时，仍进行起吊作业的，扣1分/处 ⑧未遵守国家相关标准及行业安全规程，扣2分/处	
5.7.2.6	交叉作业	项目部在交叉作业区域应安排专职安全生产管理人员进行安全检查与协调，并进行现场检查巡视 涉及交叉作业的施工项，应制定交叉作业的安全技术措施，向参加施工的人员进行安全技术交底 两个及以上施工单位在同一作业区域内进行施工活动，构成交叉作业可能危及对方生产安全的，应当签订安全生产	10	①两个及以上施工单位在同一作业区构成交叉作业，可能危及对方生产安全的，未签订安全生产管理协议，或未明确安全措施，扣2分/项目部 ②项目部在交叉作业区域未按规范要求安排专职安全生产管理人员进行安全检查与协调，扣2分/项目部 ③项目部未制定交叉作业的安全技术措施，未进行安全技术交底，扣2分/项目部	

续表

序号	项目	内 容	标准分	评分标准	实得分
5.7.2.6	交叉作业	管理协议，明确各自的安全管理职责，并采取相应的安全措施 垂直交叉作业必须搭设严密、牢固的防护隔离设施 交叉作业时，工具、材料、边角余料等严禁上下投掷，应用工具袋、箩筐或吊笼等吊运。严禁在吊物下方接料或逗留 在与生产运行区进行交叉作业时，必须按规定执行工作票制度，制定安全施工措施，进行交底后严格执行，且应有运行单位专人监护	10	④垂直交叉作业未采取安全隔离措施或其他有效安全措施，扣 1 分/处 ⑤交叉作业时，未使用工具袋、箩筐或吊笼等吊运工具、材料等，扣 1 分/处 ⑥在生产运行区进行交叉作业时，未办理工作票，或未交底的，或无人监护，扣 1 分/次	
5.7.2.7	动火作业	企业应根据防火防爆、消防安全的要求，制定动火作业的安全管理办法或工作流程 项目部应制定现场动火作业安全管理规定，明确动火作业审批权限、作业许可范围、工作流程，以及相关岗位的安全职责 项目部应明确防火重点部位或场所：在易燃、易爆区周围动用明火，必须办理动火作业票，并履行审批手续，经安全交底签名确认后。方可实施动火作业。作业时应安排专人监督	10	①企业未制定动火作业的安全管理办法或工作流程，不得分 ②项目部未制定现场动火作业安全管理规定，扣 2 分/项目部 ③未明确动火作业审批权限、作业许可范围、工作流程，以及相关岗位的安全职责，扣 2 分/项目部 ④项目部未明确防火重点部位或场所，扣 1 分/处 ⑤在易燃、易爆区周围动用明火，未办理动火作业票，未履行审批手续，扣 1 分/次 ⑥动火作业未进行安全交底，未安排专人监督，扣 2 分	
5.7.2.8	临近带电体作业	企业应制定临近带电体作业安全管理办法或工作流程 临近带电体作业前应编制专项施工方案或专项安全技术措施，向作业人员进行技术交底，并按规定办理安全施工作业票 临近带电体作业必须大于最小安全距离，与带电体最小距离不能满足安全距离时，应采取停电作业。作业时应设专人监护 电气作业人员应持证上岗 临近带电体作业人员应掌握触电急救方法和人工心肺复苏法	7	①企业未制定临近带电体作业安全管理办法或工作流程，扣 2 分 ②临近带电体作业前未编制专项施工方案或专项安全技术措施。未向作业人员进行技术交底，未按规定办理安全施工作业票，扣 1 分/处 ③临近带电体作业安全距离不符合要求，作业现场无专人监护，扣 1 分/处 ④临近带电体作业现场未悬挂醒目的警示标志牌，扣 1 分/处 ⑤临近带电体作业与带电体最小距离不能满足安全距离时，未采取停电作业，扣 2 分/次 ⑥施工设备在高压线下进行工作或通过时，其最高点与高压线之间的最小距离小于相应电压等级的安全距离，扣 2 分/处 ⑦电气作业人员未持证上岗，扣 1 分/人 ⑧作业时施工人员、机械与带电线路和设备的距离未进行测量、监控，扣 1 分/处 ⑨在 220kV 及以上电压等级运行区作业，未按规程采取防止静电感应或电击安全措施，扣 2 分/处 ⑩临近带电体作业人员未掌握触电急救方法和人工心肺复苏法，扣 1 分/人	

续表

序号	项目	内　容	标准分	评分标准	实得分
5.7.2.9	爆破作业	企业应制定爆破器材和爆破作业安全管理规定 从事爆破作业的单位必须持有相应的资质 从事爆破作业的，应当事先将爆破项目的有关情况向爆破作业所在地县级公安机关报告，办理有关证件的登记及签证手续 爆破作业前应进行爆破设计，编制爆破方案或作业指导书，并按规定进行安全评估；并报监理、公安部门审批口作业前应进行专项安全技术交底，并形成记录 爆破作业技术人员、爆破员、安全员、保管员和押运员应参加培训，经考核并取得有关部门颁发的相应类别和作业范围、级别的安全作业证，持证上岗 爆破影响区应采取相应的安全警戒和防护措施。作业时应有专人现场监控 爆破作业钻孔、装药、联网起爆、安全警戒、安全防护、安全监控、安全监测，以及爆破器材运输、存储、领用、退库、使用等活动应符合《爆破安全规程》（GB 6722）的要求 从事爆破作业的企业应建立爆破作业人员档案，并按规定为作业人员办理意外伤害保险	10	①企业未制定爆破器材和爆破作业安全管理规定，不得分 ②从事爆破作业的单位未持有相应的资质，扣5分/处 ③爆破作业前，未将爆破项目的有关情况向爆破作业所在地县级公安机关报告，未办理有关证件的登记及签证手续，扣3分/次 ④爆破作业前未编制爆破设计，未编制爆破方案或作业指导书. 未按规定进行安全评估，未办理审批手续，扣2分/次。 ⑤实施爆破作业前未进行安全技术交底并形成记录，扣3分/次 ⑥爆破工程技术人员、爆破作业人员、安全管理人员未进行专业技术培训，未持证上岗，扣2分/人 ⑦爆破影响区未采取相应的安全警戒和防护措施，作业现场未设专人监控，扣2分/处 ⑧项目部的爆破器材运输、存储、领用、退库、使用不符合爆破安全规程要求，扣1分/次 ⑨爆破作业活动不符合《爆破安全规程》（GB 6722）的相关规定，扣2分/处 ⑩爆破企业未建立爆破作业人员的档案，未按规定为作业人员办理意外伤害保险，扣2分/次	
5.7.2.10	洞室作业	项目部洞室作业前应根据现场的实际情况，制定施工方案和专项安全技术措施 洞室作业Ⅲ、Ⅳ类围岩开挖除对洞口进行加固外，应在洞口设置防护棚 洞室作业前应清除洞口边坡上存在浮石、危石及倒悬石，设置截、排水沟，并按设计要求及时支护 洞室作业，洞挖掘进长度达到15m～20m时，应依据地质条件、断面尺寸，及时做好洞口段永久性或临时性支护，当洞深长度大于洞径3～5倍时，应强制通风，交叉洞室在贯通前优先安排锁口锚杆的施工 洞室作业，遇不良地质地段开挖，宜采取浅钻孔、弱爆破、多循环，尽量减少对围岩的扰动 洞室作业，按要求布置安全监测系统，及时进行监测、分析、反馈监测资料，并按规定进行巡视检查 洞室作业，洞内渗漏水应集中引排处理，排水通畅 洞室作业，洞内照明、通风、除尘应满足规范要求。符合相关安全规定，或照明、通风、除尘设施不满足规范要求，扣1分/处	10	①洞室作业前未根据现场的实际情况，制定施工专项方案和专项安全技术措施的不得分 ②洞室作业Ⅲ、Ⅳ类围岩开挖除对洞口进行加固外，未在洞口设置防护棚，扣1分/处 ⑧洞室作业前未清除洞口边坡上存在浮石、危石及倒悬石，未设置截、排水沟，未并按设计要求及时支护，扣1分/处 ④洞室作业洞深长度大于洞径3～5倍时，未采取强制通风措施，或交叉洞室在贯通前未优先安排锁口锚杆施工，扣1分/处 ⑤洞室作业未按规范要求下达作业工序通知书，未按设计要求布置安全检测系统，或未进行安全检测和有害气体检测，或检测资料不完善，扣1分/处 ⑤洞室作业洞顶排水系统不完善，或洞内排水不通畅，扣1分/处 ⑦洞室作业设置的风、水、电等管线路不 ⑧洞室作业遇不良地质地段开挖，未按规范要求组织施工，或未及时进行支护，扣2分/处	

续表

序号	项目	内　　容	标准分	评分标准	实得分
5.7.2.11	张力架线作业	企业应组织对重要跨越等特殊架线作业编制专项施工方案，组织专家论证 项目部应制定张力架线专项施工方案，对重要跨越应单独编制安全措施 张力放线前，应对牵引机、张力机设备的布置、锚固、接地装置以及机械系统进行全面的检查，并做空载运转试验。 牵引机、张力机进出口与邻塔悬挂点的高差角及与线路中心线的夹角应满足机械铭牌要求 牵引机、张力机严禁超速、超载、超温、超压以及带故障运行	10	①企业未组织对重要跨越等特殊架线作业编制专项施工方案，未组织专家论证，不得分 ②项目部未制定张力架线专项施工方案，未对重要跨越单独编制专项安全措施，扣2分/项目部 ⑨张力放线前，未对牵引机、张力机设备的布置、锚固、接地装置以及机械系统进行全面的检查，未做空载运转试验. 扣2分/次 ④牵引机、张力机进出口与邻塔悬挂点的高差角及与线路中心线的夹角不满足机械铭牌要求，扣2分/台 ⑤违反规定使用设备或违章作业，扣1分/人次	
5.7.2.12	水上作业	企业应编制水上作业安全管理规定 从事水上、水下作业，应根据相关规定办理《中华人民共和国水上水下活动许可证》 作业前应编制施工方案或专项安全技术措施，制定应急救援预案，对作业人员进行安全技术交底，作业时安排专人进行监护 水上作业期间应随时与当地气象、水文站等部门保持联系，及时收听、发布气象信息，并做好记录 水上作业应有稳固的施工平台（或浮吊）和梯道，临水、临边设置牢固可靠的栏杆和安全网：平台（或浮吊）不得超负荷使用，相关的设备和设施应固定牢固，作业用具随手放入工具袋：船只必须锚定，严禁超载。夜间施工必须配置充足的照明和夜间警示灯 作业平台（船只）上应配齐救生衣、救生圈、救生绳和通信器材。施工船只应配备救生员 作业人员应正确穿戴救生衣、安全帽、防滑鞋、安全带 水上作业人员应经培训考核合格后持证上岗，并定期进行身体检查 雨雪天气进行水上作业，应采取防滑、防寒、防冻措施，水、冰、霜、雪及时清除口遇到六级及以上强风等恶劣天气不得进行水上作业，暴风雪和强台风后应对施工设备、设施进行全面检查 严禁水上、水下交叉作业，严禁一人单独作业 水上、水下作业项目应配备专职安全管理人员，定期对作业活动进行检查、巡查	5	①企业未编制水上作业安全管理规定，不得分 ②未根据相关规定办理《中华人民共和国水上水下活动许可证》，扣2分/次 ③作业前未编制施工方案或专项安全技术措施，未制定应急救援预案，扣2分/次 ④未对作业人员进行安全技术交底，作业时未安排专人进行监护，2分/次 ⑤水上作业期间未随时与当地气象、水文站等部门保持联系，未及时收听、发布气象信息，未做好记录，扣1分/处 ⑥水上作业施工设备（设施）、安全设施不符合相关要求，扣3分/处 ⑦施工平台和船舶未设置明显标识和夜间警示灯的，夜间作业未配置充足照明，扣1分/处 ⑧作业平台未按规定配备救生装备和通信器材，施工船只未配备救生员，扣1分/处 ⑨作业人员未正确穿戴安全防护用品或违章作业，扣2分/人次 ⑩作业人员未持证上岗或未定期进行身体检查，扣2分/人次 ⑧雨雪天气进行水上作业，防滑、防寒、防冻措施不完善，扣2分/处 ⑧六级及以上强风等恶劣天气进行水上作业，不得分 ⑥暴风雪和强台风后未对施工设备、设施进行全面检查，扣2分/次 ⑩水上、水下作业项目未配备专职安全管理人员，未定期对作业活动进行检查、巡查，扣2分/处	
5.7.2.13	化学清洗作业	化学清洗作业应编制安全技术措施，清洗前对参加人员进行安全技术交底 酸、碱、氮水、联氨等易燃、易爆、有毒物品应隔离保存，在存放区域周围设置防护围栏，并设专人管理 清洗作业区域应设置警戒带或围栏，并设置警示标识，无关人员不得进入	6	①清洗前未编制安全技术措施，扣3分/次 ②未对参加人员进行安全技术交底，扣2分/次	

续表

序号	项目	内　容	标准分	评分标准	实得分
5.7.2.13	化学清洗作业	清洗系统应经水压试验合格，高温部位应保温齐全 清洗人员应配备必要的口罩、手套、眼镜等个人防护用品，现场应有医护人员值班，并配备相应的急救药品 化学清洗前，有关工作人员应熟悉化学清洗的安全操作规程、技术要求、具体步骤和安装措施，了解所使用的各种药剂的特点，掌握灼伤急救办法 化学清洗的废液排放必须符合 GB 8978 的规定，严禁排放未经处理的酸、碱液及其他有害废液	6	③酸、碱、氨水、联氨等易燃、易爆、有毒物品未采用隔离保存，未在存放区域周围设置防护围栏并设专人管理，扣1分/处 ④清洗作业区域未设置警戒带或围栏，未设置警示标识，扣1分/处 ⑤清洗期间发生系统泄漏及人员烫伤，扣2分/处 ⑥清洗人员未配备必要的个人防护用品，现场未设医护人员值班，未配备必要的急救药品，扣1分/处 ⑦清洗废液的排放不符合相关要求，扣3分/次	

5.7.3 警示标志（15分）

序号	项目	内　容	标准分	评分标准	实得分
5.7.3.1	危险场所	企业应制定危险场所警示标志管理办法 项目部应明确危险场所的范围、管理责任、安全防护要求口 项目部应在危险场所、部位设置明显的符合国家标准的安全警示标志、标牌，进行危险提示、警示，告知危险的种类、后果及应急措施等，并明确应急设施位置和使用方法 现场危险场所夜间应按规定设置红灯示警 危险场所标志、标牌应规范、整齐并定期检查维护，确保完好 企业及项目部应按照有关规定在安全生产预算费用中列支危险场所警示标志费用，并监督实施	9	①企业未制定危险场所警示标志管理办法，不得分 ②项目部未明确危险场所的范围、管理责任、安全防护要求，扣2分/项目部 ⑧危险场所、部位未设置安全警示标志、标牌，未明确应急设施和使用方法，扣2分/处 ④危险场所夜间未按规定设置红灯示警，扣2分/处 ⑤现场安全标志、标牌不规范，扣1分/处 ⑥企业未按有关规定在安全生产预算费用中列支危险场所警示标志费用，扣5分；项目部未按有关规定在安全生产预算费用中列支危险场所警示标志费用，扣2分/项目部	
5.7.3.2	危险作业区域	企业应编制危险作业区域安全管理程序 危险作业现场应设置警戒区域、安全隔离设施和醒目的警示标志，并安排专人现场监护 危险作业区域作业前应进行作业通告、作业区域应围闭、作业区域应派人监护，无关人员严禁进入口按国家有关规定列支危险作业区域的安全投入费用	6	①企业未编制危险作业区域安全管理程序，扣3分 ②危险作业区域未设置警戒区域、安全隔离设施和醒目的警示标志，扣2分/处 ③危险作业区域作业前未发布作业通告、作业区域未围闭、作业区域未派人监护，扣2分/处 ④企业未按国家有关规定列支危险作业区域的安全投入费用，扣5分	

5.7.4 相关方管理（30分）

序号	项目	内　容	标准分	评分标准	实得分
5.7.4.1	制度建设	企业应建立和完善与分包（供）方等相关方的管理制度。内容至少包括：资格预审、选择、服务前准备、作业过程、提供的产品、技术服务、表现评估、续用及退出机制等 项目部应根据企业的管理制度，编制相关方的现场管理实施细则	4	①企业未建立和完善分包（供）方等相关方管理制度，不得分 ②管理制度内容不齐全，扣1分/项 ③项目部未编制或发布相关方的现场管理实施细则，细则与企业相关方管理制度不一致，扣2分/项目部	

续表

序号	项目	内　容	标准分	评分标准	实得分
5.7.4.2	资质审查	企业应确认分包（供）单位资质条件，确保符合国家建筑业企业资质管理和电力行业有关工程分包安全管理的相关规定 应按管理权限对工程投标的分包（供）单位进行投标资质审查，资质审查内容至少包括：企业法人营业执照、法人代表证书或法人委托授权书、被委托人身份证、建筑业企业资质证书、组织机构代码证书、安全生产许可证、税务登记证、前三年安全生产业绩证明等（上述证件需提供原件验证和复印件备查），确认资质符合国家建筑业企业资质管理和行业有关工程分包安全管理的相关规定 项目部分包商的资质、业绩等文件应报监理单位备案	7	①企业未对分包（供）单位资质进行审查，不得分 ②项目部未对分包（供）单位资质进行审查或审查不合格安排施工的，扣 3 分/项目部 ③分包商的资质、业绩等文件未报监理单位备案，扣 1 分/项目部	
5.7.4.3	分包管理	企业进行工程分包必须在施工承包合同允许范围内，否则必须经工程项目建设单位同意后方可进行施工分包 企业应与分包方签订安全协议，明确双方安全责任 企业应按合同要求向建设单位、监理单位申报拟分包的工程计划，以及分包商资质、业绩等文件口分包方禁止将所承包的工程进行转包或违规分包 项目部应动态核查进场分包方的人员资格、机具配备和技术管理的能力 分包商必须按规定设置安全生产管理机构或配备满足需要的专（兼）职安全生产管理人员 分包商必须按规定对入场人员进行身体检查，合格后方可录用。项目部应对分包商入场人员体检状况进行核查 应按规定对分包商人员进行安全教育培训，考核合格方可上岗 对两个及以上相关方在同一作业区域内进行施工、可能危及对方生产安全的作业活动，项目部应组织相关方签订安全生产管理协议，并监督落实 项目部应建立分包商档案	15	①企业超施工承包合同允许范围进行工程分包，未经建设单位同意进行工程分包，不得分 ②未与分包方签订安全协议，明确双方安全责任，扣 3 分 ③企业未按合同要求向建设单位、监理单位申报拟分包的工程计划，以及分包商资质、业绩等文件，扣 2 分 ④分包方将所承包的工程进行转包或违规分包的，不得分 ⑤项目部未动态核查进场分包方的人员资格、机具配备和技术管理能力，扣 2 分/项目部 ⑥分包商未按规定设置安全生产管理机构或配备专（兼）职安全生产管理人员，扣 3 分/项目部 ⑦项目部未对分包商入场人员体检状况进行核查，扣 1 分/项目部 ⑧项目部未按规定对分包商人员进行安全教育培训，扣 2 分/项目部 ⑨对两个及以上相关方在同一作业区域内进行施工、可能危及对方生产安全的作业活动，未组织相关方签订安全生产管理协议，并监督落实的，扣 1 分/处 ⑩项目部未建立分包商档案，扣 2 分/项目部	
5.7.4.4	监督检查	企业应建立相关方管理监督检查机制，对分包商全过程的施工安全进行监督检查 项目部应根据相关方的作业活动，定期识别作业风险，督促相关方采取预控措施。 项目部定期对分包商的履责能力进行检查、考核、评估，适时更新分包商管理台账 项目部应按合同中明确的安全管理模式、内容、要求、具体指标和奖惩机制，将分包方纳入项目管理，应定期进行安全检查、考核 项目部应监督分包商施工人员劳动防护用品、用具的配备和使用 企业应采集项目部对相关方的考核评估信息并进行分析，更新合格分包商名册	4	①企业未建立相关方管理的日常监督检查机制，未对分包商全过程的施工安全进行监督检查，不得分 ②项目部未对相关方的作业活动，定期识别作业风险，扣 1 分/项目部 ③项目部未定期对分包商的履责能力进行检查、考核、评估，未适时更新分包商管理台账，扣 1 分/项目部 ④项目部未按合同中明确的安全管理模式对分包方进行管理，未定期进行安全检查、考核，扣 2 分/项目部 ⑤项目部未对分包商施工人员劳动防护用品、用具的配备和使用情况进行监督，扣 1 分/项目部 ⑥企业未对相关方的考核评估信息进行采集分析，未更新合格分包商名册，扣 1 分	

5.7.5 变更管理（10分）

序号	项目	内容	标准分	评分标准	实得分
5.7.5	变更管理	企业应建立变更管理办法，变更的实施应履行审批及验收程序 企业应在工程承包合同中明确变更事宜的处置程序，合同双方形成共识 项目部应根据企业变更管理办法和工程合同，建立现场变更实施细则并严格执行 项目部对组织机构、人员、工艺、施工技术、设备设施、作业过程及环境等永久性或暂时性变化时，应及时制定变更计划按规定报批 项目部对变更过程及变更所产生的风险和隐患及时进行辨识、分析、评价和控制 项目部应根据变更内容制定相应的施工方案及措施，并履行审批程序。作业前应对作业人员进行专门的培训并进行交底 变更完工后项目部应进行自检．报监理单位、建设单位进行验收	10	①企业未建立变更管理办法，未履行变更审批及验收程序，扣3分 ②企业未在工程承包合同中明确变更事宜的处置程序，扣2分 ③项目部未建立现场变更实施细则，扣2分/项目部 ④项目部组织机构、人员、工艺、施工技术、设备设施、作业过程及环境等永久性或暂时性变化时，未及时制定变更计划，未按规定报批，扣1分/项目部 ⑥项目部未对变更过程及变更所产生的风险和隐患进行辨识、分析、评价和控制，扣2分/项目部 ⑥项目部未根据变更内容制定相应的施工方案及措施，扣1分/项目部 ⑦变更施工方案及措施未交底，扣2分/项目部 ⑧变更完工后未进行自检的，扣1分/项目部；未报建设单位、监理单位进行验收的，扣2分/项目部	

5.8 隐患排查和治理（80分）

序号	项目	内容	标准分	评分标准	实得分
5.8.1	隐患排查	企业和项目部应建立隐患排查治理管理制度，明确责任部门、人员、范围、方法、程序等内容 在安全职责中，逐级明确部门、人员的隐患排查治理责任 企业及项目部应定期组织安全生产管理人员、工程技术人员和其他相关人员排查本单位的事故隐患，并对排查出的隐患进行分析评估，确定隐患等级，登记建档 法律法规、标准规范发生变更或更新，以及施工条件或工艺改变，对事故、事件或其他信息有新的认识，组织机构和人员发生大的调整的，企业及项目部应及时组织隐患排查 发现重大事故隐患，企业及项目部应及时向有关部门报告 隐患排查前应制定实施方案，明确排查的目的、范围、时间、人员，并结合安全检查、安全性评价，组织隐患排查工作 企业应每季、每年对本单位事故隐患排查治理情况进行统计分析，并向有关部门报送书面统计分析表	25	①企业及项目部未建立隐患排查治理的管理制度，扣5分 ②隐患排查治理制度内容中未明确责任部门、人员、范围、方法及隐患排查治理责任，扣2分/项 ③企业及项目部未定期组织相关人员排查事故隐患，扣3分/处 ④无隐患评估分级，扣2分/处 ⑤重大隐患无专题报告，扣5分/处 ⑥事故隐患未登记记录建档，扣3分/处 ⑦隐患排查前未制定实施方案，扣5分/处 ⑧实施方案内容缺项，扣2分/处 ⑨未按方案排查事故隐患，扣3分/处 ⑩企业未按规定对本单位事故隐患排查治理情况进行统计分析，扣3分 ⑩项目部重大隐患未按规定上报有关部门，扣5分/处	
5.8.2	排查范围与方法	企业及所属单位开展隐患排查工作的范围，应包括所有与工程施工相关的场所、环境、人员、设备设施和活动 企业及所属单位应根据安全生产的需要和特点，采用综合检查、专项检查、季节性检查、节假日检查、日常检查等方式进行隐患排查	20	①隐患排查工作的范围未涵盖包括所有与工程施工相关的场所、环境、人员、设备设施和活动，扣2分/处 ②排查方式、频次未结合安全生产需要，缺少检查表，扣3分/处；隐患排查检查表内容不细，扣1分/处 ③检查表无人签字或签字不全，扣1分/处	

续表

序号	项　目	内　　容	标准分	评分标准	实得分
5.8.3	隐患治理	发现隐患后，及时采取有效的治理措施，形成“查找一分析一评估一报告一治理（控制）一验收”的　闭环管理流程 对于危害和整改难度较小，发现后能够立即整改排除的一般事故隐患，应立即组织整改排除 对于重大事故隐患，应制定专项隐患治理方案，隐患治理方案应包括目标和任务、方法和措施、经费和物资、机构和人员、时限和要求、安全措施和应急预案 重大事故隐患治理前，应采取临时控制措施。控制措施应包括：工程技术措施、管理措施、教育措施、防护措施和应急措施；安全管理人员应对重大事故隐患治理过程进行整改监督 企业（项目部）应保证隐患排查治理所需的各类资源 隐患治理完成后，应对治理情况进行验证和效果评估	25	①对一般事故隐患，未立即组织整改排除，扣2分/处 ②重大事故隐患无治理方案，扣5分/项 ③重大事故隐患治理方案内容缺项，扣1分/项 ④重大事故隐患，在治理前未采取临时控制措施，未制定应急措施，扣5分/处 ⑤重大事故隐患整改时安全管理人员未监督，扣5分/处 ⑥隐患排查治理所需的各类资源未予满足的，扣5分/项 ⑦隐患治理工作未形成闭环，扣5分/项 ⑧对隐患治理情况，未进行验证或评估，扣2分/次	
5.8.4	预测预警	企业应建立自然灾害及事故隐患预测预警机制或管理办法 项目部应根据施工项目的地域特点及自然环境情况，对因自然灾害可能导致事故的隐患，制定相应的预防措施和应急预案 企业及项目部在接到有关自然灾害预报时，应及时发出预警通知 发生自然灾害可能危及施工生产和人员安全的情况时，应当采取撤离人员、停止作业、加强监测等安全措施	10	①企业未建立自然灾害及事故隐患预测预警管理办法，扣5分 ②项目部未针对施工项目的地域特点及自然环境等情况进行分析、预测，制定预防措施，扣2分/处 ③现场查看，存在有明显因自然灾害可能导致事故的隐患，扣3分/处	

5.9　危险源辨识和重大危险源监控（30分）

序号	项目	内　　容	标准分	评分标准	实得分
5.9.1	辨识与评估	企业应建立健全危险有害因素辨识与评估管理制度，明确工作职责、方法、范围、流程、控制原则 企业及项目部应对本单位所承担的工程项目进行危险有害因素辨识与评估，确定重大风险及重大危险源	10	①企业未建立危险有害因素辨识与评估管理制度，扣3分 ②企业及项目部未进行危险有害因素辨识与评估，扣3分/处 ③危险有害因素辨识与评估范围不全面，扣2分 ④未确定重大风险及重大危险源，扣2分/处	
5.9.2	登记建档与备案	企业及项目部应对重大危险源及时登记建档，进行定期检查、检测口 企业及项目部应按规定将本单位重大危险源的名称、地点、性质和可能造成的危害及有关安全措施、应急预案，报所在地有关主管部门备案	10	①未对重大危险源登记建档，扣3分/处 ②档案资料不全，扣2分/项 ③未按规定将重大危险源相关资料，报所在地有关主管部门备案，扣2分/处	

续表

序号	项目	内　容	标准分	评分标准	实得分
5.9.3	监控与管理	企业应建立健全重大危险源安全管理制度，制定重大危险源安全管理技术措施 企业及项目部应采取有效的技术措施对重大危险源实施监控 危险化学物品运输、储存、使用应符合相关规定	10	①企业未建立重大危险源安全管理制度，扣3分 ②未制定重大危险源安全管理技术措施，扣3分 ③企业及项目部未对重大危险源实施监控并形成记录，扣3分/处 ④危险化学物品运输、储存无警示标志，扣2分/处	

5.10　职业健康（50分）

5.10.1　职业健康管理（35分）

序号	项目	内　容	标准分	评分标准	实得分
5.10.1.1	危害区域管理	企业应为员工提供符合职业健康要求的工作环境和条件 项目部应对可能发生急性职业危害的工作场所，制定应急预案，设置应急撤离通道和必要的泄险区 项目部应对存在职业危害的作业场所定期进行检测，在检测点设置标识牌予以告知，并将检测结果存入职业健康档案	10	①项目部未对可能发生急性职业危害的工作场所，制定应急预案，设置应急撤离通道和必要的泄险区，扣1分/项目部 ②未定期进行职业危害检测，扣2分/项目部 ③在职业危害的作业场所未设置标识牌予以告知，扣1分/处 ④未将检测结果存入职业健康档案，扣2分/项目部	
5.10.1.2	职业防护用品、设施	企业及项目部应为从业人员配备必要的职业健康防护设施、器具及防护用品 对可能发生急性职业损伤的有毒、有害工作场所，应设置报警装置，配置现场急救用品、冲洗设备 对现场急救用品、设施和防护用品设专人保管，并定期进行校验和维护，确认可靠有效 对放射工作场所和放射源的运输、贮存，必须配置防护设备和报警装置，接触放射线的工作人员应配备个人剂量计 产生职业病危害的工作场所应有配套的更衣间、洗浴间等卫生设施	10	①职业健康防护设施、器具和防护用品不满足要求，扣1分/处 ②对可能发生急性职业损伤的有毒、有害工作场所，未设置、配置相应的装置、用品和设备．扣2分/处 ③急救用品、防护用品未设专人保管，扣1分/处 ④现场急救用品、设施和防护用品未定期检验，扣1分/处 ⑤放射工作场所和放射源的运输、贮存，未配置防护设备和报警装置，接触放射线的工作人员未配备个人剂量计，扣2分/处 ⑥产生职业病危害的工作场所未有配套的更衣间、洗浴间等卫生设施，扣1分/处 ⑦现场急救用品和防护用品不在有效期内，扣1分/处	
5.10.1.3	职业健康检查	企业应制定职业健康管理制度，明确职业病危害防治责任及职业病危害检测、评价管理流程，安排相关岗位人员定期进行职业健康检查 职业健康检查包括上岗前、在岗期间、离岗时和应急的健康检查 职业健康检查应根据所接触的职业危害因素类别，按有关规定确定检查项目和检查周期 职业健康检查应当填写《职业健康检查表》，从事放射性作业人员的健康检查应当填写《放射工作人员健康检查表》。 企业应为相关岗位作业人员建立职业健康监护档案	5	①企业未制定职业健康管理制度，扣1分；未建立职业危害因素种类清单和岗位分布情况统计表，扣2分 ②企业未安排相关岗位人员进行职业健康检查，扣2分 ③企业职业健康检查周期未按有关规定进行检查，扣2分 ④企业未建立职工健康档案，扣1分 ⑤企业及项目部安排未经职业健康检查的人员从事接触职业病危害因素的作业，扣2分/处 ⑥企业及项目部安排有职业禁忌的人员从事禁忌作业，扣2分/处	

续表

序号	项目	内　　容	标准分	评分标准	实得分
5.10.1.3	职业健康检查	职业健康监护档案应当包括作业人员的职业史、职业病危害接触史、职业健康检查结果和职业病诊疗等有关个人健康资料 企业及项目部不得安排未经上岗前职业健康检查的作业人员从事接触职业病危害因素的作业 企业及项目部不得安排有职业禁忌的作业人员从事其所禁忌的作业 职业健康检查由省级卫生行政部门批准从事职业健康检查的医疗卫生机构承担	5	⑦职业健康检查的医疗卫生机构不符合国家相关规定，扣 1 分/处	
5.10.1.4	职业健康防护	项目部对施工作业现场尘毒、噪声、化学伤害、高低温伤害、辐射伤害等应有防护措施、设置标识，配备防护用品 作业人员应正确佩戴和使用安全防护用品	10	①无标识，扣 2 分/处 ②无防护措施，扣 2 分/处 ③无发放记录，扣 2 分/项目部 ④未配备防护用品，扣 1 分/人次	

5.10.2 职业危害告知和警示（10 分）

序号	项　目	内　　容	标准分	评分标准	实得分
5.10.2.1	职业危害告知	企业与从业人员订立劳动合同时，应将工作过程中可能产生的职业危害及其后果和防护措施如实告知从业人员，并在劳动合同中写明	5	与从业人员订立劳动合同时，未告知职业危害，扣 2 分/人	
5.10.2.2	职业危害警示	企业应对存在严重职业危害的作业岗位人员进行警示教育，使其了解施工过程中的职业危害、预防和应急处理措施，降低或消除危害后果 项目部对存在严重职业危害的作业岗位，应按照相关标准的要求设置警示标识和警示说明。警示说明应载明职业危害的种类、后果、预防和应急救治措施	5	①对存在严重职业危害的作业岗位，未设置警示标识和警示说明，扣 2 分/处 ②警示标识和警示说明有缺失，内容不符合要求，扣 1 分/处	

5.10.3 职业危害申报（5 分）

序号	项目	内　　容	标准分	评分标准	实得分
5.10.3.1	职业危害宣传	企业对职业危害应开展多种形式的宣传教育活动，提高从事职业危害岗位人员的安全意识和预防能力	2	未开展宣传教育活动，不得分	
5.10.3.2	职业危害申报	企业及项目部应按规定，及时、如实向当地主管部门申报施工过程存在的职业危害因素，并依法接受其监督	3	①未依法接受有关部门监督，不得分 ②未按要求进行职业危害申报，扣 2 分	

5.11 应急救援（40 分）

序号	项目	内　　容	标准分	评分标准	实得分
5.11.1	应急机构和队伍	企业及项目部应建立健全本单位应急管理体系，建立突发事件应急领导机构，明确责任，并设专人负责 企业应建立应急专家组 项目部应组建应急抢险救援队伍	5	①未建立应急机构或未指定专人负责，扣 2 分/处 ②企业未建立应急专家组，扣 1 分；项目部未组建应急抢险救援队伍，扣 1 分/项目	

续表

序号	项目	内容	标准分	评分标准	实得分
5.11.2	应急预案	企业应根据企业面临的风险状况，识别潜在的突发事件，编制发布突发事件综合应急预案及专项应急预案（见附录G），健全安全生产应急救援体系，并将突发事件应急预案报当地主管部门备案 项目部应按规定结合工程实际，制定施工现场应急处置方案（见附录H，并报公司本部及工程项目建设单位（项目部）备案 应急预案应包括应急组织机构和人员的联系方式、应急物资储备清单等信息 企业及项目部的应急预案和处置方案应定期进行评审，并根据评审结果修订和完善	10	①企业未编制、发布综合应急预案及专项应急预案，扣5分 ②应急预案内容不符合《应急预案编制导则》要求，扣2分 ③未将综合应急预案及专项应急预案报当地主管部门备案，扣2分 ④项目部未按规定制定施工现场应急处置方案，未报公司本部及工程项目建设单位（项目部）备案，扣3分/项目 ⑤应急预案和处置方案缺项，扣1分/项 ⑥未定期进行评审或无记录，扣1分 ⑦未根据评审结果修订应急预案，扣1分/处	
5.11.3	应急设施、装备、物资	企业及项目部应落实应急救援经费、医疗、交通运输、物资、治安和后勤等保障措施，确保施工现场应急救援工作实施 企业及项目部应对应急设施，应急装备，应急物资进行定期检查和维护，确保其完好可靠	10	①未配备相应的应急设施、装备、物资，扣2分/处 ②未建立应急物资、装备、器材台账，扣2分 ③无检查和维护记录，扣2分/处	
5.11.4	应急培训及演练	企业及项目部每年至少应组织一次相关部门、单位负责人和人员开展应急管理能力、应急知识的培训 企业应制定应急演练计划和方案，每年至少组织一次应急预案培训和演练 项目部应制定现场应急预案（处置方案）演练计划及方案，每年至少组织一次应急演练 应急演练前应进行培训（或交底） 企业及项目部对演练效果应进行评估，根据评估结果，修订、完善应急预案，改进应急管理工作	10	①企业未组织应急培训和演练，扣5分；项目部未组织应急培训和演练，扣2分/项目部；应急演练前未进行培训（或交底），扣2分/次 ②未制定培训计划和演练方案，未对演练效果进行评估，扣3分/处 ③未根据评估结果修订、完善应急预案，扣2分/处	
5.11.5	事故救援	发生事故后，应立即启动相关应急预案，积极开展事故救援，按突发事件分级标准确定应急响应原则和等级 紧急事件发生时，应迅速与当地专业应急救援队伍取得联系，确保提供足够的人力和设备开展救援 要做好突发事件后果的影响消除、施工秩序恢复、污染物处理、善后理赔、应急能力评估、对应急预案的评价和改进等后期处置工作。应对应急救援进行总结	5	①发生事故未及时启动应急预案造成损失，不得分 ②紧急事件发生未与外援队伍取得联系造成重大损失，不得分 ③突发事件后未对应急预案进行评价、改进．扣2分 ④未对应急救援进行总结，扣2分	

5.12 事故报告、调查和处理（20分）

序号	项目	内容	标准分	评分标准	实得分
5.12.1	事故报告	企业应建立安全生产事故和突发事件等安全信息管理制度，明确报告的调查、分析、统计、上报的程序 发生事故后，按规定及时向上级单位、地方政府有关部门和电力监管机构报送安全信息，信息报送应做到及时、准确和完整。 对事故进行登记建档管理	10	①企业未建立安全生产事故和突发事件等安全信息管理制度，扣3分 ②事故上报不及时，扣3分/次 ③漏报、谎报或瞒报事故，不得分 ④未建立事故档案，扣3分	

续表

序号	项目	内　　容	标准分	评分标准	实得分
5.12.2	事故调查和处理	现场发生事故后，企业应按规定的权限成立事故调查组，依据“四不放过”的原则对事故进行调查处理 发生一般及以上事故，施工企业及所属分公司、项目部应配合上级有关部门进行事故调查 事故调查应查明事故发生的时间、经过、原因飞人员伤亡情况及直接经济损失等 事故调查应根据有关证据、资料，分析事故的直接、间接原因和事故责任，提出整改措施和处理建议，编制事故调查报告	10	①事故发生后，未按权限成立事故调查组的，未按“四不放过”原则处理，不得分 ②未编制事故调查报告，扣 5 分 ③未落实整改措施，扣 5 分	

5.13 绩效评定和持续改进（20 分）

序号	项目	内　　容	标准分	评分标准	实得分
5.13.1	绩效评定	企业应制定安全绩效考评管理办法．每年至少组织一次对企业安全生产标准化的实施情况进行评定，验证各项安全生产制度措施的适宜性、充分性 和有效性，检查安全生产工作目标、指标的完成情况 企业及所属单位主要负责人应对绩效评定工作全面负责亡评定工作应形成正式文件，并将结果向所有部门、单位和从业人员通报，作为年度考评的重要依据 安全生产标准化绩效评定结果要明确下列事项： ①安全生产标准化体系运行效果（含目标、指完成情况等） ②制度、措施的适宜性、有效性分析 ⑨安全生产标准化体系运行中出现的问题和缺陷以及所采取的改进措施 ④安全生产标准化体系中各种资源的使用效果 ⑤与相关方的关系	10	①未制定安全绩效考评管理办法，扣 5 分；未对安全生产标准化的实施情况进行评定，扣 3 分 ②评定周期少于每年一次，扣 1 分：评定内容不全，扣 1 分/处 ③主要负责人未组织和参与评定，扣 1 分 ④评定报告未形成正式文件，扣 1 分 ⑤未将安全生产标准化工作评定报告向所有部门、单位和从业人员通报，扣 1 分 ⑥抽查发现有关部门和人员对相关内容不清楚，扣 1 分/人次 ⑦未对上一周期提出的纠正措施进行闭环。扣 2 分/次	
5.13.2	持续改进	企业应根据安全生产标准化的评定结果和安全检查、监测、考核中所反映的趋势，制定工作计划和措施，对安全生产目标、指标、规章制度、操作规程等进行修改完善，持续改进，不断提高安全绩效 对责任行、施工安全、检查监控、隐患整改、考评考核等方面评估和分析出的问题由安全管理机构提出纠正或预防措施，并纳入下一周期的安全工作实施计划当中 企业及项目部应根据绩效评价结果，依据安全管理相应的制度和实施细则，对有关单位和岗位实施奖惩	10	①未根据评定结果持续改进安全目标、指标、规章制度、操作规程，扣 3 分 ②未制定改进安全标准化工作计划和措，扣 3 分 ③对评估和分析出的问题未提出纠正或预措施，扣 3 分 ④未按照评价结果进行奖励兑现或处罚，扣 3 分	

附录A 常规安全防护设施

以下为常规安全防护设施，使用时应设置牢固可靠，符合相关规定。

1．安全围栏

2．孔洞盖板

3．手扶水平安全绳

4．安全平网

5．密目式安全立网

6．安全通道及防护棚

7．钢爬梯

8．防护门

9．机电设备安全防护装置

10．安全标志

附录B 施工企业应建立的安全管理制度

以下为施工企业、项目部应建立的基本安全管理制度，包括但不限于以下内容：

（一）安全生产委员会工作制度；

（二）安全责任制度；

（三）安全教育培训制度；

（四）安全工作例会制度；

（五）施工分包安全管理制度；

（六）安全施工措施交底制度；

（七）安全施工作业票管理制度；

（八）文明施工管理制度；

（九）施工机械、工器具安全管理制度；

（十）脚手架搭拆、使用管理制度；

（十一）临时用电管理制度；

（十二）消防保卫管理制度；

（十三）交通安全管理制度；

（十四）安全检查制度；

（十五）隐患排查治理管理制度；

（十六）安全奖惩制度：

（十七）特种作业人员管理制度；

（十八）危险物品及重大危险源管理制度；

（十九）现场安全设施和防护用品管理制度；

（二十）应急管理制度；

（二十一）职业健康管理制度；

（二十二）安全费用管理制度；

（二十三）事故调查、处理、统计、报告制度。

附录 C 达到一定规模的危险性较大的分部分项工程

以下为达到一定规模的危险性较大的分部分项工程，包括但不限于以下内容：

一、基坑支护、降水工程开挖深度超过 3 米（含 3 米） 或虽未超过 3 米但地质条件和周边环境复杂的基坑（槽）支护、降水工程。

二、土方开挖工程

开挖深度超过 3 米（含 3 米）的基坑（槽）的土方开挖工程。

三、模板工程及支撑体系

（一）各类工具式模板工程：包括大模板、滑模、爬模、飞模等工程。

（二）混凝土模板支撑工程：搭设高度 5 米及以上；搭设跨度 10 米及以上；施工总荷载 10 千牛/平方米及以上：集中线荷载 15 千牛/米及以上；高度大于支撑水平投影宽度且相对独立无联系构件的混凝土模板支撑工程。

（三）承重支撑体系：用于钢结构安装等满堂支撑体系。

四、起重吊装及安装拆卸工程

（一）采用非常规起重设备、方法，且单件起吊重量在 10 千牛
及以上的起重吊装工程。

（二）采用起重机械进行安装的工程。

（三）起重机械设备自身的安装、拆卸。

五、脚手架工程

（一）搭设高度 24 米及以上的落地式钢管脚手架工程。

（二）附着式整体和分片提升脚手架工程。

（三）悬挑式脚手架工程。

（四）吊篮脚手架工程。

（五）自制卸料平台、移动操作平台工程。

（六）新型及异型脚手架工程。

六、拆除、爆破工程

（一）建筑物、构筑物拆除工程。

（二）采用爆破拆除的工程。

七、其他

（一）建筑幕墙安装工程。

（二）钢结构、网架和索膜结构安装工程.

（三）人工挖扩孔桩工程。

（四） 地下暗挖、顶管及水下作业工程。

（五）预应力工程。

（六）采用新技术、新工艺、新材料、新设备及尚无相关技
术标准的危险性较大的分部分项工程。

附录D 超过一定规模的危险性较大的分部分项工程

以下为超过一定规模的危险性较大的分部分项工程，包括但不限于以下内容：

一、深基坑工程

（一）开挖深度超过5米（含5米）的基坑（槽）的土方开挖、护、 降水工程。

（二）开挖深度虽未超过5米，但地质条件、周围环境和地下管线复杂，或影响毗邻建（构）筑物安全的基坑（槽）的土方开挖、支护、降水工程。

二、模板工程及支撑体系

（一）工具式模板工程：包括滑模、爬模、飞模工程。

（二）混凝土模板支撑工程：搭设高度8米及以上：搭设跨度18米及以上：施工总荷载15千牛/平方米及以上；集中线荷载20千牛/米及以上。

（三）承重支撑体系：用于钢结构安装等满堂支撑体系，受单点集中荷载700千克以上。

三、起重吊装及安装拆卸工程

（一）采用非常规起重设备、方法，单件起吊重量在100千牛及以上的起重吊装工程。

（二）起重量300千牛及以上的起重设备安装工程：高度200米及以上内爬起重设备的拆除工程。

四、脚手架工程

（一）搭设高度50米及以上落地式钢管脚手架工程。

（二）提升高度150米及以上附着式整体和分片提升脚手架工程。

（三）架体高度20米及以上悬挑式脚手架工程。

五、拆除、爆破工程

（一）采用爆破拆除的工程。

（二）码头、梁、高架、烟囱、水塔或拆除中容易引起有毒有害气（液） 体或粉尘扩散、易燃易爆事故发生的特殊建、构筑物的拆除工程。

（三）可能影响行人、交通、电力设施、通信设施或其他建（构）筑物安全的拆除工程。

（四）文物保护建筑、优秀历史建筑或历史文化风貌区控制范围的拆除工程。

六、其他

（一）施工高度50米及以上的建筑幕墙安装工程。

（二）跨度大于36米及以上的钢结构安装工程；跨度大于60米及以上的网架和索膜结构安装工程。

（三）开挖深度超过16米的人工挖孔桩工程。

（四）地下暗挖工程、项管工程、水下作业工程。

（五）采用新技术、新工艺、新材料、新设备及尚无相关技术标准的危险性较大的分部分项工程。

附录E 重要临时设施、重要施工工序、特殊作业、危险作业项目

以下为重要临时设施、重要施工工序、特殊作业、危险作业项目，包括但不限于以下内容：

一、重要临时设施：包括施工供用电、用水、氧气、乙炔、压缩空气及其管线，交通运输道路，作业棚，加工间，资料档案库，砂石料生产系统、混凝土生产系统、混凝土预制件生产厂、起重运输机械，位于地质灾害易发区项目的营地、渣场，油库，雷管、炸药、剧毒品库及其他危险品库，射源存放库和锅炉房等。

二、重要工序：大型起重机械安装、拆除、移位及负荷试验，特殊杆塔及大型构件吊装，高塔组立，预应力混凝土张拉，汽机扣大盖，发电机穿转子，水轮机、发电机大型部件吊装，大板梁吊装，大型变压器运输、吊罩、抽芯检查、干燥及耐压试验，大型电机干燥及耐压试验，燃油区进油，锅炉大件吊装及高压管道水压试验，高压线路及厂用设备带电，主要电气设备耐压试验，临时供电设备安装与检修，汽水管道冲洗及过渡，重要转动机械试运，主汽管吹洗，锅炉升压、安全门整定，油循环，汽轮发电机试运及投氢，发电机首次并网，高边坡开挖，深基坑开挖，爆破作业，高排架、承重排架安装和拆除，大体积混凝土浇筑，洞室开挖中遇断层、破碎带的处理，大坎、悬崖部分混凝土浇筑等。

三、特殊作业：大型起吊运输（超载、超高、超宽、超长运输），高空爆破、爆压，水上及在金属容器内作业，高压带电线路交叉作业，临近超高压线路施工，跨越铁路、高速公路、通航河道作业，进入高压带电区、电厂运行区、电缆沟、氢气站、乙炔站及带电线路作业，接触易燃易爆、剧毒、腐蚀剂、有害气体或液体及粉尘、射线作业等，季节性施工，多工程立体交叉作业及与运行交叉的作业。

四、危险作业项目：起重机满负荷起吊，两台及以上起重机抬吊作业，移动式起重机在高压线下方及其附近作业，起吊危险品，超载、超高、超宽、超长物件和重大、精密、价格昂贵设备的装卸及运输，油区进油后明火作业，在发电、变电运行区作业，高压带电作业及临近高压带电体作业，特殊高处脚手架、金属升降架、大型起重机械拆卸、组装作业，水上作业，沉井、沉箱、金属容器内作业，土石方爆破，国家和地方规定的其他危险作业。

附录F　安全施工作业票

以下施工项目在开工前必须办理施工作业票，包括但不仅限于以下内容：

一、通用危险作业项目包括：起重机满负荷起吊，两台及以上起重机抬吊作业，起吊危险品，超载、超高、超宽、超长物件和重大、精密、价格昂的装卸及运输，特殊高处脚手架、水上作业，金属容器内作业，土石方爆破。

二、火电工程包括：高边坡及深坑基础开挖和支护，基坑开挖放炮，大体积混凝土浇筑，框架梁、柱混凝土浇筑，悬崖部分混凝土浇筑，大型构件吊装，脚手架、升降架安装拆卸及负荷试验，大型起重机械安装、移位及负荷试验。发电机、汽轮机本体安装，发电机及配电装置带电试运，主变压器安装及检查，重要电动机检查，起重设备带电试运，气体灭火系统调试等，锅炉水冷壁、过热器、再器组合安装，锅炉水压试验，给煤机、磨煤机、送引风机等重要辅机的试运，汽机转子找正、扣盖，机组的启动及试运行，油区进油后明火作业。

三、水电站工程包括：高边坡及深坑基础开挖和支护，基坑开挖放炮，大方量爆破装药，压力灌浆，坝体混凝土浇筑，硐室开挖遇断层处理，岩壁梁施工，厂房行车的安装调试及负荷试验，充排水检查，闸门、启闭机安装及调试，水轮机组尾水管安装及混凝土浇筑，水轮机蜗壳安装及调整，发电机定子、转子组装及调整试验，各种带电试验，重要辅助设备的安装及调试，机组的启动及试运行，机组的各种性能试验，脚手架、卷扬提升系统、大型起重机械组装或拆除作业，油区进油后明火作业，水下作业，危石、塌方处理。（现场试评审时确定是否收录）

四、送电线路施工包括：特殊地质地貌条件下施工，人工挖孔桩及基坑深度超过5米的基础开挖，运行电力线路下方的线路基础开挖，深度超过5米的、坑口尺寸超过8米的以及高立柱的平台搭设、模板制作，跨越10千伏及以上带电运行电力线路的跨越架搭设，跨越铁路的跨越架搭设。跨越二级及以上的公路跨越架搭设，过轮临锚施工，牵张场地锚线施工，紧线、挂线施工，高塔组立，导引绳展放施工作业，导线、地线、光缆架设施工，临近带电体施工，特殊施工方式（飞艇、动力伞等）。

五、变电站（换流站）施工包括：深基坑施工，人工挖孔桩作业，大量的土方工程多种施工机械交叉作业，特殊结构厂房施工，施工用电接火，高大护坡支护及挡墙施工，临近带电体作业，脚手架搭设及拆除，主体结构的模板安装（支模）及混凝土浇筑施工，梁、板、柱及屋面钢筋绑扎，室内装饰涉及到高处作业项目，高处焊接施工，屋面防水施工，构架组立，构架横梁及架顶避雷针就位安装，独立避雷针起吊就位安装，变压器运输及安装，换流阀安装、换流变压器运输及安装、高抗附件安装，挂线（母线、联络线），高处压接导线，隧道焊接，高压试验，大型起重机及垂直运输机械的就位、安装、拆除。

六、风电项目：基坑爆破开挖，塔筒及风机在山区道路运输，塔筒及风机吊装。

七、国家、行业和地方规定的其他重要及危险作业。

附录G 专项应急预案

以下为专项应急预案，包括但不限于以下内容：

1．人身伤亡事故专项应急预案

2．垮（坍）塌事故专项应急预案

3．火灾、爆炸事故专项应急预案

4．触电事故专项应急预案

5．机械设备突发事件专项应急预案

6．食物中毒专项应急预案

7．环境污染事件专项应急预案

8．恶劣天气专项应急预案

9．急性传染病专项应急预案

10．交通事故专项应急预案

11．地质灾害专项应急预案

12．洪水灾害专项应急预案

附录H：现场应急处置方案

以下为现场应急处置方案，包括但不限于以下内容：

1．人身伤亡事故现场应急处置方案

2．垮（坍）塌事故现场应急处置方案

3．火灾、爆炸事故现场应急处置方案

4．触电事故现场应急处置方案

5．机械设备突发事件现场应急处置方案

6．食物中毒现场应急处置方案

7．环境污染事件现场应急处置方案

8．恶劣天气现场应急处置方案

9．急性传染病现场应急处置方案

10．交通事故现场应急处置方案

11．地质灾害现场应急处置方案

12．洪水灾害现场应急处置方案

国家能源局关于加强电力工程质量监督工作的通知

国能安全〔2014〕206号

各派出机构，中电联，国家电网公司，南方电网公司，华能、大唐、华电、国电、中电投集团公司，中国核工业集团公司，中国电建、中国能建集团公司，各有关单位：

工程质量监督是工程建设质量管理的基本制度，也是政府部门实施行业管理的重要手段。多年来，依照《建设工程质量管理条例》等法律法规，在各级政府主管部门、质监机构和电力企业共同努力下，电力工程质量监督工作成效显著，保障了电力工程建设质量和电力系统安全稳定运行。

随着政府机构改革的深化与推进，为了更好地履行监管职责，国家能源局决定进一步完善电力工程质量监督管理体系，规范监督行为，形成“国家能源局归口管理、派出机构属地监管、质监机构独立监督、电力企业积极支持”的工作机制。为做好工作衔接，现就近期有关工作要求通知如下。

一、明确电力工程质量监督机构职责

电力工程质量监督机构要严格执行国家有关法律法规和规章制度，认真履行职责，依法开展质监工作。当前，原有电力工程质量监督管理体系保持不变，中国电力企业联合会和各省（直辖市、自治区）中心站、华能中心站、核电中心站要继续履行电力工程质量监督总站、中心站职责。各单位要创造条件，保证质监工作正常开展。凡因机构弱化或工作不到位造成质量安全事故的，要依法依规追究相关单位责任。

二、加强电力工程质量监督管理

国家能源局负责全国电力工程质量监督的归口管理，指导质监总站工作。总站受国家能源局委托承担电力工程质量监督技术性、服务性工作，拟定相关规章制度并督促落实，指导各中心站业务工作，负责国家试验示范工程和跨区重大电力工程项目的质量监督，参与电力工程竣工验收和重大质量事故的调查处理，完成国家能源局交办的其他任务。

国家能源局派出机构负责所辖区域内的电力工程质量监督管理，指导中心站工作。能源监管机构要加强质监计划管理，确保质监工作不缺项、不漏项；要结合实情，适时开展监督检查，协调解决工作中存在的突出问题。质监机构年度与阶段性工作计划、受理的质监工程项目情况以及拟出具的电力工程质监报告均应及时报备能源监管机构。

三、确保电力工程质量监督工作全面覆盖

各单位要严格执行电力工程质量监督管理的规范要求，按照“独立、规范、公正、公开”的原则，依法依规监督电力工程质量。质监机构要强化监督执法，提高服务意识，确保监督范围内申请的电力工程项目质量监督百分之百全覆盖；各电力企业要进一步提高工作自觉性，国家核准的电力工程项目，要同步申请质量监督并主动做好相关配合工作，确保质量监督百分之百全覆盖。质监工作结束后，质监机构要按规定出具质监报告并加盖质监机构印章；未按规定核准的电力工程项目，质监机构不得接受其质监申请。

四、加强电力工程质量监督信息管理

电力工程质量监督实施月报告制度，质监机构要定期向能源监管机构报告当月工程申请受理、工程进度、监督检查、整改落实等情况。总站要加强信息系统建设，尽快实现电力工程质量监督信息管理自动化。自发文之日起，凡国家能源主管部门核准（审批）的电力工程项目，由工程建设单位向总站提出质量监督注册申请；各省（自治区、直辖市）能源主管部门核准（审批）的电力工程项目，由工程建设单位向当地中心站提出质量监督注册申请，并由中心站定期报备总站。

各派出机构要按照本通知精神，结合实际，制定具体方案和措施，指导本地区电力工程质量监督工作顺利开展。各单位对相关工作的意见和建议，请告我局电力安全监管司。

国家能源局

2014 年 5 月 10 日

国家能源局关于印发风力发电、光伏发电工程质量监督检查大纲的通知

国能安全〔2016〕102号

各派出机构，国家电网公司，南方电网公司，华能、大唐、华电、国电、国家电投集团公司、中国电建、中国能建集团公司，内蒙古电力公司，各有关单位：

为加强电力工程质量监督管理，进一步规范风力发电、光伏发电工程质量监督检查工作，保障工程建设质量，国家能源局修编了《风力发电工程质量监督检查大纲》和《光伏发电工程质量监督检查大纲》，现印发你们，请遵照执行。

附件：1.《风力发电工程质量监督检查大纲》

2.《光伏发电工程质量监督检查大纲》

国家能源局

2016年4月5日

附件1：

风力发电工程质量监督检查大纲

前　　言

为贯彻落实《建设工程质量管理条例》和电力建设工程质量安全管理有关规定，进一步规范和加强风力发电工程质量监督检查工作，保障工程建设质量，电力工程质量监督总站组织起草了《风力发电工程质量监督检查大纲》（以下简称《大纲》），并经国家能源局局长办公会审议通过。

本《大纲》共包括以下4部分：

——第1部分　首次监督检查

——第2部分　风力发电机组工程

第1节点　地基处理监督检查

第2节点　塔筒吊装前监督检查

第3节点　机组启动前监督检查

——第 3 部分 升压站工程

第 1 节点 地基处理监督检查

第 2 节点 主体结构施工前监督检查

第 3 节点 建筑工程交付使用前监督检查

第 4 节点 升压站受电前监督检查

——第 4 部分 商业运行前监督检查

一、编制说明

（一）主要编制依据

《建设工程质量管理条例》（国务院令第 279 号）

《建设工程质量检测管理办法》（建设部令第 141 号）

《贯彻实施质量发展纲要 2015 年行动计划》（国务院）

《电力安全生产监督管理办法》（发改委 2015 年第 21 号令）

《电力建设工程施工安全监督管理办法》（发改委 2015 年第 28 号令）

《国家能源局关于加强电力工程质量监督工作的通知》（国能安全〔2014〕206 号）

《工程建设标准强制性条文》（电力工程部分）

《建筑工程施工质量验收统一标准》（GB 50300）

《建设工程监理规范》（GB 50319）

《建设工程项目管理规范》（GB/T 50326）

《电力建设工程监理规范》（DL/T 5434）

（二）指导思想和编制原则

按照依法依规、精简程序、强化监管的指导思想，本《大纲》的编制遵循了以下原则：

1．以工程建设标准强制性条文为依据，强调监督检查依法依规的原则。

2．质量管理行为和实体质量并重，强化质量责任监管的原则。

3．强化节点监督和转序前检查，强化对工程质量验收抽查验证的原则。

4．强调监督检查工作规范化，在监督检查手段上强化检测验证的原则。

5．适应科技发展，兼顾技术进步的原则。

（三）调整的主要内容

本《大纲》与原《风力发电工程质量监督检查典型大纲》（简称原《典型大纲》）相比，主要的调整和变化如下：

1．为强化对建筑基础和隐蔽工程质量的监督检查，在监督检查的内容上增加了地基处理和商业运行前的监督检查，使监督检查内容更加全面完整。

2．将原《典型大纲》“对技术文件和资料的监督检查”章中的相关内容分解到“责任主体质量行为的监督检查”和“工程实体质量的监督检查”两章中阐述，以避免重复检查。

3．在工程实体质量监督检查章节，有针对性地强调了工程资料和现场实物一致性的检查。

4．由于监督检查的步骤和方法在电力工程质量监督检查程序规定中已经明确，因此本《大纲》中删除了原“质量监督检查的步骤和方法”章节内容。

5．删除了原《典型大纲》中的建设单位“检查评价”章节内容，取消了自检和预监检，简化了监督检查的程序，同时强化了对工程阶段性验收的要求，使监督检查工作定位更准确。

6．增加了“质量监督检测”一章，强化了对工程内在质量的抽查验证。

（四）各部分的内容构成

本《大纲》各部分或节点的主要内容包括总则、监督检查依据、监督检查应具备的条件、责任主体质量行为的监督检查、工程实体质量的监督检查和质量监督检测，共六章。

二、适用范围

本《大纲》适用于装机容量 48MW 及以上风力发电工程项目的监督检查，其他风力发电工程可参照执行。

三、使用说明

（一）使用原则

1．本《大纲》是电力工程质量监督机构（以下简称质监机构）制定监督检查计划和开展现场监督检查的工作依据，与电力工程质量监督检查程序等相关规定配套使用。

2．质监机构在制定工程监督检查计划时，应根据本《大纲》的规定和工程建设实际情况，合理确定监督检查阶段，进度相近的监督检查阶段可合并进行。例如项目的首次监督检查和地基处理阶段的监督检查，在不影响工程进度的情况下，可以合并为一次开展。

3．在合并开展阶段性监督检查时，应注意以下事项：

（1）对于合并阶段开展的监督检查，本《大纲》中规定的相应部分（节点）的检查内容不得简化、省略或替代。

（2）开展合并阶段监督检查时，监督检查组的成员构成应满足相应部分（节点）检查的专业要求，不得跨专业检查或相互替代开展检查。

（3）开展合并阶段监督检查时，应按照本《大纲》规定的部分（或节点）分别出具监督检查意见或结论。

4．根据风力发电工程分“批次”建设的特征，质量监督机构可根据工程具体情况，在开展某一阶段性监督检查时，对前面各阶段后续完成的其他批次进行抽检。

5．首批风电机组并网发电后，其他批次风电机组的启动前监督检查，可结合当地相关并网政策和工程实际情况，分批进行抽查。

（二）监督检查阶段合并示例

根据本《大纲》各部分规定的内容，参照当前大多数工程建设实际情况，可合并在一个阶段开展的监督检查示例如下：

——第一阶段　首次及地基处理监督检查

合并检查内容为：

第 1 部分　首次监督检查

第 2 部分　风力发电机组工程

第 1 节点　地基处理监督检查

第 3 部分　升压站工程

第 1 节点　地基处理监督检查

——第二阶段　风机塔筒吊装前和升压站建（构）筑物主体结构施工前监督检查

合并检查内容为：

第 2 部分　风力发电机组工程
第 2 节点　塔筒吊装前监督检查
第 3 部分　升压站工程
第 2 节点　主体结构施工前监督检查
——第三阶段　升压站受电前和首批风机启动前监督检查
合并检查内容为：
第 2 部分　风力发电机组工程
第 3 节点　机组启动前监督检查
第 3 部分　升压站工程
第 3 节点　建筑工程交付使用前监督检查
第 4 节点　升压站受电前监督检查
四、解释
本《大纲》由国家能源局电力安全监管司归口。
本《大纲》由电力工程质量监督总站负责解释。
五、施行日期
本《大纲》自颁布之日起施行。

第 1 部　分首次监督检查

1　总则

1.0.1　本部分适用于风力发电工程首次质量监督检查。
1.0.2　首次质量监督检查应在升压站或风机基础第一罐混凝土浇筑前进行。
1.0.3　本部分所列检查内容应逐条检查，检查方式为重点抽查验证。

2　监督检查依据

监督检查组在开展本部分监督检查工作时，监检人员应当按照专业划分，熟练掌握以下标准。引进国外设备的工程，还需要熟悉和掌握合同约定的其他标准。
《中华人民共和国建筑法》（主席令第 46 号）
《中华人民共和国招投标法》（主席令第 21 号）
《建设工程质量管理条例》（国务院令第 279 号）
《建筑工程勘察设计资质管理规定》（建设部令第 160 号）
《建筑业企业资质管理规定》（住房城乡建设部令第 22 号）
《工程监理企业资质管理规定》（建设部令第 158 号）
《建设工程质量检测管理办法》（建设部令第 141 号）
《实施工程建设强制性标准监督规定》（建设部令第 81 号）
《检验检测机构资质认定管理办法》（国家质量监督检验检疫总局令第 163 号）
《工程建设标准强制性条文》（电力工程部分）

《建设项目工程总承包管理规范》（GB/T 50358）
《建设工程项目管理规范》（GB/T 50326）
《混凝土质量控制标准》（GB 50164）
《海上风力发电工程施工规范》（GB/T 50571）
《电力工程施工测量技术规范》（DL/T 5445）
《电力建设工程监理规范》（DL/T 5434）
《风力发电工程施工组织设计规范》（DL/T 5384）
《风力发电场项目建设工程验收规程》（DL/T 5191）
《电力建设施工质量验收及评定规程第1部分：土建工程》（DL/T 5210.1）
《海港工程混凝土防腐蚀技术规范》（JGJ 275）
《海港水文规范》（JTS 145—2）
《水运工程质量检验标准》（JTS 257）
《水运工程测量规范》（JTJ 131）
《水运工程混凝土施工规范》（JTS 202）
《水运工程混凝土试验规程》（JTJ 270）
《水运工程混凝土质量控制标准》（JTS 202）
《水运工程施工通则》（JTS 201）
《海港工程钢结构防腐蚀技术规范》（JTS 153-3）
《岩石工程勘察规范》（GB 50021）

3 监督检查应具备的条件

3.0.1 工程建设单位已按规定办理了质量监督注册手续。
3.0.2 责任主体单位项目组织机构已建立，人员已到位。
3.0.3 现场施工机械设备及工器具满足工程需要。
3.0.4 已进场的建筑工程主要原材料检验合格。
3.0.5 施工组织设计已编制完成，审批手续齐全。
3.0.6 施工现场供水、供电、通信、道路（航道）等满足施工需要。

4 责任主体质量行为的监督检查

4.1 建设单位质量行为的监督检查

4.1.1 工程项目经国家行政主管部门审批，并到国家能源监管部门备案，接入系统方案已经落实。
4.1.2 工程项目按规定完成招投标并签订合同。
4.1.3 项目管理组织机构已建立，人员已到位。
4.1.4 质量管理制度已制定。
4.1.5 监理规划、施工组织总设计已审批。
4.1.6 工程采用的专业标准清单已审批。
4.1.7 工程建设标准强制性条文已制定实施计划和措施。

4.1.8 施工图会检已组织完成。

4.1.9 工程项目开工文件已下达。

4.1.10 按合同约定，工期计划已制定。

4.1.11 采用的新技术、新工艺、新流程、新装备、新材料已批准。

4.2 勘察单位质量行为的监督检查

4.2.1 企业资质与合同约定的业务范围相符，项目负责人已经明确，专业人员具有相应资格。

4.2.2 勘察文件完整。

4.2.3 按规定参加工程质量验收并签证。

4.2.4 工程建设标准强制性条文落实到位。

4.3 设计单位质量行为的监督检查

4.3.1 企业资质与合同约定的业务范围相符，项目负责人已经明确，专业人员具有相应资格。

4.3.2 设计交底、设计更改、现场服务等管理文件齐全。

4.3.3 设计图纸交付进度能保证连续施工。

4.3.4 设计交底已完成，交底文件齐全；设计更改手续齐全。

4.3.5 按规定参加工程质量验收签证。

4.3.6 工程建设标准强制性条文在设计过程中已落实。

4.4 监理单位质量行为的监督检查

4.4.1 企业资质与合同约定的业务范围相符。

4.4.2 监理人员持证上岗，人员配备满足工程管理需要；总监理工程师经本企业法定代表人授权，变更须报建设单位批准。

4.4.3 监理质量管理文件已编制。

4.4.4 检测仪器和工具配备满足监理工作需要。

4.4.5 已组织编制施工质量验收项目划分表，设定工程质量控制点。

4.4.6 本工程应执行的工程建设标准强制性条文已确认。

4.4.7 按规程规定，对施工现场质量管理进行检查。

4.4.8 按规定完成各项报审文件的审核、批准。

4.4.9 进场材料、构配件复试项目的见证取样、验收工作开展正常。

4.5 施工单位质量行为的监督检查

4.5.1 企业资质与合同约定的业务范围相符。

4.5.2 项目经理资格符合要求并经本企业法定代表人授权。变更须报建设单位批准。

4.5.3 项目部组织机构健全，专业人员配置合理。

4.5.4 质量检查及特殊工种人员持证上岗。

4.5.5 专业施工组织设计已审批。

4.5.6 施工方案和作业指导书已审批，技术交底已完成。

4.5.7 重大施工方案或特殊措施经专项评审。

4.5.8 计量工器具经检定合格，且在有效期内。

4.5.9 检测试验项目计划已审批。

4.5.10 单位工程开工报告已审批。

4.5.11 专业绿色施工措施已制定。

4.5.12 工程建设标准强制性条文实施计划已制定。

4.5.13 按批准的验收项目划分表完成质量检验。

4.5.14 无违规转包或者违法分包工程的行为。

4.6 检测试验机构质量行为的监督检查

4.6.1 检测试验机构已经监理审核，并通过能力认定，其现场派出机构（现场试验室）满足规定条件，并已报质量监督机构备案。

4.6.2 检测试验人员资格符合规定，持证上岗。

4.6.3 检测试验仪器、设备检定合格，且在有效期内。

4.6.4 检测试验依据正确、有效，检测试验报告及时、规范。

4.6.5 现场标养室条件符合要求。

5 施工现场条件的监督检查

5.0.1 测量定位控制桩成果资料齐全有效，桩位设置规范、保护措施符合要求。

5.0.2 测量定位控制桩复测报告齐全完整；施工测量控制网已建立、报告齐全，桩位设置规范、保护措施符合要求。

5.0.3 升压站主要建（构）筑物和风机基础定位放线记录齐全有效。

5.0.4 地基验槽符合要求，已完成的桩基或地基处理工程验收合格。

5.0.5 深基坑开挖边坡坡度符合施工方案要求。

5.0.6 各类物料堆放及存贮管理应满足质量控制要求。

5.0.7 建筑施工原材料、半成品、成品及钢筋连接接头质量检验合格，报告齐全。

5.0.8 施工用水水质检验合格。

5.0.9 有混凝土配合比设计，其试配强度、抗冻性、抗腐蚀性等指标符合要求。

5.0.10 现场混凝土搅拌站条件符合要求；商品混凝土供应商报审技术资料齐全。

6 质量监督检测

6.0.1 开展现场质量监督检查时，应重点对下列项目的检测试验报告进行查验，必要时可进行验证性抽样检测。对检验指标或结论有怀疑时，必须进行检测。

（1）水泥。

（2）钢材、钢筋及连接接头。

（3）混凝土粗细骨料。

（4）混凝土掺合料、外加剂。

（5）混凝土搅拌用水。

（6）防水、防腐材料。

（7）半成品、成品。

第2部分 风力发电机组工程

第1节点 地基处理监督检查

1 总则

1.0.1 地基处理的监督检查应在风机基础施工前完成，视工程实际情况可与首次监督检查一并进行。其他辅助工程项目的地基处理监督检查也可在其他阶段性监督检查时抽查。

1.0.2 本部分所列检查内容应逐条检查，检查方式为重点抽查验证。

1.0.3 本阶段监督检查时，可针对采用新技术、新工艺、新流程、新装备、新材料的具体情况，按批准文件补充编制监督检查细则。

2 监督检查依据

监督检查组在开展本部分监督检查工作时，监检人员应当按照专业划分，熟练掌握以下标准。引进国外设备的工程，还需要熟悉和掌握合同约定的其他标准。

《建筑地基基础设计规范》（GB 50007）

《湿陷性黄土地区建筑规范》（GB 50025）

《岩土工程勘察规范》（GB 50021）

《膨胀土地区建筑技术规范》（GB 50112）

《建筑地基基础工程施工质量验收规范》（GB 50202）

《建筑边坡工程技术规范》（GB 50330）

《建筑基坑工程监测技术规范》（GB 50497）

《高耸结构设计规范》（GB 50135）

《低合金高强度结构钢》（GB/T 1591）

《熔融结合环氧粉末涂料的防腐蚀涂装》（GB/T 18593）

《电力工程地基处理技术规程》（DL/T 5024）

《电力建设施工质量验收及评价规程 第1部分：土建工程》（DL/T 5210.1）

《电力工程施工测量技术规范》（DL/T 5445）

《风力发电场设计技术规范》（DL/T 5383）

《风力发电工程施工组织设计规范》（DL/T 5384）

《风力发电工程项目建设工程验收规范》（DL/T 5191）

《建筑地基基础工程施工质量验收规范》（GB 50202）

《建筑地基处理技术规范》（JGJ 79）

《建筑桩基技术规范》（JGJ 94）

《建筑基桩检测技术规范》（JGJ 106）
《冻土地区建筑地基基础设计规范》（JGJ 118）
《建筑基坑支护技术规程》（JGJ 120）
《载体桩设计规程》（JGJ 135）
《海港工程混凝土防腐蚀技术规范》（JGJ 275）
《海港水文规范》（JTS 145-2）
《水运工程质量检验标准》（JTS 257）
《水运工程测量规范》（JTJ 131）
《水运工程混凝土施工规范》（JTS 202）
《水运工程混凝土试验规程》（JTJ 270）
《水运工程混凝土质量控制标准》（JTS 202）
《水运工程混凝土结构设计规范》（JTS 151）
《水运工程施工通则》（JTS 201）
《海港工程钢结构防腐蚀技术规范》（JTS 153-3）
《港口工程桩基规范》（JTS 167-4）
《港口工程灌注桩设计与施工规程》（JTJ 248）
《港口工程嵌岩桩设计与施工规程》（JTJ 285）
《港口工程基桩静载荷试验规程》（JTJ 255）
《港口工程桩基动力检测规程》（JTJ 249）
《钢质管道熔结环氧粉末外涂层技术规范》（SY/T 0315）

3 监督检查应具备的条件

3.0.1 地基处理符合设计要求并已完成检测。
3.0.2 施工质量验收已完成。
3.0.3 各项施工准备工作已完成，具备基础连续施工条件。

4 责任主体质量行为的监督检查

4.1 建设单位质量行为的监督检查

4.1.1 地基处理施工方案已审批。
4.1.2 组织完成设计交底及施工图会检。
4.1.3 组织进行工程建设标准强制性条文实施情况的检查。
4.1.4 采用的新技术、新工艺、新流程、新装备、新材料已进行论证审批。
4.1.5 无任意压缩合同约定工期的行为。

4.2 勘察单位质量行为的监督检查

4.2.1 勘察报告已出具。
4.2.2 工程建设标准强制性条文落实到位。
4.2.3 按规定参加地基处理工程的质量验收及签证。

4.3 设计单位质量行为的监督检查

4.3.1 设计图纸交付进度能保证连续施工。

4.3.2 按规定进行设计交底并参加施工图会检。

4.3.3 设计更改、技术洽商等文件完整，手续齐全。

4.3.4 工程建设标准强制性条文落实到位。

4.3.5 设计代表工作到位，处理设计问题及时。

4.3.6 按规定参加地基处理工程的质量验收及签证。

4.3.7 进行了本阶段工程实体质量与设计的符合性确认。

4.4 监理单位质量行为的监督检查

4.4.1 专业监理人员配备合理，资格证书与承担的任务相符。

4.4.2 地基处理施工方案已审查，特殊施工技术措施已审批。

4.4.3 对进场工程原材料、半成品、构配件的质量进行检查验收。

4.4.4 按规定开展见证取样工作。

4.4.5 地基验槽隐蔽工程验收记录签证齐全。

4.4.6 按地基处理设定的工程质量控制点，完成见证、旁站监理。

4.4.7 工程建设标准强制性条文检查到位。

4.4.8 完成地基处理施工质量验收项目划分表规定的验收工作。

4.4.9 质量问题及处理台账完整，记录齐全。

4.5 施工单位质量行为的监督检查

4.5.1 企业资质与合同约定的业务范围相符。

4.5.2 项目经理资格符合要求并经本企业法定代表人授权。变更须报建设单位批准。

4.5.3 项目部组织机构健全，专业人员配置合理。

4.5.4 质量检查及特殊工种人员持证上岗。

4.5.5 施工方案和作业指导书审批手续齐全，技术交底记录齐全；重大方案或特殊措施经专项评审。

4.5.6 计量工器具经检定合格，且在有效期内。

4.5.7 按照检测试验计划进行了取样和送检，台账完整。

4.5.8 主要原材料、半成品的跟踪管理台账清晰，记录完整。

4.5.9 专业绿色施工措施已落实。

4.5.10 工程建设标准强制性条文实施计划已执行。

4.5.11 施工验收中发现的不符合项已整改闭环。

4.5.12 无违规转包或者违法分包工程行为。

4.6 检测试验机构质量行为的监督检查

4.6.1 检测试验机构已经监理审核，并已报质量监督机构备案。

4.6.2 检测试验人员资格符合规定，持证上岗。

4.6.3 检测试验仪器、设备检定合格，且在有效期内。

4.6.4 地基处理检测方案经监理审核、建设单位批准。

4.6.5 检测试验依据正确、有效，质量检测报告和地基处理检测报告及时、规范。

5 工程实体质量的监督检查

5.1 换填垫层地基的监督检查

5.1.1 换填技术方案、施工方案齐全，已审批。

5.1.2 地基验槽符合设计要求，钎探记录齐全，验收签字盖章齐全。

5.1.3 砂、石、粉质黏土、灰土、矿渣、粉煤灰、土工合成材料等换填垫层材料性能符合设计要求，质量证明文件齐全。

5.1.4 换填土料按规范规定进行击实试验检测、易溶盐分析试验检测、消石灰化学分析试验检测、土颗粒分析试验检测及设计有要求时的腐蚀性或放射性试验检测合格，报告结论明确。

5.1.5 换填已进行分层压实试验，压实系数符合设计要求。

5.1.6 地基承载力检测数量符合标准规定，检测报告结论满足设计要求。

5.1.7 施工参数符合设计要求，施工记录齐全。

5.1.8 施工质量的检验项目、方法、数量符合标准规定，检验结果满足设计要求，质量验收记录齐全。

5.2 预压地基的监督检查

5.2.1 设计前已通过现场试验或试验性施工，确定了设计参数和施工工艺参数。

5.2.2 预压地基技术方案、施工方案齐全，已审批。

5.2.3 所用土、砂、石、塑料排水板等原材料性能指标符合标准规定。

5.2.4 原位十字板剪切试验、室内土工试验、地基强度或承载力等试验合格，报告结论明确。

5.2.5 真空预压、堆载预压、真空和堆载联合预压工艺与设计及施工方案一致。

5.2.6 施工参数符合设计要求，施工记录齐全。

5.2.7 地基承载力检测数量符合标准规定，检测报告结论满足设计要求。

5.2.8 施工质量的检验项目、方法、数量符合标准规定，检验结果满足设计要求，质量验收记录齐全。

5.3 压实地基的监督检查

5.3.1 现场试验性施工，确定了碾压机械、碾压分层厚度、碾压遍数、碾压范围和有效加固深度等施工参数和压实地基施工方法。

5.3.2 压实地基技术方案、施工方案齐全，已审批。

5.3.3 施工参数符合设计要求，施工记录齐全。

5.3.4 压实土性能指标满足设计要求。

5.3.5 地基承载力检测数量符合标准规定，检测报告结论满足设计要求。

5.3.6 施工质量的检验项目、方法、数量符合标准规定，检验结果满足设计要求，质量验收记录齐全。

5.4 夯实地基的监督检查

5.4.1 设计前已通过现场试验或试验性施工，确定了设计参数和施工工艺参数。

5.4.2 根据不同的土质采取的强夯夯锤质量、夯锤底面形式、锤底面积、锤底静接地压力值、排气孔等施工工艺与设计（施工）方案一致。

5.4.3 施工参数和步骤符合设计要求，施工记录齐全。

5.4.4 地基承载力检测数量符合标准规定，检测报告结论满足设计要求。

5.4.5 施工质量的检验项目、方法、数量符合标准规定，检验结果满足设计要求，质量验收记录齐全。

5.5 复合地基的监督检查

5.5.1 设计前已通过现场试验或试验性施工，确定了设计参数和施工工艺参数。

5.5.2 复合地基技术方案、施工方案齐全，已审批。

5.5.3 散体材料复合地基增强体密实，检测报告齐全。

5.5.4 有黏结强度要求的复合地基增强体的强度及桩身完整性满足设计要求，检测报告齐全。

5.5.5 复合地基承载力及有设计要求的单桩承载力已通过静载荷试验，检测数量符合标准规定，承载力满足设计要求。

5.5.6 复合地基增强体单桩的桩位偏差符合标准规定。

5.5.7 施工参数符合设计要求，施工记录齐全。

5.5.8 施工质量的检验项目、方法、数量符合标准规定，检验结果满足设计要求，质量验收记录齐全。

5.5.9 振冲碎石桩和沉管碎石桩等符合以下要求：

（1）原材料质量证明文件齐全。

（2）施工工艺与设计（施工）方案一致。

（3）地基承载力检测数量符合标准规定，检测报告结论满足设计要求。

（4）施工参数符合设计要求，施工记录齐全。

（5）施工质量的检验项目、方法、数量符合标准规定，检验结果满足设计要求，质量验收记录齐全。

5.5.10 水泥土搅拌桩符合以下要求：

（1）原材料质量证明文件齐全。

（2）施工工艺与设计（施工）方案一致。

（3）对变形有严格要求的工程，采用钻取芯样做水泥土抗压强度检验，检验数量、检测结果符合标准规定。

（4）地基承载力检测数量符合标准规定，检测报告结论满足设计要求。

（5）施工参数符合设计要求，施工记录齐全。

（6）施工质量的检验项目、方法、数量符合标准规定，检验结果满足设计要求，质量验收记录齐全。

5.5.11 旋喷桩复合地基符合以下要求：

（1）原材料质量证明文件齐全。

（2）施工工艺与设计（施工）方案一致。

（3）地基承载力检测数量符合标准规定，检测报告结论满足设计要求。

（4）施工参数符合设计要求，施工记录齐全。

（5）施工质量的检验项目、方法、数量符合标准规定、检验结果满足设计要求，质量验收记录齐全。

5.5.12 灰土挤密桩和土挤密桩复合地基符合以下要求：

（1）消石灰性能指标及灰土强度等级符合设计要求。

（2）施工工艺与设计（施工）方案一致。

（3）桩长范围内灰土或土填料的平均压实系数、处理深度内桩间土的平均挤密系数符合设计要求，抽检数量符合标准规定。

（4）对消除湿陷性的工程，进行了现场浸水静载荷试验，试验结果符合标准规定。

（5）地基承载力检测数量符合标准规定，检测报告结论满足设计要求。

（6）施工参数符合设计要求，施工记录齐全。

（7）施工质量的检验项目、方法、数量符合标准规定，检验结果满足设计要求，质量验收记录齐全。

5.5.13 夯实水泥土桩复合地基符合以下要求：

（1）原材料质量证明文件齐全。

（2）施工工艺与设计（施工）方案一致。

（3）夯填桩体的干密度符合设计要求、抽检数量符合标准规定。

（4）地基承载力检测数量符合标准规定，检测报告结论满足设计要求。

（5）施工参数符合设计要求，施工记录齐全。

（6）施工质量的检验项目、方法、数量符合标准规定，检验结果满足设计要求，质量验收记录齐全。

5.5.14 水泥粉煤灰碎石桩复合地基符合以下要求：

（1）原材料质量证明文件齐全。

（2）施工工艺与设计（施工）方案一致。

（3）混合料坍落度、桩数、桩位偏差、褥垫层厚度、夯填度和桩体试块抗压强度等满足设计要求。

（4）施工参数符合设计要求，施工记录齐全。

（5）复合地基和单桩承载力检测数量符合标准规定，检测报告结论满足设计要求。

（6）桩身完整性检测数量符合标准规定。

（7）施工质量的检验项目、方法、数量符合标准规定，检验结果满足设计要求，质量验收记录齐全。

5.5.15 柱锤冲扩桩复合地基符合以下要求：

（1）碎砖三合土、级配砂石、矿渣、灰土等原材料质量证明文件齐全。

（2）施工工艺与设计（施工）方案一致。

（3）地基承载力检测数量符合标准规定，检测报告结论满足设计要求。

（4）施工参数符合设计要求，施工记录齐全。

（5）施工质量的检验项目、方法、数量符合标准规定，检验结果满足设计要求，质量验收记录齐全。

5.5.16 多桩型复合地基符合以下要求：

（1）原材料质量证明文件齐全。

（2）施工工艺与设计（施工）方案一致。

（3）施工参数符合设计要求，施工记录齐全。

（4）复合地基和单桩承载力检测数量符合标准规定，检测报告结论满足设计要求。

（5）有完整性要求的多桩复合地基桩身质量检测数量符合标准规定，检测报告结论满足设计要求。

（6）施工质量的检验项目、方法、数量符合标准规定，检验结果符合设计要求，质量验收记录齐全。

5.6 注浆地基的监督检查

5.6.1 设计前已通过室内浆液配比试验和现场注浆试验，确定了设计参数、施工工艺参数及选用的设备。

5.6.2 浆液、外加剂等原材料性能证明文件齐全。

5.6.3 注浆地基技术方案、施工方案齐全，已审批。

5.6.4 施工工艺与设计（施工）方案一致。

5.6.5 施工参数符合设计要求，施工记录齐全。

5.6.6 注浆机械检验合格，监控表计在鉴定有效期内，鉴定证书齐全有效。

5.6.7 标准贯入试验检测、动力触探、静力触探等原位测试试验检测和室内试验检测符合标准规定，加固地层的压缩性、强度、渗透性、湿陷性、均匀性等指标满足设计要求。

5.6.8 注浆加固地基承载力静载荷试验检测数量符合标准规定，检测报告结论满足设计要求。

5.6.9 施工质量的检验项目、方法、数量符合标准规定，检验结果符合设计要求，质量验收记录齐全。

5.7 微型桩加固工程的监督检查

5.7.1 设计前已通过现场试验或试验性施工，确定了设计参数和施工工艺参数。

5.7.2 微型桩加固技术方案、施工方案齐全，已审批。

5.7.3 原材料质量证明文件齐全。

5.7.4 微型桩施工工艺与设计（施工）方案一致。

5.7.5 树根桩施工允许偏差、成孔、吊装、灌注、填充、加压、保护等符合标准规定。

5.7.6 预制桩预制过程（包括连接件）、压桩力、接桩和截桩等符合标准规定。

5.7.7 注浆钢管桩水泥浆灌注的注浆方法、时间间隔，钢管连接方式、焊接质量符合标准规定。

5.7.8 混凝土和砂浆抗压强度、钢构件防腐及钢筋保护层厚度符合标准规定。

5.7.9 施工参数符合设计要求，施工记录齐全。

5.7.10 地基（基桩）承载力检测数量符合标准规定，检测报告结论满足设计要求。

5.7.11 施工质量的检验项目、方法、数量符合标准规定，检验结果满足设计要求，质量验收记录齐全。

5.8 灌注桩工程的监督检查

5.8.1 当需要提供设计参数和施工工艺参数时，应按试桩方案进行试桩确定。

5.8.2 灌注桩技术方案、施工方案齐全，已审批。

5.8.3 钢筋、水泥、砂、石、掺合料及钢筋连接材料等质量证明文件齐全、现场见证取样检验报告齐全。

5.8.4 施工参数符合设计要求，施工记录齐全。

5.8.5 混凝土强度试验等级符合设计要求，试验报告齐全。

5.8.6 钢筋连接接头试验合格，报告齐全。

5.8.7 桩基础施工工艺与设计（施工）方案一致。

5.8.8 人工挖孔桩终孔时，持力层检验记录齐全。

5.8.9 人工挖孔灌注桩、干成孔灌注桩、套管成孔灌注桩、泥浆护壁钻孔灌注桩成孔的桩径、垂直度、孔底沉渣厚度、钢筋保护层厚度及桩位的偏差符合标准规定。

5.8.10 工程桩承载力检测结论满足设计要求，桩身质量的检验符合标准规定，报告齐全。

5.8.11 施工质量的检验项目、方法、数量符合标准规定，检验结果满足设计要求，质量验收记录齐全。

5.9 预制桩工程的监督检查

5.9.1 当需要提供设计参数和施工工艺参数时，应按试桩方案进行试桩确定。

5.9.2 预制桩工程施工组织设计、施工方案齐全，已审批。

5.9.3 静压桩、锤击桩施工工艺与设计（施工）方案一致。

5.9.4 施工参数符合设计要求，施工记录齐全。

5.9.5 桩体和连接材料的质量证明文件齐全。

5.9.6 桩身混凝土强度与强度评定符合标准规定和设计要求。

5.9.7 桩身检测、接桩接头检测合格，报告齐全。

5.9.8 基桩承载力检测数量符合标准规定，检测报告结论满足设计要求。

5.9.9 施工质量的检验项目、方法、数量符合标准规定，检验结果满足设计要求，质量验收记录齐全。

5.10 钢管桩工程的监督检查

5.10.1 当需要提供设计参数和施工工艺参数时，应按试桩方案进行试桩确定。

5.10.2 钢管桩工程施工组织设计、施工方案齐全，已审批。

5.10.3 静压桩、锤击桩施工工艺与设计（施工）方案一致。

5.10.4 施工参数符合设计要求，施工记录齐全。

5.10.5 桩体和焊接材料的质量证明文件齐全。

5.10.6 成品桩质量标准应符合规范规定和设计要求。

5.10.7 桩身防腐及阴极保护、检测、接桩接头检测合格，报告齐全。

5.10.8 基桩承载力检测数量符合标准规定，检测报告结论满足设计要求。

5.10.9 施工质量的检验项目、方法、数量符合标准规定，检验结果满足设计要求，质量验收记录齐全。

5.11 基坑工程的监督检查

5.11.1 设计前已通过现场试验或试验性施工，确定了设计参数和施工工艺参数。

5.11.2 基坑施工方案、基坑监测技术方案齐全，已审批；深基坑施工方案经专家评审，评审资料齐全。

5.11.3　施工参数符合设计要求，施工记录齐全。

5.11.4　钢筋、混凝土、锚杆、桩体、土钉、钢材等质量证明文件齐全。

5.11.5　钻芯、抗拔、声波等试验合格，报告齐全。

5.11.6　施工工艺与设计（施工）方案一致；基坑监测实施与方案一致。

5.11.7　施工质量的检验项目、方法、数量符合标准规定，检验结果满足设计要求，质量验收记录齐全。

5.12　边坡工程的监督检查

5.12.1　设计有要求时，通过现场试验和试验性施工，确定设计参数和施工工艺参数。

5.12.2　边坡处理技术方案，施工方案及边坡变形监测方案齐全，已审批。

5.12.3　施工工艺、施工参数符合设计要求，施工记录齐全。

5.12.4　钢筋、水泥、砂、石、外加剂等原材料质量证明文件齐全。

5.12.5　灌注排桩数量符合设计要求；喷射混凝土护壁厚度和强度的检验符合设计要求；锚孔施工、锚杆灌浆和张拉符合设计要求，资料齐全。

5.12.6　泄水孔位置、边坡坡度、反滤层、回填土、挡土墙伸缩缝（沉降缝）位置和填塞物、边坡排水系统符合设计要求；边坡位移监测数据符合标准规定。

5.12.7　施工质量的检验项目、方法、数量符合标准规定，检验结果满足设计要求，质量验收记录齐全。

5.13　湿陷性黄土地基的监督检查

5.13.1　经处理的湿陷性黄土地基，检测其湿陷量消除指标符合设计要求。

5.13.2　桩基础在非自重湿陷性黄土场地，桩端支承在压缩性较低的非湿陷性黄土层中；在自重湿陷性黄土场地，桩端支承在可靠的岩（土）层中。

5.13.3　单桩竖向承载力通过现场静载荷浸水试验，结果满足设计要求。

5.13.4　灰土、土挤密桩进行了现场静载荷浸水试验，结果满足设计要求。

5.13.5　填料不得选用盐渍土、膨胀土、冻土、含有机质的不良土料和粗颗粒的透水性（如砂、石）材料。

5.14　液化地基的监督检查

5.14.1　采用振冲或挤密碎石桩加固的地基，处理后液化等级与液化指数符合设计要求。

5.14.2　桩进入液化土层以下稳定土层的长度符合标准规定。

5.15　冻土地基的监督检查

5.15.1　所用热棒、通风管管材、保温隔热材料，产品质量证明文件齐全，复试合格。

5.15.2　热棒、通风管、保温隔热材料施工记录齐全，记录数据和实际相符。

5.15.3　地温观测孔及变形监测点设置符合标准规定。

5.15.4　季节性冻土、多年冻土地基融沉和承载力满足设计要求。

5.16　膨胀土地基的监督检查

5.16.1　设计前已通过现场试验或试验性施工，确定了设计参数和施工工艺参数。

5.16.2　膨胀土地基处理技术方案、施工方案齐全，已审批。

5.16.3　施工工艺与设计、施工方案一致。

5.16.4 钢筋、水泥、砂石骨料、外加剂等主要原材料质量证明文件齐全。

5.16.5 施工参数符合设计要求，施工记录齐全。

5.16.6 地基承载力检测数量符合标准规定，检测报告结论满足设计要求。

5.16.7 施工质量的检验项目、方法、数量符合标准规定，检验结果满足设计要求，质量验收记录齐全。

5.17 海上地基的监督检查

5.17.1 设计前已通过现场试验或试验性施工，确定了设计参数和施工工艺参数。

5.17.2 桩基工程施工组织设计、施工方案齐全，已审批。

5.17.3 施工工艺与设计、施工方案一致。

5.17.4 钢管桩所用钢材的规格、焊接质量、防腐层厚度均符合设计要求，试验检测报告齐全。

5.17.5 桩位定位测量记录齐全。

5.17.6 混凝土原材料质量证明文件、试验检测报告齐全，混凝土强度等级符合设计要求，试验检测报告齐全。

5.17.7 工程桩承载力试验结果符合设计要求。

5.17.8 桩身质量检验符合标准规定，报告齐全。

5.17.9 单管桩孔底沉渣厚度及桩位偏差符合设计要求或标准规定，记录齐全。

5.17.10 桩体防腐层外观检查记录、阴极保护装置试验报告齐全。

6 质量监督检测

6.0.1 开展现场质量监督检查时，应重点对下列项目的检测试验报告和检测数量进行查验，必要时可进行验证性抽样检测。对检验指标或结论有怀疑时，必须进行检测。

（1）砂、石、水泥、钢材、外加剂等原材料的主要技术性能。

（2）垫层地基的压实系数。

（3）地基承载力。

（4）桩基础工程桩的桩身偏差和完整性。

（5）桩身混凝土强度。

（6）单桩承载力。

（7）钢管桩水位变动区及外露部分的防腐质量、阴极保护。

（8）钢管桩上下节端部错口、焊缝外观检查及探伤报告。

第 2 节点　塔筒吊装前监督检查

1 总则

1.0.1 本部分适用于风力发电工程风机基础的质量监督检查。

1.0.2 风机塔筒吊装前质量监督检查应在主要基础工程隐蔽前完成。

1.0.3 本部分所列检查内容应逐条检查，检查方式为重点抽查验证。

1.0.4 本阶段监督检查时，可针对采用新技术、新工艺、新流程、新装备、新材料的具体情况，按批准文件补充编制监督检查细则。

2 监督检查依据

监督检查组在开展本部分监督检查工作时，监检人员应当按照专业划分，熟练掌握以下标准。引进国外设备的工程，还需要熟悉和掌握合同约定的其他标准。

《建筑地基基础工程施工质量验收规范》（GB 50202）

《混凝土结构工程施工质量验收规范》（GB 50204）

《混凝土质量控制标准》（GB 50164）

《大体积混凝土施工规范》（GB 50496）

《低合金高强度结构钢》（GB/T 1591）

《电气装置安装工程接地装置施工及验收规范》（GB 50169）

《铝-锌-铟系合金牺牲阳极》（GB/T 4948）

《电力建设施工质量验收及评价规程　第1部分：土建工程》（DL/T 5210.1）

《电气装置安装工程质量检验及评定规程　第10部分：35kV及以下架空电力线路施工质量检验》（DL/T 5161.10）

《电力工程施工测量技术规范》（DL/T 5445）

《钢筋焊接及验收规程》（JGJ 18）

《钢筋机械连接技术规程》（JGJ 107）

《建筑工程检测试验技术管理规范》（JGJ 190）

《海港工程混凝土结构防腐蚀技术规范》（JTJ 275）

《海港工程高性能混凝土质量控制标准》（JTS 257-2）

《海港工程钢筋混凝土结构电化学防腐蚀技术规范》（JTS 153-2）

《海港工程钢结构防腐蚀技术规程》（JTS 153-3）

《水运工程质量检验标准》（JTS 257）

《水运工程施工通则》（JTS 201）

《水运工程测量质量检验标准》（JTS 258）

《水运工程测量规范》（JTS 131）

《水运工程混凝土质量控制标准》（JTS 202-2）

《水运工程大体积混凝土温度裂缝控制技术规程》（JTS 202-1）

《水运工程混凝土施工规范》（JTS 202）

《公路工程质量检验评定标准》（JTGF 80/1）

《建筑工程冬期施工规程》（JGJ/T 104）

《房屋建筑工程和市政基础工程实行见证取样和送检的规定》（建建〔2000〕211号）

《电气装置安装工程66kV及以下架空电力线路施工及验收规范》（GB 50173）

3 监督检查应具备的条件

3.0.1 主要基础工程施工完，验收签证完，验收发现的不符合项已处理。

3.0.2 基础工程隐蔽前。

4 责任主体质量行为的监督检查

4.1 建设单位质量行为的监督检查

4.1.1 建筑物主体工程开工手续已审批。

4.1.2 本阶段工程采用的专业标准清单已审批。

4.1.3 组织完成设计交底和施工图会检。

4.1.4 组织工程建设标准强制性条文实施情况的检查。

4.1.5 采用的新技术、新工艺、新流程、新装备、新材料已审批。

4.1.6 无任意压缩合同约定工期的行为。

4.2 勘察设计单位质量行为的监督检查

4.2.1 设计图纸交付进度能保证连续施工。

4.2.2 设计更改、技术洽商等文件完整、手续齐全。

4.2.3 工程建设标准强制性条文落实到位。

4.2.4 设计代表工作到位、处理设计问题及时。

4.2.5 按规定参加施工主要控制网（桩）验收和地基验槽签证。

4.2.6 进行了本阶段工程实体质量与设计的符合性确认。

4.3 监理单位质量行为的监督检查

4.3.1 特殊施工技术措施已审批。

4.3.2 检测仪器和工具配置满足监理工作需要。

4.3.3 已按验收规范规程，对施工现场质量管理进行了检查。

4.3.4 进场的工程材料、构配件的质量审查工作、原材料复检的见证取样实施正常。

4.3.5 按设定的工程质量控制点，对质量控制点进行了检查。

4.3.6 工程建设标准强制性条文检查到位。

4.3.7 隐蔽工程验收记录签证齐全。

4.3.8 按照基础施工质量验收项目划分表完成规定的验收工作。

4.3.9 质量问题及处理台账完整，记录齐全。

4.4 施工单位质量行为的监督检查

4.4.1 专业施工组织设计已审批。

4.4.2 质量检查及特殊工种人员持证上岗。

4.4.3 施工方案和作业指导书已审批，技术交底记录齐全。重大施工方案或特殊专项措施经专项评审。

4.4.4 计量工器具经检定合格，且在有效期内。

4.4.5 按照检测试验项目计划进行了取样和送检，台账完整。

4.4.6 原材料、成品、半成品、商品混凝土的跟踪管理台账清晰，记录完整。

4.4.7 质量检验管理制度已落实。

4.4.8 专业绿色施工措施已制定、实施。

4.4.9 工程建设标准强制性条文实施计划已执行。

4.4.10 无违规转包或者违法分包工程行为。

4.5 检测试验机构质量行为的监督检查

4.5.1 检测试验机构已经监理审核，并通过能力认定，其现场派出机构（现场试验室）满足规定条件，并已报质量监督机构备案。

4.5.2 检测试验人员资格符合规定，持证上岗。

4.5.3 检测试验仪器、设备检定合格，且在有效期内。

4.5.4 检测试验依据正确、有效，检测试验报告及时、规范。

4.5.5 现场标养室条件符合要求。

5 工程实体质量的监督检查

5.1 工程测量的监督检查

5.1.1 测量控制方案内容齐全有效。

5.1.2 风场区测量基准点及 GPS 参考站保护完好，标识清晰。

5.1.3 各建（构）筑物定位放线控制桩设置规范，保护完好。

5.1.4 测量仪器检定有效，测量记录齐全。

5.1.5 沉降观测点设置符合设计要求及规范规定，观测记录完整。

5.2 混凝土基础的监督检查

5.2.1 钢筋、水泥、砂、石、粉煤灰、外加剂、拌和用水及焊材、焊剂等原材料性能证明文件齐全；现场见证取样检验合格，报告齐全；商品混凝土检验合格，报告齐全。

5.2.2 长期处于潮湿环境的重要混凝土结构用砂、石碱活性检验合格。

5.2.3 用于配制钢筋混凝土的海砂氯离子含量检验合格。

5.2.4 焊接工艺、机械连接工艺试验合格；钢筋焊接接头、机械连接试件截取符合规范、试验合格，报告齐全；风机基础钢筋连接型式符合设计要求。

5.2.5 海上基础钢结构现场焊接质量检验合格。

5.2.6 混凝土强度等级满足设计要求，试验报告齐全。

5.2.7 混凝土浇筑记录齐全；试件抽取、留置符合规范。

5.2.8 大体积混凝土温控计算书、测温、养护资料齐全完整。

5.2.9 混凝土结构外观质量和尺寸偏差与验收记录相符。

5.2.10 风机基础环上穿钢筋孔内侧粘接材质符合设计要求。

5.2.11 风机基础环水平度误差、预埋管（孔洞）位置偏差符合设计要求。

5.2.12 风机基础密封防水符合设计要求；风机基础塔筒内排水管方向、坡度正确。

5.2.13 风机基础环采用预应力锚栓组合件时，下锚板螺栓螺母隐蔽验收、预应力锚栓张拉紧固记录齐全，验收合格；外圈锚栓设置防腐套、保护套。

5.2.14 海上混凝土钢筋保护层厚度检查记录齐全；混凝土结构防腐层试验报告齐全；钢结构防腐层试验报告及厚度检测报告齐全。

5.2.15 设备基础预埋件（管）位置、标高及埋置质量符合设计和规范要求。

5.2.16 基础接地装置接地引线搭接长度、焊接质量、防腐等符合设计及规范要求。

5.2.17 贮水（油）池等构筑物满水试验合格，签证记录齐全。

5.2.18 地基验槽、隐蔽验收、质量验收签证记录齐全。

5.2.19 海上混凝土基础、过渡段、导管架施工隐蔽验收、质量验收签证记录齐全。

5.3 架空集电线路基础的监督检查

5.3.1 基础、根开等尺寸偏差符合规范规定。

5.3.2 预埋地脚螺栓规格满足设计要求，位置偏差符合规范，外露长度一致。

5.3.3 隐蔽验收、质量验收签证记录齐全。

5.4 基础防腐（防水）的监督检查

5.4.1 防腐（防水）材料性能证明文件齐全，复试报告齐全。

5.4.2 防腐（防水）层的厚度符合设计要求，粘接牢固，表面无损伤。

5.5 冬期施工的监督检查

5.5.1 冬期施工措施和越冬保温措施内容齐全有效。

5.5.2 原材料预热、选用的外加剂、混凝土拌和和浇筑条件、试件抽取留置符合规定。

5.5.3 冬期施工的混凝土工程，养护条件、测温次数符合规范规定，记录齐全。

5.5.4 冬期停、缓建工程，停止位置的混凝土强度符合设计和规范规定。

5.6 其他设施的监督检查

5.6.1 风电场道路平整、通畅、有道路标识系统，路面排水设施、路基支挡、防护工程符合设计要求。

5.6.2 风机平台回填土密实无塌陷，边坡防护符合设计要求。

5.6.3 防护及支档（挡）工程泄水孔、排水设施以及变形缝、沉降缝设置符合设计和规范规定。

6 质量监督检测

6.0.1 开展现场质量监督检查时，应重点对下列项目的检测试验报告进行查验，必要时可进行验证性抽样检测。对检验指标或结论有怀疑时，必须进行检测。

（1）地基承载力检测报告、桩基检测报告。

（2）钢筋、水泥、砂、石、拌和用水、掺合料、外加剂、混凝土、钢筋连接接头、预制混凝土构件等检测试验报告。

（3）防腐和防水材料性能等检测试验报告。

（4）回填土检测试验报告。

（5）海上基础钢结构焊接检测试验报告。

第3节点　机组启动前监督检查

1 总则

1.0.1 本部分适用于风力发电工程分批风机启动投运前阶段的质量监督检查。

1.0.2 风力发电工程首批风机启动投运前质量监督检查应在首台风机启动投运前完成。

1.0.3 本部分所列检查内容应逐条检查，检查方式为重点抽查验证。

1.0.4 本阶段监督检查时，可针对采用新技术、新工艺、新流程、新装备、新材料的具体情况，按批准文件补充编制监督检查细则。

2 监督检查依据

监督检查组在开展本部分监督检查工作时，监检人员应当按照专业划分，熟练掌握以下标准。引进国外设备的工程，还需要熟悉和掌握合同约定的其他标准。

《建筑防腐蚀工程施工及验收规范》（GB 50212）
《建筑电气工程施工质量验收规范》（GB 50303）
《电气装置安装工程高压电器施工及验收规程》（GB 50147）
《电气装置安装工程电气设备交接试验标准》（GB 50150）
《电气装置安装工程电缆线路施工及验收规范》（GB 50168）
《电气装置安装工程接地装置施工及验收规范》（GB 50169）
《电气装置安装工程盘、柜及二次回路接线施工及验收规范》（GB 50171）
《电气装置安装工程低压电器施工及验收规范》（GB 50254）
《电气装置安装工程电气照明装置施工及验收规范》（GB 50259）
《电力变压器第 11 部分：干式变压器)》（GB 10194.11）
《风电场接入电力系统技术规定》（GB/T 19963）
《风力发电机组装配和安装规范》（GB/T 19568）
《风力发电机组验收规范》（GB/T 20319）
《110kV～500kV 架空送电线路施工及验收规范》（GB 50233）
《气体灭火系统施工及验收规范》（GB 50263）
《海上风力发电工程施工规范》（GB/T 50571）
《海上平台栏杆》（GB/T 47015）
《电气装置安装工程质量检验及评定规程》（DL/T 5161.1-17）
《110kV 及以上送变电工程启动及竣工验收规程》（DL/T 782）
《110kV～500kV 架空电力线路工程施工质量及评定规程》（DL/T 5168）
《110kV 及以下海底电力电缆线路验收规范》（DL/T 1279）
《电力工程施工测量技术规范》（DL/T 5445）
《风力发电场项目建设工程验收规程》（DL/T 5191）
《风力发电场运行规程》（DL/T 666）
《风力发电场安全规程》（DL/T 796）
《建筑工程检测试验技术管理规范》（JGJ 190）
《港口工程质量检验评定标准》（TJ 221）
《海上风电场钢结构防腐蚀技术标准》（NB/T 31006）
《水运工程施工安全防护技术规范》（JTS 205-1）
《风力发电机组雷电防护系统技术规范》（NB/T 31039）
《风力发电机组塔架》（GB/T 19072）
《风力发电机组　安全要求》（GB 18451.1）

3 监督检查应具备的条件

3.0.1 分批风机启动投运范围内的建筑、安装工程已按设计施工、调试完成，并验收签证。

3.0.2 工程验收检查组按规定完成相关项目的检查与验收，验收中发现的不符合项已处理完成。

3.0.3 生产运行准备工作已经就绪。

4 责任主体质量行为的监督检查

4.1 建设单位质量行为的监督检查

4.1.1 工程采用的专业标准清单已审批。

4.1.2 按规定组织进行设计交底和施工图会检。

4.1.3 按合同约定组织设备制造厂进行技术交底。

4.1.4 取得风力发电机组低电压穿越的型式试验报告。

4.1.5 海缆路由已审批，设计文件齐全。

4.1.6 对工程建设标准强制性条文执行情况进行汇总。

4.1.7 继电保护定值单、风机安全保护整定值已提交调试单位。

4.1.8 采用的新技术、新工艺、新流程、新装备、新材料已审批。

4.1.9 组织完成风机、集电线路等项目的验收。

4.1.10 启动验收组织已建立，各专业组按职责正常开展工作。

4.1.11 无任意压缩合同约定工期的行为。

4.1.12 各阶段质量监督检查提出的整改意见已落实闭环。

4.2 设计单位质量行为的监督检查

4.2.1 技术洽商、设计更改等文件完整、手续齐全。

4.2.2 设计代表工作到位、处理设计问题及时。

4.2.3 参加规定项目的质量验收工作。

4.2.4 工程建设标准强制性条文落实到位。

4.2.5 进行了工程实体质量与设计符合性的确认。

4.3 监理单位质量行为的监督检查

4.3.1 完成监理规范规定的审核、批准工作。

4.3.2 专业监理人员配备合理，资格证书与承担的任务相符。

4.3.3 专业施工组织设计和调试方案已审查。

4.3.4 特殊施工技术措施已审批。

4.3.5 已按验收规范规程，对施工现场质量管理进行了检查。

4.3.6 组织或参加设备、材料的到货检查验收。

4.3.7 按设定的工程质量控制点，进行了旁站监理。

4.3.8 工程建设标准强制性条文检查到位。

4.3.9 完成施工和调试项目的质量验收并汇总。

4.3.10 质量问题及处理台账完整，记录齐全。

4.4 施工单位质量行为的监督检查

4.4.1 企业资质与合同约定的业务相符。

4.4.2 项目部组织机构健全，专业人员配置合理。

4.4.3 项目经理资格符合要求并经本企业法定代表人授权。

4.4.4 质量检查及特殊工种人员持证上岗。

4.4.5 专业施工组织设计已审批。

4.4.6 施工方案和作业指导书已审批，技术交底记录齐全。

4.4.7 计量工器具经检定合格，且在有效期内。

4.4.8 单位工程开工报告已审批。

4.4.9 专业绿色施工措施已实施。

4.4.10 工程建设标准强制性条文实施计划已执行。

4.4.11 无违规转包或者违法分包工程行为。

4.4.12 施工、调试验收中的不符合项已整改。

4.5 调试单位质量行为的监督检查

4.5.1 企业资质与合同约定的业务相符。

4.5.2 项目部专业人员配置合理并报审，调试人员持证上岗。

4.5.3 调试措施审批手续齐全，经交底实施。

4.5.4 调试使用的仪器、仪表检定合格并在有效期内。

4.5.5 已完项目的试验和调试报告已编制。

4.5.6 工程建设标准强制性条文实施计划已执行。

4.5.7 启动/投运范围内的设备和系统已按规定全部调试完毕并签证。

4.6 生产运行单位质量行为的监督检查

4.6.1 生产运行管理组织机构健全，满足生产运行管理工作的需要。运行人员经相关部门培训上岗。

4.6.2 保护定值双重审批手续完备，核查保护定值。

4.6.3 运行管理制度、操作规程、运行系统图册已发布实施。

4.7 检测试验机构质量行为的监督检查

4.7.1 检测试验机构已经监理审核，并通过能力认定，其现场派出机构（现场试验室）满足规定条件，并已报质量监督机构备案。

4.7.2 检测试验人员资格符合规定，持证上岗。

4.7.3 检测试验仪器、设备检定合格，且在有效期内。

4.7.4 检测试验依据正确、有效，检测试验报告及时、规范。

5 工程实体质量的监督检查

5.1 建筑专业的监督检查

5.1.1 道路、排水设施已完工。

5.1.2 塔筒安装施工记录、验收签证齐全。

5.1.3 塔筒密封完好，各层平台平整，密封门开启灵活。

5.1.4 塔筒、基础防腐涂层完好。

5.1.5 塔筒基础沉降均匀；沉降观测点设置规范、保护完好，观测记录、曲线和成果报告完整，符合规程规范要求。

5.1.6 启动范围内的照明设施投运正常。

5.1.7 塔筒塔架和机舱已满足防盐雾腐蚀、防沙尘暴的规定要求，桁架式塔架底部独立安装的电气控制箱已采取防雨、防沙、防尘、防止小动物进入的措施。

5.1.8 箱变基础及平台满足设计及规范要求。

5.1.9 消防器材配备完善。

5.1.10 海上基础靠泊装置已验收，具备船舶靠停条件。

5.1.11 首批并网试运行的海上风机平台技防等附属装置已完成安装，并验收签证。

5.2 机务专业的监督检查

5.2.1 机舱、叶片、轮毂产品合格证及技术资料齐全。

5.2.2 高强度螺栓复检合格。

5.2.3 安装验收签证及相关资料齐全。

5.2.4 升降设备安装记录及签证齐全。

5.2.5 风力发电机组无渗油现象。

5.3 电气专业的监督检查

5.3.1 带电设备的安全净距符合规定，电气连接可靠。

5.3.2 电气设备及其系统安装符合设计要求和规范要求。

5.3.3 风力发电机组箱式变压器安装记录齐全、性能试验合格，本体外壳、铁芯、夹件及中性点工作接地可靠，远方及就地调整操作正确无误。

5.3.4 断路器、隔离开关、接地开关分合闸指示正确，接地可靠，试验合格。

5.3.5 互感器外观完好，接地可靠，安装记录、试验报告齐全；电流互感器备用线圈短接并可靠接地。

5.3.6 电缆、附件和附属设施的产品技术资料齐全；电缆敷设符合设计及规范要求，防火封堵严密、阻燃措施符合要求，试验合格；金属电缆支架接地良好。

5.3.7 母线的螺栓连接质量检查合格，软母线压接和硬母线的连接验收合格。

5.3.8 盘柜安装牢固、接地可靠；柜内一次设备的安装质量符合要求，照明装置齐全；盘、柜及电缆管道封堵完好，应有防积水、防结冰、防潮、防雷等措施；操作与联动试验合格；二次回路连接可靠，标志齐全清晰，绝缘符合要求。

5.3.9 风力发电机组防雷接地、设备接地、阴极保护和接地网连接可靠，接地网施工及接地电阻值等测试参数要符合设计及规范要求，标识符合规定，过电压保护设施完好，验收签证齐全。

5.4 控制专业的监督检查

5.4.1 控制盘柜和屏蔽电缆的接地符合设计及规范要求。

5.4.2 风力发电机组与远程监控设备安装连接符合设计要求。

5.4.3 不停电电源（UPS）供电可靠，切换时间和输出波形失真度符合要求。

5.5 架空集电线路专业的监督检查

5.5.1 原材料、杆塔及装置性材料产品技术资料、检验记录、试验报告齐全。

5.5.2 基础混凝土强度等级、几何尺寸、外观质量等符合设计及规范要求。

5.5.3 杆塔主材弯曲度、螺栓紧固率、结构倾斜、焊接质量、部件数量、外观质量符合设计及规范要求。

5.5.4 导地线对地（林木、塔身）、跨越物安全距离、弛度、金具连接、附件安装、接续管的数量及位置符合设计及规范要求。

5.5.5 接地装置埋设、焊接、防腐、与杆塔连接、接地阻抗测试值符合设计及规范要求。

5.5.6 线路的防护设施、防沉层符合设计要求；基面排水畅通；各类标识符合规范要求。

5.5.7 隐蔽工程签证、质量验收记录齐全、符合规范要求。

5.5.8 线路参数测试符合要求。

5.6 电缆集电线路专业的监督检查

5.6.1 电缆、附件和附属设施的产品质量技术文件齐全。

5.6.2 直埋电缆敷设温度，埋设深度，保护措施，电缆之间及与其他交叉的管道、道路、建筑物之间的距离符合设计及规范要求；电缆路径标识齐全。

5.6.3 排管电缆敷设记录齐全；电缆弯曲半径、固定方式、防火措施等符合设计及规范要求。

5.6.4 电缆沟（层）电缆敷设记录齐全；电缆弯曲半径、支架安装、防火隔断、孔洞封堵等符合设计及规范要求。

5.6.5 电缆附件安装记录齐全，密封良好，防护及固定方式符合设计及规范要求。

5.6.6 电缆及接头的各类标识齐全；电缆终端带电部位安全净距符合规范要求；接地安装符合设计及规范要求。

5.6.7 电缆核相、绝缘检测、耐压试验、参数测试合格，报告齐全。

5.6.8 隐蔽工程签证、质量验收记录齐全、符合规范要求。

5.7 海上电缆集电线路专业的监督检查

5.7.1 海缆和附件的产品质量技术文件齐全。

5.7.2 海缆敷设记录齐全；埋设深度、锚定装置、防护措施符合设计及规范要求；海缆附件安装记录齐全。

5.7.3 海缆及接头的各类标识齐全；终端带电部位安全净距符合规范要求；接地安装符合设计及规范要求。

5.7.4 低潮线至海缆登陆段保护措施，穿越防汛堤相关安全措施，海缆路由禁捕、禁锚区设置符合设计及规范要求。

5.7.5 海缆核相、绝缘检测、耐压试验、参数测试、光缆测试合格，报告齐全。

5.7.6 隐蔽工程签证、质量验收记录齐全、符合规范要求。

5.8 调整试验的监督检查

5.8.1 风力发电机组产品技术文件齐全。

5.8.2 风力发电机组静态调试、分系统调试、安全保护系统调试合格。

5.8.3 振动在线监测系统调试合格。

5.8.4 远动、通信、自动化装置等调试记录与电气试验项目齐全，试验合格；继电保护装置已完成整定。

5.8.5 调试报告、质量验收签证齐全。

5.9 生产运行准备的监督检查

5.9.1 操作票已编制完毕。

5.9.2 运行的通信装置调试完毕具备投用条件。

5.9.3 电气设备运行操作所需的安全工器具、仪器、仪表、防护用品以及备品、备件等配置齐全，检验合格。

5.9.4 启动范围区域与其他区域隔离可靠，警示标识齐全、醒目。

5.9.5 设备的名称和双重编号及盘、柜双面标识准确、齐全；电气安全警告标示牌内容和悬挂位置正确、齐全、醒目。

5.9.6 机舱、控制箱和风筒塔架已落实防止小动物进入的措施。

6 质量监督检测

6.0.1 开展现场质量监督检查时，应重点对下列项目的检测试验报告进行查验，必要时可进行验证性抽样检测。对检验指标或结论有怀疑时，必须进行检测。

（1）集电架空线路的基础混凝土强度检测。

（2）集电电缆线路耐压试验。

（3）集电线路两端相位一致性、连续性检测。

（4）主设备或分区域接地装置的接地阻抗测试。

（5）变压器互感器绕组绝缘电阻测试。

（6）二次回路绝缘电阻测试。

（7）二次系统整组联动试验。

第 3 部分 升 压 站 工 程

第 1 节点 地基处理监督检查

1 总则

1.0.1 地基处理的监督检查应在升压站主控楼施工前完成，视工程实际情况可与首次监督检查一并进行。其他辅助工程项目的地基处理监督检查也可在其他阶段性监督检查时抽查。

1.0.2 本部分所列检查内容应逐条检查，检查方式为重点抽查验证。

1.0.3 本阶段监督检查时，可针对采用新技术、新工艺、新流程、新装备、新材料的具体情况，按批准文件补充编制监督检查细则。

2 监督检查依据

监督检查组在开展本部分监督检查工作时，监检人员应当按照专业划分，熟练掌握以下

标准。引进国外设备的工程，还需要熟悉和掌握合同约定的其他标准。

《建筑地基基础设计规范》（GB 50007）

《湿陷性黄土地区建筑规范》（GB 50025）

《岩土工程勘察规范》（GB 50021）

《膨胀土地区建筑技术规范》（GB 501 12）

《建筑地基基础工程施工质量验收规范》（GB 50202）

《建筑边坡工程技术规范》（GB 50330）

《建筑基坑工程监测技术规范》（GB 50497）

《高耸结构设计规范》（GB 50135）

《低合金高强度结构钢》（GB/T 1591）

《熔融结合环氧粉末涂料的防腐蚀涂装》（GB/T 18593）

《电力工程地基处理技术规程》（DL/T 5024）

《电力建设施工质量验收及评价规程　第 1 部分：土建工程》（DL/T 5210.1）

《电力工程施工测量技术规范》（DL/T 5445）

《风力发电场设计技术规范》（DL/T 5383）

《风力发电工程施工组织设计规范》（DL/T 5384）

《风力发电工程项目建设工程验收规范》（DL/T 5191）

《建筑地基基础工程施工质量验收规范》（GB 50202）

《建筑地基处理技术规范》（JGJ 79）

《建筑桩基技术规范》（JGJ 94）

《建筑基桩检测技术规范》（JGJ 106）

《冻土地区建筑地基基础设计规范》（JGJ 118）

《建筑基坑支护技术规程》（JGJ 120）

《载体桩设计规程》（JGJ 135）

《海港工程混凝土防腐蚀技术规范》（JGJ 275）

《海港水文规范》（JTS 145.2）

《水运工程质量检验标准》（JTS 257）

《水运工程测量规范》（JTJ 131）

《水运工程混凝土施工规范》（JTS 202）

《水运工程混凝土试验规程》（JTJ 270）

《水运工程混凝土质量控制标准》（JTS 202）

《水运工程混凝土结构设计规范》（JTS 151）

《水运工程施工通则》（JTS 201）

《海港工程钢结构防腐蚀技术规范》（JTS 153.3）

《港口工程桩基规范》（JTS 167-4）

《港口工程灌注桩设计与施工规程》（JTJ 248）

《港口工程嵌岩桩设计与施工规程》（JTJ 285）

《港口工程基桩静载荷试验规程》（JTJ 255）

《港口工程桩基动力检测规程》（JTJ 249）

《钢质管道熔结环氧粉末外涂层技术规范》（SY/T 0315）

3 监督检查应具备的条件

3.0.1 地基处理符合设计要求并已完成检测。

3.0.2 施工质量验收已完成。

3.0.3 各项施工准备工作已完成，具备基础连续施工条件。

4 责任主体质量行为的监督检查

4.1 建设单位质量行为的监督检查

4.1.1 地基处理施工方案已审批。

4.1.2 组织完成设计交底及施工图会检。

4.1.3 组织进行工程建设标准强制性条文实施情况的检查。

4.1.4 采用的新技术、新工艺、新流程、新装备、新材料已进行论证审批。

4.1.5 无任意压缩合同约定工期的行为。

4.2 勘察单位质量行为的监督检查

4.2.1 勘察报告已出具。

4.2.2 工程建设标准强制性条文落实到位。

4.2.3 按规定参加地基处理工程的质量验收及签证。

4.3 设计单位质量行为的监督检查

4.3.1 设计图纸交付进度能保证连续施工。

4.3.2 按规定进行设计交底并参加施工图会检。

4.3.3 设计更改、技术洽商等文件完整，手续齐全。

4.3.4 工程建设标准强制性条文落实到位。

4.3.5 设计代表工作到位，处理设计问题及时。

4.3.6 按规定参加地基处理工程的质量验收及签证。

4.3.7 进行了本阶段工程实体质量与设计的符合性确认。

4.4 监理单位质量行为的监督检查

4.4.1 专业监理人员配备合理，资格证书与承担的任务相符。

4.4.2 地基处理施工方案已审查，特殊施工技术措施已审批。

4.4.3 对进场工程原材料、半成品、构配件的质量进行检查验收。

4.4.4 按规定开展见证取样工作。

4.4.5 地基验槽隐蔽工程验收记录签证齐全。

4.4.6 按地基处理设定的工程质量控制点，完成见证、旁站监理。

4.4.7 工程建设标准强制性条文检查到位。

4.4.8 完成地基处理施工质量验收项目划分表规定的验收工作。

4.4.9 质量问题及处理台账完整，记录齐全。

4.5 施工单位质量行为的监督检查

4.5.1 企业资质与合同约定的业务范围相符。

4.5.2 项目经理资格符合要求并经本企业法定代表人授权。变更须报建设单位批准。

4.5.3 项目部组织机构健全，专业人员配置合理。

4.5.4 质量检查及特殊工种人员持证上岗。

4.5.5 施工方案和作业指导书审批手续齐全，技术交底记录齐全；重大方案或特殊措施经专项评审。

4.5.6 计量工器具经检定合格，且在有效期内。

4.5.7 按照检测试验计划进行了取样和送检，台账完整。

4.5.8 主要原材料、半成品的跟踪管理台账清晰，记录完整。

4.5.9 专业绿色施工措施已落实。

4.5.10 工程建设标准强制性条文实施计划已执行。

4.5.11 施工验收中发现的不符合项已整改闭环。

4.5.12 无违规转包或者违法分包工程行为。

4.6 检测试验机构质量行为的监督检查

4.6.1 检测试验机构已经监理审核，并已报质量监督机构备案。

4.6.2 检测试验人员资格符合规定，持证上岗。

4.6.3 检测试验仪器、设备检定合格，且在有效期内。

4.6.4 地基处理检测方案经监理审核、建设单位批准。

4.6.5 检测试验依据正确、有效，质量检测报告和地基处理检测报告及时、规范。

5 工程实体质量的监督检查

5.1 换填垫层地基的监督检查

5.1.1 换填技术方案、施工方案齐全，已审批。

5.1.2 地基验槽符合设计要求，钎探记录齐全，验收签字盖章齐全。

5.1.3 砂、石、粉质黏土、灰土、矿渣、粉煤灰、土工合成材料等换填垫层材料性能符合设计要求，质量证明文件齐全。

5.1.4 换填土料按规范规定进行击实试验检测、易溶盐分析试验检测、消石灰化学分析试验检测、土颗粒分析试验检测及设计有要求时的腐蚀性或放射性试验检测合格，报告结论明确。

5.1.5 换填已进行分层压实试验，压实系数符合设计要求。

5.1.6 地基承载力检测数量符合标准规定，检测报告结论满足设计要求。

5.1.7 施工参数符合设计要求，施工记录齐全。

5.1.8 施工质量的检验项目、方法、数量符合标准规定，检验结果满足设计要求，质量验收记录齐全。

5.2 预压地基的监督检查

5.2.1 设计前已通过现场试验或试验性施工，确定了设计参数和施工工艺参数。

5.2.2 预压地基技术方案、施工方案齐全，已审批。

5.2.3 所用土、砂、石，塑料排水板等原材料性能指标符合标准规定。

5.2.4 原位十字板剪切试验、室内土工试验、地基强度或承载力等试验合格，报告结论明确。

5.2.5 真空预压、堆载预压、真空和堆载联合预压工艺与设计及施工方案一致。

5.2.6 施工参数符合设计要求，施工记录齐全。

5.2.7 地基承载力检测数量符合标准规定，检测报告结论满足设计要求。

5.2.8 施工质量的检验项目、方法、数量符合标准规定，检验结果满足设计要求，质量验收记录齐全。

5.3 压实地基的监督检查

5.3.1 现场试验性施工，确定了碾压机械、碾压分层厚度、碾压遍数、碾压范围和有效加固深度等施工参数和压实地基施工方法。

5.3.2 压实地基技术方案、施工方案齐全，已审批。

5.3.3 施工参数符合设计要求，施工记录齐全。

5.3.4 压实土性能指标满足设计要求。

5.3.5 地基承载力检测数量符合标准规定，检测报告结论满足设计要求。

5.3.6 施工质量的检验项目、方法、数量符合标准规定，检验结果满足设计要求，质量验收记录齐全。

5.4 夯实地基的监督检查

5.4.1 设计前已通过现场试验或试验性施工，确定了设计参数和施工工艺参数。

5.4.2 根据不同的土质采取的强夯夯锤质量、夯锤底面形式、锤底面积、锤底静接地压力值、排气孔等施工工艺与设计（施工）方案一致。

5.4.3 施工参数和步骤符合设计要求，施工记录齐全。

5.4.4 地基承载力检测数量符合标准规定，检测报告结论满足设计要求。

5.4.5 施工质量的检验项目、方法、数量符合标准规定，检验结果满足设计要求，质量验收记录齐全。

5.5 复合地基的监督检查

5.5.1 设计前已通过现场试验或试验性施工，确定了设计参数和施工工艺参数。

5.5.2 复合地基技术方案、施工方案齐全，已审批。

5.5.3 散体材料复合地基增强体密实，检测报告齐全。

5.5.4 有黏结强度要求的复合地基增强体的强度及桩身完整性满足设计要求，检测报告齐全。

5.5.5 复合地基承载力及有设计要求的单桩承载力已通过静载荷试验，检测数量符合标准规定，承载力满足设计要求。

5.5.6 复合地基增强体单桩的桩位偏差符合标准规定。

5.5.7 施工参数符合设计要求，旋工记录齐全。

5.5.8 施工质量的检验项目、方法、数量符合标准规定，检验结果满足设计要求，质量验收记录齐全。

5.5.9 振冲碎石桩和沉管碎石桩等符合以下要求：

（1）原材料质量证明文件齐全。

（2）施工工艺与设计（施工）方案一致。

（3）地基承载力检测数量符合标准规定，检测报告结论满足设计要求。

（4）施工参数符合设计要求，施工记录齐全。

（5）施工质量的检验项目、方法、数量符合标准规定，检验结果满足设计要求，质量验收记录齐全。

5.5.10 水泥土搅拌桩符合以下要求：

（1）原材料质量证明文件齐全。

（2）施工工艺与设计（施工）方案一致。

（3）对变形有严格要求的工程，采用钻取芯样做水泥土抗压强度检验，检验数量、检测结果符合标准规定。

（4）地基承载力检测数量符合标准规定，检测报告结论满足设计要求。

（5）施工参数符合设计要求，施工记录齐全。

（6）施工质量的检验项目、方法、数量符合标准规定，检验结果满足设计要求，质量验收记录齐全。

5.5.11 旋喷桩复合地基符合以下要求：

（1）原材料质量证明文件齐全。

（2）施工工艺与设计（施工）方案一致。

（3）地基承载力检测数量符合标准规定，检测报告结论满足设计要求。

（4）施工参数符合设计要求，施工记录齐全。

（5）施工质量的检验项目、方法、数量符合标准规定、检验结果满足设计要求，质量验收记录齐全。

5.5.12 灰土挤密桩和土挤密桩复合地基符合以下要求：

（1）消石灰性能指标及灰土强度等级符合设计要求。

（2）施工工艺与设计（施工）方案一致。

（3）桩长范围内灰土或土填料的平均压实系数、处理深度内桩间土的平均挤密系数符合设计要求，抽检数量符合标准规定。

（4）对消除湿陷性的工程，进行了现场浸水静载荷试验，试验结果符合标准规定。

（5）地基承载力检测数量符合标准规定，检测报告结论满足设计要求。

（6）施工参数符合设计要求，施工记录齐全。

（7）施工质量的检验项目、方法、数量符合标准规定，检验结果满足设计要求，质量验收记录齐全。

5.5.13 夯实水泥土桩复合地基符合以下要求：

（1）原材料质量证明文件齐全。

（2）施工工艺与设计（施工）方案一致。

（3）夯填桩体的干密度符合设计要求、抽检数量符合标准规定。

（4）地基承载力检测数量符合标准规定，检测报告结论满足设计要求。

（5）施工参数符合设计要求，施工记录齐全。

（6）施工质量的检验项目、方法、数量符合标准规定，检验结果满足设计要求，质量验收记录齐全。

5.5.14 水泥粉煤灰碎石桩复合地基符合以下要求：

（1）原材料质量证明文件齐全。

（2）施工工艺与设计（施工）方案一致。

（3）混合料坍落度、桩数、桩位偏差、褥垫层厚度、夯填度和桩体试块抗压强度等满足设计要求。

（4）施工参数符合设计要求，施工记录齐全。

（5）复合地基和单桩承载力检测数量符合标准规定，检测报告结论满足设计要求。

（6）桩身完整性检测数量符合标准规定。

（7）施工质量的检验项目、方法、数量符合标准规定，检验结果满足设计要求，质量验收记录齐全。

5.5.15 柱锤冲扩桩复合地基符合以下要求：

（1）碎砖三合土、级配砂石、矿渣、灰土等原材料质量证明文件齐全。

（2）施工工艺与设计（施工）方案一致。

（3）地基承载力检测数量符合标准规定，检测报告结论满足设计要求。

（4）施工参数符合设计要求，施工记录齐全。

（5）施工质量的检验项目、方法、数量符合标准规定，检验结果满足设计要求，质量验收记录齐全。

5.5.16 多桩型复合地基符合以下要求：

（1）原材料质量证明文件齐全。

（2）施工工艺与设计（施工）方案一致。

（3）施工参数符合设计要求，施工记录齐全。

（4）复合地基和单桩承载力检测数量符合标准规定，检测报告结论满足设计要求。

（5）有完整性要求的多桩复合地基桩身质量检测数量符合标准规定，检测报告结论满足设计要求。

（6）施工质量的检验项目、方法、数量符合标准规定，检验结果符合设计要求，质量验收记录齐全。

5.6 注浆地基的监督检查

5.6.1 设计前已通过室内浆液配比试验和现场注浆试验，确定了设计参数、施工工艺参数及选用的设备。

5.6.2 浆液、外加剂等原材料性能证明文件齐全。

5.6.3 注浆地基技术方案、施工方案齐全，已审批。

5.6.4 施工工艺与设计（施工）方案一致。

5.6.5 施工参数符合设计要求，施工记录齐全。

5.6.6 注浆机械检验合格，监控表计在鉴定有效期内，鉴定证书齐全有效。

5.6.7 标准贯入试验检测、动力触探、静力触探等原位测试试验检测和室内试验检测符合标准规定，加固地层的压缩性、强度、渗透性、湿陷性、均匀性等指标满足设计要求。

5.6.8 注浆加固地基承载力静载荷试验检测数量符合标准规定，检测报告结论满足设计要求。

5.6.9 施工质量的检验项目、方法、数量符合标准规定，检验结果符合设计要求，质量验收记录齐全。

5.7 微型桩加固工程的监督检查

5.7.1 设计前已通过现场试验或试验性施工，确定了设计参数和施工工艺参数。

5.7.2 微型桩加固技术方案、施工方案齐全，已审批。

5.7.3 原材料质量证明文件齐全。

5.7.4 微型桩施工工艺与设计（施工）方案一致。

5.7.5 树根桩施工允许偏差、成孔、吊装、灌注、填充、加压、保护等符合标准规定。

5.7.6 预制桩预制过程（包括连接件）、压桩力、接桩和截桩等符合标准规定。

5.7.7 注浆钢管桩水泥浆灌注的注浆方法、时间间隔，钢管连接方式、焊接质量符合标准规定。

5.7.8 混凝土和砂浆抗压强度、钢构件防腐及钢筋保护层厚度符合标准规定。

5.7.9 施工参数符合设计要求，施工记录齐全。

5.7.10 地基（基桩）承载力检测数量符合标准规定，检测报告结论满足设计要求。

5.7.11 施工质量的检验项目、方法、数量符合标准规定，检验结果满足设计要求，质量验收记录齐全。

5.8 灌注桩工程的监督检查

5.8.1 当需要提供设计参数和施工工艺参数时，应按试桩方案进行试桩确定。

5.8.2 灌注桩技术方案、施工方案齐全，已审批。

5.8.3 钢筋、水泥、砂、石、掺合料及钢筋连接材料等质量证明文件齐全、现场见证取样检验报告齐全。

5.8.4 施工参数符合设计要求，施工记录齐全。

5.8.5 混凝土强度试验等级符合设计要求，试验报告齐全。

5.8.6 钢筋连接接头试验合格，报告齐全。

5.8.7 桩基础施工工艺与设计（施工）方案一致。

5.8.8 人工挖孔桩终孔时，持力层检验记录齐全。

5.8.9 人工挖孔灌注桩、干成孔灌注桩、套管成孔灌注桩、泥浆护壁钻孔灌注桩成孔的桩径、垂直度、孔底沉渣厚度、钢筋保护层厚度及桩位的偏差符合标准规定。

5.8.10 工程桩承载力检测结论满足设计要求，桩身质量的检验符合标准规定，报告齐全。

5.8.11 施工质量的检验项目、方法、数量符合标准规定，检验结果满足设计要求，质量验收记录齐全

5.9 预制桩工程的监督检查

5.9.1 当需要提供设计参数和施工工艺参数时，应按试桩方案进行试桩确定。

5.9.2 预制桩工程施工组织设计、施工方案齐全，已审批。

5.9.3 静压桩、锤击桩施工工艺与设计（施工）方案一致。

5.9.4 施工参数符合设计要求，施工记录齐全。

5.9.5 桩体和连接材料的质量证明文件齐全。

5.9.6 桩身混凝土强度与强度评定符合标准规定和设计要求。

5.9.7 桩身检测、接桩接头检测合格，报告齐全。

5.9.8 基桩承载力检测数量符合标准规定，检测报告结论满足设计要求。

5.9.9 施工质量的检验项目、方法、数量符合标准规定，检验结果满足设计要求，质量验收记录齐全。

5.10 钢管桩工程的监督检查

5.10.1 当需要提供设计参数和施工工艺参数时，应按试桩方案进行试桩确定。

5.10.2 钢管桩工程施工组织设计、施工方案齐全，已审批。

5.10.3 静压桩、锤击桩施工工艺与设计（施工）方案一致。

5.10.4 施工参数符合设计要求，施工记录齐全。

5.10.5 桩体和焊接材料的质量证明文件齐全。

5.10.6 成品桩质量标准应符合规范规定和设计要求。

5.10.7 桩身防腐及阴极保护、检测、接桩接头检测合格，报告齐全。

5.10.8 基桩承载力检测数量符合标准规定，检测报告结论满足设计要求。

5.10.9 施工质量的检验项目、方法、数量符合标准规定，检验结果满足设计要求，质量验收记录齐全。

5.11 基坑工程的监督检查

5.11.1 设计前已通过现场试验或试验性施工，确定了设计参数和施工工艺参数。

5.11.2 基坑施工方案、基坑监测技术方案齐全，已审批；深基坑施工方案经专家评审，评审资料齐全。

5.11.3 施工参数符合设计要求，施工记录齐全。

5.11.4 钢筋、混凝土、锚杆、桩体、土钉、钢材等质量证明文件齐全。

5.11.5 钻芯、抗拔、声波等试验合格，报告齐全。

5.11.6 施工工艺与设计（施工）方案一致；基坑监测实施与方案一致。

5.11.7 施工质量的检验项目、方法、数量符合标准规定，检验结果满足设计要求，质量验收记录齐全。

5.12 边坡工程的监督检查

5.12.1 设计有要求时，通过现场试验和试验性施工，确定设计参数和施工工艺参数。

5.12.2 边坡处理技术方案，施工方案及边坡变形监测方案齐全，已审批。

5.12.3 施工工艺、施工参数符合设计要求，施工记录齐全。

5.12.4 钢筋、水泥、砂、石、外加剂等原材料质量证明文件齐全。

5.12.5 灌注排桩数量符合设计要求；喷射混凝土护壁厚度和强度的检验符合设计要求；锚孔施工、锚杆灌浆和张拉符合设计要求，资料齐全。

5.11.6 泄水孔位置、边坡坡度、反滤层、回填土、挡土墙伸缩缝（沉降缝）位置和填塞物、边坡排办系统符合设计要求；边坡位移监测数据符合标准规定。

5.12.7 施工质量的检验项目、方法、数量符合标准规定，检验结果满足设计要求，质量验收记录齐全。

5.13　湿陷性黄土地基的监督检查

5.13.1　经处理的湿陷性黄土地基，检测其湿陷量消除指标符合设计要求。

5.13.2　桩基础在非自重湿陷性黄土场地，桩端支承在压缩性较低的非湿陷性黄土层中；在自重湿陷性黄土场地，桩端支承在可靠的岩（土）层中。

5.13.3　单桩竖向承载力通过现场静载荷浸水试验，结果满足设计要求。

5.13.4　灰土、土挤密桩进行了现场静载荷浸水试验，结果满足设计要求。

5.13.5 填料不得选用盐渍土、膨胀土、冻土、含有机质的不良土料和粗颗粒的透水性（如砂、石）材料。

5.14　液化地基的监督检查

5.14.1　采用振冲或挤密碎石桩加固的地基，处理后液化等级与液化指数符合设计要求。

5.14.2　桩进入液化土层以下稳定土层的长度符合标准规定。

5.15　冻土地基的监督检查

5.15.1　所用热棒、通风管管材、保温隔热材料，产品质量证明文件齐全，复试合格。

5.15.2　热棒、通风管、保温隔热材料施工记录齐全，记录数据和实际相符。

5.15.3　地温观测孔及变形监测点设置符合标准规定。

5.15.4　季节性冻土、多年冻土地基融沉和承载力满足设计要求。

5.16　膨胀土地基的监督检查

5.16.1　设计前已通过现场试验或试验性施工，确定了设计参数和施工工艺参数。

5.16.2　膨胀土地基处理技术方案、施工方案齐全，已审批。

5.16.3　施工工艺与设计、施工方案一致。

5.16.4　钢筋、水泥、砂石骨料、外加剂等主要原材料质量证明文件齐全。

5.16.5　旋工参数符合设计要求，施工记录齐全。

5.16.6　地基承载力检测数量符合标准规定，检测报告结论满足设计要求。

5.16.7　施工质量的检验项目、方法、数量符合标准规定，检验结果满足设计要求，质量验收记录齐全。

5.17　海上地基的监督检查

5.17.1　设计前已通过现场试验或试验性施工，确定了设计参数和施工工艺参数。

5.17.2　桩基工程施工组织设计、施工方案齐全，已审批。

5.17.3　施工工艺与设计、施工方案一致。

5.17.4　钢管桩所用钢材的规格、焊接质量、防腐层厚度均符合设计要求，试验检测报告齐全。

5.17.5　桩位定位测量记录齐全。

5.17.6　混凝土原材料质量证明文件、试验检测报告齐全，混凝土强度等级符合设计要求，试验检测报告齐全。

5.17.7　工程桩承载力试验结果符合设计要求。

5.17.8　桩身质量检验符合标准规定，报告齐全。

5.17.9　单管桩孔底沉渣厚度及桩位偏差符合设计要求或标准规定，记录齐全。

5.17.10　桩体防腐层外观检查记录、阴极保护装置试验报告齐全。

6　质量监督检测

6.0.1　开展现场质量监督检查时，应重点对下列项目的检测试验报告和检测数量进行查验，必要时可进行验证性抽样检测。对检验指标或结论有怀疑时，必须进行检测。

（1）砂、石、水泥、钢材、外加剂等原材料的主要技术性能。

（2）垫层地基的压实系数。

（3）地基承载力。

（4）桩基础工程桩的桩身偏差和完整性。

（5）桩身混凝土强度。

（6）单桩承载力。

（7）钢管桩水位变动区及外露部分的防腐质量、阴极保护。

（8）钢管桩上下节端部错口、焊缝外观检查及探伤报告。

第2节点　主体结构施工前监督检查

1　总则

1.0.1　本部分适用于风力发电工程升压站主体结构施工前阶段的质量监督检查。

1.0.2　主体结构施工前质量监督检查应在主要基础工程隐蔽前完成。

1.0.3　本部分所列检查内容应逐条检查，检查方式为重点抽查验证。

1.0.4　本阶段监督检查时，可针对采用新技术、新工艺、新流程、新装备、新材料的具体情况，按批准文件补充编制监督检查细则。

2　监督检查依据

监督检查组在开展本部分监督检查工作时，监检人员应当按照专业划分，熟练掌握以下标准。引进国外设备的工程，还需要熟悉和掌握合同约定的其他标准。

《建筑地基基础工程施工质量验收规范》（GB 50202）

《混凝土结构工程施工质量验收规范》（GB 50204）

《混凝土质量控制标准》（GB 50164）

《大体积混凝土施工规范》（GB 50496）

《低合金高强度结构钢》（GB/T 1591）

《电气装置安装工程接地装置施工及验收规范》（GB 50169）

《铝-锌-铟系合金牺牲阳极》（GB/T 4948）

《电力建设施工质量验收及评价规程　第1部分：土建工程》（DL/T 5210.1）

《电气装置安装工程质量检验及评定规程　第10部分：35kV及以下架空电力线路施工质量检验》（DL/T 5161.10）

《电力工程施工测量技术规范》（DL/T 5445）

《钢筋焊接及验收规程》（JGJ 18）

《钢筋机械连接技术规程》（JGJ 107）
《建筑工程检测试验技术管理规范》（JGJ 190）
《海港工程混凝土结构防腐蚀技术规范》（JTJ 275）
《海港工程高性能混凝土质量控制标准》（JTS 257-2）
《海港工程钢筋混凝土结构电化学防腐蚀技术规范》（JTS 153-2）
《海港工程钢结构防腐蚀技术规程》（JTS 153-3）
《水运工程质量检验标准》（JTS 257）
《水运工程施工通则》（JTS 201）
《水运工程测量质量检验标准》（JTS 258）
《水运工程测量规范》（JTS 131）
《水运工程混凝土质量控制标准》（JTS 202.2）
《水运工程大体积混凝土温度裂缝控制技术规程》（JTS 202-1）
《水运工程混凝土施工规范》（JTS 202）
《公路工程质量检验评定标准》（JTGF 80/1）
《建筑工程冬期施工规程》（JGJ/T 104）
《房屋建筑工程和市政基础工程实行见证取样和送检的规定》（建建（2000）211 号）

3 监督检查应具备的条件

3.0.1 主要建（构）筑物基础工程施工完，验收签证完，验收发现的不符合项已处理。
3.0.2 基础工程隐蔽前。

4 责任主体质量行为的监督检查

4.1 建设单位质量行为的监督检查

4.1.1 建筑物主体工程开工手续已审批。
4.1.2 本阶段工程采用的专业标准清单已审批。
4.1.3 组织完成设计交底和施工图会检。
4.1.4 组织工程建设标准强制性条文实施情况的检查。
4.1.5 采用的新技术、新工艺、新流程、新装备、新材料已审批。
4.1.6 无任意压缩合同约定工期的行为。

4.2 勘察设计单位质量行为的监督检查

4.2.1 设计图纸交付进度能保证连续施工。
4.2.2 设计更改、技术洽商等文件完整、手续齐全。
4.2.3 工程建设标准强制性条文落实到位。
4.2.4 设计代表工作到位、处理设计问题及时。
4.2.5 按规定参加施工主要控制网（桩）验收和地基验槽签证。
4.2.6 进行了本阶段工程实体质量与设计的符合性确认。

4.3 监理单位质量行为的监督检查

4.3.1 特殊施工技术措施已审批。

4.3.2 检测仪器和工具配置满足监理工作需要。

4.3.3 已按验收规范规程，对施工现场质量管理进行了检查。

4.3.4 进场的工程材料、构配件的质量审查工作、原材料复检的见证取样实施正常。

4.3.5 按设定的工程质量控制点，对质量控制点进行了检查。

4.3.6 工程建设标准强制性条文检查到位。

4.3.7 隐蔽工程验收记录签证齐全。

4.3.8 按照基础施工质量验收项目划分表完成规定的验收工作。

4.3.9 质量问题及处理台账完整，记录齐全。

4.4 施工单位质量行为的监督检查

4.4.1 专业施工组织设计已审批。

4.4.2 质量检查及特殊工种人员持证上岗。

4.4.3 施工方案和作业指导书已审批，技术交底记录齐全。重大施工方案或特殊专项措施经专项评审。

4.4.4 计量工器具经检定合格，且在有效期内。

4.4.5 按照检测试验项目计划进行了取样和送检，台账完整。

4.4.6 原材料、成品、半成品、商品混凝土的跟踪管理台账清晰，记录完整。

4.4.7 质量检验管理制度已落实。

4.4.8 专业绿色施工措施已制定、实施。

4.4.9 工程建设标准强制性条文实施计划已执行。

4.4.10 无违规转包或者违法分包工程行为。

4.5 检测试验机构质量行为的监督检查

4.5.1 检测试验机构已经监理审核，并通过能力认定，其现场派出机构（现场试验室）满足规定条件，并已报质量监督机构备案。

4.5.2 检测试验人员资格符合规定，持证上岗。

4.5.3 检测试验仪器、设备检定合格，且在有效期内。

4.5.4 检测试验依据正确、有效，检测试验报告及时、规范。

4.5.5 现场标养室条件符合要求。

5 工程实体质量的监督检查

5.1 工程测量的监督检查

5.1.1 测量控制方案内容齐全有效。

5.1.2 升压站测量基准点及GPS参考站保护完好，标识清晰。

5.1.3 各建（构）筑物定位放线控制桩设置规范，保护完好。

5.1.4 测量仪器检定有效，测量记录齐全。

5.1.5 沉降观测点设置符合设计要求及规范规定，观测记录完整。

5.2 混凝土基础的监督检查

5.2.1 钢筋、水泥、砂、石、粉煤灰、外加剂、拌和用水及焊材、焊剂等原材料性能证明文件齐全；现场见证取样检验合格，报告齐全；商品混凝土检验合格，报告齐全。

5.2.2　长期处于潮湿环境的重要混凝土结构用砂、石碱活性检验合格。

5.2.3　用于配制钢筋混凝土的海砂氯离子含量检验合格。

5.2.4　焊接工艺、机械连接工艺试验合格；钢筋焊接接头、机械连接试件截取符合规范、试验合格，报告齐全；基础钢筋连接型式符合设计要求。

5.2.5　海上基础钢结构现场焊接质量检验合格。

5.2.6　混凝土强度等级满足设计要求，试验报告齐全。

5.2.7　混凝土浇筑记录齐全；试件抽取、留置符合规范。

5.2.8　大体积混凝土温控计算书、测温、养护资料齐全完整。

5.2.9　混凝土结构外观质量和尺寸偏差与验收记录相符。

5.2.10 海上混凝土钢筋保护层厚度检查记录齐全；混凝土结构防腐层试验报告齐全；钢结构防腐层试验报告及厚度检测报告齐全。

5.2.11　设备基础预埋件（管）位置、标高及埋置质量符合设计和规范要求。

5.2.12　基础接地装置接地引线搭接长度、焊接质量、防腐等符合设计及规范要求。

5.2.13　贮水（油）池等构筑物满水试验合格，签证记录齐全。

5.2.14　地基验槽、隐蔽验收、质量验收签证记录齐全。

5.2.15　海上混凝土基础、过渡段、导管架施工隐蔽验收、质量验收签证记录齐全。

5.3　基础防腐（防水）的监督检查

5.3.1　防腐（防水）材料性能证明文件齐全，复试报告齐全。

5.3.2　防腐（防水）层的厚度符合设计要求，粘接牢固，表面无损伤。

5.4　冬期施工的监督检查

5.4.1　冬期施工措施和越冬保温措施内容齐全有效。

5.4.2　原材料预热、选用的外加剂、混凝土拌和和浇筑条件、试件抽取留置符合规定。

5.4.3　冬期施工的混凝土工程，养护条件、测温次数符合规范规定，记录齐全。

5.4.4　冬期停、缓建工程，停止位置的混凝土强度符合设计和规范规定。

5.5　其他设施的监督检查

5.5.1　道路平整、通畅、有道路标识系统，路面排水设施、路基支挡、防护工程符合设计要求。

5.5.2　回填土密实无塌陷，边坡防护符合设计要求。

5.5.3　升压站防护及支档（挡）工程泄水孔、排水设施以及变形缝、沉降缝设置符合设计和规范规定。

6　质量监督检测

6.0.1　开展现场质量监督检查时，应重点对下列项目的检测试验报告进行查验，必要时可进行验证性抽样检测。对检验指标或结论有怀疑时，必须进行检测。

（1）地基承载力检测报告、桩基检测报告。

（2）钢筋、水泥、砂、石、拌和用水、掺合料、外加剂、混凝土、钢筋连接接头、预制混凝土构件等检测试验报告。

（3）防腐和防水材料性能等检测试验报告。

（4）回填土检测试验报告。

（5）海上基础钢结构焊接检测试验报告。

第3节点　建筑工程交付使用前监督检查

1　总则

1.0.1　本部分适用于风力发电工程升压站的建筑工程交付使用前阶段的质量监督检查。

1.0.2　本部分所列检查内容应逐条检查，检查方式为重点抽查验证。

1.0.3　本阶段监督检查时，可针对采用新技术、新工艺、新流程、新装备、新材料的具体情况，按文件补充编制监督检查细则，整体装配式升压站监督检查参照执行。

2　监督检查依据

监督检查组在开展本部分监督检查工作时，监检人员应当按照专业划分，熟练掌握以下标准。引进国外设备的工程，还需要熟悉和掌握合同约定的其他标准。

《建筑工程施工质量验收统一标准》（GB 50300）

《屋面工程质量验收规范》（GB 50207）

《地下防水工程质量验收规范》（GB 50208）

《建筑地面工程施工质量验收规范》（GB 50209）

《建筑装饰装修工程质量验收规范》（GB 50210）

《建筑给水排水及采暖工程施工质量验收规范》（GB 50242）

《通风与空调工程施工质量验收规范》（GB 50243）

《建筑电气工程施工质量验收规范》（GB 50303）

《智能建筑工程质量验收规范》（GB 50339）

《建筑节能工程施工质量验收规范》（GB 5041 1）

《建筑物防雷工程施工与质量验收规范》（GB 50601）

《建筑电气照明装置施工与验收规范》（GB 50617）

《民用建筑工程室内环境污染控制规范》（GB 50325）

《电力建设施工质量验收及评价规程　第1部分：土建工程》（DL/T 5210.1）

《电力工程施工测量技术规范》（DL/T 5445）

《玻璃幕墙工程技术规范》（JGJ 102）

《外墙饰面砖工程施工及验收规范》（JGJ 126）

《建筑工程检测试验技术管理规范》（JGJ 190）

3　监督检查应具备的条件

3.0.1　建筑工程（包括装饰、装修工程）全部完工，质量验收合格，验收发现的不符合项已处理。

3.0.2　消防设施已验收，具备投运条件。

4 责任主体质量行为的监督检查

4.1 建设单位质量行为的监督检查

4.1.1 取得了当地消防主管部门同意使用的书面材料。

4.1.2 组织工程建设标准强制性条文实施情况的检查。

4.1.3 采用的新技术、新工艺、新流程、新装备、新材料已审批。

4.1.4 无任意压缩合同约定工期的行为。

4.2 设计单位质量行为的监督检查

4.2.1 设计更改、技术洽商等文件完整、手续齐全。

4.2.2 工程建设标准强制性条文落实到位。

4.2.3 设计代表工作到位、处理设计问题及时。

4.2.4 按规定参加质量验收。

4.2.5 进行了本阶段工程实体质量与设计的符合性确认。

4.3 监理单位质量行为的监督检查

4.3.1 完成监理规范规定的审核、批准工作。

4.3.2 检测仪器和工具配置满足监理工作需要。

4.3.3 对进场工程材料、设备、构配件的质量进行检查验收。

4.3.4 开展原材料复检的见证取样，见证人员具备相应资格。

4.3.5 按主体结构工程设定的工程质量控制点，完成见证、旁站监理。

4.3.6 工程建设标准强制性条文检查到位。

4.3.7 隐蔽工程验收记录签证齐全。

4.3.8 按照施工质量验收项目划分表完成规定的验收工作。

4.3.9 施工质量问题及处理台账完整，记录齐全。

4.4 施工单位质量行为的监督检查

4.4.1 特殊工种人员持证上岗。

4.4.2 施工方案和作业指导书已审批，技术交底记录齐全。

4.4.3 计量工器具经检定合格，且在有效期内。

4.4.4 依据检测试验项目计划进行检测试验。

4.4.5 主要原材料、成品、半成品的跟踪管理台账清晰，记录完整。

4.4.6 专业绿色施工措施已实施。

4.4.7 工程建设标准强制性条文实施计划已执行。

4.4.8 无违规转包或者违法分包工程行为。

4.5 检测试验机构质量行为的监督检查

4.5.1 检测试验机构已经监理审核，并通过能力认定，其现场派出机构（现场试验室）满足规定条件，并已报质量监督机构备案。

4.5.2 检测试验人员资格符合规定，持证上岗。

4.5.3 检测试验仪器、设备检定合格，且在有效期内。

4.5.4 检测试验依据正确、有效，检测试验报告及时、规范。

5 工程实体质量的监督检查

5.1 楼地面、屋面工程的监督检查

5.1.1 楼地面、屋面工程使用的原材料和产品质量证明文件齐全，重要材料复检合格。

5.1.2 楼地面、屋面工程施工完毕，隐蔽验收、质量验收签证记录齐全。

5.1.3 防水地面无渗漏，排水坡向正确、无积水，穿过楼板地面的立管、套管、地漏等四周应进行密封处理，隐蔽验收记录齐全；有防滑要求的地面，必须符合防滑要求。

5.1.4 屋面淋水（蓄水）试验合格。

5.1.5 种植屋面载荷符合设计要求。

5.1.6 严寒地区的坡屋面檐口有防冰雪融坠设施。

5.1.7 有排水要求的厨房、卫生间等地面与相邻地面应有一定的标高差，且符合设计要求。

5.2 门窗工程的监督检查

5.2.1 门窗材料及配件质量证明文件齐全，符合设计和现行规范的规定。

5.2.2 门窗工程施工完毕，隐蔽验收、质量验收记录齐全。

5.2.3 建筑门窗应安装牢固，推拉门窗扇有防脱落、防室外侧拆卸装置。

5.2.4 门窗工程性能检测复验报告齐全。

5.3 装饰装修工程的监督检查

5.3.1 装饰装修工程所使用的材料性能证明文件齐全。

5.3.2 装饰装修工程施工完毕，隐蔽验收、质量验收记录齐全。

5.3.3 外墙饰面砖、保温板材黏结或连接牢固，强度检验合格，报告齐全。

5.3.4 后置锚固件试验及连接应符合设计要求。

5.3.5 护栏安装牢固，护栏高度、栏杆间距、挡板安装位置符合设计要求。

5.3.6 幕墙工程验收符合设计和规范规定。

5.3.7 室内建筑环境检测，应符合标准规定。

5.4 给排水及采暖工程的监督检查

5.4.1 管材和阀门等材料选用符合设计要求；

5.4.2 管路系统和设备水压试验无渗漏，灌水、通水、通球试验签证记录齐全。

5.4.3 给排水及采暖工程施工完毕，隐蔽验收、质量验收记录齐全。

5.4.4 管道排列整齐、连接牢固，坡度、坡向正确；支吊架、伸缩补偿节、穿墙套管等安装位置符合设计要求。

5.4.5 管路系统冲洗合格。

5.5 建筑电气工程的监督检查

5.5.1 建筑电气工程施工完毕，隐蔽验收、质量验收记录齐全。

5.5.2 电气设备安装符合设计要求，接地装置安装正确，接地网接地阻抗测试值符合规范规定。

5.5.3 开关、插座、灯具安装规范，照明全负荷试验记录齐全。

5.5.4 建（构）筑物和设备的防雷接地可靠、可测，接地阻抗测试值符合设计或规范规定，签证记录齐全。

5.5.5 金属电缆导管，必须可靠接地或接零，并符合规范规定。

5.6 通风及空调工程的船督检查

5.6.1 通风管道的材质、性能必须符合设计和规范规定。

5.6.2 通风与空调系统施工完毕，隐蔽验收、质量验收记录齐全。

5.6.3 通风与空调系统调试合格，功能正常，记录齐全。

5.6.4 通风与空调设施传动装置的外露部位及进、排气口防护措施可靠。

5.6.5 管道穿过建筑物的墙体、楼板时，与建筑物结合处的处理措施可靠，并符合设计和规范规定。

5.7 智能建筑工程的监督检查

5.7.1 智能建筑工程施工完毕，功能正常，质量验收记录齐全。

5.7.2 智能化系统运行正常，检测试验记录齐全。

5.8 节能工程的监督检查

5.8.1 节能工程材料质量证明文件和复验报告齐全。

5.8.2 后置锚固件现场拉拔试验合格，报告齐全。

5.8.3 建筑节能工程施工完毕，验收记录齐全。

5.8.4 系统调试合格，功能满足设计要求。

6 质量监督检测

6.0.1 开展现场质量监督检查时，应重点对下列项目的检测试验报告进行查验，必要时可进行验证性抽样检测。对检验指标或结论有怀疑时，必须进行检测。

（1）工程的防水材料、保温材料的主要技术性能。

（2）后置埋件、结构密封胶及饰面砖粘贴的主要技术性能。

（3）保温隔热材料及其基层的黏结、幕墙玻璃及外窗的主要技术性能。

（4）室内环境检测、饮用水质量检测。

第 4 节点　升压站受电前监督检查

1 总则

1.0.1 本部分适用于风力发电工程升压站受电前阶段的质量监督检查。

1.0.2 风力发电工程升压站受电前质量监督检查应在升压站受电前完成。

1.0.3 本部分所列检查内容应逐条检查，检查方式为重点抽查验证。

1.0.4 本阶段监督检查时，可针对采用新技术、新工艺、新流程、新装备、新材料的具体情况，按批准文件补充编制监督检查细则。

2 监督检查依据

监督检查组在开展本部分监督检查工作时，监检人员应当按照专业划分，熟练掌握以下标准。引进国外设备的工程，还需要熟悉和掌握合同约定的其他标准。

《建筑工程施工质量验收统一标准》（GB 50300）

《混凝土结构工程施工质量验收规范》（GB 50204）

《钢结构施工规范》（GB 50755）

《钢结构工程施工质量验收规范》（GB 50205）

《电气装置安装工程　高压电器施工及验收规范》（GB 50147）

《电气装置安装工程　电力变压器、油浸电抗器、互感器施工及验收规范》（GB 50148）

《电气装置安装工程　母线装置施工及验收规范》（GB 50149）

《电气装置安装工程　电气设备交接试验标准》（GB 50150）

《电气装置安装工程　电缆线路施工及验收规范》（GB 50168）

《电气装置安装工程　接地装置施工及验收规范》（GB 50169）

《电气装置安装工程　盘、柜及二次回路接线施工及验收规范》（GB 50171）

《电气装置安装工程　蓄电池施工及验收规范》（GB 50172）

《电气装置安装工程　低压电器施工及验收规范》（GB 50254）

《电力变压器　第 11 部分：干式变压器）》（GB 10194.11）

《静止无功补偿装置（SVC）功能特性》（GB/T 20298）

《电力建设施工质量验收及评价规程　第 1 部分：土建工程》（DL/T 5210.1）

《电力工程施工测量技术规范》（DL/T 5445）

《110kV 及以上送变电工程启动及竣工验收规程》（DL/T 782）

《风力发电场项目建设工程验收规范》（DL/T 5191）

《继电保护和电网安全自动装置检验规程》（DL/T 995）

《电气装置安装工程质量检验及评定规程》（DL/T 5161）

《钢结构高强螺栓连接技术规程》（JGJ 82）

《建筑钢结构防腐蚀技术规程》（JGJ/T 251）

《防止电力生产事故的二十五项重点要求》（国能安全〔2014〕161 号）

3　监督检查应具备的条件

3.0.1　升压站受电范围内的建筑、安装工程已按设计施工、调试完成，并验收签证。

3.0.2　工程验收检查组按规定完成相关项目的检查与验收，验收中发现的不符合项已处理完成。

3.0.3　生产运行准备工作已经就绪。

4　责任主体质量行为的监督检查

4.1　建设单位质量行为的监督检查

4.1.1　按规定组织进行设计交底、施工图会检和受电方案交底。

4.1.2　组织完成升压站建筑、安装和调试项目的验收。

4.1.3　对工程建设标准强制性条文执行情况进行汇总。

4.1.4　启动验收组织已建立，各专业组按职责正常开展工作。

4.1.5　受电方案已报电网调度部门，并取得保护定值和设备命名文件。

4.1.6 升压站的安全、保卫、消防等工作已经布置落实。

4.1.7 受电后的管理方式已确定。

4.1.8 采用的新技术、新工艺、新流程、新装备、新材料已审批。

4.1.9 无任意压缩合同约定工期的行为。

4.1.10 各阶段质量监督检查提出的整改意见已落实闭环。

4.2 设计单位质量行为的监督检查

4.2.1 技术洽商、设计更改等文件完整、手续齐全。

4.2.2 设计代表工作到位、处理设计问题及时。

4.2.3 参加规定项目的质量验收工作。

4.2.4 工程建设标准强制性条文落实到位。

4.2.5 进行了工程实体质量与设计符合性的确认。

4.3 监理单位质量行为的监督检查

4.3.1 专业监理人员配备合理，资格证书与承担的任务相符。

4.3.2 专业施工组织设计和调试方案已审查。

4.3.3 特殊施工技术措施已审批。

4.3.4 组织或参加设备、材料的到货检查验收。

4.3.5 工程建设标准强制性条文检查到位。

4.3.6 隐蔽工程验收记录签证齐全。

4.3.7 完成相关施工、试验和调试项目的质量验收并汇总。

4.3.8 质量问题及处理台账完整，记录齐全。

4.4 施工单位质量行为的监督检查

4.4.1 企业资质与合同约定的业务相符。

4.4.2 项目部组织机构健全，专业人员配备实施动态管理并报审。

4.4.3 项目经理资格符合要求并经本企业法定代表人授权，变更须报建设单位批准。

4.4.4 质量检查及特殊工种人员持证上岗。

4.4.5 专业施工组织设计已审批。

4.4.6 施工方案和作业指导书已审批，技术交底记录齐全；重大施工方案或特殊措施经专项评审。

4.4.7 计量工器具经检定合格，且在有效期内。

4.4.8 专业绿色施工措施已实施。

4.4.9 单位工程开工报告已审批。

4.4.10 检测试验项目的检测报告齐全。

4.4.11 工程建设标准强制性条文实施计划已执行。

4.4.12 按批准的验收项目划分表完成质量检验。

4.4.13 施工、调试验收中的不符合项已整改。

4.4.14 无违规转包或者违法分包工程行为。

4.5 调试单位质量行为的监督检查

4.5.1 企业资质与合同约定的业务相符。

4.5.2 项目部专业人员配置合理，调试人员持证上岗。

4.5.3 调试措施审批手续齐全。

4.5.4 调试使用的仪器、仪表检定合格并在有效期内。

4.5.5 已完项目的试验和调试报告已编制。

4.5.6 投运范围内的设备和系统已按规定全部试验和调试完毕并签证。

4.5.7 工程建设标准强制性条文实施计划已执行。

4.6 生产运行单位质量行为的监督检查

4.6.1 生产运行管理组织机构健全，满足生产运行管理工作的需要。

4.6.2 运行人员经相关部门培训上岗。

4.6.3 运行管理制度、操作规程、运行系统图册已发布实施。

4.7 检测试验机构质量行为的监督检查

4.7.1 检测试验机构已经监理审核，并通过能力认定，其现场派出机构（现场试验室）满足规定条件，并已报质量监督机构备案。

4.7.2 检测试验人员资格符合规定，持证上岗。

4.7.3 检测试验仪器、设备检定合格，且在有效期内。

4.7.4 检测试验依据正确、有效，检测试验报告及时、规范。

5 工程实体质量的监督检查

5.1 建筑专业的监督检查

5.1.1 建筑工程已按设计完工；升压站内道路通畅、照明完好，沟道盖板平整、齐全，环境整洁。

5.1.2 排水、防洪设施已完工，符合设计要求。

5.1.3 消防器材配备完善，消防通道畅通。

5.1.4 升压站主要建（构）筑物和重要设备基础沉降均匀。各沉降观测点设置规范、保护完好，观测记录、曲线和成果报告完整，符合规程规范要求。

5.1.5 主体结构用钢筋、水泥、砂、石、连接件等原材料性能证明文件齐全，现场见证取样检验合格，复试报告齐全。

5.1.6 砌体结构中所用原材料性能的证明文件齐全，检测合格、报告齐全。

5.1.7 混凝土强度等级、砂浆强度等级符合设计要求，试验报告齐全。

5.1.8 混凝土杆、钢管杆、钢构件等产品质量技术文件齐全，外观检查符合设计及规范要求。

5.1.9 钢结构用钢材、高强度螺栓连接副、地脚螺栓、防腐、涂料、焊材等材料性能证明文件齐全。

5.1.10 钢结构现场焊接焊缝检验合格；钢结构、钢网架变形测量记录齐全，偏差符合设计及规范要求。

5.1.11 钢结构防腐（防火）涂料涂装遍数、涂层厚度符合设计及规范要求，记录齐全。

5.1.12 主体结构实体检测合格，报告齐全。

5.1.13 建（构）筑物的栏杆、钢制门窗、幕墙支架等外露的金属物，应有可靠的接地，并有明显的标识。

5.1.14 建（构）筑物外观质量符合规范要求。

5.1.15 隐蔽工程验收记录、质量验收记录齐全。

5.2 电气专业的监督检查

5.2.1 带电设备的安全净距符合规定，电气连接可靠。

5.2.2 电力变压器（含油浸电抗器）箱体密封良好，油位正常；绝缘油检验合格；事故排油和防火措施齐全；气体继电器、温度计校验合格；变压器本体外壳、铁芯和夹件及中性点工作接地可靠，引下线截面及与主接地网连接符合设计要求；调压装置指示正确；报告齐全。

5.2.3 断路器、隔离开关、接地开关分合闸指示正确，接地可靠；油（气）操动机构无渗漏现象；隔离开关接触电阻及断路器三相同期值符合规定。

5.2.4 电容器布置、接线正确，保护回路完整，无损伤、渗漏及变形现象。

5.2.5 互感器外观完好、油位或气压正常，接地可靠；电流互感器备用二次绕组短接并可靠接地。

5.2.6 避雷器外观及安全装置完好，排气口朝向合理，接地符合规范规定；在线监测装置接地可靠，安装方向便于观察。

5.2.7 无功补偿装置功能特性和电气参数符合设计要求，报告齐全。

5.2.8 母线的螺栓连接质量检查合格，软母线压接和硬母线的焊接验收合格。

5.2.9 低压电器设备完好，标识清晰。

5.2.10 组合电器直接接地部分连接可靠，膨胀伸缩装置符合安装规范；充气设备气体压力、密度继电器报警和闭锁值符合产品技术要求，sF6 气体检验合格，报告齐全。

5.2.11 电缆本体、附件和附属设施的产品技术资料齐全；电缆敷设符合设计及规范要求，防火封堵严密、阻燃措施符合要求，试验合格；金属电缆支架接地良好。

5.2.12 防雷接地、设备接地和接地网连接可靠，标识符合规定，验收签证齐全。

5.2.13 电气设备及防雷设施的接地阻抗测试符合设计要求，报告齐全。

5.2.14 盘柜安装牢固、接地可靠；柜内一次设备的安装质量和电气距离符合要求，照明装置齐全；箱体变压器、室内外盘、柜及电缆管道封堵完好，应有防积水、防结冰、防潮、防雷等措施；操作与联动试验合格；二次回路连接可靠，标识齐全清晰，绝缘符合要求。

5.2.15 二次设备等电位接地网独立设置。

5.2.16 电气设备防误闭锁装置齐全。

5.2.17 蓄电池组标识正确、清晰，充放电试验合格，记录齐全；直流电源系统安装、调试合格。

5.2.18 综合自动化系统配置齐全，调试合格。

5.2.19 电测仪表校验合格，并粘贴检验合格证。

5.2.20 继电保护和自动装置按设计全部投入，继电保护和自动装置已按整定值通知单整定完毕。

5.3 调整试验的监督检查

5.3.1 主变压器（电抗器）绕组连同套管相关交接试验（特殊试验）项目齐全、试验结果合格。

5.3.2 组合电器及断路器相关交接试验合格。

5.3.3 互感器绕组的绝缘电阻合格，互感器参数测试合格。

5.3.4 金属氧化物避雷器试验及基座的绝缘电阻检测报告齐全。

5.3.5 升压站接地网接地阻抗测试合格，符合设计要求。

5.3.6 电流、电压、控制、信号等二次回路绝缘符合规范要求；断路器、隔离开关、有载分接开关传动试验动作可靠，信号正确；保护和自动装置动作准确、可靠，信号正确，压板标识正确。

5.3.7 保护及安全自动装置、远动、通信、综合自动化系统、电能质量在线监测装置等调试记录与试验项目齐全，试验结果合格；继电保护装置已完成整定；线路双侧保护联调合格，通信正常。

5.3.8 不停电电源（UPS）供电可靠，切换时间和输出波形失真度符合要求。

5.4 生产运行准备的监督检查

5.4.1 典型操作票已编制完毕，应急预案及现场处置方案已组织学习、演练。

5.4.2 控制室与电网调度之间的通信联络通畅。

5.4.3 电气设备运行操作所需的安全工器具、仪器、仪表、防护用品以及备品、备件等配置齐全，检验合格。

5.4.4 受电区域与非受电区域及运行区域隔离可靠，警示标识齐全、醒目。

5.4.5 设备的名称和双重编号及盘、柜双面标识准确、齐全；电气安全警告标示牌内容和悬挂位置正确、齐全、醒目。

6 质量监督检测

6.0.1 开展现场质量监督检查时，应重点对下列项目的检测试验报告进行查验，必要时可进行验证性抽样检测。对检验指标或结论有怀疑时，必须进行检测。

（1）混凝土强度检测。

（2）钢筋混凝土保护层检测。

（3）电力电缆两端相位一致性检测。

（4）接地装置接地阻抗测试。

（5）变压器（油浸电抗器）局放测试及绕组变形测试。

（6）二次回路绝缘电阻测试。

（7）不停电电源（UPS）系统切换试验。

（8）和电网连接的断路器模拟保护出口跳闸断路器试验或断路器分闸最小动作电压的测量。

第 4 部分　商业运行前监督检查

1 总则

1.0.1 本部分适用于风力发电工程机组商业运行前阶段的质量监督检查。

1.0.2　风力发电工程机组商业运行前质量监督检查应在风电场所有风机完成启动试运后进行。

1.0.3　本部分所列检查内容应逐条检查，检查方式为重点抽查验证。

1.0.4　本阶段监督检查时，可针对采用新技术、新工艺、新流程、新装备、新材料的具体情况，按批准文件补充编制监督检查细则。

2　监督检查依据

监督检查组在开展本部分监督检查工作时，监检人员应当按照专业划分，熟练掌握以下标准。引进国外设备的工程，还需要熟悉和掌握合同约定的其他标准。

《防止电力生产事故的二十五项重点要求》（国能安全〔2014〕161 号）

《建筑工程质量验收统一标准》（GB 50300）

《风力发电机组验收规范》（GB/T 20319）

《风电场接入电力系统技术规定》（GB/T 19963）

《风力发电机组安全规程》（DL 796）

《风力发电场项目建设工程验收规程》（DL/T 5191）

《风力发电场运行规程》（DL/T 666）

《工程建设标准强制性条文》（电力工程部分）

《风力发电机组安全要求》（GB 18451.1）

《风力发电机组装配和安装规范》（GB/T 19568）

3　监督检查应具备的条件

3.0.1　建筑、安装施工项目已按设计全部完成，并验收签证。

3.0.2　所有风力发电机组按规定完成启动试运，并验收签证。

3.0.3　试运过程中发现的不符合项处理完毕。

3.0.4　风力发电机组处于正常运行状态。

4　责任主体质量行为的监督检查

4.1　建设单位质量行为的监督检查

4.1.1　取得了当地消防主管部门同意使用的书面材料。

4.1.2　组织完成建筑、安装、调试项目的验收。

4.1.3　组织完成机组考核试运验收工作。

4.1.4　机组启动试运过程中发现的不符合项处理完毕并验收签证。

4.1.5　移交生产遗留的主要问题已制定实施计划并采取相应的措施。

4.1.6　完成工程项目的工程建设强制性条文实施情况总结。

4.1.7　已办理移交生产签证。

4.1.8　质量监督各阶段提出的问题闭环整改完成。

4.2　设计单位质量行为的监督检查

4.2.1　对机组启动试运过程中发现的设计问题提出修改或处理意见。

4.2.2 编制设计更改文件汇总清单。

4.2.3 工程建设标准强制性条文实施记录完整。

4.2.4 完成工程设计质量检查报告，确认工程质量是否达到设计要求。

4.3 监理单位质量行为的监督检查

4.3.1 施工、调试项目质量验收完毕。

4.3.2 机组启动试运期间发现的主要不符合项的整改已验收合格。

4.3.3 质量问题台账闭环完整。

4.3.4 工程建设标准强制性条文检查记录完整。

4.3.5 完成工程质量评估报告，确认工程质量验收结论。

4.4 施工单位质量行为的监督检查

4.4.1 机组启动试运期间的不符合项处理完毕。

4.4.2 编制完成主要遗留问题的处理方案及实施计划。

4.4.3 工程建设标准强制性条文实施记录完整。

4.4.4 完成工程质量自查报告，确认施工质量是否符合设计和规程、规范规定。

4.5 调试单位质量行为的监督检查

4.5.1 机组启动试运期间发现的主要不符合项处理完毕。

4.5.2 完成机组试运期间调整试验项目的验收签证。

4.5.3 工程建设标准强制性条文实施记录完整。

4.5.4 完成机组启动试运调试报告，确认调试质量是否符合设计和规程、规范规定。

4.6 生产运行单位质量行为的监督检查

4.6.1 生产运行管理正常。

4.6.2 机组运行正常，历史数据显示正确，运行记录齐全。

4.6.3 现场标识、挂牌、警示齐全完整。

5 工程实体质量的监督检查

5.1 土建专业和运行环境的监督检查

5.1.1 风机基础和升压站等建（构）筑物沉降均匀、沉降观测点保护完好，观测记录、曲线和成果符合规范要求。

5.1.2 升压站主要建（构）筑物主体结构安全稳定。

5.1.3 消防器材定期检验合格、定置管理。

5.1.4 墙面、地面等无开裂、无沉降。

5.1.5 屋面、墙面无渗漏。

5.1.6 通风与空调系统运行正常。

5.1.7 给水、排水与供暖系统运行正常，无渗漏。

5.1.8 智能建筑系统功能满足要求。

5.1.9 场区道路畅通、排水设施齐全。

5.1.10 升压站区域场地排水畅通，电缆沟道无积水、盖板齐全。

5.1.11 挡土墙护坡稳定，排水满足要求。

5.1.12 运行环境符合规定，无建筑遗留物。

5.2 机务专业的监督检查

5.2.1 风机整体外观质量良好，防腐蚀性能符合设计要求。

5.2.2 各段塔架法兰结合面接触良好，高强度螺栓紧固力矩符合要求，塔架攀登设施安装可靠。

5.2.3 风力发电机组齿轮箱、发电机及轴系振动值满足要求。

5.2.4 风力发电机运行无异音。

5.2.5 风力发电机组液压系统、齿轮箱及其他润滑、冷却系统无渗漏，油位、油温正常。

5.2.6 通风及加热等系统运行正常。

5.2.7 风力发电机组防雷设施满足要求。

5.2.8 风力发电机组标识、标牌统一、齐全。

5.3 电气专业的监督检查

5.3.1 风机数量及容量与设计规模一致，风力发电机运行正常，发电机温度、电量等参数正常。

5.3.2 偏航、变桨系统电机温度、电流在制造厂规定范围之内。

5.3.3 箱式变压器运行正常，油位、温度符合要求，无渗油现象；断路器（或负荷开关）分、合闸指示正确。

5.3.4 主变压器绕组及油面温度、油位等参数正常，无渗油现象；冷却装置运行正常，有载调压装置自动投切可靠。

5.3.5 高压电器（GIS、断路器、隔离开关、互感器、避雷器等）外观清洁，无渗漏油（气）现象，压力、油位指示正常；断路器分、合闸指示正确。

5.3.6 无功补偿装置能按各种运行工况需要进行投、退，满足系统要求。

5.3.7 场（站）用配电系统运行正常，备用电源自动投入装置状态良好。

5.3.8 直流系统、UPS 装置运行正常。

5.3.9 电缆终端、设备连接部位无发热、放电现象。

5.3.10 电气设备命名及编号、直埋电缆敷设路径、带电安全警示等标识标牌正确齐全。

5.4 架空集电线路专业的监督检查

5.4.1 绝缘子串无明显损伤。

5.4.2 基面排水畅通。

5.4.3 各类标识符合要求。

5.5 电缆（海缆）集电线路专业监督检查

5.5.1 电缆敷设路径符合设计要求，路径标识齐全。

5.5.2 电缆终端、接头安装牢固，无过热及放电现象。

5.5.3 电缆线路名称标识齐全，电缆相色正确。

5.6 调整试验的监督检查

5.6.1 风力发电机组的出厂调试质量文件齐全。

5.6.2 风力发电机组的控制功能正常，动作准确可靠。

5.6.3 风力发电机组的安全保护功能正常，动作准确可靠。

5.6.4 风电场中央监控、远程监控系统运行正常。

5.6.5 保护定值设置正确，软件版本符合要求。

5.6.6 风力发电机组的各项性能技术指标符合设计及合同要求。

5.6.7 风力发电机组涉网试验合格。

5.6.8 电能质量符合要求。

5.6.9 风力发电机组调试报告、试运行记录齐全，启动试运验收签证完成。

6 质量监督检测

6.0.1 开展现场质量监督检查时，应重点对下列项目的检测试验报告进行查验，必要时可进行验证性抽样检测。对检验指标或结论有怀疑时，必须进行检测。

（1）室内环境检测。

（2）设备噪声。

附件 2:

光伏发电工程质量监督检查大纲

前　　言

为贯彻落实《建设工程质量管理条例》和电力建设工程质量安全管理有关规定，进一步规范光伏发电工程质量监督检查工作，保障工程建设质量，根据国家能源局 2015 年工作计划，电力工程质量监督总站组织编制了《光伏发电工程质量监督检查大纲》（以下简称《大纲》）。

本《大纲》共包括以下 5 部分：

——第 1 部分　首次监督检查

——第 2 部分　光伏发电单元组

第 1 节点　地基处理监督检查

第 2 节点　光伏电池板安装前监督检查

第 3 节点　光伏发电单元启动前监督检查

——第 3 部分　独立蓄能工程

第 1 节点　地基处理监督检查

第 2 节点　蓄能电池组安装前监督检查

第 3 节点　蓄能设施投运前监督检查

——第 4 部分　升压站工程

第 1 节点　地基处理监督检查

第 2 节点　主体结构施工前监督检查

第 3 节点　建筑工程交付使用前监督检查

第 4 节点　升压站受电前监督检查

——第 5 部分 商业运行前监督检查

一、编制说明

（一）主要编制依据

《建设工程质量管理条例》国务院令第 279 号

《建设工程质量检测管理办法》建设部令第 141 号

国务院《贯彻实施质量发展纲要 2015 年行动计划》

《电力安全生产监督管理办法》（发改委 2015 年第 21 号令）

《电力建设工程施工安全监督管理办法》（发改委 2015 年第 28 号令）

《国家能源局关于加强电力工程质量监督工作的通知》（国能安全[2014]206 号）

《工程建设标准强制性条文》（电力工程部分）

《建筑工程施工质量验收统一标准》（GB 50300）

《建设工程监理规范》（GB 50319）

《建设工程项目管理规范》（GB/T 50326）

《电力建设工程监理规范》（DL/T 5434）

《光伏发电工程验收规范》（GB/T 50796）

（二）指导思想和编制原则

按照依法依规、精简程序、强化监管的指导思想，本《大纲》的编制遵循了以下原则：

1．以工程建设标准强制性条文为依据，强调监督检查依法依规的原则。

2．质量管理行为和实体质量并重，强化质量责任监管的原则。

3．强化节点监督和转序前检查，强化对工程质量验收抽查验证的原则。

4．强调监督检查工作规范化，在监督检查手段上强化检测验证的原则。

5．适应科技发展，兼顾技术进步的原则。

（三）调整的主要内容

本《大纲》与原《光伏发电工程质量监督检查典型大纲》（简称原《典型大纲》）相比，主要的调整和变化如下：

1．为强化对建筑基础和隐蔽工程质量的监督检查，在监督检查的内容上增加了地基处理的监督检查，同时增加了商业运行前的监督检查，使监督检查内容更加全面完整。

2．将原《典型大纲》“对技术文件和资料的监督检查”章中的相关内容分解到“责任主体质量行为的监督检查”和“工程实体质量的监督检查”两章中阐述，以避免重复检查。

3．在工程实体质量监督检查章节，有针对性地强调了工程资料和现场实物一致性的检查。

4．由于监督检查的步骤和方法在电力工程质量监督检查程序规定中已经明确，因此，本《大纲》中删除了原“质量监督检查的步骤和方法”章节内容。

5．删除了原《典型大纲》中的建设单位“检查评价”章节内容，取消了自检和预监检，简化了监督检查的程序，但是强化了对工程阶段性验收的要求，使监督检查工作定位更准确。

6．增加了“质量监督检测”一章，强化了对工程内在质量的抽查验证。

（四）各部分的内容构成

本《大纲》各部分的主要内容包括总则、监督检查依据、监督检查应具备的条件、责任主体质量行为的监督检查、工程实体质量的监督检查、质量监督检测共六章。

二、适用范围

本《大纲》适用于装机容量30MWp及以上光伏发电工程项目的监督检查，其他光伏发电工程可参照执行。

三、使用说明

（一）使用原则

1．本《大纲》是电力工程质量监督机构制定监督检查计划和开展现场监督检查工作的依据，与电力工程质量监督检查程序的相关规定配套使用。

2．质监机构在制定工程监督检查计划时，应根据本《大纲》的规定和工程建设实际情况，合理确定监督检查阶段，进度相近的监督检查阶段可合并进行。例如项目的首次监督检查和地基处理阶段的监督检查，在不影响工程进度的情况下，可以合并为一次开展。

3．在合并开展阶段性监督检查时，应注意以下事项：

1）合并阶段开展的监督检查，本《大纲》中规定的相应部分（节点）的检查内容不得简化、省略或替代。

2）开展合并阶段监督检查时，监督检查组的成员构成应满足相应部分（节点）检查的专业要求，不得跨专业检查或相互替代开展检查。

3）开展合并阶段监督检查时，应按照本《大纲》规定的部分（或节点）分别出具监督检查意见或结论。

4．根据光伏发电工程分“批次”建设的特征，质量监督机构可根据工程具体情况，在开展某一阶段性监督检查时，对前面各阶段后续完成的其他批次进行抽检。

5．首批光伏发电单元并网后，其他批次光伏发电单元的启动前监督检查，可结合当地相关并网政策和工程实际情况，分批进行抽查。

（二）监督检查阶段合并示例

根据本《大纲》各部分规定的内容和工程实际，在制定监督检查计划时，可按照工程建设进度计划，将部分内容合并在一个阶段开展监督检查。参考示例如下：

——第一阶段首次及地基处理监督检查

合并检查内容为：

第1部分　首次监督检查

第2部分　光伏发电单元组

第1节点　地基处理监督检查

第3部分　独立蓄能工程

第1节点　地基处理监督检查

第4部分　升压站工程

第1节点　地基处理监督检查

——第二阶段光伏电池板安装前和升压站设备安装前监督检查

合并检查内容为：

第2部分　光伏发电单元组

第2节点　光伏电池板安装前监督检查

第 3 部分　独立蓄能工程
第 2 节点　蓄能电池组安装前监督检查
第 4 部分　升压站工程
第 2 节点　主体结构施工前监督检查
——第三阶段光伏发电单元启动前和升压站受电前监督检查
合并检查内容为：
第 2 部分　光伏发电单元组
第 3 节点　光伏发电单元启动前监督检查
第 3 部分　独立蓄能工程
第 3 节点　蓄能设施投运前监督检查
第 4 部分　升压站工程
第 3 节点　建筑工程交付使用前监督检查
第 4 节点　升压站受电前监督检查
四、解释
本《大纲》由电力工程质量监督总站负责解释。
五、施行日期
本《大纲》自颁布之日起施行。

第 1 部分　首次监督检查

1　总则

1.0.1　本部分适用于光伏发电工程首次质量监督检查。

1.0.2　首次质量监督检查应在升压站或光伏组件支架基础第一罐混凝土浇筑前进行；在既有建（构）筑物上增设光伏发电系统的工程，应在既有建（构）筑物结构的安全性确认合格后进行。

1.0.3　本部分所列检查内容应逐条检查，检查方式为重点抽查验证。

2　监督检查依据

监督检查组在开展本部分监督检查工作时，监检人员应当按照专业划分，熟练掌握以下标准。引进国外设备的工程，还需要熟悉和掌握合同约定的其他标准。

《中华人民共和国建筑法》（主席令第 46 号）
《中华人民共和国招投标法》（主席令第 21 号）
《建设工程质量管理条例》（国务院令第 279 号）
《建筑工程勘察设计资质管理规定》（建设部令第 160 号）
《建筑业企业资质管理规定》（住房城乡建设部令第 22 号）
《工程监理企业资质管理规定》（建设部令第 158 号）
《建设工程质量检测管理办法》（建设部令第 141 号）

《实施工程建设强制性标准监督规定》（建设部令第 81 号）
《检验检测机构资质认定管理办法》（国家质量监督检验检疫总局令第 163 号）
《工程建设标准强制性条文》（电力工程部分）
《建设项目工程总承包管理规范》（GB/T 50358）
《建设工程项目管理规范》（GB/T 50326）
《光伏发电工程验收规范》（GB/T 50796）
《光伏发电工程施工组织设计规范》（GB/T 50795）
《光伏发电站施工规范》（GB 50794）
《混凝土质量控制标准》（GB 50164）
《电力工程施工测量技术规范》（DL/T 5445）
《电力建设工程监理规范》（DL/T 5434）
《电力建设施工质量验收及评定规程　第 1 部分：土建工程》（DL/T 5210.1）
《岩石工程勘察规范》（GB 50021）

3　监督检查应具备的条件

3.0.1　工程建设单位已按规定办理了质量监督注册手续。
3.0.2　责任主体单位项目组织机构已建立，人员已到位。
3.0.3　现场施工机械及工器具满足工程需要。
3.0.4　已进场的建筑工程主要原材料检验合格。
3.0.5　施工组织设计已编制完成，审批手续齐全。
3.0.6　施工现场供水、供电、通信、道路等满足施工需要。

4　责任主体质量行为的监督检查

4.1　建设单位质量行为的监督检查

4.1.1　工程项目经国家行政主管部门审批，并到国家能源监管部门备案，接入系统方案已经落实。
4.1.2　工程项目按规定完成招投标并签订合同。
4.1.3　项目管理组织机构已建立，人员已到位。
4.1.4　质量管理制度已制定。
4.1.5　监理规划、施工组织总设计已审批。
4.1.6　工程采用的专业标准清单已审批。
4.1.7　工程建设标准强制性条文已制定实施计划和措施。
4.1.8　施工图会检已组织完成。
4.1.9　工程项目开工文件已下达。
4.1.10　按合同约定，工期计划已制定。
4.1.11　采用的新技术、新工艺、新流程、新装备、新材料已批准。

4.2　勘察单位质量行为的监督检查

4.2.1　企业资质与合同约定的业务范围相符，项目负责人已经明确，专业人员具有相应资格。

4.2.2 勘察文件完整。

4.2.3 按规定参加工程质量验收并签证。

4.2.4 工程建设标准强制性条文落实到位。

4.3 设计单位质量行为的监督检查

4.3.1 企业资质与合同约定的业务范围相符，项目负责人已经明确，专业人员具有相应资格。

4.3.2 设计交底、设计更改、现场服务等管理文件齐全。

4.3.3 设计图纸交付进度能保证连续施工。

4.3.4 设计交底已完成，交底文件齐全；设计更改手续齐全。

4.3.5 按规定参加工程质量验收签证。

4.3.6 工程建设强制性条文在设计过程中已落实。

4.4 监理单位质量行为的监督检查

4.4.1 企业资质与合同约定的业务范围相符。

4.4.2 监理人员持证上岗，人员配备满足工程管理需要；总监理工程师经本企业法定代表人授权，变更须报建设单位批准。

4.4.3 监理质量管理文件已编制。

4.4.4 检测仪器和工具配备满足监理工作需要。

4.4.5 已组织编制施工质量验收项目划分表，设定工程质量控制点。

4.4.6 本工程应执行的工程建设标准强制性条文已确认。

4.4.7 按规程规定，对施工现场质量管理进行检查。

4.4.8 按规定完成各项报审文件的审核、批准。

4.4.9 进场材料、构配件的见证取样、验收工作开展正常。

4.5 施工单位质量行为的监督检查

4.5.1 企业资质与合同约定的业务范围相符。

4.5.2 项目经理资格符合要求并经本企业法定代表人授权。变更须报建设单位批准。

4.5.3 项目部组织机构健全，专业人员配置合理。

4.5.4 质量检查及特殊工种人员持证上岗。

4.5.5 专业施工组织设计已审批。

4.5.6 施工方案和作业指导书已审批，技术交底已完成。

4.5.7 重大施工方案或特殊措施经专项评审。

4.5.8 计量工器具经检定合格，且在有效期内。

4.5.9 检测试验项目计划已审批。

4.5.10 单位工程开工报告已审批。

4.5.11 专业绿色施工措施已制定。

4.5.12 工程建设标准强制性条文实施计划已制定。

4.5.13 按批准的验收项目划分表完成质量检验。

4.5.14 无违规转包或者违法分包工程的行为。

4.6 检测试验机构质量行为的监督检查

4.6.1 检测试验机构已经监理审核，并通过能力认定，其现场派出机构（现场试验室）

满足规定条件，并已报质量监督机构备案。

4.6.2 检测试验人员资格符合规定，持证上岗。

4.6.3 检测试验仪器、设备检定合格，且在有效期内。

4.6.4 检测试验依据正确、有效，检测试验报告及时、规范。

4.6.5 现场标养室条件符合要求。

5 施工现场条件监督检查

5.0.1 测量定位控制桩成果资料齐全有效，桩位设置规范、保护措施符合要求。

5.0.2 测量定位控制桩复测报告齐全完整；施工测量控制网已建立、报告齐全，桩位设置规范、保护措施符合要求。

5.0.3 升压站主要建（构）筑物和光伏组件支架基础定位放线记录齐全有效。

5.0.4 地基验槽符合要求，已完成的桩基或地基处理工程验收合格。

5.0.5 深基坑开挖边坡坡度符合施工方案要求。

5.0.6 各类物料堆放管理满足质量控制要求。

5.0.7 建筑施工原材料、半成品、成品及钢筋连接接头质量检验合格，报告齐全。

5.0.8 施工用水水质检验合格。

5.0.9 有混凝土配合比设计，其试配强度、抗冻性、抗腐蚀性等指标符合要求。

5.0.10 现场混凝土搅拌站条件符合要求；商品混凝土供应商报审技术资料齐全。

6 质量监督检测

6.0.1 开展现场质量监督检查时，应重点对下列项目的检测试验报告进行查验，必要时可进行验证性抽样检测。对检验指标或结论有怀疑时，必须进行检测。

（1）水泥；

（2）钢材、钢筋及连接接头；

（3）混凝土粗细骨料；

（4）混凝土掺合料、外加剂；

（5）混凝土搅拌用水；

（6）防水、防腐材料；

（7）半成品、成品。

第2部分 光伏发电单元组

第1节点 地基处理监督检查

1 总则

1.0.1 地基处理的监督检查应在独立蓄能工程的建筑物基础施工前完成。视工程实际情况可与首次监督检查一并进行，也可在升压站或光伏单元组的同期阶段性监督检查时抽查。

1.0.2 本部分所列检查内容应逐条检查，检查方式为重点抽查验证。

1.0.3 本阶段监督检查时，可针对采用新技术、新工艺、新流程、新装备、新材料的具体情况，按批准文件补充编制监督检查细则。

2 监督检查依据

监督检查组在开展本部分监督检查工作时，监检人员应当按照专业划分，熟练掌握以下标准。引进国外设备的工程，还需要熟悉和掌握合同约定的其他标准。

《建筑地基基础设计规范》（GB 50007）

《岩土工程勘察规范》（GB 50021）

《湿陷性黄土地区建筑规范》（GB 50025）

《膨胀土地区建筑技术规范》（GB 50112）

《建筑地基基础工程施工质量验收规范》（GB 50202）

《建筑边坡工程技术规范》（GB 50330）

《建筑基坑工程监测技术规范》（GB 50497）

《复合地基技术规范》（GB/T 50783）

《建筑地基基础工程施工规范》（GB 51004）

《光伏发电站施工规范》（GB 50794）

《光伏发电站设计规范》（GB 50797）

《光伏发电工程验收规范》（GB/T 50796）

《工业建筑可靠性鉴定标准》（GB 50144）

《民用建筑可靠性鉴定标准》（GB 50292）

《建筑抗震鉴定标准》（GB 50023）

《电力工程地基处理技术规程》（DL/T 5024）

《电力建设施工质量验收及评价规程　第 1 部分：土建工程》（DL/T 5210.1）

《电力工程施工测量技术规范》（DL/T 5445）

《建筑地基处理技术规范》（JGJ 79）

《建筑桩基技术规范》（JGJ 94）

《建筑基桩检测技术规范》（JGJ 106）

《冻土地区建筑地基基础设计规范》（JGJ 11 8）

《建筑基坑支护技术规程》（JGJ 120）

《载体桩设计规程》（JGJ 135）

3 监督检查应具备的条件

3.0.1 地基处理符合设计要求并已完成检测。

3.0.2 施工质量验收已完成。

3.0.3 各项施工准备工作已完成，具备基础连续施工条件。

4 责任主体质量行为的监督检查

4.1 建设单位质量行为的监督检查

4.1.1 地基处理施工方案已审批。

4.1.2 组织完成设计交底及施工图会检。

4.1.3 组织进行工程建设标准强制性条文实施情况的检查。

4.1.4 采用的新技术、新工艺、新流程、新装备、新材料已进行论证审批。

4.1.5 无任意压缩合同约定工期的行为。

4.2 勘察单位质量行为的监督检查

4.2.1 勘察报告已完成。

4.2.2 工程建设标准强制性条文落实到位。

4.2.3 按规定参加地基处理工程的质量验收及签证。

4.3 设计单位质量行为的监督检查

4.3.1 设计图纸交付进度能保证连续施工。

4.3.2 按规定进行设计交底并参加施工图会检。

4.3.3 设计更改、技术洽商等文件完整，手续齐全。

4.3.4 工程建设标准强制性条文落实到位。

4.3.5 设计代表工作到位，处理设计问题及时。

4.3.6 按规定参加地基处理工程的质量验收及签证。

4.3.7 进行了本阶段工程实体质量与设计的符合性确认。

4.4 监理单位质量行为的监督检查

4.4.1 专业监理人员配备合理，资格证书与承担的任务相符。

4.4.2 地基处理施工方案已审查，特殊施工技术措施已审批。

4.4.3 对进场工程原材料、半成品、构配件的质量进行检查验收。

4.4.4 按规定开展见证取样工作。

4.4.5 地基验槽隐蔽工程验收记录签证齐全。

4.4.6 按地基处理设定的工程质量控制点，完成见证、旁站监理。

4.4.7 工程建设标准强制性条文检查到位。

4.4.8 完成地基处理施工质量验收项目划分表规定的验收工作。

4.4.9 质量问题及处理台账完整，记录齐全。

4.5 施工单位质量行为的监督检查

4.5.1 企业资质与合同约定的业务范围相符。

4.5.2 项目经理资格符合要求并经本企业法定代表人授权。变更须报建设单位批准。

4.5.3 项目部组织机构健全，专业人员配置合理。

4.5.4 质量检查及特殊工种人员持证上岗。

4.5.5 施工方案和作业指导书审批手续齐全，技术交底记录齐全；重大方案或特殊措施经专项评审。

4.5.6 计量工器具经检定合格，且在有效期内。

4.5.7 按照检测试验计划进行了取样和送检，台账完整。

4.5.8 主要原材料、半成品的跟踪管理台账清晰，记录完整。

4.5.9 绿色施工措施已落实。

4.5.10 工程建设标准强制性条文实施计划已执行。

4.5.11 施工验收中发现的不符合项已整改闭环。

4.5.12 无违规转包或者违法分包工程行为。

4.6 检测试验机构质量行为的监督检查

4.6.1 检测试验机构已经监理审核，并已报质量监督机构备案。

4.6.2 检测试验人员资格符合规定，持证上岗。

4.6.3 检测试验仪器、设备检定合格，且在有效期内。

4.6.4 地基处理检测方案经监理审核、建设单位批准。

4.6.5 检测试验依据正确、有效，质量检测报告和地基处理检测报告及时、规范。

5 工程实体质量的监督检查

5.1 换填垫层地基的监督检查

5.1.1 换填技术方案、施工方案齐全，已审批。

5.1.2 地基验槽符合设计要求，钎探记录齐全，验收签字盖章齐全。

5.1.3 砂、石、粉质黏土、灰土、矿渣、粉煤灰、土工合成材料等换填垫层材料性能符合设计要求，质量证明文件齐全。

5.1.4 换填土料按规范规定进行击试验检测、土易溶盐分析试验检测、消石灰化学分析试验检测、土颗粒分析试验检测及设计有要求时的腐蚀性或放射性试验检测合格，报告结论明确。

5.1.5 换填已进行分层压实试验，压实系数符合设计要求。

5.1.6 地基承载力检测数量符合标准规定，检测报告结论满足设计要求。

5.1.7 施工参数符合设计要求，施工记录齐全。

5.1.8 施工质量的检验项目、方法、数量符合标准规定，检验结果满足设计要求，质量验收记录齐全。

5.2 预压地基的监督检查

5.2.1 设计前已通过现场试验或试验性施工，确定了设计参数和施工工艺参数。

5.2.2 预压地基技术方案、施工方案齐全，已审批。

5.2.3 所用土、砂、石，塑料排水板等原材料性能指标符合标准规定。

5.2.4 原位十字板剪切试验、室内土工试验、地基强度或承载力等试验合格，报告结论明确。

5.2.5 真空预压、堆载预压、真空和堆载联合预压工艺与设计及施工方案一致。

5.2.6 施工参数符合设计要求，施工记录齐全。

5.2.7 地基承载力检测数量符合标准规定，检测报告结论满足设计要求。

5.2.8 施工质量的检验项目、方法、数量符合标准规定，检验结果满足设计要求，质量验收记录齐全。

5.3 压实地基的监督检查

5.3.1 现场试验性施工，确定了碾压机械、碾压分层厚度、碾压遍数、碾压范围和有效加固深度等施工

参数和压实地基施工方法。

5.3.2 压实地基技术方案、施工方案齐全，已审批。

5.3.3 施工参数符合设计要求，施工记录齐全。

5.3.4 压实土性能指标满足设计要求。

5.3.5 地基承载力检测数量符合标准规定，检测报告结论满足设计要求。

5.3.6 施工质量的检验项目、方法、数量符合标准规定，检验结果满足设计要求，质量验收记录齐全。

5.4 夯实地基的监督检查

5.4.1 设计前已通过现场试验或试验性施工，确定了设计参数和施工工艺参数。

5.4.2 根据不同的土质采取的强夯夯锤质量、夯锤底面形式、锤底面积、锤底静接地压力值、排气孔等施工工艺与设计（施工）方案一致。

5.4.3 施工参数和步骤符合设计要求，施工记录齐全。

5.4.4 地基承载力检测数量符合标准规定，检测报告结论满足设计要求。

5.4.5 施工质量的检验项目、方法、数量符合标准规定，检验结果满足设计要求，质量验收记录齐全。

5.5 复合地基的监督检查

5.5.1 设计前已通过现场试验或试验性施工，确定了设计参数和施工工艺参数。

5.5.2 复合地基技术方案、施工方案齐全，已审批。

5.5.3 散体材料复合地基增强体密实，检测报告齐全。

5.5.4 有粘结强度要求的复合地基增强体的强度及桩身完整性满足设计要求，检测报告齐全。

5.5.5 复合地基承载力及有设计要求的单桩承载力已通过静载荷试验，检测数量符合标准规定，承载力满足设计要求。

5.5.6 复合地基增强体单桩的桩位偏差符合标准规定。

5.5.7 施工参数符合设计要求，施工记录齐全。

5.5.8 施工质量的检验项目、方法、数量符合标准规定，检验结果满足设计要求，质量验收记录齐全。

5.5.9 振冲碎石桩和沉管碎石桩等符合以下要求：

（1）原材料质量证明文件齐全；

（2）施工工艺与设计（施工）方案一致；

（3）地基承载力检测数量符合标准规定，检测报告结论满足设计要求；

（4）施工参数符合设计要求，施工记录齐全。

（5）施工质量的检验项目、方法、数量符合标准规定，检验结果满足设计要求，质量验收记录齐全。

5.5.10 水泥土搅拌桩符合以下要求：

（1）原材料质量证明文件齐全；

（2）施工工艺与设计（施工）方案一致；

（3）对变形有严格要求的工程，采用钻取芯样做水泥土抗压强度检验，检验数量、检测结果符合标准规定；

（4）地基承载力检测数量符合标准规定，检测报告结论满足设计要求；

（5）施工参数符合设计要求，施工记录齐全；

（6）施工质量的检验项目、方法、数量符合标准规定，检验结果满足设计要求，质量验收记录齐全。

5.5.11　旋喷桩复合地基符合以下要求：

（1）原材料质量证明文件齐全；

（2）施工工艺与设计（施工）方案一致；

（3）地基承载力检测数量符合标准规定，检测报告结论满足设计要求；

（4）施工参数符合设计要求，施工记录齐全；

（5）施工质量的检验项目、方法、数量符合标准规定、检验结果满足设计要求，质量验收记录齐全。

5.5.12　灰土挤密桩和土挤密桩复合地基符合以下要求：

（1）消石灰性能指标及灰土强度等级符合设计要求；

（2）施工工艺与设计（施工）方案一致；

（3）桩长范围内灰土或土填料的平均压实系数、处理深度内桩间土的平均挤密系数符合设计要求，抽检数量符合标准规定；

（4）对消除湿陷性的工程，进行了现场浸水静载荷试验，试验结果符合标准规定；

（5）地基承载力检测数量符合标准规定，检测报告结论满足设计要求；

（6）施工参数符合设计要求，施工记录齐全；

（7）施工质量的检验项目、方法、数量符合标准规定，检验结果满足设计要求，质量验收记录齐全。

5.5.13　夯实水泥土桩复合地基符合以下要求：

（1）原材料质量证明文件齐全；

（2）施工工艺与设计（施工）方案一致；

（3）夯填桩体的干密度符合设计要求、抽检数量符合标准规定；

（4）地基承载力检测数量符合标准规定，检测报告结论满足设计要求；

（5）施工参数符合设计要求，施工记录齐全；

（6）施工质量的检验项目、方法、数量符合标准规定，检验结果满足设计要求，质量验收记录齐全。

5.5.14　水泥粉煤灰碎石桩复合地基符合以下要求：

（1）原材料质量证明文件齐全；

（2）施工工艺与设计（施工）方案一致；

（3）混合料坍落度、桩数、桩位偏差、褥垫层厚度、夯填度和桩体试块抗压强度等满足设计要求；

（4）施工参数符合设计要求，施工记录齐全；

（5）复合地基和单桩承载力检测数量符合标准规定，检测报告结论满足设计要求；

（6）桩身完整性检测数量符合标准规定；

（7）施工质量的检验项目、方法、数量符合标准规定，检验结果满足设计要求，质量验收记录齐全。

5.5.15 柱锤冲扩桩复合地基符合以下要求：

（1）碎砖三合土、级配砂石、矿渣、灰土等原材料质量证明文件齐全；

（2）施工工艺与设计（施工）方案一致；

（3）地基承载力检测数量符合标准规定，检测报告结论满足设计要求；

（4）施工参数符合设计要求，施工记录齐全；

（5）施工质量的检验项目、方法、数量符合标准规定，检验结果满足设计要求，质量验收记录齐全。

5.5.16 多桩型复合地基符合以下要求：

（1）原材料质量证明文件齐全；

（2）施工工艺与设计（施工）方案一致；

（3）施工参数符合设计要求，施工记录齐全；

（4）复合地基和单桩承载力检测数量符合标准规定，检测报告结论满足设计要求；

（5）有完整性要求的多桩复合地基桩身质量检测数量标准规定，检测报告结论满足设计要求；

（6）施工质量的检验项目、方法、数量符合标准规定，检验结果符合设计要求，质量验收记录齐全。

5.6 注浆地基的监督检查

5.6.1 设计前已通过室内浆液配比试验和现场注浆试验，确定了设计参数、施工工艺参数及选用的设备。

5.6.2 浆液、外加剂等原材料性能证明文件齐全。

5.6.3 注浆地基技术方案、施工方案齐全，已审批。

5.6.4 施工工艺与设计（施工）方案一致。

5.6.5 施工参数符合设计要求，施工记录齐全。

5.6.6 注浆机械检验合格，监控表计在鉴定有效期内，鉴定证书齐全有效。

5.6.7 标准贯入试验检测、动力触探、静力触探等原位测试试验检测和室内试验检测符合标准规定，加固地层的压缩性、强度、渗透性、湿陷性、均匀性等指标满足设计要求。

5.6.8 注浆加固地基承载力静载荷试验检测数量符合标准规定，检测报告结论满足设计要求。

5.6.9 施工质量的检验项目、方法、数量符合标准规定，检验结果符合设计要求，质量验收记录齐全。

5.7 微型桩加固工程的监督检查

5.7.1 设计前已通过现场试验或试验性施工，确定了设计参数和施工工艺参数。

5.7.2 微型桩加固技术方案、施工方案齐全，已审批。

5.7.3 原材料质量证明文件齐全。

5.7.4 微型桩施工工艺与设计（施工）方案一致。

5.7.5 树根桩施工允许偏差、成孔、吊装、灌注、填充、加压、保护等符合标准规定。

5.7.6 预制桩预制过程（包括连接件）、压桩力、接桩和截桩等符合标准规定。

5.7.7 注浆钢管桩水泥浆灌注的注浆方法、时间间隔，钢管连接方式、焊接质量符合标准规定。

5.7.8 混凝土和砂浆抗压强度、钢构件防腐及钢筋保护层厚度符合标准规定。

5.7.9 施工参数符合设计要求，施工记录齐全。

5.7.10 地基（基桩）承载力检测数量符合标准规定，检测报告结论满足设计要求。

5.7.11 施工质量的检验项目、方法、数量符合标准规定，检验结果满足设计要求，质量验收记录齐全。

5.8 灌注桩工程的监督检查

5.8.1 当需要提供设计参数和施工工艺参数时，应按试桩方案进行试桩确定。

5.8.2 灌注桩技术方案、施工方案齐全，已审批。

5.8.3 钢筋、水泥、砂、石、掺合料及钢筋连接材料等质量证明文件齐全、现场见证取样检验报告齐全。

5.8.4 施工参数符合设计要求，施工记录齐全。

5.8.5 混凝土强度试验等级符合设计要求，试验报告齐全。

5.8.6 钢筋连接接头试验合格，报告齐全。

5.8.7 桩基础施工工艺与设计（施工）方案一致。

5.8.8 人工挖孔桩终孔时，持力层检验记录齐全。

5.8.9 人工挖孔灌注桩、干成孔灌注桩、套管成孔灌注桩、泥浆护壁钻孔灌注桩成孔的桩径、垂直度、孔底沉渣厚度、钢筋保护层厚度及桩位的偏差符合标准规定。

5.8.10 工程桩承载力检测结论满足设计要求，桩身质量的检验符合标准规定，报告齐全。

5.8.11 施工质量的检验项目、方法、数量符合标准规定，检验结果满足设计要求，质量验收记录齐全。

5.9 预制桩工程的监督检查

5.9.1 当需要提供设计参数和施工工艺参数时，应按试桩方案进行试桩确定。

5.9.2 预制桩工程施工组织设计、施工方案齐全，已审批。

5.9.3 静压桩、锤击桩施工工艺与设计（施工）方案一致。

5.9.4 施工参数符合设计要求，施工记录齐全。

5.9.5 桩体和连接材料的质量证明文件齐全。

5.9.6 桩身混凝土强度与强度评定符合标准规定和设计要求。

5.9.7 桩身检测、接桩接头检测合格，报告齐全。

5.9.8 基桩承载力检测数量符合标准规定，检测报告结论满足设计要求。

5.9.9 施工质量的检验项目、方法、数量符合标准规定，检验结果满足设计要求，质量验收记录齐全。

5.10 基坑工程的监督检查

5.10.1 设计前已通过现场试验或试验性施工，确定了设计参数和施工工艺参数。

5.10.2 基坑施工方案、基坑监测技术方案齐全，已审批；深基坑施工方案经专家评审，评审资料齐全。

5.10.3 施工参数符合设计要求，施工记录齐全。

5.10.4 钢筋、混凝土、锚杆、桩体、土钉、钢材等质量证明文件齐全。

5.10.5 钻芯、抗拔、声波等试验合格，报告齐全。

5.10.6 施工工艺与设计（施工）方案一致；基坑监测实施与方案一致。

5.10.7 施工质量的检验项目、方法、数量符合标准规定，检验结果满足设计要求，质量验收记录齐全。

5.11 边坡工程的监督检查

5.11.1 设计有要求时，通过现场试验和试验性施工，确定设计参数和施工工艺参数。

5.11.2 边坡处理技术方案、施工方案齐全，已审批。

5.11.3 施工工艺与设计（施工）方案一致。

5.11.4 钢筋、水泥、砂、石、外加剂等原材料质量证明文件齐全。

5.11.5 施工参数符合设计要求，施工记录齐全。

5.11.6 灌注排桩数量符合设计要求；喷射混凝土护壁厚度和强度的检验符合设计要求；锚孔施工、锚杆灌浆和张拉符合设计要求，资料齐全。

5.11.7 泄水孔位置、边坡坡度、反滤层、回填土、挡土墙伸缩缝（沉降缝）位置和填塞物、边坡排水系统符合设计要求；边坡位移监测数据符合标准规定。

5.11.8 施工质量的检验项目、方法、数量符合标准规定，检验结果满足设计要求，质量验收记录齐全。

5.12 湿陷-性黄土地基的监督检查

5.12.1 经处理的湿陷性黄土地基，检测其湿陷量消除指标符合设计要求。

5.12.2 桩基础在非自重湿陷性黄土场地，桩端支承在压缩性较低的非湿陷性黄土层中；在自重湿陷性黄土场地，桩端支承在可靠的岩（土）层中。

5.12.3 单桩竖向承载力通过现场静载荷浸水试验，结果满足设计要求。

5.12.4 灰土、土挤密桩进行了现场静载荷浸水试验，结果满足设计要求。

5.12.5 填料不得选用盐渍土、膨胀土、冻土、含有机质的不良土料和粗颗粒的透水性（如砂、石）材料。

5.13 液化地基的监督检查

5.13.1 采用振冲或挤密碎石桩加固的地基，处理后液化等级与液化指数符合设计要求。

5.13.2 桩进入液化土层以下稳定土层的长度符合标准规定。

5.14 冻土地基的监督检查

5.14.1 所用热棒、通风管管材、保温隔热材料，产品质量证明文件齐全，复试合格。

5.14.2 热棒、通风管、保温隔热材料施工记录齐全，记录数据和实际相符。

5.14.3 地温观测孔及变形监测点设置符合标准规定。

5.14.4 季节性冻土、多年冻土地基融沉和承载力满足设计要求。

5.15　膨胀土地基的监督检查

5.15.1　设计前已通过现场试验或试验性施工，确定了设计参数和施工工艺参数。

5.15.2　膨胀土地基处理技术方案、施工方案齐全，已审批。

5.15.3　施工工艺与设计、施工方案一致。

5.15.4　钢筋、水泥、砂石骨料、外加剂等主要原材料质量证明文件齐全。

5.15.5　施工参数符合设计要求，施工记录齐全。

5.15.6　地基承载力检测数量符合标准规定，检测报告结论满足设计要求。

5.15.7　施工质量的检验项目、方法、数量符合标准规定，检验结果满足设计要求，质量验收记录齐全。

6　质量监督检测

6.0.1　开展现场质量监督检查时，应重点对下列项目的检测试验报告和检测数量进行查验，必要时可进行验证性抽样检测。对检验指标或结论有怀疑时，必须进行检测。

（1）砂、石、水泥、钢材、外加剂等原材料的主要技术性能；

（2）垫层地基的压实系数；

（3）地基承载力；

（4）桩基础工程桩的桩身偏差和完整性；

（5）桩身混凝土强度；

（6）单桩承载力。

第2节点　光伏电池板安装前监督检查

1　总则

1.0.1　本部分适用于光伏发电工程光伏发电单元组的太阳能电池板安装前的质量监督检查。

1.0.2　太阳能电池板安装前质量监督检查应在主要基础工程隐蔽前完成。

1.0.3　本部分所列检查内容应逐条检查，检查方式为重点抽查验证。

1.0.4　本阶段监督检查时，可针对采用新技术、新工艺、新流程、新装备、新材料的具体情况，按批准文件补充编制监督检查细则。

2　监督检查依据

监督检查组在开展本节点监督检查工作时，监检人员应当按照专业划分，熟练掌握以下标准。引进国外设备的工程，还需要熟悉和掌握合同约定的其他标准。

《建筑工程施工质量验收统一标准》（GB 50300）

《工程测量规范》（GB 50026）

《建筑地基基础工程施工质量验收规范》（GB 50202）

《混凝土结构工程施工规范》（GB 50666）

《混凝土质量控制标准》（GB 50164）
《混凝土结构工程施工质量验收规范》（GB 50204）
《大体积混凝土施工规范》（GB 50496）
《混凝土外加剂应用技术规范》（GB 50119）
《钢筋混凝土用钢　第1部分：热轧光圆钢筋》（GB 1499.1）
《钢筋混凝土用钢　第2部分：热轧带肋钢筋》（GB 1499.2）
《地下防水工程质量验收规范》（GB 50208）
《房屋建筑和市政基础设施工程质量检测技术管理规范》（GB 5061.8）
《光伏发电站施工规范》（GB 50794）
《电力建设施工质量验收及评价规程　第1部分：土建工程》（DL/T 5210.1）
《电力工程施工测量技术规范》（DL/T 5445）
《钢筋机械连接技术规程》（JGJ 107）
《钢筋焊接及验收规程》（JGJ 18）
《混凝土用水标准》（JGJ 63）
《建筑工程检测试验技术管理规范》（JGJ 190）
《建筑工程冬期施工规程》（JGJ/T 104）
《房屋建筑工程和市政基础设施工程实行见证取样和送检的规定》（建建〔2000〕211号）
光伏发电工程验收规范》（GBT 50796—2012）

3　监督检查应具备的条件

3.0.1　主要基础工程施工完，验收签证完，验收发现的不符合项已处理。
3.0.2　基础工程隐蔽前。

4　责任主体质量行为的监督检查

4.1　建设单位质量行为的监督检查

4.1.1　主体工程开工手续已审批。
4.1.2　本阶段工程采用的专业标准清单已审批。
4.1.3　组织完成设计交底和施工图会检。
4.1.4　组织工程建设标准强制性条文实施情况的检查。
4.1.5　采用的新技术、新工艺、新流程、新装备、新材料已审批。
4.1.6　无任意压缩合同约定工期的行为。

4.2　勘察设计单位质量行为的监督检查

4.2.1　设计图纸交付进度能保证连续施工。
4.2.2　设计更改、技术洽商等文件完整、手续齐全。
4.2.3　工程建设标准强制性条文落实到位。
4.2.4　设计代表工作到位、处理设计问题及时。
4.2.5　按规定参加施工主要控制网（桩）验收和地基验槽签证。
4.2.5　进行了本阶段工程实体质量与设计的符合性确认。

4.3 监理单位质量行为的监督检查

4.3.1 特殊施工技术措施已审批。

4.3.2 检测仪器和工具配置满足监理工作需要。

4.3.3 已按验收规范规程，对施工现场质量管理进行了检查。

4.3.4 进场的工程材料、构配件的质量审查工作、原材料复检的见证取样实施正常。

4.3.5 按设定的工程质量控制点，对质量控制点进行了检查。

4.3.6 工程建设标准强制性条文检查到位。

4.3.7 隐蔽工程验收记录签证齐全。

4.3.8 按照基础施工质量验收项目划分表完成规定的验收工作。

4.3.9 质量问题及处理台账完整，记录齐全。

4.4 施工单位质量行为的监督检查

4.4.1 专业施工组织设计已审批。

4.4.2 质量检查及特殊工种人员持证上岗。

4.4.3 施工方案和作业指导书已审批，技术交底记录齐全。重大施工方案或特殊专项措施经专项评审。

4.4.4 计量工器具经检定合格，且在有效期内。

4.4.5 按照检测试验项目计划进行了取样和送检，台账完整。

4.4.6 原材料、成品、半成品、商品混凝土的跟踪管理台账清晰，记录完整。

4.4.7 质量检验管理制度已落实。

4.4.8 建筑专业绿色施工措施已制定、实施。

4.4.9 工程建设标准强制性条文实施计划已执行。

4.4.10 无违规转包或者违法分包工程行为。

4.5 检测试验机构质量行为的监督检查

4.5.1 检测试验机构已经监理审核，并通过能力认定，其现场派出机构（现场试验室）满足规定条件，并已报质量监督机构备案。

4.5.2 检测试验人员资格符合规定，持证上岗。

4.5.3 检测试验仪器、设备检定合格，且在有效期内。

4.5.4 检测试验依据正确、有效，检测试验报告及时、规范。

4.5.5 现场标养室条件符合要求。

5 工程实体质量的监督检查

5.1 工程测量的监督检查

5.1.1 测量控制方案内容齐全有效。

5.1.2 各建（构）筑物定位放线控制桩设置规范，保护完好。

5.1.3 测量仪器检定有效，测量记录齐全。

5.1.4 沉降观测点设置符合设计要求及规程规定，观测记录齐全。

5.2 混凝土基础的监督检查

5.2.1 钢筋、水泥、砂、石、粉煤灰、外加剂、拌合用水及焊材、焊剂等原材料性能证明文件齐全；现场见证取样检验合格，报告齐全；商品混凝土检验合格，报告齐全。

5.2.2 长期处于潮湿环境的重要混凝土结构用砂、石碱活性检验合格。

5.2.3 用于配制钢筋混凝土的海砂氯离子含量检验合格。

5.2.4 焊接工艺、机械连接工艺试验合格；钢筋焊接接头、机械连接试件截取符合规范、试验合格，报告齐全。

5.2.5 混凝土强度等级满足设计要求，试验报告齐全。

5.2.6 混凝土浇筑记录齐全，试件抽取、留置符合规范。

5.2.7 混凝土结构外观质量和尺寸偏差与验收记录相符。

5.2.8 大体积混凝土温控计算书、测温、养护资料齐全完整。

5.2.9 贮水（油）池等构筑物满水试验合格，签证记录齐全。

5.2.10 杯口基础位置准确，尺寸偏差符合规范规定；预埋地脚螺栓基础，地脚螺栓位置尺寸偏差符合规范，外露长度一致。

5.2.11 隐蔽验收、质量验收记录符合要求，记录齐全。

5.2.12 基础部分防雷接地施工验收、隐蔽记录齐全，地网接地阻抗测量结果符合设计要求。

5.3 基础防腐（防水）的监督检查

5.3.1 防腐（防水）材料性能证明文件齐全，复试报告齐全。

5.3.2 防腐（防水）层的厚度符合设计要求，粘接牢固，表面无损伤。

5.4 冬期施工的监督检查

5.4.1 冬期施工措施和越冬保温措施内容齐全有效。

5.4.2 原材料预热、选用的外加剂、混凝土拌合和浇筑条件、试件抽取留置符合规定。

5.4.3 冬期施工的混凝土工程，养护条件、测温次数符合规范规定，记录齐全。

5.4.4 冬期停、缓建工程，停止位置的混凝土强度符合设计和规范规定。

6 质量监督检测

6.0.1 开展现场质量监督检查时，应重点对下列项目的检测试验报告进行查验，必要时可进行验证性抽样检测。对检验指标或结论有怀疑时，必须进行检测。

（1）钢筋、水泥、砂、石、拌合用水、掺合料、外加剂、混凝土、钢筋连接接头、预制混凝土构件等检测试验报告；

（2）防腐和防水材料性能等检测试验报告；

（3）回填土检测试验报告。

第 3 节点　光伏发电单元启动前监督检查

1 总则

1.0.1 本部分适用于光伏发电工程分批光伏发电单元启动投运前阶段的质量监督检查。

1.0.2 首批光伏发电单元启动前质量监督检查应在首个光伏发电子阵启动投运前完成。

1.0.3　本部分所列检查内容应逐条检查，检查方式为重点抽查验证。

1.0.4　本阶段监督检查时，可针对采用新技术、新工艺、新流程、新装备、新材料的具体情况，按批准文件补充编制监督检查细则。

2　监督检查依据

监督检查组在开展本部分监督检查工作时，监检人员应当按照专业划分，熟练掌握以下标准。引进国外设备的工程，还需要熟悉和掌握合同约定的其他标准。

《建筑工程施工质量验收统一标准》（GB 50300）

《混凝土结构工程施工质量验收规范》（GB 50204）

《钢结构施工规范》（GB 50755）

《钢结构工程施工质量验收规范》（GB 50205）

《光伏发电站施工规范》（GB/T 50794）

《光伏电站太阳跟踪系统技术要求》（GB/T 29320）

《光伏发电工程验收规范》（GB/T 50796）

《光伏系统并网技术要求》（GB/T 19939）

《光伏发电站接入电力系统技术规程》（GB/T 19964）

《光伏发电系统接入配电网技术规定》（GB/T 29319）

《光伏发电站无功补偿技术规范》（GB/T 29321）

《光伏（PV）系统电网接口特性》（GB/T 20046）

《光伏系统性能监测、测量、数据交换和分析导则》（GB 20513）

《电气装置安装工程高压电器施工及验收规范》（GB 50147）

《电气装置安装工程电力变压器、油浸电抗器、互感器施工及验收规范》（GB 50148）

《电力变压器　第 11 部分：干式变压器》）（GB 10194 11）

《电气装置安装工程　母线装置施工及验收规范》（GB 50149）

《电气装置安装工程　电气设备交接试验标准》（GB 50150）

《电气装置安装工程　电缆线路施工及验收规范》（GB 501GB）

《电气装置安装工程　接地装置施工及验收规范》（GB 50169）

《电气装置安装工程　盘、柜及二次回路接线施工及验收规范》（GB 50171）

《电气装置安装工程　蓄电池施工及验收规范》（GB 50172）

《电气装置安装工程　低压电器施工及验收规范》（GB 50254）

《110～500kV 架空送电线路施工及验收规范》（GB 50233）

《电力建设施工质量验收及评价规程　第 1 部分：土建工程》（DL/T 5210 1）

《电力工程施工测量技术规范》（DL/T 5445）

《110kV 及以上送变电工程启动及竣工验收规程》（DL/T 782）

《110～500kV 架空电力线路工程施工质量及评定规程》（DL/T 51GB）

《钢结构高强螺栓连接技术规程》（JGJ 82）

《建筑钢结构防腐蚀技术规程》（JGJ/T 251）

《防止电力生产事故的二十五项重点要求》（国能安全〔2014〕161 号）

3 监督检查应具备的条件

3.0.1 分批光伏发电单元范围内的建筑、安装工程已按设计施工、调试完成，并验收签证。

3.0.2 工程验收检查组按规定完成相关项目的检查与验收，验收中发现的不符合项已处理完成。

3.0.3 生产运行准备工作已经就绪。

4 责任主体质量行为的监督检查

4.1 建设单位质量行为的监督检查

4.1.1 工程采用的专业标准清单已审批。

4.1.2 按规定组织进行设计交底和施工图会检。

4.1.3 按合同约定组织设备制造厂进行技术交底。

4.1.4 对工程建设标准强制性条文执行情况进行汇总。

4.1.5 继电保护定值单、安全保护整定值已提交调试单位。

4.1.6 采用的新技术、新工艺、新流程、新装备、新材料已审批。

4.1.7 组织完成光伏发电单元、集电线路等项目的验收。

4.1.8 启动验收组织已建立，各专业组按职责正常开展工作。

4.1.9 无任意压缩合同约定工期的行为。

4.1.10 各阶段质量监督检查提出的整改意见已落实闭环。

4.2 设计单位质量行为的监督检查

4.2.1 技术洽商、设计更改等文件完整、手续齐全。

4.2.2 设计代表工作到位、处理设计问题及时。

4.2.3 参加规定项目的质量验收工作。

4.2.4 工程建设标准强制性条文落实到位。

4.2.5 进行了工程实体质量与设计符合性的确认。

4.3 监理单位质量行为的监督检查

4.3.1 完成监理规范规定的审核、批准工作。

4.3.2 专业监理人员配备合理，资格证书与承担的任务相符。

4.3.3 专业施工组织设计和调试方案已审查。

4.3.4 特殊施工技术措施已审批。

4.3.5 已按验收规范规程，对施工现场质量管理进行了检查。

4.3.6 组织或参加设备、材料的到货检查验收。

4.3.7 按设定的工程质量控制点，进行了旁站监理。

4.3.8 工程建设标准强制性条文检查到位。

4.3.9 完成施工和调试项目的质量验收并汇总。

4.3.10 质量问题及处理台账完整，记录齐全。

4.4 施工单位质量行为的监督检查

4.4.1 企业资质与合同约定的业务相符。

4.4.2 项目部组织机构健全，专业人员配置合理。

4.4.3 项目经理资格符合要求并经本企业法定代表人授权。

4.4.4 质量检查及特殊工种人员持证上岗。

4.4.5 专业施工组织设计已审批。

4.4.6 施工方案和作业指导书已审批，技术交底记录齐全。

4.4.7 计量工器具经检定合格，且在有效期内。

4.4.8 单位工程开工报告已审批。

4.4.9 专业绿色施工措施已实施。

4.4.10 工程建设标准强制性条文实施计划已执行。

4.4.11 无违规转包或者违法分包工程行为。

4.4.12 施工、调试验收中的不符合项已整改。

4.5 调试单位质量行为的监督检查

4.5.1 企业资质与合同约定的业务相符。

4.5.2 项目部专业人员配置合理并报审，调试人员持证上岗。

4.5.3 调试措施审批手续齐全，经交底实施。

4.5.4 调试使用的仪器、仪表检定合格并在有效期内。

4.5.5 已完项目的试验和调试报告已编制。

4.5.6 工程建设标准强制性条文实施计划已执行。

4.5.7 启动/投运范围内的设备和系统已按规定全部调试完毕并签证。

4.6 生产运行单位质量行为的监督检查

4.6.1 生产运行管理组织机构健全，满足生产运行管理工作的需要。运行人员经相关部门培训上岗。

4.6.2 保护定值双重审批手续完备，核查保护定值。

4.6.3 运行管理制度、操作规程、运行系统图册已发布实施。

4.6.4 光伏设备、系统、区域的标识和编号已完成。

4.7 检测试验机构质量行为的监督检查

4.7.1 检测试验机构已经监理审核，并通过能力认定，其现场派出机构（现场试验室）满足规定条件，并已报质量监督机构备案。

4.7.2 检测试验人员资格符合规定，持证上岗。

4.7.3 检测试验仪器、设备检定合格，且在有效期内。

4.7.4 检测试验依据正确、有效，检测试验报告及时、规范。

5 工程实体质量的监督检查

5.1 建筑专业的监督检查

5.1.1 建筑工程已按设计完工；道路通畅、照明完好，沟道盖板平整、齐全，环境整洁。

5.1.2 排水、防洪设施已完工，符合设计要求。

5.1.3 消防器材配备完善，消防通道畅通。

5.1.4 主要建（构）筑物和重要设备基础沉降均匀。沉降观测点设置规范、保护完好，观测记录、曲线和成果报告完整，符合规程规范要求。

5.1.5 主体结构用钢筋、水泥、砂、石、连接件等原材料『生能证明文件齐全，现场见证取样检验合格，复试报告齐全。

5.1.6 砌体结构中所用原材料性能的证明文件齐全，检测合格、报告齐全。

5.1.7 混凝土强度等级、砂浆强度等级符合设计要求，试验报告齐全。

5.1.8 混凝土杆、钢管杆、钢构件等产品质量技术文件齐全，外观检查符合设计及规范要求。

5.1.9 钢结构用钢材、高强度螺栓连接副、地脚螺栓、防腐、涂料、焊材等材料性能证明文件齐全。

5.1.10 钢结构现场焊接焊缝检验合格；钢结构变形测量记录齐全，偏差符合设计及规范要求。

5.1.11 钢结构防腐（防火）涂料涂装遍数、涂层厚度符合设计及规范要求，记录齐全。

5.1.12 主体结构实体睑测合格，报告齐全。

5.1.13 建（构）筑物的栏杆、钢制门窗、幕墙支架等外露的金属物，应有可靠的接地，并有明显的标识。

5.1.14 建（构）筑物外观质量符合规范要求。

5.1.15 隐蔽工程验收记录、质量验收记录齐全。

5.1.16 投运范围内建筑工程的监督检查按照本大纲第 4 部分第 3 节点“升压站建筑工程交付使用前监督检查，进行。

5.2 电气专业的监督检查

5.2.1 光伏方阵支架（机架）方位和倾角应符合设计要求，支架防腐良好，跟踪机械转动灵活。

5.2.2 光伏组件安装平整、牢固，组件间的风道间隙符合设计要求。

5.2.3 光伏组件方阵布线支撑牢固，符合设计及规范要求。

5.2.4 组件间的正、负极和串接线的导线颜色一致，馈线敷设符合设计及规范要求。

5.2.5 方阵间连接导线接头符合设计及规范要求。

5.2.6 光伏电池组件接线盒防水符合设计要求。

5.2.7 光伏组件标识牌正确、清晰。

5.2.8 方阵输出端与支撑结构间的绝缘电阻值符合设计要求。

5.2.9 光伏阵列防雷汇流箱、直流防雷配电柜、逆变器及箱式变压器验收签证齐全，电缆孔洞防火封堵严密、阻燃措施符合要求。

5.2.10 逆变器自动投入和退出满足设计要求；控制、保护、报警、监测的调试记录与电气试验项目齐全，试验合格。

5.2.11 监控系统安装完毕，符合设计要求。

5.2.12 光伏发电单元验收签证齐全。

5.2.13 带电设备的安全净距符合规定，电气连接可靠。

5.2.14 箱式变压器箱体密封良好，油位正常；绝缘油检验合格；气体继电器、温度计校验合格；变压器本体外壳、铁芯、夹件及中性点工作接地可靠，远方及就地调整操作正确无误。

5.2.15 充气式配电装置气体压力、密度继电器报警和闭锁值符合产品技术要求，SF6 气体检验合格。

5.2.16 低压电器设备完好，标识清晰。

5.2.17 盘柜安装牢固、接地可靠；柜内一次设备的安装质量符合要求，照明装置齐全；盘、柜及电缆管道封堵完好，应有防积水、防结冰、防潮、防雷等措施；操作与联动试验合格；二次回路连接可靠，标志齐全清晰，绝缘符合要求。

5.2.18 蓄电池组标识正确、清晰，充放电试验合格，记录齐全；直流电源系统安装、调试合格。

5.2.19 电缆、附件和附属设施的产品技术资料齐全；电缆敷设符合设计及规范要求，防火封堵严密、阻燃措施符合要求，试验合格；金属电缆支架接地良好。

5.2.20 防雷接地、设备接地和接地网连接可靠，接地网施工符合设计及规范要求，标识符合规定，验收签证齐伞。

5.2.21 二次设备等电位接地网独立设置。

5.2.22 电气设备防误闭锁装置齐全。

5.2.23 继电保护和自动装置按设计全部投入，继电保护和自动装置己按整定值通知单整定完毕。

5.2.24 电测仪表校验合格，并粘贴检验合格证。

5.2.25 电气设备安装验收签证齐全。

5.3 架空集电线路专业的监督检查

5.3.1 原材料、杆塔及装置性材料产品技术资料、检验记录、试验报告齐全。

5.3.2 基础混凝土强度等级、几何尺寸、外观质量等符合设计及规范要求。

5.3.3 杆塔主材弯曲度、螺栓紧固率、结构倾斜、焊接质量、部件数量、外观质量符合设计及规范要求。

5.3.4 导地线对地（林木、塔身）、跨越物安全距离、弛度、金具连接、附件安装、接续管的数量及位置符合设计及规范要求。

5.3.5 接地装置埋设、焊接、防腐、与杆塔连接、接地阻抗测试值符合设计及规范要求。

5.3.6 线路的防护设施、防沉层符合设计要求；基面排水畅通；各类标识符合规范要求。

5.3.7 隐蔽工程签证、质量验收记录齐全、符合规范要求。

5.3.8 线路参数测试符合要求。

5.4 电缆集电线路专业的监督检查

5.4.1 电缆、附件和附属设施的产品质量技术文件齐全。

5.4.2 直埋电缆敷设温度，埋设深度，保护措施，电缆之间及与其他交叉的管道、道路、建筑物之间的距离符合设计及规范要求；电缆路径标识齐全。

5.4.3 排管电缆敷设记录齐全；电缆弯曲半径、固定方式、防火措施等符合设计及规范要求。

5.4.4 电缆沟（层）电缆敷设记录齐全；电缆弯曲半径、支架安装、防火隔断、孔洞封堵等符合设计及规范要求。

5.4.5 电缆附件安装记录齐全，密封良好，防护及固定方式符合设计及规范要求。

5.4.6 电缆及接头的各类标识齐全；电缆终端带电部位安全净距符合规范要求；接地安装符合设计及规范要求。

5.4.7 电缆核相、绝缘检测、耐压试验、参数测试合格，报告齐全。

5.4.8 隐蔽工程签证、质量验收记录齐全、符合规范要求。

5.5 调整试验的监督检查

5.5.1 太阳能光伏组件的开路电压、光伏阵列汇流箱、直流配电柜、逆变器、箱式变压器各项性能等参数测试值符合产品技术文件要求。

5.5.2 箱式变压器交接试验合格，报告齐全。

5.5.3 互感器绕组的绝缘电阻合格，互感器参数测试合格。

5.5.4 金属氧化物避雷器试验及基座的绝缘电阻检测报告齐全，试验结果合格。

5.5.5 电流、电压、控制、信号等二次回路绝缘及电流、电压二次回路的接地符合规范要求；断路器、隔离开关传动试验动作可靠，信号正确；保护和自动装置动作准确、可靠，信号正确，压板标识正确。

5.5.6 保护及安全自动装置、远动、通信、综合自动化系统等调试记录与试验项目齐全，试验结果合格；继电保护装置已完成整定。

5.5.7 光伏发电单元单体调试、分系统调试、安全保护系统调试合格。

5.5.8 调试报告、质量验收签证齐全。

5.6 生产运行准备的监督检查

5.6.1 操作票已编制完毕。

5.6.2 运行的通信装置调试完毕具备投用条件。

5.6.3 电气设备运行操作所需的安全工器具、仪器、仪表、防护用品以及备品、备件等配置齐全，检验合格。

5.6.4 启动范围区域与其他区域隔离可靠，警示标识齐全、醒目。

5.6.5 设备的名称和双重编号及盘、柜双面标识准确、齐全；电气安全警告标示牌内容和悬挂位置正确、齐全、醒目。

6 质量监督检测

6.0.1 开展现场质量监督检查时，应重点对下列项目的检测试验报告进行查验，必要时可进行验证性抽样检测。对检验指标或结论有怀疑时，必须进行检测。

（1）混凝土强度检测；

（2）钢筋混凝土保护层检测；

（3）集电电缆线路耐压试验；

（4）集电线路两端相位一致性、连续性检测；

（5）接地装置接地阻抗测试；

（6）变压器互感器绕组绝缘电阻测试；

（7）二次回路绝缘电阻测试；

（8）二次系统整组联动试验；

（9）变压器（油浸电抗器）局放测试及绕组变形测试。

第3部分　独立蓄能工程

第1节点　地基处理监督检查

1　总则

1.0.1　地基处理的监督检查应在独立蓄能工程的建筑物基础施工前完成。视工程实际情况可与首次监督检查一并进行，也可在升压站或光伏单元组的同期阶段性监督检查时抽查。

1.0.2　本部分所列检查内容应逐条检查，检查方式为重点抽查验证。

1.0.3　本阶段监督检查时，可针对采用新技术、新工艺、新流程、新装备、新材料的具体情况，按批准文件补充编制监督检查细则。

2　监督检查依据

监督检查组在开展本部分监督检查工作时，监检人员应当按照专业划分，熟练掌握以下标准。引进国外设备的工程，还需要熟悉和掌握合同约定的其他标准。

《建筑地基基础设计规范》（GB 50007）
《岩土工程勘察规范》（GB 50021）
《湿陷性黄土地区建筑规范》（GB 50025）
《膨胀土地区建筑技术规范》（GB 50112）
《建筑地基基础工程施工质量验收规范》（GB 50202）
《建筑边坡工程技术规范》（GB 50330）
《建筑基坑工程监测技术规范》（GB 50497）
《复合地基技术规范》（GB/T 50783）
《建筑地基基础工程施工规范》（GB 51004）
《光伏发电站施工规范》（GB 50794）
《光伏发电站设计规范》（GB 50797）
《光伏发电工程验收规范》（GB/T 50796）
《工业建筑可靠性鉴定标准》（GB 50144）
《民用建筑可靠性鉴定标准》（GB 50292）
《建筑抗震鉴定标准》（GB 50023）
《电力工程地基处理技术规程》（DL/T 5024）
《电力建设施工质量验收及评价规程　第1部分：土建工程》（DL/T 5210.1）
《电力工程施工测量技术规范》（DL/T 5445）
《建筑地基处理技术规范》（JGJ 79）
《建筑桩基技术规范》（JGJ 94）

《建筑基桩检测技术规范》（JGJ 106）

《冻土地区建筑地基基础设计规范》（JGJ 11 8）

《建筑基坑支护技术规程》（JGJ 120）

《载体桩设计规程》（JGJ 135）

3 监督检查应具备的条件

3.0.1 地基处理符合设计要求并已完成检测。

3.0.2 施工质量验收。

3.0.3 各项施工准本工作已完成，具备基础连续施工条件。

4 责任主体质量行为的监督检查

4.1 建设单位质量行为的监督检查

4.1.1 地基处理施工方案已审批。

4.1.2 组织完成设计交底及施工图会检。

4.1.3 组织进行工程建设标准强制性条文实施情况的检查。

4.1.4 采用的新技术、新工艺、新流程、新装备、新材料已进行论证审批。

4.1.5 无任意压缩合同约定工期的行为。

4.2 勘察单位质量行为的监督检查

4.2.1 勘察报告已完成。

4.2.2 工程建设标准强制性条文落实到位。

4.2.3 按规定参加地基处理工程的质量验收及签证。

4.3 设计单位质量行为的监督检查

4.3.1 设计图纸交付进度能保证连续施工。

4.3.2 按规定进行设计交底并参加施工图会检。

4.3.3 设计更改、技术洽商等文件完整，手续齐全。

4.3.4 工程建设标准强制性条文落实到位。

4.3.5 设计代表工作到位，处理设计问题及时。

4.3.6 按规定参加地基处理工程的质量验收及签证。

4.3.7 进行了本阶段工程实体质量与设计的符合性确认。

4.4 监理单位质量行为的监督检查

4.4.1 专业监理人员配备合理，资格证书与承担的任务相符。

4.4.2 地基处理施工方案已审查，特殊施工技术措施已审批。

4.4.3 对进场工程原材料、半成品、构配件的质量进行检查验收。

4.4.4 按规定开展见证取样工作。

4.4.5 地基验槽隐蔽工程验收记录签证齐全。

4.4.6 按地基处理设定的工程质量控制点，完成见证、旁站监理。

4.4.7 工程建设标准强制性条文检查到位。

4.4.8 完成地基处理施工质量验收项目划分表规定的验收工作。

4.4.9　质量问题及处理台账完整，记录齐全。

4.5　施工单位质量行为的监督检查

4.5.1　企业资质与合同约定的业务范围相符。

4.5.2　项目经理资格符合要求并经本企业法定代表人授权。变更须报建设单位批准。

4.5.3　项目部组织机构健全，专业人员配置合理。

4.5.4　质量检查及特殊工种人员持证上岗。

4.5.5　施工方案和作业指导书审批手续齐全，技术交底记录齐全；重大方案或特殊措施经专项评审。

4.5.6　计量工器具经检定合格，且在有效期内。

4.5.7　按照检测试验计划进行了取样和送检，台账完整。

4.5.8　主要原材料、半成品的跟踪管理台账清晰，记录完整。

4.5.9　绿色施工措施已落实。

4.5.10　工程建设标准强制性条文实施计划已执行。

4.5.11　施工验收中发现的不符合项已整改闭环。

4.5.12　无违规转包或者违法分包工程行为。

4.6　检测试验机构质量行为的监督检查

4.6.1　检测试验机构已经监理审核，并已报质量监督机构备案。

4.6.2　检测试验人员资格符合规定，持证上岗。

4.6.3　检测试验仪器、设备检定合格，且在有效期内。

4.6.4　地基处理检测方案经监理审核、建设单位批准。

4.6.5　检测试验依据正确、有效，质量检测报告和地基处理检测报告及时、规范。

5　工程实体质量的监督检查

5.1　换填垫层地基的监督检查

5.1.1　换填技术方案、施工方案齐全，已审批。

5.1.2　地基验槽符合设计要求，钎探记录齐全，验收签字盖章齐全。

5.1.3　砂、石、粉质黏土、灰土、矿渣、粉煤灰、土工合成材料等换填垫层材料性能符合设计要求，质量证明文件齐全。

5.1.4　换填土料按规范规定进行击试验检测、土易溶盐分析试验检测、消石灰化学分析试验检测、土颗粒分析试验检测及设计有要求时的腐蚀性或放射性试验检测合格，报告结论明确。

5.1.5　换填已进行分层压实试验，压实系数符合设计要求。

5.1.6　地基承载力检测数量符合标准规定，检测报告结论满足设计要求。

5.1.7　施工参数符合设计要求，施工记录齐全。

5.1.8　施工质量的检验项目、方法、数量符合标准规定，检验结果满足设计要求，质量验收记录齐全。

5.2　预压地基的监督检查

5.2.1　设计前已通过现场试验或试验性施工，确定了设计参数和施工工艺参数。

5.2.2 预压地基技术方案、施工方案齐全，已审批。

5.2.3 所用土、砂、石，塑料排水板等原材料性能指标符合标准规定。

5.2.4 原位十字板剪切试验、室内土工试验、地基强度或承载力等试验合格，报告结论明确。

5.2.5 真空预压、堆载预压、真空和堆载联合预压工艺与设计及施工方案一致。

5.2.6 施工参数符合设计要求，施工记录齐全。

5.2.7 地基承载力检测数量符合标准规定，检测报告结论满足设计要求。

5.2.8 施工质量的检验项目、方法、数量符合标准规定，检验结果满足设计要求，质量验收记录齐全。

5.3 压实地基的监督检查

5.3.1 现场试验性施工，确定了碾压机械、碾压分层厚度、碾压遍数、碾压范围和有效加固深度等施工参数和压实地基施工方法。

5.3.2 压实地基技术方案、施工方案齐全，已审批。

5.3.3 施工参数符合设计要求，施工记录齐全。

5.3.4 压实土性能指标满足设计要求。

5.3.5 地基承载力检测数量符合标准规定，检测报告结论满足设计要求。

5.3.6 施工质量的检验项目、方法、数量符合标准规定，检验结果满足设计要求，质量验收记录齐全。

5.4 夯实地基的监督检查

5.4.1 设计前已通过现场试验或试验性施工，确定了设计参数和施工工艺参数。

5.4.2 根据不同的土质采取的强夯夯锤质量、夯锤底面形式、锤底面积、锤底静接地压力值、排气孔等施工工艺与设计（施工）方案一致。

5.4.3 施工参数和步骤符合设计要求，施工记录齐全。

5.4.4 地基承载力检测数量符合标准规定，检测报告结论满足设计要求。

5.4.5 施工质量的检验项目、方法、数量符合标准规定，检验结果满足设计要求，质量验收记录齐全。

5.5 复合地基的监督检查

5.5.1 设计前已通过现场试验或试验性施工，确定了设计参数和施工工艺参数。

5.5.2 复合地基技术方案、施工方案齐全，已审批。

5.5.3 散体材料复合地基增强体密实，检测报告齐全。

5.5.4 有粘结强度要求的复合地基增强体的强度及桩身完整性满足设计要求，检测报告齐全。

5.5.5 复合地基承载力及有设计要求的单桩承载力已通过静载荷试验，检测数量符合标准规定，承载力满足设计要求。

5.5.6 复合地基增强体单桩的桩位偏差符合标准规定。

5.5.7 施工参数符合设计要求，施工记录齐全。

5.5.8 施工质量的检验项目、方法、数量符合标准规定，检验结果满足设计要求，质量验收记录齐全。

5.5.9 振冲碎石桩和沉管碎石桩等符合以下要求：

（1）原材料质量证明文件齐全；

（2）施工工艺与设计（施工）方案一致；

（3）地基承载力检测数量符合标准规定，检测报告结论满足设计要求；

（4）施工参数符合设计要求，施工记录齐全。

（5）施工质量的检验项目、方法、数量符合标准规定，检验结果满足设计要求，质量验收记录齐全。

5.5.10 水泥土搅拌桩符合以下要求：

（1）原材料质量证明文件齐全；

（2）施工工艺与设计（施工）方案一致；

（3）对变形有严格要求的工程，采用钻取芯样做水泥土抗压强度检验，检验数量、检测结果符合标准规定；

（4）地基承载力检测数量符合标准规定，检测报告结论满足设计要求；

（5）施工参数符合设计要求，施工记录齐全；

（6）施工质量的检验项目、方法、数量符合标准规定，检验结果满足设计要求，质量验收记录齐全。

5.5.11 旋喷桩复合地基符合以下要求：

（1）原材料质量证明文件齐全；

（2）施工工艺与设计（施工）方案一致；

（3）地基承载力检测数量符合标准规定，检测报告结论满足设计要求；

（4）施工参数符合设计要求，施工记录齐全；

（5）施工质量的检验项目、方法、数量符合标准规定、检验结果满足设计要求，质量验收记录齐全。

5.5.12 灰土挤密桩和土挤密桩复合地基符合以下要求：

（1）消石灰性能指标及灰土强度等级符合设计要求；

（2）施工工艺与设计（施工）方案一致；

（3）桩长范围内灰土或土填料的平均压实系数、处理深度内桩间土的平均挤密系数符合设计要求，抽检数量符合标准规定；

（4）对消除湿陷性的工程，进行了现场浸水静载荷试验，试验结果符合标准规定；

（5）地基承载力检测数量符合标准规定，检测报告结论满足设计要求；

（6）施工参数符合设计要求，施工记录齐全；

（7）施工质量的检验项目、方法、数量符合标准规定，检验结果满足设计要求，质量验收记录齐全。

5.5.13 夯实水泥土桩复合地基符合以下要求：

（1）原材料质量证明文件齐全；

（2）施工工艺与设计（施工）方案一致；

（3）夯填桩体的干密度符合设计要求、抽检数量符合标准规定；

（4）地基承载力检测数量符合标准规定，检测报告结论满足设计要求；

（5）施工参数符合设计要求，施工记录齐全；

（6）施工质量的检验项目、方法、数量符合标准规定，检验结果满足设计要求，质量验收记录齐全。

5.5.14 水泥粉煤灰碎石桩复合地基符合以下要求：

（1）原材料质量证明文件齐全；

（2）施工工艺与设计（施工）方案一致；

（3）混合料坍落度、桩数、桩位偏差、褥垫层厚度、夯填度和桩体试块抗压强度等满足设计要求；

（4）施工参数符合设计要求，施工记录齐全；

（5）复合地基和单桩承载力检测数量符合标准规定，检测报告结论满足设计要求；

（6）桩身完整性检测数量符合标准规定；

（7）施工质量的检验项目、方法、数量符合标准规定，检验结果满足设计要求，质量验收记录齐全。

5.5.15 柱锤冲扩桩复合地基符合以下要求：

（1）碎砖三合土、级配砂石、矿渣、灰土等原材料质量证明文件齐全；

（2）施工工艺与设计（施工）方案一致；

（3）地基承载力检测数量符合标准规定，检测报告结论满足设计要求；

（4）施工参数符合设计要求，施工记录齐全；

（5）施工质量的检验项目、方法、数量符合标准规定，检验结果满足设计要求，质量验收记录齐全。

5.5.16 多桩型复合地基符合以下要求：

（1）原材料质量证明文件齐全；

（2）施工工艺与设计（施工）方案一致；

（3）施工参数符合设计要求，施工记录齐全；

（4）复合地基和单桩承载力检测数量符合标准规定，检测报告结论满足设计要求；

（5）有完整性要求的多桩复合地基桩身质量检测数量标准规定，检测报告结论满足设计要求；

（6）施工质量的检验项目、方法、数量符合标准规定，检验结果符合设计要求，质量验收记录齐全。

5.6 注浆地基的监督检查

5.6.1 设计前已通过室内浆液配比试验和现场注浆试验，确定了设计参数、施工工艺参数及选用的设备。

5.6.2 浆液、外加剂等原材料性能证明文件齐全。

5.6.3 注浆地基技术方案、施工方案齐全，已审批。

5.6.4 施工工艺与设计（施工）方案一致。

5.6.5 施工参数符合设计要求，施工记录齐全。

5.6.6 注浆机械检验合格，监控表计在鉴定有效期内，鉴定证书齐全有效。

5.6.7 标准贯入试验检测、动力触探、静力触探等原位测试试验检测和室内试验检测符合标准规定，加固地层的压缩性、强度、渗透性、湿陷性、均匀性等指标满足设计要求。

5.6.8 注浆加固地基承载力静载荷试验检测数量符合标准规定，检测报告结论满足设计要求。

5.6.9 施工质量的检验项目、方法、数量符合标准规定，检验结果符合设计要求，质量验收记录齐全。

5.7　微型桩加固工程的监督检查

5.7.1 设计前已通过现场试验或试验性施工，确定了设计参数和施工工艺参数。

5.7.2 微型桩加固技术方案、施工方案齐全，已审批。

5.7.3 原材料质量证明文件齐全。

5.7.4 微型桩施工工艺与设计（施工）方案一致。

5.7.5 树根桩施工允许偏差、成孔、吊装、灌注、填充、加压、保护等符合标准规定。

5.7.6 预制桩预制过程（包括连接件）、压桩力、接桩和截桩等符合标准规定。

5.7.7 注浆钢管桩水泥浆灌注的注浆方法、时间间隔，钢管连接方式、焊接质量符合标准规定。

5.7.8 混凝土和砂浆抗压强度、钢构件防腐及钢筋保护层厚度符合标准规定。

5.7.9 施工参数符合设计要求，施工记录齐全。

5.7.10 地基（基桩）承载力检测数量符合标准规定，检测报告结论满足设计要求。

5.7.11 施工质量的检验项目、方法、数量符合标准规定，检验结果满足设计要求，质量验收记录齐全。

5.8　灌注桩工程的监督检查

5.8.1 当需要提供设计参数和施工工艺参数时，应按试桩方案进行试桩确定。

5.8.2 灌注桩技术方案、施工方案齐全，已审批。

5.8.3 钢筋、水泥、砂、石、掺合料及钢筋连接材料等质量证明文件齐全、现场见证取样检验报告齐全。

5.8.4 施工参数符合设计要求，施工记录齐全。

5.8.5 混凝土强度试验等级符合设计要求，试验报告齐全。

5.8.6 钢筋连接接头试验合格，报告齐全。

5.8.7 桩基础施工工艺与设计（施工）方案一致。

5.8.8 人工挖孔桩终孔时，持力层检验记录齐全。

5.8.9 人工挖孔灌注桩、干成孔灌注桩、套管成孔灌注桩、泥浆护壁钻孔灌注桩成孔的桩径、垂直度、孔底沉渣厚度、钢筋保护层厚度及桩位的偏差符合标准规定。

5.8.10 工程桩承载力检测结论满足设计要求，桩身质量的检验符合标准规定，报告齐全。

5.8.11 施工质量的检验项目、方法、数量符合标准规定，检验结果满足设计要求，质量验收记录齐全。

5.9　预制桩工程的监督检查

5.9.1 当需要提供设计参数和施工工艺参数时，应按试桩方案进行试桩确定。

5.9.2 预制桩工程施工组织设计、施工方案齐全，已审批。

5.9.3 静压桩、锤击桩施工工艺与设计（施工）方案一致。

5.9.4 施工参数符合设计要求，施工记录齐全。

5.9.5 桩体和连接材料的质量证明文件齐全。

5.9.6 桩身混凝土强度与强度评定符合标准规定和设计要求。

5.9.7 桩身检测、接桩接头检测合格，报告齐全。

5.9.8 基桩承载力检测数量符合标准规定，检测报告结论满足设计要求。

5.9.9 施工质量的检验项目、方法、数量符合标准规定，检验结果满足设计要求，质量验收记录齐全。

5.10 基坑工程的监督检查

5.10.1 设计前已通过现场试验或试验性施工，确定了设计参数和施工工艺参数。

5.10.2 基坑施工方案、基坑监测技术方案齐全，已审批；深基坑施工方案经专家评审，评审资料齐全。

5.10.3 施工参数符合设计要求，施工记录齐全。

5.10.4 钢筋、混凝土、锚杆、桩体、土钉、钢材等质量证明文件齐全。

5.10.5 钻芯、抗拔、声波等试验合格，报告齐全。

5.10.6 施工工艺与设计（施工）方案一致；基坑监测实施与方案一致。

5.10.7 施工质量的检验项目、方法、数量符合标准规定，检验结果满足设计要求，质量验收记录齐全。

5.11 边坡工程的监督检查

5.11.1 设计有要求时，通过现场试验和试验性施工，确定设计参数和施工工艺参数。

5.11.2 边坡处理技术方案、施工方案齐全，已审批。

5.11.3 施工工艺与设计（施工）方案一致。

5.11.4 钢筋、水泥、砂、石、外加剂等原材料质量证明文件齐全。

5.11.5 施工参数符合设计要求，施工记录齐全。

5.11.6 灌注排桩数量符合设计要求；喷射混凝土护壁厚度和强度的检验符合设计要求；锚己施工、锚杆灌浆和张拉符合设计要求，资料齐全。

5.11.7 泄水孔位置、边坡坡度、反滤层、回填土、挡土墙伸缩缝（沉降缝）位置和填塞物、边坡排水系统符合设计要求；边坡位移监测数据符合标准规定。

5.11.8 施工质量的检验项目、方法、数量符合标准规定，检验结果满足设计要求，质量验收记录齐全。

5.12 湿陷性黄土地基的监督检查

5.12.1 经处理的湿陷性黄土地基，检测其湿陷量消除指标符合设计要求。

5.12.2 桩基础在非自重湿陷性黄土场地，桩端支承在压缩性较低的非湿陷性黄土层中；在自重湿陷性黄土场地，桩端支承在可靠的岩（土）层中。

5.12.3 单桩竖向承载力通过现场静载荷浸水试验，结果满足设计要求。

5.12.4 灰土、土挤密桩进行了现场静载荷浸水试验，结果满足设计要求。

5.12.5 填料不得选用盐渍土、膨胀土、冻土、含有机质的不良土料和粗颗粒的透水性（如砂、石）材料。

5.13　液化地基的监督检查

5.13.1　采用振冲或挤密碎石桩加固的地基，处理后液化等级与液化指数符合设计要求。

5.13.2　桩进入液化土层以下稳定土层的长度符合标准规定。

5.14　冻土地基的监督检查

5.14.1　所用热棒、通风管管材、保温隔热材料，产品质量证明文件齐全，复试合格。

5.14.2　热棒、通风管、保温隔热材料施工记录齐全，记录数据和实际相符。

5.14.3　地温观测孔及变形监测点设置符合标准规定。

5.14.4　季节性冻土、多年冻土地基融沉和承载力满足设计要求。

5.15　膨胀土地基的监督检查

5.15.1　设计前已通过现场试验或试验性施工，确定了设计参数和施工工艺参数。

5.15.2　膨胀土地基处理技术方案、施工方案齐全，已审批。

5.15.3　施工工艺与设计、施工方案一致。

5.15.4　钢筋、水泥、砂石骨料、外加剂等主要原材料质量证明文件齐全。

5.15.5　施工参数符合设计要求，施工记录齐全。

5.15.6　地基承载力检测数量符合标准规定，检测报告结论满足设计要求。

5.15.7　施工质量的检验项目、方法、数量符合标准规定，检验结果满足设计要求，质量验收记录齐全。

6　质量监督检测

6.0.1　开展现场质量监督检查时，应重点对下列项目的检测试验报告和检测数量进行查验，必要时可进行验证性抽样检测。对检验指标或结论有怀疑时，必须进行检测。

（1）砂、石、水泥、钢材、外加剂等原材料的主要技术性能；

（2）垫层地基的压实系数；

（3）地基承载力；

（4）桩基础工程桩的桩身偏差和完整性；

（5）桩身混凝土强度；

（6）单桩承载力。

第2节点　蓄能电池组安装前监督检查

1　总则

1.0.1　本部分适用于独立蓄能工程的建筑工程完成、蓄能电池组转序安装前阶段的质量监督检查。

1.0.2　本部分所列检查内容应逐条检查，检查方式为重点抽查验证。

1.0.3　本阶段监督检查时，可针对采用新技术、新工艺、新流程、新装备、新材料的具体情况，按批准文件补充编制监督检查细则。

2 监督检查依据

监督检查组在开展本部分监督检查工作时，监检人员应当按照专业划分，熟练掌握以下标准。引进国外设备的工程，还需要熟悉和掌握合同约定的其他标准。

《砌体结构工程施工规范》（GB50924）
《屋面工程质量验收规范》（GB 50207）
《地下防水工程质量验收规范》（GB 50208）
《建筑地面工程施工质量验收规范》（GB 50209）
《建筑给水排水及采暖工程施工质量验收规范》（GB 50242）
《通风与空调工程施工质量验收规范》（GB 50243）
《建筑电气工程施工质量验收规范》（GB 50303）
《建筑节能工程施工质量验收规范》（GB 50411）
《建筑物防雷工程施工与质量验收规范》（GB 50601）
《建筑电气照明装置施工与验收规范》（GB 50617）
《电气装置安装工程蓄电池施工及验收规范》（GB 50172）
《电力建设施工质量验收及评价规程　第 1 部分：土建工程》（DL/T 5210.1）
《建筑工程检测试验技术管理规范》（JGJ 190）
《民用建筑电气设计规范》（JGJ 1S）

3 监督检查应具备的条件

3.0.1 建筑工程全部完工，质量验收合格，验收发现的不符合项已处理。
3.0.2 消防设施已验收，具备投运条件。

4 责任主体质量行为的监督检查

4.1 建设单位质量行为的监督检查

4.1.1 组织工程建设标准强制性条文实施情况的检查。
4.1.2 采用的新技术、新工艺、新流程、新装备、新材料已审批。
4.1.3 无任意压缩合同约定工期的行为。

4.2 设计单位质量行为的监督检查

4.2.1 设计更改、技术洽商等文件完整、手续齐全。
4.2.2 工程建设标准强制性条文落实到位。
4.2.3 设计代表工作到位、处理设计问题及时。
4.2.4 按规定参加质量验收。
4.2.5 进行了本阶段工程实体质量与设计的符合性确认。

4.3 监理单位质量行为的监督检查

4.3.1 完成监理规范规定的审核、批准工作。
4.3.2 检测仪器和工具配置满足监理工作需要。
4.3.3 对进场工程材料、设备、构配件的质量进行检查验收。

4.3.4　开展原材料复检的见证取样，见证人员具备相应资格。

4.3.5　按主体结构工程设定的工程质量控制点，完成见证、旁站监理。

4.3.6　工程建设标准强制性条文检查到位。

4.3.7　隐蔽工程验收记录签证齐全。

4.3.8　按照施工质量验收项目划分表完成规定的验收工作。

4.3.9　施工质量问题及处理台账完整，记录齐全。

4.4　施工单位质量行为的监督检查

4.4.1　特殊工种人员持证上岗。

4.4.2　施工方案和作业指导书已审批，技术交底记录齐全。

4.4.3　计量工器具经检定合格，且在有效期内。

4.4.4　依据检测试验项目计划进行检测试验。

4.4.5　主要原材料、成品、半成品的跟踪管理台账清晰，记录完整。

4.4.6　专业绿色施工措施已实施。

4.4.7　工程建设标准强制性条文实施计划已执行。

4.4.8　无违规转包或者违法分包工程行为。

4.5　检测试验机构质量行为的监督检查

4.5.1　检测试验机构已经监理审核，并通过能力认定，其现场派出机构（现场试验室）满足规定条件，并已报质量监督机构备案。

4.5.2　检测试验人员资格符合规定，持证上岗。

4.5.3　检测试验仪器、设备检定合格，且在有效期内。

4.5.4　检测试验依据正确、有效，检测试验报告及时、规范。

5　工程实体质量的监督检查

5.1　基础、主体结构工程的监督检查

5.1.1　钢筋、水泥、砂子、石子、外加剂、连接件出厂合格证、质量证明文件齐全，检验结果合格，试验报告齐全。焊材、焊剂、水（饮用水除外）性能证明文件齐全。

5.1.2　钢筋采用机械连接或焊接接时，焊接接头、机械连接接头、连接件力学试验合格，试验报告齐全。

5.1.3　钢筋安装时，钢筋的配筋必须按设计要求进行配置。

5.1.4　混凝土强度等级符合设计要求，抗压实验结果合格，试验报告齐全。

5.1.5　混凝土结构外观质量不应有严重质量缺陷及一般质量缺陷，出现后应按技术处理方案进行处理。

5.1.6　质量验收记录齐全。

5.2　砌体工程的监督检查

5.2.1　砌体结构中所用原材料的品种、性能及强度等级符合设计要求，质量证明文件齐全，检验结果合格，试验报告齐全。

5.2.2　砂浆强度等级符合设计要求，抗压实验合格，试验报告齐全。

5.2.3　砌体结构灰缝横平竖直，薄厚均匀、水平灰缝砂浆饱满度不小于80%。

5.2.4 质量验收记录齐全。

5.3 楼地面、屋面工程的监督检查

5.3.1 楼地面使用的板、块材及其他材料出厂合格证、产品质量证明文件齐全，防水材料复试检测合格，试验报告齐全。

5.3.2 防水楼地面排水坡度坡向地漏，闭水试验合格。屋面淋水（蓄水）试验合格。

5.3.3 质量验收记录齐全。

5.4 门窗工程的监督检查

5.4.1 门窗出厂合格证、质量证明文件齐全，符合设计及规范要求。

5.4.2 门窗应安装牢固，推拉窗扇有防脱落、防室外侧拆卸装置。

5.4.3 质量验收记录齐全。

5.5 采暖通风工程的监督检查

5.5.1 管材、阀门、散热器等材料出厂合格证、产品质量证明文件齐全，符合设计要求。

5.5.2 采暖系统、通风系统安装符合设计及规范要求，运行正常。

5.5.3 质量验收记录齐全。

5.6 建筑电气工程的监督检查

5.6.1 电气设备安装符合设计要求，接地装置安装正确，接地阻抗测试值符合设计和规范规定。

5.6.2 开关、插座、熔断器、灯具、导线等出厂合格证、产品质量证明文件齐全，符合设计要求。

5.6.3 电气安装位置符合设计及规范要求，质量验收记录齐全。

5.6.4 建筑防雷接地、电气设备接地符合设计及规范要求、可测，验收记录齐全。

5.7 节能工程的监督检查

5.7.1 保温材料、粘接材料等出厂合格证、质量证明文件齐全，复试检测合格，试验报告齐全。

5.7.2 外墙热桥部位，以采取隔断热桥措施，符合设计及规范要求。

5.7.3 质量验收记录齐全。

6 质量监督检测

6.0.1 开展现场质量监督检查时，应重点对下列项目的检测试验报告进行查验，必要时可进行验证性抽样检测。对检验指标或结论有怀疑时，必须进行检测。

（1）工程的防水材料、保温材料的主要技术性能；

（2）后置埋件、结构密封胶及饰面砖粘贴的主要技术性能。

第3节点 蓄能设施投运前监督检查

1 总则

1.0.1 本部分适用光伏发电项目的独立蓄能工程验收完成后、投运前阶段的质量监督检查。

1.0.2　独立蓄能工程投运前质量监督检查应在工程受电前完成。

1.0.3　本部分所列检查内容应逐条检查，检查方式为重点抽查验证。

1.0.4　本阶段监督检查时，可针对采用新技术、新工艺、新流程、新装备、新材料的具体情况，按批准文件补充编制监督检查细则。

2　监督检查依据

监督检查组在开展本部分监督检查工作时，监检人员应当按照专业划分，熟练掌握以下标准。引进国外设备的工程，还需要熟悉和掌握合同约定的其他标准。

《建筑工程施工质量验收统一标准》（GB 50300）

《混凝土结构工程施工质量验收规范》（GB 50204）

《砌体结构工程施工规范》（GB50924）

《建筑电气照明装置施工与验收规范》（GB 50617）

《建筑《建筑物防雷工程施工与质量验收规范》（GB 50601）

《地面工程施工质量验收规范》（GB 50209）

《光伏系统并网技术要求》（GB/T 19939）

《光伏（PV）系统电网接口特性》（GB/T 20046）

《光伏发电站接入电力系统技术规定》（GB/T19964）

《光伏发电系统接入配电网技术规定》（GB/T 29319）

《光伏发电工程验收规范》（GB/T 50796）

《电气装置安装工程　母线装置施工及验收规范》（GB 50149）

《电气装置安装工程　电气设备交接试验标准》（GB 50150）

《电气装置安装工程　电缆线路施工及验收规范》（GB 501GB）

《电气装置安装工程　接地装置施工及验收规范》（GB 50169）

《电气装置安装工程　盘、柜及二次回路接线施工及验收规范》（GB 50171）

《电气装置安装工程　蓄电池施工及验收规范》（GB 50172）

《电气装置安装工程　低压电器施工及验收规范》（GB 50254）

《电力建设施工质量验收及评价规程　第 1 部分：土建工程》（DL/T 5210 1）

《电力工程施工测量技术规范》（DL/T 5445）

《电气装置安装工程质量检验及评定规程》（DL/T 5161）

3　监督检查应具备的条件

3.0.1　独立蓄能工程范围内的建筑、安装工程已按设计施工、调试完成，并验收签证。

3.0.2　工程验收检查组按规定完成相关项目的检查与验收，验收中发现的不符合项已处理完成。

3.0.3　生产运行准备工作已经就绪。

4 责任主体质量行为的监督检查

4.1 建设单位质量行为的监督检查

4.1.1 按规定组织进行设计交底、施工图会检和受电方案交底。

4.1.2 组织完成独立蓄能工程范围内的建筑、安装和调试项目的验收。

4.1.3 对工程建设标准强制性条文执行情况进行汇总。

4.1.4 启动验收组织已建立，各专业组按职责正常开展工作。

4.1.5 受电方案已报电网调度部门，并取得保护定值和设备命名文件。

4.1.6 独立蓄能工程的安全、保卫、消防等工作已经布置落实。

4.1.7 蓄能后的管理方式已确定。

4.1.8 采用的新技术、新工艺、新流程、新装备、新材料已审批。

4.1.9 无任意压缩合同约定工期的行为。

4.1.10 各阶段质量监督检查提出的整改意见已落实闭环。

4.2 设计单位质量行为的监督检查

4.2.1 技术洽商、设计更改等文件完整、手续齐全。

4.2.2 设计代表工作到位、处理设计问题及时。

4.2.3 参加规定项目的质量验收工作。

4.2.4 工程建设标准强制性条文落实到位。

4.2.5 进行了工程实体质量与设计符合性的确认。

4.3 监理单位质量行为的监督检查

4.3.1 专业监理人员配备合理，资格证书与承担的任务相符。

4.3.2 专业施工组织设计和调试方案已审查。

4.3.3 特殊施工技术措施已审批。

4.3.4 组织或参加设备、材料的到货检查验收。

4.3.5 工程建设标准强制性条文检查到位。

4.3.6 隐蔽工程验收记录签证齐全。

4.3.7 完成相关施工、试验和调试项目的质量验收并汇总。

4.3.8 质量问题及处理台账完整，记录齐全。

4.4 施工单位质量行为的监督检查

4.4.1 企业资质与合同约定的业务相符。

4.4.2 项目部组织机构健全，专业人员配备实施动态管理并报审。

4.4.3 项目经理资格符合要求并经本企业法定代表人授权。变更须报建设单位批准。

4.4.4 质量检查及特殊工种人员持证上岗。

4.4.5 专业施工组织设计已审批。

4.4.6 施工方案和作业指导书已审批，技术交底记录齐全。重大施工方案或特殊措施经专项评审。

4.4.7 计量工器具经检定合格，且在有效期内。

4.4.8 专业绿色施工措施已实施。

4.4.9 单位工程开工报告已审批。

4.4.10 检测试验项目的检测报告齐全。

4.4.11 工程建设标准强制性条文实施计划已执行。

4.4.12 按批准的验收项目划分表完成质量检验。

4.4.13 施工、调试验收中的不符合项已整改。

4.4.14 无违规转包或者违法分包工程行为。

4.5 调试单位质量行为的监督检查

4.5.1 企业资质与合同约定的业务相符。

4.5.2 项目部专业人员配置合理，调试人员持证上岗。

4.5.3 调试措施审批手续齐全。

4.5.4 调试使用的仪器、仪表检定合格并在有效期内。

4.5.5 已完项目的试验和调试报告已编制。

4.5.6 投运范围内的设备和系统已按规定全部试验和调试完毕并签证。

4.5.7 工程建设标准强制性条文实施计划已执行。

4.6 生产运行单位质量行为的监督检查

4.6.1 生产运行管理组织机构健全，满足生产运行管理工作的需要。

4.6.2 运行人员经相关部门培训上岗。

4.6.3 运行管理制度、操作规程、运行系统图册已发布实施。

4.7 检测试验机构质量行为的监督检查

4.7.1 检测试验机构已经监理审核，并通过能力认定，其现场派出机构（现场试验室）满足规定条件，并已报质量监督机构备案。

4.7.2 检测试验人员资格符合规定，持证上岗。

4.7.3 检测试验仪器、设备检定合格，且在有效期内。

4.7.4 检测试验依据正确、有效，检测试验报告及时、规范。

5 工程实体质量的监督检查

5.1 建筑工程的监督检查

5.1.1 采光窗的玻璃应采用毛玻璃或在玻璃上涂半透明油漆。

5.1.2 室内采暖系统、独立通风系统安装完毕，符合设计及规范要求。

5.1.3 酸性蓄能室采用水暖或蒸汽采暖系统时，应采用无缝钢管焊接，无汽水门的暖气设备，不设法兰式接头、螺纹接头或阀门。当采用热风采暖时，风口处应设过滤装置。

5.1.4 防爆式通风机产品合格证、质量证明文件齐全，符合设计及国家现行产品标准要求。

5.1.5 开关、插座、熔断器、防爆灯具、导线、电缆等产品合格证、质量证明文件齐全，符合设计要求。

5.1.6 酸性蓄能室照明灯具安装位置，应避开蓄电池组正上方，导线或电缆应具有防腐性能或采取了防腐措施。

5.1.7 不应在酸性蓄能室内设置开关、熔断器、插座等电器元件。

5.1.8 蓄能室门扇开启方向应朝外。

5.1.9 酸性蓄能室的门窗、墙壁、地面（不发火防爆）、顶棚、通风管、台架等金属结构，采用耐酸材料或涂耐酸油漆，地面排水设施已完成。

5.1.10 碱性蓄能室对通风系统、照明系统无特殊要求，应保证正常通风换气。

5.1.11 屋面无渗漏现象，符合设计及规范要求。

5.1.12 建筑物的栏杆、钢质门窗、爬梯等外露的金属物，应有可靠的接地，并有明显的标识。

5.1.13 消防器材及设施已完成。

5.1.14 建筑物沉降均匀，沉降观测点设置符合设计及规范要求、保护完好，观测记录齐全。

5.2 电气专业的监督检查

5.2.1 带电设备的安全净距符合规定，电气连接可靠。

5.2.2 设备连接线截面及连接符合设计要求，报告齐全。

5.2.3 母线的螺栓连接质量检查合格，母线的安装验收合格。

5.2.4 电缆本体、附件和附属设施的产品技术资料齐全；

5.2.5 电缆敷设符合设计及规范要求，防火封堵严密、阻燃措施符合要求，试验合格。

5.2.6 防雷接地、设备接地和接地网连接可靠，标识符合规定，验收签证齐全。

5.2.7 电气设备及防雷设施的接地阻抗测试符合设计要求，报告齐全。。

5.2.8 盘柜安装牢固、接地可靠；柜内一次设备的安装质量符合要求，照明装置齐全；盘、柜及电缆管道封堵完好，应有防积水、防结冰、防潮、防雷等措施；操作与联动试验合格；二次回路连接可靠，标识齐全清晰，绝缘符合要求。

5.2.9 电气设备防误闭锁装置齐全。

5.2.10 综合自动化系统配置齐全，调试合格。

5.2.11 电测仪表校验合格，并粘贴检验合格证。

5.2.12 逆变器应具有完善的保护功能，直流过压/过流、交流过压/欠压、交流过流、短路、过频、欠频等保护功能符合设计要求，报告齐全。

5.2.13 逆变器输出的电能质量（电压、频率、谐波、功率因数等）应能满足电网规定的并网条件，各技术参数符合设计及产品要求。

5.2.14 蓄能装置及电器设备完好，安装牢固、标识清晰。

5.2.15 蓄电池放置的平台、基架及间距应符合设计要求。

5.2.16 蓄电池组的绝缘应良好，绝缘电阻应符合要求，记录齐全。

5.3 调整试验的监督检查

5.3.1 电流、电压、控制、信号等二次回路绝缘符合规范要求；开关传动试验动作可靠，信号正确；保护和自动装置动作准确、可靠，信号正确，压板标识正确。

5.3.2 保护及安全自动装置等调试记录与试验项目齐全，试验结果合格。

5.3.3 蓄电池组的初充电、放电容量及倍率校验的结果符合设计要求，报告齐全。

5.3.4 蓄电池的单体电压、电池温度、电池组的工作电流、绝缘电阻等参数检测试验报告齐全。

5.4 生产运行准备的监督检查

5.4.1 电气设备运行操作所需的安全工器具、仪器、仪表、防护用品配置齐全，检验合格。

5.4.2 备品、备件等配置齐全，检验合格。

5.4.3 带电区域、非带电区域与运行区域隔离可靠，警示标识齐全、醒目。

5.4.4 设备的名称和双重编号及盘、柜双面标识准确、齐全；电气安全警告标示牌内容和悬挂位置正确、齐全、醒目。

6 质量监督检测

6.0.1 开展现场质量监督检查时，应重点对下列项目的检测试验报告进行查验，必要时可进行验证性抽样检测。对检验指标或结论有怀疑时，必须进行检测。

（1）混凝土强度检测；

（2）钢筋混凝土保护层检测；

（3）电力电缆两端相位一致性检测；

（4）接地装置接地阻抗测试；

（5）二次回路绝缘电阻测试。

第4部分 升 压 站 工 程

第1节点 地基处理监督检查

1 总则

1.0.1 地基处理的监督检查应在升压站主控楼基础施工前完成。视工程实际情况可与首次监督检查一并进行。其他工程项目的地基处理监督检查也可在其他阶段性监督检查时抽查。

1.0.2 本部分所列检查内容应逐条检查，检查方式为重点抽查验证。

1.0.3 本阶段监督检查时，可针对采用新技术、新工艺、新流程、新装备、新材料的具体情况，按批准文件补充编制监督检查细则。

2 监督检查依据

监督检查组在开展本部分监督检查工作时，监检人员应当按照专业划分，熟练掌握以下标准。引进国外设备的工程，还需要熟悉和掌握合同约定的其他标准。

《建筑地基基础设计规范》（GB 50007）

《岩土工程勘察规范》（GB 50021）

《湿陷性黄土地区建筑规范》（GB 50025）

《膨胀土地区建筑技术规范》（GB 501 12）

《建筑地基基础工程施工质量验收规范》（GB 50202）

《建筑边坡工程技术规范》（GB 50330）

《建筑基坑工程监测技术规范》（GB 50497）

《复合地基技术规范》（GB/T 50783）

《建筑地基基础工程施工规范》（GB 51004）
《光伏发电站施工规范》（GB 50794）
《光伏发电站设计规范》（GB 50797）
《光伏发电工程验收规范》（GB/T 50796）
《工业建筑可靠性鉴定标准》（GB 50144）
《民用建筑可靠性鉴定标准》（GB 50292）
《建筑抗震鉴定标准》（GB 50023）
《电力工程地基处理技术规程》（DL/T 5024）
《电力建设施工质量验收及评价规程　第 1 部分：土建工程》（DL/T 5210.1）
《电力工程施工测量技术规范》（DL/T 5445）
《建筑地基处理技术规范》（JGJ 79）
《建筑桩基技术规范》（JGJ 94）
《建筑基桩检测技术规范》（JGJ 106）
《冻土地区建筑地基基础设计规范》（JGJ 11 8）
《建筑基坑支护技术规程》（JGJ 120）
《载体桩设计规程》（JGJ 135）

3　监督检查应具备的条件

3.0.1　地基处理符合设计要求并已完成检测。
3.0.2　施工质量验收已完成。
3.0.3　各项施工准备工作已完成，具备基础连续施工条件。

4　责任主体质量行为的监督检查

4.1　建设单位质量行为的监督检查

4.1.1　地基处理施工方案已审批。
4.1.2　组织完成设计交底及施工图会检。
4.1.3　组织进行工程建设标准强制性条文实施情况的检查。
4.1.4　采用的新技术、新工艺、新流程、新装备、新材料已进行论证审批。
4.1.5　无任意压缩合同约定工期的行为。

4.2　勘察单位质量行为的监督检查

4.2.1　勘察报告已出具。
4.2.2　工程建设标准强制性条文落实到位。
4.2.3　按规定参加地基处理工程的质量验收及签证。

4.3　设计单位质量行为的监督检查

4.3.1　设计图纸交付进度能保证连续施工。
4.3.2　按规定进行设计交底并参加施工图会检。
4.3.3　设计更改、技术洽商等文件完整，手续齐全。
4.3.4　工程建设标准强制性条文落实到位。

4.3.5 设计代表工作到位，处理设计问题及时。

4.3.6 按规定参加地基处理工程的质量验收及签证。

4.3.7 进行了本阶段工程实体质量与设计的符合性确认。

4.4 监理单位质量行为的监督检查

4.4.1 专业监理人员配备合理，资格证书与承担的任务相符。

4.4.2 地基处理施工方案已审查，特殊施工技术措施已审批。

4.4.3 对进场工程原材料、半成品、构配件的质量进行检查验收。

4.4.4 按规定开展见证取样工作。

4.4.5 地基验槽隐蔽工程验收记录签证齐全。

4.4.6 按地基处理设定的工程质量控制点，完成见证、旁站监理。

4.4.7 工程建设标准强制性条文检查到位。

4.4.8 完成地基处理施工质量验收项目划分表规定的验收工作。

4.4.9 质量问题及处理台账完整，记录齐全。

4.5 施工单位质量行为的监督检查

4.5.1 企业资质与合同约定的业务范围相符。

4.5.2 项目经理资格符合要求并经本企业法定代表人授权。变更须报建设单位批准。

4.5.3 项目部组织机构健全，专业人员配置合理。

4.5.4 质量检查及特殊工种人员持证上岗。

4.5.5 施工方案和作业指导书审批手续齐全，技术交底记录齐全；重大方案或特殊措施经专项评审。

4.5.6 计量工器具经检定合格，且在有效期内。

4.5.7 按照检测试验计划进行了取样和送检，台账完整。

4.5.8 主要原材料、半成品的跟踪管理台账清晰，记录完整。

4.5.9 绿色施工措施已落实。

4.5.10 工程建设标准强制性条文实施计划已执行。

4.5.11 施工验收中发现的不符合项已整改闭环。

4.5.12 无违规转包或者违法分包工程行为。

4.6 检测试验机构质量行为的监督检查

4.6.1 检测试验机构已经监理审核，并已报质量监督机构备案。

4.6.2 检测试验人员资格符合规定，持证上岗。

4.6.3 检测试验仪器、设备检定合格，且在有效期内。

4.6.4 地基处理检测方案经监理审核、建设单位批准。

4.6.5 检测试验依据正确、有效，质量检测报告和地基处理检测报告及时、规范。

5 工程实体质量的监督检查

5.1 换填垫层地基的监督检查

5.1.1 换填技术方案、施工方案齐全，已审批。

5.1.2 地基验槽符合设计要求，钎探记录齐全，验收签字盖章齐全。

5.1.3 砂、石、粉质黏土、灰土、矿渣、粉煤灰、土工合成材料等换填垫层材料性能符合设计要求，质量证明文件齐全。

5.1.4 换填土料按规范规定进行击试验检测、土易溶盐分析试验检测、消石灰化学分析试验检测、土颗粒分析试验检测及设计有要求时的腐蚀性或放射性试验检测合格，报告结论明确。

5.1.5 换填已进行分层压实试验，压实系数符合设计要求。

5.1.6 地基承载力检测数量符合标准规定，检测报告结论满足设计要求。

5.1.7 施工参数符合设计要求，施工记录齐全。

5.1.8 施工质量的检验项目、方法、数量符合标准规定，检验结果满足设计要求，质量验收记录齐全。

5.2 预压地基的监督检查

5.2.1 设计前已通过现场试验或试验性施工，确定了设计参数和施工工艺参数。

5.2.2 预压地基技术方案、施工方案齐全，已审批。

5.2.3 所用土、砂、石，塑料排水板等原材料性能指标符合标准规定。

5.2.4 原位十字板剪切试验、室内土工试验、地基强度或承载力等试验合格，报告结论明确。

5.2.5 真空预压、堆载预压、真空和堆载联合预压工艺与设计及施工方案一致。

5.2.6 施工参数符合设计要求，施工记录齐全。

5.2.7 地基承载力检测数量符合标准规定，检测报告结论满足设计要求。

5.2.8 施工质量的检验项目、方法、数量符合标准规定，检验结果满足设计要求，质量验收记录齐全。

5.3 压实地基的监督检查

5.3.1 现场试验性施工，确定了碾压机械、碾压分层厚度、碾压遍数、碾压范围和有效加固深度等施工参数和压实地基施工方法。

5.3.2 压实地基技术方案、施工方案齐全，已审批。

5.3.3 施工参数符合设计要求，施工记录齐全。

5.3.4 压实土性能指标满足设计要求。

5.3.5 地基承载力检测数量符合标准规定，检测报告结论满足设计要求。

5.3.6 施工质量的检验项目、方法、数量符合标准规定，检验结果满足设计要求，质量验收记录齐全。

5.4 夯实地基的监督检查

5.4.1 设计前已通过现场试验或试验性施工，确定了设计参数和施工工艺参数。

5.4.2 根据不同的土质采取的强夯夯锤质量、夯锤底面形式、锤底面积、锤底静接地压力值、排气孔等施工工艺与设计（施工）方案一致。

5.4.3 施工参数和步骤符合设计要求，施工记录齐全。

5.4.4 地基承载力检测数量符合标准规定，检测报告结论满足设计要求。

5.4.5 施工质量的检验项目、方法、数量符合标准规定，检验结果满足设计要求，质量验收记录齐全。

5.5　复合地基的监督检查

5.5.1　设计前已通过现场试验或试验性施工，确定了设计参数和施工工艺参数。

5.5.2　复合地基技术方案、施工方案齐全，已审批。

5.5.3　散体材料复合地基增强体密实，检测报告齐全。

5.5.4　有粘结强度要求的复合地基增强体的强度及桩身完整性满足设计要求，检测报告齐全。

5.5.5　复合地基承载力及有设计要求的单桩承载力已通过静载荷试验，检测数量符合标准规定，承载力满足设计要求。

5.5.6　复合地基增强体单桩的桩位偏差符合标准规定。

5.5.7　施工参数符合设计要求，施工记录齐全。

5.5.8　施工质量的检验项目、方法、数量符合标准规定，检验结果满足设计要求，质量验收记录齐全。

5.5.9　振冲碎石桩和沉管碎石桩等符合以下要求：

（1）原材料质量证明文件齐全；

（2）施工工艺与设计（施工）方案一致；

（3）地基承载力检测数量符合标准规定，检测报告结论满足设计要求；

（4）施工参数符合设计要求，施工记录齐全。

（5）施工质量的检验项目、方法、数量符合标准规定，检验结果满足设计要求，质量验收记录齐全。

5.5.10　水泥土搅拌桩符合以下要求：

（1）原材料质量证明文件齐全；

（2）施工工艺与设计（施工）方案一致；

（3）对变形有严格要求的工程，采用钻取芯样做水泥土抗压强度检验，检验数量、检测结果符合标准规定；

（4）地基承载力检测数量符合标准规定，检测报告结论满足设计要求；

（5）施工参数符合设计要求，施工记录齐全；

（6）施工质量的检验项目、方法、数量符合标准规定，检验结果满足设计要求，质量验收记录齐全。

5.5.11　旋喷桩复合地基符合以下要求：

（1）原材料质量证明文件齐全；

（2）施工工艺与设计（施工）方案一致；

（3）地基承载力检测数量符合标准规定，检测报告结论满足设计要求；

（4）施工参数符合设计要求，施工记录齐全；

（5）施工质量的检验项目、方法、数量符合标准规定、检验结果满足设计要求，质量验收记录齐全。

5.5.12　灰土挤密桩和土挤密桩复合地基符合以下要求：

（1）消石灰性能指标及灰土强度等级符合设计要求；

（2）施工工艺与设计（施工）方案一致；

（3）桩长范围内灰土或土填料的平均压实系数、处理深度内桩间土的平均挤密系数符合设计要求，抽检数量符合标准规定；

（4）对消除湿陷性的工程，进行了现场浸水静载荷试验，试验结果符合标准规定；

（5）地基承载力检测数量符合标准规定，检测报告结论满足设计要求；

（6）施工参数符合设计要求，施工记录齐全；

（7）施工质量的检验项目、方法、数量符合标准规定，检验结果满足设计要求，质量验收记录齐全。

5.5.13 夯实水泥土桩复合地基符合以下要求：

（1）原材料质量证明文件齐全；

（2）施工工艺与设计（施工）方案一致；

（3）夯填桩体的干密度符合设计要求、抽检数量符合标准规定；

（4）地基承载力检测数量符合标准规定，检测报告结论满足设计要求；

（5）施工参数符合设计要求，施工记录齐全；

（6）施工质量的检验项目、方法、数量符合标准规定，检验结果满足设计要求，质量验收记录齐全。

5.5.14 水泥粉煤灰碎石桩复合地基符合以下要求：

（1）原材料质量证明文件齐全；

（2）施工工艺与设计（施工）方案一致；

（3）混合料坍落度、桩数、桩位偏差、褥垫层厚度、夯填度和桩体试块抗压强度等满足设计要求；

（4）施工参数符合设计要求，施工记录齐全；

（5）复合地基和单桩承载力检测数量符合标准规定，检测报告结论满足设计要求；

（6）桩身完整性检测数量符合标准规定；

（7）施工质量的检验项目、方法、数量符合标准规定，检验结果满足设计要求，质量验收记录齐全。

5.5.15 柱锤冲扩桩复合地基符合以下要求：

（1）碎砖三合土、级配砂石、矿渣、灰土等原材料质量证明文件齐全；

（2）施工工艺与设计（施工）方案一致；

（3）地基承载力检测数量符合标准规定，检测报告结论满足设计要求；

（4）施工参数符合设计要求，施工记录齐全；

（5）施工质量的检验项目、方法、数量符合标准规定，检验结果满足设计要求，质量验收记录齐全。

5.5.16 多桩型复合地基符合以下要求：

（1）原材料质量证明文件齐全；

（2）施工工艺与设计（施工）方案一致；

（3）施工参数符合设计要求，施工记录齐全；

（4）复合地基和单桩承载力检测数量符合标准规定，检测报告结论满足设计要求；

（5）有完整性要求的多桩复合地基桩身质量检测数量标准规定，检测报告结论满足设计要求；

（6）施工质量的检验项目、方法、数量符合标准规定，检验结果符合设计要求，质量验收记录齐全。

5.6 注浆地基的监督检查

5.6.1 设计前已通过室内浆液配比试验和现场注浆试验，确定了设计参数、施工工艺参数及选用的设备。

5.6.2 浆液、外加剂等原材料性能证明文件齐全。

5.6.3 注浆地基技术方案、施工方案齐全，已审批。

5.6.4 施工工艺与设计（施工）方案一致。

5.6.5 施工参数符合设计要求，施工记录齐全。

5.6.6 注浆机械检验合格，监控表计在鉴定有效期内，鉴定证书齐全有效。

5.6.7 标准贯入试验检测、动力触探、静力触探等原位测试试验检测和室内试验检测符合标准规定，加固地层的压缩性、强度、渗透性、湿陷性、均匀性等指标满足设计要求。

5.6.8 注浆加固地基承载力静载荷试验检测数量符合标准规定，检测报告结论满足设计要求。

5.6.9 施工质量的检验项目、方法、数量符合标准规定，检验结果符合设计要求，质量验收记录齐全。

5.7 微型桩加固工程的监督检查

5.7.1 设计前已通过现场试验或试验性施工，确定了设计参数和施工工艺参数。

5.7.2 微型桩加固技术方案、施工方案齐全，已审批。

5.7.3 原材料质量证明文件齐全。

5.7.4 微型桩施工工艺与设计（施工）方案一致。

5.7.5 树根桩施工允许偏差、成孔、吊装、灌注、填充、加压、保护等符合标准规定。

5.7.6 预制桩预制过程（包括连接件）、压桩力、接桩和截桩等符合标准规定。

5.7.7 注浆钢管桩水泥浆灌注的注浆方法、时间间隔，钢管连接方式、焊接质量符合标准规定。

5.7.8 混凝土和砂浆抗压强度、钢构件防腐及钢筋保护层厚度符合标准规定。

5.7.9 施工参数符合设计要求，施工记录齐全。

5.7.10 地基（基桩）承载力检测数量符合标准规定，检测报告结论满足设计要求。

5.7.11 施工质量的检验项目、方法、数量符合标准规定，检验结果满足设计要求，质量验收记录齐全。

5.8 灌注桩工程的监督检查

5.8.1 当需要提供设计参数和施工工艺参数时，应按试桩方案进行试桩确定。

5.8.2 灌注桩技术方案、施工方案齐全，已审批。

5.8.3 钢筋、水泥、砂、石、掺合料及钢筋连接材料等质量证明文件齐全、现场见证取样检验报告齐全。

5.8.4 施工参数符合设计要求，施工记录齐全。

5.8.5 混凝土强度试验等级符合设计要求，试验报告齐全。

5.8.6 钢筋连接接头试验合格，报告齐全。

5.8.7 桩基础施工工艺与设计（施工）方案一致。

5.8.8 人工挖孔桩终孔时，持力层检验记录齐全。

5.8.9 人工挖孔灌注桩、干成孔灌注桩、套管成孔灌注桩、泥浆护壁钻孔灌注桩成孔的桩径、垂直度、孔底沉渣厚度、钢筋保护层厚度及桩位的偏差符合标准规定。

5.8.10 工程桩承载力检测结论满足设计要求，桩身质量的检验符合标准规定，报告齐全。

5.8.11 施工质量的检验项目、方法、数量符合标准规定，检验结果满足设计要求，质量验收记录齐全。

5.9 预制桩工程的监督检查

5.9.1 当需要提供设计参数和施工工艺参数时，应按试桩方案进行试桩确定。

5.9.2 预制桩工程施工组织设计、施工方案齐全，已审批。

5.9.3 静压桩、锤击桩施工工艺与设计（施工）方案一致。

5.9.4 施工参数符合设计要求，施工记录齐全。

5.9.5 桩体和连接材料的质量证明文件齐全。

5.9.6 桩身混凝土强度与强度评定符合标准规定和设计要求。

5.9.7 桩身检测、接桩接头检测合格，报告齐全。

5.9.8 基桩承载力检测数量符合标准规定，检测报告结论满足设计要求。

5.9.9 施工质量的检验项目、方法、数量符合标准规定，检验结果满足设计要求，质量验收记录齐全。

5.10 基坑工程的监督检查

5.10.1 设计前已通过现场试验或试验性施工，确定了设计参数和施工工艺参数。

5.10.2 基坑施工方案、基坑监测技术方案齐全，已审批；深基坑施工方案经专家评审，评审资料齐全。

5.10.3 施工参数符合设计要求，施工记录齐全。

5.10.4 钢筋、混凝土、锚杆、桩体、土钉、钢材等质量证明文件齐全。

5.10.5 钻芯、抗拔、声波等试验合格，报告齐全。

5.10.6 施工工艺与设计（施工）方案一致；基坑监测实施与方案一致。

5.10.7 施工质量的检验项目、方法、数量符合标准规定，检验结果满足设计要求，质量验收记录齐全。

5.11 边坡工程的监督检查

5.11.1 设计有要求时，通过现场试验和试验性施工，确定设计参数和施工工艺参数。

5.11.2 边坡处理技术方案，施工方案及边坡位移沉降观测方案齐全已审批。

5.11.3 施工工艺与设计（施工）方案一致。

5.11.4 钢筋、水泥、砂、石、外加剂等原材料质量证明文件齐全。

5.11.5 施工参数符合设计要求，施工记录齐全。

5.11.6 灌注排桩数量符合设计要求；喷射混凝土护壁厚度和强度的检验符合设计要求；锚孔施工、锚杆灌浆和张拉符合设计要求，资料齐全。

5.11.7 泄水孔位置、边坡坡度、反滤层、回填土、挡土墙伸缩缝（沉降缝）位置和填塞物、边坡排水系统符合设计要求；边坡位移监测数据符合标准规定。

5.11.8 施工质量的检验项目、方法、数量符合标准规定，检验结果满足设计要求，质量验收记录齐全。

5.12 湿陷性黄土地基的监督检查

5.12.1 经处理的湿陷性黄土地基，检测其湿陷量消除指标符合设计要求。

5.12.2 桩基础在非自重湿陷性黄土场地，桩端支承在压缩性较低的非湿陷性黄土层中；在自重湿陷性黄土场地，桩端支承在可靠的岩（土）层中。

5.12.3 单桩竖向承载力通过现场静载荷浸水试验，结果满足设计要求。

5.12.4 灰土、土挤密桩进行了现场静载荷浸水试验，结果满足设计要求。

5.12.5 填料不得选用盐渍土、膨胀土、冻土、含有机质的不良土料和粗颗粒的透水性（如砂、石）材料。

5.13 液化地基的监督检查

5.13.1 采用振冲或挤密碎石桩加固的地基，处理后液化等级与液化指数符合设计要求。

5.13.2 桩进入液化土层以下稳定土层的长度符合标准规定。

5.14 冻土地基的监督检查

5.14.1 所用热棒、通风管管材、保温隔热材料，产品质量证明文件齐全，复试合格。

5.14.2 热棒、通风管、保温隔热材料施工记录齐全，记录数据和实际相符。

5.14.3 地温观测孔及变形监测点设置符合标准规定。

5.14.4 季节性冻土、多年冻土地基融沉和承载力满足设计要求。

5.15 膨胀土地基的监督检查

5.15.1 设计前已通过现场试验或试验性施工，确定了设计参数和施工工艺参数。

5.15.2 膨胀土地基处理技术方案、施工方案齐全，已审批。

5.15.3 施工工艺与设计、施工方案一致。

5.15.4 钢筋、水泥、砂石骨料、外加剂等主要原材料质量证明文件齐全。

5.15.5 施工参数符合设计要求，施工记录齐全。

5.15.6 地基承载力检测数量符合标准规定，检测报告结论满足设计要求。

5.15.7 施工质量的检验项目、方法、数量符合标准规定，检验结果满足设计要求，质量验收记录齐全。

6 质量监督检测

6.0.1 开展现场质量监督检查时，应重点对下列项目的检测试验报告和检测数量进行查验，必要时可进行验证性抽样检测。对检验指标或结论有怀疑时，必须进行检测。

（1）砂、石、水泥、钢材、外加剂等原材料的主要技术性能；

（2）垫层地基的压实系数；

（3）地基承载力；

（4）桩基础工程桩的桩身偏差和完整性；

（5）桩身混凝土强度；

（6）单桩承载力。

第 2 节点　主体结构施工前监督检查

1　总则

1.0.1　本部分适用于光伏发电工程的升压站建（构）筑物主体结构施工前的质量监督检查。

1.0.2　主体结构施工前质量监督检查应在主要基础工程隐蔽前完成。

1.0.3　本部分所列检查内容应逐条检查，检查方式为重点抽查验证。

1.0.4　本阶段监督检查时，可针对采用新技术、新工艺、新流程、新装备、新材料的具体情况，按批准文件补充编制监督检查细则。

2　监督检查依据

监督检查组在开展本部分监督检查工作时，监检人员应当按照专业划分，熟练掌握以下标准。引进国外设备的工程，还需要熟悉和掌握合同约定的其他标准。

《建筑工程施工质量验收统一标准》（GB 50300）

《工程测量规范》（GB 50026）

《建筑地基基础工程施工质量验收规范》（GB 50202）

《混凝土结构工程施工规范》（GB 50666）

《混凝土质量控制标准》（GB 50164）

《混凝土结构工程施工质量验收规范》（GB 50204）

《大体积混凝土施工规范》（GB 50496）

《混凝土外加剂应用技术规范》（GB 50119）

《钢筋混凝土用钢　第 1 部分：热轧光圆钢筋》（GB 1499 1）

《钢筋混凝土用钢　第 2 部分：热轧带肋钢筋》（GB 1499 2）

《地下防水工程质量验收规范》（GB 50208）

《房屋建筑和市政基础设施工程质量检测技术管理规范》（GB 50618）

《光伏发电站施工规范》（GB 50794）

《电力建设施工质量验收及评价规程　第 1 部分：土建工程》（DL/T 5210.1）

《电力工程施工测量技术规范》（DL/T 5445）

《钢筋机械连接技术规程》（JGJ 107）

《钢筋焊接及验收规程》（JGJ 18）

《混凝土用水标准》（JGJ 63）

《建筑工程检测试验技术管理规范》（JGJ 190）

《建筑工程冬期施工规程》（JGJ/T 104）

《房屋建筑工程和市政基础设施工程实行见证取样和送检的规定》（建建〔2000〕211 号）

3　监督检查应具备的条件

3.0.1　主要建（构）筑物基础工程施工完，验收签证完，验收发现的不符合项已处理。

3.0.2　基础工程隐蔽前。

4　责任主体质量行为的监督检查

4.1　建设单位质量行为的监督检查

4.1.1　建筑物主体工程开工手续已审批。

4.1.2　本阶段工程采用的专业标准清单已审批。

4.1.3　组织完成设计交底和施工图会检。

4.1.4　组织工程建设标准强制性条文实施情况的检查。

4.1.5　采用的新技术、新工艺、新流程、新装备、新材料已审批。

4.1.6　无任意压缩合同约定工期的行为。

4.2　勘察设计单位质量行为的监督检查

4.2.1　设计图纸交付进度能保证连续施工。

4.2.2　设计更改、技术洽商等文件完整、手续齐全。

4.2.3　工程建设标准强制性条文落实到位。

4.2.4　设计代表工作到位、处理设计问题及时。

4.2.5　按规定参加施工主要控制网（桩）验收和地基验槽签证。

4.2.5　进行了本阶段工程实体质量与设计的符合性确认。

4.3　监理单位质量行为的监督检查

4.3.1　特殊施工技术措施已审批。

4.3.2　检测仪器和工具配置满足监理工作需要。

4.3.3　已按验收规范规程，对施工现场质量管理进行了检查。

4.3.4　进场的工程材料、构配件的质量审查工作、原材料复检的见证取样实施正常。

4.3.5　按设定的工程质量控制点，对质量控制点进行了检查。

4.3.6　工程建设标准强制性条文检查到位。

4.3.7　隐蔽工程验收记录签证齐全。

4.3.8　按照基础施工质量验收项目划分表完成规定的验收工作。

4.3.9　质量问题及处理台账完整，记录齐全。

4.4　施工单位质量行为的监督检查

4.4.1　专业施工组织设计已审批。

4.4.2　质量检查及特殊工种人员持证上岗。

4.4.3　施工方案和作业指导书已审批，技术交底记录齐全。重大施工方案或特殊专项措施经专项评审。

4.4.4　计量工器具经检定合格，且在有效期内。

4.4.5　按照检测试验项目计划进行了取样和送检，台账完整。

4.4.6　原材料、成品、半成品、商品混凝土的跟踪管理台账清晰，记录完整。

4.4.7　质量检验管理制度已落实。

4.4.8　建筑专业绿色施工措施已制定、实施。

4.4.9　工程建设标准强制性条文实施计划已执行。

4.4.10 无违规转包或者违法分包工程行为。

4.5 检测试验机构质量行为的监督检查

4.5.1 检测试验机构已经监理审核，并通过能力认定，其现场派出机构（现场试验室）满足规定条件，并已报质量监督机构备案。

4.5.2 检测试验人员资格符合规定，持证上岗。

4.5.3 检测试验仪器、设备检定合格，且在有效期内。

4.5.4 检测试验依据正确、有效，检测试验报告及时、规范。

4.5.5 现场标养室条件符合要求。

5 工程实体质量的监督检查

5.1 工程测量的监督检查

5.1.1 测量控制方案内容齐全有效。

5.1.2 各建（构）筑物定位放线控制桩设置规范，保护完好。

5.1.3 测量仪器检定有效，测量记录齐全。

5.1.4 沉降观测点设置符合设计要求及规程规定，观测记录齐全。

5.2 混凝土基础的监督检查

5.2.1 钢筋、水泥、砂、石、粉煤灰、外加剂、拌合用水及焊材、焊剂等原材料性能证明文件齐全；现场见证取样检验合格，报告齐全；商品混凝土检验合格，报告齐全。

5.2.2 长期处于潮湿环境的重要混凝土结构用砂、石碱活性检验合格。

5.2.3 用于配制钢筋混凝土的海砂氯离子含量检验合格。

5.2.4 焊接工艺、机械连接工艺试验合格；钢筋焊接接头、机械连接试件截取符合规范、试验合格，报告齐全。

5.2.5 混凝土强度等级满足设计要求，试验报告齐全。

5.2.6 混凝土浇筑记录齐全，试件抽取、留置符合规范。

5.2.7 混凝土结构外观质量和尺寸偏差与验收记录相符。

5.2.8 大体积混凝土温控计算书、测温、养护资料齐全完整。

5.2.9 贮水（油）池等构筑物满水试验合格，签证记录齐全。

5.2.10 杯口基础位置准确，尺寸偏差符合规范规定；预埋地脚螺栓基础，地脚螺栓位置尺寸偏差符合规范，外露长度一致。

5.2.11 隐蔽验收、质量验收记录符合要求，记录齐全。

5.2.12 基础部分防雷接地施工验收、隐蔽记录齐全。

5.3 基础防腐（防水）的监督检查

5.3.1 防腐（防水）材料性能证明文件齐全，复试报告齐全。

5.3.2 防腐（防水）层的厚度符合设计要求，粘接牢固，表面无损伤。

5.4 冬期施工的监督检查

5.4.1 冬期施工措施和越冬保温措施内容齐全有效。

5.4.2 原材料预热、选用的外加剂、混凝土拌合和浇筑条件、试件抽取留置符合规定。

5.4.3 冬期施工的混凝土工程，养护条件、测温次数符合规范规定，记录齐全。

5.4.4 冬期停、缓建工程，停止位置的混凝土强度符合设计和规范规定。

6 质量监督检测

6.0.1 开展现场质量监督检查时，应重点对下列项目的检测试验报告进行查验，必要时可进行验证性抽样检测。对检验指标或结论有怀疑时，必须进行检测。

（1）钢筋、水泥、砂、石、拌合用水、掺合料、外加剂、混凝土、钢筋连接接头、预制混凝土构件等检测试验报告；

（2）防腐和防水材料性能等检测试验报告；

（3）回填土检测试验报告。

第3节点 建筑工程交付使用前监督检查

1 总则

1.0.1 本部分适用于光伏发电工程的建筑工程投入使用前阶段的质量监督检查。

1.0.2 本部分所列检查内容应逐条检查，检查方式为重点抽查验证。

1.0.3 本阶段监督检查时，可针对采用新技术、新工艺、新流程、新装备、新材料的具体情况，按批准文件补充编制监督检查细则，整体装配式升压站监督检查参照执行。

2 监督检查依据

监督检查组在开展本部分监督检查工作时，监检人员应当按照专业划分，熟练掌握以下标准。引进国外设备的工程，还需要熟悉和掌握合同约定的其他标准。

《建筑工程施工质量验收统一标准》（GB 50300）

《屋面工程质量验收规范》（GB 50207）

《地下防水工程质量验收规范》（GB 50208）

《建筑地面工程施工质量验收规范》（GB 50209）

《建筑装饰装修工程质量验收规范》（GB 50210）

《建筑给水排水及采暖工程施工质量验收规范》（GB 50242）

《通风与空调工程施工质量验收规范》（GB 50243）

《建筑电气工程施工质量验收规范》（GB 50303）

《智能建筑工程质量验收规范》（GB 50339）

《建筑节能工程施工质量验收规范》（GB 50411）

《建筑物防雷工程施工与质量验收规范》（GB 50601）

《建筑电气照明装置施工与验收规范》（GB 50617）

《民用建筑工程室内环境污染控制规范》（GB 50325）

《电力建设施工质量验收及评价规程　第1部分：土建工程》（DL/T 5210.1）

《电力工程施工测量技术规范》（DL/T 5445）

《玻璃幕墙工程技术规范》（JGJ 102）

《外墙饰面砖工程施工及验收规范》（JGJ 126）

《建筑工程检测试验技术管理规范》（JGJ 190）

3 监督检查应具备的条件

3.0.1 建筑工程（包括装饰、装修工程）全部完工，质量验收合格，验收发现的不符合项已处理。

3.0.2 消防设施已验收，具备投运条件。

4 责任主体质量行为的监督检查

4.1 建设单位质量行为的监督检查

4.1.1 取得了当地消防主管部门同意使用的书面材料。

4.1.2 组织工程建设标准强制性条文实施情况的检查。

4.1.3 采用的新技术、新工艺、新流程、新装备、新材料已审批。

4.1.4 无任意压缩合同约定工期的行为。

4.2 设计单位质量行为的监督检查

4.2.1 设计更改、技术洽商等文件完整、手续齐全。

4.2.2 工程建设标准强制性条文落实到位。

4.2.3 设计代表工作到位、处理设计问题及时。

4.2.4 按规定参加质量验收。

4.2.5 进行了本阶段工程实体质量与设计的符合性确认。

4.3 监理单位质量行为的监督检查

4.3.1 完成监理规范规定的审核、批准工作。

4.3.2 检测仪器和工具配置满足监理工作需要。

4.3.3 对进场工程材料、设备、构配件的质量进行检查验收。

4.3.4 开展原材料复检的见证取样，见证人员具备相应资格。

4.3.5 按主体结构工程设定的工程质量控制点，完成见证、旁站监理。

4.3.6 工程建设标准强制性条文检查到位。

4.3.7 隐蔽工程验收记录签证齐全。

4.3.8 按照施工质量验收项目划分表完成规定的验收工作。

4.3.9 施工质量问题及处理台账完整，记录齐全。

4.4 施工单位质量行为的监督检查

4.4.1 特殊工种人员持证上岗。

4.4.2 施工方案和作业指导书已审批，技术交底记录齐全。

4.4.3 计量工器具经检定合格，且在有效期内。

4.4.4 依据检测试验项目计划进行检测试验。

4.4.5 主要原材料、成品、半成品的跟踪管理台账清晰，记录完整。

4.4.6 专业绿色施工措施已实施。

4.4.7 工程建设标准强制性条文实施计划已执行。

4.4.8　无违规转包或者违法分包工程行为。

4.5　检测试验机构质量行为的监督检查

4.5.1　检测试验机构已经监理审核，并通过能力认定，其现场派出机构（现场试验室）满足规定条件，并已报质量监督机构备案。

4.5.2　检测试验人员资格符合规定，持证上岗。

4.5.3　检测试验仪器、设备检定合格，且在有效期内。

4.5.4　检测试验依据正确、有效，检测试验报告及时、规范。

5　工程实体质量的监督检查

5.1　楼地面、屋面工程的监督检查

5.1.1　楼地面、屋面工程使用的原材料和产品质量证明文件齐全，重要材料复检合格。

5.1.2　楼地面、屋面工程施工完毕，隐蔽验收、质量验收签证记录齐全。

5.1.3　防水地面无渗漏，排水坡向正确、无积水，穿过楼板地面的立管、套管、地漏等四周应进行密封处理，隐蔽验收记录齐全；有防滑要求的地面，必须符合防滑要求。

5.1.4　屋面淋水（蓄水）试验合格。

5.1.5　种植屋面载荷符合设计要求。

5.1.6　严寒地区的坡屋面檐口有防冰雪融坠设施。

5.1.7　有排水要求的厨房、卫生间等地面与相邻地面应有一定的标高差，且符合设计要求。

5.2　门窗工程的监督检查

5.2.1　门窗材料及配件质量证明文件齐全，符合设计和现行规范的规定。

5.2.2　门窗工程施工完毕，隐蔽验收、质量验收记录齐全。

5.2.3　建筑门窗应安装牢固，推拉门窗扇有防脱落、防室外侧拆卸装置。

5.2.4　门窗工程性能检测复验报告齐全。

5.3　装饰装修工程的监督检查

5.3.1　装饰装修工程所使用的材料性能证明文件齐全。

5.3.2　装饰装修工程施工完毕，隐蔽验收、质量验收记录齐全。

5.3.3　外墙饰面砖、保温板材粘结或连接牢固，强度检验合格，报告齐全。

5.3.4　后置锚固件试验及连接应符合设计要求。

5.3.5　护栏安装牢固，护栏高度、栏杆间距、挡板安装位置符合设计要求。

5.3.6　幕墙工程验收符合设计和规范规定。

5.3.7　室内建筑环境检测，应符合标准规定。

5.4　给排水及采暖工程的监督检查

5.4.1　管材和阀门等材料选用符合设计要求；

5.4.2　管路系统和设备水压试验无渗漏，灌水、通水、通球试验签证记录齐全。

5.4.3　给排水及采暖工程施工完毕，隐蔽验收、质量验收记录齐全。

5.4.4　管道排列整齐、连接牢固，坡度、坡向正确；支吊架、伸缩补偿节、穿墙套管等安装位置符合设计要求。

5.4.5 管路系统冲洗合格。

5.5 建筑电气工程的监督检查

5.5.1 建筑电气工程施工完毕，隐蔽验收、质量验收记录齐全。

5.5.2 电气设备安装符合设计要求，接地装置安装正确，接地阻抗测试值符合规范规定。

5.5.3 开关、插座、灯具安装规范，照明全负荷试验记录齐全。

5.5.4 建（构）筑物和设备的防雷接地可靠、可测，接地阻抗测试值符合设计或规范规定，签证记录齐全。

5.5.5 金属电缆导管，必须可靠接地或接零，并符合规范规定。

5.6 通风及空调工程的监督检查

5.6.1 通风管道的材质、性能必须符合设计和规范规定。

5.6.2 通风与空调系统施工完毕，隐蔽验收、质量验收记录齐全。

5.6.3 通风与空调系统调试合格，功能正常，记录齐全。

5.6.4 通风与空调设施传动装置的外露部位及进、排气口防护措施可靠。

5.6.5 管道穿过建筑物的墙体、楼板时，与建筑物结合处的处理措施可靠，并符合设计和规范规定。

5.7 智能建筑工程的监督检查

5.7.1 智能建筑工程施工完毕，功能正常，质量验收记录齐全。

5.7.2 智能化系统运行正常，检测试验记录齐全。

5.8 节能工程的监督检查

5.8.1 节能工程材料质量证明文件和复验报告齐全。

5.8.2 后置锚固件现场拉拔试验合格，报告齐全。

5.8.3 建筑节能工程施工完毕，验收记录齐全。

5.8.4 系统调试合格，功能满足设计要求。

6 质量监督检测

6.0.1 开展现场质量监督检查时，应重点对下列项目的检测试验报告进行查验，必要时可进行验证性抽样检测。对检验指标或结论有怀疑时，必须进行检测。

（1）工程的防水材料、保温材料的主要技术性能；

（2）后置埋件、结构密封胶及饰面砖粘贴的主要技术性能；

（3）保温隔热材料及其基层的粘结、幕墙玻璃及外窗的主要技术性能；

（4）室内环境检测、饮用水质量检测。

第4节点 升压站受电前监督检查

1 总则

1.0.1 本部分适用光伏发电工程升压站受电前阶段的质量监督检查。

1.0.2 光伏发电工程升压站受电前质量监督检查应在升压站受电前完成。

1.0.3　本部分所列检查内容应逐条检查，检查方式为重点抽查验证。

1.0.4　本阶段监督检查时，可针对采用新技术、新工艺、新流程、新装备、新材料的具体情况，按批准文件补充编制监督检查细则。

2　监督检查依据

监督检查组在开展本部分监督检查工作时，监检人员应当按照专业划分，熟练掌握以下标准。引进国外设备的工程，还需要熟悉和掌握合同约定的其他标准。

《建筑工程施工质量验收统一标准》（GB 50300）

《混凝土结构工程施工质量验收规范》（GB 50204）

《钢结构施工规范》（GB 50755）

《钢结构工程施工质量验收规范》（GB 50205）

《电气装置安装工程高压电器施工及验收规范》（GB 50147）

《电气装置安装工程电力变压器、油浸电抗器、互感器施工及验收规范》（GB 50148）

《电气装置安装工程母线装置施工及验收规范》（GB 50149）

《电气装置安装工程电气设备交接试验标准》（GB 50150）

《电气装置安装工程电缆线路施工及验收规范》（GB 501GB）

《电气装置安装工程接地装置施工及验收规范》（GB 50169）

《电气装置安装工程盘、柜及二次回路接线施工及验收规范》（GB 50171）

《电气装置安装工程蓄电池施工及验收规范》（GB 50172）

《电气装置安装工程低压电器施工及验收规范》（GB 50254）

《电力变压器　第 11 部分：干式变压器)》（GB 10194.11）

《静止无功补偿装置（SVC）功能特性》（GB/T 20298）

《电力建设施工质量验收及评价规程　第 1 部分：土建工程》（DL/T 5210.1）

《电力工程施工测量技术规范》（DL/T5445）

《110kV 及以上送变电工程启动及竣工验收规程》（D L /T 782）

《继电保护和电网安全自动装置检验规程》（DL/T995）

《电气装置安装工程质量检验及评定规程》（DL/T5161）

《钢结构高强螺栓连接技术规程》（JGJ 82）

《建筑钢结构防腐蚀技术规程》（JGJ/T 251）

《防止电力生产事故的二十五项重点要求》（国能安全〔2014〕161 号）

3　监督检查应具备的条件

3.0.1　升压站受电范围内的建筑、安装工程已按设计施工、调试完成，并验收签证。

3.0.2　工程验收检查组按规定完成相关项目的检查与验收，验收中发现的不符合项已处理完成。

3.0.3　生产运行准备工作已经就绪。

4 责任主体质量行为的监督检查

4.1 建设单位质量行为的监督检查

4.1.1 按规定组织进行设计交底、施工图会检和受电方案交底。

4.1.2 组织完成升压站建筑、安装和调试项目的验收。

4.1.3 对工程建设标准强制性条文执行情况进行汇总。

4.1.4 启动验收组织已建立，各专业组按职责正常开展工作。

4.1.5 受电方案已报电网调度部门，并取得保护定值和设备命名文件。

4.1.6 升压站的安全、保卫、消防等工作已经布置落实。

4.1.7 受电后的管理方式已确定。

4.1.8 采用的新技术、新工艺、新流程、新装备、新材料已审批。

4.1.9 无任意压缩合同约定工期的行为。

4.1.10 各阶段质量监督检查提出的整改意见已落实闭环。

4.2 设计单位质量行为的监督检查

4.2.1 技术洽商、设计更改等文件完整、手续齐全。

4.2.2 设计代表工作到位、处理设计问题及时。

4.2.3 参加规定项目的质量验收工作。

4.2.4 工程建设标准强制性条文落实到位。

4.2.5 进行了工程实体质量与设计符合性的确认。

4.3 监理单位质量行为的监督检查

4.3.1 专业监理人员配备合理，资格证书与承担的任务相符。

4.3.2 专业施工组织设计和调试方案已审查。

4.3.3 特殊施工技术措施已审批。

4.3.4 组织或参加设备、材料的到货检查验收。

4.3.5 工程建设标准强制性条文检查到位。

4.3.6 隐蔽工程验收记录签证齐全。

4.3.7 完成相关施工、试验和调试项目的质量验收并汇总。

4.3.8 质量问题及处理台账完整，记录齐全。

4.4 施工单位质量行为的监督检查

4.4.1 企业资质与合同约定的业务相符。

4.4.2 项目部组织机构健全，专业人员配备实施动态管理并报审。

4.4.3 项目经理资格符合要求并经本企业法定代表人授权。变更须报建设单位批准。

4.4.4 质量检查及特殊工种人员持证上岗。

4.4.5 专业施工组织设计已审批。

4.4.6 施工方案和作业指导书已审批，技术交底记录齐全。重大施工方案或特殊措施经专项评审。

4.4.7 计量工器具经检定合格，且在有效期内。

4.4.8 专业绿色施工措施已实施。

4.4.9　单位工程开工报告已审批。

4.4.10　检测试验项目的检测报告齐全。

4.4.11　工程建设标准强制性条文实施计划已执行。

4.4.12　按批准的验收项目划分表完成质量检验。

4.4.13　施工、调试验收中的不符合项已整改。

4.4.14　无违规转包或者违法分包工程行为。

4.5　调试单位质量行为的监督检查

4.5.1　企业资质与合同约定的业务相符。

4.5.2　项目部专业人员配置合理，调试人员持证上岗。

4.5.3　调试措施审批手续齐全。

4.5.4　调试使用的仪器、仪表检定合格并在有效期内。

4.5.5　已完项目的试验和调试报告已编制。

4.5.6　投运范围内的设备和系统已按规定全部试验和调试完毕并签证。

4.5.7　工程建设标准强制性条文实施计划已执行。

4.6　生产运行单位质量行为的监督检查

4.6.1　生产运行管理组织机构健全，满足生产运行管理工作的需要。

4.6.2　运行人员经相关部门培训上岗。

4.6.3　运行管理制度、操作规程、运行系统图册已发布实施。

4.7　检测试验机构质量行为的监督检查

4.7.1　检测试验机构已经监理审核，并通过能力认定，其现场派出机构（现场试验室）满足规定条件，并已报质量监督机构备案。

4.7.2　检测试验人员资格符合规定，持证上岗。

4.7.3　检测试验仪器、设备检定合格，且在有效期内。

4.7.4　检测试验依据正确、有效，检测试验报告及时、规范。

5　工程实体质量的监督检查

5.1　建筑专业的监督检查

5.1.1　建筑工程已按设计完工；升压站内道路通畅、照明完好，沟道盖板平整、齐全，环境整洁。

5.1.2　排水、防洪设施已完工，符合设计要求。

5.1.3　消防器材配备完善，消防通道畅通。

5.1.4　升压站主要建（构）筑物和重要设备基础沉降均匀。各沉降观测点设置规范、保护完好，观测记录、曲线和成果报告完整，符合规程规范要求。

5.1.5　主体结构用钢筋、水泥、砂、石、连接件等原材料性能证明文件齐全，现场见证取样检验合格，复试报告齐全。

5.1.6　砌体结构中所用原材料性能的证明文件齐全，检测合格、报告齐全。

5.1.7　混凝土强度等级、砂浆强度等级符合设计要求，试验报告齐全。

5.1.8　混凝土杆、钢管杆、钢构件等产品质量技术文件齐全，外观检查符合设计及规范要求。

5.1.9 钢结构用钢材、高强度螺栓连接副、地脚螺栓、防腐、涂料、焊材等材料性能证明文件齐全。

5.1.10 钢结构现场焊接焊缝检验合格；钢结构、钢网架变形测量记录齐全，偏差符合设计及规范要求。

5.1.11 钢结构防腐（防火）涂料涂装遍数、涂层厚度符合设计及规范要求，记录齐全。

5.1.12 主体结构实体睑测合格，报告齐全。

5.1.13 建（构）筑物的栏杆、钢制门窗、幕墙支架等外露的金属物，应有可靠的接地，并有明显的标识。

5.1.14 建（构）筑物外观质量符合规范要求。

5.1.15 隐蔽工程验收记录、质量验收记录齐全。

5.2 电气专业的监督检查

5.2.1 带电设备的安全净距符合规定，电气连接可靠。

5.2.2 电力变压器（含油浸电抗器）箱体密封良好，油位正常；绝缘油检验合格；事故排油和防火措施齐全；气体继电器、温度计校验合格；变压器本体外壳、铁芯和夹件及中性点工作接地可靠，引下线截面及与主接地网连接符合设计要求；调压装置指示正确；报告齐全。

5.2.3 断路器、隔离开关、接地开关分合闸指示正确，接地可靠；油（气）操动机构无渗漏现象；隔离开关接触电阻及断路器三相同期值符合规定。

5.2.4 电容器布置、接线正确，保护回路完整，无损伤、渗漏及变形现象。

5.2.5 互感器外观完好、油位或气压正常，接地可靠；电流互感器备用二次绕组短接并可靠接地。

5.2.6 避雷器外观及安全装置完好，排气口朝向合理，接地符合规范规定；在线监测装置接地可靠，安装方向便于观察。

5.2.7 无功补偿装置功能特性和电气参数符合设计要求，报告齐全。

5.2.8 母线的螺栓连接质量检查合格，软母线压接和硬母线的焊接验收合格。

5.2.9 低压电器设备完好，标识清晰。

5.2.10 组合电器直接接地部分连接可靠，膨胀伸缩装置安装规范；充气设备气体压力、密度继电器报警和闭锁值符合产品技术要求，SF6气体检验合格，报告齐全。

5.2.11 电缆本体、附件和附属设施的产品技术资料齐全；电缆敷设符合设计及规范要求，防火封堵严密、阻燃措施符合要求，试验合格；金属电缆支架接地良好。

5.2.12 防雷接地、设备接地和接地网连接可靠，标识符合规定，验收签证齐全。

5.2.13 电气设备及防雷设施的接地阻抗测试符合设计要求，报告齐全。

5.2.14 盘柜安装牢固、接地可靠；柜内一次设备的安装质量符合要求，照明装置齐全；盘、柜及电缆管道封堵完好，应有防积水、防结冰、防潮、防雷等措施；操作与联动试验合格；二次回路连接可靠，标识齐全清晰，绝缘符合要求。

5.2.15 二次设备等电位接地网独立设置。

5.2.16 电气设备防误闭锁装置齐全。

5.2.17 蓄电池组标识正确、清晰，充放电试验合格，记录齐全；直流电源系统安装、调试合格。

5.2.18 综合自动化系统配置齐全，调试合格。

5.2.19 电测仪表校验合格，并粘贴检验合格证。

5.3 调整试验的监督检查

5.3.1 主变压器（电抗器）绕组连同套管相关交接试验（特殊试验）项目齐全、试验结果合格。

5.3.2 组合电器及断路器相关交接试验合格。

5.3.3 互感器绕组的绝缘电阻合格，互感器参数测试合格。

5.3.4 金属氧化物避雷器试验及基座的绝缘电阻检测报告齐全。

5.3.5 升压站接地网接地阻抗测试合格，符合设计要求。

5.3.6 电流、电压、控制、信号等二次回路绝缘符合规范要求；断路器、隔离开关、有载分接开关传动试验动作可靠，信号正确；保护和自动装置动作准确、可靠，信号正确，压板标识正确。

5.3.7 保护及安全自动装置、远动、通信、综合自动化系统、电能质量在线监测装置等调试记录与试验项目齐全，试验结果合格；继电保护装置已完成整定；线路双侧保护联调合格，通信正常。

5.3.8 不停电电源（UPS）供电可靠，切换时间和输出波形失真度符合要求。

5.4 生产运行准备的监督检查

5.4.1 典型操作票已编制完毕，应急预案及现场处置方案已组织学习、演练。

5.4.2 控制室与电网调度之间的通信联络通畅。

5.4.3 电气设备运行操作所需的安全工器具、仪器、仪表、防护用品以及备品、备件等配置齐全，检验合格。

5.4.4 受电区域与非受电区域及运行区域隔离可靠，警示标识齐全、醒目。

5.4.5 设备的名称和双重编号及盘、柜双面标识准确、齐全；电气安全警告标示牌内容和悬挂位置正确、齐全、醒目。

6 质量监督检测

6.0.1 开展现场质量监督检查时，应重点对下列项目的检测试验报告进行查验，必要时可进行验证性抽样检测。对检验指标或结论有怀疑时，必须进行检测。

（1）混凝土强度检测；

（2）钢筋混凝土保护层检测；

（3）电力电缆两端相位一致性检测；

（4）接地装置接地阻抗测试；

（5）变压器（油浸电抗器）局放测试及绕组变形测试；

（6）二次回路绝缘电阻测试；

（7）不停电电源（UPS）系统切换试验；

（8）和电网连接的断路器模拟保护出口跳闸断路器试验或断路器分闸最小动作电压的测量。

第5部分　商业运行前监督检查

1　总则

1.0.1　本部分适用于光伏发电工程商业运行前阶段的质量监督检查。

1.0.2　光伏发电工程商业运行前质量监督检查应在光伏电站完成启动试运后进行。

1.0.3　本部分所列检查内容应逐条检查，检查方式为重点抽查验证。

1.0.4　本阶段监督检查时，可针对采用新技术、新工艺、新流程、新装备、新材料的具体情况，按批准文件补充编制监督检查细则。

2　监督检查依据

监督检查组在开展本部分监督检查工作时，监检人员应当按照专业划分，熟练掌握以下标准。引进国外设备的工程，还需要熟悉和掌握合同约定的其他标准。

《建筑工程施工质量验收统一标准》（GB 50300）

《光伏系统并网技术要求》（GB/T 19939）

《光伏发电站接入电力系统技术规定》（GB/T 19964）

《光伏发电工程验收规范》（GB/T 50796）

《光伏（pv）系统电网接口特性》（GB/T 20046）

《电能质量公用电网谐波》（GB/T 14549）

《电能质量三项电压不平衡》（GB/T 15543）

《电能质量供电电压偏差》（GB/T 12325）

《继电保护和安全自动装置技术规程》（GB/T 14285）

《电力变压器运行规程》（DL/T 572）

《微机继电保护装置运行管理规程》（DL/T 587）

《工程建设标准强制性条文》（电力工程部分）

3　监督检查应具备的条件

3.0.1　建筑、安装施工项目已按设计全部完成，并验收签证。

3.0.2　光伏电站按规定完成启动试运，并验收签证。

3.0.3　试运过程中发现的不符合项处理完毕。

3.0.4　光伏电站处于正常运行状态。

4　责任主体质量行为的监督检查

4.1　建设单位质量行为的监督检查

4.1.1　取得了当地消防主管部门同意使用的书面材料。

4.1.2　组织完成建筑、安装、调试项目的验收。

4.1.3　组织完成光伏电站考核试运验收工作。

4.1.4 光伏电站启动试运过程中发现的不符合项处理完毕并验收签证。

4.1.5 移交生产遗留的主要问题已制定实施计划并采取相应的措施。

4.1.6 完成工程项目的工程建设强制性条文实施情况总结。

4.1.7 已办理移交生产签证。

4.1.8 质量监督各阶段提出的问题闭环整改完成。

4.2 设计单位质量行为的监督检查

4.2.1 对光伏电站启动试运过程中发现的设计问题提出修改或处理意见。

4.2.2 编制设计更改文件汇总清单。

4.2.3 工程建设标准强制性条文实施记录完整。

4.2.4 完成工程设计质量检查报告，确认工程质量是否达到设计要求。

4.3 监理单位质量行为的监督检查

4.3.1 施工、调试项目质量验收完毕。

4.3.2 光伏电站启动试运期间发现的主要不符合项的整改已验收合格。

4.3.3 质量问题台账闭环完整。

4.3.4 工程建设标准强制性条文检查记录完整。

4.3.5 完成工程质量评估报告，确认工程质量验收结论。

4.4 施工单位质量行为的监督检查

4.4.1 光伏电站启动试运期间的不符合项处理完毕。

4.4.2 编制完成主要遗留问题的处理方案及实施计划。

4.4.3 工程建设标准强制性条文实施记录完整。

4.4.4 完成工程质量自查报告，确认施工质量是否符合设计和规程、规范规定。

4.5 调试单位质量行为的监督检查

4.5.1 光伏电站启动试运期间发现的主要不符合项处理完毕。

4.5.2 完成光伏电站试运期间调整试验项目的验收签证。

4.5.3 工程建设标准强制性条文实施记录完整。

4.5.4 完成光伏电站启动试运调试报告，确认调试质量是否符合设计和规程、规范规定。

4.6 生产运行单位质量行为的监督检查

4.6.1 生产运行管理正常。

4.6.2 光伏电站运行正常，历史数据显示正确，运行记录齐全。

4.6.3 现场标识、挂牌、警示齐全完整。

5 工程实体质量的监督检查

5.1 土建专业和运行环境的监督检查

5.1.1 主要建（构）筑物及主要设备基础沉降均匀、沉降观测点保护完好，观测记录、曲线和成果符合规范要求。

5.1.2 主要建（构）筑物主体结构安全稳定。

5.1.3 消防器材定期检验合格、定置管理。

5.1.4 墙面、地面等无开裂、无沉降。

5.1.5 屋面、墙面无渗漏。

5.1.6 通风与空调系统运行正常。

5.1.7 给水、排水与供暖系统运行正常，无渗漏。

5.1.8 智能建筑系统功能满足要求。

5.1.9 各区域道路畅通、排水通畅。

5.1.10 电缆沟道无积水、盖板齐全。

5.1.11 挡土墙护坡稳定，排水满足要求。

5.1.12 运行环境符合规定，无建筑遗留物。

5.2 电气专业的监督检查

5.2.1 光伏组件与设计图纸数量一致，插件连接牢固，无过热现象，光伏组件表面清洁。

5.2.2 光伏方阵支架（机架）方位和倾角符合设计要求，支架防腐良好，跟踪机械转动灵活。

5.2.3 汇流箱、直流配电柜各回路无过热现象，防雷电功能可靠，电流、电压、电量的实时显示功能正常，运行正常。

5.2.4 箱式变压器运行正常，油位、温度符合要求，无渗油现象。断路器（或负荷开关）分、合闸指示正确。

5.2.5 主变压器绕组及油面温度、油位等参数正常，无渗油现象；冷却装置运行正常，有载调压装置自动投切可靠。

5.2.6 高压电器（GIS、断路器、隔离开关、互感器、避雷器等）外观清洁，无渗漏油（气）现象，压力、油位指示正常；断路器分、合闸指示正确。

5.2.7 无功补偿装置能按各种运行工况需要进行投、退，满足系统要求。

5.2.8 场（站）用配电系统运行正常，备用电源自动投入装置状态良好。

5.2.9 直流系统、UPS 装置运行正常。

5.2.10 电缆终端、设备连接部位无发热、放电现象。

5.2.11 光伏组串编号、电气设备命名及编号、带电安全警示等标识标牌正确齐全。

5.2.12 接入电网的故障录波设备，具有足够的记录通道并运行正常。

5.3 架空集电线路专业的监督检查

5.3.1 绝缘子串无明显损伤。

5.3.2 基面排水畅通。

5.3.3 各类标识符合要求。

5.4 电缆集电线路专业的监督检查

5.4.1 电缆敷设路径符合设计要求，路径标识齐全。

5.4.1 电缆终端、接头安装牢固，无过热及放电现象。

5.4.1 电缆线路名称标识齐全，电缆相色正确。

5.5 调整试验的监督检查

5.5.1 光伏组件、组串的开路电压、短路电流、输出功率等主要电性能指标符合要求，运行正常。

5.5.2 逆变器的启动性能、输出容量、逆变效率、输出电能质量等主要技术指标符合要求，保护功能可靠，运行正常。

5.5.3 光伏方阵、系统发电效率符合设计要求。

5.5.4 保护定值设置正确，软件版本符合要求。

5.5.5 中央监控、远程监控系统运行正常。

5.5.6 安全防护、报警系统运行正常，防护、报警等功能符合要求。

5.5.7 电能质量符合要求。

5.5.8 设备调试报告、检测报告、试运行记录齐全，启动试运验收签证完成。

6 质量监督检测

6.0.1 开展现场质量监督检查时，应重点对下列项目的检测试验报告进行查验，必要时可进行验证性抽样检测。对检验指标或结论有怀疑时，必须进行检测。

（1）室内环境检测；

（2）光伏组件、组串电性能测试；

（3）逆变器转换效率、电能质量测试；

（4）光伏方阵、系统效率测试。

国家能源局关于印发进一步加强电力建设工程质量监督管理工作意见的通知

国能发安全〔2018〕21号

各省（自治区、直辖市）、新疆生产建设兵团发展改革委（能源局）、经信委（工信委），北京市城市管理委员会，各派出能源监管机构，中国电力企业联合会，水电水利规划设计总院，全国电力安委会各企业成员单位，各电力建设工程质量监督机构，各有关单位：

为深入学习贯彻党的十九大精神，严格落实《建设工程质量管理条例》《中共中央国务院关于开展质量提升行动的指导意见》（中发〔2017〕24号）、《国家发展改革委 国家能源局关于推进电力安全生产领域改革发展的实施意见》（发改能源规〔2017〕1986号）等规定，我局制定了《关于进一步加强电力建设工程质量监督管理工作的意见》，现印发你们，请遵照执行。工作中的重大问题，请及时向国家能源局报告。

附件：《关于进一步加强电力建设工程质量监督管理工作的意见》

国家能源局

2018年2月14日

附件：

关于进一步加强电力建设工程质量监督管理工作的意见

为深入学习贯彻党的十九大精神，严格落实《建设工程质量管理条例》《中共中央国务院关于开展质量提升行动的指导意见》（中发〔2017〕24号）、《国家发展改革委 国家能源局关于推进电力安全生产领域改革发展的实施意见》（发改能源规〔2017〕1986号）等规定，现就进一步加强电力建设工程质量监督管理工作提出如下意见。

一、国家能源局依法依规对全国电力建设工程质量实施统一监督管理。贯彻执行国家关于电力建设工程质量监督管理的法律法规和方针政策，不断完善电力建设工程质量监督管理规章制度和标准规范体系，组织、指导和协调全国电力建设工程质量监督管理工作，组织开展全国电力建设工程质量监督管理巡查督查和专项检查，监督指导地方政府电力管理等有关部门和各派出能源监管机构的电力建设工程质量监督管理工作。

国家能源局电力安全监管司归口全国电力建设工程质量监督管理工作，其他有关司和单位依其职责做好相关工作。国家能源局各派出能源监管机构按照国家能源局授权承担所辖区域内除核安全外的电力建设工程质量安全的监督管理，对电力建设工程质量监督机构（以下简称质监机构）进行业务监督指导，依法组织或参与电力事故调查处理。

二、地方各级政府电力管理等有关部门依法依规履行地方电力建设工程质量监督管理责任，按照国家能源局有关规定，继续做好可再生能源发电工程的质量监督管理，并积极配合派出能源监管机构，做好其他电力建设工程质量监督管理相关工作；对质监机构进行业务监督指导。

三、国家能源局电力可靠性管理和工程质量监督中心（以下简称可靠性和质监中心）受国家能源局委托，研究拟定电力建设工程质量监督政策措施、规章制度及监督检查大纲并组织实施相关工作，协调解决质量监督工作存在的突出问题；对质监机构进行业务监督指导；参与涉及电力建设工程质量重大争议处理、重大事故调查及相关专项检查；负责全国电力建设工程质量监督信息管理等工作。

四、电力工程质量监督总站更名为电力工程质量监督站；水电工程质量监督总站和国家可再生能源发电工程质量监督总站合并，更名为可再生能源发电工程质量监督站。

质监机构要继续按照国家能源局现行文件规定的业务范围开展工程质量监督，其中各电力建设工程质量监督中心站（以下简称中心站）可开展可再生能源发电工程质量监督。根据工作需要，各监督站、中心站可设立项目站。

质监机构要规范设置，持续加强机构建设和队伍建设，制定本机构各项工作管理制度，配备专职工作人员，配置必要的检测仪器和设备，建立与质量监督任务相适应的组织体系和保障体系；要充分发挥专家和第三方检测机构作用，严禁工程建设项目参建单位人员作为质监机构专家或工作人员参加本项目的质量监督。

质监机构对各级政府部门审批、核准、备案的电力建设工程按照职责分工同步开展质量监督，要加强对有关电力建设工程质量的法律、法规和强制性标准执行情况的监督检查；要按照依法依规、严谨务实、清正廉洁、优质高效的原则，独立、规范、公正、公开开展工作。

质监机构要认真履职，采取措施确保工作不断、秩序不乱、队伍不散、质量不降。凡因机构职能弱化、履职不力等造成工程质量事故或重大质量隐患的，将依法依规严肃追究责任。

五、质量监督不代替建设、监理、设计、施工等单位的质量管理工作。未经审批、核准、备案的电力建设工程，质监机构不得受理其质量监督注册申请。未通过质监机构监督检查的电力工程，不得投入运行。

六、质监机构要按规定将年度和阶段性质监工作计划等信息，及时向地方政府电力管理等有关部门、国家能源局电力安全监管司、各派出能源监管机构、可靠性和质监中心报送。报送信息的内容、程序及时限等要求另行发文规定。

各监督站、中心站要及时将主要负责人名单、项目站设置情况及工作联系方式报告所在地省级政府电力管理等有关部门、派出能源监管机构、可靠性和质监中心。

七、各企业要进一步健全电力建设工程质量管控体系，明确具体部门负责工程质量监督对口联系；要全面落实各参建单位的工程质量责任，特别要强化建设单位的首要责任和勘察、设计、施工单位的主体责任，并充分发挥监理单位作用；要按照国家法律法规和标准规范要求，加强施工现场管理，落实工程质量管控措施，坚决遏制重特大质量事故发生。

各企业要主动接受各级政府电力管理等有关部门、派出能源监管机构、质监机构开展的质量监督管理和专项检查等活动。

八、地方政府电力管理等有关部门和派出能源监管机构要按照国家有关规定，统筹项目核准备案、市场准入、行政执法等环节力量，进一步强化电力建设工程质量监督管理，加强对质监机构的监督指导。对发现的问题责令限期整改，对整改不到位或存在重大质量隐患的电力建设工程，依法采取停止施工、停止供电等强制措施，并给予上限经济处罚。

九、各有关单位要认真落实本意见要求，确保各项工作落实到位。国家能源局将适时对执行情况开展督查。

国家能源局综合司关于加强和规范电力建设工程质量监督信息报送工作的通知

国能综通安全〔2018〕72号

各省、自治区、直辖市、新疆生产建设兵团发展改革委（能源局），经信委（工信委），北京市城市管理委员会，各派出能源监管机构，中国电力企业联合会，水电水利规划设计总院，全国电力安全委员会各企业成员单位，各电力建设工程质量监督机构，各有关单位：

为落实《国家能源局差于印发进一步加强电力建设工程质量监督管理工作意见的通知》（国能发安全〔2018〕21号）要求规范电力建设工程质量监督信息报送工作，现将有关事项通知如下。

一、总体要求

国家能源局电力安全监管司归口全国电力建设工程质量监督管理工作。电力可靠性管理和工程质量监督中心（以下简称“可靠性和质监中心”）负责全国电力建设工程质量监督信息管理，组织开展相关信息统计、核查、分析、发布等工作。

各电力建设工程质量监督机构（以下简称“贡监机构”）要按照本通知要求，及时向省级地方政府电力管理等有关部门、国家能源局派出监管机构可靠性和质监中心及电力安全监管司报送电力建设工程质量监督相关信息；要加强机构建设和队伍建设. 确保报送的信息及时、准确和完整。

二、报送内窨

电力建设工程质量监督信息包括阶段性（月度、季度、年度）工作信息和工程质量监督报告等。

（一）阶段性工作信息

1．月度工作信息应包括项目建设概况、质监节点（阶段）、发现问题数量（质量行为类和实体质量类）、整改闭环情况及下月监检计划等（报送格式见附件1、2、3）。

2．季度、年度工作信息应包括嫉妒工作总结和年度工作总结，及下一阶段工作计划（报送格式见附件4、附件5）。其中，工作总结主要内容应包括质监机构开展的重点工作、发现的主要质量问题以及整改处理情况、经验做法、机构及人才队伍建设、质监情况统计、存在的问题、工作建议等。工作计划应包括质监机构跻艘性检查计划安排、下一步工作思路和工作重点等。

（二）工程质量监督报告

工程质量监督报告应包括工程建设概况、参建单垃、质量监督检查结论、工程竣工验牧是否符合规定、历次抽查发现的质量问题和整改处理情况等。

三、报送程序、时限、形式

（一）报送程序

1．阶段性工作信息。质监机构应将阶段性工作信息分别报送至项目所在地省级政府电力管理等有关部门、国家能源局派出监管机构以及可靠性和质监中心。

2．工程质量监督报告。对于国务院或国务院投资主管部几审批核准的电力建设工程，质监机构应报送至项目所在地省级政府电力管理等有关部门、国家能源局派出监管机构以及可靠性和质监中心；对于地方政府投资主管部门审批、核准、备案的电力建设工程，质监机构应报送至项目所在地省级政府电力管理等有关部门和国家能源局派出监管机构。

（二）报送时限

1．月度工作信息于次月 7 日前报送：季度工作信息于下一季度首月 10 日前报送：年度工作信息于次年 1 月 15 日前报送。

2．工程质量监督报告于建设管理单位将工程投运移交生产签证书报质监机构备案后 30 日内报送。

（三）报送形式

阶段性工作信息使用书面教材和电子文档两种报送形式，其中电子文档送至有关单位指定的电子邮箱或信息报送系统，书面材料扣盖单位公章后报送：工程质量监督报告加盖工章后扫描并以光盘形式报送。

2018 年 5 月 1 日开始，向可靠陛和质监中心报送的阶段性工作作息，可通过可靠性和质监中心门户网站电力建设工程质量监督信息报送系统报送，不再报送书面材料。地方政府电力管理等有关部门、国家能源局个派出监管机构应制定报送渠道、对接人员及联系方式，确保信息报送工作顺畅。

四、其他

（一）质监机构要按照报送程序、时限等要求、落实好信息报送和档案管理工诈；要加强所属项目站、分站的信息报送工诈，统一规范信息管理：要落实质监信息填报责任人，填报的信息经质监机构主要负责人审核批准后方可报送。

（二）月度工作信息报送实行零报告制度。质监机构应按本通知要求统计报送月度质量监督工作信息。

（三）质监机构在质量监督检查过程中，发现有严重违反质量管理程序的行为或设及主体结构安全和主要点用功能的重大质量问题，应于 3 日内向项目所在地省级政府电力管理等有关部门、国家能源局派出监管机构、国采能源局可靠性和质监中山及电力安全监管司报告，特别紧急的应随时报告。

（四）国家能源局将信息报送情况列为质监机构的年度考核内容，并将适时对各质监机构信息报送情况进行督查。对采按要隶及时报送质监信息的单位，国家能源局将予以通报。

联系人：晏昌平

联系电话：010 6346320

传真：010-66022358

电子邮箱：yancp@nea.gov.cn

附件：1．月度工作信息报表（电源工程）

2．月度工作信息报表（交流电网工程）

3．月度工作信息报表（直流电网工程）

4．季度工作信息

5．年度工作信息

国家能源局综合司

2018 年 4 月 28 日

附件 1

月度工作信息报表（电源工程）

（20××年××月）

填报质监机构：××（盖章）　　　审批人：×××　　　填报人：×××　　　联系方式：座机/手机

序号	工程类别	工程名称	机组台数（台）	单机容量（kV）	总容量（MW）	建设地点	建设单位	精准（备案）时间	注册时间（年月）	开工时间（年月）	计划竣工时间（年月）	目前监检节点（阶段）	本月监次数	当月专家（人·工作日）	当月发现问题数量		当月整改闭环数	次月是否监检	预计下次监检时间	预计检节点（阶段）	质监机构
															质量行为类	实体质量类					

填报说明：1. 工作类别在“火电工程，水电工程（■■及以上），核电工程（核岛除外）。风电工程（项目总容量■■及以上）生物质发电工程（市政工程除外）”

2. 多台机组容量不一致时，仅填写总量；

3. ■设地点填写“省名■地■市名”。例如：河北石家庄、黑龙江齐齐哈尔；

4. ■■（备变）时间是■在政府的批准（备案）时间，月报表中填写“精准（备案）时间”、“注册时间”、“开工时间”、“计划竣工时间”请填写年-月，例2018 年 03 月，可直接输入 2018 3；

5. “整改闭环数”栏，如不是在监检当月整改闭环的，只填写整改闭环数量，“本月监检次数”、“已■专家”、“发现问题数”■为零：

6. 质监机构：例，中心站填写为“山东中心站”，项目站（成分站）填写为“济南站”；

7. ■■人：为■书长■副站长以上领导：填报人：■■机构指定■■的填报人员；

8. 联系方式：区号-办公电话/手机；

9. 此表需统让所有在本质监机构电建注■的在建工程。

附件 2

月度工作信息报表（交流电网工程）

（20××年×月）

填报质监机构：××（盖章）　　审批人：×××　　填报人：×××　　联系方式：座机/手机

序号	工程类别	工程名称	机组台数（台）	单机容量（kV）	总容量（MW）	建设地点	建设单位	精准（备案）时间	注册时间（年月）	开工时间（年月）	计划竣工时间（年月）	目前监检节点（阶段）	本月监次数	当月专家（人·工作日）	当月发现问题数量		当月整改闭环数	次月是否监检	预计下次监检时间	预计检节点（阶段）	质监机构
															质量行为类	实体质量类					

填报说明：1. 此表统计电压等级为 88kV 及以上的电网工程，66kV 以下也需■要求开展好■监工作；
2. 容量栏填写变电电容量；
3. 建设地点填写“省名加地级市名”，如果跨地级市时写两■地级市名称；
4. 城市（备案）时间是指在政府的核准（备案）时间，月报表中填写“精准（备案）时间”、“注册时间”、“开工时间”、“计划竣工时间”■填写年-月，例 2018 年 03 月，可直接输入 2018-04；
5. 预计监检地点写“省名加地级市名”。设计多个地级市时，都要填写
6. “整改闭环数”栏，如不是在监检当月整改闭环的，只填写整改闭环数量，“本月监检次数”、“已■专家”、“发现问题■”都为零；
7. 监检机构：■中心站填写为“山东中心站”，项目站（成分站）填写为“济南站”；
8. 审批人：为秘书长■站长以上领导；填报人：监检机构检定■的填报人员；
9. 联系方式：区号-办公电话/手机；
10. 此表■统计所有在本监检机构中■注册的在建工程。

附件 3

月度工作信息报表（直流电网工程）

（20××年××月）

填报质监机构：××（盖章）　　审批人：×××　　填报人：×××　　联系方式：座机/手机

序号	工程类别	工程名称	机组台数（台）	单机容量（kV）	总容量（MW）	建设地点	建设单位	精准（备案）时间	注册时间（年月）	开工时间（年月）	计划竣工时间（年月）	目前监检节点（阶段）	本月监次数	当月专家（人·工作日）	当月发现问题数量		当月整改闭环数	次月是否监检	预计下次监检时间	预计检节点（阶段）	质监机构
															质量行为类	实体质量类					

填报说明：1．建设地电填写“省名加地级市名”，如果跨地级市市写量■地级市名称；

2．核准（备案）时间是指在政府的核准（备案）时间。请填写年-月，例 2018 年 05 月，可直接输入 2016-3；

3．预计监检地点写“省名加■全名”，设计多个地级市时，需要填写；

4．“整改闭环数”栏，如不是在监检当作月整改闭环的：从填写整改闭环数量，“本月监检次数”，“已■专家”、“发明问题数”都为■；

5．监检机构：例中线站填写为 “山东中心站”。项目站（或分地）填写“济南站”；

6．审核人：为秘书长■站长及以上领导；填报人：质监机构指定■的填报人员。

7．联系方式：区号办公点换/手机；

8．此表■统计所有注本■机构中■注册的在■工程。

附件 4

×××站季度工作信息

（××××年第×季度）

××站（盖章）审批人：×××时间：201×年××月××日

一、本季度工作总结

（一）重点工作

（主要开展的重要质监工作、组织形式等）

（二）发现的主要质量问题以及整改、处理情况

（王要质量问题应包括：①严重违反质量管理程序的行为；②涉及主体结构安全、主要使用功能的质量问题；③下达停工整改通知的其他重大质量问题等。应对上述问题及最终处理情况进行描述，并列明所涉及的参建单位、设备厂商等信息）

（三）质监工作经验做法

（四）质量监督机构及人才队伍建设情况

（如机构注册、机构或人员调整、管理制度、增（减）设项目站、人才培训等）

二、本季度监检情况统计

（一）电网工程

电压等级	检查项目数	容量（交流 MVA 直流 MW）	线路（km）	检查次数	已派专家（人·工作日）	发现问题数		已整改闭环数量
						质量行为类	实体质量类	
交流特高压								
750kV								
500kV								
220（330）kV								
110（66）kV								
直流特高压								
±660kV								
±500kV								
…								
合计								

（二）电源工程

电压等级	检查项目数	容量（交流 MVA 直流 MW）	线路（km）	检查次数	已派专家（人·工作日）	发现问题数		已整改闭环数量
						质量行为类	实体质量类	
火电								
核电（核岛除外）								

续表

电压等级	检查项目数	容量（交流 MVA 直流 MW）	线路（km）	检查次数	已派专家（人·工作日）	发现问题数		已整改闭环数量
						质量行为类	实体质量类	
水电（50MW 及以上）								
风电（项目总容量48MW 及以上）								
光伏（项目总容量30MWp 及以上）								
生物质发电（市政工程除外）								
合计								

三、本年度累计监检情况统计

（一）电网工程

电压等级	检查项目数	容量（交流 MVA 直流 MW）	线路（km）	检查次数	已派专家（人·工作日）	发现问题数		已整改闭环数量
						质量行为类	实体质量类	
电压等级	检查项目数	容量（交流 MVA 直流 MW）	线路（km）	检查次数	已派专家（人·工作日）	发现问题数		已整改闭环数量
						质量行为类	实体质量类	
交流特高压								
750kV								
300kV								
220（330）kV								
120（66）kV								
直流特高压								
±560kV								
±500kV								
…								
合计								

（二）电源工程

电压等级	检查项目数	容量（交流 MVA 直流 MW）	线路（km）	检查次数	已派专家（人·工作日）	发现问题数		已整改闭环数量
						质量行为类	实体质量类	
火电								
核电（核岛除外）								

续表

电压等级	检查项目数	容量（交流 MVA 直流 MW）	线路（km）	检查次数	已派专家（人·工作日）	发现问题数		已整改闭环数量
						质量行为类	实体质量类	
水电（50MW 及以上）								
风电（项目总容量 48MW 及以上）								
光伏（项目总容量 30MWp 及以上）								
生物质发电（市政工程除外）								
合计								

四、下一季度监检计划

（一）电网二程

序号	二程名称	监检节点	计划时间	地点（地级市）

（二）电源二程

序号	二程名称	监检节点	计划时间	地点（地级市）

五、存在问题及解决措施建议

六、工作建议

附件 5

×××站年度工作信息

（××××年）

××站（盖章） 审批人：××× 时间：201×年××月××日

一、年度质监工作开展

（一）重点工程质监情况

国务院或国务院投资主管部门审批、核准的电力建设项目

和重大试验示范项目和质监机构当年的重点工程等）

（二）发现的主要质量问题以及整改处理情况

主要质量问题应包括：严重违反质量管理程序的行为，

②涉及主题结构安全、主要使用功能的质量问题，③需下达停工整改通知的重大质量问题等。应对二述问题及最终处理情况进行描述，并列明开涉及的参建单位、设备厂商等信息）

（三）质监工作经验做法

（四）质量监督机构及人才队伍建设情况

（如机构注册、机构或人员调整、管理制度、增（减）设项目站、人才培训等）

二、本年度监察情况统计

（一）电网工程

电压等级	检查项目数	机组数（台）	容量（MW）	检查次数	已派专家（人·工作日）	发现问题数		已整改闭环数量
						质量行为类	实体质量类	
交流特高压								
750kV								
500kV								
220（330）kV								
110（66）kV								
直流特高压								
±660kV								
±500kV								
…								
合计								

（二）电源工程

电压等级	检查项目数	机组数（台）	容量（MW）	检查次数	已派专家（人·工作日）	发现问题数		已整改闭环数量
						质量行为类	实体质量类	
火电								
核电（核岛除外）								
水电（50MW及以上）								
风电（项目总容量48MW及以上）								
光伏（项目总容量30MWp及以上）								
生物质发电（市政工程除外）								
合计								

三、下一年度工作思路和工作重点

（一）人才培训

（二）重点工作

（三）其他

四、下一年度监检计划

（一）电网工程

电压等级	检查项目数	容量（交流 MVA 直流 MW）	线路（km）	检查次数	计划派专家（人·工作日）
交流特高压					
750kV					
500kV					
220（330）kV					
110（66）kV					
直流特高压					
–360kV					
–500kV					
…					
合计					

（二）电源工程

工程类别	检查项目数	机组数（台）	容量（MW）	检查次数	计划派专家（人·工作日）
火电					
核电（核岛除外）					
水电（50MW 及以上）					
风电（项目总容量 48MW 及以上）					
光伏（项目总容量 30MWp 及以上）					
生物质发电（市政工程除外）					
合计					

五、存在的问题及解决措施建议

六、工作建议